HANDBUCH DER KATALYSE

HERAUSGEGEBEN

VON

G.-M. SCHWAB

ATHEN

ERSTER BAND:

ALLGEMEINES UND GASKATALYSE

SPRINGER-VERLAG WIEN GMBH

ALLGEMEINES UND GASKATALYSE

BEARBEITET VON

M. BODENSTEIN · E. J. BUCKLER · E. CREMER
J. A. CHRISTIANSEN · W. JOST · M. KILPATRICK
H. MARK · A. MITTASCH · R. G. W. NORRISH
G.-M. SCHWAB · R. SIMHA

MIT 113 ABBILDUNGEN IM TEXT

SPRINGER-VERLAG WIEN GMBH

ISBN 978-3-7091-7989-5   ISBN 978-3-7091-7988-8 (eBook)
DOI 10.1007/978-3-7091-7988-8

Vorwort zum Gesamtwerk.

Es ist eine in Ausbreitung begriffene Besonderheit der modernen naturwissenschaftlichen Literatur, große und wichtige Sondergebiete in einmaligem Querschnitt in Handbüchern niederzulegen. Die Berechtigung dieses Verfahrens einmal vorausgesetzt, ist es wohl für die Katalyse augenblicklich besonders angebracht. Der Plan ist eigentlich sehr alt, und als der Verleger vor einigen Jahren erneut damit an den Herausgeber herantrat, schien diesem nach einigem Zögern die Zeit dazu gekommen. Eine Disziplin, die der Technik so gut wie alle ihre beherrschenden Großverfahren, der Biologie viele ihrer wichtigsten Leitgedanken geschenkt hat, mußte einmal aus der Verstreutheit der Originalliteratur und der Teilmonographien herausgehoben werden.

Die Fruchtbarkeit eines solchen Verfahrens hat sich an den anderen großen Handbüchern der letzten Jahrzehnte mehrfach bewährt, und der Herausgeber glaubt gerade auch für die Katalyse entsprechende Beobachtungen schon nach Erscheinen seiner kleinen Monographie gemacht zu haben: Manche Gebiete, die er damals mühsam aus teilweise widersprechenden Originalarbeiten zusammenstellen mußte, haben dann und eben vielleicht teilweise daraufhin vermehrte und abschließende Bearbeitung erfahren.

Die Aufgabe eines solchen Handbuchs der Katalyse wäre also demnach, Material und Anreiz zur weiteren Erforschung der Katalyse zu bieten. Dadurch ergibt sich die Beschränkung auf die Bedürfnisse der tätigen Forschung: Der Verzicht auf enzyklopädische Beschreibung aller Erscheinungsformen der Katalyse, etwa in der Technik, weiter der Verzicht auf irgendwelche billige populäre Anschaulichkeit; das Handbuch muß an der Front der vordringenden Forschung stehen. So haben z. B. Gebiete, die für den Fortschritt der nächsten Zeit besonders wichtig zu werden versprechen, besondere Beachtung zu finden.

Wer die Katalyse in ihrem heutigen Umfang halbwegs überblickt, wird sofort sehen, daß ein derartiges Werk nicht mehr als Arbeit eines einzelnen denkbar ist, daß es vielmehr nicht zuletzt eine Organisationsfrage ist. Da Katalyse eine fortschreitende Wissenschaft ist, mußte ein möglichst gleichzeitiger Querschnitt geschaffen, also das ganze umfangreiche Werk in möglichst kurzer Frist fertiggestellt werden. Dazu war die gleichzeitige Mobilisierung einer großen Zahl von Autoren nötig, von denen jeder sein eigenes Arbeitsgebiet darstellen mußte. Bei Erstreckung auf alle in Betracht kommenden Nationen und Verwendung der drei großen Weltsprachen hofft der Herausgeber, daß es ihm gelungen ist, für jedes dieser Gebiete wirklich einen ersten Fachmann zu gewinnen. Allen, die sich als Verfasser in den Dienst der gemeinnützigen Aufgabe gestellt haben, gebührt der Dank der wissenschaftlichen Welt.

Es ist dem Kenner klar, daß auf diesem organisatorischen Gebiet auch die größten Schwierigkeiten, Arbeiten und Kämpfe lagen, zumal in der heutigen Zeit. Wenn das Werk einmal fertig vorliegen wird, wird sicherlich nichts mehr davon zu bemerken sein.

Man könnte einwenden, daß durch die starke Stoffaufteilung eine gewisse Uneinheitlichkeit und Zerrissenheit in das Buch hineinkommt. Das ist in gewissem Maße sicher auch der Fall. Aber zunächst hat natürlich der Herausgeber eine seiner Hauptaufgaben darin gesehen, diese Unvermeidlichkeiten zu mildern und die einzelnen Arbeiten gegeneinander abzugleichen; und was den Rest betrifft, wäre es gar nicht richtig gewesen, ihn auch noch auszumerzen und so eine Einheitlichkeit der Stellungen vorzutäuschen, die noch nicht erreicht ist, und die, wenn sie erreicht wäre, dieses Handbuch überflüssig machen würde. Bei einem so in Entwicklung begriffenen Gebiet ist es vielmehr notwendig und wünschenswert, wenn die Dokumentation den aufgelockerten Charakter einer Monographiensammlung wenigstens in etwas bewahrt.

Bei der Einteilung des Werkes wurde von geistreichen und künstlichen Konstruktionen abgesehen, damit jeder leicht finden kann, was er sucht, und die altbewährte Einteilung in homogene Katalyse in Gas und Lösung, mikroheterogene oder Biokatalyse und heterogene Katalyse gewählt. Die Katalyse in der organischen Chemie als in Erscheinungsform und Interessentenkreis besonders geartetes Gebiet wurde noch eigens herausgespalten und unter der sachverständigen Führung von Prof. Criegee einem besonderen Band vorbehalten.

Wie schon erwähnt, ist das Niveau der Darstellung das des tätigen Forschers, die vorausgesetzten Vorkenntnisse sind also diejenigen, die dieser mitbringen muß. Das wäre nun eindeutig, wenn die Katalyse nicht einen so weiten Bogen vom Explosionsmotor und der Virusforschung bis zum Atommodell umspannen würde. So aber wird vermutlich jeder auf den ihm entfernteren Gebieten die Sprache des Handbuchautors nicht mehr restlos verstehen, da der Biologe, der Physiker und — natürlich ein wenig die erste Geige spielend — der Physikochemiker jeder die Grundlagen seines Faches voraussetzen mußten. Wenn man sich aber den Zweck der Benutzung dieses Handbuchs vor Augen hält, dürfte dies wenig schaden.

Auf jeden Fall hofft der Herausgeber, daß durch diese eingehende Darstellung der Katalyse als eigener Wissenschaft ihre wissenschaftliche Durchdringung und Erforschung einen wirksamen Anstoß erfahren möge. Ein großer Teil des Verdienstes hieran gebührt neben den Verfassern der Aufsätze vor allem dem Verlag, der die schwierigen Arbeiten der Planung, Vorbereitung und Durchsetzung der Aufgabe ebenso wie ihre praktische Ausführung jederzeit wirksam und großzügig unterstützt hat.

Athen, im Juni 1940.

G.-M. Schwab.

Vorwort.

Der vorliegende Band eröffnet das Handbuch mit einigen Aufsätzen über Themen, die die allgemeine Grundlage unserer Auffassung der Katalyse bilden. Dabei kann der Rahmen nicht zu eng gezogen werden, da ja das Verständnis der Katalyse nichts anderes ist, als Verständnis chemischer Reaktionen überhaupt. Die Sonderstellung der Katalyse wurde in einem einleitenden Aufsatz herausgestellt, in einem zweiten kurz die Forschungsmethoden betrachtet und dann die atomistischen, reaktionskinetischen und thermodynamischen Grundlagen der Katalyse einzeln abgehandelt.

Wir glauben, daß eine breite Darlegung der wichtigen und oft mißverständlich angewandten wellenmechanischen Grundlagen der Chemie bis zu den Anwendungen auf die Katalyse hier ebenso am Platz war, wie eine übersichtliche Darstellung der reaktionskinetischen Gesichtspunkte, die bei katalytischen Problemen zusammenkommen können. Unter der „thermodynamischen Behandlung" endlich verstehen wir nicht die Betonung der hinreichend bekannten gegenseitigen Unabhängigkeit kinetischer und thermodynamischer Aussagen, sondern vielmehr die positive Herausarbeitung der neuerdings sich andeutenden begrifflichen und tatsächlichen Zusammenhänge. Es konnte nicht ausbleiben, daß man dabei einzelne Dinge, wie etwa die Theorie des „transition state", in diesen drei Aufsätzen mehrmals findet, da Atomphysik, Kinetik und Energetik schließlich auf dasselbe Reaktionsgeschehen der Katalyse zugespitzt auftreten mußten.

Nach diesen allgemeinen Einführungen folgt notwendig die Behandlung des Gebiets, das die Katalyse unter den übersichtlichsten Bedingungen und daher als Musterbeispiel für das Ganze zeigt, der Gaskatalysen. Neben einem Hauptaufsatz über die reaktionskinetische Erforschung einfacher und kettenmäßiger Gaskatalysen wurden einige wichtige Teilfragen besonders behandelt, nämlich die neuerdings so aufschlußreich gewordene Parawasserstoffkatalyse sowie die Verbrennungs- und Explosionsvorgänge.

Den Herren SCHINTLMEISTER (Wien) und SEXL (Wien) gebührt wärmster Dank für ihre Hilfe bei der Durchsicht des Beitrages „Atomphysikalische Grundlagen".

Es sei darauf aufmerksam gemacht, daß für die Beiträge „Kinetische Grundlagen", „Katalyse bei homogenen Gasreaktionen" und „Negative Katalyse und Antiklopfmittel" den Verfassern wegen nachträglicher Übernahme weniger Zeit zur Verfügung stand, als vielleicht wünschenswert gewesen wäre. Auch muß der Herausgeber wegen etwa gebliebener Fehler in den englischen Texten um Nachsicht bitten, da die Zeitverhältnisse eine Korrektur durch die Verfasser nicht zuließen. Im ganzen hofft er aber, daß durch die vereinten Bemühungen sachverständiger Autoren eine brauchbare Zusammenstellung der wichtigsten Gesichtspunkte entstanden ist, die der Forschung wertvoll sein möge.

Athen, im September 1941.

G.-M. Schwab.

Inhaltsverzeichnis.

Über Begriff und Wesen der Katalyse.

Von

Alwin Mittasch, Heidelberg.

> *„Befriedigender gestaltet sich der ein-
> seitig naturwissenschaftliche Standpunkt,
> wenn er sich nicht nur mit der genetischen,
> sondern auch mit der erkenntnistheoretischen
> und mit der metaphysischen Betrachtungs-
> weise verbindet. — Ist doch im Grunde die
> Natur das Mittel, durch das ein ursprünglich
> Geistiges sich unserem Geiste offenbart."*
>
> Friedrich Dannemann.

Inhaltsverzeichnis.

Vorbemerkung.

Es soll erkenntniskritisch und allgemein-chemisch, jedoch unter Verzicht auf mathematisch-theoretische Behandlung erörtert werden, welches die wesentlichen Merkmale derjenigen Erscheinung sind, die man seit BERZELIUS (1835) in nie ernstlich angefochtener Weise mit dem Namen „Katalyse" bezeichnet. Die verschiedenen „Anschauungen" und Bilder, Modelle und Figmente, die über den zugrundeliegenden Chemismus im Laufe der Zeit entwickelt worden sind, werden zu diesem Zwecke Beachtung finden, doch soll nach Möglichkeit dasjenige in den Vordergrund gerückt werden, *was bleibend gilt*, unabhängig von wandelbarem Sinnbild und Zeichen. Erstrebt wird, auf diesem Wege der Katalyse ihre feste Stelle in der „Naturgesetzlichkeit" oder „Naturkausalität" zu geben, in der wir selber stehen und über die wir nachdenken und forschen.

A. Historische Einleitung.

Eine magisch zauberhafte Welt voll Wunder und Schrecken, erfüllt von guten und bösen Geistern (in der Regel mit Vorwiegen der letzteren), auf höherer Stufe dazu von mächtigen, jedoch beeinflußbaren Göttern beherrscht gedacht, die der Mensch fürchten und verehren muß: das ist die Welt, wie sie sich dem ursprünglichen „Naturmenschen", dem „Frühmenschen" in seinem Animismus, Fetischismus und Allpsychismus im großen und ganzen darstellt. Zauber und Wunder treten dann mit Entwicklung der Kultur an Bedeutung und Ausdehnung zurück, ohne dem Glauben je zu entschwinden; statt ihrer aber gewinnen zunehmendes Ansehen die „*Naturgesetze*", streng gültig und „unerbittlich", in mannigfacher und doch einheitlich geordneter *Verursachung oder Kausalität* einer allgemeinen Natur- und Weltordnung, die mehr und mehr zum obersten Denkpostulat wird. In dieser Ordnung der Kausalität aber, die zugleich eine Rangordnung ist, spielt die *Katalyse als eine Form stofflicher Anstoßkausalität* ihre bedeutsame Rolle.[1]

Hat die „Naturkausalität" ihren Vorläufer in dem zauberhaften Wirken von Geistern und Dämonen, so läßt sich im einzelnen auch der *Begriff der Kata-*

---

[1] Unter Anstoß- oder Auslösungskausalität verstehen wir diejenige Weise des Wirkens in der Natur, bei welcher ein Etwas A beim Zusammentreffen mit einem stofflichen Gebilde oder System B Folgen zeigt, deren *energetische* Ursache wesentlich in dem Zustande dieses angestoßenen Gebildes liegt. Näheres über Anstoß-kausalität und Erhaltungskausalität, sowie Reizkausalität und Ganzheitskausalität siehe A. MITTASCH: Naturwiss. **26** (1938), 177; Forsch. u. Fortschr. **1938**, 16, 127; Acta Biotheoretica **1938**, 43; sowie Katalyse und Determinismus, Berlin. 1938.

lyse auf einen „mythischen“ oder magischen Vorläufer zurückführen, auf das Elixier oder den Stein der Weisen.[1]

Das „Xerion“ der Alchemisten oder der „Aliksir“ (Elixier), „der geehrte Stein“ oder der „Stein der Weisen“, das „Magisterium“, heilt Krankheiten, läßt auch die Metalle zu Silber und Gold „gesunden“, und zwar *ohne dabei selbst die geringste Veränderung zu erleiden*“ (ALAKFANI 1348, nach FÄRBER). Gleichwie der Teig durch Hefe in Gärung gesetzt wird, so kann die richtige „Tinctura“, das richtige „Fermentum“ unedle Metalle beliebig in Silber oder Gold verwandeln. So soll SEBALD SCHERTZER (auch SCHWÄRZER genannt) im Jahre 1588 mittels 1 Teil Tinctur 1024 Teile Gold gemacht haben, und in Wien sollen (1716) mit einem Gewichtsteil Präparat 5400 Teile Kupfer in 6552 Teile vierzehnlötiges Silber umgewandelt worden sein.

Dem *Vorgang der Gärung* analog erscheinen nicht nur Metallverwandlung, sondern auch Fäulnis und verschiedene andere Umwandlungen organischer Substanzen, wie das Ranzigwerden der Öle; und auch bei Wirkungen der „Lebenskraft“, z. B. „bey dem Keimen und Wachsthume der Pflanzen, als bey den mancherley Veränderungen und Bereitungen der Säfte des thierischen Körpers sowohl im gesunden, als im kranken Zustande, findet eine gährungsartige Bewegung Statt“ (MACQUERS „Chymisches Wörterbuch“ von 1778).

Eine zusammenfassende Darstellung gibt der verdienstvolle und berühmte Arzt KORTUM (Verfasser der Jobsiade) in seinem Buche: „KARL ARNOLD KORTUM vertheidiget die Alchimie“ (1789). Die Kraft des Steines „soll so groß sein, daß ein Teil dieses Steines, je nachdem er vollkommen ausgearbeitet ist, 100, 1000, 10000, ja 100000 und mehr Teile schlechter Metalle auf diese Weise verädeln könne“. Außerdem soll er auch „unädle Steine in ädle verwandeln, verdorbene Weine verbessern, und wenn er in Wasser aufgelöst ist, und an Pflanzen und Bäume gegossen wird, den Wachstum, die Befruchtung und Zeitigung derselben befördern, imgleichen das Glas geschmeidig und hämmerbar machen und mehr dergleichen Wunderdinge verrichten können. Besonders soll er die herrlichsten Wirkungen auf den menschlichen Körper haben, und wenn er eingenommen wird, die Lebensgeister stärken, die natürliche Wärme befördern, den Giften widerstehen, alle sonst unheilbaren Krankheiten vertreiben, die Gesundheit erhalten und das Leben verlängern. Ja man rühmt sogar, daß sein Besitz den moralischen Charakter des Menschen bessere, und ihn weise, gleichgültig gegen alle Übel, und fromm mache.“ Ist hier nicht alles beisammen vorhanden, was man von einem „*Universalkatalysator*“ billigerweise verlangen kann — und noch einiges dazu — und was sich in Wahrheit auf die Wirkung unzähliger einzelner katalytischer und sonstiger Wirk- und Reizstoffe verteilt!

B. Äußere und innere Merkmale der Katalyse.

Daß der Begriff „Katalyse“ sich irgendwie auf *stofflich*-energetische Kausalität bezieht, nicht aber auf *stofffreie* energetische Kausalität — z. B. des Lichtes — steht von vornherein fest.

Schon in den ersten Jahrzehnten des 19. Jahrhunderts (DAVY, DÖBEREINER, BERZELIUS, LIEBIG, weiterhin BUNSEN u. a.) wurden unterschieden *chemische Veränderungen und „Umsetzungen“* eines stofflichen Gebildes, welche durch *rein physikalische Einflüsse* veranlaßt werden, wie Druck und Stoß, Schall und Temperaturwechsel, elektrische und optische Einwirkungen, und anderseits sol-

---

[1] Außer dem reichen Schrifttum über Alchemie siehe auch E. v. LIPPMANN: Urzeugung und Lebenskraft, S. 30ff., 1933; Chemiker-Ztg. **53** (1929), 22 (Zur Geschichte der Katalyse). — E. FÄRBER: Isis **1934**, 187; **1936**, 99; Enzymologia 4 (1937), 13 (Vorgeschichte der Enzymologie). — Ferner auch P. WALDEN: Chemiker-Ztg. **60** (1936), 505 (Alte Weisheit und neues Wissen). — H. MARK: Wiener Vorträge II, S. 56, 1934. — „Die Alchemisten haben eigentlich einen Katalysator gesucht, der unbegrenzte Mengen unedles Metall in lauteres Gold verwandeln soll, wie der Sauerteig große Mengen Backwerk aufgehen läßt und von Backtag zu Backtag immer weiter gegeben werden kann“ (WINDERLICH).

chen Umwandlungen, die von einem anderen *in die „Nachbarschaft" gestellten Stoffgebilde* ausgehen.

Da es sich bei Katalyse stets um *stofflichen Anstoß,* um materielle Vermittlung handelt, so ist es irreführend, den Ausdruck auf rein energetische Veranlassung anzuwenden, also etwa von „lichtkatalytischer" Wirkung bei phototropischen Krümmungen von Pflanzenteilen zu sprechen. Wohl gilt auch hier: „kleine Ursachen, große Wirkungen", indem sich an die Lichtquantenabsorption gemäß Äquivalenzgesetzen unmittelbar weitreichende Reaktionsketten anschließen, wohl können in die „angestoßene" Betätigung freier Energien des lichtphysiologischen Systems auch wirkliche Katalysen (z. B. Sensibilisierung der Photooxydation des Auxins durch Carotinoide) hineinspielen: der Primärvorgang indes ist keine Katalyse, sondern eine reine Energieübertragung, gleichwie die „photochemische Induktion" bei einem Chlorknallgasgemisch nach Bunsen.[1]

Die Entzündung eines brennbaren Gasgemisches durch energetischen Impuls, wie einen elektrischen Funken, ein Lichtquant, ist stets als etwas von stofflicher Katalyse (z. B. mit Platinschwamm) deutlich Verschiedenes aufgefaßt worden. Jedoch auch die gleiche Entzündung durch eine ausgesprochen stoffliche Flamme oder eine Reaktionsvermittlung durch stoffliche Induktion (Reaktionskopplung) wird nicht als „Katalyse" bezeichnet, obwohl es sich in diesen Fällen gleichfalls um *stoffliche* Veranlassung, um *stofflichen* „Anstoß" handelt. Es müssen mithin noch bestimmte Merkmale derjenigen chemischen Vorgänge vorhanden sein, die schon früh als besondersartige Reaktionen „durch Kontakt", als geheimnisvolles „Hervorrufen schlummernder Verwandtschaften" usw. geahnt und erkannt wurden; und zwar müssen diese unterscheidenden Merkmale wenigstens teilweise so deutlich und augenfällig, also gewissermaßen „äußerlich" sein, daß sie bereits auf einer mittleren Stufe der Entwicklung chemischer Wissenschaft erkannt werden konnten (Döbereiner, Thénard, Faraday, Berzelius).

Auf alle Fälle muß es ein als solcher *deutlich einsehbarer chemischer Vorgang,* also ein in einer Reaktionsgleichung wiederzugebender „einfacher" stofflicher Prozeß sein, bei welchem von einer *katalytischen* Art des Anstoßens und Veranlassens gesprochen wird; und so ist niemand so weit gegangen, eine stoffliche „Reizung" des Organismus, etwa von Nervenenden durch Geschmacks- oder Geruchsstoffe, ohne weiteres als Katalyse anzusprechen, obwohl auch hier Chemie im Spiele ist. Desgleichen dürfen Hormon- und Vitaminwirkungen mehr oder minder verwickelter und „diffuser" Art nicht darum sogleich als „Katalyse" angesprochen werden, weil auch bei ihnen offenbar der Satz: „Kleine stoffliche Ursachen, große stoffliche Wirkungen" gelte. Nur auf klar einzusehende und *einer chemischen Formulierung zugängliche stoffliche Umsetzungen,* im Reagenzglas oder im Organismus, darf allein die Bezeichnung „Katalyse" angewendet werden.

Als wirklich zuverlässiges äußeres Merkmal eines katalytischen Vorganges kann gelten, daß ein *katalysierender Körper aus dem chemischen Vorgange, an dem er eine Zeitlang beteiligt war, unversehrt und unverändert wieder hervorzugehen vermag.* Das ist natürlich bei *heterogener Katalyse,* z. B. der Knallgasvereinigung oder der H_2O_2-Zersetzung mittels Platins, am leichtesten festzustellen — weshalb auch von diesen Beobachtungen her die katalytische Forschung einen besonders starken Impuls erhalten hat —, weniger leicht in Beispielen, in welchen erst eine besondere Abtrennung durch Filtrieren, Destillieren, Fällen und sonstige

---

[1] Ob Licht auch echte „Beschleunigung durch bloße Gegenwart" bewirken kann, bleibe dahingestellt. Gegen den Ausdruck „lichtkatalytische Vorgänge" wendet sich u. a. Bünning: Planta **27** (1937), 607. Als photodynamischer Effekt gilt z. B. die durch Licht beschleunigte Oxydation bestimmter Stoffe durch molekularen Sauerstoff in Gegenwart fluoreszenzfähiger Farbstoffe.

physikalische oder chemische Operationen nötig ist, um zu erkennen, daß einer der für den Gesamtvorgang unentbehrlichen Stoffe „unangetastet" blieb; so z. B. bei der herkömmlichen Äthergewinnung die Schwefelsäure, oder bei der Stärkeverzuckerung ebenfalls die Säure oder auch die bewirkende „Diastase" (PARMENTIER 1781, PAYEN und PERSOZ 1833).[1]

Oftmals, vor allem in zahllosen Fällen der Biokatalyse, begegnet eine vollkommene *Isolierung des Katalysators* als individuellen „Körpers" großen Schwierigkeiten, und man muß sich selbst bei hohem Stande der Experimentierkunst mit unvollkommener Isolierung des wirkenden Agens — als gemischte Lösung, als Adsorbat, als unsicheres kolloidisches Aggregat usw. — bescheiden. Dieses Hindernis braucht nicht zu schrecken, sofern im übrigen einer reaktionskinetischen Betrachtung des Falles die Wirksamkeit eines bestimmten Stoffes durch seine „bloße Anwesenheit" gesichert erscheint, und sei dies auch nur auf indirektem Wege erreicht worden. Wenn man weiß, daß Verbindung und Zersetzung von Stoffen im allgemeinen nach niedrigen ganzzahligen Gewichtsverhältnissen stattfinden, und wenn man dann einen Fall beobachtet, wo sichtlich einfache stöchiometrische Auffassung für den einen Bestandteil des Systems versagt, so liegt auf alle Fälle der Verdacht nahe, daß „Katalyse" im Spiele ist.

Wenn sich also im Experiment zeigen läßt, daß ein bestimmter Vorgang der Hydrolyse oder der Oxydation oder der Hydrierung immer nur dann stattfindet, sobald gewisse, oft sehr geringfügige Mengen eines wahrnehmbaren Fremdstoffes zugegen sind, so darf Katalyse angenommen werden, auch wenn jener verursachende Stoff nicht vollkommen „faßbar" ist. Hinsichtlich „Spurenkatalyse" ist dabei zu beachten, daß geringe Gewichtsmengen immer noch eine sehr stattliche Zahl von Molekeln bedeuten können. Anderseits gibt die Isolierung und Identifizierung eines Wirkstoffes für sich allein noch nicht das Recht, bestimmt von Katalyse zu reden, und zwar so lange nicht, bis ein *Eingreifen jenes Stoffes in wohldefiniertes chemisches Geschehen durch (scheinbar) bloße Gegenwart* erwiesen ist.

An späterer Stelle (S. 37) wird es nötig sein, in Kürze zu erörtern, *auf welchen anderen Wegen als durch „Katalyse" gleichfalls geringe stoffliche Ursachen große und weitreichende stoffliche Wirkungen haben können.* Hier genügt die Feststellung, daß auf alle Fälle eine Betätigung kleiner Stoffmengen mit dem Erfolg großer stofflicher Wirkungen, also eine anscheinende Inkongruenz von „Ursache und Wirkung" bei chemischen Vorgängen die *Vermutung* einer Katalyse nahelegen mag; ein *Beweis* aber kann so auf rein „arithmetischem" Wege, auf reiner Zahlengrundlage, nicht geliefert werden, sondern nur durch sorgfältige experimentelle Analyse des gesamten Reaktionsverlaufes.[2]

Den äußeren Merkmalen der Katalyse als einer Anstoßwirkung scheinbar durch bloße Gegenwart entsprechen solche mehr innerlicher Art. Grundsätzlich bestehen von vornherein zwei Möglichkeiten:

Da chemische wie katalytische Vorgänge anerkanntermaßen als aus einer Anzahl Einzelvorgängen von oft sehr versteckter Art „zusammengesetzt" vorzustellen sind, so kann die typische Katalyse entweder durch *eine besondere Art von Teilvorgängen gekennzeichnet* sein, die bei katalysefreien Vorgängen nicht

---

[1] Für die Katalyse gilt im vollem Maße: „Es ist gewiß, daß eine Ursache nicht notwendig vergeht, wenn ihre Wirkung herausgebracht ist" (JOHN STUART MILL).

[2] Von W. OSTWALD ist „Hormonwirkung" ohne weiteres als „Katalysatorwirkung" aufgefaßt worden, indem er die Wirkung von Sekreten, z. B. der Schilddrüse als „ausgezeichnetes Beispiel für die Tätigkeit der Katalysatoren im Organismus" erklärte (1911); und auch späterhin ist die gleiche Bezeichnung öfters angewendet worden; z. B. SLOTTA: Angew. Chem. 40 (1927), 1465 (Hormone als Lebenskatalysatoren). Vitamine hat NERNST schon 1913 als *katalytisch* tätig angesprochen. (Schriften des Deutschen Museums: „Die Bedeutung des Stickstoffs für das Leben".)

vorkämen, oder es kann sich bei der Katalyse lediglich um *eine besondere „Verknüpfungsart" von Teilvorgängen handeln,* wie solche im einzelnen ausnahmslos auch bei gewöhnlichen chemischen Vorgängen, jedoch in anderer Verknüpfungsordnung, vorkommen. Tatsächlich ist, wie allgemein anerkannt, das Letztere der Fall: *„Katalyse" ist gekennzeichnet durch eine besondere Weise ganzheitlicher Verknüpfung von chemischen und oft dazu auch noch physikalischen Teilakten,* und zwar derart, daß ein Stoff oder Körper schließlich im Endeffekt aus der Gesamtbilanz herausfällt.

Jeder chemische Vorgang ist als aus Teilprozessen zusammengesetzt zu denken, und selbst eine „einfache" Reaktion wie die Auflösung eines Metalls in Säure oder eine so „plötzliche" Reaktion wie die Zersetzung von Aziden verläuft über Zwischenvorgänge (im letzteren Falle durch „radiochemische" Untersuchung der den Vorgang begleitenden Lumineszenz gezeigt: AUDUBERT). Nur bei der Katalyse indes ist der Stufenvorgang zugleich ein in bezug auf den Katalysator *cyclischer* Vorgang, indem der die Umwandlung vermittelnde Stoff jeweils wieder frei wird. Der Katalysator verhält sich insofern analog einem Schöpfrad, das immer wieder erfaßt und ausschüttet und dessen nicht müde wird. Ohne Bild gesprochen: Zwischenstufen und Zwischenzustände gibt es bei jeder chemischen Reaktion, nur daß bei der katalytischen Reaktion ein *Fremdstoff* solche schafft, der selber im ganzen unversehrt bleibt.

Der Gesamterfolg der katalytischen Betätigung tritt dem Beobachter entgegen entweder als *Beschleunigung* oder als *Hervorrufung* oder als *Lenkung.* Dabei ist zu beachten, daß dies schließlich sämtlich bildliche oder metaphorische Ausdrücke sind, teilweise vom Mechanischen hergenommen: Bild der „Streckenbeschleunigung" mechanischer Bewegungsgeschwindigkeit, teilweise vom Psychophysischen: Bild des Hervorrufens aus dem Hintergrunde, des Herbeiführens aus dem Versteck, des Erweckens aus dem Schlummer, des Erregens aus untätiger Ruhe, des Lenkens am Seil, des Richtens nach einem Ziel.[1]

Aus obigem ergibt sich, daß die Katalyse ungenügend gekennzeichnet wäre, wenn man sie lediglich als einen Reaktionsverlauf über Zwischenstufen und Zwischenzustände beschreiben wollte. Wenn ein *jeder* Reaktionsverlauf ein „dramatischer" Verlauf über Akte und Szenen ist (SCHÖNBEIN), so kann ein solcher Stufenverlauf an sich noch nicht das charakteristische Kennzeichen der Katalyse als einer speziellen Form des chemischen Geschehens sein; vielmehr handelt es sich immer um eine *besondere Gruppierung, eine besondere Konstellation der Teilakte und Teilszenen,* derart, daß beim katalytischen Prozeß ein beteiligter Stoff, im ganzen genommen, leer ausgeht oder „herausfällt". Um dieses „Herausfallen" recht augenfällig zu symbolisieren, sei ein mechanischer Vergleich gegeben:

Es wird ein Automat mit Münzeinwurf gedacht, im Innern einen solchen Mechanismus bergend, daß beim Einwerfen einer bestimmten Münze ein Wertgegenstand ausgeworfen wird; weiterhin aber soll dieser unterwegs oder beim Auffallen einen neuen Kontakt berühren, der vermöge eines gleichfalls energetisch unterhaltenen Spezialmechanismus *die Münze wieder auswirft,* so daß sie erneut gebraucht werden kann. Das Spiel mit der anstoßenden und veranlassenden, im feststehenden Rhythmus jedoch immer wieder freigegebenen Münze kann man sich beliebig fortgesetzt denken, solange Substrat und Energie vorhalten. Hinsichtlich der benötigten „freien Energie" ist zu beachten, daß im Falle chemischer Gleichgewichte der „Mechanismus" stillhält, bevor noch das Substrat selbst (man denke an $N_2 + H_2$) völlig auf-

---

[1] Um „Metapher" oder analogisches „Figment", vielfach psychistischer Art, handelt es sich ähnlich auch bei dem Gebrauch zahlreicher für die Kennzeichnung katalytischer Erscheinungen dienender besonderer Ausdrücke, wie Gift, Vergiftung, Alterung, Ermüdung, Erholung.

gebraucht ist; in bezug auf das Substrat selber aber müßte bei konsequenter Verfolgung des Bildes verlangt werden, daß der Apparat den Gegenstand erst dann automatisch auswirft, nachdem er ihn auf gegebenen Münzeinwurf jeweils selber aus vorhandenen „Ingredienzien" erzeugt hat.

Was im angeführten Bilde „Mechanismus" ist, ist bei der Katalyse „Chemismus", mit dessen Aufklärung durch „Zergliederung" sich die Reaktionskinetik beschäftigt. Katalyse ist somit ein kinetisches Phänomen und daher hauptsächlich mit kinetischen Methoden zu untersuchen (SCHWAB). Mit einiger Überspitzung kann man sagen, daß *das charakteristische Moment typischer Katalyse nicht* im Anfange des katalytischen Einzelaktes, d. h. in der „Einschaltung" liegt — diese hat der Katalysator mit *anderen reagierenden Korpuskeln gemein* —, *sondern im Ende*, d. h. in der Ausschaltung, dem Ausgeworfenwerden, einer Befreiung aus der Einfangung und Umfassung, einer Loslösung aus vorherigen Bindungen und Fesselungen mit der Möglichkeit erneuter und beliebig wiederholter Betätigung (siehe auch S. 16). Das „Wirken durch bloße Gegenwart" entpuppt sich mithin in der Regel — wie schon auf früher Entwicklungsstufe katalytischer Forschung erkannt oder vermutet worden ist — *als das mehr oder minder lange fortgesetzte Pulsieren eines aus zwei Hauptstufen: Einschaltung und Ausschaltung, bestehenden Vorganges*, analog Systole und Diastole des Herzens oder Assimilation und Dissimilation des Stoffwechsels, in sich stetig wiederholendem Rhythmus („partieller Kreisprozeß" nach BREDIG und HABER 1903).

Bei der Wichtigkeit des Gegenstandes sei noch ein anderer Vergleich herangezogen: Der Katalysator verhält sich wie ein Bohrschwamm, der (nach P. VOLZ) wirkt, indem er sich in Kalkstein einbohrt, feine Plättchen ablöst und in die Körpersubstanz aufnimmt, schließlich aber den (einigermaßen veränderten) Fremdkörper wieder ausscheidet und hinauswirft. Der Vergleich kann noch insofern weitergeführt werden, als jene Hauptstufen nur besonders hervorspringende Punkte in einer stetigen Reihe mannigfachster Vorgänge darstellen: dort vom Vorstrecken dünner Protoplasmaausläufer mit „Zeichnung" eines Musters, über den Schab- und Bohrakt selbst bis zum „Wegschieben des intermediär in die Körpersubstanz aufgenommenen Fremdkörpers".

Oder mit hoministischen Bildern: Der Katalysator benimmt sich wie ein nimmermüder Abenteurer oder wie ein Räuber, der seinen Raub an andere weitergibt, oder wie ein „betrogener Betrüger" (HÜTTIG), oder er erscheint, wohlwollender beurteilt, als ein selbstloser Vermittler und Helfer im Wandel stofflichen Geschehens. Eigentlich wissenschaftlichen Wert besitzen indes — gleichwie in anderen Fällen — derartige „psychistische" Fiktionen oder Metaphern nicht, im Gegensatz zu mechanistischen, die zu neuen fruchtbaren Fragestellungen führen können.

Umklammert und festgehalten werden reaktionsfähige Stoffe bei jeglicher Reaktion jederzeit und immer und immer wieder; ob es ihnen jedoch gelingt, sich aus der Umklammerung jeweils zu lösen, aus dem Abenteuer unversehrt hervorzugehen, das ist die *Frage des Katalysators* mit seiner „Betätigung scheinbar durch bloße Gegenwart". So läßt sich Katalyse zurückführen auf eine „*Anstoß-kausalität" elementarer stofflicher Gebilde unter günstigen Umständen und mit der Fähigkeit der Dauer*, d. h. der Möglichkeit der Wiederholung. Und zwar besteht für ein katalysierendes Gebilde die Möglichkeit eines Wirkens ohne zeitliche Grenze — sofern das Substrat nicht ausgeht.

Um dem *Unterschied zwischen katalytischer und nichtkatalytischer Gesamtreaktion* auf den Grund zu gehen, muß man mithin die darin enthaltenen *Elementar- oder Urakte* in Betracht ziehen. Hier mag folgende Betrachtung genügen: Zwei elementare stationäre stoffliche Gebilde gleicher oder verschiedener Art (insbesondere Atom, Molekel, Makromolekel, Ion) mit bestimmten Energiezuständen ohne stetige Übergänge können in innige energetische Wechselwirkung treten,[1] wenn ausgewählte „Bedingungen" erfüllt sind, indem eine gewisse Beziehung, ein gewisses „Verhältnis" zwischen den Zuständen beider besteht, das von der Quantenmechanik mathematisch zu fassen gesucht, von der Sprache aber in zeiträumlichen Bildern, wie „Spannung" und „Resonanz", „Ansprechbarkeit" und „Verwandtschaft" (mit dem Erfolg der „Bindung" oder „Loslösung"), versinnlicht und veranschaulicht wird. Ist solch ein günstiges Verhältnis, eine glückliche Konstellation vorhanden, so entsteht zwischen Elementargebilden gleicher oder ungleicher Art ein Vorgang der Veränderung, ein Geschehen nach der Art:

$$A + B \rightarrow [AB]_1,$$

wobei $[AB]_1$ jedoch nicht die einfache „Summe" der Zustandsgebilde A und B bedeutet, nicht eine bloße „Zusammensetzung", sondern einen neuen, in der Regel zunächst mehr oder weniger *labilen* Zustand (auch Quasimolekel genannt), der den Ausgangspunkt für die verschiedensten weiteren Vorgänge bilden kann, zumal wenn noch ein drittes Gebilde C von gleicher oder verschiedener Art damit in Berührung kommt. So kann irgendwie, mehr oder weniger „vermittelt", schließlich ein *stabiles* Gebilde $[AB]_2$ entstehen, das vorerst erhalten bleibt (etwa eine „Verbindung" der Atome Na und Cl). Oder es können sich im Falle von Systemen mit vielen Individuen bestimmter Art „Kettenreaktionen", stoffliche Induktionen oder Reaktionskopplungen oder beliebige sonstige „Umsetzungen", auch mit ausgedehnten Folgereaktionen, in einfacher oder gespaltener Linie (Simultanreaktionen) usw. anschließen.

Anderseits aber kann das Gebilde $[AB]_1$, zumal wenn insbesondere das eine der Glieder bereits „zusammengesetzter" Art ist, sich weiterhin derart wandeln, daß beim Reagieren von $[AB]_1$ mit C (etwa $[FeN_2]$ mit H_2) *A aus der Umklammerung entweicht*, dafür aber B und C zusammenbleiben und unter Energieänderung vom Zustand $[BC]_1$ in ein stabiles $[BC]_2$ (etwa NH_3) übergehen; oder es kann $[AB]_1$ (hier etwa $[Fe, NH_3]$) über bestimmte Zwischenstufen so zerfallen, daß schließlich A ($= Fe$) sowie B_1 und B_2 (N_2 und H_2) als „Stücke" zurückbleiben.

In bezug auf die Kürze katalytischer „Verweilzeiten", anders gesagt die Raschheit des „Repetierens" eines katalysierenden Elementargebildes, bestehen größte Unterschiede. Die katalytische Oxydation einer NH_3-Molekel, und zwar über NH_2OH als Zwischenstufe (Bodenstein), kann in 0,0001 Sek. vollendet sein, worauf die katalysierende Pt-Korpuskel sich sofort an neue Substratteilchen wendet. Ein aktives Fe-Atom des Atmungsfermentes kann durch sein Schwanken zwischen Ferro- und Ferristufe in der Sekunde 10000—100000 Molekeln umwandeln. Das gelbe Ferment „pendelt" zwischen Oxydation und Reduktion hundertmal in der Minute; Cholinesterase spaltet Acetylcholin in 0,01 Sek. Eine Molekel Alkoholdehydrase kann bei 20° in der Sekunde mehr als 100 Molekeln Alkohol zur Oxydation bringen; eine

---

[1] Dieser innigen *chemischen* Wechselwirkung, die deutlich geschieden ist von einfach physikalischer Wechselwirkung, wie Adsorption oder elektrostatischer Anziehung, sucht die neue Quantenchemie durch Aufstellung bestimmter neuer elektronischer, den Begriffen der klassischen Mechanik überlegener Symbole näherzukommen (verschiedene Arten chemischer Bindung, Haupt- und Nebenvalenzen, assoziative Bindung usw.). „Der Wettkampf der Stoßzahlen und noch mehr der Aktivierungswärmen entscheidet über alles chemische Geschehen nach Schnelligkeit und Gleichgewicht" (Trautz). War die klassische kinetische Theorie (Krönig, Clausius, Maxwell, Kirchhoff, Boltzmann) noch „ungenügend fundiert", so liegt in der statistischen Mechanik von Willard Gibbs eine umfassende statistische Theorie vor, die auch die neue Quantenstatistik als Teilgebiet umfaßt [A. Eucken: Naturwiss. **26** (1938), 230].

Molekel CO_2-Anhydrase in der Sekunde sogar 40000 Molekeln H_2CO_3 in CO_2 überführen (BERSIN). Je rascher der Katalysator zu repetieren vermag, desto günstiger sind die Aussichten einer *Spurenkatalyse*.

Neben der allmählich verlaufenden Katalyse, die ein Beisammenbleiben von Katalysator und Substrat verlangt, gibt es auch Katalyse in einmaligem Anstoß: katalytische *Initialzündung*, die momentan zur Umsetzung, zur Gleichgewichtseinstellung führt.

Von „herauszufischenden" und tatsächlich erwiesenen Zwischenstufen katalytischer Vorgänge seien nur wenige Beispiele angeführt. JOH und J_2 treten nach E. ABEL als Zwischengebilde bei der H_2O_2-Zersetzung in Gegenwart von Jodion und ähnlichen Reaktionen (z. B. Thiosulfatzersetzung) auf; Permolybdat und Perwolframat bei ähnlichen Zersetzungen und Oxydationen mittels Molybdän- und Wolframsäure. Bei der Reaktion

$$2\,CO + O_2 = 2\,CO_2$$

an NiO ist nach C. WAGNER zeitbestimmend die Reaktion des CO mit dem O der Katalysatorphase. Für die schon von LIEBIG beobachtete katalytische Hydratisierung des Dicyans in Gegenwart von Acetaldehyd konnte LANGENBECK Additionsreaktionen als Zwischenstufen ermitteln usw.

Die thermodynamischen und atom- oder molekularkinetischen sowie schließlich auch quantentheoretischen „*Spielregeln*", nach denen sich katalytische oder nichtkatalytische Prozesse vollziehen, sind durchweg „ganzheitlicher" Art, d. h. als „Systemgesetzlichkeit" auf *Mengen von Individuen oder Korpuskeln* sich beziehend, während das Verhalten des Einzelindividuums unbestimmt bleibt. Es sei nur an die individualistisch unverständliche und nur „kollektivistisch" erklärbare Tatsache erinnert, daß es für die Vereinigungstendenz einer bestimmten N_2-Molekel mit drei bestimmten H_2-Molekeln durchaus nicht gleichgültig ist, in welcher Nachbarschaft sie sich befinden und wie dicht die „Gesamtpackung" der gleichförmigen Molekeln ist; gleich wie anderseits *eine* NH_3-Molekel für sich allein gedacht kaum je „wissen wird, was sie tun soll". Für Mengen von Individuen wiederum sind bloße *thermochemische* Verhältnisse in bezug auf Bildung und Zersetzung für sich allein nicht entscheidend — wie einst JULIUS THOMSEN und M. BERTHELOT gemeint hatten —, sondern *thermodynamische Gesetzlichkeit*, also die *Arbeitsfähigkeit des Systems* gemäß dem Vorrat an *freier* Energie bei dem Streben nach Gleichgewicht, dazu noch *kinetisch-statistische Spielregeln*.

Ob in der theoretischen Behandlung das bewährte mechanische Bild des elastischen „Zusammenstoßes" von Korpuskeln, das in der statistischen Behandlung von Gesamtheiten eine maßgebende Rolle spielt, durchweg der vollen Wirklichkeit entspricht, oder ob es sich um eine bloße *analogische Veranschaulichung* mit stark fiktiven Zügen handelt, kann hier unerörtert bleiben. Die Tatsache, daß für das Geschehen innerhalb des Atoms schließlich das gewohnte Raumbild versagt, legt auf alle Fälle die Vermutung nahe, daß auch in unsere Vorstellungen über die zwischenatomaren und die zwischenmolekularen Vorgänge sich unvermeidlich fiktive Züge einmischen, die, unserer makroskopischen räumlichen Betätigungswelt entnommen, für das Gebiet der kleinsten Dimensionen erkenntnistheoretisch unsicher werden, wenngleich sie mehr oder minder denknotwendig erscheinen und sich täglich und stündlich in der Wissenschaft auf das beste bewähren.[1]

---

[1] „Die räumlich-zeitlichen Begriffe, die auf die gewohnte Erfahrung zurückgehen, versagen bei der Beschreibung quantenhafter Erscheinungen" [NIELS BOHR; siehe auch MARCH: Naturwiss. **26** (1938), 649]. — MAXWELL hat wohl zum erstenmal innerhalb der physikalischen Wissenschaft deutlich erkannt und nachdrücklich betont, daß bei allem, was Mechanik überschreitet, also z. B. „Licht" oder „Elektrizität" heißt oder damit zusammenhängt, *mechanische Verdeutlichungen nicht „adäquate Abbilder", sondern bloße Zeichen und Analogien darstellen: Analogie* des Lichtes mit den Schwingungen eines Mediums, formale Ähnlichkeit elektrischer Erscheinungen

Von jedem einzelnen Fortschritt chemischer Erkenntnis und von jedem Wandel der Verbildlichung atomarer Vorgänge unberührt, bleibt das Hauptcharakteristikum der Katalyse dauernd bestehen: Das *Urschema der Katalyse* zeigt uns ein *Umsetzung verursachendes stoffliches Gebilde, das seinen „Akt" infolge besonderer reaktionskinetischer sowie thermodynamischer Umstände und Verhältnisse unmittelbar zu repetieren vermag,* indem, wenn genügend Substrat vorhanden ist, ein einziges Atom, eine einzige Molekel oder auch eine einzige spezifische Oberflächengruppierung von Atomen oder Molekeln durch wechselnde Einschaltung und Ausschaltung, Einwicklung und Auswicklung, Eintauchung und Emportauchung beliebig viele Verbindungsakte oder Zersetzungsakte fremder Gebilde — grundsätzlich bis ins Unendliche — anstoßen, veranlassen, verursachen kann. *Dieses „Repetierenkönnen" gegenüber immer neuen Substratteilen bleibt in jedem Wechsel bildlicher Veranschaulichung oder auch mathematischlogischer Durchdringung als äußeres und sicherstes Kennzeichen typischer Katalyse bestehen,* mag sie rein chemischer oder auch mehr kolloidischer Art sein (Peptisierung, Emulgierung usw.), mag sie ein isoliert dastehendes oder ein mit weiteren katalytischen und sonstigen Teilakten gekoppeltes Ereignis betreffen, mag sie sich, auf verhältnismäßig einfache anorganische Prozesse beziehen oder auf die kompliziertesten und spezifisch ausgesuchtesten Vorgänge im Organismus.

In obigen Darlegungen sind die *Hauptmöglichkeiten chemischer Reaktionen* in äußerster Vereinfachung angedeutet. Wesentlich ist, daß bei katalytischen Reaktionen ein Körper da ist, der sich sozusagen mittels eigener Kraft aus Einfangung, Umklammerung und Zustandsänderung wieder freizumachen und zu regenerieren und „restaurieren" versteht, während bei „einfachen" chemischen Reaktionen *sämtliche* tatsächlich beteiligten Individuen sich am Ende des Vorganges endgültig in einem anderen Bindungszustande befinden als vor Beginn. (Von möglichen *individuellen* Austauschreaktionen im *dynamischen Gleichgewicht,* z. B. gemäß $N_2O_4 \rightleftharpoons 2\,NO_2$ ist hier abgesehen.)

Daß die *Fähigkeit raschen Wiederholens* seiner Tätigkeit, die einem „idealen" Katalysator zeitlich unbeschränkt zukommen müßte, vor allem bei heterogener Katalyse *praktisch mehr oder minder begrenzt* ist, haben schon BERZELIUS und andere frühe Katalyseforscher erkannt. Ein Pt-Draht zerstäubt allmählich, wenn auch sehr langsam; beliebige Katalysatoren können durch Fremdstoffe reversibel oder irreversibel unwirksam gemacht oder „vergiftet" werden; kolloide Katalysatoren können „altern" oder durch den Einfluß des Mediums, der Temperatur usw. ausflocken; beliebige, namentlich organische Katalysatoren können durch „Nebenreaktionen" zerstört und aufgezehrt werden. Die absolute *Beständigkeit eines katalysierenden Gebildes* ist demnach ein Idealfall, der praktisch, abgesehen von einfachsten Ionenreaktionen, kaum jemals vollkommen erreicht wird.

Das inkommensurable Moment, das der Katalyse als einer Form der Anstoßkausalität in bezug auf die Unbestimmtheit der „Repetierzahl" anhaftet, schließt

---

mit Bewegungen einer nichtzusammendrückbaren Flüssigkeit usw.; allgemein „geometrische Modelle physikalischer Kräfte", so daß z. B. „elektromagnetische Erscheinungen durch die Fiktion eines Systems von Molekularwirbeln nachgeahmt werden können". Eine solche Aufsuchung veranschaulichender Bilder, die das strenge mathematische Symbol überschreiten, ist nach MAXWELL fruchtbar und darum notwendig, obwohl nicht in das „Wesen der Dinge" führend; und man bedient sich der mechanischen Bilder „zur Erleichterung der Vorstellung, nicht aber zur Angabe der Ursachen der Erscheinungen" (OSTWALDS Klassiker Nr. 69 und 102, über „Kraftlinien", herausgegeben von BOLTZMANN). S. auch E. MACH: Über die „Ähnlichkeit und die Analogie als Leitmotiv der Forschung", in „Erkenntnis und Irrtum", 2. Aufl., 1906, S. 220. — A. MITTASCH: Fiktionen in der Chemie. Angew. Chem. **50** (1937), 423.

nicht etwa das Vorhandensein mathematischer Beziehungen aus; es sei an die oftmals beobachtete Proportionalität von Katalysatormenge oder Katalysatoroberfläche und Reaktionsgeschwindigkeit erinnert.

C. Formulierungen der Katalysedefinition.

Durch ein Gegeneinanderhalten katalytischer und nichtkatalytischer chemischer Reaktionen kann man zu der Begriffsumschreibung kommen: *Katalyse ist stoffliche Anstoß- oder Veranlassungskausalität von der Art, daß das anstoßende oder veranlassende Stoffgebilde seine Tätigkeit zu bewahren, also unmittelbar zu repetieren imstande ist:* eine Fähigkeit zur Dauer, ein Vermögen des Wiederholens. Es handelt sich mithin um eine Anlaßkausalität, die nach der Art eines Weberschiffchens in die Umsetzungskausalität des stofflichen Chemismus einschießt, so daß (vor allem bei der Biokatalyse) aus den Möglichkeiten der „Kette" (im Sinne der Weberei) die Wirklichkeit eines bunten — aber nie absolut „fertigen" — Gewebes wird.

Derartige „Erklärungen" sind sehr unbestimmter, rein formaler und „bildlicher" Art und müssen daraufhin geprüft werden, wie weit sie mit den *herkömmlichen und bewährten Katalysedefinitionen* übereinstimmen. Es kann sich für uns nicht darum handeln, die zahlreichen, oft nur im Wortlaut leicht abweichenden Formulierungen wiederzugeben; vielmehr sollen lediglich die Hauptgruppen kurz betrachtet werden, in die sich die üblichen Umschreibungen sondern lassen.

1. Hervorrufung und Herbeiführung durch Gegenwart oder bloßen „Kontakt".

Schon von DÖBEREINER, THÉNARD, MITSCHERLICH u. a. ist die Wirkung „durch Kontakt" oder durch „bloßen Kontakt" als wesentliches Merkmal der aufgefundenen und sich ständig vergrößernden neuen Gruppe chemischer Vorgänge erkannt worden, doch mußte die Vorstellung namentlich bei den zwei Erstgenannten noch ziemlich unbestimmt bleiben. Erst BERZELIUS hat 1835 eine schärfere Kennzeichnung gefunden. Katalysatoren sind „Körper, die durch ihre bloße Gegenwart chemische Tätigkeiten hervorrufen, die ohne sie nicht stattfinden". Oder: Katalyse ist das Vermögen, wonach „Körper durch ihre bloße Gegenwart und nicht durch ihre Verwandtschaft, die bei dieser Temperatur schlummernden Verwandtschaften zu erwecken vermögen". Daß die Worte „und nicht durch ihre Verwandtschaft" *cum grano salis* zu verstehen sind, zeigt die weitere Bemerkung, man könne nur vermuten, daß die Katalyse „eine eigene Art der Äußerung" der „elektrochemischen Beziehungen der Materie" — also doch wieder der Verwandtschaft — sei.[1]

---

[1] Siehe hierzu A. MITTASCH, BERZELIUS und die Katalyse, 1935; ferner — auch für das Folgende — A. MITTASCH, E. THEIS: Von DAVY und DÖBEREINER bis DEACON, 1932. — A. MITTASCH: Kurze Geschichte der Katalyse, 1939.

ROBERT MAYER hat 1845 den Begriff „katalytisch" derart erweitert, daß er mit „Anstoß" und „Veranlassung" oder „Auslösung" sich deckt und zusammenfällt: „Katalytisch heißt eine Kraft, sofern sie mit der gedachten Wirkung in keinerlei Größenbeziehung steht. Eine Lawine stürzt in das Tal, der Windstoß oder der Flügelschlag eines Vogels ist die katalytische Kraft, welche zum Sturze das Signal gibt und die ausgebreitete Zerstörung bewirkt." Diese Erweiterung des Katalysebegriffes hat jedoch begreiflicherweise in der Wissenschaft nicht Anklang und Annahme gefunden. Hatte BERZELIUS Kontaktvorgänge als „Katalyse", d. h. Auslösung, bezeichnet, so ist (nach E. v. LIPPMANN) zu vermuten, daß R. MAYERS „Auslösung" eine Rückübersetzung des Ausdruckes „Katalyse" darstellt.

Diese Definition von BERZELIUS hat im wesentlichen bis KÉKULÉ, BERTHELOT und HORSTMANN geherrscht. Ziemlich unbestimmt mußte anfangs — vor ROBERT MAYERS Aufstellung des Gesetzes von der „Erhaltung der Kraft" (1842) — die Frage bleiben, ob der Katalysator eigene energetische „Kräfte" — analog den mechanischen Kräften der Gravitation (Attraktion) — ins Spiel bringt (also als eigentliche „Kraftquelle" dient), oder ob er sich auf die Rolle des Vermittlers beschränkt, der zu seiner Betätigung völlig auf vorhandene Bereitwilligkeit und Aktivität der Partner selbst angewiesen ist, so daß er im Grunde nur „auslösend" wirkt. Der Ausdruck „katalytische Kraft" bei BERZELIUS konnte den Anschein erwecken, als ob er den Katalysator im Sinne der ersteren Möglichkeit, d. h. als geheimnisvollen Kraftspender oder Energiespender ansähe; doch ergibt sich bei näherem Zusehen, insbesondere unter Beachtung der „schlummernden Verwandtschaft" der reagierenden Stoffe, die durch den Katalysator geweckt werden soll, daß BERZELIUS durchaus überzeugt ist, nur an sich „mögliche" Reaktionen könnten durch den Katalysator verursacht werden, so daß der „zauberisch" anmutende Charakter der Katalyse doch nur Schein sei.[1]

Noch deutlicher tritt die *rein vermittelnde Funktion des Katalysators* bei LIEBIG hervor, und zwar in der Erkenntnis, daß bei „Kontaktvorgängen" einschließlich Gärung, Fäulnis und Verwesung die tiefste Ursache des Prozesses in der Natur der entsprechenden Verbindungen selbst liege, indem es sich durchweg um Stoffe handle, in denen „das Streben der Elemente, sich nach den Graden ihrer Verwandtschaft zu ordnen", noch nicht voll befriedigt ist. Nach heutiger Ausdrucksweise: nur „metastabile" Systeme mit eigenem „Streben der Veränderung" können ohne weiteres katalytisch beeinflußt werden, die freie Energie des Systems von Reaktionspartnern selber ist die Triebkraft des Geschehens, nicht aber eine besondere schöpferische „Kraft" des Katalysators. Die „katalytische Kraft" ist demzufolge nur ein „bilanzfreier Impuls", eine energetisch indifferente „Richtkraft" (siehe auch S. 29).

2. Duale Definition: hervorrufen oder beschleunigen.

Schon in den Anfängen der katalytischen Entwicklung, d. h. noch vor der Prägung des Wortes „Katalyse" durch BERZELIUS tritt vereinzelt das Moment des „Beschleunigens" zutage, entweder deutlich ausgesprochen, so bei TH. DE SAUSSURE bereits 1819, oder mehr verborgen, so bei DÖBEREINER bald darauf. Bei LIEBIG 1866 heißt es zum erstenmal, daß es sich handle um: „Vorgänge entstehen machen oder beschleunigen", ähnlich bei HORSTMANN 1885: „Vorgänge einleiten oder beschleunigen", und selbst noch bei W. OSTWALD 1890: Vorgänge, welche durch die Gegenwart bestimmter Stoffe „hervorgerufen oder beschleunigt werden". Weiterhin VAN T'HOFF 1898: Ein Kontakt kann „eine Reaktion beschleunigen oder einleiten, ohne dabei sich zu verändern"; WEGSCHEIDER 1900; „Reaktionen ermöglichen oder beschleunigen"; WILLSTÄTTER: „Reaktionen beschleunigen oder hervorrufen" usw.

Eine Art Übergang zu 3 bildet eine Definition von MICHAELIS: „Ein Katalysator ist ein Stoff, durch dessen Gegenwart eine thermodynamisch mögliche, aber nicht

---

[1] Bezeichnend für diese Auffassung erscheint vor allem die etwas umständliche, aber durchaus unmißverständliche Aussage (1835), daß zufolge der katalytisch erweckten Verwandtschaften „in einem zusammengesetzten Körper" (besser hieße es: in einem stofflichen System) „die Elemente sich in solchen anderen Verhältnissen ordnen, durch welche eine größere elektrochemische Neutralisierung hervorgebracht wird". Ähnlich heißt es auch später (1843), daß „diese katalytische Kraft in einem Einfluß auf die Polarität der Atome bestehen muß, welche sie vermehrt, vermindert oder verändert". Nach H. HERZ: Ann. Naturphil. 5 (1906), 409 wirkt der Katalysator, indem er bestimmte chemische Affinitäten so *richtet*, daß sie leicht zur Betätigung gelangen können.

oder mit kleiner Geschwindigkeit vor sich gehende Reaktion beschleunigt wird"; ähnlich NERNST: „den Verlauf einer Reaktion beschleunigen, die auch ohne den Katalysator stattfinden könnte". (Ob sie auch wirklich stattfindet, bleibt dahingestellt.[1])

3. „Beschleunigung" allein.

Von der dualen Definition ist OSTWALD sehr bald und mit voller Absicht zu einer Formulierung übergegangen, die sich durchaus *auf das Beschleunigungsmoment beschränkt*, und diese Umschreibung ist bis in unsere Tage herrschend geblieben. Mit mehrfacher Variierung im Wortlaut wird an der Begriffsbestimmung festgehalten: Katalyse ist „die Beschleunigung eines langsam verlaufenden chemischen Vorganges durch die Gegenwart eines fremden Stoffes" (1899); „ein Katalysator ist jeder Stoff, der, ohne im Endprodukt einer chemischen Reaktion zu erscheinen, ihre Geschwindigkeit verändert" (1901).

Für diese Einengung auf das Beschleunigungsmoment sind sowohl sachliche wie persönliche Gründe entscheidend gewesen. Sachliche Gründe bestehen insofern, als die einheitliche Formulierung aus der Entwicklung der neuen Reaktionskinetik durch VAN T'HOFF u. a. mit einem gewissen inneren Zwange folgt. Mit ihrer Anlehnung an die klassische Punktmechanik und deren Begriffe und Formeln für die *Bewegungsgeschwindigkeit* $\frac{ds}{dt}$ hatte die Reaktionskinetik schon bei WILHELMY 1858 zu der Formulierung einer analogen *Reaktionsgeschwindigkeit* $\frac{dx}{dt}$ geführt; was lag dann aber näher, als auch den scharf definierten Ausdruck der „*Beschleunigung*" *als Änderung der Geschwindigkeit durch ein Agens* mit zu übernehmen und ihn an die „Katalyse" zu binden! Rein persönlich aber kommt hinzu, daß W. OSTWALD von Anfang an mit Vorliebe der Frage nachgegangen war (auch experimentell), ob nicht „träge" Vorgänge wie die Vereinigung von H_2 und O_2, die bei gewöhnlicher Temperatur anscheinend gar nicht stattfinden, in Wirklichkeit doch auch schon bei Zimmertemperatur einen gewissen, wenngleich sehr langsamen Fortschritt zeigen.[2] (Der landläufige Gebrauch des Wortes „beschleunigen" setzt eine vorherige von Null verschiedene Geschwindigkeit voraus, derjenige in der wissenschaftlichen Mechanik indessen nicht!)

Nimmt man den Ausdruck „beschleunigen" im alltäglichen Sinne, so kann die Zuspitzung der Katalysedefinition auf „Beschleunigung" allein den Gedanken nahelegen, daß in jedem Falle schon vor Zufügung des Katalysators eine endliche Reaktionsgeschwindigkeit vorhanden gewesen sei. Das bedeutet, genauer gesagt, daß im System von vornherein bereits *ein Zustand der Tätigkeit existiert*, an den der Katalysator anknüpfen kann. So ist es nach W. OSTWALD ein berechtigtes theoretisches Postulat, daß „alle aus bestimmten Stoffen möglichen Produkte auch wirklich entstehen, wenn auch in sehr verschiedenen Verhältnissen und mit entsprechend verschiedenen Geschwindigkeiten" (1899); und auch im Falle der *Reaktionslenkung* ist anzunehmen, daß es sich tatsächlich um eine „Beschleunigung" handle, hier aber um eine „auswählende" Beschleunigung bestimmter Vorgänge mit „Vernachlässigung" der anderen konkurrierenden „Anfänge".

---

[1] Bei RUBNER (1909) liest man: „Fermente glattweg als auslösende Körper zu betrachten, geht nicht an". Nach SKRABAL sind Katalysatoren „Stoffgebilde, die aus einem System von Simultanreaktionen eine oder wenige durch Beschleunigung oder Ermöglichung herausheben".

[2] Zudem erscheint die von OSTWALD vermiedene Bezeichnung „auslösen" zwar unmittelbar zutreffend für die Initialzündung explosiver Katalysen, nicht aber ohne weiteres für die überwiegenden „stillen" Katalysen, die eine Dauergegenwart des Katalysators verlangen. Siehe indes seine Philos. d. Werke, 1913, S. 201.

Faßt man das Wort „beschleunigen" im Sinne der klassischen Mechanik, so darf nicht übersehen werden, daß „Beschleunigung" der Bewegungsgeschwindigkeit eines Körpers oder auch „Beschleunigung" eines Elektrons durch ein elektrisches Feld *sachlich* etwas ganz anderes ist als die katalytische „Beschleunigung". Diese bedingt, wie schon bemerkt, *keine* äußere Kraftwirkung durch das „anstoßende" Agens — den Katalysator —, sondern ist auf die freie Energie des reaktionsfähigen Systems selbst angewiesen, von der sie bis zur Erreichung des Gleichgewichtes zehrt (siehe auch S. 29 über „katalytische Kraft").

Die großen Erfolge der katalytischen Reaktionskinetik auf der alleinigen Grundlage der „Beschleunigung" haben gezeigt, daß, solange man den *katalytischen Gesamtvorgang* im Auge hat, die theoretische Zuspitzung des Katalysebegriffes auf „Beschleunigung" berechtigt und zulässig ist;[1] und ferner wird man auch bei heutiger „statistischer" Auffassung mit OSTWALDS Postulat arbeiten können, daß Vorgänge, die thermodynamisch möglich sind, in irgendwelchem Betrage auch wirklich stattfinden. Rein theoretisch also hat sich OSTWALDS „unitarische" Definition durchaus bewährt, und dies wird auch von denjenigen Forschern anzuerkennen sein, die geneigt sind, jenes „Postulat" schließlich als eine Art „Fiktion" anzusprechen und auf die Grenzen der „Beschleunigungs"-Aussage hinzuweisen. Der Streit darüber, ob jede Katalyse durchaus als „Beschleunigung" angesprochen werden muß, oder ob man hier und da auch von „Hervorrufung" und „Erzeugung" reden darf, ist im Grunde ein dialektischer Streit (nach SCHWAB: „eine philologische oder auch philosophische Frage"), d. h. eine Auseinandersetzung um die genaue Definition jener Wörter.

4. Betonung des Richtens und Lenkens.

Es müßte seltsam zugehen, wenn die katalytische Reaktion als eine Sonderbetätigung der chemischen „Affinität" nicht auch den *wahlhaften und „willkürlichen" Zug* aufwiese, der jeder stofflichen Umsetzung zu eigen ist. Eine Formulierung von MITTASCH nimmt dieses Moment ausdrücklich mit auf. Der Katalysator erscheint als ein Stoff, „der, obgleich an einer Reaktion anscheinend nicht unmittelbar beteiligt, diese hervorruft oder beschleunigt oder in bestimmte Bahnen lenkt" (1933); oder (1936): „Ein Katalysator ist ein Stoff oder Körper, der scheinbar durch bloße Gegenwart eine chemische Reaktion oder Reaktionsfolge nach Richtung und Geschwindigkeit bestimmt". (Die Fortsetzung kann hier zunächst außer acht bleiben: — „und zwar in der Regel auf dem Wege der Schaffung neuer Elementarakte und damit gewisser mehr oder weniger gut erkennbarer Zwischenstoffe und Zwischenzustände".[2])

Wie schon von OSTWALD hervorgehoben, steht eine „Lenkung" nicht im Widerspruch mit dem Moment der „Beschleunigung". Es bleibt bestehen, daß, formal betrachtet, auch die Lenkung der Vorgänge eines Systems in neue Bahnen bei *selektiver Katalyse* nichts anderes bedeutet als „ein Erhöhen der Geschwindigkeit auf dieser an sich schon möglichen Bahn bis in den Bereich der Meßbarkeit" (G.-M. SCHWAB 1931); oder nach BREDIG: „Im Grunde besteht auch jede Reaktionslenkung schließlich in einer Verschiebung der Größe der Reaktionsgeschwindigkeit der verschiedenen möglichen Simultanreaktionen". Ähnlich DOHSE 1938: „Wir sind uns darüber klar, daß der Reaktionslenkung die aus-

---

[1] Auf eine praktische Unzulänglichkeit der Beschleunigungsdefinition hat unter anderen E. v. LIPPMANN schon 1901 hingewiesen.

[2] A. MITTASCH: Naturwiss. **21** (1933), 729; Über Katalyse und Katalysatoren in Chemie und Biologie, S. 4, 1936; Katalyse und Determinismus, S. 10, 1938. — C. DOHSE: Chem. Fabrik **11** (1938), 133.

wählende Beschleunigung einer von mehreren Parallel- oder Folgereaktionen zugrunde liegt."

So sind auch nach heutiger „molekular-statistischer" Auffassung sämtliche thermodynamisch und kinetisch denkbaren „Teilakte" tatsächlich vorhanden, und „Vorereignisse", wie z. B. $CO \rightleftharpoons C + O$, $H_2 \rightleftharpoons H + H$ in dauernder Oszillation der Quantenzustände sind es, an welche der Katalysator anknüpft. Er wird so, an Ansätze und Anfänge sich heftend, „Herr über Simultanreaktionen" (SKRABAL) und kann demgemäß sowohl gleichmäßig „beschleunigend" wie auch scheidend und auswählend sich betätigen. Es ist wie mit einem aus der Erde hervorkommenden dürftigen Strauchwerk, über das der Katalysator als „höherer Wille" gerät; es „steht in seinem Belieben", nur *einen* Schößling oder zwei zum Wachsen und Blühen zu bringen und alles übrige zurückzudrängen; seine eigene „Freiheit" aber ist, genau gesehen, wiederum eine „höhere Notwendigkeit und Gesetzlichkeit".

Sind für ein Reaktionssystem, ein Substrat, verschiedene Reaktionswege möglich, so offenbart ein herangeführter Katalysator *Selektivität oder Reaktionsspezifität*. Hiervon ist zu scheiden die einfache *Substratspezifität*, die darin besteht, daß der Katalysator auf das vorhandene System irgendwie „abgestimmt" sein muß, um überhaupt zu wirken.

Zusammenfassend kann man sagen, daß sämtliche drei Begriffsbestimmungen: hervorrufen — beschleunigen — lenken (verursachen — erleichtern — wählen) zutreffend sein können, je nach Lage des Falles, durchweg aber im Hinblick auf die Totalität des Vorganges und *unter dem Gesichtspunkt des Erfolges*. Ob im einzelnen Beispiel das eine oder andere Moment in den Vordergrund tritt, ergibt sich aus dem Vergleich mit dem Geschehen im gleichen System ohne den Katalysator oder mit einem anderen Katalysator, zusammen mit der Erwägung, ob *verschiedene thermodynamische Möglichkeiten bestehen*, wie dies z. B. im System $CO + H_2$ der Fall ist. Daß auch die „Kehrseite" des Verursachens, Hervorrufens, Beschleunigens, Richtens mit einem Aufheben, Hemmen, Verzögern, Erschweren, Ablenken, Blockieren, Sperren, Entgegenarbeiten, Beeinträchtigen, Bremsen nicht fehlen darf, ist selbstverständlich (siehe auch S. 31).

Da aber der Katalysator nicht neue Gleichgewichte schaffen, sondern nur die Einstellung thermodynamischer Gleichgewichte vermitteln kann, so folgt, daß er grundsätzlich sowohl Reaktion wie Gegenreaktion zeitlich beeinflußt (VAN T'HOFF, OSTWALD). Das gilt auch für Fermente, wie dies zuerst von CROFT HILL 1898 an dem Beispiel der Disaccharase gezeigt worden ist.[1]

D. Beziehungen der Katalysedefinition zur Theorie der Katalyse.

1. Allgemeines.

Überblickt man die Gesamtheit der Katalysedefinitionen, so tritt fast durchweg ein ausgesprochen „formaler" Zug hervor. Es wird zumeist in keiner Weise auf das „Wesen" des Vorganges selbst und seine Entstehung eingegangen, sondern der Vorgang wird nur von außen angesehen, d. h. in bezug auf den Ausgangspunkt und auf das Ende, d. h. den deutlich sichtbaren Erfolg. Es ist dies

---

[1] Immerhin können durch sekundäre Einflüsse *einseitige* Katalysen zustandekommen. So gibt es nach F. LEINER: Forsch. u. Fortschr. 1940, 340 für die Kohlensäure-Anhydratase Stoffe, die in bezug auf $CO_2 + H_2O \rightleftharpoons H_2CO_3$ den Hydratationsvorgang stark aktivieren (Histidin, Histamin), und andererseits auch Dehydratations-Aktivatoren. Zur Frage einseitiger Katalyse siehe auch E. BAUR, G.-M. SCHWAB u. a. m.

nicht nur Notbehelf, sondern weise Beschränkung, da eine Formaldefinition *weiten Spielraum für die eigentliche Theorie der Katalyse gibt* und hierdurch anderseits unabhängig von jedem Wechsel der speziellen Theorie bleibt. Zugleich wird die Möglichkeit offen gelassen, daß nicht sämtliche Katalysen *einem* einheitlichen „Gesetz" folgen, daß es vielmehr *verschiedene Gruppen und Arten von Katalysen* gibt, die auf ungleichen Wegen verlaufen.

Hiermit hängt der weitere gemeinsame Zug fast aller Katalysedefinitionen zusammen, daß sie sich auf den *katalytischen Vorgang als auf ein Ganzes* beziehen, ohne auf die „Zusammensetzung" jenes Ganzen aus Elementarakten verschiedener Art wesentlich Rücksicht zu nehmen. Jene „zeitmikroskopische" Frage der *Zusammensetzung des Gesamtverlaufes aus Teilakten* oder das Problem der Zwischenstadien und Zwischenvorgänge der in einer Bruttogleichung zusammengefaßten katalytischen Reaktion steht dagegen im Mittelpunkt der *katalytischen Theorie;* und so erhebt sich die Frage nach dem *Verhältnis der Definition der Katalyse zu der theoretischen Erklärung.* Diese muß die *Genesis* im Auge haben, indem sie das Ganze des Vorganges als Funktion und Resultat eines *katalytischen Uraktes* ansieht, dem sich vor- und nachlaufende Hilfsakte zwangsläufig („ganz von selbst") zugesellen. Das Ganze stellt sich so als eine Art Kaskadensystem dar, das in kontinuierlichem „Fließen" überwunden wird. „Wollen wir eine Erklärung der Katalyse geben, so müssen wir auf die Urreaktionen zurückgreifen, aus welchen die Wirkungsweise der Katalysatoren hervorgeht" (SKRABAL, 1935).[1]

Bei dem *katalysierenden Einzelatom oder dem katalysierenden Einzelmolekül* müssen wir mithin anfragen, was es erlebt, tut oder erleidet. Dann aber kann für die typische Katalyse die Antwort nicht zweifelhaft sein: *das katalysierende Elementargebilde schaltet sich ein und aus;* es nimmt irgendwie teil an Vorgängen, die durch seine Einführung in das System *möglich geworden* sind; es kann in aktiver Betätigung *neue* Elementarakte schaffen und neue Wege erschließen, die zu einem Ziele führen, das vielleicht auch katalysatorfrei erreicht werden kann, dann aber unzweifelhaft auf einem anderen Wege. Dies alles aber läuft darauf hinaus, daß *der Katalysator, indem er sich selber in ein Gleichgewicht mit seiner Umgebung zu setzen bestrebt ist* (SCHENCK u. a.), *auch diese seine „Umwelt" ihrem Gleichgewicht zuführt.* So wirkt er als heimlicher Mitspieler.

Ganz ausnahmslos beschränkt sich die heutige Reaktionskinetik nicht mehr auf Feststellung und Begründung einer „Reaktionsordnung" nebst eventueller Hervorhebung deutlich sichtbarer oder erschlossener Zwischenstufen, sondern sie *sucht den gesamten Reaktionsverlauf möglichst getreu im Begriff und Symbol zu „rekonstruieren"* mit dem Ziele, jenen Ablauf bis in den Aufbau aus Elementarakten zu zerlegen und so sein Resultat als aus gegebenen Bedingungen mit Notwendigkeit folgend darzutun. Erstrebt wird also, den *gesamten „Lebenslauf"* einer Reaktion sowie auch die Beziehungen zur Umgebung genau zu verfolgen und bis auf den „Keim mit seinen Erbanlagen" (das Ausgangssystem mit seinen Stoffkonstanten) zurückzuführen.

---

[1] Es sei an die erste Erklärung einer Katalyse durch Zwischenreaktionen erinnert: „Somit ist die Salpetersäure nur das Instrument der vollständigen Oxydation des Schwefels; ihre Grundlage, das Stickoxyd, entnimmt den Sauerstoff der atmosphärischen Luft, um ihn der schwefligen Säure in einem Zustand anzubieten, der ihr zusagt" (qui lui convienne). (CLÉMENT und DESORMES 1806 über den Bleikammerprozeß.) DRIESCH 1904: „Eine instabile Verbindung ist als primäres Resultat des zugesetzten Katalysators anzusehen; sie ist das Kuppelnde, Vermittelnde". Mit Rücksicht auf den spezifisch selektiven Charakter der Katalyse hat schon MERCER 1842 das Bestehen schwacher Affinitäten als Erfordernis hingestellt (feeble chemical affinity; nach PLAYFAIR 1848: accessory affinity).

Zu diesem Zweck bedient sich die Forschung außer den bewährten Methoden klassischer Reaktionskinetik auch *verfeinerter neuer Denkmethoden* der Atomphysik und Quantenmechanik sowie zahlreicher neuer apparativ-experimenteller Hilfsmittel, insbesondere optischer und elektrischer Art, wie Röntgenographie, Spektroskopie usw.[1]

Bei aller Erweiterung katalytischen Wissens und Verfeinerung katalytischen Denkens ist eine Tatsache unerschüttert geblieben, der jede theoretische Erörterung gerecht zu werden hat. Daß ein Stoff jeweils katalysiert, *ist immer eine Ausnahme*, d. h. bei jeder für sich nicht oder nur schwierig anlaufenden Reaktion werden von beliebig hinzugefügten Fremdstoffen weitaus die meisten „indifferent" und wirkungslos sein; und nur eine Minderheit, zuweilen eine sehr geringe Minderheit wird sich betätigen. Für einen Stoff fester Formart kann sogar die *Struktur* (neben der Reinheit) darüber mitentscheiden, ob katalytisch etwas geschieht oder nicht.

Es sei das Beispiel des Systems $N_2 + 3H_2$ unter günstigen Gleichgewichtsbedingungen angeführt, in welchem sich die meisten Fremdstoffe indifferent verhalten (z. B. SiO_2), andere (z. B. Li) Hydrid oder Nitrid u. dgl. bilden und wieder andere (z. B. Fe, Os, Mo) zu NH_3-Bildung führen. In den Systemen $Mo—N_2—H_2$, $Vd—N_2—H_2$ z. B. werden unter vergleichbaren Umständen die einleitenden Prozesse ziemlich die gleichen sein: mechanische Adsorption → aktivierte Adsorption → Nitridbildung; nur im Falle des Mo jedoch wird auch die *Loslösung* gemäß Nitrid $+ H_2 \rightarrow NH_3$ gelingen, im Vd-Nitrid ist N zu fest gebunden.[2]

Gleichbedeutend mit intermediärer Komplexbildung des Katalysators behufs Auflockerung von Bindungen ist die „Aktivierung" bestimmter Atome oder Atomgruppen im Kraftfeld der Katalysatorsubstanz.

Der Katalysator hat, zumal in der präparativen und technischen Chemie, Seltenheitswert, die Katalyse zeigt sich spezifisch und selektiv, wahlhaft, sprunghaft, willkürhaft. Energetische Hemmnisse infolge zu hoher „Aktivierungswärmen" oder Unwahrscheinlichkeiten des Zusammenstoßes — bei mehrmolekularen Reaktionen — sowie bestimmte sterische Hinderungen werden nicht

---

[1] Zur Theorie der Katalyse siehe M. TRAUTZ: Lehrbuch der Chemie, Bd. 3, 1924, sowie Artikel über „Chemische Kinetik" und „Katalyse" im Handwörterbuch der Naturwissenschaften, 2. Aufl. 1936. — C. N. HINSHELWOOD: Reaktionskinetik gasförmiger Systeme (deutsch von PIETSCH und WILCKE), 1928. — G.-M. SCHWAB: Katalyse vom Standpunkt der chemischen Kinetik, 1931. — W. FRANKENBURGER: Katalytische Prozesse, 1937. — SABATIER: Die Katalyse in der organischen Chemie, 2. Aufl. 1927. — M. BODENSTEIN, in Vorträgen usw.; auch C. N. HINSHELWOOD: J. chem. Soc. (London) **1939**, 1203: Betrachtungen über die Natur der Katalyse.

Schon im inneratomaren Geschehen der Kernreaktionen kann man Vorläufer mit „Vorübungen" der Reaktionskinetik atomaren und molekularen Geschehens erblicken: sekundäre Einheiten als „Radikale", angeregte hochaktive Zwischenzustände labiler Art, Isomerien, wahlhaftes Reagieren in Aufbau und Abbau, Addition und Substitution, ja schließlich auch „katalytische" Betätigungen und Kettenreaktionen. Als ein subatomares Analogon chemischer Zwischenreaktionen erscheint es z. B., wenn beim radioaktiven β-Zerfall ein Neutron zunächst „virtuell" ein instabiles ε-Teilchen emittiert, das etwa eine Lebensdauer von 10^{-7} sec hat und in Elektron und „Neutrino" zerfällt; siehe G. WENTZEL: Naturwiss. **22** (1938), 273; über „Kernchemie" allgemein B. FLEISCHMANN: Angew. Chem. **53** (1940) 485. — G. F. v. WEIZSÄCKER beschreibt Atomumwandlungsketten mit He als Katalysator und Autokatalysator; Naturwiss. **23** (1939), 630. Helium entsteht aus Protonen nach H. A. BETHE durch katalytische Vermittlung von $\overline{C_6^{12}}$, mit N^{13}, O^{15} usw. als Zwischenstufen; LAMBRECHT: Naturwiss. **24** (1940) 267; das C-Atom dient hier als „energetisch unwirksamer Zuschauer des Prozesses" (A. SOMMERFELD: Umschau **1940**, 513; Ursprung der Sonnenwärme).

[2] Vielfach wird beobachtet, daß Stoffe katalytisch wirken, die unter anderen Umständen mit dem gleichen Stoff bzw. dem gleichen System dauerhafte chemische Verbindungen eingehen; HÜTTIG: Angew. Chem. **53** (1940), 35.

durch *beliebige* Fremdstoffmolekeln überwunden; nicht ein unterschiedsloses „Mitschwingen" mechanischer Art führt zum Ziele, sondern eine besonders günstige Konstellation spezifischer Resonanz (und nicht allzu starker Affinität des „Fremdstoffes") bei gegebenen Energieniveaus muß Platz greifen, wenn katalytische Beschleunigung, Hervorrufung oder Lenkung über Teilakte mit geringerer Aktivierungsenergie resultieren soll. Demgemäß ist auch heute noch die Praxis der Katalyse „mehr ein Feld des chemischen Gefühls als des mathematischen Rechnens" (SCHWAB).

Besteht für die Geschwindigkeitskonstanten chemischer Urreaktionen als Einzelschritte ein innerer Zusammenhang mit den *Aktivierungswärmen*, so wird ein solcher für die Bruttoreaktion, auch für eine Reaktion katalytischer Art, hinfällig, da diese dem Tempo des langsamsten Teilaktes folgt. In diesem Sinne, also für den Gesamtvorgang, gilt auch noch heute W. OSTWALDS (von ihm aber „absolut" gemeinter) Ausspruch: „Durch die Energiegleichungen wird nichts über den Verlauf der Vorgänge in der Zeit bestimmt." Auch die Reaktionsgeschwindigkeit biokatalytischer Reaktionen, z. B. Oxydoreduktionen, ist meist unabhängig vom berechneten thermodynamischen Potential.

Ein Katalysator wird gekennzeichnet durch seine spezifische Aktivität (Aktionskonstante) und die Aktivierungsenergie. Mit der Deutung des Aktivierungsvorganges ist grundsätzlich eine Vorausberechnung von Aktivierungsenergien möglich geworden, auch hat man, über ARRHENIUS und TRAUTZ hinausgehend, schon Absolutwerte chemischer Reaktionsgeschwindigkeit berechnen gelernt (EYRING, POLANYI).[1]

Im folgenden seien einige allgemeine Randbemerkungen zur katalytischen Theorie gegeben:

2. Was ist Reaktionsbeschleunigung?

Der von der Mechanik entlehnte Ausdruck „beschleunigen" kann den Anschein erwecken, als ob bei chemischer „Beschleunigung" in gleicher Weise eine bestimmte, in Energiegleichungen faßbare und quantitativ bestimmbare äußere „Kraft" nötig sei wie bei der Änderung der Streckengeschwindigkeit von Körpern (von Makrokörpern bis zu Elektronen herab) durch fremden Anstoß oder Impuls. Sachlich aber ist *chemische Reaktionsgeschwindigkeit* von Stoffgebilden etwas ganz anderes als kinetische Weggeschwindigkeit $\frac{ds}{dt}$ von Körpermassen, nämlich: *Umsetzungsergiebigkeit* $-\frac{dx}{dt}$, wobei x die Konzentration eines durch Reaktion verschwindenden Stoffes bedeutet. *Reaktionsbeschleunigung* ist dann = *Erhöhung der Umsetzungsergiebigkeit*, und zwar in der Regel eine Erhöhung auf dem Wege der Schaffung und Multiplizierung neuer Elementarakte, in die der Katalysator eintritt und aus denen er in raschem Wechsel wieder austritt. „Nicht Stoffe, nur Reaktionen katalysieren" (E. ABEL). „Katalyse ist stets ein zusammengesetztes Phänomen, indem der Katalysator neben die bisherigen Reaktionen seine eigenen einlegt" (TRAUTZ).

An und für sich ist dabei der katalytische Teilakt oder Urakt $K + X$ nicht wesensverschieden von einem beliebigen chemischen Teilakt $A + X$; entscheidend ist aber eine solche *Konstellation von Teilakten*, daß auf die Bindung der katalysierenden Molekel eine Lösung, auf die Einschaltung eine Ausschaltung folgen kann. Das „*Repetierenkönnen*" erscheint so auch auf Grund einer Zergliederung des katalytischen Gesamtvorganges als eigentlichstes Merkmal des katalysierenden Gebildes; zum Katalysator wird ein elementares Stoffgebilde,

---

[1] Siehe hierzu W. JOST: Naturwiss. **27** (1939), 471: „Eine wirkliche Absolutberechnung der Reaktionsgeschwindigkeit setzt exakte Kenntnis des aktivierten Komplexes voraus, die normalerweise fehlt."

wenn es irgendwelche zu umfassenderen Geschehnissen führende Tätigkeit mehr oder minder rasch und mehr oder minder oft und andauernd zu wiederholen vermag. *Repetierenkönnen aber ist* in solchem Falle anders angesehen *eine Wirkung „durch bloße Gegenwart"*, und so schließt sich der Kreis, indem eine tiefergehende molekularphysikalische Erörterung zu dem gleichen Ergebnis führt wie eine mehr oberflächliche Betrachtung (siehe S. 4ff.). Katalyse ist im Hinblick auf den zugrunde liegenden Urakt eines Elementargebildes = *stoffliche Anstoßkausalität mit der Fähigkeit zur Dauer, mit dem Vermögen des Repetierens.* Doch ist der katalytische „Zyklus" ein solcher lediglich für das katalysierende Elementargebilde, nicht aber für seine Partner; im Wirbeltanz mit diesen gibt es fortwährenden Wechsel. In diesem Sinne gilt: „Der Katalysator addiert sich nie wirklich" (FÄRBER).

Wichtig ist, daß auch in einem katalysefreien reaktionsträgen System nicht volle „Ruhe" herrscht, nicht ein Zustand vollkommenen Nichtgeschehens, sondern ein stationärer Zustand vorangehender Anfangsakte und Ansätze, die sich indes in „Sackgassen" verlaufen. In bezug auf Endmöglichkeiten durch die Thermodynamik determiniert, in bezug auf die Häufigkeit des einzelnen molekularen Geschehens durch bestimmte kinetische Wahrscheinlichkeitsgesetze geregelt, geschieht auch in einem katalysefreien System, wie z. B. H_2 und O_2, bei gewöhnlicher Temperatur allerhand, und zwar selbst dann, wenn kein Einfluß der Gefäßwand vorhanden sein sollte; ja es vermögen wohl sogar hie und da eine besonders aktive H_2- und eine besonders aktive O_2-Molekel die Kluft zu überwinden und auf bestimmtem Wege sogar bis zum Endzustand einer H_2O-Molekel zu gelangen; alle übrigen, im Inneren unbefriedigten Individuen aber können vorläufig nichts anderes tun, als hin und her wippend „auf dem Sprunge stehen" und nach günstigen Gelegenheiten Ausschau halten. Der Katalysator setzt die vor- oder außerkatalytisch verlaufenden Vorgänge nicht außer Aktion, sondern schließt daselbst an.[1]

Wie ist es nun endgültig mit dem Ausdruck „beschleunigen"? Ein *Urakt oder Elementarakt* oder Primärprozeß eines einzelnen Stoffgebildes, z. B. einer Molekel, hat unter bestimmten Bedingungen der Temperatur und des gesamten „Milieus" *eine festliegende „Geschwindigkeit"*, d. h. *eine konstante Zeitdauergröße* (es werden z. B. 10^{-12} bis 10^{-15} sec angegeben). Ein solcher *Elementarakt* kann durch einen Fremdstoff *nicht* eigentlich „beschleunigt" oder „verzögert" werden, jedoch kann eine *Vermehrung* sowie eine *Ergänzung* durch neue anschließende Teilakte eintreten. So ist schließlich „Beschleunigung" streng genommen ein *Anschein*, der bei einer summarischen Betrachtung des ganzen reagierenden Systems mit seiner großen Zahl von Elementargebilden zustande kommt. Sieht man dagegen auf das Einzelne, so handelt es sich bei katalytischer Einwirkung regelmäßig um die *Schaffung neuer Elementarakte* im Anschluß an schon vorhandene, also um eine Vielheit von Prozessen, die zusammengenommen eine *Erhöhung* der *Umsetzungsergiebigkeit* nebst ihren Konsequenzen liefern. So wird auch für das *Ganze* immer gelten: „Katalysatoren können auch neue Reaktionen in Gang setzen" (TRAUTZ).

Um ein stark hoministisches Bild zu gebrauchen: Wenn der Katalysator die Reaktionsgeschwindigkeit steigert, so ist er „einem Ehestandsdarlehen vergleichbar", das nicht etwa den einzelnen Geburtsakt beeinflußt, wohl aber auf besonderen Wegen seine Häufigkeit im ganzen. Bezüglich der einzelnen *Phasen des Rhythmus* aber, den *ein* katalysierendes Gebilde (z. B. eine Katalysatormolekel) inmitten zahlloser anderer „erlebt", darf wohl angenommen werden, daß es sich einigermaßen unab-

---

[1] Siehe hierzu E. FÄRBER: Naturwiss. 8 (1920), 322. — E. LANGE: Stoffliche Umwandlungen und ihre Hemmungen. Z. Elektrochem. angew. physik. Chem. 41 (1935), 107. — M. POLANYI: Naturwiss. 20 (1932), 290. — H. SCHMID: Zwischenreaktionen; dieses Handbuch, Bd. 2. — SKRABAL: Jahrbuch der Universität Graz. 1939.

hängig von den benachbarten und nicht im Gleichschritt mit diesen bewegt, mit einer „Phasenverschiebung" von Punkt zu Punkt, so daß, wenn man verschiedene Stellen ins Auge faßt, sämtliche Teilvorgänge des Zyklus gleichzeitig vonstatten gehen.

3. Was ist katalytisches Lenken?

Es ist klar, daß es sich hier gleichfalls um eine Schaffung und Vermehrung von Elementarakten mit dem Resultat einer „Voll-Endung" bestehender Ansätze und Anläufe handeln wird. Auch „Richten und Lenken" ist ein Begriff, der nur im Hinblick auf den *Gesamteffekt* und mit Rücksicht auf andere Möglichkeiten am Platze ist, und zwar ist hier Voraussetzung die *Möglichkeit eines Abfalles der freien Energie eines chemischen Systems in verschiedener Weise und zu verschiedenem Resultat.*

Nach WIBAUT „dirigiert" bei der Halogenierung aromatischer Verbindungen das Halogenatom für sich nach der *meta*-Stellung, in Gegenwart eines Katalysators, z. B. $FeBr_3$, indes nach *ortho-para*. Cyclohexan kann nach JULIARD je nach der Natur des Katalysators mehr nach Benzol oder Methan „tendieren". Die unerschöpflichen katalytischen Möglichkeiten der CO—H_2-Reaktion bei Gegenwart verschiedener Katalysatoren und unter mannigfachen Arbeitsbedingungen sind allbekannt. Fermente wirken spezifisch und selektiv. Eine wirksame prosthetische Fermentgruppe wird durch Einfügung in verschiedene Trägersubstanz (Eiweißkörper) in ungleiche Tätigkeitsrichtung gelenkt (KRAUT) usw.

Von grundlegender Bedeutung ist immer die Tatsache der *Reaktionsträgheit* nicht nur von Ausgangsstoffen, sondern auch von *Produktstoffen*, zusammen mit der immer wieder bewährten *Reaktionsstufenregel* von HORSTMANN, W. OSTWALD, SKRABAL, daß beliebiger Reaktionsverlauf nicht immer sogleich zu den thermodynamisch beständigsten Verbindungen führt, sondern daß über dahinhuschende intermediäre Zustände mehr oder minder „greifbare" Zwischengebilde entstehen, die lange erhalten bleiben können, sofern nicht ein neuer „Anstoß" sie in der Richtung weiterer Zunahme der Entropie verändert.

Es ist eine Eigentümlichkeit bestimmter spezifischer Katalysatoren, vor allem bei Oxydationen, daß sie unter passenden Bedingungen den Reaktionsverlauf nicht zum thermodynamischen Ende führen, sondern *an einem bestimmten Punkte auf bestimmter Bahn anhalten.* Schon geringe Modifizierung eines Katalysators kann in der Richtung einer solchen „Bremsung" wirken. Mit Eisenoxyd allein wird NH_3 durch Luft vorwiegend zu dem Endprodukt $N_2 + H_2O$ oxydiert, ein geringer Zusatz von Bi_2O_3 läßt die Reaktion auch mit O_2-Überschuß fast quantitativ bei NO anhalten. Ähnlich ist es bei der milden Oxydation oder „Partialoxydation" organischer Verbindungen, z. B. von Äthylen zu Formaldehyd oder von Naphthalin zu Phthalsäure, von $CH_4 + NH_3$ zu HCN usw., je nach Umständen mit Bor-, Phosphor-, Vanadinsäurekontakten u. a. m. Man hat in solchen Fällen von „Partialvergiftung" (ROSENMUND) oder „beneficial poisoning" gesprochen; besser ist vielleicht „Partiallenkung" oder „Lenkung nach einem Haltepunkt".

Diese Erscheinung solchen Anhaltens ist von allergrößter Bedeutung für die *Physiologie der Lebewesen.* Wohl mehr als 90% aller Katalysen im sauerstoffdurchfluteten Organismus sind von der Art, daß sie zu thermodynamisch unbeständigen oder „metastabilen" Verbindungen führen, und nur ein kleiner Bruchteil ergibt jeweils wirkliche Schlußakte: CO_2, H_2O, N_2, Harnstoff u. dgl.; bei diesen erst ist die Kette abgelaufen, der Eimer ist auf dem Grunde des Brunnens angelangt und muß erst durch neue Energie (letzthin Sonnenenergie) wieder in die Höhe gewunden werden, damit das Spiel von neuem anheben kann.

4. Homogene, heterogene und mikroheterogene Katalyse.

Homogene Katalyse, bei welcher Katalysator und Substrat in einer einzigen Phase sich bewegen, und heterogene Katalyse, bei der ausgesprochene Grenzflächen einen „Katalysator" oder Kontaktkörper vom Substrat trennen, haben sich von Anfang an nebeneinander entwickelt, insofern als es Katalysen beider Art waren, die etwa vom Jahre 1800 ab in zunehmendem Maße aufgefunden und studiert worden sind. Hinsichtlich der *Theorie* allerdings zeigt sich eine Art rhythmisches Schwanken, indem Perioden vorwiegender Beachtung der einen oder der anderen Art miteinander gewechselt haben; so ist zu DÖBEREINERS und BERZELIUS' Zeiten unverkennbar die heterogene, im Beginn der Arbeiten OSTWALDS aber die homogene Katalyse im Mittelpunkt des Interesses gestanden. Auch regionale Verschiedenheiten sind bemerkbar; es sei nur an die verdienstvolle „ostmärkische Schule" mit ihrer bevorzugten Pflege der homogenen Katalyse von WEGSCHEIDER bis E. ABEL, SKRABAL, H. SCHMID u. a. m. erinnert.

Hat es die homogene Katalyse (in Gasen oder Lösungen) vorwiegend mit Katalysatoren in Molekularform oder Ionenform zu tun, so ist die *heterogene Katalyse*, vor allem die Katalyse von Gasen an festen Körpern, die Domäne von *Aggregaten, Assoziationen und höheren „chemischen Gestalten"*, für die der Molekularbegriff nur noch fiktive Bedeutung hat. Dabei kann der feste Körper ein Kristalloid mit regelmäßiger oder gestörter Gitterstruktur oder auch ein amorpher Körper ohne solche sein; auch sind Misch- und Übergangsformen vorhanden (z. B. natürliche Fasern). Für aggregative feste Kontaktstoffe (Körner, Folien, Drähte usw.) ist vor allem durch die Untersuchungen von H. S. TAYLOR bekannt, daß die Oberfläche *„aktive" Punkte oder Zentren verschiedenen Grades* aufweist, von denen sich in der Regel nur die aktivsten Stellen als katalytisch wirksam erweisen. Dabei sind allgemein „die aktivsten Zentren auch die seltensten" (SCHWAB).

Die Verhältnisse der Adsorption, speziell aktivierter Adsorption, an katalysierenden Grenzflächen sind seit LANGMUIR weitgehend aufgeklärt. Wie stark der Einfluß der *Struktur des katalysierenden Körpers*, insbesondere seiner *„Oberflächenstruktur"* (auch abgesehen von Porosität und Dispersität) auf Grad und Art möglicher katalytischer Verursachung sein kann, ist immer schärfer erkannt worden: ungleiche Wirksamkeit verschiedener Modifikationen von Eisen, Eisenhydroxyd, Tonerde, Zinkoxyd, aktiver Kohle; Skelettkatalysatoren, Pseudomorphosen, Störstellen im Gitter, Bedeutung von Übergangspunkten, Verschiedenheit ungleicher Kristallflächen usw. (Arbeiten von SCHENCK, FRICKE, HÜTTIG, SCHWAB, PIETSCH, ECKELL, HEDVALL, G. JANDER, PARRAVANO u. a.).[1]

Eine bestimmte Kristallart kann nach Darstellungsweise und Energiegehalt verschiedene Adsorption und Katalyse zeigen. Der HEDVALL-*Effekt*, d. h. der Zustand besonders hoher Aktivität, der an Punkten allotroper Umwandlung auftritt, macht sich oftmals auch katalytisch bemerkbar.

Zwischen homogener und heterogener steht die *mikroheterogene Katalyse* an Körpern von „kolloiden" Dimensionen (Teilchengröße 10^{-5} bis 10^{-7} cm). Den „Mikrosuspensionen" fester Stoffe (vorwiegend in Flüssigkeiten) stehen auch in

---

[1] Über die physikalische Chemie der Grenzflächenvorgänge siehe Vorträge der Bunsengesellschaft 1938. Z. Elektrochem. angew. physik. Chem. **44** (1938), 457ff.; über freie Radikale bei Gasreaktionen: H. SACHSSE: Angew. Chem. **46** (1937), 847; bei organischen Reaktionen G. WITTIG: Angew. Chem. **52** (1939), 89; über ihre Bedeutung für die Katalyse L. v. MÜFFLING, MAESS: Z. Elektrochem. angew. physik. Chem. **44** (1938), 428; über „aktive Zustände" R. FRICKE: Angew. Chem. **51** (1938), 863; über das Verhalten von mechanischer zu aktivierter Adsorption HARTECK: Angew. Chem. **51** (1938), 508.

katalytischer Beziehung „Emulsionen" flüssiger Stoffe mit dispergierender und dispergierter Phase gegenüber. Durchweg handelt es sich hier um „*Metastrukturen*" *der Materie* (WO. OSTWALD), oft von „somatoidem" Charakter (V. KOHLSCHÜTTER). Vielfach treten *Komplikationen* auf, z. B. durch den möglichen Übergang von Gelen in Sole und umgekehrt, durch stetige Übergänge von molekularer zu kolloider (makromolekularer) Löslichkeit, durch hydrolytische Spaltung, durch das Vorhandensein von amphoteren Stoffen mit Zwitterionen usw.

Sobald man das Gebiet der „idealen" Molekel verläßt — die kaum irgendwo außer in starker Gasverdünnung existiert —, treten zu den Hauptvalenzkräften „Nebenvalenzen" (gemäß VAN DER WAALSschen Kräften) verschiedener Art, auf elektrostatischen Erscheinungen einschließlich Induktion, Polarisation, Resonanz usw. beruhend (SCHEIBE u. a.). So können auch für den katalytischen Vorgang „Nebenvalenzen" maßgebend sein (LANGENBECK u. a.), die in Adsorptionsverbindungen, lockeren Anlagerungsverbindungen, Koordinationen und Assoziationen zutage treten: z. B. „Symplexe" als Systeme, die vermöge „Restaffinitäten" hochmolekularer, vorwiegend kolloider Stoffe entstehen (WILLSTÄTTER).

Dementsprechend können ganz allgemein auch die bei Katalysen entstehenden bzw. angenommenen *Zwischenzustände* („Instabile" nach SKRABAL) nicht nur Gebilde sein nach der Art typischer stöchiometrischer Verbindungen (relativ langlebige Zwischenstoffe nach ARRHENIUS mit deutlicher Gleichgewichtseinstellung zwischen Katalysatorzwischenstufe und Substrat), sondern auch besonders kurzlebige Gebilde (VAN T'HOFFsche Stoßkomplexe, aktivierte Zustände u. dgl.). Als „Instabile" können auch *freie Radikale* auftreten, namentlich in Fällen von Kettenreaktions-Chemismus. „Mit gewissen Einschränkungen kann der aktivierte Zustand der am Stoffwechsel teilnehmenden Moleküle der Bildung freier Radikale gleichgesetzt werden" (MICHAELIS).

Insbesondere bei *heterogener Gaskatalyse* spielen unbestimmtere, mit klassischer Chemie schwer definierbare Zwischenstufen und Zwischenzustände eine so bedeutende Rolle, daß hier immer wieder eine mehr „physikalische" Auslegung lockt und homogene und heterogene Katalyse zuweilen auseinanderzufallen drohen. Noch VAN T'HOFF (1898) führte die katalytische Wirkung von Oberflächen poröser Körper auf „Kondensation" zurück, „vergleichbar der Wirkung eines lokal sehr hohen Druckes". Durchweg aber wird das vereinigende Band bestehen bleiben, daß bei homogener und heterogener Katalyse *der eigentliche katalytische Urakt und sein Rhythmus der gleiche ist*; hier wie dort ein repetierender Wechsel des katalysierenden Elementargebildes zwischen Einwicklung und Auswicklung, Systole und Diastole, Umklammerung und Befreiung, Einbeziehung und Ausscheidung, Einschaltung und Ausschaltung. Genauer charakterisiert aber ist ein Katalysator „durch die Aktivierungswärme und die temperaturunabhängige Aktionskonstante. Der Katalysator schafft so einen bequemen Energiepaß" (SCHWAB); er beschreitet den Weg des kleinsten Widerstandes.

So sehr die Eigentümlichkeiten der Formen der Katalyse auseinandergehen: von einer *allgemeinen Theorie* wird zu verlangen sein, daß sie für homogene und heterogene Katalyse gleichmäßig gilt. Was hierbei einst „Überwindung chemischer Widerstände" war, erscheint heute als „Erniedrigung der Energieschranke" (HINSHELWOOD) durch Schaffung von Teilreaktionen mit geringeren Aktivierungswärmen.

5. Katalyse mit Kettenreaktionen.

Bricht ein Katalysator in ein „ruhendes" stationäres und reaktionsträges, jedoch „latente" freie Energien enthaltendes System ein, so eröffnen sich in diesem neue Möglichkeiten und neue Wahrscheinlichkeiten[1] im Anschluß an die vorhandenen.

Es ist, wie wenn ein Windhauch den harrenden Blüten eines Ährenfeldes Befruchtung ermöglicht, oder aber, wie wenn ein Wolf eine Schafherde heimsucht oder ein fremder Eroberer einen Volksstamm unterjocht. Der neue Vorgang gemäß neuen Wahrscheinlichkeiten und neuen Bestimmtheiten kann sich dann verschieden vollziehen. Wiederum bildlich gesprochen, und zwar in Analogie mit einem „Agitator", der Volksmengen beeinflussen und leiten will: Dieser, dem Katalysator vergleichbar, kann sich an die ganze Menge als solche wenden und sie als Ganzes ansprechen, oder er kann an jeden einzelnen herantreten, ihn umstimmen und bestimmen, Auftrag und Ziel gebend; und schließlich kann seine Willenskraft und seine suggerierende Redegewalt so übermächtig sein, daß jeder einzelne Beeinflußte und Bestimmte seinerseits freiwillig und selbständig zum Agitator zweiten Grades wird, indem er etwa durch „Kettenbriefe" oder sonstwie tätig ist, so daß eine besonders rasche — bis explosive — Ausbreitung der neuen Idee, der neuen Erscheinung resultiert.

Ganz so wie hier bestehen auch für die *stoffliche Anstoßkausalität der Katalyse* oder die stoffliche Betätigung scheinbar durch bloße Gegenwart — der Fernstehende hört das „Stimmengewirr" nicht — verschiedene Gruppen von Möglichkeiten des Ausbreitens und Auswirkens:

a) Ein Stoffgebilde elementarer Art kann auf chemische Vorgänge im Medium einwirken, ohne daß eine scharfe Zergliederung in Einzelvorgänge mit bestimmter Tätigkeit der einzelnen Molekel möglich wäre. Das wird in manchen Fällen physikalischer Katalyse, bei manchen Formen der *Mediumkatalyse* gelten (siehe S. 31).

b) Ein Elementargebilde wie ein Atom, eine Molekel, ein Aggregat, eröffnet einen Zyklus von Tätigkeit, der bei ausreichender Menge von Substrat lange Zeit mit immer neuen Partnern wiederholt werden kann: *typische Katalyse* auf dem Wege der Einschaltung und Ausschaltung mit Zwischenreaktionen und Zwischenzuständen.

c) Ein Elementargebilde tut das Gleiche, jedoch so, daß das primär beeinflußte Substratgebilde infolge starker energetischer „Aktivität" seinerseits pfeil- oder stafettenartig Wirkungen auf weitere Teile des Substrats „ausstrahlen" kann: *Katalyse unter Anstoß von Kettenreaktionen.*[2]

Die *Kettenreaktion an sich ist eine selbständige Erscheinung*, die als solche mit Katalyse nichts zu tun hat; sie kann aber katalytisch (statt rein energetisch) eingeleitet und wiederum katalytisch (z. B. durch Wandreaktion unspezifischer oder spezifischer Art) abgebrochen werden.

In welchem Umfange bei der Katalyse Kettenreaktion im Spiele ist, also die Pfeilwirkung (nach c) an Stelle des einfach zyklischen Vorganges (nach b) tritt, ist in den letzten Jahren viel erörtert worden. Durch Kettenverzweigung (SEMENOFF) kann die Reaktion explosive Heftigkeit erlangen. Die oft geradezu über-

---

[1] In bezug auf Wahrscheinlichkeitsgesetze (die Ganzheitsgesetze sind) ist immer zu beachten, daß sie nur gelten für Gebiete von funktioneller Gleichförmigkeit, und auch da nur so lange, wie solche Gleichförmigkeit der Bedingungen für die fragliche Eigenschaft, die fragliche Erscheinung gewahrt bleibt. — Siehe auch E. MALLY: Wahrscheinlichkeit und Gesetz. 1938.

[2] Zur Kettenreaktion siehe M. BODENSTEIN: S.-B. preuß. Akad. Wiss., physik.-math. Kl. 1928; Z. Elektrochem. angew. physik. Chem. **38** (1932), 911; Naturwiss. **25** (1937), 609; Ber. dtsch. chem. Ges. **70** (1937), 17; ferner C. N. HINSHELWOOD, J. A. CHRISTIANSEN, K. CLUSIUS, N. SEMENOFF, RICE, K. F. HERZFELD, J. PATAT u. a. Als groben Vergleich für die Kettenreaktion (bei Dienpolymerisation zu Kautschuk) führt R. PUMMERER an, man könne an eine Reihe hochkant aufgestellter Dominosteine denken, deren erster, durch einen Stoß (etwa Katalysator-Anstoß) umgeworfen, die anderen auch umlegt und so eine „Kette" erzeugt.

wältigende „Wiederholbarkeit" des Aktes bei Kettenreaktionen mit ihren Radikalen ist keine individuelle Wiederholbarkeit in bezug auf ein bestimmtes Stoffgebilde, so wie das bei der einzelnen katalysierenden Molekel mit ihrem Kreislauf der Fall ist.

Nur durch das Experiment kann jeweils festgestellt werden, ob eine katalytische Reaktion dem Kettenverlauf folgt (Kettenschema von RICE und HERZFELD) oder nicht. Bei der gleichen Reaktion kann der Kettenweg neben dem normalen *zyklischen* Verlauf beschritten werden.

6. Wirkung und Bedeutung von Mehrstoffkatalysatoren.[1]

Die Bedeutung der Mehrstoffkatalyse für Erhöhung der Aktivität oder für Zuspitzung der Spezifität und damit für eine wahlhaft lenkende Wirkung ist seit einigen Jahrzehnten mehr und mehr offenbar geworden, sowohl in der präparativen und technischen wie auch in der biologischen Katalyse. Dabei ist auch hier von vornherein zu beachten, daß *hochwirksame Gebilde, d. h. Mehrstoffkatalysatoren von überadditiver Wirkung* (in quantitativer wie in qualitativer Beziehung), *Seltenheitswert haben* und daß der relativ kleinen Schar überragend tätiger Mehrstoffkatalysatoren eine große Zahl Kombinationen von unteradditiver Bescheidung sowie eine noch weit größere Zahl von Stoffsystemen solcher Art gegenübergestellt werden kann, daß der Zusatzstoff mehr oder minder indifferent, d. h. wirkungslos erscheint.

Die *Grenzen zwischen Einstoff- und Mehrstoffkatalysatoren* sind fließend. Schon für einfache chemische Verbindungen, wie FeO, HCl, braucht es nicht bloßer Formalismus zu sein, wenn man sie als Stoffe von latenter dualer katalytischer Fähigkeit anspricht. Für HCl in Lösung hat H. SCHMID bei dem Diazotierungsprozeß einen „katalytisch polaren" Charakter gefunden: H-Ion und Cl-Ion gehen hier katalytisch ihre eigenen Wege, indem das erstere negativ, das andere positiv katalysiert, wobei insgesamt je nach dem Verdünnungsgrad die positive oder negative Wirkung überwiegt.

Ausgesprochenen Mehrstoffkatalysecharakter zeigen heterogene und homogene Systeme, in denen verschiedenartige Elemente, Verbindungen oder Ionen (z. B. Cu- und Fe-Ion) in beliebigen Mengenverhältnissen *überadditiv zusammenwirken*. Andere Kombinationen mit *unteradditivem* Erfolg bis zur völligen Vernichtung des Effekts bilden das Gegenstück dazu, das schon in den Anfängen katalytischer Forschung bekannt geworden ist: Aufhebung der Pt-Wirkung durch S, C usw., seit BREDIG (1898) sowie KNIETSCH „Vergiftung" genannt.

Vor allem in der katalytischen Behandlung gas- und dampfförmiger sowie gelöster Stoffe mit festen „Kontakten" in stückiger oder körniger Form hat die Möglichkeit einer Verwendung von Mehrstoffkatalysatoren seit den Erfolgen bei der NH_3-Katalyse (BOSCH und MITTASCH nebst Mitarbeitern 1910) zunehmende Bedeutung erlangt. Dabei spielen auch *Mengen- wie Strukturverhältnisse* (die Vorgeschichte des Katalysators) eine bedeutsame Rolle. Die Aktivierung, Verstärkung oder Verschärfung (Zuspitzung), kann eine einseitige oder beiderseitige (wechselseitige) sein, und sie kann mehr strukturell oder mehr dynamisch-energetisch bedingt erscheinen (Synergie der Kraftfelder).

---

[1] Über Mehrstoffkatalyse siehe A. MITTASCH: Ber. dtsch. chem. Ges. **59** (1926), 13; Z. Elektrochem. angew. physik. Chem. **36** (1930), 513. — JULIARD: Bull. Soc. chim. Belgique **46** (1937), 549; über polare Katalyse H. SCHMID: Z. Elektrochem. angew. physik. Chem. **43** (1937), 626.
Über 4-, 5-, 6-Stoffsysteme als Mischkatalysatoren siehe FRANZ FISCHER: Ber. dtsch. chem. Ges. **71** (1938), 62. Wichtig ist, daß man unter Umständen die Aktivität hochkomplexer Kontakte schließlich auch mit „hochgezüchteten" einfachen Katalysatoren erreicht.

Das *Mengenverhältnis der Komponenten* kann in weitesten Grenzen schwanken; von Kombinationen aus Grundkatalysator und einer Aktivatorsubstanz in geringer bis „verschwindender" Menge (1% Al_2O_3 oder darunter hat schon einen günstigen Einfluß auf die Wirkung von Fe bei der NH_3-Synthese) bis zur Aufbringung von geringen und geringsten Mengen Katalysator auf große Mengen Hilfssubstanz, z. B. Pt auf Asbest. Mehrstoffkomponenten der letzteren Art, d. h. ohne unmittelbar hervortretende eigene katalytische Wirkung, werden von alters her als „*Träger*" bezeichnet; eine scharfe Grenze gegenüber typischen Mehrstoffkatalysatoren besteht indes nicht, und schon bei anorganischen Mehrstoffkatalysatoren kann auch die Trägersubstanz in bezug auf Geschwindigkeit wie Richtung des Prozesses mitbestimmend sein (PIER, SCHWAB u. a.). Dem entspricht es, wenn seit langem (PERRIN 1905) die Eiweißkomponente typischer Enzyme als „Träger" bezeichnet wird.

In der Anwendung von Mehrstoffkatalysatoren eröffnet sich ein Gebiet unbegrenzter Möglichkeiten, und schon die Beispiele der Hunderte bereits versuchter *aktiver Kohlen* mit verschiedenem Fremdstoffgehalt und verschiedener Struktur nebst entsprechend verschiedener Wirkung, sowie die metallisierten Kieselgele, die metallhaltigen zeolithischen Kontaktmassen u. dgl. geben eine Vorstellung von der Unerschöpflichkeit des Gebietes für heterogene und mikroheterogene Katalyse. Zugleich wird sichtbar, daß auch in katalytischer Beziehung der *Begriff des chemisch reinen Körpers oder des bestimmten chemischen Individuums nur ein idealer Grenzbegriff ist.* Selbst die „reinsten" verwendeten Substanzen können noch geringe Spuren von Fremdsubstanzen enthalten, deren Beteiligung am katalytischen Akt unbestimmt bleibt; dazu kommen zahlreiche jeweils bekannte und mit Absicht erzeugte „Verunreinigungen" im analytisch zugänglichen Konzentrationsgebiet, so daß ein technisch verwendeter Kontakt oft ein „Mosaik" verschiedener Körper darstellt, von denen jeder einzelne wiederum statt einer reinen stöchiometrischen Verbindung auch Mischkristall, feste Lösung usw. sein kann.

Alle diese Formen synthetischer präparativer Mehrstoffkatalysatoren schon hergestellter und noch herzustellender Art geben „Vorgeschmack" und Modell für die *biologischen Mehrstoffkatalysatoren,* insbesondere Fermente oder Enzyme, wobei, der Labilität kolloidchemischer Struktur und der Kompliziertheit des gemischt-dispersoiden Zustandes der belebten Materie entsprechend, die Verwicklung ins Ungemessene steigen kann. So manches läßt sich vom Chemiker modellmäßig nachkonstruieren: Aufbringung, Substitution und Häufung wirksamer Gruppen auf bestimmter Basis (Modelle von LANGENBECK, optisch aktive Faserkatalysatoren von BREDIG und GERSTNER, Vollsynthese der Wirkungsgruppen bestimmter Fermente: R. KUHN und H. RUDY u. a. m.); was sich indes einer synthetischen Nachbildung bisher durchaus entzieht, das ist die „Eiweißkomponente" sowie die protoplasmatische Grundsubstanz der Zelle oder auch ihre Gerüst- und Wandstruktur, in welcher die Enzyme oftmals verankert sind (ortfeste Desmo- und Endoenzyme gegenüber Lyoenzymen als „bewegungsfrohen Wanderkatalysatoren").

Im großen und ganzen herrscht anerkanntermaßen eine *duale Struktur des typischen Ferments* oder Holo-Enzyms oder „Ergons": kolloider Träger und prosthetischer Anteil mit *einer* Wirkgruppe oder mehr; Apoenzym und das dialysierbare Coenzym, Pheron und Agon. Jedoch können die schon S. 20 angedeuteten Komplikationen hier in das Unendliche wachsen: wiederholte Abstufungen (Stoffhierarchien), indem das „eigentliche" Ferment wiederum Bestandteil einer höheren Ganzheit (eines Zellbestandteiles wie der Chlorophylleinheit bzw. der Zelle selbst) ist; Dissoziationsgleichgewichte gegenüber den Körpersäften, dem Blutserum usw., so daß jeweils ein Teil des Katalysators molekular oder kolloidal gelöst, ein anderer Teil ungelöst ist; weiter hydrolytische Einflüsse, die sich für die verschiedenen Komponenten in ungleichem Maße geltend machen; wesentliche Bedeutung des Säuregrades p_H; Übergang eines prosthetischen Anteiles von einem Träger auf den anderen mit Wechsel der Funktion; wechselndes Zusammenwirken mit besonderen metallhaltigen oder metallfreien Biokatalysatoren der Körpersäfte und Gewebe usw. (Auch bei Antigenen, Hormonen usw. ist vielfach anstatt unitären Baues eine duale Struktur mit Wechselwirkung oder Verstärkerwirkung, zumeist unter Beteiligung von Kolloiden, zu beobachten. Das Hapten entspricht dem Coferment, das Protein dem Apoferment.[1])

Mehr und mehr hat sich herausgestellt, daß die *Unterscheidung eines Wirkanteils vom Trägeranteil* nicht bedeuten soll, daß der „Trägerbestandteil" katalytisch indifferent sei; in Wirklichkeit ist auch er an der Wirkung, und zwar auch an der Spezifität dieser wesentlich beteiligt. Bei Biokatalysatoren können Vitamine und Hormone als Wirkanteile zum Trägeranteil treten und so ein Vollferment bilden („Vitazyme und Hormozyme" nach v. EULER).

In gleicher Weise wie bei Mehrstoffkatalysatoren der Industrie der Ersatz des einen *oder* des anderen Bestandteiles neue Wirkungen zeitigen kann, so gehen auch bei Holoenzymen verschiedenartige Betätigungsweisen hervor, sobald einer der beiden Bestandteile durch einen anderen, wenngleich chemisch ähnlichen, ersetzt wird. Bei Abwehrproteinasen z. B. ist nach ABDERHALDEN anzunehmen, daß jeweils der Träger des Ferments wechselt; man spricht von „Pendeln des Coferments" (ALBERS) usw.

Bisweilen ist die Wirkgruppe so fest in den Eiweißträger eingebaut, daß eine Ablösung ohne Zerstörung unmöglich ist: *„kristallisierbare" Fermente*, wie Urease, Pepsin, Trypsin usw. (einfache, nicht „konjugierte" Eiweißkörper).

Die *große Mannigfaltigkeit enzymatischer Katalysen bei Sparsamkeit in den Grundbausteinen* ist allenthalben sichtbar. Amylasen unterscheiden sich durch konstitutive Unterschiede der aktiven Gruppe, Lipasen durch solche des kolloiden Trägereiweißes. Zellgebundene Enzyme haben zugehörige Lyoenzyme mit gleichen Wirkgruppen. Protohämin bildet mit verschiedenen Proteinen verschiedene Vollenzyme, wie Katalase und Peroxydase mit auffallend ungleicher Wirkung. Oxydoreduktasen für Atmung und Gärung bestehen nach O. WARBURG u. a. übereinstimmend aus einer Albuminoidkomponente mit prosthetischer Gruppe (Alloxazinonucleotid, Pyridinnucleotid, Ferroporphyrin, unbekannte Gruppe), in der wieder eine eigentliche „reagierende" Gruppe bestimmend ist: Alloxazin, Pyridin, Fe, Cu.

Teilfermente wie Vollfermente können durch weitere, dauernd oder zeitweilig benachbarte Stoffe *die mannigfachsten Einflüsse* erfahren, positiv oder negativ, verstärkend, lenkend, modifizierend oder hemmend. Hier ist das ausgedehnte Gebiet der „*Effektoren*": Aktivatoren, Promotoren, Provokatoren, Evokatoren, Modifikatoren, Induktoren, Agitatoren, Inhibitoren, Depressoren, Paralysatoren usw.; der wichtigen reversiblen Hemmung und Enthemmung, Lähmung und Anstachelung, Unterdrückung und Anfeuerung, Blockierung und Entfesselung steht gegenüber eine etwa durch „Gifte" bewirkte völlige Aufhebung oder Zerstörung durch feste Bindung, Autolyse oder vollkommenen Abbau (Destruktion).

7. Biokatalytische Systeme und höhere Synergien.

Schon bei Mehrstoffkatalysatoren der Technik (z. B. der Methanolherstellung aus CO und H_2 mittels ZnO—Cr_2O_3-Kontakten der I. G. Farbenindustrie nach

---

[1] Von Enzymen ist zuerst die Katalase als dual struktuiert erkannt worden, mit Eisenporphyrin als Wirkungsgruppe (ZEILE und HELLSTRÖM 1930). Ein und dieselbe Wirkungsgruppe, in verschiedene Eiweißstoffe eingebaut, gibt verschiedene Katalysatorwirkung, gleichwie ein anorganischer Katalysator durch verschiedene Zusätze ungleich modifiziert wird. — Man kann hier auch gewisse Beziehungen (wenigstens äußerlicher Art) zu den physiologischen Erscheinungen der Kombinanz sowie der Dominanz (und Rezessivität) von Gen-Allelen finden.

Mittasch und Pier u. a.) ist oft anzunehmen, daß z. B. von zwei benachbarten Atomen Zn und Cr nicht beide genau gleichzeitig wirken, sondern daß sich deren Teilfunktionen so aneinanderfügen, daß die eine auf die andere als ihre „Voraussetzung" zeitlich folgt. So liegt auch bei überadditiver Wirkung von Mehrstoffkatalysatoren doch eine Art zeitliche *Addition von Teilfunktionen* zu einer überadditiven ganzheitlichen Gesamtwirkung vor.

Selbst kompliziertere Kombinationen (etwa Drei- und Vierstoffsysteme, siehe Fr. Fischer u. a.) geben in ihrem Chemismus jedoch nur einen schwachen Abglanz desjenigen, was die *biokatalytischen Systeme niederer und höherer Art des Organismus* an ganzheitlicher Verwicklung der Funktionen leisten. Biokatalysatoren müssen spezifisch sein und müssen kleine Schritte tun, um der Mannigfaltigkeit möglicher Situationen gerecht werden zu können; zu dem gleichen Zweck aber müssen auch bestimmte „Schaltungen" und „Zusammenfassungen" konstanter oder wechselnder Art statthaben, durch welche die Einzelschritte zu einem bestimmten „*Verlauf*", die Teilreaktionen zu einer bestimmten Reaktionsfolge mit einheitlichem „Erfolge" und ganzheitlichem Wert und Sinn gestaltet werden: „Plastizität" neben Konstanz im Gesamteffekt, Beweglichkeit und Anschmiegung unter Einhaltung fester großer Linien müssen gewährleistet und verbürgt sein, wenn der „Zweck", d. h. die Gestaltung, Erhaltung und Weitergabe individuellen und kollektiven Lebens bei der dauernden Auseinandersetzung mit der Umwelt (inneren und äußeren) erreicht werden soll.

Die höheren *Katalysatorsysteme des Organismus* haben in der präparativen Chemie als entferntes „Gleichnis" höchstens „Gesamtfabrikationen", wie z. B. von Indigo, künstlichem Benzin, Bunakautschuk usw., bei welchen in verschiedenen eng aneinander anschließenden Fabrikationsstufen und unter Benutzung verschiedener Katalysatoren systematisch in Folge- und Parallelreaktionen dasjenige geschieht, was den gewünschten einheitlichen Effekt zeitigt. Unter *biologischen Katalysatorsystemen* verstehen wir entsprechend solche Gebilde, in denen in strenger Einsatzordnung und Regelung (Koordinierung und „Inserierung") mehrere Katalysatoren, oftmals noch unter Beteiligung sonstiger, etwa rein energetischer Einflüsse (z. B. des Lichtes) ein gegebenes Substrat zu bestimmten Reaktionsfolgen nebst ganzheitlichen Reaktionserfolgen führen.

Demgemäß ist eine „*Planwirtschaft*" der *Biokatalyse* zu konstatieren, die sich in einem geordneten Neben- und Nacheinander von Simultan- und Sukzessivreaktionen biologischer Katalysatorsysteme und ihrer gegenseitigen Verknüpfung äußert, und die wiederum eine Teilerscheinung darstellt in der sinnvollen Ordnung bzw. Rangordnung, welche die gesamte *biologische Kausalität* aufweist und von der schon Berzelius mit seiner Verkündung der „Tausende von Katalysatoren" im Zusammensein von Körpergeweben und Körperflüssigkeiten eine gewisse Vorstellung gehabt hat.

Als Beispiele wichtiger *Enzymsysteme* von „fester", d. h. dauernder Art seien genannt die Oxydoreduktionen bei Gärung und Zellatmung, dasjenige der Carboxylase, der Kohlehydratspaltung, ferner auch der CO_2-Assimilation im Chlorophyllkomplex usw.

Neben festen katalytischen Koordinationen und Korrelationen kommen im Organismus solche von zeitlich und räumlich wechselnder Art zur Geltung, die als Regulationen und Gegenregulationen für die Harmonie des Lebensgeschehens nicht minder bedeutsam sind, und die sich nur schwer nach dem Schema eines „Aufbaues" und einer Zusammensetzung „von unten" beschreiben lassen, so daß man sich immer wieder zu einer „fiktiven" Annahme höherer dirigierender und kombinierender, also entelechialer oder psychoider Faktoren und Potenzen versucht fühlt.

Einem chemischen bzw. kolloidchemischen „Einsehen" bereiten noch verhältnismäßig geringe Schwierigkeiten gewisse *Hemmungs- und Enthemmungsvorgänge durch hormonale Einflüsse*, wie sie z. B. von Willstätter an dem Beispiel des Insulins und Adrenalins untersucht worden sind.[1] Allgemein handelt es sich, bildlich gesprochen, um Möglichkeiten eines Wechsels von „Zurückziehen des Katalysators" hinter die Kulisse und Bereitstellung mit abermaligem „Vorschieben" und „Diensttunlassen", in feinster Zuordnung unter ganzheitlicher Zielsetzung; bei höheren Lebewesen kommen hierzu noch die mannigfachen Wechselwirkungen des Nervensystems samt seinen „Nervenstoffen" den Hormon-Enzym-Systemen gegenüber, in einem allgemeinen „Biofeld".

Hierbei gibt es noch folgende Erwägungen: Die verschiedensten chemischen und katalytischen Reaktionen vollziehen sich *im kleinsten Raume*, in unmittelbarer Nachbarschaft nebeneinander, nur durch leichte partiell-durchlässige Wände getrennt und wiederum oft durch diese hindurch kommunizierend; ferner sind die mannigfachen Vorgänge im komplex-dispersoiden System (insbesondere mit einem Nebeneinander von wässeriger und lipoider Phase) mit der Ausbildung von Wand- und Strömungspotentialen zur Hervorrufung von „Aktionsströmen" gekoppelt. Weiterhin finden mannigfach geregelte rhythmische Wechsel in Perioden von kürzerer oder längerer Dauer statt. Die „Erhaltung" und oft auch „Steigerung" der für das Ganze nötigen Reaktionen und Funktionen muß mitten im Fluß des Werdens und Vergehens (des Stoffwechsels) erreicht werden, indem sie an eine autokatalytische Erneuerung verbrauchter Bestandteile lebenswichtiger Stoffe aus dem Blutreservoir gebunden ist. Dies alles geschieht bei höheren Organismen im gesunden Zustande Tag für Tag, Jahr für Jahr ununterbrochen, ohne daß das „Individuum" bewußt nur das Mindeste dazu tut. Erst wenn man dies alles bedenkt, wird man den Überreichtum an Problemen gewahr, den die enzymatische Katalyse dem Forscher bietet und der sich äußerlich in dem dauernden starken Anwachsen auch des biokatalytischen Schrifttums widerspiegelt.[2]

Zeigen sich hinsichtlich des planvollen Zusammenwirkens benachbarter und entfernterer Gebilde Denkschwierigkeiten in der Raumknappheit, also z. B. in dem Umstande, daß die ganze Chromosomengarnitur einer Zelle wohl noch nicht den millionsten Teil eines Quadratmillimeters einnimmt, so ist anderseits zu beachten, daß das selbst für große Eiweißgebilde immer noch die Anwesenheit von etwa einer Milliarde Molekeln bedeutet. Anderseits wird die Zahl möglicher Stereoisomerer von Polypeptiden auf Trillionen geschätzt (Koltzoff), so daß auch die stofflichen Grundlagen für eine unerschöpfliche qualitative Variierung schon in engem Raume gegeben sind. „Während der Forscher eine Tatsache entdeckt, geschehen in jedem Kubikmillimeter seines Körpers Milliarden über Milliarden anderer Tatsachen" (Poincaré).

---

[1] R. Willstätter: Enzymologia 1 (1937), 213. Beim Glykogenabbau wirken Insulin und Adrenalin wahrscheinlich nicht auf das Enzym selbst (Amylase), sondern mittelbar, d. h. durch Hemmung und Enthemmung von Begleitsubstanzen jener Enzyme, seien es Inhibitoren (Proteine) oder Aktivatoren (Abbauprodukte solcher). Um ähnliche Verhältnisse handelt es sich, wenn nach Needham Organisatorstoffe, durch Bindung an Glykogen und Eiweiß unwirksam gehalten, durch die Veratmung von Glykogen in Freiheit gesetzt werden. Über den Chemismus des Ineinandergreifens und Zusammenwirkens zahlreicher Teilakte in vielstufigem Verlauf bei der Zellatmung siehe Szent-Györgyi: Ber. dtsch. chem. Ges. 72 (1939), 53.

[2] Außer den großen Werken über Enzyme (Haldane u. Stern, v. Euler, Oppenheimer u. a.) siehe R. Willstätter: Naturwiss. 15 (1927), 585. — v. Euler: Biokatalysatoren (Sammlung Ahrens) 1930, Angew. Chem. 50 (1937), 607; Ergebn. Vitamin- und Hormonforsch. 1938, über „Wirkstoffe"; Myrbäck: Enzymatische Katalyse. 1931; Frankenburger: Katalytische Prozesse 1937. — Th. Bersin: Kurzes Lehrbuch der Enzymologie 1938; ferner Ergebn. Enzymforsch. (herausgegeben von Nord und Weidenhagen), fortlaufend ab 1932. — Nord und Weidenhagen: Handbuch der Enzymologie, 2 Bde. 1940.

8. Katalytische „Kraft"?

Wir wissen, daß die anfänglichen Einwendungen, die BERZELIUS' Katalysedefinition von manchen Seiten (KUHLMANN, LIEBIG, ROBERT MAYER u. a.)
erfahren hat, weniger dem Begriffe „Katalyse" als der Bezeichnung „katalytische
Kraft" gegolten haben; sah man doch hierin eine Art verkapptes Wiederauftauchen
der in jenen Zeiten eben überwundenen und beseitigten „Lebenskraft", die Jahr-
hunderte hindurch als unmittelbare „Erklärung" aller Lebensvorgänge hin-
genommen worden war. Durch die Entwicklung der Physiologie sowie der
„organischen" Chemie, mit besonderen Erfolgen wie der „synthetischen" Harn-
stoffherstellung durch FRIEDRICH WÖHLER (1828), hatte die „Lebenskraft"
eine Erschütterung erfahren, welche bei radikalgesinnten Geistern (z. B.
L. BÜCHNER, SCHLEIDEN) zu einer völligen Negierung, bei kritischeren jedoch,
wie BERZELIUS, LIEBIG, LOTZE, nur zu einem „Begriffswandel" der Lebenskraft
in der Richtung einer ganzheitlichen Führung der koordinierten Lebensprozesse
Anlaß gab.[1]

Zur Beurteilung der Sachlage muß man sich vor Augen halten, daß das Wort
„Kraft" in einem strengen, *physikalisch und mathematisch wohldefinierten Sinne*
einerseits, in einem lockeren, *dem alltäglichen Sprachgebrauch sich anlehnenden
Sinne andrerseits* verwendet wird.

Streng physikalisch ist „Kraft" die Bedingung einer Arbeitsleistung, der „Inten-
sitätsfaktor" irgendeiner Wirkenergie, nach dem Muster der mechanischen; hier ist
Kraft das, was gegen bestehende Widerstände „die Bewegung eines Körpers ändert
oder zu ändern strebt" (MAXWELL). „Keine Beschleunigung ohne Kraft" (POIN-
CARÉ). Im allgemeineren Sinne aber ist „Kraft" gleichbedeutend mit „Wirkungsfähigkeit" überhaupt, physischer und psychischer; d. h. sie ist „eine permanente
Bedingung" (WUNDT) bzw. ein konstant bleibender Bedingungskomplex für das
Stattfinden bestimmter Gruppen von Ereignissen, den man verdinglicht hat. „Jede
Kraft ist nur die gesetzliche Möglichkeit einer Reaktion unter bestimmten Umständen" (BURKAMP). „Die gesetzliche Beziehung zwischen Ursache und Wirkung
wird hypostasiert im Begriffe einer Kraft. — Sitzt die Kraft irgendwo, so sitzt sie
nur im Gesetz. — Und so kann man die Gesetze und demgemäß Kräfte so sehr
spezialisieren, und so sehr verallgemeinern, als man will" (G. TH. FECHNER). „Kraft
ist ein bestimmbares Maß der Wirkungsfähigkeit, deren Urbild die menschliche
Wirkungsfähigkeit und deren Sitz und Angriffspunkt in den Trägern der Masse zu
suchen ist" (A. WENZL).[2]

---

[1] Siehe hierzu A. MITTASCH: Katalyse und Lebenskraft, Umschau **40** (1936), 733.
Katalytische Verursachung im biologischen Geschehen 1935. — P. WALDEN: Naturwiss. **16** (1928), 835; Z. angew. Chem. **43** (1930), 325. — E. v. LIPPMANN: Urzeugung
und Lebenskraft 1933. — G. WOLFF: Nova Acta Leopoldina, N. F. **1933**, Bd. I;
Harnstoffsynthese und Vitalismusfrage.

[2] „Kraft ist nur ein Hilfsbegriff zur Vereinfachung der Ausdrucksweise" (KIRCH-
HOFF). „Es kommt nicht darauf an, zu wissen, was Kraft ist, sondern zu wissen,
wie man sie mißt" (POINCARÉ). „Was eine Kraft ist, wissen wir nicht anders als
durch ihre Wirkungen" (BERZELIUS). Nach R. MAYER ist Kraft: „Alles, was eine
Bewegung hervorbringt oder hervorzubringen strebt, abändert oder abzuändern
strebt." Anderseits aber weiter: „Es handelt sich zunächst gar nicht darum, was
eine Kraft für ein Ding ist, sondern darum, welches Ding wir Kraft *nennen* wollen."
Der Kraftbegriff, der allen positivistischen Bemängelungen gegenüber standgehalten
hat (MACH redet von „Fetischismus", VAIHINGER von „Hypostase und Fiktion"),
würde kaum in seiner Bestimmtheit und mit seiner „Anschaulichkeit" existieren,
wenn er nicht sein *Urbild in der Muskelkraft* hätte, die wir unmittelbar empfinden.
Schon LEIBNIZ hat den Ursprung aller „Kraft" im eigenen Selbstbewußtsein mit
seinem Fühlen und Wollen gesehen. Hinsichtlich der anfänglichen Ablehnung des
Ausdruckes „katalytische Kraft" durch ROBERT MAYER (1842) als „töricht und
verderblich" siehe Kleinere Schriften und Briefwechsel (1893), S. 134; vgl. auch seine
Äußerung von 1845, Anm. 1, S. 11, sowie A. MITTASCH: R. MAYER und die Katalyse.
Chemiker-Ztg. **64** (1940), 38; I. R. MAYERS Kausalbegriff. Berlin, 1940.

Der *energetischen Leistungskraft* steht die „*diaphysische Richtkraft*" (J. REINKE) gegenüber, die energetisch indifferent d. h. nicht meßbar ist. In diesem Sinne redet man z. B. von Willenskraft, Jugendkraft, Lebenskraft, Kampfkraft, Triebkraft, Volkskraft, von Seelenkräften, Geisteskräften, Heilkräften, Abwehrkräften und formbildenden entelechialen Kräften des Organismus. „Man glaubt an Kraft, wo man das Kraftgefühl hat" (NIETZSCHE).

Legt man diese *allgemeinere* Definition des Kraftbegriffes zugrunde, so ist gegen die Bezeichnung „katalytische Kraft" nicht viel geltend zu machen. So kann man noch heute etwa von der „Kraft des Hämins als eisenhaltiger Katalysator" lesen.[1] Ja, es erscheint die *Wirksamkeit des Katalysators* geradezu als *Modell für sämtliche diaphysischen Kräfte* — vor allem für die Willenskraft —, indem er „*verursacht*", *ohne energetisch Arbeit zu leisten.* Einzuwenden ist im Grunde nur, daß das Wort „Kraft" hier *überflüssig* und sogar vielleicht mißverständlich ist. Durchweg besteht im Denken die *Tendenz einer Verminderung der Naturkräfte* oder eine Art natürlicher Auslese in der Richtung zunehmender Beschränkung auf „Urkräfte" als „Urphänomene", wie Gravitation und Elektrizität; und es bedeutet jedesmal einen Fortschritt in der Herstellung einheitlicher wissenschaftlicher Ordnung unserer Erlebnisse, wenn wiederum eine Kraft „überzählig" geworden ist; so konnte ja einst die „Bewegungskraft" der Gestirne zusammen mit der „Fallkraft" irdischer Körper von NEWTON auf eine allgemeine Gravitationskraft zurückgeführt werden. Katalyse ist nicht in *dem* Sinne ein „Urphänomen" oder eine „Urkraft", daß sie in ihren Teilprozessen von anderen Erscheinungen, nämlich chemischen und physikalischen Tatsachen nicht begrifflich abgeleitet werden könnte, und „chemische Affinitätskraft" wiederum hat ja schon BERZELIUS auf elektrische Polarität von Atomen zu basieren versucht.

Dieser Sachlage entspricht die tatsächliche historische Entwicklung, indem von der „katalytischen Kraft" des BERZELIUS — die mit gewisser Einschränkung als legitime Nachfolgerin der Lebenskraft erscheinen kann (WALDEN) — die „Kraft" aus dem Sprachgebrauch geschwunden und *die „Katalyse" allein übrig geblieben ist.* Auf diese Weise wird jeder Anschein vermieden, als ob der Katalysator durch „Energielieferung" wirke, also als eigentliche Kraftquelle ähnlich einem radioaktiven Element. Der Katalysator ist in summa — d. h. mit Beziehung auf den gesamten von ihm angestoßenen Reaktionsverlauf — ein „bilanzfreier Impuls" (mitunter schon als eine Art „perpetuum mobile" von energetisch indifferenter Art bezeichnet); genauer: ein Faktor, der an gegebene energetische Möglichkeiten gebunden ist und darum *Gleichgewichte nur einstellen helfen, aber nicht verändern kann.* Der Katalysator gibt Anlaß, ohne selber Arbeit zu leisten, und richtet, ohne von seinem „Eigenen" etwas dabei zu verlieren.[2]

E. Sonderformen und Nebenformen der Katalyse.

Die Dehnbarkeit oder sozusagen Weitherzigkeit jeder der vorhandenen und anerkannten Katalysedefinitionen gibt die Möglichkeit, daß außer dem

---

[1] BINGOLD: Naturwiss. **26** (1938), 659. — M. LEINER: Forsch. u. Fortschr. spricht von der „katalytischen Kraft" eines Fermentes. (Während eine einstige „Kontakttheorie" des Galvanismus als mit dem Energieprinzip unvereinbar aufgegeben werden mußte, ist die „katalytische Kraft" als *nichtenergetische Richtkraft* mit Energetik und Thermodynamik durchaus verträglich.)

[2] In bezug auf das *Energieprinzip* hat die katalytische Theorie drei Stufen durchlaufen: a) Gefühlsmäßige Feststellung, daß der Katalysator nicht „zaubern", sondern nur „schlummernde Kräfte wecken" kann: BERZELIUS, LIEBIG. b) Aufstellung einer klaren Auslösungstheorie: ROBERT MAYER. c) Auseinandersetzung auch mit dem zweiten Hauptsatz der Energetik (Thermodynamik und Gleichgewichtslehre): HORSTMANN, W. OSTWALD, VAN T'HOFF u. a. m.

Vorgang *typischer Katalyse*, d. h. des Repetierens einer bestimmten Urreaktion eines Fremdstoffes auf dem Wege der Einschaltung und Ausschaltung und mit dem Erfolg der Förderung einer bestimmten Gesamtreaktion, noch verschiedene besondere Formen stofflicher Verursachung entweder dem Katalysebegriff untergeordnet oder aber ihm aus bestimmten Gründen der Analogie nebengeordnet werden können.

1. Negative Katalyse.

Negative Katalyse — schon von W. Ostwald deutlich beschrieben — bedeutet Erschwerung statt Erleichterung der zielstrebigen Vorgänge eines *katalysefreien* Systems durch einen Fremdstoff und steht insofern der „Vergiftung" als einer Schädigung der Vorgänge im *katalysehaltigen* System begrifflich getrennt gegenüber. In der Praxis ist allerdings die Unterscheidung nicht immer so leicht zu vollziehen, insbesondere darum, weil angesichts der Existenz von „Spurenkatalyse" auch von einem „katalysefreien" System nie mit voller Sicherheit gesagt werden kann, daß wirklich keine einzige Molekel eines anstoßenden und vermittelnden Fremdstoffes zugegen ist („Allgegenwart der chemischen Elemente"). So ist denn schon manche „negative Katalyse" nachträglich als *Hemmung positiver Katalyse* „entlarvt" worden. Statt durch feste Bindung an einen Fremdstoff (Vergiftung) kann ein positiver Katalysator auch dadurch in seiner Wirkung beeinträchtigt werden, daß jener Fremdstoff angestoßene Reaktionsketten abbricht. Im ganzen ist der Bereich *echter* negativer Katalyse im ursprünglichen Sinne sehr zusammengeschrumpft. (Siehe auch H. Schmid, S. 24, Über katalytisch-polare Stoffe.[1])

So wie man bei jedem als negative Katalyse erscheinenden Vorgang vermuten darf, daß es sich um eine Hemmung oder Vergiftung (Paralysierung) eines positiven Katalysators durch Bindung, Besetzung aktiver Stellen, Kettenabbruch usw. handelt, so muß umgekehrt bei so manchem als positive Katalyse erscheinenden Vorgang die Möglichkeit bedacht werden, daß *diese „positive" Katalyse in einer Enthemmung einer „negativen" oder einer vergifteten Katalyse besteht*; in der Fermentchemie sind Beispiele hierfür sowie für die mannigfachsten Möglichkeiten partieller und fließender Kompensierungen und Enthemmungen sowie „Antagonismen" in Menge vorhanden.[2]

2. „Physikalische" Katalyse.

Schon W. Ostwald und Wegscheider haben erkannt, daß ein „Katalysator" nicht unbedingt durch Schaffung neuer Elementarakte einer neuen Reaktionsbahn, also durch Hervorrufung von Zwischengebilden und Zwischenreaktionen mehr oder minder faßbarer Art wirken müsse. Der Katalysator kann vielmehr auch auf mehr „physikalischem" Wege tätig sein, indem er etwa „den durchschnittlichen Zustand der reagierenden Molekeln ändert" (Skrabal), die Konzentration aktiver Molekeln erhöht oder die Zerfallswahrscheinlichkeit metastabiler Verbindungen vergrößert usw. Eine scharfe Abgrenzung dieser einer Wirkung durch Temperaturänderung ähnlichen Beeinflussung dürfte indes

---

[1] Eine echte negative Katalyse wird es z. B. sein, wenn nach Hinshelwood wenige Promille eines NO-Gehaltes die Zerfallsgeschwindigkeit von Kohlenwasserstoffen stark herabsetzen.

[2] Es bedarf demgemäß mitunter eingehender Versuche, um festzustellen, ob ein „Aktivator" *echt* ist, d. h. wirklich unmittelbar die Wirksamkeit eines Katalysators steigert und verschärft, oder ob es sich dabei um eine Kompensierung und Enthemmung hindernder oder vergiftender Begleitstoffe handelt (siehe Bamann und Salzer über Phosphatasen, für die Mg··-Ion als echter Aktivator nachgewiesen wurde). Hierzu K. Weber: Inhibitorwirkungen, eine Darstellung der negativen Katalyse in Lösungen. 1938; siehe auch Schumacher: Z. angew. Chem. 54 (1941), 73.

hier ebensowenig bestehen wie gegenüber der *Mediumkatalyse*, die gleichfalls „physikalischer" Art sein kann.

Im heterogenen System ist als physikalischer Sonder- und Grenzfall seit langem die *allgemeine (nicht die spezifische) Keimkatalyse* für phasische Änderungen erkannt worden; insbesondere das Kondensieren unterkühlter Dämpfe durch „Kondensationskerne", etwa durch Elektronen in der WILSON-Kammer, und das Kristallisieren durch „Staubwirkung" oder durch „Reiben mit dem Glasstab"; ferner z. B. die Betätigung adsorbierter Wassermolekeln als „Kristallisatoren", d. h. als Vermittler für den Übergang ungeordneter Elementargebilde (z. B. bei der Entwässerung von Salzhydraten) in die Ordnung eines Kristallgitters. (Bei der Bildung von Regentröpfchen handelt es sich nach SCHMAUSS um Kondensationskerne von etwa 10^{-6} cm Dimension.)

Eine Art „physikalischer" Katalyse ist es auch, wenn nach DEHLINGER in Kristallen (z. B. bei Martensitbildung) die Bewegungen vieler gleichartiger Atome „durch die Bewegungen weniger einzelner Atome gelenkt werden"; der thermisch bedingte Sprung eines Atoms kann in einer Art Kettenreaktion das „Umklappen" einer ganzen Netzebene notwendig herbeiführen: „Verstärkung atomarer Schwankungen auf makroskopische Dimensionen" als Modell für die Mutation von Genen?[1]

Eine zukünftige Forschung wird auch gewissen Beziehungen der Katalyse zu „biologischer Verstärkerwirkung" nachzugehen haben, bei welcher makrophysikalische Prozesse „gesteuert werden durch Organe und Prozesse von atomphysikalischer, quantenphysikalischer Feinheit" (P. JORDAN, siehe S. 38, Anm. 1).

3. „Katalyse" mit stöchiometrischen Verhältnissen.

Es handelt sich hier insbesondere um „Hilfsstoffe" der organischen Synthese, deren Wirkung sich dadurch von „echter" Katalyse abhebt, daß sie in *äquimolekularer oder gar in überschüssiger Menge gebraucht* werden, um die volle Wirkung zu erzielen. Hierher scheinen zahlreiche Kondensationsreaktionen nach FRIEDEL-CRAFTS zu gehören, und ferner wird auch an Übergänge zur „Induktion" durch Reaktionskopplung zu denken sein. Im ganzen ist dieses Teilgebiet noch sehr dunkel.[2]

Hier sei eine Bemerkung eingeschaltet, die das *Verhältnis von katalytischer und gewöhnlicher stöchiometrischer Reaktion* von einer besonderen Seite zeigt. Erscheint die katalytische Reaktion durchgängig als eine Modifikation der nichtkatalytischen, so kann es doch Fälle geben, da umgekehrt die stöchiometrisch-chemische Reaktion als Folge einer katalytischen auftritt. Es handle sich beispielsweise um Reaktionen primärer und sekundärer aromatischer Aminoverbindungen, für die nach A. LÜTTRINGHAUS (I. G. Farbenindustrie) etwa gilt:

$$\text{I.} \qquad R \cdot NH_2 + Na + CO \rightarrow R-N=C\begin{smallmatrix} H \\ \diagup \\ \diagdown \\ ONa \end{smallmatrix} + H,$$

$$\text{II.} \quad R \cdot NH \cdot C_2H_5 + Na + CO \rightarrow R-N\begin{smallmatrix} C_2H_5 \\ \diagup \\ \diagdown \\ C=O \\ | \\ H \end{smallmatrix} + Na.$$

---

[1] DEHLINGER: Naturwiss. **25** (1937), 138. Zur „Verstärkerwirkung" siehe P. JORDAN, SCHRÖDINGER, BÜNNING, ZILSEL, MULLER, TIMOFÉEFF-RESSOVSKY u. a. m.

[2] Siehe hierzu R. KUHN: Chemiker-Ztg. **61** (1937), 17, mit Aufzählung typischer Fälle. Unter den so überaus mannigfachen Reaktionen des Aluminiumchlorids (Isomerisierung oder Spaltung gesättigter Kohlenwasserstoffe, FRIEDEL-CRAFTS-Synthesen usw.) gibt es neben der „wahren katalytischen Wirkung" auch zahlreiche Beispiele von Schein- oder Pseudokatalysen, nach NENITZESCU: Angew. Chem. **52** (1939), 231; siehe auch G. KRÄNZLEIN: Aluminiumchlorid in der organischen Chemie, 3. Aufl. 1939.

Während bei II (Bildung von Äthylformanilid) der Säurecharakter des Produktes nicht stark genug ausgebildet ist, um Natrium in die Verbindung aufzunehmen, tritt bei I (Bildung von Formanilidnatrium) Natrium endgültig in die Molekel ein. Nun findet auch II *nur in Gegenwart von Natrium* statt, das mithin hier als *Katalysator* wirkt; und man wird die Reaktionen I und II insofern als wesensverwandt anzusehen haben, als wahrscheinlich beide über ein Natriumanlagerungsprodukt verlaufen, das im Fall II Natrium wieder ausscheidet, bei I aber nicht. Man kann dann ebensogut I als eine modifizierte katalytische Reaktion ansehen wie II als eine modifizierte rein chemische; die ihrer Natur nach katalytische Reaktion ist bei I zu einer einfach „stöchiometrischen" geworden, und nur bei II kann eine unterstöchiometrische Menge Natrium (z. B. 1-g-Atom auf 10-g-Mole Substrat) die Reaktion zu Ende führen. Fälle solcher Art wird es noch mehr geben, und man kann von einer Reaktion des Typus I vielleicht sagen, daß sie schillert, indem sie bald wie eine regelrechte stöchiometrische Reaktion ausschaut, bald jedoch wie eine „entartete" katalytische Reaktion!

4. Katalyse bei Fremdenergie verbrauchenden chemischen Reaktionen.

Wenngleich ein *typischer Katalysator* dadurch gekennzeichnet ist, daß er nur „freiwillig" verlaufende, d. h. im ganzen Arbeit leistende chemische Prozesse zu beeinflussen vermag, so schließt das doch nicht aus, daß sich *katalytische Wirkungen auch an Vorgänge heften können, die durch fremde energetische Arbeitsleistung erzwungen werden.* Am bekanntesten in dieser Richtung sind Photokatalysatoren und Sensibilisatoren bei photochemischen, speziell photographischen Vorgängen (nach Vogel, König, Eggert, Weigert, Luther u. a.); und auch bei der CO_2-Assimilation pflanzlicher Chloroplasten spielen Katalysatoren eine wichtige Rolle. Ausgesprochene „Sensibilisierungen" dürften unter die Sonderform der physikalischen Katalyse einzuordnen sein.

Bei *Elektrolysen* wird oft in ganz entsprechender Weise ein „richtender" stofflicher Einfluß von Fremdstoffen auf die Sekundärvorgänge an den Elektroden beobachtet, der entweder von dem Elektrodenmaterial selber ausgeht oder von Stoffen des elektrolysierten Mediums. (Vgl. auch Jolibois über die „Funkenelektrolyse", bei welcher Einflüsse des Elektrodenmaterials eine geringere Bedeutung besitzen.)

5. Autokatalyse.

Autokatalyse oder Eigenkatalyse (Zuwachskatalyse) ist eine Katalyseform, bei der die übliche Begriffsbestimmung des Katalysators, im Endprodukt nicht vorhanden zu sein, versagt. Es handelt sich zunächst um die eigentümliche Erscheinung, daß ein Produkt (auch Zwischenprodukt) der Reaktion, welches zwar im Falle umkehrbarer Prozesse im homogenen System *gleichgewichtsmäßig* der stattfindenden Reaktion entgegenwirkt, sie doch allgemein in bezug auf die *Geschwindigkeit* des Verlaufes zu fördern vermag. Als physikalisches Modell der Autokatalyse dient die *spezifische* Eigenkeimwirkung bei phasischen Umwandlungen, wie Kondensationen, Kristallisationen und Erstarrungen unterkühlter Schmelzen (Tropfen- und Kristallwachstum mit Konkurrenz von Keimbildungs- und Ordnungs- bzw. Anlagerungsgeschwindigkeit).[1]

---

[1] Siehe hierzu M. Volmer: Kinetik der Phasenbildung. 1939. Eine energetische Ableitung photochemischer Keimwirkung gibt M. Bodenstein: Naturwiss. **28** (1940), 145. Eine physiologische Analogie zur Keimwirkung beschreibt Jacobs: Forsch. u. Fortschr. **1938**, 322. (Erstes Luftbläschen in einer Fischschwimmblase, durch Luftschlucken gewonnen, als notwendige Bedingung und „Anstoß" für weitere Gasaufnahme, nunmehr aus den Gasdrüsen.) Der Keimwirkung wird von W. Ostwald die Bezeichnung „Auslösung" zugebilligt. „Der Keim der anderen Phase ist nicht die *Ursache* der Reaktion in dem Sinne, in welchem R. Mayer dies Wort gebraucht, denn er liefert nicht die für den Vorgang erforderliche freie Energie, sondern er ist nur die *Auslösung* eines Vorganges, der sich aus eigenen Kräften vollendet, nachdem er einmal in Gang gebracht ist" (Über Katalyse, 1901, S. 7).

Altbekannt ist die Beschleunigung der Reaktion von Permanganat und Oxalsäure durch gebildetes $Mn^{··}$-Ion, das hier als „Selbstvermehrer" auftritt; doch sind noch augenfälliger diejenigen Autokatalysen im heterogenen System, bei denen *ein in festem Zustand vorhandener bzw. gebildeter Stoff seinen Zuwachs aus der Gas- oder Flüssigkeitsphase oder anderen festen Phasen katalysiert.* Es gilt dann für das betreffende Elementargebilde (Atom, Molekel, Makromolekel, Kristall):

I. $A + AB \rightarrow AA + B + Q$ (Wärmetönung) usw. für Zersetzung (Beispiel $[Ni] + Ni(CO)_{4\ gasf.} \rightarrow [Ni\ Ni] + 4\ CO$; Abscheidung aus der Gasphase, oder: $[4\ Ag] + [2\ Ag_2O] \rightarrow [4\ Ag·4\ Ag] + O_2$; Abscheidung aus fester Phase), oder

II. $AB + A + B \rightarrow ABAB + Q$ usw. für Synthese (Beispiel $[PbS] + Pb^{··} + S'' \rightarrow [PbS·PbS]$; Abscheidung aus Lösung).

Eine Sonderart solcher Autokatalyse vollzieht sich bei *Polymerisierungsprozessen*, indem z. B. eine Styrolmolekel nach folgendem Schema weitere Molekeln anlagert:

III. $BB_{(Urkeim)} + B_{gelöst} \rightarrow BBB$; $BBB + B_{gelöst} \rightarrow BBBB$ usw.

Zugleich liegt hier eine „Kettenreaktion" vor, die sich von einfacher Kettenreaktion nur dadurch unterscheidet, daß die Glieder der Kette tatsächlich „zusammengeschweißt" werden, statt sich im Raume selbständig herumzutreiben (siehe MARK, G. V. SCHULZ u. a.). Ähnliches geschieht auch bei dem Wachsen von „Somatoiden" (V. KOHLSCHÜTTER).[1]

Autokatalysen können durch dauernde Steigerung der Reaktionsgeschwindigkeit — in der Regel unter Beteiligung von Kettenreaktion — explosive Heftigkeit annehmen und so zu Lawinenreaktionen oder Katastrophenreaktionen führen (z. B. NO gegenüber Schießbaumwolle). Wichtig ist, daß *Autokatalyse und Fremdkatalyse Hand in Hand gehen und sich gegenseitig unterstützen können.* So kann die autokatalytische Abscheidung von Ni aus $Ni(CO)_4$ durch Spuren Hg-Dampf weiterhin stark beschleunigt werden, und ähnlich wird es sein, wenn Benzoylchlorid nach G. V. SCHULZ über „Anlagerungsverbindungen" (vorgelagerte Gleichgewichte) die als Kettenreaktion stattfindende autokatalytische Polymerisation des Styrols durch Vermehrung der Keime und damit der Zahl wachsender Ketten noch weiter beschleunigt. Dieselbe „*Vereinigung" von Allo- und Autokatalyse* wird für alle Bildungen von Organismusstoffen aus Körpersäften bedeutungsvoll sein, und wir haben in derartiger *kombinatorischer Katalyse* sicher ein *Modell für die unzähligen Autokatalysen des Organismus, die der Erneuerung, Vermehrung und Erhaltung aller im Stoffwechselprozeß stehenden Bestandteile der Gewebe und der Körperflüssigkeiten dienen.*[2]

Pepsin und Trypsin bilden sich nach NORTHROP aus ihren „Vorläufern", d. h. Profermenten als Muttersubstanzen durch autokatalytische Reaktion; das Gleiche wird gelten für andere Enzyme, für Hormonstoffe und Vitamine, ferner für Blutgruppenstoffe, Bakteriophagen, Virusstoffe und Antikörper. Eine Proteinase, die

---

[1] Es ist eine wichtige Aufgabe, die Erscheinung der autokatalytischen *Selbstvermehrung* in enge Beziehung zu bringen mit dem autokatalytischen *Wachstum*, d. h. der assoziativen Verknüpfung gleichartiger einfacher Molekeln zu Makromolekeln beliebiger Form. Siehe hierzu H. STAUDINGER: Über makromolekulare Verbindungen; insbesondere J. prakt. Chem., N. F. **156** (1940), 11.

[2] W. OSTWALD hat die von ihm zuerst genauer untersuchte Autokatalyse (1891) als Modell für das „Gedächtnis der organischen Materie" (nach E. HERING; OSTW. Klass. Nr. 148) angesehen und auch im übrigen weitgehende Beziehungen herzustellen gesucht, vor allem zu Vorgängen der Regeneration und der „Überheilung" des Organismus (Medizin. biolog. Schriftenreihe, H. 1, 1926). Siehe auch A. MITTASCH: Autokatalyse in Chemie und Biologie. Chemiker-Ztg. **60** (1936), 795.

ihre eigene Bildung katalysiert, „ist einem Virusprotein direkt vergleichbar" (LYNEN). Eine einzige Molekel des Tabakmosaikvirus kann durch autokatalytische Vermehrung rasch eine ganze Zelle des Tabakblattes und mehr zerstören, eine einzige Antikörpermolekel, die als Reaktion auf ein Antigen entstanden ist, den Körper immunisieren.[1]

Allgemein wird die staunenswerte *„Erhaltung" bestimmter konstituierender, aufbauender und lenkender Stoffe während des ganzen Lebens eines Individuums, ja auf dem Wege der Keimbahn noch in neue Generationen bis in unübersehbare Zeiten hinein nicht ohne Kombination von Autokatalyse und Allokatalyse möglich* sein. Die Rolle des Hg in der Ni-Autokatalyse wird bei derartigen Vorgängen meist ein Vollenzym oder ein Bestandteil eines solchen spielen.

Bei genauerem Zusehen wird sich neben der Autokatalyse der Einzelmolekel (einschließlich Makromolekel) in Abbau- und Aufbauvorgängen vielleicht auch eine *aggregative Autokatalyse* feststellen lassen, darin bestehend, daß „Stoffkomplexe" oder ganzheitliche „Micellen" usw. *von bestimmter Anordnung ihrer Glieder* aus einem geeigneten Medium immer wieder die gleichen Gebilde mit genau oder ungefähr gleicher Anordnung ihrer Molekularbestandteile entstehen lassen oder „kooptieren". Für solche Vorgänge würde das Schema gelten:

$$\text{IV.}\ [ABCD\ldots]_{\text{Komplex}} + A + B + C + D\ldots \rightarrow ([ABCD\ldots]\,[ABCD\ldots]).$$

Hier bedeuten A, B, C, D usw. Einzelmolekeln, die sich in $[ABCD\ldots]$ zu bestimmter sterischer Konfiguration anordnen. Derartige Autokatalyse mag vor allem im lebenden Protoplasma eine wichtige Rolle spielen.

Einfache chemische Autokatalyse setzt sich in der *formativen Autokatalyse* der Biologie fort. Biologische Strukturen gehen aus ihresgleichen hervor; „spezifisch Geformtes kann nur durch Vermittlung von entsprechend Geformtem entstehen" (FREY-WYSSLING). „Das Proteinmuster der Chromosomen wird durch Autokatalyse vermehrt, die planmäßige Kondensation der Aminosäuren verläuft in der Weise einer Autokatalyse" (W. J. SCHMIDT). „Eiweißkörper können ihre eigene Bildung katalysieren" (LYNEN). Nach K. C. SCHNEIDER handelt es sich beim Plasma um „Strukturen, die immer aus ihresgleichen hervorgehen und ihresgleichen zeugen". „Man muß wohl annehmen, daß aus der unmittelbaren Umgebung der Erbanlagen Rohmaterial adsorbiert und aus ihm neue, den schon vorhandenen Anlagen völlig gleiche Gebilde aufgebaut werden" (STUBBE).

Ganz allgemein kann Autokatalyse, im Bunde mit Allokatalyse, in ihren Auswirkungen zu *Formbildung* führen, indem *die sich ausscheidenden Teilchen eine räumliche Anordnung annehmen,* die mehr oder minder nach bestimmtem „höheren Plan und Gesetz" geschieht: z. B. Kristallgitterordnung gegenüber „ungeordneten" amorphen Formen. In der Regel wirkt die Tendenz einer Erniedrigung der Oberflächenspannung mit, wie sich dies z. B. bei der langandauernden Abscheidung von Sb aus SbH_3 oder von Fe oder Ni aus Carbonylverbindungen mit Schicht-, Knollen-, Traubenbildung usw. zeigt.

Es bedeutet dann ein völliges Novum, wenn unter besonderen organischen Bedingungen Gebilde, die autokatalytisch bzw. durch kombinatorische Katalyse einen bestimmten Umfang erreicht haben, der Anhäufung überdrüssig zur *Verkleinerung auf dem Wege der Zweiteilung* schreiten. Eine solche „Entzweiung" im eigentlichen Sinne des Wortes findet (nach BOK u. a.) bei den auf Kosten lebender Gewebe sich vermehrenden *Viren* statt; und eine ähnliche *Reduplikation* oder Selbstverdopplung stofflicher Gebilde auf Grund autokatalytischen Wachs-

---

[1] Schon bei SENNERT (um 1600) heißt es: „Die Gestalt vermehrt sich durch Vervielfachung ihrer selbst." J. W. RITTER hat (um 1800) „Miasmen" und Pockengift als organische, sich fortpflanzende Stoffe bezeichnet.

tums weist jede Zellteilung auf, nur daß hier ein außerordentlich hoher Grad der Komplikation vorliegt. Jedes Gen hat, „ähnlich dem Virus und dem Antikörper, die Fähigkeit, sich zu reduplizieren" (TIMOFÉEFF-RESSOVSKY). Es gibt jedoch zur Zeit „keine Möglichkeit, die für die Gene charakteristische Verdopplung vor jeder Zellteilung zu erklären" (BUTENANDT).[1]

Autokatalyse bildet deutlich ein Schema jeder biologischen Vermehrung, jedes Wachstums mit Zellteilung, wobei sie zugleich als Bestandteil niederer Art in jene Autokatalyse höherer Art mit eingeht. Die Autokatalyse steht im Dienste biologischer Erhaltungskausalität und bildet ein unentbehrliches Werkzeug dieser.

6. Kolloidkatalyse.

Es handelt sich um ein noch wenig bearbeitetes Gebiet, und zwar in bezug auf den Fall, daß nicht rein chemische, sondern *oberflächen- und kapillarchemische Vorgänge* u. dgl., kurz kolloidchemische Prozesse, wie Dispergieren, Emulgieren, Peptisieren, Quellen und Entquellen, Ausflocken und Koagulieren, *durch die bloße Anwesenheit bestimmter Hilfsstoffe hervorgerufen, beschleunigt oder gerichtet werden.* Die *Ähnlichkeit z. B. von „Emulgatoren" mit Katalysatoren* ist schon wiederholt aufgefallen; auch ist für die Wirkung von Phytohormonen das Mitspielen kolloidkatalytischer Prozesse wahrscheinlich gemacht. Es ist leicht möglich, daß sich hier ganz allgemein Aussichten eröffnen für die Aufklärung der *Tätigkeitsweise zahlreicher Wirk- und Reizstoffe,* wie Hormone, Vitamine, Wuchsstoffe, Induktions-, Organisations- und Vererbungsstoffe. (Man denke an die große Bedeutung der Quellung und Entquellung für die Mitose.[2])

Wesentlich für die Entscheidung, ob Katalyse oder nicht, wird immer die Frage sein, ob eine Wirkung scheinbar durch bloße Gegenwart vorliegt, d. h. ob ein und dasselbe elementare Gebilde (Emulgator, Peptisator usw.) sich unmittelbar aus der „Einwicklung" und „Umklammerung" loszulösen und seinen Zyklus zu repetieren vermag oder ob es in der Gefangennehmung, die es bewirkt oder erfährt, endgültig aufgeht (siehe auch S. 38).[3]

---

[1] FRIEDRICH-FREKSA sucht die identische Verdopplung der Nucleoproteine von Chromosomen aus elektrostatischen und kolloidischen Gesetzlichkeiten auf Grund einer Feldvorstellung abzuleiten. Naturwiss. **28** (1940), 376.

Siehe auch die Vorträge vor der „Réunion internationale de Physique, Chimie, Biologie" in Paris vom 30. September bis 9. Oktober 1937, speziell über Biochemie u. dgl.; Referat in Angew. Chem. **51** (1938), 134; ferner BOK: Naturwiss. **26** (1938), 122. — NEEDHAM, GREEN: Perspectives in Biochemistry (HOPKINS-Festschrift) 1937. — STANLEY: Ergebn. Physiol., biol. Chem. exp. Pharmakol. **39** (1937). Der Annahme einer „Belebtheit" der Virusgebilde tritt PIRIE mit dem Hinweis darauf entgegen, daß es ein sicheres allgemeines Kriterium der Belebtheit nicht gebe. Siehe auch F. LYNEN: Angew. Chem. **51** (1938), 181, über „das Virusproblem". (Schließlich bleibt als brauchbarstes Kennzeichen des „Lebens" ein durch Stoff- und Energiewechsel bedingtes, über eine bestimmte Zeitdauer sich erstreckendes und wechselvolles *Erleben;* und wir werden von „Leben" reden, sofern und soweit wir nach Analogie mit unserem eigenen Innenleben ein derartiges, wenn auch äußerst primitives gefühls- und willensmäßiges Erleben=Innenleben annehmen dürfen oder mögen.)

[2] „Ein Kolloidgemisch von der Art des Plasmas bietet ganz hervorragend günstige Bedingungen für das Auftreten von durch Adsorptionskatalyse beschleunigten oder eingeleiteten chemischen Reaktionen. — Die lebende Substanz ist geradezu ein Tummelplatz für Adsorptions- und Kolloidkatalysen." (Wo. OSTWALD in „Die Welt der vernachlässigten Dimensionen".) Allzu leicht hat es sich jedoch E. HAECKEL gemacht, als er erklärte: „Das Problem der Urzeugung ist also ein *rein chemisches;* es kommt nur (!) darauf an, durch Katalyse kolloidaler Substanz die einfachste Form des Plasmas zu erzeugen."

[3] Auch Emulgatoren z. B. können spezifisch eingestellt sein. Hinsichtlich Katalyse kolloider Substanzen allgemein siehe R. LIESEGANG, Wo. OSTWALD u. a.

7. Rhythmische oder pulsierende Katalyse.

Die einzelne katalytische Reaktion mit ihrem elementaren „Rhythmus", die zumeist Bestandteil eines stetig fortlaufenden Geschehens bildet — man denke an die langen und verzweigten Reaktionsketten embryonaler Entwicklung —, kann auch eingeordnet sein in einen rhythmischen Vorgang höherer Art, für den besondere Gesetzlichkeiten gelten: es liegt dann *pulsierende oder rhythmische Katalyse* vor, wie sie sich in bestimmten Formbildungen (LIESEGANG u. a.) oder auch in räumlich nicht so scharf fixierten „Funktionen" darstellen kann (BREDIG, BENNEWITZ u. a.). Die Beziehungen dieser rhythmischen oder periodischen Katalyse zu der Rhythmik zahlreicher Lebensvorgänge sind schon oft bemerkt worden, wobei sicher ist, daß es sich nicht nur um Analogien handelt, sondern daß tatsächlich *katalytische Rhythmen die physische Grundlage höherer organismischer Rhythmen bilden können*.[1]

8. Stoffliche Induktion durch Reaktionskopplung.

Diese wohlbekannte Erscheinung, bei der der „Induktor" dem Katalysator vergleichbar ist, braucht hier nur kurz erwähnt zu werden. Im ganzen handelt es sich um eine wertvolle „Erfindung" oder um einen Sparsamkeitskunstgriff der Natur, der dahin zielt, daß auch Vorgänge, die eines Aufwandes an Energie bedürfen, dadurch „von selbst ablaufend" gemacht werden können, daß sie mit energieliefernden Reaktionen bestimmter Art (insbesondere stark exothermen Reaktionen) gekoppelt und verflochten werden. Welche große Bedeutung diese stoffliche Induktion z. B. für die Glykogenolyse beim Muskelprozeß besitzt, ist allgemein bekannt. Auf Beziehungen zur Katalyse weist schon der gleichfalls *selektive* Charakter hin, und ferner gibt es auch Übergangsformen von der Induktion zur Katalyse.[2]

Anhang.

I. Über Scheinkatalysen und Anscheinkatalysen.

Die Tatsache, daß Katalysen, wenn sie ungestört und mit hinreichenden Substratmengen weiterlaufen können, den Satz „kleine Ursachen, große Wirkungen" oft verblüffend auffällig dartun, darf nicht dazu verführen, jede beobachtete „überragende" stoffliche Wirkung kleiner Gewichtsmengen bestimmter Körper ohne weiteres als „Katalyse" anzusprechen. Giftwirkung und Entgiftung, Infektion und Immunisierung, Vitamin- und Hormonwirkungen, allgemein Reizwirkungen (z. B. auch allergische Reize) können und werden in der Regel mit katalytischen Vorgängen untrennbar verbunden auftreten, brauchen jedoch ihrem innersten Wesen nach nicht katalytische Reaktionen zu sein.

Überragende Wirkungen geringer Stoffspuren werden auch außerhalb einwandfreier Katalyse im Anorganischen wie im Organischen vielfach beobachtet. Ein Molekulargebilde kann nicht nur durch ein Lichtquant, sondern auch durch stoffliche Strahlung (z. B. α-Strahlen, Neutronen) zum „Umkippen", d. h. zu Strukturumwandlung mit weitreichenden Folgen gebracht werden. Einlagerung kleiner Mengen gitterfremder Atome in einen Kristall, z. B. Cu in ZnS, kann die Substanz lumineszenzfähig machen.

---

[1] Von K. BENNEWITZ: Z. physik. Chem., Abt. A 181 (1937), 151; Angew. Chem. 50 (1937), 207, wird u. a. auf Beziehungen periodisch wirkender Katalyse zu den „BERGERschen Schwingungen" in der Hirnflüssigkeit und zu anderen rhythmischen Prozessen in Körpersäften hingewiesen.

[2] Eine Art Reaktionskopplung ist es schon, wenn ein Katalysator nur dadurch seine Wirkung auf das Substrat ausüben kann, daß ein entstehender Stoff durch eine weitere Reaktion weggenommen wird („Depolarisation"; siehe auch WIELAND: Dehydrierungstheorie der Oxydation).

Lichtelektrische Zellen werden durch 0,5% Th vergütet. Anatas kann durch kleine
Mengen SO_3 stabilisiert werden. Ein Atom S auf 1300 Atome C bewirkt Vulkani-
sation des Kautschuks, d. h. neuartige Verknüpfung von Kettenmolekeln. Lange
Ketten der Cellulose können nach STAUDINGER schon durch 0,01% eines Oxydations-
mittels mit dem Erfolg gesprengt werden, daß ein unlöslicher und begrenzt quellbarer
Stoff zu einem löslichen und unbegrenzt quellbaren wird.

Allgemein ist im Zweifelsfall zunächst die Möglichkeit ins Auge zu fassen, daß
eine „große" Molekel durch „An- oder Einlagerung" kleiner Gebilde (Molekeln,
Radikale, Atome, Ionen) *in ihrer Struktur so wesentlich verändert wird, daß neue
Eigenschaften und neue Wirkungen hervorgehen.* Es sei etwa eine Makromolekel A
vom Molekulargewicht 1 Million und ein darauf chemisch einwirkender aktiver
Stoff B vom Molekulargewicht 100 angenommen, so kann eine bestimmte Gewichtsmenge dieses B schon die 10000fache Menge „Substrat" A wesentlich
ändern; der „Masseneffekt" in Gramm ausgedrückt ist mithin der gleiche, wie
wenn ein Katalysator von bestimmtem Molekulargewicht Substratgebilde von
gleichem Molekulargewicht 10000mal repetierend beeinflußt hätte.

Eine solche tiefgreifende *Veränderung von Makromolekeln durch Kleinmolekeln* hat
STAUDINGER mehrfach beobachtet. Bei hochmolekularen Polystyrolen genügen
0,002% Divinylbenzol, eine derartige Verknüpfung der Ketten von Fadenmolekeln
zu bewirken, daß das Gebilde seine Löslichkeit verliert und dafür begrenzt quellbar
wird; so ergeben sich „Modellversuche zum Verständnis der chemischen Wirkung,
z. B. von Hormonen und Vitaminen auf die Lebensvorgänge im Organismus", bei
welchen gleichfalls Bindung, Änderung des Polymerisationsgrades od. dgl. eine Rolle
spielen kann. Man kann also „die Möglichkeit in Betracht ziehen", daß bestimmte
Wirkstoffe „durch chemische Bindung mit den Makromolekeln der Proteine Änderungen an denselben hervorrufen".[1]

Es gibt unzählige Fälle weitreichender und umfassender „*Reizwirkung*"
kleiner und kleinster Stoffmengen — auch oligodynamischer Wirkung —, die
man heuristisch und arbeitshypothetisch als eine Art *Katalyse* (etwa „höherer
Ordnung") ansprechen kann, wobei aber diese Bezeichnung die *Aufforderung*
einschließen soll, aufzudecken, wie weit in derartigen Vorgängen wirkliche echte
Katalyse einschließlich Kolloidkatalyse und Autokatalyse tätig ist. So werden
Anscheinkatalysen oder „höhere Katalysen" mannigfacher Art auf dem gesamten Gebiet der Wirk- und Reizstoffe (abseits von typischen Fermenten) der
Aufklärung harren.

„Es gibt viele Naturstoffe, die in kaum vorstellbar kleinen Mengen erstaunliche
Wirkungen auf bestimmte Lebensäußerungen der Pflanzen und Tiere auszuüben
vermögen" (R. KUHN). Ein hunderttausendstel Milligramm Acetylcholin kann ein
Ganglion zur Tätigkeit anregen; geringste Mengen Bor regeln die Wasserführung
im Protoplasma und den Kohlehydrattransport. Crocin erzeugt bei geißellosen Ge-
schlechtszellen einer bestimmten Grünalge Geißeln noch in der Verdünnung 1:250
Billionen; eine Zelle erfordert zum Beweglichwerden nur eine einzige Crocinmolekel
(MOEWUS).

Heteroauxin fördert das Streckenwachstum von Pflanzenzellen (durch Erhöhung
der plastischen Dehnbarkeit der Zellwand für Intuszeption) noch bei einer Verdünnung
von 1 mg auf 100 Millionen Liter Wasser; eine einzige Heteroauxinmolekel kann die
Haftstellen zwischen verschiedenen Micellen der Wand auftrennen. Verschiedene
Elemente, wie Cu, Mn, Zn, Mo, B usw., können schon in Spuren als Reizdünger Aus-

---

[1] Über nichtkatalytische Wirkungen kleiner Stoffmengen siehe H. STAUDINGER:
Angew. Chem. **49** (1936), 801, **50** (1937), 964; Chemiker-Ztg. **61** (1937), 14; Naturwiss.
25 (1937), 673; Chemiker-Ztg. **62** (1938), 749. Organische Kolloidchemie 1940. — P. JOR-
DAN: Naturwiss. **26** (1938), 537; Forsch. u. Fortschr. **1938**, 395 („Verstärkerwirkung");
auch QUASEBART: Angew. Chem. **50** (1937), 719.

fallserscheinungen beseitigen und das Wachstum fördern.[1] Nach NEEDHAM kann schon 0,0001 g Methylcholanthren u. dgl. auf den Embryo unmittelbare Organisatorwirkung ausüben. Eine einzige Molekel geeigneter Stoffe kann ein *Bacterium coli* töten. Mit 1 mg eines bestimmten Virus kann man eine Million Kaninchen vergiften. 1 Mikrogramm Ra kann den Organismus auf das schwerste schädigen. Geringe Gewichtsmengen bestimmter aromatischer Verbindungen können durch Fehlleitung des Sterinstoffwechsels krebserregend wirken. Einzelne Pollenpartikel können z. B. als Antigen oder Allergen im Blutstrom zu Gewebsantikörpern gelangen und diese außer Tätigkeit setzen, wenn sie nicht zuvor im Blute selbst durch Antikörperwirkung gebunden und „desensibilisiert" worden sind. Während „Abwehrfermente" (ABDER-HALDEN) Antigen enzymatisch abbauen, wirken Antikörper auf dem Wege der Bindung. Ähnlich können wirksame Chemotherapeutica durch Bindung an Antikörper der „Abwehrorganisation" deren Wirkung verstärken oder aber durch Bindung an Antigene deren Wirkung abschwächen.[2]

Wesentlich für die Entscheidung, *ob wirkliche echte Katalyse oder nur eine „Scheinkatalyse" vorliegt*, wird immer die begrifflich einfache, aber praktisch oft schwer auszumachende Frage sein: Wirkt der agierende Stoff in irreversibler Einschaltung, also mit fester „Bindung" auf Substratteile; oder ist er wie ein luftgefüllter Ball, der jedes Eintauchen in das Substrat unwiderstehlich mit einem Emportauchen quittiert und mit dem man dieses Spiel soundso viele Male zu wiederholen vermag, ohne daß er dessen müde wird?

II. Über „Modifizierung" und Entartung von Biokatalysatoren und sonstigen Wirkstoffen.

Ist es wesentlich der Autokatalyse zu verdanken, daß alle lebenswichtigen Stoffe des Organismus sich generell behaupten, obgleich jedes einzelne Stoffindividuum schließlich der „Dissimilation" des Stoffwechsels, d. h. endgültigem Abbau verfällt, so sind bei dem steten Ansturm störender Einflüsse doch auch *nachhaltige Änderungen mit Übergängen zu neuen Stoffen mit neuen Autokatalysen und Allokatalysen* nicht ausgeschlossen. Anstöße zu bedeutsamen Veränderungen können sowohl von Energiequanten (z. B. Photonen bei Mutation von Genstoffen) wie auch von Stoffen (z. B. carcinomogenen aromatischen Verbindungen) ausgehen.[3] Gehört eine durch irgendwelchen kausalen Angriff wesentlich modifizierte Molekel, Großmolekel oder Micelle dem „Substrat" des chemischen Geschehens an, so wird es damit sein Bewenden haben, daß das veränderte Gebilde eine andere Reaktionsfähigkeit aufweist als zuvor das unveränderte Gebilde; war sie jedoch ein wertvoller *Biokatalysator*, dessen „aktive Stellen oder Gruppen"

---

[1] Bei der roten Torula bewirkt Borsäure im Verhältnis 1:8 000 000 Teilen Wasser noch eine deutliche Wachstumssteigerung, bei der Wasserlinse Mangan im Verhältnis 1:3 Milliarden (BOAS). Spuren Molybdän ermöglichen die Stickstoffbindung durch Azotobakter.

[2] In bezug auf Chemotherapie siehe MIETZSCH: Ber. dtsch. chem. Ges. 71 (1938), 15; in bezug auf Immunochemie H. RUDY: Angew. Chem. 50 (1937), 137. Chemotherapeutica können nach MIETZSCH etwa in der Weise von Cofermenten (oder von Antigenen) wirken, indem sie Abwehrstoffe aktivieren (im Gegensatz zu Giften, sofern diese durch Bindung an Biokatalysatoren deren Wirkung aufheben). Vgl. auch die Kongreßberichte Angew. Chem. 51 (1938), 540, 649.

[3] Öfter wohl, als dies zunächst sichtbar ist, mögen geringfügige Änderungen einer lebenswichtigen Substanzmolekel — z. B. in der Steringruppe — durch ein anstoßendes Photon (auch von Ultrastrahlung aus dem Weltall?) oder durch sonstige energetische Beeinflussung der Umwelt wesentliche Bedeutung für geheime stoffliche Wandlungen von Organismen mit ihren Konsequenzen erlangen, ontogenetisch wie phylogenetisch. „Eine Zustandsänderung eines Gens — d. h. eine *Mutation* — kann bewirkt werden durch einen einzigen atomphysikalischen Elementarvorgang, etwa eine einzelne Ionisierung" (P. JORDAN).

besetzt oder verändert oder zerstört wurden, so kann die Wirkung noch weiterreichend und geradezu niederreißend werden, indem z. B. ein durch einen Fremdstoff von 1 Millionstel seiner Masse beeinträchtigter Katalysator seine vorherigen repetierenden *nützlichen* Wirkungen nicht mehr ausüben kann, statt dessen aber vielleicht nun ebenso eifrig repetierende Wirkungen in *schädlicher*, ja verheerender Richtung zeitigt!

Es muß tiefgreifende Wirkungsänderungen mit sich führen, wenn etwa eine lebenswichtige katalysierende Substanz in ihren optischen Antipoden umklappt, ähnlich wie wenn in einem $CO-H_2$-Gemisch katalysierendes Kobalt an die Stelle von Nickel treten würde. Wird ein Ferment oder ein Steuerungszentrum durch Strahlentreffer mutativ verändert, so muß dies weitreichende Folgen zeitigen (P. Jordan).

Hier eröffnet sich das bedeutsame Gebiet der *Modifizierung körpereigener und körperwesentlicher Substanzen,* insbesondere soweit sie sich als Katalysatoren betätigen, durch „geringfügigen" stofflichen oder auch rein energetischen „Anstoß", oft mit dem Ergebnis von Fehlleitung, Entgleisung, Mißbildung und anderen Zielwidrigkeiten.[1] Mitunter können pathologische Zell-Entartungen samt ihren schädlichen Folgen rückgängig gemacht werden: Heilungsprozesse bei infektiösen und sonstigen Erkrankungen; oftmals jedoch wird der Organismus jener Beeinträchtigung durch entartete Biokatalysatoren nicht Herr, und es ergeben sich Dauerschädigungen mit früherem oder späterem letalen Ausgang. Betreffen Modifizierung und Zerstörung *Zellkernstoffe* statt Plasmastoffe und Körpersäftestoffe, so wird die Wahrscheinlichkeit, daß geringfügige Ursachen weitreichende Reaktionsfolgen zeitigen, besonders groß sein.[2] Wie weit dabei aber — mit positiv oder negativ zu wertenden Wirkungen — *echte Katalyse* im Spiele ist, wird sich jeweils nur durch schärfste reaktionskinetische Zergliederung des Gesamtvorganges ermitteln lassen.

F. Stellung der Katalyse im allgemeinen Bilde des Chemismus.

1. Allgemeine chemische und spezielle katalytische Reaktionskinetik.

Je eingehender man sich mit der Katalyse beschäftigt, um so deutlicher tritt zutage, daß es kaum ein *besonderes* Geheimnis der Katalyse gibt; das katalytische Rätsel geht vielmehr in dem allgemeinen Rätsel auf, das in stofflichem Geschehen vermöge „Verwandtschaft" oder energetischer Resonanz und Wechselwirkung stofflicher Gebilde überhaupt liegt.

Katalytisches Verstehen folgt dem allgemeinen chemischen Verstehen, und mit einer gewissen Überspitzung kann man sagen, daß von einer bestimmten Stufe chemischer Einsicht ab — wie sie etwa zu Berzelius' Lebzeiten erreicht war — hinsichtlich der kennzeichnenden Hauptmerkmale der Katalyse nichts grundsätzlich und wesentlich Neues hinzugelernt werden konnte; grundsätzlich Neues und Überraschendes kann vielmehr dauernd hinsichtlich des „Chemismus" überhaupt gelernt werden, dem sich die Katalyse als besondere Erscheinungsform einfügt. Sie ist sozusagen selber nicht ein „Urphänomen", sie nimmt jedoch an dem Urphänomen „Chemismus" Anteil.

---

[1] Über Modifikation von Biokatalysatoren und „Selbstverdopplung" siehe insbesondere Jerome Alexander: Archivio di Science Biologiche 1934, 409; Journ. Hered. 1936, 139; auch Butenandt: Angew. Chem. 51 (1938), 617.

[2] Die hemmungslose Wucherung bösartiger Geschwülste (Sarkome und Carcinome) ist irgendwie kausal verbunden mit einer Entartung oder Verwahrlosung von Ferment- und Hormonsystemen; siehe Dietrich, Schulemann, Butenandt, H. v. Euler, Hinsberg, Lettré, E. Gross: Angew. Chem. 53 (1940), 337. Nach Kögl kann man sich vorstellen, daß normale Zellen dem Vordringen von Tumorzellen keinen Einhalt gebieten können, da ihnen die betreffenden proteolytischen Fermente fehlen. Nach O. Schmidt: Ber. dtsch. chem. Ges. 73 (1940), 115 ist der Krebs-Kohlenwasserstoff „ein Katalysator zur Umwandlung des Zelleiweißes".

Seit VAN T'HOFF und W. OSTWALD gibt es *keine unabhängige katalytische Theorie* mehr; katalytische Reaktionskinetik ist heute ein Teil, und zwar ein sehr wichtiger und wesentlicher Teil der allgemeinen Reaktionskinetik, wobei methodisch die Verhältnisse so liegen, daß im Fortschreiten bald das Allgemeine, bald das Besondere voran geht. (Man denke an die „selektive Adsorption", die früher an katalytischer als an nichtkatalytischer Oberflächenwirkung planmäßig verfolgt worden ist.)

Allerdings wird dem Gebiet der katalytischen Reaktionskinetik vor allem dadurch ein besonderer Reichtum und eine besondere Mannigfaltigkeit gegeben, daß außer denjenigen Beispielen, bei denen der „Chemismus" des Vorganges wenigstens in Umrissen ziemlich leicht zu erkennen ist, andere Fälle — zumal heterogener Katalyse — vorliegen, bei denen „heimlicher Chemismus" von solcher Verborgenheit bestimmter Teilreaktionen vorhanden ist, daß dergleichen bei nichtkatalytischen Reaktionen kaum in gleicher Vielfältigkeit und Eindringlichkeit festzustellen ist.

Katalytischer Chemismus kann *alle Grade der Erkennbarkeit* durchlaufen, wobei indes „Erkennbarkeit" im allgemeinen noch nicht Einsicht in die Einzelheiten des Verlaufes bedeutet. An dem einen Ende stehen beispielsweise „durchsichtige" Fälle homogener Katalyse, wie der Bleikammerprozeß, die Schwefelsäureherstellung und die altbekannte Ätherbildung, sowie Oxydationskatalysen mit katalysierenden Substanzen, die zwei oder mehr Oxydationsstufen zeigen können (Fe, Vd, Cu usw.), ansteigend zu verwickelteren Fällen katalytischer Reaktionsverzweigung und -lenkung, deren „Zusammensetzung" aus bestimmten chemischen Teilreaktionen zuerst von Forschern wie BODENSTEIN, NERNST, BREDIG, ABEL, SKRABAL und anderen genau verfolgt werden konnte. Auch zahlreiche enzymatische Vorgänge haben sich auf Grund der *Zwischenreaktionstheorie* verhältnismäßig leicht in ihren Grundzügen erkennen lassen.

An dem anderen Ende aber stehen Vorgänge wie die Knallgaskatalyse durch blankes edles Platin, bei dem eine intermediäre Hydrid- oder Oxydbildung anzunehmen zunächst als reine Willkür erscheint.[1] Hier kann eine hinreichende Erklärung gegeben werden, auch ohne den Ausdruck „Zwischenverbindung" zu gebrauchen. Selektive und „aktivierte" Adsorption der Gase mit Erniedrigung der Aktivierungswärme, angestoßene Kettenreaktionen mit Radikalen wie OH u. a. können zur begrifflichen Ableitung der Reaktion dienen (BODENSTEIN, SCHWAB usw.). Und doch läuft es schließlich auf dasselbe hinaus, wenn auch hier der Chemiker statt von einer O- oder H-Aktivierung von einer Bildung kurzlebiger O- oder H-Verbindungen an bestimmten ausgezeichneten Stellen der Katalysatoroberfläche spricht: Physikalische und chemische Betrachtungsweisen finden sich letzthin auch bei Katalysen verstecktester Art zusammen, und der *katalytische Urakt* mit der Fähigkeit des Repetierens wird kaum irgendwo fehlen.

Wenn die *katalytische Reaktion immer nur eine Sonderform chemischer Reaktion* ist, so ist damit gegeben, daß im ganzen genommen katalytische Einsicht nicht weiter reichen kann als das Verständnis für chemische Reaktionen überhaupt; und jeder Fortschritt der allgemeinen Grundlagen des Chemischen bedeutet zugleich einen Fortschritt im Begreifen des Katalytischen. So kommt es, daß *die Katalyse auch in bezug auf die veranschaulichenden Bilder und „Modelle", die zu ihrer theoretischen Beherrschung dienen sollen, von der jeweiligen Gestaltung der chemischen Theorie überhaupt abhängig ist.*

2. Hauptperioden in der Entwicklung der Theorie chemischer Bindung.

Faßt man die Entwicklung seit dem Beginn der neueren Chemie (um 1800) ins Auge, so knüpfen sich die quantitativ messenden Gedankengänge, welche

---

[1] Indes können doch auch edle Metalle Oberflächenoxyde in unimolekularer Schicht bilden, und diese Fähigkeit kann sich bei feiner und feinster Verteilung noch weiter steigern (J. H. DE BOER, KRUYT, PENNYCUICK, L. WÖHLER, SCHENCK u. a.).

die neue Forschungsrichtung kennzeichnen, vor allem an Daltons Atombegriff, der einer *reinen Mechanik des chemischen Geschehens* den Weg zu bereiten schien. Die gegenseitige „Anziehung" der Atome konnte als der „Anziehung" terrestrischer und astronomischer Körper gleichartig, mithin den Gesetzen der allgemeinen Gravitationskraft als Zentralkraft untertan vermutet und demgemäß mathematisch in Angriff genommen werden. Versuche einer derartigen atomistischen Mechanik nach dem Muster der klassischen Körpermechanik (Lomonossow, Berthollet, Lesage) scheiterten jedoch, abgesehen von der Besonderheit der Kräfte, an der *Tatsache der ungleichen „Qualität" der Atome der verschiedenen Elemente*, der man mit einfachen geometrischen und kinematischen Vorstellungen nicht beikommen konnte, d. h. an dem *wahlhaften und spezifischen Benehmen der verschiedenen Elemente gegenüber anderen Elementen*, das jedes rein mechaschen Erklärungsversuches spottete und das man als Tatsache einfach hinnehmen mußte. Dabei wurden schon früh gewisse Regelmäßigkeiten erkannt (Döbereiners „Triaden"), deren Weiterverfolgung zum periodischen System der Elemente (Lothar Meyer, Mendelejeff) geführt hat.

Günstigere Aussichten eröffnete das *Hereinbringen elektrischer Begriffe*, die sich an die lebhafte Entwicklung der physikalischen Elektrizitätslehre durch Coulomb, Galvani, Volta, Davy, Ritter, Oersted, Faraday u. a. m. anschlossen. Hier war es die Gegensätzlichkeit oder *Polarität* in einer „Anziehung" ungleichnamiger Ladung und der entsprechenden „Abstoßung" gleichnamiger Elektrizitäten, die sich in der gegenseitigen „Zuneigung oder Abneigung" chemischer Elemente wiederfand, während es für eine solche Gegensätzlichkeit des Benehmens auf dem Gebiet allgemeiner Körperattraktion kein Vorbild gab. So konnte Berzelius seine in beschränktem Maße fruchtbare *elektrochemische Theorie der chemischen Bindung und Verbindung* entwickeln, die einer Menge chemischer Tatsachen auf das beste gerecht wurde. Und wenn auch bei der Unvollkommenheit des damaligen Wissens über die elektrische Natur von Elementargebilden ein einfaches elektrisches Modell der „Affinität" bald versagte — vor allem auf dem Gebiet der organischen Chemie —, so blieb doch ein größerer Besitzstand unerschüttert zurück, der in der zweiten Hälfte des Jahrhunderts das Seinige beitrug zu einer *kombiniert mechanisch-elektrischen Vorstellungsweise* über das Wesen des chemischen Geschehens.

Für die weitere Entwicklung bestimmend war die wachsende Überzeugung, daß es sich bei der *Betätigung chemischer Verwandtschaft in hohem Maße um Gesetzmäßigkeiten eigener Art* handelt, denen weder in rein mechanischen Deduktionen, noch auch mit Begriffen der herkömmlichen physikalischen Elektrizitätslehre beizukommen sei. Schon mit der Schaffung neuer Begriffe, wie Molekel, Radikal, Typen, Substitution u. dgl., wurde der Rahmen der ursprünglichen und einfachen Demokritischen Atomistik, die keine „Rangordnung" und Abstufung stofflicher Gebilde kannte, merklich gesprengt. „Schon lange war man sich darüber klar, daß die Gesetze der Mechanik für die kleine Welt der Atome nicht ausreichen" (W. Wien).

Das Resultat war eine gewissermaßen *eklektische Begriffswelt des Chemismus*: auf der einen Seite erstand eine *Strukturchemie*, die fast ganz auf eigenen Füßen stand und die in der Stereochemie von van t'Hoff und in der Koordinationslehre von A. Werner Höhepunkte erreichte; auf der anderen Seite — ohne innere Verbindung — gab es Anfänge und Weitergestaltung einer *Verwandtschaftslehre* auf Grund energetischer und *thermodynamischer Begriffe* (vor allem Massenwirkungsgesetz statischer und dynamischer Art) sowie einer *Reaktionskinetik* auf der Basis der kinetischen Gastheorie (Clausius, Krönig, Boltzmann, W. Gibbs), die dann van t'Hoff in seine osmotische Theorie der Lösungen aufnahm;

hierzu kam schließlich in den achtziger Jahren ARRHENIUS' elektrolytische *Dissoziationstheorie*, die so recht eine Kombination wiedererweckter und weitergeführter Vorstellungen über elektrische Polarität der Atome einerseits, kinetischer Begriffe nach dem Vorbild der klassischen Mechanik anderseits aufweist.[1]

Große Bedeutung für die Chemie des 19. Jahrhunderts und weiterhin hat vor allem die Tatsache erlangt, daß man sich einer *Stufenfolge*, einer *Rangordnung stofflicher Gebilde* bewußt geworden war, die an Stelle einer einfachen Gleichsetzung von „Atom" (als „Bauklötzchenatom") und „physikalischem Körper" getreten ist. Diese Abkehr vom gleichförmigen primitiven Atomismus und Zuwendung zu einem Abstufungschemismus beginnt mit der bedeutsamen Schaffung des *Molekularbegriffes* durch AVOGADRO (1811)[2] und AMPÈRE und schreitet weiter zur Fixierung noch höherer Gebilde, wie Makromolekel, Aggregat oder Assoziation, Micelle, Kristall, Zelle usw., wobei in unserem Jahrhundert auch eine abschließende Fortsetzung nach der anderen Seite hin, d. h. in das subatomare Gebiet, erreicht worden ist. Es gibt eine *natürliche Rangordnung stofflicher Gebilde mit „Eigengesetzlichkeiten"*, wobei die übergeordneten Gesetzlichkeiten vorwiegend ganzheitlicher oder konstitutiver Art sind, d. h. sich nicht rein additiv aus Gesetzlichkeiten der jeweils niederen Stufen ableiten lassen. Regelläufigkeiten und Wahrscheinlichkeiten auf den höheren Stufen aber werden gern verdinglicht, hypostasiert und personifiziert: so treten höhere Kräfte, Vermögen, Fähigkeiten, Faktoren, Potenzen und Entelechien (als „regulative Prinzipien" oder „Figmente") in das Blickfeld, dieses ordnend und mit „Sinn" erfüllend.

Einem unzulänglichen, rein mechanischen Bilde chemischer Verhältnisse und chemischen Geschehens und einem außerordentlich fruchtbaren, jedoch uneinheitlichen, gemischt mechanisch-elektrischen Bilde, das bis in unsere Tage reicht, folgt *eine dritte Stufe der Entwicklung*, in deren Anfängen wir gegenwärtig stehen und die durch das *Streben nach einer einheitlichen Auffassung des Chemismus auf atomphysikalischer und quantentheoretischer Grundlage* gekennzeichnet ist. „Wir dürfen auf die Atome nicht mehr unsere *gewöhnliche* Mechanik... anwenden" (H. A. BAUER).

Allerdings ist dieser neuen Bewegung eine *Mathematisierung*[3] eigen, die für den Chemiker gleichbedeutend ist mit einer wesentlichen Verfeinerung altgewohnter anschaulicher Vorstellungen.

„Die nächsten faßlichen Ursachen sind greiflich und eben deshalb am begreiflichsten, weswegen wir uns gern als mechanisch denken, was höherer Art ist" (GOETHE).

---

[1] Im Vorwort zu seiner „Atomenlehre" (1855) betont TH. FECHNER, daß „die Atomistik ihre größten Leistungen stets so still im Schoße der Naturwissenschaft vollbracht und dagegen stets so laut von seiten der Philosophen angegriffen" worden sei. FECHNERs Atomauffassung, über BERZELIUS hinausführend, ist durchaus dynamisch, ja fast monadologisch, und es finden sich Vorahnungen einer späteren rein elektrodynamischen Auffassung. Sämtliche Atome enthalten positive und negative Elektrizität; bei der Verbindung von Atomen trennen sich diese zum Teil, so daß freie Elektrizität von entgegengesetztem Zeichen in den Bestandteilen der Molekel zurückbleiben kann. Vgl. LASSWITZ über „FECHNER", 1910, S. 21; ferner LAUTERBORN in „Natur und Volk" **1934**, S. 439. (Ähnlich auch FR. ZÖLLNER und A. FICK um 1880.) Wie FECHNER verteidigt BOLTZMANN die Atomistik als für die Naturwissenschaft unentbehrlich (gegen MACH und OSTWALD); siehe „Populäre Schriften" 1905, S. 141.

[2] Schon LAVOISIER kannte „Radikale" als zusammenhängende Atomgruppen. Zu „Übermolekülbildung" siehe K. L. WOLF: Z. physik. Chem., Abt. B **46** (1940), 287; über anorganische Riesenmoleküle H. G. GRIMM: Naturwiss. **27** (1939), 1.

[3] Die grundlegenden physikalischen Gesetze für eine mathematische Theorie eines großen Teiles der Physik und der ganzen Chemie sind heute vollkommen bekannt; die Schwierigkeit liegt nur darin, daß die exakte Anwendung der Gesetze infolge ihrer Kompliziertheit zu unlösbaren Gleichungen führt" [DIRAC, zitiert von BONINO: Ber. dtsch. chem. Ges. **71** (1938), 129].

So sind denn schon wesentliche Fortschritte in dem Unternehmen zu verzeichnen, ganz in der Weise der einstigen Entwicklung der Elektrizitätslehre auf sicherer mathematischer Basis ein System *sekundärer Anschaulichkeit* — vielfach mit akustischen Analogien — zu schaffen, die zwar großenteils von fiktiver Beschaffenheit ist, die jedoch, um einen Ausdruck von SCHOPENHAUER zu gebrauchen, „ungefähr das Selbe leistet, als die Wahrheit selbst".[1] Auf diese Weise ist erreicht worden, daß Physik und Chemie, die sich gegen Ende des vorigen Jahrhunderts immer mehr auseinandergelebt hatten — das gilt insbesondere für die organische Chemie —, wieder in enge Beziehungen zueinander gekommen sind. „Der Wert eines Gedankens hängt nicht davon ab, ob er anschaulich ist, sondern davon, was er leistet" (PLANCK).

3. Atomismus: Von der „Korpuskel" zur „Wirkungsganzheit".

Gegen Mitte des vorigen Jahrhunderts standen einander schroff gegenüber ein *Korpuskularbegriff des Atoms* von rein mechanischer Art im Sinne von Körperchen analog den Körpern der Erfahrungswelt, etwa als elastische Gebilde von bestimmter Form und Größe vorgestellt, andrerseits eine Elektrizitätslehre, in welcher durchaus das *Kontinuum*, das Gesamtfeld mit „wellenmäßig" wechselnden Zuständen herrschte. Eine Näherung, ja Vereinigung beider Begriffswelten konnte nur durch eine „Auflockerung" und „Verfeinerung" der Atomvorstellung geschehen, wie sie tatsächlich durch verschiedene günstige Momente zustande gekommen ist: durch die Auffindung des Elektrons als eines mit Masse begabten elementaren Elektrizitätsträgers, der zugleich ein „Baustein" des Atoms ist, durch die Entdeckung der Radioaktivität bestimmter Elemente und schließlich durch die in Vereinigung von Optik und Elektrodynamik entwickelte Ausbildung der *Quantenauffassung* von PLANCK, nach welcher der Energieinhalt eines Atoms in Energieabgabe und -aufnahme sprungweise unstetige Änderungen erfordern und erfährt, die jeder früheren mechanischen oder energetischen Betrachtungsweise fremd waren.

Diese Quantenphysik „hat eine völlige Umformung der Grundlagen der Beschreibung der Naturphänomene hervorgebracht" (NIELS BOHR). „Korpuskeln im NEWTONschen Sinne gibt es nicht" (v. LAUE). Auch die „Bausteine" des Atoms

---

[1] Vorbildlich für diese Art, *durch mechanische Analogien Nichtmechanisches verständlich und vorstellbar zu machen*, ist das Beginnen von MAXWELL (siehe Anm. 1, S. 9), indem er in seiner Theorie der „Kraftlinien" von vornherein Wert darauf gelegt hat, die mathematischen Symbole durch Analogien mechanischer Art (Flüssigkeitsströme, Wirbel u. dgl.) zu „verkörpern". Ähnliches wiederholt sich in unserer Zeit, da eine zunächst unanschauliche mathematische Quantentheorie und Atomphysik mit ihrem Formalismus mehr und mehr in ein anschauliches Gewand gekleidet wird, so daß dem Chemiker die neuen Begriffe der Quanten- und Wellenmechanik schließlich wohl ebenso „geläufig" werden können, wie es die „fiktiv" anschaulichen Begriffe der Elektrizitätslehre mit ihren Ladungen, Spannungen, Stromstärken, Widerständen und Kapazitäten schon längst geworden sind. „Wer die Anschaulichkeit festhält, gerät auf den *processus in infinitum*; wer sie preisgibt, verläßt den sicheren Boden, auf welchem bisher alle Fortschritte unserer Wissenschaften erwachsen sind" (F. A. LANGE: „Geschichte des Materialismus"). — Daher z. B. eine „anschauliche Quantentheorie" mit „symbolischer Beschreibung" nach PASCUAL JORDAN. „Wir arbeiten mit den zwar unverstandenen, aber in jeder Weise experimentell handhabbaren Dingen weiter" [W. GERLACH: Angew. Chem. 51 (1938), 317]. Über konstruktive Anschaulichkeit siehe auch K. BENNEWITZ: Angew. Chem. 43 (1930), 449. — HEISENBERG: Wandlungen in den Grundlagen der Naturwissenschaft. 2. Aufl. 1936. — BAVINK: Ergebnisse und Probleme der Naturwissenschaften. 6. Aufl. 1940.

Von Fiktionen (nach VAIHINGER) oder besser Figmenten (nach HELMHOLTZ) wird allgemein gesprochen, wenn an die Stelle unerreichbarer voller Wahrheit „Ersatzwahrheiten" treten, als Hilfsvorstellungen und Bilder, Analogien und Symbole, Schemata und Modelle von Erkenntniswert. (Hypothesen lassen sich schließlich beweisen oder widerlegen und können sich so „bewahrheiten"; Figmente aber können sich nur im Gebrauch „bewähren".)

„sind nicht *Körper* im Sinne der Körper der großen sichtbaren Welt; sie sind vielmehr etwas seltsam Anderes" (ZIMMER). Das Elektron erscheint „als eine über den ganzen Raum mit verschiedener Dichte verteilte *Ladungswolke*" (H. A. BAUER), wobei „Dichte" als „Wahrscheinlichkeitsdichte" oder „statistische Dichte" aufgefaßt wird.[1]

Materie wie Energie können sich je nach Umständen korpuskular oder in der Weise unbegrenzter wellenartiger Gegebenheiten („Wahrscheinlichkeitswellen") benehmen, richtiger: sie können in beiderlei Weise vorgestellt und gedacht werden. Damit ist nicht nur für die Physik, sondern auch für die Chemie eine *Revolution des Denkens* gegeben, fußend auf der Erkenntnis, daß das „Atom" kein „Klümpchenatom" analog dem Makrokörper, kein „Wirklichkeitsklötzchen" von bestimmter Form und Größe, sondern ein *Gebilde* ist, *das lediglich durch seine Wirkungen gekennzeichnet ist*, wobei diese Wirkungen bis in das Unendliche gehen können — man denke an die Photonen, die von fernsten Fixsternen kommend als „Atomboten" auf die licht-empfindliche Platte einwirken.

Die feste *Verbindung der Atomistik mit der Elektrizitätslehre*, um die sich einst BERZELIUS heroisch bemühte, ist heute erreicht, als eine Grundlage, auf der sicher weitergebaut werden kann. Im neuen Atombegriff ist alles vereinigt, was für diese Weiterarbeit nötig ist: ein Korpuskularbegriff, wie ihn der Chemiker braucht, Beziehungen zu dem Kontinuum des Wirkfeldes mit „Fühlfäden" bis in das Unendliche und schließlich das Merkmal der Kraft, der Dynamis.[2]

4. Affinität: Vom Mechanismus zum Dynamismus.

Der gewaltige Fortschritt unseres Jahrhunderts prägt sich deutlich in dem für die chemische Wissenschaft zentralen *Affinitätsbegriff* aus. Einstmalige grobsinnliche Vorstellungen einer mechanischen Verknüpfung mittels Häkchen und Bändchen[3] (durch „Verbindungsstriche" angedeutet) haben sich gewandelt zu einem *elektronisch-wellenmechanischen Affinitätsmodell*, wonach wechselnde Verteilung und statistische Ladungsdichte von Elektronen nebst Beteiligung des allgemeinen elektrischen Feldes (mit seiner elektrostatischen Energie) das-

---

[1] „Der Begriff des unveränderlichen Elementarteilchens beschreibt die Erscheinungen nicht mehr adäquat" (C. F. v. WEIZSÄCKER). „Im Grunde ist ein Elektron nichts anderes, als eine Stelle, in der elektrische Kraftlinien von allen Seiten einmünden" (SOMMERFELD). Ferner PLANCK (1937): „Einem Elektron von bestimmter Geschwindigkeit entspricht eine einfach periodische Materiewelle, und eine solche Welle ist weder räumlich noch zeitlich begrenzt." Zum Elektronmodell siehe auch HÖNL: Naturwiss. 26 (1938), 408; zum Kernmodell NIELS BOHR, BOTHE, C. F. v. WEIZSÄCKER, WEFELMEIER u. a.

[2] Als eine Art erstes Aufblitzen der Idee einer „atomistischen Struktur" der Energie kann es erscheinen, wenn BOLTZMANN 1892 in einer Unterredung (in Halle) mit OSTWALD, PLANCK und HERTZ auf antiatomistische „energetische" Einwendungen OSTWALDs erklärt hat: „Ich sehe keinen Grund, nicht auch die Energie als atomistisch eingeteilt anzusehen" (berichtet von W. OSTWALD in Lebenslinien II, S. 187). — Der „Komplementarismus" von Korpuskel und Welle, für Energie wie Materie, hat zur Folge, daß von einer getreuen geometrischen Abbildung des Atoms, des Ions, der Molekel, des Radikals keine Rede mehr sein kann; eine wahrhaft adäquate räumliche Nachbildung der „Wirklichkeit im Kleinen und Kleinsten" durch das „Modell" in einer vollen Synthese der Anschauung ist unmöglich. „Im Atom sieht es vielleicht überhaupt nicht aus" (ZIMMER). Siehe auch KLIMKE: Naturwiss. 28 (1940), 337.

[3] „Man hatte allerhand außerhalb der Atome liegende Mittel nötig, um diese an und für sich toten Dingerchen herum zu puffen; man leimte ihnen, der Himmel weiß wie, Elektrizitäten, Wärme, Affinitäten usw. auf, gleichsam als Leitseile, an denen man sie hin und her zerre" (Brief SCHÖNBEINS an SCHELLING vom 25. Mai 1854). Siehe auch KOPPS scherzhaft-anthropistische Ausführungen über Atome und ihre Affinität: „Aus der Molekularwelt", 3. Aufl. 1886 (Gratulationsschrift für BUNSEN). Und doch ist die Atomistik „der ehrlichste Versuch, die Welt für das Auge zu konstruieren und für den zählenden arithmetischen Verstand (also *anschaulich* und *berechenbar*)" (NIETZSCHE). Siehe auch WUNDT: Philosoph. Studien 1 (1883), 474 (Die Logik der Chemie).

jenige bewirkt, was bei der Annäherung von Atomen, Ionen und Molekeln mit ihren „Austauschkräften" schließlich als „chemische Reaktion" oder „chemischer Prozeß" zutage tritt. Insbesondere haben sich auch gewisse Beziehungen zum magnetischen Verhalten ergeben (Klemm). Sowohl hinsichtlich der Formen chemischer Bindung wie auch allgemein hinsichtlich der Statik und Dynamik der Molekeln in ihrem Eigendasein und in ihrer Wechselwirkung untereinander sind seit Heitler und London vielversprechende Ansätze auf neuer Grundlage vorhanden.[1]

Es bleibt dauernd bewundernswert, wie es die Chemie des 19. Jahrhunderts vermocht hat, aus eigener Kraft, ohne Hilfe der Physik, ein Begriffssystem chemischer Beziehungen (Molekel, Valenz, räumliche Atomverkettung usw.) zu entwickeln, das auch vor der heutigen Atomphysik bestehen kann. „Die Theorie der chemischen Klassiker stellt eine erste Näherung, die quantenmechanische Methode eine zweite und bessere Näherung dar" (Bonino). „Durch die elektronische Deutung hat der Strich der Strukturformeln des Chemikers gleichsam Substanz erhalten" (Mohler).

Von einer „Allmechanik" im Sinne der klassischen Mechanik von Euler, Laplace, Lagrange, d'Alembert hat sich die neue chemische „Mechanik" weit entfernt, die Punktmechanik ist hier zu einer Quanten- und Wellenmechanik geworden. Zwar können, ja müssen auch „unterkörperliche" Vorgänge in der Wirkungsverstrickung von energiehaltigem Stoff und stofffreier Energie logisch (mehr oder weniger fiktiv) auf räumliche Anordnungen und Veränderungen, also auf *Bewegungen*, nämlich von Wirkungsquanten (z. B. Photonen), Elektronen, Atomen, Molekeln — oder wenn man will entsprechender Feldzustände des Kontinuums — zurückgeführt (genauer: als solche beschrieben) werden; die *Methodik* muß kinematisch und „mechanisch" bleiben. „Erledigt ist das mechanische Denken in dem Sinne, daß die Gesetzlichkeit der Mechanik als einer physikalischen Disziplin die Gesetzlichkeit aller Stufen des Kosmos sei"[2] (Burkamp).

Erst die neue Quanten- und Feldphysik gibt ein ungemein verfeinertes, sozusagen vergeistigtes und dabei eminent leistungsfähiges Symbol der chemischen Wirklichkeit, d. h. vor allem für die *chemische Affinitätsbetätigung auf Grund vorhandener Valenzen und Resonanzen, und aus den Erfolgen einer neuen atom-*

---

[1] Siehe hierzu Hellmann: Quantenchemie, 1937. — Fromherz: Angew. Chem. **49** (1936), 429. — H. Mohler: Beziehungen der Chemie zum Weltbild der Physik. 1939. — Über „Wesen und Bedeutung der chemischen Bindung" siehe H. G. Grimm: Angew. Chem. **53** (1940), 288. — Ferner Brill, E. Hückel, W. Hückel, G. N. Lewis, Robinson u. a. m. — Nach M. Polanyi: Angew. Chem. **44** (1931), 1597, haben wir „bis vor kurzem keine Ahnung gehabt, wieso jemals die atomaren Kräfte zu einer chemischen Umsetzung führen". Noch gegenwärtig sind nach W. Hückel nur „Anfänge einer brauchbaren Affinitätstheorie" vorhanden. Auf die Katalyse angewendet: „Noch ist das Rätsel der Katalyse im allgemeinen ungelöst; wir wissen meist nicht, warum dieser Stoff jene Reaktion katalysiert. Wir wissen aber oft, *wie* es geschieht, und sehen in diesem Wissen Besitz und Ziel der Forschung" (Schwab 1931).

[2] Durchweg gilt, daß *mechanische Kausalität* nur *eine* der Formen ist, in denen der ordnende Intellekt „Kausalität", d. h. eine Beziehung von Ursache und Wirkung feststellt oder vollzieht. In diesem Sinne heißt es schon bei Boltzmann 1895 (im Anschluß an Maxwells elektromagnetische Theorie): „Die Möglichkeit einer mechanischen Erklärung der ganzen Natur ist nicht bewiesen; und mechanische Begriffe sind oft nur anschauliche Bilder. — Diese Vorstellung ist uns ein Bild, das wir nicht anbeten." Neuerdings entsprechend Schlick: „Es geht physikalisch in der Welt zu, aber nicht mechanisch." — „Äther und Atom, Masse und Kraft sind nur intellektuelle Schemata" (Poincaré). „Unsere Phantasie ist eine Mechanikerphantasie, und wenn sie exzessiv ist, wird sie zur kühnen Feinstmechaniker-Phantasie" (Burkamp). Weiter: „Die mechanische Denkweise ist eine Vordergrundphilosophie" (Nietzsche). Schließlich Robert Mayer: „Was Wärme, was Elektrizität usw. dem inneren Wesen nach ist, weiß ich nicht, so wenig als ich das innere Wesen einer Materie oder irgendeines Dinges kenne; das weiß ich aber, daß ich den Zusammenhang vieler Erscheinungen viel klarer sehe, als man ihn bisher gesehen hat."

und molekulartheoretischen Reaktionskinetik zieht auch die katalytische Theorie schon heute wesentlichen Nutzen. Freilich bleibt das Bild immer nur Bild, d. h. Symbol und Gleichnis des fließenden Geschehens selbst, in welchem „Stoff" und „Vorgang" schließlich eines sind.[1] „Gedanken sind feiner als Atome und Elektronen" (PLANCK).

5. Naturphilosophische Ausblicke.

Der Übergang der Naturwissenschaft zu einer rein dynamischen Auffassung und Wertung der Naturwirklichkeit gibt auch die Möglichkeit, ein festes *Band zur Metaphysik der Natur* zu knüpfen, die, wenn sie wahrhaft in die Tiefe geht, von dynamischer Art sein muß und tatsächlich von LEIBNIZ ab bei den großen Philosophen immer dynamisch gewesen ist. Ähnlich PRIESTLEY und BOSCOVICH hält KANT dauernd daran fest, daß Materie „das Wirkende im Raume" ist; und noch schärfer tritt dieser aktivistische und dynamische Zug in SCHOPENHAUERS allgemeinem „Voluntarismus" hervor.

Nicht nur Dichtern (wie GOETHE) ist „die Atomvorstellung stets ein Greuel gewesen" (HEISENBERG), auch von Philosophen ist der mechanistische Atombegriff eines vergangenen materialistischen Zeitalters immer wieder hart angegriffen worden. Hie und da zeigen sich wohl Versuche einer Überbrückung der Gegensätze (FECHNERS „Vorahnungen" eines verfeinerten Atommodells; HELMHOLTZ' Äußerung: „Vielleicht sind auch Stoffe ‚Figmente' der erklärungsdurstigen Intelligenz"). Eine volle Überwindung des philosophischen Mechanismus und Materialismus aber hat erst die physikalische Wissenschaft der letzten Jahrzehnte möglich gemacht.[2] Mehr und mehr tritt eine „elektromagnetische Grundwesenheit" physikalischer Dinge in einem Doppelaspekt von Korpuskel und Welle (für Materie und Energie) hervor, und „Bewegung" erscheint durchweg nur als Form und Äußerung eines Geschehens, dessen „Innerung" von uns unbekannter Beschaffenheit ist und schließlich — wenn man will — als „psychoid" oder „psychisch geartet" vorgestellt werden mag: „blinder Wille" nach SCHOPENHAUER, „Wille zur Macht" nach NIETZSCHE.

So eröffnen sich Möglichkeiten einer endgültigen befriedigenden Einigung physischen Forschungsdenkens und metaphysischen Erweiterungsdenkens, und zwar in einem kritischen Realismus, der zugleich wertvolle Züge des Idealismus und Telismus in sich aufgenommen hat. „Die Natur ist ein Handeln" (J. W. RITTER).

Auch die Katalyse kann bei einem solchen Einigungswerk, das auf eine erkenntnistheoretische Auswertung physikalischer und chemischer Forschungs-

---

[1] Nach KANT erfüllt die Materie als „das Bewegliche im Raume" diesen Raum nicht durch bloße Existenz, sondern durch eine besondere bewegende Kraft. „Die Substanz im Raum kennen wir nur durch Kräfte, die in demselben wirksam sind" (Kritik der reinen Vernunft). Oder SCHOPENHAUER: „Demgemäß besteht das ganze Wesen der Materie im *Wirken*; nur durch dieses erfüllt sie den Raum und beharrt in der Zeit; sie ist durch und durch lauter Kausalität" — und schließlich: die niederste Objektivierung des „Willens in der Natur". „Was nicht *wirkt*, das *ist* auch nicht." „Was objektiv Materie ist, ist subjektiv Wille." Ferner WUNDT: „Das neue Weltbild wird dynamische Naturanschauung sein, nicht mechanische." — „Nicht das Atom, nur seine Wirkungssphäre ist räumlich" (HAMERLING). Nach E. BECHER sind „die Bausteine der Materie ein Gefüge von Kräften"; nach BAVINK ist die Molekel „nicht ein statisches, sondern ein dynamisches Gebilde; es ist nicht, es geschieht". Eiweiß z. B. ist „kein Zustand, sondern ein Geschehen". Über die Wendung vom Mechanismus zum Dynamismus siehe auch E. PIETSCH: Sinn und Aufgaben der Geschichte der Chemie. Angew. Chem. **50** (1937), 939; sowie A. MITTASCH: Kausalismus und Dynamismus, nicht Mechanismus. Forsch. u. Fortschr. **1938**, 127.

[2] Immer aber bleibt auch metaphysisches Denken in den Fesseln der Sprache und damit in deren „mechanistischem Zwang", der dahin führt, daß Nichtmechanisches regelmäßig nur in Wortsymbolen von anschaulicher, d. h. zeiträumlicher Urbedeutung niedergelegt und mitgeteilt werden kann. Indes: Das Metermaß ist nicht das letzte Maß der Dinge, und der Würfelbecher nicht das letzthin Bestimmende und Entscheidende.

resultate gegründet ist, nicht unbeteiligt sein; vielmehr scheint sie insbesondere berufen, zu den *höheren Formen der Naturkausalität* in der Rangordnung des Geschehens modellmäßige Beziehungen zu schaffen: auf organismischem Gebiet insbesondere zum Begriff der *Reizung* oder *Erregung*, wie auch schließlich zu der Tatsache einer Verursachung natürlichen Geschehens durch psychische Motive und Willensimpulse. In die verschiedenen Gebiete organischen Geschehens: Reizwirkung in Formung und Erhaltung des Lebens einerseits, Instinkt- und Willenshandlung anderseits, geht die Katalyse als konstituierender Bestandteil mit ein — soweit jene nach ihrer physischen Seite betrachtet werden —, und zu allen jenen Erscheinungen liefert sie auch (als besonders reine Form der Anlaßkausalität) willkommene Analogieschemata. „Der Empfindung kommt gleichsam nur eine katalytische Leistung für die Gegenstandsbildung zu" (W. BURKAMP). „In welchem Sinne verhält sich das Lebende etwa selbst als Katalysator, und was heißt das?" (H. DRIESCH 1904). Nach ERNST KRIECK besteht analogische Beziehung der Katalyse zum „Steuermann Leben"; und Politik ist „der Katalysator der Geschichte".[1]

G. Auswirkungen des Katalysebegriffes.

Steigen wir von den Höhen spekulativen Denkens wieder auf die Ebene empirischer Feststellungen zurück, so bleibt noch übrig die Frage, welche Auswirkungen der Katalysebegriff samt dem zugehörigen katalytischen Wissen bis heute gehabt hat. Hier handelt es sich um *Realitäten*, die von jedem Wechsel und jeder Verfeinerung bildlicher Vorstellung über das Wesen des Chemismus unberührt bleiben und die sich in nützlichen Anwendungen auf nahen wie auf entlegeneren Gebieten darbieten. Die Katalyse erscheint als eine Beherrscherin des Stoffes im Tun des Menschen, wie auch als eine Gestalterin des Stoffes im Handeln der „Entelechie" als des „spiritus rector" im Organismus.

1. Präparative und technische Katalyse.

Schon DÖBEREINER hat es nicht unterlassen, Nutzanwendungen seiner neuen Beobachtungen für die Bedürfnisse des täglichen Lebens zu machen, und von hier erstreckt sich eine Reihe hoher Namen, die ihm in der einen oder anderen Weise nachgefolgt sind, über KUHLMANN und DEACON bis zu SABATIER, NORMANN, CLEMENS WINKLER, KNIETSCH, ROBERT EMANUEL SCHMIDT, HABER, BOSCH und unzähligen anderen.[2]

Es ist sowohl das Gebiet der anorganischen wie immer zunehmend auch das Gebiet der organischen Chemie, in welchem sich katalytisches Erfinden reicher und reicher auswirkt; und wenn lange Zeit Katalysatoren *anorganischer* Art auch für organische Substrate fast ausschließlich verwendet worden sind, so beginnt gegenwärtig auch die *Anwendung organischer Verbindungen für kata-*

---

[1] Eine philosophische Beachtung des Katalysebegriffes beginnt erst bei WUNDT, OSTWALD, DRIESCH; eine volle derartige Auswertung steht noch offen. Einen Anfang dazu bietet Verfasser in seinem schon erwähnten Buche „Katalyse und Determinismus" 1938. „Wenn daher auch die meisten glauben, bei der Naturforschung der Metaphysik entbehren zu können, so bleibt sie doch hier allein die Helferin, welche das Licht anzündet" (KANT). Siehe auch A. MITTASCH: JULIUS ROBERT MAYERS Kausalbegriff. 1940.

[2] Zur technischen Katalyse siehe A. MITTASCH: Chemiker-Ztg. 58 (1934), 305. — G. WIETZEL, A. SCHEUERMANN: Chemiker-Ztg. 58 (1934), 737. — HILDITCH: Die Katalyse in der angewandten Chemie, 2. Aufl. 1938. — H. BRÜCKNER: Katalytische Reaktionen in der organisch-chemischen Industrie I. u. II. 1930. — ALBRECHT SCHMIDT: Die industrielle Chemie, 1934. — Zur Katalyse in Analyse und Betriebskontrolle siehe LUCAS: Chemiker-Ztg. 58 (1934), 889.

lytische Zwecke weitere Kreise zu ziehen.[1] Nimmt man die mehrfach bewährte Regel zum Ausgangspunkt, daß chemische Elemente, die in Handbüchern der Chemie besonders viel Platz einnehmen, auch katalytisch besonders reiche Früchte tragen können (man denke an das Eisen mit seinen vielseitigen Talenten!), so kann man sich eine Vorstellung machen, was alles wohl von der katalytischen Betätigung von Kohlenstoffverbindungen in Zukunft noch zu erwarten ist!

2. Enzymkatalyse.

Das Wort „Enzym" wird heute gleichbedeutend mit „Ferment" gebraucht und soll in der Regel nicht „Biokatalysator" schlechthin bedeuten. Vielmehr werden Enzyme definiert als „organische Katalysatoren kolloider Natur, die von lebenden Organismen erzeugt werden" (BERSIN), oder es gilt, noch enger gefaßt, als Ferment „ein Katalysator biologischer Herkunft, bestehend aus einem kolloiden Stoffsystem mit einer spezifischen Wirkungsgruppe" (OPPENHEIMER). In den historischen Anfängen mit dem Begriff „Kontaktwirkung" eng verknüpft, hat sich in der Folgezeit die Enzymchemie vielfach selbständig entwickelt, bis in den letzten Jahrzehnten — seit BREDIG, DUCLAUX, SÖRENSEN, MICHAELIS und MENTEN, HARDER u. a. m. — eine enge Wechselwirkung mit der „einfachen" Katalyse Platz gegriffen hat. Auch die technisch-industrielle Anwendung der Enzymkatalyse hat in mannigfacher Richtung große Bedeutung erlangt.[2]

Starke Beachtung finden gegenwärtig die wichtigen *Beziehungen von Enzymen zu anderen Wirk- und Reizstoffen*, wie Vitaminen und Hormonen, sowie die mannigfachen „Schaltungen", d. h. *Koordinationen und Regulationen*, die noch über das zeiträumliche Zusammenwirken scharf lokalisierter Enzymsysteme (S. 26) hinausgehen. Große Bedeutung besitzt die Frage, wie Enzymwirkungen unterstützt und ergänzt werden durch die *ortsfesten Gewebekatalysatoren des Organismus*, die als synthetisierende Aktoren für die Verarbeitung von Bestandteilen strömender Körpersäfte ihre Wirkung entfalten (protoplasmatische Verankerung der Enzyme).

Nur durch die Gegenwart derart beständiger (d. h. autokatalytisch im Stoffwechsel immer wieder erneuerter) zellgebundener Katalysatoren wird es beispielsweise möglich sein, daß auf einem Baume mit verschiedenen Pfropfungen die Sondergesetzlichkeit jedes Pfropfgebietes dauernd erhalten bleibt, indem an jeder Pfropfstelle ein jäher Sprung in eine neue Art auswählenden Kombinierens und Dirigierens geschieht; allerdings durchweg im Rahmen der bestehenden chemisch-katalytischen Allgemeingesetzlichkeit, nach welcher nur solche Möglichkeiten stofflicher Synthese verwirklicht werden können, die durch das Zubringen der erforderlichen Bausteine und das Vorhandensein spezifischer Zellkatalysatoren gewährleistet sind.

Die Enzymkatalyse steht in gewisser Beziehung zu der Erscheinung, daß hochmolekulare Proteine durch niedrigmolekulare (wie Clupein) zu kleineren Bruchstücken aufgespalten werden (PEDERSEN, FELIX; nach BERSIN „ein Modell der Proteolyse"). Enzyme und Coenzyme spielen nach DONNAN „die Rolle zeitlicher Organisatoren"; sie sind „das A und O des zellularen Lebens".

---

[1] Organische Verbindungen als „Vulkanisationsbeschleuniger" sind hier nicht ohne weiteres einzuordnen. Es muß in bezug auf einseitige „Beschleunigungsdefinition" der Katalyse stutzig machen, daß die Wirkung von „Beschleunigern" auch eine nichtkatalytische sein kann. Vgl. BÖGEMANN: Angew. Chem. **51** (1938), 113.

[2] Siehe hierzu A. HESSE: Chemiker-Ztg. **58** (1934), 569, sowie die diesbezüglichen Lehr- und Handbücher. Durch sorgfältige *Hochzüchtung* bestimmter organischer Katalysatoren kommt man der spezifischen Hochleistung von Enzymen immer näher. Über die Aktivierung organischer Katalysatoren siehe W. LANGENBECK: Z. Elektrochem. angew. physik. Chem. **46** (1940), 106. „Der Organismus schafft sich selbst Katalysatoren und beseitigt überflüssige" (L. R. GROTE).

3. Biokatalysen sonstiger Art.

Gemäß BERZELIUS' prophetischen Worten über die „Tausende von Katalysatoren", die in den Organismen eine wichtige Rolle spielen, ist mehr und mehr erkannt worden, daß *Enzyme oder Fermente nicht die einzigen Formen von Kontaktsubstanzen im Dienste des Lebenden* darstellen, sondern daß daneben und darüber noch unzählige andere Katalysatoren, ortsfest oder wandernd, ihre Wirkung entfalten. Schon CARL LUDWIG hat es 1852 für möglich gehalten, „daß die physiologische Chemie ein Teil der katalytischen würde", und die Folgezeit hat diese Erwartung mehr und mehr erfüllt: von der Aufdeckung der lebenswichtigen katalytischen Rolle von Wasserstoff- und Hydroxylion über mannigfache anorganische und organische Verbindungen solcher Beschaffenheit, daß sie nicht als eigentliche Enzyme angesprochen werden können, bis in die stärksten Verwicklungen biologischer Katalyse. Jede stoffliche Wirksamkeit in „Mengen ohne energetischen Wert" (LAQUEUR) läßt von vornherein Katalyse vermuten.

Viel beachtet wird gegenwärtig die wichtige Frage, wie weit auch in der *Betätigung von Wirk- und Reizstoffen, wie Hormonen, Vitaminen und Wuchsstoffen, sowie in dem Walten von Organisator- und Vererbungsstoffen* Katalyse am Werke ist.[1] Man kann hierbei den formalen Standpunkt vertreten, daß jene Stoffe angesichts weitreichender Wirkungen schon kleiner Mengen heuristisch und *arbeitshypothetisch* ohne weiteres als „Katalysatoren", etwa solche „höherer Art" anzusprechen seien. Exakter wird es sein, wenn man statt dessen die Frage stellt: Inwiefern und wieweit sind auch in der oder jener Betätigung von Wirk- und Reizstoffen, Induktions- und Prägestoffen katalytische Partialakte enthalten?

„Wahrscheinlich bedeutet *Hormon* oftmals eine ganze Reihe von Reizstoffen mit Einschluß von Fermenten" (BIER). Nach A. KÜHN können Induktionsstoffe entweder auf das Protoplasma oder auf Zellkatalysatoren wirken. Gensubstanzen erzeugen nach A. KÜHN, HÄMMERLING, SCHMALFUSS u. a. im Substrat „Hormone", die an bestimmte Punkte wandern und dort die Enzymproduktion regeln oder sonstwie wirken.[2]

Die *Beteiligung katalytischer Wirkungen in Formbildung, Formvermannigfaltigung und Formweitergabe des Organismus* bietet dankbare und schwierige Aufgaben für eine biochemische Forschung der Zukunft; Gestaltung und Vermehrung von Lebewesen ist nicht denkbar ohne mannigfache Betätigung der *Biokatalyse*. Darüber hinaus wird in der gesamten Physiologie und Biologie, Pathologie und Therapeutik die Katalyse sich dauernd neue Gebiete erobern.[3]

---

[1] Wenn immer wieder beobachtet wird, daß chemisch einander sehr nahestehende Verbindungen sehr differente, anderseits sehr ungleiche Verbindungen dieselbe physiologische Wirkung ausüben, so kann auch darin ein Hinweis auf „Katalyse" erblickt werden; dort ist ja die gleiche Erscheinung altbekannt.

[2] Nach BUTENANDT kann die Funktion eines Genes in erster Linie in der Bereitstellung eines Fermentsystems für die zur Realisierung des Merkmales führende Reaktionskette bestehen; ja man kann nach H. v. EULER die Gene unmittelbar als Wirkungsgruppen großer Enzymkomplexe ansehen. Vgl. auch R. KUHN: Über Befruchtungsstoffe und geschlechtsbestimmende Stoffe, Angew. Chem. **53** (1940), 1, wo „zum ersten Male die chemische Wirkungsweise eines Gens verständlich gemacht", d. h. im Sinne fermentativer Betätigung beschrieben wird.

[3] Zur Biokatalyse allgemein siehe A. MITTASCH: Über katalytische Verursachung im biologischen Geschehen, 1935. Über Katalyse und Katalysatoren in Chemie und Biologie, 1936. Als Einzelbeispiel der geradezu unheimlichen Verwicklung und Verstrickung biologischer Vorgänge, in denen die Katalyse dienend eine wichtige Rolle spielen kann, sei auf die Erscheinung „mütterlicher Vererbung" hingewiesen. [PLAGGE: Naturwiss. **26** (1938), 4.]

Der gewaltige Fortschritt, den sicheres biokatalytisches Wissen bereits erreicht hat, wird so recht ersichtlich, wenn man biokatalytisches Meinen früherer Zeiten dagegenhält, also z. B. die Ansicht von ROBERT MAYER, daß der Gehirnphosphor „per contactum zur Ozonbildung dient und daß durch das auf diese Weise gewonnene elektrische Agens die Nervensubstanz befähigt wird, den Willen und die Empfindung

Immer wird gelten, daß ein Katalysator herkömmlichen Sinnes wohl stoffliche Mannigfaltigkeit zu erhöhen, jedoch nicht die gebildeten Stoffe planmäßig anzuordnen vermag; die Gestaltung zweckdienlicher lebendiger Form kann nicht seine Sache sein.

Schlußbemerkung.

Von der „Lebenskraft" hat BERZELIUS' Begriffsbildung der Katalyse einst ihren Ausgang genommen; überwiegende physiologische Interessen sind es gewesen, die ihn die Katalyse des präparativen Chemikers als Modell zahlloser Lebensvorgänge erkennen und verkünden ließen. Dabei ist sich schon BERZELIUS darüber im klaren gewesen, daß die Katalyse nicht etwa in Wirklichkeit ein neuer universeller „Stein der Weisen" ist. Zwar kann wohl fast jedes Einzelne von all dem, was über jenen „Stein" oder jenes „Elixier" in vergangenen Zeiten behauptet wurde (S. 3), von dem oder jenem Katalysator wirklich geleistet werden, jedoch immer nur im Zusammenhang mit sonstigen Körpervorgängen.

Auch bei der umfassendsten und weitestreichenden katalytisch angestoßenen Reaktionsfolge handelt es sich zunächst lediglich um die *Einzelwirkung eines Einzelstoffes oder Einzelaggregates*. Die *ganzheitlichen Beziehungen*, in deren Dienst das, was ein Katalysator im Organismus tut, erst Sinn und Wert erhält, können nicht durch einfache Summierung und Zusammenfügung elementarer „katalytischer Wahrscheinlichkeiten" zustande kommen, sie können wenigstens beim gegenwärtigen Stand des Wissens nicht restlos als durch funktionellen „Aufbau" von unten her bedingt (d. h. aus katalytisch-chemischer, kolloidchemischer und elektrokinetischer Gesetzmäßigkeit folgend) beschrieben werden, sondern sie müssen als „aus Quellen in der Höhe entspringend" gedacht werden, hinsichtlich deren man nicht umhin kann, in anthropistischer Weise, also fiktiv und symbolisch, von höheren Kräften, Potenzen und Entelechien zu reden.[1]

Hier wollen wir auf dem Boden katalytischer Tatsachen bleiben. In dieser Beziehung gilt – mit gewissen Erweiterungen und Verfeinerungen – immer noch, was 1845 ALEXANDER VON HUMBOLDT in seinem „Kosmos" (Band I) von den „Kräften sogenannter chemischer Verwandtschaft" gesagt hat, daß sie „durch Electricität, Wärme und eine Contact-Substanz mannigfach bestimmt, in der anorganischen Natur, wie in den belebten Organismen unausgesetzt thätig sind". Jene „*Kontaktsubstanz*" aber und ihre Wirkung, um die ein ALEXANDER VON HUMBOLDT wußte und deren große physiologische Bedeutung bald darauf CARL LUDWIG von neuem betont hat, wird dauernd einer der vornehmsten und würdigsten Gegenstände chemischer Forschung bleiben!

---

zu leiten" (Brief MAYERS an MOLESCHOTT vom 13. Dezember 1867, mit deutlichem Hervortreten des starken Eindruckes, den das von seinem Freunde SCHÖNBEIN entdeckte Ozon auf ihn gemacht hatte). Über biokatalytische Aufgaben der Zukunft siehe auch BUTENANDT: Angew. Chem. 51 (1938), 617; über die Wirksamkeit von Naturstoffen R. KUHN: Angew. Chem. 53 (1940), 309; über Enzyme und Ergone im Stoffwechsel K. v. EULER: Veröff. d. Berl. Akad. f. ärztl. Fortbildung, 1940; WILBRANDT: Ber. über den 16. Internat. Physiologen-Kongr. 1938; Naturwiss. 27 (1939), 493.

[1] „RUBNER gelang es, die Aktion der lebendigen Substanz sich als einen Ausfluß periodisch entstehender und sich zurückbildender Fermentgruppen vorzustellen." Indes: „Eine Aufdeckung des ausschlaggebenden Zusammenwirkens der verwickelten katalytischen Reaktionsfolgen zum Ganzheitsverhalten eines Lebewesens steht noch aus" (HASEBROEK). Von unten betrachtet, ist alles in der Natur „Funktion", Aufbau, Zusammensetzung, Zusammenschluß, Verbindung, Ein- und Zusammenfügung von „Teilen"; von oben betrachtet indes Ausgliederung einer Ganzheit, Beherrschung durch übergeordnete Faktoren und Potenzen, schließlich entelechiale Ordnung, Führung und Fügung oder „Verfügung". Hinsichtlich letzter biologischer Fragen vgl. W. WUNDT: „Der Organismus, auch der Mensch, ist den chemischen Stoffen gegenüber ein Katalysator großen Stiles, zusammengesetzt aus einer unzähligen Menge elementarer Katalysatoren, die er selbst erzeugt." (Sinnliche und übersinnliche Welt, 1914.)

Allgemeine Überlegungen und Methodisches zur Katalyse.

Von

G.-M. Schwab, Athen.

Inhaltsverzeichnis.

A. Gebietsabgrenzung.

Der Begriff der Katalyse ist im ersten Artikel dieses Buches genau aufgestellt und ausgelegt worden. Aus diesem Begriff ergibt sich der Aufbau des Werkes, aus seinen Grenzen auch dessen Abgrenzung. Man kann kurz sagen: Es sollen in diesem Handbuch alle Fälle behandelt werden, in denen thermodynamisch freiwillige Vorgänge durch Stoffe beschleunigt oder gehemmt oder veranlaßt werden. Gewiß ist das nicht auf allen Gebieten völlig eindeutig; so kann man sich ernsthaft fragen, ob etwa der Kettenträger einer thermischen Reaktionskette, sagen wir das Chloratom der thermischen Chlorknallgasreaktion, als Katalysator angesprochen werden soll. In gewissem Sinne schon, denn der Kettenträger erfüllt die Bedingung, in der Bruttogleichung nicht vorzukommen und eine freiwillige Reaktion in Gang zu halten. Und doch dürfte es wenigstens rein praktisch richtiger sein, solche Stoffe nicht als Katalysator zu bezeichnen, weil sie im System selbst und nur durch eben die Reaktion entstehen, die sie „beschleunigen" sollen. Vor allem aber, weil sie nicht in beliebiger Menge (Mittasch), sondern nur in einer durch das Wechselspiel der Urreaktionen bedingten stationären Konzentration zugegen sein können und weil sie nicht etwa zufällig, sondern grundsätzlich nach Schluß der Reaktion vollkommen verbraucht sind. Kettenreaktionen gehören also handbuchmäßig zur Katalyse nur insofern, als sie durch anderweitige Katalysatoren, nicht ihre eigenen Kettenträger, in ihrer Geschwindigkeit beeinflußbar sind.

Auch „induzierte Reaktionen" wollen wir nicht als Katalysen auffassen, da auch hier der Induktor grundsätzlich, nicht nur zufällig, verbraucht wird. In einzelnen Grenzfällen bleibt diese Ausschließung natürlich zweifelhaft.

Ebenso könnte man zweifeln, ob nicht bei unserer heutigen Auffassung von der Doppelnatur der Strahlung auch das Licht als ein die Reaktionsgeschwindigkeit erhöhender Stoff gewertet werden muß. Es gibt kein Argument, dies exakt und unzweideutig auszuschließen; es gibt aber praktische Gründe genug, die photochemischen Reaktionen von den thermischen abzutrennen und Photosensibilisatoren nicht als Katalysatoren zu bezeichnen. Fälle, in denen auf andere Weise Fremdstoffe in Lichtreaktionen eingreifen, werden wir aber gelegentlich nicht beiseite lassen können.

Immerhin zeichnet sich rein praktisch ein ganz bestimmter Rahmen ab, in dem das Stoffgebiet der Katalyse liegt: auf dem Felde der homogenen Gasreaktionen die Geschwindigkeitsbeeinflussung durch Gase, auf dem der Flüssigkeitsreaktionen die Einflüsse gelöster Katalysatoren und der Lösungsmittel selbst, in der heterogenen Katalyse die Geschwindigkeitsbeeinflussung durch Stoffe, die sich in fremder Phase befinden. Damit ist auch die gröbste Einteilung des zu bewältigenden Stoffes gegeben, während die feinere sich nach den Besonderheiten der einzelnen Gebiete richtet.

In diesem Aufsatz sollen nun einige allgemeine Überlegungen darüber angestellt werden, welche Stellung der so herausgehobene Sektor des großen Wissens der Naturwissenschaften in seiner Umgebung einnimmt und wie man ihn, dieser Stellung entsprechend, am erfolgreichsten beackern wird.

B. Wissenschaftswerdung.

In dem einleitenden Kapitel dieses Handbuches hat A. Mittasch die eigentümliche Entwicklung eingehend dargestellt, die die Wissenschaft der Katalyse genommen hat, wie sie aus einer algebraischen Summe verstreuter Beobachtungen durch Aufstellung eines übergeordneten Begriffes zu einer integralen Disziplin erhoben wurde, wie dann diese Begriffsbildung die allgemeine Aufmerksamkeit auf die Katalyse als Erscheinung lenkte und wie von hier aus die Tatsachenkenntnisse sich erweiterten, bis wir heute so weit sind, daß „Katalyse" schon fast eine eigene Wissenschaft bedeutet, mit eigenen Monographien, ja einem eigenen Handbuch, wie es manche abgeschlosseneren Disziplinen der Naturwissenschaften noch nicht aufzuweisen haben. Dies ist der erstaunliche Punkt:

daß die Katalyse in sich das Leben und die Lebensfähigkeit einer ganzen Disziplin trägt, obgleich doch, bei Licht besehen, katalytische Erscheinungen ganz gewöhnliche chemische Erscheinungen, katalytische Theorien ganz gewöhnliche physikalische Theorien sind.

C. Wechselwirkung mit der Technik.

Es ist der Mühe wert, den Gründen für diese eigentümliche Vitalität der Katalyseforschung nachzugehen. Wir möchten sie in zwei Richtungen suchen: Einmal natürlich in dem eigentümlichen Reiz, der schon in der Konzeption liegt: ein Körper wirkt durch seine Gegenwart; einem Reiz, der ja oft genug zu psychologisch zweifellos berechtigten Vergleichen mit der Hingegebenheit der Alchimisten an ihre Forschungsidee geführt hat. Zum anderen aber in den zahlreichen Berührungspunkten, die die Chemie gerade über die Vermittlung der Katalyse hinweg mit Nachbarfächern hat. Es ist dabei vor allem an Technologie und Physiologie zu denken. Beide Verbindungen und Anwendungsmöglichkeiten sind nicht ohne maßgebende Rückwirkung auf die Katalyseforschung selbst geblieben.

Technische Verfahren, wie Gärung und Stärkeverzuckerung, waren mit die maßgeblichsten Beobachtungen, die zur Berzeliusschen Begriffsbildung führten; nachdem einmal die Wissenschaft die Fruchtbarkeit dieses Begriffes erfahren und ausgebeutet hatte, wurde er in die Technik zurückgetragen, wo ja die ersten Großgasreaktionen, Ammoniaksynthese und Kontaktschwefelsäure, und später praktisch alle, bewußte Anwendungen von Katalysatoren darstellen. Von hier setzte dann eine erneute Rückwirkung ein, wenn auch um viele Jahre verzögert, indem die Ursache der Wirksamkeit der empirischen technischen Kontakte hinterher Gegenstand wissenschaftlicher Forschung wurde. Diese Forschung hat in ihrer Verfolgung besonders in Amerika und Deutschland wieder zur reinen Grundlagenforschung über Aufbau und Wirkung der Kontaktsubstanzen überhaupt zurückgeführt, und jetzt war der Weg frei zu einer im Zuge der allgemeinen Spezialisierung der tätigen Wissenschaften gelegenen Bildung einer Sonderwissenschaft mit ihren eigenen Problemen.

D. Wechselwirkung mit den Nachbarwissenschaften.

Aber es ging mit dieser Spezialisierung wie mit noch jeder ihrer vielgeschmähten Schwestern: Kaum haben die Forscher in ihrem abgeschlossenen Kästchen alles fein sauber und „weltfern" aufgebaut und geordnet, klopfen doch wieder von draußen die großen Gesichtspunkte der Querverknüpfung alles menschlichen Strebens an die Tür; in unserem Falle in Form der steigenden Anforderungen der Biologie an die Chemie, spezieller in Form der Notwendigkeit, Enzyme, Hormone, Vitamine, Stoffwechselfragen mit den Methoden der Katalyseforschung zu behandeln. Und hier setzt dasselbe Spiel wieder ein: Jeder ist der Gebende und der Empfangende; was die Enzymchemie an reaktionskinetischer Denkmethodik gewonnen hat, gab sie an richtunggebenden Gedanken über Reaktionslenkung und katalytische Feinstruktur reichlich zurück. So ist es eine eigentümliche, fast schicksalhafte Verknüpftheit, daß die Katalyse in stetem Geben und Nehmen für ihre Errungenschaften neue Probleme eintauscht und so eine immer junge Wissenschaft bleibt. Die Verknüpftheit ist mit den beiden großen Beispielen, die wir genannt haben, nicht erschöpft; die Rückwirkung erstreckt sich noch auf eine Unzahl anderer Fragenkreise, insbesondere der physikalischen Chemie: die Theorie der Festkörper, der Gase und Lösungen, der Elektrolyte, der Molekularschwingungen, der Austauschkräfte, aber auch die organische Chemie steht in enger und fruchtbarer Wechselwirkung mit der Katalyseforschung.

E. Methoden.

I. Allgemeines.

Die so herauskristallisierte Wissenschaft hat sich bis zu einem gewissen Grad auch eigene Methoden geschaffen, wenigstens insofern, als die Methoden sich ja jeweils aus den Fragestellungen ergeben müssen. Eine ganze Zahl von Fragen, die die Katalytiker an die Natur zu richten haben, unterscheidet sich in nichts von den Fragen anderer Wissenschaftler, so die nach der Kristallstruktur eines Präparats, der Dissoziationsspannung einer Verbindung, der Größe einer Wärmetönung. In diesen Fällen wird die Methodik auch die der anderen Wissensgebiete sein, nur entsprechend angewendet auf die vorliegende Fragestellung. Wir können diese Methoden auch als indirekte oder mittelbare bezeichnen, weil sie die eigentliche Grundfrage der Katalyse, ihr Warum oder Wie, nicht unmittelbar beantworten, sondern durch den Beitrag einer Teilantwort, die mit anderen zu kombinieren ist. Die direkten Methoden der Katalyseforschung müssen reaktionskinetischer Natur sein, wie ja Katalyse definitionsgemäß ein kinetisches Problem darstellt. Die unmittelbarste Aussage über die Beschleunigung einer Reaktion durch einen Katalysator ist immer die Messung der Reaktionsgeschwindigkeit ohne oder mit wechselnden Mengen des Katalysators im System. Es sind also die allgemeinen Methoden der Reaktionskinetik anzuwenden, modifiziert dahingehend, daß Einbringen des Katalysators und besonders Konstanthaltung oder Reproduktion oder auch gewollte Veränderung seiner Eigenschaften besonders ausgearbeitet werden müssen.

II. Einteilung.

Wenn wir mehr ins Praktische gehen, unterscheiden sich die katalytischen Methoden noch nach einem anderen Gesichtspunkt, nämlich nach der Beschaffenheit des Systems, in dem zu arbeiten ist. Und diese Modifikation ist vielleicht die einschneidendere; homogene und heterogene Katalyse verlangen im allgemeinen verschiedene Versuchstechnik, gleichgültig, ob direkte oder indirekte Methoden in Frage stehen. Dabei ist die homogene Katalyse methodisch nicht wesentlich unterschieden von der allgemeinen Kinetik homogener Reaktionen und wird sich derselben Anordnungen bedienen. Das auftretende Sonderproblem, oft nur schwierig lösbar, ist immer die wirkliche Natur des Katalysators, also die Form, in der er im gasförmigen oder flüssigen System vorliegt, vor, während und nach der Reaktion; also eine Frage, die chemisch-analytischer oder auch -präparativer Natur ist.

Die mikroheterogene Katalyse (Fermente und kolloide Katalysatoren) unterscheidet sich in dieser Hinsicht nicht wesentlich von der homogenen. Die heterogene Katalyse hingegen hat sich tatsächlich für ihre Fragestellungen eine eigene Versuchstechnik schaffen müssen. Die Eigenheiten beruhen hier auf drei Sonderaufgaben: erstens darauf, daß der Katalysator, also die phasenfremde Substanz bzw. die zweite Phase, mit einer definierten Phasengrenze in die Substratphase eingebracht werden muß, wobei auch noch ihre Temperatur bekannt und willkürlich veränderlich sein soll und die Reaktionswärme aus der Phasengrenze abgeleitet werden muß. Zweitens ist durch die Versuchsanordnung dafür zu sorgen, daß die reagierenden Stoffe die Phasengrenze ungehindert erreichen und verlassen können, damit wirklich das Kernproblem der Katalyse, die Phasen-

grenzreaktion, und nicht ein Transportvorgang der Messung zugänglich wird.
Es sei denn, man stelle sich gerade das für manche Strukturfragen wichtige
Wechselspiel beider Erscheinungsgruppen zum Problem. Drittens ist ein Katalysator für die heterogene Katalyse durch seine stoffliche Kennzeichnung keineswegs erschöpfend charakterisiert, sondern Grob- und Feinstruktur, Verteilungs-
grad, Ordnungsgrad, Reinheitsgrad, Vorgeschichte sind ganz wesentliche Faktoren seiner Wirkung, müssen also mituntersucht werden, und dies nach Methoden,
die in dieser Ausführlichkeit andere Forschungsrichtungen kaum interessieren,
also wesentlich katalytischer Natur sind.

Auch die indirekten Methoden sind naturgemäß verschieden, je nachdem,
ob wir mit homogener oder heterogener Katalyse zu tun haben. Die erste wird
hauptsächlich nach den Eigenschaften der Lösungen und Gase und ihrer kleinsten
kinetisch selbständigen Bestandteile fragen, die letztere hauptsächlich nach
den Eigenschaften der Phasengrenzen, besonders der Festkörper, nach den
Gittern und ihren Störungen. Wir werden daher gut tun, die Methoden einzeln
nach ihrer Zugehörigkeit zur homogenen oder heterogenen Katalyse zu betrachten.
Es soll dabei davon abgesehen werden, für die einzelnen Methoden ausführliche
Beschreibungen zu bringen oder auch nur zu zitieren, weil eine solche labora-
toriumstechnische Bibliographie den Rahmen dieses einführenden Aufsatzes
sprengen würde. Man wird in den einzelnen Abschnitten des Handbuches über-
genug Literatur finden, in der das experimentelle Vorgehen beschrieben ist.

III. Direkte Methoden.

1. Homogene Katalyse.

a) Gase.

Sinngemäß fragen wir zunächst nach den Methoden der unmittelbaren
Reaktionsgeschwindigkeitsmessung im homogenen System. Beginnen wir mit
den Gasreaktionen. Reaktionsgeschwindigkeiten messen heißt Zeiten und zugehörige Umsätze messen. Über die Zeitmessung ist im allgemeinen nicht viel
zu sagen. Nur wenn die Zeiten sehr kurz, weil die Umsätze sehr rasch, sind,
werden besondere Maßnahmen nötig, wie beispielsweise die photographische Re-
gistrierung von Explosionsvorgängen mit Hilfe von rasch folgenden, spiegel-
tragenden Membranen. Das wesentliche Problem der reaktionskinetischen
Messung ist immer die laufende Konzentrationsbestimmung, die möglichst
ohne Eingriff in das reagierende System erfolgen soll. Ein mögliches Vorgehen
ist, verschiedene Gefäße gleicher Füllung zusammen anzusetzen und nach verschieden langen Zeiten chemisch zu analysieren. Zu dieser „Kaninchenmethode"
oder auch zur Probeentnahme aus den Reaktionsgasen wird man sich nur ent-
schließen, wenn andere Möglichkeiten versagen. Vorzuziehen ist, wenn irgend
angängig, die Druckmessung. Sie ist immer dann anwendbar, wenn das reagierende Gemisch durch die Umsetzung seine Molzahl ändert. Auch wenn das
nicht der Fall ist, kann man oft durch Absorption oder Kondensation eines
Reaktionsprodukts oder auch durch Einstellung konstanten Sättigungsdruckes
eines Reaktionspartners eine Änderung der Molzahl erzwingen. Der Gesichtspunkt, der sich bei Druckmessung in reagierenden Gasen in der letzten Zeit als
der wesentlichste herausgestellt hat, ist derjenige, daß das Manometer selbst
die Umsetzung nicht positiv oder negativ katalytisch beeinflussen darf. Alle
Quecksilber- oder Hitzdraht-Manometer entsprechen dieser Forderung für die
meist sehr empfindlichen homogenen Gaskatalysen nur unvollkommen, und nur
das ganz aus dem Gefäßmaterial, am besten Quarz, gefertigte BODENSTEINsche
Spiralmanometer, im Prinzip eine BOURDON-Spirale, entspricht allen Ansprüchen.

In vielen Fällen sind auch gefettete Hähne durch BODENSTEINsche fettfreie Glas- oder Quarzventile zu ersetzen. Außer der Druckmessung kommt, falls die Gase Lichtabsorption in zugänglichen Spektralgebieten aufweisen, noch eine photometrische Verfolgung des Reaktionsverlaufes in Frage. Nur wenn beide Möglichkeiten versagen, wird man zu analytischen Methoden seine Zuflucht nehmen, von denen wieder oft die Kondensation und Fraktionierung des Gefäßinhaltes das Bequemste ist. Eingehendere Vorschriften verbieten sich durch die Tatsache, daß die Anpassung der Analyse an das zu untersuchende System gerade die Kunst des Experimentators darstellt.

b) Flüssigkeiten.

Umgekehrt liegen die Dinge bei Flüssigkeitsreaktionen, also besonders Lösungskatalysen. Hier ist die analytische Verfolgung des Reaktionsverlaufes die Regel, es läßt sich fast immer durch eine einfache Titration die abnehmende Konzentration eines Reaktionspartners oder die zunehmende eines Reaktionsprodukts messend verfolgen. Entweder nimmt man dazu Proben aus der Reaktionsmischung heraus — wobei die Volumänderung unter Umständen rechnerisch zu berücksichtigen ist! — oder man setzt die Titrationsflüssigkeit laufend in solchen Mengen zu, daß ein Potential oder eine Indikatorfarbe oder eine Leitfähigkeit unverändert bleibt. Nur in seltenen Fällen benutzt man eine physikalische Eigenschaft, die sich mit der Konzentration der Partner laufend ändert, als laufenden Indikator des Umsatzes, wie etwa die Dichte, die Lichtabsorption, die Leitfähigkeit oder ein Potential.

Besondere Aufmerksamkeit bei Lösungskatalysen verdienen die abnorm raschen Abläufe, wie sie für die Bildung und den Aufbrauch ganz instabiler Zwischenstoffe (vgl. den Aufsatz H. SCHMID in Band II dieses Handbuches) maßgebend sind. Dort ist die analytische Messung zu Anfang und zu Ende eines bestimmten Zeitintervalls nicht mehr durchführbar, und es hat eine Strömungsmethode einzusetzen, darin bestehend, daß nach Durchlaufen einer bestimmten *Wegstrecke* in der rasch strömenden Lösung der Partner die Konzentration des Zwischenprodukts an einer bestimmten *Stelle* physikalisch gemessen wird, wobei sich die Reaktionszeit aus der Strömungsgeschwindigkeit ergibt.

c) Temperaturfragen.

Bei Gasen sowohl wie bei Flüssigkeiten ist ein sehr wichtiger Punkt noch die Einhaltung einer bestimmten Versuchstemperatur, die besonders bei letzteren innerhalb enger Grenzen zu erfolgen hat, weil der ganze erreichbare Temperaturbereich nicht breit ist. Bei Gasen ist das weniger wesentlich, weil hier grundsätzlich meist 100 bis 200° zur Verfügung stehen und der einzelne Meßpunkt daher nicht genauer als auf $\pm 1°$ festgelegt zu sein braucht. Man begnügt sich da mit einer äußeren Beheizung des Reaktionsgefäßes auf eine durch ein innen befindliches Thermoelement gemessene Temperatur mit verschiedenen Thermoreglern, die alle auf die angegebene Genauigkeit arbeiten. Bei Flüssigkeiten dagegen muß durch einen OSTWALDschen oder einen diesem nachgebildeten Thermostaten die Temperatur auf $\pm 0,01°$ konstant gehalten werden.

Eine Bemerkung ist dabei wichtig: Zu den direkten Aufgaben der Reaktionskinetik gehört nicht nur die Messung eines Umsatzes bei gegebenen Versuchsbedingungen, auch nicht nur die Aufstellung der isothermen Geschwindigkeitsgleichung, d. h. der Konzentrationsgeschwindigkeitsfunktion, sondern ebensosehr die der Temperaturfunktion, aus der allein energetische Schlüsse zu ziehen sind. Man halte sich stets vor Augen, daß hierfür die Messungen nur dann von Wert sind, wenn sie sich über ein ausreichendes Temperaturintervall erstrecken.

Der Begriff „ausreichend" richtet sich natürlich nach der Genauigkeit und Zahl der einzelnen Meßpunkte. Ganz allgemein wird man aber sagen dürfen, daß für eine Gaskatalyse bei hoher Temperatur 80 bis 100° Meßbereich angestrebt werden muß, für eine Lösungskatalyse um Zimmertemperatur immerhin 20 bis 40°. Nur dann lassen sich die theoretisch abgeleiteten Beziehungen zwischen Reaktionsgeschwindigkeit und Temperatur mit ausreichender Genauigkeit auswerten.

2. Heterogene Katalyse.

Die Methoden der heterogenen Katalyse sind, wie schon erwähnt, der Sache nach viel spezieller auf den Zweck zugeschnitten. Wir wollen hier nur die Gaskatalyse betrachten, da die heterogene Katalyse in Lösungen ihrer Methodik nach keine wesentlichen Unterschiede gegenüber der Lösungskatalyse aufweist — abgesehen natürlich von den ganz besonderen Anordnungen, die die Hochdruckkatalyse in Flüssigkeiten nach dem Vorbild der Sumpfphase der Kohlehydrierung verlangt und die hier den Rahmen sprengen würden. Sonst aber sind besondere Anforderungen eben durch die Anordnung des Katalysators in einer getrennten, im allgemeinen festen Phase gegeben. Wir wollen unterscheiden zwischen geformten und ungeformten Kontakten.

a) Geformte Kontakte.

Unter geformten Katalysatoren verstehen wir dabei besonders Drähte oder Drahtnetze, Folien usw. Solche Katalysatoren können nämlich auf die Reaktionstemperatur gebracht werden, ohne daß das ganze reagierende Gassystem dieselbe Temperatur zu haben braucht. Die einfachste Einrichtung dieser Art ist dabei ein Glasgefäß, in dem der Katalysator in Drahtform ausgespannt ist und elektrisch geheizt wird. Die Hauptaufgabe dabei ist, seine Temperatur konstant zu halten, obgleich durch Änderung des Druckes und der Zusammensetzung der Gase die Wärmeableitung und damit der Heizstrom für konstante Temperatur sich ändern. Besonders bei Anwesenheit von Wasserstoff im Gasgemisch macht sich dies geltend. Es sind besondere elektrische Schaltungen für diesen Zweck angegeben worden. Dasselbe gilt für die eigentliche Messung der Drahttemperatur, die entweder vermittels des Drahtwiderstandes erfolgt — wenn dieser nicht, wie z. B. bei Palladium in Wasserstoff, durch Gasbeladung geändert wird —, oder bei höheren Temperaturen mit dem optischen Pyrometer unter Berücksichtigung des endlichen Reflexionsvermögens der Drähte. Der Umsatz wird auch in solchen Anordnungen statisch-manometrisch gemessen, wie bei homogenen Katalysen. Da aber die Reaktionen im allgemeinen nur bei der hohen Temperatur des Katalysators erfolgen, ist keine so große Vorsicht hinsichtlich der katalytischen Unwirksamkeit des Manometers erforderlich, und es können bei niederen Drucken auch McLeod-, Pirani-, Ionisationsmanometer verwendet werden, bei höheren Drucken auch Quecksilbermanometer, α-Bromnaphthalinmanometer und manchmal Schwefelsäuremanometer.

b) Ungeformte Kontakte.

Schwieriger liegt die Aufgabe bei ungeformten Kontaktmassen. Soweit diese nicht in Pulverform auf Drähte oder Folien der beschriebenen Schaltung aufgeklebt werden können, besteht keine Möglichkeit, sie in das Gas einzubringen und dort auf bestimmte Temperaturen zu erhitzen, schon deshalb nicht, weil ihre große Oberfläche im ruhenden System dem Gas nicht genügend zugänglich ist. Hier wird es daher ganz allgemein notwendig, den Katalysator in einem Ofen von außen aufzuheizen, seine Temperatur innen mit einem Thermoelement zu messen und das Gas darüberzuführen, wobei die Zeit — Verweilzeit — oder

Strömungsgeschwindigkeit direkt und der Umsatz durch analytische Feststellung der Zusammensetzungsänderung ermittelt werden. Wissenschaftlich hat dieses System einen großen Nachteil: Die statische Messung am geformten Kontakt liefert durch den Ablauf eines einzelnen Versuches den funktionalen Zusammenhang der Reaktionsgeschwindigkeit mit den Gaskonzentrationen gleich für einen ganzen Satz zusammengehöriger Konzentrationswerte der verschiedenen Gase, und wenige Versuche bedecken das ganze mehrdimensionale Konzentrationsgeschwindigkeitsfeld mit Meßpunkten. Demgegenüber gibt bei der strömenden — dynamischen — Anordnung der Einzelversuch immer nur einen Meßpunkt, eine Reaktionsgeschwindigkeit bei einer Gaszusammensetzung, und es sind zahlreiche Versuche notwendig, um die Reaktionsordnungen zu ermitteln. (Dagegen sei nicht verkannt, daß für Feststellung der Temperaturabhängigkeit, des Einflusses der Vorgeschichte der Kontakte usw. die Strömungsmethode vielfach vorzuziehen ist.)

Die beste Kombination zwischen der bei ungeformten Kontakten nicht entbehrlichen Gasströmung und den Vorzügen der statischen Abreaktion einer gegebenen Gasmenge stellt nun die sog. „quasistatische" Methode dar, bei der die erwähnte gegebene Gasmenge in stetem Kreislauf immer wieder über den Katalysator strömt, getrieben entweder von einer Kreislaufpumpe oder einfach von dem Dichteunterschied einer heißen und einer kalten Gassäule (Thermosyphon). Solange die Strömungsgeschwindigkeit groß gegenüber der Reaktionsgeschwindigkeit ist, kann so die ganze Umsatzkurve manometrisch oder anderweitig verfolgt werden, ohne daß die Diffusionsverzögerungen und andere Nachteile der statischen Methode für ungeformte Kontakte zu befürchten sind.

c) Sonderfragen.

Sehr oft ergibt sich bei der heterogenen Katalyse auch die Notwendigkeit, für eine vorgegebene Reaktion erst einmal den passenden Katalysator zu finden oder aber — nicht in der Praxis, aber um so öfter im Laboratorium — auch umgekehrt. In solchen Fällen ist auf eine leichte Austauschbarkeit des Katalysators oder anderer Apparateteile Bedacht zu nehmen.

Besonders wichtig ist bei der heterogenen Kinetik die Beachtung der Tatsache, daß die Beschaffenheit der Grenzfläche nicht ohne weiteres festliegt und daß daher ganze Sätze von Beobachtungen bei veränderter Vorgeschichte des Katalysators notwendig sind. Eine heterogene Reaktionsgeschwindigkeit stellt selten eine zahlenmäßig einfach angebbare Naturkonstante dar, wie etwa das Reduktionspotential oder die spezifische Wärme, sondern der Beobachter muß je nach den Umständen ein bestimmtes Beobachtungssystem einhalten, bis er zu reproduzierbaren oder sinnvollen Werten gelangt. Das beste ist gewöhnlich, die Temperaturskala so lange aufwärts und abwärts messend zu durchschreiten, bis keine Änderungen — gewöhnlich Abnahmen — der Reaktionsgeschwindigkeit mehr eintreten. Eine solche kritische Wertung der Einzelergebnisse ist hier besonders wichtig.

IV. Indirekte Methoden.

1. Homogene Katalyse.

a) Gase.

Doch verlassen wir hiermit bereits beinahe das Gebiet der direkten kinetischen Methoden und nähern uns den Methoden zur Beobachtung des Zustandes des Katalysators. Schon bei der homogenen Katalyse sind diese von Bedeutung. So ist bei der Jodkatalyse des homogenen Zerfalls organischer Molekeln die Frage, in welcher Form das Jod während der Katalyse vorhanden ist, nur durch besondere, in diesem Falle analytische, Untersuchungen zu entscheiden. Aber nicht nur über die Form des Katalysators, auch über die Art seiner Wechselwirkung mit den Substraten können oft indirekte Methoden zusätzliche Aufschlüsse geben. So sei hier der Schalldispersion gedacht, die oft in Fällen, wo gar keine chemische und katalytische Einwirkung stattfindet, doch bereits für deren Vorstufe, die Energieübertragung zwischen schwingenden Molekeln, die Bedingungen aufzuzeigen in der Lage ist. Ebenso ist von einer genauen Kenntnis und Analyse der Absorptionsspektren der Molekeln, eventuell in Verbindung mit photochemischen Beobachtungen, viel Aufschluß über die Reaktionsweisen und die Transportweisen der Energie innerhalb der Molekeln und zwischen ihnen zu erhoffen. Es kann auch von Vorteil sein, die thermisch zugeführte Aktivierungsenergie einer katalytischen Reaktion mit der optisch oder elektrisch in dosierbarer Form zuzuführenden Anregungsenergie des entsprechenden Vorganges zu vergleichen. Eine andersartige Ausnutzung der Absorptionsspektren ergibt sich aus neueren Ansätzen der Wellenmechanik, wonach es grundsätzlich möglich ist, aus ihnen die Energiefunktionen kennenzulernen, deren entsprechende Überlagerung die Aktivierungsenergien auch katalytischer Gasreaktionen vorauszusehen erlaubt.

b) Flüssigkeiten.

Wenn wir hiermit bei der homogenen Gaskatalyse wegen der Einfachheit der Systeme unmittelbaren Einblick in die — leider seltenen und selten allgemeingültigen — Chemismen der Gaskatalyse erhalten, so ist das bei Lösungsreaktionen nur in bedingter Weise der Fall, indem hier bereits die Frage nach der wirkenden Form des Katalysators die vordringliche Rolle spielt. Ist doch, wie die Aufsätze von Bell in Band II dieses Handbuches zeigen werden, Zustand und damit Wirkung eines Katalysators in Lösung weitgehend durch die Lösungspartner und überhaupt durch das Medium bedingt, so daß alle Methoden, die den Zustand einer Lösung aufzuklären helfen, indirekte Methoden der Katalyse sind, also experimentell die osmotischen und Leitfähigkeitsmessungen, optischen und Viskositätsmessungen, theoretisch die Ansätze von Debye und Hückel über die Elektrolyte, die gaskinetischen Ansätze für Flüssigkeiten und vieles andere. Nur unter Voraussetzung der Ergebnisse dieser Untersuchungen kann an eine erfolgreiche Auswertung der Kinetik selbst gedacht werden.

2. Heterogene Katalyse.

In noch höherem Maße ist das bei der heterogenen Katalyse der Fall, eben hauptsächlich weil der Katalysator durch seine chemische Kennzeichnung nicht erschöpfend beschrieben wird. Eine große Zahl von Arbeitsmethoden, allen Gebieten der Physik und Chemie angehörig, muß zusammenhelfen, um die Grundfrage nach Zusammenhängen von Katalyse und Zustand zu klären. Erwähnt seien die einfachen physikalischen Messungen z. B. der Dichte, der Korngröße mit all ihren Abarten, Messung von Gas- und Farbstoffabsorption, Leitfähigkeitsmessungen an festen Phasen, Beobachtung der Elektronenemission oder der Phosphoreszenz, der Rekristallisation, des Zustandsdiagramms, um nur einiges zu nennen. Dazu kommen die neueren Feinbauuntersuchungen durch Röntgenstrahlen und in jüngster Zeit durch Elektronenstrahlen. Dabei haben die letzteren den großen Vorteil, daß sie wegen der großen Streubarkeit der Elektronenwellen an den Atomhüllen von vornherein ein Abbild nur der katalytisch wirkenden obersten Schichten der Kristallgitter geben. Auch mikroskopische, neuerdings und in Zukunft auch übermikroskopische Untersuchungen werden auf den Plan gerufen. Man kann grundsätzlich von keiner

Untersuchungsmethode fester Körper behaupten, daß sie nicht für katalytische Teilfragen wertvoll sein könne.

3. Schlußbemerkung.

Ein Vorbehalt ist all den indirekten Methoden der Katalyseforschung gegenüber aber am Platz, der sich aus jahrelangen Erfahrungen mit eiserner Strenge ergibt: es darf nie der Versuch gemacht werden, nur aus solchen Methoden heraus Aussagen über die Vorgänge bei der Katalyse zu machen, die nicht auf direktem Wege, also durch Beobachtung der katalytischen Reaktionsbeeinflussung selbst, gestützt oder wenigstens als zulässig erwiesen sind. Katalyse ist und bleibt ein kinetisches Problem, und jede Aussage über Katalyse muß mindestens kinetisch zulässig, wenn nicht kinetisch beweisbar sein, ebenso wie eine errechnete Spektrallinie erst dann als bewiesen gilt, wenn sie auch photographiert ist.

Eine weitere Vorschrift nicht der experimentellen Methode, aber der allgemeinen Forschungsmethodik in katalytischen Dingen ist die gerade hier so notwendige Sammlung eines recht reichen Versuchsmaterials, ehe Schlüsse gezogen werden. Weniger von der Lösungskatalyse als von den anderen Teilgebieten gilt, daß Reaktionsgeschwindigkeiten sich eben nicht mit der Genauigkeit einer Stoffkonstante festlegen lassen und daß daher nur sorgfältige Kritik Schlußfolgerungen und Variation aller Bedingungen Verallgemeinerungen zuläßt. Nur zu leicht schließt man aus einem Satz von Messungen auf ein Gesetz, aus einer Reaktion auf eine allgemeine Verhaltensweise, während bei näherem Zusehen keine oder andere funktionalen Zusammenhänge bestehen.

F. Das bisher Erreichte.

Nach den skizzierten direkten und indirekten Methoden ist nun schon seit fast einem halben Jahrhundert Katalyseforschung getrieben worden, und wir können in dem Augenblick, wo der Stoff reif geworden ist, ein ganzes Handbuch zu füllen, uns auch rückschauend fragen, was dabei an Erkenntnisgewinn erzielt worden ist. Ist das „Rätsel der Katalyse" gelöst worden, von dem Fernerstehende soviel sprechen? Zum mindesten ist das Rätsel klar formuliert worden, was ein großer Fortschritt ist. Wir fragen heute nicht mehr: „Warum gibt es Katalyse?", sondern wir kennen nur zu viele verschiedene Arten der Geschwindigkeitsbeeinflussung. Wir fragen aber heute noch mit derselben unbefriedigten Neugierde: Warum katalysiert dieser Stoff jene Reaktion oder nicht? Hier liegt auch heute noch ein Rätsel der Katalyse. Nachdem wir die Mechanismen der Katalyse im einzelnen mehr oder weniger erkannt haben, können wir natürlich bereits verallgemeinernd darangehen, diese Frage zu beantworten. Und es ist abzusehen, daß wir bei eingehender quantitativer Kenntnis der Resonanzbeziehungen zwischen den verschiedenen Stoffen sowie den verschiedenen Zuständen eines Systems diese Frage auf einem grundsätzlich schon vorgezeichneten Weg einmal werden allgemein beantworten können. Doch das ist Zukunftsmusik. Heute sind wir bei dieser Frage noch vielfach auf das angewiesen, was man „chemisches Gefühl" nennt und was ein empirischer Ausdruck für diese Resonanzbeziehungen ist. Hierin unterscheidet sich die Katalyse in keiner Weise von der allgemeinen Chemie überhaupt, wo auch die theoretische Physik der letzten Jahre die Grundsätze der theoretischen Behandlung aufgefunden und mit Erfolg auf einzelne Musterfälle angewandt hat, wo aber die Vorausberechnung praktischer Einzelbeispiele auf noch unüberwindliche rechnerische Komplikationen stößt. Vielleicht ist eine nochmalige Vereinfachung bzw. Neufassung der physikalischen Formalismen nötig, bis eine exakte Behandlung allgemein möglich sein wird.

Bis dahin wollen wir uns auf die Betrachtung der Erkenntnisse beschränken, deren Extrapolation zu solchen Hoffnungen berechtigt, d. h. wir wollen uns fragen: Was ist herausgekommen? Da können wir nun sagen: Auf dem Gebiet der Gaskatalyse, die eine nicht allzu verbreitete Erscheinung darstellt, können wir grundsätzlich in jedem Falle das Getriebe einer katalytischen Reaktion in einzelne Elementarvorgänge auflösen, deren Geschwindigkeiten und deren Zusammenwirkung einzeln angebbar sind und aus denen sich eine größere Geschwindigkeit ergibt, als sie die spontane Reaktion haben würde. Die Grundsätze dieser Beschleunigungen sind auf die anderen Gebiete der Katalyse übertragbar. Bei der Flüssigkeitskatalyse ist der breiteste Bereich, die Säure-Basenkatalyse, einer weitgehenden Klärung zugeführt worden durch die Auffassung von der Protonenverschiebung und durch die Erkenntnisse über die Einwirkung der Fremdsalze auf die Reaktionsgeschwindigkeit in Elektrolytlösungen; einer Aufklärung harrt noch im wesentlichen die Einwirkung der verschiedenen Lösungsmittel. Die heterogene Katalyse hat die Gesetzmäßigkeiten, die Adsorption und Katalyse verbinden, klar herausgestellt, sie hat die Beeinflussung der Substrate durch die Adsorption experimentell und theoretisch grundsätzlich verständlich gemacht, sie hat damit die Bedingungen der Zuordnung von Katalysator und Reaktion wenigstens grundsätzlich (siehe oben) verstanden und das große Rätsel der verstärkten Mischkatalysatoren auf im wesentlichen ähnlicher Grundlage in Angriff genommen. Hier ist im Prinzip alles verständlich geworden, im einzelnen alles noch zu tun, um das Gerüst auszufüllen und den entstehenden Organismus zum Leben, d. h. hier zur sicheren Voraussage, zu erwecken.

G. Rückwirkung auf die Nachbarwissenschaften.

Es konnte nicht ausbleiben, daß eine solche Durcharbeitung des Feldes auf die Nachbargebiete ausgestrahlt hat und daß alle Gebiete, die mit der Katalyse in der eingangs betrachteten Wechselwirkung stehen, aus deren Entwicklung Vorteil gezogen haben. Es sollen hier nicht die technischen Aspekte einer solchen Entwicklung im einzelnen erläutert werden; aber es ist kein Zweifel, daß die technische Bearbeitung katalytischer Reaktionen, die ja mehr denn je heute im Wirtschaftsgeschehen sich ausschlaggebend auswirkt, mit ungleich größerer Schlagkraft jetzt im Vergleich zu ihren Anfängen möglich ist, weil der tastende Empiriker jetzt festgefügte theoretische Leitsätze zur Verfügung hat, die sein Probieren nur auszubauen und zu spezialisieren braucht. Es sei aber noch kurz auf die biologischen Aspekte der Sache hingewiesen. Wir stehen in einer Epoche, wo die Verknüpfung zwischen Chemie und Biologie täglich neue Erkenntnisblüten treibt, vor denen wir stolz und staunend stehen. Und wenn wir näher hinsehen, sind diese Verknüpfungen fast immer solche über das katalytische Geschehen im Organismus, über Enzyme, Fermente, Kofermente und (vielleicht ebenfalls als Katalysatoren) Vitamine, Hormone, Wirkstoffe und Gene. Die Entwicklung ist schwer vorauszubestimmen, aber es ist wohl sicher, daß die Physiologie der Zukunft immer mehr nicht nur chemische, sondern vor allem katalytische Physiologie werden wird und daß die Gesetze und Erkenntnisse der Katalyse unser Wissen um Gesundheit und Krankheit, um Leben und Entwicklung beherrschend beeinflussen werden.

H. Gegenwärtige Lage und ihre literarischen Konsequenzen.

Man kann nicht sagen, daß wir an einer „Zeitwende" stehen, daß etwa die Epoche des inneren Ausbaues, des Säens, für die Katalyseforschung vorbei sei und die Epoche der Anwendung, der Ernte, beginne. Dann wäre die Aufgabe eines Handbuches wie des vorliegenden, den Stoff für diese Anwendungen vorzubereiten und darzubieten. Es ist aber vielmehr so, daß gerade im Gegenteil die Anforderungen an die Anwendbarkeit der Lehre in einem Augenblick rasch und fordernd wachsen, wo der innere Ausbau, wie wir sahen, zwar „Morgenluft wittert", aber noch keineswegs vollzogen ist, wo überall noch die Handwerker im Gebälk zimmern und nur stellenweise die Dachdecker schon angefangen haben. Vielleicht ist aber gerade das der richtige Augenblick für das Erscheinen eines zusammenfassenden Handbuches, für eine Inspektion durch die Baumeister und eine Führung der künftigen Mieter durch den Bau. Sachlich gesagt: Vielleicht wird durch eine Zusammenfassung des Erreichten der weitere Fortschritt erleichtert und denen, die Katalyse als Mittel zum Zweck brauchen, gezeigt, was an verläßlichen Resultaten schon erreicht ist.

Kinetische Grundlagen der Katalyse.

Von

W. JOST, Leipzig.

Inhaltsverzeichnis.

I. Überblick. Elementarvorgänge bei chemischen Reaktionen.
1. Übersicht.

Chemische Reaktionen gibt es zwischen gasförmigen, flüssigen und festen Stoffen in allen denkbaren Kombinationen. Von *homogenen* Reaktionen spricht man, wenn nur eine Phase beteiligt ist, wobei man darüber hinaus meist noch voraussetzt, daß innerhalb dieser Phase alle Konzentrationen räumlich konstant sind, also keine Diffusionsvorgänge mitspielen. Homogene Reaktionen in diesem engeren Sinne gibt es nur in der Gasphase und der Flüssigkeits- (Lösungs-) Phase. Bei Reaktionen fester Stoffe hat man immer entweder mehr als eine Phase oder man hat Konzentrationsunterschiede innerhalb einer festen Phase. Die einfachen formalen Gesetze der klassischen chemischen Kinetik beziehen sich auf homogene Reaktionen. Bei *heterogenen* Reaktionen können neben Vorgängen innerhalb einzelner Phasen Diffusionsvorgänge in allen auftretenden Phasen hinzukommen, dazu Grenzflächenreaktionen an den Grenzflächen aller denkbaren Phasenkombinationen, welche prinzipiell nur schwer in gewöhnliche und in katalytische Grenzflächenreaktionen unterteilt werden können. Praktisch macht die Unterteilung meist keine Schwierigkeiten, sofern die eine Phase ein Gas ist. Wieweit solche Vorgänge merkbar werden, hängt von den Bedingungen des Einzelfalles ab, welche insbesondere auch bestimmen, ob alle Teilvorgänge von Einfluß auf den Gesamtvorgang sind oder ob eventuell nur wenige (nämlich die langsamsten) Schritte geschwindigkeitsbestimmend sind (wie z. B. die Diffusion bei vielen Auflösungsvorgängen).

Bei allen nicht thermoneutralen Reaktionen wirkt sich die *Reaktionswärme* auf die Temperatur des reagierenden Systems aus; dadurch spielt auch die Wärmeleitung eine Rolle für die Reaktion und der Wärmeübergang zur Gefäßwand, was besonders bei exothermen Umsetzungen, die in eine *Explosion* übergehen können, von grundsätzlicher Wichtigkeit wird. *Strömungsvorgänge* spielen bei vielen Reaktionen (mit Ausnahme von solchen zwischen nur festen Stoffen) ebenfalls eine entscheidende Rolle, besonders auch bei der Durchführung der Reaktion im großen.[1] Strömungsvorgänge treten notwendig auf bei allen nicht statischen Versuchsanordnungen; aber auch in Systemen mit ruhenden Gasen oder Flüssigkeiten kann leicht Konvektion auftreten und z. B. zu einem viel schnelleren Konzentrationsausgleich führen, als man nach den Diffusionsgesetzen erwarten würde.[2]

Besonderheiten treten noch bei allen Umsetzungen auf, in welchen eine neue Phase entsteht. Die Geschwindigkeit der *Keimbildung*[3] kann dabei von entscheidender Bedeutung werden.

Katalytische Reaktionen in homogener Phase werden vollständig beschrieben durch die normalen Gesetze der homogenen Reaktionen. Bei heterogenen katalytischen Reaktionen spielen zusätzlich die Vorgänge an den *Grenzflächen*, insbesondere an den Grenzflächen fester Katalysatoren eine Rolle; der chemische und physikalische Zustand der Katalysatoroberfläche einerseits, die Adsorption der Reaktions-, Ausgangs-, Zwischen- und Endprodukte und die Desorption der Endprodukte anderseits werden von entscheidender Bedeutung.

In mancher Hinsicht am einfachsten übersehbar[3] sind katalytische Einflüsse,

---

[1] G. Damköhler: Z. Elektrochem. angew. physik. Chem. **42** (1936), 846; **43** (1937), 1, 8; **44** (1938), 193, 240; Chemie-Ingenieur, Bd. III, S. 1; Chem. Fabrik **12** (1939), 469.

[2] Vgl. M. Bodenstein, K. Wolgast: Z. physik. Chem. **61** (1908), 422, sowie Fußnote 1.

[3] M. Volmer: Kinetik der Phasenbildung. Dresden und Leipzig, 1939; vgl. auch S. 109 ff.

die bei der Entstehung neuer Phasen ins Spiel kommen. In diesem Sinne gibt es auch katalytische Reaktionen zwischen nur festen Stoffen. Das reiche experimentelle Material hierüber[1] ist aber bisher reaktionskinetisch nur näherungsweise, atomphysikalisch kaum bearbeitet worden.

Man kann die *Gesetzmäßigkeiten*, welche den Ablauf chemischer Reaktionen beschreiben, unterteilen in *formale*, welche den äußeren Ablauf der Reaktionen in seiner Abhängigkeit von den in Frage kommenden Variabeln beschreiben, insbesondere den Konzentrationen und der Temperatur, und solche, die unter Verwendung gaskinetischer, statistischer und atomphysikalischer Überlegungen auf den eigentlichen *Mechanismus* der Vorgänge eingehen und zu einem Verständnis der Reaktion in ihren Feinheiten führen sollen, grundsätzlich auch zu einer Vorausberechnung von Reaktionsgeschwindigkeiten aus sonstigen atomphysikalischen Größen. Der Mechanismus zusammengesetzter Reaktionen ist häufig so kompliziert, daß eine eindeutige Klärung bei Benutzung nur der formalen Gesetzmäßigkeiten nicht möglich ist und man aus den unmittelbaren Beobachtungen wenig mehr als eine Interpolationsformel ableiten kann. Man wird daher, auch wenn das atomtheoretische Verständnis der Vorgänge nicht Selbstzweck ist, dazu geführt, in weitem Umfange allgemein theoretische Erwägungen mit heranzuziehen. Es sollen darum auch hier diese theoretischen Entwicklungen besprochen werden, soweit sie von der kinetischen Gastheorie und statistischen Mechanik ausgehen. Die *Quantenmechanik* erlaubt darüber hinaus eine Berechnung von Einzelheiten des Reaktionsablaufes, wenigstens im Prinzip, insbesondere des Aktivierungsvorganges; dazu vgl. den nachstehenden Artikel von MARK und SIMHA sowie S. 97.

Wir werden im folgenden zunächst die Elementarvorgänge phänomenologisch besprechen, im nächsten Abschnitt folgt die kinetische und statistische Begründung der Reaktionskinetik; im letzten Abschnitt werden dann auf Grund der Ergebnisse der beiden vorhergehenden zusammengesetzte homogene und heterogene Reaktionen behandelt.

2. Elementarvorgänge homogener Reaktionen.

a) Wesen einer chemischen Reaktion; Molekularität und Ordnung von Reaktionen.

Bei einer einfachen chemischen Reaktion werden aus einer oder mehreren Ausgangsmolekeln eine oder mehrere Molekeln von Reaktionsprodukten gebildet. Die allgemeinste in einem Schritt verlaufende chemische Reaktion wird also durch das Schema dargestellt:

$$A + B + C \rightarrow D + E + F + \ldots, \tag{1}$$

wobei A, B, ... irgendwelche Atome oder Molekeln bedeuten. Jede Reaktion ist grundsätzlich umkehrbar, zu (1) ist also auch die Rückreaktion möglich:

$$D + E + F \rightarrow A + B + C. \tag{2}$$

Wenn nun erfahrungsgemäß feststeht und aus der kinetischen Theorie leicht zu begründen ist, daß an einem einfachen Reaktionsschritt nie mehr als drei Molekeln teilnehmen,[2] so folgt wegen (2) unmittelbar, daß auch nicht mehr als drei Molekeln entstehen können. (1) und (2) stellen darum bereits den allgemeinsten Typus einer in einem Schritt verlaufenden chemischen Reaktion dar; alle komplizierteren

---

[1] Vgl. G.-M. SCHWAB: Katalyse, S. 220ff. Berlin, 1931.

[2] Exakter: eine 4- oder höhermolekulare Reaktion ist soviel unwahrscheinlicher als solche niedrigerer Molekularität, daß man sie praktisch immer vernachlässigen kann.

Gesamtvorgänge kommen durch Zusammenwirken einer Reihe von Teilreaktionen zustande (vgl. S. 111 ff.).

Wir betrachten hier nur die einfachen Umsetzungen; als solche kommen in Frage:

1. $$A \rightarrow D + \ldots,$$

2. $$A + B \rightarrow D + \ldots,$$

3. $$A + B + C \rightarrow D + \ldots,$$

wo auf der rechten Seite 1 bis 3 neue Molekeln auftreten.[1] Man bezeichnet 1, 2, 3 als *mono-*, *bi-* und *trimolekulare* Reaktionen, nach der Zahl der teilnehmenden Reaktionspartner. Ist der Reaktionstypus 1, 2, 3 für den Ablauf bestimmend (vgl. auch S. 111), so verlaufen diese Reaktionen nach einem Zeitgesetz der I., II., III. *Ordnung*, d. h. es gilt, wenn wir etwa die zeitliche Abnahme der Konzentration von A als das Maß der Reaktionsgeschwindigkeit wählen:

I. $$-\frac{d[A]}{dt} = k^{\mathrm{I}}[A],$$

II. $$-\frac{d[A]}{dt} = k^{\mathrm{II}}[A][B],$$

III. $$-\frac{d[A]}{dt} = k^{\mathrm{III}}[A][B][C].$$

Es können natürlich unter Umständen auch einige der A, B und C identisch sein. Unter Ordnung ν einer Reaktion versteht man allgemein die *Summe der Exponenten*, mit denen die Konzentrationen der Reaktionspartner in den formalen Geschwindigkeitsausdruck eingehen. Empirisch findet man auch andere Reaktionsordnungen ν als 1, 2 oder 3; ν kann auch größer als 3, gebrochen, 0, unter Umständen sogar negativ werden; zur Deutung solcher anomaler Ordnungen hat man zusammengesetzte Reaktionsmechanismen anzunehmen (vgl. später S. 111 ff.).

Die Ordnung einer Reaktion braucht bei zusammengesetzten Reaktionen nicht mit der Molekularität übereinzustimmen; bei den in diesem Abschnitt betrachteten einfachen Umsetzungen können sich nur bei den monomolekularen Reaktionen und den Additionsreaktionen Unterschiede zwischen Ordnung und Molekularität ergeben.

Die Ausdrücke I, II, III lassen sich in bekannter Weise integrieren,[2] sofern man aber experimentell die eintretenden Konzentrationsänderungen nach nicht zu langen Zeitabschnitten bestimmt, ist es häufig zweckmäßiger und durchaus genau genug, die Gleichungen in Differenzenform anzusetzen, z. B.:

II′. $$-\frac{\Delta[A]}{\Delta t} = k^{\mathrm{II}}\overline{[A]}\,\overline{[B]},$$

wobei die überstrichenen Größen Mittelwerte in dem betrachteten Zeitintervall darstellen. Man ermittelt aus II′ für die einzelnen Intervalle k^{II} und stellt aus der zeitlichen Konstanz von k^{II} fest, ob die angenommene Ordnung zutrifft. Für die praktische Handhabung vgl. insbesondere S. 111 ff.

---

[1] Dabei kommt es für den Mechanismus auch darauf an, wieviel Molekeln auf der rechten Seite erscheinen; das wird aus den späteren, über das Formale hinausgehenden Überlegungen hervorgehen. Als einfachster Reaktionstyp kann die Austauschreaktion: $A + BC \rightarrow AB + C$ gelten, während bei den Additionsreaktionen: $A + B \rightarrow AB$ bereits Komplikationen grundsätzlicher Art auftreten; wegen des Zusammenhangs von Reaktion und Rückreaktion sind Komplikationen dann auch bei der zur Additionsreaktion inversen monomolekularen Zerfallsreaktion zu erwarten.

[2] Vgl. auch S. 111 ff.

b) Reaktion und Gegenreaktion; Gleichgewicht.

In bekannter Weise leitet man das Massenwirkungsgesetz für das chemische Gleichgewicht kinetisch aus der Forderung ab, daß im Gleichgewicht Reaktion und Gegenreaktion gleich schnell verlaufen müssen, also beispielsweise für die allgemeinste, uns hier interessierende Reaktion (1):

$$k\,[A][B][C] = k'\,[D][E][F]; \quad \frac{[A]\,[B]\,[C]}{[D]\,[E]\,[F]} = \frac{k'}{k} = K, \tag{3}$$

wo K die Konstante des Massenwirkungsgesetzes ist. Die Verknüpfung von Geschwindigkeits- mit Gleichgewichtskonstanten nach (3) ist von praktischer Wichtigkeit; (3) erlaubt die Berechnung der Geschwindigkeitskonstanten k einer Reaktion, wenn k', die Geschwindigkeitskonstante der Gegenreaktion, gemessen ist, unter Benutzung der grundsätzlich auf thermodynamisch-statistischem Wege immer berechenbaren Gleichgewichtskonstanten K. Umgekehrt kommt auch gelegentlich eine Berechnung von Gleichgewichtskonstanten aus Geschwindigkeitskonstanten in Frage.[1] Die Beziehung (3) erlaubt auch, wie bereits unter a erwähnt, alle solchen Reaktionsmechanismen von vornherein auszuschließen, bei denen mehr als drei Endprodukte im gleichen Reaktionsschritt auftreten würden. Sofern man sich nicht in großem Abstand vom Gleichgewicht befindet, ist in dem Geschwindigkeitsausdruck dem Einfluß der Rückreaktion Rechnung zu tragen; der Ausdruck für die Reaktionsgeschwindigkeit wird dann:

$$-\frac{d\,[A]}{d\,t} = k\,[A][B] \ldots - k'\,[D][E] \ldots \tag{4}$$

c) Temperaturabhängigkeit von Reaktionsgeschwindigkeiten.

Erfahrungsgemäß nimmt bei einfachen mono- und bimolekularen Reaktionen die Reaktionsgeschwindigkeit mit der Temperatur zu; als Regel mit natürlich nur sehr grober Annäherung wird häufig angegeben, daß bei Zimmertemperatur $10°$ Temperaturerhöhung die Reaktionsgeschwindigkeit verdoppeln.[2] Bei zusammengesetzten Reaktionen kann die Reaktionsgeschwindigkeit auch mit der Temperatur abnehmen (vgl. später S. 105). Weiter gilt erfahrungsgemäß vielfach mit hinreichender Genauigkeit eine lineare Beziehung zwischen dem Logarithmus des Geschwindigkeitskoeffizienten k und der reziproken absoluten Temperatur T, d. h. k kann in der Form dargestellt werden:

$$k \approx A\,e^{-\frac{\varepsilon}{kT}}. \tag{5}$$

In dieser Schreibweise bedeutet k die BOLTZMANNsche Konstante $\left(= \dfrac{R}{N},\ R\ \text{Gas-}\right.$ konstante, N LOSCHMIDTsche Zahl$\Big)$, ε also eine auf eine Molekel bezogene Energiegröße, üblicherweise als *Aktivierungsenergie*[3] bezeichnet.

Der Zahlenfaktor A hat die gleiche Dimension wie k, d. h. wenn z. B. Konzentrationen in Mol/Liter, Zeit in Sekunden gerechnet sind, bei Reaktionen

---

[1] Vgl. z. B. W. NERNST: Z. anorg. allg. Chem. **49** (1906), 223. — K. JELLINEK: Ebenda 229.

[2] Es ist üblich, die relative Zunahme von k für $10°$ Temperaturerhöhung, also $\dfrac{k_{T+10}}{k_T}$ mit „Temperaturkoeffizient" einer Reaktion zu bezeichnen. Es scheint uns konsequenter, die Bezeichnung für den „Temperaturkoeffizienten" im wörtlichen Sinne für $\dfrac{dk}{dT}$ zu verwenden und den „Temperaturkoeffizienten" im obigen Sinne etwa mit „Temperaturquotient" nach TRAUTZ zu benennen.

[3] Zur strengeren Definition vgl. S. 92 ff.

I., II., III. Ordnung die Dimension $\sec^{-1}$; (Liter/Mol)$\cdot\sec^{-1}$; (Liter^2/Mol^2)$\cdot\sec^{-1}$.

A *wind ofters als*, , *Aktionskonslante* bezeichnet; besser scheint die ebenfalls vorgeschlagene Bezeichnung *„Frequenzfaktor"* oder *„Häufigkeitszahl"*.

Aus (5) folgt:

$$\frac{d\ln k}{dT} = \frac{\varepsilon}{kT^2}. \tag{6}$$

Berücksichtigt man die für die Gleichgewichtskonstante einer Reaktion gültige VAN T'HOFFsche Beziehung:

$$\frac{d\ln K}{dT} = \frac{w}{kT^2}, \tag{7}$$

wo w die Wärmetönung der Reaktion (und zwar bei konstantem Volumen, da wir hier mit Konzentrationen rechnen), K also die Gleichgewichtskonstante K_c ist, so folgt aus (3), wenn man für die Gegenreaktion eine zu (6) analoge Beziehung ansetzt:

$$\frac{\varepsilon' - \varepsilon}{kT^2} = \frac{w}{kT^2}; \quad \varepsilon' - \varepsilon = w. \tag{8}$$

Die Differenz der Aktivierungsenergien einer Reaktion und ihrer Gegenreaktion ist gleich der Reaktionswärme der Umsetzung.

Die naheliegende Deutung von (5) ist (ARRHENIUS[1]), daß nur solche „aktiven" Molekeln reaktionsfähig sind, welche eine bestimmte Aktivierungsenergie ε besitzen und deren Bruchteil durch den Exponentialfaktor gegeben ist;[2] bei bimolekularer Reaktion können das einfach Molekelpaare sein, welche sich beim Stoß mit einer gewissen Mindestenergie treffen; bei monomolekularer Reaktion muß man annehmen, daß besonders energiereiche Molekeln reagieren. (Präzisierung dieser Vorstellungen vgl. später S. 101.)

d) Grundsätzliches über die Arten einfacher Reaktionen.

Der einfachste und als Teilreaktion zusammengesetzter Reaktionen am häufigsten vorkommende Reaktionstyp ist die bimolekulare Reaktion;[3] von einfachen (nicht zusammengesetzten) Reaktionen gehören dazu nur sehr wenige, z. B. Bildung und Zerfall von Jodwasserstoff, an welchen auch die obigen Beziehungen sämtlich verifiziert werden konnten. Weitere Aussagen über die Größe von A bei bimolekularen Reaktionen [in Gleichung (5)] liefert die kinetische Gastheorie; denn Voraussetzung für die Reaktion zwischen zwei Molekeln ist offenbar, daß ein Zusammenstoß zwischen ihnen stattfindet; A wird also der *Stoßzahl* zwischen den Molekeln proportional (eventuell gleich) sein (vgl. S. 86). Ein Verständnis der Aktivierungsenergie ε (deren Berechnung die Wellenmechanik wenigstens grundsätzlich erlaubt) erfordert die Hinzunahme atomphysikalischer Betrachtungen (vgl. Beitrag MARK und SIMHA dieses Bandes).

Bei monomolekularen Reaktionen können gewisse grundsätzliche Schwierigkeiten auftreten. Reagiert hier z. B. der Bruchteil $\exp\left(-\dfrac{\varepsilon}{kT}\right)$ aller Molekeln mit einer inneren Energie $\geqq \varepsilon$ (vgl. S. 85), so kann es für den weiteren Reaktionsverlauf unter Umständen wesentlich werden, mit welcher Geschwindigkeit solche aktiven Molekeln durch Zusammenstöße *neu gebildet* werden. Falls daher

---

[1] S. ARRHENIUS: Z. physik. Chem. 4 (1889), 233.

[2] Das bedeutet bei dieser Formulierung implicite: man nimmt ein der Reaktion vorgelagertes Gleichgewicht zwischen Ausgangsprodukt und aktiven Molekeln an; vgl. auch S. 121.

[3] Und zwar die bimolekulare Reaktion mit bimolekularer Rückreaktion, d. h. also entweder die Austauschreaktion $A + BC \rightarrow AB + C$ oder Umsetzungen des Typs $AB + CD \rightarrow BC + AD$, *nicht* aber Additionsreaktionen, bei welchen Komplikationen eintreten; vgl. S. 104.

die Geschwindigkeit des Zerfalls aktiver Molekeln nicht klein ist gegen die Aktivierungsgeschwindigkeit, so kann die Aktivierungsgeschwindigkeit mit oder überwiegend geschwindigkeitsbestimmend werden. Die Aktivierung neuer Molekeln durch Stoß ist aber ein bimolekularer Vorgang; man beobachtet in solchen Fällen mit abnehmendem Druck ein Abfallen der für die Reaktion I. Ordnung berechneten Geschwindigkeitskonstanten, d. h. mit abnehmendem Druck geht die Reaktion von einer der I. in eine solche der II. Ordnung über. Diese Verhältnisse erfordern eine besonders eingehende Diskussion (vgl. S. 101 ff.).

Anscheinend trimolekulare Reaktionen haben sich meistens als zusammengesetzt erwiesen (vgl. später S. 104). Aber eine Reihe von Reaktionen, für welche man zunächst ein Zeitgesetz der II. Ordnung erwarten würde, verlaufen in Wirklichkeit nach der III. Ordnung, nämlich Rekombinationsreaktionen *freier Atome* und nicht zu komplizierter Radikale in der Gasphase, beispielsweise die Reaktion $2\,H \rightarrow H_2$. In solchen Fällen würde das Reaktionsprodukt (hier H_2) nach seiner Bildung noch die gesamte Reaktionsenergie und die kinetische Energie der Relativbewegung beim Stoß enthalten und müßte infolgedessen sofort wieder zerfallen (vgl. später S. 104); deshalb verlaufen derartige Reaktionen im „*Dreierstoß*", z. B.:

$$H + H + M \rightarrow H_2 + M^* \quad (M^* = \text{energiereiche Molekel});$$

eine dritte Molekel M (die unter Umständen auch mit H oder H_2 identisch sein kann) muß beim Stoß hinzutreten, um wenigstens einen Teil der Reaktionsenergie aufzunehmen. Der Rekombinationsvorgang ist daher in Wirklichkeit trimolekular; als dritter Partner kann eine beliebige Molekel, auch die Gefäßwand[1] fungieren, wobei aber die individuelle Wirksamkeit sehr verschieden sein kann. Rekombinationsvorgänge freier Atome verlaufen im allgemeinen ohne Aktivierungswärme mit geringer Temperaturabhängigkeit.[2]

3. Elementarvorgänge bei heterogenen Reaktionen.

Die vorangehenden Überlegungen gelten im wesentlichen für Gas- und Flüssigkeitsphase in gleicher Weise. Homogene Reaktionen in fester Phase gibt es im allgemeinen nicht. Heterogene Reaktionen sind immer zusammengesetzte Vorgänge und werden unter III, 21 besprochen. Voraussetzung für ihr Vorliegen ist, daß mindestens zwei verschiedene Phasen gleichzeitig anwesend sind oder eventuell sich bilden, wofür unter Umständen schon das Vorhandensein einer festen Wand genügt, die ein gasförmiges oder flüssiges Reaktionsgemisch einschließt. Bei heterogenen Reaktionen spielen immer Diffusionsvorgänge mit hinein, ohne daß sie allerdings immer zeitbestimmend sein müßten; dies gilt für die Reaktion zweier Festkörper miteinander, die Reaktion eines Festkörpers mit einem Gas (z. B. die Anlaufvorgänge), den entgegengesetzten Vorgang, Zerfall eines Festkörpers unter Gasentwicklung (z. B. Carbonatzerfall), Reaktion von Gasen mit Flüssigkeiten (im einfachsten Fall etwa Auflösung eines Gases in einer Flüssigkeit, aber auch für viele andere Vorgänge), Reaktion von Flüssigkeiten mit Festkörpern (gewöhnliche Auflösungsvorgänge, Korrosionsvorgänge usw.) und insbesondere für heterogene Gasreaktionen mit Katalyse an Grenzflächen. Wieweit die Diffusion im Einzelfall für die Geschwindigkeit des Gesamtvorganges eine Rolle spielt, wird hier nicht diskutiert (vgl. später S. 141).

---

[1] Dies ist einer der Gründe für den häufig beobachteten Einfluß der Wand auf Kettenreaktionen; vgl. auch S. 126 ff.

[2] Siehe z. B. G.-M. SCHWAB: Z. physik. Chem., Abt. A **178** (1936), 129.

a) Diffusionsvorgänge.

Hier sollen nur die formalen Gesetze der Diffusion besprochen werden.

Mit gewissen Einschränkungen (vgl. unten) gilt für den „Diffusionsstrom" dS, das sei die durch eine Fläche q in der Zeit dt wegen des Konzentrationsgefälles $\frac{\partial c}{\partial x}$ in Richtung der Normalen ($+x$) hindurchtretende Substanzmenge:

$$dS = -qD\frac{\partial c}{\partial x}dt, \tag{9}$$

wodurch der Diffusionskoeffizient D (Länge^2 Zeit^{-1}; üblicherweise cm^2 sec^{-1} oder bei kondensierten Phasen auch cm^2 Tag^{-1}) definiert ist. D ist also diejenige Substanzmenge, die durch die Querschnittseinheit pro Zeiteinheit unter der Wirkung des Konzentrationsgefälles 1 hindurchtritt. Vom Konzentrationsmaß ist D unabhängig (es muß nur in S und in c die Substanzmenge in gleicher Weise ausgedrückt sein). In der Form (9) eignet sich die Diffusionsgleichung zur Behandlung stationärer bzw. quasistationärer Vorgänge.[1]

Für nichtstationäre Konzentrationsverteilung berechnet man die lokale Konzentrationsänderung mit der Zeit durch Anwendung von (9) auf die Begrenzungen eines kleinen Volumenelements zu

$$\frac{\partial c}{\partial t} = D\frac{\partial^2 c}{\partial x^2}, \tag{10}$$

falls die Diffusion nur in der x-Richtung erfolgt, bzw. für Diffusion in beliebiger Richtung:

$$\frac{\partial c}{\partial t} = D\left\{\frac{\partial^2 c}{\partial x^2} + \frac{\partial^2 c}{\partial y^2} + \frac{\partial^2 c}{\partial z^2}\right\} = D \text{ div. grad. } c, \tag{11}$$

wobei der letzte Ausdruck in Vektorschreibweise unabhängig vom Koordinatensystem ist. Gleichung (10) bzw. (11) tritt in gleicher Weise in der Theorie der Wärmeleitung auf und daher liegen zahlreiche Integrale der Gleichungen für verschiedene Rand- und Anfangsbedingungen vor.[2]

Für die Diffusionsgleichung in der obigen Form (9), (10) und (11) ist vorausgesetzt, daß D eine Konstante ist; diese Voraussetzung braucht über ein größeres Konzentrationsgefälle in Gasen oder Lösungen, besonders in konzentrierten Lösungen, ferner in festen Stoffen keineswegs erfüllt zu sein. In solchen Fällen sind die obigen Gleichungen zu ersetzen durch [(9) gilt wie bisher, nur mit örtlich variablem D]:

$$\frac{\partial c}{\partial t} = \frac{\partial}{\partial x}\left(D\frac{\partial c}{\partial x}\right), \tag{10a}$$

$$\frac{\partial c}{\partial t} = \frac{\partial}{\partial x}\left(D\frac{\partial c}{\partial x}\right) + \frac{\partial}{\partial y}\left(D\frac{\partial c}{\partial y}\right) + \frac{\partial}{\partial z}\left(D\frac{\partial c}{\partial z}\right) = \text{div. } (D \text{ grad. } c). \tag{11a}$$

Gleichung (10a) ist von BOLTZMANN integriert worden.[3] Bei Diffusion von Ionenverbindungen gelten die obigen Gleichungen entsprechend, wobei D ein in bekannter Weise berechneter mittlerer Diffusionskoeffizient für die Ionen ist.[4]

---

[1] Wenn die Konzentrationsverteilung stationär, $\frac{\partial c}{\partial x}$ also konstant ist, läßt sich (9) unmittelbar integrieren und liefert für die in der Zeit t durchtretende Substanzmenge S:

$$S = -qD\frac{\partial c}{\partial x}\cdot t.$$

[2] Vgl. FRANK-MISES: Differential- und Integralgleichungen der Physik. Braunschweig, 1930/35. — E. WARBURG: Wärmeleitung. Berlin, 1924.

[3] L. BOLTZMANN: Wied. Ann. **53** (1894), 939; vgl. dazu R. FÜRTH: Handbuch der physikalischen und technischen Mechanik **7** (1931).

[4] Dagegen sind sie zu modifizieren, wenn die Elektrolytlösung Abweichungen vom idealen Verhalten aufweist.

Die obigen Gleichungen gelten jeweils nur für eine einzelne Phase; bei Vorliegen mehrerer Phasen sind entsprechende Gleichungen für jede einzelne Phase mit individuellen D-Werten anzusetzen, wobei den Verhältnissen an der Phasengrenze besondere Aufmerksamkeit zu widmen ist.

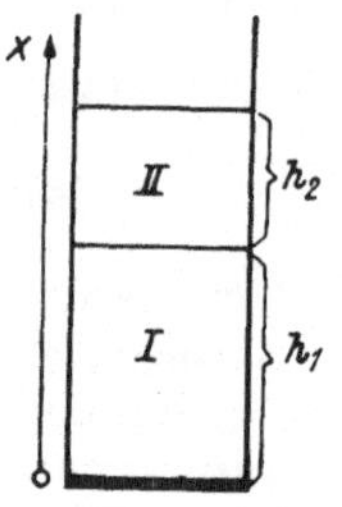

Abb. 1. Diffusion eines gelösten Stoffes durch zwei nicht mischbare Medien.

Denkt man sich, als einfachstes Beispiel, etwa in einem zylindrischen Gefäß am Boden eine Schicht Jod, die mit einem Lösungsmittel I überschichtet ist, und darüber eine Schicht eines mit dem ersten unmischbaren Lösungsmittels II (Abb. 1), so wird man für die Ausbreitung des Jods zwei Diffusionsgleichungen ansetzen:

$$\left.\begin{aligned} \frac{\partial c^{\mathrm{I}}}{\partial t} &= D^{\mathrm{I}}\,\frac{\partial^2 c^{\mathrm{I}}}{\partial x^2} \\[2mm] \frac{\partial c^{\mathrm{II}}}{\partial t} &= D^{\mathrm{II}}\,\frac{\partial^2 c^{\mathrm{II}}}{\partial x^2} \end{aligned}\right\} . \tag{12}$$

Als Randbedingungen würde man die (wahrscheinlich genau genug erfüllten) Beziehungen[1] ansetzen:

bei $x = 0$: $c^{\mathrm{I}} = c_s$ (Sättigungskonzentration des Jods im Lösungsmittel I);

bei $x = h_1$: $\dfrac{c^{\mathrm{II}}}{c^{\mathrm{I}}} = \gamma$ (Verteilungskoeffizient für dieses System).

Einen einfach zu behandelnden Fall erhielte man, wenn man bei $x = h_1 + h_2$ die Jodkonzentration ständig $= 0$ machte, etwa indem man über die Oberfläche des Lösungsmittels II einen dauernden Strom Natriumthiosulfatlösung streichen ließe. Es würde sich dann nach einiger Zeit ein stationärer Zustand einstellen, gegeben durch die Bedingungen:

bei $x = 0$: $c^{\mathrm{I}} = c_s$;   bei $x = h_1 + h_2$: $c^{\mathrm{II}} = 0$;

bei $x = h_1$: $D^{\mathrm{I}}\,\dfrac{\partial c^{\mathrm{I}}}{\partial x} = D^{\mathrm{II}}\,\dfrac{\partial c^{\mathrm{II}}}{\partial x}$ (in die Grenzfläche muß auf der einen Seite soviel Jod eintreten als auf der anderen aus ihr wegdiffundiert);

bei $x = h_1$: $\dfrac{c^{\mathrm{II}}}{c^{\mathrm{I}}} = \gamma$ (Verteilungskoeffizient).

Daraus, daß bei Stationarität $\dfrac{\partial c}{\partial x}$ innerhalb einer Phase konstant, und zwar:

$$\frac{\partial c^{\mathrm{I}}}{\partial x} = \frac{c^{\mathrm{I}}_{h_1} - c_s}{h_1}; \quad \frac{\partial c^{\mathrm{II}}}{\partial x} = \frac{0 - c^{\mathrm{II}}_{h_1}}{h_2} = \frac{0 - \gamma\,c^{\mathrm{I}}_{h_1}}{h_2}$$

sein muß, folgt:

$$\frac{D^{\mathrm{I}}\big(c^{\mathrm{I}}_{h_1} - c_s\big)}{h_1} = -\,\frac{D^{\mathrm{II}}\,\gamma\,c^{\mathrm{I}}_{h_1}}{h_2}; \quad c^{\mathrm{I}}_{h_1} = \frac{D^{\mathrm{I}}\,c_s\,h_2}{D^{\mathrm{I}} h_2 + D^{\mathrm{II}}\,\gamma\,h_1}$$

und

$$\frac{dS}{dt} = \frac{c_s\,\gamma\,D^{\mathrm{I}}\,D^{\mathrm{II}}}{D^{\mathrm{I}} h_2 + D^{\mathrm{II}}\,\gamma\,h_1}. \tag{13}$$

Durch jede zur Rohrachse senkrechte Fläche strömt also pro Querschnitts- und Zeiteinheit die durch (13) gegebene Substanzmenge. Die Überlegung gilt ohne weiteres auch bei Diffusion in anderen, insbesondere festen Phasen.[2]

---

[1] Nur falls die Schichten sehr dünn, das Konzentrationsgefälle und damit der Diffusionsstrom sehr groß sind, wird der „Übergangswiderstand" der Grenzfläche eine Rolle spielen. Die Einstellung des Verteilungsgleichgewichtes an den Grenzflächen wird häufig ein sehr schneller Vorgang sein.

[2] Diskussion der Verhältnisse bei merklicher Hemmung des Durchtritts durch die Grenzfläche vgl. W. Jost: Diffusion und chemische Reaktion in festen Stoffen. Dresden, 1937.

Falls in dem Beispiel etwa der Verteilungskoeffizient zwischen Lösungsmittel II und Lösungsmittel I > 1 ist, so diffundiert aus der verdünnteren unteren Lösung das Jod in die konzentriertere obere Lösung; innerhalb jeder Phase dagegen findet eine Diffusion nur in Richtung des Konzentrationsgefälles statt.

Hätte man, unter Einführung des chemischen Potentials[1] μ des gelösten Stoffes (Index $i = 1{,}2$ bezieht sich auf die Lösungsmittelphasen) das I. Diffusionsgesetz in der Form geschrieben:

$$dS = - q\, \frac{\partial \mu_i}{\partial x}\, \frac{c_i B_i}{N}, \tag{14}$$

wo B Beweglichkeit des Teilchens, N LOSCHMIDTsche Zahl, so wären für jede Phase (12) entsprechende Gleichungen mit individuellen Werten von c und B anzusetzen gewesen, an der Grenzfläche hätte gegolten:

$$\mu_1 = \mu_2 \text{ (mit Verteilungsgleichgewicht äquivalent)},$$

und man hätte nun im ganzen System eine Diffusion in Richtung abnehmenden chemischen Potentials.[2] Bei idealen Lösungen ist (14) mit (9) identisch, denn dann wird
$$\mu_i = \text{const.} + R\,T \ln c_i,$$

somit
$$dS = - q\, \frac{\partial c_i}{\partial x}\, \frac{R\,T\,B_i}{N}. \tag{15}$$

Vergleich von (15) mit (9) liefert die bekannte Beziehung für den Diffusionskoeffizienten:
$$D_i = \frac{R\,T\,B_i}{N}. \tag{16}$$

Für das mittlere Verschiebungsquadrat eines Teilchens in der Zeit t gilt
$$\overline{\Delta x^2} = 2\,D t. \tag{17}$$

(17) ist nützlich zur Abschätzung von Diffusionseffekten, wobei man für Größenordnungsbetrachtungen die „mittlere Eindringungstiefe" durch Diffusion $\approx \sqrt{\overline{\Delta x^2}}$ nehmen darf.[3]

b) Vorbemerkungen über Adsorption.

Neben der Diffusion kommt bei heterogenen Systemen der Adsorption eine bedeutende Rolle zu. Unter Adsorption versteht man die Anreicherung eines Stoffes an irgendeiner Grenzfläche. An jeder Phasengrenze (fest — fest dürfte allerdings praktisch kaum von Bedeutung sein) kann eine Adsorption stattfinden; praktisch am wichtigsten ist aber die Adsorption gasförmiger oder gelöster Substanzen an festen Stoffen. Sofern nicht eine chemische Umsetzung die Gleichgewichtseinstellung verhindert (vgl. später S. 141), stellt sich in den Grenzflächen ein *Adsorptionsgleichgewicht* ein, das in diesem Abschnitt ausschließlich behandelt werden soll.

Neben einer Adsorption gibt es auch noch eine wahre Absorption, d. h. Aufnahme in das Innere des festen Stoffes; diese ist zwar bei den üblichen Katalysatoren nur ein untergeordneter Begleitvorgang, sie kann unter Umständen aber

---

[1] Vgl. W. SCHOTTKY: Thermodynamik. Berlin, 1929.

[2] Die Formulierung mit chemischen Potentialen ist also die sinngemäßere. Für eine rationelle Behandlung der Erscheinungen, die sich zwar auf feste Stoffe bezieht, aber ohne weiteres auf andere Phasen übertragen werden kann, vgl. C. WAGNER: Z. physik. Chem., Abt. B 11 (1931), 139. — W. SCHOTTKY: Wiss. Veröff. Siemens-Werke 14 (1935), H. 2.

[3] Für Diffusion vgl. W. JOST: Diffusion und chemische Reaktion in festen Stoffen. Dresden, 1937. — G. DAMKÖHLER: l. c., S. 65.

in erheblichem Umfange vor sich gehen, z. B. die von Wasserstoff an manchen Hydrierungskatalysatoren wie Palladium und an anderen Metallen.[1]

Schließlich kann bei porösen Stoffen noch eine Gasaufnahme unterhalb der kritischen Temperatur des betreffenden Gases dadurch erfolgen, daß dieses durch die Wirkung der Kapillarkräfte in den Hohlräumen kondensiert: *Kapillarkondensation*; diese soll hier außer Betracht bleiben. Die Adsorption kann andererseits übergehen in eine reguläre chemische Bindung des adsorbierten Stoffes mit dem Adsorbens, ohne daß sich immer eine scharfe Grenze zwischen Adsorption und chemischer Verbindung angeben ließe. Als Zwischenzustand kann eventuell die sogenannte *aktivierte Adsorption* gelten (vgl. später S. 108).

Erfahrungsgemäß sind die für die Adsorption verantwortlichen Molekularkräfte von sehr kurzer Reichweite, so daß ein Sättigungszustand erreicht wird, wenn die Oberfläche des Adsorbens mit einer unimolekularen Schicht des Adsorptivs bedeckt ist. Bei völlig einheitlicher Oberfläche gilt für die Adsorption eines (nahezu) idealen Gases bei konstanter Temperatur nach Langmuir:

$$a = \frac{a\,b\,p}{1 + b\,p},\tag{18}$$

worin a die pro Oberflächeneinheit des Adsorbens adsorbierte Menge darstellt, p der Druck ist und a und b Konstanten darstellen. Darnach nimmt bei schwacher Adsorption, d. h. $bp \ll 1$, diese proportional dem Druck zu, während sie bei starker Adsorption, d. h. $bp \gg 1$, sich dem Grenzwert a für unimolekulare Bedeckung nähert (siehe Abb. 2).

Die Bedeutung der Langmuirschen Isotherme für die Katalyse besteht darin, daß sie die Konzentrationen der Stoffe in der Gas- oder Lösungsphase mit denen an Grenzflächen *verknüpft*; da bei Grenzflächenreaktionen die letzteren maßgebend sind, so treten entsprechende Terme in den kinetischen Gleichungen auf (vgl. Abschn. 21, S. 141).

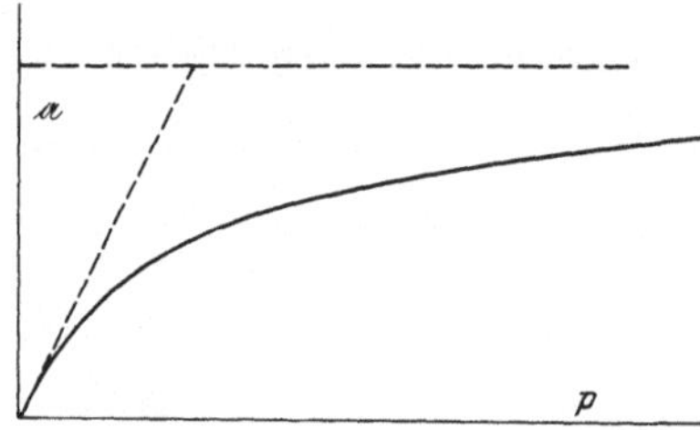

Abb. 2. Die Langmuirsche Adsorptions-Isotherme (――――) und ihre Grenzfälle (.―――.).

II. Theoretische, insbesondere gaskinetische und statistische Grundlagen der Reaktionskinetik.

Das Verhalten der Atome und Molekeln ist grundsätzlich durch die Quantenmechanik zu beschreiben; diese ergibt bereits bei so einfachen Prozessen, wie der Streuung als harte Kugeln gedachter Molekeln, Abweichungen gegenüber der klassischen Mechanik.[2] Trotzdem wird man ihrer Anschaulichkeit wegen und deshalb, weil die durch die Quantentheorie hereingebrachten Abweichungen (insbesondere im Hinblick auf den Mehraufwand an Rechenarbeit) vielfach nur verhältnismäßig klein sind, weitgehend an den klassischen Überlegungen festhalten.

Die kinetische Theorie ist an den Gasen entwickelt worden; wenn auch in mancher Hinsicht von den nicht idealen Gasen zu den Flüssigkeiten ein Übergang möglich ist, so verfügt man doch bisher noch über keine befriedigende

---

[1] Vgl. dazu insbesondere C. Wagner, K. Hauffe: Z. Elektrochem. angew. physik. Chem. **44** (1938), 172; **45** (1939), 409.

[2] Vgl. N. F. Mott, H. S. W. Massey: zitiert S. 78. — K. F. Herzfeld: Hand-und Jahrbuch der chemischen Physik, Bd. 3, 2, S. 113. Leipzig, 1939.

kinetische Theorie der Flüssigkeiten. Umgekehrt bietet die Behandlung kristallisierter fester Körper keine grundsätzlichen Schwierigkeiten, und man hat neuerdings mit einem gewissen Erfolg angefangen, die Theorie der Flüssigkeiten zu entwickeln, indem man die Verhältnisse beim Kristall zum Ausgangspunkt nimmt. Für die Reaktionskinetik ergibt sich daher die Sachlage, daß für ideale Gase die Theorie als nahezu abgeschlossen gelten darf, daß für Teilgebiete der Reaktionen fester Stoffe ebenfalls eine quantitative Theorie vorliegt, während man bei Flüssigkeiten (von den gut bekannten formalen Gesetzen abgesehen) nur über mehr halbquantitative Ansätze verfügt.

Man kann viele gaskinetische Beziehungen auf sehr elementarem Wege ableiten, wobei die erhaltenen Resultate sich dann höchstens um einen von 1 nicht sehr verschiedenen Faktor von den Ergebnissen strenger Rechnung unterscheiden. Da die vereinfachte Betrachtung in anderen Fällen aber auch zu ganz unbrauchbaren, nicht einmal qualitativ richtigen Ergebnissen führen kann, so muß zu äußerster Vorsicht bei allen Schlüssen gemahnt werden.

4. Elementare kinetische Theorie.

Die elementare kinetische Gastheorie behandelt die Molekeln eines idealen Gases in erster Näherung als starre, ideal elastische Kugeln, die außer beim Zusammenstoß keine Kräfte aufeinander ausüben sollen; *Zusammenstöße* zwischen zwei Molekeln 1 und 2 treten ein, wenn auf ihrer Bahn der Abstand ihrer Mittelpunkte gleich $r_1 + r_2$ wird, wo r_1 und r_2 die den einzelnen Molekeln zugeschriebenen Radien sind. Der Druck des Gases ist eine Folge der Stöße der Molekeln auf die Gefäßwände. Die mittlere kinetische Energie der Molekeln ergibt sich aus der Überlegung, daß der unter der Annahme von Molekelstößen abgeleitete Druck mit dem gefundenen (den idealen Gasgesetzen folgenden) Druck übereinstimmen muß.

Befinden sich in 1 cm³ n Molekeln der Masse m der (zunächst als gleichmäßig angenommenen) Geschwindigkeit v, so findet man mit den einfachst möglichen Annahmen[1] für den Druck:

$$p = \frac{1}{3}\, n\, m\, \overline{v^2}, \tag{19}$$

einen Ausdruck, der auch noch richtig bleibt, wenn man regellose Verteilung der Flugrichtungen der Molekeln sowie MAXWELLsche Verteilung der Geschwindigkeiten berücksichtigt, sofern man nun unter $\overline{v^2}$ den Mittelwert des Quadrats der Molekulargeschwindigkeit versteht. Befindet sich im Volumen V ein Mol des Gases (also $pV = RT$, R Gaskonstante pro Mol), so folgt mit $nV = N$ (LOSCHMIDTsche Zahl) und $N \cdot m = M$ (Molekulargewicht) aus (19):

$$\frac{M}{2}\,\overline{v^2} = \overline{E_{\text{kin.}}} = \frac{3}{2}\,RT; \quad \overline{v^2} = \frac{3\,R\,T}{M}; \quad \sqrt{\overline{v^2}} = 15\,800\sqrt{\frac{T}{M}}\ \text{cm sec}^{-1}. \tag{20}$$

($\overline{E_{\text{kin.}}}$ mittlere kinetische Energie eines Mols des Gases.)

Die Zahl der Stöße der Molekeln auf 1 cm² der Wand[2] während 1 Sek. wird:

$$\frac{n\,\overline{v}}{4}, \tag{21}$$

---

[1] Daß etwa in einem parallelepipedischen Gefäß je ein Drittel aller Molekeln in Richtung senkrecht zu einem Flächenpaar hin und her fliegen und an den Wänden elastisch reflektiert werden.

[2] Mit den einfacheren Annahmen der Anm. 1 hätte man den wenig abweichenden Ausdruck $\dfrac{n\,\overline{v}}{3}$ erhalten.

worin $\bar{v}$ der Mittelwert der Geschwindigkeit der Molekeln ist:

$$v = \sqrt{\frac{8\,R\,T}{\pi\,M}} = 14\,500\,\sqrt{\frac{T}{M}}\ \text{cm sec}^{-1}, \tag{22}$$

wie aus dem MAXWELLschen Geschwindigkeitsverteilungsgesetz abzuleiten (S. 84ff.).

(21) mit (22) und

$$n = \frac{N}{V};\quad V = \frac{R\,T}{p}$$

führt zu der bei der Adsorption benutzten Beziehung für die Zahl der Stöße je sek und cm² Oberfläche nach HERTZ und KNUDSEN:

$$\frac{N\cdot p}{\sqrt{2\,\pi\,M\,R\,T}}, \tag{21 a}$$

eine Beziehung, die für katalytische Reaktionen von Wichtigkeit ist, da sie auch die Zahl der Stöße von Gasmolekeln auf einen Katalysator angibt und damit den Maximalwert, den der Umsatz eines Gases (oder auch eines gelösten Stoffes) an einer Grenzfläche erreichen kann.

Gleichmäßige Verteilung der Geschwindigkeit auf die Molekeln ist nicht stabil, vielmehr stellt sich durch die Wirkung der Zusammenstöße eine stationäre Verteilung der Geschwindigkeiten ein, derart, daß der Bruchteil $\frac{d\,n}{n}$ der Molekeln mit Geschwindigkeiten zwischen v und $v + d\,v$ durch das MAXWELLsche Verteilungsgesetz gegeben ist (vgl. später S. 84):

$$\frac{d\,n}{n} = 4\,\pi \left(\frac{m}{2\,\pi\,k\,T}\right)^{\frac{3}{2}} e^{-\frac{m\,v^2}{2\,k\,T}}\,v^2\,d\,v. \tag{23}$$

Fliegt eine Molekel 1 (Radius r_1) in einem Gas, in welchem sich n_2 Molekeln 2 (Radius r_2) je cm³ befinden, die als ruhend angenommen werden, so erleidet sie im Mittel einen Zusammenstoß nach einer Strecke Λ':

$$\Lambda' = \frac{1}{n_2\,\pi\,(r_1 + r_2)^2}. \tag{24}$$

Die Zahl der Zusammenstöße je Sek. wird sein: mittlere Geschwindigkeit/mittlere freie Weglänge. Befinden sich die gestoßenen Molekeln nicht in Ruhe, sondern bewegen sich entsprechend der herrschenden Temperatur, so ist für die Zusammenstöße nicht die mittlere thermische Absolutgeschwindigkeit der stoßenden Molekel maßgebend, sondern die mittlere Relativgeschwindigkeit gegenüber den gestoßenen Molekeln, welche größer ist als jene. Die exakte Rechnung liefert für die freie Weglänge Λ einer Molekel 1 in einem Gas 2 mit n_2 Molekeln je cm³:

$$\Lambda = \frac{1}{\pi\,n_2\,(r_1 + r_2)^2}\sqrt{\frac{m_1}{m_1 + m_2}}. \tag{25}$$

Sind n_1 Molekeln 1 neben n_2 Molekeln 2 im cm³ enthalten, so wird die freie Weglänge für eine Molekel 1:

$$\Lambda = \frac{1}{\pi\left[n_2\,(r_1 + r_2)^2\sqrt{\dfrac{m_1 + m_2}{m_1}} + 2\,(r_1)^2\,n_1\,\sqrt{2}\right]}. \tag{26}$$

Im Fall gleicher Molekeln wird die freie Weglänge:

$$\Lambda = \frac{1}{\sqrt{2}\,\pi\,n_1\,(2\,r_1)^2}. \tag{27}$$

Die Zahl der Zusammenstöße der Molekel 1 mit Molekeln 2 je Sek. wird:

$$Z'_{12} = 2 \sqrt{2\,\pi}\, n_2\, (r_1 + r_2)^2 \sqrt{\frac{m_1 + m_2}{m_1 \cdot m_2}}\, k\,T\; ; \qquad (28)$$

bei gleichen Molekeln (1 = 2):

$$Z'_{11} = 2 \sqrt{2\,\pi}\, n_1\, (2\,r_1)^2 \sqrt{\frac{2\,k\,T}{m_1}}\,. \qquad (29)$$

Nach Einführen von Zahlenwerten wird die Zahl der Stöße einer Molekel 1 mit Molekeln 2, welche bei 298° abs. unter einem Druck von 1 at anwesend sind:

$$Z'_{12} = 2{,}12 \cdot 10^9\, (r_1 + r_2)^2 \sqrt{\frac{M_1 + M_2}{M_1 M_2}} \qquad (30)$$

$\left(\text{für } T° \text{ abs. zu multiplizieren mit } \sqrt{\dfrac{298}{T}}\right)$, wo r_1, r_2 in $\overset{\circ}{A} = 10^{-8}$ cm, M_1 und M_2 in Molekulargewichten auszudrücken sind. Für die Konzentration 1 Mol/Liter wird die entsprechende Stoßzahl bei $T°$ abs.:

$$Z'_{12} = 5{,}18 \cdot 10^{10}\, (r_1 + r_2)^2 \sqrt{\frac{M_1 + M_2}{M_1 M_2}} \sqrt{\frac{T}{T_0}}\; ; \quad T_0 = 298° \text{ abs.} \qquad (31)$$

Bei Stößen zwischen gleichen Molekeln tritt ein Faktor $\dfrac{1}{2}$ hinzu, sonst wie (31).

n_1 Molekeln 1 erfahren mit n_2 Molekeln 2 in der Sek. Z_{12} Zusammenstöße:

$$Z_{12} = 2 \sqrt{2\,\pi}\, n_1\, n_2\, (r_1 + r_2)^2 \sqrt{\frac{m_1 + m_2}{m_1 \cdot m_2}}\, k\,T. \qquad (32)$$

Im Falle gleicher Molekeln ist die Gesamtzahl der Zusammenstöße die Hälfte des entsprechenden Ausdruckes (da andernfalls jeder Stoß doppelt gezählt wäre):

$$Z_{11} = 2\, n_1{}^2\, (2\,r_1)^2 \sqrt{\frac{\pi\,k\,T}{m_1}}\,. \qquad (33)$$

Die mittlere thermische Geschwindigkeit wird von der Größenordnung einiger hundert m·sec^{-1}; die Molekeldurchmesser betragen einige Ångström (10^{-8} cm); die freie Weglänge wird damit bei Normalbedingungen von der Größenordnung 10^{-5} cm und die Zahl der Stöße, die eine Molekel bei Atmosphärendruck und Zimmertemperatur erfährt, $\sim 10^9 \div 10^{10}$ je Sek.

Vernachlässigt man nicht länger die Kraftwirkungen zwischen den Molekeln (außer beim Stoß), so erhält man als Folge der Anziehungskräfte eine Temperaturabhängigkeit der freien Weglänge derart, daß mit steigender Temperatur die freie Weglänge zunimmt (je höher die kinetische Energie einer Molekel, desto weniger wird sie auf ihrer Bahn durch die Kraftwirkung einer zweiten abgelenkt). In erster Näherung erhält man dann nach SUTHERLAND für die freie Weglänge bei der Temperatur T:

$$\Lambda_T = \Lambda_\infty\, \frac{1}{1 + \dfrac{C}{T}}, \qquad (34)$$

worin C den Anziehungskräften Rechnung trägt und Λ_∞ die für starre Kugeln berechnete, im Grenzfall unendlich hoher Temperaturen gültige freie Weglänge ist; C ist etwa von der Größenordnung $100 \div 1000$. (34) spielt für die von der freien Weglänge abhängigen Transportphänomene (Diffusion, Wärmeleitung, innere Reibung) eine Rolle; im Hinblick auf die für chemische Reaktionen gültige Stoßzahl ist (34) wohl kaum herangezogen worden.[1] In Anbetracht der sonst

---

[1] Vgl. hierzu L. KASSEL: Kinetics of chemical reactions. New York, 1932.

in reaktionskinetische Rechnungen eingehenden Unsicherheiten spielt die nach (34) folgende Temperaturabhängigkeit der freien Weglänge wohl nur eine geringe Rolle. Bei Berechnungen der Reaktionsgeschwindigkeit nach der Methode des Übergangszustandes (S. 94) wird von Stoßüberlegungen überhaupt nicht Gebrauch gemacht, es entstehen daher auch keine Schwierigkeiten wegen des auf unabhängige Weise kaum zu definierenden Wirkungsquerschnittes für die chemische Reaktion. Dafür treten wieder andere Schwierigkeiten auf.

Als direkter Weg zur Bestimmung der freien Weglänge in Gasen steht die Verwendung von Molekularstrahlen zur Verfügung.[1] Die Methode ist nur anwendbar bei niederen Drucken, bei welchen die freie Weglänge nicht zu klein, d. h. etwa vergleichbar mit den Gefäßdimensionen wird; der Molekularstrahl wird erzeugt, indem man das Gas durch eine feine Öffnung (bei hohem Siedepunkt der Substanz eventuell aus einem Ofen) und durch ein System von Blenden in einen evakuierten, bzw. mit Gas von niederem Druck gefüllten Raum austreten läßt.[2] Grundsätzlich ist es möglich, durch Verwendung gekreuzter Molekularstrahlen Elementarschritte chemischer Reaktionen zu untersuchen.[3]

Die gefundene Winkelverteilung der Streuung von Molekularstrahlen sowohl an Gasen als auch an Kristalloberflächen zeigt mehr oder weniger starke Abweichungen gegen die klassisch zu erwartenden Werte. Zu ihrer Berechnung (und damit grundsätzlich zur Behandlung des Stoßvorganges überhaupt) ist die Wellenmechanik zu benutzen.[4]

Transportphänomene.

Von den Transportphänomenen spielen *Diffusion* und *Wärmeleitung* auch unmittelbar für die Reaktionskinetik eine Rolle; beide sowie die innere Reibung werden außerdem herangezogen, wenn man freie Weglängen und damit Molekeldurchmesser und Stoßzahlen aus experimentellen Daten berechnen will. Für den Diffusionskoeffizienten eines Gases 1 in einem anderen 2 ergibt die elementarste Theorie:

$$D = \frac{\bar{v}_1 \Lambda_1 v_1}{3} + \frac{\bar{v}_2 \Lambda_2 v_2}{3}, \tag{35}$$

worin v_1 und v_2 die Molenbrüche der Komponenten 1 und 2, $\bar{v}_1$ und $\bar{v}_2$ sowie Λ_1 und Λ_2 die entsprechenden mittleren Molekulargeschwindigkeiten sowie freien Weglängen sind. Es ist unmittelbar anschaulich, daß die Diffusionsgeschwindigkeit der freien Weglänge sowie der mittleren Molekulargeschwindigkeit proportional sein wird. Nach der genaueren Theorie wäre (35) zu modifizieren; bei reaktionskinetischen Betrachtungen dürfte es jedoch selten notwendig werden, genauere Ausdrücke zu berücksichtigen. Denn unter normalen Versuchsbedingungen (außer bei niederen Drucken) wird es sich kaum vermeiden lassen, daß auch Mischung durch Konvektion stattfindet,[5] und die daher rührende Unbestimmtheit des Problems fällt stärker ins Gewicht als die Ungenauigkeit in den Diffusionskoeffizienten. Da $\bar{v}$ proportional $\sqrt{T}$ und Λ bei konstantem Druck proportional T, so wird bei konstantem Druck D proportional $T^{\frac{3}{2}}$; die

---

[1] Vgl. dazu K. F. HERZFELD: Hand- und Jahrbuch der chemischen Physik, Bd. 3, Teil 2, Abschnitt IV. Leipzig, 1939.

[2] Vgl. z. B. M. BORN, E. BORMANN: Physik. Z. **21** (1920), 578. — K. F. HERZFELD: l. c.

[3] M. KRÖGER: Z. physik. Chem. **117** (1925), 387.

[4] N. F. MOTT, H. S. W. MASSEY: Theory of Atomic collisions. Oxford, 1933. — K. F. HERZFELD: l. c.

[5] Bei der praktischen Durchführung der Reaktionen ist dies unter Umständen sogar erwünscht und wird besonders gefördert (Rührung).

Sutherland-Korrektur bedingt eine Vergrößerung der Temperaturabhängigkeit (vgl. S. 77).

Für die Wärmeleitfähigkeit liefert die elementare Theorie:

$$\lambda = \frac{1}{3}\,\bar{v}\,\Lambda\,c_v\,\zeta, \tag{36}$$

worin ζ die Konzentration ist, c_v die spezifische Wärme bei konstantem Volumen und die übrigen Größen ihre frühere Bedeutung behalten. λ ist dabei dadurch definiert, daß der Wärmestrom durch die Fläche 1 cm² unter dem Einfluß eines dazu senkrechten Temperaturgefälles $\dfrac{\partial T}{\partial x}$ gleich $-\lambda\dfrac{\partial T}{\partial x}$ wird (Wärme wird in Richtung fallender Temperatur transportiert). Für die Zähigkeit η liefert die elementare Theorie

$$\eta = \frac{1}{3}\,M\,\bar{v}\,\zeta\,\Lambda, \tag{37}$$

worin M das Molekulargewicht. Aus (36) und (37) folgt:

$$\lambda = \eta\,\frac{c_v}{M}. \tag{38}$$

Innere Reibung und Wärmeleitfähigkeit sind (außer bei niederen Drucken, wo die freie Weglänge nicht mehr klein gegen die Gefäßdimensionen ist) unabhängig vom Druck; denn Λ ändert sich mit dem Druck umgekehrt wie ζ.[1]

Die Wärmeleitfähigkeit spielt für die technische Durchführung besonders exothermer Reaktionen eine beträchtliche Rolle (ebenso wie die Diffusion), vgl. hierzu Damköhler.[2] Bei nicht zu niederen Drucken kann der Wärmeübergang außer durch Leitung auch durch turbulenten Austausch erfolgen, besonders unter den Bedingungen technischer Umsetzungen in strömenden Systemen.[3]

Bei niederen Drucken ist nur das Wärmeleitvermögen maßgebend, welches bei sehr niederen Drucken (sobald die freie Weglänge mit den Gefäßdimensionen vergleichbar wird) mit fallendem Druck abnimmt. In allen Fällen erfordert die Frage der Abfuhr der frei werdenden Reaktionswärme besondere Beachtung.

Für die praktische Behandlung von Wärmeleitungsproblemen ist folgendes zu bedenken: Die Wärmeleitfähigkeit ist zwar unabhängig vom Druck und damit etwa die bei vorgegebenem Temperaturgefälle in der Zeiteinheit abgeführte Wärme. Da aber die Wärmekapazität dem Druck proportional ist, so wird bei gleicher Wärmeabfuhr ein dichtes Gas langsamer abgekühlt als ein verdünntes; die Abkühlungsgeschwindigkeit (Erhitzungsgeschwindigkeit) eines Gases ist also vom Druck abhängig, wie die dafür maßgebende „Temperaturleitfähigkeit"

$$\mathfrak{k} = \frac{\lambda}{c},$$

wo c die Wärmekapazität je cm³.

Für eine feinere Theorie der Wärmeleitung ist eine Reihe weiterer Erscheinungen zu berücksichtigen, auf die ihrer grundsätzlichen Bedeutung willen noch hingewiesen sei. Die Formel (38) ist nicht exakt,[4] sondern die strengere

---

[1] Anschaulich: Bei niederen Drucken sind für Transport von Energie oder Impuls zwar weniger Molekeln vorhanden; deren freie Weglänge ist aber so vergrößert, daß der Transport gerade unverändert bleibt.

[2] Zitiert S. 65.

[3] Vgl. G. Damköhler: l. c., S. 65. Chemie-Ingenieur, Bd. I, 1. Teil (1933), S. 147ff. (M. Jakob). — M. ten Bosch: Die Wärmeübertragung. Julius Springer, 1936.

[4] Vgl. hierzu K. F. Herzfeld: Kinetische Theorie der Wärme. Braunschweig, 1925.

Theorie liefert einen zusätzlichen Zahlenfaktor ($\sim 2{,}5$). Die Erfahrung zeigt aber, daß dieser Faktor nur bei einatomigen Gasen erreicht wird, während er bei mehratomigen Gasen unter 2,5 liegt. Die Erklärung dafür ist folgende:[1,2]

Der Faktor > 1 rührt daher, daß die schnellen Molekeln auch besonders viel Energie übertragen, was offensichtlich nur für die Translations-, nicht für die Rotations- und Schwingungsenergie gilt. Bezüglich der Schwingungsenergie haben neuere Untersuchungen[3] ergeben, daß der Austausch zwischen Translations- und Schwingungsenergie ein verhältnismäßig langsamer Vorgang ist. Die Schallgeschwindigkeit hängt bekanntlich von $\varkappa$, dem Verhältnis der spezifischen Wärmen bei konstantem Druck und konstantem Volumen ab. Man beobachtete bei mehratomigen Molekeln eine Abhängigkeit der Schallgeschwindigkeit von der Frequenz, eine Dispersion (im Gebiet des Ultraschalles) derart, daß mit zunehmender Frequenz die Schallgeschwindigkeit und damit der maßgebliche $\varkappa$-Wert zunimmt, und zwar bis maximal zu dem Werte 1,40 bei zweiatomigen Molekeln, welcher einer Beteiligung von Translation und Rotation an der spezifischen Wärme unter Ausschluß von Schwingungen entspricht. Das bedeutet, daß der Austausch zwischen Translations- und Rotationsenergie zwar schnell erfolgt, daß aber für den Übergang von Schwingungs- in Translationsenergie eine große Zahl von Zusammenstößen erforderlich ist, bis etwa $5 \cdot 10^4$. Weiter wird gefunden, daß der Austausch von Schwingungsenergie durch die Anwesenheit mancher Fremdgase stark gefördert werden kann (EUCKEN). Dabei ist aber die Wirksamkeit der verschiedenen Gase für die Schwingungsanregung nicht einfach so, wie man nach den Stoßgesetzen und Wirkungsquerschnitten erwarten sollte. Nach FRANCK und EUCKEN[4] hat man sich die Schwingungsanregung etwa so vorzustellen, daß während des Stoßes durch den Stoßpartner die Kraftfelder zwischen den Atomen des gestoßenen Moleküls modifiziert werden. Dabei macht sich nach EUCKEN und BECKER[5] sowie KÜCHLER[6] ein Einfluß der chemischen Affinität zwischen den Stoßpartnern auf die Energieübertragung bemerkbar. Der Mechanismus der Energieübertragung bei Stößen ist von wesentlicher Bedeutung für monomolekulare Reaktionen, bei welchen ja, außer bei höheren Drucken, die Nachlieferung der Aktivierungsenergie durch Stöße mit oder überwiegend geschwindigkeitsbestimmend sein kann (vgl. S. 101).

Für die Wärmeleitung ist weiterhin, in nennenswertem Umfange allerdings erst bei niederen Drucken, der Energieaustausch zwischen Gas und Gefäßwand von Einfluß. Zunächst muß sich an der Wand ein Temperatursprung ausbilden; denn im Gasinnern kommt der Wärmetransport dadurch zustande, daß durch einen senkrecht zum Temperaturgefälle gelegten Querschnitt von der einen Seite Molekeln mit größerem Wärmeinhalt durchtreten, während von der entgegengesetzten solche mit geringerem Wärmeinhalt kommen. Dagegen treffen auf die Wand zwar Molekeln mit einer höherer (bzw. tieferer) Temperatur entsprechenden Energie auf, die Wand verlassen aber Molekeln mit einer Energie, die zumindest (bei völligem Energieaustausch) der Wandtemperatur entspricht; damit im stationären Zustand auf die Wand (bzw. von der Wand) ebensoviel Energie übertragen wird wie durch einen Querschnitt im Innern, muß das Temperaturgefälle an der Wand größer sein als im Innern, es bildet sich ein „Tem-

---

[1] Siehe Fußnote 4, S. 79.

[2] A. EUCKEN: Physik. Z. 14 (1913), 324.

[3] H. O. KNESER: Ann. Physik (5), 11 (1931), 777; 16 (1933), 337, 360; vgl. die folgenden Fußnoten, S. 105.

[4] J. FRANCK, A. EUCKEN: Z. physik. Chem., Abt. B 20 (1933), 460.

[5] A. EUCKEN, R. BECKER: Z. physik. Chem., Abt. B 27 (1934), 235.

peratursprung" aus.[1] Dieser Temperatursprung ist um so größer, je unvollkommener der Temperaturausgleich zwischen Wand und auftreffenden Molekeln ist. Der Akkomodationskoeffizient γ ist ein Maß für den Temperaturausgleich an der Wand; er ist definiert durch

$$\gamma = \frac{T_r - T'}{T_w - T'}, \tag{39}$$

wenn T_w die Temperatur der Wand, T' die Temperatur der auftreffenden Molekeln und T_r die der reflektierten ist. Der Akkomodationskoeffizient wirkt sich auf die Wärmeleitung am stärksten im Gebiet niederer Drucke aus; denn wenn keine Zusammenstöße im Gasinnern mehr stattfinden, ist die von einer heißen Oberfläche wegtransportierte Wärmemenge proportional der Zahl der auftreffenden Gasmolekeln und der von der Einzelmolekel transportierten Wärme; für letztere ist aber der Akkomodationskoeffizient maßgebend (ähnlich liegen die Verhältnisse auch noch bei höheren Drucken, wenn man die Wärmeableitung von einem dünnen Draht betrachtet, dessen Durchmesser klein ist gegen die freie Weglänge). Es ergibt sich übrigens ein zumindest qualitativer Zusammenhang zwischen dem für die Wärmeleitung und dem für die Adsorption (vgl. später S. 106) gültigen Akkomodationskoeffizienten[2]; denn wenn z. B. jede auftreffende Molekel zunächst adsorbiert wird (Akkomodationskoeffizient für die Adsorption = 1), so muß auch völliger Wärmeausgleich stattfinden ($\gamma = 1$).

Die Druckabhängigkeit der Wärmeableitung in dem Gebiet, in welchem die freie Weglänge mit den Apparatdimensionen vergleichbar wird, wird übrigens auch für die Messung von Gasdrucken benutzt (PIRANI-Manometer). Die Messung der Wärmeleitfähigkeit hat zur Analyse binärer (in Sonderfällen auch höherer) Gasgemische für Laboratorium und Technik erhebliche Bedeutung gewonnen.[3]

Befindet sich ein Gas in einem Temperaturgefälle unter Bedingungen, wo die Gefäßdimensionen nicht mehr groß gegen die freie Weglänge sind, so stellt sich eine Druckdifferenz ein, beispielsweise wenn man zwei verschieden temperierte Gefäße durch eine enge Öffnung kommunizieren läßt (KNUDSEN) — thermische Effusion – derart, daß

$$\frac{p_2}{p_1} = \sqrt{\frac{T_2}{T_1}}.$$

Bringt man ein Gasgemisch in ein Temperaturgefälle, so tritt eine partielle Entmischung auf derart, daß die schwereren Molekeln und die mit der geringeren freien Weglänge sich am kühleren Ende anreichern (ENSKOG,[4] CHAPMAN[5]). Die an sich recht kleinen Effekte können bei Mitwirken von Konvektion außerordentlich gesteigert und zur Isotopentrennung benutzt werden (Trennrohr nach CLUSIUS[6]).

Als unerwünschter Effekt kann die Entmischung im Temperaturgefälle (LUDWIG-SORET-Effekt) bei katalytischen Reaktionen (überhaupt bei kinetischen und auch bei Gleichgewichtsuntersuchungen) auftreten, wenn z. B. der Reaktionsraum eine andere Temperatur hat als der für die Probeentnahme zur Analyse

---

[1] KUNDT, WARBURG, SMOLUCHOWSKI, KNUDSEN, K. F. HERZFELD: Kinetische Theorie in MÜLLER-POUILLET sowie Hand- und Jahrbuch l. c., S. 109. — Ann. d. Phys. **35** (1911), 983.

[2] Vgl. z. B. K. F. BONHOEFFER, A. FARKAS: Z. physik. Chem., Abt. B **12** (1931), 231.

[3] Vgl. z. B. Chemie-Ingenieur, Bd. II, 4. Teil (1933), S. 75ff. (Artikel P. GMELIN, H. GRÜSS.)

[4] D. ENSKOG: Physik. Z. **12** (1911), 538.

[5] D. S. CHAPMAN: Proc. Roy. Soc. (London), Ser. A **93** (1917), 1; Philos. Mag. J. Sci. **34** (1917), 146; **38** (1919), 182; Philos. Trans. Roy. Soc. London, Ser. A **217** (1917), 157.

[6] K. CLUSIUS, G. DICKEL: Z. physik. Chem., Abt. B **44** (1939), 397; Naturwiss. **26** (1938), 546.

vorgesehene Teil der Apparatur.[1] Bei niederen Drucken ist auch an Störungs-
möglichkeiten durch die Thermoeffusion zu denken, wenn z. B. die Porenweite
eines Katalysators nicht sehr groß gegen die freie Weglänge ist.

5. Statistische Grundlagen der Reaktionskinetik.

Die statistische Mechanik erlaubt durch Wahrscheinlichkeitsbetrachtungen
die Berechnung der eine Gesamtheit vieler Molekeln charakterisierenden Größen,
insbesondere der thermodynamischen Zustandsgrößen, der Energieverteilung usw.
In der theoretischen Reaktionskinetik macht man in weitestem Umfange von
den Überlegungen der statistischen Mechanik Gebrauch. Allerdings besteht eine
gewisse grundsätzliche Schwierigkeit, die jedoch, außer in Sonderfällen, nicht
von praktischer Bedeutung ist. Die Überlegungen der Statistik beziehen sich
nämlich im allgemeinen auf stationäre Zustände bzw. *Gleichgewichte*, die Reaktionskinetik hat es aber gerade nicht mit Gleichgewichten zu tun, sondern mit
den zu deren Einstellung führenden *Vorgängen*. Man überträgt meist ohne besondere Bedenken die für stationäre Zustände abgeleiteten Beziehungen auf nichtstationäre Systeme mit laufenden chemischen Umsetzungen; die Erfahrung und
nachträgliche sorgfältigere Überlegungen zeigen, daß dies in den meisten Fällen
nicht zu Fehlschlüssen führt, wenn die Reaktionsgeschwindigkeit klein genug ist.
Es gibt aber Klassen von Umsetzungen (insbesondere z. B. explosiv verlaufende
Reaktionen), auf welche man diese Beziehungen nicht ohne weiteres anwenden
darf.[2]

Die klassische Statistik („BOLTZMANN-Statistik"} wendet folgendes Verfahren an: Eine einatomige Gasmolekel z. B. ist durch ihre drei Lagekoordinaten
und drei Geschwindigkeitskomponenten charakterisiert; statt letzterer ist es
zweckmäßig, die Impulse ($p_i = m\,v_i$, $i = 1, 2, 3$) zu wählen. Bei einem komplizierten Gebilde sind etwa r (verallgemeinerte) Koordinaten $q_1, \ldots, q_r$ und die
zugeordneten Impulse $p_1, \ldots, p_r$ zur Charakterisierung notwendig. Führt man
den $2r$-dimensionalen Phasenraum der q und p ein, so ist Lage und Bewegungs-
zustand des Gebildes durch einen Punkt desselben festgelegt (d. h. durch das
System der $2r$ Werte $q_1 \ldots q_r, p_1 \ldots p_r$). Hat man ein System von N Molekeln,
so ist dessen „Mikrozustand" bestimmt, wenn man den Phasenraum in ein-
zelne Zellen der Größe $\Delta q_1 \ldots \Delta q_r\,\Delta p_1 \ldots \Delta p_r$ einteilt und angibt, welche
Molekeln in jeder dieser Zellen liegen. Für den beobachtbaren „Makrozu-
stand" des Gases macht es nichts aus, welche individuellen Molekeln in den
einzelnen Zellen liegen. Ein Makrozustand, bei welchem in der 1., 2., $\ldots$, i-ten
Zelle $n_1, n_2, \ldots, n_i \ldots$ Molekeln liegen, läßt sich durch

$$W = \frac{N!}{\prod\limits_{i} n_i!}\,; \; i = 1, 2, \ldots \tag{40}$$

Mikrozustände realisieren, die sich durch Permutation der N Molekeln ergeben
und wobei der Nenner auftritt, weil durch Permutation der n_i Molekeln in der
i-ten Zelle keine neuen Mikrozustände entstehen. W heißt „*thermodynamische
Wahrscheinlichkeit*" und ist mit der Entropie S nach BOLTZMANN verknüpft
durch:

$$S = k \ln W + \text{const.}[3] \tag{41}$$

---

[1] Solche Störungen wurden z. B. bei Gleichgewichtsmessungen beobachtet und
untersucht von N. G. SCHMAHL, W. KNEPPER: Z. Elektrochem. angew. physik. Chem.
42 (1936), 681; **46** (1940), 203, daselbst auch weitere Literatur.

[2] Vgl. z. B. die Schwierigkeiten, auf welche die Methode des Übergangszustandes
führt (S. 98ff.).

[3] Wobei man, richtige Definition von W vorausgesetzt, über BOLTZMANN hinausgehend const. = 0 setzen darf.

Das beobachtbare Verhalten des Systems wird dem mittleren Verhalten der verschiedenen möglichen Zustände entsprechen; falls aber ein Makrozustand mit ganz überwiegender Wahrscheinlichkeit vorkommt, wie es tatsächlich der Fall ist, so kann man statt dessen auch einfach nur diesen berücksichtigen.

Ist etwa die Energie der i-ten Zelle des Phasenraumes[1] ε_i und ist die Gesamtenergie E vorgegeben, also

$$\sum_i n_i\,\varepsilon_i = E, \tag{42}$$

ferner, da N die Gesamtzahl der Molekeln, also:

$$\sum_i n_i = N, \tag{43}$$

so ergibt sich bei Benutzung der für große n gültigen Stirlingschen Formel

$$\ln n! \approx n\,(\ln n - 1) \tag{44}$$

aus (40) für die wahrscheinlichste Verteilung:

$$n_i = A\,e^{-\Theta\,\varepsilon_i}, \tag{45}$$

wobei A durch die Forderung (43) festgelegt ist:

$$\sum_i n_i = A \sum_i e^{-\Theta\,\varepsilon_i} = N. \tag{46}$$

Der Parameter Θ ist gleich $\dfrac{1}{k\,T}$ zu setzen, wie man durch Berechnung thermodynamischer Zustandsgrößen (z. B. der Entropie) und Vergleich mit den bekannten Ausdrücken findet. Schreibt man statt Summen Integrale und bezeichnet mit $f\,(p, q)\,dp\,dq$ die Zahl der im Bereich zwischen $\ldots\ p_i$ und $p_i + dp_i$, $\ldots$; $\ldots q_i$ und $q_i + dq_i \ldots$ liegenden Molekeln, so wird

$$f\,(p,q)\,dp\,dq = \frac{N \exp.\left(-\dfrac{\varepsilon\,(p,q)}{k\,T}\right)dp\,dq}{\displaystyle\int \ldots \int \exp.\left(-\dfrac{\varepsilon\,(p,q)}{k\,T}\right)dp\,dq}, \tag{47}$$

wobei $dp\,dq$ für $dp_1 \ldots dp_i \ldots dq_i \ldots dq_i \ldots$ steht. Das im Nenner von (47) stehende Integral wird als „Zustandsintegral" bezeichnet. Seien etwa q_1, q_2, q_3 die Koordinaten des Schwerpunktes, p_1, p_2, p_3 die zugeordneten Impulse, dann denken wir $\varepsilon\,(p, q)$ aufgespalten[2] in einen Anteil der „inneren Energie" (Rotationen und Schwingungen) ε', einen Anteil der potentiellen Energie der Schwerpunktlage,

$$\varepsilon\,(q_1, q_2, q_3) = \varepsilon_p$$

und der kinetischen Energie der Schwerpunktbewegung,

$$\varepsilon_{\text{kin.}} = \frac{(p_1{}^2 + p_2{}^2 + p_3{}^2)}{2\,m},$$

dann wird (47):

$$f\,dp\,dq = \frac{N \exp.\left(-\dfrac{(\varepsilon' + \varepsilon_p + \varepsilon_{\text{kin.}})}{k\,T}\right)dp\,dq}{\displaystyle\int \ldots \int \exp.\left(-\dfrac{(\varepsilon' + \varepsilon_p + \varepsilon_{\text{kin.}})}{k\,T}\right)dp\,dq} \tag{47 a}$$

als Ausdruck des Maxwell-Boltzmannschen Verteilungsgesetzes. Ist

$$\varepsilon_p = \text{const.},$$

---

[1] Wir denken an kinetische Energie der Schwerpunktbewegung, der Rotation und der inneren Schwingungen der Molekeln sowie Energie der Lage in einem Kraftfeld, sehen aber von Wechselwirkung zwischen den Molekeln ab.

[2] Was mit den Annahmen der Fußnote 1 möglich ist.

wobei unbeschadet der Allgemeinheit

$$\text{const.} = 0$$

gesetzt werden darf, so läßt sich die Integration über die Schwerpunktkoordinaten im Zähler und Nenner ausführen und liefert einfach V, das verfügbare Volumen, und für die Zahl dN' der Teilchen im Volumen V, die im übrigen in dem obigen Impulsintervall und den Intervallen für die inneren Koordinaten liegen:

$$dN' = \frac{N \exp.\left(-\dfrac{(\varepsilon' + \varepsilon_{\text{kin.}})}{k\,T}\right) dp_1 \ldots dp_r\, dq_4 \ldots dq_r}{\int \ldots \int \exp.\left(-\dfrac{(\varepsilon' + \varepsilon_{\text{kin.}})}{k\,T}\right) dp_1 \ldots dp_r\, dq_4 \ldots dq_r} \tag{48}$$

Betrachtet man ein Gas ohne innere Freiheitsgrade der Molekeln, wo also

$$q_1, \ldots, q_3 = x, y, z; \quad p_1, \ldots, p_3 = m\,\dot{x} \text{ usw.}, \quad \dot{x} = \frac{d\,x}{d\,t} \text{ usw.}$$

(oder eliminiert man bei anderen den daher rührenden Beitrag, indem man im Zähler über die entsprechenden Koordinaten integriert, wobei sich das Integral gegen den entsprechenden Anteil im Nenner weghebt), so erhält man das Maxwellsche Geschwindigkeitsverteilungsgesetz

$$dN'' = \frac{N \exp.\left(-\dfrac{m}{2}\dfrac{(\dot{x}^2 + \dot{y}^2 + \dot{z}^2)}{k\,T}\right) d\dot{x}\,d\dot{y}\,d\dot{z}}{\displaystyle\iiint_{-\infty}^{+\infty} \exp.\left(-\dfrac{m}{2}\dfrac{(\dot{x}^2 + \dot{y}^2 + \dot{z}^2)}{k\,T}\right) d\dot{x}\,d\dot{y}\,d\dot{z}} = N\,e^{-\frac{m}{2}\frac{v^2}{k\,T}}\, d\dot{x}\,d\dot{y}\,d\dot{z}\left(\frac{m}{2\,\pi\,k\,T}\right)^{\frac{3}{2}} \tag{49}$$

für die Anzahl der Molekeln mit Geschwindigkeitskomponenten zwischen $\dot{x}$ und $\dot{x} + d\dot{x}$ usw., mit $\dot{x}^2 + \dot{y}^2 + \dot{z}^2 = v^2$. Die Anzahl der Molekeln mit Geschwindigkeiten zwischen v und $v + dv$, unabhängig von der Richtung, erhält man nach Einführung von Polarkoordinaten (für die Geschwindigkeitskomponenten) v, ϑ, φ (v siehe oben; $d\dot{x}\,d\dot{y}\,d\dot{z} \to v^2 \sin\vartheta\,d\vartheta\,d\varphi\,dv$) und Integration über alle Richtungen zu:

$$dN = 4\,\pi\,N\,e^{-\frac{m}{2}\frac{v^2}{k\,T}}\left(\frac{m}{2\,\pi\,k\,T}\right)^{\frac{3}{2}} v^2\,d\,v. \tag{50}$$

Ist mit den Teilchen, die in der i-ten Zelle des Phasenraumes liegen, von irgendeiner Eigenschaft der Betrag P je Teilchen verbunden, so wird der Mittelwert dieser Größe, $\overline{P}$:

$$\overline{P} = \frac{\displaystyle\int P\,dN}{N} = \frac{\displaystyle\int \ldots \int P \exp.\left(-\dfrac{\varepsilon\,(p, q)}{k\,T}\right) dp\,dq}{\displaystyle\int \ldots \int \exp.\left(-\dfrac{\varepsilon\,(p, q)}{k\,T}\right) dp\,dq}. \tag{51}$$

Ist insbesondere P die kinetische Energie für einen Freiheitsgrad, etwa $\dfrac{p_i^2}{2\,m}$, so wird:[1]

$$\left(\overline{\frac{p_i^2}{2\,m}}\right) = \overline{P} = \frac{\displaystyle\int_{-\infty}^{+\infty} \frac{p_i^2}{2\,m} \exp.\left(-\dfrac{p_i^2}{2\,m\,k\,T}\right) dp_i}{\displaystyle\int_{-\infty}^{+\infty} \exp.\left(-\dfrac{p_i^2}{2\,m\,k\,T}\right) dp_i} = \frac{k\,T}{2}; \tag{52}$$

d. i. der *Gleichverteilungssatz*, welcher aussagt, daß auf jeden Freiheitsgrad im

---

[1] Die Integrale über die anderen Koordinaten, außer p_i, sind im Zähler und im Nenner die gleichen und heben sich auf.

Mittel die kinetische Energie $\dfrac{k\,T}{2}$ entfällt; das gilt auch noch für die potentielle Energie, wenn sie eine quadratische Funktion der entsprechenden Koordinate ist, wie bei harmonischen Schwingungen; die mittlere Gesamtenergie eines harmonischen eindimensionalen Oszillators wird also $k\,T$.

Setzt man in (51) für P die Geschwindigkeit v bzw. das Geschwindigkeitsquadrat v^2 ein, so erhält man die S. 75/76 angegebenen Mittelwerte. Für die wahrscheinlichste Geschwindigkeit v_w ergibt (50)

$$v_w = \sqrt{\frac{2\,k\,T}{m}} = 12\,900\,\sqrt{\frac{T}{M}}\ \text{cm sec}^{-1}.$$

Bei einem System eindimensionaler harmonischer Oszillatoren erhielte man für den Bruchteil mit Energien $\geqq \varepsilon$ den einfachen Ausdruck:

$$\frac{\varDelta N}{N} = e^{-\frac{\varepsilon}{k\,T}}. \tag{53}$$

Bestehen die Molekeln aus je r harmonischen Oszillatoren,[1] so ist der Bruchteil von Molekeln mit einer Gesamtenergie $\geqq \varepsilon$ erheblich größer als (51); denn die Energie kann noch auf sehr viele Weisen auf die einzelnen Freiheitsgrade verteilt sein. Man erhält (vgl. z. B. TOLMAN,[2] KASSEL[3]), falls $\dfrac{\varepsilon}{k\,T} \gg r$:

$$\frac{\varDelta N}{N} \approx e^{-\frac{\varepsilon}{k\,T}} \left(\frac{\varepsilon}{k\,T}\right)^{r-1} \frac{1}{(r-1)!}. \tag{54}$$

Die Formel spielt für die Theorie monomolekularer Reaktionen eine beträchtliche Rolle, für bimolekulare Reaktionen vgl. später S. 94 ff.

Die *Quantentheorie* bringt folgende *Modifikationen* für die Statistik: Für ein System existiert nur eine Schar diskreter Energiezustände. Ist in einem System von N Molekeln jede fähig, die Energiewerte $\varepsilon_1, \ldots, \varepsilon_i \ldots$ anzunehmen, so wird der Bruchteil der Molekeln im i-ten Zustand, in Analogie zu (45):[4]

$$\frac{N_i}{N} = \frac{g_i\,\exp.\left(-\dfrac{\varepsilon_i}{k\,T}\right)}{\sum_i g_i\,\exp.\left(-\dfrac{\varepsilon_i}{k\,T}\right)}, \tag{55}$$

worin g_i, die „Quantengewichte", kleine ganze Zahlen sind, über die man so verfügen kann, daß sie bei Fehlen von Entartung $= 1$ werden; bei Entartung ist g_i dann die Zahl der verschiedenen Quantenzustände, die zu dem gleichen Energiewert ε_i gehören, welche man im Einzelfall durch besondere Überlegungen ermitteln muß. Hat man über das Gewicht so verfügt, daß es für einen einzelnen Quantenzustand $= 1$ wird, so muß man für ein klassisches System von r Freiheitsgraden das Gewicht einer Zelle $dp_1 \ldots dp_r\,dq_1 \ldots dq_r$ zu $\dfrac{dp_1 \ldots dp_r\,dq_1 \ldots dq_r}{h^r}$ wählen. Dies ist wesentlich für die Berechnung von Absolutentropien und damit von Gleichgewichten, wofür wir unten, ohne Ableitung, die Formeln angeben werden; das Zustandsintegral wird dann

$$Z = \frac{1}{h^r} \int \ldots \int \exp.\left(-\frac{\varepsilon\,(p,q)}{k\,T}\right) dp_1 \ldots dp_r\,dq_1 \ldots dq_r.$$

---

[1] Wobei also die Energie durch $2\,r$ Quadratglieder dargestellt wird; die obige Formel gilt für diesen allgemeineren Fall!

[2] R. C. TOLMAN: Statistical Mechanics. New York, 1927.

[3] L. S. KASSEL: Kinetics of Homogeneous Gas Reactions. New York, 1932.

[4] Der Nenner in (55) wird in Analogie zu (47) als Zustandssumme bezeichnet.

Bei dieser Verfügung gehen für $(\varepsilon_{i+1} - \varepsilon_i) \ll kT$ die quantentheoretischen Formeln asymptotisch in die klassischen über.

Weiter sind nach der Quantenstatistik die Molekeln als ununterscheidbar anzusehen, was die Abzählung der verschiedenen Komplexionen zum gleichen Makrozustand modifiziert, und schließlich bringt das Pauli-Prinzip eine Beschränkung für die Besetzung der einzelnen Zustände (Fermi-Statistik); davon haben wir hier aber nicht explizit Gebrauch zu machen.

Für den harmonischen Oszillator gilt

$$\varepsilon_i = h\,v\left(n + \frac{1}{2}\right),$$

wobei wir die Nullpunktenergie $\frac{h\,v}{2}$ nicht zu berücksichtigen brauchen, wenn wir diesen Zustand als Nullpunkt der Energie zugrunde legen. Für die Zahl N_ε der Teilchen mit Energien $\geq \varepsilon = n_0\,h\,v$ unter insgesamt N Teilchen findet man dann:

$$N_\varepsilon = \frac{N \sum\limits_{n_0}^{\infty} \exp.\left(-\frac{\varepsilon_i}{k\,T}\right)}{\sum\limits_{0}^{\infty} \exp.\left(-\frac{\varepsilon_i}{k\,T}\right)} = N\,e^{-\frac{\varepsilon}{k\,T}}, \tag{56}$$

wie im klassischen Fall. Ausdrücke für die Zahl von Teilchen mit einer Gesamtenergie $= \varepsilon$ bzw. $\geq \varepsilon$ für ein System aus s harmonischen Oszillatoren gleicher Frequenz (einfachstes Modell für eine kompliziertere Molekel) vgl. Kassel (l. c.), S. 36 ff.

Für die bimolekularen Reaktionen ist wichtig die Zahl von Zusammenstößen zwischen Molekeln mit einer gewissen kinetischen Mindestenergie ε.

$$Z' = Z\left(1 + \frac{\varepsilon}{k\,T}\right)e^{-\frac{\varepsilon}{k\,T}}, \tag{57}$$

wobei Z die S. 77 für die Stoßzahl angegebene Bedeutung hat. Wahrscheinlich ist es richtiger, nur die Energie der Komponente der Relativbewegung in der Kernverbindungslinie zu berücksichtigen, dann erhält man einfacher:

$$Z'' = Z\,e^{-\frac{t}{k\,T}}. \tag{58}$$

Wird auch innere Energie beim Stoß übertragen oder sucht man die Zahl der Stöße, bei denen die innere Energie der gestoßenen Molekel + kinetische Energie der Relativbewegung einen gewissen Betrag erreichen, so sind die gleichen Überlegungen anzustellen, die auch zu (54) führten (vgl. auch Schumacher, l. c., S. 20).

6. Fehlordnungserscheinungen als Grundlage des Reaktionsvermögens fester Stoffe.

Es seien hier einige Bemerkungen eingefügt über die statistische Behandlung von *Kristallen*, welche für das Verständnis des Reaktionsvermögens *fester Stoffe* wesentlich sind.

Eine vollkommen ideale Gitteranordnung entspricht nur beim absoluten Nullpunkt einem stabilen Zustand des Kristalls. Bei endlichen Temperaturen wird immer ein Teil der Bausteine ihre normalen Plätze unter Bildung von Lücken im Gitter verlassen haben; umgekehrt werden Teilchen an irregulären Plätzen im Zwischengitterraum sitzen. Es kann dabei die Zahl der im Zwischengitterraum besetzten Plätze der Zahl der Lücken entsprechen, es ist aber im

Grenzfall auch Lückenbildung ohne Aufenthalt von Teilchen im Zwischengitterraum denkbar und auch das Umgekehrte möglich, indem einfach der ganze Kristall um die entsprechende Zahl von Gitterpunkten vermehrt oder vermindert wird. Bei einfachen Gittern ergeben sich daher die in Abb. 3 dargestellten Fehlordnungstypen.

Bei Gittern aus mehr als einer Teilchenart kommen noch Vertauschungen der Teilchen miteinander in Frage. Bei Ionenkristallen kommen für jede Ionenart die obigen Fehlordnungstypen in Frage, eingeschränkt durch die Forderung der Elektroneutralität, daß in keinem Raumgebiet, das groß ist gegen die ato-

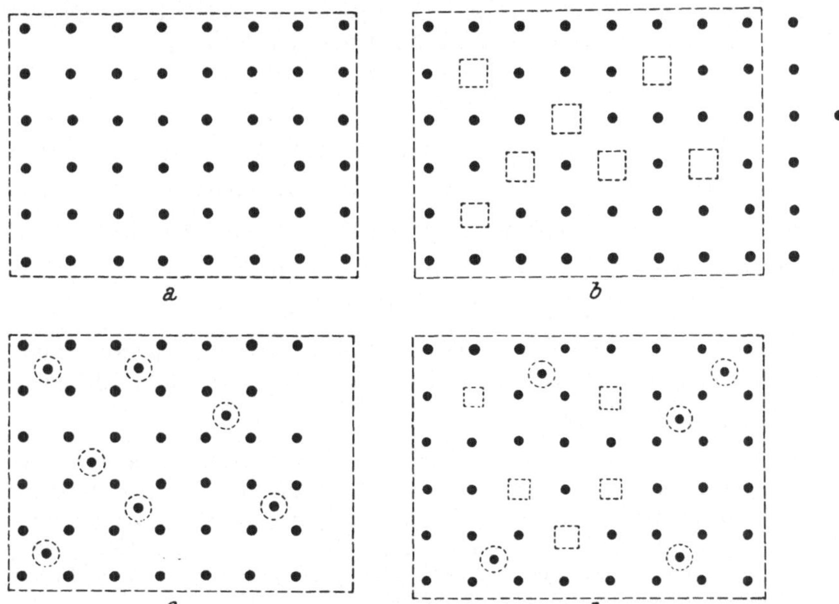

Abb. 3. Fehlordnungstypen einfacher Kristalle.

a Ideales Gitter, *b* Lückenbildung (unter Volumzunahme), *c* Bausteine auf Zwischengitterplätzen (unter Volumabnahme), *d* Lückenbildung und Besetzung einer äquivalenten Zahl von Zwischengitterplätzen (ohne Volumänderung).

maren Dimensionen, eine Ladungsanhäufung stattfinden darf. Die Fehlordnungsvorgänge in Kristallen sind etwa mit den Dissoziationsvorgängen in Gasen oder Lösungen in Parallele zu setzen. Die statistische Behandlung[1] führt auch zu ganz analogen Ausdrücken für die Fehlordnungsgleichgewichte, die der Form nach dem Massenwirkungsgesetz entsprechen. Wird in einem Gitter beispielsweise eine Teilchenart fehlgeordnet unter gleichzeitiger Bildung von Lücken und Teilchen im Zwischengitterraum, so gilt, wenn n^l die Zahl der Lücken, n^z die Zahl der Teilchen im Zwischengitterraum und N die Zahl der Gitterplätze der betrachteten Art sind:

$$n^l\, n^z \approx N^2\, e^{-\frac{\varepsilon}{kT}}, \tag{59}$$

wo ε die „Fehlordnungsenergie" ist, also die Energie, die aufzuwenden ist, wenn

[1] J. FRENKEL: Z. Physik. **35** (1926), 652. — C. WAGNER, W. SCHOTTKY: Z. physik. Chem., Abt. B **11** (1930), 163. — W. JOST: J. chem. Physics **1** (1933), 466. — W. SCHOTTKY: Z. physik. Chem., Abt. B **29** (1935), 335. — W. JOST, A. NEHLLEP: Ebenda, Abt. B **32** (1936), 1. — J. FRENKEL: Acta physicochimica, USSR. **4** (1936), 566. — W. JOST: Diffusion und chemische Reaktion. Dresden, 1939. — C. WAGNER: Ber. dtsch. keram. Ges. **19** (1938), 207.

ein Teilchen von seinem Gitterplatz auf einen entfernten Platz im Zwischengitterraum übergeführt wird. Im obigen Beispiel ist $n^l = n^z$, und es wird daher:

$$n^l = n^z = N\,e^{-\frac{\varepsilon}{2kT}}. \tag{60}$$

Der Fehlordnungsgrad ist für *Diffusionsvorgänge in festen Stoffen* maßgebend; die Diffusion kommt normalerweise so zustande, daß entweder Nachbaratome (oder Ionen) in eine Lücke nachrücken oder Teilchen im Zwischengitterraum auf analoge Plätze weiterrücken und gelegentlich auf normale Plätze übergehen (Lücken ausfüllen) und umgekehrt. Bei diesem Platzwechsel wird im allgemeinen noch eine Energieschwelle der Höhe u zu überwinden sein. Demgemäß erhält man für die Diffusionskonstante einen Ausdruck der Form:

$$D \approx A\,e^{-\frac{B}{T}}, \tag{61}$$

worin $B = \dfrac{\left(\dfrac{\varepsilon}{2}+u\right)}{k}$ ist und A im einfachsten Fall etwa $\sim \dfrac{1}{3}\,d^2\,\nu$ wird, wo d der Gitterabstand und ν die Frequenz der Gitterschwingungen, was ungefähr gleichbedeutend ist mit $\dfrac{1}{3}\,d\,\bar{v}$, wo $\bar{v}$ die mittlere thermische Geschwindigkeit der betrachteten Teilchen angibt. Zahlenmäßig erhielte man so die Größenordnung von A:

$$A \approx (10^{-8})^2 \cdot 10^{12} = 10^{-4}\ \mathrm{cm^2\ sec^{-1}}.$$

Tatsächlich auch gefundene höhere Werte dürften durch temperaturabhängige Glieder in B bedingt sein.[1] ε ist im allgemeinen ein Bruchteil der Gitterenergie ε_g (z. B. $\leqq \dfrac{1}{5}\,\varepsilon_g$), u meist kleiner als ε.

Um im NaCl-Gitter ein Ion unter Hinterlassung einer Lücke aus dem Gitter zu entfernen, wäre gerade die Gitterenergie aufzuwenden; daß die Fehlordnungsenergie aber viel kleiner sein kann, macht man sich durch Vergleich mit dem Auflösungsvorgang klar. Wie dort primär die Gitterenergie zur Zerstörung des Gitteraufbaues aufzuwenden wäre, dann aber ein großer Energiegewinn durch die Ionenhydratation eintritt, so tritt gewissermaßen durch die „Auflösung" der Fehlstelle im Kristall ein Energiegewinn ein, nämlich infolge der Polarisation des Kristalls in der Umgebung der Fehlstelle.

Nur hingewiesen sei hier darauf, daß eine Fehlordnung auch durch Verunreinigungen hervorgerufen werden kann[2] (AgCl nimmt beispielsweise geringe Mengen $PbCl_2$ unter Mischkristallbildung auf; dabei tritt ein Pb^{++}-Ion an die Stelle eines Ag^+-Ions, und wegen der Bedingung der Elektroneutralität muß in der Umgebung der Platz eines Ag^+-Ions unbesetzt bleiben), ferner auf den (zeitweilig stark überschätzten) Einfluß, welchen Grenzflächen und die Art der Vorbehandlung auf das Reaktionsvermögen fester Stoffe ausüben können.[3]

Für Molekelgitter sollte die Fehlordnungsenergie am sichersten berechenbar sein (für reine Lückenfehlordnung müßte sie in erster Näherung gleich der Sublimationswärme sein, bis auf Korrekturen, welche von der Nullpunktenergie herrühren und die beim festen Wasserstoff beträchtlich sind); nimmt man die

[1] W. JOST: Z. physik. Chem., Abt. A **169** (1934), 129.
[2] E. KOCH, C. WAGNER: Z. physik. Chem., Abt. B **38** (1937), 295.
[3] Vgl. hierzu W. JOST: zitiert S. 87. — W. SEITH: Diffusion in Metallen. Berlin, 1939. — Über zahlreiche qualitative Beobachtungen von G. HÜTTIG, A. HEDVALL u. a. vgl. Bd. VI dieses Handbuches. — Auf diese Einflüsse wurde zuerst von G. v. HEVESY hingewiesen, welcher den Begriff der „irreversiblen Gitterauflockerung" prägte; vgl. den Artikel Leitfähigkeit von Kristallen von G. v. HEVESY im Handbuch der Physik, Bd. XIII, Über strukturempfindliche Eigenschaften von Kristallen, vgl. ferner A. SMEKAL im Handbuch der Physik, 2. Aufl., Bd. XXIV, 2.

für den Platzwechsel erforderliche Schwellenenergie zu einem gewissen Bruchteil der Fehlordnungsenergie an, so müßte sich die Größenordnung der Diffusionsgeschwindigkeit in Molekelgittern allgemein angeben lassen (wegen der angenähert bestehenden allgemeinen Beziehungen zwischen Sublimationswärme und Schmelzpunkt). Gemessen wurde bisher nur an festem Wasserstoff (CREMER[1]), wobei der beobachtete Wert sich diesen Überlegungen gut einfügt.

Die Überlegungen über die Fehlordnung im Innern von Kristallen lassen sich ohne weiteres auf die *Kristalloberflächen* übertragen; tatsächlich haben die Überlegungen über das Kristallwachstum[2] frühzeitig zu der Erkenntnis verholfen, daß beim Einbau neuer Elementarteilchen (Atome, Molekeln, Ionen) auf Kristallen Stellen mit sehr verschiedener Bindungsenergie in Frage kommen: je nachdem, ob ein Baustein in einer Kante, in einer Ebene oder an einer Ecke angelagert wird und ob mit dem eingelagerten Baustein in dessen Umgebung abgeschlossene Netzebenen des Kristalls entstanden sind oder nicht. Wenn beispielsweise auf einer abgeschlossenen Netzebene als Beginn einer neuen Netzebene eine einzelne Partikel angelagert wird, so wird eine viel geringere Bindungsenergie frei, als wenn etwa in eine Lücke in der obersten Netzebene der letzte fehlende Baustein eingefügt wird, während eine mittlere Energie frei wird, wenn an eine teilweise aufgebaute Netzebene ein weiterer Baustein angelagert wird. Die Untersuchungen von VOLMER haben insbesondere noch ergeben, daß einem auf Grenzflächen neu angelagerten Teilchen eine erhebliche *Beweglichkeit* zukommen kann, so daß es durch diese zweidimensionale Diffusion die Stellen größter Bindungsfestigkeit erreichen kann. Im Gleichgewicht werden bei endlichen Temperaturen trotz der Beweglichkeit nicht alle Teilchen an Stellen höchster Bindungsenergie sitzen, sondern, entsprechend MAXWELL-BOLTZMANNScher Energieverteilung, wird ein Teil sich auch an Stellen niederer Bindungsenergie aufhalten, dabei Stellen höherer Bindungsenergie unbesetzt lassend. Dadurch wird eine Fehlordnung in den Grenzflächen entstehen mit Stellen verschiedener Oberflächenstruktur, die auch verschieden stark adsorbierend wirken und von verschiedener katalytischer Aktivität sein werden; ein derartiges Modell liegt den Überlegungen von SCHWAB,[3] SCHWAB und CREMER[4] sowie neuerdings FLÜGGE und CREMER (zitiert S. 108) zugrunde. Ist Fehlordnung im thermischen Gleichgewicht eingestellt, so muß diese mit zunehmender Temperatur zunehmen; gelingt es, einen festen Stoff von einer bestimmten hohen Temperatur aus so schnell abzukühlen, daß die (stark temperaturabhängige) Oberflächenbeweglichkeit unmerklich klein wird, so wird die Fehlordnung der höheren Temperatur „eingefroren" werden können; in diesem Fall wird ein so hergestellter Katalysator um so aktiver sein, je höher seine Herstellungstemperatur gelegen ist. Anderseits kann auch durch Erhitzen die Aktivität eines Katalysators abnehmen (eine sehr verbreitete Erfahrung), wenn dadurch sich nämlich das Fehlordnungsgleichgewicht einer unterhalb der ursprünglichen Herstellungstemperatur gelegenen Temperatur einstellt.

Bei üblichen Katalysatoren wird man aber sehr häufig finden, daß durch Erhitzen auf beliebig hohe Temperaturen die ursprüngliche Aktivität zurückgeht; das heißt dann, der Katalysator hatte durch seine Herstellungsart eine Oberflächenfehlordnung erhalten, die größer war, als sie bei irgendeiner Temperatur im Gleichgewicht existenzfähig ist (wenn der Katalysator durch eine

---

[1] E. CREMER: Z. physik. Chem., Abt. B **42** (1939), 281.

[2] Vgl. das S. 65 zitierte Buch von M. VOLMER, insbesondere auch die daselbst angeführten Arbeiten von KOSSEL und von STRANSKI über das Kristallwachstum.

[3] G.-M. SCHWAB: Z. physik. Chem., Abt. B **5** (1929), 406; Katalyse, S. 197. Berlin, 1931.

[4] E. CREMER, G.-M. SCHWAB: Z. physik. Chem., Abt. A **144** (1929), 243.

chemische Umsetzung gebildet worden ist, so braucht die neu entstandene Phase ja nicht im inneren Gleichgewicht vorzuliegen).

Von äußerster Wichtigkeit ist dann noch der Fall, daß die Oberflächenfehlordnung überhaupt nicht einen reinen Stoff betrifft, sondern ein Stoffgemisch, eventuell einen Grundstoff mit geringen Zusätzen eines zweiten (eines Verstärkers, Promotors oder Aktivators); solche Mischkatalysatoren sind erfahrungsgemäß oft besonders wirksam. Hier hat man einerseits an eine Erhöhung der Eigenfehlordnung zu denken, wie wir es für das Kristallinnere bei Zusatz von Fremdstoffen diskutiert haben (S. 88), anderseits, als wohl noch wichtiger, an die Anwesenheit des Zusatzes in der Oberfläche.

Die Auffassung, daß einzelne bevorzugte Stellen fester Oberflächen eine besonders starke katalytische Aktivität zeigen, darf nicht zu dem Schluß verleiten, daß nun nur solche Stellen aktiv seien. Man kennt vielmehr eine Reihe von Beispielen von Katalyse an flüssigen Oberflächen, wo derartige Stellen sicher nicht in Frage kommen. Genannt sei die elektrolytische Abscheidung von Wasserstoff (Rekombination der entladenen Ionen) an Hg, die Zersetzung ätherischer H_2O_2-Lösung an der Oberfläche von Natronlauge, mit Vorbehalt auch die Zersetzung von H_2O_2 an Quecksilber. Man könnte sich, im Sinne der oben zitierten Vorstellungen von SCHWAB, CREMER und FLÜGGE, vorstellen, daß in solchen Fällen die im thermodynamischen Gleichgewicht vorliegenden ausgezeichneten Stellen wirksam sind; dann würde, da diese Überlegungen sich auch auf die feste Phase des gleichen Stoffes beziehen, eine Unstetigkeit der Katalyse am Schmelzpunkt nicht auftreten können. STEACIE und ELKIN[1] haben das beim Methanolzerfall an Zink zu bestätigen gesucht. Solche Versuche sind mit Vorsicht zu werten; SCHWAB und MARTIN[2] haben gezeigt, daß es sich wahrscheinlich um eine im Gleichgewicht vorliegende Oxydhaut gehandelt hat, und die eigentliche Metallkatalyse bei diesen Temperaturen unmeßbar ist. Ob für die von den Autoren gefundene Stetigkeit der Katalyse an *Umwandlungs*punkten unsere Überlegung gültig ist, müssen weitere Untersuchungen lehren.

7. Stoßzahlen in Lösungen.

Die Zahl der Stöße zwischen zwei Komponenten in einem idealen Gas ist unabhängig von der Anwesenheit eines dritten Partners. Wendet man das an auf den Fall, daß der dritte Partner in solcher Konzentration vorliegt, daß er flüssig ist, so folgt: die Zahl der Stöße zwischen zwei Komponenten in einer Lösung ist die gleiche, wie wenn die Komponenten ohne Anwesenheit des Lösungsmittels als Gase vorliegen. Dieser Ansatz hat sich für Reaktionen in Lösungen in erster Näherung gut bewährt, obwohl er nicht als theoretisch streng fundiert gelten kann; denn man befindet sich ja keineswegs im Gebiet idealer Gase.

Eine genauere Überlegung zeigt aber, daß in mehrfacher Hinsicht Abweichungen zu erwarten sind. Die Zahl der Stöße zwischen Teilchen der Art 1 und 2 ist von der Anwesenheit einer weiteren Teilchenart 3 dann nicht mehr unabhängig, wenn das von diesen eingenommene Volumen nicht klein gegen das verfügbare Gesamtvolumen ist. Eine elementare, aber nicht einwandfreie Überlegung ließe erwarten: die Stoffe 1 und 2 benehmen sich so, als stünde ihnen nur das Gesamtvolumen, vermindert um das von den Molekeln 3 eingenommene Volumen, zur Verfügung; die Zahl der Stöße zwischen ihnen würde also durch

---

[1] E. W. R. STEACIE, E. M. ELKIN: Proc. Roy. Soc. (London), Ser. A 142 (1933), 457.
[2] G.-M. SCHWAB, H. H. MARTIN: Z. Elektrochem. angew. physik. Chem. 43 (1937), 617.

Anwesenheit des Stoffes 3 erhöht. Nähmen in der Flüssigkeit beispielsweise die Lösungsmittelmolekeln 50—80% des gesamten Raumes ein, so wären die Stoßzahlen des Gelösten um das 2—4fache gegenüber der Gasphase erhöht.

Für ein Modell, das zwar nicht genau einer wirklichen Flüssigkeit entspricht, sich dafür aber einigermaßen sauber behandeln läßt, haben Fowler und Slater[1] Beziehungen abgeleitet, die ebenfalls erkennen lassen, daß die Zahl der Stöße in Lösung etwa von der gleichen Größenordnung sein wird wie in der Gasphase, aber jedenfalls in dem eben angegebenen Sinne davon abweichen kann. Weiter ist aber folgendes zu bedenken: Wenn in der Gasphase zwei verschiedene Molekeln zusammenstoßen, so werden sie im allgemeinen nach dem Stoß auseinanderfliegen und erst nach sehr langer Zeit sich wieder begegnen. In Flüssigkeiten können sich zwei stoßende Molekeln aber normalerweise nicht sofort voneinander entfernen, es wird eine mehr oder weniger große Zahl von Zusammenstößen zwischen ihnen stattfinden, sofern es nur überhaupt zu einem Zusammentreffen kommt.

Damit hängt zusammen, daß für die Atome einer zweiatomigen Molekel, z. B. Br_2, die durch Lichtabsorption in Lösung aus dieser gebildet worden sind, eine große Wahrscheinlichkeit besteht, unmittelbar nach der Dissoziation wieder zu rekombinieren, worauf z. B. von Franck und Rabinowitsch[2] hingewiesen wurde. Solche photochemischen Reaktionen können infolgedessen in Lösung mit einer gegen die Gasphase verringerten Quantenausbeute verlaufen.

Rabinowitsch[3] und ebenso Fowler und Slater (l. c.) betonen, daß es notwendig ist, scharf zu unterscheiden zwischen der Zahl der *Stöße* und der Zahl der *Begegnungen* zwischen Molekeln 1 und 2 in Lösung. Jeder Begegnung folgt im Mittel eine sehr große Zahl von Stößen. Die Bedeutung für die Kinetik

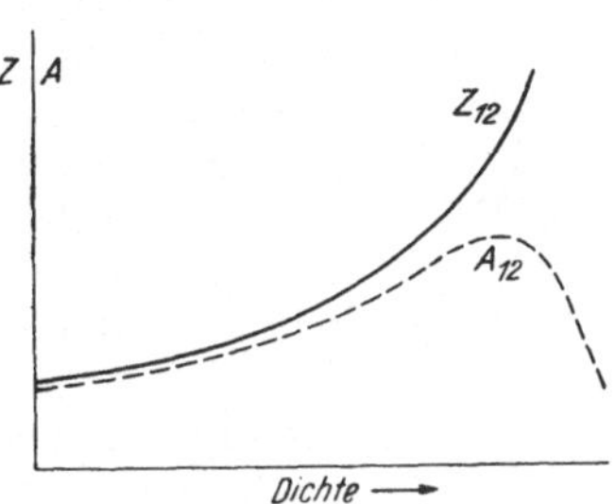

Abb. 4. Abhängigkeit der Stoßzahl (Z_{12}) und des Geschwindigkeitsfaktors (A_{12}) von der Dichte.

wird klar, wenn man zwei Grenzfälle betrachtet: Findet zwischen den Molekeln 1 und 2 bei jedem Stoß Reaktion statt, so ist für die Berechnung offenbar die Zahl der Begegnungen maßgebend; denn nach der Begegnung haben die beiden Molekeln als solche aufgehört zu existieren, die anschließenden Stöße fallen weg. Findet umgekehrt Reaktion nur in einem sehr kleinen Bruchteil aller Stöße statt, der so klein sein muß, daß auch unter der Zahl der normalerweise aufeinanderfolgender Stöße nur selten einmal ein zur Reaktion führender ist, so kann es offenbar nichts ausmachen, ob die gleichen Molekeln wiederholt zusammenstoßen; hier ist also die Zahl der Stöße, nicht die viel kleinere der Begegnungen maßgebend.[4]

Bei der Behandlung von Reaktionen wird also abzuschätzen sein, ob einer der Grenzfälle maßgebend ist oder ob die komplizierteren Überlegungen für das Zwischengebiet anzustellen sind. Nach Rabinowitsch (l. c.) ergibt sich das in Abb. 4 gezeichnete Verhalten: Mit zunehmender Dichte des Systems steigt der Stoßzahlfaktor Z_{12} unbegrenzt an; der Reaktionsgeschwindigkeits-

---

[1] R. H. Fowler, N. B. Slater: Trans. Faraday Soc. **34** (1938), 81.

[2] J. Franck, E. Rabinowitsch: Trans. Faraday Soc. **30** (1934), 120. — J. Eggert, F. Wachholz: Z. Elektrochem. angew. physik. Chem. **33** (1927), 542, 545.

[3] E. Rabinowitsch: Trans. Faraday Soc. **33** (1937), 1225; **34** (1938), 113.

[4] Für das kinetische Verhalten von Lösungen vgl. ferner: R. S. Bradley: Trans. Faraday Soc. **33** (1937), 1185. — E. A. Moelwyn-Hughes: Ebenda **34** (1938), 91. — C. N. Hinshelwood: Ebenda **34** (1938), 105. — E. A. Moelwyn-Hughes: Kinetics of reactions in solution. Oxford. 1933. — R. P. Bell: Solvent Effects. Dieses Handbuch, Bd. 2, S. 319.

faktor A_{12} muß aber einmal dahinter zurückbleiben und schließlich gegen 0 gehen.

Bei normalen Reaktionen in Lösungen aber scheint man mit den üblichen Ansätzen für die gaskinetischen Stoßzahlen meist innerhalb der Meßgenauigkeit auszukommen (vgl. MOELWYN-HUGHES)[1].

Wir haben bei Lösungen ebenso wie bei Gasen den Fall nicht verschwindender Wechselwirkung zwischen den Teilchen (für Lösungen genauer: zwischen den gelösten Teilchen) immer außer acht gelassen. Besonders bei Elektrolytlösungen sind aber bekanntlich die daher rührenden Effekte keineswegs vernachlässigbar und werden in erster Näherung durch die DEBYE-HÜCKELsche Theorie geliefert.[2] Da die Zusammenhänge an anderer Stelle dieses Handbuches ausführlich behandelt sind, begnügen wir uns hier mit dem Hinweis darauf.

8. Genauere Diskussion der Aktivierungsenergie.

Absolutwert und Temperaturkoeffizient einer Reaktionsgeschwindigkeit sind nach (3) bzw. (8) bestimmbar, wenn die Geschwindigkeit der Gegenreaktion und die Gleichgewichtskonstante gegeben sind. Die Differenz der Aktivierungswärmen von Rückreaktion und Reaktion ist gleich der Reaktionswärme w.

Die Forderung, daß im Gleichgewicht die Geschwindigkeiten von Reaktion und Rückreaktion einander gleich sein müssen, ist eine Aussage des allgemeineren „Prinzips der mikroskopischen Reversibilität", wonach zu jedem Vorgang auch der umgekehrte abläuft und im Gleichgewicht auch mit der gleichen Geschwindigkeit.[3]

Der Begriff der Aktivierungswärme bedarf einer eingehenderen Diskussion. Wie erwähnt, ist meist angenähert $\ln k$ eine lineare Funktion von $\frac{1}{T}$, was zu dem bereits benutzten Ansatz für den Geschwindigkeitskoeffizienten

$$k = A \exp.\left(-\frac{\varepsilon}{k\,T}\right)$$

führt.[4] Stellt man sich mit ARRHENIUS vor, daß nur „aktivierte" Molekeln reaktionsfähig sind, deren Bruchteil durch $\exp.\left(-\frac{\varepsilon}{k\,T}\right)$ gegeben ist, wobei natürlich die Voraussetzung zu machen ist, daß auch bei laufender Umsetzung hinsichtlich der Konzentration aktiver Teilchen stets Gleichgewicht eingestellt sei, so wäre dieses

$$\varepsilon = \frac{k\,T^2\,d\ln k}{d\,T}$$

die Aktivierungswärme.

Die genauere Überlegung führt zu einer Präzisierung des Begriffs (TOLMAN). Betrachten wir eine monomolekulare Reaktion einer Molekelart 1 der Molekelzahl N und machen wir ebenfalls die Voraussetzung, daß jeder Energiezustand in der Konzentration vertreten sei, wie es dem Gleichgewicht entspricht.. Es wird dann für Molekeln in jedem Energiezustand ε_i eine bestimmte Geschwindigkeitskonstante k_i geben (welche unterhalb einer bestimmten Grenzenergie vielleicht $= 0$ ist). Die beobachtbare Reaktionsgeschwindigkeit wird dann

---

[1] Siehe Fußnote 4, S. 91.

[2] R. P. BELL: Salt Effects. Dieses Handbuch, Bd. 2, S. 191.

[3] Vgl. insbesondere die Diskussion bei TOLMAN, zitiert S. 85.

[4] Eine Verwechslung des Geschwindigkeitskoeffizienten k mit dem BOLTZMANNschen k ist wohl nicht zu befürchten.

gleich dem Mittelwert der Geschwindigkeiten für die einzelnen Energiezustände sein (vgl. oben S. 84):

$$-\frac{dN}{dt} = \frac{N \sum_i k_i g_i e^{-\frac{\varepsilon_i}{kT}}}{\sum_i g_i e^{-\frac{\varepsilon_i}{kT}}}, \tag{62}$$

mit den früheren Bezeichnungen und unter Verwendung von (51) für Mittelwertbildungen (wobei hier an Stelle der Integrale Summen treten). Für die Geschwindigkeitskonstante $\bar{k}$ ergibt sich nach (62):

$$\bar{k} = -\frac{1}{N}\frac{dN}{dt} = \frac{\sum_i k_i g_i e^{-\frac{\varepsilon_i}{kT}}}{\sum_i g_i e^{-\frac{\varepsilon_i}{kT}}}. \tag{63}$$

Und die Ableitung von $\ln \bar{k}$ nach der Temperatur wird:

$$\frac{d\ln \bar{k}}{dT} = \frac{\sum_i k_i g_i \exp.\left(-\frac{\varepsilon_i}{kT}\right)\cdot\frac{\varepsilon_i}{kT^2}}{\sum_i k_i g_i \exp.\left(-\frac{\varepsilon_i}{kT}\right)} - \frac{\sum_i g_i \exp.\left(-\frac{\varepsilon_i}{kT}\right)\frac{\varepsilon_i}{kT^2}}{\sum_i g_i \exp.\left(-\frac{\varepsilon_i}{kT}\right)}. \tag{64}$$

Nach den Regeln über die Mittelwertbildung ist der erste Ausdruck der Mittelwert von $\frac{\varepsilon}{kT^2}$ für die reagierenden Molekeln, der zweite der gleiche Ausdruck für die Gesamtheit aller Molekeln, also wird:

$$\frac{d\ln \bar{k}}{dT} = \frac{\bar{\varepsilon}_{\text{react.}} - \bar{\varepsilon}_{\text{ges.}}}{kT^2}. \tag{65}$$

Bezeichnet man $k T^2 d\ln \dfrac{\bar{k}}{dT}$ als Aktivierungsenergie ε, so wird diese also gleich dem Überschuß der mittleren Energie der reagierenden Molekeln über die aller Molekeln, was nicht exakt übereinstimmt mit der Mindestenergie, die eine Molekel haben muß, um reagieren zu können. Vielfach darf man aber gerade bei monomolekularen Reaktionen nicht mit Gleichgewichtsverteilung rechnen, und es treten wesentliche Modifikationen ein (vgl. S. 101 ff.).

Hätte man bei bimolekularen[1] Reaktionen (zwischen Molekeln 1 und 2 der Anzahlen N_1 und N_2) Umsetzung zwischen vorher aktivierten Molekeln, so daß eine Molekel 1 mit der Energie ε_{1i} mit einer solchen 2 der Energie ε_{2j} mit der Wahrscheinlichkeit k_{ij} bei einem Zusammenstoß reagiert, so ergäbe sich analog dem Vorangehenden (wobei wegen der Temperaturabhängigkeit der Stoßzahl nach Gleichung (32) noch ein mit $T^{\frac{1}{2}}$ proportionaler Faktor einzuführen ist):

$$k T^2 \frac{d\ln \bar{k}}{dT} = \frac{kT}{2} + \{\overline{(\varepsilon_1 + \varepsilon_2)}_{\text{react.}} - \overline{(\varepsilon_1 + \varepsilon_2)}\}, \tag{66}$$

wobei der letzte Term wieder der Überschuß der mittleren inneren Energie der reagierenden über die aller Molekeln ist; bezeichnet man dies als Aktivierungswärme, so ist sie also um $\dfrac{kT}{2}$ kleiner als nach $\varepsilon = k T^2 \dfrac{d\ln \bar{k}}{dT}$ berechnet.

Den gleichen Ausdruck (66) erhält man auch noch, wenn man für die Aktivierung die kinetische Energie beim Stoß ins Auge faßt (vgl. TOLMAN, KASSEL, SCHUMACHER, l. c.). Bei Angabe von Aktivierungsenergien ist es daher im allgemeinen notwendig, anzugeben, wie sie ermittelt sind. Da vielfach auch noch

---

[1] Vgl. TOLMAN, zitiert S. 85. — KASSEL, zitiert S. 85.

bei komplizierten Reaktionen in einem beschränkten Temperaturintervall der Ausdruck $A \exp.\left(-\dfrac{\varepsilon}{kT}\right)$ als Interpolationsformel brauchbar ist, ohne daß den auftretenden Konstanten eine durchsichtige physikalische Bedeutung zukäme, so hat in solchen Fällen auch eine nach $kT^2\,\dfrac{d\ln \bar{k}}{dT}$ berechnete „scheinbare" Aktivierungswärme keine unmittelbare physikalische Bedeutung; sie ist lediglich eine spezielle Form der Angabe von $\dfrac{d\bar{k}}{dT}$.

Für monomolekulare Reaktionen ergeben sich Besonderheiten im Zusammenhang mit der Nachlieferung der Aktivierungsenergie, die an anderer Stelle (S. 101 ff.) besprochen sind.

9. Die Methode des Übergangszustandes.

Für die Gleichgewichtskonstante einer Reaktion, beispielsweise

$$A + BC \rightleftarrows AB + C \tag{67}$$

gilt der Ausdruck:

$$K = \frac{[A]\,[BC]}{[AB]\,[C]} = \frac{Z'_A \cdot Z'_{BC}}{Z'_{AB} \cdot Z'_C}\,\exp.\left(-\frac{\varepsilon_0}{kT}\right), \tag{68}$$

worin die Z' die S. 83 ff. eingeführten Zustandssummen (bzw. -integrale)[1] sind, ε_0 ist die molekulare Wärmetönung von (67) beim absoluten Nullpunkt (sofern in (68) k auf eine Einzelmolekel bezogen ist). A, B und C seien etwa Atome der Massen m_A, m_B und m_C, I_{AB} sei das Trägheitsmoment der Molekel AB, I_{BC} das von BC, σ_{AB} und σ_{BC} deren Symmetriezahlen,[2] so werden:

$$Z'_A = \frac{(2\pi m_A kT)^{\frac{3}{2}}}{h^3}\,; \quad Z'_C = \frac{(2\pi m_C kT)^{\frac{3}{2}}}{h^3}, \tag{69}$$

$$Z'_{AB} = \frac{(2\pi [m_A + m_B]\,kT)^{\frac{3}{2}}}{h^3} \cdot Z^{\text{rot.}}_{AB} \cdot Z^{\text{schw.}}_{AB}\,; \quad Z'_{BC}\ \text{entsprechend,} \tag{70}$$

wo h und k die bekannte Bedeutung haben und $Z^{\text{rot.}}_{AB}$, $Z^{\text{rot.}}_{BC}$, $Z^{\text{schw.}}_{AB}$ und $Z^{\text{schw.}}_{BC}$ die Zustandssummen (bzw. Zustandsintegrale) für Rotation und Schwingung bedeuten, nämlich

$$Z^{\text{rot.}}_{AB} = \frac{8\pi^2 I_{AB}\,kT}{\sigma h^2}, \quad \text{falls}\ \ \frac{h^2}{8\pi^2 I} \ll kT,\,^3 \tag{71}$$

$$Z^{\text{schw.}}_{AB} = \left\{1 - \exp.\left(-\frac{h\nu}{kT}\right)\right\}^{-1}, \tag{72}$$

wo ν die Eigenfrequenz der (als harmonisch schwingend angenommenen) Molekel AB ist, oder

$$Z^{\text{schw.}}_{AB} = \frac{kT}{h\nu}\quad \text{für}\ \ h\nu \ll kT, \tag{72a}$$

wie aus (72) folgt. Entsprechende Ausdrücke gelten für Z_{BC}.

---

[1] Und zwar ohne den Faktor V, wie durch den Strich angedeutet; dieser Faktor würde stehenbleiben, wenn links Molekelzahlen stünden; durch Division mit V hat man links Konzentrationen (Molekeln je cm³) erhalten.

[2] $\sigma = 1$ im Fall AB, $= 2$, falls $A = B$; Definition der Symmetriezahlen vgl. etwa Schottky, zitiert S. 73, Fowler, zitiert S. 109.

[3] Für den Wert der Zustandssumme, falls diese Ungleichung nicht gilt, vgl. z. B. Fowler, zitiert S. 109.

Für eine nichtlineare mehratomige Molekel würde

$$Z^{\mathrm{rot.}} = \frac{8\,\pi^2\,(8\,\pi^3\,I_1\,I_2\,I_3)^{\frac{1}{2}}\,(k\,T)^{\frac{3}{2}}}{h^3},\tag{71a}$$

worin I_1, I_2 und I_3 die Hauptträgheitsmomente mit denselben Voraussetzungen wie bei (71) sind. Ferner tritt bei mehratomigen Molekeln für jeden Schwingungsfreiheitsgrad (deren bei einer n-atomigen nichtlinearen Molekel $3\,n-6$ vorhanden sind) ein (72) bzw. (72a) entsprechender Faktor in der Zustandssumme auf. Selbstverständlich geht der Ausdruck (68) nach Einsetzen der Werte für die Zustandssummen und passende Umformung in die gewohnte Form der Gleichgewichtskonstanten über, wie sie das NERNSTsche Wärmetheorem liefert.

Wir wissen anderseits, wenn v_1 die Reaktionsgeschwindigkeit der Umsetzung (67) im Sinne von links nach rechts, v_1' die der Gegenreaktion ist, daß dann beim Gleichgewicht $v_1 = v_1'$ mit:

$$v_1 = k_1\,[A]\,[BC]; \quad v_1' = k_1'\,[AB]\,[C]$$

und

$$K = \frac{k_1'}{k_1}.\tag{73}$$

Es muß offenbar in Strenge gelten, daß (73) die gleiche Form hat wie (68), nach Einsetzen der Werte (69), (70). Zwar muß nach dem früher (S. 68/69) Gesagten (73) den Faktor $e^{-\frac{\varepsilon}{kT}}$ liefern, worin ε ungefähr mit dem ε_0 in (68) übereinstimmt; wie aber die üblichen kinetischen Ausdrücke für k_1 und k_1' die übrigen in (68) eingehenden Ausdrücke liefern sollen, ist zunächst nicht einzusehen. Da an der strengen Gültigkeit von (73) sowie von (68) kein Zweifel sein kann, so bleibt nur, daß die Geschwindigkeitskonstanten k_1 und k_1' anders darzustellen sein dürften, als sie die elementare kinetische Theorie liefert.

Eine hinreichende (aber nicht notwendige) Form für k_1 und k_1', die mit (73) und (68) verträglich ist, liefert die Methode des „Transitionstate" (Übergangszustands).[1] Man kann zunächst ganz formal in Reaktion (67) einen „Übergangszustand" $(ABC)^*$ einführen, über welchen die Reaktion von beiden Seiten her führt:

$$\begin{aligned}&\text{a)}\quad A + BC \to ABC^* \to AB + C,\ \Big\rvert\\&\text{b)}\quad AB + C \to ABC^* \to A + BC.\ \Big\rvert\end{aligned}\tag{67*}$$

Darin liegt noch keine Willkür. Nun kann man weiter annehmen — und diese Annahme ist bis zu einem gewissen Grade willkürlich und nicht allgemein beweisbar, vielleicht sogar grundsätzlich falsch —, daß der Übergangszustand mit den Ausgangsprodukten im Gleichgewicht stehe, also etwa:

$$[ABC^*] = K_1\,[A]\,[BC],\tag{74}$$

wo K_1 gemäß (68)ff. statistisch berechnet werden könnte, falls die Eigenschaften des Übergangszustandes bekannt wären; es würde dann

$$K_1 = \frac{Z'_{ABC^*}}{Z'_A \cdot Z'_{BC}}\,\exp.\left(-\frac{\varepsilon_1^{\,*}}{kT}\right),\tag{75}$$

wo $\varepsilon_1^{\,*}$ die negative Bildungswärme des Übergangszustandes beim absoluten Nullpunkt aus A und BC wäre. Zerfällt der Übergangszustand mit der Ge-

---

[1] H. EYRING: J. chem. Physics **3** (1935), 107. — M. G. EVANS, M. POLANYI: Trans. Faraday Soc. **31** (1935), 875. — E. WIGNER: Ebenda **34** (1938), 29. — H. EYRING: Ebenda **34** (1938), 41. — M. G. EVANS: Ebenda **34** (1938), 49. — E. A. GUGGENHEIM, J. WEISS: Ebenda **34** (1938), 57. — H. EPSTEIN: Unveröffentlicht, zitiert bei SCHUMACHER: Chemische Gasreaktionen. Dresden und Leipzig, 1938.

schwindigkeitskonstante $\varkappa_1$ in die Endprodukte (hier in $A\,B$ und C), so wäre die Geschwindigkeit von (67*a)

$$v_1 = k_1\,[A]\,[B\,C] = K_1\,[A]\,[B\,C]\cdot\varkappa_1;\quad k_1 = K_1\cdot\varkappa_1;\tag{76}$$

analog erhielte man für die Rückreaktion:

$$v_1' = k_1'\,[A\,B]\,[C] = K_1'\,[A\,B]\,[C]\,\varkappa_1';\quad k_1' = K_1'\,\varkappa_1',\tag{77}$$

wobei

$$K_1' = \frac{[A\,B\,C^*]}{[A\,B]\,[C]} = \frac{Z'_{A\,B\,C^*}}{Z'_{A\,B}\cdot Z'_C}\exp\cdot\left(-\frac{\varepsilon_1'^*}{k\,T}\right).\tag{78}$$

Es sollte nun sein:

$$\frac{k_1'}{k_1} = \frac{K_1'\,\varkappa_1'}{K_1\,\varkappa_1} = \frac{Z'_A\cdot Z'_{B\,C}}{Z'_{A\,B}\cdot Z'_C}\exp\cdot\frac{[\varepsilon_1^* - \varepsilon_1'^*]}{k\,T}\,\frac{\varkappa_1'}{\varkappa_1} = K.\tag{79}$$

Da nach früherem $\varepsilon_1^* - \varepsilon_1'^* = -\varepsilon_0$ sein muß, so muß nach (79) weiterhin $\dfrac{\varkappa_1'}{\varkappa_1} = 1$, d. h. $\varkappa_1 = \varkappa_1' = \varkappa$ sein, wenn der Quotient der Geschwindigkeitskonstanten die Gleichgewichtskonstante ergeben soll. Damit ist im Gleichgewicht sicherlich alles richtig dargestellt; nach (79) nimmt der Quotient der Geschwindigkeitskonstanten den richtigen Wert an; verfügt man dann noch über $K_1\varkappa_1$ so, daß k_1 den richtigen Wert annimmt, so ist zunächst alles in Ordnung. Unter Zurückstellung von Einwendungen, die man vorbringen kann (S. 98 ff.), sei vorläufig die übliche Darstellung der Transition-state-Methode gebracht.

In (75) sind zunächst $Z'_{A\,B\,C^*}$ und ε_1^*, die auf den Übergangszustand bezüglichen Größen, unbekannt, ebenso auch der Geschwindigkeitsfaktor $\varkappa_1$ in (76)ff. Das reagierende System $A + B\,C$ besitzt 9 Freiheitsgrade; das Atom A hat 3 Translationsfreiheitsgrade, die Molekel $B\,C$ ebenso viele und außerdem noch einen Schwingungs- und 2 Rotationsfreiheitsgrade. Ein lineares Gebilde $A\,B\,C$ hätte 3 Translations-, 2 Rotations- und 4 Schwingungsfreiheitsgrade. Bei der Reaktion wird einer der Schwingungsfreiheitsgrade, Einführung geeigneter Koordinaten vorausgesetzt, als „Quasitranslation" aufgefaßt werden können; d. h. daß der das System repräsentierende Bildpunkt im Phasenraum entlang dieser Koordinate einen Paß überschreitet und daß die Bewegung in Paßhöhe als Translation aufgefaßt werden darf. Dem Transition-state $A\,B\,C$ kämen daher 4 als Translationen zu behandelnde Freiheitsgrade, 2 (3) Rotations- und 3 (2) Schwingungsfreiheitsgrade zu, falls das Gebilde gestreckt (gewinkelt) ist. Die Zustandssumme wird daher, wenn wir als Transition-state alle Gebilde rechnen, welche entlang der Reaktionskoordinate[1] auf eine Länge l entfallen:

$$Z'_{A\,B\,C^*} = \frac{[2\,\pi\,m^*\,k\,T]^{\frac{3}{2}}}{h^3}\cdot Z^{\text{rot.}}_{A\,B\,C^*}\cdot Z^{\text{schw.}}_{A\,B\,C^*}\cdot\frac{(2\,\pi\,m^{**}\,k\,T)^{\frac{1}{2}}\,l}{h},\tag{80}$$

wobei für $Z^{\text{rot.}}$ und $Z^{\text{schw.}}$ nach früherem die Zustandssummen einzusetzen sind; es ist $m^* = m_A + m_B + m_C$, und der letzte Faktor ist das Zustandsintegral der Reaktionskoordinate über die Strecke l, m^{**} ist die dieser Koordinate zugeordnete reduzierte Masse. $Z^{\text{rot.}}_{A\,B\,C^*}$ und $Z^{\text{schw.}}_{A\,B\,C^*}$ lassen sich nur auswerten, wenn man entweder die klassischen Werte benutzt oder begründete Annahmen über Trägheitsmomente und Frequenzen einführen kann (z. B. diese mit denen der normalen Molekeln in Beziehung setzen kann). Die Berechnung des Geschwindigkeitsfaktors $\varkappa$ geschieht folgendermaßen: Ein System mit dem Impuls p, der

---

[1] Die Behandlung ist offensichtlich nur für verschwindende Krümmung der Potentialfläche in Paßhöhe exakt; vgl. EYRING: l. c.; WIGNER: l. c.

Geschwindigkeit $\dfrac{p}{m^{**}}$ durchläuft die Strecke l gerade $\dfrac{p}{m^{**}\,l}$ mal in der Sekunde; im Mittel durchläuft ein System diese Strecke in Richtung positiver Impulse

$$\frac{\bar{p}}{l\,m^{**}} = \frac{1}{l\,m^{**}} \cdot \frac{\displaystyle\int_{0}^{+\infty} p\,\exp.\left(-\frac{p^2}{2\,m^{**}\,k\,T}\right)dp}{\displaystyle\int_{-\infty}^{+\infty} \exp.\left(-\frac{p^2}{2\,m^{**}\,k\,T}\right)dp} = \frac{k\,T}{l}\,(2\,\pi\,m^{**}\,k\,T)^{-\frac{1}{2}}\,\text{mal} \qquad (81)$$

in der Sekunde. (81) ist daher gleich $\varkappa$, und für die Geschwindigkeitskonstante ergibt sich mit (80) [1]

$$k_1 = K_1 \cdot \varkappa = \frac{Z^*_{A\,B\,C*}}{Z'_A \cdot Z'_{BC}}\,\exp.\left(-\frac{\varepsilon_1^*}{k\,T}\right) \cdot \frac{k\,T}{h}, \qquad (82)$$

d. h. es ergibt sich ein einer Gleichgewichtskonstante entsprechender Ausdruck, multipliziert mit einem „Frequenzfaktor" $\dfrac{k\,T}{h}$, wobei $Z^*_{A\,B\,C*}$ gleich dem Ausdruck (80) ist, ohne den Faktor $\dfrac{(2\,\pi\,m^{**}\,k\,T)^{\frac{1}{2}}\,l}{h}$. Es ist von Interesse, in einem Einzelfall zu überlegen, in welcher Beziehung dieser Ausdruck zum Stoßzahlansatz steht.[2] Für das gewöhnliche Gleichgewicht der einfachen Additionsreaktion

$$A + B \to A\,B*$$

gilt statistisch, wenn der Beitrag der Schwingung in $A\,B$ weggelassen wird:[3]

$$K' = \frac{h^{-3}\,(2\,\pi\,[m_A + m_B]\,k\,T)^{\frac{3}{2}}\,\dfrac{8\,\pi^2\,I^*\,k\,T}{h^2}}{h^{-3}\,(2\,\pi\,m_A\,k\,T)^{\frac{3}{2}} \cdot h^{-3}\,(2\,\pi\,m_B\,k\,T)^{\frac{3}{2}}}\,\exp.\left(-\frac{\varepsilon}{k\,T}\right). \qquad (83)$$

Setzt man das Trägheitsmoment des aktiven Komplexes angenähert

$$I^* \approx \frac{m_A\,m_B}{m_A + m_B}\,\sigma^2, \qquad (84)$$

wo σ die Summe der Stoßradien von A und B ist, so wird (83) nach Multiplikation mit dem Frequenzfaktor $\dfrac{k\,T}{h}$:

$$K'\,\frac{k\,T}{h} = 2\left\{2\,\pi\,k\,T \cdot \frac{m_A + m_B}{m_A \cdot m_B}\right\}^{\frac{1}{2}}\,\sigma^2\,\exp.\left(-\frac{\varepsilon}{k\,T}\right). \qquad (85)$$

Das ist identisch mit der Stoßzahlformel für Reaktion mit der Aktivierungsenergie ε, wo σ den Stoßdurchmesser bedeutet.

Die Verallgemeinerung der obigen Ausdrücke für kompliziertere Fälle ergibt sich ohne weiteres. Man kann auch den Gleichgewichtsausdruck in (82) in Anlehnung an die thermodynamische Schreibweise formulieren (POLANYI, EVANS, l. c.).

Die praktische Anwendbarkeit der Transition-state-Methode hängt davon ab, wieweit sich Angaben über die Eigenschaften des Übergangszustandes gewinnen lassen, wofür grundsätzlich die quantenmechanische Behandlung des Reaktionsvorganges geeignet ist (vgl. den Aufsatz von H. MARK und R. SIMHA in diesem

---

[1] Vgl. Fußnote 1, S. 95.

[2] Vgl. C. N. HINSHELWOOD: Trans. Faraday Soc. 34 (1938), 74.

[3] Das bedeutet, daß der Beitrag der „Reaktions"-Koordinate weggelassen wird, welcher auch in dem Z^* von Gleichung (82) weggelassen ist.

Bande, S. 214 ff.). Die obigen Formeln müßten noch insofern verallgemeinert werden, als der Tatsache Rechnung zu tragen ist, daß ein das reagierende System repräsentierender Bildpunkt auf der Paßhöhe (bzw. allgemein in dem komplizierten Gebirge) auch wieder umkehren kann, was einen Durchlässigkeitsfaktor < 1 bedingt. Für alle Feinheiten sei auf die zitierten Darstellungen verwiesen.

Bei aller Eleganz der Transition-state-Methode lassen sich doch auch ernste *Bedenken* dagegen geltend machen. Als erstes Hindernis der Anwendung ist unsere Unkenntnis der Eigenschaften des Übergangszustandes zu nennen, die zwar grundsätzlich durch quantentheoretische Berechnungen zu erhalten, praktisch aber wegen deren Kompliziertheit im allgemeinen doch nicht mit hinreichender Genauigkeit zugänglich sein werden. Immerhin wäre dies kein prinzipieller Einwand, lediglich ein Einwand gegen die praktische Brauchbarkeit der Methode.

Von grundsätzlicher Bedeutung ist aber folgendes: Die Methode des Übergangszustandes muß voraussetzen, daß zwischen Ausgangsstoffen und Übergangszustand immer Gleichgewicht eingestellt sei; bei der formalen Behandlung zusammengesetzter Reaktionen werden wir sehen, daß es solche Umsetzungen mit vorgelagerten Gleichgewichten durchaus gibt. Voraussetzung dafür, daß ein derartiges Gleichgewicht sich einstellt, ist aber, daß der Zwischenstoff langsam weiterreagiert (gegenüber der Einstellungsgeschwindigkeit des Gleichgewichtes). Da für den Übergangszustand aber keine wesentliche Asymmetrie für Zerfall zu den Endprodukten oder zu den Ausgangsprodukten besteht, so ist nicht einzusehen, wie generell die Einstellung des Gleichgewichtes als gesichert angesehen werden kann. Die schärfste Kritik hat die Methode des Übergangszustandes von GUGGENHEIM und WEISS[1] erfahren, die uns in manchen wesentlichen Punkten nicht widerlegbar scheint. POLANYI[2] sucht zu zeigen, daß die Gleichgewichtseinstellung (BOLTZMANN-Verteilung) garantiert ist, wenn das kinetische Massenwirkungsgesetz überhaupt gilt, doch scheint uns der Ableitung nach diese Folgerung nicht zwingend.

Am schärfsten scheinen uns die Schwierigkeiten in der folgenden Ausdrucksweise hervorzutreten. Wir waren in diesem Abschnitt davon ausgegangen, einen formalen Ausdruck für die Reaktionsgeschwindigkeit zu geben, der im Falle des Gleichgewichtes exakt den statistisch abgeleiteten Ausdruck der Gleichgewichtskonstante liefert.

In der damaligen Schreibweise hatten wir zu setzen:

$$k_1 = K_1 \varkappa; \; k_1' = K_1' \varkappa, \tag{86}$$

mit den früher erklärten Bedeutungen. Für ein mittleres Gebiet der Umsetzung ist aber die Reaktionsgeschwindigkeit:

$$v = v_1 - v_1' = k_1 [A] [BC] - k_1' [AB] [C]$$

oder mit (86):

$$v = K_1 [A] [BC] \cdot \varkappa - K_1' [AB] [C] \varkappa. \tag{87}$$

Nun soll aber nach Obigem sein:

$$K_1 [A] [BC] = [ABC^*] \tag{88}$$

und

$$K_1' [AB] [C] = [ABC^*], \tag{89}$$

<hr>

[1] E. A. GUGGENHEIM, J. WEISS: Trans. Faraday Soc. **34** (1938), 57.
[2] Trans. Faraday Soc. **34** (1938), 75 (Diskussionsbemerkung).

nämlich beide Male gleich der stationären Konzentration von Systemen im Übergangszustand. Division von (88) und (89) gibt:

$$\frac{[A]\,[BC]}{[AB]\,[C]} = \frac{K_1{}'}{K_1} = K,\tag{90}$$

d. h. Ausgangs- und Endprodukte befinden sich im Gleichgewicht, im Widerspruch zu unserer Voraussetzung, daß dies nicht der Fall sei, wir vielmehr eine laufende Umsetzung verfolgen. Offenbar dürfen (88) und (89) nicht gleichzeitig gelten, außer im Falle des Gleichgewichtes. Damit man nicht in Widersprüche gerät, ist also zu fordern, daß der Übergangszustand zumindest mit den Produkten einer Seite der Reaktionsgleichung sich *nicht im Gleichgewicht* befindet. Vorher war aber grundsätzlich gefordert worden, daß der Transitionstate im Gleichgewicht mit den Ausgangsprodukten vorhanden sei. Es ergibt sich also ein so ernstlicher Widerspruch innerhalb der Transitionstate-Methode, daß ihre grundsätzliche Anwendbarkeit überhaupt bezweifelt werden könnte.[1]

---

[1] Diese Bedenken entfallen natürlich für jeden aktiven Zwischenzustand, der bei zusammengesetzten Reaktionen eingeführt wird und dessen quasistationäre Konzentration nach den dort entwickelten Methoden berechnet wird. Vielleicht ist es nicht überflüssig anzugeben, wie die Geschwindigkeitsausdrücke aussehen, wenn man ABC^* als eine Zwischenverbindung im Sinne der klassischen chemischen Kinetik auffaßt (unter Vorwegnahme der in Abschnitt 15, S. 118 ff. besprochenen elementaren Rechenverfahren). Wir schreiben:

$$\left.\begin{array}{lll}
\text{a)} & A + BC \to ABC^* & (k_a) \\
\text{— a)} & ABC^* \to A + BC & (k_{-a}) \\
\text{— b)} & ABC^* \to AB + C & (k_{-b}) \\
\text{b)} & AB + C \to ABC^* & (k_b),
\end{array}\right\}\tag{1}$$

fassen ABC^* als instabile Zwischenverbindung auf und setzen

$$\left.\begin{aligned}
0 &\approx \frac{d\,[ABC^*]}{dt} = k_a\,[A]\,[BC] + k_b\,[AB]\,[C] - k_{-a}\,[ABC^*] - k_{-b}\,[ABC^*]\\
&[ABC^*] \approx \frac{k_a\,[A]\,[BC] + k_b\,[AB]\,[C]}{k_{-a} + k_{-b}}.
\end{aligned}\right\}\tag{2}$$

Es wird dann

$$\left.\begin{aligned}
v &= -\frac{d\,[A]}{dt} \approx +\frac{d\,[C]}{dt} \approx k_a\,[A]\,[BC] - k_{-a}\,[ABC^*]\\
&= \frac{k_a\,k_{-b}\,[A]\,[BC] - k_{-a}\,k_b\,[AB]\,[C]}{k_{-a} + k_{-b}}.
\end{aligned}\right\}\tag{3}$$

Dieser Ausdruck ist richtig ohne spezielle Voraussetzungen, so lange nur ABC^* als instabile Verbindung angesehen werden kann. Insbesondere wird im Falle des Gleichgewichts $v = 0$ und daher:

$$\frac{[A]\,[BC]}{[AB]\,[C]} = \frac{k_{-a}\cdot k_b}{k_a\cdot k_{-b}} = K = \frac{K_1{}'}{K_1},\tag{4}$$

wobei $K_1{}'$ und K_1 ihre frühere Bedeutung haben und hier speziell werden:

$$K_1 = \frac{k_a}{k_{-a}}; \quad K_1{}' = \frac{k_b}{k_{-b}}.$$

Schreibt man anderseits:

$$v = k_1\,[A]\,[BC] - k_1{}'\,[AB]\,[C],\tag{4a}$$

so lehrt der Vergleich mit (3), daß:

$$k_1 = \frac{k_a\,k_{-b}}{k_{-a} + k_{-b}}; \quad k_1{}' = \frac{k_{-a}\,k_b}{k_{-a} + k_{-b}}\tag{5}$$

Für monomolekulare Reaktionen scheint die Methode des Übergangszustandes überhaupt keine Handhabe der Berechnung zu bieten.[1]

sein muß. Das können wir schreiben:

$$k_1 = K_1 \frac{k_{-a}\, k_{-b}}{k_{-a} + k_{-b}} \qquad k_1' = K_1' \frac{k_{-a}\, k_{-b}}{k_{-a} + k_{-b}}\,; \qquad (6)$$

mit

$$\varkappa' = \frac{k_{-a}\, k_{-b}}{k_{-a} + k_{-b}} \qquad (7)$$

kann man das schließlich wieder auf die Form bringen:

$$k_1 = K_1\, \varkappa'\,; \quad k_1' = K_1'\, \varkappa'\,; \quad K = \frac{k_1'}{k_1} = \frac{K_1'}{K_1}\,, \qquad (8)$$

wo nun aber $\varkappa'$ nicht mit dem früheren $\varkappa$ übereinstimmen wird.

Wollen wir auf dem gleichen Wege im Sinne der Methode des Übergangszustandes für die Reaktion von links nach rechts die Geschwindigkeitskonstante ableiten:

$$k_1 = K_1\, \varkappa,$$

so müssen wir offensichtlich voraussetzen, daß

$$k_{-b} \langle\!\langle\ k_{-a} \quad \text{und} \quad k_b\, [AB]\, [C] \langle\!\langle\ k_a\, [A]\, [BC]$$

ist; dann wird aus (2):

$$[ABC^*] = \frac{k_a}{k_{-a}}\, [A]\, [BC] = K_1\, [A]\, [BC] \qquad (2')$$

und

$$v = -\frac{d\,[A]}{d\,t} = +\frac{d\,[C]}{d\,t} = k_{-b}\, [ABC^*] = K_1\, k_{-b}\, [A]\, [BC]. \qquad (3')$$

Unser $\varkappa$ wird also $= k_{-b}$:

$$\varkappa = k_{-b}. \qquad (9)$$

Da im allgemeinen Fall (ABC^* irgendeine Zwischenverbindung) zwischen k_{-a} und k_{-b} keinerlei Beziehungen zu bestehen brauchen, so können $\varkappa$ [Gleichung (9)] und $\varkappa'$ [Gleichung (7)] beliebig stark voneinander abweichen. Bezeichnet aber ABC^* den Übergangszustand im engeren Sinne der EYRING-POLANYIschen Methode, so bleibt diese Willkür nicht. Betrachten wir den quasiklassischen Fall und nehmen der Sauberkeit halber ein horizontales Stück auf der Energiekurve entlang der Reaktionskoordinate q in Paßhöhe an, so kommt irgendein von 1 verschiedener Durchlässigkeitsfaktor für die Molekeln, welche die Paßhöhe erreicht haben, nicht in Frage. Man sieht dann unmittelbar, daß $\varkappa = k_{-b} = k_{-a}$ sein muß. Das bedeutet aber, daß obige Voraussetzung $k_{-b} \langle\!\langle\ k_{-a}$ mit der Methode des Übergangszustandes gar nicht verträglich ist. Anderseits erhält man aber aus Gleichung (2) und (3) mit $k_{-a} = k_{-b}$ unter der Voraussetzung verschwindender Konzentration der Endprodukte:

$$[ABC^*] = \frac{1}{2}\, K_1\, [A]\, [BC] \qquad (2'')$$

und

$$v = \frac{1}{2}\, K\, k_{-b}\, [A]\, [BC], \quad \text{d. h.} \quad \varkappa' = \frac{k_{-b}}{2} = \frac{\varkappa}{2}. \qquad (3'')$$

Tatsächlich ist also bei verschwindender Konzentration der Endprodukte der Übergangszustand nur halb so stark besetzt, wie es dem Gleichgewicht entspricht. Man sieht aber an dem quasiklassischen Modell sofort (wenn wir uns etwa den Ausgangszustand links liegend vorstellen), daß in diesem Fall im Übergangszustand nur Molekeln mit Geschwindigkeiten nach rechts vorhanden sein können. Es macht natürlich für die Geschwindigkeitsberechnung keinen Unterschied, ob man sagt: der Übergangszustand ist dem Gleichgewicht entsprechend besetzt, aber nur die Hälfte der repräsentierenden Punkte bewegt sich in der richtigen Richtung, oder: er ist nur zur Hälfte besetzt, aber alle bewegen sich richtig.

Die Gleichungen lassen weiter erkennen, daß in dem Maße, als Molekeln der Endprodukte AB und C hinzugefügt werden, die Besetzung des Übergangszustandes ansteigt, bis sie für das Gleichgewicht auf das Doppelte von (2''), d. h. auf den Gleichgewichtswert angestiegen ist. Dies gilt ohne irgendwelche speziellen Annahmen über die Konstanten $k_{-a} = k_{-b}$ und k_a und k_b. Wenn man statt des klassischen Modells

Ob ein andersartiger Versuch von CHRISTIANSEN[2] Erfolg haben wird, zu einer theoretischen Erfassung des Reaktionsvorganges als einer Art „intramolekularer Diffusion" zu kommen, scheint vorerst nicht zu überblicken.[3]

10. Theorie monomolekularer Reaktionen.

Monomolekulare Reaktionen verlaufen im Idealfall nach einem Zeitgesetz der I. Ordnung mit einer Konstanten der Form

$$k = A \exp. \left(- \frac{\varepsilon}{k\,T} \right);$$

ε muß wenigstens angenähert gleich der zur Reaktion notwendigen kritischen Energie sein (vgl. jedoch später S. 103); falls $\exp. \left(- \frac{\varepsilon}{k\,T} \right)$ gleich dem Bruchteil der für den Zerfall aktivierten Molekeln wäre, so müßte A das Reziproke der mittleren Lebensdauer einer aktivierten Molekel sein. Bei monomolekularen Reaktionen wird aber die Frage, ob man mit eingestelltem Gleichgewicht hinsichtlich der aktiven Molekeln, also mit BOLTZMANN-Verteilung, rechnen darf, wie schon bemerkt, am kritischsten. Die energiereichen Molekeln werden sich ja ständig umsetzen, und nachgeliefert werden können sie nur durch Stöße (da eine Nachlieferung durch Strahlung, wie sie eine Zeitlang vermutet wurde, für normale Verhältnisse ausgeschlossen werden konnte). Es können also jedenfalls nicht mehr Molekeln reagieren, als durch Stöße aktiviert werden. Formal kann man das zunächst so darstellen: A sei die Ausgangsmolekel, A^* die aktivierte Molekel mit der Energie zum Zerfall, N sei die Gesamtheit aller anwesenden Molekeln; man kann das „Reaktionsschema" (vgl. später S. 114 ff.) aufstellen:

1. $\qquad\qquad A + N \;\overset{k_1}{\longrightarrow}\; A^* + N;$

2. $\qquad\qquad A^* \;\overset{k_2}{\longrightarrow}\; B + \ldots;$

3. $\qquad\qquad A^* + N \;\overset{k_3}{\longrightarrow}\; A + N.$

1. bedeutet, daß Molekeln A im Stoß mit anderen,[4] N, aktiviert werden, Geschwindigkeit $k_1 [A] [N]$; 2. gibt den Zerfall der aktivierten Molekeln A^* mit der Geschwindigkeit $k_2 [A^*]$; 3. trägt der zu 1 inversen Reaktion Rechnung, die nach dem Prinzip der mikroskopischen Reversibilität berücksichtigt werden muß und deren Geschwindigkeit $k_3 [A^*] [N]$ ist. Falls die Konzentration aktiver

---

ein Modell ohne horizontales Stück und mit einem eventuell durch quantentheoretische Effekte bedingten „Durchlässigkeitsfaktor" < 1 nimmt, so ändert sich daran gar nichts. Es läßt sich also auch nicht durch irgendwelche Reflexionen erreichen, daß der Übergangszustand dem Gleichgewicht entsprechend besetzt ist, solange nur Molekeln der Ausgangsprodukte vorliegen.

In den vorangehenden Betrachtungen steckt noch implicite die Voraussetzung, daß keine Verarmung an energiereichen Ausgangsmolekeln eintritt; denn nur dann ist für die Bildung von ABC^* der Ansatz (1) a bzw. b zulässig. Eine solche Verarmung würde einem Übergang von Reaktion II. zu solcher III. Ordnung entsprechen, ebenso wie bei monomolekularer Reaktion im entsprechenden Fall ein Übergang zur II. Ordnung stattfindet (vgl. S. 102).

[1] Vgl. E. A. GUGGENHEIM, J. WEISS: zitiert S. 98.

[2] Vgl. J. A. CHRISTIANSEN: Z. physik. Chem., Abt. B **33** (1936), 145; J. chem. Physics **7** (1939), 653.

[3] Zur Methode des Übergangszustandes vgl. ferner J. O. HIRSCHFELDER, E. WIGNER: J. chem. Physics **7** (1939), 616. — E. P. WIGNER: Ebenda **7** (1939), 646.

[4] Der spezifischen Wirksamkeit der einzelnen Stoßpartner ließe sich leicht Rechnung tragen.

Molekeln als quasistationär angesehen werden darf, also $\dfrac{d\,[A^*]}{d\,t} \approx 0$ (Begründung dieses Verfahrens vgl. S. 118 ff.), so wird:

$$0 \approx \frac{d\,[A^*]}{d\,t} = k_1\,[A]\,[N] - k_2\,[A^*] - k_3\,[A^*]\,[N]; \quad [A^*] = \frac{k_1\,[A]\,[N]}{k_2 + k_3\,[N]} \tag{91}$$

und die Reaktionsgeschwindigkeit $v = \dfrac{d\,[B]}{d\,t} \approx - \dfrac{d\,[A]}{d\,t}$:

$$v = k_2\,[A^*] = \frac{k_1\,k_2\,[A]\,[N]}{k_2 + k_3\,[N]} = k^*\,[A]; \quad k^* = \frac{k_1\,k_2\,[N]}{k_2 + k_3\,[N]}\,. \tag{92}$$

Da N dem Gesamtdruck proportional ist, so erhält man eine druckunabhängige Geschwindigkeitskonstante k^* nur für hinreichend hohen Druck, wenn nämlich $k_3\,[N] \gg k_2$ ist, wofür dann

$$k_\infty = \frac{k_1\,k_2}{k_3} \tag{93}$$

wird.[1] Bei hinreichend niederem Druck anderseits, $k_3\,[N] \ll k_2$, wird

$$k^* = k_1\,[N]. \tag{94}$$

Hier wird die Reaktion nach einem Zeitgesetz II. Ordnung verlaufen, die Aktivierungsgeschwindigkeit wird bestimmend. (92) und die daraus folgenden Gleichungen (93) und (94) werden qualitativ von der Erfahrung bestätigt. Bei hinreichend hohem Druck verlaufen monomolekulare Reaktionen druckunabhängig, bei hinreichend niederem Druck fällt die Geschwindigkeit mit fallendem Druck. In quantitativer Hinsicht sind wesentliche Verfeinerungen nötig. Die Bedingung für Druckunabhängigkeit, $k_3\,[N] \gg k_2$, ergäbe angenähert folgendes: $k_3\,[N]$ sollte die Zahl der desaktivierenden Stöße, also bei Normalbedingungen $\approx 10^9\ \text{sec}^{-1}$ sein; k_2 müßte also $\ll 10^9$ sein, wenn bei Atmosphärendruck und mittleren Temperaturen die Reaktion noch nach der I. Ordnung verlaufen sollte. Tatsächlich zeigen viele Reaktionen ein solches Verhalten, obwohl für k_2 auf Grund der gefundenen Geschwindigkeit Zahlenwerte von $\sim 10^{15}$ und mehr angenommen werden müßten. Hier ist also eine wesentliche Modifikation nötig.

Die Theorie monomolekularer Reaktionen ist sehr eingehend bearbeitet worden (u. a. von Lindemann, Christiansen und Kramers, Hinshelwood, Kassel, Rice und Ramsperger[2]) und hat zu einer Behebung der vorhandenen Schwierigkeiten geführt. Die Schwierigkeit der mangelnden Energienachlieferung entfällt, wenn man berücksichtigt, daß bei komplizierteren Molekeln (um die es sich bei monomolekularen Reaktionen fast immer handelt) eine größere Zahl von Freiheitsgraden vorhanden ist; nach (54) ist aber der Bruchteil von Systemen mit r klassischen Freiheitsgraden (bei denen die Energie durch $2\,r$ Quadratglieder dargestellt wird), der eine Energie größer als ε enthält:

$$\frac{N_s}{N} \approx \left(\frac{\varepsilon}{k\,T}\right)^{r-1} \frac{1}{(r-1)!}\ \exp.\left(-\frac{\varepsilon}{k\,T}\right). \tag{95}$$

Wenn $\dfrac{\varepsilon}{k\,T} \approx 20 \div 50$ ist und eine größere Zahl von Freiheitsgraden beteiligt ist (eine nicht lineare Molekel aus s Atomen besitzt $[3\,s - 6]$ Schwingungsfreiheitsgrade), so nimmt der zusätzliche Faktor neben der e-Potenz so extreme Werte an, daß Schwierigkeiten wegen der Energienachlieferung nicht mehr bestehen. Läßt man die übrigen Vorstellungen ungeändert, so wird k_1 in dem Ausdruck

---

[1] F. A. Lindemann: Trans. Faraday Soc. 17 (1922), 598, hat zuerst gezeigt, daß ein derartiger Aktivierungsvorgang mit einem Geschwindigkeitsgesetz I. Ordnung verträglich ist.

[2] Vgl. besonders die Darstellung bei Kassel: Kinetics, l. c. S. 85.

für k_∞ wesentlich größer, k_3 bleibt dasselbe, da bei praktisch jedem Stoß Desaktivierung anzunehmen ist; also muß jetzt k_2 wesentlich kleiner angenommen werden als bisher, was bedeutet, daß die Lebensdauer der aktiven Molekeln länger anzunehmen ist und man in einem vernünftigen Druckgebiet den Übergang von Reaktion I. Ordnung zu Reaktion II. Ordnung zu erwarten hat. Das ist im wesentlichen HINSHELWOODS Theorie. Wenn der Ausdruck (95) in die Geschwindigkeitskonstante eingeht, so ergibt sich, wie ohne weiteres ersichtlich, unter Umständen ein erheblicher Unterschied zwischen der Aktivierungsenergie gemäß $\varepsilon = \dfrac{k\,T^2\,d\ln k}{d\,T}$ und der kritischen Energie ε.

In quantitativer Hinsicht ist diese Theorie insofern noch nicht voll befriedigend, als nach (92) eine lineare Beziehung zwischen $\dfrac{1}{k^*}$ und $\dfrac{1}{p}\left(\text{prop. } \dfrac{1}{[N]}\right)$ bestehen sollte, die nicht immer erfüllt ist; außerdem ist über den Mechanismus des Zerfalls einer aktiven Molekel noch nichts gesagt.

Letzteren haben POLANYI und WIGNER[1] für ein klassisches Modell von gekoppelten Oszillatoren behandelt; eine aktive Molekel wäre dabei eine solche, bei welcher die notwendige Energie über die Eigenschwingungen des Systems in irgendeiner Weise verteilt vorhanden ist. Soll die Molekel reagieren, so muß die Energie an einer bestimmten Stelle konzentriert sein, z. B. an der Bindung, die gesprengt werden soll. Eine solche Anhäufung der Energie kann durch Interferenz der Eigenschwingungen zustande kommen. Für die Lebensdauer einer solchen aktivierten Molekel errechnen POLANYI und WIGNER die Größenordnung der Dauer einer Schwingung, wie man das auch bei elementaren Ansätzen anzunehmen pflegt.[2]

In der HINSHELWOODschen Theorie ist eine Geschwindigkeitskonstante, k_2, für die Geschwindigkeit des Zerfalls aktiver Molekeln enthalten, also solcher mit einer Energie $\geqq \varepsilon$. Nun sind in den allgemeinen Ansätzen von TOLMAN [S. 92 ff., Gleichung (62) ff.] spezifische Geschwindigkeitskoeffizienten eingeführt, und es ist von vornherein einleuchtend, daß der Zerfall einer energiereicheren Molekel wahrscheinlich schneller erfolgen wird als der einer weniger energiereichen; denn die Wahrscheinlichkeit, eine bestimmte Mindestenergie an einer bestimmten Stelle der Molekel anzutreffen, wird wahrscheinlich um so größer sein, je höher die Gesamtenergie der Molekel ist. Darüber kann man natürlich nur versuchsweise Ansätze mit vereinfachten Modellen machen. KASSEL[3] sowie RICE und RAMSPERGER[4] haben dies getan und damit eine Beschreibung des monomolekularen Zerfalls gegeben, welche die Experimente sehr gut wiederzugeben vermag. Dafür sowie für im obigen fehlende Begründungen sei auf die Originalarbeiten und insbesondere die Monographie KASSELS verwiesen.

In dem Gebiet, in welchem die Reaktionsgeschwindigkeit unter den Grenzwert für hohen Druck abgefallen ist, wirken Zusätze von Fremdgasen reaktionsbeschleunigend; dabei ist die Wirkung der einzelnen Zusätze sehr verschieden, es ergeben sich manchmal Parallelen zu dem Verhalten bei der Schalldispersion und bei Dreierstößen, doch lassen sich diese keineswegs verallgemeinern. Definitionsgemäß sind solche Beeinflussungen als homogene Katalysen zu bezeichnen.[5]

---

[1] M. POLANYI, E. WIGNER: Z. physik. Chem. **139** (1924), 439.

[2] Vgl. auch N. B. SLATER: Proc. Cambridge philos. Soc. **35** (1939), 56.

[3] L. S. KASSEL: J. physik. Chem. **32** (1928), 225, 1065.

[4] O. K. RICE, H. C. RAMSPERGER: J. Amer. chem. Soc. **49** (1927), 1617; **50** (1928), 617. — O. K. RICE: Proc. nat. Acad. Sci. USA **14** (1928), 114, 118.

[5] Zur Kinetik monomolekularer Reaktionen vgl. auch das Sammelreferat von F. PATAT: Z. Elektrochem. angew. physik. Chem. **42** (1936), 85, 265.

11. Trimolekulare Reaktionen und Dreierstöße.

Ob es nachgewiesenermaßen trimolekular verlaufende Reaktionen stabiler Molekeln gibt, ist immer noch unsicher (von den anscheinend trimolekularen Reaktionen geht sicher ein Teil in Stufen vor sich, z. B. wahrscheinlich die Umsetzungen, an denen NO beteiligt ist, wie

$$2\,NO + O_2 = 2\,NO_2,$$

über N_2O_2). Dagegen spielt der Dreierstoß zwischen Instabilen für die chemische Kinetik eine große Rolle.

Bei dem Vorgang der bimolekularen Assoziation zweier Atome oder Atomgruppen ergeben sich nämlich grundsätzliche Schwierigkeiten. Vereinigen sich zwei Atome zu einer Molekel, so enthält diese zunächst die gesamte Reaktionsenergie und die kinetische Energie der Relativbewegung und ist damit imstande, sofort wieder zu zerfallen.[1] Ein Übergang der inneren Energie in kinetische Energie der Schwerpunktbewegung ist aber wegen der Impulserhaltung nicht möglich. Bezeichnet man das Atompaar im Stoßzustand als „Quasimolekel", so kann man den Vorgang so beschreiben: Bei einem Zweierstoß zwischen Atomen bildet sich nur eine *Quasimolekel* äußerst kurzer Lebensdauer; nur wenn innerhalb dieser Lebensdauer (von beispielsweise 10^{-12} bis 10^{-13} sec) ein Zusammenstoß mit einer dritten Partikel erfolgt, auf die Energie übertragen werden kann, läßt sich die Quasimolekel stabilisieren. Der gleiche Tatbestand läßt sich auch so aussprechen: Die Rekombination von Atomen zu zweiatomigen Molekeln ist nur im Dreierstoß möglich. Bei Stößen mehratomiger Radikale können die Verhältnisse etwas anders liegen. Hat man eine große Anzahl innerer Freiheitsgrade, so vermag sich sehr wohl die Energie innerhalb der Molekel zunächst auf diese zu verteilen, und es kann eine gewisse Zeit dauern, bis wieder einmal die Energie auf einer Bindung angehäuft ist und die Molekel wieder zerfällt. Die Lebensdauer der Quasimolekel kann hier also wesentlich länger werden als bei zweiatomigen Molekeln, und es ist immerhin möglich, daß sie derart lang wird, daß es während der Lebensdauer praktisch immer zu Zusammenstößen mit anderen Molekeln kommt. In solchen Fällen kann man dann von einer Rekombination im Zweierstoß sprechen; am ehesten zu erwarten ist sie bei komplizierteren organischen Radikalen.[2] Grundsätzlich wären solche Reaktionen erfaßbar, wenn die Umkehrung, der monomolekulare Zerfall der betreffenden Molekel, gemessen und das Gleichgewicht gemessen oder berechnet wäre. Daß sie überhaupt möglich sein müssen, sieht man aus der Existenz monomolekularer Zerfallsreaktionen ohne weiteres auf Grund des Prinzips der mikroskopischen Reversibilität.

Zu Abschätzungen der Zahl der Dreierstöße gelangt man folgendermaßen nach Bodenstein: Die Dauer eines Stoßes ist von der Größenordnung Molekeldimensionen : Molekelgeschwindigkeit; die Zeit zwischen zwei Stößen: Freie Weglänge : Molekelgeschwindigkeit; die Zahl der Zweierstöße, bei welchen gleichzeitig ein drittes Teilchen anwesend ist, wird sich zur Gesamtzahl der Zweierstöße demnach etwa verhalten wie Molekeldimensionen zu freier Weglänge, also

bei Zimmertemperatur und Atmosphärendruck $\approx \dfrac{10^{-8}}{10^{-5}} = 10^{-3}$, d. h. rund jeder

---

[1] Vgl. Boltzmann: Gastheorie, Bd. 2, S. 186. — Vgl. ferner: K. F. Herzfeld: Z. Physik **8** (1922) 132. — L. S. Kassel: Kinetics, zitiert S. 85. — M. Born, J. Franck: Z. Physik **31** (1925), 411.

[2] Vgl. die Rechnungen von G. Kimball: J. chem. Physics **5** (1937), 310. — L. S. Kassel: Ebenda **5** (1937), 922. — Die Rekombination von Radikalen im „Zweierstoß" ist der inverse Vorgang zum monomolekularen Zerfall der entstehenden Verbindung; eine vollständige theoretische Klärung erfordert also eine gemeinsame Betrachtung beider Vorgänge.

tausendste Stoß wird ein Dreierstoß sein. Für genauere Berechnungen, die aber die gleiche Größenordnung ergeben, vgl. insbesondere TOLMAN (l. c.) sowie KASSEL (l. c.); vgl. auch unten das Beispiel S. 121 ff.[1]

Bei den Dreierstoßprozessen spielt, ebenso wie bei den monomolekularen Reaktionen, die Frage des Energieaustausches beim Stoß eine entscheidende Rolle. Die einzelnen Stoßpartner können dabei eine ganz spezifische Wirksamkeit zeigen,[2] die nicht allein auf die Stoßgesetze und -querschnitte zurückführbar ist und die bei monomolekularen Reaktionen und Dreierstoßreaktionen nicht unbedingt parallel zu gehen braucht (dies aber natürlich beim Vergleich einer bestimmten Reaktion und ihrer Umkehrung tun müßte). Immerhin ergeben sich gelegentlich Parallelen zum Verhalten in anderen Fällen, bei monomolekularen Reaktionen,[3] bei der Schalldispersion,[4] auch etwa bei der Auslöschung der Resonanzfluoreszenz,[5] aber die Parallelen gehen nie so weit, daß man sichere, allgemeingültige Regeln aufstellen könnte. Beispielsweise steht bis heute noch nicht eindeutig fest, ob bei der Rekombination der H-Atome das Wasserstoffatom[6] oder die Molekel[7] wirksamer sind, obwohl nach den übrigen Erfahrungen mit wesentlich größerer Wirksamkeit der Molekel zu rechnen sein dürfte. Es können sich für die Energieübertragung gelegentlich abnorm hohe Wirkungsquerschnitte ergeben, die sich quantentheoretisch nach KALLMANN und LONDON[8] verstehen lassen.

Eine (nicht vollständige) Übersicht über die relative Wirksamkeit einiger Stoßpartner bei verschiedenen Dreierstoßreaktionen vermittelt die folgende Tabelle 1 nach RITCHIE[9] (S. 106).

Der Temperaturkoeffizient von Dreierstoßreaktionen ist meist niedrig; wegen der Kleinheit der Dreierstoßzahl spielen Dreierstoßreaktionen mit größerer Aktivierungsenergie nur eine geringe Rolle. Die bei Abwesenheit einer Aktivierungsenergie zu erwartende geringe Temperaturabhängigkeit der Zahl der Dreierstöße hängt von dem der Rechnung zugrunde gelegten Modell ab.[10]

Bei trimolekularen Reaktionen beobachtete negative Temperaturkoeffizienten wie bei der Reaktion
$$2\,NO + O_2 \rightarrow 2\,NO_2$$
dürften durch das vorgelagerte Gleichgewicht, z. B.
$$2\,NO \rightleftarrows N_2O_2$$
bedingt sein.[11]

---

[1] Vgl. auch die Überlegungen von W. STEINER: Z. physik. Chem., Abt. B **15** (1932), 249. — E. RABINOWITSCH: Trans. Faraday Soc. **33** (1937), 283.

[2] Vgl. z. B. W. JOST, G. JUNG: Z. physik. Chem., Abt. B **3** (1929), 83. — W. JOST: Ebenda, Abt. B **3** (1929), 95. — K. HILFERDING, W. STEINER: Ebenda **30** (1935), 399.

[3] Vgl. etwa das Sammelreferat von F. PATAT: zitiert S. 103 sowie SCHUMACHER: zitiert S. 95; hierzu und zum folgenden vgl. auch die Diskussion bei E. RABINOWITSCH: zitiert Fußnote 1.

[4] Z. B. H. KNESER: Ann. Physik **11** (1931), 761, 777; **21** (1934), 682. — A. EUCKEN, R. BECKER: Z. physik. Chem., Abt. B **27** (1934), 219, 235.

[5] J. FRANCK, R. W. WOOD, vgl. insbesondere J. FRANCK, A. EUCKEN: Z. physik. Chem., Abt. B **20** (1933), 460.

[6] J. AMDUR: J. Amer. chem. Soc. **57** (1935), 856. — A. L. ROBINSON, J. AMDUR: Ebenda **55** (1933), 2615. — J. AMDUR, A. L. ROBINSON: Ebenda **55** (1933), 1395. — J. AMDUR: Ebenda **60** (1938), 2347.

[7] W. STEINER, Z. BAY: Z. physik. Chem., Abt. B **3** (1929), 149. — W. STEINER, F. W. WICKE: Ebenda BODENSTEIN-Festband (1931), 817; Trans. Faraday Soc. **31** (1935), 6, 23. — Vgl. ferner: H. M. SMALLWOOD: J. Amer. chem. Soc. **51** (1929), 1985; **56** (1934), 1542. — H. SENFTLEBEN, O. RIECHEMEIER: Ann. Physik **6** (1930), 105. — H. SENFTLEBEN, W. HEIN: Physik. Z. **35** (1934), 985; Ann. Physik **22** (1935), 1.

[8] H. KALLMANN, F. LONDON: Z. physik. Chem., Abt. B **2** (1929), 207.

[9] M. RITCHIE: J. chem. Soc. (London) **1937**, 857.

[10] Vgl. L. S. KASSEL: Kinetics, zitiert S. 85.

[11] O. K. RICE: J. chem. Physics **4** (1936), 53. — M. BODENSTEIN: Helv. chim. Acta **18** (1935), 743.

Tabelle 1. *Relative Dreierstoßwirksamkeiten verschiedener Gase bei verschiedenen Reaktionen*; Zusammenstellung von RITCHIE.

Reaktion	HCl	Cl_2	CO_2	O_2	N_2	A	Ne	He	H_2
Br + Br [1]	—	—	2,16	1,28	1,00	0,52	—	0,30	0,85
Br + Br [2]	—	—	1,38	1,38	1,00	0,64	—	0,41	0,51
J + J [3]	—	—	2,72	1,59	1,00	0,58	—	0,27	0,61
Cl + NCl_3 [4]	—	2,24	2,24	1,47	1,00	0,94	—	0,55	0,55
H + O_2 [5]	5,4	3,57	2,23	0,58	1,00	0,60	0,30	0,24	1,35
O + O_2 [6]	—	—	—	0,44	1,00	0,63	—	—	—
O + O_2 [7]	—	—	2,0	2,0	1,0	0,2	—	—	—
H + H [8]	—	—	—	—	—	0,60	0,22	0,06	0,06

Die *Theorie bimolekularer Reaktionen* erfordert die Heranziehung der Quantentheorie, weshalb dafür auf den Artikel von H. MARK und R. SIMHA: „Atomphysikalische Grundlagen der Katalyse", im vorliegenden Band des Handbuches, S. 214ff., verwiesen sei.

12. Theorie der Adsorption.

Für die S. 74 erwähnte Gleichung der Adsorptionsisothermen (18) hat LANGMUIR[9] eine einfache kinetische Ableitung gegeben. Es sei der Bruchteil α der Oberfläche von adsorbierten Molekeln bedeckt, also der Bruchteil $1 - \alpha$ unbedeckt, es sei ferner $k_1 p$ (p Gasdruck) die Zahl der Stöße, die während der Zeiteinheit auf 1 cm² der Wand stattfinden.[10] Im stationären Zustand müssen ebensoviel auf die Wand auftreffende Molekeln adsorbiert werden, wie adsorbierte Molekeln verdampfen (die Zahl der letzteren wird der Bedeckung α proportional sein); das führt auf die Gleichung:

$$\beta (1 - \alpha) k_1 p = \alpha k_2, \qquad (96)$$

worin die linke Seite die Zahl der Molekeln angibt, die auf die unbedeckte Oberfläche treffen und dort haften bleiben; der Faktor β (der häufig nahezu 1 sein wird) trägt der Tatsache Rechnung, daß eine Molekel nicht notwendig bei jedem Stoß haften bleiben muß. Die rechte Seite gibt die Zahl der in der Zeiteinheit von der bedeckten Oberfläche verdampfenden Molekeln an. Aus (96) folgt:

$$\alpha = \frac{\beta k_1 p}{k_2 + \beta k_1 p}, \qquad (97)$$

was mit (18) identisch ist. k_2 ist die Zahl der je Sekunde und Quadratzentimeter verdampfenden Molekeln, zu deren Berechnung die analogen Überlegungen anzustellen wären, wie bei monomolekularen Reaktionen; es wird angenähert sein:

$$k_2 \approx \nu \exp.\left(-\frac{\lambda}{k T}\right), \qquad (98)$$

wo ν die Frequenz ist, mit der die adsorbierte Molekel gegen das Adsorbens schwingt, λ eine Aktivierungsenergie, die im wesentlichen mit der Adsorptions-

[1] E. RABINOWITSCH, W. C. WOOD: Trans. Faraday Soc. **32** (1936), 907.

[2] M. RITCHIE: Proc. Roy. Soc. (London), Ser. A **146** (1934), 828.

[3] E. RABINOWITSCH, W. C. WOOD: J. chem. Physics **4** (1936), 497.

[4] J. G. A. GRIFFITHS, R. G. NORRISH: Trans. Faraday Soc. **27** (1931), 451; Proc. Roy. Soc. (London), Ser. A **147** (1934), 143.

[5] M. RITCHIE: l. c.

[6] M. RITCHIE: Proc. Roy. Soc. (London), Ser. A **146** (1934), 848.

[7] H. J. SCHUMACHER, U. BERETTA: Z. physik. Chem., Abt. B **17** (1932), 417.

[8] H. SENFTLEBEN, W. HEIN: Ann. Physik **22** (1935), 1.

[9] I. LANGMUIR: J. Amer. chem. Soc. **40** (1918), 1361.

[10] Diese Zahl der Stöße vgl. S. 75/76, Gleichungen (21) und (21*).

wärme übereinstimmt. Natürlich läßt sich (96) auch ohne das spezielle kinetische Bild thermodynamisch[1] oder statistisch[2] ableiten.

Die thermodynamische Ableitung nach VOLMER benutzt die Zustandsgleichung des zweidimensionalen Gases in der Adsorptionsschicht. Es ist bekannt, daß den adsorbierten Teilchen innerhalb der Adsorptionsschicht eine beträchtliche Beweglichkeit zukommt;[3] man hat eine flächenhafte Diffusion. Man kann entsprechend für den adsorbierten Stoff eine Zustandsgleichung für ein zweidimensionales Gas aufstellen, welche bei Berücksichtigung des Eigenvolumens der Molekeln zu einem der VAN DER WAALSschen Gleichung analogen Ausdruck führt, in welchem dem Flächenbedarf der Molekeln Rechnung getragen ist. Man erhält damit eine zu (96) völlig analoge Beziehung mit dem einzigen Unterschied, daß Sättigung bereits bei halber Bedeckung der Oberfläche erreicht wird. Diesem numerischen Unterschied wird man kaum Bedeutung beimessen; denn bei Ableitung der VAN DER WAALSschen Gleichung macht man die Voraussetzung, daß das Eigenvolumen der Molekeln nicht mehr vernachlässigbar, aber immer noch klein gegen das Gesamtvolumen ist;[4] es ist anzunehmen, daß für die entsprechende Gleichung im Zweidimensionalen dasselbe gilt. Konsequenterweise wären auch noch Anziehungskräfte zwischen den adsorbierten Molekeln zu berücksichtigen, die ja im Falle von Adsorption durch VAN DER WAALSsche Kräfte von der gleichen Größenordnung werden können wie die Wechselwirkung Adsorbens—adsorbierter Stoff. Es müßte sich daher so etwas ergeben wie eine zweidimensionale Kondensation.[5]

Hat man zwei adsorbierbare Stoffe 1 und 2, so liefert eine der früheren analoge Überlegung für die von den beiden Stoffen bedeckten Anteile der Oberfläche $\left(\text{mit } \dfrac{k_1\,\beta}{k_2} = b\right)$:

$$\alpha_1 = \frac{b_1\,p_1}{1 + b_1\,p_1 + b_2\,p_2}, \tag{99}$$

$$\alpha_2 = \frac{b_2\,p_2}{1 + b_1\,p_1 + b_2\,p_2}. \tag{100}$$

Es ergibt sich daraus eine *Verdrängung* eines Stoffes aus der Oberfläche, wenn dessen Druck konstant gehalten und der des anderen erhöht wird.

Die Gleichungen (99) und (100) sind für das Verständnis *katalytischer Wandreaktionen* von größter Bedeutung. Sie erlauben eine Interpretation empirisch gefundener Zeitgesetze, in welche die Konzentrationen der Reaktionsteilnehmer und eventuell zugesetzter Stoffe (auch der Reaktionsprodukte) in zunächst schwer übersichtlicher Weise eingehen können. Jeder Stoff, der besonders stark adsorbiert wird, kann einzelne oder alle Reaktionsteilnehmer verdrängen und damit *hemmend* wirken; solche Hemmungen können unter Umständen auch von einem der Reaktionsteilnehmer selbst verursacht werden. Hierunter fallen z. B. die Hydrierungsreaktionen von Äthylen[6] und von Acetylen;[7] wegen des Ver-

---

[1] M. VOLMER: Z. physik. Chem. **115** (1925), 253. — H. CASSEL: Ergebn. exakt. Naturwiss. **6** (1927), 104. — G.-M. SCHWAB, E. PIETSCH: Z. physik. Chem., Abt. B **1** (1929), 385.

[2] Vgl. z. B. R. H. FOWLER: zitiert S. 109.

[3] M. VOLMER, G. ADHIKARI: Z. physik. Chem. **119** (1926), 46. — M. VOLMER, I. ESTERMANN: Z. Physik **7** (1921), 1, 13. — M. VOLMER, P. MAHNERT: Z. physik. Chem. **115** (1925), 239.

[4] Vgl. L. BOLTZMANN: Gastheorie, Bd. 2, S. 12.

[5] Vgl. R. H. FOWLER: zitiert S. 109. — N. SEMENOFF: Z. physik. Chem., Abt. B **7** (1930) 471.

[6] R. PEASE: J. Amer. chem. Soc. **45** (1923), 1196. — G.-M. SCHWAB, H. ZORN: Z. physik. Chem., Abt. B **32** (1936), 169.

[7] A. u. L. FARKAS, vgl. A. FARKAS: Trans. Faraday Soc. **35** (1939), 908.

drängungseffektes des Acetylens ist an einem Platinkatalysator keine Hydrierung zu beobachten, wenn Acetylen und Wasserstoff bei gleichen Drucken zur Reaktion gebracht werden; sobald aber der Druck des Acetylens herabgesetzt wird, setzt eine schnelle Hydrierung ein.[1]

Das Verhalten adsorbierter Stoffe an Oberflächen, bei welchen nicht für besonders strenge Gleichmäßigkeit gesorgt ist, zeigt Abweichungen gegen das nach der LANGMUIR-Isotherme zu Erwartende, auch solange man sich oberhalb des Temperatur-, bzw. unterhalb des Druckgebietes befindet, in welchem Kapillarkondensation einsetzt. Dies zeigt sich im Verlauf der Isothermen, tritt aber am ausgeprägtesten in den Adsorptionswärmen hervor. Die differentielle Adsorptionswärme[2] fällt im allgemeinen mit steigender Belegung ab, unter Umständen sehr stark. Dies wird zwanglos damit gedeutet, daß die Oberfläche aus verschieden aktiven Bezirken besteht, deren Zahl im allgemeinen mit abnehmender Aktivität zunimmt. An den aktiven Stellen mit größter Adsorptionswärme wird die Adsorption zuerst einsetzen, wobei eine adsorbierte Molekel natürlich nicht unbedingt aus dem Gasraum gerade auf diese Stellen zu treffen braucht, sondern auch in der Oberfläche dorthin diffundieren kann. Stellen verschiedener Aktivität spielen bei der Katalyse, insbesondere bei Mischkatalysatoren, eine entscheidende Rolle.[3]

Phänomenologisch drückt sich die Anwesenheit verschieden aktiver Oberflächenstellen in der Isotherme so aus, daß man keine Sättigung findet, sondern Ansteigen der adsorbierten Menge mit dem Druck nach einer Beziehung, die meist als FREUNDLICH-Isotherme bezeichnet wird:

$$a = b\, p^n, \tag{101}$$

wobei $n < 1$ ist. Man überzeugt sich, daß qualitativ ein (101) analoger Verlauf erhalten werden kann, wenn man eine Reihe von LANGMUIR-Isothermen mit systematisch variierenden Konstanten überlagert. Für ein sehr spezielles Modell konnten FLÜGGE und CREMER[4] zeigen, daß aus der Überlagerung exakt die Gleichung (101) erhalten wird. Die eine zur Ableitung notwendige Voraussetzung, daß der Zustand der Oberfläche einer Fehlordnung entsprechend einer bestimmten „Temperatur" entspricht, dürfte bei Stoffen normaler Herstellung höchstens formal erfüllt sein, wohl aber bei Stoffen, die durch Abschrecken von hoher Temperatur gewonnen sind, auf die sich die Rechnungen von FLÜGGE und CREMER beziehen.

Während die normale Adsorption mit steigender Temperatur schwächer wird, beobachtet man in einer größeren Zahl von Fällen, daß mit steigender Temperatur eine festere Bindung eintritt, so beispielsweise von O_2 an Kohle. Gleichzeitig wird beobachtet, daß die adsorbierte Menge nach Durchlaufen eines Minimums mit steigender Temperatur wieder zunimmt. TAYLOR[5] konnte alle beobachteten Anomalien deuten durch Annahme einer „aktivierten Adsorption", welche zu einer wesentlich festeren Bindung führt, zu deren Eintritt aber eine vorherige Aktivierung notwendig ist; d. h. nur ein Bruchteil energiereicher Molekeln kann adsorbiert werden. Deshalb ist die aktivierte Adsorption ein langsamer Vorgang gegenüber der gewöhnlichen Adsorption, für welche der Akkomodationskoeffizient

---

[1] Vgl. dazu den ausführlichen Aufsatz von G.-M. SCHWAB in Band V dieses Handbuchs.

[2] Definitonen usw. siehe u. a. E. HÜCKEL: Adsorption und Kapillarkondensation. Leipzig, 1928. — G.-M. SCHWAB: Katalyse. Berlin, 1931.

[3] Vgl. den Aufsatz von G. RIENÄCKER in Band VI dieses Handbuchs.

[4] S. FLÜGGE, E. CREMER: Z. physik. Chem., Abt. B **41** (1939), 453.

[5] H. S. TAYLOR: J. Amer. chem. Soc. **53** (1931), 578. — Vgl. den Aufsatz von W. HUNSMANN in Band IV dieses Handbuchs.

normalerweise nicht $\ll 1$ ist. Da diese Erscheinungen an anderer Stelle des Handbuchs ausführlich besprochen sind, begnügen wir uns mit diesem Hinweis.[1]

Monographen zur kinetischen Theorie und Statistik.

1. L. BOLTZMANN: Vorlesungen über Gastheorie, 2 Bde.

2. K. F. HERZFELD: Kinetische Theorie der Wärme, MÜLLER-POUILLETS Lehrbuch der Physik, 11. Aufl., Bd. III, 2. 1925.

3. J. H. JEANS: Dynamische Theorie der Gase, übersetzt von R. FÜRTH. Braunschweig, 1926.

4. A. SOMMERFELD und L. WALDMANN: Die BOLTZMANN-Statistik und ihre Modifikationen durch die Quantentheorie. In Hand- und Jahrbuch der chemischen Physik, Bd. III, Teil 2, Abschnitt III und IV.

5. K. F. HERZFELD: Freie Weglänge und Transportscheinungen in Gasen. In Hand- und Jahrbuch der chemischen Physik, Bd. III, Teil 2, Abschnitt III und IV.

6. R. C. TOLMAN: Statistical Mechanics with applications to Physics and Chemistry. New York, 1927.

7. R. H. FOWLER: Statistical Mechanics, Cambridge University Press, 2. Aufl. 1936.

12a. Kinetik der Phasenbildung.

Hat man zwei Phasen, die unter vorgegebenen Bedingungen miteinander im Gleichgewicht stehen, so kann man durch eine geeignete geringe Änderung eines Zustandsparameters erreichen, daß eine kleine Menge der einen Phase in die andere umgewandelt wird. Befindet sich z. B. der Dampf einer Substanz mit der Flüssigkeit im Gleichgewicht, wobei beide Phasen in einer ebenen Berührungsfläche aneinander grenzen mögen, so wird bei einer Volumverkleinerung (natürlich bei konstant gehaltener Temperatur) eine geringe Menge Dampf in die Flüssigkeit übergehen. Hat man unter den gleichen Bedingungen den Dampf für sich allein und komprimiert ihn ein wenig,[2] so wird sich zunächst keine Flüssigkeit abscheiden, sondern man wird einen übersättigten Dampf erhalten (allgemein spricht man nach VOLMER[3] von *Überschreitung*). Dies ist ein ganz allgemeines Ergebnis der Beobachtungen, auch für andere Phasenübergänge, und läßt sich auch einfach theoretisch begründen. Unter Gleichgewichtsbedingungen stehen nämlich die beiden Phasen im Gleichgewicht, sofern sie in einer ebenen Berührungsfläche aneinandergrenzen (praktisch: solange die Berührungsfläche nirgends stark gekrümmt ist). Sollte sich aber z. B. aus der homogenen Dampfphase, ohne Anwesenheit von Flüssigkeit, solche abscheiden, so müßte sich zunächst ein kleines Flüssigkeitströpfchen bilden. Wenn dieses den Radius r hat, so steht es infolge der Oberflächenspannung σ unter dem Druck

$$p = \frac{2\sigma}{r},$$

was bekanntlich zu einer Dampfdruck-

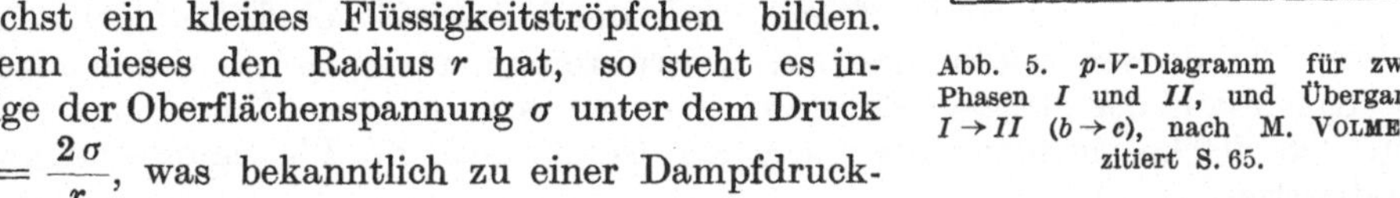

Abb. 5. p-V-Diagramm für zwei Phasen I und II, und Übergang $I \to II$ ($b \to c$), nach M. VOLMER, zitiert S. 65.

---

[1] Für weitere Literatur vgl. insbesondere TAYLOR u. a. im J. Amer. chem. Soc. 1931, ferner die Zusammenstellung in: G.-M. SCHWAB: Catalysis, englische Übersetzung von H. S. TAYLOR u. R. SPENCE, New York, 1937. Für die Theorie der Adsorption vgl. auch G. E. KIMBALL: J. chem. Physics 6 (1938), 447.

[2] Die Möglichkeit, daß Flüssigkeit sich an den Wänden abscheidet, bleibe hier außer Betracht.

[3] M. VOLMER: Kinetik der Phasenbildung. Dresden und Leipzig, 1939.

erhöhung des kleinen Tröpfchens führt. Ein solches Tröpfchen ist daher erst bei einem den gewöhnlichen Gleichgewichtsdruck übersteigenden Druck stabil, der um so höher sein muß, je kleiner das Tröpfchen ist. Zeichnen wir, Abb. 5, nach VOLMER für konstante Temperatur das p-V-Diagramm für die beiden Phasen, so ist also kein kontinuierlicher Übergang auf dem Wege $abcd$ möglich; sondern sowohl wenn man von a kommt, wird bei b eine Überschreitung eintreten („Übersättigung" des Dampfes), als auch, wenn man von d kommt, wird bei c eine Überschreitung eintreten („überhitzte" Flüssigkeit); denn für die Bildung eines Dampfbläschens in der Flüssigkeit bestehen dieselben Schwierigkeiten wie für die Bildung eines Flüssigkeitströpfchens im Gas.

Wie entsteht dann tatsächlich eine neue Phase, wenn die ersten, kleinsten Tröpfchen (oder sonstigen Teile) davon auch bei endlicher Überschreitung bestimmt instabil sind? Offenbar dadurch, daß infolge von Schwankungserscheinungen auch solche unwahrscheinlichen, instabilen Zuständen entsprechenden Verteilungen mit einer gewissen (geringen) Häufigkeit sich bilden müssen. Die konsequente quantitative Durchführung dieses Gedankens führt zum Verständnis und zur quantitativen Theorie der Keimbildungsvorgänge, die man in erster Linie VOLMER verdankt.[1] Es macht keine Schwierigkeit, die Aufbauarbeit für einen Keim bestimmter Größe anzugeben. Dabei versteht man unter Keim ein Molekelaggregat der zu bildenden Phase (bei Flüssigkeiten speziell ein Tröpfchen) von solcher Größe, daß es mit der Ausgangsphase vorgegebenen Zustandes im Gleichgewicht steht. Je geringer also z. B. die Übersättigung eines Dampfes ist, desto größer muß ein Keim sein, wenn er mit ihm im Gleichgewicht stehen soll, und desto unwahrscheinlicher ist es, daß er sich bildet. Ferner läßt sich kinetisch die Keimbildungsgeschwindigkeit berechnen, indem man den allmählichen Aufbau durch wiederholte Anlagerung je einzelner Molekeln an ein gegebenes Aggregat ins Auge faßt. Solange ein solches Aggregat noch nicht Keimgröße erreicht hat, wird es mit überwiegender Wahrscheinlichkeit wieder abgebaut werden, während es nach Überschreiten der Mindestgröße mit überwiegender Wahrscheinlichkeit weiterwachsen wird. Man findet die Zahl der Keime der neuen Phase II, $J\,dt$, welche während der Zeit dt in dem Gas I je Kubikzentimeter gebildet werden, zu:

$$J\,dt = Z_1\,W_1\,O_1\,e^{-\frac{A_K}{kT}}\,dt,$$

worin A_K die Keimbildungsarbeit ist und $Z_1\,W_1\,O_1$ ungefähr gleich der Anzahl der Zweierstöße im Gas ist. Wegen der genaueren Bedeutung der einzelnen Größen und der Herleitung dieser Beziehung sei auf VOLMER verwiesen. Die Keimbildungsarbeit A_K beträgt dabei $\frac{1}{3}\,\sigma\,O_K$, wo σ die Oberflächenspannung, O_K die Oberfläche des Keimes ist.

Es ist unmittelbar einleuchtend, daß durch künstliches Einbringen von Keimen die Phasenumwandlung katalysiert werden muß. Dabei wirken nicht nur Keime aus der gleichen Substanz, sondern es kann unter Umständen jede feste Oberfläche, insbesondere auch die Gefäßwand die Phasenumwandlung katalysieren.

Diese Gedankengänge wurden von VOLMER zunächst für die Kondensation von Flüssigkeiten aus Dämpfen entwickelt, aber auch auf feste Phasen aus-

---

[1] M. VOLMER: l. c.; daselbst auch weitere Literatur; von sonstigen Arbeiten hierzu seien besonders erwähnt: R. BECKER, W. DÖRING: Ann. Physik **24** (1935), 719. — W. DÖRING: Z. physik. Chem., Abt. B **36** (1937), 371; **38** (1938), 292. — Für Kristalle insbesondere auch die Arbeiten von J. STRANSKY.

gedehnt. Für diese hat dann STRANSKY die Theorie des Kristallwachstums weiter ausgebaut, die von STRAUMANIS[1] experimentell im wesentlichen bestätigt wurde.

Die Bedeutung dieser Dinge für die Katalyse liegt darin, daß nicht nur die Kondensation aus dem Dampf, sondern alle Vorgänge, bei denen neue Phasen entstehen, der katalytischen Beeinflussung durch Vorbildung von Keimen oder Herabsetzung der Keimbildungsarbeit unterliegen. Hierher gehören außer Phasenumwandlungen alle *chemischen Reaktionen unter Entstehung neuer Phasen*, wo die neue Phase selbst (Autokatalyse) oder fremde Phasen mit Isomorphiebeziehung katalytisch wirken können.[2]

III. Kinetische Behandlung allgemeiner, insbesondere zusammengesetzter Reaktionen.

13. Formale Behandlung. Homogene Reaktionen.

Man kann die chemischen Umsetzungen einteilen in einfache und zusammengesetzte Reaktionen. Einfache Reaktionen sind immer entweder mono-, bi- oder (in seltenen Fällen vielleicht) trimolekular; dafür können Zeitgesetze der I., II. und III. Ordnung erhalten werden,[3] wobei aber monomolekulare Reaktionen keineswegs immer nach der I. Ordnung verlaufen müssen (vgl. S. 101 ff). Alle nach komplizierteren Mechanismen verlaufenden Reaktionen sind zusammengesetzter Natur; es können aber auch einfachen Zeitgesetzen folgende Reaktionen in Wirklichkeit zusammengesetzt sein. Die allgemeinen Integrale der einfachen Reaktionen geben wir unten an. Wo es nur darauf ankommt, aus dem formalen Zeitgesetz der Reaktion Schlüsse auf den Mechanismus zu ziehen, ist es aber häufig nicht nötig, oft sogar unzweckmäßig, die Geschwindigkeitsgleichungen in ihrer integrierten Form zu benutzen. Ob eine Reaktion einem bestimmten Geschwindigkeitsgesetz gehorcht, sieht man nämlich am bequemsten bei Berechnung „von Punkt zu Punkt", d. h. bei Benutzung der Differenzengleichung; die „Konstanten" der angenommenen Reaktion müssen dann über die ganze Reaktionsdauer konstant sein. Bei Benutzung der üblichen Integrale (zwischen 0 und t) wird das Verfahren unempfindlich, weil der Fehler der Anfangswerte als Ballast mit eingeht. Will man mit der integrierten Gleichung rechnen, so muß man als untere Grenze jeweils den Anfangspunkt des betrachteten Zeitintervalls wählen. Man überzeugt sich aber, daß bei nicht extrem langen Zeitintervallen die Differenzengleichung zu völlig befriedigenden Resultaten führt.[4]

Die Integrale einfacher Reaktionsgleichungen sind:

Reaktion I. Ordnung:

$$A \rightarrow B + \ldots; \quad -\frac{d[A]}{dt} = +\frac{d[B]}{dt} = k^I[A].$$

$$[A] = [A]_0 e^{-k^I t}; \quad [B] = [B]_0 + [A]_0 \{1 - e^{-k^I t}\}, \tag{102}$$

falls für $t = 0$ und t die Konzentrationen $[A]_0$, $[B]_0$ und $[A]$, $[B]$ sind; k^I ist die Geschwindigkeitskonstante der Reaktion I. Ordnung (Zeit^{-1}). Die Kon-

---

[1] Vgl. den Artikel von M. STRAUMANIS in Band IV dieses Handbuchs.

[2] Hierher gehören die qualitativ sehr reichhaltigen Arbeiten von G. F. HÜTTIG und seiner Schule, vgl. seinen Aufsatz in Band VI dieses Handbuchs.

[3] Bei nicht idealen Gasen und Lösungen dürfen in die Gleichungen natürlich nicht Konzentrationen eingesetzt werden, sondern es müssen die Aktivitäten genommen werden; vgl. hierzu die speziellen Kapitel dieses Handbuchs, Band II.

[4] Vgl. z. B. M. BODENSTEIN: Trabajos del IX Congreso Internacional de Quimica Pura y Aplicada. Tomo II. Madrid, 1934.

zentration ist auf die Hälfte des Anfangswertes abgefallen nach der Halbwertzeit $\tau_{\frac{1}{2}}^{\mathrm{I}}$:

$$\tau_{\frac{1}{2}}^{\mathrm{I}} = \frac{\ln 2}{k^{\mathrm{I}}} \approx \frac{0{,}69}{k^{\mathrm{I}}} ; \tag{103}$$

analog

$$\tau_{\frac{1}{4}}^{\mathrm{I}} \approx \frac{1{,}38}{k^{\mathrm{I}}} \quad \text{und} \quad \frac{\tau_{\frac{1}{4}}^{\mathrm{I}}}{\tau_{\frac{1}{2}}^{\mathrm{I}}} = 2. \tag{104}$$

Reaktion II. Ordnung:
$$A + B \to C + \dots$$

$$-\frac{d[A]}{dt} = -\frac{d[B]}{dt} = +\frac{d[C]}{dt} = \dots = k^{\mathrm{II}}[A][B] = k^{\mathrm{II}}\{[A]_0 - x\}\{[B]_0 - x\},$$

wobei $[A]_0$, $[B]_0$, $[A]$, $[B] \dots$ dem Obigen entsprechen, $x = [A]_0 - [A] =$
$= [B]_0 - [B]$.

$$\frac{1}{[A]_0 - [B]_0} \ln \frac{[B]_0\{[A]_0 - x\}}{[A]_0\{[B]_0 - x\}} = \frac{1}{[A]_0 - [B]_0} \ln \frac{[B]_0[A]}{[A]_0[B]} = k^{\mathrm{II}}t. \tag{105}$$

Falls $[A] = [B]$ [1]

$$-\frac{d[A]}{dt} = k^{\mathrm{II}}[A]^2; \quad \frac{[A]_0 - [A]}{[A]_0 \cdot [A]} = \frac{x}{[A]_0\{[A]_0 - x\}} = k^{\mathrm{II}}t, \tag{106}$$

und hierfür

$$\tau_{\frac{1}{2}}^{\mathrm{II}} = \frac{1}{k^{\mathrm{II}}[A]_0}; \quad \tau_{\frac{1}{4}}^{\mathrm{II}} = \frac{3}{k^{\mathrm{II}}[A]_0}; \quad \frac{\tau_{\frac{1}{4}}^{\mathrm{II}}}{\tau_{\frac{1}{2}}^{\mathrm{II}}} = 3. \tag{107}$$

Reaktion III. Ordnung:
$$A + B + C \to D + \dots$$

Mit früheren Bezeichnungen

$$-\frac{d[A]}{dt} = \dots = \frac{dx}{dt} = k^{\mathrm{III}}\{[A]_0 - x\}\{[B]_0 - x\}\{[C]_0 - x\},$$

$$\frac{1}{\{[B]_0 - [A]_0\}\{[C]_0 - [A]_0\}} \ln \frac{[A]_0}{[A]_0 - x} +$$

$$+ \frac{1}{\{[A]_0 - [B]_0\}\{[C]_0 - [B]_0\}} \ln \frac{[B]_0}{[B]_0 - x} +$$

$$+ \frac{1}{\{[A]_0 - [C]_0\}\{[B]_0 - [C]_0\}} \ln \frac{[C]_0}{[C]_0 - x} = k^{\mathrm{III}}t. \tag{108}$$

Falls $[A] = [B] = [C]$:

$$-\frac{d[A]}{dt} = k^{\mathrm{III}}[A]^3; \quad \frac{1}{2}\left\{\frac{1}{[A]^2} - \frac{1}{[A]_0^2}\right\} = k^{\mathrm{III}}t; \quad \tau_{\frac{1}{2}}^{\mathrm{III}} = \frac{3}{2}\frac{1}{k^{\mathrm{III}}[A]_0^2};$$

$$\tau_{\frac{1}{4}}^{\mathrm{III}} = \frac{15}{2}\frac{1}{k^{\mathrm{III}}[A]_0^2}; \quad \frac{\tau_{\frac{1}{4}}^{\mathrm{III}}}{\tau_{\frac{1}{2}}^{\mathrm{III}}} = 5. \tag{109}$$

---

[1] Falls in (105) (und entsprechend in anderen Gleichungen) $[A]$ nicht exakt gleich
$[B]$, aber nur wenig von diesem verschieden ist, so schreibe man den Logarithmus
als Summe von Logarithmen einzelner von 1 wenig abweichender Größen $(1 \pm \delta)$
und entwickle die Logarithmen in Reihen nach δ: $\left[\ln(1 \pm \delta) = \pm \delta - \frac{\delta^2}{2} \pm \dots\right]$,
wobei man an passender Stelle abbricht und wobei die Differenzen $[A]_0 - [B]_0$ usw.
herausfallen; man erhält durch Grenzübergang so übrigens unmittelbar die integrierte
Gleichung (106) aus (105). Für einen speziellen Fall vgl. z. B. H. KÜHL: Z. physik.
Chem. **44** (1903), 456.

Bei zusammengesetzten Reaktionen können sich formal beliebige, auch gebrochene Ordnungen ν ergeben; für $\nu \neq 1$ und $[A] = [B] = \ldots$ wird:

$$- \frac{d\,[A]}{d\,t} = k^{(\nu)}\,[A]^\nu\,; \quad \frac{1}{\nu-1}\left\{\frac{1}{[A]^{\nu-1}} - \frac{1}{[A]_0^{\,\nu-1}}\right\} = k^{(\nu)}\,t\,; \quad \frac{\tau_{\frac14}^{(\nu)}}{\tau_{\frac12}^{(\nu)}} = 2^{\nu-1} + 1. \quad (110)$$

Man kann jede der obigen Formeln benutzen, um festzustellen, welchem Zeitgesetz eine Reaktion gehorcht und um die Geschwindigkeitskonstanten zu ermitteln. Die Abhängigkeit der Halbwertzeit von der Konzentration und das Verhältnis von Viertelwert- zu Halbwertzeit sind gelegentlich bequem zur Bestimmung der Ordnung einer Reaktion.

Die Ermittlung des Mechanismus einfacher Reaktionen bietet keinerlei Schwierigkeiten. Sie sei hier trotzdem an einem speziellen Beispiel aufgezeigt, weil das gleiche Verfahren das formale Zeitgesetz jeder beliebigen Reaktion zu ermitteln gestattet. Der Unterschied besteht nur darin, daß bei als einfach erkannten Reaktionen mit dem formalen Zeitgesetz auch bereits der Mechanismus gegeben ist, bei zusammengesetzten Reaktionen im allgemeinen aber nicht.

Hat man etwa eine einfache bimolekulare Reaktion:

$$A + B \rightleftarrows X + Y, \quad (111)$$

so ist eine eindeutige Festlegung des Reaktionsmechanismus auf folgendem Wege möglich. Man bestimmt in geeignet gewählten Zeitabständen die Konzentrationen sämtlicher Ausgangs- und Endprodukte,[1] wobei man außerdem noch Versuche mit systematisch variierten Konzentrationen der einzelnen Komponenten ausführt. Die mittlere Reaktionsgeschwindigkeit in jedem Intervall

$$- \frac{\Delta\,[A]}{\Delta\,t} = f\left\{[\overline{A}],\ [\overline{B}],\ [\overline{X}],\ [\overline{Y}]\right\} \quad (112)$$

ist dann unmittelbar aus den Beobachtungen bekannt. Hat man die Zeitintervalle Δt klein genug gewählt, so stellt $\dfrac{\Delta\,[A]}{\Delta\,t}$ mit beliebiger Genauigkeit etwa den Differentialquotienten für die Mitte des untersuchten Zeitintervalls dar.[2] Vergleicht man nun die Geschwindigkeiten z. B. für konstant gehaltenes $[B]$, $[X]$ und $[Y]$, aber verschiedene Werte von $[A]$,[3] so ergibt sich unmittelbar die Reaktionsgeschwindigkeit als Funktion von $[A]$. Mit der gemachten Voraussetzung einer einem einfachen Zeitgesetz folgenden Reaktion kann sich nur ergeben:

$$- \frac{\Delta\,[A]}{\Delta\,t} \approx C_1\,[A]^\nu + C_2, \quad (113)$$

wobei $\nu = 1$, 2 oder 3 (im allgemeinen 1 oder 2) und C_1 und C_2 noch von den Konzentrationen der übrigen Stoffe abhängen können. In dem speziell gewählten Beispiel der bimolekularen Reaktion (111) kann die systematische Weiterführung dieses Verfahrens schließlich nur zu dem Ausdruck führen:

$$- \frac{d\,[A]}{d\,t} = k_1\,[A]\,[B] - k_1{'}\,[X]\,[Y], \quad (114)$$

---

[1] Wenn keine Nebenreaktionen ablaufen und keine etwaigen Zwischenprodukte auftreten, liefert natürlich eine einzige Analyse wegen der stöchiometrischen Beziehungen die Konzentrationen sämtlicher Produkte.

[2] Man könnte statt dessen oft besser etwa $[A]$ als Funktion von t graphisch auftragen und aus der ausgeglichenen Kurve $\dfrac{d\,[A]}{d\,t}$ entnehmen.

[3] $[\overline{A}]$, $[\overline{B}]$, $[\overline{X}]$ und $[\overline{Y}]$ sollen dabei etwa Konzentrationen für die Mitte des untersuchten Zeitintervalls darstellen (annähernd gleich dem Mittelwert der Konzentrationen zu Beginn und Ende des Intervalls).

wobei je nach der Lage des Gleichgewichtes und den Konzentrationen der Reaktionsprodukte das zweite Glied vernachlässigbar ist oder nicht. Praktisch wird man meist so vorgehen, daß man versuchsweise das Zeitgesetz der Form (114) annimmt und dann „von Punkt zu Punkt" prüft, ob

$$-\frac{\Delta\,[A]}{\Delta\,t} \approx k_1\,[\overline{A}]\,[\overline{B}] - k_1'\,[\overline{X}]\,[\overline{Y}] \qquad (115)$$

erfüllt ist oder nicht.

Voraussetzung für die eindeutige Ermittlung des Zeitgesetzes einfacher Reaktionen ist dabei nur, daß die Messungen so genau sind, daß die Beobachtungen eindeutig zwischen verschiedenen Zeitgesetzen zu unterscheiden erlauben.

14. Grundsätzliches über zusammengesetzte Reaktionen.

Zusammengesetzte Reaktionen kann man in mehrere wesentlich verschiedenartige Gruppen einteilen. Zu jeder Reaktion ist grundsätzlich auch die *Gegenreaktion* vorhanden, wodurch ein zusammengesetzter Geschwindigkeitsausdruck erhalten werden kann, wie bereits besprochen. Dann können verschiedene einfache Mechanismen unabhängig nebeneinander verlaufen, man kann also *Nebenreaktionen* haben; das erschwert zwar die Klärung des Gesamtvorganges erheblich, ist aber sonst ein uninteressanter Fall. Unter zusammengesetzten Reaktionen im engeren Sinne wollen wir eine *Folge von Teilreaktionen* verstehen, zu denen dann eventuell noch Parallelreaktionen hinzutreten können.

Das Problem der Behandlung zusammengesetzter Reaktionen ist dann ein zweifaches. Einerseits kann es sich darum handeln, das System von Differentialgleichungen zu integrieren, welches nun an Stelle der einen eine einfache Reaktion charakterisierenden Differentialgleichung tritt; das ist in den einfacheren Fällen allgemein möglich, sonst aber nicht mehr. Da es an sich möglich ist, bei passender Versuchsanlage mit Differenzengleichungen an Stelle der Differentialgleichungen zu operieren, bzw. in jedem hinreichend wichtigen Spezialfalle auf numerischem oder graphischem Wege zu Lösungen zu kommen, so sehen wir hierin kein entscheidendes Problem. Die Schwierigkeit liegt in dem Umgekehrten: einem gegebenen Gesetz der Reaktionsgeschwindigkeit einen Mechanismus[1] zuzuordnen, was im allgemeinen eindeutig nicht möglich ist. Man verfährt normalerweise so, daß man versuchsweise ein Reaktionsschema annimmt und die Folgerungen daraus mit der Erfahrung vergleicht; dabei ist im Falle der Übereinstimmung von vornherein nicht zu sagen, ob es nicht beliebig viele andere Schemata gibt, welche ebensogut mit der Erfahrung übereinstimmen (vgl. später S. 129 ff.). Man wird daher immer aus dem Schema gewisse, experimentell greifbare Folgerungen zu ziehen und diese durch neue Experimente zu prüfen bestrebt sein; werden diese Folgerungen bestätigt und stehen sie gleichzeitig im Widerspruch zu den aus anderen mit den ersten Experimenten verträglichen Schemata gezogenen Folgerungen, so wird das zugrunde gelegte Schema eine starke Stütze erfahren, in den seltensten Fällen aber absolut bewiesen sein.

In den Fällen, in denen die Reaktion über „instabile Zwischenprodukte" verläuft, ist es bei „quasistationärer" Reaktion im allgemeinen möglich, von den Differentialgleichungen zu einem System gewöhnlicher Gleichungen und zu einem algebraischen Ausdruck für die Bruttoreaktionsgeschwindigkeit zu

---

[1] Wobei wir unter „Mechanismus" oder „Reaktionsschema" ein System von Umsetzungsgleichungen verstehen, welches einerseits die beobachtete Bruttoumsetzung liefert, andererseits bei kinetischer Auswertung, wie im folgenden noch zu besprechen, auf einen bestimmten Geschwindigkeitsausdruck führt.

kommen (wieder zu einer Differentialgleichung, da die Bruttogeschwindigkeit ein Differentialquotient ist).

Der Habitus einer Reaktion ist wesentlich verschieden, je nachdem man es mit einer „offenen" oder „geschlossenen" Folge von Reaktionen zu tun hat,[1] gewöhnlichen zusammengesetzten Reaktionen oder „Kettenreaktionen", wie sie von BODENSTEIN in die chemische Kinetik eingeführt worden sind. Reagieren Ausgangstoffe A_i zu Endstoffen B_i über Zwischenstoffe X_i bzw. Y_i, so sehen Beispiele offener bzw. geschlossener Folgen so aus:

I. **Offene Folge:**

$$A_1 \rightleftarrows B_1 + X_1,$$
$$X_1 + A_2 \rightleftarrows B_2 + X_2,$$
$$X_2 + A_3 \rightleftarrows B_3,$$
$$\Sigma\, A_i \rightleftarrows \Sigma\, B_i.$$

II. **Geschlossene Folge:**

$$Y_1 + A_1 \rightleftarrows B_1 + Y_2.$$
$$Y_2 + A_2 \rightleftarrows B_2 + Y_3,$$
$$Y_3 + A_3 \rightleftarrows B_3 + Y_1,$$
$$\Sigma\, A_i \rightleftarrows \Sigma\, B_i.$$

Gemeinsam ist beiden, daß die Summe der Teilreaktionen die Zwischenprodukte nicht mehr enthält und zu der Bruttoreaktion $\Sigma\, A_i \rightleftarrows \Sigma\, B_i$ führt. Der entscheidende Unterschied besteht darin, daß bei der Folge I die Reaktion nach einmaligem Durchlaufen der Folge beendet ist, bei II aber nicht; denn es tritt am Ende wieder die Komponente Y_1 auf, die, falls sie ein aktives Produkt ist, wieder zu einem Reaktionsbeginn führt; bei den eigentlichen Kettenreaktionen wird immer vorausgesetzt, daß mindestens einige der Zwischenprodukte aktive Teilchen sind. Das System II hat cyclischen Charakter. Weiter: System I führt bei Kenntnis der 6 Geschwindigkeitskonstanten zu eindeutigen Werten der Konzentration der Zwischenprodukte und der Reaktionsgeschwindigkeit. Schema II liefert dies nicht; die Konzentrationen der Y_i sind nur bis auf einen Faktor bestimmt, die Reaktionsgeschwindigkeit bleibt völlig unbestimmt. Es sind nämlich beide Male drei Gleichungen vorhanden; im ersten Fall auch drei Unbekannte (zwei Konzentrationen der Zwischenprodukte X_i und die Bruttoreaktionsgeschwindigkeit); im zweiten Fall aber vier Unbekannte (ein Zwischenprodukt, Y_3, mehr). Im zweiten Fall fehlt also noch eine Gleichung, die der sogenannten Ketteneinleitung und dem Kettenabbruch entspricht (vgl. später S. 124 ff.).

Als weitere Unterteilung ist wichtig die in gerade und verzweigte Folgen, die aber nur bei geschlossenen Folgen zu wesentlich Neuem führt (vgl. S. 132 ff.).

15. Ermittlung des Mechanismus zusammengesetzter Reaktionen.

Unter den gleichen Voraussetzungen wie bei einfachen Reaktionen ist grundsätzlich eine eindeutige Ermittlung des Reaktionsmechanismus auch noch bei zusammengesetzten Reaktionen möglich, sofern nur stabile Produkte auftreten, deren Konzentrationen, auch die von Reaktionszwischenprodukten, zu verschiedenen Zeitpunkten analytisch bestimmt werden können. Betrachten wir dazu ein einfaches Beispiel. Eine Substanz A zerfalle monomolekular und nach der I. Ordnung in ein Zwischenprodukt B, das seinerseits in ein Endprodukt C zerfällt, ebenfalls nach der I. Ordnung; radioaktive Zerfallsprozesse lassen sich als Beispiel hierfür anführen, es können aber auch Umlagerungen oder Zerfalls-

---

[1] In der Terminologie von J. A. CHRISTIANSEN: Z. physik. Chem., Abt. B **28** (1935), 303. — Vgl. den nachfolgenden Artikel von CHRISTIANSEN in diesem Bande des Handbuchs.

reaktionen sonstiger Stoffe nach diesem Schema verlaufen.[1] Das angenommene Reaktionsschema würde also sein, wenn wir voraussetzen, daß Rückreaktionen vernachlässigbar sind (wie beim radioaktiven Zerfall):

$$A \to B; \quad B \to C. \tag{116}$$

Statt der einen Differentialgleichung für die Reaktion haben wir jetzt ein System zweier simultaner Differentialgleichungen (die dritte angeschriebene Gleichung ist von den beiden ersten nicht unabhängig):

$$\left.\begin{aligned} \text{a)} \quad &-\frac{d[A]}{dt} = \quad k_1[A], \\ \text{b)} \quad &-\frac{d[B]}{dt} = -k_1[A] + k_2[B], \\ \text{c)} \quad &-\frac{d[C]}{dt} = \quad\quad -k_2[B]. \end{aligned}\right\} \tag{117}$$

(Wenn die Rückreaktionen nicht vernachlässigbar und ebenfalls I. Ordnung wären, würde zu (a) noch ein Glied $-k_1'[B]$, zu (b) ein Glied $+k_1'[B] - k_2'[C]$ und zu (c) ein Glied $+k_2'[C]$ hinzutreten.) Bestimmt man bei systematisch variierten Konzentrationen der einzelnen Komponenten die Reaktionsgeschwindigkeit, so entnimmt man wiederum unmittelbar aus den systematischen Versuchen:

$$\left.\begin{aligned} \text{a)} \quad &-\frac{\Delta[A]}{\Delta t} = k_1[\overline{A}], \\ \text{b)} \quad &-\frac{\Delta[B]}{\Delta t} = -k_1[\overline{A}] + k_2[\overline{B}], \\ \text{c)} \quad &-\frac{\Delta[C]}{\Delta t} = \quad\quad -k_2[\overline{B}], \end{aligned}\right\} \tag{118}$$

womit alles bekannt ist. Das bleibt auch noch das gleiche, wenn man die Rückreaktionen nicht mehr vernachlässigen kann, wenn an Stelle von zwei Teilreaktionen deren mehrere treten und die Einzelreaktionen nicht mehr alle I. Ordnung sind.

Ändern kann es sich jedoch, sobald Zwischenprodukte auftreten, die man nicht kennt oder aus irgendwelchen Gründen nicht analytisch erfassen kann. Wir wollen z. B. annehmen, wir hätten wieder das System (116), könnten aber die Konzentration von B nicht bestimmen;[2] dann können wir aus den unmittelbaren Beobachtungen zwar wieder entnehmen:

$$-\frac{\Delta[A]}{\Delta t} = k_1[\overline{A}], \tag{118a}$$

(118b) würden wir aber überhaupt nicht bekommen und statt (118c) erhielten wir:

$$-\frac{\Delta[C]}{\Delta t} = f([\overline{A}], t), \tag{119}$$

---

[1] Als Beispiel für eine derartige Umsetzung kann die Verseifung des Esters einer zweibasischen Säure dienen [J. Meyer: Z. physik. Chem. **66** (1909), 81; **67** (1909), 257. — O. Knoblauch: Z. physik. Chem. **26** (1898), 96]. Bei Verseifung in saurer Lösung liegt exakt der hier besprochene Fall vor (weil die H-Ionenkonzentration praktisch unveränderlich ist und in die Konstante gezogen werden kann; bei Verseifung in alkalischer Lösung nur, falls Alkalikonzentration $\gg$ Esterkonzentration). Man hat also: A = Ester der zweibasischen Säure, B = saurer Ester, C = Säure.

[2] Bzw. wir würden aus dem formalen Reaktionsverlauf schließen, daß ein solches Zwischenprodukt auftritt, über dessen Natur wir aber noch nichts wüßten.

eine Geschwindigkeitsgleichung, die von $[A]$ und der Zeit, nicht aber von $[C]$ abhängt. Man wird erwarten, daß einfach

$$f([\overline{A}], t) = - k_2 [\overline{B}] \tag{120}$$

sein wird, wo $[\overline{B}]$ von der Anfangskonzentration von A und von der Zeit abhängen wird. Eine Auswertung der Versuche setzt jetzt eine Integration des Gleichungssystems (118) voraus, die hier ohne Schwierigkeit möglich ist. (118a) ergibt integriert:

$$[A] = [A]_0 \, e^{-k_1 t}, \tag{121}$$

wo $[A]_0$ die zur Zeit $t = 0$ vorhandene Konzentration von A ist. (118b) ergibt, wie man nach allgemeinen Methoden finden kann,[1] wie man aber auch durch einfaches Probieren erhält (für $t = 0$ möge $[B] = 0$ gewesen sein):

$$[B] = \frac{[A]_0 \, k_1}{k_1 - k_2} \{ e^{-k_2 t} - e^{-k_1 t} \}. \tag{122}$$ [2]

Setzt man dies in (118c) ein, so liefert die Integration:

$$[C] = [A]_0 \left\{ 1 - \frac{k_1 k_2}{k_1 - k_2} \left[\frac{e^{-k_2 t}}{k_2} - \frac{e^{-k_1 t}}{k_1} \right] \right\}. \tag{123}$$

Praktisch würde man daher so verfahren, daß man vergleicht, ob der empirisch abgeleitete Ausdruck (119) mit dem Differentialquotienten von (123) nach der Zeit übereinstimmt (bzw. man würde irgendwelche diesen entsprechende Ausdrücke miteinander vergleichen); aus der Übereinstimmung würde man auf das Erfülltsein des Reaktionsschemas (118) schließen. Hat man das Schema (118) mit einem bestimmten Zwischenprodukt B aufgestellt, so ist, im Gegensatz zum früheren, jetzt dieses Schema *nicht* eindeutig bewiesen. Bewiesen ist lediglich der formale Verlauf über irgendein Zwischenprodukt.[3] Dagegen ist es möglich, die Konzentration dieses unbekannten Zwischenprodukts und seine Zerfallskonstante k_2 anzugeben, wenn man sowohl die Konzentrationsabnahme von A als auch die Konzentrationszunahme von C mit der Zeit experimentell ermittelt hat. Daß man die Konzentration von B so erhält, ist ohne weiteres einleuchtend; denn falls man andere Reaktionswege ausschließen kann, muß alles A, das verschwunden und nicht als C wieder erschienen ist, in Form von B vorhanden sein.[4] Die Zerfallskonstante k_2 kann man aus (123) explicite bestimmen, da $[A]_0$ bekannt ist und k_1 unabhängig ermittelt wird.

Es ist nützlich, sich die Ver-

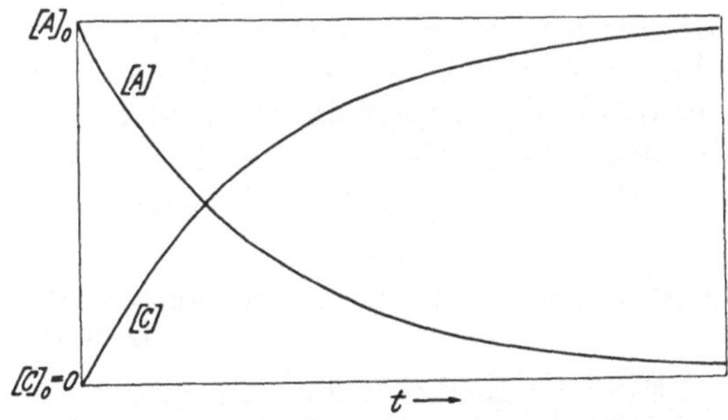

Abb. 6. Zeitlicher Konzentrationsverlauf bei der einfachen Umsetzung $A \rightarrow C$ nach der I. Ordnung.

---

[1] Vgl. die Lehrbücher der Differentialgleichungen; für Systeme von Reaktionsgleichungen der I. Ordnung insbesondere A. RAKOWSKY: Z. physik. Chem. **57** (1907), 321. — A. SKRABAL: zitiert S. 119. — R. WEGSCHEIDER: Z. physik. Chem. **35** (1900), 513.

[2] Der Grenzübergang für $k_1 \rightarrow k_2$ liefert statt (122):

$$[B] = [A]_0 \, k_1 \, t \, e^{-k_1 t};$$

der obige Ausdruck wird unbestimmt für $k_1 = k_2$. Der Ausdruck für $[C]$ ergibt sich dann unmittelbar durch Integration.

[3] Es könnte noch eine Reihe weiterer, aber instabiler Zwischenprodukte vorhanden sein, deren Rolle hier aber grundsätzlich außer Betracht bleiben soll; vgl. später S. 118 ff.

[4] Wenn die Konzentration von B sehr klein ist, versagt natürlich die Methode; dann ergeben sich dafür die Vereinfachungen des folgenden Abschnitts.

hältnisse graphisch zu veranschaulichen. Bei der einfachen Zerfallsreaktion

$$A \rightarrow C$$

verlaufen die Konzentrationen wie in Abb. 6.

Im Falle des Schemas (118) muß der zeitliche Abfall von $[A]$ analog sein wie in Abb. 6, vgl. Abb. 7, jedoch ist der zeitliche Verlauf für $[B]$ und $[C]$ ein anderer. Da zu Anfang kein B vorhanden sein soll und da nach Annahme die Reaktion vollständig im Sinne einer Bildung von C abläuft, muß der zeitliche Verlauf von $[B]$ wie in Abb. 7 sein. Die Bildungsgeschwindigkeit von B hat ihren größten Wert für $t = 0$ $\left(\text{wo } \dfrac{d\,[B]}{d\,t} = -\dfrac{d\,[A]}{d\,t} \text{ ist}\right)$; für einen gewissen Zeitpunkt t_1 durchläuft $[B]$ ein Maximum, um dann asymptotisch auf Null abzuklingen. Da C in einer Reaktion I. Ordnung aus B entsteht, dessen Konzentration für

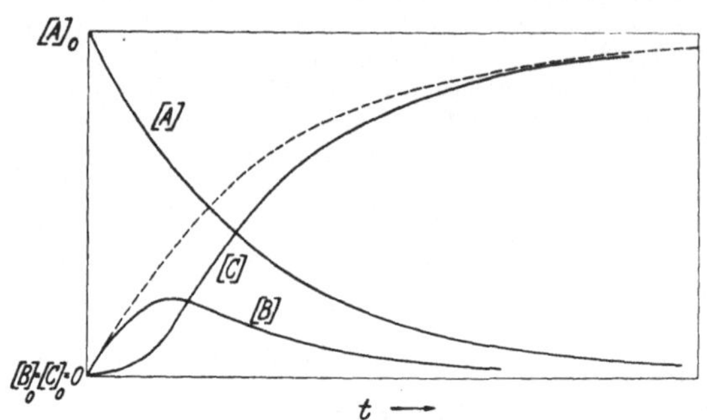

Abb. 7. Konzentrationsänderungen des Ausgangsstoffes A, des Zwischenstoffes B und des Endproduktes C bei der offenen Folge zweier Reaktionen I. Ordnung $A \rightarrow B$; $B \rightarrow C$.

$t = 0$ Null sein soll, so werden für $t = 0$ nicht nur $[C]$, sondern auch $\dfrac{d\,[C]}{d\,t} = 0$ werden, es wird also der Konzentrationsverlauf von C wie in Abb. 7 gezeichnet sein: die Bildungsgeschwindigkeit von C durchläuft zunächst eine „Induktionsperiode"; das Maximum der Bildungsgeschwindigkeit (Wendepunkt in der Kurve für $[C]$) und das Maximum in der Konzentration von B werden im gleichen Zeitpunkt erreicht (da $\dfrac{d\,[C]}{d\,t}$ proportional mit $[B]$ ist). Für große t muß der Konzentrationsverlauf von C in Abb. 7 entsprechend sein wie der für C in Abb. 6. Weitere Einzelheiten des Verlaufes auch für allgemeinere Fälle und bei Berücksichtigung der Gegenreaktionen überlegt man sich leicht.

Wesentliche Vereinfachungen in den Beziehungen erhält man, wenn die Reaktion über eine „aktive" Teilchenart B verläuft, was nun erörtert werden soll.

Reaktionen, die unter Beteiligung „aktiver", kurzlebiger Zwischenprodukte verlaufen.

Falls die Reaktion über ein aktives, kurzlebiges Zwischenprodukt verläuft, so heißt dies: die Zerfallskonstante k_2 des Zwischenprodukts muß groß sein gegen k_1, die der Ausgangssubstanz A.[1] Dies muß zur Folge haben, daß die Konzentration von B immer klein bleibt und entsprechend das Maximum in der Konzentration von B bereits in einem sehr frühen Zeitpunkt erreicht wird; dementsprechend durchläuft auch die Bildungsgeschwindigkeit von C bereits in einem sehr frühen Zeitpunkt ihr Maximum, und der zeitliche Verlauf der Konzentration von C ist bereits von einem frühen Zeitpunkt ab annähernd so, wie es dem direkten Zerfall von A in C entspräche (gestrichelte Kurve der Abb. 8). Wenn $[B]$ absolut klein ist, verglichen mit $[A]$ und $[C]$, Abb. 8, so muß ent-

---

[1] Statt dessen könnte auch der S. 120/121 behandelte Fall des vorgelagerten Gleichgewichtes eintreten.

sprechend, außer für die hier sehr kurze Induktionsperiode, auch $\left|\dfrac{d\,[B]}{d\,t}\right|$ sehr klein gegen $\left|\dfrac{d\,[A]}{d\,t}\right|$ und $\left|\dfrac{d\,[C]}{d\,t}\right|$ sein.[1]

Man kann daher für die Rechnung setzen (außer für den allerersten Anfang, der aber experimentell doch nicht zu erfassen ist):

$$\frac{d\,[B]}{d\,t} \approx 0; \tag{124}$$

dies ist eine zusätzliche Gleichung, welche die Berechnung sehr vereinfacht. Schreiben wir die Gleichungen (118) nochmals an:

$$-\frac{d\,[A]}{d\,t} = k_1[A], \tag{118a}$$

$$-\frac{d\,[B]}{d\,t} = -k_1[A]+k_2[B], \tag{118b}$$

$$-\frac{d\,[C]}{d\,t} = -\; k_2[B], \tag{118c}$$

so folgt mit (124):

$$-\frac{d\,[A]}{d\,t} = k_1[A] =$$
$$= k_2[B] = +\frac{d\,[C]}{d\,t}. \tag{125}$$

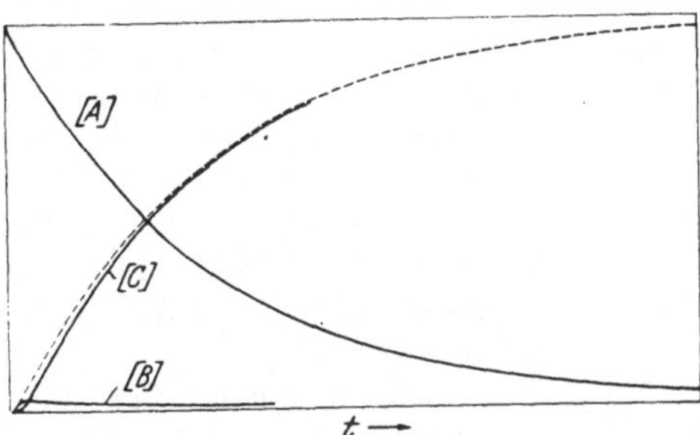

Abb. 8. Konzentrationsänderungen von Ausgangsstoff A, Zwischenstoff B und Endprodukt C bei offener Folge zweier Reaktionen I. Ordnung $A \to B$; $B \to C$, von denen die zweite rasch gegen die erste verläuft ($B =$ instabiler Zwischenstoff); (_ _ _ _) genäherte Darstellung mit $[B]=0$.

Für den Zerfall ist also nur die Geschwindigkeit des Zerfalls von $[A]$ maßgebend; d. h. man hat in Abb. 8 die ausgezogene durch die gestrichelte Kurve für $[C]$ ersetzt; die Differenz von beiden ist gleich der Konzentration von $[B]$. Die Fehler, welche durch die Methode hereingebracht werden, sind also so groß wie die Konzentration des kurzlebigen, in geringer Konzentration vorhandenen Zwischenprodukts; da man diese Methode aber ausschließlich anwendet, wo aktive, analytisch nicht faßbare Zwischenprodukte auftreten, so sind auch normalerweise die daher rührenden Fehler vernachlässigbar.

Die Methode, die Konzentrationen aktiver Zwischenprodukte als quasistationär anzusetzen, ihren zeitlichen Differentialquotienten daher ≈ 0 zu nehmen, ist von BODENSTEIN in die Reaktionskinetik eingeführt worden. Die Berechtigung der Methode ergibt sich bereits aus dem Vorangehenden. Gegenüber wiederholt erhobenen Einwänden[2] sei hier nochmals das Grundsätzliche betont. Entstehe der instabile Zwischenkörper X in einer beliebigen Reaktion, so erhalten wir aus allen Umsatzgleichungen, nach denen X gebildet wird, für die zeitliche Zunahme von X:

$$\left(\frac{d\,[X]}{d\,t}\right)_{+}$$

---

[1] An sich braucht natürlich der Differentialquotient einer kleinen Größe nicht selbst klein zu sein; daß dies hier aber tatsächlich so ist, folgt schon daraus, daß die kleine Größe $[B]$ in etwa der gleichen Zeit auf Null abklingt wie die große Konzentration $[A]$ (in welcher Zeit auch $[C]$ von 0 auf seinen Endwert ansteigt). Im Mittel werden also die einzelnen Differentialquotienten dem Betrage nach etwa den Absolutwerten proportional. Dies gilt in passender Verallgemeinerung unter viel allgemeineren Bedingungen als denen des speziellen, betrachteten Beispiels.

[2] Vgl. hierzu A. SKRABAL: Ann. Physik (4), **82** (1927), 138; **84** (1927), 624; Mh. Chem. **64** (1934), 289; **65** (1935), 275; **66** (1935), 129; Z. Elektrochem. angew. physik. Chem. **42** (1936), 228; **43** (1937), 309. — M. BODENSTEIN: Ann. Physik **82** (1927), 836; l. c. S. 111.

und entsprechend für die zeitliche Abnahme von X:

$$\left(\frac{d[X]}{dt}\right)_-.$$

Die Annahme der Quasistationarität sagt aus:

$$\frac{d[X]}{dt} = \left(\frac{d[X]}{dt}\right)_+ + \left(\frac{d[X]}{dt}\right)_- \approx 0; \tag{126}$$

dies heißt weder, daß $\frac{d[X]}{dt}$ exakt $= 0$ sein müsse, noch daß entsprechend $[X]$ genau konstant wäre (was beides nicht der Fall ist), es heißt lediglich, daß die (dem Vorzeichen nach verschiedenen) Glieder $\left(\frac{d[X]}{dt}\right)_+$ und $\left(\frac{d[X]}{dt}\right)_-$ in (126) sich in ihrem Absolutbetrag nur wenig unterscheiden. Physikalisch kann man diesen Sachverhalt auf verschiedene Weise charakterisieren: es heißt dies einerseits, daß X etwa ebenso schnell entsteht wie verschwindet; das folgt, wie bereits zu Beginn betont, einfach aus der Aussage, X sei ein instabiles Zwischenprodukt. Wenn anderseits die Differenz der Bildungs- und Verbrauchsgeschwindigkeit von X sehr klein ist, so heißt dies: das „Gleichgewicht" mit X, d. h. exakter der quasistationäre Zustand, wird sich schnell einstellen gegenüber der zeitlichen Veränderlichkeit von X.

Im ganzen ist zu sagen, daß die Bodensteinsche Rechenmethode zwar keineswegs selbstverständlich ist (für alle *nicht* „quasi"stationären Reaktionen gilt sie natürlich nicht), daß sie unter den gemachten Voraussetzungen aber einwandfrei ist. Von Skrabal vorgebrachte Einwände scheinen uns nicht den Kern der Sache zu treffen. Darüber hinaus kann man sich im Einzelfall, wenn die Kinetik einer Reaktion hinreichend geklärt ist, immer nachträglich überzeugen, ob die gemachten Voraussetzungen zutreffen oder nicht, ob nämlich die Änderungen der Konzentration der Zwischenprodukte sich als kleine Größen ergeben (vgl. später S. 121 bis 123).

Zur Illustration behandeln wir noch zwei Beispiele. Zunächst die obige Reaktion $A \xrightarrow{k_1} B \xrightarrow{k_2} C$, bei welcher B instabiles Zwischenprodukt sei, wo aber auch die Rückreaktion $B \xrightarrow{k_1'} A$ eine Rolle spielen möge. Es ergeben sich dann die Gleichungen:

$$\left.\begin{aligned}
-\frac{d[A]}{dt} &= k_1[A] - k_1'[B],\\
0 \approx -\frac{d[B]}{dt} &= -k_1[A] + k_1'[B] + k_2[B],\\
-\frac{d[C]}{dt} &= k_2[B].
\end{aligned}\right\} \tag{127}$$

Daraus:

$$[B] \approx \frac{k_1[A]}{k_1' + k_2}; \quad -\frac{d[A]}{dt} \approx +\frac{d[C]}{dt} \approx \frac{k_1 k_2[A]}{k_1' + k_2}. \tag{128}$$

Falls $k_2 \gg k_1'$, so ergibt sich der bisher betrachtete Fall. Wenn aber umgekehrt $k_1' \gg k_2$, so wird:

$$-\frac{d[A]}{dt} = \frac{d[C]}{dt} = \frac{k_1}{k_1'}\, k_2[A] = K\, k_2[A], \tag{129}$$

wo

$$K = \frac{k_1}{k_1'}$$

die Gleichgewichtskonstante der Reaktion $A \rightleftarrows B$ ist. Unter dieser Voraussetzung gilt also: Der Zwischenstoff B steht mit dem Ausgangsstoff A (nahezu) im thermodynamischen Gleichgewicht (*„vorgelagertes Gleichgewicht"*); der Zerfall des Zwischenstoffes ist *geschwindigkeitsbestimmend*.

Hierunter kann man den normalen Fall einer monomolekularen Reaktion rechnen, wo B der aktive Zustand von A ist (vgl. S. 101 ff.). Da ein Zwischenkörper, der mit dem Ausgangsstoff im Gleichgewicht steht, geeignet ist zur Ableitung der ARRHENIUSschen Formel für die Temperaturabhängigkeit chemischer Reaktionen, so nennt man einen solchen Stoff des öfteren „ARRHENIUS*schen Zwischenkörper*" (nach SKRABAL).

Es können Zwischenkörper entweder im thermodynamischen Gleichgewicht mit dem Ausgangsstoff (ARRHENIUSsche Zwischenkörper) oder im laufenden stationären Zustand (VAN T'HOFFsche Zwischenkörper) sich natürlich auch durch Reaktion mit einem zweiten Stoff bilden, wobei der zweite Stoff auch speziell ein „Katalysator" sein kann, der dann in einer Folgereaktion wieder rückgebildet wird. Für die formale Behandlung solcher Vorgänge ist dabei alles durch das Vorangehende erledigt.

Die Berechtigung der BODENSTEINschen Methode sei hier an einem numerischen Beispiel nachgewiesen, da ein solches bisher in der Literatur nicht behandelt zu sein scheint:

Für die *Bildung des Bromwasserstoffes aus den Elementen* fanden BODENSTEIN und LIND[1] experimentell:

$$\frac{d\,[H\,Br]}{dt} = \frac{C_1\,[H_2]\,\sqrt{[Br_2]}}{1 + C_2\,\dfrac{[H\,Br]}{[Br_2]}} \tag{130}$$

mit $C_2 \approx \dfrac{1}{10}$. CHRISTIANSEN,[2] POLANYI[3] und HERZFELD[4] gaben zur Deutung unabhängig voneinander den Reaktionsmechanismus an:

1. $\qquad\qquad Br_2 \rightarrow 2\,Br - 45{,}2$ kcal,
2. $\qquad\qquad Br + H_2 \rightarrow HBr + H - 16{,}8$ kcal,
3. $\qquad\qquad H + Br_2 \rightarrow HBr + Br + 40{,}8$ kcal,
4. $\qquad\qquad H + HBr \rightarrow H_2 + Br + 16{,}8$ kcal,
6. $\qquad\qquad Br + Br \rightarrow Br_2 + 45{,}2$ kcal.

Mit Annahme der Quasistationarität der Zwischenstoffe H und Br erhält man:

$$\frac{d\,[H\,Br]}{dt} = \frac{2\,k_2\,[H_2]\,\sqrt{\dfrac{k_1}{k_6}\,[Br_2]}}{1 + \dfrac{k_4}{k_3}\,\dfrac{[H\,Br]}{[Br_2]}}. \tag{131}$$

was mit (130) übereinstimmt. Es ist insbesondere:

$$C_1 = 2\,k_2\,\sqrt{\frac{k_1}{k_6}},$$

$$\frac{k_1}{k_6} = K,$$

gleich der Dissoziationskonstanten der Brommolekeln;

$$\frac{k_4}{k_3} \approx \frac{1}{8{,}4}$$

---

[1] M. BODENSTEIN, S. C. LIND: Z. physik. Chem. **57** (1907), 168.

[2] J. A. CHRISTIANSEN: Kong. Dansk. Vidensk. Selsk., mat.-fysiske Medd. 1 (1919), 14.

[3] M. POLANYI: Z. Elektrochem. angew. physik. Chem. **26** (1920), 50.

[4] K. F. HERZFELD: Ann. Physik **57** (1919), 635; Z. Elektrochem. angew. physik. Chem. **25** (1919), 301.

(nach BODENSTEIN und JUNG,[1] und zwar praktisch unabhängig von der Temperatur). Das Schema gibt auch noch die Resultate der photochemischen Bromwasserstoffbildung richtig wieder, wobei statt $2\,k_1\,[\mathrm{Br_2}]$, der Geschwindigkeit der primären thermischen Bildung der Bromatome, zu setzen ist: $2\,[I_{\mathrm{abs.}}]$, wenn $[I_{\mathrm{abs.}}]$ die Zahl der je Sekunde und Liter absorbierten photochemisch wirksamen Quanten in Mol-Quanten[2] ist (pro absorbiertes Lichtquant wird eine Brommolekel in die Atome gespalten). Durch Hinzunahme der Beobachtungen der photochemischen Reaktion wird es möglich, k_6 für sich zu berechnen. Damit lassen sich dann (wofür auf die Literatur verwiesen sei) sämtliche Geschwindigkeitskonstanten einzeln ermitteln, und wir können die bei der Berechnung gemachten Annahmen unmittelbar nachprüfen.

Die Experimente liefern (für Zeiten in Sekunden; Konzentrationen in Mol·Liter^{-1}):

$$\log k_2 = -\frac{19\,410}{4{,}571\,T} + \frac{1}{2}\log T + 10{,}47 - 0{,}57,$$

$$\log k_3 = -\frac{2620}{4{,}571\,T} + \frac{1}{2}\log T + 10{,}48 - 1{,}45$$

und für

$$\log k_4 = -\frac{2620}{4{,}571\,T} + \frac{1}{2}\log T + 10{,}53 - 0{,}57.$$

Für k_6 ergibt sich bei Atmosphärendruck[3] $\sim 10^8$ (die Bromatomrekombination ist eine Dreierstoßreaktion, die nur in einem geringen Bruchteil $\sim \dfrac{1}{1000}$ [bei 760 mm Hg] aller Zweierstöße verläuft). k_1 wird (bei Rekombination im *Dreierstoß* muß der Zerfall im *Zweierstoß*, nicht nach I. Ordnung erfolgen) bei 1 at und $500°$ abs. $\approx 8\cdot 10^{-9}$.

Wir schreiben nun die Ausdrücke $\dfrac{d\,[\mathrm{Br}]}{d\,t}$ und $\dfrac{d\,[\mathrm{H}]}{d\,t}$ an:

$$\left.\left(\frac{d\,[\mathrm{Br}]}{d\,t}\right)_+ = 2\,k_1\,[\mathrm{Br_2}] + k_3\,[\mathrm{H}]\,[\mathrm{Br_2}] + k_4\,[\mathrm{H}]\,[\mathrm{H\,Br}];\right.$$
$$\left(\frac{d\,[\mathrm{Br}]}{d\,t}\right)_- = -k_2\,[\mathrm{Br}]\,[\mathrm{H_2}] - 2\,k_6\,[\mathrm{Br}]^2.$$
$$\left(\frac{d\,[\mathrm{H}]}{d\,t}\right)_+ = k_2\,[\mathrm{Br}]\,[\mathrm{H_2}]; \quad \left(\frac{d\,[\mathrm{H}]}{d\,t}\right)_- = -k_3\,[\mathrm{H}]\,[\mathrm{Br_2}] - k_4\,[\mathrm{H}]\,[\mathrm{H\,Br}]. \tag{132}$$

Mit der Annahme der Quasistationarität $\left(\dfrac{d\,[\mathrm{H}]}{d\,t} \approx \dfrac{d\,[\mathrm{Br}]}{d\,t} \approx 0\right)$ erhält man daraus:

$$[\mathrm{Br}] = \sqrt{\frac{k_1}{k_6}\,[\mathrm{Br_2}]}; \quad [\mathrm{H}] = \frac{k_2\,[\mathrm{H_2}]\sqrt{\dfrac{k_1}{k_6}\,[\mathrm{Br_2}]}}{k_3\,[\mathrm{Br_2}] + k_4\,[\mathrm{H\,Br}]}. \tag{133}$$

Für 760 mm Gesamtdruck und $[\mathrm{H_2}] = [\mathrm{Br_2}]$, $[\mathrm{HBr}] = 0$ (also $[\mathrm{H_2}] = [\mathrm{Br_2}] \approx 2{,}5\cdot 10^{-2}$ Mol·Liter^{-1} bei $500°$ abs.) wird für $500°$ abs.:

$$[\mathrm{Br}] \approx 1{,}40\cdot 10^{-9}\ \mathrm{Mol/Liter}, \quad [\mathrm{H}] \approx 4{,}7\cdot 10^{-16}\ \mathrm{Mol/Liter}. \tag{134}$$

Damit wird [es genügt einen der vier Ausdrücke (132) zu betrachten]:

$$\left(\frac{d\,[\mathrm{Br}]}{d\,t}\right)_+ \approx 2\cdot 10^{-8}\,\mathrm{Mol/Liter\ sec}, \tag{135}$$

entsprechend für $\left(\dfrac{d\,[\mathrm{Br}]}{d\,t}\right)_-$. Anderseits ergibt sich aus (133) und (131) $\left[\text{es ist } \dfrac{d\,[\mathrm{Br_2}]}{d\,t} = -2\left(\dfrac{d\,[\mathrm{H\,Br}]}{d\,t}\right)\right]$;

---

[1] M. BODENSTEIN, G. JUNG: Z. physik. Chem. **121** (1926), 127.
[2] Ein Mol-Quant $= E = 6\cdot 10^{23}$ Quanten.
[3] Aus den Resultaten wird hervorgehen, daß selbst eine erhebliche Unsicherheit in k_1 und k_6 die folgenden Schlüsse nicht beeinträchtigen würde.

$$\frac{d\,[\mathrm{Br}]}{d\,t} = \frac{d}{d\,t}\left\{\sqrt{\frac{k_1}{k_6}\,[\mathrm{Br_2}]}\right\} =$$

$$= \frac{1}{2}\sqrt{\frac{k_1}{k_6}}\,\frac{1}{\sqrt{[\mathrm{Br_2}]}}\cdot\frac{d\,[\mathrm{Br_2}]}{d\,t} \approx -\,1{,}27\cdot10^{-15}\,\mathrm{Mol/Liter\ sec.} \qquad (136)$$

Das Ergebnis der Rechnung liefert also $\dfrac{d\,[\mathrm{Br}]}{d\,t}$ nach (136), während in den Zwischen-

rechnungen davon Gebrauch gemacht worden ist, daß $\left|\dfrac{d\,[\mathrm{Br}]}{d\,t}\right|$ vernachlässigbar ist

gegen die Größen $\left(\dfrac{d\,[\mathrm{Br}]}{d\,t}\right)_{+}$ (132) bzw. (135) usw., was nach Obigem offensichtlich der Fall ist. Die ganze Berechnung ist also in sich konsequent und widerspruchsfrei. Daß nach (134) die H-Atomkonzentration extrem viel kleiner ist als die Br-Atomkonzentration, hat seinen Grund in der viel größeren Reaktionsfähigkeit der H-Atome (nach 3 und 4) gegenüber der der Br-Atome nach 2. Deshalb kann auch die Rekombination von H-Atomen gegenüber der von Br-Atomen vernachlässigt werden, und deswegen gibt es auch keinen Kettenabbruch nach $\mathrm{H} + \mathrm{O_2}$ (wie bei der Chlorknallgasreaktion). Außerdem spielt wegen der großen Konzentration der Br-Atome Vernichtung von Br-Atomen an der Wand nur unter extremen Bedingungen (niederer Druck oder kleines Reaktionsgefäß) eine ausschlaggebende Rolle. Deshalb ist die Reaktion „brav", d. h. von Wandzustand und Verunreinigungen wenig abhängig.

Man könnte in solchen Fällen auch auf die BODENSTEINsche Annahme der Quasistationarität ganz verzichten und statt dessen ein Verfahren sukzessiver Approximationen einführen, indem man in I. Näherung mit $[\dot{X}_i] = \dfrac{d\,[\mathrm{Zwischenprodukt}]}{d\,t} = 0$ rechnet, dann aus dem Resultat der Rechnung einen neuen Wert für $[\dot{X}_i]$ [entsprechend (136)] entnimmt, damit die Rechnung in II. Näherung wiederholt usw. Im obigen Beispiel würde bereits die II. Näherung gegenüber der I. keinen merkbaren Unterschied bringen.[1] Allgemein würde man an der Konvergenz des Verfahrens erkennen, ob die gemachten Annahmen berechtigt waren (d. h. bei nichtstationären, insbesondere explosiven Reaktionen würde es versagen).

Man kann sich das gleiche noch auf ganz anderem Wege (wie mehrfach angedeutet) klarmachen. Nehmen wir eine nicht selbstbeschleunigte Reaktion und betrachten den „quasistationären" Zustand. Wir können dann auf folgendem Wege erzwingen, daß die von BODENSTEIN als annähernd erfüllt angenommenen Beziehungen $[\dot{X}_i] \approx 0$ in Strenge gelten. Mittels Zuführen und Abführen durch halbdurchlässige Wände hält man die Konzentrationen sämtlicher stabilen Ausgangs- und Endprodukte konstant; es müssen dann nach einer gewissen (kurzen) Zeit auch die Konzentrationen der Zwischenprodukte und die Reaktionsgeschwindigkeit konstant geworden sein. Die BODENSTEINsche Methode bedeutet, daß man die für diesen idealen Fall gültige Reaktionsgeschwindigkeit auf den normalen variabler Konzentrationen überträgt. Im allgemeinen wird man „gefühlsmäßig" beurteilen können, ob das erlaubt ist oder nicht.[2]

---

[1] In praktisch allen anderen Beispielen ebenso.

[2] Diesem Idealfall kommen Versuche mit strömenden Gasen, bei welchen sich stationäre Konzentrationen im Reaktionsgefäß einstellen (bei birnenförmigem Reaktionsgefäß kann man meist mit völliger Durchmischung in diesem rechnen), außerordentlich nahe (vgl. M. BODENSTEIN: Trabajos del IX Congreso Internacional de Quimica Pura y Aplicada. Tomo II. Quimica-Fisica. Madrid 1934); die BODENSTEINschen Annahmen dürfen daher auch als unmittelbar experimentell verifiziert gelten.

16. Allgemeines über Kettenreaktionen.

Kettenreaktionen sind, wie das besprochene Beispiel der Bromwasserstoffbildung, dadurch charakterisiert, daß gewisse instabile, aktive Zwischenprodukte in einer Primärreaktion gebildet werden, daß diese Zwischenprodukte in einer Reihe von Folgereaktionen, der Reaktionskette, unter Bildung der Endprodukte so reagieren, daß dabei die aktiven Teilchen immer wieder reproduziert werden, bis sie schließlich, zumindest im Fall stationärer Reaktionen, durch eine kettenabbrechende Reaktion verbraucht werden. Das stark vereinfachte Schema einer vollständigen Kettenreaktion wäre etwa:

$$\text{I.}\begin{cases} 1. \qquad A \xrightarrow{k_1} n\,X + \ldots, \\[2mm] 2. \quad X + A \xrightarrow{k_2} C + X, \\[2mm] 3. \; X + \ldots \xrightarrow{k_3} \text{wird vernichtet.} \end{cases}$$

Unter Voraussetzung der Quasistationarität $\left(\dfrac{d\,[X]}{d\,t} \approx 0\right)$ würde dies zur Geschwindigkeitsgleichung führen:

$$\frac{d\,[C]}{d\,t} = \frac{k_1 k_2}{k_3}\,[A]^2 = k'\,[A]^2, \tag{137}$$

also in diesem speziellen Fall in der äußeren Form nicht unterschieden vom Zeitgesetz einer gewöhnlichen bimolekularen, nach der II. Ordnung verlaufenden Reaktion; höchstens könnte ein anomaler Zahlenwert des Geschwindigkeitskoeffizienten k' darauf hindeuten, daß es sich nicht um eine einfache Reaktion handeln kann. Das formale Zeitgesetz braucht also keine eindeutigen Schlüsse auf den Mechanismus einer Kettenreaktion zuzulassen.

Im allgemeinen sind Kettenreaktionen komplizierter als Schema I, es treten etwa mindestens zwei Arten aktiver Teilchen X und Y auf, die abwechselnd die Kette fortführen, z. B.:

$$\text{II.}\begin{cases} 1. \qquad A \to n\,X, \\ 2. \; X + B \to C + Y, \\ 3. \; Y + A \to C' + X, \\ \quad\cdots\cdots\cdots\cdots\cdots \\ n-1. \qquad X \to \text{verbraucht,} \\ n. \qquad Y \to \text{verbraucht,} \end{cases}$$

wobei Kettenabbruch durch Verbrauch eines oder beider dieser aktiven Produkte zustande kommen kann. Zu diesem Typus gehört die oben besprochene Bromwasserstoffreaktion, die Chlorknallgasreaktion und viele sonstigen Kettenreaktionen.

Alle Mittel, welche geeignet sind, die Zahl der aktiven Teilchen zu beeinflussen, müssen zu einer Beschleunigung oder Hemmung einer Kettenreaktion führen. Es ergeben sich daher viele Möglichkeiten zu positiv oder negativ katalytischen Effekten. Insbesondere sind häufig in geringen Mengen anwesende Verunreinigungen geeignet, eine starke Hemmung der Reaktion durch Verbrauch aktiver Zentren hervorzurufen. Deshalb können vielfach derartige Hemmungen direkt als Kriterium für das Vorliegen von Kettenreaktionen angesehen werden. Dazu gehört auch die Wirkung der Gefäßwand, die in den allermeisten Fällen geeignet ist, die Rekombination aktiver Teilchen (Atome oder Radikale) zu befördern und damit kettenabbrechend zu wirken. Dabei kann durch Adsorption geeigneter Stoffe die kettenabbrechende Wirkung der Wand unter Umständen stark erhöht werden (z. B. durch Adsorption von KCl bei vielen Oxydationsreaktionen in der Gasphase) oder auch stark verringert werden (z. B. durch Adsorption von Wasserdampf für die Rekombination freier Wasserstoffatome; will man diese aus einer Entladung in hoher Konzentration gewinnen, so setzt man etwas Sauerstoff oder Wasserdampf zu zur „Vergiftung" der Wand).

Als Beispiel für die kettenabbrechende Wirkung der Wand kann die Bromwasserstoffreaktion im Licht dienen, welche bei niederen Drucken in ihrer Geschwindigkeit stark abfällt, weil dann die Bromatome in beträchtlichem Umfange zur Wand diffundieren und dort vernichtet werden können. Im Gebiet niederer Drucke wirkt Druckerhöhung (auch Fremdgaszusatz) daher geschwindigkeitssteigernd, während im Gebiet höherer Drucke Fremdgaszusatz reaktionshemmend wirkt infolge der Beschleunigung der Rekombination der Bromatome im Dreierstoß; alle solchen Einflüsse können als „katalytisch" bezeichnet werden. In welchem Druckgebiet ein Wandeinfluß sich bemerkbar macht, hängt wegen der Rolle der Diffusion stark von den Gefäßdimensionen ab (vgl. S. 126 ff.).

Als Beispiel für die Reaktionshemmung durch geringe Mengen von Verunreinigungen möge die Chlorknallgasreaktion erwähnt werden, die gleichzeitig im Vergleich mit der (analog verlaufenden) Bromwasserstoffreaktion erkennen läßt, wie sehr das formale Zeitgesetz einer Reaktion sich ändern kann, auch wenn die wesentlichsten Teilreaktionen erhalten bleiben. Die Chlorknallgasreaktion im Licht verläuft nach einem Schema, das wir stark vereinfacht angeben:

1. $Cl_2 + h\nu \rightarrow 2\,Cl,$
2. $Cl + H_2 \rightarrow HCl + H,$
3. $H + Cl_2 \rightarrow HCl + Cl,$

mit den kettenabbrechenden Reaktionen

4. $H + O_2 + M \rightarrow HO_2 + M^* \rightarrow$ ⎱ HO_2 wird vernichtet unter Verbrauch
5. $Cl + O_2 + HCl \rightarrow HO_2 + Cl_2 \rightarrow$ ⎰ eines weiteren aktiven Teilchens.

Hier ist, im Gegensatz zur Bromwasserstoffreaktion, die Reaktion 2 nur noch ganz wenig endotherm und verläuft darum mit vergleichbarer Geschwindigkeit wie 3; das bedeutet, daß in der Kette nicht mehr Wasserstoffatome bevorzugt verbraucht werden und somit auch die Konzentrationen der Wasserstoff- und der Chloratome nicht mehr so extrem verschieden sind wie bei der Bromwasserstoffreaktion, obwohl immer noch $[H] \ll [Cl]$. Da weiterhin die stationäre Konzentration aktiver Teilchen überhaupt ganz wesentlich unter der bei der Bromwasserstoffbildung[1] bleibt (denn da die Quantenausbeute bei der Chlorknallgasreaktion um eine Reihe von Zehnerpotenzen größer ist als bei der Bromwasserstoffbildung, so muß bei jener die Lichtintensität und damit die stationäre Atomkonzentration sehr viel niedriger gehalten werden, soll nicht die Reaktion in eine Explosion übergehen), so überwiegen jetzt, außer in ganz extrem gereinigten Gasen, die Kettenabbruchreaktionen 4 und 5 mit in geringer Menge als Verunreinigung stets anwesendem Sauerstoff. Wir gehen auf Einzelheiten nicht ein (an die Reaktionen 4 und 5 schließen sich noch Folgereaktionen an, die für uns hier aber nicht von grundsätzlicher Wichtigkeit sind), sondern merken lediglich an,

---

[1] Bei der Bromwasserstoffreaktion ist im Licht unter üblichen Bedingungen die Kettenlänge im Mittel unter Umständen < 1.

daß im wesentlichen infolge der Änderung der Geschwindigkeit der Teilreaktion 2 des Schemas jetzt als formaler Geschwindigkeitsausdruck[1] erhalten wird:

$$\frac{d[\mathrm{HCl}]}{dt} = \frac{C \cdot I_{\mathrm{abs.}} [\mathrm{Cl_2}]\ldots}{[\mathrm{O_2}]\ldots}. \tag{138}$$

In extrem gereinigten, sauerstoffarmen Gasen erhält man wiederum ein anderes Zeitgesetz. Man sieht bereits hieraus und aus der starken Wirkung mancher zufälliger Verunreinigungen, daß es im allgemeinen sehr vieler, unter stark variierten Bedingungen ausgeführter Versuche bedarf, wenn man einem empirisch gefundenen formalen Zeitgesetz in eindeutiger Weise einen Reaktionsmechanismus zuordnen will.

Die reaktionshemmende, kettenabbrechende Wirkung mancher Zusätze wird öfters benutzt zum Nachweis der Kettennatur einer Reaktion, bzw. zur Bestimmung der Kettenlänge. Dazu dient bei Zerfallsreaktionen organischer Stoffe häufig ein Zusatz von NO; aus dem Verhältnis der Geschwindigkeiten der ungehemmten und der durch hinreichend großen NO-Zusatz maximal gehemmten Reaktion leitet man einen Wert für die Mindestlänge der Reaktionsketten ab. Natürlich wird man mit Folgerungen bei negativem Resultat — Fehlen einer Hemmung durch den Zusatz — immer vorsichtig sein müssen, da man nie mit absoluter Sicherheit voraussagen kann, daß ein bestimmter Stoff kettenabbrechend wirken müsse. Handelt es sich bei den bisherigen Kettenreaktionen immer um sogenannte *Stoffketten*, so ist auch noch ein zweiter Fall denkbar, nämlich „*Energieketten*". Darunter versteht man den Fall, daß in einer Teilreaktion eine gewisse Reaktionswärme frei wird, diese im Stoß zweiter Art auf eine andere Molekel übertragen wird, die dadurch aktiviert wird und ihrerseits reagiert usw. Diese Art Reaktionsmechanismus ist bei normalen Reaktionen des öfteren vorgeschlagen worden, hat sich aber meist nicht als zutreffend erwiesen. Bei hohen Temperaturen und bei explosiv verlaufenden Reaktionen gewinnt sie aber sicher eine außerordentliche Bedeutung (vgl. später S. 135).

17. Reaktionen mit Kettenabbruch (und -Einleitung) an der Wand.

Auch bei Kettenabbruch an der Wand ist eine quantitative formale Behandlung möglich. Dazu sind spezielle Annahmen über den Zustand der Wand notwendig (ob aktive Teilchen bei jedem Stoß auf die Wand vernichtet werden,[2] oder ob die „Abbruchwahrscheinlichkeit" ε beim Stoß auf die Wand nur ein gewisser Bruch ist; praktisch kommen alle Fälle mit $\varepsilon \approx 1$ bis zu $\varepsilon \ll 10^{-4}$ vor), wobei Schwierigkeiten auftreten können derart, daß sich der Zustand der Wand etwa im Laufe der Reaktion selbst ändern kann (z. B. durch Adsorption von Reaktionsprodukten).

Die Geschwindigkeit des Kettenabbruches durch Diffusion aktiver Teilchen an die Wand ist der Konzentration dieser aktiven Teilchen proportional, man kann diesen also als Reaktion I. Ordnung beschreiben.

Hat man beispielsweise die photochemische Bromwasserstoffreaktion bei niederen Drucken, so sind für die stationäre Konzentration der Bromatome die Gleichungen maßgebend:

1. $$\mathrm{Br_2} + h\nu \longrightarrow 2\,\mathrm{Br},$$

6'. $$\mathrm{Br} \xrightarrow{\text{Wand}} \text{wird vernichtet}$$

---

[1] Wobei wir durch die Schreibweise andeuten, daß der Ausdruck in Wirklichkeit noch zusätzliche Faktoren bzw. Summanden enthält und nur im einfachsten Fall die obige einfache Form annimmt.

[2] Indem z. B. freie Atome dort so lange adsorbiert bleiben, bis jedes Gelegenheit hat, mit einem zweiten zu rekombinieren.

und damit wird

$$\frac{d[\mathrm{Br}]}{dt} = 2\,I_{\mathrm{abs.}} - k_6'\,[\mathrm{Br}] \approx 0; \quad [\mathrm{Br}] = \frac{2\,I_{\mathrm{abs.}}}{k_6'}. \tag{139}$$

Die Bromatomkonzentration wird also an Stelle der sonst gültigen Quadratwurzel der ersten Potenz der Lichtintensität proportional, und ebenso die Reaktionsgeschwindigkeit.

Unter der Voraussetzung fehlender Konvektion (die am ehesten bei niederen Drucken und kleinen Gefäßdimensionen erfüllt ist) ist eine exakte Integration der Diffusionsgleichungen für einfache Gefäßformen möglich[1] (Kugel, Zylinder, unendlich ausgedehntes planparalleles Gefäß), und zwar sowohl für $\varepsilon \approx 1$ wie für $\varepsilon \ll 1$; die Integration ist also im wesentlichen einer Berechnung des k_6' der obigen Gleichung (139) äquivalent. In Anbetracht dessen, daß die Voraussetzungen der Integration im Experiment fast nie exakt erfüllt sein werden, genügt es fast immer, wenn man vernünftige Abschätzungen zur Verfügung hat.

Ist D die Diffusionskonstante einer Teilchenart (die man aus gaskinetischen Angaben immer abschätzen kann), so wird während der Zeit t der Mittelwert des Quadrates der Verschiebung des Teilchens (nach S. 73):

$$\overline{\varDelta x^2} = 2\,D\,t. \tag{140}$$

Schätzen wir beispielsweise die Diffusionskonstante von Bromatomen in $\mathrm{Br_2 + H_2}$ bei Atmosphärendruck zu $\sim 10^{-1}\,\mathrm{cm^2\,sec^{-1}}$, so wird für $t = 1\,\mathrm{sec}$:

$$\overline{\varDelta x^2} \approx 2 \cdot 10^{-1}\,\mathrm{cm^2} \tag{141}$$

und die Verschiebung selbst (annähernd) gleich der Quadratwurzel daraus: $\sim 0{,}45\,\mathrm{cm}$. Betrüge die stationäre Konzentration[2] der Bromatome z. B. $\sim 10^{-8}\,\mathrm{Mol/Liter}$ und ist die Geschwindigkeitskonstante für die Rekombination bei Atmosphärendruck 10^8, so wird die mittlere Lebensdauer eines Bromatoms für Vernichtung durch Rekombination $\sim 1\,\mathrm{sec}$; nach der obigen Abschätzung wird während dieser Lebensdauer kein überwiegender Kettenabbruch an der Wand stattfinden, sofern die Gefäßdimensionen nicht kleiner als einige Zentimeter sind.[3]

Nützlich ist dann die Kenntnis der Zahl der Zusammenstöße, die eine Molekel im Mittel auf ihrem Weg über einen gewissen Abstand $\varDelta x$ (also auch z. B. bis zur Wand) erfährt; die Zahl dieser Zusammenstöße, ν, wird nach SMOLUCHOWSKI:

$$\nu = \frac{3\,\pi\,\overline{\varDelta x^2}}{4\,\lambda^2}, \tag{142}$$

was man, bis auf einen Zahlenfaktor der Größenordnung 1, aus dem obigen Ausdruck (140) für $\overline{\varDelta x^2}$ ableiten kann, wenn man bedenkt, daß $D \approx \dfrac{\lambda\,\bar{v}}{3}$ ist (λ freie Weglänge, $\bar{v}$ mittlere Molekulargeschwindigkeit) und daß ein Teilchen

---

[1] Vgl. V. BURSIAN, V. SOROKIN: Z. physik. Chem., Abt. B **12** (1931), 247. — N. SEMENOFF: Chain reactions. Oxford, 1935. — B. LEWIS, G. v. ELBE: J. Amer. chem. Soc. **57** (1935), 970. — Combustion, Flames and Explosion of Gases. Cambridge, 1938. — FRANK-MISES: Differential- und Integralgleichungen der Physik. Braunschweig, 1930/35.

[2] Wir müssen die Lichtreaktion ins Auge fassen und demgemäß eine über dem thermischen Gleichgewicht liegende Atomkonzentration; denn auch an der Wand müssen im thermischen Gleichgewicht ebensoviel Atome neu gebildet wie vernichtet werden.

[3] Für genauere Berechnungen vgl. die in Fußnote 1 zitierten Arbeiten. Wenn Konvektion nicht ausgeschlossen ist, so wird man mit einer größeren effektiven Diffusionskonstante zu rechnen haben.

während der Zeit t auf seiner Zickzackbahn eine Strecke $\bar{v}\,t$ zurücklegt, auf der es $\dfrac{\bar{v}\,t}{\lambda}$ Zusammenstöße erfährt. (142) erlaubt abzuschätzen, wie oft ein Teilchen auf dem Weg zur Wand die Möglichkeit zur Reaktion hat.

Die Zahl aktiver Teilchen wird, wenn diese in einer (in bezug auf aktive Teilchen) Reaktion 0-ter Ordnung erzeugt werden und nur durch Abbruch an der Wand vernichtet werden, gegeben durch die Differentialgleichung:

$$n_0 + D\,\frac{d^2 n}{d\,x^2} = 0, \tag{143}$$

wenn n_0 die Zahl der pro Zeit- und Volumeneinheit erzeugten aktiven Teilchen darstellt, n die stationäre Konzentration der aktiven Teilchen D der Diffusionskoeffizient ist, und wenn wir ein senkrecht zur x-Achse unendlich ausgedehntes Reaktionsgefäß ins Auge fassen. Liege insbesondere der Koordinatenanfangspunkt in der Mittelebene des Reaktionsgefäßes, welches die Dicke $2\,d$ habe, so läßt sich die Gleichung leicht integrieren; es wird schließlich, falls jedes auf die Wand auftreffende Teilchen vernichtet wird (also $\varepsilon = 1$), die mittlere Konzentration $\bar{n}$ aktiver Teilchen im Reaktionsgefäß:

$$\bar{n} = \frac{1}{2\,d}\int\limits_{-d}^{+d} n\,d\,x = \frac{n_0\,d^2}{3\,D}. \tag{144}$$

Bedenkt man, daß der Diffusionskoeffizient D bei festgehaltener Gemischzusammensetzung proportional $\dfrac{1}{p}$ ist, wenn p der Gesamtdruck ist, so wird:

$$n \text{ proportional } d^2\cdot p. \tag{145}$$

Diese Abhängigkeit der mittleren Konzentration aktiver Teilchen (und damit der ihr häufig proportionalen Reaktionsgeschwindigkeit) von Gefäßdimensionen und Gesamtdruck bei Kettenabbruch an der Wand wird auch noch bei anderer geometrischer Form des Reaktionsgefäßes erhalten bleiben und findet sich experimentell sehr häufig bestätigt.

Ganz anders werden die Verhältnisse, wenn die Abbruchswahrscheinlichkeit pro Stoß auf die Wand, ε, sehr klein wird, also $\varepsilon \ll 1$.[1] Im Grenzfall (der auch im Versuch häufig verwirklicht ist) liegen die Dinge dann so: Zeitbestimmend für den Kettenabbruch an der Wand ist nicht mehr die Geschwindigkeit der Diffusion aktiver Teilchen an die Wand, sondern einfach die Zahl der gaskinetischen Stöße dieser Teilchen auf die Wand. Da nur in einem sehr kleinen Bruchteil dieser Stöße ein Teilchen vernichtet wird, so stellt sich im ganzen Reaktionsgefäß praktisch konstante Konzentration der aktiven Teilchen ein; ein verschwindend kleines Konzentrationsgefälle zur Wand genügt, dorthin durch Diffusion so viele aktive Teilchen gelangen zu lassen, als im Bruchteil ε der Stöße auf die Wand vernichtet werden. Ist O die Größe der Oberfläche des Reaktionsgefäßes, $\dfrac{n\,\bar{v}}{4}$ die Zahl der Stöße auf die Oberflächeneinheit je Sekunde, so wird also die Zahl der Kettenabbrüche insgesamt pro Zeiteinheit:

$$\frac{n\,\bar{v}\,\varepsilon\,O}{4}. \tag{146}$$

---

[1] M. BODENSTEIN, E. WINTER: S.-B. preuß. Akad. Wiss., physik.-math. Kl. **1936**, I. — L. S. KASSEL, H. H. STORCH: J. Amer. chem. Soc. **57** (1935), 672. — B. LEWIS, G. v. ELBE: Ebenda **57** (1935), 970.

Falls im Volumen V je Volumeneinheit und Zeiteinheit n_0 aktive Teilchen erzeugt werden, so wird also bei Stationarität:

$$\frac{n\,\bar{v}\,\varepsilon\,O}{4} = n_0\,V; \quad n = \frac{4\,n_0\,V}{\bar{v}\,\varepsilon\,O}. \tag{147}$$

D. h. n ist zwar noch, durch das Verhältnis $\dfrac{V}{O}$, abhängig von den Gefäßdimensionen (aber nur noch etwa wie d), ist jedoch unabhängig von der Diffusionskonstanten und damit z. B. vom Druck zugesetzter Fremdgase.

Auch das Zwischengebiet, in welchem sich die geringe Abbruchwahrscheinlichkeit an der Wand schon bemerkbar macht, während aber gleichzeitig auch noch die Diffusion zur Wand eine Rolle spielt, läßt sich quantitativ behandeln[1] (vgl. Lewis und v. Elbe, l. c.).

Der allgemeinere Fall ist natürlich der, daß sowohl in der Gasphase wie an der Wand Kettenabbruch stattfindet. Dazu kann dann aber auch noch Ketteneinleitung an der Wand kommen, was die Verhältnisse außerordentlich unübersichtlich machen kann. Auch bei Kettenabbruch und gleichzeitiger Ketteneinleitung an der Wand bleibt die Reaktionsgeschwindigkeit noch von den Gefäßdimensionen abhängig, wird aber nur der 1. Potenz des Durchmessers proportional.[2] Wir wollen hier nur noch den leicht zu übersehenden Fall diskutieren: Ketteneinleitung an der Wand, Kettenabbruch an der Wand mit $\varepsilon \ll 1$. Die Gesamtzahl der Kettenabbrüche wird dann wieder nach (148): $\dfrac{n\,\bar{v}\,\varepsilon\,O}{4}$; die Zahl der in der Zeiteinheit neugebildeten aktiven Zentren wird, wenn je Oberflächeneinheit und Sekunde deren m_0 gebildet werden: $m_0\,O$, und bei Stationarität gilt:

$$\frac{n\,\bar{v}\,\varepsilon\,O}{4} = m_0\,O; \quad n = \frac{4\,m_0}{\bar{v}\,\varepsilon}, \tag{148}$$

d. h. die Zahl der aktiven Zentren und die Reaktionsgeschwindigkeit werden in diesem Fall unabhängig von den Gefäßdimensionen und der Anwesenheit indifferenter Fremdgase, bleiben aber, durch m_0 und ε, immer noch von dem Zustand der Wand stark abhängig.

18. Zuordnung des Reaktionsmechanismus zum formalen Schema.

Während bei einfachen Reaktionen grundsätzlich eine eindeutige Zuordnung des Reaktionsmechanismus zu einem gefundenen Brutto-Zeitgesetz möglich ist,[3] ist dies bei Kettenreaktionen normalerweise nicht der Fall. Der übliche Weg ist der, daß man zunächst ein formales Zeitgesetz aus den Experimenten abgeleitet hat und diesem nun versuchsweise ein Reaktionsschema zuordnet, welches das richtige Zeitgesetz liefert. Damit ist aber bestenfalls gezeigt, daß so eine widerspruchsfreie Beschreibung der Versuchsergebnisse möglich ist; entschieden ist damit keinesfalls, ob die speziell angenommenen Zwischenprodukte wirklich auftreten, sondern höchstens, nach welchen Gesetzen diese entstehen und wieder zerfallen.[4] In einfachen Fällen kann es so sein, daß sich ohne weiteres *ein* Reaktionsschema angeben läßt, welches die Beobachtungen richtig deutet und welches außerdem besonders einfach und naheliegend ist, wie etwa das für die

---

[1] Obwohl es zweifelhaft scheint, ob die exaktere Rechnung sich verlohnt in Anbetracht der mangelnden Exaktheit der Versuchsbedingungen, vgl. z. B. G.-M. Schwab, H. Friess: Z. Elektrochem. angew. physik. Chem. **39** (1933), 589.

[2] Vgl. Lewis, v. Elbe: l. c.

[3] Die Hauptarbeit wird im allgemeinen darin bestehen, nachzuweisen, daß die Reaktion wirklich einfach ist.

[4] Vgl. E. Cremer: Z. physik. Chem. **128** (1927), 285.

Bromwasserstoffbildung vorgeschlagene Schema (S. 121), während sonstige, zum gleichen Geschwindigkeitsausdruck führende Schemata sehr viel komplizierter und von vornherein unwahrscheinlicher sind. In solchen Fällen hat natürlich das einfachste Schema von vornherein eine große Wahrscheinlichkeit für sich; zu einem Beweis des Schemas sind aber selbst dann weitere Überlegungen und eventuell Experimente notwendig. Bei der Bromwasserstoffreaktion lieferte die Untersuchung der Umsetzung im Licht die nötigen zusätzlichen Daten; dabei stellte es sich dann heraus, daß man der Druckabhängigkeit der Atomrekombination im Dreierstoß sowie der Diffusion von Atomen an die Wand Rechnung tragen muß.

Es läßt sich keine feste Regel aufstellen, wie man im Einzelfall ein Reaktionsschema dem empirischen Befund in eindeutiger Weise zuordnet. Abgesehen davon, daß man sich von Analogien mit ähnlichen Reaktionen wird leiten lassen, wird man versuchen, die Geschwindigkeitskonstanten möglichst vieler Teilreaktionen sowie deren Temperaturabhängigkeit den Experimenten zu entnehmen; nur wenn die einzelnen Konstanten und Aktivierungsenergien vernünftige Werte haben, wird man ein Schema akzeptieren können. Was „vernünftig" ist, wird im Einzelfall zu überlegen sein. Die konstanten Faktoren werden für mono-, bi- und trimolekulare Reaktionen von den aus kinetisch-statistischen Überlegungen (vgl. S. 77, 101, 104 ff.) abgeleiteten Größenordnungen sein müssen, wobei an sterische und sonstige zusätzliche Faktoren zu denken ist. Aktivierungsenergien werden bei endothermen Reaktionen mindestens gleich dem Betrag der Reaktionswärme sein müssen; darüber hinaus lassen sich öfters Aussagen machen auf Grund der Beziehungen, die zwischen Reaktion und Rückreaktion bestehen; bei Atomreaktionen (vgl. S. 214 ff.) können die Erfahrungen, daß diese in exothermer Richtung meist mit relativ kleiner Aktivierungsenergie verlaufen, häufig von Nutzen sein. Schließlich kann auch eine theoretische Berechnung von Aktivierungsenergien nach der halbempirischen Methode von Eyring (S. 214 ff.) weiterhelfen; natürlich verursachen solche Rechnungen bereits einen erheblichen Aufwand, und die Resultate sind nur von beschränkter Exaktheit. Aber alle diese Überlegungen zusammen gestatten zum mindesten, besonders unwahrscheinliche Zwischenprodukte und Teilreaktionen auszuschließen. Die Verknüpfung mehrerer untersuchter 'Reaktionen hat in vielen Fällen weitergeholfen (beispielsweise Verknüpfung der Chlorknallgasreaktion und der photochemischen Phosgenbildung aus $CO + Cl_2$, ferner der Chlorknallgasreaktion und der verschiedenen zur Wasserstoffsuperoxydbildung führenden Gasreaktionen, bei welchen sämtlich die Dreierstoßreaktion

$$H + O_2 + M \rightarrow HO_2 + M^*$$

eine Rolle spielt, ferner die Heranziehung der später erwähnten Parawasserstoffumwandlung).

Vielfach führt ein spezielles Reaktionsschema zur Voraussage weiterer Erscheinungen, deren experimentelle Prüfung dann eine starke Stütze für das angenommene Schema werden kann. Als idealer Beweis für die Richtigkeit eines Schemas ist es anzusehen, wenn man:

1. die angenommenen Zwischenprodukte qualitativ und quantitativ nachweisen kann;

2. die einzelnen Teilreaktionen dieser Zwischenprodukte für sich untersucht hat.

In einem solchen Fall sind nämlich für eine Analyse des Reaktionsmechanismus alle die Voraussetzungen erfüllt, welche bei den über stabile Zwischenprodukte verlaufenden Reaktionen gegeben sind.

Bei manchen Reaktionen ist man diesem Idealfall recht nahegekommen. Von diesem Gesichtspunkt aus gewinnen auch alle Untersuchungen über das Verhalten freier Atome und Radikale besondere Wichtigkeit, wie sie in größerem Umfange ausgeführt worden sind. Ein qualitativer Nachweis freier Atome und Radikale ist auf Grund solcher Untersuchungen vielfach möglich. Darüber hinaus sind aber auch quantitative Konzentrationsbestimmungen zu 1 möglich und bereits häufig durchgeführt worden. Dazu kann beispielsweise die Lichtabsorption dienen (Bestimmung der OH-Konzentration in verbrennendem Knallgas;[1] der quantitative Nachweis von Atomen und auch der der meisten Radikale ist auf diesem Wege schwierig, da sie meist erst im kurzwelligen Ultraviolett absorbieren oder, in Anbetracht ihrer geringen Konzentration, ihre Gesamtabsorption zu klein ist; der Nachweis von Jodatomen[2] aus der Absorption im SCHUMANN-Gebiet ist gelungen), ferner als vorläufig wichtigere Methode die Katalyse einer zweiten Reaktion durch die aktiven Teilchen. Wie es z. B. eine klassische Methode zur Bestimmung der H^+-Ionenkonzentration ist, die Geschwindigkeit dadurch katalysierter Reaktionen, wie z. B. der Rohrzuckerinversion, zu verfolgen, so kann man Analoges grundsätzlich auch in der Gasphase anwenden. Das wichtigste Beispiel, welches es bisher dafür gibt und das bereits große Bedeutung gewonnen hat, ist die Katalyse der Parawasserstoffumwandlung durch Wasserstoffatome (vgl. den Artikel von E. CREMER in Band I dieses Handbuches). Damit ist es möglich, die stationäre Konzentration von H-Atomen bei irgendeiner Reaktion zu bestimmen, wenn man gleichzeitig die Umwandlung in zugefügtem Parawasserstoff verfolgt; natürlich muß man sich vergewissern, daß keine etwaigen Störeffekte auftreten.

Daß für das formale Resultat, auf das ein Reaktionsschema führt, die Natur der angenommenen Reaktionszwischenprodukte ohne Einfluß ist, sieht man vielleicht am anschaulichsten, wenn man der Reaktionsfolge ein „Bildschema"[3] zuordnet, in welchem nur angedeutet ist, in welcher Weise die Zwischenprodukte A, B, C, ... reagieren, z. B. für die Chlorknallgasreaktion nach CREMER, wo es natürlich am naheliegendsten ist, A und C bzw. mit Cl und H zu identifizieren. SCHWAB[4] gibt Rechenregeln dafür, wie man am einfachsten den formalen Geschwindigkeitsausdruck zu einem solchen Schema findet bzw. umgekehrt.

19. Mitwirkung der Wärmeleitung bei chemischen Reaktionen; Übergang in Explosionen.

Bei allen exothermen Umsetzungen findet grundsätzlich eine Erwärmung des Reaktionsgemisches über die Temperatur seiner Umgebung statt; erst wenn sich ein Temperaturgefälle gegen diese eingestellt hat, findet ein Wärmeübergang durch Leitung (und eventuell Konvektion) statt. Es hängt dann von den speziellen Versuchsbedingungen ab, ob die gesamte Erwärmung vernachlässigbar gering bleibt, bei einem gewissen endlichen Wert stehen bleibt oder bis zu einer Explosion fortschreitet.[5] Die Beherrschung der Wärmeverhältnisse kann gerade

---

[1] V. KONDRATJEW, M. ZISKIN: Acta physicochim. USSR 5 (1936), 301; 6 (1937), 307; 7 (1937), 65. — L. AVRAMENKO, V. KONDRATJEW: Ebenda 7 (1937, 567; 8 (1938), 315. — V. KONDRATJEW: Ebenda 10 (1939), 791. — H. KONDRATJEWA, V. KONDRATJEW: Ebenda 12 (1940), 1. — O. OLDENBERG, A. A. FROST: J. chem. Physics 4 (1936), 642. — OLDENBERG, F. F. RIEKE: Ebenda 6 (1938), 169, 431, 779; 7 (1939), 485.

[2] L. TURNER, E. W. SAMSON: Physic. Rev. 37 (1931), 1023.

[3] E. CREMER: l. c., S. 129.

[4] G.-M. SCHWAB: Z. physik. Chem., Abt. B 8 (1930), 141.

[5] Vgl. N. SEMENOFF: Z. Physik 48 (1928), 571.

bei der praktischen Durchführung von Reaktionen im großen entscheidend werden.[1] Eine vereinfachte Behandlung des Vorganges der Wärmeexplosion führt zu folgendem Resultat: Ist die Reaktionsgeschwindigkeit von der Ordnung $v > 0$, so nimmt mit wachsendem Druck die Reaktionsgeschwindigkeit und Wärmeproduktion zu, während die Wärmeabfuhr konstant bleibt; oberhalb eines gewissen kritischen Druckwertes $p_{kr.}$ wird das Wärmegleichgewicht gestört, und es setzt Explosion ein. Für $p_{kr.}$ erhält man:[2]

$$\ln \frac{p_{kr.}}{T_0} = \frac{1}{v} \frac{E}{R T_0} + \frac{1}{v} \ln T_0 + \text{const.}, \tag{149}$$

wobei T_0 die Temperatur des Reaktionsgefäßes und E die (scheinbare) Aktivierungswärme ist. Als Abhängigkeit der kritischen Explosionsdruckgrenze von den Gefäßdimensionen erhält man

$$p_{kr.}^v \, d^2 = \text{const.} \tag{150}$$

Die Explosion setzt ein nach einer Induktionsperiode τ_i, die näherungsweise gegeben ist durch:

$$\tau_i \approx \frac{e^{\frac{E}{R T}} R \, T_0^2 \, \bar{c}_v}{k' E \, Q}, \tag{151}$$

worin $\bar{c}_v$ die mittlere spezifische Wärme je Mol Reaktionsgemisch, Q die Reaktionswärme ist; k' ist die Geschwindigkeitskonstante für die Anfangsphase der Reaktion, falls man diese in der Form ansetzt (n Konzentration eines Ausgangsstoffes):

$$-\frac{dn}{dt} = k' \, n_0 \exp.\left(-\frac{E}{R T}\right), \tag{152}$$

was man für die Anfangsphase, solange sich n nicht merklich geändert hat, unabhängig von der Reaktionsordnung immer kann. Für die theoretische Berechnung der Explosionsgrenzen bei Wärmeexplosionen vgl. FRANK-KAMENETZKY.[3] Unter Berücksichtigung dieser theoretischen Arbeit konnte HARRIS[4] beim Diäthylperoxyd die Explosion eindeutig als Wärmeexplosion klären. Auch bei einer Reihe von anderen Reaktionen scheint dieser Vorgang verwirklicht zu sein, wie beim Zerfall von Azomethan, Methylnitrat, Stickoxydul, Äthylazid sowie der Oxydation von Schwefelwasserstoff.[4]

Der Behandlung einer Explosion als Wärmephänomen liegt die Voraussetzung zugrunde, daß die auftretende Reaktionsenergie immer sofort als „Wärme" vorliegt, d. h. daß ständig, trotz laufender Reaktion, eine Energieverteilung über die einzelnen Partikeln und Freiheitsgrade vorliegt, wie sie für einen stationären Zustand gelten würde. Wie schon früher (l. c.) betont, braucht dies keineswegs der Fall zu sein. Der Fall, in welchem diese Voraussetzung aufgegeben ist, soll nun behandelt werden.

20. Nichtstationäre Reaktionen mit Kettenverzweigung.

Von den Reaktionen abgesehen, bei welchen eine Beschleunigung ausschließlich durch Selbsterwärmung erfolgt, findet sich ein zeitliches Anlaufen der Reaktionsgeschwindigkeit nur bei zusammengesetzten Reaktionen. Schon bei der einfachen Reaktionsfolge $A \rightarrow B \rightarrow C$, wie sie früher (S. 115 ff.) besprochen ist,

---

[1] Vgl. G. DAMKÖHLER: Der Chemie-Ingenieur, Bd. III, 1.
[2] N. SEMENOFF: l. c. für $v = 2$; Allgemeines: O. TODES: Acta physicochim. USSR 5 (1936), 785. — O. TODES, P. MELENTIEW: Ebenda 11 (1939), 153. — Vgl. W. JOST: Explosions- und Verbrennungsvorgänge in Gasen. Berlin, 1939.
[3] D. A. FRANK-KAMENETZKY: Acta physicochim. USSR 10 (1939), 365.
[4] E. J. HARRIS: Proc. Roy. Soc. (London), Ser. A 175 (1940), 254.

kann man für die Bildungsgeschwindigkeit von C einen zeitlichen Verlauf nach Abb. 9 erhalten, wenn nämlich die Reaktion $A \to B$ nicht *sehr* schnell verläuft gegenüber der Reaktion $B \to C$; in diesem letzteren Fall erhielte man den gestrichelten Verlauf der Abb. 9 mit verschwindender Induktionsperiode. Bei der ausgezogenen Kurve von Abb. 9 hat man eine mehr oder weniger lange „*Induktionsperiode*", während deren kein merklicher Umsatz stattfindet;[1] dabei hängt das, was man als Induktionsperiode bezeichnet, wesentlich von der Analysenempfindlichkeit ab. Der Verlauf von Abb. 9 hat bereits vieles mit den echten Explosionsvorgängen gemeinsam. Nehmen wir etwa an, die Reaktionsfolge, insbesondere aber der Schritt $B \to C$ wäre exotherm. Dann kann es bei dem betrachteten Beispiel jedenfalls geschehen, daß, nachdem irgendeine kritische Reaktionsgeschwindigkeit überschritten ist, etwa die in Abb. 10 durch die gestrichelte Gerade angedeutete, das Wärmegleichgewicht gestört wird und Explosion einsetzt. Auch wenn in solchem Fall die Wärmewirkung noch mitspielt, so ist doch das Anlaufen der Reaktionsgeschwindigkeit zunächst nicht Folge der Wärmeproduktion gewesen, sondern umgekehrt

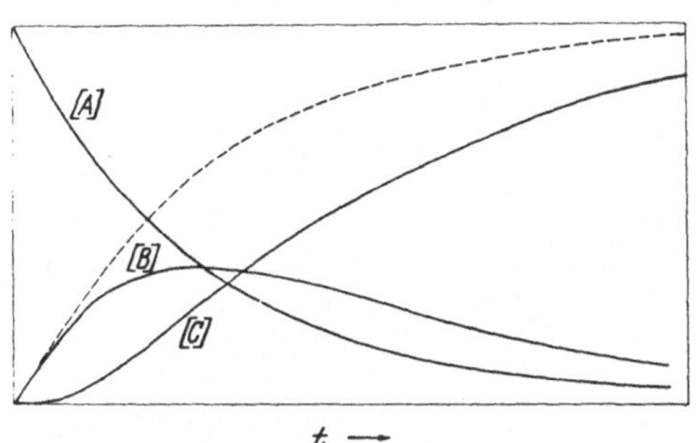

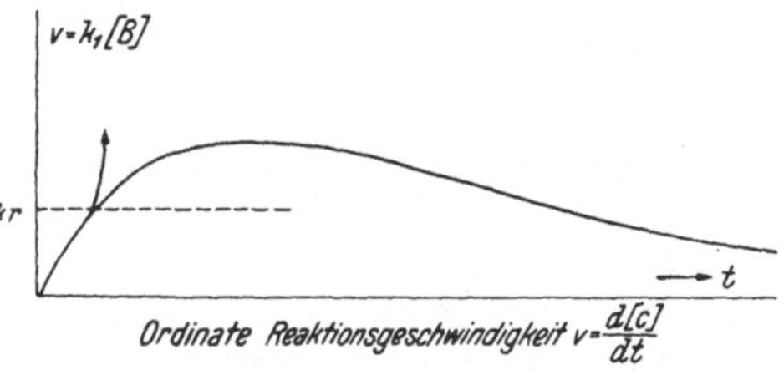

Abb. 9. Konzentrationsänderung des Ausgangsstoffes A, des Zwischenstoffes B und des Endstoffes C bei offener Folge zweier Reaktionen I. Ordnung (vgl. S. 115 ff.) mit ähnlichen Geschwindigkeiten nach (121), (122), (123), für $k_1 = k_2$ (_ _ _ _ Verlauf von [C] für $k_1 \ll k_2$). „Induktionsperiode" für das Entstehen von C!

Abb. 10. Übergang einer zusammengesetzten Reaktion ($A \to B$; $B \to C$) in eine Explosion; Reaktionsgeschwindigkeit $v = \dfrac{d[C]}{dt}$ nach Abb. 9; für $v > v_{kr}$ wird das Wärmegleichgewicht gestört, und es setzt Explosion ein.

[vielleicht gehört hierzu die von W. OSTWALD[2] erwähnte Zersetzung der Schießbaumwolle in Gegenwart von H-Ionen (?)]; durch den speziellen Reaktionsmechanismus ist die Reaktionsgeschwindigkeit so weit angelaufen, daß schließlich das Wärmegleichgewicht gestört wurde.

Eine viel allgemeinere Klasse nichtstationärer Reaktionen wird nun erfaßt, wenn man die Spezialisierung auf stabile Zwischenprodukte und offene Folgen (vgl. S. 115) fallen läßt. Jede normale Kettenreaktion kann, falls sie exotherm ist, natürlich zu dem im vorigen Abschnitt besprochenen Typ der Wärmeexplosion führen.

Darüber hinaus bieten die Reaktionen mit *Kettenverzweigung* besondere Möglichkeiten für die Einleitung von Explosionen. Die Erkenntnis, daß bei Übertragung der Reaktionsenergie auf Ausgangsprodukte unter Umständen nichtstationäre Reaktionen erhalten werden, geht auf CHRISTIANSEN und KRAMERS[3] zurück; falls durch diese Aktivierung nämlich je Reaktionsschritt mehr als ein neuer Schritt eingeleitet wird und dieser nicht durch entsprechende Abbruch-

---

[1] Hinsichtlich des Endproduktes C; das Zwischenprodukt [B] jedoch muß frühzeitig nachweisbar sein, da es ohne Induktionsperiode entsteht.

[2] W. OSTWALD: Lehrbuch der allgemeinen Chemie, 2. Aufl., Bd. II, 2, S. 268, 1889/1902.

[3] J. A. CHRISTIANSEN, H. A. KRAMERS: Z. physik. Chem. **104** (1923), **451**.

vorgänge kompensiert ist, muß die Reaktionsgeschwindigkeit unbegrenzt anwachsen. SEMENOFF[1] hat den Begriff der Kettenverzweigung eingeführt und die Theorie weitgehend entwickelt, nachdem bereits vorher E. CREMER[2] in einem Spezialfall auf solche Reaktionen gestoßen war.

Das frühere Beispiel einer geschlossenen Folge (S. 115)

$$1. \quad Y_1 + A_1 \rightarrow B_1 + Y_2,$$
$$2. \quad Y_2 + A_2 \rightarrow B_2 + Y_3,$$
$$3. \quad Y_3 + A_3 \rightarrow B_3 + Y_1,$$
$$\overline{\text{I.} \qquad \Sigma A_i \rightarrow \Sigma B_i}$$

ohne ketteneinleitende und kettenabbrechende Reaktionen führte zu unbestimmter Reaktionsgeschwindigkeit; die Summe der drei Teilgleichungen ergab die Bruttoumsatzgleichung I. Gehen wir von dieser geschlossenen Folge (geschlossen, weil das in 3 auftretende Y_1 wieder in 1 eingeht und den Zyklus von neuem eröffnet) zu einer verzweigten Folge[3] über:

$$1'. \quad Y_1 + A_1 \rightarrow B_1 + Y_2,$$
$$2'. \quad Y_2 + A_2 \rightarrow B_2 + Y_3 + Y_1,$$
$$3'. \quad Y_3 + A_3 \rightarrow B_3 + Y_1,$$
$$\overline{\text{I'.} \qquad \Sigma A_i \rightarrow \Sigma B_i + Y_1.}$$

Hier ergibt die Summe ein überschüssig auftretendes Y_1, d. h. die Konzentration der aktiven Teilchen und damit die Reaktionsgeschwindigkeit wird ständig zunehmen, so zwar, daß erst für $t \rightarrow \infty$ die Reaktionsgeschwindigkeit ∞ werden wird.[4]

Stationäre Reaktion bei verzweigter Kette ist also nur möglich, wenn Kettenabbruch berücksichtigt wird (bei unverzweigter Reaktion war dies nicht der Fall, solange man die Einleitung ebenfalls vernachlässigte). Eine einfache Wahrscheinlichkeitsüberlegung, die sich in Strenge auf eine vereinfachte Kette mit nur einer Art aktiver Teilchen bezieht und in welche Abbruchswahrscheinlichkeit β und Verzweigungswahrscheinlichkeit δ eingehen, liefert für die Reaktionsgeschwindigkeit:[5]

$$v = \frac{n_0}{\beta - \delta}, \tag{153}$$

wobei n_0 der Ketteneinleitung proportional ist. Für $\beta \rightarrow \delta$ geht (153) $\rightarrow \infty$; das bedeutet Explosion;[6] stationäre Reaktion erhält man nur für $\beta > \delta$. Falls, was meist annähernd der Fall sein wird, $n_0 \sim \exp. \left(-\dfrac{E_1}{RT}\right)$ und $\delta \sim \exp. \left(-\dfrac{E_2}{RT}\right)$,

---

[1] N. SEMENOFF und Mitarbeiter: Z. Physik **46** (1927), 109; **48** (1928), 571; Z. physik. Chem., Abt. B **1** (1928), 192; **2** (1929), 161; Chain reactions. Oxford, University Press, 1935; vgl. auch HINSHELWOOD und Mitarbeiter: Proc. Roy. Soc. (London), Ser. A **118** (1928), 170; **119** (1928), 591; **122** (1928), 610; Trans. Faraday Soc. **24** (1928), 559.

[2] E. CREMER: Z. physik. Chem. **128** (1927), 285.

[3] Diese Folge ist stärker vereinfacht, als es tatsächlichen Verhältnissen entsprechen wird; 2′ dürfte durch mehrere Reaktionen zu ersetzen sein.

[4] In Wirklichkeit kann sie das natürlich nicht, weil vorher die Ausgangsstoffe verbraucht sind. Zu einer einfachen und exakten Formulierung gelangt man daher nur, wenn man die Konzentration der Ausgangsstoffe als konstant ansieht, also etwa diese ständig durch halbdurchlässige Wände ergänzt und entsprechend die stabilen Reaktionsprodukte entfernt denkt.

[5] N. SEMENOFF: l. c. — Ferner V. BURSIAN, V. SOROKIN: Z. physik. Chem., Abt. B **12** (1931), 247. — B. LEWIS, G. v. ELBE: Combustion, zitiert S. 127. — W. JOST: Explosionsvorgänge, zitiert S. 132.

[6] Der Ableitung nach gilt (153) für $\delta \geqq \beta$ nicht mehr.

während β nur wenig temperaturabhängig ist, so wird die resultierende Temperaturabhängigkeit wiedergegeben durch:

$$v \sim \frac{\exp.\left(-\dfrac{E_1}{RT}\right)}{\text{const.} - \exp.\left(-\dfrac{E_2}{RT}\right)}. \tag{154}$$

Die Abhängigkeit von der Temperatur ist also nicht mehr einfach, der Temperaturkoeffizient nimmt mit steigender Temperatur zu, um so stärker, je näher man der Explosionsgrenze ist. In einem beschränkten Temperaturintervall gilt aber auch dann manchmal noch annähernd ein einfacher Exponentialausdruck als Interpolationsformel.

Kettenverzweigung kann zustande kommen durch Teilreaktionen, in welche ein aktives Teilchen eingeht, während zwei daraus entstehen, etwa bei der Knallgasverbrennung durch:

$$H + O_2 \rightarrow OH + O$$

oder

$$O + H_2 \rightarrow OH + H.$$

Anderseits kann Kettenverzweigung eintreten durch Übertragung frei werdender Reaktionsenergie im Stoß zweiter Art, sogenannte „sekundäre Aktivierung", einen Vorgang, an welchen SEMENOFF in seiner ersten Arbeit in erster Linie gedacht hatte. Ein Beispiel dafür wäre etwa die bei der Kohlenoxydverbrennung in Abwesenheit von Feuchtigkeit äußerst wahrscheinliche Umsetzung:

$$CO + O \rightarrow CO_2^*,$$

wobei CO_2^* eine angeregte, die Reaktionsenergie enthaltende Kohlendioxydmolekel sein möge, gefolgt etwa von:

$$CO_2^* + O_2 \rightarrow CO_2 + O + O,$$

oder auch in einem Schritt als Dreierstoß:

$$CO + O + O_2 \rightarrow CO_2 + O + O.$$

Bei komplizierteren Kettenreaktionen mit verschiedenen Arten aktiver Teilchen und verschiedenen Verzweigungs- und Abbruchreaktionen tritt an Stelle der einfachen Explosionsbedingung $\beta - \delta = 0$ eine kompliziertere Determinantenbeziehung;[1] die darin auftretenden positiven und negativen Terme lassen sich als verallgemeinerte Abbruch- und Verzweigungswahrscheinlichkeiten interpretieren;[2] mit dieser allgemeineren Bedeutung läßt sich dann die Bedingung $\beta - \delta = 0$ wieder beibehalten.

Im ersteren Fall ergibt sich eine bemerkenswerte weitere Beziehung. Explosion ist nämlich nur möglich, wenn Abbruch- und Verzweigungsreaktionen hinsichtlich der Konzentration aktiver Teilchen von gleicher Ordnung sind; als solche kommt dann nur die erste in Frage.[3] Diese Feststellung gestattet unter Umständen aus der Zahl denkbarer Reaktionen eine Anzahl von vornherein auszuscheiden. Allerdings ließ sich zeigen,[4] daß bei allgemeineren Reaktionen diese Bedingung nicht mehr erfüllt zu sein braucht, was durch ein Beispiel belegt werden konnte.

---

[1] W. JOST, L. v. MÜFFLING: Z. physik. Chem., Abt. A **183** (1938), 43.

[2] N. SEMENOFF: J. chem. Physics **7** (1939), 683.

[3] L. S. KASSEL, H. H. STORCH: J. Amer. chem. Soc. **57** (1935), 672. — B. LEWIS, G. v. ELBE: Ebenda **59** (1937), 656. — B. LEWIS, G. v. ELBE: Combustion, zitiert S. 127. — Vgl. auch N. SEMENOFF: Chain Reactions, zitiert S. 134, sowie W. JOST: Explosions- und Verbrennungsvorgänge, zitiert S. 132.

[4] W. JOST, L. v. MÜFFLING: Fußnote 1. Die dort gezogenen Folgerungen sind trotz etwas abweichender Auffassung SEMENOFFS (J. chem. Physics, l. c.) unseres Erachtens aufrechtzuerhalten.

Die Explosionsbedingung $\beta - \delta = 0$ liefert einen Verlauf der kritischen Explosionsdruckgrenze mit der Temperatur, wie er für viele Fälle durch Abb. 11 wiedergegeben wird. Für den Zweig I (der meist für niedere Drucke, z. B. $< \sim 100$ mm Hg, gilt) ergibt sich eine Beziehung, welche der für Wärmeexplosion abgeleiteten praktisch äquivalent ist, nämlich:

$$\ln p_{\mathrm{kr.}} = \frac{E}{R\,T} + \mathrm{const.} \tag{155}$$

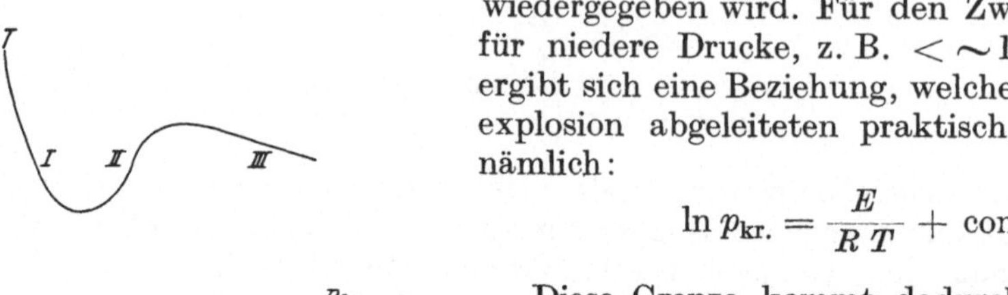

Abb. 11. Abhängigkeit der kritischen Explosionsdruckgrenzen von der Temperatur bei Kettenexplosionen.

Diese Grenze kommt dadurch zustande, daß Kettenträger zur Wand diffundieren und vernichtet werden; die Abbruchgeschwindigkeit ist dann umgekehrt proportional dem Druck und bei Unabhängigkeit der Verzweigung vom Druck resultiert (155). II erhält man bei Berücksichtigung einer dem Druck proportionalen Desaktivierung in der Gasphase; III ließe sich zwar auch durch spezielle Kettenvorstellungen deuten, häufig dürfte aber die wahrscheinlichere Erklärung die sein, daß man hier einfach in das Gebiet der Wärmeexplosion gelangt. Es können jedenfalls bei einer Temperatur drei kritische Explosionsdruckgrenzen auftreten. Die obere Explosionsgrenze bei II ist charakteristisch für Explosionen durch Kettenverzweigung. Die untere Explosionsgrenze I ist normalerweise stark von den Gefäßdimensionen und von Fremdgaszusatz abhängig (vgl. die allgemeinen Überlegungen über Kettenreaktionen S. 126 ff. sowie die zitierten Monographien), die zweite Grenze II ist davon (annähernd) unabhängig, wie nach der Vorstellung von einer Desaktivierung im Gasraum zu erwarten.

Für Beispiele hierzu, welche besonders auf dem Gebiet der Verbrennungsreaktionen zahlreich sind, sowie für positiv- und negativ-katalytische Einflüsse vgl. die speziellen Kapitel dieses Handbuchs (für Verbrennungskatalyse insbesondere den Artikel Norrish-Buckler in diesem Bande) sowie die angeführten Monographien.

Für das zeitliche Anlaufen der Reaktionsgeschwindigkeit erhält man, wie zu erwarten, in erster Näherung eine Exponentialbeziehung;[1] die im Exponenten neben der Zeit auftretende Größe ist dann ihrerseits wieder eine Exponentialfunktion der Temperatur. Man kann damit dann auch eine exponentielle Abhängigkeit der Induktionsperiode von der Temperatur ableiten. Zu beachten ist aber bei alledem, daß es sich wirklich nur um erste Näherungen handelt, die nur für den ersten Anfang der Induktionsperiode gelten. Erfahrungsgemäß gelten die Beziehungen allerdings häufig über ein viel längeres Zeitintervall recht gut. Man ist aber dann nicht sicher — auf Grund auftretender Diskrepanzen muß es zumindest in manchen Fällen sogar stark bezweifelt werden —, ob die in solchen Beziehungen auftretenden Konstantenwerte noch die ursprünglich zugrunde gelegte physikalische Bedeutung haben.

21. Bemerkungen über katalytische Reaktionen.

Katalyse *homogener Reaktionen* ist möglich, indem der Katalysator an irgendeiner Stelle einer Reaktionsfolge eingreift; insbesondere kann bei gewöhnlichen zusammengesetzten Reaktionen der Katalysator mit einem Ausgangsstoff oder einem Zwischenprodukt eine Zwischenverbindung bilden (vgl. auch S. 138), ebenso kann er dies bei Kettenreaktionen; bei diesen kann er darüber hin-

---

[1] Vgl. N. Semenoff: Chain Reactions. Oxford, University Press 1935.

aus ketteneinleitend wirken (positive Katalyse), kettenabbrechend wirken (negative Katalyse,[1] vgl. S. 124 ff.), wie z. B. der Sauerstoff beim Chlorknallgas, schließlich auch auf die Kettenverzweigung positiv oder negativ einwirken. Damit man mit der Definition der Katalyse nicht in Widerspruch gerät, ist in allen diesen Fällen lediglich zu fordern, daß die weiteren Reaktionen immer derart sind, daß der Katalysator nicht im Reaktionsendprodukt erscheint.[2] Bei Kettenreaktionen ergeben sich darüber hinaus Möglichkeiten, indem positive Katalyse z. B. auch dadurch zustande kommen kann, daß ein Katalysator eine sonst hemmende Substanz verbraucht, ferner indem er (in nicht zu kleiner Konzentration) die Diffusion aktiver Teilchen zur Wand hemmt (vgl. S. 126 ff.), oder indem er z. B. durch Vergiftung der Wand den Kettenabbruch hemmt (vgl. S. 124 ff.). Negative Katalyse kann auch eintreten, indem ein Zusatzstoff den Kettenabbruch an der Wand befördert, die Reaktion hemmt. Sachlich hierher gehört auch der Fall, daß bei einer im Gasraum ablaufenden Kettenreaktion Ketteneinleitung an der Wand stattfindet und diese durch einen Katalysator positiv oder negativ beeinflußt wird. Diese Beispiele, wo die Beeinflussung an der Wand erfolgt, gehören schon ins Gebiet der heterogenen Katalyse. Schließlich kann der Katalysator auch als Dreierstoßpartner z. B. die Rekombination aktiver Teilchen befördern und so die Reaktion hemmen (vgl. S. 104 ff.). Die Gesetze, nach welchen eine katalytische Beeinflussung auf eine der angeführten Arten zustande kommt, sind identisch mit den für gewöhnliche Reaktionen geltenden und bereits besprochenen.

Geht man von der OSTWALDschen Definition des Katalysators aus: „Ein Katalysator ist jeder Stoff, der, ohne im Endprodukt einer chemischen Reaktion zu erscheinen, ihre Geschwindigkeit verändert", so hat man auch alle mehr physikalischen Einwirkungen auf die Reaktionsgeschwindigkeit als Katalysen zu zählen. Hier aufzuführen ist dann z. B. die Beschleunigung monomolekularer Reaktionen durch indifferente Zusatzgase im Gebiet von Drucken,[3] wo die Aktivierungsgeschwindigkeit teilweise oder ganz geschwindigkeitsbestimmend ist. Eine Hemmung durch Desaktivierung ist bei den gleichen Reaktionen nicht möglich; denn nach dem Prinzip der mikroskopischen Reversibilität würde ein zugesetzter Stoff gleichzeitig aktivierend und desaktivierend wirken. Der Gesamteffekt kann daher immer nur so liegen, daß der Zusatz eine Annäherung an die MAXWELL-BOLTZMANN-Verteilung bewirkt (woraus die oben erwähnte Beschleunigung resultiert), nicht aber eine Entfernung davon. Hemmung durch Desaktivierung kann daher höchstens zustande kommen, wenn man durch äußere Eingriffe, wie z. B. Belichtung, dafür gesorgt hat, daß die Konzentration aktiver Produkte höher ist. als dem thermischen Gleichgewicht entspricht. Zu der mehr „physikalischen" Wirkung zu zählen ist beispielsweise auch die Katalyse der Parawasserstoffumwandlung durch paramagnetische Stoffe (vgl. Art. E. CREMER dieses Handbuchs). Bei allen mehr „chemischen" Mechanismen der homogenen Katalyse muß der Katalysator in den eigentlichen Reaktionsablauf eingreifen. Bei Reaktionen, die als solche nicht über Ketten verlaufen, muß dies so vor sich gehen, daß der Katalysator mit dem Ausgangs-

---

[1] Vgl. z. B. die von H. L. J. BÄCKSTRÖM untersuchte Aldehydoxydation und Sulfitoxydation. J. Amer. chem. Soc. **49** (1927), 1460; Trans. Faraday Soc. **24** (1928), 601.

[2] Z. B. wird O_2 bei der Knallgasreaktion (in geringer Menge) verbraucht, unter Bildung von Wasser; der Sauerstoff ist aber in den Produkten der *Haupt*reaktion nicht enthalten. Die ältere, engere Definition des Katalysators, daß er selbst nicht an der Reaktion teilnimmt, würde viele sachlich ins Gebiet der Katalyse gehörige Vorgänge ausschließen.

[3] Vgl. oben S. 101 ff.

stoff oder irgendeinem Zwischenprodukt der Reaktion eine Verbindung eingeht, aus der in einer Folgereaktion der Katalysator wieder rückgebildet wird;
beispielsweise wenn A ein Ausgangs- oder Zwischenprodukt, K ein Katalysator ist:

$$1. \qquad A + K + \ldots \rightarrow AK + \ldots$$

$$2. \qquad AK + C \quad \rightarrow B + K + \ldots[1]$$

Eine derartige Reaktionsfolge zeigt aber alle Charakteristiken einer Kettenreaktion. Als aktives Teilchen ist hier der Katalysator K anzusprechen sowie
die intermediäre Verbindung AK; das in 1 eingehende aktive Teilchen wird in 2
rückgebildet. Das ist gerade das, was auf S. 115 mit CHRISTIANSEN als geschlossene Reaktionsfolge bezeichnet wurde, welche identisch ist mit einer Kettenreaktion. Man könnte also formal sagen: durch den Katalysator wird die Reaktion zu einer Kettenreaktion.

Je nach der Folge der Reaktionen und den Größenordnungsbeziehungen der
Konstanten sind nun noch zahlreiche verschiedene Mechanismen mit obiger
allgemeiner Formulierung verträglich. Insbesondere ist aber hervorzuheben,
daß es nicht genügt, wenn überhaupt ein über den Katalysator verlaufender
Reaktionsweg gefunden werden kann; vielmehr muß die Reaktion auf diesem
Weg mindestens mit neben der unkatalysierten merkbarer, wenn nicht überwiegender Geschwindigkeit ablaufen, sofern wirklich eine praktische Reaktionsbeschleunigung eintreten soll. HERZFELD[2] hat für einfache Reaktionstypen
diese Verhältnisse diskutiert. Damit wirklich eine Beschleunigung eintritt,
sind bestimmte Forderungen an die Geschwindigkeitskonstanten der neu hinzu-
tretenden Reaktionen zu stellen. Wir betrachten nur ein einfaches Beispiel,
den monomolekularen Zerfall einer Verbindung AB mit vernachlässigbarer
Rückreaktion (wobei etwa die Zerfallsprodukte von einem Akzeptor aufgenommen
werden sollen; leider scheint es in der Natur kaum Beispiele für diesen Typ
zu geben). Die Geschwindigkeit der unkatalysierten Reaktion sei:

$$v_{10} = -\frac{d[AB]}{dt} = k_1[AB]; \quad k_1 = k_{10} \exp. (- q/RT). \tag{156}$$

Bei Katalyse durch Zwischenverbindung mit einem Katalysator K ergibt sich
statt 1 (d. h. genauer: neben 1) z. B.:

$$\text{a)} \qquad AB + K \underset{k_{1,-1}}{\overset{k_{11}}{\rightleftarrows}} AK + B, \tag{157}$$

$$\text{b)} \qquad AK \overset{k_{12}}{\longrightarrow} A + K$$

und daraus in üblicher Rechenweise:

$$0 \approx \frac{d[AK]}{dt} = k_{11}[AB][K] - k_{1,-1}[AK][B] - k_{12}[AK], \tag{158}$$

$$[AK] \approx \frac{k_{11}[AB][K]}{k_{1,-1}[B] + k_{12}}$$

---

[1] B braucht hier natürlich noch keineswegs ein Endprodukt zu sein, und es ist
u. a. auch möglich, daß im weiteren Verlauf der Reaktion noch ein oder mehrere
andere Katalysatoren eingreifen.

[2] K. F. HERZFELD: Z. physik. Chem. **98** (1921), 161. — Vgl. dazu G.-M. SCHWAB:
Katalyse. Berlin 1931, New York 1937.

oder mit $[K]_0 = [AK] + [K]$, der Gesamtkonzentration des Katalysators zu Versuchsbeginn:

$$[AK] = \frac{k_{11}\,[AB]\,[K]_0}{k_{11}\,[AB] + k_{1,\,-1}\,[B] + k_{12}} \tag{159}$$

und

$$v_{11} = -\frac{d\,[AB]}{dt} = \frac{k_{11}\,k_{12}\,[AB]\,[K]_0}{k_{11}\,[AB] + k_{1,\,-1}\,[B] + k_{12}}. \tag{160}$$

Die Gesamtgeschwindigkeit würde natürlich gleich $v_{10} + v_{11}$, und Voraussetzung für das Vorliegen einer Katalyse ist, daß nicht $v_{11} \ll v_{10}$. Je nach den Verhältnissen von $k_{11} : k_{1,\,-1} : k_{12}$ können sich mehrere Grenzfälle ergeben. Betrachten wir hier nur den einen Fall, daß k_{12} mindestens gegen eine der Konstanten k_{11} oder $k_{1,\,-1}$ klein ist [wo also Reaktion (157 b) die langsamste und damit geschwindigkeitsbestimmend ist], so wird angenähert:

$$v_{11} \approx \frac{k_{11}\,k_{12}\,[AB]\,[K]_0}{k_{11}\,[AB] + k_{1,\,-1}\,[B]}. \tag{161}$$

Für grobe Betrachtungen wird man setzen dürfen (mit einem Universalwert Z):

$$k_{11} \approx Z \exp.\,(-q_{11}/RT); \quad k_{1,\,-1} \approx Z \exp.\,(-q_{1,\,-1}/RT),$$

$$k_{12} \approx k^0{}_{12} \exp.\,(-q_{12}/RT); \quad q_{11} + q_{12} = q$$

(letztere Bedingung dürfte meist erfüllt sein, wenn auch grundsätzlich $q_{11} + q_{12} > q$ nicht auszuschließen ist). Man sieht, daß in diesem Falle 6. einen Maximalwert annimmt für $q_{11} = q_{12} = \dfrac{q}{2}$, sofern nur $q_{1,\,-1}$ hinreichend hoch ist (in HERZFELDs Überlegung ist die Rückreaktion von 2a vernachlässigt); gegenüber (1) kann dabei die Geschwindigkeit um viele Zehnerpotenzen vergrößert sein. Mit anderen Voraussetzungen wird man nicht ganz das gleiche Resultat bekommen, aber meist wird das Optimum erreicht sein, wenn die aufzuwendende Aktivierungsenergie durch das Eingreifen des Katalysators in zwei etwa gleich hohe Stufen unterteilt wird.

Die verschiedenen Möglichkeiten der Katalyse über Zwischenverbindungen, die besonders für Reaktionen in Lösungen eine große Rolle spielen, sind vielfach diskutiert worden, vgl. u. a. SKRABAL[1] sowie SCHWAB.[2] Wir erinnern an die bereits an anderer Stelle (Abschnitt 15, S. 121) erwähnten Fälle, die im speziellen Beispiel der Folge (157) lauten:

a) Falls $k_{12}\,[AK]$ hinreichend klein gegen $k_{11}\,[AB]\,[K]$ und $k_{1,\,-1}\,[AK]\,[B]$, so ist das Gleichgewicht der Reaktion (157a) praktisch eingestellt; es wird dann $[AK] = \dfrac{k_{11}\,[AB]\,[K]}{k_{1,\,-1}\,[B]}$, und AK heißt nach SKRABAL „ARRHENIUSscher Zwischenkörper".

b) Ist umgekehrt $k_{12}\,[AK] \gg k_{1,\,-1}\,[AK]\,[B]$, so wird AK im laufenden stationären Zustand vorhanden sein entsprechend

$$[AK] \approx \frac{k_{11}\,[AB]\,[K]}{k_{12}};$$

SKRABAL bezeichnet AK in diesem Fall als „VAN T'HOFFschen Zwischenkörper".

Für genauere Diskussion und Beispiele vgl. Bd. II dieses Handbuchs, Katalyse in Lösungen.

---

[1] A. SKRABAL: Trans. Faraday Soc. **24** (1928), 687.
[2] G.-M. SCHWAB: Katalyse, zitiert S. 138.

Auf die Möglichkeit negativer Katalyse ist bereits oben an mehreren Stellen hingewiesen worden. Es seien hier nur noch wenige Bemerkungen dazu nachgetragen. Fälle negativer Katalyse können im Zusammenhang mit fast jeder positiv katalysierten Reaktion auftreten; es braucht ja nur etwa der negative Katalysator den vorher wirksam gewesenen positiven Katalysator zu verbrauchen: so könnte man auch die bekannte Erscheinung der „Vergiftung" fester Katalysatoren durch sogenannte Kontaktgifte zu den negativen Katalysen rechnen. Die Fälle homogener negativer Katalyse, bei welchen der Katalysator nicht unmittelbar in die Reaktion eingreift, werden selten sein. Wir wiesen oben (S. 137) bereits darauf hin, daß eine Desaktivierung bei thermischen Reaktionen im allgemeinen nicht in Frage kommen kann; wohl aber kann es diese bei photo chemischen Reaktionen geben, wo sie auch wirklich beobachtet ist. Ferner bietet, wie bereits erwähnt (S. 126, 137), fast jede Kettenreaktion Möglichkeiten zur negativen Katalyse durch Kettenabbruch oder Verhinderung der Kettenverzweigung, ja die Möglichkeit einer negativ katalytischen Beeinflußbarkeit in homogener Phase ist geradezu zum Kriterium für das Vorliegen von Kettenreaktionen gemacht worden. Hier sei nochmals erwähnt das HINSHELWOODsche Verfahren[1] der Beeinflussung von Zerfallsreaktionen organischer Stoffe durch NO. Wo eine merkliche Hemmung durch NO stattfindet, schließt man, daß mindestens teilweise eine Kettenreaktion vorliegt. Der umgekehrte Schluß aus dem Fehlen einer Hemmung durch NO auf die Abwesenheit von Kettenreaktionen, ist natürlich wesentlich weniger zwingend, denn im Einzelfall bleibt immer die Möglichkeit, daß NO gerade die spezielle Reaktionskette überhaupt nicht beeinflußt. Es ist auch bekannt, daß NO positiv katalytisch wirken kann, wenn auch meist erst in höheren Konzentrationen merklich.

Die Zahl der bekannten, wenn auch im einzelnen vielfach noch nicht geklärten negativen Katalysen ist sehr beträchtlich; für eine Zusammenfassung vgl. BAILEY.[2] Wie bereits erwähnt, bietet jede entweder positiv katalysierte oder über Ketten verlaufende Reaktion grundsätzlich die Möglichkeit zu negativer Katalyse, und dazu gehören viele unerwünscht ablaufende Zerfalls- oder sonstige Zersetzungsreaktionen technischer Produkte, beispielsweise der Wasserstoffsuperoxydzerfall, Oxydations- und Polymerisationsreaktionen in flüssigen Kohlenwasserstoffen und anderen organischen Verbindungen (u. a. die Harzbildung in Treibstoffen), die Alterung des Kautschuks u. a.; in allen diesen Fällen spielen geeignete Inhibitoren für die Stabilisierung eine technisch bedeutsame Rolle. Die eminente Wichtigkeit der Hemmung von Oxydation in der Gasphase durch die sogenannten „Antiklopfmittel" ist heute fast allgemein bekannt und wird in zwei besonderen Abschnitten[3] dieses Bandes für sich behandelt.

Bei Reaktionen *nichtidealer Gase und Lösungen* kommt auch eine Beeinflussung der Aktivität der Reaktionspartner durch den Katalysator in Frage, ferner sind noch weitere Einflüsse des Lösungsmittels auf die Reaktionsgeschwindigkeit denkbar, vgl. insbesondere den Band II über Lösungen dieses Handbuchs. Für eine vollständige Besprechung der Möglichkeiten katalytischer Beeinflussung vgl. SCHWAB[4] und die speziellen Kapitel dieses Handbuchs.

---

[1] STAVELEY, C. N. HINSHELWOOD: Nature (London) **137** (1936), 29 und spätere Arbeiten. — Vgl. insbesondere L. A. K. STAVELEY, C. N. HINSHELWOOD: Trans. Faraday Soc. **35** (1939), 845 sowie die Diskussion ebenda, S. 870ff.

[2] K. C. BAILEY: The retardation of chemical reactions, sehr ausführlich mit über 1600 Literaturangaben (bis Anfang 1937). London: Arnold, 1937.

[3] Art. NORRISH-BUCKLER sowie Art. Negative Katalyse und Antiklopfmittel von W. JOST.

[4] G.-M. SCHWAB: Katalyse. Berlin, 1931; New York, 1937.

Bei *heterogener Reaktion* kann man den Gesamtvorgang aufteilen in: 1. Diffusion der Ausgangsstoffe zum Katalysator, 2. Adsorption der Ausgangsstoffe, 3. Reaktion am Katalysator, möglicherweise begleitet von Folge- bzw. Kettenreaktionen in der Gasphase, 4. Desorption und 5. Diffusion der Reaktionsprodukte vom Katalysator weg. Im allgemeinen werden nicht alle diese Prozesse, sondern vielleicht nur einer oder wenige (langsame) geschwindigkeitsbestimmend sein. Zur Ermittlung der Kinetik führt eine konsequente Anwendung der oben besprochenen, die Elementarvorgänge betreffenden Gesetze, vorausgesetzt, daß genügend experimentelle Unterlagen vorhanden sind. Da diese Dinge an anderer Stelle (Bd. V) ausführlich diskutiert werden, begnügen wir uns mit wenigen Hinweisen.

Nur zur Illustration seien hier einige Beispiele gegeben. Zerfällt eine Molekel monomolekular
$$A \rightarrow B + \ldots$$

und verläuft diese Reaktion an der Wand, so ergeben sich folgende einfache Grenzfälle. Falls A schwach adsorbiert wird, dann ist (vgl. S. 74):

$$[A]_{\text{ads.}} \simeq k' [A] \tag{162}$$

und daher auch die Geschwindigkeit des Zerfalls:

$$v \simeq k' k [A]. \tag{163}$$

Man erhält also dasselbe Zeitgesetz wie für die homogene Gasreaktion; der Unterschied liegt in den Zahlenwerten der Geschwindigkeitskonstanten und darin, daß die Konstante in (163) abhängt von Art und Größe der Oberfläche. Wird A so stark adsorbiert, daß man im Bereich der Sättigung ist, so wird:

$$[A]_{\text{ads.}} \approx k'' \tag{164}$$

und daher die Reaktionsgeschwindigkeit:

$$v \simeq k'' k, \tag{165}$$

d. h. unabhängig von der Konzentration, also von der nullten Ordnung. Im Zwischengebiet mittlerer Adsorption erhält man entsprechend eine zwischen der nullten und ersten Ordnung variierende Reaktionsgeschwindigkeit. Weitere Komplikationen treten auf, wenn die Adsorption der Reaktionsprodukte eine Rolle spielt. Auf Reaktionen höherer Ordnung sind die Überlegungen in analoger Weise zu übertragen, wobei die Zahl der Komplikationsmöglichkeiten entsprechend zunimmt.[1]

Setzt man für die Konzentrationen der einzelnen Stoffe in der Adsorptionsschicht die Adsorptionsisotherme an, so bedeutet das, daß man eingestelltes Gleichgewicht zwischen Adsorptionsschicht und Gasphase annimmt, was nicht etwa selbstverständlich ist. Es müssen dazu vielmehr ähnliche Bedingungen erfüllt sein wie für den Fall vorgelagerten Gleichgewichtes bei zusammengesetzten homogenen Gasreaktionen (vgl. z. B. S. 120 und 121). Es sind aber durchaus Fälle denkbar und auch zu beobachten, bei denen dies keineswegs gilt. Dabei besteht auch grundsätzlich die Möglichkeit, Abweichungen von dem eingestellten Adsorptionsgleichgewicht bei laufender Reaktion zu beobachten, wenn nämlich der innere Zustand des Katalysators von der Zusammensetzung der Adsorptionsschicht abhängt und man jenen durch geeignete physikalische Messungen (von z. B. der elektrischen Leitfähigkeit) feststellen kann.[2]

---

[1] Für eine systematische Übersicht vgl. insbesondere G.-M. Schwab: Ergebn. exakt. Naturwiss. 7 (1928), 276.

[2] Vgl. C. Wagner, R. Hauffe: Z. Elektrochem. 44 (1938), 172 — E. Doehlemann: Ebenda, S. 178. — Vgl. ferner M. Kröger: Grenzflächenkatalyse, Leipzig, 1933. — C. A. Knorr: Z. physik. Chem., Abt. A 157 (1931), 143.

Atomphysikalische Grundlagen der Katalyse.

Von

H. MARK, New York, und R. SIMHA, New York.

Inhaltsverzeichnis.

I. Die Bedeutung der Quantentheorie für das Problem der inner- und zwischenmolekularen Wechselwirkung.

Seit ihrer Begründung durch PLANCK hat die Quantentheorie eine Reihe großer Erfolge in der Deutung der Struktur der Materie zu verzeichnen gehabt. Mittels des RUTHERFORD-BOHRschen Atommodells gelang es zum erstenmal, eine teilweise mit der Erfahrung in Einklang stehende Theorie des Atom- und Molekülbaues sowie der zugehörigen Spektren zu begründen. Als ein wertvolles Hilfsmittel erwies sich dabei das BOHRsche „Korrespondenzprinzip". Nach diesem sollen die Aussagen der Quantentheorie im Grenzfall großer Quantenzahlen asymptotisch in die entsprechenden der klassischen Physik übergehen.[1]

Wir wollen an dieser Stelle nicht auf die Schwierigkeiten der älteren Quantentheorie eingehen. Es mag nur im Hinblick auf unsere Anwendungen bemerkt werden, daß eine befriedigende Theorie der Molekel auf dieser Grundlage nicht geschaffen werden konnte. Dies wurde erst möglich, als DE BROGLIE den Begriff der Materiewelle einführte, HEISENBERG die Quantenmechanik begründete und

---

[1] Eine eingehende Darstellung dieses Prinzips und aller mit ihm zusammenhängenden Fragen findet der Leser in einem Artikel von A. RUBINOWICZ: Handbuch der Physik, Bd. XXIV/1. Berlin, 1933.

Schrödinger seine Wellenmechanik schuf. Es konnte von diesem und Eckart gezeigt werden, daß die Wellenmechanik grundsätzlich mit der Quantenmechanik übereinstimmt, denn man gelangt in der erstgenannten Theorie direkt zu den Größen, welche in der Matrizenmechanik als Matrixelemente auftauchen. Wir werden daher im folgenden die Begriffe „Quantenmechanik" und „Wellenmechanik" nicht mehr auseinanderhalten müssen, sondern sie abwechselnd gebrauchen dürfen.

In der Theorie des Atoms hat die neue Quantenphysik vielfach nur das streng ableiten müssen, was mittels des Korrespondenzprinzips schon behauptet werden konnte. Während man aber auf diese Weise z. B. die Linienspektren erfassen konnte, war dies bei den Bandenspektren nur bis zu einem gewissen Grad gelungen. Weiter konnte eine Erklärung der homöopolaren Bindung überhaupt nicht gegeben werden, da es sich bei ihr im Gegensatz zur heteropolaren Valenz nicht um solche Kräfte handelt, die man rein elektrostatisch verstehen kann. Anderseits aber hatte die Chemie bereits quantitative Angaben über Bindungsenergien und auch qualitative Valenzregeln geliefert.

Die neue Theorie hatte daher auch auf diesem besonders den Chemiker interessierenden Gebiet große Aufgaben zu lösen. Ein verhältnismäßig geringer Teil ihrer Leistungen wird im folgenden zur Darstellung gelangen. Man kann aber sagen, daß durch die Quantenmechanik selbst dort, wo ihr infolge rechnerischer Schwierigkeiten eine strenge Ableitung nicht gelang und daher quantitative Ergebnisse nicht erhalten werden konnten, doch die empirischen Ergebnisse in einen allgemeinen Zusammenhang gebracht und verständlich gemacht wurden.

Außer den innermolekularen Kräften, die sich mittels Valenzstrichen oder durch Angabe elektrischer Ladungen beschreiben lassen, interessieren uns noch die schwächeren, aber weiterreichenden van der Waalsschen Kräfte. Die klassische Physik hatte versucht, diese als Wechselwirkungskräfte zwischen permanenten oder induzierten Multipolen zu deuten. Dies gelang wohl bis zu einem gewissen Grad bei polaren Substanzen, mußte aber etwa bei Edelgasen versagen. Auch hier vermochte erst die Wellenmechanik eine Erklärung zu bieten, indem sie außer den früher besprochenen absättigbaren Anziehungskräften kleinerer Reichweite noch die rein additiven Dispersionskräfte einführte und dadurch auch für die Theorie der zusammenhängenden Materie einen beachtlichen Fortschritt erzielte.

Alle diese Entdeckungen haben dazu geführt, daß sich neben der Quantenphysik noch eine Quantenchemie herausgebildet hat. Mit all dem ist keineswegs gesagt, daß die Theorie abgeschlossen ist. Dies mag wohl für die Lehre von den Atomhüllen zutreffen, keineswegs aber etwa für Fragen des Kernbaues.

Die Situation mag zum Schluß durch einige Sätze Diracs[1] charakterisiert werden:

"The general theory of quantum mechanics is now almost complete, the imperfections that still remain, being in connection with the exact fitting in of the theory with relativity ideas. These give rise to difficulties only when high speed particles are involved and are therefore of no importance in the consideration of atomic and molecular structure and ordinary chemical reactions. The underlying physical laws necessary for the mathematical theory of a large part of physics and the whole of chemistry are thus completely known and the difficulty is only that the exact application of these laws leads to equations much too complicated to be soluble."

---

[1] P. A. M. Dirac: Proc. Roy. Soc. (London), Ser. A **123** (1929), 714.

II. Die für den Ablauf einer Reaktion charakteristischen Größen.

Zur Klassifizierung chemischer Reaktionen gibt es drei Möglichkeiten:

1. Nach der Anzahl der Moleküle in der stöchiometrischen Formel des Umwandlungsprozesses. (Im allgemeinen ist diese Art der Definition nicht sehr zweckmäßig; wir kommen daher auf sie nicht weiter zurück.)

2. Nach der Anzahl der Konzentrationsfaktoren c_k im Ausdruck für die Geschwindigkeit der Umsetzung einer Komponente

$$- \frac{dc_i}{dt} = \text{const.} \prod_{k=1}^{n} c_k.$$

Diese Formel beschreibt also eine Reaktion n-ter *Ordnung*, wobei auch nicht ganzzahlige Werte von n vorkommen können.

3. Nach der Anzahl von Molekülen, welche bei jedem einzelnen Elementarprozeß beteiligt sind. In der großen Mehrzahl der Fälle hat man es mit mono- oder bimolekularen Vorgängen zu tun. Bei ersteren wird einem Molekül A durch äußere Eingriffe, wie Strahlung oder Stoß, Energie zugeführt. Steht ihm genügend Zeit zur richtigen Verteilung dieser Impulse auf die einzelnen Freiheitsgrade zur Verfügung, so zerfällt es. Bei einer bimolekularen Reaktion wird das Molekül A energetisch „geladen". Erleidet es nun einen Zusammenstoß mit einem zweiten Molekül B und sind hierbei die energetischen Verhältnisse sowie die relative Anordnung der zwei Partner genügend günstig, so erfolgt ein Umsatz.[1] Im allgemeinen besteht kein einfacher Zusammenhang zwischen der zweiten und dritten Art der Einteilung. Unter bestimmten Bedingungen jedoch, die wir als erfüllt ansehen wollen, sind monomolekulare Vorgänge von erster und bimolekulare von zweiter Ordnung. Die zugehörigen Geschwindigkeitskonstanten bezeichnen wir mit k_M und k_B. Sie sind definiert durch die Gleichungen

$$- \frac{dc_A}{dt} = k_M c_A \quad \text{und} \quad - \frac{dc_A}{dt} = k_B c_A \cdot c_B.$$

Dabei bleibt es im zweiten Fall gleichgültig, ob auch B ebenso wie A eine Umwandlung erfährt.

Es ist die wichtigste Aufgabe einer Theorie der Reaktionsvorgänge, die Geschwindigkeitskonstante zu berechnen. Diese wird durch zwei Größen bestimmt, denen wir im nachfolgenden unsere Aufmerksamkeit zuwenden wollen.

Bei allen chemischen Umwandlungen kommt es darauf an, daß eine Anordnung von Atomen oder Molekülen, die einem Minimum an potentieller Energie entspricht, verlassen und über ein Maximum eine neue Gleichgewichtslage erreicht wird. Die Arbeit, welche aufgewendet werden muß, um die ursprünglichen Bindungen zu sprengen oder zu lockern, bevor neue gebildet werden können, wird als die Aktivierungswärme ε der betreffenden Reaktion bezeichnet. Für den Zusammenhang zwischen ε und k hat Arrhenius zum erstenmal aus Gleichgewichtsüberlegungen heraus seinen bekannten Ansatz gemacht. Wir bringen ihn in einer exakteren Form wieder, die von Tolman[2] stammt. Für monomolekulare Prozesse ergibt sich

$$\varepsilon_M = R T^2 \frac{d \ln k_M}{dT} \tag{1}$$

---

[1] Eine eingehende Darstellung dieses Problemkreises findet sich in dem Buche von C. N. Hinshelwood: Kinetics of Chemical Change in Gaseous Systems, Oxford, 1933, und bei W. Jost in diesem Bande. Vgl. auch C. N. Hinshelwood: Trans. Faraday Soc. **34** (1938), 105, sowie E. A. Guggenheim, J. Weiss: Ebenda **34** (1938), 57.

[2] R. C. Tolman: J. Amer. chem. Soc. **42** (1920), 2506.

(T absolute Temperatur, ε bezogen auf das Mol), für den bimolekularen Fall

$$\varepsilon_B = R\,T^2\,\frac{d\ln k_B}{d\,T} - \frac{1}{2}\,R\,T. \tag{1a}$$

Nun kann man die Temperaturabhängigkeit von k empirisch durch ein Produkt zweier Faktoren darstellen, von denen der eine exponentiell, der andere viel schwächer von der Temperatur abhängt, und zwar

$$k = A\,e^{-\frac{Q}{R\,T}} = A'\,T^s e^{-\frac{Q}{R\,T}}. \tag{2}$$

Durch Vergleich der drei letzten Formeln erhält man die folgenden Beziehungen zwischen der Aktivierungswärme und der Meßgröße Q:

$$\text{monomolekular:}\quad \varepsilon_M = Q + s\,R\,T, \tag{3}$$

$$\text{bimolekular:}\quad \varepsilon_B = Q + \left(s - \frac{1}{2}\right)R\,T. \tag{3a}$$

Es soll nun kurz gezeigt werden, wie man den Ansatz (2) aus der Theorie begründen kann. Bei monomolekularen Prozessen kommt es, wie bereits erwähnt, darauf an, daß genügend rasch eine richtige Gruppierung der aufgespeicherten Energie auf die einzelnen Freiheitsgrade erfolgt. Die Anzahl der Moleküle mit q kinetischen und potentiellen Freiheitsgraden, von denen jeder einen quadratischen Term zum Energieausdruck liefert, mit einer Mindestenergie Q kann leicht aus der Maxwell-Boltzmann-Statistik berechnet werden. Um die Geschwindigkeitskonstante zu erhalten, muß man noch mit einem Faktor v multiplizieren. Dieser hat die Dimension einer reziproken Zeit und ist ein Maß für die Geschwindigkeit, mit der die Energie auf die für den Zerfall wesentlichen Freiheitsgrade übertragen wird. $\frac{1}{v}$ stellt daher die Lebensdauer des „energiereichen“ Moleküls dar oder, anders ausgedrückt, v die Häufigkeit, mit der dieses einen Zerfall erfährt.[1] Für die Konstante A, die man in diesem Fall zweckmäßig *Frequenzzahl* nennen wird, ergibt sich[2]

$$A = v\,\frac{1}{\Gamma\left(\dfrac{q}{2}\right)}\left(\frac{Q}{R\,T}\right)^{\frac{q}{2}-1}. \tag{4}$$

Bei der Ableitung ist vorausgesetzt, daß $Q \gg R\,T$ ist. $\Gamma(z)$ ist die Gammafunktion

$$\Gamma(z) = \int_0^\infty e^{-u}\,u^{z-1}\,du.$$

Man erhält auf diese Weise nach (3) für die Aktivierungsenergie

$$\varepsilon_M = Q + \left(\frac{q}{2} - 1\right)R\,T.$$

Für bimolekulare Reaktionen kann man einen Ausdruck von der Art (2) ableiten, wenn man annimmt, daß eine Umwandlung immer dann erfolgt, wenn erstens die Differenz der kinetischen Energie der zwei stoßenden Moleküle in der Richtung der Verbindungslinie der Schwerpunkte einen bestimmten kritischen Wert Q übersteigt und zweitens hierbei eine günstige gegenseitige Anordnung der zwei Teilchen vorliegt, damit die „richtigen“ Bestandteile derselben beim Stoß in Berührung kommen. Der Einfachheit halber greift man wie in der

---

[1] M. Polanyi, E. Wigner: Z. physik. Chem., Abt. A **139** (1928), 439.
[2] R. H. Fowler: Statistical Mechanics. 2. Aufl. 1936.

kinetischen Gastheorie auf das Modell starrer Kugeln zurück[1] und hat dann einfach die Anzahl der Stöße zu berechnen, bei welchen der relative Impuls in der Richtung der Zentrallinie einen bestimmten Mindestwert hat. Nach diesem Gedankengang stellt A die Stoßzahl Z pro Zeiteinheit dar (bezogen auf die Konzentration 1):[2]

$$A = Z = 2 \cdot \sqrt{\frac{2\,\pi\,k\,(m_A + m_B)}{m_A \cdot m_B}} \; (r_A + r_B)^2 \cdot T^{\frac{1}{2}}. \tag{4a}$$

Die m_A, m_B sind die Molekülmassen und r_A, r_B die zugehörigen Molekülradien. Dieser Gleichsetzung liegt die Annahme zugrunde, daß die Konzentrationsänderungen im Verlauf der Reaktion die Stoßzahl nicht wesentlich beeinflussen. Eine Diskussion dieses Punktes findet sich in der Arbeit von GUGGENHEIM und WEISS.[3] Nach Formel (3a) ist damit Q gleich der Aktivierungswärme ε_B.

Wenn man A wirklich mit einer Stoßzahl identifizieren darf, so müssen r_A und r_B die übliche Größenordnung von 1—5 Å besitzen. Es zeigt sich nun, daß oft das so berechnete A viel größer ist als die Erfahrung lehrt. Man muß daher einen zweiten Faktor einführen und für die Größe A, die wir nunmehr als *Häufigkeitszahl* bezeichnen werden, schreiben

$$A = Z \cdot S. \tag{5}$$

S bedeutet dabei den sogenannten *sterischen Faktor*. Für seine Größe sind verschiedene Umstände maßgebend, die wir schon aufgezählt, aber in den früheren Ansätzen nicht zur Genüge erfaßt haben. Dies sind z. B. Anzahl der Freiheitsgrade, geeignete Orientierung der Stoßpartner, für die Umsetzung günstige Phasenbeziehungen zwischen den einzelnen Molekülschwingungen mit günstiger Energieverteilung und anderes mehr. S kann nach HINSHELWOOD[4] die verschiedensten Werte annehmen. Einerseits bis 10^{-8} hinunter, anderseits aber auch bis 10^5. Man kann sich die Unterschiede bis zu einem gewissen Grad folgendermaßen erklären. Bei bimolekularen Umsetzungen muß der Vorgang während der relativ kurzen Stoßdauer erfolgen, daher wird der sterische Faktor in der überwiegenden Mehrzahl der Fälle kleiner als eins sein. Bei monomolekularen Vorgängen dagegen fällt diese Erschwerung weg. Kleinere sterische Faktoren bei bimolekularen als bei monomolekularen Reaktionen sind die Regel. Es kommen aber auch Ausnahmen vor. Bezüglich einer eingehenden Diskussion verweisen wir auf HINSHELWOOD.[5]

Wir haben somit gesehen, wie man die Geschwindigkeitskonstante einer Reaktion durch die Kenntnis zweier charakteristischer Größen bestimmen kann, der Häufigkeits- bzw. Frequenzzahl und der Aktivierungsenergie. Wir werden im nachfolgenden versuchen, die Methoden der Quantentheorie für die Berechnung dieser Faktoren nutzbar zu machen, dabei aber den Boden der klassischen Physik nicht vollkommen verlassen. Die Häufigkeitszahl wird dabei nicht durch Stoßzahlen, sondern durch Zustandsintegrale bzw. Zustandssummen der normalen und angeregten Moleküle ausgedrückt werden. Auf diese Weise wird es auch gelingen, einen Ausdruck für den sterischen Faktor abzuleiten, was auf der bisherigen Grundlage nicht möglich war.

---

[1] Bezüglich einer Erweiterung siehe F. EIRICH, R. SIMHA: Z. physik. Chem., Abt. A **180** (1937), 447.

[2] K. F. HERZFELD: Kinetische Theorie der Wärme, in MÜLLER-POUILLET: Lehrbuch der Physik, 11. Aufl., Bd. III/2. Braunschweig, 1925. k ist hier die BOLTZMANN-Konstante.

[3] l. c.

[4] C. N. HINSHELWOOD: J. chem. Soc. (London) **1936**, 371.

[5] C. N. HINSHELWOOD: Trans. Faraday Soc. **34** (1938), 105.

III. Quantenmechanische Grundlagen.

a) Über einige allgemeine Eigenschaften quantenmechanischer Systeme.

Unsere folgenden Darlegungen werden auf den Grundlagen der Wellenmechanik aufgebaut. Hierbei werden wir diese nicht in ihrer allgemeinsten Formulierung benutzen müssen. Wir betrachten zunächst bloß konservative Systeme mit diskreten stationären Zuständen. Weiter werden wir es nur mit solchen Geschwindigkeiten zu tun haben, die gegen die Lichtgeschwindigkeit c vernachlässigt werden können. Schließlich brauchen wir magnetische Spinkräfte nicht zu berücksichtigen, so daß wir den Spin nur soweit beachtet haben, als er infolge des PAULI-Prinzips die Existenzmöglichkeit eines Terms beeinflußt. Zu diesem Zwecke fügen wir den Elektronendrall erst nachher in unsere Betrachtungen ein. Diese Vernachlässigungen erlauben uns im Rahmen der SCHRÖDINGERschen Theorie zu bleiben. Im nachfolgenden wollen wir kurz einige allgemeine Aussagen derselben zusammenstellen, um uns später auf sie beziehen zu können. Der näher interessierte Leser sei auf die zahlreichen Lehrbücher der Quanten- und Wellenmechanik sowie auf die entsprechenden Bände im Handbuch der Physik, insbesondere Band XXIV/1, verwiesen.

Um nicht immer lästige Zahlenfaktoren anschreiben zu müssen, verwenden wir öfters die von HARTREE[1] eingeführten „atomaren Einheiten". Die Grundeinheiten sind mit den Zahlenwerten nach KIRCHNER:[2]

Einheit der Ladung $=$ Ladung des Elektrons $e = 4{,}803 \cdot 10^{-10}$ el.-stat. Einh.

Einheit der Masse $=$ Masse des Elektrons $m = 9{,}108 \cdot 10^{-28}$ g.

Einheit der Länge $=$ Radius der innersten Kreisbahn im BOHRschen Wasserstoffmodell $a = \dfrac{h^2}{4\,\pi^2\,m\,e^2} =$
$$= 0{,}5678 \cdot 10^{-8}\ \text{cm.}$$

Davon abgeleitet:

Einheit der Energie $=$ doppelte Ionisierungsspannung des Wasserstoffatoms $\dfrac{e^2}{a} = \dfrac{4\,\pi^2\,m\,e^4}{h^2} = 4{,}063 \cdot 10^{-11}$ erg.

Einheit der Geschwindigkeit $=$ Geschwindigkeit des Elektrons in der ersten Bahn des BOHRschen Wasserstoffmodells
$$v_0 = \frac{2\,\pi\,e^2}{h} = 2{,}188 \cdot 10^8\ \text{cm/sec.}$$

Einheit der Zeit $\dfrac{a}{v_0}$ $= \dfrac{h^3}{8\,\pi^3\,m\,e^4} = 2{,}5951 \cdot 10^{-17}$ sec.

Einheit der Frequenz $\dfrac{v_0}{a}$ $= \dfrac{8\,\pi^3\,m\,e^4}{h^3} = 3{,}8535 \cdot 10^{16}$ sec.$^{-1}$.

Einheit der Wirkung $\dfrac{h}{2\,\pi}$ $= \hbar = 1{,}0546 \cdot 10^{-27}$ erg. sec.

Einheit des elektr. Potentials $\dfrac{e}{a}$ $= \dfrac{4\,\pi^2\,m\,e^3}{h^2} = 0{,}08459$ el.-stat. Einh.
$$= 25{,}38\ \text{Volt.}$$

Einheit der elektr. Feldstärke $\dfrac{e}{a^2}$ $= \dfrac{16\,\pi^4\,m^2\,e^5}{h^4} = 4{,}47 \cdot 10^9$ Volt/cm.

---

[1] D. R. HARTREE: Proc. Cambridge philos. Soc. **24** (1928), 89.
[2] F. KIRCHNER: Ergebn. exakt. Naturw. **18** (1939), 26 ff.

In gewöhnlichen Einheiten lautet die Schrödinger-Gleichung für ein System aus n Massenpunkten m_i mit der Gesamtenergie E und der potentiellen Energie U in rechtwinkeligen Koordinaten q_i folgendermaßen:

$$\left[-\frac{\hbar^2}{2} \sum_{i=1}^{3n} \frac{1}{m_i} \frac{\partial^2}{\partial q_i{}^2} + (U - E) \right] \psi = 0. \tag{1}$$

Dabei gehört zu den je drei Koordinaten desselben Massenpunktes derselbe Koeffizient $\dfrac{1}{m_i}$. Nach der klassischen Mechanik wird die Bewegung eines Systems durch die Hamilton-Funktion H beschrieben. Diese ist eine Funktion der Koordinaten q_i und der kanonisch konjugierten[1] Impulse p_i. Im stationären Fall ist sie gleich der Gesamtenergie E, also gilt:

$$H (q_1, q_2, \ldots, q_{3n}, \; p_1, p_2, \ldots, p_{3n}) - E = 0.$$

Weiter besteht die Beziehung $H = T + U$, wo T die kinetische Energie bedeutet. In der Newtonschen Mechanik gilt für einen Massenpunkt:

so daß wir erhalten:
$$T = \frac{p_1{}^2 + p_2{}^2 + p_3{}^2}{2\,m},$$

$$H = \sum_{i=1}^{3n} \frac{1}{2\,m_i}\, p_i{}^2 + U, \tag{2}$$

wobei wiederum jedes $\dfrac{1}{m_i}$ zu drei Gliedern gehört.

Durch formale Umbildung dieses Ausdruckes gelangen wir zur wellenmechanischen Gleichung (1), wenn wir jede Impulskomponente p_i durch einen Differentialoperator $\hbar\,\dfrac{\partial}{\partial q_i}$ ersetzen. Dann wird aus der gesamten H-Funktion ein Operator. Wenden wir diesen auf die ψ-Funktion an, so können wir Gleichung (1) auch in der Form

$$\left[H \left(q_1, \ldots q_{3n}, \hbar\,\frac{\partial}{\partial q_1}, \ldots, \hbar\,\frac{\partial}{\partial q_{3n}} \right) + U \left(q_1, \ldots, q_{3n} \right) - E \right] \psi = 0 \tag{1a}$$

schreiben. Von dieser Darstellungsweise werden wir im nachfolgenden öfters Gebrauch machen.

Die Schrödinger-Gleichung ist eine lineare partielle Differentialgleichung zweiter Ordnung in den Koordinaten q_i für die Funktion ψ von demselben Typus, wie er in der Theorie der Schwingungen auftritt. Daher auch die Bezeichnung Schwingungs- oder Wellengleichung. Um ψ zu bestimmen, bedarf es noch gewisser Nebenbedingungen. An die physikalisch sinnvollen Lösungen wird man Forderungen der Eindeutigkeit, Endlichkeit und Stetigkeit zu stellen haben, die sich auch auf die ersten Ableitungen $\dfrac{\partial \psi}{\partial q_i}$ erstrecken. Diese Bedingungen können nur für gewisse diskrete Werte des Parameters E, nämlich für die sogenannten „Eigenwerte" E_n der Energie erfüllt werden. (Vergleiche dazu in der klassischen Mechanik das oft genannte Beispiel der eingespannten, schwingenden Saite.)

---

[1] Man nennt diejenigen Variablen q_i und p_i kanonisch konjugiert, die miteinander durch das System der „Hamiltonschen Gleichungen"

$$\frac{dq_i}{dt} = \frac{\partial H}{\partial p_i}, \quad \frac{dp_i}{dt} = -\frac{\partial H}{\partial q_i}$$

verbunden sind. Siehe diesbezüglich etwa G. Joos: Lehrbuch der theoretischen Physik, 3. Aufl. Leipzig, 1939.

Es war eine der großen Leistungen der vorliegenden Theorie, mit Methoden, welche sich auf stetige Funktionen beziehen, diskrete Quantenzahlen zu erhalten, ohne, wie es die BOHRsche Theorie tat, dieselben aus zusätzlichen Quantenbedingungen abzuleiten.

Wenn zu einem Eigenwert E_n eine einzige „Eigenfunktion" ψ_n als Lösung der Gleichung (1) gehört, so heißt er „nichtentartet". Gibt es dagegen zu einem Eigenwert mehrere Eigenfunktionen, so spricht man von „Entartung".

Jedes quantenmechanische System ist durch Angabe seiner Eigenwerte und Eigenfunktionen vollständig bestimmt. Infolge der Linearität unserer Grundgleichung erhält man die allgemeinste Lösung als Linearkombination aller partikulären Lösungen. Im stationären Fall ist die Wellenfunktion in der Zeit rein periodisch, so daß man die vollständige, zu E_n gehörige Partikularlösung in der Form $\psi_n e^{i \frac{E_n}{\hbar} t}$ ansetzen kann. Dann ist der Zustand des Systems zur Zeit t durch die folgende Summe über alle Eigenfunktionen gegeben:

$$\psi = \sum_n c_n \psi_n e^{i \frac{E_n}{\hbar} t}. \tag{3}$$

Dabei sind die c_n Zahlenkoeffizienten.

Die statistische Auffassung der Wellenmechanik, wie sie sich zur Vermeidung gewisser begrifflicher Schwierigkeiten gebildet hat, erblickt in dem Ausdruck $\psi^* \psi d\tau$ (ψ^* die zu ψ konjugiert komplexe Größe, $d\tau = dq_1 \ldots dq_{3n}$ Volumelement im Konfigurationsraum) die Wahrscheinlichkeit dafür, das betrachtete Gebilde zwischen q_1 und $q_1 + dq_1, \ldots, q_{3n}$ und $q_{3n} + dq_{3n}$ anzutreffen.[1] Demgemäß wird man die noch offene multiplikative Konstante in den ψ_n und ψ so wählen, daß die Normierungsbedingungen

$$\int \psi_n^* \psi_n \, d\tau = 1 \quad \text{und} \quad \int \psi^* \psi \, d\tau = 1$$

erfüllt sind, wobei über den gesamten zur Verfügung stehenden 3-n-dimensionalen Raum integriert wird.

Die Lösungen von (1) besitzen eine wichtige allgemeine Eigenschaft, falls keine Entartung vorkommt. Wir betrachten zwei Eigenwerte $E_n \neq E_m$ mit den zugehörigen ψ_n, ψ_m. Für diese bestehen die Beziehungen

$$(H - E_n)\psi_n = 0 \quad \text{und} \quad (H - E_m)\psi_m^* = 0,$$

da dieselbe Gleichung auch für die konjugiert komplexe Größe gültig sein muß. Nun multiplizieren wir die erste Gleichung mit ψ_m^*, die zweite mit ψ_n, subtrahieren sie voneinander und integrieren. Dann finden wir

$$\int \psi_m^* H \psi_n \, d\tau - \int \psi_n H \psi_m^* \, d\tau = (E_n - E_m) \int \psi_m^* \psi_n \, d\tau.$$

Für die linke Seite können wir

$$\int (\psi_m^* T \psi_n - \psi_n T \psi_m^*) \, d\tau$$

schreiben. Betrachten wir einen einzelnen Summanden

$$\int \left(\psi_m^* \frac{\partial^2 \psi_n}{\partial q_1{}^2} - \psi_n \frac{\partial^2 \psi_m^*}{\partial q_1{}^2} \right) d\tau,$$

---

[1] M. BORN: Z. Physik **38** (1926), 803.

so können wir partiell integrieren und erhalten an Stelle des Volumintegrals ein Oberflächenintegral

$$\int \left(\psi_m^* \frac{\partial \psi_n}{\partial q_1} - \psi_n \frac{\partial \psi_m^*}{\partial q_1} \right) d\tau_1,$$

wobei $d\tau_1 = dq_2 \ldots dq_{3n}$. Von unseren Lösungen verlangen wir aber genügend rasches Abklingen im Unendlichen, so daß das letzte und, da T die drei Koordinaten in gleicher Weise enthält, auch das vorletzte Integral verschwindet. Daraus folgt sofort:

Zu verschiedenen Eigenwerten gehörige Eigenfunktionen sind zueinander orthogonal. Unter Verwendung des Kronecker-Symbols

$$\delta_{nm} = \begin{cases} 1 \text{ für } m = n \\ 0 \text{ für } m \neq n \end{cases}$$

kann man die Normierung und Orthogonalitätsbedingung in die einzige Gleichung

$$\int \psi_m^* \psi_n \, d\tau = \delta_{nm} \tag{4}$$

zusammenfassen. Für entartete Eigenwerte gilt die Beziehung nicht. Man kann aber die zugehörigen Eigenfunktionen nachträglich orthogonalisieren, indem man eine Linearkombination aus ihnen bildet. Auf diese Weise erhält man wiederum eine einzige zum selben, früher entarteten Eigenwert gehörige Eigenfunktion. Mit dieser Erweiterung gilt sodann (4) ganz allgemein.

Folgenden wichtigen Satz wollen wir im Zusammenhang damit noch anführen:[1] Kennt man das vollständige System der Eigenfunktionen ψ_n, so läßt sich jede Funktion f, die denselben Nebenbedingungen wie die ψ_n gehorcht, in eine gleichmäßig konvergente Reihe nach ihnen entwickeln:

$$f = \sum_n c_n \psi_n.$$

Das bekannteste Beispiel hierfür bilden die Entwicklungen nach sin- und cos-Funktionen, also die Fourier-Reihen. Um die Koeffizienten c_n zu finden, multiplizieren wir die letzte Gleichung mit $\psi_n^* \, d\tau$ und integrieren. Infolge Gleichung (4) erhält man sodann

$$c_n = \int \psi_n^* f \, d\tau.$$

In unseren Anwendungen werden die zu entwickelnden Funktionen manchmal die Gestalt $L\psi_m$ haben, wo die Funktion L auch einen Differentialoperator enthalten kann. Bezeichnen wir die Entwicklungskoeffizienten mit L_{nm}, so gilt

$$L\psi_m = \sum_n L_{nm} \psi_n \quad \text{mit} \quad L_{nm} = \int \psi_n^* L \psi_m \, d\tau.$$

Die Gesamtheit der L_{nm} für alle Werte der Indices n und m bildet eine Matrix mit den Matrixelementen L_{nm}, die man üblicherweise in einem Schema

$$\begin{pmatrix} L_{11}, L_{12}, \ldots \\ L_{21}, L_{22}, \ldots \\ \cdots\cdots\cdots \end{pmatrix}$$

anordnet. Wenn L bloß eine Funktion der Koordinaten ist, so sieht man sofort, daß $L_{nm} = L_{mn}^*$. Genau das gleiche gilt aber auch, wenn L einen Differential-

---

[1] Beweis dazu etwa bei R. Courant und D. Hilbert: Methoden der mathematischen Physik, Bd. I, 2. Aufl., S. 58. Berlin, 1931.

operator von der Gestalt $\dfrac{\partial^2}{\partial q_n{}^2}$ oder $\dfrac{\partial}{\partial q_\nu}$ enthält. Dies folgt auf demselben Wege, auf welchem wir (4) abgeleitet haben. Man nennt solche Matrizen, in denen die an der Diagonale gespiegelten Elemente zueinander konjugiert komplex sind, „hermitisch". Den Mittelwert der Größe L

$$\overline{L} = \frac{\int \psi^* L \psi \, d\tau}{\int \psi^* \psi \, d\tau} = \int \psi^* L \psi \, d\tau$$

bezeichnet man als den „wellenmechanischen Erwartungswert" der Größe L. Von speziellen Fällen abgesehen, haben die mechanischen Größen wie Orts- und Impulskoordinaten einzeln genommen in der Quantenmechanik keine bestimmten, sondern nur mittlere Werte (HEISENBERGsche Unbestimmtheits-relation).

Nun zu den verschiedenen Lösungsverfahren der SCHRÖDINGER-Gleichung. Es gibt eine Reihe von Fällen, in denen die spezielle Abhängigkeit des Poten-tials U von den Koordinaten durch geeignete Wahl des Bezugssystems eine geschlossene Integration der Differentialgleichung gestattet. Betrachten wir zunächst eindimensionale Fälle, in denen das Potential nur von einer einzigen Koordinate abhängt. Die bekanntesten Beispiele dafür sind der lineare har-monische Oszillator und der Rotator. Bei ersterem vollführt ein Massenpunkt kleine Schwingungen um eine Ruhelage unter dem Einfluß eines Potentials, welches proportional mit dem Quadrat des Abstandes von derselben zunimmt. Dieser Fall ist für die Behandlung von Molekülschwingungen von Bedeutung, und wir kommen auf ihn noch im Abschnitt f zurück. Das Ergebnis läßt sich dann leicht auf zwei und drei Dimensionen erweitern, wenn man in rechtwinkligen Koordinaten rechnet. Beim eindimensionalen Rotator handelt es sich um die Drehung eines starren Körpers um eine feste Achse ohne äußere Drehmomente, wobei als einzige Koordinate der Drehungswinkel φ auftritt. Auch dieser Fall ist für die Theorie der Molekel von großer Bedeutung. Einige weitere Beispiele werden wir noch in dem Abschnitt über die Durchlässigkeit von Potential-schwellen kennenlernen.

In mehrdimensionalen Fällen gelingt die strenge Lösung immer dann, wenn Separation möglich ist, d. h. wenn man die Schwingungsfunktion als ein Produkt von einzelnen Funktionen schreiben kann, von denen jede nur von einer Koor-dinate abhängt. Bei Atomen und Molekülen, auf die äußere Kräfte entweder gar nicht oder bloß in Form eines homogenen Feldes wirken, kann man die Bewegung des Schwerpunktes wegseparieren, wie wir im Abschnitt f für den speziellen Fall eines zweiatomigen Moleküls sehen werden. Zur weiteren Unter-suchung bleiben dann nur mehr die inneren Bewegungen des Systems. Auf diese Weise kann man den dreidimensionalen Oszillator auch in Polar- oder Zylinderkoordinaten separieren. Eines der wichtigsten Beispiele einer Separation in Polarkoordinaten stellt das wasserstoffähnliche Atom mit z-fach geladenem Kern und einem Elektron im Potentialfeld $\dfrac{-z e^2}{r}$ ohne Berücksichtigung des Spins dar, nachdem man die Bewegung des Schwerpunktes eliminiert hat. Die Separation ist dann auch noch bei einem beliebigen zentralsymmetrischen Feld $U(r)$ möglich, während man bloß im Falle eines COULOMB-Potentials auch in parabolischen Koordinaten separieren kann. Letzteres ist auch noch dann möglich, wenn ein homogenes äußeres Feld vorhanden ist (STARK-Effekt). Ebenso kann man strenge Lösungen für die Bewegung eines Elektrons im Felde zweier COULOMBscher Kraftzentren finden. Z. B. beim $H_2{}^+$-Ion durch Einführung elliptischer Koordinaten. Dieser Fall hat eine gewisse Bedeutung für die Behandlung der Elektronenbewegung in Molekülen. Allerdings ist in den für uns hauptsächlich in Betracht kommenden Fällen Separation nicht mehr möglich, da das Kraftfeld nicht mehr die Gestalt $-e^2\left(\dfrac{z_1}{r_1} + \dfrac{z_2}{r_2}\right)$ hat.

In der überwiegenden Mehrzahl der Probleme überhaupt und speziell derjenigen, mit denen wir uns im nachfolgenden beschäftigen werden, ist eine exakte Berechnung der Eigenwerte und Eigenfunktionen und damit eine exakte quantitative Kennzeichnung der Atom- und Moleküleigenschaften nicht mehr möglich. Befindet man sich jedoch in der Nachbarschaft eines streng lösbaren Falles, so kann man Störungsverfahren entsprechend den in der Astronomie benutzten Methoden[1] anwenden.[2] Wir werden uns in unseren Anwendungen nur mit Störungsrechnung erster Näherung beschäftigen, da diese zur Beschreibung der chemischen Bindung genügt. Hat man es mit größeren Entfernungen der Atome und Moleküle voneinander zu tun, bei denen die weitreichenden VAN DER WAALS-schen Kräfte wirksam werden, so hat man auch die zweite Näherung heranzuziehen. Die ursprüngliche Formulierung des Problems lautete folgendermaßen: Gegeben seien die Eigenwerte und Eigenfunktionen des ungestörten Systems, z. B. eines Atoms mit der HAMILTON-Funktion H^0. Das gestörte System, z. B. die aus zwei Atomen zusammengesetzte Molekel, werde durch eine Funktion H' beschrieben, so daß

$$H = H^0 + \varepsilon H',$$

und es sind die zugehörigen Eigenwerte und Eigenfunktionen zu suchen. Zu diesem Zwecke entwickelt man die Eigenfunktionen nach den ψ-Größen des ungestörten Problems. Auf diese Weise gingen HEITLER und LONDON an das H_2-Problem heran, auf welches wir noch ausführlich zu sprechen kommen. Für das Verständnis ist es aber einfacher, die Aufgabe so zu stellen, daß man die gesuchte Eigenfunktion durch endlich viele gegebene Funktionen annähert. Dies entspricht dem RITZschen Variationsverfahren, wie weiter unten besprochen wird.

Wir wollen nun nach SLATER[3] eine allgemeine Darstellung des Lösungsvorganges geben. Es liegen die SCHRÖDINGER-Gleichung $(H - E)\,\psi = 0$ und endlich viele Funktionen $\psi_1, \psi_2, \ldots, \psi_n$ vor, die angenäherte Lösungen dieser Gleichung sind. Durch Bildung einer Linearkombination $\sum\limits_{i=1}^{n} a_i\,\psi_i$ soll eine Verbesserung der Näherung erzielt werden. Stellt diese Summe eine strenge Lösung dar, so gilt

$$\sum_{i=1}^{n} a_i\,(H - E)\,\psi_i = 0.$$

Diese Gleichung multiplizieren wir mit $\psi_k{}^*$ und integrieren. Wir erhalten auf diese Weise das folgende System von n homogenen linearen Gleichungen für die Koeffizienten a_i:

$$\sum_i a_i\,(H_{ki} - E\,s_{ki}) = 0 \qquad (5)$$

mit

$$H_{ki} = \int \psi_k{}^* H\,\psi_i\,d\,\tau; \quad s_{ki} = \int \psi_k{}^* \psi_i\,d\,\tau. \qquad (6)$$

---

[1] Siehe dazu H. POINCARÉ: Méthodes nouvelles de la mécanique céleste. I—III. Paris, 1892—1899.

[2] In der Quantenmechanik wurde die Störungstheorie von M. BORN, W. HEISENBERG und P. JORDAN: Z. Physik **35** (1926), 557, und E. SCHRÖDINGER: Ann. Physik **80** (1926), 437, begründet.

[3] I. C. SLATER: Physic. Rev. **38** (1931), 1109.

Um eine von der trivialen Nullösung verschiedene Lösung zu erhalten, muß die aus den Koeffizienten $H_{ki} - E s_{ki}$ gebildete Determinante verschwinden, also

$$\begin{vmatrix} H_{11} - E s_{11}, & H_{12} - E s_{12}, & \ldots, & H_{1n} - E s_{1n} \\ H_{21} - E s_{21}, & H_{22} - E s_{22}, & \ldots, & H_{2n} - E s_{2n} \\ \cdots\cdots\cdots\cdots\cdots\cdots\cdots\cdots\cdots\cdots\cdots \\ H_{n1} - E s_{n1}, & H_{n2} - E s_{n2}, & \ldots, & H_{nn} - E s_{nn} \end{vmatrix} = 0. \tag{7}$$

Determinanten von solcher Gestalt kommen in der reinen und angewandten Mathematik öfter vor. Man nennt sie nach der Rolle, die sie in der Astronomie spielen, „Säkulardeterminanten". Bei der Herleitung war vorausgesetzt worden, daß die Summe $\sum a_i \psi_i$ eine strenge Lösung der Bewegungsgleichung ist. In erster Näherung werden unsere Ergebnisse auch dann noch gültig bleiben, wenn dies nur annähernd der Fall ist, also etwa exakt gilt:

$$\psi = \sum a_i \psi_i + \sum b_k \psi_k.$$

Nur muß die letzte Summe genügend klein sein.

Mit der Aufstellung der Determinante ist alles Nötige getan. Sie stellt eine Gleichung n-ten Grades für den Eigenwert E dar. Da jedenfalls $H_{ik} = H_{ki}^*$ und $s_{ik} = s_{ki}^*$ gilt, die zugehörigen Matrizen also hermitisch sind, sind alle n Wurzeln reell, wie in der Theorie der algebraischen Gleichungen gezeigt wird. Falls keine mehrfachen Wurzeln vorkommen, so ist keine Entartung vorhanden. Fallen aber k Lösungen zusammen, so ist der betreffende Eigenwert k-fach entartet. Denn mit jeder Wurzel muß man in Gleichung (5) eingehen und daraus die Koeffizienten a_i der Linearkombination berechnen, so daß bei Mehrfachwurzeln verschiedene Eigenfunktionen zum selben Energiewert gehören. Nichtentartete Eigenfunktionen sind auch hier orthogonal. Betrachten wir z. B. die zu den Eigenwerten $E^{(1)}$ und $E^{(2)}$ gehörigen Linearkombinationen

$$\psi^{(1)} = \sum a_i^{(1)} \psi_i \quad \text{und} \quad \psi^{(2)} = \sum a_k^{(2)} \psi_k,$$

dann gilt:
$$\int \psi^{(1)*} (H - E^{(1)}) \psi^{(2)} \, d\tau = 0; \quad \int \psi^{(2)} (H - E^{(2)}) \psi^{(1)*} \, d\tau = 0.$$

Denn setzt man die Summen ein, so verschwindet jedes einzelne Glied derselben nach (5) und (6). Durch Subtraktion der beiden letzten Ausdrücke ergibt sich sodann
$$(E^{(1)} - E^{(2)}) \int \psi^{(1)*} \psi^{(2)} \, d\tau = 0,$$

womit unsere Behauptung für $E^{(1)} \neq E^{(2)}$ bewiesen ist. Während man im ungestörten Problem auf unendlich viele Arten Kombinationen bilden kann, gibt es also hier nur mehr eine endliche Anzahl „richtiger" Linearkombinationen. Bei den auf die HEITLER-LONDONschen Rechnungen zurückgehenden Verfahren läßt sich zu jeder speziellen ungestörten Eigenfunktion ψ_i die HAMILTON-Funktion auf spezielle Weise in $H = H_i^{(0)} + \varepsilon H_i^{(1)}$ zerlegen, wobei $(H_i^{(0)} - E^{(0)}) \psi_i = 0$. Für die Matrixelemente H_{ki} erhält man daher

$$H_{ki} = E^{(0)} s_{ki} + \varepsilon \int \psi_k^* H_i^{(1)} \psi_i \, d\tau.$$

Schreibt man noch für die Eigenwertstörung $E - E^{(0)} = \varepsilon E^{(1)}$, so fällt die Energie E^0 des Ausgangszustandes in der Determinante weg. Wenn $\varepsilon H^{(1)} \langle\langle H^{(0)}$, so kann man als ψ_i die normierten orthogonalen Eigenfunktionen von H^0 wählen, so daß $s_{ki} = S_{ki}$ wird und man die einfachere Determinante:

$$\begin{vmatrix} H_{11} - E, & H_{12}, & \ldots \\ H_{21}, & H_{22} - E, & \ldots \\ \cdots\cdots\cdots\cdots\cdots\cdots \end{vmatrix} = 0 \qquad (7\,\text{a})$$

erhält. In manchen Fällen genügt es, bloß die zu einem einzigen Eigenwert E^0 der ungestörten Gleichung gehörigen Eigenfunktionen zu wählen. Es ergibt sich, wenn man wiederum $E = E^{(0)} + \varepsilon\, E^{(1)}$ schreibt, die Gleichung

$$\begin{vmatrix} H_{11}^{(1)} - E^{(1)}, & H_{12}^{(1)}, & \ldots \\ H_{21}^{(1)}, & H_{22}^{(1)} - E^{(1)}, & \ldots \\ \cdots\cdots\cdots\cdots\cdots\cdots\cdots \end{vmatrix} = 0$$

mit

$$H_{ki}^{(1)} = \int \psi_k^{*}\, H^{(1)}\, \psi_i\, d\tau.$$

Ist E^0 nicht entartet, so besteht die Linearkombination und daher auch die Determinante aus einem einzigen Glied, und es folgt direkt

$$E^{(1)} = \int \psi_1^{*}\, H^{(1)}\, \psi_1\, d\tau.$$

Es gibt Fälle, wo man die richtige Linearkombination aus Symmetriebetrachtungen herleiten kann, wie wir später sehen werden.

Zum gleichen Resultat wäre man auch unter Verwendung eines sogenannten „Variationsverfahrens" gelangt. Dieses beruht auf der Tatsache, daß die Lösung der Schrödinger-Gleichung (in atomaren Einheiten)

$$(H - E)\,\psi = \left[-\frac{1}{2} \sum_i \frac{1}{m_i} \frac{\partial^2}{\partial q_i^2} + (U - E) \right] \psi = 0$$

gleichbedeutend ist mit der Aufgabe, die Funktion ψ so zu bestimmen, daß das Integral

$$\int \psi H \psi\, d\tau = \int \frac{1}{2} \left[\sum_i \frac{1}{m_i} \left(\frac{\partial \psi}{\partial q_i} \right)^2 + U\,\psi^2 \right] d\tau$$

unter der Nebenbedingung $\int \psi^2\, d\tau = 1$ ein Minimum wird. Die zugehörigen Extremumswerte sind dann die Eigenwerte der Differentialgleichung. Der tiefste unter diesen bestimmt den Grundterm. Wenn man streng vorgehen wollte, so müßte man die gesuchte Funktion ψ in eine Reihe mit unendlich viel Parametern entwickeln und damit in die Variationsaufgabe eingehen. Praktisch aber benutzt man zur genäherten Lösung das „Ritzsche Verfahren". Man setzt ψ aus bekannten Funktionen, deren Gestalt der der gesuchten Funktion schon nahekommt, zusammen, wobei man eine endliche Anzahl von Parametern einführt. Diese sind dann so zu bestimmen, daß die Variation des obigen Integrals verschwindet. Man wird diese Methode immer dann verwenden können, wenn eine einfache Form der Eigenfunktion erwartet werden darf. Der so gefundene Energiewert bildet immer eine obere Grenze für den Grundterm. Will man höhere Energieniveaus erhalten, so muß man dafür sorgen, daß die benutzten Funktionen orthogonal auf allen Eigenfunktionen der tiefen Terme stehen. Diese weitere Nebenbedingung bedeutet natürlich eine beträchtliche Komplikation der Aufgabe. Manchmal kann man diese Forderung durch Symmetriebetrachtungen erfüllen. Die Genauigkeit und Konvergenz des Verfahrens im allgemeinen hängt von der geschickten Wahl des Funktionensystems ab. Dabei kann man einen beträchtlichen Fehler in derselben machen und doch einen geringeren Fehler in der Energieberechnung erhalten, da ja jede Größe gegen Änderungen ihrer Argumente in der Nähe des Extremums eine gewisse Unempfindlichkeit zeigt. Von ROMBERG[1] wurde ein Verfahren angegeben, um gleichzeitig Eigenwert und Eigenfunktion anzunähern.

Die RITZsche Methode spielt eine große Rolle bei der Berechnung der Eigenfunktionen von Atomen mit wenigen Elektronen. Wir verweisen diesbezüglich und wegen des Vergleiches mit anderen Verfahren, wie THOMAS-FERMI- und HARTREE-Methode, auf Artikel von BETHE und HUND[2] und das Buch von HELLMANN.[3] Für unsere Zwecke wird das Variationsverfahren von großer Bedeutung bei der Berechnung von Bindungsenergien sein. Auf seinen Zusammenhang mit der obigen Störungstheorie wurde schon hingewiesen. Die dort auftretenden Koeffizienten a_i spielen hier die Rolle der zu variierenden Parameter. Man erhält dann das gleiche Resultat.

Bei separierbaren Systemen ergibt sich die Definition von Quantenzahlen direkt aus der Rechnung. Bei Atomen im s-Zustand bewegt sich jedes Elektron in einem annähernd kugelsymmetrischen Feld, wobei in erster Näherung der Einfluß der anderen Elektronen sich bloß in einer Abschirmung der Kernladung äußert. In einem zweiatomigen Molekül jedoch ist höchstens axiale Symmetrie um die Kernverbindungslinie vorhanden. Wenn die Abweichung von der Kugelsymmetrie nicht sehr groß ist, so behalten die vier Quantenzahlen, welche den Zustand eines Elektrons in diesem Fall beschreiben, weiter ihre Gültigkeit. Es sind dies erstens die ganzzahlige Hauptquantenzahl $n \geqq 1$, welche in der BOHRschen Theorie die große Achse der Bahnellipse bestimmte. Zweitens die Drehimpulsquantenzahl l, wobei l die Werte $0, 1, 2, \ldots, n-1$ annehmen kann. $l + 1$ bestimmte mit n zusammen die kleine Achse der Ellipse. In der neuen Quantenmechanik mißt l den Eigenwert des Absolutbetrages des Drehimpulses. Dieser beträgt in atomaren Einheiten $\sqrt{l(l+1)}$. Drittens die magnetische Quantenzahl m, welche alle ganzzahligen Werte $-l, -l+1 \ldots 0 \ldots +l$ durchläuft. Sie ist in ihrer Bedeutung notwendig an die Angabe einer ausgezeichneten Richtung gebunden, wie sie etwa durch ein äußeres magnetisches oder elektrisches Feld, bzw. in einem zweiatomigen Molekül durch die Kernverbindungslinie gekennzeichnet ist. m mißt direkt die Komponente des Drehimpulses in der bestimmten Richtung. Die spektroskopische Erfahrung hat gezeigt, daß man dem Elektron viertens noch eine Spinquantenzahl m_s zuerteilen muß,[4] die den Eigenimpuls des Teilchens angibt. Sie kann nur die Werte $\pm \frac{1}{2}$ annehmen. Das Elektron stellt dann einen magnetischen Dipol dar, der im Magnetfeld einer zweifachen Einstellung, parallel oder antiparallel, fähig ist. Diese Eigenschaft des Elektrons kann aus der Quantentheorie in der hier dargestellten Fassung nicht abgeleitet werden, sondern ergibt sich erst in der DIRACschen und PAULIschen Theorie. Es ist üblich, bei Molekülen λ an Stelle von m zu schreiben. Da zu $+\lambda$ und $-\lambda$ derselbe Energiewert gehört, ist gewöhnlich nur der Absolutbetrag $|\lambda|$ von Interesse.

Bei der Beschreibung der Molekülspektren hat sich eine bestimmte Art der

---

[1] W. ROMBERG: C. R. (Doklady) Acad. Sci USSR 14 (1937), 65. — Siehe auch eine Anwendung auf den He-Grundzustand von I. SOLOK: Physik. Z. Sowjetunion 12 (1937), 120.

[2] Handbuch der Physik, Bd. XXIV, Teil 1. Berlin, 1933.

[3] H. HELLMANN: Quantenchemie. Leipzig und Wien, 1937.

[4] S. GOUDSMIT, G. E. UHLENBECK: Naturwiss. 13 (1925), 953; Nature (London) 117 (1926), 264.

Bezeichnung der Molekülzustände eingebürgert, die wir an einem Beispiel erläutern wollen. Man schreibt z. B.

$$1\,s\,\sigma^2, \quad 2\,s\,\sigma^2, \quad 2\,p\,\sigma^2, \quad 2\,p\,\pi^3, \quad ^2\Pi.$$

Dann bedeuten die großen Zahlen 1, 2, 3, ... die Werte der Hauptquantenzahl n entsprechend den K, L, M, ...-Schalen der Atome. Die Buchstaben s, p, d, ... bedeuten $l = 0, 1, 2, \ldots$ und analog gehören σ, π, δ, ... zu Zuständen mit $\lambda = 0, 1, 2, \ldots$. Die kleinen Zahlen im Exponenten der kleinen griechischen Buchstaben geben die Anzahl der Elektronen im betreffenden Zustand an. Setzt man $\Lambda = \Sigma\,\lambda$, so entsteht die Symbolik der großen griechischen Buchstaben entsprechend den kleinen. Die Zahlen vor ihnen geben die Multiplizität des Terms an. Diese ist durch $2\,S + 1$ gegeben, wenn S die resultierende, d. h. von allen Elektronen gebildete Spinquantenzahl bedeutet. Dann sind nämlich $2\,S + 1$ Möglichkeiten der Einstellung zu einer Vorzugsrichtung gegeben.

Bei der Zuordnung der Elektronen zu den verschiedenen Zuständen hat man die Beschränkungen zu beachten, welche das Pauli-Prinzip[1] auferlegt. Nach diesem dürfen bei Wegfall aller Entartungen keine zwei Elektronen die gleichen vier Quantenzahlen besitzen. Bei Berücksichtigung der Vorzeichen von λ und m_s können also z. B. vier $2\,p\,\pi$- oder $3\,d\,\pi$-Elektronen vorhanden sein, während $1\,s\,\sigma$- oder $2\,p\,\sigma$-Zustände nur von zweien besetzt werden können. Dieses Prinzip konnte bisher durch die Theorie nicht abgeleitet werden, hat aber große Erfolge bei der Erklärung des periodischen Systems sowie in der Elektronentheorie der Metalle zu verzeichnen gehabt. Da es eine Art Wechselwirkung der Elektronen mit sich bringt, wird man erwarten dürfen, daß es auch bei der chemischen Bindung eine Rolle spielen wird.

Die Quantenzahlen n und l verlieren ihre Bedeutung, wenn die Abweichungen von der Kugelsymmetrie groß werden. Dagegen bleibt λ weiter in Geltung wegen der Zylindersymmetrie um die Kernverbindungslinie. Infolge der Unempfindlichkeit des Spins gegen elektrische Kräfte bleibt auch m_s erhalten. Da ein Elektron stets vier Freiheitsgrade besitzt, treten an die Stelle von n und l andere Zahlen, die aber nicht mehr allgemein formuliert werden können, sondern von den speziellen Eigenschaften des Feldes abhängen.

Schließlich wollen wir uns noch mit einer allgemeinen Eigenschaft der Terme in symmetrischen Molekülen wie H_2 beschäftigen. Die Ununterscheidbarkeit gleichartiger Teilchen, z. B. Kerne oder Elektronen, äußert sich mathematisch darin, daß die zugehörige Schrödinger-Gleichung invariant gegen Vertauschung der Koordinaten identischer Teilchen ist, wie wir späterhin noch in konkreten Fällen sehen werden. Wenn also in einem Zweielektronensystem q_1 und q_2 die Gesamtheit aller Koordinaten der zwei Partikeln bedeuten und $\psi\,(q_1, q_2)$ eine Lösung der Wellengleichung unter bestimmten Randbedingungen ist, so muß auch $\psi\,(q_2, q_1)$ eine solche sein, die dieselben Bedingungen erfüllt. Ist keine Entartung vorhanden, so ist dies nur möglich, wenn sich die zwei Lösungen um eine multiplikative Konstante unterscheiden, also

$$\psi\,(q_2, q_1) = \alpha\,\psi\,(q_1, q_2)$$

gilt. Nun vertauschen wir wiederum die zwei Koordinatentripel und finden

$$\psi\,(q_1, q_2) = \alpha\,\psi\,(q_2, q_1).$$

Es muß daher $\dfrac{1}{\alpha} = \alpha$ oder $\alpha = \pm 1$ sein. Bei Vertauschung der Elektronen wechselt also die Eigenfunktion ihr Zeichen oder behält es bei. Sie ist daher in

---

[1] W. Pauli: Z. Physik **31** (1925), 765.

den Koordinaten gleichartiger Teilchen antisymmetrisch oder symmetrisch. Man kann auch zeigen, daß die Invarianz der Wellenfunktion gegen Vertauschung der Koordinaten gleichbedeutend ist mit der Invarianz gegen Spiegelung, so daß, wenn $\psi(q)$ eine Lösung darstellt, dasselbe auch für $\psi(-q)$ gilt, wenn der Ursprung des Koordinatensystems in den Mittelpunkt des Moleküls gelegt ist. Daher müssen aber auch die Linearkombinationen $\psi(q) \pm \psi(-q)$ die Schrödinger-Gleichung befriedigen. Der zu diesen Eigenfunktionen gehörige Energiewert wäre daher entartet. Da wir aber voraussetzungsgemäß diesen Fall ausgeschlossen haben, müssen die ψ-Funktionen gerade oder ungerade sein, also gelten

$$\psi(-q) = \pm\,\psi(q),$$

da dann eine Kombination verschwindet.

Zwischen den symmetrischen und antisymmetrischen Zuständen besteht bei Vernachlässigung der Spinkräfte ein Übergangsverbot. Es ist nicht möglich, durch äußere Eingriffe wie Einstrahlung oder Stoß eine Verbindung von Termen einer Klasse zu denen der anderen herzustellen. In der Quantentheorie werden die Übergänge zwischen Zuständen verschiedener Energien durch die Strahlung derselben, wie Dipol-, Quadrupolstrahlung usw., gemessen. Also in unserem Fall durch einen Ausdruck von der Form

$$\int \psi^{*}_{\text{antis.}}(q_1, q_2)\, M(q_1, q_2)\, \psi_{\text{symm.}}(q_1, q_2)\, d\tau.$$

Dabei ist $M(q_1, q_2)$ das Moment eines Dipols bzw. eines höheren Multipols. Da jedes Moment sowohl für die Übergänge von Zuständen niederer zu höherer Energie als auch in umgekehrter Richtung, d. h. sowohl für Absorption als auch Emission, maßgebend ist, muß M in den Koordinaten symmetrisch sein. Daraus folgt unmittelbar unsere obige Behauptung. Eine Vertauschung der q_1 und q_2 darf den Wert des Integrals nicht ändern, da sie eine bloße Umbenennung der Integrationsvariablen beinhaltet. Anderseits aber ändert der Integrand sein Vorzeichen infolge des ersten Faktors. Dies ist aber mit der ersten Forderung nur verträglich, wenn das Integral identisch verschwindet.

Mit Hilfe dieser Symmetriebetrachtungen können wir ohne nähere Rechnungen einen wichtigen Fall untersuchen, den wir bei der Besprechung der Heitler-Londonschen Störungstheorie wiederum aufgreifen werden. Es seien zwei gleichartige Teilchen gegeben, die sich in erster Näherung unabhängig voneinander bewegen und in zweiter Näherung in Wechselwirkung treten. Dieser Fall taucht bei der Behandlung der Elektronenbewegung einer zweiatomigen Molekel auf, wenn sich die Atome zunächst in unendlicher Entfernung voneinander befinden, um sodann durch Näherrücken sich gegenseitig zu beeinflussen. Die ψ-Funktion voneinander unabhängiger Systeme ist gleich dem Produkt aus den zu jedem Einzelsystem gehörigen ψ-Funktionen. Man überzeugt sich davon unmittelbar durch Einsetzen in die Schrödinger-Gleichung des Gesamtsystems, da bei verschwindender Wechselwirkung die potentielle Energie sich jedenfalls in eine Summe zerspalten läßt, in der jedes Glied nur von den Koordinaten des Teilsystems abhängt. Bildet man aus den Wellenfunktionen die Wahrscheinlichkeiten, so entspricht der Produktansatz der Tatsache, daß die Wahrscheinlichkeit mehrerer voneinander unabhängiger Ereignisse gleich dem Produkt der Einzelwahrscheinlichkeiten ist. Für unsere zwei Teilchen A und B mit den Eigenfunktionen ψ_A und ψ_B und den Koordinatentripeln 1 und 2 erhalten wir also in erster Näherung als Gesamtfunktion $\psi_A(1)\,\psi_B(2)$. Wenn $\psi_A \neq \psi_B$, so herrscht Entartung (*Austauschentartung*) infolge der Nichtunterscheidbarkeit der zwei Partikeln. Zur selben Energie gehört auch die Lösung $\psi_A(2)\,\psi_B(1)$. Die Eigenfunktionen der zweiten Näherung werden durch Bildung einer Linearkombination erhalten, deren Koeffizienten mittels Störungsrechnung bestimmt werden können.[1] Man erhält auf diese Weise zwei Lösungen, kann aber das Resultat direkt hinschreiben, wenn man die Symmetrieforderung beachtet. Denn dann kann die Lösung bloß die Gestalt[2] $\psi_A(1)\,\psi_B(2) \mp \psi_A(2)\,\psi_B(1)$ haben. Die mit dieser Austauschentartung verbundenen energetischen Wirkungen bilden das Um und Auf der Theorie der chemischen Bindung, wie aus den späteren Ausführungen ersichtlich werden wird.

Wir wollen nun unsere Überlegungen dazu verwenden, eine wellenmechanische Formulierung des Pauli-Verbotes zu gewinnen. Bisher haben wir den Elektronenspin ganz außer acht gelassen. Im Sinne unserer eingangs besprochenen Vernachlässigungen wird sich der Einfluß desselben nur so äußern, daß jeder Zustand, der ohne Elektronendrall keine Entartung aufwies, nun zweifach entartet ist und zwei Eigenfunktionen ψ_+ und ψ_- aufweist. Die Theorie von Dirac und Pauli[3] ergibt dann bei Vernachlässigung der Wechselwirkung zwischen Spin und Bahnimpuls folgendes: Zur vollständigen Beschreibung genügt die Angabe der Spinkomponenten in einer festen Richtung. Davon haben wir schon Gebrauch gemacht, als wir den Elektronendrall $\pm\frac{1}{2}\hbar$ setzten. Weiter kann man die vollständige Eigenfunktion als ein Produkt aus einer räumlichen Funktion und einem Spinanteil schreiben. Dieser letztere ist nur für zwei Werte des Arguments definiert, nämlich für $\pm\,^1/_2$. Wir setzen also fest, daß die Spinfunktion ϱ der Spinquantenzahl $+\,^1/_2$ und die Spinfunktion σ der Spinquantenzahl $-\,^1/_2$ entsprechen sollen, und können sodann schreiben:

$$\psi_+ = \psi(q_i)\,\varrho; \quad \psi_- = \psi(q_i)\,\sigma.$$

Haben wir es wiederum mit mehreren gleichartigen Teilchen zu tun, so müssen in unserer Näherung sowohl der räumliche Anteil ψ als auch $\psi\varrho$ einer der zwei Symmetrieklassen angehören. Bei der Feststellung der möglichen Zustände werden wir uns vom Paulischen Ausschließungsprinzip leiten lassen. Betrachten wir wiederum unser früheres Beispiel mit den zwei Elektronen und nehmen zunächst den einfacheren Fall, daß die zwei Eigenfunktionen ψ_A und ψ_B identisch sind. Dann erhält man die gestörten Eigenfunktionen als Linearkombinationen der vier Produkte

$$\psi_A(1)\,\psi_A(2)\,\varrho(1)\,\varrho(2); \quad \psi_A(1)\,\psi_A(2)\,\varrho(1)\,\sigma(2),$$
$$\psi_A(1)\,\psi_A(2)\,\sigma(1)\,\varrho(2); \quad \psi_A(1)\,\psi_A(2)\,\sigma(1)\,\sigma(2).$$

Es ergeben sich drei symmetrische Terme bzw. Linearkombinationen aus diesen:

$$\psi_A(1)\,\psi_A(2)\,\varrho(1)\,\varrho(2); \quad \psi_A(1)\,\psi_A(2)\,\sigma(1)\,\sigma(2); \quad \psi_A(1)\,\psi_A(2)\,[\varrho(1)\,\sigma(2) + \sigma(1)\,\varrho(2)]$$

und ein antisymmetrischer:

$$\psi_A(1)\,\psi_A(2)\,[\varrho(1)\,\sigma(2) - \sigma(1)\,\varrho(2)].$$

Nun ist aber nur ein Zustand erlaubt, da durch Umbenennung der Elektronen keine neuen Terme entstehen dürfen. In diesem müssen sich aber die zwei Elektronen voneinander unterscheiden, und dies ist nur durch verschiedene Spineinstellung möglich. Wir erhalten also das Resultat, daß nur *der* Term realisiert ist, der mit Hinzurechnung des Spins antisymmetrisch ist. Dies muß dann für

---

[1] Diese wird auf S. 168 durchgeführt.

[2] Bis auf eine Normierungskonstante.

[3] P. A. M. Dirac: Proc. Roy. Soc. (London), Ser. A 117 (1928), 610; 118 (1928), 351. — W. Pauli: Z. Physik 43 (1927), 601. — Vgl. auch dazu die Ausführungen von H. Bethe im Handbuch der Physik, Bd. XXIV, Teil 1. Berlin, 1933.

das gesamte Termsystem gelten. Sind ψ_A und ψ_B verschiedene Funktionen, so erhält man vier symmetrische Linearkombinationen:

$$[\psi_A(1)\,\psi_B(2) + \psi_A(2)\,\psi_B(1)] \begin{cases} \varrho(1)\,\varrho(2), \\ \sigma(1)\,\sigma(2), \\ [\varrho(1)\,\sigma(2) + \sigma(1)\,\varrho(2)]; \end{cases}$$

$$[\psi_A(1)\,\psi_B(2) - \psi_A(2)\,\psi_B(1)]\,[\varrho(1)\,\sigma(2) - \varrho(2)\,\sigma(1)]$$

und vier antisymmetrische:

$$[\psi_A(1)\,\psi_B(2) - \psi_A(2)\,\psi_B(1)] \begin{cases} \varrho(1)\,\varrho(2), \\ \sigma(1)\,\sigma(2), \\ [\varrho(1)\,\sigma(2) + \varrho(2)\,\sigma(1)]; \end{cases}$$

$$[\psi_A(1)\,\psi_B(2) + \psi_A(2)\,\psi_B(1)]\,[\varrho(1)\,\sigma(2) - \varrho(2)\,\sigma(1)].$$

Den letzten vier Zuständen entsprechen die Spinmomente 1, -1, 0 und 0. Ferner sehen wir, daß Terme mit symmetrischen Bahnanteilen Singuletts werden, während Terme mit antisymmetrischer räumlicher Eigenfunktion zu Tripletts werden.

Auch für Systeme mit mehreren Elektronen kann man das PAULI-Prinzip nach DIRAC und HEISENBERG[1] so in die Wellenmechanik übertragen, daß nur diejenigen Zustände in der Natur realisiert sind, die in Spin- und Ortsvariablen antisymmetrisch sind, also bei gleichzeitiger Vertauschung der Koordinaten zweier Teilchen ihr Vorzeichen ändern. In diesem Fall heißt Festsetzung aller Quantenzahlen der Elektronen, daß in der Eigenfunktion des ungestörten Falles

$$\psi_A(1)\,\varrho(1)\,\psi_B(2)\,\sigma(2)\,\psi_C(3)\,\tau(3) \ldots$$

nur Permutationen der Elektronennummern vorgenommen werden können. Daraus erhält man als einzige antisymmetrische Linearkombination die Determinante

$$\begin{vmatrix} \psi_A(1)\,\varrho(1), & \psi_A(2)\,\varrho(2), & \psi_A(3)\,\varrho(3), & \ldots \\ \psi_B(1)\,\sigma(1), & \psi_B(2)\,\sigma(2), & \psi_B(3)\,\sigma(3), & \ldots \\ \psi_C(1)\,\tau(1), & \psi_C(2)\,\tau(2), & \psi_C(3)\,\tau(3), & \ldots \end{vmatrix}.$$

Sie verschwindet, wenn zwei Elektronen denselben Zustand besetzen, da dann zwei Zeilen identisch werden. Bei Permutationen von Teilchen, d. h. Vertauschung von Spalten ändert sie höchstens ihr Vorzeichen, so daß die Ununterscheidbarkeit gewahrt bleibt.

Diese Ausführungen werden für uns nur im Zusammenhang mit Elektronenzuständen von Bedeutung sein, für welche das Ausschließungsprinzip auch ursprünglich aufgestellt wurde. Es mag bemerkt werden, daß ebenso die übrigen Elementarteilchen wie Proton, Positron, Neutron eine antisymmetrische Wellenfunktion besitzen und als Folge davon der FERMI-Statistik gehorchen, während z. B. Alphateilchen und Deuteronen symmetrische Zustände einnehmen und daher der BOSE-Statistik genügen. Bezüglich einer eingehenden Diskussion der Symmetrieeigenschaften quantenmechanischer Systeme und deren Zusammenhang mit der Gruppentheorie verweisen wir auf einen Artikel von HUND.[2]

Wir gehen nun dazu über, die Bewegungsgleichung für ein System aus Kernen und Elektronen aufzustellen. Hier wie im nachfolgenden bezeichnen wir die

---

[1] P. A. M. DIRAC: Proc. Roy. Soc. (London), Ser. A **112** (1926), 661. — W. HEISENBERG: Z. Physik **40** (1926), 501.

[2] Handbuch der Physik, Bd. XXIV/1. Berlin 1933.

Kernkoordinaten mit ξ_i und die Elektronenkoordinaten mit x_i. Dann erhält man für stationäre Zustände die folgende Gleichung in atomaren Einheiten:

$$\left[-\frac{1}{2}\sum_i \frac{1}{M_i}\frac{\partial^2}{\partial \xi_i{}^2} - \frac{1}{2}\sum \frac{\partial^2}{\partial x_i{}^2} + U(\xi_i, x_i) - E\right]\Psi(\xi_i, x_i) = 0. \tag{8}$$

Das Potential $U(\xi_i, x_i)$ ist dabei die Summe aller COULOMBschen Wechselwirkungen zwischen Kernen, Kernen und Elektronen sowie zwischen Elektronen. Schon mit Hilfe des Korrespondenzprinzips konnte man zu einer Deutung der Bandenspektren zweiatomiger Molekeln gelangen. Es zeigte sich, daß man näherungsweise die Energie E in drei Bestandteile zerlegen kann.

1. Die Energie der Elektronenbewegung bei festgehaltenen Kernen.

2. Die Schwingungsenergie der Kerne, die man in erster Näherung als harmonische Oszillatoren behandeln darf.

3. Die Rotationsenergie der Kerne, wofür man in erster Näherung die Energie eines aus zwei Massenpunkten bestehenden starren Rotators setzt.

Es zeigt sich nun, daß die Termabstände der Drehung klein gegen die der Schwingung und diese wiederum klein gegenüber denjenigen der Elektronenbewegung sind. Daraus folgt dieselbe Reihenfolge für die zugehörigen Frequenzen. In erster Näherung wird man daher das ganze System bei festgehaltenen Kernen betrachten und nur die Elektronenbewegung studieren, um sodann in zweiter und dritter Näherung die Schwingungs- bzw. Rotationsterme mit zu berücksichtigen.

Dem ersten Näherungsschritt entspricht es, die mit den kleinen Faktoren $\frac{1}{M_i}$ multiplizierten Glieder, also den Operator der kinetischen Energie der Kerne in (8) wegzulassen, indem man die Kernmassen als unendlich groß gegenüber der Elektronenmasse ansieht.[1] In der dann verbleibenden Bewegungsgleichung hängt die ψ-Funktion hauptsächlich von den Elektronenkoordinaten x_i ab, enthält aber wegen der Abhängigkeit des Potentials U auch die Kernkoordinaten als Parameter. Man muß also zu jeder der unendlich vielen Anordnungen der Kerne eine Lösung der Gleichung

$$\left[-\frac{1}{2}\sum_i \frac{\partial^2}{\partial x_i{}^2} + U(\xi_i, x_i) - E_{\text{el.}}(\xi_i)\right]\psi(\xi_i, x_i) = 0 \tag{8a}$$

kennen, um das Molekül eindeutig zu beschreiben. Von besonderer Wichtigkeit ist die Kenntnis der Eigenwerte $E_{\text{el.}}$ der Energie der Elektronenbewegung als Funktion der ξ_i. Denn für die Kernbewegungen (Schwingung und Rotation) spielt in erster Näherung dieser Ausdruck die Rolle einer potentiellen Energie, wie in Abschnitt e bewiesen wird. Damit eine stabile Gleichgewichtslage der Kerne existiert, d. h. also überhaupt ein stabiles Molekül gebildet werden kann, muß $E_{\text{el.}}(\xi_i)$ bei endlichen Kernabständen ein Minimum besitzen, dessen Betrag die Bindungsenergie des betreffenden Moleküls angibt. Die zugehörigen Werte des Arguments liefern dann die Gleichgewichtskonfiguration, d. h. die Kernabstände, da $E_{\text{el.}}$ natürlich bloß eine Funktion der relativen Anordnung der Kerne ist, nicht aber von der Lage des Schwerpunktes oder der Ausrichtung des Moleküls im Raum abhängt.

Unser Weg ist damit vorgezeichnet. Wir werden uns zunächst nur mit Lösungen der Gleichung (8a) befassen, um Gleichgewichtsabstand und Dis-

---

[1] Diese stellt den Beginn einer Reihenentwicklung nach dem Quotienten Elektronenmasse/Kernmasse dar, wie von M. BORN und R. OPPENHEIMER: Ann. Physik **84** (1927), 457, gezeigt wurde.

soziationsenergie wenigstens für einfache Fälle zu erhalten. Mit Hilfe der so gefundenen Elektronenterme werden wir näherungsweise auch die Schwingungsbewegung der Kerne untersuchen können, während die Rotation für unsere Zwecke außer acht bleiben kann. Die Energie der Elektronenbewegung besitzt eine unendliche Schar von Eigenwerten E_{el}. In erster Näherung wird man bei der Untersuchung der Kernbewegung einen einzigen, etwa den Grundzustand, ins Auge fassen dürfen. Dies ist bei chemischen Reaktionen nicht immer erlaubt. Unsere letzte Aufgabe wird es daher sein, die Voraussetzungen und den Gültigkeitsbereich dieser Annahme zu prüfen.

b) Die Störungstheorie für Ein- und Zweielektronensysteme.

Wir wollen im nachfolgenden einen Überblick über die Näherungsmethoden geben, die sich bei der Berechnung zwei- und mehratomiger Moleküle herausgebildet haben. Von den zwei Hauptanwendungsgebieten der Theorie, Deutung der Molekülspektren und Erklärung der chemischen Bindung, werden wir uns nur mit letzterem in den Gründzügen befassen. Bezüglich des ersteren sei auf BETHE und HUND[1] verwiesen.

Im wesentlichen sind zwei Verfahren, d. h. zwei verschiedene Ausgangspunkte der Störungsrechnung zu nennen, aus denen sich auch zwei Auffassungen der chemischen Bindung entwickelt haben. In der Methode a beschreibt man den Molekülzustand durch Zustände der einzelnen Elektronen des Zwei- oder bei höheren Molekülen des Mehrzentrensystems (Method of molecular orbitals). Sie stammt von MULLIKEN und HUND. In der Methode b nähert man einen Elektronenterm des Moleküls durch einen Zustand der getrennten Atome an, der durch gesamten Bahn- und Spinimpuls gekennzeichnet ist. Sie führte auf die LONDON-HEITLERsche Auffassung der Spinvalenz, auf die wir aber für unsere Zwecke nicht einzugehen brauchen. Dagegen hat das Verfahren b in *der* Form für uns Bedeutung, daß man die Zustände der getrennten Atome durch Zustände der einzelnen Elektronen in ihnen beschreibt. Diese Methode wurde von HEITLER-LONDON und SLATER entwickelt.

Das Verfahren a stellt im Prinzip das Analogon zur HARTREESchen Methode des „self consistent field"[2] für Atome dar. Praktisch allerdings führte es nicht in demselben Maße zu quantitativen Ergebnissen, sondern konnte meistens nur zu einer qualitativen Übersicht verwendet werden. Die HARTREESche Methode ist bekanntlich ein Näherungsverfahren zur Erfassung der Wechselwirkung in Mehrelektronenproblemen. Es ersetzt die Einwirkung aller übrigen Elektronen auf das Aufelektron durch ein statisches Feld, indem es über alle ihre Lagen mittelt. Durch diesen Mittelungsprozeß erhält man die elektrostatische Dichte und kann daraus das Kraftfeld berechnen. Auf diese Weise werden aus dem ursprünglichen n-Körperproblem n Einkörperprobleme, da infolge der „Ausschmierung" der Elektronen die Kraft auf eine Partikel unabhängig ist von den Momentanlagen der anderen. Dadurch wird aber dem Umstand nicht genügend Rechnung getragen, daß zwei Elektronen infolge der Abstoßung sich selten beieinander aufhalten werden. Dieser Fehler taucht auch bei der Übertragung auf Moleküle in der Form der sogenannten Ionenterme auf. Diese drücken die Tatsache aus, daß sich mehr Elektronen bei einem Atom aufhalten als dem neutralen Zustand desselben entsprechen würde. Wie dies zu verstehen ist,

---

[1] Handbuch der Physik, Bd. XXIV. Berlin, 1933.
[2] D. R. HARTREE: Proc. Cambridge philos. Soc. **24** (1928), 89, 111.

wird sogleich klar werden. Wir haben in diesem Verfahren für die Wellenfunktion eines aus n Elektronen bestehenden Moleküls

$$\psi = \psi_1\,(1)\,\psi_2\,(2)\,\ldots\,\psi_n\,(n)$$

zu schreiben, wo die ψ_i bloß Funktionen des i-ten Elektrons im Molekül sind. Sodann nähert man gewöhnlich diese Einzelfunktionen durch Linearkombinationen aus Einelektronenfunktionen in Zentralfeldern um die einzelnen Zentren an, d. h. man drückt die Molekülfunktion durch die Eigenfunktionen der Elektronen in den aufbauenden Atomen aus. Haben wir z. B. ein zweiatomiges Molekül AB vor uns und bezeichnen mit ψ_A und ψ_B die zugehörigen Wellenfunktionen, so schreibt man für die resultierende Molekülfunktion

$$\psi = [a\,\psi_A(1) + b\,\psi_B(1)]\,[a\,\psi_A(2) + b\,\psi_B(2)]$$

oder ausmultipliziert

$$\psi = a\,b\,[\psi_A(1)\,\psi_B(2) + \psi_A(2)\,\psi_B(1)] + a^2\,\psi_A(1)\,\psi_A(2) + b^2\,\psi_B(1)\,\psi_B(2).$$

Für das Nachfolgende beachten wir, daß unsere Eigenfunktionen erst von den $p\,\pi$-Zuständen aufwärts infolge des dann auftretenden Faktors $e^{i\,\lambda\,\varphi}$ komplex werden. Ist nur ein einziges Elektron vorhanden (Fall des $H_2{}^+$-Ions) und sind die Atomfunktionen richtig normiert, so muß wegen der Normierung von ψ die Beziehung

$$a^2 + b^2 + 2\,a\,b\,s = 1 \quad \text{mit } s = \int \psi_A\,\psi_B\,d\tau$$

bestehen. Das s wird dann verhältnismäßig große Werte erreichen, wenn es Gebiete gibt, in welchen gleichzeitig ψ_A und ψ_B groß sind. Daher der Name „Überlappungsintegral". Sind A und B identische Atome, so ist $a = \pm\,b$. Die zwei letzten Glieder im Ausdruck für ψ stellen die Ionenterme dar, denn sie bedeuten, daß beide Elektronen sich gleichzeitig bei A oder B aufhalten können. Bei symmetrischen Molekülen erhält man dadurch kein elektrisches Moment, da infolge $a^2 = b^2$ im Mittel die Anordnungen $A^-\,B^+$ und $A^+\,B^-$ gleich häufig vorkommen. Bei $a^2 \neq b^2$ hingegen wird durch diesen Effekt ein meßbares Moment erzeugt. Infolge der Überlappung der zwei Eigenfunktionen ist es allerdings nicht ganz korrekt, zu sagen, daß sich ein Elektron bei einem bestimmten Atom aufhält.

Diesem in den Ionentermen ausgedrückten Bestreben zweier oder mehrerer Elektronen, sich einander zu nähern, wirkt die Coulombsche Abstoßung entgegen, die in der Form von Gliedern $\dfrac{1}{r_{ik}}$ (r_{ik} Abstand des i-ten vom k-ten Elektron $i \neq k$) in die Schrödinger-Gleichung eingeht, daher manchmal die Bezeichnung „r_{12}-Effekt". Bei einem symmetrischen Molekül erhält man gleiche Verweilszeiten in Ionen- und neutralen Zuständen. Dies ist sicherlich nicht richtig, wie ein Vergleich der großen Ionisierungspotentiale mit den geringfügigen Elektronenaffinitäten (beispielsweise bei Wasserstoff 13,5 gegen 0,71 Volt) lehrt. Derselbe Fehler tritt natürlich auch bei mehratomigen Molekülen auf.

Diese Schwierigkeit umgeht die zweite Methode, indem sie alle Ionenterme radikal streicht. In großen Atomabständen werden derartige Ladungsübergänge bei symmetrischen Molekülen nicht sehr häufig sein, so daß das Heitler-Londonsche Verfahren in diesem Falle vorzuziehen ist. Bei kleineren Distanzen aber wird die Zerlegung in Einelektronenprobleme brauchbare Ergebnisse liefern, ist allerdings meistens nur zu qualitativen Diskussionen verwendet worden. Jedenfalls kann man durch Variieren der Koeffizienten a und b alle möglichen Polaritätsgrade durchlaufen, wobei die zugehörigen Linearkombinationen stets Lösungen der Schrödinger-Gleichung bleiben. Wir sehen aus diesen Ausführungen, daß es in einem gewissen Sinne bedeutungslos ist, zwischen homöopolarer und heteropolarer Bindung zu unterscheiden, da stets beide Typen vorhanden sind, allerdings mit verschiedenen Gewichten. Bezüglich einer näheren Diskussion der Übergänge zwischen diesen zwei Grenzfällen verweisen wir auf eine Arbeit von PAULING.[1]

Wir werden später sehen, wie die beiden Verfahren ineinander übergehen, wenn man entsprechende Verfeinerungen vornimmt, indem man weder die Koeffizienten der Ionenterme Null noch aber ihr Produkt gleich dem Quadrat des Koeffizienten des homöopolaren Gliedes setzt. Weitere Betrachtungen sollen verschoben werden, bis wir die zwei Methoden auf die zwei einfachsten Fälle angewendet haben, nämlich auf das H_2^+-Ion und das H_2-Molekül, ersteres als Anwendungsbeispiel für ein Elektron im Zweizentrensystem und letzteres zur Erläuterung der HEITLER-LONDONschen Störungstheorie. Das H_2^+-Ion ist der einfachste Fall des Zweizentrensystems mit gleichartigen Zentren.

Wir bezeichnen den Kernabstand mit R, den Abstand des Elektrons von den beiden Protonen mit r_1 und r_2. Dann lautet die Gleichung (8a) des vorigen Abschnittes, wenn wir den Index an E weglassen, atomare Einheiten verwenden und unter Δ den LAPLACE-Operator verstehen, folgendermaßen:

$$\left(\frac{1}{2}\Delta + E + \frac{1}{r_1} + \frac{1}{r_2}\right)\psi = 0. \tag{1}$$

Das konstante Glied $-\frac{1}{R}$ haben wir dabei weggelassen. Auch bei ungleichen Zentren kann man, wie schon besprochen, durch Einführung elliptischer Koordinaten $\xi = \frac{r_1 + r_2}{R}$; $\eta = \frac{r_1 - r_2}{R}$ und des Azimuts φ um die Kernverbindungslinie separieren[2] in der Form $X(\xi)\,Y(\eta)\,e^{i\lambda\varphi}$. Dies ist auch noch möglich, wenn sich das Potential durch $\frac{f(\xi) + g(\eta)}{\xi^2 - \eta^2}$ darstellen läßt, kommt aber bei mehratomigen Molekülen auch nicht mehr in Frage, denn das Potential U entsteht dort durch Berücksichtigung der Wirkung aller Elektronen auf jedes herausgegriffene. Wir werden daher gleich[3] mit Störungsrechnung an das vorliegende Problem herangehen, wobei wir uns auf den Grundzustand beschränken. Wie betrachten also den Fall, daß der zweite störende Kern aus dem Unendlichen her angenähert wird. Wäre er gar nicht vorhanden, so wäre eine Lösung die Eigenfunktion des Grundzustandes im H-Atom $\psi_A = \psi_1 = \frac{1}{\sqrt{\pi}}e^{-r_1}$. Die gleiche Energie ergibt sich, wenn das Elektron sich beim Kern B aufhält, also die Eigenfunktion $\psi_B = \psi_2 = \frac{1}{\sqrt{\pi}}e^{-r_2}$ besitzt.

Wie werden daher in erster Näherung eine Linearkombination aus den beiden Grundzuständen ansetzen und schreiben

$$\psi = c_1\psi_1 + c_2\psi_2.$$

Dabei gelten für ψ_1 und ψ_2 die Gleichungen

$$\left(\frac{1}{2}\Delta + E^{(0)} + \frac{1}{r_1}\right)\psi_1 = 0 \quad \text{und} \quad \left(\frac{1}{2}\Delta + E^{(0)} + \frac{1}{r_2}\right)\psi_2 = 0.$$

---

[1] L. PAULING: J. Amer. chem. Soc. **54** (1932), 988, 3570.
[2] E. TELLER: Z. Physik **61** (1930), 458.
[3] Eine ausführliche Darstellung des H_2^+-Problems findet sich bei BETHE, l. c.

Beachten wir dies sowie die Normierung von ψ_1 und ψ_2, so erhalten wir mit $E = E^{(0)} + E^{(1)}$ aus Formel (6) und (7) des vorigen Abschnittes

$$s_{11} = s_{22} = 1; \quad s_{12} = s_{21} = s = \int \psi_1 \psi_2 \, d\tau.$$
$$H_{11} = H_{22} = E^{(0)} - \int \frac{1}{r_2} \psi_1{}^2 d\tau = E^{(0)} - \int \frac{1}{r_1} \psi_2{}^2 d\tau = E^{(0)} - u_{11} = E^{(0)} = u_{22}.$$
$$H_{12} = H_{21} = E^{(0)} s - \int \frac{1}{r_1} \psi_1 \psi_2 \, d\tau = E^{(0)} s - \int \frac{1}{r_2} \psi_1 \psi_2 \, d\tau = E^{(0)} s \quad u_{12} = E^{(0)} s - u_{21}. \tag{2}$$

Mit der Determinante

$$\begin{vmatrix} u_{11} - E^{(1)}, & u_{12} - E^{(1)} s \\ u_{12} - E^{(1)} s, & u_{11} - E^{(1)} \end{vmatrix} = 0$$

oder $u_{11} - E^{(1)} = \pm (u_{12} - E^{(1)} s)$ folgt aus Formel (5) S. 152 für c_1 und c_2 $c_1 = \pm c_2$. Für die Bindungsenergie bezogen auf $E^{(0)}$ als Nullniveau erhalten wir damit unter Hinzufügung des Kernpotentials die zwei Lösungen

$$W_{1,2} = \frac{u_{11} \pm u_{12}}{1 \pm s} + \frac{1}{R} \tag{3}$$

und die zugehörigen Eigenfunktionen

$$\psi^{(1,2)} = \frac{\psi_1 \pm \psi_2}{\sqrt{1 \pm s}}. \tag{4}$$

Die Größen u_{11} und u_{12} sind negativ. Daher gehört zum tieferen Eigenwert das obere Vorzeichen in (3). Dem entspricht die symmetrische Lösung in (4). Letzteren Ausdruck hätten wir unter Beachtung der Symmetrieforderungen, die hier für die zwei Protonen gelten, direkt hinschreiben können. Unsere Lösung gibt den ersten Faktor des früheren Ausdruckes für die gesamte Wellenfunktion des n-Elektronenproblems. Die Auswertung der Integrale in elliptischen Koordinaten ergibt

$$u_{11}(R) = -\frac{1}{R}\left[1 - (1 + R)\,e^{-2R}\right]; \quad u_{12}(R) = -(1 + R)\,e^{-R};$$
$$s(r) = \left(1 + R + \frac{R^2}{3}\right) e^{-R}. \tag{5}$$

Das u_{11} stellt seiner Definition nach die Wirkung der Ladungswolke $\psi_1{}^2 \, d\tau$ bzw. $\psi_2{}^2 \, d\tau$ auf den entfernteren Kern dar, gibt also die gesamte COULOMBsche Wechselwirkung zwischen den verschmierten Elektronen und dem heranrückenden Kern an. Wäre dieses Glied allein vorhanden ($u_{12} = s = 0$), so wäre die Energie durch $u_{11} + \frac{1}{R}$ gegeben, wir würden also Abstoßung erhalten. Erst das wellenmechanische Zusatzglied u_{12} bewirkt die Bindung. Diese Größe mißt, wie wir bei der Behandlung nichtstationärer Zustände allgemein sehen werden, die Übergangswahrscheinlichkeit aus dem ersten in den zweiten Zustand und damit die Frequenz, mit der das Elektron vom Kern 1 zum Kern 2 „hinüberpendelt". Dies kann man leicht zeigen, wenn man die Zeitfaktoren in die Lösungen einführt. Wir nehmen an, daß das Elektron zur Zeit $t = 0$ sich gerade beim ersten Kern befindet und fragen nach den Änderungen seiner Lage als Funktion der Zeit. Aus (4) erhalten wir ohne Normierung die zwei Lösungen

$$\psi^{(1,2)} = (\psi_1 \pm \psi_2)\,e^{i W_{1,2} t}.$$

Die passende Lösung ergibt sich daraus zu

$$\psi = \frac{1}{2}\left[\psi_1 \left(e^{-i W_1 t} + e^{-i W_2 t}\right) + \psi_2 \left(e^{-i W_1 t} - e^{-i W_2 t}\right)\right]$$

und die zugehörige Aufenthaltswahrscheinlichkeit

$$\psi^*\psi = \psi_1{}^2 \cos^2 \frac{W_1 - W_2}{2} t + \psi_2{}^2 \sin^2 \frac{W_1 - W_2}{2} t.$$

Wir haben es also mit periodischen Dichteschwankungen zwischen den ·Grenz-werten $\psi_1{}^2$ (Elektron beim ersten Kern) und $\psi_2{}^2$ (Elektron beim zweiten Kern) zu tun, ähnlich wie die Energie zwischen zwei mechanisch oder elektrisch ge-koppelten Schwingungskreisen hin- und herpendelt. Die Dauer eines Über-ganges beträgt dabei

$$\frac{\pi}{W_1 - W_2}$$

mit

$$W_1 - W_2 = \frac{2}{1 - s^2} (u_{12} - s\, u_{11}).$$

Bei den Abständen, für die Übergänge praktisch noch vorkommen, kann man alle Glieder von zweiter Ordnung weglassen und erhält für die Übergangsdauer den Wert $\frac{\pi}{2 u_{12}}$. Daraus folgt, wenn wir das Glied mit R^2 in u_{12} vernachlässigen und zu gewöhnlichen Einheiten übergehen, $t = 3{,}8 \cdot 10^{-17} \frac{e^R}{1 + R}$. Aus der obenstehenden Rechnung wird ein Gleichgewichtsabstand von 2,65 at. E. $= 1{,}4$ Å folgen. Für diesen Wert erhält man eine Übergangsdauer von $1{,}5 \cdot 10^{-16}$ sec. Mit wachsendem Abstand nimmt t infolge der Exponentialfunktion rasch zu, so daß man im zehnfachen Abstand schon $4{,}5 \cdot 10^{-7}$ sec. und im hundertfachen Gleichgewichtsabstand bereits $\approx 10^{88}$ Jahre erhält.

Infolge dieser Eigenschaft der Größe u_{12} und der Analogie zu gekoppelten Schwingungen bezeichnet man sie als „Übergangs-" oder „Resonanzintegral" und spricht von den damit zusammenhängenden Anziehungskräften als Re-sonanzkräften. Dadurch, daß dem Elektron beim Näherrücken der Kerne zwei Potentialmulden zur Verfügung stehen, muß die Energie absinken, wie schon eine einfache Betrachtung lehrt. Bekanntlich steht dem Elektron im Phasen-raum ein Gebiet von der Größe h^3 zur Verfügung. Es muß daher

$$h^3 = \prod_{i=1}^{3} \Delta q_i \Delta p_i$$

sein. Wächst also das Produkt aus den ersten drei Faktoren, so muß der zur Verfügung stehende Impulsraum und damit die Energie eine Verkleinerung er-fahren. Dasselbe zeigen auch die Ausdrücke (3) und (5).

Für die Bindungsenergie als Funktion des Kernabstandes erhält man

$$W = \frac{1}{R} \cdot \frac{e^{-R}\left(1 - \frac{2}{3} R^2\right) + e^{-2R}(1 + R)}{1 + e^{-R}\left(1 + R + \frac{R^2}{3}\right)}. \tag{6}$$

Dies geht für größere Abstände in $-\frac{2}{3} R e^{-R}$ über, gibt also Anziehung, während bei kleinen Distanzen Abstoßung eintritt. Durch Bestimmung des Minimums von (6) erhält man eine Gleichgewichtslage bei $1{,}4$ Å mit einer Dissoziations-energie von $1{,}8$ eV gegen die experimentell gefundenen Werte $1{,}06$ Å und $2{,}78$ eV. Der Fehler ist hauptsächlich auf die Vernachlässigung der Polarisation zurückzuführen, die gerade im Falle von Ionen eine besondere Rolle spielt. Um die wirkliche Bindungsenergie zu finden, muß man noch die Nullpunktsenergie der Kernschwingungen im Potentialfeld $E(R)$ berücksichtigen. Diese beträgt $0{,}14$ eV.

Das untere Vorzeichen in Gleichung (3) liefert positive Werte für W_2. Die Energie steigt beim Nähern der Kerne ständig an. Wie haben also Abstoßung. Die zugehörige Eigenfunktion hat in der Symmetrieebene einen Knoten, da dort $\psi_1 = \psi_2$. Für die Dichteverteilung erhalten wir

$$\psi^{(1,2)\,2} = \frac{1}{2\,(1 \pm s)}\,(\varphi_1{}^2 + \psi_2{}^2 \pm 2\,\psi_1\,\psi_2).$$

Zur Summe der Einzeldichten kommt im Bindungsfall ein Zuwachs, im anderen Fall eine Abnahme zwischen den Atomen.[1]

Unsere Rechnung wurde für die $1s\sigma$- und $2p\sigma$-Zustände durchgeführt. Teller hat in der zitierten Arbeit auch die angeregten Zustände berechnet. Wir verweisen diesbezüglich auf die Originalarbeit und bringen in Abb. 1 und 2 seine Anziehungs- und Abstoßungskurve für die tiefsten Zustände. Wie man aus Gleichung (3) oder durch Vergleich der beiden Abbildungen sieht, entsteht das Minimum dadurch, daß sich der Resonanzanziehung mit abnehmenden Kernabständen in unserem Spezialfall eine Kernabstoßung überlagert, während im allgemeinen auch eine Abstoßung der Ladungswolken der Elektronenrümpfe hinzutritt.[2] Kennt man den Grundterm des Wasserstoffmoleküls, so kann man aus der Differenz der Werte für H_2 und $H_2{}^+$ die Ionisierungsspannung des H_2-Moleküls berechnen.

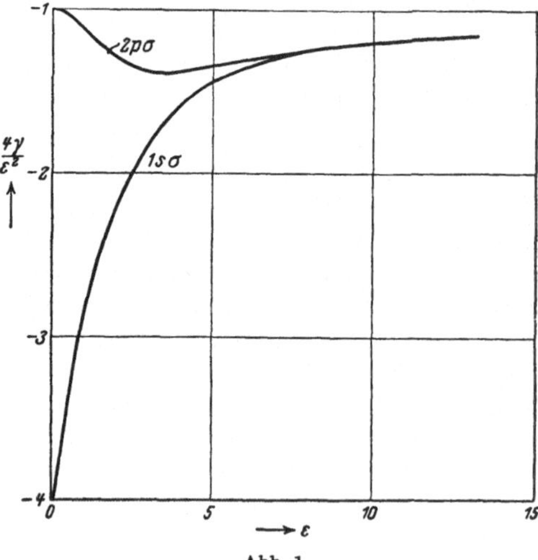

Abb. 1.

Wenngleich die zahlenmäßige Übereinstimmung mit der Erfahrung noch mangelhaft ist, hat uns die vorliegende Rechnung dennoch bereits einen gewissen Einblick in den Mechanismus der als homöopolar bezeichneten Bindungsart gestattet. Dies wird noch klarer bei der Behandlung des zugehörigen Moleküls werden. Bevor wir aber dazu übergehen, wollen wir noch kurz zeigen, wie eine Verbesserung der Resultate erzielt werden kann. Zu diesem Zwecke wird die Ritzsche Methode herangezogen. Finkelstein und Horowitz[3] übernehmen die Gestalt der Grundfunktion von H und führen bloß eine Kernabschirmungszahl $Z \neq 1$

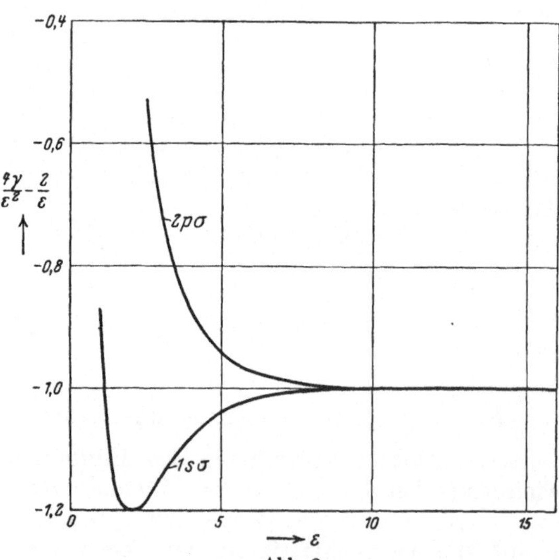

Abb. 2.

---

[1] Siehe die analogen Verhältnisse beim Wasserstoffmolekül.
[2] Vgl. dazu die Ausführungen über das Potential zwischen neutralen Atomen.
[3] B. N. Finkelstein, G. E. Horowitz: Z. Physik 48 (1928), 118.

ein. Mit dem Ausdruck
$$\psi^{(1)} = e^{-Z r_1} + e^{-Z r_2} \qquad\qquad (4\,\mathrm{a})$$

geht man sodann in die Formel für die Gesamtenergie

$$E = \frac{1}{\int \psi^{(1)2}\, d\tau} \cdot \int \psi^{(1)} \left(-\frac{1}{2}\varDelta + \frac{1}{R} - \frac{1}{r_1} - \frac{1}{r_2}\right) \psi^{(1)}\, d\tau$$

ein. Dieser Quotient muß als Funktion von R und Z zu einem Minimum gemacht werden. Man erhält $R = 1,06$ Å, für die „effektive" Kernladung $Z = 1,288$ und aus dem Energieminimum von $-0,583$ atomaren Einheiten einen Wert von $2,24\,\mathrm{eV}$ für die Bindungsenergie.

DICKINSON[1] setzt

$$\psi^{(1)} = e^{-Z r_1} + e^{-Z r_2} + c z_1 e^{-\eta Z r_1} + c z_2 e^{-\eta Z r_2}. \qquad (4\,\mathrm{b})$$

Die z-Glieder bedeuten eine Deformation der Wasserstofffunktionen in Richtung der Molekülachse, stellen also den Polarisationseffekt dar. Setzt man zunächst η gleich 1, so ergibt sich für die Kernladung $Z = 1,254$, für den Faktor $c = 0,16$ mit dem Gleichgewichtsabstand $R = 1,06$ Å und einer Energie von $2,7$ eV. Die Berücksichtigung des vierten Parameters liefert dann $2,72\,\mathrm{eV}$.

GUILLEMIN und ZENER[2] rechnen in elliptischen Koordinaten mit dem Ansatz

$$\psi^{(1)} = e^{-\alpha R f}\left(e^{\beta R \eta} + e^{-\beta R \eta}\right)$$

und finden den schon ziemlich genauen Wert von $2,76$ eV, während PAULING[3] $\alpha = \beta$ setzte und damit schlechtere Ergebnisse erzielte. Wir haben diese Arbeiten hauptsächlich deswegen angeführt, um zu zeigen, wie es beim Variationsverfahren darauf ankommt, einen dem Problem angepaßten Bau der verwendeten Funktionen zu finden.

Wir gehen nun zum Wasserstoff*molekül* über. Die SCHRÖDINGER-Gleichung für dasselbe lautet:

$$\left[-\frac{1}{2}(\varDelta_1 + \varDelta_2) + \frac{1}{R} + \frac{1}{r_{12}} - \frac{1}{r_{A1}} - \frac{1}{r_{A2}} - \frac{1}{r_{B1}} - \frac{1}{r_{B2}} - E\right]\psi = 0. \quad (7)$$

Die Bedeutung der verschiedenen Größen geht aus der nebenstehenden Abb. 3 hervor. Nach der Methode der molecular orbitals müßte man von den Eigenfunktionen des zugehörigen Ions ausgehen und den Einfluß des zweiten Elektrons als Störung betrachten. Nach der von HEITLER und LONDON[4] ersonnenen Methode wird man die Wechselwirkung der Atome als Störungspotential ansehen. Dies ist freilich nur dann möglich, wenn die Störung klein ist gegen den Abstand eines Atomterms vom anderen, eine Bedingung, die bei den im Molekül vorkommenden Abständen nicht immer erfüllt ist. Man muß dann in der Störungsentwicklung auch angeregte Atomterme mitberücksichtigen.

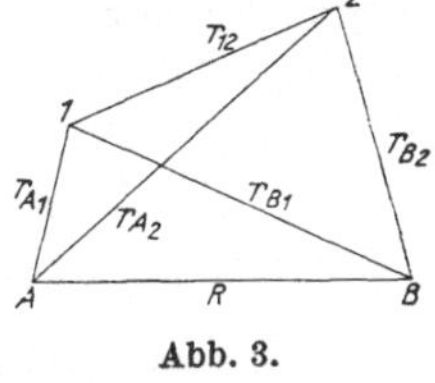

Abb. 3.

Im ungestörten Zustand ist infolge der Ununterscheidbarkeit der Elektronen Entartung vorhanden. Zur Summe $E^{(0)}$ der Energien beider Atome gehören sowohl $\psi_A(1)\,\psi_B(2)$ (erstes Elektron bei Kern A, zweites Elektron bei Kern B) als auch das durch Vertauschung der Elektronen entstehende Produkt $\psi_A(2)\,\psi_B(1)$ als Lösung. Dabei bezeichnen ψ_A und ψ_B Atomfunktionen für A und B. Wir haben daher als Lösung eine Linearkombination

$$c_1 \psi_A(1)\,\psi_B(2) + c_2 \psi_A(2)\,\psi_B(1)$$

[1] B. N. DICKINSON: J. chem. Physics 1 (1933), 317.
[2] V. GUILLEMIN, C. ZENER: Proc. nat. Acad. Sci. USA 15 (1929), 314.
[3] L. PAULING: Chem. Reviews 1928, 573.
[4] W. HEITLER, F. LONDON: Z. Physik 44 (1927), 455.

anzusetzen, für die, wie wir früher sahen, aus Symmetriegründen $c_1 = \pm\, c_2$ sein muß. Dasselbe Ergebnis würde auch die Säkulargleichung liefern. Die Gesamtenergie E können wir sodann aus dieser oder nach der Formel

$$E = \int \psi\, H\, \psi\, d\tau_1\, d\tau_2$$

ermitteln. Wir wollen die Rechnung nicht mehr explizite durchführen, sondern sogleich das Resultat angeben. Bei der Ableitung ist wiederum zu beachten, daß für ψ_A bzw. ψ_B die Gleichungen

$$\left(\frac{1}{2}\Delta_1 + \frac{1}{r_{A1}} + \frac{E^{(0)}}{2}\right)\psi_A(1) = 0; \quad \left(\frac{1}{2}\Delta_2 + \frac{1}{r_{B2}} + \frac{E^{(0)}}{2}\right)\psi_B(1) = 0$$

gelten.

Wir führen die folgenden Bezeichnungen ein:

$$\left.\begin{aligned} Q &= \int \psi_A(1)^2\,\psi_B(2)^2\left(\frac{1}{R} - \frac{1}{r_{A2}} - \frac{1}{r_{B1}} + \frac{1}{r_{12}}\right)d\tau_1\, d\tau_2; \\ J &= \int \psi_A(1)\,\psi_B(1)\,\psi_A(2)\,\psi_B(2)\left(\frac{1}{R} - \frac{1}{r_{A2}} - \frac{1}{r_{B1}} + \frac{1}{r_{12}}\right)d\tau_1\, d\tau_2; \\ s &= \int \psi_A(1)\,\psi_B(1)\, d\tau_1 \end{aligned}\right\} \tag{8}$$

und finden für die Eigenwertstörung $E - E^{(0)}$:

$$W_{1,2} = \frac{Q \pm J}{1 \pm s^2}. \tag{9}$$

Die zugehörigen Eigenfunktionen lauten:

$$\psi_{1,2} = \frac{1}{\sqrt{2\,(1 \pm s^2)}}\,[\psi_A(1)\,\psi_B(2) \pm \psi_B(1)\,\psi_A(2)]. \tag{10}$$

Das obere Vorzeichen entspricht, wie wir gesehen haben, einem Singulett-, das untere einem Triplettzustand.

Die bisher angeschriebenen Ausdrücke gelten für jedes zweiatomige Molekül. Zur Berechnung des Grundzustandes von H_2 hat man wiederum in erster Näherung die Grundfunktionen des Wasserstoffatoms zu nehmen. Die in (8) auftretenden, nicht elementar auszuführenden Integrationen wurden von Sugiura[1] durchgeführt. Man erhält auf elementarem Wege

$$Q(R) = \left(\frac{1}{R} + \frac{5}{8} - \frac{3}{4}R - \frac{1}{6}R^2\right)e^{-2R}; \quad s = \left(1 + R + \frac{1}{3}R^2\right)e^{-R}.$$

Beim J-Integral sind die ersten drei Glieder ebenfalls leicht zu berechnen, während man für das letzte eine Reihenentwicklung des Terms $\frac{1}{r_{12}}$ nach elliptischen Koordinaten vornehmen muß. Es ergibt sich:

$$J(R) = \frac{1}{R}s^2 - 2\left(1 + 2R + \frac{4}{3}R^2 + \frac{1}{3}R^3\right)e^{-2R} - \frac{1}{5}\left(-\frac{25}{8} + \frac{23}{4}R + \right.$$

$$\left. + 3R^2 + \frac{1}{3}R^3\right)e^{-2R} + \frac{6}{5}\frac{1}{R}\left[s^2(C + \ln R) + s'^2 E_i(-4R) - 2ss'\,E_i(-2R)\right].$$

Dabei bedeuten C die Eulersche Konstante $= 0{,}57722$, $s' = \left(1 - R + \frac{1}{3}R^2\right)e^R$ und $E_i(-x)$ den Integrallogarithmus

$$\int\limits_{\infty}^{-x} \frac{e^{-z}}{z}\, dz.$$

<hr>

[1] Y. Sugiura: Z. Physik 45 (1927), 484.

Was die anschauliche Bedeutung der beiden hauptsächlich bestimmenden Integrale Q und J anbelangt, so stellt ersteres die elektrostatische Wechselwirkung der Kerne und der Elektronenwolken der beiden Atome dar, denn das quadratische Produkt gibt die Ladungdichte und der Klammerausdruck die elektrostatische Wirkung von zweitem Elektron und zweitem Kern auf das erste Atom. Daher die Bezeichnung von Q als COULOMB-Integral. Das zweite Integral entspricht dem Übergangsintegral des Einelektronenproblems. Es mißt die Wahrscheinlichkeit und die Frequenz, mit der die zwei Elektronen ihre Quantenzustände austauschen, indem das erste Elektron vom Kern A nach B und das zweite von B nach A springt. s ist wiederum das Überlappungsintegral. $Q(R)$ ist bis zum mittleren Kernabstand hin negativ, entsprechend der Anziehung jeder Ladungswolke durch den fremden Kern, und

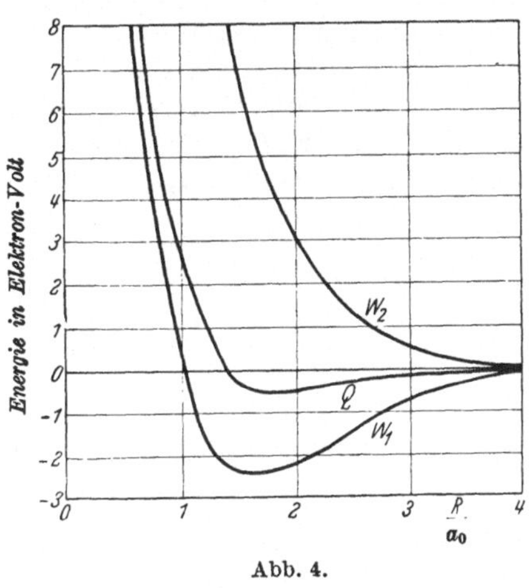

Abb. 4.

wird dann infolge der Rumpfabstoßung positiv. Der klassische Anteil allein liefert also in diesem Fall schon eine Bindung. Die Potentialmulde ist aber viel zu flach. Ausschlaggebend ist auch hier das Austauschintegral, welches negativ ist. Man erhält also Bindung für den symmetrischen und Abstoßung für den antisymmetrischen Zustand. Abb. 4 zeigt die zwei Kraftanteile. Berechnet man aus den Eigenfunktionen die Dichteverteilung, so erhält man im Bindungsfall ebenso wie bei H_2^+ ein Anwachsen der Dichte zwischen den Kernen. Infolge davon trachten die Elektronen die Kerne zusammenzuziehen, während im Triplettzustand sich die Ladungswolken gegenseitig abschnüren. Dieses Verhalten gibt Abb. 5 wieder.

Im Bindungsfall haben die Elektronen antisymmetrischen Spin, da die Gesamteigenfunktion antisymmetrisch sein muß. Es tritt also bei der homöopolaren Bindung eine Absättigung der Elektronenspins ein. Dies erinnert in gewisser Beziehung an die alte LEWISsche[1] Theorie des bindenden Elektronenpaares. Es handelt sich aber hier nicht um einen magnetischen Effekt, sondern nur um die durch das PAULI-Prinzip bewirkte Wechselwirkung der Elektronen. Diese ist auch die Ursache dafür, daß ein stabiles H_3-Molekül oder ein Heliummolekül (im Grundzustand) nicht entstehen kann. Auch für kompliziertere Moleküle haben wir damit schon einen Grundzug der chemischen Valenz verstehen gelernt, da man auch dort in erster Näherung (lo-

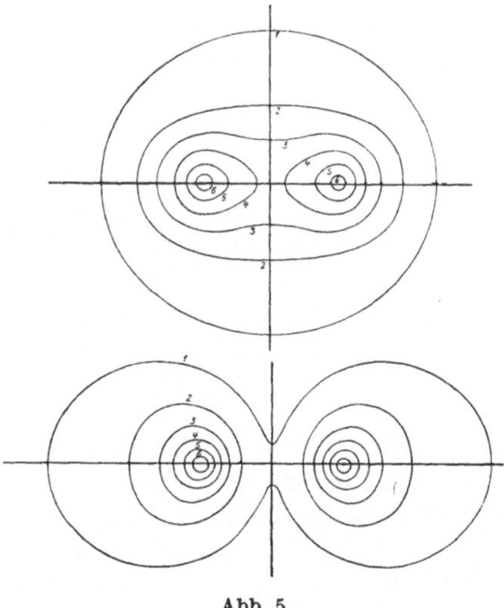

Abb. 5.

---

[1] G. N. LEWIS: Die Valenz und der Bau der Atome und Moleküle. Sammlung „Die Wissenschaften", 1927, 77.

kalisierte Valenzen) jede Valenzbeteiligung als ein Zweielektronenproblem ansehen kann.[1]

Die vorliegende Näherung ist noch ziemlich grob. Abb. 6 zeigt zum Vergleich den wirklichen Verlauf (gestrichelt gezeichnet). Die Abstoßungskurve wurde mittels der Ritzschen Methode von James, Coolidge und Present,[2] die untere von Rydberg[3] aus dem Molekülspektrum bestimmt. In großen Abständen ist infolge der sich dann bemerkbar machenden Dispersionskräfte der wirkliche Verlauf ziemlich unsicher. Das Minimum von (9) hat den Wert 3,14 eV und liegt bei 0,86 Å, während experimentell 4,72 eV und 0,74 Å bestimmt wurden. Indem wir die Null-

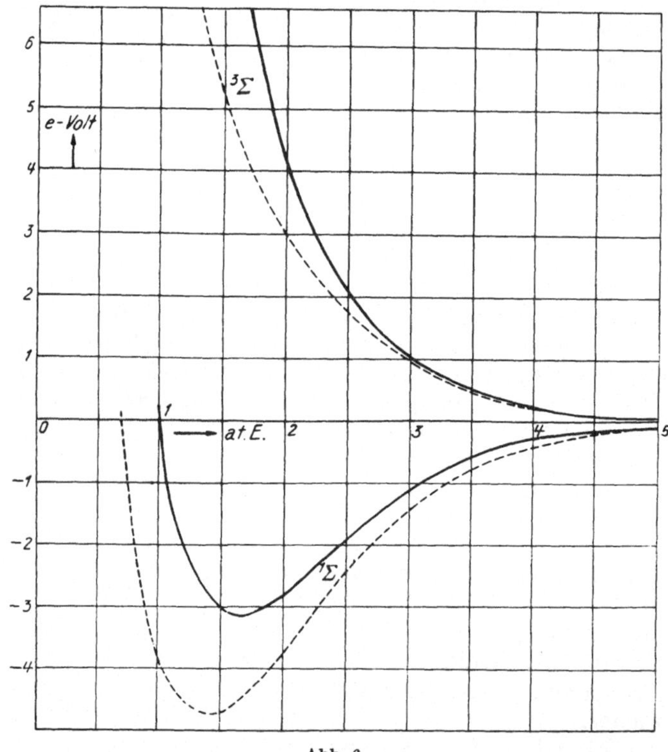

Abb. 6.

punktenergie von 0,27 eV abziehen, erhalten wir die Dissoziationsenergie zu 4,45 eV. Um eine Verbesserung zu erzielen, wird man erstens auch Ionenterme berücksichtigen müssen. Dies geschah durch Weinbaum.[4] Hylleraas[5] greift auf die H_2^+-Lösung zurück, indem er die beiden Elektronen unsymmetrisch behandelt. Auf das zweite läßt er ein durch das erste halb abgeschirmtes Kernfeld wirken. Das ist das Analogon zum Heisenbergschen[6] Ansatz für die zugehörigen Heliumterme. Dies führt auf die zweite Verbesserung durch Einführung der Abschirmung in das Variationsproblem. Das geschah unter Verwendung des

[1] Vgl. die entsprechenden Ausführungen im nächsten Kapitel.
[2] H. M. James, R. Coolidge, R. Present: J. chem. Physics 4 (1936), 187.
[3] R. Rydberg: Z. Physik 73 (1931), 376.
[4] S. Weinbaum: J. chem. Physics 1 (1933), 593.
[5] E. A. Hylleraas: Z. Physik 51 (1928), 150; 71 (1931), 739.
[6] W. Heisenberg: Z. Physik 39 (1927), 499.

Heitler-London-Verfahrens durch Wang[1] mittels des Ansatzes

$$\psi = e^{-\alpha(r_{A1}+r_{B2})} + e^{-\alpha(r_{A2}+r_{B1})}.$$

Für $\alpha = 1$ kommt man wieder auf Formel (10) zurück. Der Methode der molecular orbitals würde in dieser Näherung der Ausdruck

$$(e^{-\alpha r_{A1}} + e^{-\alpha r_{B1}})(e^{-\alpha r_{A2}} + e^{-\alpha r_{B2}})$$

entsprechen.

Drittens muß man die Polarisation einführen, also die Starrheit der ψ-Funktionen aufgeben, da dieser Umstand bei zunehmender Annäherung die ganze Potentialkurve hebt (siehe Abb. 5). Diese Korrektur bedeutet, daß in der Entwicklung nach Atomtermen auch die höheren Zustände herangezogen werden. Die entsprechende Rechnung stammt von Rosen.[2] Wenn man also alle Einflüsse gleichzeitig erfassen will, so hat die Eigenfunktion die folgende Gestalt:

$$\psi = e^{-\alpha(r_{A1}+r_{B2})} + e^{-\alpha(r_{A2}+r_{B1})} + c\left[e^{-\alpha(r_{A1}+r_{A2})} + e^{-\alpha(r_{B1}+r_{B2})}\right] +$$

$$+ \sigma\left[(z_{A1}+z_{B2})\,e^{-\alpha(r_{A1}+r_{B2})} + (z_{A2}+z_{B1})\,e^{-\alpha(r_{A2}+r_{B1})} +\right.$$

$$\left.+ \sigma^2\left[z_{A1}z_{B2}\,e^{-\alpha(r_{A1}+r_{B2})}\right]\right] + z_{A2}z_{B1}\,e^{-\alpha(r_{A2}+r_{B1})}.$$

Die ersten zwei Glieder geben einen homöopolaren, die zwei mit c multiplizierten einen heteropolaren Anteil, während die Glieder mit σ und σ^2 eine Deformation der Ladungswolken in Richtung der Molekülachse bedeuten. Tabelle 1 zeigt die Werte der Variationsparameter, die daraus folgenden Gleichgewichtsabstände und Bindungsenergien. Um die letzte Differenz zwischen Theorie und Erfahrung zu überbrücken, berücksichtigen James und Coolidge[3] noch den r_{12}-Effekt explizit. Sie setzen für die Wellenfunktion

$$\psi = \sum_{m,\,n,\,j,\,k} C_{mnjk}\, e^{-\alpha(\lambda_1+\lambda_2)}\left(\lambda_1^m\cdot\lambda_2^n\cdot\mu_1^j\cdot\mu_2^k + \lambda_1^n\cdot\lambda_2^m\cdot\mu_1^k\cdot\mu_2^j\right).$$

Dabei enthält der C-Koeffizient Polynome in r_{12}, und es bedeuten

$$\lambda = \frac{r_A+r_B}{r_{12}};\quad \mu = \frac{r_A-r_B}{r_{12}}.$$

Mit 15 Parametern erhalten sie schließlich 4,7 eV und 0,74 Å.

Tabelle 1. *Die mit verschiedenen Ansätzen berechneten Bindungsenergien und Gleichgewichtsabstände der Wasserstoffmolekel.*

R in Å	α	σ	c	$W_{1,2}$ in eV	Quelle der Daten
0,87	1	0	0	3,14	{ Heitler-London Sugiura
0,85	1	0	1	2,65	Hellmann
0,74	1,17	0	0	3,76	Wang
0,88	1	0,10	0	3,35	Rosen
0,75	1,17	0,10	0	4,02	Rosen
0,88	1	0	0,158	3,22	Weinbaum
0,75	1,193	0	0,256	4,00	Weinbaum
0,76	1,190	0,07	0,175	4,10	Weinbaum
0,74	—	—	—	4,72	Experiment

[1] S. C. Wang: Physic. Rev. **31** (1928), 579.
[2] N. Rosen: Physic. Rev. **38** (1931), 2099.
[3] H. M. James, A. S. Coolidge: J. chem. Physics **1** (1933), 825; Berichtigung hierzu ebenda **3** (1935), 129.

Diese Ausführungen ergeben, daß man mit der Störungsrechnung von Heitler-London wohl qualitativ den Verlauf der Potentialkurve wiederzugeben vermag, aber noch manche Verbesserungen anbringen muß, um quantitativ brauchbare Werte zu erhalten. Die von Hellmann in seinem Buche ausgerechnete zweite Zeile der Tabelle 1 zeigt, daß man mittels der Methode a noch ungenauere Werte erhält. Die Verbesserungen laufen ihrem Wesen nach alle darauf hinaus, daß man ein Kompromiß zwischen den beiden Verfahren schafft und hierbei auch höhere Terme in der Entwicklung nach Atomzuständen berücksichtigt. Da es uns hier nur darauf ankommt, das Grundsätzliche der homöopolaren Bindung herauszustellen, verweisen wir bezüglich der angeregten Zustände des Wasserstoffmoleküls und des Ions auf Bethe und Hund.[1]

Zum Schluß wollen wir uns nochmals mit Hund[2] die Zusammenhänge zwischen den beiden Verfahren für das H_2-Molekül formelmäßig klarmachen. Die Elektronenterme im Zweizentrensystem sind gegeben durch die zwei Eigenfunktionen

$$\psi_{gu} = \frac{\psi_A \pm \psi_B}{\sqrt{2}}.$$

Dies folgt aus unserer Lösung für das $H_2{}^+$-Ion, wobei wir das s-Glied für unsere Betrachtungen gegen 1 vernachlässigen könnten. Die Indices g und u kennzeichnen den Symmetriecharakter. Es bestehen drei Möglichkeiten für die Elektronen. Wir können beide erstens in den $1\,s\sigma g$-Zustand, zweitens in den $1s\sigma u$-, drittens aber ein Elektron in jeden Zustand versetzen. 1. und 2. geben Singuletts, 3. ein Singulett und ein Triplett. Wir erhalten also die folgenden vier Möglichkeiten für die Eigenfunktion des Zweizentrensystems (Index M):

$$\psi_M\left(^1\sum{}_g\right) = \psi_g(1)\,\psi_g(2); \qquad \psi_M\left(^1\sum{}_{g'}\right) = \psi_u(1)\,\psi_u(2).$$

$$\psi_M\left(^{1,3}\sum{}_u\right) = \frac{1}{\sqrt{2}}\left[\psi_u(1)\,\psi_g(2) \pm \psi_u(2)\,\psi_g(1)\right].$$

Um eine Verbindung zur Wellenfunktion von Heitler-London zu erhalten, muß man die Ionenterme

$$\psi_{\text{ion}}\left(^1\sum{}_{gu}\right) = \frac{1}{\sqrt{2}}\left[\psi_A(1)\,\psi_A(2) \pm \psi_B(1)\,\psi_B(2)\right]$$

heranziehen. Dann erhält man die Beziehungen

$$\psi_M\left(^1\sum{}_g\right) = \frac{1}{\sqrt{2}}\left[\psi_{HL}\left(^1\sum{}_g\right) + \psi_{\text{ion}}\,^1\sum{}_g\right];$$

$$\psi_M\left(^1\sum{}_{g'}\right) = \frac{1}{\sqrt{2}}\left[-\psi_{HL}\left(^1\sum{}_g\right) + \psi_{\text{ion}}\left(^1\sum{}_g\right)\right];$$

$$\psi_M\left(^1\sum{}_u\right) = \psi_{\text{ion}}\left(^1\sum{}_u\right);$$

$$\psi_M\left(^3\sum{}_u\right) = \psi_{HL}\left(^3\sum{}_u\right).$$

Es ist zu beachten, daß bei den Ionenzuständen nur Singuletts vorkommen können, da Tripletts bei Elektronen, die sich bei demselben Atom befinden, unmöglich sind. Alle Verbesserungen der Ritzschen Methode führen dann dazu, für ψ eine Linearkombination

$$A[\psi_{HL} + c\,\psi_{\text{ion}}]$$

[1] l. c.

[2] F. Hund: Z. Physik 73 (1931), 1.

anzusetzen, mit $c \neq 1$, wo in ψ_{HL} auch die bei geringen Abständen wirksamen höheren Atomzustände herangezogen werden.

Zum Schluß wollen wir uns nochmals vergegenwärtigen, wie die Bindung in den zwei Verfahren zustande kommt. Bei der HEITLER-LONDON-SLATER-Methode wird sie im wesentlichen durch Austauschintegrale von der Form

$$J = \int \psi_A(1)\, \psi_B(2)\, H\, \psi_A(2)\, \psi_B(1)\, d\tau$$

besorgt. Damit aber die Molekülbildung zustande kommt, muß J negativ sein. Beim H_2-Molekül ist das erfüllt. Dieses Verhalten wird nun auch auf andere Fälle extrapoliert. Eine gewisse Stütze mag nun diese Annahme in dem diamagnetischen Verhalten mancher Substanzen finden. Bekanntlich beruht die HEISENBERGsche Theorie des Ferromagnetismus[1] gerade auf der Annahme positiver Austauschintegrale infolge paralleler Ausrichtung der Elektronenspins. Es gibt allerdings gewisse Fälle, besonders bei angeregten Zuständen, wo die Wahrscheinlichkeit, einen positiven J-Wert zu erhalten, nicht mehr so klein ist. In der eben erwähnten Arbeit HEISENBERGs und durch BARTLETT[2] ist dies gezeigt worden.

Es mag noch bemerkt werden, daß bei Atomen die Austauschintegrale immer positiv sind. Infolge der Orthogonalität der ψ_A und ψ_B bleibt nämlich nur ein Glied

$$\int \frac{\psi_A(1)\, \psi_B(2)\, \psi_A(2)\, \psi_B(1)}{r_{12}}\, d\tau$$

in J übrig.[3] Bei der von HUND und MULLIKEN erdachten Methode, die man auch als Einelektronenbindung bezeichnen könnte und die bei einer ungeraden Gesamtzahl von Elektronen (z. B. $H_2{}^+$, $Li_2{}^+$) verwendet werden kann, ist das Auftreten von Resonanzintegralen der Form

$$\int \psi_A(1)\, H\, \psi_B(1)\, d\tau$$

bestimmend. Im Bindungsfall kommt zum COULOMB-Anteil dieses Glied hinzu, im Abstoßungsfall wird es abgezogen. Ein „bindendes Elektron" hat eine gerade, ein „lockerndes" eine ungerade Eigenfunktion. Letztere hat einen Knoten zwischen den Kernen. HERZBERG[4] hat darauf eine Deutung der Bindung zweiatomiger Molekeln aufgebaut. Er nimmt an, daß die Resonanzbeiträge der bindenden und lockernden Zustände sich ungefähr kompensieren, so daß bloß die COULOMB-Integrale übrigbleiben, welche bei Berücksichtigung der Kernabstoßung keinen großen Beitrag liefern sollten. Die Bindung wird dann durch das übrigbleibende Elektron besorgt. Bei kleinen Kernabständen muß natürlich diese Näherung versagen. Bezüglich einer ausführlichen Darstellung beider Standpunkte in der Valenztheorie verweisen wir den Leser unter anderem außer auf den schon mehrfach zitierten Artikel von HUND und die Quantenchemie von HELLMANN noch auf eine zusammenfassende Darstellung von VAN VLECK und SHERMAN.[5]

Wir haben in den letzten Ausführungen die Ergebnisse der Rechnung für die einfachsten Fälle auf höhere Moleküle übertragen. Nun hat man es in solchen Fällen nicht mehr mit Ein- oder Zweielektronenproblemen zu tun. Wie man bei Vielelektronenproblemen in Strenge vorzugehen hat, werden wir im nächsten Kapitel sehen. Als eine Näherung kann man zunächst die Wechselwirkung der

---

[1] W. HEISENBERG: Z. Physik **49** (1928), 619.

[2] I. H. BARTLETT: Physic. Rev. **37** (1931), 507.

[3] Vgl. dazu die Ausführungen auf S. 169.

[4] G. HERZBERG: Z. Physik **57** (1929), 106.

[5] I. H. VAN VLECK, A. SHERMAN: Rev. mod. Physics **1935**, 767.

Valenzelektronen in nicht abgeschlossenen Schalen betrachten. Daß diese Kräfte nicht allein wirksam sind, zeigte z. B. für den Fall des Li_2 James.[1] Die Übereinstimmung von Bartley und Furry[2] — 1,09 eV gegen 1,14 eV experimentell — geht verloren, wenn man den Einfluß der 1 s-Elektronen berücksichtigt. Die in solchen Fällen auftretenden Schwierigkeiten rühren erstens von den durch die Atomrümpfe ausgeübten Kräften her, zweitens aber liegen sie im Ritzschen Verfahren begründet, da, wie wir bei der Besprechung desselben festgestellt haben, die Eigenfunktion der Valenzelektronen orthogonal auf derjenigen der inneren Elektronen stehen muß. Infolge dieser Schwierigkeit wird man versuchen, den Effekt der inneren Schalen durch eine gröbere Näherung zu ersetzen. Hellmann[3] zeigt aus der Thomas-Fermischen Behandlung der Ladungswolken in Atomen, daß sich die Valenzelektronen näherungsweise in einem Potentialfeld bewegen, welches außer dem elektrostatischen Potential noch einen Zusatzterm enthält, der dem Pauli-Prinzip Rechnung trägt. Ist der Dichtebeitrag der Valenzelektronen im Rumpfgebiet klein, so erhält man für diesen Zusatz in atomaren Einheiten $-\dfrac{\partial T}{\partial \varrho}$, wo ϱ die Elektronendichte und T die auf die Volumeinheit bezogene kinetische Energie der Elektronen bedeuten. Um aber die Ungenauigkeiten dieser statistischen Näherung zu vermeiden, entnimmt er das dem Austauscheffekt entsprechende Zusatzpotential den Atomspektren, indem er den Ansatz $\dfrac{A}{r}\,e^{-2\varkappa r}$ mit den Parametern A und $\varkappa$ macht. Die e-Funktion sorgt für genügend rasches Abklingen. Außerdem beachtet man, daß die Wirkung einer abgeschlossenen Schale sich in bezug auf die Außenelektronen stets durch ein kugelsymmetrisches Feld darstellen läßt. Auf die Weise hat man das Mehrelektronenproblem wiederum auf ein Zweielektronenproblem reduziert. Im Hamilton-Operator treten aber nun Zusatzglieder $\dfrac{1}{r_{A1}}\,e^{-2\varkappa r_{A1}}$ und analog mit r_{A2}, r_{B1}, r_{B2} auf. Hier wie in allen übrigen höheren Atomen sind die Eigenfunktionen, mit denen die Störungsrechnung durchgeführt wird, nicht mehr strenge Lösungen der Schrödinger-Gleichung, so daß die Ausdrücke (9) etwas modifiziert werden. Man muß in diesem Fall unterscheiden zwischen der Energie $E^{(0)'}$, welche zu den Eigenfunktionen ψ_A und ψ_B gehört, und der wirklichen Energie $E^{(0)}$ der freien Atome. Diese wird aus einer Störungsrechnung bestimmt, und man erhält, falls beide Atome gleichartig sind,

$$\frac{E^{(0)}}{2} = \frac{E^{(0)'}}{2} + \int \psi_A\, u(1)\, \psi_A\, d\tau = \frac{E^{(0)'}}{2} + \int \psi_B\, u(2)\, \psi_B\, d\tau = \frac{E^{(0)'}}{2} +$$
$$+\, u_{AA} = \frac{E^{(0)'}}{2} + u_{BB},$$

wenn $u(1)$ und $u(2)$ die entsprechenden Störungspotentiale der freien Atome bedeuten. Bei Annäherung der zwei Kerne macht sich das Wechselwirkungsglied $u(1,2)$ bemerkbar. $\left(\text{Beim } H_2 \text{ die Glieder } \dfrac{1}{R} + \dfrac{1}{r_{12}} - \dfrac{1}{r_{A2}} - \dfrac{1}{r_{B1}}.\right)$ Infolge des Näherungscharakters kommt noch das Glied $\int \psi_A(1)\, u(1)\, \psi_B(1) = u_{AB}$ hinzu. Im Integranden der zwei Bindungsintegrale (8) hat man daher an Stelle der

---

[1] H. M. James: J. chem. Physics 2 (1934), 794.

[2] I. H. Bartley, W. H. Furry: Physic. Rev. 38 (1931), 1615.

[3] H. Hellmann: J. chem. Physics 3 (1935), 61; Acta physicochim. USSR 1 (1935), 1913.

Klammer den Ausdruck u (1,2) zu schreiben. Dann ergibt sich aus der Säkular-
determinante der Eigenwert zu

$$W_1 = \frac{Q + J + 2\,s\,(u_{AB} - s\,u_{AA})}{1 + s^2}. \tag{9a}$$

Um auf (9) zurückzukommen, muß man beachten, daß hierbei $E^{(0)\prime} = E^{(0)}$ und
daher $u_{AB} = u_{AA} = 0$. Auf diese Weise fand HELLMANN für das Kalium-
molekül viel zu niedere Werte, genau so wie JAMES für das Lithiummolekül. Dies
ist hauptsächlich auf die Vernachlässigung der Polarisationseffekte zurückzuführen.

Was die Methode der molecular orbitals anbelangt, so haben wir schon eingangs auf die Beziehungen zum HARTREE-Verfahren hingewiesen. Beim Mehrelektronenproblem schreibt man die resultierende Eigenfunktion als ein Produkt
von Eigenfunktionen der einzelnen Valenzelektronen. Zunächst berücksichtigt
man dabei die Wechselwirkung der Elektronen durch Einführung eines in der
obigen Weise modifizierten Zentralfeldes. In dieses wird das erste Valenzelektron
versetzt. Auf ein zweites wirkt also neben dem ursprünglichen Feld auch noch
das erste Teilchen ein. Bei allen weiteren muß sodann auch das PAULI-Prinzip
beachtet werden. Da jedes nachfolgende Elektron infolge der sukzessiven Einführung keinen Einfluß auf das vorhergehende hat, erhält man dann die Bindungsenergie in Form einer Summe von Einzelenergien derselben Art wie beim $H_2{}^+$-Ion.

Wir wollen noch den allgemeinen Fall des Zweizentrenproblems mit ungleichen
Zentren behandeln, da wir ihn späterhin benötigen werden. Wir machen also
den Ansatz

$$\psi(1) = c_A\,\psi_A(1) + c_B\,\psi_B(1),$$

wobei ψ_A und ψ_B zu ungleichen Atomen mit den Energien $E_A{}^{(0)}$ und $E_B{}^{(0)}$ und den
HAMILTON-Operatoren H_A und H_B gehören. Der Einfachheit halber nehmen wir
an, daß

$$s = \int \psi_A\,\psi_B\,d\tau = 0$$

ist. Mit W bezeichnen wir die Energiestörung des Atoms A, $W = E - E_A{}^{(0)}$.
Für die Matrixelemente u_{ik} bekommen wir, wenn wir an Stelle von 1 und 2
jetzt A und B als Indices schreiben, in Analogie zu (2):

$$u_{AA} = \int \psi_A(H - H_A)\,\psi_A\,d\tau;$$

$$u_{BB} = \int \psi_B(H - H_B)\,\psi_B\,d\tau + E_B{}^{(0)} - E_A{}^{(0)};$$

$$u_{AB} = \int \psi_A(H - H_B)\,\psi_B\,d\tau = \int \psi_A H \psi_B\,d\tau = u_{BA} = \int \psi_B(H - H_A)\,\psi_A\,d\tau,$$

da $H_A\psi_A = E_A{}^{(0)}\psi_A$ und $H_B\psi_B = E_B{}^{(0)}\psi_B$.

Das Resonanzintegral u_{AB} mißt wiederum die Elektronenübergangswahrscheinlichkeit von A nach B. u_{AA} gibt die Störung des Elektrons durch den
Kern B an, während u_{BB} die gesamte Energieänderung beim Elektronenübergang
von A nach B enthält. $-E_A$ ist die Abtrennungsarbeit, $+E_B$ ist die bei der
Atombindung gewonnene Arbeit, zu der noch die Störung des Atoms B durch
den Atomrumpf A hinzukommt.

Die Störungsrechnung liefert:

$$W_{1,2} = \frac{1}{2}\left[u_{AA} + u_{BB} \mp \sqrt{(u_{AA} - u_{BB})^2 + 4 u_{AB}{}^2}\right], \tag{3a}$$

$$\frac{c_B}{c_A} = \frac{1}{2 u_{AB}}\left[u_{BB} - u_{AA} \mp \sqrt{(u_{AA} - u_{BB})^2 + 4 u_{AB}{}^2}\right]. \tag{4a}$$

Hier gehört zum negativen Vorzeichen der tiefere Eigenwert, da wir die Matrixelemente gegenüber der analogen Rechnung im Wasserstoffion mit umgekehrtem Vorzeichen eingeführt haben. Wenn die Koeffizienten c_A und c_B nicht sehr voneinander verschieden sind, so liegt eine Beteiligung der beiden Zustände A^-B^+ und A^+B^- mit ungefähr gleichem Gewicht vor. Ungleiche Koeffizienten, also starke Beteiligung von Ionenzuständen stellen sich stets dann ein, wenn ein Störungspotential klein gegenüber dem anderen ist und außerdem das Übergangsintegral u_{AB} keine großen Werte annimmt. Man kommt auf diese Weise auf die heteropolare Bindung zurück.

c) Die Störungstheorie für Mehrelektronensysteme.

Wir gehen nun dazu über, eine strenge Behandlung von Systemen mit mehr als zwei Elektronen, wie sie etwa in mehratomigen Molekülen vorhanden sind, zu geben. Wir bezeichnen wiederum die Eigenfunktionen der Zustände A, B, C, ... mit ψ_A, ψ_B, ψ_C, ... und die Koordinatentripel der in ihnen befindlichen Elektronen mit 1, 2, 3, ... Dann kann man in nullter Näherung für die gesamte Eigenfunktion den Ansatz

$$\psi = \psi_A(1)\,\psi_B(2)\,\psi_C(3)\,\ldots$$

machen. Infolge der Ununterscheidbarkeit der Elektronen jedoch gehören zu derselben Energie noch $n! - 1$ weitere Lösungen, die aus der obigen durch Permutation der Argumente hervorgehen. Im speziellen Fall des H_2 z. B. erhielten wir außer $\psi_A(1)\,\psi_B(2)$ noch $\psi_A(2)\,\psi_B(1)$ als Lösung. In erster Näherung hat man eine Linearkombination anzusetzen. Um aus den in nullter Näherung unendlich vielen Möglichkeiten die richtigen zu erhalten, hat man eine Gleichung vom Grade $n!$ zu lösen und erhält daher $n!$ mögliche Linearkombinationen. Nun sind aber infolge des Pauli-Verbots nicht alle von diesen erlaubt. Es gilt wiederum, eine Aussonderung vorzunehmen in der Richtung, daß die resultierende Eigenfunktion unter Hinzufügung des Spinanteiles antisymmetrisch wird. Dies leisten drei Methoden:

1. Die gruppentheoretische Methode.[1] Sie untersucht zunächst ohne Spin die „Symmetriecharaktere" für den Bahnanteil der Eigenfunktion. Dann werden diejenigen unter ihnen herausgegriffen, welche unter Hinzufügung des Spinanteiles antisymmetriert werden können, und abgezählt, auf wieviele Weisen dies möglich ist. Die Behandlung solcher Permutationsgruppen ist ziemlich schwierig, so daß die beiden folgenden Methoden eine wesentliche Erleichterung bei der Untersuchung der Austauschwechselwirkung darstellen. Es sind dies

2. Das Vektormodell von Dirac.[2] Dieses Verfahren ist anschaulicher als alle anderen, verlangt aber eine genauere Kenntnis des Matrizenkalküls, so daß wir von ihm an dieser Stelle keinen Gebrauch machen werden, sondern uns auf die

3. Methode stützen wollen. Diese wurde von Slater[3] entwickelt. Er fügt von vornherein den Spin hinzu, indem er von antisymmetrischen Linearkombi-

---

[1] E. Wigner: Z. Physik **40** (1927), 883. — W. Heitler: Physik. Z. **31** (1930), 185. — Vgl. auch E. Wigner: Gruppentheorie, Sammlung „Die Wissenschaft". Braunschweig, 1931. — H. Weyl: Gruppentheorie und Quantenmechanik, 2. Aufl. Leipzig, 1931. — B. L. van der Waerden: Die gruppentheoretische Methode in der Quantenmechanik. Berlin, 1932.

[2] P. A. M. Dirac: Proc. Roy. Soc. (London), Ser. A **123** (1929), 714. Siehe auch eine kurze Darstellung in der vorher erwähnten Zusammenfassung von van Vleck und Sherman.

[3] I. C. Slater: Physic. Rev. **34** (1929), 1293.

nationen ausgeht und mit ihnen die Störungsrechnung durchführt. Man hat also in nullter Näherung

$$\Psi = \psi_A(1)\ \varrho(1)\ \psi_B(2)\ \sigma(2)\ \psi_C(3)\ \tau(3)\ \ldots$$

anzusetzen. Da es zu jedem Elektron zwei linear unabhängige Spinfunktionen gibt, entsprechend den zwei Spinquantenzahlen, tritt eine Entartung auf, so daß wir schon für zwei Elektronen vier antisymmetrische Wellenfunktionen erhalten. Bei n Elektronen ergeben sich 2^n Möglichkeiten, welche den Grad der Säkulargleichung bestimmen. Wir werden aber sehen, wie man eine weitere Reduktion vornehmen kann.

Zunächst stellt sich eine weitere Schwierigkeit ein. Überall dort, wo sonst eine Integration über die Ortsvariablen vorgenommen wird, tritt hier auch eine Summation über die beiden Werte der Spinfunktion hinzu. Nun mußte man diese in unserer Näherung (Vernachlässigung magnetischer Wechselwirkungen und relativistischer Effekte) bloß einführen, um dem PAULI-Prinzip zu genügen. Dies leisten aber unsere Ansätze auch dann noch, wenn wir an Stelle der Funktion ihre Zahlenwerte an den zwei Stellen ihres Definitionsbereiches einsetzen. Dies ist erlaubt, da die Funktion nur die Aussage enthalten soll, daß der Spin parallel oder antiparallel zu einer ausgezeichneten Richtung liegt. Die so erhaltenen Zahlenwerte spielen dann die Rolle der Koeffizienten in der Linearkombination. Durch dieses Verfahren haben wir mit WEYL[1] eine große Vereinfachung erzielt, da jetzt die ganze Störungsrechnung wiederum nur in den Ortskoordinaten durchgeführt wird. An Stelle der Entartung der Spinfunktion ist die freie Wahl der einzelnen Werte des Arguments in derselben, der sogenannten „Spinamplituden", getreten. Die ganze Betrachtung, die wir hier durchgeführt haben, stellt natürlich keinen strengen Beweis dar, soll aber an dieser Stelle genügen.

Bevor wir zur Bestimmung der Eigenfunktionen und Eigenwerte übergehen, wollen wir noch einige formale Vereinfachungen einführen. Es wird sich als zweckmäßig erweisen, die Eigenfunktion statt in Form von Determinanten (siehe S. 153) in Form von Summen zu schreiben. Zu diesem Zwecke führen wir die Permutationsoperatoren Π ein, welche auf die Koordinaten der nach ihnen angeschriebenen Funktionen anzuwenden sind. Die durch diese erzeugten Permutationen gibt man dann etwa in der Form

$$\Pi = \begin{pmatrix} 1,\,2,\,3 \\ 3,\,1,\,2 \end{pmatrix}$$

an. Dies bedeutet, daß stets an Stelle der obenstehenden die unteren Koordinaten einzusetzen sind, also

$$\Pi\,\psi_A(1)\,\psi_B(2)\,\psi_C(3) = \psi_A(3)\,\psi_B(1)\,\psi_C(2).$$

Sodann definieren wir einen Faktor $\delta_\Pi = \pm 1$ je nachdem, ob Π eine gerade oder ungerade Permutation ist, d. h. aus einer geraden oder ungeraden Anzahl von Transpositionen entsteht. Die Determinante von S. 159 kann dann auf Grund dieser Definition in der Form

$$\Psi = \sum_\Pi \delta_\Pi [\Pi\,\varrho(1)\,\sigma(2)\,\tau(3)\ldots][\Pi\,\psi_A(1)\,\psi_B(2)\,\psi_C(3)\ldots] \tag{1}$$

geschrieben werden.

Man darf hier nicht an Stelle von $\varrho, \sigma, \ldots$ die zugehörigen Spinamplituden schreiben, bevor die Antisymmetrierung durchgeführt ist. Nun ist es aber auch auf andere Weise möglich, zu permutieren, indem man nicht die Elektronen

---

[1] H. WEYL: Göttinger Nachrichten **1930**, 286.

bei festbleibenden Quantenzuständen, sondern umgekehrt letztere bei festsitzenden Elektronen austauscht. Die zugehörigen Operatoren bezeichnen wir mit lateinischen Buchstaben und erhalten dann an Stelle von (1)

$$\Psi = \sum_P{}' \delta_P [P \varrho(1)\,\sigma(2)\,\tau(3)\,\ldots]\,[P\,\psi_A(1)\,\psi_B(2)\,\psi_C(3)\,\ldots]. \qquad (1\,\mathrm{a})$$

P ist eine Permutation der $\varrho, \sigma, \tau, \ldots$- bzw. der $A, B, C, \ldots$-Indices, während die Argumente 1, 2, 3 ... festbleiben. Wir können also den Spinkoordinaten im ersten Produkt vor der Ausrechnung ihre festen Zahlenwerte zuerteilen und haben dadurch eine Erleichterung in der Rechnung erzielt.

Im nachfolgenden werden wir Übergänge von griechischen zu lateinischen Operatoren und umgekehrt vornehmen müssen. Wir setzen fest, daß den Indices $A, B, C, \ldots$ bzw. den Symbolen $\varrho, \sigma, \tau, \ldots$ die Zahlen 1, 2, 3, ... entsprechen sollen. In unserem obigen Beispiel wäre also der zu Π gehörige Operator P durch $\begin{pmatrix} A, B, C \\ C, A, B \end{pmatrix}$ gegeben. Wir definieren weiter Π^{-1} als die von unten nach oben gelesene „reziproke" Permutation. Nun nehmen wir an der Eigenfunktion hintereinander zwei Permutationen Π und P vor, d. h. lassen auf sie den Operator $P\,\Pi$ wirken. Dabei ist die Reihenfolge gleichgültig und wir können daher an Stelle dessen auch $\Pi\,P$ schreiben. Durch diese Operation wird aber bloß die Reihenfolge der Faktoren $\psi_A(1), \psi_B(2), \psi_C(2), \ldots$ und $\varrho(1), \sigma(2), \tau(3), \ldots$ geändert, wie man unmittelbar an einem Beispiel sieht. Es gilt also

$$P\,\Pi\,\psi = \Pi\,P\,\psi = \psi.$$

Daraus folgt für den Zusammenhang zwischen P- und Π-Permutationen die Gleichung
$$P\,\psi = \Pi^{-1}\,\psi.$$

Nimmt man also in der Wellenfunktion eine Permutation der einzelnen Eigenfunktionen bei festgehaltenen Elektronen vor, so erhält man dasselbe Resultat, wie wenn man an den Elektronen bei festgehaltenen Eigenfunktionen die reziproke Permutation angreifen läßt.

Gleichzeitig haben wir mit dieser Beziehung auch eine Erweiterung der Definition des Operators P erzielt. Dieser hatte bisher nur dann eine Bedeutung, wenn sich die resultierende Eigenfunktion in Produktform schreiben ließ, während Π für jede Funktion der Elektronenkoordinaten gilt. Die obige Zurückführung von P auf Π gestattet nun die Anwendung der P-Operatoren auf jede beliebige Funktion. Für das Weitere wollen wir noch die Spinamplituden mit $A_+, B_+, C_+, \ldots$ bezeichnen, wenn die Elektronen 1, 2, 3, ... die Spinquantenzahl $+\frac{1}{2}$ haben und entsprechend $A_-, B_-, C_-, \ldots$ für $m_s = -\frac{1}{2}$. Eine Anwendung des Operators P auf diese Produkte, die wir mit φ abkürzen, bedeutet dann Vertauschung der $A, B, C, \ldots$ bei festgehaltenen Indices $+, -$.

Auf diese Weise wird aus (1 a)

$$\Psi = \sum_P{}' \delta_P\,(P\,\varphi)\,(P\,\psi). \qquad (1\,\mathrm{b})$$

In φ stecken dabei die Zahlenkoeffizienten, zu deren Bestimmung man dann in der Störungsrechnung linear homogene Gleichungen erhält. Dieser Ausdruck hat bereits die richtige Symmetrie in den Koordinaten. Bezeichnet Θ eine Transposition derselben, so gilt $\Theta\,\Psi = -\Psi$. Man könnte dies direkt an Hand der Formel (1 b) beweisen, wir wollen dies aber hier nicht mehr durchführen, da die Antisymmetrie schon aus der nach (1) umgeschriebenen Determinante ersichtlich war.

Wir haben auf diese Weise nicht nur schon die Lösungen mit dem richtigen Symmetriecharakter herausgegriffen, sondern das ganze Problem auch schon in Einzelteile zerlegt. Jeder derselben ist durch die Anzahl der $+$- und $-$-Indices charakterisiert, da sich diese beim Permutieren nicht ändern; d. h. mit anderen Worten: das Säkularproblem ist nach dem resultierenden Spin ausreduziert worden, der durch die Anzahl der $+$- und $-$-Zeichen in φ bestimmt ist. Man hat dann für jeden Wert dieser Resultierenden eine eigene Säkulargleichung zu lösen.

Bevor wir dazu übergehen, wollen wir mit HEITLER und RUMER[1] das Problem noch weiter vereinfachen. Zu diesem Zwecke machen wir uns zunächst die Verhältnisse am Zweielektronenproblem nochmals klar. In unserer jetzigen Schreibweise erhalten wir für die antisymmetrische Eigenfunktion bei antiparallelem Spin

$$\Psi_1 = (A_+ B_- - A_- B_+) [\psi_A(1)\,\psi_B(2) + \psi_A(2)\,\psi_B(1)]$$

und für das Triplett

$$\psi_A(1)\,\psi_B(2) - \psi_A(2)\,\psi_B(1)$$

mit den drei Spinanteilen

$$A_+ B_+, \quad A_- B_-, \quad A_+ B_- + A_- B_+.$$

Dieses Triplett würde erst bei Anwesenheit eines äußeren Magnetfeldes aufspalten. Wir können also in unserem Fall eine Linearkombination aus den Spinanteilen ansetzen. Wir schreiben hierfür

$$\varphi_2 = L_-^2 A_+ B_+ + L_+^2 A_- B_- - L_+ L_- (A_+ B_- + A_- B_+)$$

und erhalten dadurch

$$\Psi_2 = \varphi_2 [\psi_A(1)\,\psi_B(2) - \psi_A(2)\,\psi_B(1)].$$

Diese Modifikation bedeutet eine Vereinfachung der Störungsaufgabe. Die Gleichung (1b) würde die vier Glieder

$$A_\pm B_\pm [\psi_A(1)\,\psi_B(2) - \psi_A(2)\,\psi_B(1)]; \quad A_\pm B_\mp \psi_A(1)\psi_B(2) - A_\mp B_\pm \psi_A(2)\,\psi_B(1)$$

enthalten. In den zwei letzten davon stecken noch zwei Koeffizienten, zu deren Bestimmung wir, wie wir es im vorigen Kapitel taten, eine quadratische Gleichung zu lösen hätten. Mittels der obigen Einführung haben wir für den resultierenden Spin den Faktor $\varphi_1 = A_+ B_- - A_- B_+$, im anderen Fall den Faktor φ_2, so daß wir nur Säkulardeterminanten vom ersten Grad bekommen.

Die Ausdrücke $A_+ B_- - A_- B_+$ sind invariant gegen Drehungen des Koordinatensystems, wie hier ohne Beweis angeführt sei. Daher die Bezeichnung „Spininvarianten" für dieselben. Da sie an die Bildung der Komponenten eines Vektorproduktes erinnern, schreibt man $[A\,B]$ für φ_1 mit $[A\,B] = -[B\,A]$; $[A\,A] = 0$. Durch diese Invarianten ist eine weitere Erniedrigung des Grades der Störungsaufgabe eingetreten.

Wir müssen diese Ausführungen nun auf Mehrelektronensysteme übertragen. In den Anwendungen interessieren wir uns hauptsächlich für den Zustand mit tiefster Energie. Dieser ist dadurch gekennzeichnet, daß eine maximal mögliche Anzahl von Elektronenspins in verschiedenen Atomen sich gegenseitig absättigt, also Anteile $[A\,B]$ zur Spineigenfunktion liefert. Wir können dies anschaulich zum Ausdruck bringen, indem wir an die Enden eines Valenzstriches nicht chemische Symbole, sondern die Spinfaktoren der die Valenzbindung besorgenden Elektronen hinschreiben. Dadurch erhalten wir die Spinfunktion in der Form

$$\varphi = [A\,B]\,[C\,D]\,\ldots$$

---

[1] W. HEITLER, G. RUMER: Göttinger Nachrichten 1930, 277; Z. Physik 68 (1931), 12.

Eine Summation über alle Permutationen $P\varphi$ entspricht dann allen möglichen Paarungen von Elektronen, d. h. allen möglichen Valenzbildern. Nun können aber auch freie Valenzen vorkommen (Triplettzustand des H_2). In diesem Fall tauchen Ausdrücke von der Art $[AL]$ auf, welche Verbindungen der Spinamplituden A mit „Leeramplituden" L bedeuten. L hat dabei für alle mit ihm verbundenen Elektronen den gleichen Wert, damit $[LL] = 0$ wird und keine Absättigung von Leeramplituden vorkommt. Sonst würden nämlich Zustände mit weniger freien Valenzen einbezogen werden, was einen Verzicht auf völlige Ausreduktion des Störungsproblems bedeutet. Unter Einführung dieser Größen kommen dann in jedem einzelnen Teilproblem nur mehr Zustände mit gleich viel unabgesättigten Spins vor. Auf diese Weise wäre die Anzahl der Störungskoeffizienten gleich der der Valenzbilder, die sich zu einem bestimmten Spinzustand zeichnen lassen. Nun sind aber die Spininvarianten nicht linear unabhängig, sondern durch Gleichungen von der Form

$$[AB]\,[DC] + [AC]\,[BD] = [AD]\,[BC] \tag{2}$$

miteinander verbunden.

Von Rumer[1] wurde eine Regel zur Auffindung der linear unabhängigen Spininvarianten gefunden. Man ordnet alle Spinamplituden auf einem Kreis an und konstruiert alle Valenzbilder, bei denen keine Kreuzungen vorkommen. Die so bleibenden Spininvarianten sind vollzählig, voneinander unabhängig und geben den Grad der Säkulargleichung an.

Damit ist die allgemeine Reduktion der Säkulargleichung beendet. Weitere Vereinfachungen können in Spezialfällen bei Systemen mit räumlichen Symmetrien, z. B. CH_4- oder NH_3-Molekül, vorgenommen werden. Da wir obenstehende Ausführungen nicht weiter auf Fragen der Valenztheorie anwenden werden, verweisen wir diesbezüglich auf das Buch von Hellmann[2] und den Artikel von van Vleck und Sherman.[3]

Im allgemeinen Fall ist, wie man beweisen kann,[4] damit an Stelle eines Problems vom Grad $n!$ ein solches vom Grad

$$\binom{n}{k} - \binom{n}{k-1} \quad \text{mit} \quad k = \frac{n}{2} - S$$

getreten, wobei S wiederum die resultierende Spinquantenzahl bedeutet. Dieser Ausdruck gibt nämlich die Anzahl der Zustände mit der Quantenzahl S im n-Elektronenproblem an. Man überzeugt sich von der Richtigkeit dieser Formel am besten durch Betrachtung des „Verzweigungsdiagramms".

Für abgesättigten Spin erhält man

$$\binom{n}{\frac{n}{2}} - \binom{n}{\frac{n}{2}-1} = \frac{n!}{\left(\frac{n}{2}\right)!\left(\frac{n}{2}+1\right)!}$$

Möglichkeiten. Es zeigt sich, daß es ebensoviel ungekreuzte Valenzbilder und demgemäß ebensoviel unabhängige Koeffizienten in der Störungsrechnung gibt.

Zur Durchführung derselben gehen wir von der Schrödinger-Gleichung in der Form

$$(H - E) \sum_{P} \delta_P \,(P\varphi)\,(P\psi) = 0 \tag{3}$$

aus. Um aus der Differentialgleichung zu algebraischen Gleichungen zu gelangen,

[1] G. Rumer: Göttinger Nachrichten 1932, 337.
[2] l. c.
[3] l. c.
[4] F. Seitz, A. Sherman: J. chem. Physics 2 (1934), 11.

multiplizieren wir wie gewöhnlich mit dem konjugiert komplexen $P\psi^*$ und integrieren. Sei eines der möglichen $n!$ Produkte $P\psi^*$ gleich $Q\psi^*$, so bekommen wir $n!$ Gleichungen

$$\sum_P{}' \delta_P\,(P\varphi)\int Q\psi^*\,(H-E)\,P\psi\,d\tau = 0. \tag{4}$$

Unter Berücksichtigung der Invarianz des HAMILTON-Operators gegen Teilchenvertauschung können wir in (4) ohne weiteres an Stelle der P, Q die sich auf die Koordinaten beziehenden Π, Γ einführen. Wir beachten dabei die vorhin abgeleitete Beziehung zwischen P- und Π-Permutationen und finden für das Integral in (4)

$$\int \Gamma^{-1}\psi^*\,(H-E)\,\Pi^{-1}\psi\,d\tau.$$

Durch nochmalige Anwendung der Operation Γ, die einer Umbenennung der Integrationsvariablen entspricht und daher den Wert des Integrals ungeändert läßt, wird daraus

$$\int \psi^*\,(H-E)\,\Gamma\,\Pi^{-1}\psi\,d\tau.$$

Nun beachten wir, daß für unsere Operatoren das assoziative Gesetz gilt

$$(Q\,P^{-1})\,(P\,Q^{-1}) = Q\,(P^{-1}\,P)\,Q^{-1} = Q\,Q^{-1} = 1,$$

daher

$$(Q\,P^{-1})^{-1} = P\,Q^{-1}.$$

Anderseits ist

$$\Gamma\,\Pi^{-1}\psi = (Q\,P^{-1})^{-1}\psi$$

in Erweiterung der Regel über die Ersetzung von Π durch P. Auf diese Weise gelangen wir schließlich zu der Gleichung

$$\int Q\psi^*\,(H-E)\,P\psi\,d\tau = \int \psi^*\,(H-E)\,P\,Q^{-1}\psi\,d\tau.$$

Für den Operator $P\cdot Q^{-1}$ setzen wir R, daher

$$P = R\cdot Q \quad\text{und}\quad \delta_P = \delta_{RQ} = \delta_R\,\delta_Q.$$

Dadurch erhalten wir aus (4)

$$\sum_R{}' R\,(\delta_Q\,Q\varphi)\,\delta_R\int \psi^*\,(H-E)\,R\psi\,d\tau = 0. \tag{4a}$$

Nun stellt $\delta_Q\,(Q\varphi)$ wiederum eines der möglichen Produkte aus Spininvarianten dar, und wir schreiben dafür φ'. Da der Summationsbereich von R identisch ist mit dem von P, können wir wiederum R durch P ersetzen und bekommen

$$\sum_P{}' (P\varphi')\,\delta_P\int \Pi\psi^*\,(H-E)\,\psi\,d\tau = 0. \tag{4b}$$

Dabei wurde im Integranden wieder auf griechische Buchstaben umgeformt und $Q=1$ gesetzt.

Man erhält $n!$ Gleichungen. Wenn man von den ungekreuzten φ ausgeht, so entstehen bei der Bildung der Permutationen auch gekreuzte Valenzen, die man aber linear durch die ungekreuzten ausdrücken kann. Es bleiben damit ebenso viele Gleichungen (4b), als es linear unabhängige Spininvarianten φ gibt.

Diese Ausführungen gelten allgemein für ein Mehrelektronensystem, wobei es gleichgültig bleibt, ob es sich um Elektronen desselben oder verschiedener Atome handelt. Selbstverständlich ist hierbei als einzige Entartung die durch die Gleichartigkeit der Teilchen hervorgerufene Austauschentartung zugelassen. Nun kann aber außerdem auch eine „Bahnentartung" vorliegen. Dann ist es möglich, die nullte Näherung (Produkt aus einzelnen Eigenfunktionen) auf verschiedene Weisen zu bilden. Überall dort, wo einfache räumliche Produkte standen, muß man jetzt eine n-gliedrige Summe

$$\sum_{i=1}^{n} c_i\, \psi_{A\,i}\,(1)\, \psi_{B\,i}\,(2) \ldots = \sum_{i=1}^{n} c_i\, \psi_i$$

bei n-facher Entartung bilden, so daß wir für die resultierende Eigenfunktion

$$\Psi = \sum_{P} \delta_P (P\varphi)(P\psi) = \sum_{P} \delta_P (P\varphi)\, P\Big(\sum_{i} c_i\, \psi_j\Big)$$

erhalten. Derartige Entartungen tauchen immer dann auf, wenn man es etwa mit Valenzelektronen im p-Zustand zu tun hat. Dieser Umstand spielt dann auch in die Berechnung der Aktivierungsenergien solcher Reaktionen hinein, an denen gerichtete Valenzen beteiligt sind. Es ist aber kaum möglich, hierbei eine exakte Rechnung durchzuführen,[1] so daß wir auch an dieser Stelle nicht weiter darauf eingehen.

In unsere bisherigen Ausführungen ging der spezielle Bau des Produktes ψ nicht ein. Das PAULI-Prinzip gestattet es, daß dabei zwei Eigenfunktionen aus den $\psi_A, \psi_B, \psi_C, \ldots$ identisch sind. Bei den Bindungsproblemen betrachtet man gewöhnlich in der Störungsrechnung nur die Valenzelektronen, so daß derartige Identitäten nicht mehr vorkommen; zu jeder Eigenfunktion gehört ein einziges Elektron. Die Valenzfunktionen desselben Atoms sind zueinander orthogonal, die verschiedener Atome dagegen nicht, die s-Integrale $\int \psi_M\, \psi_N\, d\tau$, $M \neq N$ sind nicht gleich Null.

Nehmen wir zunächst an, daß wir $s = 0$ setzen dürften. In der Gleichung (4b) können wir $(u\,(i, k) - W)\,\psi$ an Stelle von $(H - E)\,\psi$ schreiben. Dabei bedeutet W wie früher die Eigenwertstörung. $u\,(i, k)$ ist die von allen Ortsvariablen der Elektronen abhängige Störung des HAMILTON-Operators. Durch die Buchstaben i, k haben wir angedeutet, daß darin auch die Wechselwirkungspotentiale der Elektronen stehen, denn $u\,(i, k)$ kann man in

$$u\,(i, k) = \sum_{i=1}^{n} U\,(i) + \sum_{i<k} \frac{1}{r_{i\,k}}, \quad k = 2, 3, \ldots, n$$

zerlegen. Der erste Summand stellt die Summe der Störungspotentiale jedes einzelnen Elektrons in der durch die Kerne und übrigen Elektronen gebildeten Ladungswolke dar. $\dfrac{1}{r_{i\,k}}$ bedeutet die COULOMB-Abstoßung zwischen i-tem und k-tem Valenzelektron. Infolge unserer Voraussetzung bleiben in der Summe (4b) nur zwei Terme übrig,

$$\sum_{P} (P\,\psi)\, \delta_P \int \Pi\, \psi\, u\,(i, k)\, \psi\, d\tau = \varphi \int \psi\, U\, \psi\, d\tau - \sum_{i<k} T_{i\,k}\, \varphi \int \Theta_{i\,k}\, \psi\, \frac{1}{r_{i\,k}}\, \psi\, d\tau. \tag{5}$$

$\Theta_{i\,k}$ bedeutet dabei eine Transposition zwischen i-tem und k-tem Elektron und $T_{i\,k}$ die entsprechende Transposition der Indices. Die Anteile von der Form

$$\int \Theta_{i\,k}\, \psi\, U\,(i)\, \psi\, d\tau = \int \psi_J\,(i)\, U\,(i)\, \psi_K\,(i)\, d\tau_i \int \psi_J\,(k)\, \psi_K\,(k)\, d\tau_k$$

verschwinden.

---

[1] Vgl. dazu die Bemerkung auf S. 219.
[2] Wir nehmen die Wellenfunktionen für das Weitere wiederum als reell an.

Der zweite Summand in (5) stellt das Austauschintegral dar. In der vorliegenden Gestalt ist es positiv. Wir würden daher im Gegensatz zu unseren bisherigen Ausführungen ein Energieminimum bei antisymmetrischer räumlicher Eigenfunktion, also bei Parallelrichtung der Spins erhalten. Negative Austauschintegrale finden wir erst durch Berücksichtigung der in der letzten Formel stehenden Beiträge. Beim H_2-Molekül z. B. kann man das Austauschintegral in der Form

$$J = \left\{ \frac{s^2}{r_{AB}} - 2\,s \int \frac{\psi_A(1)\,\psi_B(1)}{r_{B1}} \, d\tau_1 \right\} + \int \frac{\psi_A(1)\,\psi_B(2)\,\psi_A(2)\,\psi_B(1)}{r_{12}} \, d\tau_1\,d\tau_2$$

schreiben. Das letzte Integral in (5) entspricht dem letzten hier, welches allein übrigbleibt, wenn $s = 0$ ist.

Trotz des verhältnismäßig kleinen Überlappungsintegrals $\left(\text{Größenordnung } \frac{1}{2}\right)$ bewirkt das bei den normalen Gleichgewichtsabständen große Übergangsintegral, welches dahinter steht, ein negatives Vorzeichen in J.

Setzt man nun im Nenner der Formel (9) S. 168 $s = 0$, so bedeutet das nur eine quantitative Änderung, während die Vernachlässigung der Nichtorthogonalität bei der Berechnung der Austauschintegrale, wie wir gesehen haben, die ganze Sachlage umkehrt und daher keineswegs erlaubt ist. Daher ist es auch nicht möglich, eine Reihenentwicklung nach s vorzunehmen. Eine Ordnung nach s-Potenzen kann jedoch durch folgende Überlegung durchgeführt werden. Je nach der Anzahl der Permutationen — identische Permutation, Transposition zweier Elektronen, cyclische Vertauschung dreier Elektronen usw. — treten verschiedene Integraltypen auf, und zwar:

$$1.\; W \int \psi\,\psi\,d\tau; \qquad 2.\; \int \psi\,u\,\psi\,d\tau; \qquad 3.\; \int Q\,\psi\,u\,\psi\,d\tau.$$

Diese sind, wie die Erfahrung lehrt und man in einfachen Fällen nachrechnen kann, von der gleichen Größenordnung. Die Einführung höherer Permutationen äußert sich dann darin, daß diese Integrale mit höheren Potenzen von s multipliziert werden. So haben wir beim H_2-Problem gesehen, daß man bereits bei Transpositionen Glieder mit s^2 erhält. Erst bei Permutationen von vier Elektronen jedoch stößt man auf einen mit s^2 multiplizierten Integraltyp 3. Wenn man sich, wie üblich, auf die erste Näherung beschränkt, so hat man konsequenterweise bei der Integration über u bis zu Transpositionen vorzugehen, im ersten Integraltyp dagegen nicht. Dies wäre erst erlaubt, wenn man bis zu Π_4-Operationen ginge. Inglis[1] meint, daß an Stelle des Faktors $1 \pm s^2$ im Ausdruck für die Wechselwirkungsenergie hier $1 \pm \frac{n}{2}\,s^2$ zu treten hat, so daß man im Nenner nicht mehr das Glied mit s^2 weglassen darf. Van Vleck[2] aber macht plausibel, daß dieser Zusatzfaktor durch vollständige Berücksichtigung von Permutationen höherer Ordnung wieder kompensiert wird und hier derselbe Ausdruck wie früher zu erwarten ist.

Zusammenfassend können wir sagen, daß man in konsequenter erster Näherung bezüglich der Nichtorthogonalität der einzelnen Eigenfunktionen Permutationen von höherer als erster Ordnung (Vertauschung von je zwei Elektronen) vernachlässigen muß, und auch diese nur in jene Integrale einführen darf, in welchen über die Störungsfunktion integriert wird. Dies bezieht sich natürlich nicht auf das Zweielektronenproblem, wo eine vollständige Berücksichtigung des Über-

---

[1] D. R. Inglis: Physic. Rev. **46** (1934), 135.
[2] I. H. van Vleck: Physic. Rev. **49** (1936), 232.

lappungsintegrals jedenfalls eine Verbesserung bedeutet, da hier nur Transpositionen möglich sind. In unseren nachfolgenden Anwendungen beschränken wir uns stets auf die erste Näherung. In dieser erhält man aus den Gleichungen (4b) und (5)

$$\varphi\,\varepsilon = \varphi \int \psi\,u\,\psi\,d\tau - \sum T\,\varphi \int \Theta\,\psi\,u\,\psi\,d\tau. \tag{4c}$$

Die Summe geht hierbei über alle Transpositionen T bzw. Θ. Das erste Integral stellt wiederum die elektrostatische Wechselwirkung der einzelnen Ladungswolken dar, deren einzelne Bestandteile schon beim Zweielektronenproblem besprochen wurden. Der zweite Teil in (4c) besteht aus einer Summe von Austauschintegralen der Art

$$J_{AB} = \int \psi_A(2)\,\psi_B(1)\,u(1,2)\,\psi_A(1)\,\psi_B(2)\,d\tau_1\,d\tau_2. \tag{6}$$

In u steckt dabei außer der gesamten Wechselwirkung der zwei Atome A und B noch der Einfluß aller restlichen Ladungen. Bei der praktischen Berechnung von Aktivierungsenergien wird stets angenommen, daß diese Integrale nur von zu dem Elektronenpaar AB gehörigen Atompaaren abhängen. Schreiben wir für die gesamte Energiestörung $Q + W_{\text{Aust.}}$, so finden wir aus den Gleichungen (4c) und (6) die endgültige Gleichung zur Bestimmung der Störungskoeffizienten φ und des Eigenwertes

$$\text{und} \qquad \varphi\,W_{\text{Aust.}} + \sum (T_{AB}\varphi)\,J_{AB} = 0$$
$$Q = \int \psi\,u\,\psi\,d\tau. \tag{7}$$

Wir haben uns bisher nur um die Eigenfunktionen von Valenzelektronen gekümmert, so daß in dem Produkt ψ keine zwei gleichen Funktionen vorkamen. Bei den Elektronen in abgeschlossenen Schalen wird jede räumliche Eigenfunktion zweimal besetzt, so daß bei der Herleitung von (7) aus (4b) eine Modifikation der Rechnung vorgenommen werden muß. Es zeigt sich, daß letztere Gleichung erhalten bleibt und nur der elektrostatische Anteil eine Änderung erfährt. Vom Coulomb-Integral Q muß die halbe Summe aller Austauschintegrale zwischen gepaarten und ungepaarten Elektronen sowie zwischen Angehörigen fremder Elektronenpaare abgezogen werden.

Nun kann eine feste Elektronenpaarung nicht nur zwischen Elektronen desselben Atoms auftreten, sondern auch zwischen solchen verschiedener Atome, wobei in gewissen Fällen die Austauschkräfte zwischen den betreffenden zwei Teilchen die Wechselwirkung jedes von ihnen mit einem anderen Elektron bei weitem überwiegen. Dies ist nach Slater[1] die Voraussetzung bei der Annahme sogenannter „lokalisierter Valenzen". Dabei gehen bestimmte Valenzstriche, d. h. also Austauschintegrale in einer bestimmten Richtung von einem Zentralatom aus. Dieses hat dann für andere in dieser Richtung gelegene freie Atome eine besondere Affinität. Die Rechnung zeigt, wie zu erwarten, daß in die Säkulargleichung nur die ungepaarten Elektronen eingehen. In Analogie zum Ergebnis bei den Atomrümpfen kommt auch hier zur Summe der Austauschintegrale zwischen fest verbundenen Elektronen die halbe lockernde (—-Zeichen) Austauschsumme zwischen nicht gepaarten Elektronen hinzu. Damit sind solche aus verschiedenen Paaren bzw. Austauschintegrale zwischen gepaarten und „freien" Elektronen gemeint. In einem Spezialfall werden wir diesen Verhältnissen noch im Kapitel über die Theorie der Aktivierungsenergie begegnen.

Diese Näherung lokalisierter Valenzen wird dort nicht mehr verwendbar sein, wo man nicht mehr imstande ist, natürliche Paare anzugeben, z. B. im

---

[1] I. C. Slater: Physic. Rev. **38** (1931), 1109.

Benzolring. Auch bei Reaktionsproblemen ist diese Approximation nicht mehr statthaft, denn der Zwischenzustand ist ja gerade dadurch definiert, daß in ihm Bindungen geändert werden, so daß kein natürliches System von Partnern besteht. Deswegen haben wir diese Frage bloß gestreift und verweisen bezüglich ausführlicherer Ableitungen und Diskussionen nebst der Originalarbeit von SLATER noch auf die Ausführungen im Buche HELLMANNS.[1]

Wir wollen nun die Gleichung (7) auf das Vierelektronensystem anwenden. Das Ergebnis wird dann für jede Reaktion herangezogen werden können, an der vier Valenzelektronen beteiligt sind, also im einfachsten Fall für den $H_2 + H_2 \rightleftharpoons H_2 + H_2$-Prozeß. Bei vollkommener Absättigung aller Elektronenspins gibt es $\binom{4}{2} - \binom{4}{1} = 2$ unabhängige Spininvarianten, die wir etwa mit

$$\varphi_1 = [AB][DC] \quad \text{und} \quad \varphi_2 = [AC][BD]$$

bezeichnen. Wir erhalten also eine quadratische Säkulargleichung.

Zunächst sind die $2 \cdot \binom{4}{2} = 2 \cdot 6$-Ausdrücke $T_{A_jB}\, \varphi_1$ und $T_{AB}\, \varphi_2$ zu bilden. Unter Benutzung der Beziehung (2) ergibt sich

$$T_{A_jB}\, \varphi_1 = -\varphi_1; \quad T_{A_jC}\, \varphi_1 = \varphi_1 + \varphi_2; \quad T_{AD}\varphi_1 = -\varphi_2; \quad T_{BC}\, \varphi_1 = -\varphi_2;$$
$$T_{BD}\varphi_1 = \varphi_1 + \varphi_2; \quad T_{CD}\, \varphi_1 = -\varphi_1.$$

Als erste Gleichung finden wir daher

$$\varphi_1\,(W_{\text{Aust.}} - J_{AB} + J_{AC} + J_{BD} - J_{CD}) + \varphi_2\,(J_{AC} - J_{AD} - J_{BC} + J_{BD}) = 0. \quad (8)$$

Auf die gleiche Weise könnte man die entsprechende Gleichung für φ_2 erhalten. Wir gelangen aber rascher zum Ziel, wenn wir beachten, daß man durch Vertauschung von B und C in $+\varphi_2$ bzw. $+\varphi_1$ zu $-\varphi_1$ bzw. $-\varphi_2$ gelangt. Aus (8) folgt dadurch

$$\varphi_2\,(W_{\text{Aust.}} + J_{AB} - J_{AC} - J_{BD} + J_{CD}) + \varphi_1\,(J_{AB} - J_{AD} - J_{BC} + J_{CD}) = 0. \quad (8\,\text{a})$$

Die Lösbarkeitsbedingung liefert dann für die beiden Eigenwerte den Ausdruck

$$W_{\text{Aust.}} = \pm \sqrt{\tfrac{1}{2}\,[(J_{AD} + J_{BC} - J_{AB} - J_{CD})^2 + (J_{AB} + J_{CD} - J_{AC} - J_{BD})^2 + (J_{AC} + J_{BD} - J_{AD} - J_{BC})^2]}. \quad (9)$$

Durch Spezialisierung können wir unmittelbar die Austauschenergie für ein Dreielektronensystem erhalten, indem wir z. B. das D-Elektron ins Unendliche rücken, so daß alle mit ihm gebildeten Austauschintegrale verschwinden. Wir finden damit aus (9)

$$W_{\text{Aust.}} = \pm \sqrt{J_{AB}^2 + J_{AC}^2 + J_{BC}^2 - J_{AB}\,J_{BC} - J_{AB}\,J_{AC} - J_{AC}\,J_{BC}}. \quad (9\,\text{a})$$

Die obigen Ausdrücke wurden erstmalig von LONDON[2] auf die Theorie der Aktivierungsenergie angewendet. Wir haben damit an einem konkreten Beispiel gesehen, wie verhältnismäßig einfach sich die Behandlung des Vierelektronensystems nach der SLATERschen Methode mittels einer quadratischen Gleichung gestaltet, während wir es sonst mit einer Gleichung vom $(4!) = 24$. Grade zu tun hätten. Selbstverständlich folgt auch aus dem DIRACschen Vektormodell dieses Ergebnis auf die gleiche einfache Weise.

---

[1] l. c.
[2] F. LONDON: Probleme der modernen Physik (SOMMERFELD-Festschrift) **1928**, 104.

Es wäre nicht schwer, die Rechnung auf Sechs- und Acht-Elektronensysteme auszudehnen. Bei der Berechnung von Aktivierungsenergien jedoch wird gewöhnlich angenommen, daß nur wenige Elektronen ihre Bindung während des Prozesses ändern. Wir werden im folgenden daher auch nur von den Ausdrücken (9) und (9a) Gebrauch machen.

Ein Blick auf diese zeigt, daß für die nichtklassischen Wechselwirkungsmechanismen die Parallelogrammregel über die Zusammensetzung von Einzelkräften keine Gültigkeit hat. Dies wäre nur der Fall, wenn sich die potentielle Energie in einzelne Bestandteile zerspalten ließe und jeder von diesen nur von den Koordinaten je zweier Kraftzentren abhängen würde. In unserem Fall aber wird die Kraft zwischen zwei Atomen wesentlich durch die Anwesenheit eines dritten beeinflußt. Dies werden wir noch deutlicher bei der weiteren Diskussion dieser Ergebnisse in den späteren Kapiteln sehen.

d) Die Störungstheorie für nichtstationäre Zustände.

Wir haben in der Schrödinger-Gleichung für ein aus Kernen und Elektronen bestehendes System bisher die ersteren infolge ihrer großen Masse als klassische Massenpunkte behandeln und die zugehörigen Differentialoperatoren weglassen können. Nun werden wir in den nächsten Abschnitten Effekte kennenlernen, deren Deutung uns über die bisherige Näherung hinaus und zu einer wellenmechanischen Behandlung der Kernbewegung hinführt. Auch in diesem Falle werden wir uns infolge des kleinen Wertes des Quotienten Elektronenmasse : Kernmasse gewöhnlich mit einer ersten Näherung begnügen dürfen. Gelegentlich aber wird auch diese nicht hinreichend sein. Um die Umstände, unter denen dieser Fall eintritt, untersuchen zu können, wollen wir vorher noch eine Erweiterung der bisher verwendeten wellenmechanischen Grundlagen vornehmen.

Die vorigen Kapitel waren ein aufschlußreiches Beispiel für die Anwendung der quantenmechanischen Störungstheorie. Ausgangspunkt war stets die zeitunabhängige Schrödinger-Gleichung, denn die Gesamtenergie E der betrachteten Systeme war immer konstant, wir hatten es mit stationären Zuständen zu tun. Die Verallgemeinerung auf den Fall zeitabhängiger Energie ist nicht ohne Hypothese möglich. Dabei muß als Leitstern immer die Forderung dienen, durch entsprechende Transformationen wieder auf die klassische Mechanik zurückkommen zu können. Schrödinger setzt für ein System aus mehreren Massenpunkten m_i in gewöhnlichen Einheiten[1]

$$-\frac{\hbar^2}{2}\sum_i \frac{1}{m_i}\frac{\partial^2 \psi}{\partial x_i^2} + U\psi = H\psi = -\frac{\hbar}{i}\frac{\partial \psi}{\partial t}. \tag{1}$$

Zur zeitunabhängigen Gleichung gelangt man sogleich zurück, wenn man $\psi \cdot e^{\frac{i}{\hbar}Et}$ an Stelle von ψ setzt. Im allgemeinen Fall (1) aber ist die Wellenfunktion nicht mehr rein periodisch. Wir wollen hier nicht auf grundlegende Folgerungen aus dieser Gleichung, wie wellenmechanische Kontinuitätsgleichung, statistischen Schwerpunktsatz und anderes mehr, eingehen, sondern uns sofort der zugehörigen Störungstheorie zuwenden.

Angenommen, wir kennen die Eigenwerte E_i und die normierten orthogonalen Eigenfunktionen ψ_i der Schrödinger-Gleichung

$$H_0\,\psi_i = E_i\,\psi_i \tag{1a}$$

---

[1] Für den Fall eines elektromagnetischen Feldes kommt noch ein Zusatzglied hinzu, welches das Vektorpotential enthält.

und es werde auf das durch sie repräsentierte System eine relativ kleine zeitabhängige Störung $U(x, t)$ ausgeübt. Frage: Wie ändern sich dadurch Eigenwerte und Eigenfunktionen? Mit einem solchen Problem hat man es etwa bei der Behandlung des lichtelektrischen Effekts zu tun. Die Gesamtenergie ist nicht mehr konstant, der Quantenzustand des Systems erfährt Änderungen, deren Ablauf wir mit Hilfe der Gleichung (1) zu untersuchen haben, wenn wir für den Operator H nunmehr $H_0 + U$ setzen.

Dies leisten in erster Näherung verschiedene Verfahren. Hier soll die DIRACsche Methode der „Variation der Konstanten" besprochen werden.[1] Wir entwickeln die ψ-Funktion in eine Reihe:

$$\psi(x, t) = \sum_n c_n(t)\, \psi_n\, e^{-i\omega_n t} \quad \text{mit} \quad \omega_n = \frac{E_n}{\hbar}. \tag{2}$$

Mit konstanten Koeffizienten stellt dieser Ansatz die allgemeinste Lösung der Gleichung (1a) dar. Man kann ihn aber als Näherungslösung von (1) auffassen, wenn man die c_n zeitabhängig macht. Außerdem entwickeln wir $u\,\psi_m$ in eine Reihe nach den ungestörten Eigenfunktionen

$$u\,\psi_m = \sum_n u_{n\,m}\, \psi_n, \tag{2a}$$

so daß nach früher besprochenen Sätzen über Orthogonalreihen für die Koeffizienten der Entwicklung gilt

$$u_{n\,m} = \int \psi_n^*\, u\, \psi_m\, d\tau.$$

Aus (2) und (2a) folgt

$$u\,\psi = \sum_m \sum_n c_m\, u_{n\,m}\, \psi_n\, e^{-i\omega_m t}. \tag{2b}$$

Setzt man das alles in (1) ein, so verschwinden infolge (1a) alle Glieder, welche nicht u und eine der Ableitungen $\dfrac{d c_u}{d t}$ als Faktor enthalten. Durch Gleichsetzung der Koeffizienten der ψ_n auf beiden Seiten erhält man schließlich das folgende System von Differentialgleichungen für die Größen c_n:

$$-\frac{\hbar}{i}\frac{d c_n}{d t} = \sum_m c_m(t)\, u_{n\,m}\, e^{-i(\omega_m - \omega_n)t}. \tag{3}$$

Nach der statistischen Auffassung der Wellenmechanik sind die Produkte $c_n c_n^*$ ein Maß für die Häufigkeit des mit dem Index n gekennzeichneten Zustandes in der Gesamtheit aller (gleichartigen) betrachteten Systeme. Gleichung (3) gibt uns dann darüber Aufschluß, wie sich die Häufigkeit eines bestimmten Zustandes im Laufe der Zeit infolge der Störung u ändert. Wie man sieht, tragen alle übrigen Zustände zu dieser Änderung bei, die c_i sind miteinander gekoppelt. Infolge der Normierung von ψ und der einzelnen ψ_n folgt durch Multiplikation von (2) mit der konjugiert komplexen Gleichung sowie nachherige Integration über den gesamten Konfigurationsraum $\sum_n c_n c_n^* = 1$, d. h. Erhaltung der Gesamtzahl aller Systeme, wie man es erwarten muß.

---

[1] P. A. M. DIRAC: Proc. Roy. Soc. (London), Ser. A **112** (1926), 661. — G. WENTZEL: Physik. Z. **29** (1928), 321. — Ein anderes Verfahren stammt von E. SCHRÖDINGER: Ann. Physik **80** (1926), 438; auch Abhandlungen zur Wellenmechanik. Leipzig, 1927.

Wir machen nun mit Dirac die Annahme, daß unsere Störung im Augenblick $t = 0$ plötzlich eingeschaltet wird und sofort für $t > 0$ ihren vollen zeitunabhängigen Wert annimmt, während für $t < 0 : u = 0$, $c_n = c_n(0) = $ const. sein soll. Will man nun die $c_n(t)$ für $t > 0$ erhalten, so ersetzt man im ersten Näherungsschritt die Koeffizienten $c_m(t)$ auf der rechten Seite des Gleichungssystems (3) durch die Werte $c_m(0)$ und findet durch Integration die den Randbedingungen genügende Lösung:

$$c_n(t) = c_n(0) + \frac{1}{\hbar} \sum_m c_m(0) u_{nm} \frac{e^{-i(\omega_m - \omega_n)t} - 1}{\omega_m - \omega_n}. \tag{4}$$

Setzt man diese Lösungen $c_n(t)$ wiederum in die rechte Seite von (3) ein, so kann man damit nochmals die linke Seite berechnen usw. Ein einfaches Anwendungsbeispiel wäre etwa dadurch gegeben, daß zur Zeit $t = 0$ der m-te Zustand mit Sicherheit realisiert war, so daß $c_m(0) c_m^*(0) = 1$ und damit (bis auf einen bedeutungslosen komplexen Faktor) $c_m(0) = 1$ wird, während für $n \neq m$ alle übrigen $c_n = 0$ sind. Es ergibt sich dann in erster Näherung nach (4)

$$c_n(t) = \delta_{nm} + \frac{1}{\hbar} u_{nm} \frac{e^{-i(\omega_m - \omega_n)t} - 1}{\omega_m - \omega_n}. \tag{4a}$$

Für die Wahrscheinlichkeiten der einzelnen Zustände folgt $(c_m c_m^* = 1)$:

$$c_n c_n^* = \frac{4}{\hbar^2} \frac{|u_{nm}|^2}{(\omega_n - \omega_m)^2} \sin^2 \frac{(\omega_n - \omega_m)t}{2}.$$

Natürlich ist dieser Ausdruck, wie wir nochmals betonen, nur für $c_m \gg c_n$ gültig, da ja sonst eine Gesamtwahrscheinlichkeit $\sum_n c_n c_n^* > 1$ herauskäme.

Anfangs tritt in diesem Fall ein Anwachsen der Wahrscheinlichkeit des „angeregten" n-ten Zustandes ein, und zwar proportional t^2, um aber später mit einer Frequenz zu oszillieren, die durch die Energiedifferenz aus angeregtem und Grundzustand gegeben ist. Als Proportionalitätsfaktor treten die Matrixelemente u_{nm} auf, und es liegt demgemäß nahe, sie als Übergangswahrscheinlichkeiten vom n-ten in den m-ten Zustand zu deuten. Dies wird in dem folgenden Beispiel noch deutlicher werden. Für unsere späteren Ausführungen ist nämlich der Fall von Wichtigkeit, daß sich dem Energiespektrum des ungestörten Systems mit diskretem Anfangsniveau ω_m ein kontinuierliches Spektrum $\omega_n = \omega$ überlagert. Zufolge des Resonanzfaktors

$$4 \sin^2 \frac{(\omega - \omega_m)t}{2} \cdot \frac{1}{(\omega - \omega_m)^2}$$

besteht eine große Wahrscheinlichkeit dafür, daß in unserem System in der Zeit t ein „strahlungsloser" Quantensprung aus dem diskreten Zustand m in einen zum kontinuierlichen Bereich gehörigen Zustand ausgeführt wird, so daß dessen Energie $\hbar\omega$ mit $\hbar\omega_m$ bis auf Glieder von der Größenordnung $\frac{\hbar}{t}$ (was innerhalb unserer Meßgenauigkeit liegt) übereinstimmt.[1] Zur Ausführung der Rechnung haben wir anstelle von Summen nunmehr Integrale zu schreiben.

Es sei die Anzahl der Zustände mit einer Kreisfrequenz zwischen ω und $\omega + d\omega$ gleich $N\,d\omega$ ($N = $ Normierungskonstante). Dies bedeutet eine Ersetzung unseres Kontinuums durch eine Anzahl dicht beieinanderliegender äquidistanter Terme. Ihr Bereich erstrecke sich von $\omega_m + \varDelta\omega_\mu$ bis $\omega_m - \varDelta\omega_\nu$.

---

[1] Siehe bezüglich der Bedeutung solcher Prozesse den Artikel von G. Wentzel: Handbuch der Physik, Bd. XXIV, Teil 1, S. 736ff. Berlin, 1933.

Dann ergibt sich die gesamte Übergangswahrscheinlichkeit eines Zustandes ω in der Nähe von ω_m in einem Augenblick t, wenn wir ω an Stelle des früheren Index n schreiben, zu

$$|c|^2 = \int_{\omega_m - \Delta\omega_\nu}^{\omega_m + \Delta\omega_\mu} |c_\omega|^2 N\, d\omega = \frac{4N}{\hbar^2} \int_{\omega_n - \Delta\omega_\nu}^{\omega_m + \Delta\omega_\mu} |u_{m\omega}(\omega)|^2 \frac{\sin^2 \frac{(\omega - \omega_m)}{2} t}{(\omega - \omega_m)^2}\, d\omega. \tag{5}$$

Wenn wir nicht zu kleine Zeitintervalle t ins Auge fassen, können wir den Integrationsbereich in (5) ohne besonderen Fehler von $-\infty$ bis $+\infty$ erstrecken, da der Bruch im Integranden an der Resonanzstelle ein scharfes Maximum aufweist und dann rasch abfällt. Außerdem wollen wir die in ω nur langsam veränderlichen Größen $u_{m\omega}$ durch ihre Werte an der Resonanzstelle $\omega = \omega_m$ ersetzen. Auf diese Weise folgt aus (5)

$$|c|^2 = \frac{2\pi N}{\hbar^2}|u_{m\omega}|^2 t \quad \text{und} \quad \frac{d}{dt}|c|^2 = \frac{2\pi N}{\hbar^2}|u_{m\omega}|^2. \tag{5a}$$

Die Wahrscheinlichkeit, daß ein Übergang stattgefunden hat, ist also proportional der seit Einschaltung der Störung u verflossenen Zeit. Die Matrixelemente $u_{m\omega}^2$ messen die Übergangswahrscheinlichkeit pro Zeiteinheit.[1] Sie haben somit die ihnen oben beigelegte Bedeutung, allerdings nur unter den Einschränkungen, unter denen wir den Ausdruck (5) hergeleitet haben. Auch wenn Anfangs- und Endzustand in einem kontinuierlichen Spektralgebiet liegen, erhält man Proportionalität mit t. Mit derartigen Übergängen werden wir es bei den folgenden Untersuchungen der Kernbewegungen zu tun haben, denen wir uns nach dieser Vorbereitung zuwenden wollen.

e) Adiabatische und diabatische Bewegungsvorgänge.

Im stationären Fall lautet die Bewegungsgleichung für ein System aus Kernen und Elektronen in atomaren Einheiten:

$$\left[-\frac{1}{2}\sum_i \frac{1}{M_i}\frac{\partial^2}{\partial \xi_i^2} - \frac{1}{2}\sum_i \frac{\partial^2}{\partial x_i^2} + U(x,\xi) - E \right] \Psi(x,\xi) = 0. \tag{1}$$

Unter x und ξ ist dabei die Gesamtheit aller x_i bzw. ξ_i zu verstehen. Bisher haben wir den Operator der kinetischen Energie der Kerne infolge ihrer großen Masse weggelassen und die Kernkoordinaten ξ als Parameter behandelt.[2] Wir lösten dann das Elektronenproblem durch Integration der Gleichung für die Eigenfunktion der Elektronen:

$$\left\{ -\frac{1}{2}\sum \frac{\partial^2}{\partial x_i^2} + U(x,\xi) - E_{\text{el.}}(\xi) \right\} \psi(x,\xi) = 0. \tag{2}$$

$E_{\text{el.}}$ bedeutet die Gesamtenergie des Systems für festgehaltene Kerne. Zu jeder Konfiguration derselben gehört eine ganze Schar von Eigenwerten $E_{\text{el.}}^{(i)}$ der Gleichung (2). Diese bilden im Konfigurationsraum der Kerne Flächen, die wir im nachfolgenden als „Energieflächen" bezeichnen. Mit der Gestalt dieser werden wir uns noch ausführlich zu beschäftigen haben. Jede Fläche entspricht einem bestimmten Elektronenzustand, der stationär wäre, wenn die Kerne wirklich unbeweglich an ihren Plätzen bleiben würden. Unsere Potentialkurven für

---

[1] Dieses Ergebnis leitet G. Wentzel: Z. Physik **43** (1927), 524, aus einer stationären Lösung ab.

[2] M. Born, R. Oppenheimer: Ann. Physik **84** (1927), 457.

das H_2-Molekül z. B. stellen eine eindimensionale Energiefläche dar, wobei als einziger Parameter der Abstand der zwei Wasserstoffkerne auftritt.

Als weiterer Näherungsschritt, der uns über die bisherigen Ansätze hinausführt, kann man für die gesamte Ψ-Funktion ansetzen

$$\Psi(x, \xi) = \chi(\xi)\,\psi(x, \xi). \tag{3}$$

Unter Berücksichtigung von (2) erhält man damit aus Gleichung (1)

$$-\frac{1}{2}\chi\sum\frac{1}{M_i}\frac{\partial^2\psi}{\partial\xi_i{}^2} - \frac{1}{2}\psi\sum\frac{1}{M_i}\frac{\partial^2\chi}{\partial\xi_i{}^2} - \sum\frac{1}{M_i}\frac{\partial\chi}{\partial\xi_i}\frac{\partial\psi}{\partial\xi_i} + (E_{\mathrm{el.}} - E)\chi\psi = 0. \tag{1a}$$

Damit ist die Separation noch nicht gelungen. Um dies zu erreichen, multiplizieren wir die letzte Gleichung mit ψ^* und integrieren über alle Elektronenkoordinaten. Dabei beachten wir, daß wegen der Normierungsbedingung

$$\int |\psi|^2\,dx = 1, \qquad \int \psi\,\frac{\partial\psi}{\partial\xi_i}\,dx = 0$$

folgt und erhalten die Bewegungsgleichungen für die Kerne:

$$\left[-\frac{1}{2}\sum\frac{1}{M_i}\frac{\partial^2\chi}{\partial\xi_i{}^2} + E_{\mathrm{el.}}(\xi) - E\right]\chi(\xi) - \frac{1}{2}\chi\sum\frac{1}{M_i}\int\psi^*\frac{\partial^2\psi}{\partial\xi_i{}^2}\,dx = 0. \tag{4}$$

Das letzte Glied ist infolge des Faktors $\dfrac{1}{M_i}$ und des Umstandes, daß die ψ-Funktion nur schwach von den ξ_i abhängt, klein genug, um weggelassen zu werden.[1] Dann bedeutet Formel (4) nichts anderes als die Schrödinger-Gleichung eines Systems, auf welches das Potential $E_{\mathrm{el.}}(\xi)$ wirkt. Es möge nun $E_{\mathrm{el.}}$ etwa die erste Energiefläche $E_{\mathrm{el.}}^{(1)}(\xi)$ darstellen. Dann sagt man, daß die Bewegung des Systems *adiabatisch* auf der ersten Energiefläche sich abspielt, wenn man so rechnen darf, als ob die Kerne unter dem Einfluß des Potentials $E_{\mathrm{el.}}^{(1)}(\xi)$ stünden und sich so langsam bewegten, daß die zugehörige Elektroneneigenfunktion der Bewegung stets nachfolgen kann und den Wert $\psi_1(x, \xi)$ beibehält. Die Bewegung führt also durch lauter Gleichgewichtszustände der Elektronenwolke, daher der Name „adiabatisch". Wir wollen uns die Verhältnisse an einem einfachen Beispiel veranschaulichen und an Hand desselben einige Folgerungen ziehen.

Betrachten wir ein System, z. B. ein zweiatomiges Molekül AB, in welchem durch eine kleine Störung (entsprechend der gegenseitigen Beeinflussung der ursprünglich unendlich weit voneinander entfernten Atome A und B) jede Entartung aufgehoben wurde, so daß auf keine Weise zwei Eigenwerte mehr zusammenfallen können. Da diese stetig von den Kernparametern abhängen, folgt somit, daß sich unsere Energieflächen weder schneiden noch berühren dürfen.[2] Für unser Atompaar bedeutet dies, daß jene zwei Energiekurven keinen Schnittpunkt aufweisen, die dadurch entstehen, daß sich das Valenzelektron entweder bei A oder bei B aufhalten kann. Ohne Störungsanteil hätten wir in unserer früheren Bezeichnungsweise für Eigenfunktion und Energie $\psi = \psi_A$, $W = u_{AA}(R)$

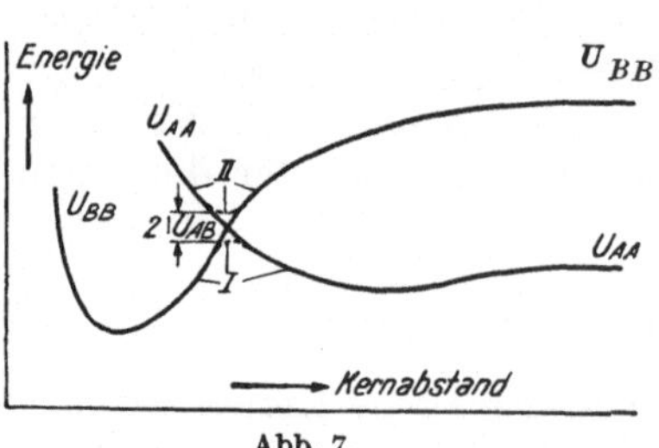

Abb. 7.

---

[1] Eine Abschätzung des dadurch begangenen Fehlers wurde für die Reaktion dreier H-Atome von H. Pelzer und E. Wigner: Z. physik. Chem., Abt. B **15** (1932), 445, gegeben.

[2] Dieses Kreuzungsverbot wurde von I. v. Neumann und E. Wigner: Physik. Z. **30** (1929), 467, begründet, nachdem es von F. Hund: Z. Physik **42** (1927), 93, vermutet worden war.

und $\psi = \psi_B$, $W = u_{BB}(R)$. Beistehende Abb. 7 gibt den ungefähren Verlauf der Energie für die zwei Zustände wieder. Zwischen den Minima der beiden Kurven wird eine Überschneidung eintreten.

Bei Berücksichtigung der Störung haben wir, wie früher abgeleitet:

$$\varepsilon = \frac{1}{2}\left(u_{AA} + u_{BB} \pm \sqrt{(u_{AA} - u_{BB})^2 + 4 u_{AB}^2}\right)$$

und für die Koeffizienten der Linearkombination $c_A \psi_A + c_B \psi_B$

$$\frac{c_B}{c_A} = \frac{1}{2 u_{AB}}\left(u_{BB} - u_{AA} \pm \sqrt{(u_{AA} - u_{BB})^2 + 4 u_{AB}^2}\right).$$

Im Schnittpunkt $u_{AA} = u_{BB}$ sind beide Zustände, wie man aus letzterer Gleichung sieht, mit gleichem Gewicht beteiligt, während die Energie um u_{AB} nach oben und unten aufspaltet. Durch Berücksichtigung der Übergangswahrscheinlichkeit u_{AB}, mag sie noch so klein sein, tritt eine Aufhebung der Kreuzung ein. An Stelle der Kurven A, B treten die Linien I, II auf. Für $u_{AB} \ll u_{AA} - u_{BB}$ erhält man

$$\frac{E_B}{E_A} = \left\{u_{BB} - u_{AA} \pm u_{BB} - u_{AA}\left[1 + \frac{2|u_{AB}|^2}{(u_{BB} - u_{AA})^2}\right]\right\}\frac{1}{2 u_{AB}}.$$

Für das Gebiet rechts vom Schnittpunkt ist $u_{BB} > u_{AA}$. Man erhält die Lösungen:

$$I.\quad \frac{c_B}{c_A} = -\frac{u_{AB}}{(u_{BB} - u_{AA})}, \quad c_B \sim 0;$$

$$II.\quad \frac{c_B}{c_A} = \frac{u_{BB} - u_{AA} + \dfrac{u_{AB}^2}{u_{BB} - u_{AA}}}{u_{AB}}, \quad c_A \sim 0.$$

Auf der linken Seite ist $u_{AA} > u_{BB}$, daher:

$$I.\quad \frac{c_B}{c_A} = \frac{u_{BB} - u_{AA} - \dfrac{u_{AB}^2}{u_{AA} - u_{BB}}}{u_{AB}}, \quad c_A \sim 0:$$

$$II.\quad \frac{c_B}{c_A} = \frac{u_{AB}}{u_{AA} - u_{BB}}, \quad c_B \sim 0.$$

Daraus sehen wir, daß, wie in der Abbildung gezeichnet, I rechts vom Schnittpunkt sich nahezu mit u_{AA}, links nahezu mit u_{BB} deckt und umgekehrt für II. Wenn nun die Übergangswahrscheinlichkeit u_{AB} fast Null ist, so kreuzen sich die Energiekurven. Im Schnittpunkt wird der Zustand des Systems durch eine Wellenfunktion $\psi_A + \psi_B$ beschrieben, welche eine Art gekoppelter Schwingung darstellt. Um nun dem System genügend Zeit zu lassen, sich dem neuen Zustand anzupassen, muß der kritische Punkt genügend langsam passiert werden, um so langsamer, je kleiner u_{AB} ist. Wenn diese Bedingung nicht erfüllt und u_{AB} klein ist, so tritt eine Kreuzung der Terme ein, und wir haben es nicht mehr mit einem adiabatischen Prozeß zu tun.

Bevor wir an diesen Fall mit Hilfe des vorhin beschriebenen Störungsverfahrens herangehen, wollen wir unsere Betrachtungen noch dazu benutzen, um eine einfache Methode zur Abschätzung von Aktivierungsenergien zu besprechen, welche

von Ogg und Polanyi[1] entwickelt und auf Reaktionen vom Typus $A^- + BC =$
$= AB + C^-$ sowie auf die elektrolytische Dissoziation organischer Verbindungen

$$AB + \text{Lösungsmittel} = \text{solvatisiertes } A^+ + \text{solvatisiertes } B^-$$

angewendet wurde, während Horiuti und Polanyi[2] eine Theorie der Protonen-
übertragung daraus entwickelt haben. Das Prinzip besteht darin, die nicht-
diagonalen Glieder in der Säkulargleichung, also das Resonanzintegral zwischen
den zwei Zuständen A und B zu vernachlässigen. Dabei wird von den Schwierigkeiten, die nach unseren obigen Ausführungen auftreten, jedoch durch Beschränkung auf tiefe Temperaturen vermieden werden können, abgesehen, d. h.
es wird angenommen, daß die Geschwindigkeiten der Moleküle beim Stoß klein
sind gegenüber der Geschwindigkeit des Überganges, die durch u_{AB} gemessen
wird. Der höchste Punkt der Kurve I in Abb. 7 gibt die Aktivierungsenergie des
Überganges vom ersten in den zweiten Zustand an. In unserer Näherung messen
wir an Stelle dessen die Erhebung des Schnittpunktes über das Ausgangsniveau.
Skizzieren wir nun kurz die Anwendung auf die erstgenannte Reaktion. Wir
nehmen an, daß dieselbe auf die Weise erfolgt, daß bei festgehaltenem Abstand AB
die Distanz BC geändert wird. Diese ist also der einzige Kernparameter. Die
Energieflächen degenerieren wiederum zu Kurven
(Abb. 8). Die beiden miteinander entarteten
Zustände a und b[3] sind dann die Zustände mit
Molekülbildung BC bzw. AB. Demgemäß ist
die Kurve a die Wechselwirkungskurve eines zwei-
atomigen Moleküls, wie wir sie etwa für das
H_2-Molekül berechnet haben und im nachfolgenden Abschnitt ausführlich besprechen werden.
Infolge der Anwesenheit des Ions A^- ist sie
ein wenig nach oben verschoben. Die Kurve b

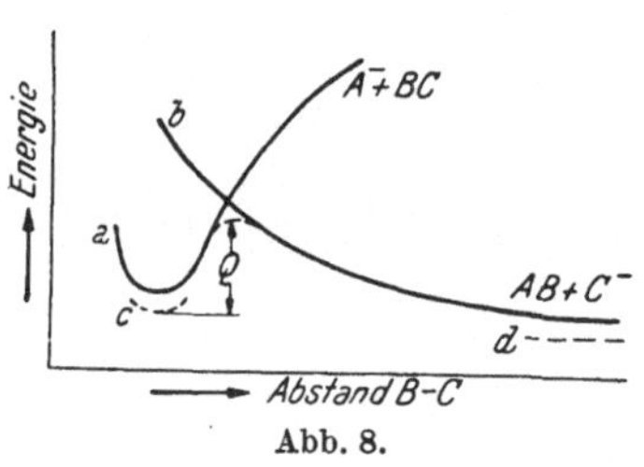

Abb. 8.

repräsentiert die Wechselwirkung zwischen Molekül AB und Ion C^- als Funktion
des Ionenabstandes. Sie setzt sich aus Dispersions- und Polarisationskräften
sowie aus der infolge des endlichen Ionenradius bei kürzeren Abständen ein-
setzenden Abstoßung zusammen. Der Wert des festgehaltenen Abstandes AB
muß so gewählt werden, daß der Schnittpunkt der zwei Kurven in Abb. 8 möglichst
tief über dem Ausgangszustand liegt. Die Energie desselben ist die Wechselwirkungsenergie des Moleküls BC im Gleichgewichtsabstand bei unendlich weit
entferntem Ion A und liegt daher etwas tiefer in der Höhe c. Analog müssen wir
etwas hinuntergehen bis zum Niveau d, um die Energie für die Gleichgewichtskonfiguration von AB mit C im Unendlichen zu finden. Die wirkliche Aktivierungsenergie ist sodann durch den Abstand des Maximums der gestrichelten
Kurve vom Ausgangszustand c gegeben und wird nach der beschriebenen Methode
durch den Abstand des letzteren vom Schnittpunkt ersetzt.

Mögen auch gewisse theoretische Bedenken gegen dieses Verfahren bestehen,
da die Vernachlässigungen, die bei ihm in Kauf genommen werden müssen, nicht
immer abgeschätzt werden können, so konnte auf diese Weise dennoch eine gewisse Ordnung des experimentellen Materials auf dem schwierigen Gebiete der
Reaktionen in flüssiger Phase erzielt werden.

[1] R. A. Ogg, M. Polanyi: Trans. Faraday Soc. 31 (1935), 604, 1375.
[2] G. Horiuti, M. Polanyi: Acta physicochim. USSR 2 (1935), 505. Siehe auch
M. G. Evans, M. Polanyi: Trans. Faraday Soc. 34 (1938), 11, und die darauffolgende
Diskussion.
[3] Wir schreiben hier kleine Buchstaben, um eine Verwechslung mit den chemischen
Symbolen A, B zu vermeiden.

Der bisher behandelte adiabatische Grenzfall wird unseren weiteren Betrachtungen zugrunde liegen. Diese Näherung wird für die meisten in Betracht kommenden Fälle genügend sein. An dieser Stelle aber wollen wir sehen, wie sich die Verhältnisse gestalten, wenn wir darüber hinausgehen. Dann können Übergänge zwischen den einzelnen Energieflächen auftreten oder, mathematisch ausgedrückt, die zugehörigen Wellenfunktionen sind nicht mehr voneinander unabhängig. Unser Näherungsansatz (3) stellte das erste Glied einer Reihenentwicklung dar, in welcher jedes Glied zu einem einzigen bestimmten Energiezustand gehört. Unter der Annahme, daß die Anregungswahrscheinlichkeit aller höheren Zustände verschwindend klein ist, konnten wir alle Glieder von höherer als erster Ordnung weglassen und den weiteren Betrachtungen eine stationäre SCHRÖDINGER-Gleichung zugrunde legen. An Stelle dessen müssen wir jetzt ansetzen:

$$\Psi(\xi, x, t) = \sum_n \chi_n(\xi, t)\, \psi_n(\xi, x), \tag{3a}$$

wobei jetzt die Wellenfunktion auch von der Zeit abhängt. Dies ist in die Gleichung (1) des vorigen Kapitels einzusetzen, welche für das gesamte Kern- und Elektronensystem in atomaren Einheiten folgendermaßen lautet:

$$\left[H\left(\xi, x, \frac{\partial}{\partial x}\right) + T\left(\frac{\partial}{\partial \xi}\right)\right] \Psi(\xi, x, t) = i\frac{\partial \Psi}{\partial t}. \tag{1b}$$

Dabei ist H der HAMILTON-Operator der Elektronen:

$$H = -\frac{1}{2}\sum_i \frac{\partial^2}{\partial x_i{}^2} + U(x, \xi)$$

und T der Operator der kinetischen Energie für die Kerne:

$$T = -\frac{1}{2}\sum_k \frac{1}{M_k}\frac{\partial^2}{\partial \xi_k{}^2}.$$

Beim Einsetzen von (3a) in die SCHRÖDINGER-Gleichung (1b) beachten wir, daß nach der LEIBNIZschen Regel über Produktdifferentiationen $f(g)'' = fg'' + gf'' + 2f'g'$ gilt:

$$T\chi_n\psi_n = \chi_n T\psi_n + \psi_n T\chi_n - \sum_k \frac{1}{M_k}\frac{\partial \chi_n}{\partial \xi_k}\frac{\partial \psi_n}{\partial \xi_k},$$

während

$$H\chi_n\psi_n = \chi_n H\psi_n.$$

Dadurch wird aus (1b):

$$\sum_n \left\{ (H + T)\psi_n + \psi_n T - \sum_k \frac{1}{M_k}\frac{\partial \psi_n}{\partial \xi_k}\frac{\partial}{\partial \xi_k}\right\} \chi_n = i\sum_n \frac{\partial \chi_n}{\partial t}\psi_n.$$

Diese Gleichung multiplizieren wir mit $\psi_m{}^*$ und integrieren sodann über den gesamten Konfigurationsraum der Elektronen. Wir beachten die Normierung der ψ_n und schreiben wie üblich

$$\int \psi_m{}^*\, u\, \psi_n\, d\tau = u_{mn}$$

für die zur Größe u gehörigen Matrixelemente, wobei u in unserem Fall die Bedeutung eines Differentialoperators haben wird. Auf diese Weise erhalten wir schließlich die Bewegungsgleichung für die Größen χ_n:

$$\sum_{n \neq m} \left\{ (H + T)_{mn} + \sum_k \frac{1}{M_k}\frac{\partial}{\partial \xi_k}\left(\frac{\partial}{\partial \xi_k}\right)_{mn}\right\} \chi_n + \{(H + T)_{mm} + T\}\chi_m = i\frac{\partial \chi_m}{\partial t}. \tag{5}$$

Dieses System von Differentialgleichungen drückt die Tatsache aus, daß die einzelnen Zustände n und m nicht mehr voneinander unabhängig sind. Die Größen χ_m und χ_n scheinen hier gleichzeitig auf, und zwar infolge der Kopplungsglieder in der ersten Summe. Würden wir diese streichen können, so bliebe

$$\{(H+T)_{mm}+T\}\,\chi_m = i\,\frac{\partial \chi_m}{\partial t}, \tag{2a}$$

und dies ist wiederum die Schrödinger-Gleichung (1) des vorigen Abschnittes für Kerne, auf die ein Potentialfeld $(H+T)_{mm}$ wirkt. (2a) entspricht der Näherung (2). Nun haben wir die Summe in der Bewegungsgleichung (5) als Störung in Rechnung zu ziehen. Die Methoden hierzu haben wir bereits kennengelernt. Wir beachten, daß die χ_m noch nicht Eigenfunktionen zu einer bestimmten Energie bedeuten. Der Index m gibt bloß an, daß dieser Faktor Koeffizient des m-ten Gliedes in der Reihenentwicklung (3a) nach Eigenfunktionen ψ_n ist. Durch ein neben dem Index m gesetztes μ wollen wir andeuten, daß es sich um den μ-ten Eigenwert bzw. um die μ-te Eigenfunktion der zum Elektronenzustand m gehörigen Kerngleichung (2a) handelt. Wir setzen nun in Analogie zu (2) im vorigen Abschnitt an:

$$\chi_n(\xi,t) = \sum_\nu{}' c_{n\nu}(t)\,\Phi_{n\nu}\,e^{-i\omega_{n\nu}t} \tag{3b}$$

mit $\omega_{n\nu} = \dfrac{E_{n\nu}}{\hbar}$ (in gewöhnlichen Einheiten), wobei die $\Phi_{n\nu}$ der Gleichung genügen:

$$\{(H+T)_{mm}+T\}\,\Phi_{n\nu} = E_{n\nu}\,\Phi_{n\nu}.$$

Damit sind wir wieder auf unsere frühere Gleichung für die Kerne zurückgekommen, wenn wir $\chi_{n\nu}$ an Stelle von $\Phi_{n\nu}$ schreiben. Wir gehen mit dem Ausdruck (3b) in die Gleichung (2) ein und finden:

$$\sum_{n+m}\left[(H+T)_{mn}-\sum_k\frac{1}{M_k}\frac{\partial}{\partial\xi_k}\left(\frac{\partial}{\partial\xi}\right)_{mn}\right]\sum_\nu c_{n\nu}\,\Phi_{n\nu}\,e^{-i\omega_{n\nu}t} =$$
$$= i\sum_\nu \frac{d\,c_{m\nu}}{d\,t}\,\Phi_{m\nu}\,e^{-i\omega_{m\nu}t}. \tag{2b}$$

Um zu der der Gleichung (3) des früheren Abschnittes entsprechenden Beziehung für die Koeffizienten $c_{n\nu}$ zu gelangen, multiplizieren wir mit $\Phi^*_{m\mu}$ und integrieren über alle Kernkoordinaten. Wenn die Eigenfunktionen richtig normiert sind, so bleibt auf der rechten Seite nur ein Glied mit $c_{m\mu}$ übrig. Auf der linken Seite entstehen wiederum Matrixelemente $u_{m\mu n\nu} = \int \chi^*_{m\mu}\,u_{mn}\,\chi_{n\nu}\,d\xi$.

Die gewünschte Gleichung lautet dann schließlich:

$$\sum_{n\neq m}\sum_\nu c_{n\nu}(t)\left\{(H+T)_{mn}-\sum_k{}'\frac{1}{M_k}\left(\frac{\partial}{\partial\xi_k}\right)_{mn}\frac{\partial}{\partial\xi_k}\right\}_{m\mu\,n\nu} e^{-i(\omega_{n\nu}-\omega_{m\mu})t} =$$
$$= i\frac{d\,c_{m\mu}}{d\,t}. \tag{5a}$$

Die bisherigen Entwicklungen sind vollkommen unabhängig davon, welches System von Elektronenfunktionen wir jeder Kernkonfiguration zuordnen, um die gesamte Eigenfunktion Ψ zu entwickeln. Die Wahl steht uns noch völlig offen. Wir werden sie in jedem Fall so zu treffen suchen, daß die linke Seite von (5a) möglichst wenig von Null verschieden ist. Wäre sie gleich Null, so wären alle Koeffizienten c konstant, und wir würden wieder auf den Fall der Gleichung (2a) zurückkommen.

Betrachten wir nun das Kopplungsglied in (5a) und (2b) näher. Es kommt ein Term vor, welcher proportional $\dfrac{\partial \Phi_{n\nu}}{\partial \xi_k}$ ist. Wie wir wissen, bedeutet dieser Ausdruck die k-te Komponente des wellenmechanischen Kernimpulses. Im adiabatischen Grenzfall mit verschwindender Kerngeschwindigkeit sind alle $\dfrac{\partial \Phi_{n\nu}}{\partial \xi_k} = 0$. Die über k erstreckte Summe in (2b) verschwindet, selbst wenn die Eigenfunktionen so stark von den Kernparametern abhängen, daß die mit denselben gebildeten Matrixelemente

$$\left(\frac{\partial}{\partial \xi_k} \right)_{mn} = \int \psi_m{}^* \frac{\partial}{\partial_k \xi} \psi_n \, d\,x$$

sehr groß werden.

Sodann ziehen wir das Glied H_{mn} heran. Wenn im adiabatischen Grenzfall die k-Summe verschwunden ist, werden wir die ψ_n so wählen, daß H_{mn} möglichst klein wird. Sind die ψ_n strenge Lösungen der Elektronengleichung $H\,\psi_n = E_{\text{el.}}\psi_n$, so ist $H_{mn} = 0$. Dies gilt auch noch in der Störungsrechnung erster Näherung, wie wir in Abschnitt a gesehen haben.[1] In diesem Fall sind die H_{nn} als Funktion der ξ unsere Energieflächen. Die Übergänge zwischen diesen werden durch das in (5) übrigbleibende Glied:

$$(T_{mn})_{m\mu n\nu} = -\frac{1}{2} \int \Phi_{m\mu}^{*} \left[\int \psi_m{}^* \sum_k \frac{1}{M_k} \frac{\partial^2}{\partial \xi_k{}^2} \psi_n \, d\,x \right] \Phi_{n\nu} \, d\xi$$

gemessen. Dieses ist sehr klein. Lassen wir es ganz weg, so finden keine Übergänge zwischen den einzelnen „Adiabatenflächen" H_{nn} statt. Wir sind auf diese Weise auf jenen Fall zurückgekommen, den wir als ersten in diesem Abschnitt besprochen haben und der in Gleichung (2a) beschrieben wird. Wir haben jetzt aber auch eine exakte mathematische Begründung für den früher ausgesprochenen Satz gefunden, daß Übergänge mit um so größerer Wahrscheinlichkeit zwischen den einzelnen Energieflächen erfolgen werden, je rascher sich die Kerne bewegen, und damit auch die Bezeichnung „adiabatisch" gerechtfertigt.

Sind nun aber die Kernimpulse $\dfrac{\partial \Phi_{m\mu}}{\partial \xi_k}$ groß, so wird man einen anderen Ausgangspunkt für das Störungsverfahren zu wählen haben. Man wird mit jenen ψ_n-Funktionen operieren, die das Übergangselement $\left(\dfrac{\partial}{\partial \xi_k} \right)_{mn}$ möglichst klein machen, um auf diese Weise Übergänge zwischen den einzelnen Energieflächen, die wir jetzt sinngemäß als „Diabatenflächen" bezeichnen, möglichst zu verhindern. Da jetzt das Glied H_{mn} infolge der neuen Wahl der ψ_n im allgemeinen nicht Null ist, wird es bestimmend für die Übergangswahrscheinlichkeit sein. Ist diese klein, so bilden die Diabatenflächen den geeigneten Ausgangspunkt für die Störungsrechnung. Dies wird z. B. immer der Fall sein, wenn der n-te und m-te Zustand ein nicht miteinander kombinierendes Termsystem darstellen und daher ein Übergangsverbot besteht. Ein Beispiel dafür haben wir bei der Behandlung zweiatomiger Moleküle gefunden. Die im Spin symmetrischen bzw. antisymmetrischen Zustände stellen ein solches System dar. Man wird sich also bemühen, sowohl für den adiabatischen als auch den diabatischen Grenzfall durch passende Wahl der Elektroneneigenfunktionen die linke Seite der Gleichung (5a) möglichst klein zu halten.

---

[1] Das bezieht sich dort natürlich nur auf die Linearkombination, nicht aber auf die einzelnen ψ_i.

Die Stoßvorgänge nun, mit denen man es bei chemischen Reaktionen zu tun hat, können als strahlungslose Quantensprünge aufgefaßt werden, bei denen Anfangs- und Endzustand im kontinuierlichen Energiespektrum liegen und der Energiesatz $E_{m\mu} = E_{n\nu}$ gewahrt bleibt. Wir haben uns mit dieser Frage vorhin beschäftigt und brauchen die Ergebnisse nur einfach hierher zu übertragen. Durch Vergleich der Formeln (3) und (5a) des vorigen Kapitels mit unserer Gleichung (5a) findet man für die Übergangswahrscheinlichkeit pro Zeiteinheit aus dem ν-ten Kernzustand der n-ten Energiefläche in den μ-ten Kernzustand der m-ten Energiefläche den folgenden Ausdruck:

$$\frac{d\,|c_{m\mu n\nu}|^2}{dt} = \text{const.}\ \left\{(H + T)_{mn} - \sum_k \frac{1}{M_k}\left(\frac{\partial}{\partial \xi_k}\right)_{mn} \cdot \frac{\partial}{\partial \xi_k}\right\}_{m\mu n\nu}\Big|^2. \tag{6}$$

Hierbei steht, wie nochmals betont werden mag, die Wahl der 0-ten Näherung für die Gesamteigenfunktion $\psi_n(\xi, x)$ (= Elektroneneigenfunktion bei ruhenden Kernen) mit den zugehörigen $\Phi_{m\mu}$ frei und wird den Verhältnissen des speziellen Problems angepaßt.

Ziehen wir als einfaches Beispiel wiederum unser früheres Atompaar heran. Die Kurven A und B sind Diabatenkurven, da sie sich überschneiden. Die zugehörigen Matrixelemente H_{mn} sind ungleich Null für $m \neq n$. Die Adiabatenkurven sind die durch Störungsrechnung erhaltenen Funktionen I und II. Für diese ist $H_{mn} = 0$. Die ψ_I und ψ_{II} hängen mit den ψ_A und ψ_B durch die Beziehungen zusammen:

$$\psi_I = c_{IA}\,\psi_A + c_{IB}\,\psi_B;$$

$$\psi_{II} = c_{IIA}\,\psi_A + c_{IIB}\,\psi_B.$$

Die Eigenfunktionen des Atomproblems ψ_A und ψ_B sind von den Kernparametern unabhängig, wie wir es bei Diabatenflächen verlangen müssen, die durch verschwindendes $\left(\dfrac{\partial}{\partial \xi_k}\right)_{mn}$ gekennzeichnet sind. Die ψ_I und ψ_{II} dagegen hängen stark vom Kernabstand ab, besonders in der Nähe des Schnittpunktes. Dennoch finden keine merklichen Übergänge von der Adiabatenfläche I nach II und umgekehrt statt, denn $H_{I,II}$ ist Null, die kinetische Energie der Kerne $T_{II,I}$ sehr gering und bei adiabatischer Bewegung der Kernimpuls so klein, daß auch der große Term $\left(\dfrac{\partial}{\partial \xi}\right)_{I,II}$ die rechte Seite der Gleichung (6) und damit die Übergangsgeschwindigkeit nicht zu vergrößern vermag. Diese Verhältnisse werden sich ändern, wenn die Kerngeschwindigkeit $\dfrac{\partial \Phi}{\partial \xi}$ wächst, so daß in der Nähe des früheren Schnittpunktes, wo $\left(\dfrac{\partial}{\partial \xi}\right)_{I,II}$ sehr groß ist, ein Übergang sehr wahrscheinlich wird. Die Bewegung verläuft dann auf den Diabatenkurven A bzw. B, und man geht daher von diesen als nullter Näherung aus. Die Störung wird dann hervorgerufen durch Übergänge von A nach B, deren Häufigkeit gemäß dem Ausdruck (5a) nun durch $(H + T)_{AB}$, also im wesentlichen durch das Resonanzintegral u_{AB} bestimmt wird, da der zweite Ausdruck, der nun mit ψ_A und ψ_B gebildet werden muß, verschwindet. Kombinieren die Zustände A und B nicht miteinander, so ist $u_{AB} = 0$, die Bewegung verläuft völlig diabatisch unter Kreuzung der Terme. Wir haben die Bedeutung solcher Betrachtungen für Reaktionsvorgänge zu Beginn dieses Abschnittes gesehen. Sie waren dort auf den eindimensionalen Fall beschränkt, behalten ihren Sinn aber auch dann, wenn wir es mit den üblicherweise mehrdimensionalen Energieflächen einer Reaktion zu tun haben. Wir werden in diesem Fall als Kernparameter die

Reaktionskoordinate q^*, welche dem Reaktionsweg entspricht,[1] einführen. Dann mißt wiederum, wie bei dem Beispiel von OGG und POLANYI (Abb. 8), die Höhe des Schnittpunktes über dem Ausgangsniveau der unteren Kurve die Aktivierungsenergie des betreffenden Reaktionsvorganges. Sind alle Bedingungen für einen adiabatischen Verlauf erfüllt, so verläuft der Prozeß auf der unteren Kurve. Sind aber die Kerngeschwindigkeiten nicht genügend klein und kommen sich die zwei Energieflächen genügend nahe, so kann ein Übergang von der einen zur anderen auftreten, das aber bedeutet (und deshalb haben wir diese Fragen verhältnismäßig ausführlich besprochen), daß trotz hinreichend vorhandener Energie die Reaktion *nicht* eintritt. Dies wiederum heißt aber, daß ein diabatischer Verlauf der Reaktion den sterischen Faktor unter den Wert, den er im adiabatischen Fall hätte, heruntersetzt. Es sei bemerkt, daß dieser Effekt temperaturabhängig ist, da die Temperatur sich in der Übergangswahrscheinlichkeit wegen der darin enthaltenen Kerngeschwindigkeit bemerkbar macht.

Zum Schluß wollen wir uns noch über das Verhalten der Kerne bei einem Übergang zwischen zwei Energieflächen adiabatischer oder diabatischer Natur unterrichten. Mathematisch äußert sich der Kerneinfluß in der Weise, daß im Ausdruck (6) die Matrixelemente $\{\ \}_{m\mu n\nu}$ mit den Kernfunktionen $\Phi_{m\mu}$ und $\Phi_{n\nu}$ gebildet werden, die wir jetzt der Kürze halber als Φ_1 und Φ_0 schreiben. Außerdem treten natürlich noch die durch die Elektronenfunktionen ψ_m und ψ_n bestimmten Größen

$$(H + T)_{mn} - \sum_k \frac{1}{M_k} \left(\frac{\partial}{\partial \xi_k} \right)_{mn} \frac{\partial}{\partial \xi_k} = L\left(\xi, \frac{\partial}{\partial \xi} \right)$$

auf. Aus (6) wird dann

$$\frac{d\,|c_{10}|^2}{dt} = \mathrm{const.}\,|w_{10}|^2; \qquad w_{10} = \int \Phi_1^*(\xi)\, L\left(\xi, \frac{\partial}{\partial \xi} \right) \Phi_0(\xi)\, d\xi.$$

Für die Wellenfunktionen Φ wollen wir eine Näherung ansetzen, die wir bei der Besprechung der Durchlässigkeit von Potentialschwellen auf S. 210 ableiten werden. Dabei wollen wir die Ortsabhängigkeit des dort auftretenden Faktors $A(\xi)$ vernachlässigen und in unserem mehrdimensionalen Fall im Exponenten eine Summe schreiben, die über alle Koordinaten zu erstrecken ist. Bis auf eine Normierungskonstante setzen wir also

$$\Phi = e^{i \sum_k \int p_k \, d\xi_k},$$

während in dieser Näherung an Stelle des Impulsoperators $\dfrac{\partial}{\partial \xi_k}$ die entsprechende klassische Impulskomponente tritt. Auf diese Weise bekommen wir:

$$w_{10} = \int e^{i \sum_k \int (p_k^{(0)} - p_k^{(1)})\, d\xi_k} L(\xi, p)\, d\xi. \tag{7}$$

Daraus erkennt man, daß bei festgehaltenem $L(\xi, p)$ die Wahrscheinlichkeit für einen Übergang $0 \to 1$ um so größer ist, je weniger sich dabei die Impulse ändern. Haben wir nun zwei sich nicht kreuzende Adiabatenflächen vor uns, so hat die Energie auf diesen verschiedene Werte. Bei einem Sprung zwischen zwei Flächen erfolgt demgemäß eine Änderung der kinetischen Kernenergie, da die Gesamtenergie des Systems während dieses strahlungslosen Quantenprozesses konstant bleibt, wie wir früher besprochen haben. Die Impulsdifferenz $p_k^{(0)} - p_k^{(1)}$ ist nirgends Null und dadurch die Übergangswahrscheinlichkeit zwischen den Adiabatenflächen infolge der Exponentialfunktion verkleinert. Wiederum aber sehen wir, daß sich die Verhältnisse ändern, wenn die Energieflächen einander

---

[1] Siehe dazu die Ausführungen über die Häufigkeitszahl einer Reaktion.

genügend nahekommen. Einerseits ist dann in der Gegend des früheren Schnittpunktes wegen des Terms $\left(\dfrac{\partial}{\partial \xi}\right)_{I,II}$ der Faktor L groß und anderseits die beim Kernsprung auftretende Impulsänderung klein, so daß die Exponentialfunktion ihren maximalen Wert 1 annimmt. Es werden also Übergänge an jenen Stellen vorzugsweise auftreten, an denen gleichzeitig die Elektronenübergangswahrscheinlichkeit M groß ist und die Kernimpulse möglichst ungeändert bleiben.[1] Im diabatischen Grenzfall können im Schnittpunkt Kernsprünge unter Erhaltung der Kernimpulse auftreten, und diese werden wiederum den größten Beitrag zum Integral (7) liefern. Wenn nun in der nächsten Umgebung dieser Stelle die Größe L ein scharfes Maximum hat und dann rasch abfällt, so kann man bei der Auswertung von (7) den ersten Faktor gleich 1 setzen. Wenn aber L in einem größeren Bereich merklich von Null verschieden ist, so macht sich der Einfluß der e-Funktion bemerkbar. Infolge der Änderung des Bewegungszustandes der Kerne in der Umgebung des Schnittpunktes tritt eine Herabsetzung der Übergangswahrscheinlichkeit auf. Wir sehen also, daß in beiden Grenzfällen Übergänge eines bewegten Systems von einer Energiefläche zu einer zweiten dann mit merklicher Wahrscheinlichkeit auftreten, wenn einerseits die Elektronenübergangswahrscheinlichkeit L groß ist, wofür wir die Bedingungen im adiabatischen und diabatischen Grenzfall früher formuliert haben, und anderseits die damit verbundenen Änderungen des auf die Kerne wirkenden Kraftfeldes [welches durch den Ausdruck $(H + T)_{mm}$ bestimmt ist] möglichst gering sind.

Es mag bemerkt werden, daß die hier aufgeworfenen Fragen bei allen Stoßprozessen eine große Rolle spielen. Ein näheres Eingehen darauf würde den Rahmen dieses Artikels überschreiten. Außerdem ist eine zahlenmäßige Auswertung für konkrete Reaktionen bisher noch kaum erfolgt. Wir verweisen deshalb auf den Handbucharti kel von G. Wentzel,[2] woselbst der interessierte Leser auch die Originalabhandlungen angegeben findet. Wir sind in unserer allgemeinen Darstellung den Ausführungen von Hellmann und Syrkin[3] gefolgt, welche damit versuchten, gelegentlich auftretende sehr kleine sterische Faktoren durch Annahme eines diabatischen Reaktionsverlaufes zu erklären. Auf diese Fragen kommen wir noch später zurück.

f) Das Potential zwischen zwei neutralen Atomen.

Im Lauf der Darstellung wird es sich als notwendig erweisen, die Wechselwirkungsenergie zwischen zwei neutralen Atomen als Funktion des Kernabstandes quantitativ zu kennen. Während das entsprechende Problem für den Fall der heteropolaren Bindung schon bald nach der Begründung der Quantentheorie des Atombaues durch Kossel und Lewis in recht befriedigender Weise gelöst werden konnte, blieb die atomtheoretische Erklärung der homöopolaren Bindung der Quantenmechanik vorbehalten. Es ist schon in einem früheren Abschnitt dargestellt worden, wie man unter konsequenter Anwendung der

---

[1] Vgl. dazu ein für die Spektroskospie wichtiges Prinzip, welches von J. Franck: Trans. Faraday Soc. **25** (1925), 536; Z. physik. Chem. **120** (1926), 144, aufgestellt und von E. U. Condon: Physic. Rev. **28** (1926), 1182; Proc. nat. Acad. Sci. USA **13** (1927), 462, quantenmechanisch begründet wurde; siehe auch M. Born, R. Oppenheimer: Ann. Physik **84** (1927), 457.

[2] G. Wentzel: Handbuch der Physik, Bd. XXIV, Teil 1, speziell S. 737 ff. Berlin, 1933.

[3] H. Hellmann, I. K. Syrkin: Acta physicochim. USSR **3** (1935), 433. — H. Hellmann: Einführung in die Quantenchemie, S. 320 ff. (1937).

Störungstheorie im Prinzip Aufschlüsse über die Wechselwirkung zweier neutraler Atome erhalten kann. Es handelt sich hierbei um die formelmäßige Verfolgung jener Kraft, welche infolge der durch die Gleichheit der Elektronen in den beiden Atomhüllen ermöglichten Entartungsphänomene zustande kommt.

Die praktische Durchführung der Rechnung und die Erreichung eines mit der Erfahrung zahlenmäßig übereinstimmenden Resultats stößt allerdings schon im einfachst denkbaren Fall — bei der Behandlung des H_2-Moleküls — auf recht erhebliche Schwierigkeiten. Hingegen kann eine allgemeine qualitative Einsicht in den Verlauf des Potentials bei der Annäherung zweier neutraler Atome aneinander unschwer gewonnen werden.

Denkt man sich das eine Atom im Koordinatenanfangspunkt festgehalten und nähert das andere, aus dem Unendlichen kommend, so beginnen sich in einer Entfernung von etwa 5 Å die Dispersionskräfte geltend zu machen, deren Potential für zwei angenähert kugelsymmetrische Gebilde durch

$$U\,(r) = -\,\frac{e^4}{r^6}\,\frac{3\,h^4}{32\,\pi^4\,m^2}\sum_{k,\,l\,\neq\,1}\frac{f_{1\,k}\,f_{1\,l}}{(E_k - E_1)\,(E_l - E_1)\,(E_k + E_l - 2\,E_1)} \qquad 1$$

gegeben ist. Dabei bedeuten $f_{1\,k}$ und $f_{1\,l}$ die in der Dispersionsformel

$$\frac{n^2 - 1}{n^2 + 2} = \frac{1}{3\,\pi}\,\frac{e^2}{m}\,N\sum_{k}\frac{f_{1\,k}}{v_{k\,1}{}^2 - v^2}$$

(n Brechungskoeffizent, N Anzahl der Atome, $h\,v_{k\,1} = E_k - E_1$.)

auftretenden „Oszillatorenstärken". Meist genügt es, die in dieser Beziehung enthaltene Summe durch einen geeigneten Mittelwert zu ersetzen und zu schreiben:

$$U\,(1) = -\,\frac{3}{4}\,\frac{\alpha^2}{r^6}\,J_m.$$

($\alpha = $ Polarisierbarkeit, $J_m = $ Anregungsspannung des Mittelwertes der Oszillatoren.)

Bei der weiteren Annäherung tritt wieder Abstoßung ein, welche ihren Grund in der COULOMBschen Wechselwirkung der beiden negativ geladenen Elektronenhüllen hat. Durch diese beiden einander entgegenwirkenden Einflüsse entsteht in der Gegend zwischen 3 und 5 Å eine seichte Potentialmulde, deren Minimum, in kcal/mol gemessen, je nach der betrachteten Substanz zwischen 1 und 5 liegt und deren Verlauf nach außen im wesentlichen durch r^{-6} gegeben ist. Wir haben eine formelmäßige Darstellung der VAN DER WAALSschen Kräfte vor uns, wie sie in abgesättigten Molekülen wirksam sind.

Nähert man nun die beiden Atome noch weiter, dann beginnt sich das quantenmechanische Bestreben der Ladungswolken geltend zu machen und eine Anziehungskraft zu erzeugen, zu welcher noch die COULOMBsche Anziehung zwischen den Kernen und den Ladungshüllen hinzutritt. Das Potential beginnt in der Gegend zwischen 1,5 und 2,5 Å exponentiell stark abzusinken und erreicht eine tiefe, für die homöopolare Bindung charakteristische Mulde von der Größenordnung 50—100 kcal/Mol, deren dem Ursprung zugewandte Seite außerordentlich steil gegen hohe positive Werte ansteigt. Hier machen sich sehr plötzliche starke Abstoßungskräfte geltend, die von der elektrostatischen Abstoßung der Kernrümpfe herrühren. Abszisse und Ordinate des Potentialminimums messen den Kernabstand in der Gleichgewichtslage und die Dissoziationsarbeit der homöopolaren Bindung. Hierbei ist allerdings von der Tiefe der Mulde noch die Nullpunktenergie in Abzug zu bringen, wenn man die gemeiniglich als Dissoziations-

---

¹ F. LONDON: Z. physik. Chem. Abt. B 11 (1930), 222.

energie bezeichnete und experimentell bestimmbare Größe erhalten will, weil ja die Kerne wegen der HEISENBERGschen Unbestimmtheitsrelation auch beim absoluten Nullpunkt gewisse Schwingungen durchführen müssen.

Der exakte Ausdruck für das Potential dieser homöopolaren Wechselwirkung ist zwar im Fall des Wasserstoffmoleküls mit einer gewissen Annäherung darstellbar, aber auch hier sehr kompliziert und in allen anderen Fällen rechnerisch nicht zugänglich. Es ergibt sich daher die wichtige Frage nach einer geeigneten Funktion, die halb empirisch und halb theoretisch den zu formulierenden Zusammenhang mit erträglicher Genauigkeit wiedergibt. Gleichzeitig hat man bei der Auswahl der zur Verfügung stehenden Funktionen und bei der Art ihrer Zusammenfügung auf die weitere Verwendung des Potentialansatzes Rücksicht zu nehmen. Im vorliegenden Fall wird die Verwendung wohl stets die sein, daß man mit dem erhaltenen Potentialansatz in die SCHRÖDINGER-Gleichung des Zweikernproblems eingeht und die Eigenwerte bzw. wenn möglich auch die Eigenfunktionen des Systems berechnet.

Bei der Suche nach einer geeigneten Funktion wird es zweckmäßig sein, davon auszugehen, daß in der unmittelbaren Umgebung der Gleichgewichtslage das System meist in guter Näherung die Eigenschaften eines harmonischen Oszillators zeigt; hier lassen sich die Potentialkurven durch eine Parabel approximieren. In größerem Abstand vom Minimum ist dies allerdings nicht mehr zulässig. Hier muß durch geeignete Wahl der Funktion die Unsymmetrie der Mulde — flacher Anstieg nach außen, steilerer nach innen — zum Ausdruck gebracht werden, welche in den Anharmonizitätsgliedern der verschiedenen Theorien der Bandenspektren bereits einen quantitativen Ausdruck gefunden hat. Schließlich soll das zu findende Potential auch noch eine strenge Behandlung der SCHRÖDINGER-Gleichung zulassen.

Es gibt eine ganze Reihe von Ansätzen, von denen der einfachste auf MORSE[1] zurückgeht. Er lautet

$$U(r) = D\left[e^{-2k(r-r_0)} - 2\,e^{-k(r-r_0)}\right]. \tag{1}$$

r_0 ist der Abstand der beiden Kerne in der Ruhelage und D der zugehörige Minimalwert von U. Die Konstante k gibt ein Maß für die Krümmung der Kurve im Minimum, denn es gilt

$$\left(\frac{d^2 U}{dr^2}\right)_{r=r_0} = 2\,k^2 D. \tag{2}$$

Die Funktion (1) gibt das Potential der bei der homöopolaren Bindung auftretenden Wechselwirkungsenergie in recht guter Übereinstimmung mit der Erfahrung wieder. Ihre Gestalt ist aus Abb. 9 ersichtlich. Für $r = 0$ folgt allerdings nicht $U = \infty$, sondern ein hoher aber endlicher Wert, der um 2—4 Zehnerpotenzen höher liegt als D, ein Fehler, der nicht schwer ins Gewicht fällt, weil so kleine Atomabstände im allgemeinen überhaupt nicht zur Diskussion stehen und praktisch ohnehin nicht vorkommen.

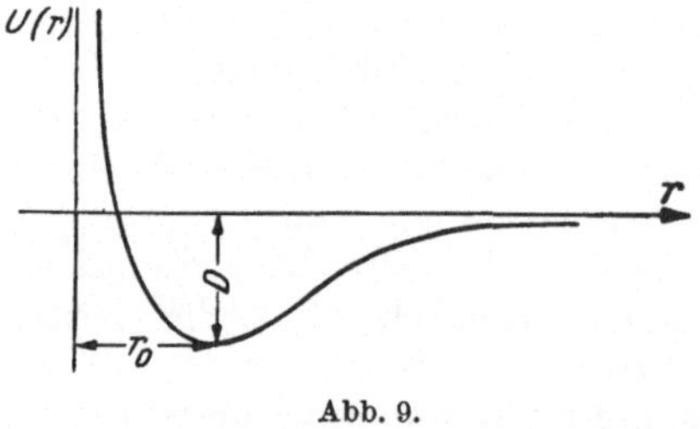

Abb. 9.

In der Umgebung der Gleichgewichtslage verhält sich das Potential in Übereinstimmung mit der Erfahrung wie bei dem harmonischen Oszillator

$$U(r) = 4\,\pi^2\,\text{const.}\,r^2.$$

[1] P. M. MORSE: Physic. Rev. 34 (1929), 57.

An der Stelle $r = r_0 + \frac{1}{k} \cdot \ln 2$ hat $U(r)$ einen Wendepunkt. Bis zu ihm, d. i. bis fast zum doppelten Gleichgewichtsabstand steigt das Potential beinahe linear an, erst von da ab setzt der exponentielle Weiteranstieg bis zum Nullwert an, der im Unendlichen erreicht wird. Für größere Werte von r erhält man

$$U(r) = -2 D e^{-k(r - r_0)}.$$

Dieser Teil der Funktion entspricht der Austauschkraft, die wir schon bei der exakten Behandlung des H_2-Ions und H_2-Moleküls angetroffen haben. Die bei $r \sim 4$ Å liegende, früher bereits erwähnte VAN DER WAALSsche Mulde kommt allerdings in der MORSE-Funktion überhaupt nicht zum Ausdruck, so daß man diese nur als einen brauchbaren Ausdruck für die homöopolare Hauptvalenzbindung ansehen darf.

Wir gehen jetzt daran, die SCHRÖDINGER-Gleichung für zwei Kerne mit den Massen M_1 und M_2, deren Wechselwirkung durch das Potential (1) zum Ausdruck gebracht wird, zu integrieren. Die Schwingungsgleichung lautet in diesem Fall

$$\left[-\frac{1}{2 M_1} \sum_{i=1}^{3} \frac{\partial^2}{\partial \xi_i{}^2} - \frac{1}{2 M_2} \sum_{k=4}^{6} \frac{\partial^2}{\partial \xi_k{}^2} + U(\xi_{i1} \xi_k) - E \right] \chi(\xi_i \xi_k) = 0. \qquad (3)$$

Wir trennen zunächst — als physikalisch für unser Problem unwichtig — die *Schwerpunktbewegung* in ähnlicher Weise ab, wie dies in der klassischen Mechanik beim Mehrkörperproblem üblich ist. Es ist zu bemerken, daß dies hier nur gelingt, wenn man U in zwei Bestandteile zerlegen kann, deren einer nur eine Funktion der Schwerpunktkoordinaten allein ist, während der andere wieder nur von den inneren Koordinatenschwingungen und -rotationen des Systems abhängt. Man sieht leicht ein, daß im vorliegenden Fall diese Voraussetzung erfüllt ist, weil in U nur der Kernabstand r der beiden Atome enthalten ist, wogegen ein Schwerpunktanteil überhaupt fehlt.

Wir führen also an Stelle der ξ_i, ξ_k die neuen Koordinaten ξ_i', ξ_k' ein und definieren sie durch die folgenden Beziehungen:

$$M_1 \xi_i + M_2 \xi_k = (M_1 + M_2) \xi_i'; \quad \xi_i - \xi_k = \xi_k'.$$

$$(i = 1, 2, 3. \quad k = 4, 5, 6.)$$

Weiter setzen wir

$$E = E_s + E_{\text{inn.}},$$

wobei $E_{\text{inn.}}$ die (innere) Gesamtenergie des Moleküls bei ruhendem Schwerpunkt angibt. Durch Einsetzen erhalten wir aus (3)

$$\left[-\frac{1}{2(M_1 + M_2)} \sum_{i=1}^{3} \frac{\partial^2}{\partial \xi_i'{}^2} - \right.$$
$$\left. -\frac{1}{2} \frac{M_1 + M_2}{M_1 M_2} \sum_{k=4}^{6} \frac{\partial^2}{\partial \xi_k'{}^2} + U(\xi_k') - (E_s + E_{\text{inn.}}) \right] \chi(\xi_i' \xi_k') = 0.$$

Mit Hilfe des Produktansatzes

$$\chi(\xi_i' \xi_k') = \chi_s(\xi_i') \chi_{\text{inn.}}(\xi_k')$$

kann man nun mit χ_s eine ebene Welle von der Energie E_s im kräftefreien Raum definieren, die einer gleichförmigen Translation des gesamten Systems entspricht. Sie stellt die Schwerpunktbewegung dar und ist für unsere weiteren Betrachtungen bedeutungslos.

Für die uns interessierenden inneren Bewegungen erhält man nunmehr die folgende Gleichung:

$$\left[-\frac{1}{2M'}\sum_{k=4}^{6}\frac{\partial^2}{\partial\xi_k'^2} + U(\xi_k') - E_{\text{inn.}}\right]\chi_{\text{inn.}}(\xi_k') = 0. \tag{3a}$$

In ihr ist zur Abkürzung
$$M' = \frac{M_1 M_2}{M_1 + M_2}$$

gesetzt. Wir führen nun Polarkoordinaten ein, wodurch (3a) unter Weglassung der jetzt nicht mehr nötigen Indices in

$$-\frac{1}{2M}\left[\frac{1}{r^2}\frac{\partial}{\partial r}\left(r^2\frac{\partial}{\partial r}\right) + \frac{1}{r^2\sin\vartheta}\frac{\partial}{\partial\vartheta}\left(\sin\vartheta\frac{\partial}{\partial\vartheta}\right) + \frac{1}{r^2\sin^2\vartheta}\frac{\partial^2}{\partial\varphi^2}\right]\chi(r,\vartheta,\varphi) + $$
$$+ (U - E)\chi(r,\vartheta,\varphi) = 0$$

übergeht. Diese Differentialgleichung entspricht durchaus dem bekannten wellenmechanischen KEPLER-Problem des wasserstoffähnlichen Atoms, wenn man für $U(r)$ das COULOMBsche Potential einsetzt. In der diesbezüglichen Theorie wird χ als ein Produkt von drei Funktionen der drei Koordinaten r, ϑ und φ angesetzt,

$$\chi = F(\vartheta,\varphi)R(r); \quad F(\vartheta,\varphi) = e^{im\varphi}P_e^m(\cos\vartheta); \quad -e \leqq m \leqq +e; \quad e = 0, 1, 2, \ldots,$$

wobei P_e^m die sogenannten „zugeordneten Kugelfunktionen" sind. Die Möglichkeit einer solchen Separation ist auch hier gegeben; wir trennen die winkelabhängigen Bestandteile ab und erhalten für $R(r)$ folgende Gleichung:

$$-\frac{1}{2M}\left[\frac{1}{r^2}\frac{d}{dr}\left(r^2\frac{dR}{dr}\right)\right] + \left[\frac{1}{2M}\frac{l(l+1)}{r^2} + (U - E)\right]R = 0$$

oder

$$\left\{\frac{1}{2M}\left[\frac{l(l+1)}{r^2} - \frac{d^2}{dr^2}\right] + (U - E)\right\}rR = 0. \tag{4}$$

Für ein COULOMBsches Kraftfeld kann diese Gleichung mit Hilfe bekannter Funktionen geschlossen integriert werden. Um auch hier zu einer ähnlichen Lösung zu kommen, seien nach Betrachtung der einzelnen Glieder einige Vereinfachungen durchgeführt, die sich aus der physikalischen Struktur des Systems ergeben. Das Glied $\dfrac{1}{2M}\dfrac{l(l+1)}{r^2}$ beinhaltet das Potential des Zentrifugalfeldes, das durch Rotation des Hauptmoleküls um seinen Schwerpunkt erzeugt wird; die Quantenzahl l mißt ja den Drehimpuls des Systems. Wegen der relativ großen Masse der Kerne ist die Unschärfe ihrer Lage (zumindest bei nicht allzu hohen Quantenzahlen) nicht sehr groß und die Wahrscheinlichkeit, einen Kern in der Nähe der klassischen Werte von r anzutreffen, sehr beträchtlich. Da die Rotation außerdem gegenüber der Schwingung sehr langsam erfolgt — es entfallen auf eine Umdrehung des Moleküls größenordnungsmäßig 10^2 bis 10^3 Schwingungen —, kann man in jeder Rotationslage über alle Werte des Radiusvektors r mitteln. Hierdurch nimmt dieser Term die Form

an.[1]
$$E_{\text{rot.}} = \frac{1}{2M}\frac{l(l+1)}{r_0^2}$$

---

[1] Streng genommen müßte $\dfrac{\overline{1}}{r^2}$ gebildet werden. Außerdem ist auch infolge der Unsymmetrie $\bar{r} > r_0$. Für unsere Zwecke indessen brauchen wir auf diese Verfeinerungen nicht einzugehen.

Je nachdem, ob die Kugelfunktion P gerade oder ungerade in den Kernkoordinaten ist, zerfallen die Rotationszustände bei einem symmetrischen zweiatomigen Molekül in zwei Gruppen. Beim Wasserstoff ist diese Eigenschaft wohl bekannt und bewirkt das Vorhandensein zweier Modifikationen, des Ortho- und Parawasserstoffes. Nach Abtrennung von $E_{\text{rot.}}$ verbleibt nunmehr für die Schwingungsenergie die Beziehung

$$\left[\frac{1}{2M}\frac{d^2}{dr^2} + E_{\text{osz.}} - U\right] r R = 0,$$

auf deren Integration sich unsere Aufgabe nunmehr reduziert.

Wir führen zunächst durch Definitionsgleichungen

$$z = e^{-k(r-r_0)}$$

und

$$w(z) = r R(r)$$

die neuen Variablen z und w ein und erhalten so

$$\left[\frac{d^2}{dz^2} + \frac{1}{z}\frac{d}{dz} + \frac{2M}{R^2}\left(\frac{E_{\text{osz.}}}{z^2} + \frac{2D}{z} - D\right)\right] w(z) = 0.$$

Für das Folgende beachten wir, daß

$$E_{\text{osz.}} < 0$$

gilt und setzen zur Abkürzung

$$q = \sqrt{\frac{-2ME_{\text{osz.}}}{k^2}}\ ; \quad \eta = \sqrt{\frac{2MD}{k^2}}\ ; \quad x = 2\eta z.$$

Auf diese Weise erhalten wir

$$\frac{d^2w}{dx^2} + \frac{1}{x}\frac{dw}{dx} + \left(-\frac{1}{4} + \frac{\eta}{x} - \frac{q^2}{x^2}\right) w = 0. \tag{5}$$

An die Lösungen dieser Gleichung stellen wir jetzt die folgenden Forderungen:

a) sie sollen im Punkt $x = 0$ regulär sein und
b) sie sollen für $x = \infty$ genügend rasch abklingen.

Um das Verhalten im außerwesentlich singulären Nullpunkt zu untersuchen,[1] setzt man $w = x^\alpha v$; $v = \sum_0^\infty v_i x^i$. Als Faktor der niedersten Potenz $v_0 x^{\alpha-2}$ tritt dann in Gleichung (5) $\alpha^2 - q^2$ auf. Nullsetzung ergibt $\alpha = \pm q$. Da q positiv ist, wird das untere Vorzeichen durch die erste Bedingung ausgeschlossen. Um ein Bild über das Verhalten im Unendlichen zu erhalten, streichen wir in der Differentialgleichung alle Glieder mit $\frac{1}{x}$ und $\frac{1}{x^2}$ und finden dadurch $w \sim e^{-\frac{x}{2}}$. Auf diese Weise wird man dazu geführt, für w den folgenden Ansatz zu machen:[2]

$$w = x^q e^{-\frac{x}{2}} y(x). \tag{6}$$

Durch Einsetzen in Formel (5) folgt für y

$$x\frac{d^2y}{dx^2} + (2q + 1 - x)\frac{dy}{dx} + \left(y - q - \frac{1}{2}\right) y = 0. \tag{7}$$

---

[1] Für das Folgende siehe A. SOMMERFELD: Atombau und Spektrallinien, Wellenmechanischer Ergänzungsband, 2. Aufl. Braunschweig, 1939; oder COURANT-HILBERT: Methoden der mathematischen Physik. Berlin, 1937.
[2] Bis auf eine Normierungskonstante.

Diejenige Lösung dieser Gleichung, welche unserer zweiten Nebenbedingung genügt, läßt sich in Form einer abbrechenden Potenzreihe, d. h. also als Polynom darstellen, und zwar ergeben sich die sogenannten „zugeordneten Laguerreschen Polynome",

$$L_k^p, \quad p \leq k,$$

p und k ganzzahlig, wobei gilt:

$$L_k^p = (-1)^k \frac{k!}{(k-p)!} x^{k-p} + (-1)^{k-1} k \frac{k!}{(k-p-1)!} x^{k-p-1} + \cdots$$

Sie sind Integrale der Gleichung

$$x \frac{d^2 y}{d x^2} + (p + 1 - x) \frac{d y}{d x} + (k - p) y = 0.$$

Diese ist mit Gleichung (7) identisch, wenn man setzt

$$2q = p \quad \text{und} \quad \eta - q - \frac{1}{2} = k - p = \mathfrak{r}, \ \mathfrak{r} = 0, 1, 2, \ldots.$$

Durch Benutzung der Definitionen von η und q erhält man schließlich für den Eigenwert:

$$E_{\text{osz.}} = -D + k \sqrt{\frac{2D}{M}} \left(v + \frac{1}{2}\right) - \frac{k^2}{2M} \left(v + \frac{1}{2}\right)^2. \tag{8}$$

Endlich führen wir die Frequenz v des harmonischen Oszillators ein, durch den wir die Morse-Kurve in der Minimumslage ersetzen können, also

$$v = \frac{1}{2\pi} \sqrt{\frac{1}{M} \left(\frac{d^2 U}{d r^2}\right)_{r=r_0}} = \frac{k}{2\pi} \sqrt{\frac{2D}{M}}. \tag{9}$$

In gewöhnlichen Einheiten lautet dann (8)

$$E_{\text{osz.}} = -D + h v \left(v + \frac{1}{2}\right) \left[1 - \frac{h v \left(v + \frac{1}{2}\right)}{4D}\right]. \tag{8a}$$

Das Glied vor der eckigen Klammer stellt die bekannte Energie des harmonischen Oszillators dar. Die Abweichung wird durch den Term $\dfrac{h v \left(v + \frac{1}{2}\right)}{4D}$ gemessen. Infolge dieses Terms sind die Energieniveaus nicht mehr äquidistant, sondern rücken mit zunehmender Quantenzahl immer mehr zusammen.

Man erkennt dies vom Verhalten des harmonischen Oszillators in charakteristischer Weise abweichende Termschema sehr deutlich an einer von Finkelnburg und Gregory[1] stammenden Zeichnung (Abb. 10), welche die einem Morsepotential entsprechenden Niveaus samt den zu ihnen gehörigen Aufenthaltswahrscheinlichkeiten $|r R_v (r)|^2$ enthält. Im klassischen Fall liegen die Umkehrpunkte der Schwingungen in den Schnittpunkten der horizontalen Niveaulinien mit der Potentialkurve; hier ist die kinetische Energie gleich Null und daher die Gesamtenergie gleich der potentiellen. An diesen Stellen wird die Geschwindigkeit Null, und die Aufenthaltswahrscheinlichkeit erreicht ein Maximum. Auf diese Weise zeigen auch die quantenmechanischen Kurven für die Aufenthaltswahrscheinlichkeit an diesen Stellen Maxima. Wir sehen weiter unsere frühere Annahme bestätigt, daß bei niedrigen Quantenzahlen die Lagen der Kerne geometrisch sehr scharf bestimmt sind.

---

[1] In: A. Eucken, K. L. Wolf: Hand- und Jahrbuch der chemischen Physik, Bd. 9, Teil II. Leipzig, 1934.

Für die Bestimmung der Nullpunktsenergie haben wir $v = 0$ zu setzen und erhalten:

$$\frac{1}{2}\,h\,v\left[1 - \frac{h\,v}{8\,D}\right].$$

Da der Bruch in der eckigen Klammer etwa den Wert $^1/_{100}$ besitzt, kann man ihn neben Eins vernachlässigen und erhält den gleichen Wert wie früher, nämlich $\frac{1}{2}\,h\,v$. Die experimentell bestimmbare Dissoziationsarbeit ergibt sich daher zu

$$D_{\mathrm{exp.}} = D - \frac{1}{2}\,h\,v.$$

Für das H_2-Molekül erhält man die Werte $D_{\mathrm{exp.}} = 4{,}73 - 0{,}27 = 4{,}46$ eV. Wir werden bei unseren späteren Berechnungen der Aktivierungsenergie chemischer Reaktionen die Rolle der Nullpunktenergie noch zu beachten haben; sie macht sich besonders beim verschiedenen Verhalten der isotopen Atome bemerkbar. Während nämlich in die Ausdrücke für die Wechselwir

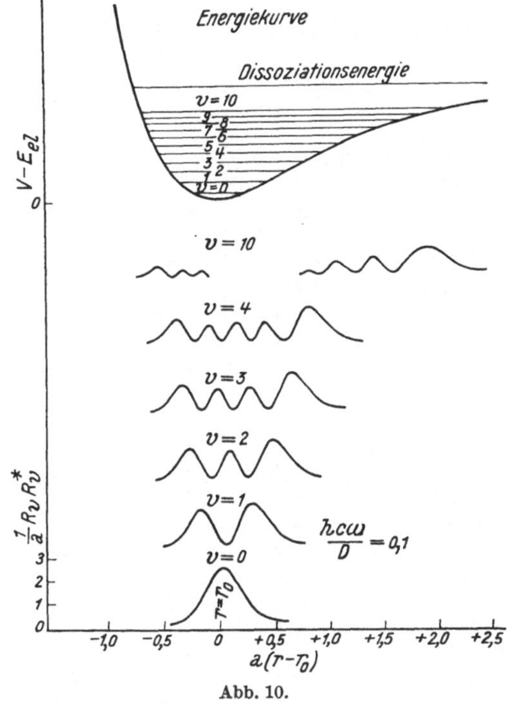

Abb. 10.

kungsenergie im wesentlichen nur die Eigenschaften der Elektronenhülle und die Kernladung sowie die Abschirmungskonstante eingehen, spielt in der Nullpunktsenergie auch die Gesamtmasse des schwingenden Teilchens eine Rolle, wie man aus der Gleichung (9) sieht. Besonders beim Vergleich von Wasserstoff und Deuterium darf man diesen Einfluß nicht aus dem Auge verlieren. Es beträgt z. B. für H_2 die Nullpunktsenergie 0,27 eV, für HD 0,23 eV und für D_2 0,19 eV. Wenn der Unterschied auch bezogen auf die Gesamtdissoziationsenergie nicht viel mehr als 3% beträgt, so ist doch in manchen Fällen das kinetische Verhalten der beiden Isotope voneinander merklich verschieden, und zwar gerade in dem Sinne und in dem Ausmaß, welches dem Unterschied in der Nullpunktsenergie entspricht.

Mit der Aufstellung der beiden Beziehungen (8) und (9) haben wir zunächst das gesteckte Ziel erreicht und die SCHRÖDINGER-Gleichung unter Zugrundelegung eines MORSE-Potentials integriert und die Energieniveaus des Systems bestimmt. Zu zeigen ist nun noch, wie man jene Konstanten, welche das Molekül im Sinne unseres Ansatzes (1) charakterisieren und festlegen, auf experimentellem Weg erhalten kann; es sind dies der Gleichgewichtsabstand r_0, die Dissoziationsarbeit D und die Konstante k.

Die Gleichgewichtsabstände sind für alle wichtigen homöopolaren Hauptvalenzbindungen teils durch interferometrische Vermessung mit Röntgen- oder Elektronenstrahlen, teils durch Analyse der Rotationsspektren im infraroten, sichtbaren oder ultravioletten Gebiet bekannt; einige besonders wichtige Werte enthält die Tabelle 2. D wiederum kann man aus den Molekülschwingungsspektren entnehmen oder auf thermischem Weg aus der Verbrennungswärme bestimmen; auch hierüber sind in der Tabelle 2 einige Zahlen angeführt. k schließlich erhält man dann mit Hilfe von (9) aus D und v, wofür die Tabelle 2 ebenfalls einige Angaben enthält.

Tabelle 2. *Die Konstanten der* MORSE-*Kurve* nach H. SPONER, Molekülspektren und ihre Anwendung auf chemische Probleme Tabellen. 1935, Text 1936. (Die einzelnen Klammern in der zweiten Spalte sollen andeuten, daß der zugehörige Wert unsicher ist.)

Molekül	D (in eV)	r_0 (in Å)	k (in Å^{-1})
H_2^+	2,773	1,070	1,29
H_2	4,718	0,749	1,90
LiH	2,56	1,6	1,12
NaH	2,31	1,88	1,03
KH	1,97	2,24	0,94
CuH	3,3	1,460	1,44
AgH	(2,4)	1,614	1,54
AuH	(4,0)	1,53	1,56
BeH	(2,5)	1,340	1,68
CdH^+	2,0	1,664	1,70
CdH	0,76	1,754	2,22
HgH	0,46	1,729	2,88
AlH	3,16	1,643	1,26
CH	(3,7)	1,12	1,94
NH	(4,4)	1,08	1,92
OH	4,7	0,964	2,27
HCl	4,6	1,272	1,87
CN	6,8	1,169	2,74
N_2^+	6,4	1,113	3,12
N_2	7,50	1,094	3,09
CO	(9,7)	1,13	2,48
NO	5,4	1,146	3,04
C_2	(5,6)	1,31	2,26
P_2	5,057	1,88	1,85
O_2^+	6,5	1,14	2,82
O_2	5,19	1,204	2,66
SO	5,122	1,489	2,20
S_2	4,50	1,603	1,86
J_2	1,548	2,660	1,86
Cl_2	2,503	1,983	2,02
Br_2	1,981	2,28	1,97
JCl	2,167	2,315	1,86
Li_2	1,16	2,67	0,83
Na_2	0,77	3,07	0,83
K_2	0,52	3,91	0,77

Es sind verschiedentliche Vorschläge gemacht worden, andere, zum Teil einfachere, zum Teil bessere Potentialansätze auszuarbeiten; als solcher sei hier zunächst eine von RYDBERG angegebene Funktion aufgenommen. Sie hat sich besonders bei der Wiedergabe der Spektren von H_2O_2 und CdH besser bewährt als die MORSE-Kurve und lautet:

$$U(r) = A\left[1 + (a\,r + 1)\cdot e^{-a r}\right].$$

Sie gestattet allerdings keine geschlossene Integration der SCHRÖDINGER-Gleichung.

Weitere Darstellungen der Wechselwirkungsfunktion in einfachen zweiatomigen Molekülen stammen von ROSEN und MORSE[1] sowie von PÖSCHL und TELLER;[2] sie lauten:

$$U(r) = A_1 \operatorname{tgh} k\,(r - r_0) - A_2 \frac{1}{\cosh^2 k\,(r - r_0)}$$

bzw.

$$U(r) = A_1 \frac{1}{\sinh^2 k\,(r - r_0)} - A_2 \frac{1}{\cosh^2 k\,(r - r_0)}$$

und ergänzen sich hinsichtlich ihrer Beschreibung der tatsächlichen Verhältnisse in sehr wertvoller Weise bei der richtigen Wiedergabe der Bandenspektren. Die Abb. 11 zeigt nach LOTMAR[3] die Energieniveaus und den Potentialverlauf beim CdH und läßt die bei der Anwendung der genannten Ansätze erreichbare Übereinstimmung erkennen. In allen jenen Fällen, welche im Rahmen des vorliegenden Artikels interessieren, wird man meist mit der Formel von MORSE das Auslangen finden, denn die übrigen im Lauf der Rechnungen notwendigen Vernachlässigungen sind so erheblich, daß die geringere Genauigkeit der Potentialfunktion meist kein Hindernis bildet und allzu weitgehende Verfeinerungen nicht angebracht sind.

Unsere Überlegungen bezogen sich auf zweiatomige Moleküle; nur in besonderen Fällen können sie auf kompliziertere Gebilde angewendet werden,

[1] N. ROSEN, P. M. MORSE: Physic. Rev. **42** (1932), 210.

[2] G. PÖSCHL, E. TELLER: Z. Physik **83** (1933), 143. Berichtigung dazu P. M. DAVIDSON: Z. Physik **87** (1934), 364.

[3] W. LOTMAR: Z. Physik **93** (1935), 528.

dann nämlich, wenn wir es mit lokalisierten Valenzen zu tun haben, also die Aus-

tauschintegrale innerhalb des betreffenden Atompaares groß gegenüber den entsprechenden Integralen mit anderen Atomen sind. Diese Voraussetzung wird in einer Reihe von Fällen in genügender Näherung erfüllt sein. Auf weitere Verfeinerungen, die in der Valenztheorie eine so große

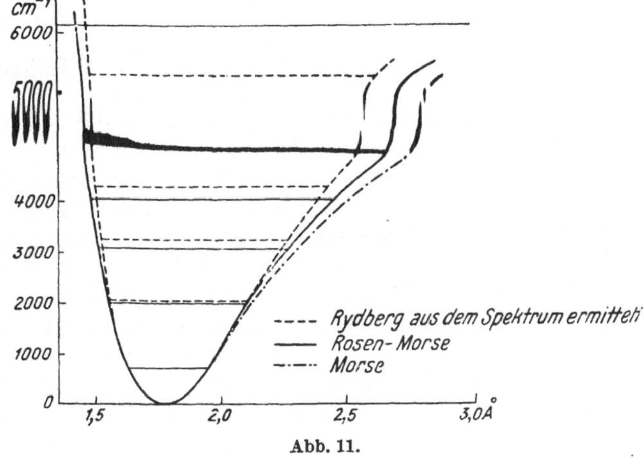

Abb. 11.

Rolle spielen, wollen wir uns hier nicht einlassen. Der interessierte Leser sei auf die Originalarbeiten oder wiederum auf das schon zitierte Buch von H. Hellmann hingewiesen.

g) Die Durchlässigkeit von Potentialschwellen.

Bei den Vorgängen, mit denen wir uns im nachfolgenden zu beschäftigen haben, handelt es sich immer darum, einen bestimmten Endzustand zu erreichen, der von dem gegebenen Ausgangszustand durch einen Potentialberg getrennt ist. Wenn wir uns auf die Aussagen der Newtonschen Mechanik verlassen können, so ist die Frage nach den Bedingungen, unter denen ein solcher überwunden werden kann, einfach und bündig zu beantworten. Der Bildpunkt muß genügend Energie besitzen, um den Berg überschreiten zu können. Anders stellen sich jedoch die Verhältnisse nach der Wellenmechanik dar. Infolge der optisch-mechanischen Analogie[1] wird man hier erwarten müssen, daß infolge von Interferenzerscheinungen sich endliche Intensitäten, d. h., in die Sprache der Quantenmechanik übersetzt, endliche Aufenthaltswahrscheinlichkeiten für den Bildpunkt auch in solchen Gebieten ergeben werden, welche klassisch verboten wären.

Wir wollen uns zunächst, bevor wir explizite Rechnungen durchführen, die Verhältnisse an einem einfachen Beispiel klarmachen. Zu diesem Zwecke nehmen wir an, daß die y—z-Ebene an der Stelle $x = 0$ einen leeren und kräftefreien Raum I von einem ebensolchen zweiten Gebiete II scheidet. Doch mag in einer unendlich dünnen Schicht dx ein Kraftfeld parallel x wirken. Es soll sich nun eine Korpuskel mit der kinetischen Energie T bewegen, die von I nach II überzutreten trachtet. Dies wird nach der klassischen Mechanik ohne weiteres gelingen, wenn die potentielle Energie U des Feldes kleiner ist als die kinetische Energie der Partikel. Die Bahn wird unter diesen Umständen in I und II geradlinig sein, und

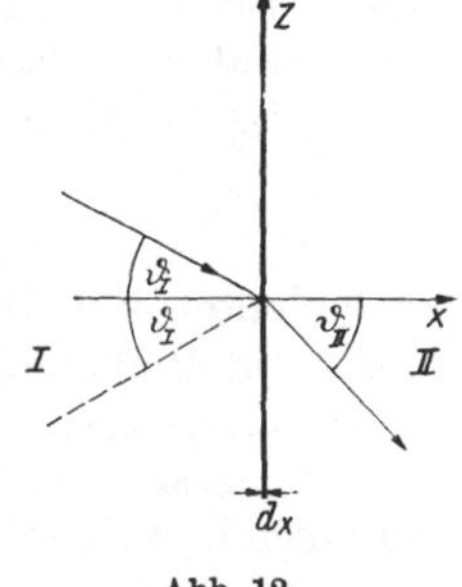

Abb. 12.

wir verlegen sie der Einfachheit halber in die (xz) Ebene (siehe Abb. 12). Die zugehörigen De Broglie-Wellen stellen sich als ebene Wellen dar, so daß man für sie Ausdrücke von der Form

$$e^{2\pi i\left[\nu_I t - \frac{1}{\lambda_I}(x\cos\vartheta_I + y\sin\vartheta_I)\right]} \;;\; e^{2\pi i\left[\nu_{II} t - \frac{1}{\lambda_{II}}(x\cos\vartheta_{II} + z\sin\vartheta_{II})\right]}$$

---

[1] Darunter versteht man das Postulat, daß sich die Wellenmechanik zur Newtonschen Mechanik ebenso verhalten soll wie die Wellenoptik zur geometrischen Optik.

ansetzen wird, wobei für die De Broglie-Wellenlänge

$$\lambda = \frac{h}{p} \quad (p \text{ Impuls des Teilchens})$$

gilt.

Das Brechungsgesetz folgt sowohl nach der klassischen Auffassung aus der Gleichheit der z-Komponenten beider Impulse $p_I = p_{II}$, da in der z-Richtung keine Kraft wirkt, als auch aus den Grenzbedingungen der Wellentheorie. Nun verlangen diese im allgemeinen noch die Hinzufügung eines weiteren Gliedes, das einer reflektierten Welle entspricht.[1] Auf unsere Verhältnisse übertragen besagt dies, daß eine endliche Wahrscheinlichkeit dafür besteht, daß unsere Partikel zurückgeworfen wird, selbst wenn ihre kinetische Energie T größer als U ist, was nach der Newtonschen Auffassung ein Passieren der Grenze gewährleistet. Dies ist der erste prinzipielle Unterschied zwischen alter und neuer Theorie. Ein weiterer wird gleich klar werden.

Es bezeichne E, v, m_0 Gesamtenergie, Geschwindigkeit und Ruhmasse der Korpuskel. Dann gilt nach der speziellen Relativitätstheorie:

$$E = \frac{m_0 c^2}{\sqrt{1 - \dfrac{v^2}{c^2}}} + U; \quad p = \frac{m_0 v}{\sqrt{1 - \dfrac{v^2}{c^2}}}.$$

Durch Beseitigung von v erhält man:

$$c^2 p^2 = (E - U)^2 - m_0^2 c^4.$$

In unserem Beispiel ist

$$p^2 = p_x^2 + p_z^2,$$

also:

$$c^2 p_x^2 = (E - U)^2 - m_0^2 c^4 - c^2 p_z^2.$$

Da die z-Komponente des Impulses beim Übergang von I nach II keine Änderung erleidet, setzen wir $p_{zI} = p_{zII} = p_z$ und wenden: unsere obige Gleichung auf das Gebiet II an. Die Abhängigkeit des Ausdruckes p_x^2 von U wird durch eine Parabel dargestellt. Die Nullpunkte dieser liegen an den Stellen

$$U = E \pm c \sqrt{m_0^2 c^2 + p_z^2}.$$

Zwischen ihnen ist p_{xII}^2 negativ, p_{xII} also imaginär. In diesem Falle wird das Teilchen an der Grenzfläche zurückgeworfen, und zwar sowohl nach der korpuskularen als auch nach der Wellentheorie. Denn der Impuls ist parallel zur Fortpflanzungsrichtung der De Broglie-Welle. Da

$$p_{xII} = p_{II} \cos \vartheta_{II},$$

so bedeutet imaginäres p_{xII} ebensolches $\cos \vartheta_{II}$. Daher wird der Koeffizient von x im Wellenausdruck imaginär, während das Glied mit z reell bleibt. Die Welle klingt also in der x-Richtung exponentiell ab. Wir haben es ähnlich wie in der klassischen Optik mit einer *Totalreflexion* der Materiewelle zu tun, die Aufenthaltswahrscheinlichkeit im Innern von II ist Null.

Lassen wir jedoch U den Wert, der durch das obere Vorzeichen gegeben ist, überschreiten, so stellt sich wiederum je nach der Betrachtungsweise der Strahlung eine andere Situation ein. Gemäß der gewöhnlichen Mechanik kann die Partikel nicht in das Gebiet II eindringen. Wohl wird ihre Impulskomponente p_{xII} reell, da sie aber schon Stellen mit

$$U > E - c \sqrt{m_0^2 c^2 + p_z^2}$$

---

[1] Siehe z. B. Born: Lehrbuch der Optik. Berlin, 1933.

nicht erreichen konnte und das Potential in der Übergangsschicht stetig zunimmt, muß ihr erst recht das Gebiet noch höherer potentieller Energie versperrt bleiben. Unsere Welle dagegen klingt nicht mehr ab, da p_{xII} nicht imaginär ist, so daß wir eine endliche Wahrscheinlichkeit dafür erhalten, das Teilchen im zweiten Raum anzutreffen. Zu einem ähnlichen Schluß gelangen wir, wenn sich der Bereich konstanten Potentials U nur von $x = 0$ bis zu einem endlichen Wert $x = l$ erstreckt.

Dieser „Potentialschwelle" entspricht optisch die Reflexion des Lichtes an einer planparallelen Platte endlicher Dicke unter jenem Winkel, der an einer unendlich dicken Platte Totalreflexion hervorrufen würde. Infolge der endlichen Dicke tritt ein endlicher Bruchteil Licht hindurch. Ebenso gibt es auch hier eine endliche Durchtrittswahrscheinlichkeit. Keine selbst noch so hohe Schwelle bleibt unübersteigbar. Eine der fruchtbarsten Anwendungen dieser Theorie war die Erklärung des radioaktiven α-Zerfalls durch GAMOW.[1]

In unseren Anwendungen müssen wir uns, wie schon öfters betont, mit einer größenordnungsmäßigen Berechnung begnügen, außerdem ist die Behandlung dieses „Tunneleffekts" für die vorliegenden komplizierten Potentialfelder ohnehin fast unmöglich. Wir sind daher genötigt, gewisse Idealisierungen vorzunehmen, so daß es keinen besonderen Fehler ausmacht, wenn wir bloß eindimensionale Fälle ins Auge fassen. Unsere Ausführungen gelten für beliebige Korpuskeln, haben für uns aber bloß Bedeutung im Zusammenhang mit Kernbewegungen.

Die SCHRÖDINGER-Gleichung (4) des Paragraphen e lautet:

$$\left[-\frac{1}{2M}\frac{d^2}{d\xi^2} + U(\xi) - E \right]\chi(\xi) = 0. \tag{1}$$

Für den Fall der oben angeführten rechteckigen Schwelle gelingt die Integration mit Hilfe ebener Wellen, da wir ja abteilungsweise konstantes Potential haben. An den Übergangsstellen $\xi = 0$ und $\xi = l$ in Abb. 13 müssen die den benachbarten Gebieten I und II sowie II und III entsprechenden Lösungen und deren erste Ableitungen stetig ineinander übergehen. Diese Grenzbedingungen bestimmen die Amplituden der Teilwellen, und man erhält schließlich für die Durchlässigkeit D des Potentialkastens, d. h. für das Intensitätsverhältnis aus durchgehender und auffallender Welle als Funktion der Energie folgende Formel:

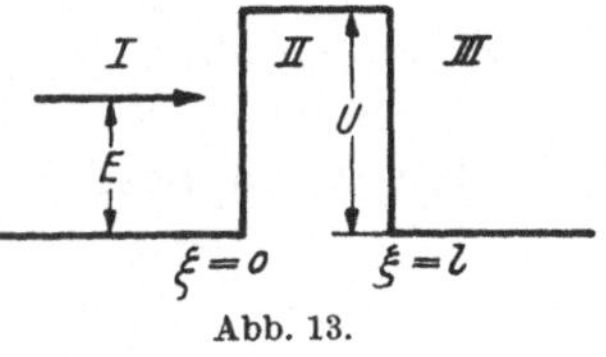

Abb. 13.

$$D = \frac{16\,v\,(1-v)\,e^{-4\pi\frac{l}{\lambda}}}{1 - e^{-8\pi\frac{l}{\lambda}} - 2\,[1 - 8\,v\,(1-v)]\,e^{-4\pi\frac{l}{\lambda}}} \tag{2}$$

mit

$$\lambda = \frac{h}{\sqrt{2M(E-U)}}$$

(in gewöhnlichen Einheiten) und $v = \dfrac{E}{U}$. Dies geht für $v \ll 1$ und $l \gg \lambda$ über in

$$D = 16\,v\,e^{-4\pi\frac{l}{\lambda}}.$$

Wenn $U(\xi)$ nicht eine spezielle Gestalt hat, kann man Gleichung (1) nicht in Strenge integrieren, sondern muß sich mit fortschreitenden Näherungen begnügen, wobei man vom klassischen Grenzfall, d. h. vom Standpunkt der Optik aus gesehen vom Fall der geometrischen Optik ausgeht. Das entspricht

---

[1] G. GAMOW: Z. Physik 51 (1928), 204.

einer Reihenentwicklung nach der Wellenlänge der Materiewelle,[1] die im Fall schwerer Teilchen sicherlich berechtigt ist.

Wir machen den Ansatz $\chi(\xi) = A(\xi)\, e^{i\,S(\xi)}$, in welchem $A(\xi)$ eine mit dem Ort langsam veränderliche Funktion sein möge. Ohne Vernachlässigung würde gelten:

$$\chi'' = e^{i\,S}\,[A'' + 2\,i\,A'\,S' + i\,A\,S'' - A\,S'^2].$$

Da A und S reell angenommen wurden, müssen die zwei mittleren Glieder zusammen Null ergeben. Dies liefert

$$\frac{A'}{A} = -\frac{1}{2}\,\frac{S''}{S'}\,; \qquad A = \text{const.}\,\frac{1}{\sqrt{S'}}.$$

In unserer Näherung können wir weiter das erste Glied gegenüber dem letzten vernachlässigen, so daß wir durch Einsetzen in (1) finden:

$$\left(\frac{dS}{d\xi}\right)^2 = 2\,M\,(E - U).$$

Dies ist nichts anderes als die Hamilton-Jacobische Differentialgleichung in einer Dimension bzw. in der geometrischen Optik[2] die Eikonal-Gleichung im Medium mit dem Brechungskoeffizienten $\sqrt{2\,M\,(E-U)}$. $\dfrac{dS}{d\xi}$ ist also in dieser Näherung der klassische Impuls p des Teilchens und S die zugehörige Wirkungsfunktion.

Der Gültigkeitsbereich dieses Verfahrens wird begrenzt durch die Forderung

$$\frac{A''}{A} \ll p^2 \qquad \text{oder} \qquad \frac{3}{4}\left(\frac{p'}{p}\right)^2 - \frac{1}{2}\,\frac{p''}{p} \ll p^2$$

und in gewöhnlichen Einheiten eingesetzt

$$\frac{h^2}{4\,\pi^2}\left[\frac{5}{16}\left(\frac{U'}{E-U}\right)^2 + \frac{1}{4}\,\frac{U''}{E-U}\right] \ll 2\,M\,(E-U). \tag{3}$$

Masse und Impuls der Korpuskel müssen also so groß und demzufolge die De Broglie-Wellenlänge so klein sein, daß innerhalb einer Strecke von ihrer Größenordnung die Änderungen des Potentials U' und U'' vernachlässigt werden können. Dann lautet die passende Lösung von (1)

$$\chi = \text{const.}\,\frac{e^{i\int p\,d\xi}}{\sqrt{p}}. \tag{4}$$

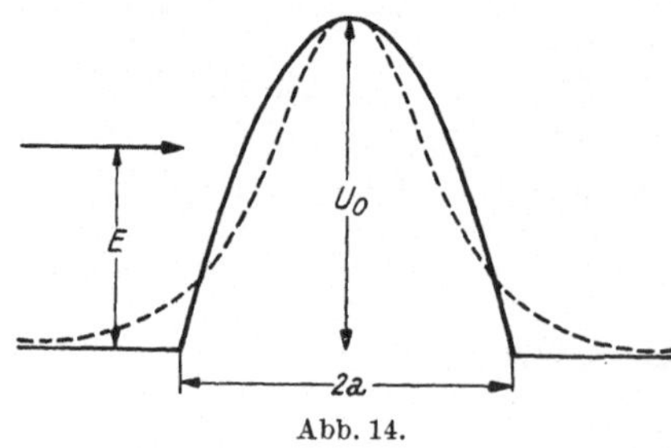

Abb. 14.

Geht man von dieser nullten Näherung aus, so kann man durch Einsetzen in Formel (3) die Korrekturglieder berechnen und mit diesen die Näherung weitertreiben usf. Die Bedingung (3) zeigt, warum wir die Kerne mit ihrer um Zehnerpotenzen größeren Masse klassisch behandeln und Quanteneffekte wie Unbestimmtheitsrelation und Tunneleffekte oft vernachlässigen können, während dies bei Elektronen nicht mehr zulässig ist.

Wir wollen diese Ansätze verwenden, um nach Bell[3] eine parabolische Potentialschwelle zu untersuchen, welche der Realität besser entspricht als unser vorheriges Beispiel.

---

[1] G. Wentzel: Z. Physik **38** (1926), 518. — L. Brillouin: C. R. hebd. Séances Acad. Sci. **183** (1926), 24.

[2] Siehe neben den Lehrbüchern wie G. Joos: Lehrbuch der theoretischen Physik, auch M. v. Laue: Handbuch der Radiologie, Bd. VI, Teil 1, Korpuskular- und Wellentheorie. Leipzig, 1933.

[3] R. P. Bell: Proc. Roy. Soc. (London), Ser. A **139** (1933), 466; **148** (1935), 241.

Die Gleichung der voll ausgezogenen Kurve in Abb. 14 lautet:

$$U(\xi) = U_0\left(1 - \frac{\xi^2}{a^2}\right),$$

und es falle eine Welle der Energie $E < U_0$ auf. In dem Gebiet zwischen $\xi = -a$ und $\xi = 0$ wird die kinetische Energie und damit auch der Impuls p immer mehr absinken und schließlich verschwinden. Von da an beginnt dann das klassisch verbotene Gebiet, p wird imaginär. Der Einfachheit halber nehmen wir weiter konstantes A, d. h. konstantes p (p reell) an und vernachlässigen den Reflexionseffekt, der, wie wir in der Einleitung gesehen haben, auch im klassisch erlaubten Gebiet auftreten muß. Die zugehörige Durchlässigkeit wird damit gleich 1 gesetzt. Das „Quantengebiet" erstreckt sich von $\xi = -a\sqrt{1 - \frac{E}{U_0}}$ bis $\xi = +a\sqrt{1 - \frac{E}{U_0}}$, so daß wir unter den gemachten Voraussetzungen die folgende Lösung aus (4) erhalten:

$$\chi = \text{const. exp.}\left\{-\sqrt{2M}\int_{-a\sqrt{1-\frac{E}{U_0}}}^{\xi}\sqrt{U_0\left(1 - \frac{\xi^2}{a^2}\right) - E}\;d\xi\right\}$$

und für $E < U_0$:

$$D(a, U_0, E) = \left|\chi\right|^2_{\xi = a\sqrt{1-\frac{E}{U_0}}} = e^{-a\pi\sqrt{\frac{2M}{U_0}}(U_0 - E)}, \tag{5}$$

während für $E > U_0$ einfach $D = 1$ gilt. Die Abhängigkeit von der Energiedifferenz $U_0 - E$ in (5) ist genau dieselbe, wie man sie in der klassischen Statistik erhält, nur ist an Stelle des Faktors $\frac{1}{RT}$ ein anderer Ausdruck getreten. Natürlich hat auch die kinetische Energie des Teilchens nicht mehr den scharf definierten Wert $U - E$.

Einer der bedenklichsten Punkte unserer Ableitung ist die Verwendung der geometrischen Näherung für $p = 0$. Wir wollen daher ein weiteres Beispiel betrachten, für welches auch strenge Lösungen existieren, um so vergleichen zu können. Die gestrichelt eingezeichnete ECKARTsche Kurve[1] in Abb. 14 hat die Gleichung

$$U(\xi) = U_0\,\text{sech}^2\left(\frac{\pi\xi}{2a}\right).$$

BELL[2] hat die Näherungsrechnung auch für diese Schwelle durchgeführt.

Tabelle 3. *Durchlässigkeiten der Potentialschwellen von* ECKART *und* BELL *nach* BELL.
$a = 1\,\overset{\circ}{\text{A}}$, $U_0 = 1{,}0\cdot 10^{-12}$ erg., $M = 1{,}66\cdot 10^{-16}$ g.

Energie der auffallenden Teilchen E in 10^{-12} erg.	Parabel genähert	ECKART-Kurve genähert	ECKART-Kurve streng
0,1	$1{,}7\cdot 10^{-11}$	$4{,}4\cdot 10^{-11}$	$3{,}7\cdot 10^{-11}$
0,2	$3{,}0\cdot 10^{-10}$	$4{,}2\cdot 10^{-9}$	$3{,}5\cdot 10^{-9}$
0,3	$4{,}2\cdot 10^{-8}$	$1{,}4\cdot 10^{-7}$	$1{,}2\cdot 10^{-7}$
0,5	$3{,}5\cdot 10^{-6}$	$3{,}2\cdot 10^{-5}$	$2{,}6\cdot 10^{-5}$
0,7	$8{,}0\cdot 10^{-4}$	$3{,}5\cdot 10^{-3}$	$2{,}8\cdot 10^{-3}$
0,8	$4{,}0\cdot 10^{-3}$	$2{,}7\cdot 10^{-2}$	$2{,}1\cdot 10^{-2}$
0,9	$6{,}0\cdot 10^{-2}$	$1{,}6\cdot 10^{-1}$	$1{,}2\cdot 10^{-1}$
0,95	$2{,}5\cdot 10^{-1}$	$4{,}2\cdot 10^{-1}$	$2{,}7\cdot 10^{-1}$
1,0	1	1	0,45
1,1	1	1	0,85
1,2	1	1	0,96
1,3	1	1	0,99

Wir bringen die von ihm errechnete Tabelle 3. Die zwischen Spalte 3 und 4 auftretenden Differenzen sind klein gegenüber den Fehlern, die man bei willkür-

---

[1] C. ECKART: Phys. Rev. **35** (1930), 1303.
[2] l. c.

licher Wahl derartiger Potentialformeln begeht. Die zweite Spalte zeigt die nach Formel (5) berechneten Werte. Obwohl sich hier größere Unterschiede ergeben, weil die Parabel gerade in dem kritischen Gebiete merklich von der ECKARTschen Kurve abweicht, so ist dennoch die Größenordnung dieselbe geblieben. Wie wir also sehen, spielt die spezielle Form des Potentials keine große Rolle und geht vor allem völlig in unseren übrigen Näherungen bei der Berechnung der Reaktionsgrößen unter.

In den Anwendungen hat man es gewöhnlich nicht mit Teilchen gleicher Energie E zu tun, sondern es herrscht eine Energieverteilung. Wir nehmen als Verteilungsfunktion die MAXWELL-BOLTZMANNsche Formel für einen Freiheitsgrad, also

$$f(E)\,dE = \text{const. } E^{-\frac{1}{2}}\,(k\,T)^{-\frac{1}{2}}\cdot e^{-\frac{E}{kT}}\,dE.$$

Zur Vereinfachung wollen wir anstelle dessen schreiben:

$$f(E)\,dE = \frac{1}{k\,T}\,e^{-\frac{E}{kT}},$$

also den zweidimensionalen Fall betrachten. Auch diese Annahme wird für unsere Zwecke keinen nennenswerten Fehler hervorrufen. Schließlich setzen wir noch

$$\beta = a\,\pi\sqrt{2\,M\,U_0}\,(\text{at. Einh.}); \quad \beta = \frac{2\,a\,\pi^2}{h}\sqrt{2\,M\,U_0}\,(\text{gew. Einh.}) \quad \text{und} \quad \alpha = \frac{U_0}{k\,T}.$$

Dann erhalten wir für die mittlere Durchlässigkeit

$$\bar{D} = \int\limits_0^\infty D(E)\,e^{-\frac{E}{kT}}\,d\!\left(\frac{E}{k\,T}\right) = \int\limits_0^\alpha e^{-\beta\left(1-\frac{E}{U_0}\right)-\frac{E}{kT}}\,d\!\left(\frac{E}{k\,T}\right) + \int\limits_\alpha^\infty e^{-\frac{E}{kT}}\,d\!\left(\frac{E}{k\,T}\right)$$

und nach Ausführung der Integration:

$$\bar{D} = \frac{1}{1-\dfrac{\alpha}{\beta}}\,e^{-\alpha} - \frac{\alpha}{\beta}\,\frac{1}{1-\dfrac{\alpha}{\beta}}\,e^{-\beta}. \tag{5a}$$

Bereits bei gewöhnlichen Temperaturen kann im Falle genügend schwerer Teilchen der Quotient $\dfrac{\alpha}{\beta}$ gegen 1 gestrichen werden. Es bleibt also nur das erste Glied, so daß wir für das Verhältnis von quantenmechanischer zu klassischer Durchlässigkeit finden

$$\frac{\bar{D}}{\bar{D}_{\text{klass.}}} = \frac{1}{1-\dfrac{\alpha}{\beta}}.$$

Dies ist meistens nicht sehr von 1 verschieden. Wie jeder Quanteneffekt, so könnte sich auch der Tunneleffekt erst bei tiefen Temperaturen und leichten Teilchen, also großen DE BROGLIE-Wellenlängen wesentlich bemerkbar machen.

BELL hat seine Ergebnisse dazu benutzt, den Einfluß des Tunneleffekts auf die Geschwindigkeitskonstante k, Häufigkeitszahl A und Aktivierungsenergie q der Reaktion $H_2 + H$ als Funktion der Temperatur zu studieren und mit den

Tabelle 4. *Temperaturabhängigkeit der Geschwindigkeitskonstanten nach* BELL, *verglichen mit den klassischen Werten.*

T	k_{BELL}	$k_{\text{klass.}}$	A_{BELL}	q_{BELL}
273	$7 \cdot 10^{-10}$	$2,5 \cdot 10^{-12}$	10^{-7}	3,5
323	$4,2 \cdot 10^{-9}$	$1,5 \cdot 10^{-10}$	$1,5 \cdot 10^{-3}$	8,5
373	$3,1 \cdot 10^{-8}$	$3 \cdot 10^{-9}$	$3 \cdot 10^{-2}$	10
473	$7,3 \cdot 10^{-7}$	$2 \cdot 10^{-7}$	0,15	11,5
573	$6,4 \cdot 10^{-6}$	$2,9 \cdot 10^{-6}$	0,30	12,5
673	$3,4 \cdot 10^{-5}$	$2 \cdot 10^{-5}$	0,55	13,2

klassischen Werten zu vergleichen. Wir geben nachstehend seine Ergebnisse in Tabelle 4 wieder. Unabhängig von der Temperatur ist $A_{\text{klass.}} = 1$; $q_{\text{klass.}} = 14,5$ Cal. Wie man sieht, nehmen A und q mit der Temperatur ab. Dies ist ohne weiteres zu verstehen. Bei sehr tiefen Temperaturen wird die Geschwindigkeitskonstante

$k = A\, e^{-\frac{q}{R\,T}}$ temperaturunabhängig, daher muß q gegen Null gehen. Außerdem ist die Reaktionsgeschwindigkeit klein, was $A \to 0$ bedeutet.

Ein weiterer Typus einer Potentialkurve ist in Abb. 15 dargestellt. Eine solche Form ist immer dann zu erwarten, wenn sich eine Energiefläche mit einer zweiten (gestrichelt gezeichneten) fast kreuzt. Wir wissen von früher her, daß in einem solchen Fall eine diabatische Reaktion eintreten kann, welchen Umstand wir aber an dieser Stelle außer acht lassen wollen. Wenn man die kleine Krümmung an der Spitze der Kurve vernachlässigt, so läßt sich die Durchlässigkeit exakt berechnen. Für im Verhältnis zu U_0 nicht zu hohe E-Werte ergibt sich nach FOWLER und NORDHEIM[1]

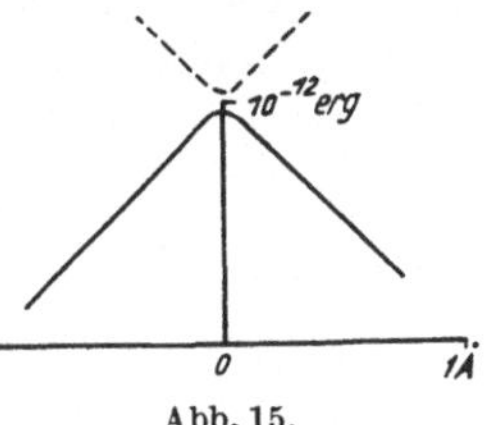

Abb. 15.

$$D = \frac{\sqrt{E\,(U_0 - E)}}{U_0}\; \exp.\left[-\gamma\,(U_0 - E)^{\frac{3}{2}}\right] \qquad (6)$$

mit
$$\gamma = \frac{8\,\pi}{3\,h}\,\sqrt{2\,M\,s},$$

wobei s die Summe der reziproken Steigungen beider Seiten der Kurve bedeutet. Für das Verhältnis der Durchlässigkeiten folgt

$$\frac{\overline{D}}{\overline{D}_{\text{klass.}}}\int\limits_0^\infty D\, e^{\frac{U_0 - E}{k\,T}}\, d\left(\frac{E}{k\,T}\right).$$

Zur Auswertung dieses Integrals wird angenommen, daß die Ungleichungen gelten: $\dfrac{U_0}{k\,T} \gg \dfrac{1}{(k\,T)^3\,\gamma^2} \gg 1$, und damit gefunden:

$$\frac{\overline{D}}{\overline{D}_{\text{klass.}}} = \frac{32\sqrt{\pi}}{9\,\gamma^2\,\sqrt{U_0}\,(k\,T)^{\frac{5}{2}}}\cdot \exp.\ \frac{4}{27\,(k\,T)^3\,\gamma^2}.$$

Es zeigt sich, daß für ein Atomgewicht von 10 der Tunneleffekt bei Temperaturen über $T = 273°$ bedeutungslos wird.

Zusammenfassend können wir feststellen, daß bei Reaktionen, an welchen keine H-Atome beteiligt sind, der Tunneleffekt bei gewöhnlichen Temperaturen *keine* Rolle spielen und daher für besonders kleine sterische Faktoren nicht verantwortlich gemacht werden kann. Immerhin wäre es denkbar, daß bei komplizierten Potentialformen sich spezielle Abhängigkeiten der Durchlässigkeit von der Energie ergeben und man so besonders kleine sterische Faktoren deuten könnte.[2]

Wenn man versucht, die Rechnung auf die mehrdimensionalen Energiegebirge auszudehnen, mit denen man es bei einer Reaktion zu tun hat, so stößt man auf große Schwierigkeiten. Man kann bloß die Quantenkorrektionen in eine Reihe nach Potenzen von h entwickeln. Das erste Glied einer solchen Entwicklung proportional h^2 wurde von WIGNER[3] bestimmt. Eine Weiterführung der Rechnung würde sich infolge der großen Mühe und der nur annähernd bekannten Gestalt der Energiefläche kaum lohnen.

---

[1] R. H. FOWLER, L. NORDHEIM: Proc. Roy. Soc. (London), Ser. A **119** (1928), 173.

[2] H. HELLMANN, S. K. SYRKIN: Acta physicochim. USSR **3** (1935), 433. — E. WIGNER: Trans. Faraday Soc. **34** (1938), 29.

[3] E. WIGNER: Z. physik. Chem., Abt. B **19** (1932), 203.

IV. Anwendung auf Reaktionsprobleme.

a) Die Theorie der Aktivierungsenergie.

In den nachfolgenden Ausführungen wollen wir unsere quantenmechanischen Rechnungen dazu verwenden, quantitative und, wo dies nicht möglich sein sollte, wenigstens qualitative Aussagen über den Verlauf einer chemischen Reaktion zu machen. Wir beginnen mit der Theorie der Aktivierungswärme und betrachten zunächst das Dreiatomproblem, also Reaktionen vom Typus Atom A + homöopolares Molekül BC = homöopolares Molekül AB + Atom C.

Die hierfür nötigen Formeln liegen in Gleichung (9a), Abschnitt III c fertig vor uns. Für die potentielle Energie des Systems ergab sich die folgende Summe aus der COULOMBschen Wechselwirkung zwischen den drei Atompaaren AB, BC, AC und dem Austauschanteil:

$$W = Q_{AB} + Q_{AC} + Q_{BC} -$$
$$- \sqrt{J_{AB}^2 + J_{BC}^2 + J_{AC}^2 - J_{AB}J_{BC} - J_{AB}J_{AC} - J_{AC}J_{BC}}. \quad (1)$$

Zur Diskussion betrachten wir zunächst die Austauschenergie allein und untersuchen die verschiedenen Werte dieser Größe während des Reaktionsverlaufes.[1] Zu Beginn ist das Atom A weit vom Molekül BC entfernt (siehe nebenstehende Skizze), d.h. die Austauschintegrale J_{AB} und J_{AC} sind klein gegenüber J_{BC}, die Valenz bleibt praktisch zwischen B und C lokalisiert. Dann kann man die Wurzel in eine Reihe entwickeln und erhält:

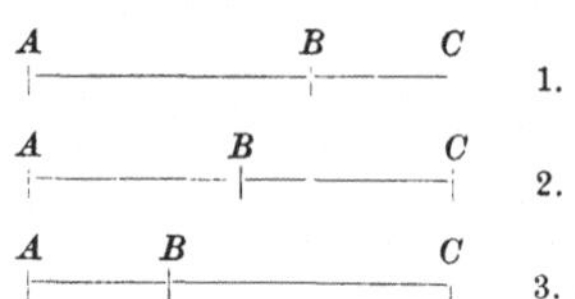

Die drei Phasen einer Reaktion zwischen drei Atomen.

$$W_{\text{Aust.}} \approx J_{BC} - \frac{1}{2}(J_{AB} + J_{AC}). \quad (1a)$$

Wie zu erwarten, tritt als einer der Summanden die Austauschwechselwirkung J_{BC}, die der homöopolaren Bindung im Molekül BC entspricht, auf. Dieser überlagert sich eine Summe von lockernden Austauschintegralen, die mit dem Faktor $\frac{1}{2}$ multipliziert ist. Das Auftreten einer solchen Wechselwirkung zwischen „festen" Elektronen A mit „festen" Elektronen B und C haben wir bereits früher besprochen. Sie bedeutet eine Abstoßungskraft zwischen dem Atom A und dem Molekül BC bei gegenseitiger Annäherung. Wir müssen also Arbeit leisten, eben die Aktivierungsarbeit, um eine Änderung der Konfiguration zu erreichen. Wenn wir oben den Ausdruck (1a) als Näherung für große Entfernungen A—B und A—C bezeichnet haben, so müssen dieselben natürlich noch immer klein gegenüber der Reichweite der VAN DER WAALSschen Kräfte sein, da diese sonst die exponentiell abklingende Austauschwechselwirkung überkompensieren. Bei weiterer Annäherung von A kommen wir schließlich zur Konfiguration 2 der Skizze, in welcher die Bindung zwischen den Partnern B und C schon so weit gelockert ist, daß das Mittelatom B gewissermaßen nicht mehr „weiß", ob es zu C oder A gehört. Es ist $J_{AB} = J_{BC}$.[2]

In diesem Stadium besteht noch gleiche Wahrscheinlichkeit dafür, daß das System dadurch in einen stabilen Zustand übergeht, daß sich wiederum B und C zu einem Molekül vereinigen oder aber B sich mit A verbindet. Entwickelt man,

---

[1] Man beachte für das Weitere, daß alle Austauschintegrale negatives Vorzeichen besitzen.

[2] Dieser Zustand entspricht dem sogenannten „aktivierten Zustand" und die zugehörige Konfiguration dem „aktivierten Komplex". Diese Begriffe werden im nachfolgenden Abschnitt ausführlich erläutert werden.

um die Energie in der Nähe dieser Grenzkonfiguration zu erhalten, den Ausdruck (1) nach der Differenz $J_{BC} - J_{AB}$, so ergibt sich

$$W_{\text{Aust.}} \approx \frac{1}{2}(J_{BC} + J_{AB}) - J_{AC}. \tag{1b}$$

Zu dem Mittelwert der beiden bindenden Integrale J_{BC} und J_{AB} kommt das Abstoßungsglied J_{AC} hinzu. Schließlich gelangen wir in einen Zustand, in welchem A und B einander so nahegekommen sind (3 der Skizze), daß $J_{AB} \gg J_{BC}$ und $J_{AB} \gg J_{AC}$, und erhalten in Analogie zu (1a):

$$W_{\text{Aust.}} = J_{AB} - \frac{1}{2}(J_{BC} + J_{AC}). \tag{1c}$$

Damit ist der Reaktionsprozeß beendet, es hat sich das Molekül AB gebildet, und es wird nun das Atom C abgestoßen. Die während der Annäherung der reagierenden Partner auftretende Energieänderung (abgesehen von den additiven COULOMBschen Kräften) äußert sich also im Auftreten von Abstoßungskräften zwischen A und BC, zu denen eine Auflockerung der Bindung BC hinzukommt. Schließlich stoßen sich das neugebildete Molekül AB und das übrigbleibende Atom C ab, wobei letzteres wiederum eine Auflockerung der Bindung AB besorgt. Die Aktivierungsenergie oder exakter ihren Austauschanteil erhalten wir als Differenz zweier Energien. Die erste entspricht dem Zustand, wo $J_{AB} = J_{BC}$ ist, die zweite gehört zur Anfangskonfiguration, wo als einziger Energieanteil die Austauschenergie im Molekül BC vorhanden ist.

Bei Kenntnis aller Wechselwirkungsglieder in (1) können wir die zu allen möglichen Konfigurationen gehörigen, im allgemeinen voneinander verschiedenen Energieflächen zeichnen. Demgemäß gehört zu jeder Annäherungsrichtung des „Projektils" A ein anderer Energieaufwand, wie man auch ohne nähere Rechnung einsieht. Dieses Verhalten, welches sich im sterischen Faktor widerspiegelt, wird uns im späteren Verlauf unserer Ausführungen noch näher beschäftigen. An dieser Stelle interessiert zunächst hauptsächlich jene Anordnung der drei Atome, welche den niedersten „Aktivierungsberg" ergibt. Man erkennt ohne weiteres, daß dies durch eine lineare Konfiguration erreicht wird, wobei A sich von der Seite her längs der Verbindungslinie von BC nähert. Denn dann ist A bei festgehaltenen Abständen AB und BC am weitesten von C entfernt. Dieses Atom setzt der Annäherung von A also am wenigsten Widerstand entgegen. Würde man versuchen, die Reaktion etwa auf die Weise durchzuführen, daß man das Atom A auf der Symmetrieebene des Moleküls BC heranführt, so wäre für den aktivierten Komplex $J_{AB} = J_{AC} = J_{BC}$, der Austauschanteil nach Formel (1) daher Null. Abgesehen von den relativ kleinen COULOMB-Gliedern wäre dann die Aktivierungswärme gleich der Dissoziationsenergie des Moleküls BC, also viel größer als die Erfahrung lehrt.

Durch Berücksichtigung der elektrostatischen Kräfte würde die Minimumskonfiguration eine allerdings nicht sehr große Änderung erleiden. Bei jenem Genauigkeitsgrad, den wir, wie sich im nachfolgenden zeigen wird, erreichen können, wird es keinen großen Fehler ausmachen, wenn wir die Konfiguration allein aus dem Austauschanteil entnehmen und nur bei der Berechnung der Energie den COULOMB-Anteil mitberücksichtigen.

Ein einfaches graphisches Verfahren zur Auswertung der Wurzel in (1) bei bekannten Austauschintegralen wurde von ALTAR und EYRING[1] angegeben. Wenn man sich die Wechselwirkungspotentiale zwischen den drei möglichen Atompaaren parallel zu den Seiten eines gleichseitigen Dreiecks aneinander an-

---

[1] W. ALTAR, H. EYRING: J. chem. Physics **4** (1936), 661.

schließend aufträgt, so gibt die vierte Seite des auf diese Weise entstehenden Trapezoides den Ausdruck W, wovon man sich unmittelbar durch trigonometrische Auflösung überzeugt.

Bevor wir das Vierzentrenproblem diskutieren und auf die Besprechung der Resultate eingehen, wollen wir noch bei unserem einfachen Fall verweilen und an Hand von Diagrammen das Grundsätzliche nochmals klarzumachen versuchen. Dabei können wir uns nach dem Vorigen auf lineare Anordnungen beschränken. Die Energie des Systems als Funktion der beiden voneinander unabhängigen Abstände AB und BC bildet eine Fläche. Dieses „Energiegebirge" können wir nach Art einer Gebirgskarte in der zweidimensionalen Zeichenebene auftragen, wobei die Schichtlinien hier nicht Linien gleicher geometrischer, sondern energetischer Höhe bedeuten. Eine solche Karte ist in Abb. 16 für die zwei Potentialfunktionen des Ausgangs- und Endzustandes der Reaktion, wie sie unter Hinzufügung der elektrostatischen Glieder durch (1a) und (1c) gegeben sind,[1] dargestellt. Die Betrachtung bloß dieser beiden Zustände entspricht der

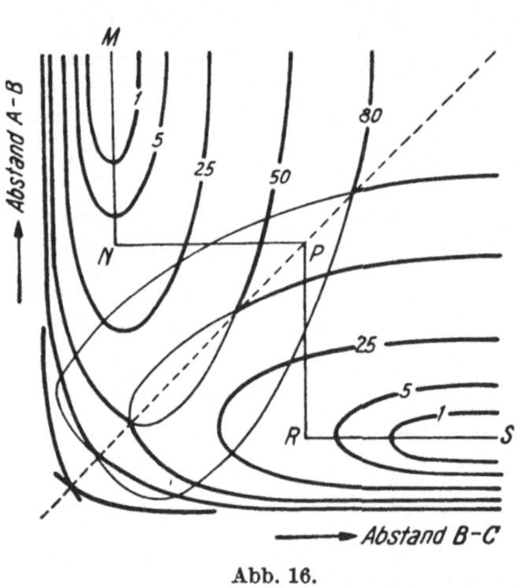

Abb. 16.

Näherung von Ogg und Polanyi, die wir auf S. 192 besprochen haben, und stellt eine Verallgemeinerung auf mehrere Dimensionen dar. Es wird also wiederum die Resonanz zwischen den beiden Zuständen vernachlässigt. Daher treten hier entsprechend dem Schnittpunkt in Abb. 8 Schnittpunkte zwischen den einzelnen Niveaulinien auf, während eine exakte Berechnung wiederum eine Abrundung ergibt, wie wir in den nachfolgenden Abbildungen sehen werden.

Für unsere an dieser Stelle bloß qualitativen Betrachtungen spielt diese Vernachlässigung keine Rolle und läßt außerdem die in der Diskussion besprochenen Abstoßungs- und Lockerungskräfte deutlicher hervortreten. Unsere Abbildung bezieht sich auf den Fall, daß die Atome A und C identisch sind. Der Nullpunkt der Energie ist in den Anfangszustand gelegt, der hier mit dem Endzustand zusammenfällt. Aus Symmetriegründen fällt die Schnittkurve der zwei Zustände in die Diagonale, also in die Konfiguration $AB = BC$. Zeichnen wir uns den Diagonalschnitt heraus, so ergibt sich ungefähr das Bild von Abb. 17. Der

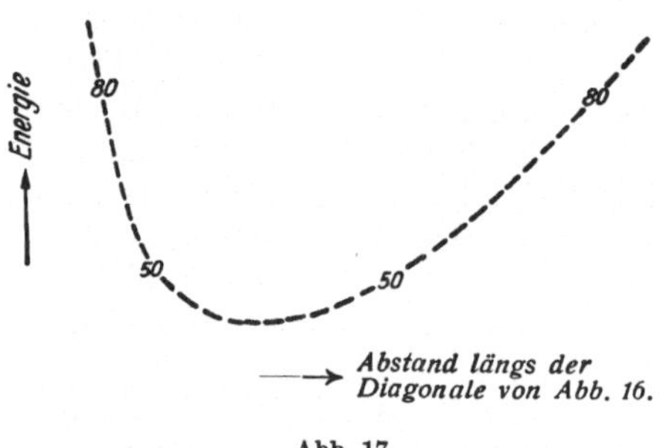

Abb. 17.

tiefste Punkt der Kurve entspricht dem im nächsten Abschnitt zu besprechenden „Zwischenzustand". Er ist der höchste Punkt des Reaktionsweges, der aus dem Energietal der linken Seite der Reaktionsgleichung, wo Abstand BC klein, AB groß ist, in das Endtal (AB klein, BC groß) führt. In der vorliegenden Näherung ergibt das Minimum in Abb. 17 die Aktivierungswärme. Weiter zeichnen wir einen Schnitt durch das Gebirge parallel zu einer Achse in großem Abstand von

---

[1] Diese Zeichnung und die nachfolgenden Kurven sind einer Arbeit von M. G. Evans und M. Polanyi: Trans. Faraday Soc. **34** (1938), 11, entnommen.

derselben. Die Schnittfigur ergibt dann die Potentialkurve eines zweiatomigen Moleküls AB bzw. BC, während das dritte Zentrum sich im Unendlichen befindet. Wir erhalten also in Abb. 18 das ungefähre Abbild der Wechselwirkungskurve eines zweiatomigen Moleküls.

Verkleinern wir dagegen den Abstand AB bei festgehaltenen Kernen B und C, bewegen uns also in einer Ebene parallel zur AB-Achse von oben nach unten, so steigt die Energie auf diesem Wege an. Wir erhalten in Abb. 19 eine Abstoßungskurve. Durch Kenntnis der Potentialkurven der Moleküle BC und AB sowie der Abstoßungskurven zwischen A und BC bzw. zwischen C und AB lassen sich sodann die zwei Energieflächen konstruieren und die Aktivierungsenergie feststellen. Denn da die Abstoßungsfunktion bloß vom Abstand des isolierten Zentrums A, bzw. C vom Mittelatom B abhängt, liefern alle Schnitte der ersten Energiefläche parallel AB und ebenso alle Schnitte der zweiten Energiefläche parallel BC dieselbe bloß energetisch verschobene Kurve.

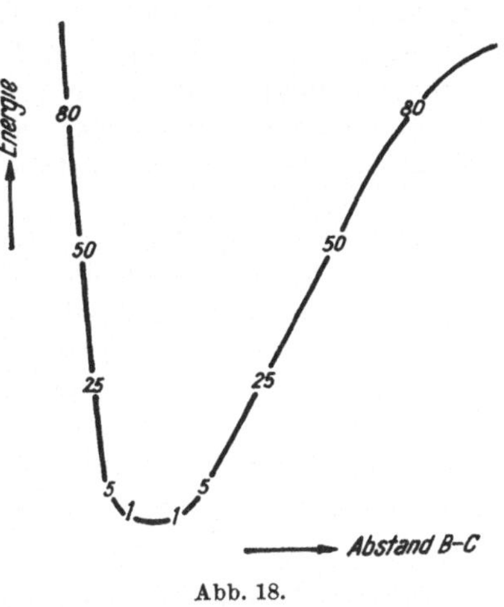

Abb. 18.

Für den zweidimensionalen Fall haben wir die Verhältnisse schon früher besprochen.

Schließlich wollen wir noch einen willkürlich herausgegriffenen Reaktionsweg $MNPRS$ in Abb. 16 und die damit verbundenen Energieänderungen untersuchen. Wir wählen einen gebrochenen Linienzug, um die einzelnen Phasen getrennt voneinander betrachten zu können. Der Weg MN bedeutet eine Annäherung des freien Atoms A an das Molekül BC, wobei dieses seinen inneren Abstand konstant hält. NP entspricht einer Vergrößerung des Abstandes BC, wobei diesmal die Distanz AB fest bleibt. Nach dieser Phase des Reaktionsprozesses sind die Abstände AB und BC einander gleich und

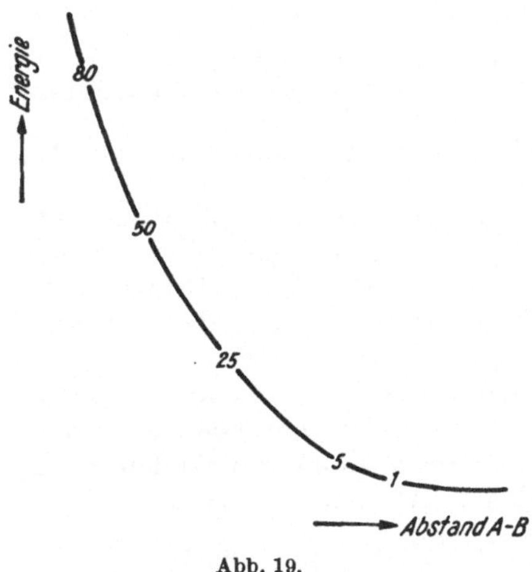

Abb. 19.

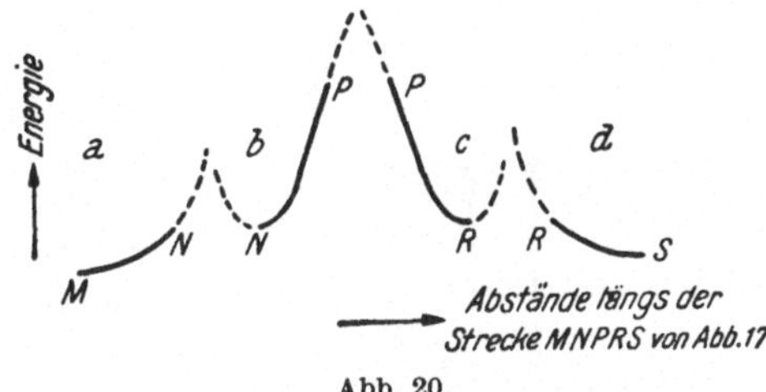

Abb. 20.

damit jener Zustand entsprechend dem Ausdruck (1 b) erreicht, in dem das ursprüngliche Molekül BC schon aufgelockert, das Endprodukt AB aber noch nicht gebildet ist. Dies wird auf dem Wege PR eingeleitet, indem sich die Atome AB bis auf den normalen Kernabstand nähern, und schließlich in RS beendet, indem sich das nunmehr freie Atom C in unendliche Entfernung vom neugebildeten Molekül begibt. Die zugehörigen Energieverhältnisse zeigt Abb. 20. Die gestrichelten Teile bedeuten die Bereiche der einzelnen Kurven außerhalb des Reaktionsweges. Den Teilen

MN und RS entsprechen Abstoßungen zwischen den Atomen A und B bzw. B und C, während NP und PR Teile der Bindungskurven der Moleküle BC und AB darstellen. Die Energie steigt zunächst durch Annäherung des Atoms A und Auflockerung der Bindung BC infolge der zwischen den Systemen A und BC wirkenden Abstoßung sowie der zu leistenden Auflockerungsarbeit an. Durch Freimachung des Atoms C und Eingehen einer Bindung zwischen den Atomen A und B erfolgt wiederum eine Erniedrigung der Energie und Erreichung eines zweiten stabilen Zustandes. Der hier speziell gewählte Reaktionsweg wird in der Mehrzahl der Fälle nicht beschritten werden, da er nicht dem Aufwand der kleinstmöglichen Aktivierungswärme entspricht.

Auf diese Frage kommen wir noch bei der Besprechung des sterischen Faktors zurück. Unsere prinzipiellen Überlegungen über das bei einer Reaktion wirksame Kräftespiel wurden dadurch nicht beeinflußt. Bezüglich einer eingehenderen Diskussion in der hier skizzierten Richtung sei auf die Originalarbeit von Evans und Polanyi hingewiesen. Damit wollen wir unsere allgemeinen Betrachtungen über das Dreiatomproblem abschließen und eine entsprechende Diskussion für das Vieratomproblem durchführen.

Wir betrachten also Reaktionen vom Typus

$$AD + BC = AB + CD.$$

Für diesen Fall erhielten wir [Abschnitt III c, Formel (9)]

$$W = \pm \sqrt{\frac{1}{2}\left[(J_{AD} + J_{BC} - J_{AB} - J_{CD})^2 + (J_{AB} + J_{CD} - J_{AC} - J_{BD})^2 + (J_{AC} + J_{BD} - J_{AD} - J_{BC})^2\right]} + Q_{AB} + Q_{AC} + Q_{AD} + Q_{BC} + Q_{BD} + Q_{CD}. \quad (2)$$

Wiederum lassen wir zunächst den elektrostatischen Anteil weg. Im Ausgangszustand Abb. 21,1 sind die beiden Moleküle AD und BC so weit voneinander entfernt, daß J_{AD} und J_{BC} groß gegen alle übrigen Integrale sind. Wir erhalten daher in Analogie zu (1a) für die mit dem unteren Vorzeichen behaftete Lösung:

$$W_{\text{Aust.}} \approx J_{AD} + J_{BC} - \frac{1}{2}(J_{AB} + J_{CD} + J_{AC} + J_{BD}). \quad (2\,\text{a})$$

Zur Summe der Bindungsenergien der beiden Moleküle kommt noch eine Abstoßungswirkung zwischen ihnen hinzu, welche durch den halben Klammerausdruck repräsentiert wird. Bringen die reagierenden Moleküle genügend kinetische Energie mit, um diese zu überwinden, so gelangen sie schließlich in eine Lage, wo keine eindeutige Zuordnung der verschiedenen Atome zu den verschiedenen Molekülzuständen mehr möglich erscheint (Abb. 21, 2). Es ist

$$J_{AD} + J_{BC} = J_{AB} + J_{CD}.$$

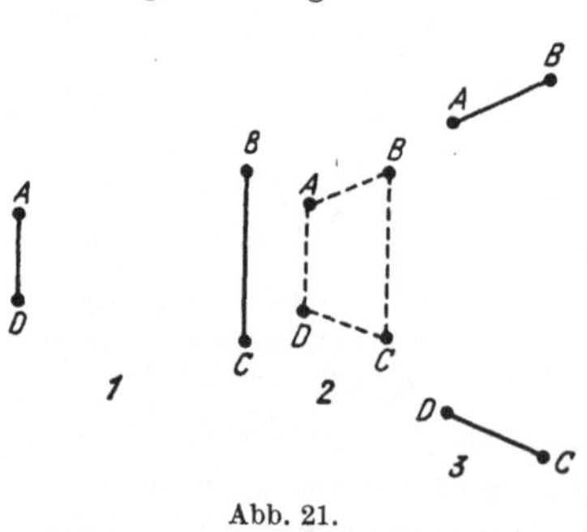

Abb. 21.

In der Umgebung dieser Stelle entwickeln wir nach der Differenz von linker und rechter Seite und finden in guter Näherung:

$$W_{\text{Aust.}} \approx \frac{1}{2}(J_{AD} + J_{BC} + J_{AB} + J_{CD}) - J_{AC} - J_{BD}. \quad (2\,\text{b})$$

Es tritt also auch hier, wie zu erwarten, eine Lockerung der Bindungen ein, welche schematisch durch die Seiten des Vierecks in Abb. 3, S. 167, gegeben sind, denn es treten Abstoßungskräfte in der Richtung der Diagonalen auf. Schließlich gelangen wir so weit (Abb. 21, *3*), daß die Wechselwirkungen zwischen AB und CD alle übrigen überwiegen, und finden:

$$W_{\text{Aust.}} \approx J_{AB} + J_{CD} - \frac{1}{2}\,(J_{AD} + J_{BC} + J_{AC} + J_{BD}). \tag{2c}$$

Damit haben wir das Energietal der rechten Seite der Reaktionsgleichung erreicht.

Auch im Vieratomproblem treten also Abstoßungskräfte zwischen den ursprünglich vorhandenen Molekülen auf, die aber gleichzeitig eine Lockerung der Bindungen erfahren. Die dazu nötige Aktivierungswärme ist durch das Niveau des labilen Zustandes gegeben, in welchem

$$J_{AD} + J_{BC} = J_{AB} + J_{CD}$$

ist.

Aus der Schar aller möglichen Konfigurationen mit ihren zugehörigen Energieflächen haben wir nun diejenigen auszusondern, welche ein Minimum an Aktivierungsenergie ergeben. Zu diesem Zweck betrachten wir den Ausdruck (2b). Wir sehen daraus folgendes: Die positiven Ausdrücke $-J_{AC}$ und $-J_{BD}$ müssen möglichst klein und daher die Abstände AC und BD möglichst groß gehalten werden, während die Seiten des Vierecks möglichst klein sein müssen. Daraus folgt sofort die ebene Konfiguration als die sterisch günstigste. Man sieht dies ein, wenn man z. B. den Punkt D um die Diagonale AC sich aus dem Raum in die Ebene ABC geklappt denkt. Auf diesem Umstand beruht eine Methode von Altar und Eyring.[1] Um die Konfiguration mit minimaler Aktivierungsenergie zu finden, haben wir ein Viereck zu bestimmen, dessen Seiten bzw. Diagonalen die entsprechenden Austauschintegrale darstellen, zu welchen man noch die Coulombschen Anteile aus dem Ausdruck (2) hinzufügen kann. In diesem Viereck muß die Summe der Seiten möglichst klein und die Summe der Diagonalen möglichst groß sein. Durch Zusammenfügen von sechs Maßstäben kann man sodann mechanisch die Minimumsanordnung feststellen. Dabei muß man die Bedingung für die Gültigkeit von (2b) beachten, nach welcher die Summe der Austauschenergien im Ausgangs- und Endzustand nicht sehr voneinander verschieden sind. Die näheren Details und die Anwendung auf die Reaktion $H_2 + JCl = HCl + HJ$ findet der Leser in der bereits zitierten Originalarbeit.

Auf ähnliche Weise könnten wir den Energieverlauf für Reaktionen, an denen sechs, acht und mehr Atome beteiligt sind, untersuchen. Wir wollen das jedoch unterlassen[2] und sofort auf die praktische Auswertung unserer Formeln für konkrete Beispiele eingehen.

Wir haben bisher stillschweigend angenommen, daß wir die Energieausdrücke (1) und (2) als Funktionen der Kernabstände kennen. Weiter haben wir bei der Ableitung derselben einige Voraussetzungen machen müssen, die wir hier nochmals zusammenstellen wollen:

1. war angenommen worden, daß jedem Elektron eine eigene ψ-Funktion zugeordnet werden kann, die bloß die Koordinaten dieses bestimmten Elektrons enthält;

2. war die Nichtorthogonalität der Eigenfunktionen (das „Überlappungsintegral“) vernachlässigt worden im Vergleich mit der Einheit, und

3. sind ebenso höhere Permutationen nicht berücksichtigt worden.

---

[1] W. Altar, H. Eyring: l. c.

[2] Vergl. dazu die am Schlusse von Abschnitt c, S. 186, gemachte Bemerkung.

Weitere Vernachlässigungen ergeben sich aus den Methoden zur Berechnung der Austauschintegrale komplizierterer Moleküle, von denen wir an dieser Stelle zwei besprechen wollen, das „halbempirische Verfahren" und die Variationsmethode. Von diesen konnte bisher zur Bestimmung der Energieflächen einer Reihe von Reaktionen praktisch nur die erste Methode ausgenutzt werden. Sie wurde von Eyring, Polanyi und Mitarbeitern[1] entwickelt. Die genannten Autoren fügen zu den früheren Voraussetzungen noch zwei weitere hinzu, und zwar:

4. die gesamte Wechselwirkungsenergie, die sich infolge der Annahme 2 additiv aus Coulomb- und Austauschanteil zusammensetzt, kann auch für kompliziertere Moleküle aus einer Morse-Kurve entnommen werden, die die Wechselwirkung eines *isolierten* Paares von Atomen angibt. Um die beiden Energieanteile voneinander trennen zu können, muß man jedoch auch das Verhältnis derselben kennen. Bei den Kernabständen, mit denen man es in unserem Fall zu tun hat, wird

5. für diesen Quotienten ein fester, von der speziellen Reaktion praktisch unabhängiger Wert von 20% angenommen. Hierbei stützt man sich darauf, daß dieser Wert für die Reaktion $H_2 + H \rightleftharpoons H + H_2$, auf die wir später zu sprechen kommen, die Aktivierungswärme richtig wiedergibt.

Keine dieser Voraussetzungen konnte in Strenge aus der Theorie begründet werden. Speziell die miteinander zusammenhängenden Annahmen 2 und 3 wurden von Coolidge und James[2] für die obige Reaktion einer Prüfung unterzogen. Unter Benutzung der Eigenfunktionen nach Heitler und London sowie Sugiura erhält man für das Überlappungsintegral im aktivierten Zustand den keineswegs gegen Eins vernachlässigbaren Wert $1/2$. Demgemäß kommt auch die Aktivierungsenergie bei Berücksichtigung aller Permutationen viel zu hoch heraus. Wir wollen die weitere Diskussion dieses Verfahrens jedoch verschieben, bis wir es an einigen Beispielen erprobt und mit der Erfahrung verglichen haben.

Das Variationsverfahren wurde für H_3 und $H_3{}^+$ unter Verwendung derselben Eigenfunktionen durchgeführt[3] und ergab viel zu hohe Energiewerte. Man kann daher Diskrepanzen zwischen den zwei Verfahren zur Berechnung der Austauschwechselwirkung nicht gut gegen die halbempirische Methode ins Treffen führen.

Nun zu den Anwendungen. Das älteste, weil verhältnismäßig einfachste Beispiel ist die Reaktion mit 3 H-Atomen, wie sie bei der o-p-Umwandlung auftritt:

$$H + H_{2(p)} \rightleftharpoons H_{2(o)} + H$$
$$\uparrow \quad \uparrow\downarrow \qquad \uparrow\uparrow \quad \downarrow$$

(die Pfeile bezeichnen die relative Spinorientierung der Kerne), und die entsprechenden sieben Prozesse mit Deuterium. Die zur ersten Reaktion gehörigen Energieflächen wurden von Eyring und Polanyi[4] berechnet. Dabei deuteten sie zunächst die gesamte in der Morse-Kurve enthaltene Wechselwirkung als Austauschenergie. Abb. 22 zeigt ihr Schichtendiagramm für lineare Anordnung. Zu je kleineren Werten der Abszissen oder Ordinaten man fortschreitet, desto steiler ist der Energieanstieg, wie man an der zunehmenden Dichte der Isohypsen sieht. Für sehr kleine Werte sind diese nicht mehr eingezeichnet, da dann das Energiegebirge unendlich hoch wäre. Bringt man die drei Atome in unendliche

---

[1] Siehe unter den zahlreichen Arbeiten etwa H. Eyring, M. Polanyi: Z. physik. Chem., Abt. B 12 (1931), 279; J. Hirschfelder, H. Eyring, B. Topley: J. chem. Physics 4 (1936), 470.

[2] A. S. Coolidge, H. M. James: J. chem. Physics 2 (1934), 811.

[3] J. Hirschfelder, H. Eyring, N. Rosen: J. chem. Physics 4 (1936), 121, 130. — J. Hirschfelder, H. Diamond, H. Eyring: Ebenda 5 (1937), 695.

[4] H. Eyring, M. Polanyi: l. c.

Entfernung voneinander, so gelangt man auf das Hochplateau in der rechten oberen Hälfte der Zeichnung, dessen Höhe die Dissoziationsenergie mißt. Die Pfeile geben den Reaktionsweg an, der einen minimalen Energieaufwand erfordert. Zu Beginn wie am Ende des Prozesses befindet sich ein Atom im Unendlichen, so daß die Distanz der beiden anderen durch den Gleichgewichtsabstand im Wasserstoffmolekül gegeben ist. Die beiden Talsohlen sind durch einen Paß voneinander getrennt, dessen höchster Punkt die Aktivierungswärme bestimmt. Die zugehörige Konfiguration ist, wie wir oben abgeleitet haben, durch die Forderung:

$$\text{Abstand } A\,B \text{ gleich Abstand } B\,C$$

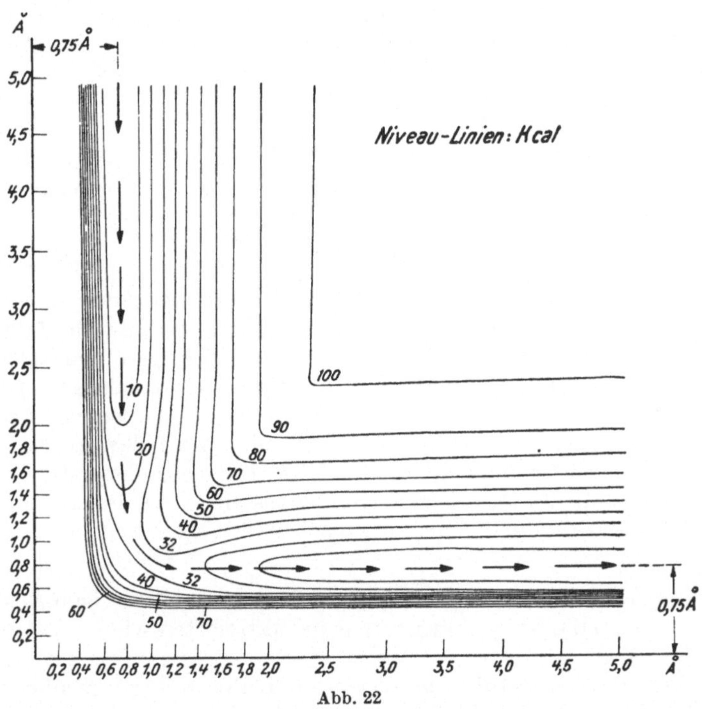

Abb. 22

gegeben, wobei eine Auflockerung von 0,75 Å auf 0,91 Å eingetreten ist. Zeichnet man nach EYRING und POLANYI das ganze Diagramm in schiefwinkeligen Koordinaten, wobei die Achsen einen bestimmten Winkel einschließen müssen, so kann man sich ein anschauliches Bild von der Bewegung des Bildpunktes im Energiegebirge während des Reaktionsprozesses machen. Es zeigt sich nämlich, daß die zeitliche Änderung der Koordinaten während desselben übereinstimmt mit der zeitlichen Änderung der Koordinaten einer Kugel, die reibungslos auf der gegebenen Energiefläche abrollt. Diese Vorstellung wird uns später noch von Nutzen sein.

In der bisher vorgetragenen Näherung wurde der COULOMB-Anteil des Potentials vollkommen vernachlässigt. Man erhält auf diese Weise für die Aktivierungswärme den viel zu hohen Wert von 30 kcal, während experimentell 7,8 kcal gefunden wurden. Durch Berücksichtigung der elektrostatischen Anziehung der einzelnen Ladungswolken werden die einzelnen Austauschteile herabgesetzt, es tritt also eine Nivellierung unseres Gebirges ein. Nach den Rechnungen von SUGIURA ist der fragliche Anteil annähernd 8% der Gesamtenergie, was eine

Aktivierungsenergie von 19 kcal liefert, während man 12% für das Verhältnis von COULOMB- zu Austauschenergie findet. EYRING und POLANYI nahmen einen Mittelwert von 10% und erhielten eine Aktivierungswärme von 13 kcal. HIRSCHFELDER, EYRING und TOPLEY[1] wählten einen Wert von 20%, der, wie schon oben bemerkt, allen weiteren Rechnungen zugrunde gelegt wurde, und erzielten damit fast völlige Übereinstimmung für alle acht Reaktionen dieser Gruppe. Doch muß dazu folgendes bemerkt werden: Durch die Einführung der COULOMBschen Kräfte ist nicht nur das allgemeine Energieniveau gesenkt worden, sondern es sind auch an Stelle eines einzigen Gebirgssattels deren zwei getreten, welche nunmehr zur Vollendung der Reaktion überwunden werden müssen. Es tritt dann eine Komplikation bei der Berechnung der Geschwindigkeitskonstanten auf, die wir noch an anderer Stelle berühren werden. Außerdem aber nehmen die genannten Autoren an, daß die Aktivierungswärme durch den *ersten* Aktivierungspunkt bestimmt ist, der auf dem Reaktionsweg erreicht wird. Wenn man aber genau sein will, so müßte man den größeren der beiden Werte wählen. Für symmetrische Reaktionen, wie die oben angeschriebene, oder analog bei Ersetzung eines Bestandteiles der Moleküle $H_{2(p)}$ und $H_{2(o)}$ durch ein D-Atom, liegen die beiden Sattelpunkte gleich hoch. Dies ist aber nicht mehr der Fall bei Reaktionen, wie

$$D + H_2 \rightleftarrows D H + H.$$

Bei der Willkür der Annahme eines 20%igen COULOMB-Anteiles werden aber diese an sich nicht sehr großen Unterschiede kaum ins Gewicht fallen.

Unsere Ausführungen bedürfen noch einer wichtigen Vervollständigung. Wir haben bisher die Nullpunktsenergie der Kerne vernachlässigt. In den Ausführungen über den anharmonischen Oszillator jedoch haben wir gesehen, daß dies nicht zulässig ist. Durch diesen Summanden wird das Ausgangstal jeder Reaktion entsprechend gehoben. Ebenso tritt eine Veränderung in den energetischen Verhältnissen des aktivierten Komplexes ein. Demgemäß unterscheiden HIRSCHFELDER, EYRING und TOPLEY zwischen den drei folgenden Werten der Aktivierungsenergie.

1. Die klassische Aktivierungsenergie, welche unseren bisherigen Ausführungen zugrunde lag, wobei die Nullpunktsenergie im aktivierten wie im Anfangszustand vernachlässigt wird.

2. Die Aktivierungsenergie am absoluten Nullpunkt bei Einbeziehung der Nullpunktsenergie in beiden Zuständen und

3. die wirkliche Aktivierungsenergie bei der Temperatur $T \neq 0$ als Differenz der Gesamtenergien von aktiviertem und Anfangszustand.

Dieser letztere Wert ist natürlich temperaturabhängig, wird aber bei gewöhnlichen Temperaturen vom Wert 2. nicht merklich abweichen. Wohl aber wird sich das verschiedene Verhalten der Isotopen[2] in den Energietermen bemerkbar machen. Zur Berechnung dieser müssen alle Schwingungsfrequenzen bekannt sein. Diese spielen auch, wie wir sehen werden, für den sterischen Faktor eine entscheidende Rolle. Den höchsten Beitrag zur Aktivierungsenergie in der Reihe der acht Isotopenreaktionen liefert die Nullpunktsenergie für die H + H D-Umwandlung. Er beträgt 0,91 kcal, während man für die $D + D_2$-Reaktion bloß 0,61 kcal erhält. Bei den geringen Werten der Aktivierungsenergien sind diese Anteile jedenfalls nicht mehr zu vernachlässigen.

---

[1] J. HIRSCHFELDER, H. EYRING, B. TOPLEY: l. c.
[2] Vgl. dazu die Ausführungen über das MORSE-Potential.

Weiter wollen wir zeigen, wie man die Theorie auch in Fällen verwenden kann, in welchen Absolutwerte nur sehr ungenau berechnet werden können. Man kann sie dann heranziehen, um eine Unterscheidung zwischen verschiedenen, von vornherein gleich möglichen Reaktionsmechanismen zu treffen. Betrachten wir etwa die Reaktion:

$$H_{2(p)} + H_{2(p)} \;\overset{\rightarrow}{\leftarrow}\; H_{2(o)} + H_{2(o)}.$$

Es gilt zu untersuchen, ob der Prozeß auf dem Weg über die Moleküle erfolgt oder aber in zwei Schritten nach dem folgenden Schema:

$$H_2 \overset{\rightarrow}{\leftarrow} 2\,H, \quad H + H_{2(p)} \overset{\rightarrow}{\leftarrow} H_{2(o)} + H.$$

Der erste Reaktionsweg wurde von Eyring untersucht.[1] Wenn man, wie früher besprochen, bei der Bestimmung der günstigsten Konfiguration die Coulomb-Glieder in (2) wegläßt, so ergibt sich im aktivierten Zustand eine quadratische Anordnung mit der Quadratseite 1,2 Å. Damals rechnete Eyring noch mit 10% Coulomb-Anteil in der Bindungsenergie des H_2-Moleküls und erhielt eine Aktivierungswärme von 96 kcal. Die Aktivierungsenergie des zweiten Reaktionsmechanismus setzt sich aus zwei Anteilen zusammen, der entsprechenden Größe W für den $H + H_2$-Prozeß vermehrt um einen Anteil, der annähernd gleich der halben Dissoziationsenergie D_{H_2} des H_2 ist.

Dies sieht man auf folgende Weise ein. Wenn wir die Konzentrationen einer Atom- oder Molekülsorte durch eine Klammer andeuten, so gilt für die zeitliche Änderung der Größe $(H_{2(p)})$:

$$-\frac{d(H_{2(p)})}{dt} = \text{const.} \; (H) \, (H_{2(p)}) \, e^{-\frac{W}{RT}}.$$

Anderseits besteht nach dem Massenwirkungsgesetz für den Dissoziationsvorgang die Beziehung

$$\frac{(H)^2}{(H_{2(p)})} = e^{-\frac{\Delta F}{RT}},$$

wobei ΔF die Änderung der freien Energie bei diesem Prozeß bedeutet. Für diese kann man näherungsweise die Dissoziationsenergie D_{H_2} einführen und erhält sodann

$$-\frac{d(H_{2(p)})}{dt} = \text{const.} \cdot (H_{2(p)})^{\frac{3}{2}} \, e^{-\frac{\left(W + \frac{1}{2} D_{H_2}\right)}{RT}}.$$

Die im Zähler des Exponenten stehende Größe ergibt die gesamte Aktivierungswärme, womit unsere obige Behauptung bewiesen ist. Für W erhalten wir mit 10% Coulomb-Energie 13 kcal, für D setzen wir rund 102 kcal, so daß für den zweiten Mechanismus eine Aktivierungsenergie von nur annähernd 64 kcal/Mol herauskommt, während die Erfahrung einen Wert von 59 kcal/Mol ergibt. In Übereinstimmung mit dieser jedoch hat die Theorie es ermöglicht, eine Entscheidung zwischen zwei Reaktionswegen zu treffen.

Dasselbe Resultat gilt auch für die Isotopenreaktionen. Auf ähnliche Weise lehren die Rechnungen Eyrings in der zuletzt zitierten Arbeit, daß die Bildung von Jodwasserstoff auf dem Wege $J_2 + H_2 \overset{\rightarrow}{\leftarrow} 2\,HJ$[2] vor sich geht. Hat man es jedoch mit Chloratomen zu tun, so verläuft der Prozeß über die dissoziierten

---

[1] H. Eyring: J. Amer. chem. Soc. **53** (1931), 2537. Berichtigung dazu A. Wheeler, B. Topley, H. Eyring: J. chem. Physics **4** (1936), 478.

[2] Man wird hier wiederum auf eine nichtlineare Anordnung geführt. Bezüglich der Möglichkeit einer gestreckten Konfiguration für diesen Fall siehe P. Ekstein, M. Polanyi: Z. physik. Chem., Abt. B **15** (1932), 334.

Produkte, also: $Cl_2 \rightleftarrows 2\,Cl$, $H_2 + Cl \rightleftarrows HCl + H$. Dagegen gestattet die Theorie einstweilen keine Entscheidung bei der entsprechenden Reaktion mit Brom.

Ein anderes Beispiel ist die Zersetzung von $C_2H_4J_2$. SHERMAN und SUN[1] fanden, daß die monomolekulare Zersetzung mit einer Aktivierungsenergie von 30 kcal/Mol vor sich geht, während die bimolekulare Umsetzung mit Jodatomen 28,1 kcal/Mol erfordert. Dies läßt auf eine Beteiligung beider Mechanismen schließen, was auch dem experimentellen Befund von ARNOLD und KISTIAKOWSKY[2] entspricht.

Es liegt eine Reihe analoger Betrachtungen für kompliziertere Gebilde wie etwa Kohlenwasserstoffe vor. Diesbezüglich verweisen wir den Leser auf das Buch von HELLMANN sowie auf dasjenige von SCHUMACHER,[3] wo sich weitere Literatur verzeichnet findet.

Eine zusammenfassende Betrachtung der Ergebnisse, welche von der eingangs als halbempirisch bezeichneten Methode geliefert werden, zeigt folgendes:

1. Stimmt sie mit der Erfahrung völlig überein für den Grenzfall, daß das betrachtete Gebilde in Atompaare oder einzelne Atome gespalten ist.

2. Stellen die Ausdrücke (1) und (2) eine brauchbare Interpolationsformel aus den bekannten Energien für Ausgangs- und Endzustand für die dazwischenliegenden Konfigurationen dar.

3. Liefert das halbempirische Verfahren in einer Reihe von Fällen befriedigende Werte für die Umsetzungswärmen.

Wir werden weiter im nächsten Abschnitt sehen, wie die Kenntnis des Energiegebirges (besonders der Sattelfläche sowie der dazugehörigen Geometrie des aktivierten Zustandes), die für die meisten Fälle bisher nur durch dieses Verfahren vermittelt werden konnte, bei der Berechnung des sterischen Faktors eine ausschlaggebende Rolle spielen wird.

b) Die Berechnung der Häufigkeitszahl.

Es ist schon darauf hingewiesen worden (vgl. S. 145 f.), daß der Ausdruck für die Reaktionsgeschwindigkeitskonstante einer chemischen Umsetzung aus zwei Faktoren besteht, deren einer im Exponenten einer e-Potenz die Aktivierungswärme enthält, während der andere — schwächer temperaturabhängig — je nach dem Typus der gerade betrachteten Umsetzung (monomolekular, bimolekular usw.) mit der Funktion einer innermolekularen Schwingung oder mit einer Stoßzahl zusammenhängt. Früher hatte sich für diesen temperaturunabhängigen Faktor der Ausdruck Aktionskonstante eingebürgert; es ist vielleicht zweckmäßig, ihn im Hinblick auf seine Bedeutung besser Frequenzkonstante oder Häufigkeitszahl zu nennen (vgl. hierzu S. 145). Es ist eine der wichtigsten Aufgaben der gegenwärtigen Reaktionskinetik, die Häufigkeitszahl einer chemischen Umsetzung aus den atomaren und molekularen Daten der beteiligten Systeme herzuleiten, doch kann man nicht sagen, daß ihre Lösung bereits sehr weit vorgeschritten wäre.

Wir haben in den vorangegangenen Abschnitten mit Hilfe quantenmechanischer Überlegungen und unter Verwendung einiger vereinfachender Voraus-

[1] A. SHERMAN, C. E. SUN: J. Amer. Chem. Soc. 56 (1934), 1096.

[2] E. A. ARNOLD, G. B. KISTIAKOWSKY: J. chem. Physics 1 (1933), 166, 287.

[3] H. J. SCHUMACHER: Chemische Gasreaktionen, Bd. III von „Die chemische Reaktion", Dresden und Leipzig, 1938. Siehe auch BODENSTEIN und JOST im vorliegenden Bande des Handbuches.

setzungen die Energiefläche eines reagierenden Systems als Funktion der Kernkoordinaten berechnet. Sie gibt an, welche Gesamtenergie der von uns betrachteten Atomgruppe in jedem Augenblick zukommt und wie sie sich ändert, wenn
wir das eine oder andere Atom in irgend einer Weise verschieben. Die Betrachtung
dieser Verhältnisse gestattete auch die Aktivierungswärme der Reaktion anschaulich zu machen und in den einfachsten Fällen auch zahlenmäßig zu berechnen. Sie ergab sich als die Höhe des niedrigsten Energiesattels, den man
durch geeignete räumliche Anordnung der reagierenden Atome herstellen kann.
Für den Fall dreier miteinander reagierender Wasserstoffatome ist jene Anordnung, welche den Energiesattel zu einem Minimum macht, die Gruppierung der
drei H-Atome auf einer geraden Linie.

Nun ist einerseits die Wahrscheinlichkeit für das Auftreten einer solchen Anordnung sehr gering, weil ja die reagierenden Atome im Gas unregelmäßig hinsichtlich ihrer Geschwindigkeit verteilt sind, anderseits wird der Bildpunkt
unseres Systems, den wir uns als eine im Energiegebirge abrollende Kugel vorstellen können, unter Umständen selbst bei genügender Energie den Aktivierungs-
sattel nicht überschreiten können, wenn nicht im Augenblick des Stoßes eine
gerade hierfür günstige Verteilung des zur Verfügung stehenden Impulses auf
die einzelnen Komponenten vorhanden ist. Wir sehen aus dieser Betrachtung,
daß neben der absoluten Höhe dieses Sattels auch die Form der Energiefläche
in seiner unmittelbaren Umgebung — die Steilheit der Hänge, die Breite der
Sattelfläche selbst usw. — für den Erfolg der Reaktion maßgebend sein muß.
Das Studium dieser Verhältnisse führt uns aber gerade zur quantenmechanischen
Erfassung der Häufigkeitszahl, die im Sinne unseres Bildes vom Zustandekommen
einer chemischen Reaktion zum Ausdruck bringt, daß für die Überschreitung
eines Gebirges nicht nur seine absolute Höhe, sondern — wie man sehr gut weiß —
auch noch seine morphologische Gestalt von größter Bedeutung ist.

Die zu lösende Aufgabe können wir folgendermaßen formulieren:

Gegeben sei in einem Behälter eine bestimmte Menge Substanz im gasförmigen
Zustand, welche der linken Seite der chemischen Reaktionsgleichung entspricht
und deren Moleküle eine Maxwell-Boltzmannsche Energieverteilung besitzen.
Es wird nun darnach gefragt, wieviel Moleküle, die der rechten Seite der Reaktionsgleichung entsprechen, in der Zeiteinheit gebildet werden, wenn die Eigenschaften aller reagierenden Bestandteile bekannt sind. Für den Weg zur Lösung
dieses Problems, wie er in den letzten Jahren beschritten wurde, hat sich die
Bezeichnung *„Methode des Zwischenzustandes"* (*Transition state method*) eingebürgert. Darunter ist folgendes zu verstehen. Beim Übergang des Systems
aus der Anfangslage durch Änderung der Koordinaten in die Endlage wird jener
Zwischenzustand überschritten, welcher für den Reaktionsvorgang von entscheidender Bedeutung ist. Denn hat ihn das betrachtete System erreicht, so
besteht eine verhältnismäßig hohe Wahrscheinlichkeit dafür, daß die Reaktion
zu Ende geführt wird. Diese kritische Anordnung charakterisiert den „aktivierten Komplex", dessen Energieinhalt den höchsten Punkt des Potentialberges
bestimmt, der überwunden werden muß.

Die Methode findet ihre Anwendung auf jenen häufigsten Typus von Reaktionen, bei welchem wohl eine Änderung der chemischen Konstitution, aber
nicht eine solche des Quantenzustandes der Elektronen eintritt. Das heißt also, daß
wir uns im folgenden mit adiabatischen Prozessen beschäftigen werden. Außer
acht bleiben sollen hier jene Vorgänge, bei denen weder chemische Formel noch
Elektronenzustand geändert werden, sondern bloß ein Energieaustausch bei
einem Zusammenstoß eintritt, wie dies etwa bei den Transportphänomenen der
Fall ist. Eine weitere Einschränkung unseres Verfahrens verlangt die Gültigkeit

der klassischen Statistik für die Kernbewegungen im Feld des mehrdimensionalen Energiegebirges.

Dieses wird gebildet aus der Energie der Elektronen, welche sich gemäß der obigen Annahme im tiefsten Quantenzustand aufhalten, plus der elektrostatischen Energie der Kerne. Wir schreiben dafür $E(X_1, X_2, \ldots, X_{3n})$, wobei die X_i die Kernkoordinaten bedeuten.[1]

Zur Berechnung der Geschwindigkeitskonstanten betrachten wir ein System, welches aus soviel Atomen besteht, wie am chemischen Einzelprozeß beteiligt sind. Um auf die Gesamtheit aller vorhandenen Atome zu schließen, hat man dann einfach mit den zugehörigen Konzentrationen zu multiplizieren.

Wir ziehen nun, im wesentlichen einem schon von GIBBS stammenden Gedankengang folgend, eine große Anzahl derartiger Systeme, welche eine makrokanonische Gesamtheit bilden, heran. Der Konfigurationsraum eines jeden dieser Systeme ist $3\,n$-dimensional, die Energiefläche $E\,(X_i)$ kann sodann gegen eine $(3\,n + 1)$-Dimension aufgetragen werden. Jedes einzelne System dieses GIBBSschen Ensembles wird durch einen Bildpunkt in dem vorliegenden Kontinuum repräsentiert. Die Abb. 23 stellt als Beispiel einen zweidimensionalen Schnitt durch eine solche Energiefläche dar. Wir wollen uns an Hand dieser nochmals die energetischen Verhältnisse veranschaulichen. Der linken Seite der chemischen Reaktionsgleichung entspricht ein Gebiet (a) von verhältnismäßig geringem Energieinhalt und der rechten Seite der Gleichung ein ebensolches (e). Diese Teilgebiete geringerer Energie werden durch einen „Grat" voneinander getrennt. Auf diesem liegen die höchsten Punkte aller Wege, welche von (a) nach (e) führen. Die tiefstgelegenen von ihnen stellen im Konfigurationsraum eine Hyperfläche (S)

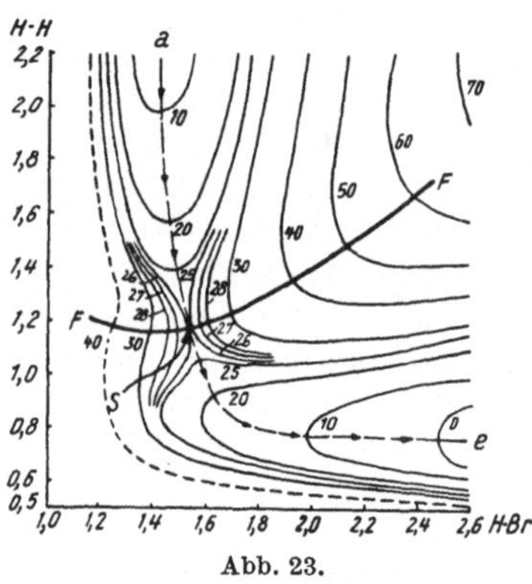

Abb. 23.

konstanter Energie W_0 dar, und zwar der Aktivierungsenergie, welche aufzuwenden ist, damit die Reaktion zu Ende verlaufen kann. In der Richtung des Reaktionsweges fällt das Potential nach beiden Seiten ab, in allen anderen Richtungen dagegen steigt es an. Schließlich denken wir uns noch eine $(3n - 1)$-dimensionale Fläche F durch alle Sattelpunkte senkrecht auf die Richtung des steilsten Abfalles gelegt. Das Passieren dieser Fläche durch einen Bildpunkt bedeutet dann, daß in dem zugehörigen System der Übergang von a nach e, d. h. die betrachtete chemische Reaktion stattgefunden hat.

Zur Bestimmung der Häufigkeitszahl hat man nun die Anzahl der Bildpunkte festzustellen, die in der Zeiteinheit vom Ausgangstal (a) durch F in das Endtal (e) gelangen.[2] Zu diesem Zweck nehmen wir an, daß Gleichgewicht herrscht und daher ebensoviel Überschreitungen von (a) nach (e) wie umgekehrt vorkommen, obwohl in Wirklichkeit zunächst das Tal (e) ganz leer ist. Das hindert uns aber nicht daran, wenigstens zu bedenken, daß die Anzahl der Gratüberschreitungen von (a) nach (e) unabhängig von der Besetzungsdichte in (e) ist. Nun können wir die Dichte der Bildpunkte einfach durch eine BOLTZMANN-Formel ausdrücken und

---

[1] Wir bezeichnen jetzt abweichend von früher die Kernkoordinaten mit X_i.

[2] Die Anschauung, daß die Geschwindigkeit einer Reaktion durch die Frequenz bestimmt wird, mit der eine kritische Fläche im Phasenraum durchschritten wird, wenn man annimmt, daß die Gleichgewichtsverteilung der Moleküle durch den chemischen Prozeß nicht gestört wird, wurde erstmalig von R. MARCELIN: Ann. Physique 3 (1915), 158, vertreten.

finden die Anzahl der Systeme n, welche unsere Kontrollfläche F in einer Richtung pro Sekunde durchsetzen, gegeben durch das über die gesamte Fläche F integrierte Produkt aus Dichte mal mittlerer Geschwindigkeitskomponente senkrecht zur Fläche F, also

$$n = \int_F e^{-\frac{E}{kT}} \bar{v}_n \, dF. \tag{1}$$

Da die Anzahl der Bildpunkte exponentiell abnimmt, wenn wir uns von der Sattelfläche S entfernen, weil eben der Übergang in der Umgebung des Sattels bei weitem am häufigsten erfolgt, können wir E in eine Reihe um S entwickeln und uns mit dem ersten Glied begnügen.[1] Wir schreiben daher:

$$E = W_0 + \sum_{i=1}^{3n-s-1} a_i(\xi_1 \ldots \xi_s)\, \eta_i^2. \tag{2}$$

Hierbei bedeuten die ξ_i Koordinaten in der Fläche S und die η_i die restlichen Koordinaten in F. Durch Einführung dieser „Normalkoordinaten" kann das Integral (1) in elementarer Weise ausgewertet werden.

Nun machen wir die wichtige Voraussetzung, daß alle Reaktionswege, die durch die Kontrollfläche hindurchführen und im Gebiet (a) ihren Ausgangspunkt haben, nach einmaliger Durchsetzung von F in (e) enden. Dann erhalten wir die Häufigkeitszahl, indem wir einfach n durch die Anzahl der Punkte im Gebiete (a) dividieren. Letztere wiederum ist gegeben durch das Integral

$$\int_{(o)} e^{-\frac{E}{kT}} \, dX_1 \ldots dX_{3n}. \tag{3}$$

Auch hier kann wiederum eine Entwicklung vorgenommen werden. Auf diese Weise wurde zuerst von PELZER und WIGNER[2] die Reaktionsgeschwindigkeit der Reaktion

$$\mathrm{H_2 + H = H + H_2}$$

berechnet.

Ein anderes Verfahren zur Behandlung des Zwischenzustandes rührt von EYRING sowie von EVANS und POLANYI[3] her. Der Quotient aus (1) und (3) wird denselben Wert für alle jene Systeme haben, deren E-Werte in den entsprechenden Integrationsgebieten dieselben sind. Dies gilt unabhängig davon, welche Werte die Energie im dazwischenliegenden Gebiet annimmt. Man kann daher, wenn man auf dem Boden der klassischen Statistik bleibt, das wirklich vorhandene Potential, welches in der zu F senkrechten Richtung abfällt, sich durch ein solches ersetzt denken, welches in dieser Richtung zunimmt. Auf diese Weise kann man das Sattelgebiet der betreffenden Reaktion als ein metastabiles Molekül, das sogenannte „aktivierte Molekül" betrachten und die bekannten Methoden der Thermodynamik oder statistischen Mechanik darauf anwenden, wobei natürlich eine genaue Kenntnis aller Eigenschaften des aktivierten Zustandes, wie Trägheitsmoment und Schwingungsfrequenzen, vorausgesetzt wird. Wir wollen im folgenden unsere Aufmerksamkeit auf letztere Betrachtungsweise beschränken.

Im Sinne dieser Ausführungen wird man die Geschwindigkeitskonstante erhalten, indem man den Quotienten $\dfrac{F_{zw}}{F_a}$ aus Zustandsintegral bzw. Zustandssumme des

---

[1] Die linearen Glieder der TAYLOR-Entwicklung verschwinden infolge Verschwindens der ersten Differentialquotienten in den Sattelpunkten.

[2] H. PELZER, E. WIGNER: Z. physik. Chem., Abt. B **15** (1932), 445.

[3] H. EYRING: J. chem. Physics **3** (1935), 107. — M. C. EVANS, M. POLANYI: Trans. Faraday Soc. **31** (1935), 875.

Zwischenzustandes und Ausgangszustandes bildet[1] und mit der mittleren Geschwindigkeit $\bar{v}_w$ multipliziert.

Den zu v_w gehörigen Impuls in der Reaktionsrichtung nennen wir p^* und $m^* = \dfrac{p^*}{v_w}$ die zugehörige Masse. Dann ergibt sich zunächst nach der Maxwell-schen Verteilungsformel:

$$\bar{v}_w = \frac{\displaystyle\int_{-\infty}^{+\infty} \frac{p^*}{m^*}\, e^{-\frac{(p^*)^2}{2\,m^*\,k\,T}}\, dp^*}{\displaystyle\int_{-\infty}^{+\infty} e^{-\frac{(p^*)^2}{2\,m^*\,k\,T}}\, dp^*} = \frac{k\,T}{(2\,\pi\,m^*\,k\,T)^{\frac{1}{2}}} \tag{4}$$

Betrachten wir nun das Zustandsintegral des Zwischenzustandes. Der im *transition state* befindliche Komplex besteht aus n Atomen mit $3\,n$ Freiheitsgraden. Drei von diesen sind der Translation des Schwerpunktes zuzuordnen. Legen wir eine nichtlineare Anordnung zugrunde und vernachlässigen die wenigstens im Gaszustand geringfügigen Wechselwirkungsglieder, so können wir weitere drei Freiheitsgrade der Rotationsbewegung um den Massenmittelpunkt zuordnen. Der Zwischenzustand ist ferner durch die Impulskomponente p^* charakterisiert; die dazugehörige kanonische Ortskoordinate q^* integrieren wir über einen Streifen von der Breite $1/2$ zu beiden Seiten des Sattels. Die Teilintegrale über den restlichen Konfigurationsraum würden bloß Konzentrationsfaktoren liefern und brauchen daher nicht weiter in Betracht gezogen zu werden.

Schließlich bezeichnen wir noch mit $m = \sum\limits_{i=1}^{w} m_i$ die Masse des aktivierten Komplexes, die sich additiv aus den Massen m_i der einzelnen reagierenden Atome zusammensetzt, und mit A, B, C die drei Trägheitsmomente desselben um die drei Hauptträgheitsachsen. A, B, C werden wohl stets groß genug sein und die zugehörigen Energieterme daher genügend dicht beieinanderliegen, um eine klassische Behandlung der rotatorischen Freiheitsgrade zu gestatten. Die übrigen $3\,n - 7$ Schwingungsglieder der Energie kann man in der Nähe des Sattelpunktes wiederum nach Normalkoordinaten entwickeln und als Summe von $3\,n - 7$ Quadraten schreiben, welche ebensovielen harmonischen Frequenzen v_i entsprechen.[2] Allerdings darf man hier keine Zustandsintegrale mehr verwenden, weil die Abstände der einzelnen Schwingungsniveaus nicht mehr gegen $k\,T$ vernachlässigt werden können. Auf diese Weise ergibt sich als Beitrag des Zwischenzustandes zur Häufigkeitszahl der folgende Ausdruck:

$$\underbrace{\frac{(2\,\pi\,m\,k\,T)^{\frac{3}{2}}}{h^3}}_{\text{Transl.}} \cdot \underbrace{\frac{8\,\pi^2\,(8\,\pi^3\,A\,B\,C)^{\frac{1}{2}} \cdot (k\,T)^{\frac{3}{2}}}{h^3}}_{\text{Rot.}} \cdot \underbrace{\prod_{i=1}^{3n-7} \frac{1}{1 - e^{-\frac{h\,v_i}{k\,T}}}}_{\text{Schwing.}} \cdot \underbrace{\frac{1\,(2\,\pi\,m^*\,k\,T)^{\frac{1}{2}}}{h}}_{\text{Reaktionsweg.}} \cdot \tag{5}$$

---

[1] Oder mit anderen Worten den Quotienten aus den zwei Phasenvolumina, die den beiden Zuständen zur Verfügung stehen.

[2] Man sieht daraus, worin der Zwischenzustand von der Arrheniusschen Vorstellung eines aktivierten Komplexes abweicht. Dieser stellt einen realen Molekültypus dar mit $3\,n - 6$ oszillatorischen Freiheitsgraden, während wir im aktivierten Komplex an Stelle dessen bloß $3\,n - 7$ Schwingungsfreiheitsgrade und eine translatorische Impulskoordinate in der Richtung des Reaktionsweges haben.

Durch Multiplikation von Formel (4) mit (5) fällt die schwer zu bestimmende Größe m^* heraus, und es bleibt bloß das Glied $\dfrac{k\,T}{h}$. In analoger Weise kann das Phasenvolumen des Ausgangszustandes berechnet werden.

Wir wollen der Deutlichkeit halber im nachfolgenden die Rechnungen für den einfachen Fall der drei H-Atome weiterführen. Wir wissen aus früheren Berechnungen, daß im aktivierten Zustand die drei Atome in einer Geraden liegen. Es gibt also hier keinen Freiheitsgrad der Drehung um die Verbindungslinie, und an Stelle des entsprechenden Gliedes in (5) hat man

$$\frac{8\,\pi^2\,J\,k\,T}{h^2}\cdot\frac{1}{1-e^{-\frac{h\,\nu_{3\,n-6}}{k\,T}}}$$

zu setzen, wobei $J=(A\,B)^{\frac{1}{2}}$ ist. Ein gleicher Ausdruck folgt für den Ausgangszustand, wenn man an Stelle von J den entsprechenden Wert J_{H_2} für das H_2-Molekül einsetzt. Weiter hat der Zwischenzustand im ganzen drei oszillatorische Freiheitsgrade und der Ausgangszustand deren einen mit der Frequenz ν_0. Endlich schreiben wir noch für m_1 die Masse des Wasserstoffatoms m_{H} und für m_2 $2\,m_{\mathrm{H}}$ und erhalten für die Geschwindigkeitskonstante unserer Reaktion:

$$c=\frac{\dfrac{k\,T}{h}\cdot\dfrac{(2\,\pi\,3\,m_{\mathrm{H}}\,k\,T)^{\frac{3}{2}}}{h^3}\cdot\dfrac{8\,\pi^2}{h^2}\,J\,k\,T\displaystyle\prod_{i=1}^{3}\dfrac{1}{1-e^{-\frac{h\,\nu_i}{k\,T}}}}{\dfrac{(2\,\pi\,m_{\mathrm{H}}\,k\,T)^{\frac{3}{2}}}{h^3}\cdot\dfrac{(2\,\pi\,2\,m_{\mathrm{H}}\,k\,T)^{\frac{3}{2}}}{h^3}\dfrac{8\,\pi^2}{h^2}\,J_{\mathrm{H}_2}\,k\,T\dfrac{1}{1-e^{-\frac{h\,\nu_0}{k\,T}}}}. \tag{6}$$

Wir wollen nun aus den hier auftretenden Faktoren ein Glied von der Dimension einer Stoßzahl abspalten, um so eine Formel für den sterischen Faktor zu gewinnen. Zu diesem Zwecke formen wir das Trägheitsmoment J etwas um, indem wir an Stelle des geometrischen Mittels $\sqrt{A\,B}$ das arithmetische Mittel $\dfrac{A+B}{2}$ einsetzen. Wir finden $\dfrac{A+B}{2}=2\,m_{\mathrm{H}}\,l^2$, worin l den Abstand zwischen zwei benachbarten H-Atomen im aktivierten Zustand bedeutet. Führt man dies in Formel (6) ein, so ergibt sich schließlich:

$$c=2\,(2\,\pi\,k\,T)^{\frac{1}{2}}\left(\frac{3}{2\,m_{\mathrm{H}}}\right)^{\frac{1}{2}}\cdot 3\,l^2\cdot\frac{h^2}{8\,\pi^2\,J_{\mathrm{H}_2}\left(1-e^{-\frac{h\,\nu_1}{k\,T}}\right)\left(1-e^{-\frac{h\,\nu_2}{k\,T}}\right)}\cdot\frac{1-e^{-\frac{h\,\nu_0}{k\,T}}}{1-e^{-\frac{h\,\nu_3}{k\,T}}}. \tag{6a}$$

Aus der kinetischen Gastheorie erhält man für die Stoßzahl zwischen zwei Molekülen mit den Massen m_1 und m_2 und den Radien r_1 und r_2 den Ausdruck

$$Z=2\,(2\,\pi\,k\,T)^{\frac{1}{2}}\left(\frac{m_1+m_2}{m_1\cdot m_2}\right)^{\frac{1}{2}}(r_1+r_2)^2.$$

Dies entspricht dem Term vor dem Bruch in (6a), wenn man $3\,l^2$ für $(r_1+r_2)^2$ substituiert. Wir fanden für den Abstand l im aktivierten Molekül 0,91 Å, also für den „Stoßradius" $l\sqrt{3}=1{,}58$ Å. Aus Viskositätsmessungen erhält man für den Durchmesser des H_2-Moleküls 2,47 Å. Selbst wenn man berücksichtigt, daß der eine Reaktionspartner bloß ein H-Atom ist, so gilt noch immer $r_1+r_2>l\sqrt{3}$, und es folgt damit ein größerer Stoßfaktor als sich aus der Methode des *transition state* ergibt.

Die zwei Brüche in (6a) stellen den sterischen Faktor der Reaktion dar. Zur Diskussion betrachten wir die drei Frequenzen des aktivierten Zustandes. Die eine davon, wir wollen annehmen ν_3, bedeutet eine gekoppelte Schwingung der drei linear angeordneten Massen in Richtung ihrer Verbindungslinie. Im Ausgangszustand entspricht diesem Freiheitsgrad die Oszillation des H_2-Moleküls, deren Frequenz ν_0 jedenfalls größer ist als ν_3. Demzufolge ist der letzte Bruch größer als 1. Die restlichen zwei Frequenzen ν_1 und ν_2 sind Deformationsschwingungen zuzuordnen, bei denen die gestreckte Anordnung zerstört wird. Sie entsprechen den zwei rotatorischen Freiheitsgraden des Ausgangszustandes und sind ein Maß für den räumlichen Winkelbereich, aus dem noch erfolgreiche Stöße vorkommen können. Denn je größer der Energieanstieg beim Verlassen der günstigsten Konfiguration ist, um so größer auch ν_1 und ν_2. Der erste Bruch stellt also den klassischen sterischen Faktor dar. Bei zwei Freiheitsgraden erhält man nach der Maxwellschen Statistik für die mittlere Überschreitung einer beliebigen Energie W_0 einen Betrag proportional T. Ebenso würde auch in unserer Betrachtungsweise bei Übergang zur klassischen Theorie, d. h. im lim ($h \to 0$) Proportionalität zur absoluten Temperatur folgen. Pelzer und Wigner[1] fanden nun, daß der sterische Faktor bei rein geometrischer Betrachtungsweise um ungefähr ein Fünftel zu klein herauskommt, während die konsequent durchgeführte Rechnung gute Übereinstimmung mit der Erfahrung ergibt. Diese Vergrößerung ist, wie wir oben sahen, der Verkleinerung der Schwingungsfrequenzen, d. h. der durch die gegenseitige Annäherung bedingten Auflockerung des reagierenden Systems beim Übergang in den aktivierten Zustand zuzuschreiben.

Zusammenfassend wollen wir nochmals die drei Hauptannahmen der Methode des Zwischenzustandes zusammenstellen und diskutieren:

1. Man kann behaupten, daß bei genügend langsamer Kernbewegung und Singularität mit freier Energiefläche die Adiabatenbedingung keinen ernstlichen Fehler verursachen wird.

2. Man kann plausibel machen, daß eine quantenmäßige Behandlung der Kernbewegung, d. h. Berücksichtigung des Tunneleffekts im allgemeinen höchstens bei Reaktionen, an denen H-Atome beteiligt sind, etwas Neues bringen kann. Es sei bei dieser Gelegenheit auf eine prinzipielle Schwierigkeit hingewiesen, die sich ergibt, wenn man die Quantentheorie in einer strengen Form auf die Bestimmung der Häufigkeitszahl anwenden will. Gemäß Formel (1) ist hierfür neben der Gestalt der Potentialfläche noch die Geschwindigkeit maßgebend, mit der der Bildpunkt die Fläche F durchsetzt. Nun ist aber erstere nach der Unbestimmtheitsrelation gar nicht genau definiert, so daß unserem Verfahren auf diese Weise jeder Boden entzogen wäre, wenn man die klassische Theorie vollends aufgeben würde.

3. Schließlich ist noch bei der Herleitung unserer Formel angenommen worden, daß alle Systeme, welche über die Potentialbarriere kommen, auch wirklich zur Reaktion beitragen, d. h. nicht wiederum in das Ausgangstal zurückkehren. Dies wird für eine einfache Energiefläche, wie sie z. B. in Abb. 16 dargestellt ist, wohl der Fall sein, muß aber nicht mehr bei komplizierten Gebilden zutreffen. Es kann nämlich in solchen Fällen eine Reflexion an einem zweiten Potentialberg erfolgen. Wir müssen daher unsere oben abgeleiteten Ausdrücke für die Häufigkeitszahl mit einem Faktor $\varkappa$ multiplizieren, welcher gleich ist dem Verhältnis aus der Anzahl der Bildpunkte, welche von (a) ausgehend nach Durchsetzung von F in (e) (oder umgekehrt) ankommen, zur Anzahl aller jener Bildpunkte,

---

[1] l. c.

welche durch F hindurchtreten. Für einen einfachen Fall kann man sich den Verlauf dieser Größe ungefähr klarmachen. Wenn unsere Fläche S, die der geometrische Ort aller Punkte gleicher Energie W_0 ist, eine niedrigere Dimension aufweist als F (also in der Zeichenebene Aktivierungspunkt S und Linie F), dann werden, bei tiefer Temperatur und von Quanteneffekten abgesehen, die meisten Bildpunkte ihren Weg in der engsten Umgebung um S nehmen müssen. Selbst wenn eine Rückreflexion eintreten sollte, so wird der repräsentative Punkt kaum den engen Rückweg finden können. Die Wahrscheinlichkeit hierfür ist um so geringer, je enger der „Pfad", d. h. je weniger die kinetische Energie des Punktes den Wert W_0 übersteigt. Der Mittelwert dieser Energiedifferenz aber ist proportional T, so daß mit abnehmender Temperatur der Reflexionskoeffizient gegen Null und damit $\varkappa$ gegen 1 gehen muß.

Im allgemeinen jedoch ist die Berechnung von $\varkappa$ mit großen Schwierigkeiten verbunden. Da wir meistens infolge der vielfältigen Näherungen ohnehin nicht mehr als eine größenordnungsmäßige Bestimmung der Häufigkeitszahl verlangen können, wird diese Unbestimmtheit den Gültigkeitsbereich unserer Ausführungen kaum einzuschränken vermögen.

c) Die katalytische Wirkung von Grenzflächen.

Wir wollen unsere Betrachtungen über den Mechanismus von Reaktionen zum Schluß noch dazu verwenden, eine Vorstellung über die katalytische Wirkung von Kontakten bei Gasreaktionen zu gewinnen.

Wir sahen im vorletzten Kapitel, daß im allgemeinen Reaktionen vom Typus $AD + BC \rightleftarrows AB + CD$ eine größere Aktivierungswärme benötigen als die entsprechende Reaktion über die freien Atome. Nun kann die notwendige Arbeit für die Molekülreaktion teilweise durch ein äußeres Feld geleistet werden, indem durch dieses eine Dissoziation oder wenigstens Dehnung der Ausgangsmoleküle erfolgt. Feste Grenzflächen üben eine solche Wirkung aus, und zwar nach POLANYI und LENNARD-JONES[1] auf Grund der bevorzugten Adsorption freier Atome. Diese wurde in einigen Fällen direkt erwiesen, in anderen indirekt aus der rekombinierenden Wirkung der Wand erschlossen. POLANYI schätzt auf diese Weise die Summe der Adsorptionspotentiale zweier H-Atome auf ungefähr 80000 cal, während man für das Wasserstoffmolekül ungefähr 5000 cal erhält.

Vereinigen sich also die freien Atome, so tritt eine merkliche Reduktion der Kräfte auf, mit denen die Partikeln an der Wand haften. Es liegt hier eine Absättigung der Bindungskräfte vor; demzufolge kann es sich nicht um die bei der gewöhnlichen Adsorption wirksamen VAN DER WAALSschen Kräfte

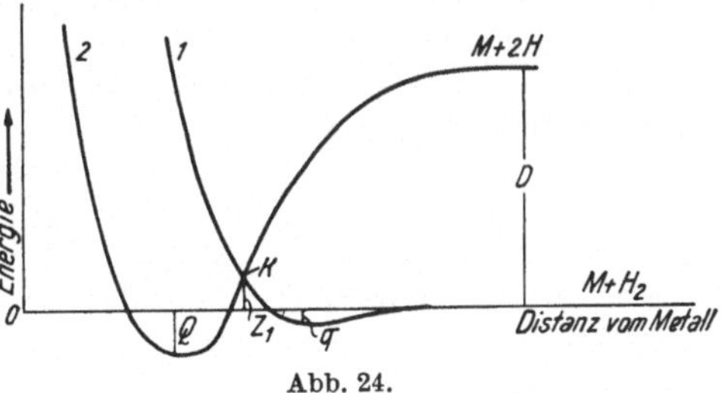

Abb. 24.

handeln, sondern um eine Valenzbetätigung, also um Resonanzanziehung. Diese ist die Ursache der von TAYLOR[2] so bezeichneten „aktivierten Adsorption". Das Wort „aktiviert" kommt davon, daß der Vorgang erst oberhalb einer bestimmten

---

[1] M. POLANYI: Z. Elektrochem. **27** (1921), 143; **35** (1929), 563. — I. E. LENNARD-JONES: Trans. Faraday Soc. **28** (1932), 333.

[2] H. S. TAYLOR: J. Amer. chem. Soc. **53** (1931), 578. Vgl. dazu auch die Ausführungen von H. DOHSE und H. MARK im Handbuch der chemischen Physik, Bd. 3, Teil 1, Abschn. I sowie HUNSMANN in Bd. V des vorliegenden Handbuchs.

Temperatur sich bemerkbar macht, weil er Aktivierungsenergie benötigt. Wir wollen ihn an Hand zweier Kurven von Lennard-Jones untersuchen. Abb. 24 stellt die potentielle Energie einer Wasserstoffmolekel und der dissoziierten Atome bei Annäherung an eine Nickeloberfläche als Funktion der Entfernung von derselben dar. Als Nullniveau ist dabei die Energie von H_2 bei unendlicher Entfernung von der Wand angenommen. Die erste Potentialmulde ist ziemlich flach, so daß die Wahrscheinlichkeit, bei höherer Temperatur eine Partikel in dieser zu finden, sehr klein ist. Die zweite Kurve erhebt sich im Gasraum über die erste um den Betrag der Dissoziationsenergie von H_2, fällt aber bei Annäherung an die Metalloberfläche rasch ab infolge der oben besprochenen großen Adsorptionsenergie freier Atome. Im Punkt $\dot{K}$ links vom Minimum q schneiden sich schließlich die beiden Potentialkurven. Noch näher der Wand zu liegt dann das Minimum Q der Atomkurve. Daraus folgt, daß für die Aktivierung — Übergang von Kurve 1 zu 2 — eine Energie Z_1 bzw. $Z_1 + q$, falls vorherige Adsorption des Moleküls stattfinden muß, notwendig ist.

Dieses Aktivierungsschema gilt nicht nur für Atome, sondern auch für aktivierte Moleküle. Betrachten wir unsere obige Reaktion. Die Ausgangsmoleküle AD und BC gehen mit dem Adsorbens M Verbindungen

$$M\!\!<^{A}_{D} \quad \text{und} \quad M\!\!<^{B}_{C}$$

ein, wobei die Bindungen $A - D$ und $B - C$ gelockert werden. Damit aber auf diese Weise eine Beschleunigung des Reaktionsvorganges eintritt, ist es notwendig, daß erstens die obige Bindung an den Kontakt ohne größeren Energieaufwand erfolgt, zweitens aber die so gebildeten Oberflächenverbindungen ein geringeres Hemmnis für den Prozeß bilden als diejenigen des Ausgangszustandes. Diese Bedingungen werden im allgemeinen erfüllt sein. Denn die zwei Vorgänge — Bindung an die Wand und darauffolgende Loslösung unter Bildung neuer Moleküle — stellen Prozesse vom Typus

$$AD + BC \rightleftarrows A + BD + C \rightleftarrows AB + CD$$

dar, wenn man die freien Oberflächenvalenzen von M in ihrer Deformationswirkung auf die ursprünglichen Bindungen gleich den freien Atomen setzt.

Für die Katalyse durch Bildung von Oberflächenvalenzen ergibt sich damit das folgende Schema:

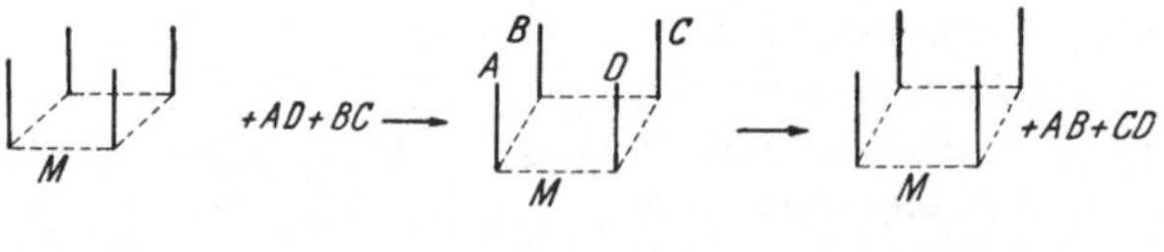

$$\boxed{}_M \; +AD+BC \longrightarrow \boxed{}_M \longrightarrow \boxed{}_M \; +AB+CD$$

Das Adsorbens wirkt also durch die Bildung einer Oberflächenverbindung und Dehnung ursprünglich vorhandener Bindungen, wobei die katalytische Wirkung darauf beruht, daß in vollkommen dissoziiertem oder mindestens deformiertem Zustand die Moleküle größere Anziehungskräfte erfahren als bei normalen Gleichgewichtsabständen.

Diese Betrachtungen können nach Polanyi auf jedes Feld erweitert werden, welches eine solche Wirkung ausübt. So wird die Anwesenheit von Ionen bei polaren Substanzen beschleunigend wirken, da dort die Deformation der Gleichgewichtsabstände eine Erhöhung des elektrischen Momentes hervorruft.

SHERMAN und EYRING[1] untersuchten mit Hilfe der früher beschriebenen Methoden die Katalyse der *Ortho-Para*-Wasserstoff-Umwandlung durch Kohle, indem sie alle Bindungen außer den zwei an der Umwandlung beteiligten als lokalisiert ansahen. Sie fanden gemäß unseren obigen Vorstellungen, daß zunächst eine aktivierte Adsorption der $H_{2(O)}$-Moleküle in Form von C—H-Bindungen eintritt. An diese schließt sich sodann eine Desorption des Wasserstoffes in Form von Paramolekülen an. Die Erfahrung bestätigt nach FARKAS[2] diesen Reaktionsmechanismus bei höheren Temperaturen.

Es ist vielleicht zu hoffen, daß eine genauere Kenntnis der Potentialkurven bei der Adsorption zu einer halbempirischen Methode führen wird, um so heterogene Katalysen grobquantitativ zu verstehen.[3]

---

[1] A. SHERMAN, H. EYRING: J. Amer. chem. Soc. 54 (1932), 2661, 3191.

[2] A. FARKAS: Orthohydrogen, Parahydrogen and heavy hydrogen. Cambr., 1935. Vgl. SCHWAB, TAYLOR, SPENCE: Catalysis. New York, 1938.

[3] Man vergleiche dazu die Bände 3 bis 6 dieses Handbuches.

Thermodynamic approach to catalysis.

By

MARTIN KILPATRICK, Philadelphia, Pa.

Entropy and Energy of activation; their significance according to the transition state theory.

The most important attempt to explain catalytic reactions and bimolecular reactions in general was made by ARRHENIUS in 1889. ARRHENIUS showed that the relation between the reaction velocity constant and the temperature could be expressed by the equation

$$\ln k = B - \frac{A}{RT},\tag{1}$$

in which A indicates the difference in energy between the active molecules and the average energy of all the molecules. The meaning of A is essentially the same as that held by ARRHENIUS but the meaning of B has undergone considerable change. SCHEFFER and KOHNSTAMM[1] assumed that in order to react the molecules had to go through an intermediate state characterized by a definite difference of energy from the average energy and a definite difference of entropy from the average entropy. On the basis of thermodynamic as well as kinetic considerations, they arrived at the following equation

$$\ln k = \frac{\varepsilon_i - \varepsilon_m}{RT} + \frac{\eta_i - \eta_m}{R} + C\tag{2}$$

where $\varepsilon_i - \varepsilon_m$ and $\eta_i - \eta_m$ represent the differences in energy and entropy in question. This formula was applied to experimental data and discussed in somewhat altered form in a later paper.

For the reaction

$$A + B + \ldots \rightleftharpoons C + D + \ldots\tag{3}$$

the velocity of the reaction to the right is given by

$$v_1 = k_1 C_A C_B \ldots\tag{4}$$

while the sum of the chemical potentials on the left is

$$\mu_1 = \mu_A + \mu_B + \ldots = \mu_{1(C=1)} + RT \log C_A C_B \ldots\tag{5}$$

---

[1] F. E. C. SCHEFFER, P. KOHNSTAMM: Proc. Acad. Sci. Amsterdam **13** (1911), 799; **15** (1915), 1109.

Comparison of (4) and (5), on the supposition that the reaction velocity is a function of the thermodynamical potentials, yields

$$v_1 = C_1 e^{\frac{\mu_1}{RT}} \tag{6}$$

where C_1 is a constant. Substitution of the value of μ_1 from (5) gives

$$v_1 = C_1 e^{\frac{\mu_{1(C=1)}}{RT}} C_A C_B \ldots \tag{7}$$

Consideration of the equality of the velocities and chemical potentials at equilibrium results in the expression

$$v_1 = C e^{\Sigma \nu_1} e^{\left(\frac{\varepsilon_A + \varepsilon_B + \cdots}{RT} - \frac{S_{A(C=1)} + S_{B(C=1)} \cdots}{R}\right)} C_A C_B \ldots \tag{8}$$

in which ε represents energy, S_A entropy and $\Sigma \nu_1$ represents the total number of molecules on the left in (3). From (4) and (8) it follows that

$$\log k_1 = \frac{\varepsilon_A + \varepsilon_B \cdots}{RT} - \frac{S_{A(C=1)} + S_{B(C=1)} + \cdots}{R} + \log C + \Sigma \nu_1. \tag{9}$$

If C were a universal constant it should be possible to calculate the absolute entropies. This is not possible and C must contain an energy and entropy magnitude which brings about an energy and entropy difference. The assumption of an intermediate state with energy and entropy quantities ε_t and S_t yields

$$k_1 = C e^{\Sigma \nu_1} e^{\left(\frac{\varepsilon_A + \varepsilon_B + \cdots - \varepsilon_t}{RT} - \frac{S_A + S_B + \cdots - S_t}{R}\right)} \tag{10}$$

or

$$\log k_1 = \frac{\varepsilon_1 - \varepsilon_t}{RT} - \frac{S_1 - S_t}{R} + \Sigma \nu_1 + \log C. \tag{11}$$

The first term is the energy of activation and the second term is called the entropy of activation.

In the case of a catalytic reaction, the picture is that the catalyst introduces another reaction path and consequently another intermediate state with new values of ε_t and S_t. ε_t for one catalyst may be smaller than for another or for the "uncatalyzed" reation but that is not necessary to obtain a faster rate as S_t may be larger. In other words the temperature coefficient for the catalyzed reaction may be greater than that for the "uncatalyzed" reaction.

Among the applications cited is the interesting case of substitution of hydrogen atoms in the benzene nucleus and in the side chain. In the nitration of toluene the intermediate states which occur in the displacement of the hydrogen atoms are different. For the substitution in the *ortho*, *meta* and *para* positions the velocities are represented by the equations

$$\left.\begin{aligned} v_o &= 2\,k_o\,C_{C_6H_5CH_3}\,C_{HNO_3} \\ v_m &= 2\,k_m\,C_{C_6H_5CH_3}\,C_{HNO_3} \\ v_p &= k_p\,C_{C_6H_5CH_3}\,C_{HNO_3} \end{aligned}\right\} \tag{12}$$

since there are two hydrogens in the *ortho* and *meta* positions. The quantities of each formed in unit time are in the ratio $2\,k_o : 2\,k_m : k_p$ and since

$$v = C e^{\left(\frac{\mu_1 - \varepsilon_t + T S_t}{RT}\right)} \tag{13}$$

the ratio can also be given by

$$2\,e^{\left(\frac{-\varepsilon_{t_o} + T S_{t_o}}{RT}\right)} : 2\,e^{\left(\frac{-\varepsilon_{t_m} - T S_{t_m}}{RT}\right)} : e^{\left(\frac{-\varepsilon_{t_p} + T S_{t_p}}{RT}\right)}. \tag{14}$$

From (11) the following relations will also exist

$$\log \frac{k_o}{k_m} = \frac{\varepsilon_{t_m} - \varepsilon_{t_o}}{R\,T} - \frac{S_{t_m} - S_{t_o}}{R}, \tag{15}$$

$$\log \frac{k_p}{k_o} = \frac{\varepsilon_{t_o} - \varepsilon_{t_p}}{R\,T} - \frac{S_{t_o} - S_{t_p}}{R}. \tag{16}$$

The entropy differences (second term) are found to be small and the experimental results can be expressed with one term. The value of $\varepsilon_{t_o} - \varepsilon_{t_p} = 135 <$ $< \varepsilon_{t_m} - \varepsilon_{t_o} = 1490$ which means that higher temperature increases the yield of the *meta* products.

In the bromination of toluene the substitution can be represented by the expressions

$$\log \frac{k_p}{k_o} = \frac{658}{R\,T} \tag{17}$$

and

$$\log \frac{k_o}{k_k} = \frac{15 \cdot 900}{R\,T} - 25 \cdot 176 \tag{18}$$

where k_k refers to the formation of benzyl bromide. The entropies of activation are very different for nuclear and chain substitution. Differences in the value of the B term in the ARRHENIUS equation which correspond to difference in entropy of activation are cited elsewhere[1] for various catalysts for several reactions.

In another paper BRANDSMA[2] discusses further the physical significance of the entropy of activation and compares the calculation of the reaction constant from SCHEFFER's equation with statistical mechanical calculations for monomolecular gas reactions. The physical picture of an energy barrier and the breadth of the pass (entropy factor) put forward by SCHEFFER has been used by BOESEKEN[3] in his theory of molecular dislocation applied to homogeneous catalysis.

LA MER,[4] following essentially the same treatment as SCHEFFER and BRANDSMA, arrives at an equation

$$\ln k = \frac{-E_A}{R\,T} + \frac{S_A - S_A{}^0}{R} + \ln \text{constant} \tag{19}$$

and evaluates the integration constant from collision theory.

A more general treatment than the older "threshold theories"[5] has been put forward by EYRING and POLANYI[6] and put in a thermodynamic form by WYNNE-JONES and EYRING[7] and EVANS and POLANYI.[8] This *transition state theory* states that the activated complex decomposes with a frequency $\varkappa \frac{k\,T}{h}$ so that the specific reaction rate constant

$$k = \varkappa\,K^{\neq}\,\frac{k\,T}{h}, \tag{20}$$

where $K^{\neq}$ is the equilibrium constant between the activated complex and the reactants. $\varkappa$ is the transmission coefficient, k the BOLTZMANN constant, T the

---

[1] M. KILPATRICK: This Handbuch, volume II, p. 263f.

[2] W. F. BRANDSMA: Recueil Trav. chim. Pays-Bas **47** (1928), 94.

[3] J. BOESEKEN: Trans. Faraday Soc. **25** (1929), 611.

[4] V. K. LA MER: J. chem. Physics **7** (1933), 289; J. Franklin Inst. **225** (1938), 709.

[5] A. E. LACOMBLÉ: Dissertation. Leiden, 1920.

[6] H. EYRING, M. POLANYI: Z. physik. Chem., Abt. B **12** (1931), 279. — H. EYRING: J. chem. Physics **2** (1934), 853.

[7] W. F. K. WYNNE-JONES, H. EYRING: J. chem. Physics **3** (1935), 492.

[8] M. G. EVANS, M. POLANYI: Trans. Faraday Soc. **32** (1936), 1333. — See also the articles of W. JOST and MARK-SIMHA in this volume.

absolute temperature and h PLANCK's constant. Substitution for $K^{\neq}$ in thermo-dynamic terminology yields

$$k = \varkappa \frac{kT}{h} e^{\frac{\Delta S^{\neq}}{R}} e^{-\frac{\Delta H^{\neq}}{RT}} = \varkappa \frac{kT}{h} e^{-\frac{\Delta F^{\neq}}{RT}} . \qquad (21)$$

A catalyst may change the rate of reaction by becoming part of the activated complex or it may change the concentration of the activated complex by changing the activity coefficients of the reactants. The latter effect may be regarded as a medium effect rather than a "catalytic" effect. A picture of the chemical mechanism has been given by STEARN and his co-workers[1] (see Fig. 1).

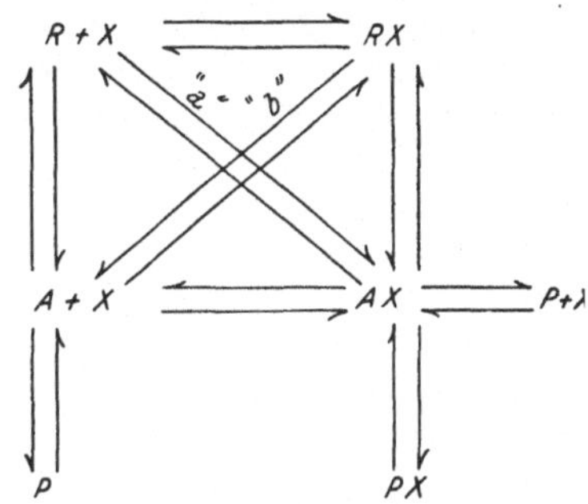

Fig. 1. Various reaction paths in the presence of a catalyst.

The symbol R refers to reactant, X is catalyst, A is activated complex in absence of catalyst, and P is the reaction product. Two general cases arise: 1. The catalyst is more strongly bound to R than to A. Here the formation of the activated complex involves the breaking of catalyst-reactant bonds with consequent increase in $\Delta H^{\neq}$. The freeing of the catalyst will, however, cause a compensating increase in $\Delta S^{\neq}$. (This is shown by path "b" in the diagram). 2. The catalyst is more strongly bound to A than to R. Here the formation of catalyst bonds with the ordinary activated complex will lower $\Delta H^{\neq}$ but the tying up of catalyst will involve a compensating decrease in $\Delta S^{\neq}$ (path "a" in the diagram). When these compensating factors are equal, i.e., the changes in $\Delta H^{\neq}$ and in $T \Delta S^{\neq}$, there will be no net change in ΔF and thus no effect on reaction rate. Otherwise there is catalysis. Whether it is positive or negative depends on which factor predominates. In case 1 when the effect on $\Delta H^{\neq}$ predominates, we have negative catalysis.[2] When $\Delta S^{\neq}$ is predominately affected we have positive catalysis. For case 2 just the opposite is true. The scheme covers the effect of catalyst both on the activity of the reactant and the activated complex. Examples of the four cases are given in the original paper.

The transition state theory assumes an equilibrium between activated complexes and reactants although the activated complexes are continually being converted to reaction products. This requires that the MAXWELL-BOLTZMANN distribution of energy and velocities be so rapid that it cannot appear as a rate controlling step. This difficulty was emphasized by MARCELIN,[3] and has been discussed by FOWLER,[4] GUGGENHEIM and WEISS,[5] and KASSEL.[6] The main value of the transition state theory is *not* in its ability to predict reaction rates quantitatively, but in affording a better insight into the *inter-relation of thermodynamic and kinetic magnitudes.* The theory forms a basis for understanding the way in which the structure of the reactants affects equilibria and rates in identical ways. HAMMETT[7] has reviewed the relations between reaction rates and equilibrium constants.

[1] A. E. STEARN, H. P. JOHNSTON, C. R. CLARK: J. chem. Physics 7 (1939), 970.
[2] H. S. TAYLOR: J. physic. Chem. 27 (1923), 332.
[3] R. MARCELIN: Ann. Physique 3 (1915), 158.
[4] R. H. FOWLER: "Statistical Mechanics". Cambridge: University Press, 1929.
[5] E. A. GUGGENHEIM, J. WEISS: Trans. Faraday Soc. 34 (1938), 57.
[6] L. S. KASSEL: Physic. Rev. 35 (1930), 261.
[7] L. P. HAMMETT: Chem. Reviews 17 (1935), 125; Trans. Faraday Soc. 34 (1938), 156.

Linear Free Energy Relationship in Rate and Equilibrium Constants.

BRÖNSTED and PEDERSEN[1] found a relationship between the catalytic constants for the decomposition of nitramide and the dissociation constants of the corresponding acids of the form

$$k_B = G_2 K_A^{-y} \qquad (22)$$

where k_B is the catalytic constant, K_A the dissociation constant of the acid corresponding to the base catalyzing the reaction, G_2 a constant and y a proper fraction. A corresponding relationship for acid catalysis

$$k_A = G K_A^{x} \qquad (23)$$

has also been established experimentally and this empirical relationship has been fully appreciated in all studies of general acid and basic catalysis.[2]

Since $RT \log K$ is a standard free energy, equations (22) and (23) relate a velocity constant to free energy. BURKHARDT, FORD and SINGLETON[3] show that the influence of substituents on the free-energy changes associated with the equilibria between the initial and the transition states are directly proportional to their influence on the free energy changes between the initial and final states in the corresponding dissociations. From a comparison of the velocity constants for the hydrolysis of substituted potassium phenyl sulfates, the alkaline hydrolysis of the substituted benzamides, the alkaline hydrolysis of substituted ethyl benzoates and the hydrolysis of the substituted benzyl chlorides with the dissociation constants in water of the substituted benzoic acids these authors show a general relationship of the form

$$\log k = x \log K + \text{constant.} \qquad (24)$$

The constants and x are different for the different reactions. The surprising correlation between rate constants of one reaction series and the equilibrium constants for a distinct although related series has also been noted by HAMMETT and PFLUGER[4] for the reaction of trimethylamine with a series of methyl esters of carboxylic acids. The reaction studied involves a transfer of a CH_3^+ group from an $RCOO^-$ as indicated by the equation

$$RCOOCH_3 + N(CH_3)_3 \rightarrow RCOO^- + N(CH_3)_4^+. \qquad (25)$$

The rates of this reaction are correlated with equilibrium data for the reaction

$$RCOOH + H_2O \rightleftharpoons RCOO^- + OH_3^+ \qquad (26)$$

and fair agreement with equation (24) is obtained. Better agreement would be expected with the equilibrium constants for the transfer of a methyl ion from one radical to another, if such data were available. In the case of the hydrolysis of the substituted benzoic acid esters[5] the velocity constants are related to the dissociation constants of the acid at 25° C. As will be shown later, the agreement is better if the dissociation constants in alcohol are used.

[1] J. N. BRÖNSTED, K. J. PEDERSEN: Z. physik. Chem. 108 (1924), 185.

[2] M. KILPATRICK, M. L. KILPATRICK: Chem. Reviews 10 (1932), 213. — K. J. PEDERSEN: Den Almindelige syre og Basekatalyse. Copenhagen, 1932. — R. P. BELL: Trans. Faraday Soc. 34 (1938), 229. — See for full reports Volume II of this Handbuch.

[3] G. N. BURKHARDT, W. G. K. FORD, E. SINGLETON: J. chem. Soc. (London) 1936, 17.

[4] L. P. HAMMETT, H. L. PFLUGER: J. Amer. chem. Soc. 55 (1933), 4079.

[5] K. KINDLER: Liebigs Ann. Chem. 450 (1926), 1; 452 (1927), 90.

HAMMETT,[1] in a study of the effect of structure upon reactions of benzene derivatives, has shown correlation for the effect of a substituent in the *meta* and *para* position between the rate and equilibrium constants. In all cases the reacting group is a side chain. The equation for the effect of substitution is

$$-R\,T\ln K + R\,T\ln K^0 = \varDelta F = \frac{A}{d^2}\left(\frac{B_1}{D} + B_2\right),\qquad(27)$$

where K is an equilibrium or rate constant, K^0 the corresponding quantity for the unsubstituted acid, $\varDelta F$ is the free energy change or its kinetic analog, d is the distance from the substituent to the reacting group, D is the dielectric constant of the medium in which the reaction occurs and the quantities A, B_1 and B_2 are constants independent of the temperature and solvent. Of these, A depends only upon the substituent and its position in the ring while B_1 and B_2 depend on the reaction. HAMMETT puts this equation in the form

$$\log K = \log K^0 + \sigma\,\varrho.\qquad(28)$$

σ is the substituent constant $=\dfrac{-A}{2{,}303\,R}$, and ϱ is the reaction constant $=\dfrac{1}{d^2\,T}\left(\dfrac{B_1}{D} + B_2\right)$.

The substituent constant has been evaluated from the data for the dissociation constants in water of the substituted benzoic acids by setting $\varrho = 1$. With this nucleus of σ values, ϱ and σ have been evaluated for many reactions. HAMMETT shows that equation (27) may be applied to a surprising variety of reactions varying from the alkaline hydrolysis of substituted esters and anilines to the FRIEDEL-CRAFTS reaction of the substituted benzene sulfonyl chlorides with benzene.

The agreement is fair in those cases where the medium and temperature vary but it is to be noted that better agreement is obtained when comparisons are made at the same temperature and for the same medium. For example, for the alkaline hydrolysis of the substituted ethyl benzoates in 87,83% ethyl alcohol one may write

$$\log k = \log k^0 + \sigma\,\varrho\qquad(29)$$

and for the dissociation constants of the substituted acids in water

$$\log K = \log K^0 + \sigma\,\varrho',\qquad(30)$$

so that the relative velocity constants may be related to the equilibrium constants by the equation

$$\log\frac{K}{K^0} = \log\frac{k}{k^0} + \varrho''.\qquad(31)$$

If the values of the dissociation constants of the substituted benzoic acids in water at 25° are used for the halogen and nitro substituents, the values of ϱ'' show a 10% deviation from the mean. On the other hand, if the values of the dissociation constants in 100% alcohol are used[2] the deviation is 5%. The fact that the change in ϱ with dielectric constant can be expressed by an equation of the type

$$\varrho = A + \frac{L}{D}\qquad(32)$$

where A and L are constants, accounts for the fact that equation (31) may be applied for various media within the rather wide limits of error. If the entropy of ionization $\dfrac{d\,R\,T\ln K}{d\,T}$ is also approximately a linear function of the free energy

[1] L. P. HAMMETT: J. Amer. chem. Soc. **59** (1937), 96.

[2] M. KILPATRICK, W. H. MEARS, J. H. ELLIOTT, M. KILPATRICK: Unpublished results.

the linear relationship between log K (or k) at two temperatures is also understandable. Exact data on the substituted benzoic acids are needed to test these points. In the case of mixed solvents such as alcohol-water or dioxane water mixtures it is unlikely that equation (32) holds although the data of MINNICK and KILPATRICK[1] seemed to offer some hope that this might be true. Recent experiments in dioxane-water mixtures show deviations from equation (32) for the substituted benzoic acids.[2] The failure of equations of the type of (28) in the case of the *ortho* substituted compounds and for fluorine and methyoxy substitution is due to the increased significance of other effects. That complicating factors also exist in the aliphatic compounds is evident from the data of NEWLING and HINSHELWOOD.[3] HINSHELWOOD and TIMM[4] have also studied the acid hydrolysis of the substituted esters in water-alcohol and water-acetone mixtures.

The result of a study of the esterification velocities of substituted benzoic acids with methyl alcohol catalyzed by hydrogen ions can be expressed[5] by the equation

$$\log k = -3{,}717 - 0{,}54\,\sigma \tag{33}$$

where the values of σ for the different substituted acids are taken from the paper of HAMMETT. The values for the *meta* and *para* nitrobenzoic acids are in reverse order to those predicted by HAMMETT's equation. This reversal disappears if the data for the dissociation constants in methyl alcohol are used instead of those of DIPPY[6] in water. It should be noted that the equilibrium constants considered involve the loss of a proton from the acid to the solvent while the transition state involves the addition of the solvated proton to the acid. HARTMAN and BORDERS[5] find the order of velocity constants for the different substituents at 25° to be

$$o\text{-NO}_2 < o\text{-Br} < o\text{-CH}_3 < m\text{-NO}_2 < o\text{-Cl} < p\text{-NO}_2 < p\text{-Cl} < m\text{-Cl} <$$
$$< p\text{-Br} < m\text{-Br} < \text{Benzoic} < p\text{-CH}_3 < m\text{-CH}_3.$$

The order of acid strengths in water is

$$o\text{-NO}_2 > o\text{-Br} > o\text{-Cl} > p\text{-NO}_2 > m\text{-NO}_2 > m\text{-Br} > m\text{-Cl} > o\text{-CH}_3 >$$
$$> p\text{-Br} > p\text{-Cl} > \text{Benzoic} > m\text{-CH}_3 > p\text{-CH}_3$$

while in methyl alcohol the order is

$$o\text{-NO}_2 > o\text{-Br} > o\text{-Cl} > m\text{-NO}_2 > p\text{-NO}_2 > m\text{-Br} > m\text{-Cl} > p\text{-Br} >$$
$$> p\text{-Cl} > o\text{-CH}_3 > \text{Benzoic} > m\text{-CH}_3 > p\text{-CH}_3$$

so that even with the inclusion of the *ortho*-substituted compounds the order of increasing velocity constants corresponds closely to the order of decreasing dissociation constants in methyl alcohol. For the esterification data in ethyl alcohol the order of velocity constants is[7]

$$m\text{-Br} > m\text{-CH}_3 > p\text{-Br} > m\text{-NO}_2 > p\text{-NO}_2 > p\text{-CH}_3$$

while the order of dissociation constants in ethyl alcohol is

$$m\text{-NO}_2 = p\text{-NO}_2 > m\text{-Br} > p\text{-Br} > m\text{-CH}_3 > p\text{-CH}_3$$

[1] L. J. MINNICK, M. KILPATRICK: J. physic. Chem. **43** (1939), 259.
[2] J. H. ELLIOTT, M. KILPATRICK: Unpublished work.
[3] W. B. S. NEWLING, C. N. HINSHELWOOD: J. chem. Soc. (London) **1936**, 1357.
[4] E. W. TIMM, C. N. HINSHELWOOD: J. chem. Soc. (London) **1932**, 862.
[5] R. J. HARTMAN, A. M. BORDERS: J. Amer. chem. Soc. **59** (1937), 2107.
[6] J. F. J. DIPPY: J. chem. Soc. (London) **1936**, 644.
[7] H. GOLDSCHMIDT: Ber. dtsch. chem. Ges. **28** (1895), 3220.

which indicates poor agreement with equation (28). The data have been expressed by the equation
$$\log k = -1{,}410 + 0{,}085\,\sigma \tag{34}$$
using the σ values of HAMMETT.

The equation has also been applied to the esterification of substituted benzoic acids with cyclohexanol.[1]

For the *meta* and *para* substituents the data at 55° C may be expressed by the equation
$$\log k = -4{,}656 + 0{,}262\,\sigma \tag{35}$$
where the σ value is positive as compared to a negative value for methyl alcohol and a positive value for ethyl alcohol. The order of velocity constants at 55° for the *meta* and *para* substituents is

$$p\text{-CH}_3 < m\text{-CH}_3 < \text{Benzoic} < p\text{-Cl} < m\text{-Br} < m\text{-Cl} < m\text{-NO}_2.$$

There are no data available for the dissociation constants of the substituted benzoic acids in cyclohexanol. Using the data at 25° for dioxane-water mixtures of the same dielectric constant, the order is[2]

$$p\text{-CH}_3 < m\text{-CH}_3 < \text{Benzoic} < p\text{-Cl} < m\text{-Br} < m\text{Cl} < m\text{-NO}_2.$$

Here the order of increasing velocity constants corresponds to the order of increasing dissociation constants while for the esterification in methyl alcohol the reverse is true. HARTMAN and BORDERS note this reversal of the effect of substituents on the velocity constants but fail to offer any explanation. The reversal in order cannot be accounted for on the basis of the effect of dielectric constant nor in terms of the displacement of electrons by the substituent.

The electrostatic influence of polar substituents on reaction rates has been considered by INGOLD[3] and more recently by WESTHEIMER and SHOOKHOFF[4] employing the KIRKWOOD and WESTHEIMER method[5] for computing the electrostatic free energy involved in a chemical reaction. The general conclusion is that the effect of a polar substituent on the velocity of the hydrolysis of esters is primarily electrostatic in origin.

In an analysis of the available data for the dissociation constants of weak acids at various temperatures EVERETT and WYNNE-JONES[6] have evaluated the thermodynamic functions free energy (ΔF), entropy (ΔS), heat content (ΔH) and ΔC_p. They regard ΔC_p as independent of the temperature and write

$$\ln K = \frac{-\Delta H_o}{RT} + \frac{\Delta C_p}{R}\ln T + \frac{\Delta S_o^0 - \Delta C_p}{R}. \tag{36}$$

It is found that the values of ΔC_p are too large to be accounted for on simple electrostatic considerations and they attribute the difference to the orientation of the solvent around the ions. A consideration of this effect also yields a calculation of the entropy of solution of ions in water in good agreement with experimental values.[7]

This factor also accounts for the difference in effect of dielectric constant on relative acid strengths in different solvents and the evaluation of ΔS by extrapolation to a medium of infinite dielectric constant. The importance of

[1] R. J. HARTMAN, L. B. STORMS, A. G. GASSMANN: J. Amer. chem. Soc. 61 (1939), 2167.

[2] J. H. ELLIOTT, M. KILPATRICK: Unpublished results.

[3] C. K. INGOLD: J. chem. Soc. (London) 1930, 1375; 1931, 2170, 2179.

[4] F. H. WESTHEIMER, M. W. SHOOKHOFF: J. Amer. chem. Soc. 62 (1940), 269.

[5] J. G. KIRKWOOD, F. H. WESTHEIMER: J. chem. Physics 6 (1938), 506, 513.

[6] D. H. EVERETT, W. F. K. WYNNE-JONES: Trans. Faraday Soc. 35 (1939), 1380.

[7] D. D. ELEY, M. G. EVANS: Trans. Faraday Soc. 34 (1938), 1093.

the orientation effect must also be considered in the reaction velocity problem, and the kinetic analog of equation (36) is equation (1) with an additional term

$$\ln k = -\frac{A}{RT} + \frac{\Delta C_p}{R} + B \tag{37}$$

where $A = E_{A_0}$, $B = \dfrac{\Delta S_0^0 - \Delta C_p}{R}$, and $E_A = E_{A_0} + \Delta C_p T$. Even in those cases where the equilibrium is "isoelectric", that is, where there is no change in the number of ions, ΔC_p may not be zero and the usual plot of $\log k$ $vs\,\dfrac{1}{T}$ cannot be used. The orientation effect may be especially important in mixed solvents.

In considering the relation of chemical constitution to reaction velocity constants, it may be important to consider the entropy of activation and the energy of activation as well as the free energy of activation. For a comparison of the effect of structure on the equilibrium constants and the velocity constants data are needed in non-aqueous solution over a temperature range. At present this is not available and it is not possible to evaluate the thermodynamic functions in these solvents. There is an increasing amount of reaction velocity data available in alcohols, alcohol-water mixtures and acetone-water mixtures.[1] In these papers the velocity constants are determined over a sufficient range of temperature to evaluate A and B in equation (1) and A is considered independent of temperature which means ΔC_p is 0. However, the results are considered in terms of the effect of structure on $E_A = A$ and $B = \ln PZ$, where P is a probability factor and Z the collision frequency. For more exact evaluation of the kinetic analogs to the thermodynamic quantities, sufficient precision in the determination of the velocity constants over a range of temperature to show the effect of temperature on the energy of activation is needed.[2]

BARRON[3] found that the rate of oxidation by oxygen of a number of reversible oxidation-reduction dyes at constant p_H was related to the oxidation-reduction potential in such a way that a plot of $\log k$ against E^0 is linear. DIMROTH[4] has also reported similar correlations which are equivalent to a linear relationship between reaction constants and free energies.

The significance of the BRÖNSTED relation was discussed in the original paper[5] and attempts have been made to derive the relationship on a theoretical basis.[6]

GUGGENHEIM and WEISS[7] have pointed out that the derivation involves assumptions virtually equivalent to the relationship itself. These authors have also criticized the usefulness of the transition state theory on the basis that the simplifying assumptions concerning the nature of the reacting complex render the theory no more useful than the simple collision theory. On the constructive side GUGGENHEIM and WEISS have given accurate statements of the energy of activation, activated complex and the application of equilibrium theory to

---

[1] E. W. TIMM, C. N. HINSHELWOOD: J. chem. Soc. (London) **1939**, 262. — R. J. HARTMAN, A. M. BORDERS: l. c. — R. J. HARTMAN, L. B. STORMS, A. G. GASSMANN: l. c. — H. A. SMITH: J. Amer. chem. Soc. **61** (1939), 1176.

[2] M. KILPATRICK: This Handbuch, Volume II, p. 249 ff.

[3] E. S. BARRON: J. biol. Chemistry **97** (1932), 287.

[4] O. DIMROTH: Angew. Chem. **46** (1933), 571.

[5] J. N. BRÖNSTED, K. J. PEDERSEN: Z. physik. Chem. **108** (1924), 185.

[6] J. HORIUTI, M. POLANYI: Acta physicochim. USSR **2** (1935), 505. — R. P. BELL: Proc. Roy. Soc. (London), Ser. A **154** (1936), 414.

[7] E. A. GUGGENHEIM, J. WEISS: l. c.

equilibrium processes. In an earlier paper GUGGENHEIM[1] considers the translation of the statistical mechanical formulae into thermodynamic form and tentatively accepting the view[2] that equilibrium theory may be applied to the activated complex reviews the thermodynamic relations. This careful treatment is especially valuable in that the standard states are carefully defined and the equilibrium factor, the activation energy, the entropy of activation and free energy of activation defined. In particular the definition of the critical complex and the equilibrium constant have cleared up the difficulties of MOELWYN-HUGHES.[3]

The theory defines an activated complex as a pair of molecules A, B such that a certain co-ordinate, called the reaction co-ordinate, has a value lying in a specified elementary range of arbitrary length δ, while all the other co-ordinates of the molecule pairs may have any value consistent with this. Thus the equilibrium number of activated complexes will be proportional to a length. To obtain thermodynamic functions independent of the length, EVANS and POLANYI[4] define an equilibrium factor

$$K_c = K\,\delta \tag{38}$$

or

$$K = \frac{C_X}{C_A C_B}, \tag{39}$$

where C_X denotes the number of activated complexes per unit volume of solution per unit distance along the reaction co-ordinate. WYNNE-JONES and EYRING define $K^{\neq}$ by

$$K_c = K^{\neq}\left(\frac{2\pi M_x R T}{h}\right)^{\frac{1}{2}}\delta \tag{40}$$

or

$$K^{\neq} = \frac{C_X^{\neq}}{C_A C_B}, \tag{41}$$

where M_x is the reduced mass and h is PLANCK's constant, $C_X^{\neq}$ denotes the number of activated complexes per unit volume of solution and per area h in the phase plane of the reaction co-ordinate and its conjugate momentum. Thus the factor multiplying $K^{\neq}$ is a frequency and that multiplying K is a length

$$K = \frac{R T}{h}\,; \quad K^{\neq} = \left(\frac{R T}{2\pi M_x}\right)^{\frac{1}{2}}K.$$

Certainly the transition state theory gives us a qualitative understanding of some empirical relationships between reaction constants and equilibrium constants and carefully defined symbols will avoid confusion in attempts at quantitative explanations.

---

[1] E. A. GUGGENHEIM: Trans. Faraday Soc. **33** (1937), 607.
[2] W. F. K. WYNNE-JONES, H. EYRING: J. chem. Physics **3** (1935), 492.
[3] E. A. MOELWYN-HUGHES: Trans. Faraday Soc. **32** (1936), 1735.
[4] M. G. EVANS, M. POLANYI: Trans. Faraday Soc. **31** (1935), 875.

Theorie der Reaktionsfolgen und Kettenreaktionen.

Von

J. A. Christiansen, Kopenhagen.

Inhaltsverzeichnis.

Historische Bemerkungen und Einleitung.

Im Jahre 1905 veröffentlichte A. Einstein seine erste Abhandlung[1] über das photochemische Äquivalentgesetz. Das Gesetz wurde in den ersten Jahren auf die nächstliegenden Probleme, vor allem auf die Photoionisation der Metalle, angewandt. Erst in den Jahren um 1912 wurde mit seiner Anwendung auf photochemische Reaktionen angefangen, aber nun mit einem für die ganze Reaktionskinetik sehr bedeutungsvollen Resultat.

1912 erschien eine Abhandlung von A. Einstein,[2] wo er erstens die Bezeichnung „Das photochemische Äquivalentgesetz" einführte und zweitens ausdrücklich die frühere Beschränkung des Gesetzes auf Ionisationsprozesse aufgab, um ganz allgemein molekulare Zerfallsprozesse, die unter Absorption von Licht stattfinden, zu behandeln. Gleichzeitig erschien eine Abhandlung von C. Winther[3] und im nächsten Jahre eine (davon unabhängige) von M. Bodenstein,[4] die beide Berechnungen oder Schätzungen der Quantenausbeuten verschiedener photochemischer Reaktionen enthielten. Beide Verfasser kamen im wesentlichen zu demselben Resultat, daß nämlich die Quantenausbeuten (umgesetzte Anzahl von Molekülen durch Anzahl absorbierter Lichtquanten) bei einigen Reaktionen

---

[1] Ann. Physik (4), 17 (1905), 148.
[2] Ann. Physik (4), 37 (1912), 832.
[3] Z. wiss. Photogr., Photophysik Photochem. 11 (1912), 92.
[4] Z. physik. Chem. 85 (1913), 329.

von der Größenordnung 1 waren, bei einigen aber viel größer und bei anderen viel kleiner. Da man schon damals ziemlich überzeugt war, daß das photochemische Äquivalentgesetz, auf den Primärakt angewandt, richtig sein müsse, suchte man nach Erklärungen für die Abweichungen. Die kleinen Quantenausbeuten lassen sich ungezwungen erklären, denn es ist ja ohne weiteres klar, daß die aufgenommene Lichtenergie nicht unbedingt eine chemische Reaktion verursachen muß, sondern auch als Strahlung wieder abgegeben oder durch Zusammenstöße dissipiert werden kann.

Schwierigkeiten bereiteten nur die großen Quantenausbeuten. Winther begnügte sich mit der Annahme, daß unter dem Einfluß des Lichtes ein Katalysator entstehen sollte, eine sehr allgemeine Annahme, der wir an und für sich formal noch heute beistimmen können. Aber die mehr in Einzelheiten gehende Erklärung von Bodenstein hat sich als viel fruchtbarer für die Entwicklung der Reaktionskinetik gezeigt.

Bodensteins Gedanke war der folgende: Bei der Wirkung des Lichtes entstehen aus den absorbierenden Molekülen neue, die chemisch „aktiver" sind als die ursprünglichen. Diese „aktiven" Moleküle reagieren dann mit „normalen" Molekülen unter Bildung des Reaktionsprodukts und neuer „aktiver" Moleküle. Mit anderen Worten wird angenommen, daß die „Aktivität" während der Reaktion *erhalten* bleibt, obwohl sie von anderen Molekülen aufgenommen wird. Die Reaktion kann sich in der Weise „kettenartig" fortsetzen, bis endlich die „Aktivität" durch eine andersartige Reaktion verschwindet. Durch diese Annahmen wird es verständlich, daß die Absorption nur eines Lichtquants eine große Zahl von chemischen Umwandlungen bewirken kann. Bodenstein diskutierte besonders eingehend die u. a. von ihm untersuchte photochemische Chlorknallgasreaktion. Er nahm an, daß die primäre Wirkung des Lichtes die Lostrennung eines Elektrons von einem Chlormolekül sei, nach der dann die folgende „Kette" von Reaktionen stattfinden sollte:

$$\ominus + Cl_2 \rightarrow Cl_2^- \qquad \text{(Primärakt)}$$

$$\left. \begin{array}{l} Cl_2^- + H_2 \rightarrow 2\,HCl + \ominus \\ \ominus + Cl_2 \rightarrow Cl_2^- \end{array} \right\} \text{Kette}$$

usw., bis das Elektron in anderer Weise, z. B. von einem Sauerstoffmolekül, abgefangen würde. Dadurch wurden gleichzeitig die große Quantenausbeute der Reaktion (bis etwa 10^5) und deren eigentümliches Verhalten gegen Sauerstoffspuren erklärt. Die Versuche hatten nämlich gezeigt, daß die Reaktion von Spuren von Sauerstoff stark gehemmt wurde. Dies ist aber eine unmittelbare Konsequenz der Annahmen, denn wenn die Elektronen häufiger (durch Zusammenstoß mit Sauerstoff) abgefangen werden, müssen notwendigerweise die Reaktionsketten kürzer werden.

Es ist offenbar formal zulässig, die (bei der Belichtung gebildeten) Elektronen als Katalysatoren der Bruttoprozesse

$$Cl_2 + H_2 \rightarrow 2\,HCl$$

zu bezeichnen,[1] denn erstens vergrößern sie die Geschwindigkeit der Reaktion (die Geschwindigkeit der Dunkelreaktion ist bei Zimmertemperatur unmeßbar klein),

---

[1] *Anm. d. Herausg.*: Diese Bezeichnung reaktions*eigener* Beschleuniger, die obendrein nicht zufällig, sondern *grundsätzlich* verbraucht werden, als Katalysatoren führt im weiteren Verfolg zu Weiterungen, die den Katalysebegriff in praktisch nicht zweckmäßiger Weise verwaschen. Es wird daher in den Sonderartikeln diese Bezeichnungsweise nicht als Stoffabgrenzung verwandt. Vgl. auch die Artikel „Allgemeine Überlegungen und Methodisches" von Schwab und „Begriff und Wesen der Katalyse" von Mittasch in diesem Band. Vgl. Anm. 1, S. 264.

und zweitens werden sie bei dem Bruttoprozeß ohne Berücksichtigung von Anfang und Ende der Kette weder verbraucht noch gebildet, d. h. Winthers Auffassung ist vereinbar mit der oder sogar allgemeiner als die Bodensteins.

Von Wichtigkeit ist es auch, zu bemerken, daß Sauerstoff offenbar etwa die Rolle eines negativen Katalysators derselben Reaktion spielt; er wirkt dadurch, daß er den „positiven Katalysator" vernichtet. Allerdings wird er dabei, wie viele kettenabbrechenden Hemmungsstoffe, verbraucht (vgl. S. 265).

In Bodensteins Abhandlung findet man weiterhin die Anwendung einer einfachen Betrachtung, die auch in der Entwicklung der uns hier interessierenden Dunkelkinetik von kaum zu überschätzendem Wert gewesen ist. Zur Berechnung der Geschwindigkeit der Bruttoreaktion

$$H_2 + Cl_2 \rightarrow 2\ HCl$$

benutzte er nämlich die Annahme, daß die Konzentrationen der „Zwischenprodukte", hier $\ominus$ und Cl_2^-, fast momentan nach Beginn der Bestrahlung „stationäre" Werte annehmen müssen, d. h. Werte, die durch die in jedem Augenblick herrschenden Konzentrationen der stabilen Molekülarten eindeutig bestimmt sind. Er nahm nämlich an, daß die sicher außerordentlich kurzlebigen aktiven Zwischenprodukte aus dem Reaktionsgemisch ebenso schnell verschwinden, wie sie gebildet werden. Dadurch wird es möglich, die Konzentration der Zwischenprodukte aus den kinetischen Gleichungen zu eliminieren, und als Endresultat bekommt man einen Ausdruck der Geschwindigkeit der Bruttoreaktion, der nur die Konzentrationen stabiler Molekülarten enthält. Da diese durch Analyse bestimmbar sind, wird es also möglich, die empirisch gefundenen Geschwindigkeitsausdrücke mit den Resultaten der Theorie zu vergleichen.

Diese Berechnungsweise wird zwar unzulässig, wenn die Zwischenprodukte so langlebig sind, daß ihre „Halbwertszeiten" mit der ganzen Dauer der Reaktion vergleichbar werden,[1] aber Reaktionen, wo die Zwischenprodukte hinreichend kurzlebig sind, sind so häufig, daß diese Berechnungsweise seitdem mit großem Erfolg auf die verschiedensten Reaktionen angewandt wurde.

Alles in allem haben die Prinzipien, die in der Bodensteinschen Abhandlung zum erstenmal in die Reaktionskinetik eingeführt wurden, sich außerordentlich gut bewährt, und er ist also der Entdecker der Kettenreaktionen. Daß seine erste spezielle Annahme über die Natur der Zwischenstoffe bald widerlegt werden konnte, ist im Vergleich damit ziemlich unwichtig.

Die Bezeichnung „*Kettenreaktion*" wurde meines Wissens zuerst 1921[2] in die Literatur eingeführt und wurde bald allgemein angenommen.

Die Entdeckung der Kettenreaktionen erfolgte also auf dem Gebiete der Photochemie. Aber es zeigte sich bald, daß ähnliche Phänomene auch bei „Dunkelreaktionen" auftraten. Vor allem ist hier die Entdeckung der „antioxygènes" von Ch. Moureu[3] und Mitarbeitern zu erwähnen. Man wußte seit langem, daß die meisten Aldehyde „autoxydabel" sind, d. h. schon bei gewöhnlicher Temperatur Sauerstoff absorbieren unter Bildung verschiedener Oxydationsprodukte, u. a. Peroxyde. Moureu fand nun, daß gewisse, gewöhnlich leicht oxydierbare Stoffe (z. B. Hydrochinon) diese Oxydation ganz ungemein verlangsamen, also sozusagen wie negative Katalysatoren der Oxydation wirken; er nannte sie deswegen „antioxygènes". Später hat sich die Bezeichnung „Inhibitoren" für solche hemmend wirkenden Stoffe eingebürgert; sie ist ja wohl einer allgemeineren Anwendung fähig.

---

[1] Siehe S. 256.

[2] J. A. Christiansen: Reaktionskinetiske Studier (dänisch), S. 58. Köbenhavn, 1921.

[3] Siehe Bd. II, Beitrag von Ch. Dufraisse und P. Chovin.

Dieser Effekt schien zuerst ganz rätselhaft; denn wie kann man sich vorstellen, daß ein in winzigen Mengen gegenwärtiger Stoff eine Reaktion verhindern kann, die in seiner Abwesenheit mit leicht meßbarer Geschwindigkeit vor sich geht?[1,2] Wie man sich auch den Mechanismus einer chemischen Reaktion vorstellen mag, für das Eintreten oder Nichteintreten der Reaktion müssen doch die gegenseitige Lage, Orientierung und der Zustand der teilnehmenden Moleküle ausschlaggebend sein, und diese Faktoren werden von nur in kleinen Konzentrationen gegenwärtigen Fremdstoffen nur ausnahmsweise beeinflußt, nämlich dann, wenn zufällig ein „Dreierstoß" während der Reaktion stattfindet. Wenn man aber annimmt, daß diese sonderbaren Reaktionen „Kettencharakter" haben, verschwindet das Rätselhafte daran. Die gesamte Reaktionsgeschwindigkeit ist dann offenbar gleich der Anzahl von Ketten, die pro Sekunde eingeleitet werden, multipliziert mit der (mittleren) Zahl der Glieder pro Kette, der „Kettenlänge". Der erste Faktor muß, wie schon bemerkt, sehr unempfindlich gegen den Zusatz von Fremdstoffen sein. Dagegen sieht man leicht ein, daß die Länge von langen Ketten sehr empfindlich gegen Zusätze ist, denn daß die Ketten viele Glieder enthalten, bedeutet, daß die Wahrscheinlichkeit des „Abbruchs" oder der „Auslöschung" einer Kette sehr klein ist, verglichen mit der Wahrscheinlichkeit der Fortsetzung. Daher genügen selbst ziemlich seltene Ereignisse, wie die Zusammenstöße der „Zwischenprodukte" mit in kleinen Konzentrationen gegenwärtigen Fremdstoffen es sind, die Wahrscheinlichkeit der Auslöschung wesentlich zu erhöhen oder, was dasselbe ist, die Ketten wesentlich zu verkürzen.

Die Richtigkeit dieser anfangs rein theoretischen Überlegungen wurde zum erstenmal durch die Untersuchungen von H. BÄCKSTRÖM experimentell nachgewiesen. BÄCKSTRÖM[3] fand nämlich, daß die Geschwindigkeit der von MOUREU untersuchten und ähnlicher Reaktionen durch Belichtung mit ultraviolettem Licht wesentlich erhöht werden konnte. Die Bestimmung der Quantenausbeute ergab dann ganz direkt, daß es sich um Kettenreaktionen handelt. Im allgemeinen kann man sagen, daß Reaktionen, die von kleinen Zusätzen von Fremdstoffen (Inhibitoren) stark verzögert werden, sehr häufig Kettencharakter haben. Aber allgemeingültig ist dieser Satz nicht. Handelt es sich z. B. um eine heterogene katalytische Reaktion, kann es selbstverständlich vorkommen, daß kleine Mengen eines stark adsorbierbaren Fremdstoffes genügen, um die Oberfläche des Katalysators mit einer unimolekularen Schicht zu bedecken und so die Reaktion praktisch vollständig zu verhindern.[4] Aber es ist auch nicht ausgeschlossen, daß eine auffallend starke Hemmung einer heterogenen Katalyse durch die Annahme einer Kettenreaktion zu erklären ist.[5]

In anderen Fällen kann die Wirkung von ziemlich trivialen Gleichgewichtsverschiebungen herrühren. Z. B. wird die Reaktion zwischen konzentrierter Schwefelsäure und Oxalsäure durch kleine Wasserzusätze sehr stark gehemmt.[6] Man kann sich vorstellen, daß die Reaktion, deren Geschwindigkeit man mißt, nach der Gleichung

$$SO_3 + (COOH)_2 \rightarrow H_2SO_4 + CO + CO_2$$

---

[1] R. WEGSCHEIDER: Z. physik. Chem. **34** (1900), 308.

[2] H. S. TAYLOR: J. physic. Chem. **28** (1924), 145.

[3] J. Amer. chem. Soc. **49** (1927), 1460; Medd. Nobel-Inst. Stockholm **6** (1927), Nr. 15 u. 16.

[4] Siehe den Beitrag von ROBERTI, Bd. VI.

[5] Siehe den Beitrag von CHRISTIANSEN, Bd. VI.

[6] G. BREDIG, D. M. LICHTY: Z. Elektrochem. angew. physik. Chem. **12** (1906), 459.

vor sich geht und daß die Konzentration von SO_3 durch das Gleichgewicht

$$H_2SO_4 \rightleftharpoons SO_3 + H_2O$$

bestimmt und deswegen schon durch kleine Wasserzusätze stark vermindert wird.

Um diese Übersicht der Entwicklung abzuschließen, muß noch erwähnt werden, daß man schon ziemlich früh auf den Gedanken kam, daß unter den Teilreaktionen auch solche auftreten können, wo links in der Gleichung nur ein aktives Molekül steht, rechts aber mehrere, z. B. zwei. Dadurch entsteht die Möglichkeit einer mit der Zeit exponentiell wachsenden Konzentration von aktiven Molekülen und parallel damit eine mit der Zeit exponentiell wachsende Reaktionsgeschwindigkeit, d. h. eine Explosion.[1] Die Anwendung dieses Gedankens wurde von SEMENOFF[2] und HINSHELWOOD[3] und anderen in vielen Arbeiten über explosionsartige Reaktionen durchgeführt.

Temperaturabhängigkeit und Langsamkeit chemischer Reaktionen.

Es ist eine alte Frage, wie es eigentlich kommt, daß so viele chemische Reaktionen, die mit ganz bedeutender Abnahme der freien Energie des Systems verknüpft sind, trotzdem langsam, d. h. mit meßbarer Geschwindigkeit, oder gar nicht verlaufen. Denn wir wissen ja, daß Zusammenstöße zwischen Molekülen in Gasen und Flüssigkeiten schon bei mäßigen Konzentrationen außerordentlich häufig sind und daß die Bewegungen der Atome innerhalb der Moleküle sehr schnell und die zurückzulegenden Entfernungen ganz kurz sind.

Die Erklärung wurde schon in der Frühzeit der physikalischen Chemie von SVANTE ARRHENIUS[4] gegeben, indem er die Annahme von den aktiven Molekülen einführte. Die Reaktion soll dann nach ARRHENIUS in folgender Weise vor sich gehen: Die normalen Moleküle (Anfangszustand) können Energie aufnehmen und dadurch in einen „aktiven Zustand" gebracht werden. Von dort aus werden sie in den meisten Fällen zu dem ursprünglichen energiearmen Zustand zurückkehren, es kann aber vorkommen, daß sie sich durch eine Reaktion in einen neuen energiearmen Zustand (Endzustand) begeben.

Diese Auffassung von ARRHENIUS kann in natürlicher Weise erweitert werden, und man wird dann zu der Auffassung geführt, daß eine chemische Reaktion als eine „intramolekulare Diffusion" aufgefaßt werden kann.[5] Sie besteht darin, daß eine oder mehrere Partikeln eine von den umgebenden Partikeln stark gestörte Bewegung ausführen, wobei es vorkommen kann, daß sie von der ursprünglichen Gleichgewichtslage in eine neue übergehen. Darauf sei hier nicht näher eingegangen, es sei nur hervorgehoben, daß jedem chemischen Teilprozeß ein bestimmter Diffussionsprozeß entspricht. Für das Folgende genügt die Tatsache, daß die Geschwindigkeit der chemischen Reaktionen sehr oft bequem meßbar ist.

Systematik der Reaktionstypen.

Einfache Reaktionen.

Seit langem ist bekannt, daß Reaktionen existieren, deren Geschwindigkeit proportional gewissen Konzentrationsprodukten ist. Die dementsprechende

---

[1] J. A. CHRISTIANSEN, H. A. KRAMERS: Z. physik. Chem. **104** (1923), 451.
[2] Siehe N. SEMENOFF: Chemical Kinetics and Chain Reactions. Oxford, 1935.
[3] Siehe die Beiträge von JOST sowie NORRISH und BUCKLER in diesem Band.
[4] Z. physik. Chem. **4** (1889), 233.
[5] Z. physik. Chem., Abt. B **33** (1936), 145.

Klassifizierung der Reaktionen in solche erster, zweiter usw. Ordnung entspricht in einfachen Fällen einer solchen der Elementarvorgänge in mono-, bi- usw. molekulare. Es ist auch bekannt, daß die monomolekularen Reaktionen eine Sonderstellung einnehmen, indem es gewisse Schwierigkeiten gemacht hat, ihren Aktivierungsmechanismus zu verstehen. Die hieran geknüpften Probleme sind schon in dem Abschnitt von JOST behandelt, und es sei darauf hingewiesen.

Reaktionsfolgen.

Einfache Beispiele.

Bei der Bearbeitung der Kinetik verschiedener Reaktionen fand man aber mehr oder weniger zufällig, daß lange nicht alle Reaktionen in den genannten Klassen unterzubringen waren. In einigen Fällen traten im Ausdruck der Reaktionsgeschwindigkeit z. B. gebrochene Potenzen auf, in anderen fand man merkwürdige Hemmungen z. B. durch die Reaktionsprodukte, Hemmungen, die aber viel zu stark waren, um durch gewöhnliche Gleichgewichtsverschiebungen erklärbar zu sein.

Zur Illustration seien zwei Beispiele aus der Kinetik der Gasreaktionen besprochen, und zwar die Bildung von Jodwasserstoff und Bromwasserstoff aus den Elementen. Beide sind, wie die (photochemische) Bildung von Chlorwasserstoff, von BODENSTEIN und seinen Schülern ausführlich untersucht worden.

Die Untersuchung der H_2-J_2-Reaktion,[1] die schon 1894 publiziert wurde, ergab das damals erwartete Resultat, daß die Geschwindigkeit v der Reaktion einfach proportional dem Produkt der Wasserstoffkonzentration und Jodkonzentration ist. Da BODENSTEIN auch nachweisen konnte, daß die Geschwindigkeit der Zersetzung des Jodwasserstoffs proportional dem Quadrat seiner Konzentration verläuft, kann man offenbar folgern, daß die zwei reziproken Reaktionen mit den Bruttogleichungen

$$H_2 + J_2 \rightleftharpoons 2\,HJ$$

auch kinetisch nach diesen Gleichungen verlaufen, d. h. die Geschwindigkeit, die man mißt, ist diejenige, mit welcher H_2 und J_2 bzw. HJ und HJ miteinander reagieren.

Überraschenderweise zeigte sich nun[2] bei der Untersuchung der Reaktion

$$H_2 + Br_2 \rightarrow 2\,HBr,$$

daß die Geschwindigkeit bei Abwesenheit von HBr von der eigentümlichen Form

$$v = k \cdot [H_2]\,[Br_2]^{\frac{1}{2}}$$

war. Hieraus muß man schließen, daß die Reaktion nicht einfach sein kann, d. h. die direkte Reaktion zwischen den Molekülen H_2 und Br_2 findet nur unmerklich statt. Man muß vielmehr annehmen, daß die Reaktion, deren Geschwindigkeit gemessen wird, zwischen H_2 und Brom*atom* stattfindet. Eine solche Reaktion wäre z. B.

$$Br + H_2 \rightarrow BrH + H;$$

aber diese Reaktion kann nur eine Teilreaktion darstellen, denn ungeachtet des Mechanismus wissen wir doch a priori, daß die Bruttoreaktion immer durch

$$H_2 + Br_2 \rightarrow 2\,HBr$$

---

[1] M. BODENSTEIN: Z. physik. Chem. **13** (1894), 56; **22** (1897), 1; **29** (1898), 295.

[2] M. BODENSTEIN, S. C. LIND: Z. physik. Chem. **57** (1907), 168. — Spätere Literatur siehe z. B. das Buch von H. J. SCHUMACHER: Chemische Gasreaktionen. Dresden, 1938.

dargestellt wird. Wenn wir also eine von der Bruttoreaktion verschiedene Teilreaktion angenommen haben, müssen wir weitere Teilreaktionen annehmen in der Weise, daß die Teilreaktionen bei Addition die gegebene, stöchiometrisch faßbare Bruttoreaktion ergeben. Eine solche Folge von Reaktionen, die bei Addition eine bestimmte resultierende Bruttoreaktion ergibt, nennen wir einfach eine *Reaktionsfolge*. Es ist klar, daß man jede Bruttoreaktion in vielfältiger Weise in Folgen von denkbaren Teilreaktionen auflösen kann. Aufgabe der Kinetik ist es, aufzufinden, welche Folgen wirklich durchlaufen werden.

Im Beispiel der Bromwasserstoffbildung schlugen Bodenstein und Lind die Folge

$$Br + H_2 \rightarrow BrH_2,$$

$$BrH_2 \rightarrow BrH + H,$$

$$\frac{1}{2}\,[2\,H \rightarrow H_2]$$

$$\frac{1}{2}\,[Br_2 \rightleftharpoons 2\,Br]$$

vor. Eine andere, etwas einfachere, nämlich

$$Br + H_2 \rightleftharpoons BrH + H, \tag{1}$$

$$H + Br_2 \rightarrow HBr + Br \tag{2}$$

wurde später und fast gleichzeitig von verschiedenen Seiten[1,2,3] vorgeschlagen.

Letztere Folge ergab unter Berücksichtigung der Rückreaktion von Gleichung (1) folgenden Ausdruck der Geschwindigkeit:

$$v = k\,[Br]\cdot[H_2]\cdot \frac{[Br_2]}{[Br_2] + a\,[HBr]},^4$$

d. h. sie sagt aus, daß die Geschwindigkeit bei verschwindender Bromwasserstoffkonzentration proportional dem Produkt der Konzentrationen von Bromatomen und Wasserstoffmolekülen sein muß. Da die thermodynamische Bromatomkonzentration bei der Dunkelreaktion und bei den relativ niedrigen Temperaturen, die in Frage kommen, proportional der Wurzel der totalen Bromkonzentration ist, erklärt diese Folge also die empirisch gefundene Abhängigkeit. Aber noch mehr: Bodenstein und Lind fanden rein empirisch eine Hemmung durch Bromwasserstoff, die ganz unerwartet war, denn bei den angewandten Versuchstemperaturen ist die Bromwasserstoffbildung praktisch vollständig einseitig; auch diese Hemmung wird nun durch den gegebenen Ausdruck genau wiedergegeben.

Es wird vielleicht zweckmäßig sein, einige Bemerkungen an die Aufstellung des Reaktionsschemas zu knüpfen, die dazu dienen sollen, zu illustrieren, wie man zu diesem Schema gelangte. Daß die bestimmende Reaktion zwischen Bromatomen und Wasserstoffmolekülen eintritt, geht mit großer Wahrscheinlichkeit aus der empirischen Geschwindigkeitsgleichung hervor. Man könnte nun annehmen, daß diese Reaktion

$$Br + H_2 \rightarrow BrH_2$$

---

[1] J. A. Christiansen: Kgl. danske Vidensk. Selsk., math.-fysiske Medd. 1 (1919), 14.

[2] K. F. Herzfeld: Ann. Physik 57 (1919), 635; Z. Elektrochem. angew. physik. Chem. 25 (1919), 301.

[3] M. Polanyi: Z. Elektrochem. angew. physik. Chem. 26 (1920), 50.

[4] Die Rechnung, die zu dem angegebenen Resultat führt, werden wir S. 264 kennen lernen.

wäre. Dagegen läßt sich aber einwenden, daß solche binären Assoziationen ziemlich unwahrscheinlich sind. Denn das Reaktionsprodukt enthielte ja die ganze potentielle Energie der Komponenten vor der Reaktion und wäre daher sehr instabil. Erst durch Energieabgabe (mittels Strahlung oder Stoß mit anderen Molekülen) wird es stabil.[1,2] Solche Schwierigkeiten sind bei der Reaktion

$$Br + H_2 \rightarrow BrH + H$$

nicht vorhanden, denn nach wie vor der Reaktion sind *zwei* Partikeln vorhanden, die mit beliebiger kinetischer Energie auseinanderfliegen können. Allen Erfahrungen nach sind nun Wasserstoffatome sehr reaktionsfähig, und wir nehmen daher an, daß sie nach wenigen Zusammenstößen mit HBr oder Br_2 reagieren.[3] Auch Reaktion mit H oder mit Br im Dreierstoß ist möglich. Die Reaktion

$$H + HBr \rightarrow H_2 + Br$$

können wir passend als (— 1) bezeichnen, da sie die Wirkung der Reaktion (1) vernichtet. Sie ist, wie auch die Reaktion (2), stark exotherm,[4] was wichtig ist, denn endotherme Reaktionen können nicht bei jedem Zusammenstoß stattfinden. Wir berücksichtigen die Rückreaktion (— 2) nicht, denn wir wissen, daß bei den in Betracht kommenden Temperaturen die Bromwasserstoffbildung praktisch unumkehrbar ist. Die Reaktionen von H mit Br müssen unverhältnismäßig viel seltener als die hier erwähnten sein, erstens wegen der ungeheuer kleinen Konzentrationen der H- und Br-Atome und zweitens wegen der oben erwähnten Schwierigkeit der binären Assoziationen bzw. der Seltenheit der Dreierstöße. Es sei hier darauf aufmerksam gemacht, daß das bei der Reaktion (1) freigemachte H-Atom entweder mit dem im selben Akt gebildeten HBr oder mit irgendeinem anderen reagieren kann. Bei Gasreaktionen haben wir keinen Anlaß zu vermuten, daß die erste Möglichkeit bevorzugt sein soll. Bei Reaktionen in Flüssigkeiten liegt aber die Sache etwas anders, denn die zwei bei der Reaktion entstandenen Partikeln sind ja dicht von Lösungsmittelpartikeln umgeben und können nicht ohne weiteres auseinanderfliegen. Es kann daher vorkommen, daß die Wahrscheinlichkeit einer Reaktion mit dem individuellen Reaktionspartner größer ist, als die mit einem beliebigen Molekül derselben Art aus der Lösung.[5]

Allgemeines über Reaktionsfolgen.

Wir wollen jetzt zu einer allgemeineren Darstellung der Theorie der Reaktionsfolgen übergehen. Gegeben sei eine Bruttoreaktion folgender stöchiometrischer Gleichung:

$$A_1 + A_2 + A_3 \rightleftharpoons B_1 + B_2 + B_3.$$

Diese Reaktion denken wir uns in eine Folge von Teilreaktionen aufgelöst. Es interessiert uns dann 1. die Art der in der Folge auftretenden Zwischenstoffe, d. h. die in den Teilreaktionen, nicht aber in der Bruttoreaktion auftretenden Stoffe, und 2. die Art der Folge.

---

[1] R. JEANS: Dynamical Theory of Gases, S. 211. Cambridge, 1916.

[2] K. F. HERZFELD: Z. Physik 8 (1921), 132.

[3] Über diese Annahme siehe M. POLANYI, z. B.: Atomic Reactions, S. 29. London, 1932.

[4] W. NERNST: Die theoretischen und experimentellen Grundlagen des neuen Wärmesatzes, S. 133. Halle, 1918.

[5] J. FRANCK, E. RABINOWITCH: Trans. Faraday Soc. 30 (1934), 120. — J. EGGERT, W. NODDACK: Sitzungsber. preuß. Akad. Wiss. (1923), 122.

Die Zwischenstoffe.

Bei den Zwischenstoffen interessiert vor allem ihre Lebensdauer im betreffenden Gemisch (i. b. G.). Es kann vorkommen, daß bei einer Reaktion Stoffe entstehen, deren Lebensdauer (i. b. G.) von derselben Größenordnung ist wie die der ursprünglichen Stoffe (A_1, A_2 ...). Seien deren Mengen nun zu anfang der Reaktion Null, so werden sie im Laufe der Reaktion gebildet, ihre Menge steigt also anfangs. Bei der weiteren Reaktion verschwinden sie aber wieder unter Bildung der Endstoffe (B_1, B_2 ...), so daß die Mengen solcher Zwischenstoffe gewöhnlich zu irgendeiner Zeit Maxima passieren. Daraus erhellt aber, daß die Betrachtung der Bruttoreaktion an Bedeutung verliert. Hiermit ist folgendes gemeint: Wenn wir sagen, daß eine bestimmte Reaktion stattfindet, setzen wir gewöhnlich (implizite) die Annahme voraus, daß das Fortschreiten der Reaktion durch *eine* Laufzahl beschrieben werden kann, und wir benutzen sehr oft diese rein stöchiometrische Voraussetzung zur Verfolgung der Reaktion. D. h. wir behaupten (und können es nötigenfalls durch Experimente bestätigen), daß die Mengen der verschiedenen Anfangsstoffe, die bei der Reaktion verschwinden, einander und auch den Mengen der entstehenden Endstoffe stöchiometrisch äquivalent sind. Wenn aber eine Bildung der Zwischenstoffe (in meßbaren Mengen) während der Reaktion stattfindet, wird diese Behauptung offenbar unrichtig, und was wir dann beobachten, ist ein „Konglomerat" von verschiedenen Bruttoreaktionen mit je einer Laufzahl. Solche verwickelten Fälle sind nun gar nicht unwichtig, im Gegenteil, es scheint, daß sie z. B. in der Biochemie recht häufig sind. Aber bevor man ihnen nähertreten kann, müssen wir den Mechanismus der einzelnen Bruttoreaktionen untersuchen.

Anders liegt der Fall, wenn die auftretenden Zwischenprodukte sehr kurzlebig sind, so kurzlebig, daß ihre Mengen während der Reaktion unmeßbar klein sind, verglichen mit den Mengen der Reaktionsteilnehmer. Dann kann man mit hinreichender Genauigkeit das Fortschreiten der Bruttoreaktion

$$A_1 + A_2 + \ldots \rightarrow B_1 + B_2 + \ldots$$

mit Hilfe von einer einzigen Laufzahl charakterisieren und die A-Mengen, die bei der Reaktion verschwinden, sind zu jeder Zeit fast genau einander und den B-Mengen stöchiometrisch äquivalent. Wir sind daher besonders an der Natur der *kurz*lebigen Zwischenstoffe interessiert. Da die Lebensdauer eines Moleküls wesentlich durch das Medium und die Temperatur mitbestimmt wird, ist es unmöglich, sich allgemein auszudrücken, und wir müssen uns auf einige Beispiele beschränken.

In einer wässerigen Lösung und vielleicht überhaupt in allen Lösungen[1] hat z. B. ein Proton (H^+) eine sehr kurze Lebensdauer, es wird im Verlauf von einer Zeit, die wohl in der Größenordnung von 10^{-13} bis 10^{-14} sec. liegt, von irgendeinem Wassermolekül verschluckt unter Bildung von H_3O^+, Hydroniumion. (Allerdings sind dem Verfasser keine Fälle bekannt, wo Protonen als kinetisch mit Sicherheit nachweisbare Zwischenstoffe auftreten.)

Hydroniumionen anderseits sind in einer wässerigen Lösung, die nur ganz schwache Basen (in dem BRÖNSTED-LOWRYschen Sinne z. B. Cl^-, J^-) enthält, unbegrenzt lange haltbar. Es kann zwar die „Reaktion"

$$\overset{+}{H}(H_2O)^a + (H_2O)^b \rightarrow (H_2O)^a + \overset{+}{H}(H_2O)^b$$

stattfinden, d. h. das Proton kann seinen „Wasserpartner" wechseln, aber dies repräsentiert keine wahrnehmbare chemische Umwandlung. In einer Lösung

---

[1] Für das Folgende vgl. Bd. II dieses Handbuches.

dagegen, die einigermaßen starke Basen enthält, z. B. Acetationen, NH_3, OH^-, $\overline{O}CH_3$ usw., hat es eine Lebensdauer, die durch die Möglichkeit eines Zusammenstoßes und einer Reaktion mit den erwähnten Basen stark herabgesetzt wird. In ganz entsprechender Weise verhalten sich selbstverständlich Basenmoleküle (z. B. $\overline{O}H$, NH_3) in Medien, die einigermaßen starke Säuren enthalten. Ähnlich verhalten sich bisweilen auch reduzierende Moleküle in oxydierenden Medien und umgekehrt; es ist aber genügend bekannt, daß solche „Redox"-Reaktionen häufig sehr träge sind, d. h. die Reaktion tritt lange nicht bei jedem Zusammenstoß der betreffenden Moleküle ein. Einem reduzierenden Molekül in einem oxydierenden Medium kann man also nicht ohne weiteres eine kurze Lebensdauer zuschreiben.

Bei Gasreaktionen und nicht selten auch bei Reaktionen in Lösungen spielen ungesättigte Moleküle, *Radikale*, für die Reaktionskinetik eine große Rolle. Sie können in zwei charakteristische Klassen eingeteilt werden, nämlich die ungeraden, die eine ungerade und die geraden, die eine gerade Anzahl von Elektronen besitzen.

Daß diese Einteilung in der Reaktionskinetik eine große Rolle spielt, hängt damit zusammen, daß fast alle gesättigten stabilen Moleküle gerade sind. Wenn nun die Radikalkonzentrationen, wie fast immer, im reagierenden Gemisch sehr klein sind, hat ein Radikal fast nur die Möglichkeit, mit gesättigten Molekülen zusammenzutreffen und zu reagieren. Bei einer Reaktion zwischen einem geraden und einem ungeraden Molekül muß aber notwendig wieder ein ungerades Molekül entstehen, und die „Ungeradheit" bleibt also bei der Reaktion erhalten. Sie kann erst verschwinden, wenn zwei ungerade Moleküle miteinander reagieren, und sie verschwindet also sozusagen paarweise. Ebenso müssen ungerade Radikale aus geraden Molekülen auch paarweise entstehen.

Im Gegensatz dazu können gerade Radikale einzeln aus geraden (gesättigten) Molekülen entstehen und auch durch Reaktion mit solchen verschwinden.

Einfache Beispiele sind:

$$H, \quad CH_3, \quad NH_2, \quad OH \quad \text{ungerade,}$$
$$CH_2, \quad NH, \quad O \quad \text{gerade.}$$

Einige stabile Moleküle sind bekanntlich auch ungerade, beispielsweise

$$NO, \quad NO_2.$$

Solche radikalähnliche Moleküle (Radikaloide) sind offenbar zur Vernichtung und Bildung von ungeraden Zwischenstoffen besonders geeignet. Damit hängt wahrscheinlich ihre Wirksamkeit als Hemmungs- oder Zündstoffe bei gewissen Kettenreaktionen zusammen. Ferner ist bekannt, daß gewisse Metalle (besonders die sogenannten Übergangsmetalle) die Fähigkeit haben, ihre Oxydationsstufe um eine Einheit zu vergrößern oder zu vermindern, z. B.

$$Fe^{+++} + \ominus \rightleftarrows Fe^{++}.$$

Es ist klar, daß dieses Verhalten ähnliche Möglichkeiten eröffnet wie die Ungeradheit z. B. von NO, und es scheint nicht unwahrscheinlich, daß wir hier einen Teil der Erklärung der besonders großen Bedeutung von Verbindungen des Eisens und überhaupt der Übergangsmetalle als Katalysatoren und auch sonst in der Biochemie vor uns haben.

Die Arten der Folgen. Offene und geschlossene Folgen.[1]

Unter einer n-stufigen Reaktionsfolge verstehen wir im folgenden eine geordnete Folge von n Teilreaktionen, dadurch gekennzeichnet, daß mindestens ein Endstoff der i-ten Reaktion als Anfangsstoff der $(i + 1)$-ten Reaktion auftritt. Wenn auch mindestens ein Endstoff der n-ten Reaktion als Anfangsstoff der ersten auftritt, nennen wir die Folge „*geschlossen*", wenn dagegen kein Endstoff der n-ten Reaktion als Anfangsstoff der ersten auftritt, werden wir die Folge „*offen*" nennen.[2]

Die Teilreaktionen können in der Gleichung links und rechts der Reaktionszeichen i. b. G. instabile Zwischenstoffe enthalten, die bei Addition der Teilreaktionen entstandene Bruttoreaktion darf dagegen keine solchen enthalten. Es sei bemerkt, daß in vielen Fällen links oder rechts der Reaktionszeichen der Teilreaktion höchstens ein instabiler Zwischenstoff auftritt. Dies hängt u. a. damit zusammen, daß deren Konzentrationen gewöhnlich so klein sind, daß gegenseitige Zusammenstöße der Zwischenstoffe sehr unwahrscheinlich sind. Von einer allgemeinen Regel ist aber bei weitem nicht die Rede, im Gegenteil, um die Verhältnisse bei gewissen explosionsartigen Reaktionen zu erklären, hat man annehmen müssen, daß z. B. auf der linken Seite ein und auf der rechten Seite zwei instabile Moleküle auftreten.[3]

Die Art der Zwischenstoffe (gerade oder ungerade) ist sehr wesentlich für die Art der Folge (offen oder geschlossen). Denn wenn die erste Teilreaktion links eine ungerade Anzahl ungerader Radikale (gewöhnlich 1) enthält, müssen natürlich auch alle die folgenden und speziell auch die n-te Reaktion das tun. Hieraus folgt aber, daß die Folge eine geschlossene sein muß, z. B.:

$$X_1 + A_1 \rightleftharpoons B_1 + X_2 \left(\begin{smallmatrix} 1 \\ -1 \end{smallmatrix}\right);$$

$$X_2 + A_2 \rightleftharpoons B_2 + X_3 \left(\begin{smallmatrix} 2 \\ -2 \end{smallmatrix}\right);$$

$$X_3 + A_3 \rightleftharpoons B_3 + X_1 \left(\begin{smallmatrix} 3 \\ -3 \end{smallmatrix}\right).$$

Sind dagegen die Radikale gerade, kann die Folge zwar geschlossen sein, sie kann (und ist wohl gewöhnlich?) aber auch offen sein, z. B.:

$$A_1 \rightleftharpoons B_1 + Y_1 \left(\begin{smallmatrix} 1 \\ -1 \end{smallmatrix}\right);$$

$$Y_1 + A_2 \rightleftharpoons B_2 + Y_3 \left(\begin{smallmatrix} 2 \\ -2 \end{smallmatrix}\right);$$

$$Y_3 + A_3 \rightleftharpoons B_3 \qquad \left(\begin{smallmatrix} 3 \\ -3 \end{smallmatrix}\right).$$

Die Form der erwähnten Folgen kann man offenbar mit Hilfe einer naheliegenden geometrischen Symbolik in folgender Weise darstellen:

---

[1] Die Reaktionsfolgen wurden in vielen Arbeiten von A. Skrabal besprochen, siehe z. B. Mh. Chem. **64** (1934), 289; **65** (1935), 275; **66** (1935), 129. Zusammenfassung in Z. Elektrochem. angew. physik. Chem. **42** (1936), 228. Dort auch Hinweise auf ältere Abhandlungen desselben Verfassers. Die hier gegebene Darstellung ist formell ziemlich verschieden von der Skrabalschen. Wesentliche reelle Unterschiede sind aber, so weit ich sehen kann, nicht vorhanden.

[2] J. A. Christiansen: Z. physik. Chem., Abt. B **28** (1935), 303.

[3] C. N. Hinshelwood, N. Semenoff, Bericht von E. J. Buckler, R. G. W. Norrish: Proc. Roy. Soc. (London), Ser. A **167** (1938), 292, wo eine Übersicht über die frühere Literatur zur Knallgasreaktion zu finden ist. Vgl. auch den Artikel derselben Verfasser im vorliegenden Bande.

Die geschlossene, dreistufige Folge:

und die offene, dreistufige Folge:

Bei beiden Arten von Folgen kann man, wie aus den symbolischen Darstellungen besonders leicht ersichtlich ist, auch verzweigte Folgen antreffen, z. B.:

Bei den geschlossenen Folgen ist es sogar notwendig, eine Verzweigung anzunehmen, denn die Zwischenprodukte müssen durch irgendeine fremde Reaktion gebildet und vernichtet werden. Man muß aber beachten, daß jede Verzweigung die Annahme einer neuen *Bruttoreaktion* bedeutet, jede mit ihrer eigenen Laufzahl. In einem solchen Falle werden die Laufzahlen voneinander abhängig. Es kann z. B. vorkommen, daß die Bildung zweier Molekülarten in einem konstanten Verhältnis steht, das nichts mit einer stöchiometrischen Relation zu tun hat.[1]

Die Folgen, die wir hier geschlossene Folgen genannt haben, werden gewöhnlich *Kettenreaktionen* genannt. Sie sind, wie schon in der historischen Einleitung erwähnt, dadurch ausgezeichnet, daß die primäre Bildung eines aktiven Anfangsprodukts bewirken kann, daß die Folge mehrmals durchlaufen wird, d. h. die Geschwindigkeit der Kettenreaktion (der geschlossenen Folge) kann beliebig viel größer als die Geschwindigkeit der Primärreaktion sein.

Dagegen kann bei der offenen Folge die Laufzahl pro primär gebildetes Anfangsprodukt höchstens um 1 vergrößert werden.

Außer den erwähnten Arten von Folgen, d. h. offenen und geschlossenen Folgen, eventuell mit Verzweigungen, existieren Folgen noch komplizierterer Art. Denn wie schon erwähnt, kann es vorkommen, daß in einer der Teilreaktionen ein aktives Molekül verbraucht wird und zwei solche entstehen. Es ist ohne weiteres klar, daß dadurch die Menge aktiver Zwischenprodukte und damit die Reaktionsgeschwindigkeit mit der Zeit exponentiell ansteigen kann, so daß die Reaktion in eine Explosion ausartet. Z. B. wird man zur Erklärung der Verhältnisse bei der Knallgasexplosion u. a. die folgenden Teilreaktionen annehmen müssen:[2, 3]

$$H + O_2 \rightarrow OH + O,$$
$$O + H_2 \rightarrow OH + H.$$

Kinetische Konsequenzen des Auftretens von Reaktionsfolgen.

Nach der Klassifikation der Reaktionsfolgen wollen wir die kinetischen Konsequenzen ihres Auftretens näher verfolgen.

Das Hauptziel der Reaktionskinetik ist, den „*Mechanismus*" einer gegebenen Bruttoreaktion, d. h. die Folge von Teilreaktionen anzugeben, die erstens bei Addition als Resultante die gegebene Bruttoreaktion ergibt und zweitens die

---

[1] R. WEGSCHEIDER: Z. physik. Chem. **34** (1900), 290.
[2] C. N. HINSHELWOOD, G. N. GRANT: Proc. Roy. Soc. (London), Ser. A **129** (1933), 29.
[3] E. J. BUCKLER, R. G. W. NORRISH: zitiert S. 254.

experimentell festgelegte Kinetik der Bruttoreaktion als notwendige Konsequenz hat. In den einfachsten Fällen läßt es sich einsehen, daß bei hinreichender Genauigkeit der kinetischen Messungen die Lösung des Problems eindeutig ist, d. h. es existiert nur *eine* Folge von Teilreaktionen, die den aufgestellten Bedingungen genügt, und es ließe sich wohl auch rein mathematisch nachweisen, daß es immer so ist. Die Schwierigkeit ist aber, daß die Genauigkeit kinetischer Messungen trotz allen Vorsichtsmaßregeln oft ziemlich bescheiden ist, so daß die Forderung „hinreichender Genauigkeit der Messungen" oft schwer zu erfüllen ist. Bei systematischer Variation der Anfangsbedingungen, Vergleich mit verwandten Reaktionen und nicht zuletzt durch Anwendung des etwas undefinierbaren, aber sehr nützlichen „chemischen Taktgefühles", gestützt durch thermochemische Zahlenwerte, kommt man doch in sehr vielen Fällen zu Resultaten, die jedenfalls sehr große Wahrscheinlichkeit besitzen. Zeugen davon sind z. B. viele der Arbeiten, die in dem Buch von H. J. Schumacher „Chemische Gasreaktionen" besprochen sind[1] und von denen die ältesten der Bodensteinschen Schule entstammen.

Wir wenden uns nun zu der mathematischen Behandlung der oben aufgestellten Probleme. Die allgemeinste Frage, die man in der Reaktionskinetik aufstellen kann, ist die folgende:

Gegeben sei ein Gemisch verschiedener Molekülarten unter gegebenen äußeren Bedingungen, die miteinander nach bestimmten Gesetzen reagieren können. Man fragt nach dem Lebenslauf des Gemisches, d. h. man fragt, welche Funktionen der Zeit sind die Mengen aller gegenwärtigen Stoffarten. Zur Beantwortung stellt man ein System von Differentialgleichungen auf, eine für jede der Molekülarten. In einigen Fällen jedenfalls läßt sich die Lösung angeben. Sie enthält, wie es sein soll, genau so viele willkürliche Konstanten, daß man die Anfangsmengen der verschiedenen Molekülarten willkürlich festlegen kann. Andrerseits ist es notwendig, alle Anfangsmengen zu kennen, um den Lebenslauf des Gemisches voraussagen zu können. Die erste umfassende Behandlung des allgemeinen Problems findet man bei R. Wegscheider.[2] Als Beispiel der Ausführung möchte ich die Aufmerksamkeit auf die Arbeiten von R. Tambs-Lyche[3] und N. A. Sørensen (Beiträge zur Kinetik der Mutarotation[4]) lenken, die sich den Riiberschen Arbeiten über Mutarotation anschließen.[5, 6]

Die praktische Ausnutzung der gewonnenen Ausdrücke ist aber, von den allereinfachsten Fällen abgesehen, mit großen Schwierigkeiten verknüpft. Denn erstens verlangt die einigermaßen genaue Bestimmung der Geschwindigkeitskonstanten bei verwickelteren Ausdrücken eine sehr große Genauigkeit der Messungen (siehe z. B. die Arbeit von N. A. Sørensen), und zweitens ist die genaue Kenntnis der Anfangsmengen für die eventuell auftretenden instabilen Molekülarten mit sehr kleiner Lebensdauer überhaupt nicht zu erreichen. Es bedeutete daher einen sehr wesentlichen Fortschritt, als man (vor allem M. Bodenstein) damit anfing, die Methode der stationären Konzentrationen der instabilen Zwischenstoffe konsequent anzuwenden. Diese Methode sei daher etwas eingehender besprochen.

---

[1] Anm. 2, S. 249.

[2] R. Wegscheider: Z. physik. Chem. **39** (1902), 257.

[3] R. Tambs-Lyche: Kong. norske Vidensk. Selsk., Skr. **1928**, Nr. 4.

[4] N. A. Sørensen: Ebenda **1937**, Nr. 2.

[5] Schon A. Rakowski [Z. physik. Chem. **57** (1907), 321] hat die Lösung der Differentialgleichung für ein System von rein unimolekularen Reaktionen angegeben.

[6] Die Theorie der Koagulationskinetik von M. v. Smoluchowski [Z. physik. Chem. **92** (1918), 129] ist für die mathematische Behandlung bimolekularer Reaktionen lehrreich.

Gegeben sei ein Gemisch, in welchem die reziproken Bruttoreaktionen

$$A_1 + A_2 \ldots \rightleftarrows B_1 + B_2 + \ldots$$

mit meßbarer Langsamkeit stattfinden (A_i und B_j sollen die Symbole lang-lebiger und daher analytisch faßbarer Molekülarten sein). Die Reaktion verlaufe stufenweise über kurzlebige (und daher analytisch unfaßbare) Zwischenstoffe X_1, X_2 usw. Man fragt nun *nicht* nach dem ganzen Lebenslauf des Systems, sondern *nur* nach der Geschwindigkeit der Bruttoreaktion.

Diese Frage läßt sich beantworten, wenn man annehmen darf, daß die Zwischen-stoffe so instabil sind, daß sich fast momentan ein stationärer Zustand einstellt, wo sie ebenso schnell verschwinden, wie sie gebildet werden. Die Zulässigkeit dieser Annahme wurde von verschiedener Seite (siehe insbesondere die Arbeiten von A. Skrabal[1]) bezweifelt. Die Zweifel kann man folgendermaßen begründen: Wie die Rechnung unten zeigen wird, führt die Annahme der stationären Kon-zentrationen nicht nur zur Bestimmung der Bruttogeschwindigkeit als Funktion der augenblicklichen Konzentrationen der stabilen Molekülarten, sondern auch zur Bestimmung der Konzentrationen der instabilen Zwischenstoffe als Funktion derselben Größen. Und da diese mit der Zeit langsam veränderlich sind, werden auch die Konzentrationen der Zwischenstoffe mit der Zeit langsam veränderlich. Die Lösung des Widerspruches erkennt man, wenn man versucht, bei konstant gehaltener Konzentration der stabilen Stoffe die Zeit der Einstellung des stationären Zustandes zu berechnen. Sie ergibt sich in der Größenordnung der Lebensdauern der instabilen Zwischenstoffe, und wenn diese sehr klein sind, wird sich also der stationäre Zustand fast momentan einstellen und auch während einer langsamen Bruttoreaktion fast genau eingestellt bleiben.[2, 3] Ob es nun in einem gegebenen Fall zulässig ist, mit der Annahme von Stationarität zu rechnen oder nicht, können eigentlich nur die Experimente in Verbindung mit den ge-machten Annahmen über die Zwischenstoffe entscheiden. Sehr oft kann man nämlich, ohne direkte Messungen zu besitzen, mit großer Wahrscheinlichkeit vermuten, daß die anzunehmenden Zwischenstoffe sehr kurzlebig sind, so daß man unbedenklich die Stationaritätsbedingungen anwenden kann. Aber man findet auch Andeutungen davon, daß die Zeit der Einstellung des stationären Zustandes nicht ganz unmerklich ist. Man findet z. B., daß ein Ausdruck der Geschwindigkeit, der nur Konzentrationen stabiler Stoffe und keine expliziten Zeitfunktionen enthält, über fast den ganzen Zeitbereich gültig ist, daß aber im ersten Anfang (wenige Sekunden oder Minuten) Abweichungen vorhanden sind, die mit der Zeit abklingen.

Die Methode zur Berechnung der stationären Bruttogeschwindigkeit wollen wir an einigen Beispielen erläutern. Zuerst einige Worte über die Indizes. Es seien $A_1, A_2 \ldots A_n$ eine Reihe von verschiedenen Zuständen eines Moleküls. Die Prozesse $A_i \rightleftarrows A_j$ sind dann lauter monomolekulare Prozesse. Die $n\,(n-1)$ verschiedenen Geschwindigkeitskonstanten (Reaktionswahrscheinlichkeiten pro Sekunde) werden wir w_{ij} nennen, und es ergibt sich das Schema z. B. für $n = 4$:

$$\begin{array}{llll} w_{11} & w_{21} & w_{31} & w_{41} \\ w_{12} & w_{22} & w_{32} & w_{42} \\ w_{13} & w_{23} & w_{33} & w_{43} \\ w_{14} & w_{24} & w_{34} & w_{44} \end{array}$$

entsprechend dem Bildschema

$$\begin{array}{ccc} A_1 & - & A_2 \\ & \times & \\ A_4 & - & A_3 \end{array},$$

---

[1] Z. B. Mh. Chem. **64** (1934), 289. Dortselbst Hinweise auf frühere Abhandlungen.

[2] Die ausführlichste Diskussion der Zulässigkeit der Annahme von Stationarität findet man bei A. Skrabal, zit. S. 254.

[3] Eine ganz kurze Behandlung eines Spezialfalles findet man in Z. physik. Chem. **128** (1927), 431.

wo wir für den Gebrauch unten w_{11} statt $-(w_{12} + w_{13} + w_{14})$ usw. geschrieben haben. Bedeuten nun A_1 und A_n stabile Molekülarten, deren gegenseitige Umwandlungsgeschwindigkeit v gefunden werden soll, A_2 bis A_{n-1} aber instabile Zwischenstoffe, hat man ($\dot{a}_1 \equiv \dfrac{d}{dt} a_1$ usw., die a_i bedeuten Mengen der entsprechenden Stoffe A_i):

$$\dot{a}_1 = a_1 w_{11} + a_2 w_{21} + a_3 w_{31} + a_4 w_{41}$$
$$0 = \dot{a}_2 = a_1 w_{12} + a_2 w_{22} + a_3 w_{32} + a_4 w_{42}$$
$$0 = \dot{a}_3 = a_1 w_{13} + a_2 w_{23} + a_3 w_{33} + a_4 w_{43}$$
$$\dot{a}_4 = a_1 w_{14} + a_2 w_{24} + a_3 w_{34} + a_4 w_{44}.$$

Hieraus folgt zuerst, daß

$$\dot{a}_1 + \dot{a}_4 = 0$$

sein muß, denn Addition der vier Gleichungen gibt auf der rechten Seite Null wegen der Definition von w_{ii}. Daß

$$a_1 = -\dot{a}_4,$$

ist aber selbstverständlich, denn sonst wäre ja die totale Anzahl von Molekülen nicht konstant. Es existieren also nur drei, im allgemeinen $(n-1)$ unabhängige Gleichungen zur Bestimmung der Unbekannten. Nehmen wir an, daß alle die w_{ij} bekannt sind, haben wir also $n + 1$ Unbekannte, nämlich $\dot{a}_1 = -\dot{a}_n$ und die n a-Werte. Um die Gleichungen auflösen zu können, müssen wir also voraussetzen, daß zwei a-Werte bekannt sind. Dies entspricht der Voraussetzung, daß die Mengen der stabilen Molekülarten A_1 und A_n zu der Zeit der Geschwindigkeitsmessung bekannt sind, eine Forderung, die bei einer Reaktion mit meßbarer Geschwindigkeit immer erfüllt sein wird. In unserem System von $n-1$ Gleichungen haben wir also die $n-2$ unbekannten Konzentrationen der Zwischenstoffe und die gesuchte Reaktionsgeschwindigkeit $\dot{a}_1$, im ganzen also $n-1$ Unbekannte, so daß es möglich wird, die Gleichungen nach bekannten Methoden zu lösen.

Die offenen Folgen.

Für zwei Spezialfälle wollen wir die Lösung explizit angeben. Wir nehmen zuerst an, daß eine einfache, rein monomolekulare offene Folge vorliegt, d. h. wir nehmen die Folge:

$$A_1 \rightleftharpoons A_2$$
$$A_2 \rightleftharpoons A_3$$
$$A_3 \rightleftharpoons A_4$$

mit dem Bildschema

$$A_1 - A_2 - A_3 - A_4$$

an. Dann wird unser w-Schema

$$
\begin{array}{cccc}
w_{11} & w_{21} & 0 & 0 \\
w_{12} & w_{22} & w_{32} & 0 \\
0 & w_{23} & w_{33} & w_{43} \\
0 & 0 & w_{34} & w_{44}, \text{ wo}
\end{array}
\qquad
\begin{array}{l}
w_{11} = -w_{12} \\
w_{22} = -(w_{21} + w_{23}) \\
w_{33} = -(w_{32} + w_{34}) \\
w_{44} = -w_{43}
\end{array}
$$

und unsere Gleichungen

$$\dot{a}_1 = a_1 w_{11} + a_2 w_{21}$$
$$0 = a_1 w_{12} + a_2 w_{22} + a_3 w_{32}$$
$$0 = \qquad\quad a_2 w_{23} + a_3 w_{33} + a_4 w_{43}$$

oder:

$$\dot{a}_1 = -a_1\,w_{12} + a_2\,w_{21} + 0 \qquad + 0$$
$$\dot{a}_1 = \quad 0 \qquad - a_2\,w_{23} + a_3\,w_{32} + 0$$
$$\dot{a}_1 = \quad 0 \qquad + 0 \qquad - a_3\,w_{34} + a_4\,w_{43}.$$

Die einfachste Form der Lösung erhält man, wenn man im letzteren System $\dfrac{a_1}{s}$, $\dfrac{a_2}{s}$, $\dfrac{a_3}{s}$ als Unbekannte einführt, wo wir s (Reaktionsgeschwindigkeit) statt $-\dot{a}_1$ geschrieben haben.

Die Determinanten des Gleichungssystems werden dann

$$D_0 \equiv \begin{vmatrix} w_{12} & -w_{21} & 0 \\ 0 & w_{23} & -w_{32} \\ -\dfrac{a_4}{a_1}w_{43} & 0 & w_{34} \end{vmatrix} = w_{12}\,w_{23}\,w_{34} - \dfrac{a_4}{a_1}\,w_{43}\,w_{32}\,w_{21}$$

$$D_1 \equiv \begin{vmatrix} 1 & -w_{21} & 0 \\ 1 & w_{23} & -w_{32} \\ 1 & 0 & w_{34} \end{vmatrix} = w_{23}\,w_{34} + w_{21}\,w_{34} + w_{21}\,w_{32}$$

$$D_2 \equiv \begin{vmatrix} w_{12} & 1 & 0 \\ 0 & 1 & -w_{32} \\ -\dfrac{a_4}{a_1}w_{43} & 1 & w_{34} \end{vmatrix}$$

$$D_3 \equiv \begin{vmatrix} w_{12} & -w_{21} & 1 \\ 0 & w_{23} & 1 \\ -\dfrac{a_4}{a_1}w_{43} & 0 & 1 \end{vmatrix},$$

und es wird:

$$\frac{a_1}{s} = \frac{D_1}{D_0} = \frac{a_1\,w_{12}\,w_{23}\,w_{34}}{a_1\,w_{12}\,w_{23}\,w_{34} - a_4\,w_{43}\,w_{32}\,w_{21}}\left(\frac{1}{w_{12}} + \frac{w_{21}}{w_{12}}\frac{1}{w_{23}} + \frac{w_{21}}{w_{12}}\frac{w_{32}}{w_{23}}\frac{1}{w_{34}}\right)$$

$$\frac{a_2}{s} = \frac{D_2}{D_0}; \quad a_2 = a_1\frac{D_2}{D_1},$$

$$\frac{a_3}{s} = \frac{D_3}{D_0}; \quad a_3 = a_1\frac{D_3}{D_1}.$$

Es folgt aus den Ausdrücken für a_2 und a_3, daß sie sehr klein gegen a_1 sein müssen. Denn D_2 und D_3 enthalten nur Glieder mit den (wegen der angenommenen großen Lebensdauer von A_1 und A_n) sehr kleinen Größen w_{12} und w_{43} als Faktoren. Dagegen ist D_1 frei von diesen Gliedern.

Der Ausdruck wird sehr vereinfacht, wenn die Rückreaktion nicht beachtet wird, d. h. wenn $a_4 = 0$. Dann wird

$$\frac{a_1}{s_+} = \frac{1}{w_{12}} + \frac{w_{21}}{w_{12}}\frac{1}{w_{23}} + \frac{w_{21}}{w_{12}}\cdot\frac{w_{32}}{w_{23}}\frac{1}{w_{34}}.$$

Setzen wir anderseits $a_1 = 0$, d. h. wird nur die Rückreaktion berücksichtigt, wird (indem $s_- = -\dot{a}_4$)

$$\frac{a_4}{s_-} = \frac{1}{w_{43}} + \frac{w_{34}}{w_{43}}\frac{1}{w_{32}} + \frac{w_{34}}{w_{43}}\cdot\frac{w_{23}}{w_{32}}\cdot\frac{1}{w_{21}},$$

und eine leichte Umformung gibt dann die resultierende Geschwindigkeit

$$s = s_+ - s_-.$$

Die gegebenen Ausdrücke müssen bei steigender Zahl von Einzelreaktionen entsprechend verlängert werden. Gleichgewicht tritt offenbar ein, wenn

$$a_1\, w_{12}\, w_{23}\, w_{34} = a_4\, w_{43}\, w_{32}\, w_{21} \quad \text{(gewöhnliches Massenwirkungsgesetz)},$$

oder, was dasselbe ist, wenn $s = s_+ - s_- = 0$.

Es sei bemerkt, daß man (bei der einfachen Folge!) die Schreibweise abkürzen kann, indem man die Stufen statt der Zustände numeriert. Es muß nur beachtet werden, daß es für die Übersichtlichkeit der Ausdrücke wesentlich ist, die Bezeichnungen so zu wählen, daß unmittelbar erkennbar wird, welche Symbolpaare einander reziproken Prozessen entsprechen. Man kann so z. B. die Symbolpaare w_i, w_{-i} oder w_i, u_i für die Wahrscheinlichkeiten der i-ten Hin- und Rückreaktion gebrauchen. Erstere Schreibweise werden wir später benutzen. Letztere benutzten (im Prinzip) L. S. KASSEL[1] und F. O. RICE, K. F. HERZFELD.[2]

Bevor wir weitergehen, wollen wir noch eine kleine formelle Änderung des Ausdruckes für s einführen. Es seien $a_2{}^0$ und $a_3{}^0$ die virtuellen Gleichgewichtsmengen von a_2 und a_3, definiert durch

$$a_1\, w_{12} = a_2{}^0\, w_{21}$$
$$a_2{}^0\, w_{23} = a_3{}^0\, w_{32}.$$

Dann wird

$$\frac{1}{s} \cdot \frac{a_1\, w_{12}\, w_{23}\, w_{34} - a_4\, w_{43}\, w_{32}\, w_{21}}{a_1\, w_{12}\, w_{23}\, w_{34}} = \frac{1}{a_1\, w_{12}} + \frac{1}{a_2{}^0\, w_{23}} + \frac{1}{a_3{}^0\, w_{34}}.$$

Die reziproke Geschwindigkeit s_+ bei verschwindendem $a_4\, w_{43}\, w_{32}\, w_{21}$, d. h. verschwindender Gegenreaktion, wird also gleich einer Summe von reziproken Geschwindigkeiten. Die $a_2{}^0$, $a_3{}^0$ usw. sind offenbar rein thermodynamische Größen, die jede mit einer kinetischen Größe $w_{i\,i+1}$ multipliziert auftreten.

Es ist unmittelbar einleuchtend, daß die kleinsten $a^0 w$ den größten Beitrag zu $1/s$ liefern, oder, wie man gewöhnlich sagt, in einer Reaktionsfolge sind die langsamsten Reaktionen vorzugsweise geschwindigkeitsbestimmend. Es mag auch nützlich sein zu bemerken, daß bei Serienschaltung der Teilreaktionen die reziproken Geschwindigkeiten sich addieren, genau wie bei Serienschaltung von elektrischen Leitern die Widerstände sich addieren. Betrachten wir aber parallelgeschaltete Reaktionen, werden die Geschwindigkeiten selbst addiert, genau wie sich bei Parallelschaltung der Leiter die Leitfähigkeiten addieren.

Für die angenommene rein monomolekulare Reaktionsfolge ist nun die angegebene Lösung von bescheidenem Interesse. Denn sie sagt nur aus, daß die Geschwindigkeit proportional der Konzentration des Stoffs A_1 ist. Es wäre vielleicht möglich, in einem solchen Falle die einzelnen Summanden zu ermitteln, wenn deren Temperaturabhängigkeit passend verschieden wäre, aber von praktischem Interesse scheint diese Möglichkeit zur Zeit nicht zu sein.

Liegt aber eine Folge der folgenden Art vor:

$$A_1 \rightleftharpoons B_1 + X_1$$
$$X_1 + A_2 \rightleftharpoons B_2 + X_2$$
$$\cdots\cdots\cdots\cdots\cdots\cdots$$
$$X_{n-1} + A_n \rightleftharpoons B_n,$$

---

[1] J. Amer. chem. Soc. **54** (1932), 3949.
[2] J. Amer. chem. Soc. **56** (1934), 284.

wo wieder A und B stabile, X instabile Moleküle bedeuten, stellt sich die Sache ganz anders dar.

Die Bruttoreaktion wird dann

$$A_1 + A_2 + \ldots A_n \rightleftharpoons B_1 + B_2 + \ldots B_n.$$

Wir können auch hier Reaktionswahrscheinlichkeiten w der A_1, B_n und der X einführen, wenn wir nur im Auge behalten, daß diese w nicht mehr Konstanten, sondern den Konzentrationen oder Konzentrationsprodukten der stabilen Molekülarten proportional sind. Die Rechnungen gestalten sich dann ganz wie oben, und man bekommt z. B. für die dreistufige Folge, indem wir die verkürzte Indizierung einführen,

$$\frac{1}{s_+} = \frac{1}{a_1}\left(\frac{1}{w_1} + \frac{w_{-1}}{w_1}\frac{1}{w_2} + \frac{w_{-1}}{w_1}\frac{w_{-2}}{w_2}\frac{1}{w_3}\right).$$

Aber die w sind jetzt Produkte von Konstanten mit Konzentrationen, eventuell Konzentrationsprodukten, der stabilen Molekülarten. Infolgedessen wird es möglich, die gefundene reziproke Geschwindigkeit in eine Summe aufzuspalten, oder umgekehrt, wenn es gelungen ist, die empirisch gefundene reziproke Geschwindigkeit in eine Summe der oben angegebenen Art aufzuspalten (jedes neue Glied entsteht aus den vorigen durch Multiplikation mit einer Konstante und einem neuen Konzentrationsverhältnis), kann man durch Vergleich mit der Formel unmittelbar die Form der verschiedenen w angeben. Daraus erhellt unmittelbar, was für stabile Molekülarten in jeder Teilreaktion links und rechts auftreten, und die Art der instabilen Zwischenprodukte ergibt sich dann zwangsläufig. Denn in der ersten Teilreaktion

$$A_1 = B_1 + X_1$$

tritt nur auf der rechten Seite ein instabiler Zwischenstoff auf, und da die Art von A_1 und B_1 aus den kinetischen Messungen sich ergeben hat, ist somit auch X_1 bekannt. Aus der nächsten Gleichung bekommt man dann in derselben Weise X_2 usw. Mit anderen Worten, die Aufspaltung der Bruttogleichung in eine (geordnete!) Folge von Teilreaktionen läßt sich *eindeutig* ausführen.

Die große Schwierigkeit der Ausführung dieses Programms ist die hinreichend genaue Bestimmung der Geschwindigkeit als Funktion der verschiedenen stabilen Molekülarten. Die Schwierigkeiten dabei wachsen selbstverständlich mit wachsender Anzahl von Stufen, d. h. mit wachsender Anzahl von Addenden im Ausdruck für die reziproke Geschwindigkeit. Gewöhnlich wird man jedoch ohne große Schwierigkeiten das erste Glied bestimmen können, indem man die Variation der Anfangsgeschwindigkeit mit den Konzentrationen der Anfangsstoffe bestimmt. Solange nämlich die Konzentrationen der Endstoffe Null sind, verschwinden die späteren Glieder. Werden nun diese Konzentrationen größer, entweder durch Zusatz oder beim Fortschreiten der Reaktion, so treten die späteren Glieder nach und nach in Erscheinung, was, wie man sofort sieht, eine Hemmung der Reaktion bedeutet (die reziproke Geschwindigkeit wird vergrößert). Dabei kann es gelingen, das zweite und die folgenden Glieder zu bestimmen, aber es läßt sich nicht vermeiden, daß die vollständige Lösung der Aufgabe oft etwas mühsam wird.

Zur Kontrolle wird es in der Regel vorteilhaft sein, die integrierte Form der obigen Gleichung zu benutzen. Dazu ist folgende Bemerkung nützlich: Die reziproke Geschwindigkeit kann man als $\dfrac{dt}{dx}$ bezeichnen, wo x die Laufzahl der Reaktion ($x = 0$ bei $t = 0$) bedeutet. Die rechte Seite wird eine eindeutige Funktion von x sein, denn wir setzen voraus, daß es sich um eine einfache Reaktion handelt, wo das Fortschreiten der Reaktion durch *eine* Laufzahl beschrieben werden kann. Die Theorie gibt also

$$\frac{dt}{dx} = f(x)$$

oder

$$t = \int f(x)\, dx.$$

Nun lassen sich die Integrationen der einzelnen Summanden bei den sehr einfachen Funktionen, die darin auftreten, einfach ausführen, und was man findet, ist also eine Summe von Funktionen von x, die proportional mit der Zeit wächst. Wenn es umgekehrt rein empirisch gelungen ist, eine Summe von Funktionen der Laufzahl (und der ursprünglichen Konzentrationen) zu finden, die während der ganzen Reaktion der Zeit proportional ist (einen „Uhrenausdruck"), kann man annehmen, daß die Aufspaltung gelungen ist, und man bekommt dann durch Differentiation nach x den gesuchten Geschwindigkeitsausdruck. Werden dann Versuche mit anderen Anfangsbedingungen angestellt, müssen diese Versuche sich mit denselben Geschwindigkeitskonstanten wiedergeben lassen.[1]

Es scheint dem Verfasser, daß die durch mühsame Experimente gewonnenen Resultate verdienen, vollständiger ausgenutzt zu werden, als es meistens der Fall ist. Gar zu häufig betrachtet man die Sache als erledigt, wenn man aus den quantitativen Messungen die qualitative Schlußfolgerung zieht, daß irgendeine „Hemmung" vorliegt. Aus dieser Hemmung meint man bisweilen schließen zu dürfen, daß eine „Kettenreaktion" vorliegt, ohne einmal auf die Frage einzugehen, ob eine offene oder eine geschlossene Folge vorliegt. Es sei in dieser Verbindung nochmals hervorgehoben, daß nur die *geschlossenen* Folgen den Namen Kettenreaktionen verdienen.

Die geschlossenen Folgen, die Kettenreaktionen.

Wir wenden uns jetzt zu den geschlossenen einfachen Folgen. Zuerst behandeln wir speziell die denkbar einfachste, nämlich die monomolekulare Umwandlung

$$A_1 \rightleftharpoons X_2$$
$$X_2 \rightleftharpoons X_3$$
$$X_3 \rightleftharpoons A_1$$

mit dem Bildschema

$$A_1$$
$$X_2 \rightleftharpoons X_3$$

Es ist sofort klar, daß die Stationaritätsbedingungen erfüllt sind, wenn

$$a_1 w_{12} - a_2 w_{21} = 0$$
$$a_2 w_{23} - a_3 w_{32} = 0$$
$$a_3 w_{31} - a_1 w_{13} = 0,$$

d. h. wenn

$$w_{12}\, w_{23}\, w_{31} = w_{13}\, w_{32}\, w_{21},$$

denn in diesem Falle herrscht Gleichgewicht in bezug auf jede der drei möglichen Reaktionen.

---

[1] Beispiele der Ausführung: L. S. Kassel (1932), zit. S. 260. — J. A. Christiansen, E. Knuth: Kgl. danske Vidensk. Selsk., math.-fysiske Medd. **13** (1935), H. 12. — Weitere Beispiele im oft zitierten Buche von H. J. Schumacher: Chemische Gasreaktionen.

Rein formell wäre es aber auch möglich, eine cyclische Reaktion mit einer von Null verschiedenen Umlaufsgeschwindigkeit anzunehmen, also

$$a_1\,w_{12} - a_2\,w_{21} = v$$
$$a_2\,w_{23} - a_3\,w_{32} = v$$
$$a_3\,w_{31} - a_1\,w_{13} = v.$$

Auch dieses würde eine Art von Gleichgewicht bedeuten, denn keine der drei Stoffmengen würde sich mit der Zeit ändern. Die erste Behandlung dieses Problems findet man bei R. WEGSCHEIDER,[1] der schon die Vermutung aussprach, daß die cyclische Geschwindigkeit v immer Null sein muß.[2] Heutzutage bezeichnet man diese Annahme als das Prinzip der mikroskopischen Reversibilität und nimmt gewöhnlich die Gültigkeit des Prinzips als ein Axiom an. Es kann jedoch, wie es dem Verfasser scheint, auch bewiesen oder wahrscheinlich gemacht werden. Denn daß ein Molekül in drei verschiedenen Formen existieren kann, bedeutet im einfachsten Falle, daß eine Partikel (z. B. ein H-Atom) drei verschiedene Gleichgewichtslagen relativ zu dem Rest des Moleküls einnehmen kann. Wenn eine cyclische Reaktion stattfinden soll, muß offenbar die Partikel während der Reaktion eine geschlossene Bahn zurücklegen. Dies kann aber entweder in dem Drehsinn 1 2 3 oder in dem Drehsinn 1 3 2 geschehen, und wenn beide aus Symmetriegründen gleich wahrscheinlich sind, muß die resultierende cyclische Geschwindigkeit v gleich Null sein.

Wenn wir dagegen eine geschlossene Folge von nicht lauter monomolekularen Reaktionen vor uns haben, liegt die Sache anders. Dann bedeutet ein einmaliger Umlauf die Vergrößerung der Laufzahl um eins. Die Folge sei z. B.

$$Y_1 + A_1 \rightleftharpoons B_1 + Y_2 \begin{pmatrix} 1 \\ -1 \end{pmatrix}$$
$$Y_2 + A_2 \rightleftharpoons B_2 + Y_3 \begin{pmatrix} 2 \\ -2 \end{pmatrix}$$
$$Y_3 + A_3 \rightleftharpoons B_3 + Y_1 \begin{pmatrix} 3 \\ -3 \end{pmatrix}$$

mit der Bruttoreaktion

$$A_1 + A_2 + A_3 \rightleftharpoons B_2 + B_2 + B_3.$$

Gerade wie im Falle der offenen Folge können wir die Stationaritätsbedingungen in folgender Form aufstellen:

$$s = y_1\,w_1 - y_2\,w_{-1}$$
$$s = y_2\,w_2 - y_3\,w_{-2}$$
$$s = y_3\,w_3 - y_1\,w_{-3}.$$

Die w können wir wie vorher als bekannt voraussetzen, denn sie sind Konstanten oder Konstanten multipliziert mit Konzentrationen von stabilen Stoffen.

Wir haben aber hier $3 + 1$ Unbekannte und nur drei Gleichungen zur Bestimmung, so daß wir z. B. bei Elimination von y_2 und y_3 bekommen:

$$s = s_+ - s_-.$$

$$\frac{1}{s_+} = \frac{1}{y_1}\left(\frac{1}{w_1} + \frac{w_{-1}}{w_1}\frac{1}{w_2} + \frac{w_{-1}}{w_1}\frac{w_{-2}}{w_2}\frac{1}{w_3}\right)$$

$$\frac{1}{s_-} = \frac{1}{y_1}\left(\frac{1}{w_{-3}} + \frac{w_3}{w_{-3}}\frac{1}{w_{-2}} + \frac{w_3}{w_{-3}}\frac{w_2}{w_{-2}}\frac{1}{w_{-1}}\right).$$

(Ebensogut hätte man selbstverständlich y_1, y_2 oder y_1, y_3 eliminieren können mit entsprechender Änderung der Ausdrücke für s_+ und s_-.)

---

[1] Z. physik. Chem. **39** (1902), 266.

[2] Siehe auch die Bemerkung über oszillatorische Abklingung der „Dreieckreaktion" bei TAMBS-LYCHE, Anm. 3, S. 256.

Jedenfalls sieht man, daß die resultierende Geschwindigkeit der Reaktion y_1 proportional wird. Die Gleichgewichtsbedingung wird dagegen

$$w_1 w_2 w_3 = w_{-3} w_{-2} w_{-1},$$

d. h. sie wird unabhängig von y_1. Infolgedessen spielt der Stoff y_1 die Rolle eines Katalysators[1], und umgekehrt muß eine katalytisch beeinflußte Reaktion immer aus einer geschlossenen Reaktionsfolge resultieren. Sie kann zwar von der Form

$$y_1 + A_1 \rightleftharpoons B_1 + y_1$$

sein, was man kaum als eine „Folge" bezeichnen wird, sie kann aber auch, wie es aus dem Obigen hervorgeht, verwickelter sein. Was für eine Folge in der Wirklichkeit vorliegt, muß genau wie bei der geschlossenen Folge aus einer kinetischen Untersuchung hervorgehen. 1. Am einfachsten liegt die Sache, wenn der Katalysator ein analytisch faßbarer stabiler Stoff ist. Dann kann man seine Konzentration als bekannt betrachten, und die Zergliederung der Bruttoreaktion wird genau wie bei einer offenen Folge ausgeführt. 2. Verwickelter wird die Sache, wenn y_1 selbst ein instabiles Zwischenprodukt ist. Es sei z. B. die geschlossene Folge

$$\mathrm{Br} + \mathrm{H}_2 \rightleftharpoons \mathrm{HBr} + \mathrm{H} \quad (\pm 1),$$
$$\mathrm{H} + \mathrm{Br}_2 \longrightarrow \mathrm{HBr} + \mathrm{Br} \quad (2)$$

gegeben. Dann wird $w_1 = k_1 [\mathrm{H}_2]$; $w_{-1} = k_{-1} [\mathrm{HBr}]$; $w_2 = k_2 [\mathrm{Br}_2]$:

$$\frac{1}{s} = \frac{1}{[\mathrm{Br}]} \left(\frac{1}{k_1 [\mathrm{H}_2]} + \frac{k_{-1} [\mathrm{HBr}]}{k_1 [\mathrm{H}_2]} \frac{1}{k_2 [\mathrm{Br}_2]} \right).$$

Wir haben vorausgesetzt, daß die Bromatomkonzentration stationär ist. Es ist dann unmöglich, aus der geschlossenen Folge selbst diese Konzentration zu bestimmen. Bedenken wir aber, daß die Bromatome auch bei der Reaktion

$$\mathrm{Br}_2 \rightleftharpoons 2\,\mathrm{Br} \quad (\pm 0)$$

entstehen und verschwinden können, bekommen wir noch eine Stationaritätsbedingung hinzu, nämlich die Gleichgewichtsbedingung

$$[\mathrm{Br}]^2 = K_0 [\mathrm{Br}_2],$$

wo K_0 die gewöhnliche (von Bodenstein bestimmte) Gleichgewichtskonstante der Bromdissoziation bedeutet.

Also wird

$$s = \sqrt{K_0 [\mathrm{Br}_2]} \cdot k_1 k_2 [\mathrm{H}_2] [\mathrm{Br}_2] / (k_2 [\mathrm{Br}_2] + k_{-1} [\mathrm{HBr}]).$$

Um die Kinetik der Reaktion erklären zu können, haben wir also zwei unabhängige Bruttoreaktionen annehmen müssen, nämlich

$$\mathrm{H}_2 + \mathrm{Br}_2 \longrightarrow 2\,\mathrm{HBr}$$

und

$$\mathrm{Br}_2 \rightleftharpoons 2\,\mathrm{Br}.$$

Das Bildschema wird symbolisch:

Man kann sich auch, und zwar anschaulicher, so ausdrücken: Es liegt eine geschlossene Folge, d. h. eine Kettenreaktion vor. (Offene Folgen bezeichnen wir ausdrücklich nicht als Kettenreaktionen.) Die Ketten werden von Brom-

---

[1] Wenn y_1 eine sehr instabile Molekülart, z. B. Br, ist, wird es gewöhnlich in der Praxis nicht als Katalysator bezeichnet, speziell nicht in diesem Handbuch. Der Unterschied von den Katalysatoren im „gewöhnlichen" Sinne des Wortes ist aber prinzipiell kaum streng zu definieren; vgl. dazu Anm. 1 auf S. 245.

atomen eingeleitet, und sie werden ausgelöscht durch die Vernichtung der Bromatome nach $2\,Br \to Br_2$. Daß die Reaktion

$$H + Br \to HBr$$

nicht als Kettenauslöscher angenommen wird, kommt daher, daß die stationäre
Konzentration der H-Atome um Größenordnungen kleiner ist als die der Bromatome, so daß die Wahrscheinlichkeit der Reaktion

$$Br + H \to HBr$$

gegen die Wahrscheinlichkeit der Reaktion

$$Br + Br \to Br_2$$

verschwindet.

3. In 2 erwies es sich als ausreichend, mit einer geschlossenen Folge und
zwei einander reziproken Seitenreaktionen zu rechnen. Noch verwickelter wird
die Sachlage, wenn zwei nicht einander reziproke Seitenreaktionen zur Erklärung
der Kinetik notwendig sind. Dies ist der Fall bei der Chlorknallgasreaktion,
wo man Reaktionen wie z. B.

$$H + O_2 \to HO_2$$

als Kettenlöscher mit $Cl_2 \to 2\,Cl$ als Kettenzünder anzunehmen hat. Das Bildschema wird also

$$O \xrightarrow{\;0\;} O \overset{\overset{1}{\longrightarrow}}{\underset{\underset{2}{\longleftarrow}}{}} O \xrightarrow{\;3\;} O$$

(die Teilreaktionen 0, 1, 2, 3 sind unten angegeben), und die Berechnung wird
entsprechend verwickelter. In diesem Falle hat man mit mindestens drei unabhängigen Bruttoreaktionen zu rechnen, nämlich

$$H_2 + Cl_2 \to 2\,HCl,$$
$$Cl_2 \rightleftharpoons 2\,Cl$$

und einer dritten, vielleicht $\quad 2\,H_2 + O_2 \to 2\,H_2O$

oder $\qquad\qquad\qquad\qquad H_2 + O_2 \to H_2O_2.$

Die Einzelheiten müssen in dem Buch von H. J. Schumacher und in der sehr
umfangreichen Originalliteratur nachgesehen werden,[1] es soll nur hervorgehoben
werden, daß der Ausdruck für $\dfrac{1}{s}$ von S. 261 hier unrichtig wird, denn wegen
der Verzweigung rechts zwischen 1 und 2 können die Geschwindigkeiten längs 1
und 2 nicht gleich sein. Nehmen wir z. B. die geschlossene Folge (die Kette)

$$Cl + H_2 \to HCl + H, \tag{1}$$

$$H + Cl_2 \to HCl + Cl \tag{2}$$

an, als Kettenzündung $\quad Cl_2 + Licht \to 2\,Cl \quad (0)$

und als Kettenauslöschung $\quad H + O_2 \to X, \tag{3}$

so bekommen wir für die Geschwindigkeit

$$\frac{d\,[HCl]}{d\,t} = k_1\,[Cl]\,[H_2] + k_2\,[H]\,[Cl_2],$$

$$0 = \frac{d\,[H]}{d\,t} = k_1\,[Cl]\,[H_2] - k_2\,[H]\,[Cl_2] - k_3\,[H]\,[O_2],$$

$$0 = \frac{d\,[Cl]}{d\,t} = -\,k_1\,[Cl]\,[H_2] + k_2\,[H]\,[Cl_2] + N_0,$$

wo N_0 die Anzahl der primär gebildeten Chloratome ist.

---

[1] Vgl. auch den Artikel von Bodenstein und Jost in diesem Bande.

Hieraus ergibt sich sofort

$$N_0 = k_3 \,[\mathrm{H}]\,[\mathrm{O_2}]$$

und

$$\frac{d\,[\mathrm{HCl}]}{d\,t} = 2\,k_2\,[\mathrm{H}]\,[\mathrm{Cl_2}] + N_0 = N_0\left(2\,\frac{k_2}{k_3}\,\frac{[\mathrm{Cl_2}]}{[\mathrm{O_2}]} + 1\right).$$

Dies gilt allgemein: Sobald Verzweigungen in einer Folge auftreten, werden die einfachen Ausdrücke von S. 261 unrichtig, und die Stationaritätsbedingungen müssen direkt angewandt werden.

Schon an diesem einfachen Beispiel erkennen wir die wesentlichen Merkmale einer Kettenreaktion. Man sieht, daß die Geschwindigkeit der HCl-Bildung nur im Grenzfall $\dfrac{k_2\,[\mathrm{Cl_2}]}{k_3\,[\mathrm{O_2}]} \ll 1$ gleich der Geschwindigkeit der primären Bildung von Cl-Atomen ist, sonst ist sie immer größer, und zwar im betrachteten Falle, wie die Experimente gezeigt haben, um mehrere Zehnerpotenzen. Man sieht weiter, daß die Reaktion, wenn sie von Haus aus schnell ist ($[\mathrm{O_2}]$ klein), gegen Sauerstoffzusätze sehr empfindlich ist, und zwar so, daß die Geschwindigkeit durch Sauerstoffzusatz stark vermindert wird. Man kann sagen, daß Sauerstoff ein negativer Katalysator der Reaktion ist, denn Sauerstoff vermindert zweifellos die Geschwindigkeit und wird nicht bei der Bruttoreaktion verbraucht. Er wird jedoch bei einer von der HCl-Bildung induzierten Nebenreaktion verbraucht und wird vielleicht besser mit dem Namen Inhibitor bezeichnet.

Es muß hervorgehoben werden, daß das Vorliegen einer schwachen Hemmung einer Reaktion durch irgendeinen Fremdstoff kein entscheidender Beweis für das Vorliegen einer Kettenreaktion (einer geschlossenen Folge) ist. Denn Hemmungen können ja auch bei den offenen Folgen auftreten.

Dagegen kann man so sagen: Bei der offenen Folge werden die Hemmungen derart sein, daß bei Konzentrationen der hemmenden Stoffe, die *klein* verglichen mit denen der reagierenden Stoffe sind, selbst *relativ* große Änderungen der Konzentrationen der Hemmungsstoffe relativ kleine oder keine Änderungen der Geschwindigkeit bewirken. Bei der Kettenreaktion (der geschlossenen Folge) werden die Hemmungen derart sein, daß bei Konzentrationen der hemmenden Stoffe, die *klein* verglichen mit denen der reagierenden Stoffe sind, *relativ* große Änderungen der Konzentrationen der Hemmungsstoffe auch relativ große Änderungen der Geschwindigkeit bewirken. Außerdem wird man mit ziemlicher Sicherheit den Schluß ziehen können: Eine Reaktion, die durch verschiedenartige Zusatzstoffe (in kleinen Konzentrationen) gar nicht gehemmt wird, ist sicher keine Kettenreaktion.

Für die Entwirrung des Reaktionsmechanismus von Kettenreaktionen muß man wie bei der entsprechenden Aufgabe bei den offenen Folgen unter systematischer Variation der Anfangsbedingungen tastend vorgehen, die Aufgabe ist aber hier unter Umständen noch schwieriger. Beispiele der Ausführung findet man in reichlicher Fülle im Beitrag von Bodenstein und Jost. Es sei nur hinzugefügt, daß wir hier als Beispiel eine photochemische Reaktion behandelt haben; die Methoden der Behandlung thermischer Reaktionen sind aber genau dieselben. Alles kommt darauf an, 1. die Experimente so genau wie möglich auszuführen, 2. die Teilreaktionen aufzustellen, die aus thermochemischen und anderen Gründen von vornherein wahrscheinlich sind, und 3. mit Hilfe davon die kinetischen Gleichungen aufzustellen und mit der Erfahrung zu vergleichen. Es wird sich dann bisweilen zeigen, daß das ursprüngliche System von Teilreaktionen etwas abgeändert werden muß, um mit den kinetischen Messungen übereinstimmen zu können usw. Und zum Schluß die folgende Bemerkung: Die Rechenarbeit kann unter Umständen ebenso zeitraubend sein wie die Experimente.

Katalyse bei homogenen Gasreaktionen.

Von

Max Bodenstein, Berlin, und W. Jost, Leipzig.

Inhaltsverzeichnis.

A. Einführung.

Herr Mittasch hat in seinem Einführungskapitel auf die Definition der „Katalyse" Bezug genommen, die um die Jahrhundertwende im Institut von Wilhelm Ostwald in mehrfachen Kolloquien festgelegt wurde: die Beschleunigung einer — im weitesten Sinne — langsam verlaufenden Reaktion durch die Gegenwart eines fremden Stoffes, eines solchen, der in der Bruttogleichung der

Reaktion nicht vorkommt, der nach Schluß der Umsetzung unverbraucht vorhanden ist.

Es sei dem einen der Verfasser dieses Abschnittes, der wie Herr Mittasch einer der wenigen noch wissenschaftlich tätigen Teilnehmer jener Kolloquien war, gestattet, nochmals zu unterstreichen, daß diese Definition völlig nach den äußerlichen Merkmalen der Erscheinung ausgerichtet ist. Sie sollte ausschließlich Begriffsbestimmung, in keiner Weise Erklärung der Erscheinung sein. Sie entsprach durchaus der Einstellung Ostwalds, der damals ja auch von der Atomtheorie nichts wissen wollte und die unmittelbar dem Experiment zugänglichen Verbindungsgewichte für das Wesentliche ansah und deren theoretische Deutung durch die Atomtheorie mindestens als überflüssig. Er sah tatsächlich in der Katalyse eine Veränderung der Geschwindigkeitskonstanten k einer Reaktion. „Wir wissen gar nichts über die Größe von k bei den verschiedenen Reaktionen, es ist daher durchaus möglich, daß dies k geändert wird durch die Gegenwart des fremden Stoffes, und zwar nach höheren und niederen Werten geändert wird; positive wie negative Katalyse sind so möglich."

Wenn man versucht, die beobachteten Erscheinungen der Definition einzuordnen, so ist das heute, wo ihre Zahl gegenüber der damaligen Zeit gewaltig gewachsen ist, entsprechend schwieriger als damals. Aber auch damals schon zeigten sich Schwierigkeiten, die zu Erörterungen und Zusätzen führen mußten. Durchaus geläufig war die Autokatalyse. Das Wasserstoffion der bei der Verseifung eines Esters entstehenden Säure katalysiert die Verseifung genau so gut wie das einer anfänglich zugesetzten „fremden" Säure. Es machte keine sonderlichen Schwierigkeiten, diesen Fall einzuordnen durch die Festlegung, daß diese Wirkung des bei der Reaktion entstehenden Stoffes eine sei, die mit seiner Entstehung in der Reaktion nichts zu tun habe.

Auch die Forderung, daß der fremde Stoff nicht verbraucht würde, war schon damals oft mangelhaft erfüllt, zumal an den Katalysen der Technik. Der Bleikammerprozeß braucht ständige Zufuhr von Stickoxyden, und doch können diese unbedenklich als fremde Stoffe bezeichnet werden: ihr Verlust durch Überführung in Stickoxydul ist ein Nebenvorgang, der mit ihrer Wirksamkeit für die Vereinigung von Schwefeldioxyd, Sauerstoff und Wasser zu Schwefelsäure nichts zu tun hat, der sich ihrer katalytischen Wirkung gerade so unabhängig superponiert wie die katalytische Wirkung der Entstehung der Säure bei der Verseifung.

So wars vor vierzig Jahren. Inzwischen sind unzählige „katalytische" Reaktionen in ihrem Mechanismus mehr oder weniger vollständig aufgeklärt worden, und fast in jedem Fall haben sich Tatsachen ergeben, die dem strengen Wortlaut jener Definition nicht entsprechen. Nehmen wir als Beispiel die Oxydation von Bisulfit in wässeriger Lösung durch Sauerstoff, die übrigens auch in der damaligen Periode in Ostwalds Institut Gegenstand zweier ausgedehnter Untersuchungen war. Hier hatte Bigelow[1] gezeigt, daß sie einer negativen Katalyse unterliegt durch Stoffe, wie Mannit, Alkohole u. dgl., und bald darnach fand Titoff,[2] daß sie durch winzige, im Gebrauchswasser stets vorhandene Mengen von Kupferionen positiv beschleunigt wird, und kam von da aus zu dem Schluß, daß die negative Wirkung der organischen Stoffe in einem Wegfangen des positiven Katalysators durch Komplexbildung besteht.

Der Nachweis, daß Kupferion und Mannit fremde Stoffe sind, d. h. daß weder der eine noch der andere durch die Oxydation des Sulfits verbraucht werden, ist zwar damals nicht erbracht worden. Nehmen wir das aber, wie es

---

[1] S. L. Bigelow: Z. physik. Chem. **26** (1898), 493.
[2] A. Titoff: Z. physik. Chem. **45** (1903), 641.

stillschweigend geschah, als Tatsache an, so würde sowohl die Beschleunigung der Reaktion durch Kupferion wie ihre Hemmung streng der Definition genügen. Denn daß die beiden Katalysatoren, miteinander reagierend, sich gegenseitig verbrauchen, würde ihre Eigenschaft als fremde Stoffe der Reaktion gegenüber nicht einschränken.

Inzwischen haben wir aber gelernt, daß die Oxydation des Sulfits eine Kettenreaktion ist, eingeleitet durch eine Reaktion zwischen Kupferion und Sulfit[1] und abgebrochen durch eine Oxydation des negativen Katalysators.[2] Mag also vielleicht auch das Kupferion im Sinne der Definition ein echter Katalysator sein, indem es im Laufe der Zwischenreaktionen immer wieder als solches regeneriert wird — und eine solche „Übertragungskatalyse" wurde auch damals schon durchaus als der Definition entsprechend betrachtet —, so wird der negative Katalysator unzweifelhaft verbraucht, er ist also nicht mehr ein „fremder Stoff", und seine Wirkung konnte nur deswegen der Definition entsprechend als Katalyse gelten, weil die Ketten lang sind, weil die Zahl der im Ablauf der Kette oxydierten Sulfitionen außerordentlich viel größer ist als die der den Kettenabbruch verursachenden des Inhibitors, so daß sein Verbrauch erst später bei besonders darauf gerichteten, extrem genauen Beobachtungen erkennbar wurde.

Derartige Fälle kennen wir nun heute in großer Zahl, auch solche, bei denen der Kettenabbruch nach wenigen Kettengliedern schon erfolgt, bei denen der „negative Katalysator" also erheblichem Verbrauch unterliegt. Hier ist die Definition unzweifelhaft sehr unvollkommen erfüllt, und es ist durchaus fraglich, ob man in diesem, ja allgemein in den Fällen des Kettenabbruchs durch einen an der Hauptreaktion nicht beteiligten Stoff überhaupt von Katalyse reden darf.

Sollen wir nun diejenigen Reaktionen als katalytische aufzählen — eine Besprechung wäre bei diesen unmöglich —, bei denen mangels genauer Messungen ein Verbrauch des Katalysators nicht erkennbar ist, diejenigen aber beiseite lassen und nicht mehr als katalytische ansehen, bei denen sein Verbrauch im Kettenabbruch festgestellt wurde, soll man diese dem Sammelwort Katalyse unterordnen, jene nicht? Das käme einer Definition gleich, die in Analogie zu der bekannten Genusregel etwa lauten würde:

> Was man nicht sauber deuten kann,
> Sieht man als Katalyse an.

Das wäre natürlich ein höchst unzweckmäßiges Verfahren, schon weil dann in der Besprechung der katalytischen Vorgänge gerade diejenigen fehlen würden, deren genaue Durcharbeitung zur Kenntnis ihres Verlaufs und ihres Wesens geführt hat, und die deswegen geeignet sind, die Aufklärung der noch unerforschten per analogiam zu erleichtern.

Demgemäß wollen wir im folgenden den Begriff der Katalyse weit fassen; wir werden viele Fälle behandeln, in denen die Bedingung, daß der Katalysator zum Schluß unverändert vorliegen muß, nicht streng erfüllt ist, insbesondere solche, in denen er beim Abbruch von Reaktionsketten teilweise verbraucht wird, d. h. solche Fälle, in denen ein Verbrauch des Katalysators nicht in einem stöchiometrischen Verhältnis zur Umsetzung in der Hauptreaktion stattfindet.

Photochemische Reaktionen wollen wir als solche nicht als katalytische betrachten, ganz im Sinne der Darlegungen von Herrn Schwab, S. 53. Im

---

[1] F. Haber: Naturwiss. 19 (1931), 450.
[2] Hans L. J. Bäckström: Trans. Faraday Soc. 24 (1928), 601.

gleichen Sinne sollen photochemisch sensibilisierte Reaktionen nicht besprochen werden, so nahe es läge, etwa den sensibilisierenden Farbstoff der photographischen Schicht als fremden Stoff zu betrachten, der, ohne dabei selbst eine dauernde Veränderung zu erleiden, die Bildung des latenten Bildes aus Bromsilber + Lichtquanten beschleunigt oder ermöglicht. Hier scheint uns die zur Erzeugung des „Katalysators" dauernd nötige Energiezufuhr die Vorgänge doch zu stark aus dem Rahmen der freiwillig verlaufenden zu entfernen.

Wohl aber werden wir photochemische Vorgänge dann behandeln, wenn die dem Primärakt folgenden Dunkelreaktionen durch Fremdstoffe beeinflußt werden. Diese Beeinflussungen hängen mit dem Energie verbrauchenden Primärakt nicht mehr zusammen, sie sind die gleichen, wenn dieser nicht durch die von außen hineingeschickte Lichtenergie hervorgerufen wird, sondern durch den eigenen Energieinhalt des Systems, indem durch das Spiel der Molekelbewegungen gelegentlich der gleiche oder ein ähnlicher Primärakt veranlaßt wird, wie durch die Absorption von Licht. Das hat zur Folge, daß, vom Primärakt abgesehen, photochemische und thermische Reaktion gleich sind — nur daß in vielen Fällen die erstere gründlicher untersucht ist und daher über das Wesen der auftretenden katalytischen Beeinflussungen besser unterrichtet.

Die häufigste Form katalytischer Beeinflussung in homogenen Gasreaktionen ist die auf Aktivierung und Desaktivierung der an der Umsetzung beteiligten Molekeln durch Fremdgase beruhende. Die Aktivierung kann sich positiv auswirken, indem sie etwa in monomolekularen Reaktionen die Zahl der zerfallenden Molekeln vermehrt, sie kann als negative Katalyse erscheinen, indem etwa ein Kettenträger zu der ihn vernichtenden Reaktion eines Energiezuschusses bedarf, den ihm eine Molekel eines Fremdgases liefert. Sehr häufig wirkt die Desaktivierung katalytisch, insbesondere im Dreierstoß bei der Stabilisierung des Agglomerats zusammengestoßener Atome zu einfachen Molekeln, und auch hier kann die Wirkung eine Beschleunigung sein, wenn man den Vorgang der Entstehung der Kombinationsmolekel ins Auge faßt, oder eine Verzögerung, wenn diese Molekelbildung etwa ein kettenfortsetzendes Atom wegnimmt.

Diese Katalyse geht auf den rein physikalischen Einfluß der Energieabgabe oder Energieaufnahme seitens der Fremdmolekeln zurück. Eine weitere katalytische Auswirkung rein physikalischer Vorgänge stellt die Hemmung der Diffusion durch Fremdgase dar, die aktive Teilchen verhindert, an die Gefäßwand zu gelangen und hier unwirksam zu werden. Das führt freilich aus dem Gebiet der homogenen Gasreaktionen hinaus, und diese Fälle werden daher in diesem Kapitel keine Berücksichtigung finden. Um so wichtiger sind sie für die Explosionen und Flammen, sie werden daher in dem Kapitel „Ignition catalysis" dieses Bandes ausgiebig besprochen werden.

Eine regelrechte „chemische" Katalyse durch Zwischenreaktionen, eine „Übertragungskatalyse", ist im Gebiete der homogenen Gasreaktionen selten beobachtet worden. Doch gibt es immerhin einige Beispiele; durch diese Art der Katalyse geht eine einfache chemische Reaktion in eine Reaktionskette über (vgl. S. 137 f.), bisweilen sogar in aller Strenge in eine Kettenreaktion mit Kettenbeginn und Kettenabbruch.

Die verschiedenen Arten katalytischer Beeinflussung treten nun sehr vielfach nebeneinander bei der gleichen Reaktion auf, insbesondere die Kettenreaktionen zeigen fast stets mehrere derartige Katalysen gleichzeitig. Das macht es für die Darstellung übersichtlicher, nicht eine strenge Scheidung der einzelnen Gruppen zu versuchen, sondern nach Bedarf weniger systematisch, aber dafür lesbarer, vielfach an einer einzelnen Reaktion die mehreren Gruppen zugehörenden Katalysen gemeinsam zu behandeln.

In diesem Sinne bringen wir im folgenden eine Schilderung der Katalyse in homogenen Gasreaktionen. Dabei haben wir uns nicht bemüht, eine vollständige Sammlung zu erreichen — dazu war die uns zur Verfügung stehende Zeit zu kurz —, sondern mehr an einer Reihe von typischen Fällen die einzelnen Gruppen zu charakterisieren.

B. Katalyse monomolekularer Reaktionen.

In diesem Abschnitt wird die Katalyse monomolekularer Reaktionen besprochen, und zwar in erster Linie die „physikalische" Katalyse, die mit dem Aktivierungsvorgang zusammenhängt (vgl. S. 137 und 270).

Wie bereits auf S. 101 ff. auseinandergesetzt, besteht die einfachste Beschreibung der monomolekularen Reaktion (nach LINDEMANN) darin, den Zerfall zu zerlegen in einen Schritt der Aktivierung durch Stoß mit einer zweiten Molekel, an die sich entweder spontaner Zerfall oder Desaktivierung anschließen kann, also:

$$A + M \rightarrow A^* + M \ (k_1), \tag{1}$$

$$A^* + M \rightarrow A + M \ (k_2), \tag{2}$$

$$A^* \rightarrow \text{zerfällt} \ (k_3); \tag{3}$$

daraus:

$$-\frac{d[A]}{dt} = \frac{k_1 k_3 [A][M]}{k_3 + k_2 [M]}. \tag{I}$$

M bedeutet hier irgendeine Molekel, $[M]$ ist daher dem Druck proportional; bei niederen Drucken ist im Nenner das zweite Glied neben dem ersten zu vernachlässigen, die Reaktion verläuft nach der zweiten Ordnung, d. h. die Geschwindigkeit der Aktivierung nach Gleichung (1) bestimmt den Gesamtverlauf. Bei hinreichend hohen Drucken ist umgekehrt k_3 neben $k_2 [M]$ zu vernachlässigen, die Reaktion wird druckunabhängig und verläuft nach der ersten Ordnung. Die Konzentration der aktiven Molekeln entspricht dem Gleichgewichtswert, der sich aus Gleichung (1) und (2) ergibt zu:

$$[A^*] = \frac{k_1}{k_2} [A] = K [A]. \tag{II}$$

Sind Fremdgase (z. B. auch nur Zerfallsprodukte) zugegen, so ist Gleichung (1) und (2) zu ersetzen durch eine Reihe von Gleichungen für jeden Stoff M_i (einschließlich des zerfallenden Stoffes selbst) mit individuellen Konstanten k_{1i} und k_{2i}, und in Gleichung (I) treten entsprechend im Zähler und Nenner Summen auf: $\Sigma k_{1i} [M_i]$ und $\Sigma k_{2i} [M_i]$. Läßt man hierin ein beliebiges $[M_i]$ sehr groß werden gegenüber allen anderen, so folgt statt Gleichung (II):

$$[A^*] = \frac{k_{1i} [A]}{k_{2i}} = K [A] \tag{II'}$$

für jedes i. Dies muß im Gleichgewicht demselben Ausdruck $K [A]$ gleich sein, und von der dadurch gelieferten Beziehung zwischen k_{1i} und k_{2i} (für alle i) ist in der Schreibweise S. 273 nach VOLMER Gebrauch gemacht. Wie diese elementare Theorie nach RICE und RAMSPERGER sowie KASSEL zu verallgemeinern ist, ist auf S. 103 angedeutet.

Die Zahl der untersuchten monomolekularen Reaktionen, bei welchen ein Geschwindigkeitsabfall bei niederen Drucken beobachtet wurde, ist beträchtlich;[1] in vielen Fällen, soweit entsprechende Versuche angestellt wurden, konnte

---

[1] Für das Grundsätzliche bei monomolekularen Reaktionen vgl. das Kap. „Kinetische Grundlagen".

weiter nachgewiesen werden, daß Fremdgaszusatz im Gebiet niederer Drucke geschwindigkeitserhöhend wirkte und eventuell wieder den Grenzwert der Geschwindigkeit für hohe Drucke erreichen ließ.[1] Seitdem aber zumindest in einigen Fällen sich herausgestellt hat, daß ursprünglich als einfach monomolekular verlaufend angesehene Umsetzungen in Wirklichkeit, wenigstens zum Teil, Kettenreaktionen sind, wird man auch in der Beurteilung anderer Fälle vorsichtig sein müssen. Dies schließt natürlich keineswegs aus, daß die ursprünglich gegebene und theoretisch durchaus mögliche Deutung die richtige ist.[2]

Ohne dabei Vollständigkeit anzustreben, wollen wir im folgenden an einigen Beispielen „monomolekularer" Reaktionen die auftretenden Einflüsse diskutieren.

1. Zerfall des Stickoxyduls.

Diese Reaktion zeigt, wie schwierig selbst bei den einfachsten Umsetzungen eine vollständige Klärung sein kann. Sie wurde ursprünglich von Hinshelwood und Burk[3] für eine bimolekulare Umsetzung gehalten; Volmer und Mitarbeiter[4] konnten indessen zeigen, daß diese Deutung nicht zutreffend ist, sondern daß der Zerfall monomolekular verläuft, jedoch bereits bei normalen Drucken druckabhängig ist. Sie fanden weiter, daß Zusatz indifferenter Fremdgase in diesem Gebiet reaktionsbeschleunigend wirkt, während manche anderen Gase in mehr chemischem Sinne katalytisch wirken, indem sie in den Reaktionsablauf eingreifen. Später zeigten dann Hunter[5] und Lewis und Hinshelwood,[6] daß auch die Volmerschen Versuche noch keine vollständige Klärung gebracht hatten. Bei Volmer schien es so, als ob bei etwa 10 at die Reaktionsgeschwindigkeit praktisch den Grenzwert für unendlich hohe Drucke bereits erreicht hätte. Hunter zeigte dagegen, daß jene oberhalb 10 at noch weiter ansteigt, anscheinend aber bei etwa 30 at den Grenzwert erreicht hat.

Infolgedessen bleiben die quantitativen Schlüsse von Volmer und Mitarbeitern vielleicht nicht alle erhalten, doch scheint es, daß man auch die Folgerungen von Hinshelwood und Mitarbeitern ohne weitere experimentelle Prüfung noch nicht als endgültig wird ansehen können.

---

[1] Vgl. z. B. H.-J. Schumacher: Chemische Gasreaktionen. Dresden und Leipzig, 1938.

[2] wenn auch die Kritik gelegentlich so weit gegangen ist, zu bezweifeln, daß (mit vielleicht e i n e r Ausnahme) überhaupt ein sauberes Beispiel für quasi-monomolekulare Reaktionen vorliegt. Vgl. R. N. Pease: J. chem. Physics 7 (1939), 749 sowie die anschließende Diskussion.
Diese Kritik geht vermutlich zu weit. Tatsache ist aber, daß es fast keine monomolekularen Reaktionen gibt, von denen man sagen könnte, daß sie in allen Schritten geklärt seien. Denn in den allermeisten Fällen handelt es sich bei der Reaktion nicht um einen glatten Zerfall aus einem Ausgangsprodukt in ein oder mehrere Endprodukte, sondern es schließen sich an einen Primärvorgang eine Reihe von Folgereaktionen an. Nur wenn der Primärvorgang monomolekular verläuft und außerdem für den Gesamtverlauf geschwindigkeitsbestimmend ist, kann man wirklich von monomolekularer Reaktion sprechen. Dafür liegen bisher in den meisten Fällen nur indirekte Anzeichen vor.

[3] C. N. Hinshelwood, R. E. Burk: Proc. Roy. Soc. (London), Ser. A 106 (1924), 284.

[4] M. Volmer, H. Kummerow: Z. physik. Chem., Abt. B 9 (1930), 141. — M. Volmer, N. Nagasako: Ebenda, Abt. B 10 (1930), 414. — N. Nagasako: Ebenda, Abt. B 11 (1931), 420. — M. Volmer, M. Bogdan: Ebenda, Abt. B 21 (1933), 257. — M. Volmer, H. Froehlich: Ebenda, Abt. B 19 (1932), 85, 89. — M. Volmer, H. Briske: Ebenda, Abt. B 25 (1934), 81.

[5] E. Hunter: Proc. Roy. Soc. (London), Ser. A 144 (1934), 386.

[6] R. M. Lewis, C. N. Hinshelwood: Proc. Roy. Soc. (London), Ser. A 168 (1938), 441. — Vgl. auch F. F. Musgrave, C. N. Hinshelwood: Ebenda, Ser. A 135 (1932), 23.

Nach der LINDEMANNschen Theorie (vgl. S. 103) ergibt sich eine lineare Beziehung zwischen reziproker Geschwindigkeitskonstante erster Ordnung und reziprokem Druck. Wie Abb. 1 erkennen läßt, ist dies hier über ein größeres Druckgebiet nicht erfüllt, man muß also die RICE-RAMSPERGER- bzw. KASSELschen Theorien heranziehen (vgl. S. 103), welche eine verschiedene Zerfallswahrscheinlichkeit verschieden aktiver Zustände berücksichtigen. Die Aktivierungsenergie der Reaktion wird, unabhängig vom Druck, zu $\sim 52{,}5$ kcal gefunden.

Von VOLMER abweichende Ergebnisse erhielt E. HUNTER (zit. S. 272); er fand bei Messungen bis zu 40 at Anfangsdruck eine vom Druck abhängige Aktivierungsenergie, ansteigend von 50 kcal bei den niedersten Drucken bis zu 65 kcal bei

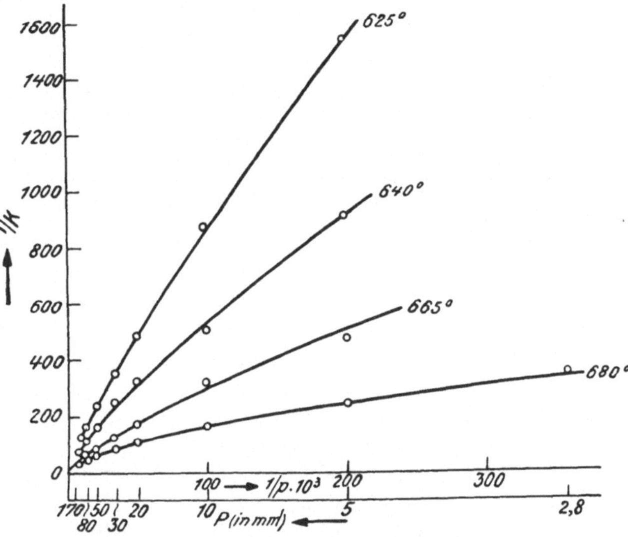

Abb. 1. Zerfall von N_2O (vgl. Text).

den höchsten Drucken. Weiter findet er bei Auftragen der Halbwertszeiten der Reaktion gegen den Druck keine glatte Kurve, sondern mehrere gegeneinander geneigte, mit Knicken ineinander übergehende geradlinige Teile. Er schließt daraus, wie HINSHELWOOD in ähnlichen Fällen, daß die Gesamtreaktion durch Überlagerung von drei quasi-monomolekularen Teilreaktionen dargestellt werden könne, von denen die erste bei etwa 0,08, die folgende bei 5 und die letzte bei 30 at druckunabhängig wird. Uns scheint es, daß nach diesen Versuchen wohl nicht zu zweifeln ist, daß VOLMER und Mitarbeiter das Gebiet der Druckunabhängigkeit der Reaktion noch nicht ganz erreicht hatten; doch müßte noch geprüft werden, ob es wirklich sicher ist, daß die Druckabhängigkeit nur durch einen Verlauf mit einzelnen geraden Teilen wiedergegeben werden kann, oder ob nicht innerhalb der Fehlergrenzen auch noch eine glatte Kurve damit verträglich wäre. Bevor die Ursache der Diskrepanz aufgeklärt ist, wird man in dem Gebiet unterhalb 10 at nicht die VOLMERschen Resultate zugunsten der HUNTERschen aufgeben können.

Wir berichten daher im folgenden über die weiteren Resultate von VOLMER und Mitarbeitern, wobei lediglich anzumerken ist, daß — wie schon erwähnt — die quantitative Auswertung im einzelnen zu modifizieren sein dürfte (vgl. auch LEWIS und HINSHELWOOD, zit. S. 272[1]).

Die Konstante für den monomolekularen Zerfall eines Stoffes beim Druck p in Anwesenheit von Zusatzgasen i mit Drucken p_i läßt sich nach der einfachsten Theorie darstellen durch:

$$k = \frac{a\,(p + \Sigma \varkappa_i\, p_i)}{1 + b\,(p + \Sigma \varkappa_i\, p_i)},$$

wobei die $\varkappa_i$ den spezifischen Stoßwirksamkeiten der einzelnen Komponenten Rechnung tragen (und die Koeffizienten im Zähler und Nenner die gleichen sein

---

[1] Vgl. dazu auch H.-J. SCHUMACHER: Chemische Gasreaktionen zit. S. 272, sowie das Sammelreferat von F. PATAT: Z. Elektrochem. angew. physik. Chem. **42** (1936), 85.

müssen, vgl. oben S. 271). Volmer und Mitarbeiter finden für verschiedene Zusatzgase dabei die folgenden $\varkappa$-Werte (Tabelle 1). In Tabelle 1 sind außerdem in der untersten Zeile die von Volmer und Bogdan berechneten absoluten Stoßausbeuten eingetragen, die den $\varkappa$ nicht genau parallel gehen wegen der Verschiedenheiten der Stoßzahlen.

Tabelle 1. *Einfluß von Fremdgasen auf die Aktivierung beim monomolekularen Zerfall von N_2O nach* Volmer *und* Bogdan.

Fremdgas	H_2O	CO_2	N_2O	N_2	O_2	He	Ne	A	Kr	X
$\varkappa$	1,50	1,32	1,00	0,24	0,23	0,66	0,47	0,20	(0,18)	0,16
Absolute Stoßausbeute . .	$^1/_{127}$	$^1/_{145}$	$^1/_{190}$	$^1/_{800}$	$^1/_{830}$	$^1/_{290}$	$^1/_{400}$	$^1/_{935}$	$(^1/_{1054})$	$^1/_{1160}$

In der Reihe der Edelgase nimmt die Stoßausbeute mit wachsender Masse monoton ab (die Meßpunkte für Xenon fielen aus der Reihe heraus; es ließ sich jedoch zeigen, daß dies Verunreinigungen zuzuschreiben sein dürfte). Nach Lewis und Hinshelwood (zit. S. 272) ist der Einfluß von Zusätzen verschieden, je nach dem angewandten Druck des N_2O; nur CO_2 hat nach ihnen eine dem N_2O vergleichbare Wirksamkeit bei der Aktivierung, während die anderen Gase nur bei niederen Drucken stark wirken.

Eine Reihe von Zusätzen katalysiert den N_2O-Zerfall auf dem Wege über Zwischenverbindungen; hierher gehören Hg-Dampf, Brom und Jod[1] sowie Stickoxyd.[2]

Es sollen an dieser Stelle gleich die Katalysen durch Hg, Br_2 und J_2 besprochen werden, obwohl sie ziemlich sicher als Kettenreaktionen aufzufassen sind.

Die Katalyse durch Quecksilberdampf gehorcht einem Zeitgesetz der zweiten Ordnung (Volmer und Bogdan, zit. S. 272):

$$-\frac{d[N_2O]}{dt} = k\,[N_2O]\,[Hg],$$

und es dürfte ziemlich sicher sein, daß eine bimolekulare Reaktion von N_2O mit Hg als geschwindigkeitsbestimmend gelten kann, etwa

$$N_2O + Hg \rightarrow N_2 + HgO,$$

gefolgt von einer das Hg rückbildenden Reaktion, z. B.:

$$N_2O + HgO \rightarrow N_2 + O_2 + Hg$$

oder

$$2\,HgO \rightarrow 2\,Hg + O_2.$$

Die scheinbare Aktivierungsenergie der Gesamtreaktion beträgt 47 kcal.

Mit Jod und Brom wird ein Zeitgesetz gefunden, in welches die Wurzel aus deren Konzentration eingeht:

$$-\frac{d[N_2O]}{dt} = k\,[N_2O]\,\sqrt{[Br_2]}$$

und

$$-\frac{d[N_2O]}{dt} = k\,[N_2O]\,\sqrt{[J_2]},$$

---

[1] Volmer, Bogdan: Zit. S. 272.
[2] F. F. Musgrave, C. N. Hinshelwood: Proc. Roy. Soc. (London), Ser. A **135** (1932), 23.

was auf eine Reaktion der Halogenatome hinweist, etwa (für die Diskussion vgl. SCHUMACHER, l. c. sowie[1]):

$$N_2O + Br\,(J) \rightarrow N_2 + BrO(JO),$$

gefolgt von

$$N_2O + BrO(JO) \rightarrow N_2 + O_2 + Br(J)$$

oder auch

$$2\,BrO(JO) \rightarrow Br_2(J_2) + O_2,$$

wozu natürlich beide Male noch hinzuzunehmen ist

$$Br_2(J_2) \rightleftarrows 2\,Br(J).$$

Auch hier müßten, wie beim Quecksilber, die Folgereaktionen als schnell gegenüber der der Atome mit N_2O angesehen werden.

Als Aktivierungswärmen der brom- bzw. jodkatalysierten Reaktionen finden VOLMER und BOGDAN: 58,5 bzw. 52,5 kcal; zieht man hiervon in beiden Fällen die halbe Dissoziationswärme des Halogens ab, so bleibt entsprechend den obigen Annahmen die Aktivierungsenergie der Reaktion des Halogenatoms mit N_2O übrig. Merkwürdigerweise bekommt man dafür in beiden Fällen den gleichen Wert, nämlich $\sim 35{,}5$ kcal.

Auch NO katalysiert den Zerfall von N_2O (MUSGRAVE und HINSHELWOOD[2]), und zwar wiederum nach einem einfachen Zeitgesetz der zweiten Ordnung:

$$-\frac{d\,[N_2O]}{d\,t} = k\,[N_2O]\,[NO],$$

neben der aber auch noch die unkatalysierte Reaktion merkbar ist. Es wurden beispielsweise bei 719° C und 400 mm Hg Anfangsdruck von N_2O die folgenden Halbwertszeiten beobachtet:

p_{NO} (mm Hg)	0	0	0	21	44	83	135
$t_{\frac{1}{2}}$ sec	416	405	405	317	253	194	150

Die NO-Katalyse könnte beispielsweise durch das Schema gedeutet werden:

$$N_2O + NO \rightarrow N_2 + NO_2,$$

$$2\,NO_2 \rightarrow 2\,NO + O_2,$$

wobei wieder die erste Gleichung geschwindigkeitsbestimmend sein müßte.

MUSGRAVE und HINSHELWOOD fanden auch, daß beim unkatalysierten N_2O-Zerfall sich NO in kleinen Mengen bilden kann.

2. Zerfall der Fluoroxyde.

Beim Zerfall des F_2O liegen die Verhältnisse besonders einfach; denn in dem gesamten untersuchten Gebiet von $50 \div 800$ mm Hg verläuft die Reaktion nach der zweiten Ordnung; es ist also immer die Aktivierungsgeschwindigkeit bestimmend.[3] Man kommt daher zur Darstellung der Versuche mit dem einfachen Ansatz aus:

$$-\frac{d\,[F_2O]}{d\,t} = k_1\,[F_2O]^2 + k_2\,[F_2O]\,[O_2] + k_3\,[F_2O]\,[F_2] + \ldots + k_i\,[F_2O]\,[M_i],$$

[1] H.-J. SCHUMACHER: Angew. Chem. **50** (1937), 483.

[2] F. F. MUSGRAVE, C. N. HINSHELWOOD: Proc. Roy. Soc. (London), Ser. A **135** (1932), 23.

[3] W. KOBLITZ, H.-J. SCHUMACHER: Z. physik. Chem., Abt. B **25** (1934), 283.

worin die ersten drei Glieder Aktivierung durch Ausgangs- und Zerfallsprodukte berücksichtigen, während das hinzugefügte allgemeine Glied der Wirkung beliebiger Zusätze M_i Rechnung trägt. Außer für die Reaktionsprodukte wurde die Aktivierungsgeschwindigkeit auch noch für die folgenden Zusatzgase bestimmt: He, A, N_2, SiF_4 (welches in Glas- und Quarzgefäßen als Folgeprodukt entsteht). Für die Aktivierungsausbeute je gaskinetischen Stoß wurden folgende relativen Werte aus den Versuchsdaten errechnet:

F_2O	F_2	O_2	N_2	SiF_4	A	He
1	1,1	1,1	1,0	0,88	0,52	0,40

Die individuellen Schwankungen in dem Ausbeutefaktor sind hier nicht sehr viel größer als die Unsicherheiten, die bei der Berechnung der Stoßzahlen eingehen.

Im Gegensatz dazu ergeben sich beim Zerfall des F_2O_2, der von Schumacher und Frisch[1] untersucht worden ist, größere individuelle Schwankungen. Diese Reaktion ist zwar ebenfalls im gesamten untersuchten Gebiete druckabhängig, man befindet sich aber bereits im Übergangsgebiet von der zweiten zur ersten Ordnung. Als relative Wirksamkeit der Reaktionsprodukte und Zusatzstoffe für die Aktivierung ergab sich:

F_2O_2	F_2	O_2	N_2	CO_2	A	He
1	0,33	1,2	0,21	0,45	0,40	0,07

3. Zerfall des Distickstofftetroxyds.

Nur erwähnt sei, daß auch der Zerfall des N_2O_4 zu den Vorgängen gehört, bei welchen die Aktivierungsgeschwindigkeit bestimmend ist und die daher einer katalytischen Beeinflussung zugänglich sein müssen. Nur verläuft diese Reaktion (wegen der kleinen Aktivierungsenergie von nur etwa 14 kcal, etwa gleich der Dissoziationsenergie) mit so großer Geschwindigkeit, daß sie nach. den normalen Methoden überhaupt nicht beobachtet werden kann. Nur aus Messungen der Dispersion der Schallgeschwindigkeit[2] bei sehr hohen Frequenzen (bis zu $4,5 \cdot 10^5 \, sec^{-1}$) und aus besonderen Strömungsversuchen[3] konnte auf die Größe dieser Geschwindigkeit geschlossen werden.

4. Zerfall organischer Stoffe.

Der Zerfall organischer Stoffe dürfte in den seltensten Fällen so verlaufen, daß in e i n e m Schritt die stabilen Endprodukte aus der Ausgangssubstanz entstehen. Allein aus der Vielheit der auftretenden Reaktionsprodukte kann gefolgert werden, daß in mehr oder minder großem Umfang Nebenreaktionen ablaufen, daß sich an den primären Zerfall in an sich stabile Verbindungen weitere Zerfalls- oder auch Polymerisationsreaktionen anschließen, oder daß schließlich — in untergeordnetem Maße oder überwiegend — primär aktive Teilchen gebildet werden, welche in einer Kettenreaktion weiter reagieren. Als endgültig in allen Einzelheiten geklärt wird man keine einzige dieser Reaktionen ansehen können.

---

[1] H.-J. Schumacher, P. Frisch: Z. physik. Chem., Abt. B **37** (1937), 1.
[2] Vgl. insbesondere G. B. Kistiakowsky, W. T. Richards: J. Amer. chem. Soc. **52** (1930), 4661. — W. T. Richards, J. A. Reid: J. chem. Physics 1 (1933), 114.
[3] P. D. Brass, R. C. Tolman: J. Amer. chem. Soc. **54** (1932), 1003.

Wir beschränken uns daher hier auf wenige Bemerkungen dazu und verweisen z. B. auf die S. 272 zitierte Kritik von R. N. Pease.

Kümmert man sich um alle möglichen Einwendungen nicht, so läßt sich ganz äußerlich feststellen, daß eine große Zahl organischer Stoffe in ihrem Zerfall den Gesetzen der monomolekularen Reaktionen folgt. Meist beobachtet man in einem bequem zugänglichen Druckbereich ein Abfallen der „monomolekularen" Konstanten, das sich vielfach nach Rice-Ramsperger bzw. Kassel quantitativ beschreiben läßt unter Berücksichtigung einer häufig recht großen, aber in Anbetracht der Kompliziertheit der betrachteten Molekeln nicht unvernünftigen Zahl von Freiheitsgraden. Daraus, daß sich bei fortschreitendem Zerfall der Reaktionscharakter nicht ändert, wird geschlossen, daß die Summe der Zerfallsprodukte für die Aktivierung etwa ebenso wirksam ist wie die Ausgangsprodukte, wie oben beim Zerfall von F_2O, und dies wird als eine mehr oder weniger allgemein gültige Regel angesehen. Die aktivierende Wirkung von Fremdgasen ist nur in geringem Umfang systematisch untersucht worden; es hat sich dabei in mehreren Fällen gezeigt, daß Wasserstoff für die Aktivierung besonders wirksam ist.

Zu der Gruppe organischer Stoffe, auf die sich das Vorhergehende bezieht, gehören z. B. eine Anzahl von Äthern sowie von Kohlenwasserstoffen. Wir möchten ausdrücklich betonen, daß unserer Meinung nach die gezogenen Folgerungen zwar richtig sein können, aber in keinem einzigen Fall in allen Einzelheiten bewiesen sind.

Über das Mitwirken von Kettenreaktionen findet sich einiges in den folgenden Abschnitten; im übrigen verweisen wir auf die Darstellungen von Schumacher,[1] Patat,[2] Maess und v. Müffling[3] sowie Steacie.[4]

5. Katalyse von Zerfallsreaktionen organischer Stoffe durch Jod und Brom.

Der Zerfall einer Reihe von organischen Verbindungen wird durch Jod katalysiert, wie Hinshelwood und Mitarbeiter[5] fanden. Bei diesen Verbindungen (insbesondere Äthern, Aldehyden, Estern usw.) wird durch Jod und jodabspaltende Verbindungen nicht nur bei wesentlich erniedrigten Temperaturen ein Zerfall merkbar, sondern dieser wird auch teilweise gegenüber der unkatalysierten Reaktion in eine andere Bahn gelenkt.

Zur Deutung der Beobachtungen wurde von Hinshelwood und Mitarbeitern eine mehr „physikalische" Wirkung des Jods angenommen, derart, daß sich ein Stoßkomplex bildet, in welchem durch die Anwesenheit der Jodmolekel die Aktivierung an einer bestimmten Stelle der Molekel begünstigt und eventuell die notwendige Aktivierungsenergie herabgesetzt wird. Mit dieser Theorie lassen sich die Ergebnisse formal beschreiben, und sie wurde längere Zeit als richtig angesehen.

Nun legt aber die Einführung eines solchen kurzlebigen Stoßkomplexes die

---

[1] H.-J. Schumacher: Chemische Gasreaktionen. Dresden u. Leipzig, 1938.

[2] F. Patat: Z. Elektrochem. angew. physik. Chem. **42** (1936), 85, 265.

[3] R. Maess, L. v. Müffling: Z. Elektrochem. angew. physik. Chem. **44** (1938), 428.

[4] E. W. R. Steacie: Chem. Reviews **22** (1938), 311.

[5] J. V. St. Glass, C. N. Hinshelwood: J. chem. Soc. (London) **1929**, 1815 (Isopropyläther). — S. Bairstow, C. N. Hinshelwood: Proc. Roy. Soc. (London), Ser. A **142** (1933), 77. — K. Clusius, C. N. Hinshelwood: Ebenda, Ser. A **128** (1930), 82. — K. Clusius: J. chem. Soc. (London) **1930**, 2607 (Methyl-Äthyläther, Dimethyläther, Methyl-Isopropyläther, Methyl-Butyläther; Jod hat auf Dimethyläther keinen Einfluß). — F. F. Musgrave, C. N. Hinshelwood: Proc. Roy. Soc. (London), Ser. A **137** (1932), 25. — S. Bairstow, C. N. Hinshelwood: J. chem. Soc. (London) **1933**, 1147 (Methylformiat und Methylacetat, Methanol). — S. Bairstow, C. N. Hinshelwood: Ebenda **1933**, 1155 (Diäthylamin, Dimethylamin, Triäthylamin, Trimethylamin, Äthylamin, Hexan).

Annahme nahe, daß es sich einfach um eine wahre chemische Reaktion mit dem Katalysator handelt. Dazu kommt folgendes: Bei vielen der von Hinshelwood untersuchten Reaktionen hat es sich später herausgestellt, daß sie gar nicht als einfache monomolekulare Zerfallsreaktionen verlaufen, sondern daß Ketten bei ihnen beteiligt sind. Man wird daher vermuten, daß es sich auch bei der Halogenkatalyse um eine Kettenreaktion handeln könnte. Außerdem konnten Rollefson und Mitarbeiter[1] in einer Reihe von Fällen nachweisen, daß das Jod wirklich in die Reaktion eingreift, indem seine Konzentration zu Versuchsbeginn abnimmt, unter Umständen bis unter die Grenze der spektrophotometrischen Nachweisbarkeit. Es kann daher in diesen Fällen praktisch als sicher gelten, daß es sich um eine Kettenreaktion handelt.[2] Man wird daher auch in den Fällen, in welchen bisher nicht direkt das Auftreten einer Kettenreaktion nachgewiesen werden konnte, die ursprüngliche Deutung bis zum Vorliegen schlüssiger Versuche als nicht sicher anzusehen haben.

Ähnliches gilt für den bromkatalysierten Zerfall organischer Verbindungen, wie z. B. des Acetaldehyds,[3] wo Schumacher und Mitarbeiter zeigten, daß eine Reaktion des Broms mit dem Aldehyd eintritt und die Reaktionsprodukte katalysieren.

6. Katalyse des Zerfalls organischer Verbindungen durch NO.

Die negative Katalyse des Zerfalls organischer Verbindungen durch Stickoxyd[4] ist von Hinshelwood[5] aufgefunden worden und hauptsächlich als reaktionskinetisches Hilfsmittel zum Nachweis von Kettenreaktionen verwandt worden (vgl. S. 126).

In den Fällen, in welchen Stickoxyd die Zerfallsreaktionen hemmt, wirkt es schon in sehr kleinen Konzentrationen, und mit $1 \div 2$ mm NO ist bereits maximale Hemmung erreicht. Bei der gehemmten Reaktion wird Stickoxyd verbraucht; aus der Hemmung photochemischer Zerfallsreaktionen kann geschlossen werden, daß für *ein* entstehendes Radikal etwa *eine* Molekel NO verbraucht wird. Bei normalen Zerfallsreaktionen überleben aber geringe NO-Mengen den Zerfall einer großen Menge Substanz. Beim Dimethyläther müssen bei einem Druck von 1 mm NO beispielsweise etwa 50 mm zerfallen, bis das NO verbraucht ist, wobei dann die Reaktion etwa ebenso weiter verläuft, wie wenn kein NO vorhanden gewesen wäre (Abb. 2) (Staveley und

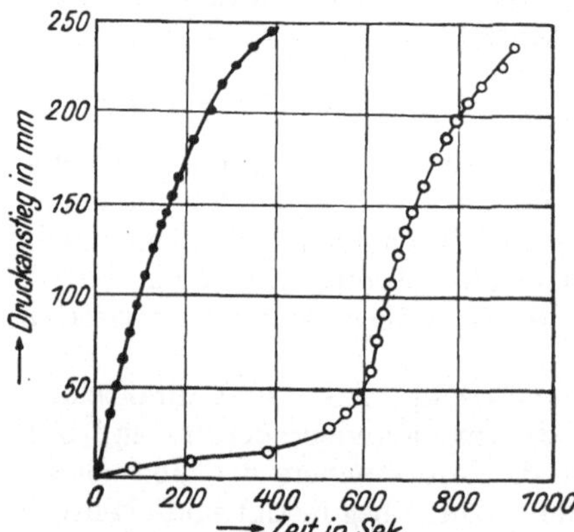

Abb. 2. Zerfall von Dimethyläther.
•—·—· ohne NO, ○—○—○ mit 1ͨmm NO.

[1] R. F. Faull, G. K. Rollefson: J. Amer. chem. Soc. 58 (1936), 1755; 59 (1937), 625.

[2] Für eine Diskussion vgl. Rollefson, loc. cit., sowie Schumacher, zit. S. 277, sowie R. A. Ogg: J. Amer. chem. Soc. 56 (1934), 526.

[3] H. Fromherz: Z. physik. Chem., Abt. B 25 (1934), 310. — Vgl. dazu W. Brenschede, H.-J. Schumacher: Ber. dtsch. chem. Ges. 70 (1937), 452.

[4] Es gibt unter Umständen auch positive Katalyse durch NO, vgl. S. 280.

[5] L. A. K. Staveley, C. N. Hinshelwood: Nature (London) 137 (1936), 29; Proc. Roy. Soc. (London), Ser. A 154 (1936), 335; 159 (1937), 192; J. chem. Soc. (London) 1936, 812, 818 (Acetaldehyd [keine NO-Hemmung], Propionaldehyd [mittlere Kettenlänge 2]); ebenda 1937, 1568 (allgemeine Diskussion). — J. W. Mitchell, C. N. Hinshelwood: Proc. Roy. Soc. (London), Ser. A 159 (1937), 32

HINSHELWOOD). Setzt man das Verhältnis der normalen Reaktionsgeschwindigkeit zu der der maximal gehemmten Reaktion als Kettenlänge an, so erhält man folgende Werte für die mittleren Kettenlängen beim Zerfall verschiedener Äther (Tabelle 2).

Tabelle 2. *Aus NO-Hemmung berechnete mittlere Kettenlängen für den Zerfall verschiedener Äther, Aktivierungsenergien q der gehemmten und ungehemmten Reaktion sowie Zahl der Quadrattermen zur Darstellung des gehemmten Zerfalls* (nach STAVELEY und HINSHELWOOD).

Äther	Mittlere Kettenlänge bei 540° C	q für gehemmte Reaktion kcal	q für ungehemmte Reaktion kcal	n Quadratterme
Dimethyl	17	62	58,5	10
Methyl-Äthyl	8,4	61	54,5	10
Diäthyl	4,4	67	53	18
Äthyl-Propyl	3,2	—	—	—
Dipropyl	2,7	60,5	—	17
Diisopropyl	1,4	65,5	63	>24

Maximale Hemmung wird in allen Fällen mit $1 \div 2$ mm NO erreicht.

Dieser Quotient dürfte als Mindestwert für die mittlere Kettenlänge aufzufassen sein, denn die Annahme, daß bei maximal gehemmter Reaktion alle Ketten unterdrückt sind, ist zwar naheliegend, aber nicht völlig zwingend.

Mit dieser Annahme würde man die wahre Kettenlänge erhalten, falls nur Ketten abliefen und alle gleich lang wären. Es müßte dann für jede abgebrochene Kette ein NO verbraucht sein, d. h. bei der maximal gehemmten Reaktion müßte schon nach geringem Umsatz alles NO verbraucht sein. Dies ist aber nicht der Fall. Also bleibt nur die Deutung, daß die beobachtete Kettenlänge sich als Mittel weniger, aber langer Ketten (von beispielsweise einigen hundert Gliedern) und einer größeren Zahl kettenloser Zerfallsprozesse ergeben hat. Um die wenigen, sehr viel längeren Ketten zu unterdrücken, verbraucht man nur wenig NO, und trotzdem wird im Mittel eine starke Hemmung erzielt. Für diese Auffassung werden in der Literatur verschiedene Argumente beigebracht, u. a. wird auch die Tatsache angeführt, daß die Aktivierungsenergie der maximal gehemmten Reaktion (vgl. Tabelle 2),

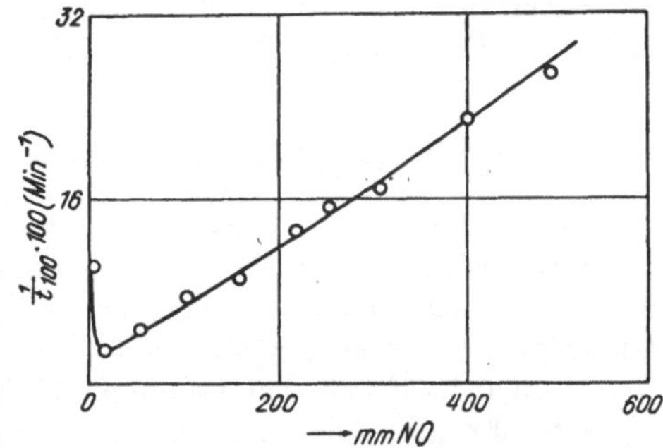

Abb. 3. Zerfall von Diäthyläther in Gegenwart von NO; t_{100} = Zeit für 100% Druckanstieg.

(Hemmung des photochemischen Zerfalls von Acetaldehyd und Propionaldehyd durch NO). — L. A. K. STAVELEY: Ebenda, Ser. A **162** (1937), 557 (Hemmung des Äthanzerfalls durch NO; mittlere Kettenlängen zwischen 6 und 21; angenommen, daß nur ein kleiner Teil des Äthans über verhältnismäßig lange Ketten zerfällt). — J. E. HOBBS, C. N. HINSHELWOOD: Ebenda, Ser. A **167** (1938), 439 (Äthanzerfall); 447 (Methan, Äthan, Propan, Hexan). — J. E. HOBBS: Ebenda, Ser. A **167** (1938), 456 (Diäthyläther). — Vgl. insbesondere L. A. K. STAVELEY, C. N. HINSHELWOOD: Trans. Faraday Soc. **35** (1939), 845. — L. A. K. STAVELEY, C. N. HINSHELWOOD: J. chem. Soc. (London) **1937**, 1568. — L. S. ECHOLS, R. N. PEASE: J. Amer. chem. Soc. **59** (1937), 766 (Hemmung des n-Butanzerfalls durch NO). — Vgl. auch E. W. R. STEACIE: Chem. Reviews **22** (1938), 311. — L. KÜCHLER: Zit. S. 280.

welche ja die der Primärreaktion der Kette sein sollte, vielfach kleiner ist, als man es für den Radikalzerfall erwartet.

Bei wesentlich größeren Konzentrationen des NO geht die Hemmung in eine positive Katalyse über (Abb. 3).

Der Charakter der Zerfallsreaktionen als monomolekularer Reaktionen bleibt auch in Gegenwart von NO erhalten. In Tabelle 2 ist in der letzten Spalte angegeben, wieviel quadratische Glieder (n) man zur Darstellung des beobachteten monomolekularen Zerfalls braucht. Die Abhängigkeit des Ätherzerfalls von der Konzentration bleibt in Gegenwart von NO ungefähr die gleiche wie ohne NO. Ebenso bleibt die Aktivierung durch zugesetzten Wasserstoff im Gebiet druckabhängiger Reaktion erhalten.

Auch beim Zerfall der Paraffine ließen sich durch die Hemmung mit NO Ketten nachweisen; als mittlere Kettenlängen wurden bei 10 mm Druck die Werte der Tabelle 3 gefunden.[1]

Tabelle 3. *Zerfall von Paraffinen.*

	Temperatur °C	Mittlere Kettenlänge
Methan	850	4,7
Äthan	600	17,8
Propan	555	7,5
Hexan	530	1,9

Hierbei ist wieder anzunehmen, daß die tatsächliche Kettenlänge der wirklich ablaufenden Ketten sehr viel größer ist als die mittlere Kettenlänge; denn wenige Millimeter NO können den Zerfall von einigen 100 mm Kohlenwasserstoff aufhalten. Zu einer völligen Klärung hat auch die Stickoxydmethode noch bei keiner dieser Zerfallsreaktionen verholfen. Sie ist aber jedenfalls ein bemerkenswerter Fall negativer Katalyse. Für den Zerfall des Äthans vgl. Küchler und Theile.[2]

C. Negative Katalyse durch Desaktivierung.

Das Gegenteil der Katalyse durch Aktivierung, negative Katalyse durch Desaktivierung, ist in allen solchen Fällen im Prinzip möglich, in denen eine höhere Konzentration angeregter Gebilde vorliegt, als sie dem thermischen Gleichgewicht entspricht. In erster Linie kommen hier solche photochemischen Reaktionen in Frage, bei welchen im Primärprozeß angeregte Teilchen gebildet werden. Es gibt aber auch noch andere Möglichkeiten; bei allen Kettenreaktionen, welche über „Energieketten" verlaufen, kann der gleiche Effekt auftreten. Zwar hat sich bei den meisten Reaktionen, zu deren Deutung man ursprünglich eine Energiekette vorschlug, später gezeigt, daß eine einfache Stoffkette genügt; es wird aber zweifellos auch solche Reaktionen geben, und besonders bei manchen explosiven Reaktionen dürfte man ohne sie nicht auskommen. Die Erscheinung der oberen Explosionsgrenze (vgl. Norrish-Buckler, S. 385) hängt unmittelbar mit einer Vernichtung aktiver Teilchen in der Gasphase zusammen; daß die Explosion oberhalb eines gewissen Druckes aussetzt, kann als homogene negative Katalyse bezeichnet werden. Diese kann etwa bei freien Atomen oder Radikalen eine Vernichtung im Dreierstoß bedeuten und gehört dann zu den in Abschnitt D, S. 283, besprochenen Vorgängen. Sofern aber bei Kettenfortführung oder Kettenverzweigung angeregte Gebilde beteiligt sind, liegt negative Katalyse durch Desaktivierung vor; auf das wahrscheinlich hierher gehörige Beispiel der Verbrennung von trockenem Kohlenoxyd gehen wir unten ein.

---

[1] L. A. K. Staveley, C. N. Hinshelwood: Trans. Faraday Soc. **35** (1939), 845. — Vgl. auch E. W. R. Steacie: Chem. Reviews **22** (1938), 311.
[2] L. Küchler, H. Theile: Z. physik. Chem., Abt. B **42** (1939), 359.

1. Photochemischer Zerfall des Eisenpentacarbonyls.

Eisencarbonyl zerfällt bei Zimmertemperatur im Licht mit einer Quantenausbeute, die innerhalb der Fehlergrenzen gleich eins ist (EYBER[1]), nach der Bruttogleichung

$$2\,Fe(CO)_5 + h\,\nu \rightarrow Fe_2(CO)_9 + CO.$$

Durch indifferente Zusatzgase wird die Quantenausbeute verringert, und zwar äußersten Falles — bei einigen hundert Millimeter Druck — auf die Hälfte. Zur Deutung wird folgender Mechanismus vorgeschlagen:

1.
$$Fe(CO)_5 + h\,\nu \rightarrow Fe(CO)_5{}^*,$$

wobei die angeregte Molekel $Fe(CO)_5{}^*$ nun entweder weiter reagieren oder desaktiviert werden kann:

2.
$$Fe(CO)_5{}^* + Fe(CO)_5 \rightarrow Fe_2(CO)_9 + CO$$

oder

3.
$$Fe(CO)_5{}^* + M \rightarrow Fe(CO)_5 + M,$$

worin M irgendeine Molekel bedeutet. Dies führt auf einen Geschwindigkeitsausdruck

$$\frac{d\,(CO)}{dt} = \frac{I_{abs.}}{1 + \dfrac{k_3}{k_2}\dfrac{[M]}{[Fe(CO)_5]}}. \tag{1}$$

Die Gleichung wurde für mehr oder weniger starke Zusätze von Wasserstoff geprüft und stellte die Versuche dar mit $\dfrac{k_3}{k_2} = 0{,}181$.[2] Kohlenoxyd hemmt so wenig, daß seine Wirkung erst nach etwa 50% Zerfall (bei Versuchen ohne Zusatz) in Betracht gezogen werden muß, während sich bei CO_2 und Argon kaum eine Hemmung bemerken ließ. Ob dieser Mechanismus als gesichert gelten kann oder vielleicht durch einen anderen (mit Dissoziation im Primärschritt) zu ersetzen sein wird, kann vorläufig nicht entschieden werden. Für die Notwendigkeit spricht die Tatsache, daß THOMPSON und GARRET[3] bei $\lambda \sim 4100$ Å ein kontinuierliches Absorptionsspektrum der $Fe(CO)_5$ beobachteten.

2. Verbrennung und Explosion von Kohlenoxyd.

Die außerordentliche Empfindlichkeit der Kohlenoxydverbrennung gegen Spuren von Wasserdampf, Wasserstoff oder wasserstoffhaltigen Verbindungen ist bekannt; man kann diese Katalyse wahrscheinlich als einfache Kettenkatalyse deuten,[4] etwa durch entstandenes Hydroxyl nach dem Schema

$$CO + OH \rightarrow CO_2 + H,$$

gefolgt etwa von

$$H + O_2 + M \rightarrow HO_2 + M,$$

$$CO + HO_2 \rightarrow CO_2 + OH$$

oder statt dessen in einem Schritt als Dreierstoßreaktion:

$$H + CO + O_2 \rightarrow CO_2 + OH,$$

---

[1] G. EYBER: Z. physik. Chem., Abt. A **144** (1929), 1. — Vgl. hierzu A. MITTASCH: Z. angew. Chem. **41** (1928), 827.

[2] Tatsächlich steht bei EYBER in Gleichung (1) noch ein zusätzlicher Faktor $k_1 = 1{,}15$; dafür, daß so die maximale Quantenausbeute um 15% über der Einheit liegt, wird jedoch ein systematischer Versuchsfehler als Grund vermutet.

[3] H. W. THOMPSON, A. P. GARRAT: J. chem. Soc. (London) **1934**, 524.

[4] Literatur zur CO-Oxydation und Verbrennung bei B. LEWIS, G. v. ELBE: Combustion, Flames and Explosions of Gases. Oxford, 1938. — W. JOST: Explosions- und Verbrennungsvorgänge in Gasen. Berlin, 1939.

worauf im einzelnen an dieser Stelle nicht eingegangen werden soll.[1] Das Spektrum der feuchten CO-Flamme zeigt mehr oder weniger intensiv die OH-Banden, an deren Stelle in trockenen CO-Flammen nur ein wohl dem CO_2 zukommendes Bandenspektrum im Blauen und Ultravioletten tritt. Quantitative Intensitätsmessungen von Kondratjew an Flammen von trockenem $CO + O_2$ sind mit folgenden Annahmen über den Mechanismus der CO-Verbrennung verträglich, der damit aber keineswegs als bewiesen gelten kann:

Gibt man die Anwesenheit von Sauerstoffatomen zu, die u. a. etwa nach der Reaktion gebildet sein könnten:

1. $$CO + O_2 \to CO_2 + O + 8\,kcal,$$

so ergibt die Reaktion dieser O-Atome mit CO nach:

2. $$CO + O + M \to CO_2 + M + 125\,kcal$$

keine Kettenreaktion; Reaktion 2 verläuft nach Groth[2] etwa bei jedem 40. Dreierstoß. Eine einfache (aber natürlich nicht die einzige) Möglichkeit zur Weiterführung einer Kette erhält man durch die Annahme, daß in (2) energiereiche CO_2^*-Molekeln entstehen mit einer Energie, welche zur Dissoziation einer Sauerstoffmolekel ausreicht. Es könnte sich dann die Reaktion anschließen:

3. $$CO_2^* + O_2 \to CO_2 + O + O;$$

oder es könnten 2 und 3 unter Umständen auch in einem Schritt sich vollziehen (Reaktion 2 mit O_2 als Dreierstoßpartner):

4. $$CO + O + O_2 \to CO_2 + O + O.$$

Desaktivierende Reaktionsteilnehmer (wie CO) und Fremdgase müßten hier die

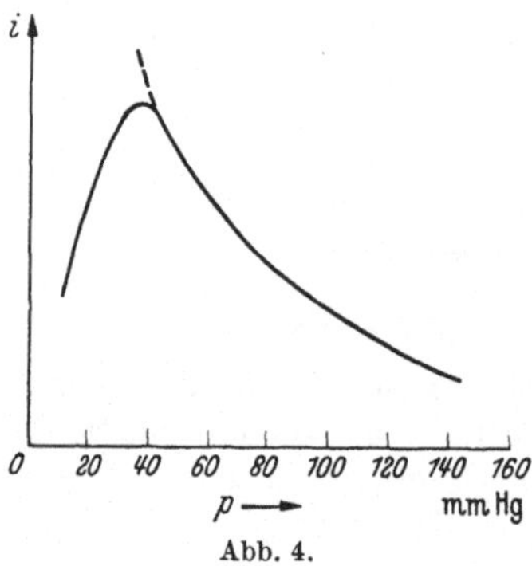

Abb. 4.

Reaktion hemmen. Ein unmittelbarer Beweis nun für die Anwesenheit von CO_2^*-Molekeln, für deren Desaktivierung durch Zusätze und vielleicht auch für Reaktion 3 oder 4 kann in den spektroskopischen Untersuchungen von Kondratjew[3] gesehen werden. Er hat die Intensität der von CO-O_2-Flammen unter verschiedenen Bedingungen emittierten Strahlung gemessen. Beispielsweise wurde für das Gemisch $2\,CO + O_2$ bei $740°\,C$ folgender Intensitätsverlauf gemessen (Abb. 4). Bei nicht zu niedrigen Drucken (der Intensitätsabfall bei niederen Drucken ist auf Wandeinflüsse zurückzuführen; wir sehen hier von diesem Gebiet ab) fällt die Intensität etwa hyperbolisch mit dem Druck ab. Sie läßt sich darstellen durch:

$$i = \frac{i_0}{1 + k\,p},$$

die übliche Gleichung, welche für Auslöschung von Luminescenz- bzw. Fluorescenzstrahlung gilt.[4]

Der von Kondratjew gefundene Zahlenwert für k ($= 0,113$ mm Hg^{-1},

---

[1] Vgl. hierzu Abschnitt F, S. 322.

[2] W. Groth: Z. physik. Chem., Abt. B **37** (1937), 315. — Vgl. auch W. Groth, P. Harteck: Z. Elektrochem. angew. physik. Chem. **44** (1938), 621, Fußnote 1, S. 627.

[3] V. Kondratjew: Z. Physik **63** (1930), 322; Acta physicochim. USSR **6** (1937), 748. — H. Kondratjewa, V. Kondratjew: Ebenda **4** (1936), 547; **6** (1937), 625.

[4] Vgl. O. Stern, M. Volmer: Physik. Z. **20** (1919), 183.

wenn die Drucke in Millimeter Hg gemessen werden) entspricht etwa einer Auslöschung bei jedem gaskinetischen Stoß. Daß es sich um eine Luminescenzstrahlung handelt, folgt schon daraus, daß die Intensität um 18 Zehnerpotenzen über der thermischer Strahlung liegt. Variation der Gemischzusammensetzung liefert für die individuellen Auslöschungskonstanten $k_{O_2} = 0{,}162$ mm^{-1} und $k_{CO} = 0{,}034$ mm^{-1}; also ist Sauerstoff in der Auslöschung fünfmal wirksamer als Kohlenoxyd. Eine mögliche (aber nicht notwendige) Interpretation dieser Erscheinung bestünde darin, mit Sauerstoff die Reaktion anzunehmen:

$$CO_2{}^* + O_2 \rightarrow CO_2 + O + O.$$

Da die Messung der Gesamtintensität ergibt, daß unter 125 überhaupt entstandenen CO_2-Molekeln etwa eine $CO_2{}^*$-Molekel mit zur Strahlung hinreichender Anregungsenergie gebildet wird, so wären diese Beobachtungen mit dem oben angeschriebenen Mechanismus der Kettenverzweigung wohl verträglich. Die Annahmen über diese Reaktion sind natürlich noch sehr hypothetisch; wir führen sie nur an, um zu zeigen, wie man sich etwa das Auftreten einer oberen Explosionsgrenze durch Desaktivierung angeregter Partikeln in der Gasphase vorstellen kann. Bei der „trockenen" CO-Reaktion könnte übrigens auch Ozon mitwirken,[1] das aus $O + O_2$ in guter Ausbeute im Dreierstoß entsteht, etwa durch die Reaktionen

$$CO + O_3 \rightarrow CO_2 + O_2$$

oder eventuell unter Kettenverzweigung:

$$CO + O_3 \rightarrow CO_2 + O + O - 15 \text{ kcal.}$$

Von Lewis und v. Elbe[2] wird ein Mechanismus über ein hypothetisches CO_3 vorgeschlagen:

$$CO + O_3 \rightarrow CO_3 + O,$$
$$CO_3 + CO \rightarrow 2\,CO_2,$$
$$O_3 + CO + M \rightarrow CO_2 + O_2 + M;$$

die Einführung dieses hypothetischen Gebildes erlaubt es, ohne Energieketten auszukommen, ist aber bisher unbewiesen, während $CO_2{}^*$-Molekeln nach den Befunden Kondratjews sicherlich vorkommen und wohl auch Anlaß zu Reaktionen nach Art der oben erörterten geben werden.

D. Katalyse im Dreierstoß.

Im engen Zusammenhang mit der Katalyse durch Desaktivierung steht die Katalyse im Dreierstoß. Bei der Vereinigung von zwei Atomen, Radikalen oder Molekeln tritt eine Schwierigkeit auf, auf welche bereits Boltzmann hingewiesen hat: die neugebildete Molekel müßte noch die gesamte Bildungsenergie in sich enthalten und darum fähig sein, sofort wieder zu zerfallen. Ein Übergang dieser inneren Energie in Flugenergie ist aus Gründen der Impulserhaltung im allgemeinen nicht möglich, desgleichen kommt eine Emission der Bildungsenergie in Form von Strahlung meistens (nicht immer) nicht in Frage; eine Stabilisierung der neugebildeten Molekel erfordert daher Abgabe von innerer Energie im Stoß an die Wand (was als heterogener Vorgang hier nicht diskutiert werden soll) oder im Stoß mit einer dritten Molekel, d. h. eine Dreierstoßreaktion:

1. $$R_1 + R_2 + M \rightarrow R_1 R_2 + M,$$

---

[1] Daß eine solche Bildung von CO_2 über O_3 statthat, ist von Holzapfel (L. Holzapfel: Dissertation, Berlin, 1936, erscheint demnächst in Z. physik. Chem., Abt. B) für die photochemische Reaktion nachgewiesen worden.

[2] B. Lewis, G. v. Elbe: J. Amer. chem. Soc. **59** (1937), 2025; ferner „Combustion", zit. S. 281.

wobei R_1 und R_2 die kombinierenden Partikeln, M irgendeine Molekel bedeuten. Schreibt man den Vorgang in zwei Stufen:

$$2. \qquad R_1 + R_2 \rightarrow R_1\,R_2{}^*,$$

$$3. \qquad R_1\,R_2{}^* + M \rightarrow R_1\,R_2 + M,$$

worin $R_1\,R_2{}^*$ eine instabile „Quasimolekel“ sehr kurzer Lebensdauer bedeutet, so springt die Analogie mit den im vorigen Abschnitt behandelten Desaktivierungsvorgängen ins Auge. Die Zerlegung in die zwei Schritte 2 und 3 bringt nichts Hypothetisches mit sich, man braucht sich unter der Quasimolekel nichts vorzustellen als das Paar im Stoßzustand, für welches man eine Lebensdauer der Größenordnung der Dauer einer Schwingung annehmen wird, d. h. beispielsweise etwa $10^{-12} \div 10^{-13}$ sec.; bei komplizierteren Stoßpartnern (größeren organischen Radikalen) kann die Lebensdauer des Stoßkomplexes eventuell wesentlich länger sein, weil sich die Bildungsenergie zunächst über eine größere Zahl innerer Freiheitsgrade verteilen kann, bis sie einmal wieder an der kritischen Stelle angehäuft ist (Kimball[1]). Die meisten solchen Rekombinationsreaktionen werden daher in homogener Gasphase durch dritte Stoffe positiv katalysiert, wobei die Wirksamkeit für die Energieaufnahme von Stoff zu Stoff stark variieren kann. Es wäre natürlich falsch, anzunehmen, daß bei Abwesenheit anderer Molekeln (Molekeln oder Atome der gleichen Art fungieren natürlich ebenfalls als Dreierstoßpartner) solche Rekombinationsreaktionen nicht verlaufen könnten. Es läßt sich nämlich immer ein Weg finden, auf welchem eine Rekombination auch ohne Dreierstoßpartner unter Emission von Strahlung vor sich geht; nur ist die Reaktion auf diesem Wege meist so langsam, daß sie unter üblichen Laboratoriumsbedingungen vernachlässigt werden kann. Z. B. verläuft bei der Rekombination der Wasserstoffatome die Reaktion

$$4. \qquad H + H^* = H_2 + h\,\nu$$

unter Emission eines Lichtquantes aus dem Schumann-Gebiet; H^* bedeutet dabei ein H-Atom im zwei- (oder höher-) quantigen Zustand mit einer Anregungsenergie von 10,15 (oder mehr) eV. Der Bruchteil solcher Atome, welcher bei Zimmertemperatur anwesend ist, beträgt nur etwa 10^{-170}, Reaktion 4 wird daher äußerst langsam (und mit hohem positiven Temperaturkoeffizienten) verlaufen (sie könnte allenfalls in Sternen Bedeutung gewinnen); wesentlich ist, daß sie überhaupt verläuft. Letzteres schließt man wegen des Prinzips der mikroskopischen Reversibilität aus dem Primärprozeß bei der Lichtabsorption von molekularem Wasserstoff im Kontinuum unterhalb 850 Å. Mittels der Absorptionskoeffizienten im gleichen Gebiet ist es auch möglich, die Geschwindigkeit von (4) (aus der inversen Reaktion im Strahlungsgleichgewicht) zu berechnen.[2]

Die Dreierstoßwirkung bedeutet eine positive Katalyse für die Rekombination von Atomen und Radikalen. Für alle solchen Kettenreaktionen, die über freie Atome oder Radikale verlaufen und bei denen die Ketten durch Rekombination der letzteren abgebrochen werden, stellt daher, sofern diese Atome und Radikale in höherer als dem thermischen Gleichgewicht entsprechender Konzentration vorliegen (also insbesondere für photochemische Reaktionen, z. B. die HBr-Bildung), die Dreierstoßwirkung eine *negative* Katalyse dar.

Im folgenden sollen einige Beispiele solcher Katalysen im Dreierstoß besprochen werden.

---

[1] G. E. Kimball: J. chem. Physics 5 (1937), 310.
[2] Vgl. z. B. K. F. Bonhoeffer, P. Harteck: Photochemie. Dresden u. Leipzig, 1933.

1. Rekombination der Brom- und Jodatome.
Katalysen bei der Reaktion $H_2 + Br_2 \rightarrow 2\,HBr$.

Der erste qualitative Nachweis und der erste Versuch einer quantitativen Messung dieser Katalyse durch Desaktivierung ist an der Reaktion

$$Br + Br + M \rightarrow Br_2 + M$$

gemacht worden, und zwar im Zusammenhang mit der Bildung des Bromwasserstoffs aus seinen Elementen. Diese vollzieht sich bei Temperaturen um 300° C mit bequem meßbarer Geschwindigkeit, wie BODENSTEIN und LIND[1] schon vor längerer Zeit gefunden haben. Diese Messungen lassen — aus in der Sache liegenden Gründen, wie gleich zu zeigen sein wird — von der erörterten Katalyse bei der Molekelbildung noch nichts erkennen. Dafür ergeben sie eine negative Autokatalyse und eine weitere katalytische Hemmung: Der Bromwasserstoff, der in der Reaktion gebildete oder gesondert zugesetzter, hemmt die Reaktion seiner Bildung. Jod hemmt noch viel stärker als Bromwasserstoff, Sauerstoff, Tetrachlorkohlenstoff und Wasserdampf dagegen sind wirkungslos.

Diese Tatsachen fanden ihre Deutung, als die Vorstellung der Kettenreaktionen auch auf diese Reaktion angewandt wurde, die damit zum ersten Beispiel einer thermischen Kettenreaktion wurde.[2] Das damals vorgeschlagene und später immer wieder bewährte Reaktionsschema ist das folgende:

1. $\qquad\qquad Br_2 + M \rightarrow 2\,Br + M,$
2. $\qquad\qquad Br + H_2 \rightarrow HBr + H,$
3. $\qquad\qquad H + Br_2 \rightarrow HBr + Br,$
4. $\qquad\qquad H + HBr \rightarrow H_2 + Br,$
6. $\qquad\qquad Br + Br + M \rightarrow Br_2 + M.$

(1) und (6) ergeben das thermisch eingestellte Gleichgewicht der Bromdissoziation

$$[Br] = \frac{k_1}{k_6}\,\sqrt{[Br_2]},$$

wobei das auf beiden Seiten stehende M sich weghebt. Die hierdurch in ihrer Konzentration bestimmten Bromatome reagieren — in seltenen Fällen wegen der hohen negativen Wärmetönung der Reaktion 2 — mit den Wasserstoffmolekeln, und die dabei entstandenen Wasserstoffatome verteilen sich über ein weites Temperaturintervall[3] im Verhältnis 8,3:1 in solche, die mit Brommolekeln Bromwasserstoff liefern, und solche, die Bromwasserstoff wieder verbrauchen.

Die aus diesem Schema sich ergebende Geschwindigkeitsgleichung ist:

$$+\,\frac{d\,[HBr]}{d\,t} = \frac{2\,k_2\,[H_2]\,\sqrt{\dfrac{k_1}{k_6}\,[Br_2]}}{1 + \dfrac{k_4\,[HBr]}{k_3\,[Br_2]}}$$

in vollster Übereinstimmung mit der aus den äußerst exakten Messungen von LIND seinerzeit abgeleiteten empirischen Gleichung

$$\frac{d\,[HBr]}{d\,t} = \frac{k\,[H_2]\,\sqrt{[Br_2]^{\frac{1}{2}}}}{m + \dfrac{[HBr]}{[Br_2]}};$$

[1] MAX BODENSTEIN, S. C. LIND: Z. physik. Chem. **57** (1907), 168.
[2] J. A. CHRISTIANSEN: Kgl. danske Vidensk. Selsk., math.-fysiske Medd. 1 (1919), 14. — K. F. HERZFELD: Ann. Physik **59** (1919), 635; Z. Elektrochem. angew. physik. Chem. **25** (1919), 301. — M. POLANYI: Ebenda **26** (1920), 50.
[3] MAX BODENSTEIN, G. JUNG: Z. physik. Chem. **121** (1926), 127.

die autokatalytische Hemmung durch Bromwasserstoff findet so eine einfache Deutung.

Für die hemmende Wirkung des Jods wurde später von Bodenstein und Müller[1] die Reaktion

5. $H + J_2 \rightarrow HJ + J$

verantwortlich gemacht. Sie nimmt ein Wasserstoffatom weg, und das entstandene Jodatom kann die Kette nicht fortsetzen, da die Reaktion

$$J + H_2 \rightarrow HJ + H$$

viel zu endotherm ist (— 30 kcal), um bei der Versuchstemperatur um 300° C irgend merklich stattzufinden. Den Jodatomen bleibt daher nur die Möglichkeit, zur Molekel zu rekombinieren — der Katalysator wäre, da HJ natürlich durch Br_2 schnell in HBr und J_2 verwandelt wird, vollständig wiederhergestellt.

Bei einem Versuch, diese Annahme durch kinetische Messungen zu stützen, fand aber Müller (l. c.), daß neben dieser Reaktion bevorzugt die Bildung von Bromjod die Hemmung durch Jod bedingt. Die gesamte Umsetzung wird, da nun insgesamt nicht weniger als 21 Reaktionen möglich sind, sehr kompliziert, doch gelang es, die vielseitig variierten Versuche vollständig zu beschreiben. Dazu war eine Gleichgewichtskonstante

$$K = \frac{[J_2][Br_2]}{4[JBr]^2} = 0,0130 \text{ bei } 597,8° \text{ abs.}$$

nötig, die einer Wärmetönung von etwa 5,0 kcal entspricht.

Messungen von Bodenstein und Schmidt (l. c.), die diese Zahl aus der Zurückdrängung ermittelten, welche die Dissoziation des Jods in Atome durch Zusatz von Brom bei hohen Temperaturen erfährt, führten zu einer innerhalb der — nicht sehr engen — Fehlergrenzen übereinstimmenden Zahl. Es ist daher kein Zweifel, daß die Bildung von Bromjod der wesentlichste Grund der Jodhemmung bei der Bromwasserstoffbildung ist.

Natürlich bleibt die Hemmung dabei eine negative Katalyse. Denn das Jod, das in die Reaktion eingetreten war, ist nach Ablauf derselben, mindestens wenn das Brom durch Wasserstoffüberschuß verbraucht ist, wieder vollständig vorhanden. Und wenn Brom im Überschuß war und deswegen auch zum Schluß ein Teil des Jods in Form von Bromjod vorliegt, so kann das kein Grund sein, seine Wirkung im ersten Fall als katalytische zu behandeln, im zweiten nicht.

Über die Katalyse der Vereinigung der Bromatome zur Molekel läßt sich aus diesen Versuchen nichts aussagen, weil Bildung und Zerfall der Molekeln in gleicher Weise befördert werden und ihr Gleichgewicht ständig eingestellt ist. Es gelang aber Bodenstein und Lütkemeyer,[2] die nötigen Daten zu gewinnen, indem sie den Zerfall der Molekel unabhängig von thermischer Aktivierung durch Lichtabsorption hervorriefen. Von der ist bekannt, daß ein Quant Licht geeigneter Wellenlänge eine Molekel in Atome zerlegt. Eine Messung des sekundlich absorbierten Lichts ergibt daher die Zahl der sekundlich gebildeten Bromatome. Nach Überwindung des ungeheuer kurzen Anfangsstadiums verschwinden diese — abgesehen von den wenigen, die endgültig Bromwasserstoff liefern — durch Rekombination ebenso schnell, wie sie gebildet werden. Die Lichtabsorption ist daher gleichzeitig ein Maß für die Rekombinationsgeschwindigkeit. Die Konzentration der Bromatome ergibt sich aus der aus den Dunkelversuchen bekannten Beziehung zwischen der Geschwindigkeit der Bromwasserstoffbildung und der hier aus der Dissoziationskonstanten des Broms bekannten Atomkonzentration,

---

[1] Walter Müller: Z. physik. Chem. **123** (1926), 1. — Max Bodenstein, Albert Schmidt: Z. physik. Chem. **123** (1926), 28.
[2] Max Bodenstein, H. Lütkemeyer: Z. physik. Chem. **114** (1924), 208.

und so wurde es möglich, über die Geschwindigkeit der Rekombination in Abhängigkeit von der Atomkonzentration Aussagen zu machen.

Die Verhältnisse ändern sich also beim Übergang von der Dunkelreaktion zu der im Licht nur insofern, als die Reaktion

ersetzt wird durch

$$1 \ Br_2 + M \to 2 \ Br + M$$
$$1' \ Br_2 + E \to 2 \ Br,$$

wo E die in Einstein ($= 6{,}02 \times 10^{23}$ Quanten) je Liter und Sekunde gemessene absorbierte Energie der Strahlung ist. Dabei hört natürlich Reaktion 1 nicht völlig auf, aber das Licht muß so stark genommen werden, daß sie neben 1' nicht mehr in Betracht kommt. Die Geschwindigkeitsgleichung verändert sich also von

$$\frac{d[HBr]}{dt} = \frac{2\,k_2\,[H_2]\sqrt{\dfrac{k_1}{k_6}[Br_2]}}{1 + \dfrac{k_4}{k_3}\dfrac{HBr}{Br_2}}$$

in

$$\frac{d[HBr]}{dt} = \frac{2\,k_2\,[H_2]\sqrt{\dfrac{2\,I_{abs.}}{k_6\,[M]}}}{1 + \dfrac{k_4\,[HBr]}{k_3\,[Br_2]}}.$$

Die Versuche zeigten, daß tatsächlich nichts weiter sich geändert hatte, die Hemmung des Bromwasserstoffs, die Unempfindlichkeit gegen Sauerstoff blieben die alten, der Temperaturkoeffizient der Lichtreaktion war um den Betrag kleiner als der des Dunkelvorganges, der dem des Dissoziationsgleichgewichts des Broms entsprach, u. a. m.

Für die Geschwindigkeit der Rekombination ergab sich, daß bei Drucken um eine Atmosphäre etwa jeder 800. Stoß zwischen zwei Atomen zur Rekombination führte. Das entsprach ganz gut der Vorstellung, daß diese nur dann statthaben kann, wenn zu den im Zweierstoß befindlichen Atomen irgendeine dritte Molekel hinzustoßen kann, aber die in mäßigen Grenzen vorgenommenen Änderungen des Gesamtdrucks, also der Größe $[M]$, hatten hierauf keinen merklichen Einfluß.

Mit größeren Änderungen des Gesamtdruckes haben dann JUNG und JOST zur Prüfung dieser Frage ausgedehnte Versuchsreihen vorgenommen.[1] Hierbei konnten für die Versuche in der Nähe von Atmosphärendruck für die Konstante der Reaktion $Br + Br + M \to Br_2 + M$ der Wert $15 \cdot 10^{15} \ Mol^{-2} \ cm^6 \ sec^{-1}$ abgeleitet werden, der ganz wohl den Erwartungen entsprach, aber beim Versuch, die Druckabhängigkeit der Rekombination nach kleineren Drucken hin zu verfolgen, stellte es sich heraus, daß ein sehr störender Nebenvorgang eintritt. Die Bromatome verschwinden nicht nur durch Rekombination im Gasraum, sondern auch an der Wand, wo sie durch Adsorption festgehalten werden, bis sie einander finden und rekombinieren können. Der Vorgang muß natürlich schneller werden mit fallendem Druck, wo die Diffusionsgeschwindigkeit der Atome größer ist, und bei schmaleren Reaktionsgefäßen, wo die Diffusionswege zur Wand kürzer sind. So war zunächst das Ergebnis dieser Versuche, daß die Geschwindigkeit der Bromwasserstoffbildung mit fallendem Druck nicht etwa zunahm, weil die Geschwindigkeit der Atomrekombination kleiner würde, sondern genau das Umgekehrte eintrat. Man ist dann zu möglichst großen Reaktionsgefäßen übergegangen[2] und hat in ihnen zu kleine Drucke vermieden, und es hat sich dann das Erwartete ergeben. Aber doch nur ungefähr, denn unter diesen Bedingungen

---

[1] G. JUNG, W. JOST: Z. physik. Chem., Abt. B 3 (1929), 83, 95.
[2] K. HILFERDING, W. STEINER: Z. physik. Chem., Abt. B 30 (1935), 399.

trat dann wieder die neue Schwierigkeit auf, daß die Lichtabsorption längs des ganzen Lichtweges nicht mehr konstant und daher die Geschwindigkeit der Erzeugung der Bromatome örtlich nicht gleichmäßig war, ein Umstand, der natürlich genaue Rechnungen unmöglich machte.

Dabei hat diese Methode für die Messung der Rekombinationsgeschwindigkeit den unvermeidlichen Nachteil, daß stets H_2, Br_2 und HBr vorhanden sein müssen und daß daher der Einfluß der Einzelgase immer nur aus einer größeren Zahl Messungen bei variierten Konzentrationen abgeleitet werden kann. Es ist daher verständlich, wenn die verschiedenen Autoren für die relative Wirkung der einzelnen Gase recht verschiedene Werte angeben, wenn auch die absoluten Werte der Geschwindigkeit überall in der gleichen Größenordnung liegen. Diese Daten sollen zur Veranschaulichung des Gesagten weiter unten wiedergegeben werden, zusammen mit den Ergebnissen einer auf anderem Prinzip beruhenden Untersuchung, die sehr exakte Zahlen geliefert hat.

Diese ist von Rabinowitsch und Mitarbeitern[1] in folgender Weise ausgeführt worden: Ein Quarzglasrohr von rechteckigem Querschnitt mit planen Endflächen ist mit Bromdampf von mäßigem Druck gefüllt. Nahe der Achse kann ein schmales Bündel monochromatischen Lichts hindurchgeschickt werden, dessen Schwächung dazu dient, die Konzentration des Br_2 zu messen. Nun wird das Gefäß senkrecht zur Achse von einem sehr kräftigen Licht durchstrahlt, dem gegenüber das Meßlicht unerheblich ist. Das erzeugt einen Zerfall in Atome, dessen Geschwindigkeit sich aus der Zahl der absorbierten Quanten ergibt, und der natürlich ständig durch Rekombination ausgeglichen wird. Zwischen beiden Vorgängen stellt sich eine stationäre Konzentration der Atome ein, mithin ein stationäres Manko an Molekeln, dessen relative Höhe sich aus der nun verringerten Absorption des Meßlichts ermitteln läßt:

$$\Delta = \frac{[Br_2]_0 - [Br_2]}{[Br_2]_0} = \frac{\Delta I}{I_0}.$$

Die Anordnung liefert also die Geschwindigkeit der Rekombination und die Konzentration der Brommolekeln, bei der sie sich einstellt, mithin die Größen, die für die behandelte Frage maßgebend sind.

Dabei gab es allerdings eine ganze Anzahl Komplikationen. Zunächst die Rekombination an der Wand. Die trat als ausschließlicher Vorgang auf, wenn sowohl der Druck des Broms wie der Druck der Fremdgase gering war, verschwand aber, wenn der letztere größer genommen wurde. Geringer Druck des Broms, um 0,15 mm Hg, vermied zwei weitere Komplikationen, die durch Erwärmung infolge der Absorption bedingt waren: eine Verdünnung des Gases, die eine zu schwache Absorption des Meßlichts vorgetäuscht haben würde, und eine Veränderung des Absorptionskoeffizienten, die diese ebenfalls gefälscht hätte. Immerhin ließ sich die erstere nicht völlig vermeiden, aber sie konnte auf kleine Beträge eingeschränkt werden, die rechnerisch berücksichtigt wurden.

Eine vierte störende Erscheinung ist die Konvektion, die die Atome schneller als reine Diffusion an die Wand führen würde. Es konnte durch Rechnung gezeigt werden, daß diese erst bei höheren Drucken, 200 ÷ 500 mm je nach dem Zusatzgas, auftreten kann, und tatsächlich ergaben die Versuche für die Abhängigkeit der stationären Atomkonzentration vom Druck Punkte, die auf Kurven lagen, die sich aus der für Wandrekombination — berechnet aus der Diffusion — und Gasraumrekombination — berechnet aus der Dreierstoßhäufigkeit — zusammensetzten.

---

[3] E. Rabinowitsch, L. Lehmann: Trans. Faraday Soc. **31** (1935), 689. — E. Rabinowitsch, W. C. Wood: Ebenda **32** (1936), 907; J. chem. Physics 4 (1936), 497. — E. Rabinowitsch: Trans. Faraday Soc. **33** (1937), 283.

Die hier interessierende der Rekombination im Dreierstoß ergibt sich daraus, daß im stationären Zustand die Erzeugung der Atome durch Lichtabsorption gleich ist der Rekombination im Dreierstoß:

$$2\,I_{\text{abs.}} = 2\,k\,[\text{Br}]^2\,[M],$$

woraus die Konzentration der Atome sich ergibt zu

$$[\text{Br}] = \left(\frac{I_{\text{abs.}}}{k\,[M]}\right)^{\frac{1}{2}}$$

und die gemessene relative Verarmung an Molekeln zu

$$\Delta = \frac{[\text{Br}_2]_0 - [\text{Br}_2]}{[\text{Br}_2]_0} =$$

$$= \frac{\frac{1}{2}\,[\text{Br}]}{[\text{Br}_2]_0} = \frac{1}{2}\cdot\left(\frac{I_{\text{abs.}}}{k\,[M]}\right)^{\frac{1}{2}}\cdot\frac{1}{[\text{Br}_2]_0}.$$

Die Messungen sind auch auf Jod ausgedehnt worden, und dieser Arbeit sind die beifolgenden Abb. 5 bis 7 entnommen, welche die Verhältnisse ausgezeichnet veranschaulichen.

Für beide Halogene sind die Ergebnisse in Tabelle 4 (S. 290) zusammengestellt. Sie gibt die gemessene Geschwindigkeitskon-

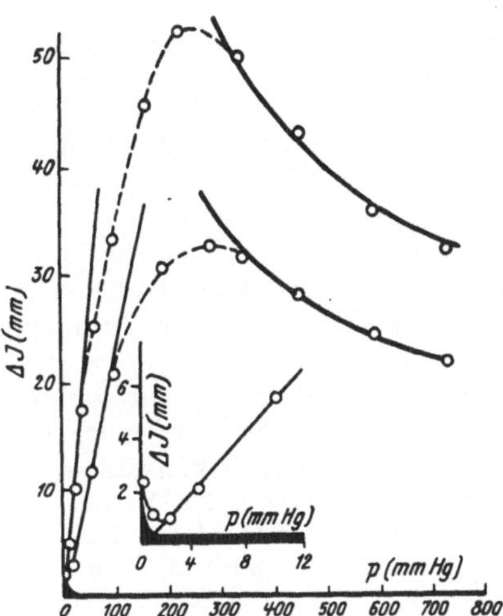

Abb. 5. J_2 und He. Abszisse: Druck des Heliums, Ordinate ΔI, das Maß für die stationäre Atomkonzentration. Die schwarz gezeichneten Anteile von ΔI (in der im vergrößerten Maßstab gezeichneten kleinen Figur für die kleinsten He-Drucke mehr hervortretend) sind die Korrektur für die thermische Ausdehnung. Die ausgezogenen Kurven sind die berechneten ΔI, für kleine He-Drucke für ausschließliche Rekombination an der Wand, für große He-Drucke für ausschließliche Rekombination im Gasraum. Die beobachteten Werte zeigen den Übergang von der einen zur andern Art des Vorgangs.

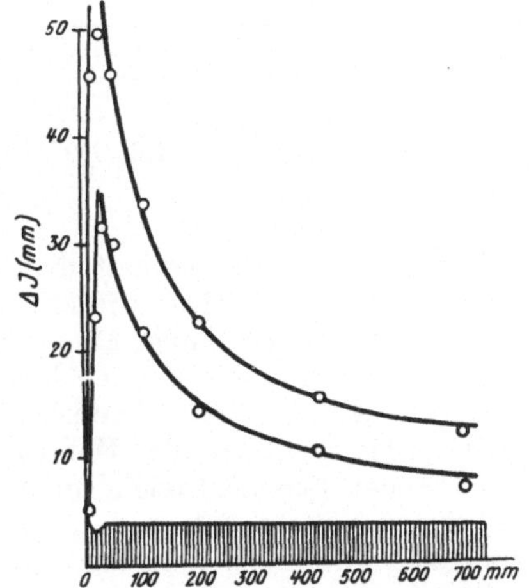

Abb. 6. J_2 und CO_2. Hier gilt dasselbe wie für Abb. 5. Die Korrektur wegen des thermischen Effekts ist wesentlich größer, die Wandrekombination schon bei 50 mm Fremdgas völlig unterdrückt.

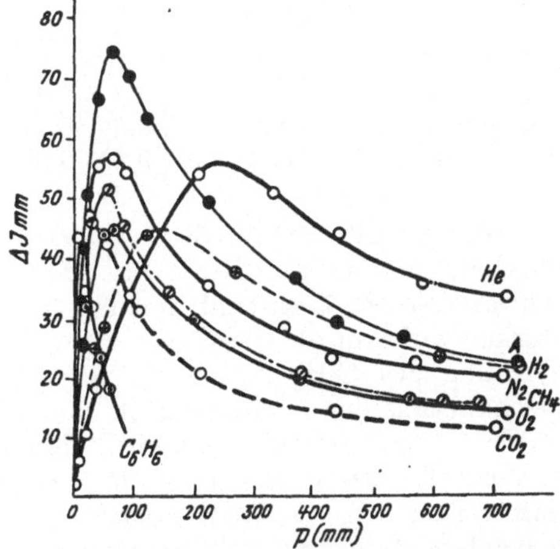

Abb. 7 gibt eine Zusammenfassung der Messungen am Jod mit verschiedenen Zusatzgasen; dargestellt sind ausschließlich die beobachteten Kurven, bei He bis zu sehr hohen Drucken (250 mm) weitaus vorherrschend Wandrekombination, die schließlich bei C_6H_6 praktisch völlig verschwunden ist.

stante, $2\,k$. Ferner sind die Stoßausbeuten eingetragen, welche bei einer Atmosphäre Gesamtdruck sich aus diesen k berechnen, im Vergleich mit der nach der kinetischen Gastheorie berechneten Zahl der Zweierstöße (mit einem Atomdurchmesser von 2,25 Å für Br und 2,6 Å für J). Sowohl die Größe der k (die als Dreierstoßkonstanten die Dimension cm^6 Mol^{-2} sec^{-1} haben, da die Konzentrationen in Molen je Kubikzentimeter und die Zeit in Sekunden gerechnet sind) wie natürlich auch diese Stoßausbeuten entsprechen in der Größenordnung der Vorstellung, daß das Gebilde BrBr im günstigsten Falle dann zu einer stabilen Molekel Br_2 wird, wenn in der Zeit, die es beisammen ist, eine dritte Molekel hinzutritt. Denn die Wahrscheinlichkeit, daß dies geschieht, verhält sich zu der, daß die dritte Molekel ein einzelnes Atom trifft, wie der Atomdurchmesser bzw. sein Doppeltes zur freien Weglänge, d. i. für Atmosphärendruck etwa wie 4,5 bzw. $5,2 \times 10^{-8}$ zu 10^{-5}.

Tabelle 4. *Geschwindigkeitskonstanten (2 k) und Ausbeute (γ) der Brom- und Jodrekombination in Gegenwart verschiedener Zusatzgase (X).*
Die Geschwindigkeitskonstanten haben die Dimension Mol^{-2} cm^6 sec^{-1}, die Ausbeute (γ) bedeutet das Verhältnis der Anzahl der zur Rekombination führenden Stöße zur Gesamtzahl der Zweierstöße der Atome und bezieht sich hier auf einen Fremdgasdruck von 1 at. Bei der Berechnung der Anzahl der Zweierstöße wurden
$$\sigma_{JJ} = 5,2 \text{ und } \sigma_{BrBr} = 4,5 \text{ Å gesetzt.}$$

$X =$	He	A	H_2	N_2	O_2	CH_4	CO_2	C_6H_6
Br $2\,k\,10^{-15}$	2,8	4,7	8,0	9,1	11,5	13	20	—
$γ\,10^3$	0,82	1,4	2,2	2,7	3,4	3,7	5,7	—
$2\,k\,10^{-15}$	6,7	13	14,5	24	38	44	66	350
$γ\,10^3$	1,7	3,6	3,9	6,3	10	12	17	97
$\dfrac{γ\,(Br)}{γ\,(J)}$	0,47	0,39	0,56	0,43	0,34	0,31	0,33	—

Relative Werte von k und γ für Brom.

	He	A	H_2	N_2	O_2	CH_4	CO	CO_2	HBr	Br_2	HCl
Rabinowitsch	0,3	0,5	0,8	1,0	1,3	1,4	—	2,2	—	—	—
Hilferding u. Steiner ...	0,6	0,1	1,5	1,0	—	—	4,6	—	1,6	1,9	3,5
Smith, Ritchie u. Ludlam[1]	0,24	0,84	0,19	1,0	1,5	—	—	1,6	—	—	—

Aber das gilt nur für die Größenordnung. Die einzelnen Gase verhalten sich durchaus individuell. Nicht nur, daß sie allgemein um so kräftiger wirken, je schwerer sie sind, es sind darüber hinaus offensichtlich mehratomige Molekeln stärker wirksam als die einatomigen der Edelgase — für die exzeptionell hohe Wirkung des C_6H_6 ziehen die Beobachter die Möglichkeit eines chemischen Mechanismus der Einwirkung in Betracht. Es ist daher nicht von der Hand zu weisen — und die weiter unten S. 295 zu besprechenden Beobachtungen an der Dreierstoßreaktion $H + O_2 + M \rightarrow HO_2 + M$ bringen weitere Belege dafür —, daß tatsächlich durchaus spezifische Beziehungen zwischen der Energie abgebenden „Quasimolekel" und dem Akzeptor für die Wirksamkeit des letzteren maßgebend sind. Wir wollen auf diese Frage noch in einem besonderen Kapitel (S. 305) zurückkommen.

In die Tabelle sind noch die aus der Geschwindigkeit der Bromwasserstoffbildung ermittelten Ausbeuten aufgenommen worden, und zwar nur als relative, umgerechnet auf 9,1 für N_2, das bei allen Arbeiten noch am ehesten die gleiche

---

[1] M. Ritchie: Proc. Roy. Soc. (London), Ser. A **146** (1934), 828. — W. Smith, M. Ritchie, E. B. Ludlam: J. chem. Soc. (London) **1937**, 1680.

relative Stellung besitzt. Man sieht, daß dieser Methode zwar das Verdienst zukommt, zuerst die Notwendigkeit der Dreierstöße für diese Atomrekombinationen
erwiesen und die Größe der Ausbeuten ungefähr richtig festgestellt zu haben,
daß aber die rein optische Methode ihr an Genauigkeit weit überlegen ist.

Der Vollständigkeit halber sei noch eine dritte Methode erwähnt:

Chlor und Bromdampf zeigen beim Belichten eine Ausdehnung, eine Erscheinung, die seit langem als ,,BUDDE-Effekt" bekannt ist. Sie entspricht der
Tatsache der Energieabsorption (und wurde oben als nötige Korrektur bei den
Messungen von RABINOWITSCH berücksichtigt). Es ist zunächst nicht zu erkennen, wie hieraus auf die Geschwindigkeit der Rekombination soll geschlossen
werden können, denn die gesamte absorbierte Lichtenergie muß als Wärme
erscheinen, und zwar sehr schnell nach Beginn der Belichtung, da der stationäre
Zustand zwischen Entstehen und Verschwinden der Atome sich außerordentlich
schnell einstellt und die Atomkonzentration natürlich nicht so groß werden
kann, daß sie als solche meßbare Überdrucke erzeugt.

Der Grund, der es möglich macht, aus dem BUDDE-Effekt auf die Rekombinationsgeschwindigkeit zu schließen, ist das Nebenherlaufen von Rekombination im Gasraum und an der Wand. Was hier an Wärme erzeugt wird,
wird von der Wand aufgenommen. Das geht dem BUDDE-Effekt verloren, und
so liefern seine gemessenen Ausschläge in letzter Instanz die Verteilung der Rekombination auf Gasraum und Wand.

In diesem Sinne ist die Erscheinung von SMITH, RITCHIE und LUDLAM[1] ver-
wertet worden. Die von ihnen ermittelten relativen Zahlen sind der Tabelle 4
ebenfalls beigefügt worden.

2. Rekombination der Wasserstoffatome.

Die Rekombination der Wasserstoffatome ist ebenfalls in sehr zahlreichen
Untersuchungen bearbeitet worden, aber deren Ergebnisse stimmen nur recht
schlecht miteinander überein insofern, als die einen die Molekel H_2, die anderen
das Atom H als bevorzugten Dreierstoßpartner ergeben haben, während ,,Fremd-
gase" bisher nur wenig untersucht worden sind.

Die Zerlegung der Wasserstoffmolekeln in Atome läßt sich bis zu hohen Zerfalls-
graden leicht durchführen durch elektrische Entladungen im GEISSLER-Rohr,
aus dem WOOD und später viele andere Forscher ein Gas von bis gegen 1 mm
Gesamtdruck mit bis 80 und 90% Atomen absaugen konnten. Führt man dies
durch ein langes Glasrohr (von $1 \div 2$ cm Durchmesser), so kann man an einzelnen
Stellen dieses Rohres die Atomkonzentration bestimmen und aus ihrem Abfall
im Verein mit der Strömungsgeschwindigkeit die Geschwindigkeit der Rekombination messen.

Das ist prinzipiell sehr einfach, aber in der Ausführung sehr schwierig. Die
nächstliegende Störung allerdings, die Wandrekombination, die bei den kleinen
Drucken nach Analogie der Beobachtungen an den Halogenen weit überwiegend
sein sollte, ist das nicht, sobald der Wasserstoff ein wenig Wasserdampf enthält
— oder Sauerstoff, der in Wasserdampf übergeht —, der an der Glaswand adsorbiert wird und sie so zu einem schlechten Akzeptor für die Atome macht, sie
,,vergiftet". Der Effekt läßt sich bis zur fast vollständigen Unterdrückung der
Wandreaktion verstärken, wenn man die Wand mit benetzender Phosphorsäure
überzieht.[2]

Für die analytische Bestimmung der Atomkonzentration an den einzelnen
Wegstellen ist meist eine kalorimetrische Methode benutzt worden. Metalle,

---

[1] S. Anm. S. 290.
[2] H. v. WARTENBERG, G. SCHULTZE: Z. physik. Chem., Abt. B 6 (1929), 26.

insbesondere Platin mit rauher Oberfläche, sind vorzügliche Akzeptoren für die Atome, die an ihnen sehr prompt und vollständig rekombinieren.[1] Ein mehrfach durchbohrter Metallblock, dessen Temperatur mit einem Thermoelement oder Widerstandsthermometer gemessen wird, gibt daher, längs des Rohres verschoben, eine kalorimetrische Bestimmung der Atomkonzentration an seinen Haltestellen, nachdem in atomfreiem Gas vorher durch elektrische Eichung seine Temperaturerhöhung im Verhältnis zur erzeugten Energie ermittelt worden ist. Diese Methode ist später von Steiner und Wicke[2] ersetzt worden durch eine spektrographische: zwischen außen aufgelegten, etwa 15 mm voneinander entfernten Metallelektroden wurde im Innern des Rohres eine schwache Hochfrequenzentladung erzeugt, die die Molekeln nur unerheblich und in leicht bestimmbarem Maße spaltete, dagegen die vorhandenen Atome anregte und durch die Helligkeit ihres Leuchtens ($H\alpha$) ein Maß für die Konzentration ergab. Die Eichung erfolgte hier dadurch, daß unter den gleichen Bedingungen die Durchtrittsgeschwindigkeit des Gases durch einen engen Spalt gemessen wurde, ein Verfahren, nach dem nach Wrede[3] eine sehr genaue Bestimmung des Verhältnisses $[H] : [H_2]$ möglich ist.

Die ersten Messungen über die Rekombination der H-Atome haben übrigens Bay und Steiner[4] unter ausschließlicher Benutzung dieser Wredeschen Spaltmethode ausgeführt.

Mit der kalorimetrischen Analyse hat etwa gleichzeitig mit den letztgenannten Autoren Smallwood[5] gearbeitet. Er stellt seine Ergebnisse größenordnungsmäßig durch die Gleichung dar:

$$-\frac{d[H]}{dt} = 10^{-16}\,[H]^2 + 10^{-32}\,[H]^3 + 10^{-32}\,[H]^2\,[H_2].$$

Ihr erstes Glied soll der Wandrekombination Rechnung tragen — die bei allen darauf gerichteten Untersuchungen, die bei vielen Kettenreaktionen mit großer Sicherheit durchzuführen waren, Abhängigkeit der Geschwindigkeit von der ersten Potenz, nicht dem Quadrat des Diffundierenden ergibt —, das zweite der Rekombination im Dreierstoß mit H, das dritte der mit H_2. Beide, Atom und Molekel, wirken darnach etwa gleich gut als Dreierstoßpartner. Auf die Einheiten Mole, Kubikzentimeter und Sekunden umgerechnet, ergibt sich die Konstante der trimolekularen Reaktion für beide Partner zu etwa 4×10^{15} cm^6 Mol^{-2} sec^{-1}.

Später haben Robinson und Amdur[6] nach dem gleichen Verfahren genauere Messungen gemacht. Das Ergebnis ist ähnlich: weder die unter ausschließlicher Verwendung der Atome noch der Molekeln berechneten „Konstanten" sind konstant — immerhin bei dem höchsten Druck, 0,78 ÷ 0,72 mm, sind es die für Molekeln recht gut —, so daß die Autoren beiden Wirksamkeit als Dreierstoßpartner zuschreiben, mit einer leichten Bevorzugung der Molekeln.

In den Versuchen von Steiner und Wicke erwiesen sich die Molekeln wesentlich wirksamer als die Atome; die Autoren arbeiteten mit 0,3 ÷ 0,7 mm Gesamtdruck, mit 80 ÷ 15% Atomen, während die Strömungsgeschwindigkeit immer sehr nahe um 4 m/sec gehalten wurde. Die unter ausschließlicher Verwendung

---

[1] K. F. Bonhoeffer: Z. physik. Chem. **113** (1924), 199.

[2] W. Steiner, F. W. Wicke: Z. physik. Chem., Bodenstein-Festband 1931, 817. — Siehe auch W. Steiner: Ebenda, Abt. B **15** (1932), 249.

[3] E. Wrede: Z. Physik **54** (1929), 53.

[4] Z. Bay, W. Steiner: Z. physik. Chem., Abt. B **2** (1929), 146.

[5] H. M. Smallwood: J. Amer. chem. Soc. **51** (1929), 1985.

[6] I. Amdur, A. L. Robinson: J. Amer. chem. Soc. **55** (1933), 1395. — A. L. Robinson, I. Amdur: Ebenda **55** (1933), 2615.

der Molekeln als Dreierstoßpartner berechneten Geschwindigkeitskonstanten liegen zwischen 9,2 und $10,0 \times 10^{15}$ cm^6 Mol^{-2} sec^{-1}, während die Annahme gleicher Wirksamkeit von H und H_2 zu Werten führt, die bei kleinen Drucken weniger als halb so groß sind als bei den höchsten und auch innerhalb der einzelnen Drucke starken Gang zeigten. Die mit gaskinetischen Querschnitten und gaskinetischer Stoßdauer berechnete Zahl für die Konstante ist $2,1 \times 10^{15}$, innerhalb der Unsicherheit dieser Berechnung mit jener übereinstimmend.

STEINER hat später die Berechnung noch einmal gründlicher durchgeführt, besonders unter Berücksichtigung der Diffusion längs des Rohres, auf deren Bedeutung schon BONHOEFFER[1] und v. WARTENBERG und SCHULTZE[2] hingewiesen hatten. Der Dreierstoßkonstanten mit Atomen wird dabei ein Wert zugeschrieben, der etwa $1/10$ von der mit Molekeln ist, und der letztere wird genau festgelegt auf $1,1 \times 10^{16}$ cm^6 Mol^{-2} sec^{-1}, mit obigem praktisch identisch.

Es bleibt daher die Tatsache bestehen, daß diese Methode in der Hand der verschiedenen Forscher zwar zur Übereinstimmung in der Größenordnung der Geschwindigkeit geführt hat, daß aber das Verhältnis der Wirksamkeit zwischen Atomen und Molekeln nicht völlig geklärt ist.

Um so mehr wäre es zu begrüßen, daß die Messungen auch nach gänzlich abweichenden Methoden ausgeführt worden sind, wenn nicht — leider — auch hier genau die gleichen abweichenden Resultate zu verzeichnen wären. Diese Methoden arbeiten nicht mit strömenden Gasen, sondern statisch; die Erzeugung der H-Atome und ihre Messung ist verschieden.

Zunächst hat SMALLWOOD[3] solche Messungen angestellt, indem er das Gas des WOODschen Entladungsrohres in einen Kolben treten ließ, diesen dann abschloß und nun die Vereinigung der Atome manometrisch verfolgte bei Gesamtdrucken von einigen Zehntelmillimetern Hg und anfänglichen Atomkonzentrationen von $20 \div 30\%$. Die Verfolgung der Druckabnahme geschah über einen Zeitraum von 40 Sekunden durch einen von einer dünnen Glasmembran gesteuerten Lichtzeiger, wobei die Membran als trägheitslos vorausgesetzt werden muß. Hier ergab sich die Konstante für Atome als Partner zu 1 bis $1,8 \times 10^{16}$ cm^6 Mol^{-2} sec^{-1}, während die Molekeln nur etwa $1/50$mal so wirksam waren.

Bei hohen Gesamtdrucken hat dann SENFTLEBEN[4] mit zwei Mitarbeitern experimentiert. Hier müssen natürlich neue Methoden für Erzeugung und Messung der H-Atome angewandt werden. Die Erzeugung geschah photochemisch, aber nicht mit Licht, das von H_2 absorbiert wird — das ist zu kurzwellig, um handlich zu sein —, sondern mit der Resonanzlinie 2537 Å der unter geringem Druck brennenden Quecksilberlampe. Ihre Energie wird von Quecksilberdampf, der dem Wasserstoff in kleinen Mengen beigemischt ist, absorbiert und, von diesem auf jenen übertragen, läßt sie die Molekeln, zu etwa $1^0/_{00}$ zerfallen.

Die Messung der Konzentration der Atome und ihrer Abnahme erfolgten durch Ermittlung der Wärmeleitfähigkeit nach der Methode von SCHLEIERMACHER, bei der die Temperatur eines in der Achse des Reaktionsrohres gespannten, von bestimmtem Strom durchflossenen Drahtes gemessen wird, natürlich nach Aufhören der übrigens sehr kurzen Belichtung. Das Ergebnis der erstzitierten Arbeit war ein starkes Überwiegen der Atome für die Rekombination, die etwa 100mal so stark wirken wie die Molekeln, erkennbar an einem Abklingen der Atomkonzentration nach einer Reaktion der dritten Ordnung.

---

[1] K. F. BONHOEFFER: Z. physik. Chem. 113 (1924), 199.
[2] H. v. WARTENBERG, G. SCHULTZE: Z. physik. Chem., Abt. B 6 (1929), 261.
[3] H. M. SMALLWOOD: J. Amer. chem. Soc. 56 (1934), 1542.
[4] H. SENFTLEBEN, O. RIECHEMEIER: Ann. Physik 6 (1930), 105. — H. SENFTLEBEN, W. HEIN: Physik. Z. 35 (1934), 985; Ann. Physik 22 (1935), 1.

Dies Ergebnis wurde indessen bei einer Fortsetzung der Versuche, die nun natürlich in vielen Einzelheiten verfeinert waren, durch Senftleben und Hein nicht bestätigt.

Aber eine Beantwortung der Frage, ob die Dreierstoßrekombination mit H oder H_2 besser geht, bringt diese Arbeit tatsächlich nicht. Versuche mit 10 bis 85 mm H_2 geben gar keine Zunahme der Reaktionsgeschwindigkeit mit steigendem Wasserstoffdruck; sie ist nach den Versuchsergebnissen einfach die einer Reaktion der zweiten Ordnung — mit einem kleinen Einschlag einer der ersten Ordnung —, von den Verfassern aufgefaßt als ein Verschwinden der Atome durch Diffusion an die Wand, wobei allerdings unverständlich bleibt, warum diese dem Quadrat der Konzentration der diffundierenden Atome proportional sein soll.

Jedenfalls kann aus diesen Versuchen nicht auf eine Dreierstoßreaktion geschlossen werden. Die Verfasser haben dann auch Versuche mit Fremdgasen gemacht, und zwar mit Edelgasen. Dabei ergibt Helium eine leichte Abnahme der Geschwindigkeit mit steigendem Druck, jedenfalls keine Zunahme — verständlich bei ausschließlicher Wandrekombination durch Erschwerung der Diffusion —, Neon gibt eine Zunahme, Argon von etwa 10 bis etwa 35 mm eine Zunahme, darüber bis 60 mm wieder eine nicht zu deutende Abnahme; Krypton verhält sich ähnlich — alles bei stark schwankenden Einzelwerten.

Zweifellos ist nach diesen Ergebnissen die Aussage berechtigt, daß die schwereren Edelgase die Rekombination beschleunigen, aber das ist alles, was man aus den Versuchen ableiten kann. Ihre Genauigkeit reicht nicht aus, um, wie es die Verfasser tun, eine Reihenfolge der Dreierstoßpartner mit genauen Zahlenwerten aufzustellen, noch dazu eine, in der auch H_2 und He vorkommen, für welche die Versuche nicht die leiseste Andeutung einer Dreierstoßwirkung ergeben haben. Demgemäß hat auch die ausgiebige Erörterung der verschiedenen Möglichkeiten zur Berechnung des Dreierstoßraumes, die die Verfasser vornehmen, keinen Zusammenhang mit den Beobachtungen.

Die Reaktion ist sehr geschwind, sie ist bei reinem Wasserstoff in 10 Sekunden zu Ende, bei Krypton geht sie noch zwanzigmal schneller. Der Apparat zur Messung der Leitfähigkeit muß also sehr trägheitsfrei arbeiten, Temperatureinstellung des Meßdrahtes und Bewegung des Galvanometers müssen der Änderung der Atomkonzentration ungeheuer schnell folgen. Daß das mit der nötigen Genauigkeit geschieht, ist durch nichts erwiesen. In der ersten Arbeit wurde im Wasserstoff eine Reaktion der dritten Ordnung gefunden, in der späteren eine der zweiten, richtig ist, wie sich aus den Messungen von Rabinowitsch an den viel weniger beweglichen Atomen von Brom und Jod ergibt, ebenso aus denen der nachstehend referierten Arbeit, unter den benutzten Versuchsbedingungen (Rohr von 2 cm Durchmesser und Drucke von $10 \div 85$ mm) sicherlich eine der ersten, der Diffusion zur Wand entsprechend, die nach den Erfahrungen ihrer Vorgänger zu vergiften die Verfasser versäumt haben.

Schließlich ist noch eine Untersuchung von Farkas und Sachsse[1] zu erwähnen, die für die Herstellung der Atome ebenfalls die Einstrahlung von 2537 Å in quecksilberdampfhaltigen Wasserstoff benutzten, zur Messung aber die Umwandlung von p-Wasserstoff — diesen verwandten sie als Ausgangsgas — in normalen, die durch H-Atome katalysiert wird.[2] Sie arbeiten mit stetiger Belichtung, erzeugen daher durch diese ständig eine der Zahl der absorbierten Quanten gleiche Zahl H-Atome (bzw. die doppelte), die dann ebenso stetig durch Rekombination verschwinden. Die Verhältnisse liegen also genau wie bei den Versuchen von Rabinowitsch am Brom und Jod; auch insofern, als infolge

---

[1] L. Farkas, H. Sachsse: Z. physik. Chem., Abt. B **27** (1934), 111.
[2] Siehe S. 349 ff. dieses Bandes, Aufsatz Cremer.

Fehlens der Wandvergiftung erst über etwa 200 mm Gesamtdruck die Wandrekombination verschwunden ist, unterschieden nur dadurch, daß die Analyse, die außerhalb des Reaktionsgefäßes an winzigen Proben ausgeführte Bestimmung der Wärmeleitfähigkeit und damit des Gehalts an p-Wasserstoff, hier nicht irgendwelcher Korrektur bedarf.

Das Ergebnis ist sehr klar; die Autoren sprechen gar nicht von Atomen, die ja bei ihren Versuchen nur in winzigen Konzentrationen vorhanden sind, als Dreierstoßpartner, sondern finden ausschließlich für die Molekeln, die ja auch in weit überragender Konzentration vorhanden sind, eine Konstante, die noch etwas größer als die endgültige von STEINER ist, nämlich 3×10^{16} cm^6 Mol^{-2} sec^{-1}.

Versuche mit Zusatz von Argon und Stickstoff sind nur soweit durchgeführt, daß sie eine Konstante geben, die größenordnungsmäßig gleich der der Wasserstoffmolekeln ist.

Daß die hier gefundene Zahl noch etwas größer ist als die von STEINER als endgültig angegebene, kann sehr wohl daran liegen, daß die Vergleichsgröße, auf der die Rechnung basiert, die Geschwindigkeit der Katalyse der Umwandlung des p-Wasserstoffs durch H-Atome, nur mit einer Genauigkeit bekannt ist, die derartige Unterschiede zuläßt. Und so kann doch wohl als Ergebnis all der vielen und zunächst widersprechenden Versuchsergebnisse angesehen werden, daß die Molekeln als Dreierstoßpartner merklich günstiger wirken, und zwar mit einer Konstanten, die mit der gaskinetisch berechneten Dreierstoßzahl innerhalb der erheblichen Unsicherheit der Berechnung der letzteren übereinstimmt.

3. Reaktion H + O$_2$ + $M \rightarrow$ HO$_2$ + M.
Katalytische Hemmung der Reaktion H$_2$ + Cl$_2 \rightarrow$ 2 HCl.

Den Rekombinationen der Atome, die durch Fremdgase katalysiert werden, sind nun noch einige Reaktionen anzuschließen, bei denen der eine Partner ein Atom (H, Na, O), der andere die Sauerstoffmolekel O$_2$ ist. Von denen ist die Reaktion H + O$_2$ + M weitaus am meisten untersucht worden, allerdings im allgemeinen nicht für sich, sondern als Kettenabbruch bei der Bildung von Chlorwasserstoff aus Chlor und Wasserstoff, wo sie als hemmende Wirkung des Sauerstoffs, also negative Katalyse, sich bemerkbar macht.

Die Chlorwasserstoffbildung bei Gegenwart von Sauerstoff bietet daher zwei Beispiele von Katalyse. Von denen erfüllt die positive Katalyse der HO$_2$-Bildung durch Dreierstöße natürlich ganz exakt die Bedingung der summarischen Unverändertheit des Katalysators. Aber auch die Hemmung der Chlorwasserstoffbildung durch O$_2$ tut es für einen Teil der hemmenden Kettenabbrüche, wie unten (S. 299) zu zeigen sein wird, ganz exakt.

Beide Katalysen sind nur als Folge sehr ausgiebiger Untersuchungen aus dem Durcheinander der Teilvorgänge herausgeschält worden, und für beide ist das nur möglich gewesen für den photochemischen Prozeß, bei dem die Ketten durch Chloratome in Gang gesetzt werden, die durch Absorption von Licht aus den Chlormolekeln erzeugt werden. Bei der thermischen Reaktion beginnen die Ketten mit Chloratomen, die sich gelegentlich freiwillig, thermisch, in dem an der Gefäßwand adsorbierten Chlor bilden,[1] sie werden im ersten Falle, sobald eine auch nur bescheidene Menge Sauerstoff vorhanden ist, durch eine im wesentlichen homogene Reaktion der Kettenträger mit diesem abgebrochen — bei Zimmertemperatur —, im zweiten Falle — bei etwa 200° — stets daneben durch eine heterogene Adsorption derselben an der Gefäßwand. Was daher bei der

---

[1] J. A. CHRISTIANSEN: Z. physik. Chem., Abt. B **2** (1929), 405. — S. KHODSCHAIAN, G. KORNFELD: Ebenda, Abt. B **35** (1937), 403.

photochemischen Reaktion für den gesamten Kettenabbruch gilt, gilt bei
der thermischen Reaktion nur für einen Teil desselben, unter den Bedingungen
der zitierten Arbeiten etwa für die Hälfte. Deswegen — und aus anderen Gründen
— sind diese Vorgänge im einzelnen bisher nur für die photochemische Reaktion
klargestellt worden. Es ist aber, da in großen Zügen die beiden Reaktionen
gleich befunden wurden, sicher, daß sie es auch in den Einzelheiten sind. Wir
dürfen daher die an der photochemischen Reaktion sichergestellten Einzelschritte des Kettenabbruches mit Sauerstoff auch für die thermische Reaktion
gelten lassen.

Die Reaktionsfolge ist darnach für die thermische und für die photochemische
Reaktion diese:[1]

Lichtreaktion: Dunkelreaktion:

$$1.\ \mathrm{Cl_2} + E \rightarrow 2\,\mathrm{Cl},$$
$$1.\ \mathrm{Cl_2} \rightarrow 2\,\mathrm{Cl}$$
$$2.\ \mathrm{Cl} + \mathrm{H_2} \rightarrow \mathrm{HCl} + \mathrm{H},$$
$$2.\ \mathrm{Cl} + \mathrm{H_2} \rightarrow \mathrm{HCl} + \mathrm{H}$$

$\left.\begin{array}{}\ \end{array}\right\}$ an der Wand,

$$3.\ \mathrm{H} + \mathrm{Cl_2} \rightarrow \mathrm{HCl} + \mathrm{Cl},$$
$$4.\ \mathrm{H} + \mathrm{O_2} + M \rightarrow \mathrm{HO_2} + M,$$
$$5.\ \mathrm{Cl} + \mathrm{O_2} + \mathrm{HCl} \rightarrow \mathrm{HO_2} + \mathrm{Cl_2},$$
$$6.\ \mathrm{Cl} + \mathrm{Wand} \rightarrow \mathrm{Cl}\ \text{adsorbiert},$$

schnell gefolgt von

2 Cl adsorbiert → $\mathrm{Cl_2}$ oder

Cl adsorbiert + Verunreinigung → Produkt.

Das nach 4 oder 5 gebildete $\mathrm{HO_2}$ reagiert weiter auf drei Wegen:

I   II

$$7.\ \mathrm{HO_2} + \mathrm{H_2} \rightarrow \mathrm{H_2O_2} + \mathrm{H},$$
$$10.\ \mathrm{H_2O_2} + \mathrm{Cl} \rightarrow \mathrm{H_2O} + \mathrm{ClO},$$
$$12.\ \mathrm{ClO} + \mathrm{H} \rightarrow \mathrm{HCl} + \mathrm{O},$$
$$13.\ \mathrm{O} + 2\,\mathrm{HCl} \rightarrow \mathrm{H_2O} + \mathrm{Cl_2}.$$

$$8.\ \mathrm{HO_2} + \mathrm{Cl_2} \rightarrow \mathrm{HCl} + \mathrm{ClO_2},$$
$$11.\ \mathrm{ClO_2} + \mathrm{H} \rightarrow \mathrm{HCl} + \mathrm{O_2}.$$

Σ:[2] $\mathrm{H} + \mathrm{Cl} + \mathrm{O_2} + \mathrm{HCl} + \mathrm{H_2} \rightarrow 2\,\mathrm{H_2O} + \mathrm{Cl_2}.$ Σ:[2] $2\,\mathrm{H} + \mathrm{Cl_2} \rightarrow 2\,\mathrm{HCl}.$

III

$$9.\ \mathrm{HO_2} + \mathrm{HCl} \rightarrow \mathrm{H_2O_2} + \mathrm{Cl},$$
$$10.\ \mathrm{H_2O_2} + \mathrm{Cl} \rightarrow \mathrm{H_2O} + \mathrm{ClO},$$
$$12.\ \mathrm{ClO} + \mathrm{H} \rightarrow \mathrm{HCl} + \mathrm{O},$$
$$13.\ \mathrm{O} + 2\,\mathrm{HCl} \rightarrow \mathrm{H_2O} + \mathrm{Cl_2}.$$

Σ:[2] $2\,\mathrm{H} + \mathrm{O_2} + 2\,\mathrm{HCl} \rightarrow 2\,\mathrm{H_2O} + \mathrm{Cl_2}.$

Die Geschwindigkeit der Chlorwasserstoffbildung in ihrer Abhängigkeit von
der Intensität des absorbierten Lichts, von den Konzentrationen der Reaktions-
teilnehmer $\mathrm{H_2}$, $\mathrm{Cl_2}$, $\mathrm{O_2}$ und HCl und von den etwa zugesetzten Fremdgasen unterrichtet dabei über die Reaktionen 1 bis 6; die Verteilung des gebildeten $\mathrm{HO_2}$ auf
die drei parallelen Wege I, II, III läßt sich ableiten aus der Abhängigkeit des
gebildeten Wassers von den Konzentrationen von $\mathrm{H_2}$, $\mathrm{Cl_2}$ und HCl. Für diese
Feststellung — und für die Besprechung der Reaktion an dieser Stelle — wirkt
es dabei erleichternd, daß die Reaktion 6, der Kettenabbruch durch Wegnahme
der Chloratome an der Gefäßwand, bei einigermaßen großen Sauerstoffkonzen-

---

[1] Max Bodenstein, Herbert F. Launer: Z. physik. Chem., Abt. B 48 (1941),
268. Wegen der Begründung für die Einzelheiten des Schemas muß auf diese Arbeit
verwiesen werden.

[2] Einschließlich 4: $\mathrm{H} + \mathrm{O_2} + M = \mathrm{HO_2} + M$, und ähnlich, wenn $\mathrm{HO_2}$ nach 5
gebildet ist.

trationen neben denen durch $H + O_2 + M$ völlig zurücktritt,[1] und daß auch die Reaktion 5 unter diesen Bedingungen nur eine ganz untergeordnete Rolle spielt.

Die Berechnung nach der üblichen Rechnungsweise der quasistationären Konzentrationen der instabilen Zwischenstoffe — die übrigens an diesem Beispiel zuerst angewandt wurde[2] — wird weiter erleichtert durch die Tatsache, daß die Reaktionen 8 bis 13 jeweils ohne Nebenvorgänge verlaufen, daß die sie berücksichtigenden Glieder sich daher in der Rechnung wegheben, und die Berechnung der Wasserbildung und ihre Verteilung auf I und II wieder wird ganz einfach, weil es sich ja hier nicht um immer wiederholte Kettenglieder handelt, sondern nur um Kettenabbrüche, die in ihrer Summe der Zahl der Kettenbeginne, d. h. $2\,I_{abs.}$ gleich sein müssen.

Es wird so die Geschwindigkeit der Bildung von Chlorwasserstoff

$$\frac{d\,[HCl]}{d\,t} = \frac{2\,k_3\,I_{abs.}\,[Cl_2]}{k_4\,[O_2]\cdot(a\,[HCl] + b\,[H_2] + c\,[Cl_2] + d\,[O_2] + \ldots + w\ \text{Wand})},$$

wo die a, b, ... der von Molekelart zu Molekelart etwas verschiedenen Wirksamkeit als Dreierstoßpartner Rechnung tragen. Neben diesen die einzelnen Gase repräsentierenden Addenden steht allerdings noch einer, der die Gefäßwand als Dreierstoßpartner einführt, w Wand. Der ist neben anderem schuld daran, daß so unendlich viel Arbeit auf die Erforschung dieser Reaktion gewendet werden mußte. Denn die Wirksamkeit der Wand ist ganz ungeheuer wechselnd, sie kann so stark werden, daß neben ihr die der einzelnen Gase völlig zurücktreten, daß diese also einflußlos erscheinen, und so schwach, daß das Glied w Wand eine kleine Korrekturgröße neben den die Gase berücksichtigenden wird.

Was hier im Kapitel der homogenen Gaskatalyse interessiert, sind natürlich nur die unter Mitwirkung der Gase zu HO_2 führenden Dreierstöße, und hier haben die Messungen der erwähnten Arbeit von BODENSTEIN und LAUNER folgende relativen Werte für die einzelnen Gase ergeben:

Tabelle 5.

HCl	H_2	Cl_2	O_2	N_2	A	Ne	He
1,00	0,25	0,25	0,15	0,18	0,10	0,05	0,04

Die Zahlen sind natürlich nicht sehr genau; es kann ja niemals ein einzelnes Gas ganz überwiegend zur Wirkung gebracht werden; immerhin ergeben sich ganz ähnliche Werte aus anderen Arbeiten von RITCHIE und NORRISH[3] und von RITCHIE.[4]

Daß insbesondere die Wirksamkeiten von Wasserstoff und Chlor praktisch ganz gleich sind, ergibt sich sehr bestimmt aus Untersuchungen von CHAPMAN

---

[1] Wenigstens unter normalen Umständen. Der erste Versuch, die Bildung von Wasser neben der von Chlorwasserstoff zu messen [ERIKA CREMER: Z. physik. Chem. **128** (1927), 285], hatte allerdings mit der Schwierigkeit zu kämpfen, daß der Kettenabbruch 6 doch wirksam war, weil, wie wir heute wissen, das zur Absorption des Wassers eingeführte Phosphorpentoxyd auf seiner großen Oberfläche Dämpfe aus dem Hahnfett kondensierte und sie so zu einem guten Akzeptor für Chloratome machte. Die Anwendung des praktisch dampfdrucklosen Apiezon-Grease durch M. RITCHIE [J. chem. Soc. (London) **1931**, 837] vermied unbewußt diese Schwierigkeit.

[2] MAX BODENSTEIN: Z. physik. Chem. **85** (1913), 297.

[3] M. RITCHIE, R. G. W. NORRISH: Proc. Roy. Soc. (London), Ser. A **140** (1933), 99, 112, 713.

[4] M. RITCHIE: J. chem. Soc. (London) **1937**, 857.

und Mitarbeitern.[1] Denn diese wurden im Aktinometer von Bunsen und Roscoe ausgeführt, in dem die Mischung von Chlor und Wasserstoff über Wasser belichtet wird. Dabei wird der Chlorwasserstoff prompt vom Wasser absorbiert — die so entstehende Volumenverminderung gibt das höchst empfindliche Maß für die Reaktionsgeschwindigkeit —, und das Gas besteht daher stets ausschließlich aus H_2 und Cl_2, neben hier nicht in Betracht kommenden geringen Mengen von Sauerstoff. Bei starker Variation des Verhältnisses $[H_2] : [Cl_2]$ würde daher eine verschiedene Wirksamkeit der beiden, selbst wenn der Unterschied bescheiden wäre, bemerkbar werden, was nicht geschah.

Was die absolute Größe der Konstanten k_4 anlangt, so hat sich diese im Verein mit denen der übrigen Teilreaktionen mit einer Genauigkeit im Logarithmus von etwa $\pm 0,3$ ermitteln lassen.[2] Sie beträgt für Mole/Kubikzentimeter und Sekunden

$$\log k_4 = - \frac{500}{4,57\ T} + 13,42 + \frac{1}{2} \log T + 1,40 - \log f.$$

Hier ist $13.42 + \frac{1}{2} \log T$ der Logarithmus der Stoßzahl. Der Addend $+ 1,40$ entspricht dem Bruchteil der Zweierstöße, die gleichzeitig Dreierstöße sind. Er müßte also ein negatives Vorzeichen haben. Daß er das nicht hat, ist die Folge der im Grunde ja sehr unzweckmäßigen Extrapolation, die in der Übertragung der in der Gegend von Atmosphärendruck meßbaren und berechenbaren Reaktionsgeschwindigkeit und ihrer Konstanten auf die praktisch unmögliche Konzentration von Molen im Kubikzentimeter liegt. Bei einer Atmosphäre ist der Logarithmus dieses Bruchteiles von der Größenordnung $- 3,0$, bei Molen im Liter $- 1,6$, er wird daher, wenn die Konzentration nochmals um 10^3 steigt, $+ 2,4$. $\log f$ endlich ist der Logarithmus des wirksamen Bruchteiles der Zweierstöße, die gleichzeitig Dreierstöße sind. Der ist für $HCl = - 0,77$ und für die anderen Gase gemäß den Daten der obigen Zusammenstellung entsprechend kleiner. Der $\log k_4$ wird damit für Zimmertemperatur und $HCl = 14,90$, für H_2 beispielsweise $= 14,30$.

So geben diese Kettenabbrüche der Chlorknallgasreaktion ein weiteres Beispiel für die Katalyse, die der Zusammentritt einfacher Molekeln durch Fremdgase infolge der Notwendigkeit der Stabilisierung durch Dreierstöße erfährt.

Während hier beim Chlorknallgas die Reaktion $H + O_2 + M = HO_2 + M$ einen hemmenden Kettenabbruch darstellt, ist der gleiche Vorgang Grundlage der Bildung von Wasserstoffsuperoxyd aus Wasserstoff, Sauerstoff und durch Absorption der Resonanzlinie 2537 Å angeregten Quecksilberatomen. Diese ist zuerst beobachtet worden im Institut von Hugh S. Taylor[3] in Princeton durch Marshall und ist dort auch in weiteren Arbeiten, insbesondere von Bates studiert worden. Eine ausgiebige Untersuchung stammt weiter aus dem Ammoniaklaboratorium in Oppau von Frankenburger und Klinkhardt,[4] eine weitere aus dem Institut von Bodenstein von Heimsoeth[5] und eine letzte, die

[1] D. L. Chapman, L. K. Underhill: J. chem. Soc. (London) **103** (1913), 496. — M. C. C. Chapman, D. L. Chapman: Ebenda **123** (1923), 3062.

[2] Max Bodenstein: Z. physik. Chem., erscheint demnächst. Wegen der Ableitung dieses Wertes muß auf diese Abhandlung verwiesen werden.

[3] Hugh S. Taylor: J. Amer. chem. Soc. **48** (1926), 2840. — A. L. Marshall: J. physic. Chem. **30** (1926), 1078; J. Amer. chem. Soc. **49** (1927), 2763; **54** (1932), 4460. — J. R. Bates, Hugh S. Taylor: Ebenda **49** (1927), 2438. — J. R. Bates, D. J. Salley: Ebenda **55** (1933), 110, 426.

[4] W. Frankenburger, H. Klinkhardt: Z. physik. Chem., Abt. B **15** (1932), 421.

[5] Werner Heimsoeth: Dissertation, Berlin, 1927.

insbesondere die Frage der wirksamen Dreierstöße bei der HO_2-Bildung behandelt, von FARKAS und SACHSSE.[1]

Die amerikanischen Forscher haben zur Deutung ihrer Beobachtungen eine Kettenreaktion angenommen, die von FRANKENBURGER und KLINKHARDT abgelehnt wurde zugunsten einer kettenlosen Folge.

MARSHALL und BATES

$$H_2 + Hg^* \quad\; = 2\,H + Hg,$$
$$H + O_2 + M = HO_2 + M,$$
$$HO_2 + H_2 \quad = H_2O_2 + H,$$
$$HO_2 + HO_2 \; = H_2O_2 + O_2.$$

FRANKENBURGER und KLINKHARDT

$$H_2 + Hg^* \quad\; = 2\,H + Hg,$$
$$H + O_2 + M = HO_2 + M,$$
$$HO_2 + H_2 \quad = H_2O + OH,$$
$$2\,OH + M \quad = H_2O_2 + M.$$

Das stets neben Wasserstoffsuperoxyd auftretende Wasser wäre nach FRANKENBURGER und KLINKHARDT ein in stöchiometrischer Menge anfallendes Nebenprodukt, bei MARSHALL durch nachträgliche katalytische Zersetzung des Superoxyds entstanden. Nach FRANKENBURGER und KLINKHARDT müßte das Verhältnis beider Produkte $2\,H_2O : 1\,H_2O_2$ betragen, was einem etwa 50%igen Wasserstoffsuperoxyd entspricht. Tatsächlich erhielten die amerikanischen Forscher bis über 90%iges Superoxyd, was unbedingt gegen die stöchiometrisch gekoppelte Wasserbildung spricht.

Die Beobachtungen von FRANKENBURGER und KLINKHARDT, die in umfassender Weise die Abhängigkeit der Ausbeute an beiden Produkten von den eingestrahlten Quanten und den Konzentrationen der Reaktionspartner ermittelt haben, lassen sich nun sehr befriedigend quantitativ beschreiben durch die MARSHALL-BATESsche Kette, wenn man dieser noch eine von GEIB[2] später gründlich durchgemessene Umsetzung hinzufügt, die Reaktion

$$H + H_2O_2 = H_2O + OH,$$

in deren Folge das OH in einer noch nicht im einzelnen klaren Weise in H_2O und O_2 übergeht.

Die für diese Berechnung nötigen Konstanten der Teilreaktionen sind dabei nicht willkürlich zu wählen, sondern liegen durch anderweitige Messungen sehr nahe fest. Hier interessiert besonders die Tatsache, daß für die Reaktion $H + O_2 + M = HO_2 + M$ die aus den Beobachtungen am Chlorknallgas abgeleitete Größe $\log k = 14{,}30$ für Wasserstoff als praktisch ausschließlich vorhandenen Dreierstoßpartner ohne jede Änderung übernommen werden kann.

Die Belege hierüber sollen in einer demnächst erscheinenden Abhandlung von BODENSTEIN gegeben werden.

Von den Arbeiten des amerikanischen Instituts bringt nur eine Versuchsreihe von BATES einigermaßen geeignete Daten, die innerhalb der recht weiten Fehlergrenzen zum gleichen Ergebnis führen, und auch die Untersuchung von HEIMSOETH läßt sich, soweit ihre gänzlich abweichende Arbeitsweise es zuläßt, ebenso berechnen.

Dagegen weichen die Ergebnisse von FARKAS und SACHSSE merklich ab. Sie errechnen aus ihnen für die Dreierstöße bei Zimmertemperatur eine Wirksamkeit erst bei jedem etwa fünfhundertsten Dreierstoß, entsprechend einem $\log f = -\,2{,}70$. Die entsprechende Zahl für Wasserstoff, der auch von diesen Autoren mit ganz schwachen Zusätzen von Sauerstoff verwendet wurde, war oben $-\,1{,}37$, also im Numerus zwanzigmal so günstig als nach FARKAS und SACHSSE. Der Grund dafür liegt unzweifelhaft in einem Fehler der von diesen Autoren abgeleiteten Zahl. Sie haben mit der oben bei der Reaktion $H + H + M$

<hr>

[1] L. FARKAS, H. SACHSSE: Z. physik. Chem. 27, Abt. B (1934), 111.
[2] K. H. GEIB: Z. physik. Chem., Abt. A 169 (1934), 161.

(S. 294) beschriebenen Anordnung festgestellt, daß zwischen Bildung der H-Atome aus $H_2 + Hg^* = 2\,H + Hg$ und ihrem Verbrauch sich eine stationäre H-Atomkonzentration einstellt, die für die Verbrauchsreaktion eine der O_2-Konzentration — zwischen 1,5 und 7 mm — proportionale Geschwindigkeit ergibt. Um daraus auf die Häufigkeit der letzteren, also der Reaktion $H + O_2 + M$ zu schließen, vergleichen sie die Druckabnahme bei Gegenwart von O_2 mit der im reinen H_2 und finden, daß die Reaktion

$$H + H + H_2 = H_2 + H_2$$

etwa 500mal schneller verläuft als

$$H + O_2 + H_2 = HO_2 + H_2.$$

Damit diese Zahl aber als das Verhältnis der Dreierstoßausbeuten angesehen werden kann, müßte man über den Mechanismus der der HO_2-Bildung sich anschließenden Folgereaktionen, d. h. der Bildung von H_2O_2 und über ihre Quantenausbeute unterrichtet sein. Die Verfasser behelfen sich hier mit stark vereinfachenden Annahmen und kommen damit zum Ergebnis, daß die Dreierstoßausbeute $\varphi/750$ sein muß, wo φ die Quantenausbeute der Bildung von H_2O_2 ist. Diese setzen sie in Anlehnung an ältere Beobachtungen zu 1,2 bis 3 an, wodurch die Dreierstoßausbeute zu $1/700 \div 1/250$ wird, was sie zu obigem etwa $1/500$ mitteln.

Das ist schon nicht korrekt wegen der Unkenntnis des Mechanismus der H_2O_2-Bildung. Aber es kommt dazu, daß auch ihre Versuchsanordnung einen erheblichen Fehler enthält. Während bei der Messung der Reaktion $H + H + M$ der Quecksilberdampf in geeigneter Konzentration gleichmäßig auf das Reaktionsgefäß verteilt ist und nur insofern eine bescheidene Inhomogenität des Inhalts des letzteren besteht, als die je Kubikzentimeter absorbierte Lichtmenge von der Eintrittsseite des Lichts zur anderen hin abfällt, haben die Autoren für die Versuche mit Sauerstoff eine gänzlich andere Art der Beladung mit Quecksilberdampf gewählt. Bei der alten Anordnung bildete sich in störendem Ausmaß Quecksilberoxyd an der Eintrittswand des Lichts. Das vermieden sie, indem sie einen Springbrunnen überhitzten Quecksilbers in dem auf Zimmertemperatur befindlichen Reaktionsgefäß erzeugten, wobei 0,3 cm³ Hg/Min. „eine stationäre Hg-Dampfkonzentration gewährleisten". Daß diese stationär gewesen ist, ist nicht zu bezweifeln. Aber sie ist dabei örtlich ungeheuer verschieden, und so ist es sicher, daß die Erzeugung der H-Atome und damit alle ihre Reaktionen in unkontrollierbarer Weise inhomogen sich abspielten, was zu einer Verarmung des Sauerstoffs an der Stelle der konzentrierten Lichtabsorption führen muß und auch sonst die Berechnungen äußerst unsicher macht.

So kann die in dieser Arbeit bestimmte Dreierstoßausbeute keinen Anspruch auf Genauigkeit machen, während die oben aus der Sauerstoffhemmung bei der Chlorwasserstoffbildung abgeleitete durch die mit ihr mögliche Durchrechnung der Versuche zur Bildung von Wasserstoffsuperoxyd aufs beste gesichert erscheint.

4. Warum fehlt diese Hemmung bei der Reaktion $H_2 + Br_2 \rightarrow 2\,HBr$?

Zum Abschluß der Besprechung der Reaktion $H + O_2 + M \rightarrow HO_2 + M$ erscheint eine Erörterung der Frage angebracht, warum diese Reaktion bei der Bildung des Chlorwasserstoffs aus seinen Elementen schon bei sehr kleinen Sauerstoffkonzentrationen eine so fundamentale Rolle spielt, dagegen bei der analogen Bromwasserstoffbildung, die genau wie jene über Wasserstoffatome läuft, gar nicht zu bemerken ist. Das erscheint auf den ersten Blick als ein Mangel der beide Umsetzungen beschreibenden Schemata, es erklärt sich aber zwanglos aus der absoluten Größe der Geschwindigkeitskonstanten der Teilreaktionen und der durch sie bedingten Konzentrationen der Atome der drei beteiligten Elemente.

Die Teilvorgänge sind, um das zu wiederholen, mit ihren Wärmetönungen die folgenden:

$$2. \quad Cl + H_2 \quad \rightarrow HCl + H \; - 0{,}80 \; kcal,$$
$$Br + H_2 \quad \rightarrow HBr + H \; - 16{,}79 \; kcal;$$

$$-2.[1] \quad H + HCl \quad \rightarrow H_2 + Cl \; + 0{,}80 \; kcal,$$
$$H + HBr \quad \rightarrow H_2 + Br \; + 16{,}79 \; kcal;$$

$$3. \quad H + Cl_2 \quad \rightarrow HCl + Cl + 44{,}95 \; kcal,$$
$$H + Br_2 \quad \rightarrow HBr + Br + 40{,}77 \; kcal;$$

$$4. \quad H + O_2 + M \rightarrow HO_2 + M + \; ? \; kcal,$$
$$Br + Br + M \rightarrow Br_2 + M \; + 45{,}24 \; kcal.$$

Tabelle 6.

Chlorwasserstoff.

	log k	log Stoßausbeute
	bei 288° abs.	
$\log k_2 = - \dfrac{5750}{4{,}57\,T} + 13{,}47 + \dfrac{1}{2} \log T - 0{,}92 \ldots\ldots$	9,40	—5,30
$\log k_{-2} = - \dfrac{4950}{4{,}57\,T} + 13{,}48 + \dfrac{1}{2} \log T - 1{,}39 \ldots\ldots$	9,55	—5,16
$\log k_3 = - \dfrac{2550}{4{,}57\,T} + 13{,}50 + \dfrac{1}{2} \log T - 0{,}78 \ldots\ldots$	12,01	—2,72

Bromwasserstoff.[2]

	log k	log Stoßausbeute
	bei 629° abs.	
$\log k_2 = - \dfrac{19\,410}{4{,}57\,T} + 13{,}47 + \dfrac{1}{2} \log T - 0{,}57 \ldots\ldots$	7,55	—7,32
$\log k_{-2} = - \dfrac{2620}{4{,}57\,T} + 13{,}48 + \dfrac{1}{2} \log T - 1{,}45 \ldots\ldots$	12,52	—2,36
$\log k_3 = - \dfrac{2620}{4{,}57\,T} + 13{,}53 + \dfrac{1}{2} \log T - 0{,}57 \ldots\ldots$	13,45	—1,48

Die Geschwindigkeitskonstanten sind in Tabelle 6 in derselben Weise wie oben bei $H + O_2 + M \rightarrow HO_2 + M$ dargestellt, nur mit dem Unterschied, daß bei den bimolekularen Reaktionen das f den sterischen Faktor bedeutet.[3]

---

[1] —2 macht sich bei der HCl-Bildung nicht bemerkbar, ist aber von BODENSTEIN und Mitarbeitern in besonderen Versuchen realisiert worden [Z. physik. Chem., Abt. B 48 (1941), 239].

[2] Neuberechnung. Die erste Berechnung der Art gab K. F. HERZFELD bei der Ableitung des Schemas: Ann. Physik 59 (1919), 635.

[3] Wegen Herleitung dieser Daten siehe die oben zitierte Abhandlung von MAX BODENSTEIN: Z. physik. Chem., Abt. B, erscheint demnächst. Es sei bei dieser Gelegenheit auf die — mit der Katalyse allerdings nicht zusammenhängende — Tatsache hingewiesen, daß der sterische Faktor bei den Reaktionen des H-Atoms mit symmetri-

Der Hauptunterschied der beiden Vorgänge liegt in der Reaktion 2, die die Ketten einleitet, nachdem bei beiden mit ähnlicher Leichtigkeit durch thermische Dissoziation oder durch Spaltung im Licht das Halogenatom gebildet ist. Diese Reaktion 2 ist beim Chlor nahezu thermoneutral, ihre Aktivierungswärme ist — wenn auch wesentlich größer als die negative Reaktionswärme — mit 5750 cal sehr klein, die Stoßausbeute ist daher schon bei Zimmertemperatur sehr erheblich, $10^{-5,30}$. Ganz anders beim Brom: hier ist die Reaktion $Br + H_2 \rightarrow HBr + H$ sehr stark endotherm, die Aktivierungswärme ist wieder etwas größer als die negative Wärmetönung, 19410 cal, und so ist die Stoßausbeute so schlecht, daß die Bromwasserstoffbildung bei Zimmertemperatur auch im Sonnenlicht, d. h. bei Gegenwart reichlicher Bromatome nur äußerst langsam statthat; erst gegen $300°$ kann die Reaktion in bescheidenen Zeiten gemessen werden.

Diese Verhältnisse haben zur Folge, daß die Halogenatome beim Chlorknallgas ganz außerordentlich schnell verschwinden, so schnell, daß für eine Rekombination im Dreierstoß ihre Konzentration immer zu klein bleibt, so daß selbst bei Wegfall der Reaktion 4: $H + O_2 + M \rightarrow HO_2 + M$ infolge Fehlens von Sauerstoff die Kettenabbrüche nicht durch Rekombination der Chloratome im Gasraum, sondern durch ihr Auftreffen auf die Gefäßwand erfolgen, wo sie adsorbiert werden und miteinander oder mit adsorbierten Verunreinigungen reagieren.

Beim Bromwasserstoff dagegen ist die Konzentration der Bromatome sehr viel größer, so groß, daß die Ketten nach ganz wenigen Gliedern durch Rekombination derselben im Gasraum abgebrochen werden. Die Konzentration der Wasserstoffatome dagegen, die durch die Reaktionen —2 und 3 mit sehr großer Stoßausbeute verbraucht werden, ist außerordentlich klein, und so tritt der durch sie hervorgebrachte Kettenabbruch nach $H + O_2 + M \rightarrow HO_2 + M$ gegenüber dem durch die Rekombination der Bromatome so vollkommen zurück, daß er hier gar nicht zu beobachten ist.

Es stünde nichts im Wege, diese Verhältnisse für gegebene Versuchsbedingungen zahlenmäßig zu berechnen, da ja die Konstanten aller Teilreaktionen bekannt sind. Doch genügt wohl diese qualitative Beschreibung.

Auch der andere „katalytische" Unterschied beider Reaktionen läßt sich aus den Werten der Geschwindigkeitskonstanten ohne weiteres ablesen, nämlich daß Bromwasserstoff autokatalytisch seine eigene Bildung hemmt, Chlorwasserstoff die seinige nicht oder höchstens schwach in sauerstoffhaltigen Gasen, insofern als Chlorwasserstoff bei der Reaktion $H + O_2 + M \rightarrow HO_2 + M$ der bestwirkende Dreierstoßpartner ist. Die Halogenwasserstoff verbrauchende Reaktion —2: $H + HHal = H_2 + Hal$ tritt beim Chlorwasserstoff in ihrer Geschwindigkeit völlig zurück gegen die Halogenwasserstoff produzierende 3: $H + Hal_2 = HHal + Hal$, ihre Konstante ist $2^1/_2$ Zehnerpotenzen größer als die der letzteren. Beim Bromwasserstoff ist sie zu bemerken, der Unterschied beider Geschwindigkeiten beträgt nicht ganz eine Zehnerpotenz. Übrigens ist er hier unabhängig von der Temperatur und beruht nur auf dem verschiedenen sterischen Faktor; beim Chlorwasserstoff sind auch die Aktivierungswärmen verschieden, und die Verhältnisse verschieben sich daher mit der Temperatur, so daß bei etwa $1200°$ abs. auch beim Chlorwasserstoff die negative Autokatalyse auftreten müßte — wenn man in dem Gebiet messen könnte.

---

schen Molekeln (Cl—Cl, Br—Br) stets wesentlich größer ist als bei denen mit unsymmetrischen (HCl, HBr). Das ist sehr leicht verständlich. Für die HBr-Bildung ist es ein unmittelbares Ergebnis der Messung, da das von der Temperatur unabhängige Verhältnis k_{-2}/k_3 im Nenner der beobachteten Geschwindigkeitsgleichung vorkommt, für HCl ergibt es sich etwas umständlicher aus der Berechnung der einzelnen k.

5. Reaktion $Na + O_2 + M = NaO_2 + M$.

Der Besprechung der Reaktion $H + O_2 + M \rightarrow HO_2 + M$ wollen wir noch die der analogen: $Na + O_2 + M \rightarrow NaO_2 + M$ anschließen. Diese bildet den ersten Akt der Bildung des Natriumsuperoxyds Na_2O_2 aus Natrium und Sauerstoff und ist im Dampfraum von HABER und SACHSSE[1] in ihrer Geschwindigkeit gemessen worden. Die verwendete Methode war von v. HARTEL und POLANYI[2] ausgearbeitet zur Messung der Geschwindigkeit der Umsetzung von Natrium mit Halogenen und Halogenverbindungen. Sie besteht in folgendem: Ein indifferentes Trägergas (Ar, Ne, N_2) von $1\div5$ mm Hg wird mit Natriumdampf von um $^1/_{1000}$ mm Hg beladen und strömt axial in ein weites Reaktionsrohr ein durch ein einige Zentimeter in dieses hineinragendes, in einer Düse von einigen Millimetern Durchmesser endendes Rohr. In das Reaktionsrohr tritt ebenfalls der andere Reaktionspartner, die Düse umgebend, mit einem Druck von $^1/_{100}\div^1/_{10}$ mm ein. Das Reaktionsrohr wird auf $250\div400°$ C erwärmt, und dabei bildet sich um die Düsenöffnung ein nahezu kugelförmiger Reaktionsraum aus; von der Düse aus diffundiert das Natrium in den anderen Reaktionspartner ein, wobei es durch die Reaktion verbraucht wird.

Mit den Halogenen erfolgt die Umsetzung in einer Folge, in deren Verlauf ein angeregtes Natriumatom entsteht, das seine Energie als Strahlung der D-Linien aussendet; man erhält also eine sichtbare Flamme. Bei den halogenhaltigen organischen Dämpfen gibt es kein Leuchten, ebensowenig bei Sauerstoff, und hier tritt nun ein anderes, sehr elegantes Mittel zur Bestimmung der Größe des Reaktionsraumes ein: man durchstrahlt das Gefäß mit dem Licht einer mit geringem Natriumdruck brennenden Natriumbogenlampe, die fast ausschließlich die D-Linie liefert. Diese wird nun vom Natriumdampf im Reaktionsraum absorbiert, und so kann dessen Ausdehnung als Dunkelraum sichtbar gemacht werden.

Das Natrium hat dann an der Düse die durch seinen Dampfdruck im Trägergas gegebene Konzentration, und diese fällt durch Ausbreitung — Diffusion — und durch die Reaktion bis zur sichtbaren Grenze des Reaktionsraumes auf den Wert ab, der die Empfindlichkeitsgrenze der Methode darstellt und der etwa zwei Zehnerpotenzen kleiner ist als der Eintrittswert. Daraus berechnen die Verfasser nach dem Vorgang von v. HARTEL und POLANYI (l. c.) die Reaktionsgeschwindigkeit für die Umsetzung $Na + O_2 \rightarrow NaO_2$, und zwar mit Berücksichtigung der Tatsache, daß ihr stets unmittelbar folgt: $NaO_2 + Na \rightarrow Na_2O_2$ (sie schreiben $\rightarrow 2\,NaO$). Die berechneten Geschwindigkeitskonstanten entsprechen dem Ansatz, daß auch hier die maßgebende Reaktion eine Dreierstoßreaktion ist:

$$Na + O_2 + M \rightarrow NaO_2 + M,$$

wo M die Molekeln des Trägergases sind, neben denen Sauerstoff und Natrium ihrer geringen Konzentration wegen nicht in Betracht kommen.

Die Größe der Geschwindigkeiten geben die Autoren in einem etwas ungewöhnlichen Maßsystem an: „k wird 1, wenn sich 1 Mol Na in 1 cm³ und 1 Sekunde dann umsetzt, wenn die Teildrucke sowohl des Natriums wie des Sauerstoffs, wie des Trägergases übereinstimmend gleich 1 Bar sind." Sie finden, daß sie mit der berechneten Dreierstoßzahl übereinstimmen. Rechnet man das aber um für die Bedingung, daß auch diese Konzentrationen je 1 Mol/cm³ sind, so werden die Konstanten um etwa zwei Zehnerpotenzen größer als der kinetisch berechneten Zahl der Dreierstöße entspricht. Für diese Diskrepanz ist teilweise

---

[1] F. HABER, H. SACHSSE: Z. physik. Chem., BODENSTEIN-Festband 1931, 831.
[2] H. v. HARTEL, M. POLANYI: Z. physik. Chem., Abt. B 11 (1930), 97.

ein vorhandener Rechenfehler verantwortlich, S. 841, 842: $1,4 \times 10^9 : 6 \times 10^{23} = 2,3 \times 10^{-15}$, nicht wie dort 10^{-14}. Die Übereinstimmung ist daher nur noch um eine Zehnerpotenz mangelhaft, was an sich bei der Unsicherheit der Berechnung der Dreierstoßzahl aus kinetischen Daten (siehe unten S. 306) nicht allzu erheblich wäre. Ob die verbleibende Zehnerpotenz einem ähnlichen Fehler zuzuschreiben ist oder der Tatsache, daß die angenommene Diffusion für die Ausbreitung des Natriums im Reaktionsraum durch konvektive Mischung etwas gestört wird, ist nicht zu sagen. Jedenfalls sind die Absolutwerte dieser Dreierstoßkonstanten unsicher. Daß aber die Reaktion zu den nur im Dreierstoß möglichen, d. h. durch Fremdgase katalysierten Atomreaktionen gehört, ist nicht zu bezweifeln.

6. Reaktion $O + O_2 + M = O_3 + M$.

Schließlich ist noch eine solche Dreierstoßreaktion zu erwähnen, die ohne näheres Eindringen in den Mechanismus des fraglichen Vorgangs als katalytische Hemmung einer Zerfallsreaktion erscheint. Diese letztere ist der Zerfall von Ozon, wie er im roten Licht von Kistiakowsky,[1] im ultravioletten von Schumacher und Beretta[2] untersucht worden ist.

Die eigenartige Wirkung der Fremdgase kommt dadurch zustande, daß der Zerfallsvorgang in der Hauptsache eine Spaltung des O_3 in $O_2 + O$ ist. Das Sauerstoffatom kann sich mit einer zweiten Ozonmolekel zu zwei Sauerstoffmolekeln umsetzen, es kann aber auch mit einer Sauerstoffmolekel Ozon regenerieren, wenn die Überschußenergie im Dreierstoß abgegeben wird.

Das Reaktionsschema ist daher:

1. $$O_3 + E \rightarrow O_2 + O,$$
2. $$O + O_3 \rightarrow 2\,O_2,$$
3. $$O + O_2 + M \rightarrow O_3 + M.$$

Das führt zu einer Geschwindigkeitsgleichung — für kleine Konzentrationen von O_3 —

$$-\frac{d[O_3]}{dt} = \frac{I_{\text{abs.}} \cdot 2[O_3]}{[O_3] + \dfrac{k_3}{k_2}[O_2] \cdot [M]}.$$

$\dfrac{k_3}{k_2}$ ergibt sich direkt aus Versuchen mit viel Sauerstoff, k_2 allein aus solchen mit geringen Konzentrationen an Sauerstoff und Fremdgasen, und so läßt sich k_3 ermitteln. Die Ozonbildung nach 3 tritt bei jedem $10^3.$ bis $10^4.$ Dreierstoß ein — bei Zimmertemperatur und Atmosphärendruck —, die Reaktion hat eine bescheidene Aktivierungswärme von $5,5 \pm 0,5$ kcal, und die relative Dreierstoßausbeute ist für die einzelnen Zusatzgase:

	He	Ar	N_2	CO	CO_2	O_2
Kistiakowsky	0,13	0,22	0,28	0,62	—	—
Schumacher	0,05	0,10	0,60	—	1,0	1,0

Die Übereinstimmung ist quantitativ nicht vollkommen. Die Ungenauigkeit dürfte im wesentlichen auf der Seite der älteren Arbeit von Kistiakowsky

---

[1] G. B. Kistiakowsky: Z. physik. Chem. **117** (1925), 337.

[2] H.-J. Schumacher: J. Amer. chem. Soc. **52** (1930), 2377; Z. physik. Chem., Abt. B **17** (1932), 405. — H.-J. Schumacher, U. Beretta: Ebenda, Abt. B **17** (1932), 417.

liegen, bei der derartige spezifische Wirkungen indifferenter Gase auf chemische Reaktionen zuerst beobachtet wurden und naturgemäß manche Unvollkommenheiten noch nicht überwunden waren. Es ist interessant, daß KISTIAKOWSKY eine Deutung der Beobachtungen durch das obige Schema, d. h. die Reaktion 1 darin, noch nicht für möglich hielt: „Der Übergang eines Mols ‚gewöhnlicher‘ Ozonmolekeln nach dieser Gleichung ist stark endotherm; wenn die Dissoziationswärme des Sauerstoffs 250 kcal ist, so braucht jener Übergang 93 kcal. Das ist wesentlich mehr, als die Quanten des roten Lichts der Ozonmolekel zuführen (40 kcal pro Mol): ein monomolekularer Zerfall ist also schon aus diesem Grunde wenig wahrscheinlich, er käme erst in Frage, wenn die Dissoziationswärme der Sauerstoffmolekel den unwahrscheinlich kleinen Wert von 140 kcal besäße.‟

Heute wissen wir, daß dieser „unwahrscheinlich kleine Wert‟ noch viel zu groß ist, daß 116,4 kcal genügen. So ist diese Arbeit ein interessantes Beispiel für die Schwierigkeiten, die die Unkenntnis dieser Werte damals mit sich brachte, und ihre später erfolgte klare Deutung ein Beispiel dafür, wie sehr wir den Spektroskopikern für die genaue Ermittlung dieser Größen zu Dank verpflichtet sind.

7. Allgemeines über Dreierstöße.

Trotz verhältnismäßig vieler Arbeit, die bereits darauf verwandt wurde und über die in den vorangehenden Abschnitten berichtet worden ist, lassen sich bisher wenige sichere Aussagen allgemeiner Art über Dreierstöße machen. Aus den Experimenten läßt sich ableiten: die Wirksamkeit einatomiger Gase im Dreierstoß ist im Durchschnitt kleiner als die mehratomiger; vielatomige Gase (nur Benzol untersucht) scheinen wesentlich wirksamer als zweiatomige; ferner kann auch die Wirksamkeit zwei- (oder mehr-) atomiger Gase eine ganz spezifische, nicht allein durch die Unterschiede der Stoßzahlen zu erklärende sein. Um von den Beobachtungen zu allgemeinen Gesetzmäßigkeiten zu gelangen, muß man die Wirkung aufteilen in: 1. Zahl der Dreierstöße und 2. Wirksamkeit eines Stoßpartners zur Energieübertragung beim einzelnen Dreierstoß für einen bestimmten Vorgang. Läßt sich 1. hinreichend genau berechnen, so kann man 2. den Experimenten entnehmen und mit dem Resulat etwaiger theoretischer Erwägungen vergleichen.

Aber bereits in die Berechnung der Zahl der Dreierstöße gehen beträchtliche Unsicherheiten ein. Zu einer größenordnungsmäßigen Abschätzung kommt man nach BODENSTEIN sehr leicht (vgl. S. 104 f.); diese liefert, daß bei Atmosphärendruck etwa jeder tausendste Stoß ein Dreierstoß ist (die Zahl der Dreierstöße zur Zahl aller Stöße verhält sich etwa wie Molekeldurchmesser zu freier Weglänge); diese Abschätzung ist innerhalb einer Größenordnung auch sicherlich richtig. Alle Versuche zu einer genaueren Berechnung der Zahl der Dreierstöße kommen darauf hinaus, daß man die Zahl von „Stoßpaaren‟ betrachtet und darauf die Anzahl der Stöße, welche diese mit dem dritten Partner erfahren (oder auch den dazu inversen Vorgang).[1] Dabei ist noch zu beachten, daß — bei drei Stoßpartnern A, B und C — sowohl Paare AB, auf welche C trifft, als auch Paare aus A oder B und C, auf welche entweder B oder A treffen kann, zu berücksichtigen sind.[2]

Wie man auch die Berechnungen im einzelnen durchführen mag, stets wird

---

[1] K. F. HERZFELD: Z. Physik 8 (1922), 132. — R. C. TOLMAN: Statistical Mechanics with applications to Physics and Chemistry. New York, 1927. — L. S. KASSEL: Kinetics of homogeneous Gas Reactions. New York, 1932. — H.-J. SCHUMACHER: Chemische Gasreaktionen. Dresden u. Leipzig, 1938.

[2] G. E. KIMBALL: J. Amer. chem. Soc. 54 (1932), 2396. — E. RABINOWITSCH: Trans. Faraday Soc. 33 (1937), 283.

das Resultat etwa von der fünften Potenz der Molekeldimensionen abhängen (für die Zahl der Zweierstöße vom Quadrat, für die Zahl der Stöße von Zweierkomplexen mit einem dritten Partner nochmals davon und durch die Lebensdauer von Stoßpaaren, $\bar{\tau} = \dfrac{\delta}{\bar{v}}$, worin δ eine mit den Molekeldimensionen vergleichbare Länge, $\bar{v}$ eine geeignet definierte mittlere Geschwindigkeit ist, noch einmal von der ersten Potenz). Nimmt man jede dieser Größen als um $\pm 25\%$ unsicher an, so geht in das Resultat von da aus ein Fehler entsprechend einem Faktor ~ 3 bzw. $^1/_3$ ein; mit dieser Abschätzung für die Unsicherheit der einzelnen Wirkungsdimensionen (welche uns noch mäßig scheint) kann man daher die Dreierstoßzahl nur innerhalb einer Größenordnung richtig erwarten. In der Tat werden ja alle diese Dimensionen empfindlich von der spezifischen Art der Wechselwirkung abhängen; entnimmt man die Stoßdurchmesser aus Messungen der inneren Reibung, so wird man mit der Möglichkeit einer sehr schlechten Annäherung rechnen müssen. Steiner[1] hat wenigstens bei der Wechselwirkung von Atomen diese Unsicherheit auszuschließen versucht, indem er die durch die Morse-Funktion der fertigen Molekel gegebene Wechselwirkung zugrundelegte. Es scheint aber zweifelhaft, ob dadurch wirklich eine Verbesserung erreicht wird (vgl. Rabinowitsch, l. c.); denn die Wechselwirkungskräfte vom van der Waalsschen Typ, die größere Reichweite haben, werden gerade für den Anfang eines Stoßes überwiegen (und nicht die der homöopolaren Bindung, welche in der Morse-Kurve zum Ausdruck kommen). Bei Berücksichtigung der homöopolaren Kräfte erhält man außerdem eine sehr hohe Relativgeschwindigkeit für zwei aufeinandertreffende Atome oder Radikale und damit eine kurze Lebensdauer des Stoßkomplexes und kleine Zahl von Dreierstößen. Rabinowitsch weist in anderem Zusammenhang darauf hin, daß unter der Zahl der verschiedenen Molekelzustände, die sich aus den stoßenden Atomen bilden können, auch die Abstoßungszustände für die Rekombination mit in Betracht zu ziehen sind, da unter dem Einfluß des Dreierstoßpartners Übergänge in Anziehungszustände nicht ausgeschlossen sind. Es folgt, daß eine Verbesserung gegenüber den primitivsten Ansätzen nur durch eine äußerst sorgfältige quantitative Diskussion aller Einflüsse zu erwarten ist.

Auf weitere Einzelheiten soll hier nicht eingegangen werden, statt dessen betrachten wir einige der von Rabinowitsch besprochenen Zahlenwerte.

In Tabelle 4, S. 290 sind Zahlenwerte für $Br + Br$ und für $J + J$ nach Rabinowitsch und Mitarbeitern[2] eingetragen. Dort ist auch der aus den Experimenten abgeleitete Bruchteil γ wirksamer Dreierstöße mit dem Zusatzgas X angegeben.

Der Bruchteil der wirksamen Stöße bei Atmosphärendruck beträgt also bei Edelgasen bis zu einigen 10^{-3}, bei zweiatomigen Gasen einige 10^{-3} bis äußersten Falles 10^{-2}, bei mehratomigen Gasen einige 10^{-3} bis (im Fall des Benzols) 10^{-1}.

Hält man die oben benutzten Stoßquerschnitte fest, so braucht man zur Berechnung der Zahl der Dreierstöße noch die Stoßdauern der Zweierstöße, und zwar sowohl von AA als auch von AX. Zur Abschätzung nimmt Rabinowitsch an, daß während der Zeit der Wechselwirkung das Stoßpaar eine Strecke δ zurücklegt, für welche er den Mittelwert des Unterschiedes von nach Sutherland korrigierten und unkorrigierten Stoßdurchmessern der beiden Partner ansetzt. In Tabelle 7 ist einerseits der so berechnete effektive Wert $\bar{\tau}$ $(= 2\tau_{AA} + \tau_{AX})$ ein-

[1] W. Steiner: Z. physik. Chem., Abt. B 15 (1932), 249.

[2] E. Rabinowitsch, H. L. Lehmann: Trans. Faraday Soc. 31 (1935), 689. — E. Rabinowitsch, W. C. Wood: Ebenda 32 (1936), 907; J. chem. Physics 4 (1936), 497.

getragen, anderseits der Wert $\beta\bar{\tau}$ (β = Ausbeutefaktor beim einzelnen Dreierstoß), den man aus den experimentell erhaltenen Dreierstoßkonstanten mit dem gleichen Stoßquerschnitt ermittelt; in der letzten Spalte ist β (als Quotient der beiden vorangehenden Spalten) eingetragen. Seiner Bedeutung nach sollte β immer ≤ 1 sein. Die Überschreitung bei Jod mit CO_2 wird man als innerhalb der Fehlergrenzen liegend ansehen können; es bliebe daher nur Benzol mit $\beta = 4$ zu besprechen. RABINOWITSCH schlägt in diesem Falle zur Deutung eine Komplexbildung vor; wie man sich diese zu denken hat, bleibt offen. Vielleicht würde einfach eine exakte Behandlung des Stoßvorganges unter Berücksichtigung der verhältnismäßig großen VAN DER WAALSschen Kräfte zu einer vergrößerten mittleren Lebensdauer des Stoßpaares $J + C_6H_6$ führen, was im Effekt natürlich das gleiche wäre.

Über die Energieübertragung im Dreierstoß liegen einige Überlegungen vor, bei denen aber nur Aufnahme von Energie der neugebildeten Molekel als Energie der Schwerpunktsbewegung des Dreierstoßpartners berücksichtigt ist.[1] Es ist wohl denkbar, daß bei Stößen mit mehratomigen Molekeln, bei welchen eine Aufnahme von innerer Energie möglich ist, dadurch die Dreierstoßausbeute im Mittel größer wird, wozu

Tabelle 7. *Stoßdauer $\bar{\tau}$, berechnet, und $\beta\bar{\tau}$, gefunden* (vgl. Text), *und Stoßausbeuten β* (nach RABINOWITSCH).

	$\bar{\tau}_{\text{ber.}}$	$(\beta\bar{\tau})_{\text{gef.}}$	β
Br/He	7,7	0,6	0,078
Br/H$_2$	7,6	1,2	0,16
Br/A	9,4	2,0	0,21
Br/N$_2$	8,9	3,2	0,36
Br/O$_2$	9,0	4,5	0,50
Br/CH$_4$	8,7	3,4	0,39
Br/CO$_2$	10,2	6,9	0,68
J/He	13,7	1,2	0,088
J/H$_2$	13,5	1,7	0,13
J/A	15,9	5,0	0,31
J/N$_2$	15,2	7,3	0,48
J/O$_2$	15,4	12,5	0,81
J/CH$_4$	14,9	9,6	0,64
J/CO$_2$	16,6	20	1,20
J/C$_6$H$_6$	21,0	84	4,0

die meisten experimentellen Erfahrungen passen; trotzdem ist bei allen Vergleichen auch hier die Unsicherheit in der Stoßzahlberechnung zu beachten. Jedenfalls dürfte die experimentell gesicherte spezifische Wirksamkeit der einzelnen Dreierstoßpartner (vgl. etwa Tabelle 5, S. 290 und S. 297) kaum anders zu verstehen sein als durch Aufnahme innerer Energie.

Es ist naheliegend, den Ausbeutefaktor bei Dreierstößen mit dem bei anderen Energieübertragungsvorgängen zu vergleichen; als solche kommen in erster Linie in Frage die Auslöschung der Resonanzfluorescenz, die Energieübertragung (Übergang zwischen Translations- und innerer Energie), wie sie sich auf die Schallgeschwindigkeit auswirkt (Dispersion der Schallgeschwindigkeit), und die Aktivierung bei „monomolekularen" Reaktionen. Für den letzten Fall kann man sichere theoretische Voraussagen machen. Denn da für das Gleichgewicht die Wirkung des indifferenten Partners herausfallen muß, so ist strenge Parallelität der aktivierenden Wirkung im einen, der desaktivierenden Wirkung im anderen Falle zu fordern, die sich aber nur bei niederen Drucken auswirken. Leider gibt es aber keinerlei direkte experimentelle Belege hierfür; denn es ist bisher nie gelungen, Zerfall und Rekombination bei der gleichen Umsetzung zu messen. Für die Energieübertragungen, wie sie aus Messungen der Dispersion der Schallgeschwindigkeit einerseits und aus Dreierstoßreaktionen anderseits erschlossen werden, bestehen nach Aussage der Experimente eigentlich kaum Ähnlichkeiten,[2]

---

[1] E. RABINOWITSCH: l. c. — E. WIGNER: J. chem. Physics **5** (1937), 720.

[2] Denn bei der Schalldispersion ist die Ausbeute meistens $\ll 1$, bei Dreierstößen fast immer zwischen wenig unter 0,1 und 1.

obwohl es sich beide Male um ganz ähnliche Dinge handelt, Übergang von innerer Energie in (ganz oder teilweise) Energie der Translationsbewegung. Der Grund für das Fehlen einer Übereinstimmung[1] kann wohl nur darin gesehen werden, daß bei der Schalldispersion die Anregung der untersten Schwingungszustände maßgebend ist, während bei der Stabilisierung neugebildeter Molekeln es gerade auf Abgabe von Energie aus den alleobersten Schwingungszuständen ankommt.

Im Gegensatz zum Verhalten bei der Schalldispersion zeigt es sich, daß Übertragung von Schwingungsenergie hochangeregter Jodmolekeln (bei der Resonanzfluorescenz) im Stoß mit außerordentlich guter Ausbeute erfolgt;[2] hier scheint also eher eine Parallele zum Dreierstoßvorgang vorhanden. Anderseits darf man die Beobachtungen bei der Auslöschung der Fluorescenz von Atomen durch Fremdgase[3] nicht ohne weiteres mit denen beim Dreierstoß vergleichen; denn bei jenen handelt es sich immer nur um Abgabe von Energie der Elektronenanregung. Dafür können unter Umständen „Resonanzeffekte" wesentlich werden und als Folge davon vergrößerte Wirkungsquerschnitte auftreten;[4] für Energieübertragung bei Dreierstößen ist damit im allgemeinen nicht zu rechnen. Anderseits wären besondere Überlegungen anzustellen über die Übergangswahrscheinlichkeiten aus angeregten, auch Abstoßungs-Zuständen der Molekel in den Grundzustand unter dem Einfluß von Stoßpartnern; dabei handelt es sich auch um Änderung des Elektronenzustandes. Eine genauere Diskussion fehlt bisher.

E. Einige Fälle von Übertragungskatalyse.

Übertragungskatalyse macht aus der katalytischen Reaktion eine Reaktionskette (siehe oben S. 137 ff. und 270), sowohl wenn der ursprüngliche Vorgang in einer Synthese besteht, wie wenn er einen Zerfall darstellt. Die Reaktion

$$A + B = AB$$

wird durch den Katalysator zu

$$A + K = AK, \qquad AK + B = AB + K,$$

und in ähnlicher Weise liefert eine Zerfallsreaktion eine Reaktionskette, wie unten an den Beispielen der Zersetzung von Phosgen und Ozon zu zeigen sein wird.

Und doch kommt damit noch keine regelrechte Kettenreaktion zustande. Denn diese ist charakterisiert durch Kettenbeginn, Kettenablauf und Kettenabbruch. Der eine der hochreaktiven „Kettenträger" wird durch einen besonderen Vorgang erzeugt, und dementsprechend muß er — oder der andere Kettenträger oder beide miteinander —, damit eine Explosion vermieden wird, durch einen Kettenabbruch wieder vernichtet werden. Der fehlt bei der Übertragungskatalyse oder ist mindestens kein notwendiger Bestandteil derselben. Denn der Katalysator ist im allgemeinen ohne weiteres hochreaktiv, sobald er mit dem Substrat in Berührung kommt. Die Kette braucht daher nicht durch besondere Mittel eingeleitet zu werden, sie braucht deswegen auch keinen Abbruch, sondern läuft weiter, bis das Substrat verbraucht ist.

Beispiele reiner Übertragungskatalyse sind unter den homogenen Gas-

---

[1] Vgl. E. Rabinowitsch: l. c.

[2] Vgl. P. Pringsheim: Fluoreszenz und Phosphoreszenz im Licht der neueren Atomtheorie (Struktur der Materie in Einzeldarstellungen, Bd. VI). Berlin, 1928. — Bonhoeffer, Harteck: Photochemie, Dresden u. Leipzig. 1933. — J. Franck, A. Eucken: Z. physik. Chem., Abt. B **20** (1933), 460. — F. Rössler: Z. Physik **96** (1935), 251. — Ferner die Diskussion bei E. Rabinowitsch: l. c.

[3] Vgl. z. B. P. Pringsheim: l. c.

[4] H. Kallmann, F. London: Z. physik. Chem., Abt. B **2** (1929), 207; Z. Physik **60** (1930), 417. Im Hinblick auf Dreierstöße vgl. E. Rabinowitsch: l. c.

reaktionen sehr selten. Von den in diesem Abschnitt zu besprechenden Vorgängen erscheint die Beschleunigung der Bildung von Nitrosylchlorid durch Brom zunächst als ein solches Beispiel, indem sie in den zwei Stufen abliefe:

$$2\,NO + Br_2 \to 2\,NOBr,$$

$$2\,NOBr + Cl_2 \to 2\,NOCl + Br_2.$$

In Wahrheit aber kommt, wie gleich gezeigt werden soll, hier die Beschleunigung, mindestens ganz bevorzugt, auf einem anderen Wege zustande, so daß dieser Vorgang streng genommen gar nicht unter den Titel Übertragungskatalyse gehört. Für die Bildung und Zersetzung des Phosgens bilden Chloratome den Katalysator, die im thermischen Gleichgewicht mit den Molekeln stehen. Dadurch wird diese Übertragungskatalyse eine regelrechte Kettenreaktion. Die Beschleunigung des Ozonzerfalls durch Stickoxyde ist ihrerseits eine reine Übertragungskatalyse, die durch Chlor im Grunde ebenfalls, doch wird diese modifiziert dadurch, daß das dem AK entsprechende Reaktionsprodukt aus Katalysator und Substrat sich selbst in einer Nebenreaktion verbraucht, daß also hier ein regelrechter Kettenabbruch sich in die Übertragungskatalyse einschiebt.

Wir wollen das bei der Schilderung dieser beiden Beispiele näher erläutern.

1. Katalyse der Bildung von Nitrosylchlorid durch Brom und Stickstoffdioxyd.

Eine ohne Ketten ablaufende katalytische Reaktion stellt offenbar die Bildung von Nitrosylchlorid dar, die durch Brom und durch NO_2 beschleunigt wird. Das geht aus den Beobachtungen von v. Kiss[1] hervor, wenn auch der von diesem Autor für die Deutung vorgeschlagene Mechanismus heute sicherlich nicht mehr angenommen werden darf.

Die unkatalysierte Reaktion

$$2\,NO + Cl_2 \to 2\,NOCl$$

verläuft nach einem Zeitgesetz der dritten Ordnung[2] und bildet im Verein mit den ähnlichen Umsetzungen

$$2\,NO + O_2 \to 2\,NO_2, \qquad 2\,NO + Br_2 \to 2\,NOBr$$

die wenigen Beispiele solcher Gasreaktionen, die zunächst als normale trimolekulare Reaktionen galten.

Alle drei haben aber die Besonderheit eines sehr kleinen oder gar gebrochenen Temperaturquotienten (vgl. S. 68, Anm. 1), und das führte zu der Vorstellung, daß alle drei bimolekulare Reaktionen eines dimeren Stickoxyds seien, das im Gleichgewicht mit den monomeren steht:

1. $\qquad 2\,NO \rightleftharpoons N_2O_2,$

2. $N_2O_2 + O_2 \to 2\,NO, \qquad N_2O_2 + Cl_2 \to 2\,NOCl, \qquad N_2O_2 + Br_2 \to 2\,NOBr.$[3]

Die Annahme dieses Mechanismus wird einerseits gestützt durch die Beobachtung, daß NO bei niedrigen Temperaturen sehr deutliche Abweichungen von den Gesetzen der idealen Gase zeigt, die auf ein mit etwa 4000 cal sich

---

[1] A. v. Kiss: Recueil Trav. chim. Pays-Bas **42** (1923), 112; **43** (1924), 68; Chem. Weekbl. **24** (1927), 466.

[2] A. v. Kiss: l. c. — Ferner M. Trautz: Z. anorg. allg. Chem. **88** (1914), 285. — M. Trautz, L. Wachenheim: Ebenda **97** (1918), 241. — M. Trautz, F. A. Henglein: Ebenda **110** (1920), 37. — M. Trautz, H. Schlueter: Ebenda **136** (1924), 1. — In neuerer Zeit von Max Bodenstein: Z. physik. Chem., Abt. A **175** (1936), 294. — W. Krauss, M. Saracini: Ebenda **178** (1937), 245.

[3] Max Bodenstein: Helv. chim. Acta **18** (1935), 743. — O. K. Rice: J. chem. Physics **4** (1936), 53.

bildendes Assoziationsprodukt führen[1] und daß ferner das Absorptionsspektrum Banden aufweist, die auf Doppelmolekeln hindeuten,[2] und sie findet ihre Sicherstellung in der Tatsache, daß sich die Temperaturabhängigkeiten für alle drei Reaktionen mit einer gemeinsamen Wärmetönung von 4000 cal für das vorgelagerte Gleichgewicht $2\,NO \rightleftharpoons N_2O_2$ und vernünftigen Aktivierungswärmen für die einzelnen Reaktionen berechnen lassen.

Nun hat allerdings vor einiger Zeit Stoddart[3] Beobachtungen mitgeteilt, wonach die Bildung von Stickstoffdioxyd eine Wandreaktion sein soll und Analoges ganz kürzlich auch für die Bildung von Nitrosylchlorid angegeben.[4] Wie die Beobachtungen zustandegekommen sind, ist schwer zu sagen. Daß sie für $2\,NO + O_2$ nicht zu Recht bestehen, haben inzwischen Briner und Sguaitamatti gezeigt;[5] daß diese Reaktion so gut wie sicher keine Wandreaktion ist, ergibt sich auch schon aus im Institut von Bodenstein ausgeführten Messungen von Porret,[6] der bei Gemischen von einigen Millimetern NO und O_2 mit 100 bis 400 mm Stickstoff ganz exakt die gleiche Geschwindigkeit beobachtete wie ohne Stickstoff, was bei einer heterogenen Reaktion nur unter ganz ungewöhnlichen, bei einer so geschwinden Reaktion sicher nicht realisierten Bedingungen möglich wäre.

Die Einzelreaktionen sind darnach homogene Gasreaktionen, und ihr Mechanismus ist völlig aufgeklärt. Nun ist die Aktivierungswärme für die Reaktion mit Brom kleiner als für die mit Chlor, die Umsetzung erfolgt um nahezu drei Zehnerpotenzen schneller als die letztere,[7] anderseits ist das Chlorid sehr viel stabiler als das Bromid,[7] es ist daher naheliegend, daß die Chloridbildung in regelrechter Übertragungskatalyse durch Brom katalysiert werden kann, indem sich schnell NOBr bildet, das sich dann mit Cl_2 zu $NOCl + Br_2$ umsetzt.[8]

In diesem Sinne deutete v. Kiss die von ihm beobachtete Katalyse, indem er neben der direkten Chlorierung die Reaktionen ansetzte:

a) $\qquad 2\,NO + Br_2 \rightleftharpoons 2\,NOBr$ (eingestelltes Gleichgewicht),

b) $\qquad 2\,NOBr + Cl_2 \rightarrow 2\,NOCl + Br_2$,

welche als zusätzlichen Geschwindigkeitsausdruck liefern würden:

$$\frac{d\,[NOCl]}{d\,t} = k'\,[NO]^2\,[Br_2]\,[Cl_2].$$

Durch die Summe dieses Ausdrucks und des für die unkatalysierte Reaktion gültigen

$$\frac{d\,[NOCl]}{d\,t} = k\,[NO]^2\,[Cl_2] + k'\,[NO]^2\,[Br_2]\,[Cl_2]$$

konnte er (mit unten S. 311 f. zu besprechenden Einschränkungen) die gefundene Reaktionsgeschwindigkeit darstellen.

Gegen dieses Schema muß man aber erhebliche Bedenken geltend machen. Es ist nämlich nicht sehr wahrscheinlich, daß der zweite Reaktionsschritt als trimolekulare Reaktion abläuft, wenn sich dies auch nicht ausschließen läßt. Ferner lehnt v. Kiss den Weg über BrCl als Zwischenverbindung ab, weil zu jener Zeit diese Verbindung als nicht existierend angesehen wurde; in der

---

[1] A. Eucken, D'Or: Ber. Göttinger Ges. Wiss. 1932, 107. — Johnston, Weisner: J. Amer. chem. Soc. 56 (1934), 625.

[2] M. Lambrey: Ann. Physique (10), 14 (1930), 95.

[3] E. M. Stoddart: J. chem. Soc. (London) 1939, 5.

[4] E. M. Stoddart: J. chem. Soc. (London) 1940, 823.

[5] E. Briner, B. Sguaitamatti: Helv. chim. Acta 24 (1941), 88.

[6] D. Porret: Dissertation, Berlin, 1937.

[7] M. Trautz, V. P. Dalal: Z. anorg. allg. Chem. 102 (1918), 149; 110 (1920), 1. — W. Krauss: Z. physik. Chem., Abt. A 175 (1936), 295.

[8] Vgl. auch Schwab: Katalyse, S. 19 f. Berlin, 1931.

Zwischenzeit ist aber nicht nur gezeigt worden, daß sie existiert, sondern sogar, daß unter den Bedingungen der Kissschen Versuche (großer Cl_2-Überschuß) das Brom überwiegend in Form von BrCl vorliegen[1] muß. Man wird daher mit dem Mitspielen (oder gar Überwiegen) der Reaktion

$$N_2O_2 + BrCl \rightarrow NOCl + NOBr,$$

gefolgt etwa von

$$NOBr + Cl_2 \rightarrow NOCl + BrCl$$

zu rechnen haben. Da ferner die Einstellung des Gleichgewichts $Br_2 + Cl_2 \rightleftharpoons 2\,BrCl$ Zeiten von der Größenordnung Minuten erfordert,[2] ist es nicht selbstverständlich, daß man mit eingestelltem Gleichgewicht für BrCl und $Br_2 + Cl_2$ rechnen darf. Man hätte also die zusätzlichen Reaktionsgleichungen:

1. $$N_2O_2 + Br_2 \rightarrow 2\,NOBr,$$

2. $$N_2O_2 + BrCl \rightarrow NOBr + NOCl$$

und deren Umkehrungen, ferner:

3. $$Br_2 + Cl_2 \rightarrow 2\,BrCl,$$

4. $$2\,BrCl \rightarrow Br_2 + Cl_2,$$

sowie

5. $$NOBr + Cl_2 \rightarrow NOCl + BrCl$$

und

6. $$NOBr + BrCl \rightarrow NOCl + Br_2.$$

Es bliebe zu erörtern, ob und mit welchen Annahmen über die Geschwindigkeitskonstanten der Teilreaktionen die Beobachtungsresultate von Kiss dargestellt werden können. Wir sehen von dieser Diskussion aus zwei Gründen ab; erstens muß es möglich sein, einen Teil der angeschriebenen Teilreaktionen direkt zu messen, so daß man auf Rechnen mit willkürlichen Zahlenwerten verzichten sollte. Zweitens zeigen die Kissschen Versuche zum Teil innerhalb der einzelnen Messung, mehr noch aber von Versuch zu Versuch derartige Schwankungen, um Faktoren bis zu 10, daß vor Klärung dieses Effektes der Versuch einer Berechnung zwecklos erscheint. Im einzelnen gilt: die Geschwindigkeit von 1 und ihrer Rückreaktion ist bekannt (vgl. die zitierten Arbeiten), desgleichen angenähert die von 3 und 4. Die Geschwindigkeit von 5 sollte unmittelbar meßbar sein, und über die von 2 und 6 sollte man auf folgendem Wege Aufschluß erhalten. In einer Strömungsanordnung kann in der Anfangsphase, wenn Br_2, Cl_2 und NO schnell gemischt werden, nur die Reaktion dieser Stoffe miteinander in Frage kommen; mischt man aber vorher Br_2 und Cl_2, so hat man zu Beginn BrCl entsprechend seiner Gleichgewichtskonzentration und infolgedessen eine entsprechende Beteiligung der Reaktion 2 — und in entsprechend zu führenden Versuchen auch der Reaktion 6; man muß also unmittelbaren experimentellen Aufschluß über alle diese Teilreaktionen erhalten können.

[1] H. Lux: Ber. dtsch. chem. Ges. **63** (1930), 1156. — G. S. Forbes, R. M. Fuoss: J. Amer. chem. Soc. **49** (1927), 142. — K. H. Butler, D. McIntosh: Trans. Roy. Soc. Canada, Sect. III (3), **21** (1927), 19. — S. Barrat, C. P. Stein: Proc. Roy. Soc. (London) **122** (1922), 582. — A. E. Gillam, R. A. Morton: Ebenda **124** (1929), 604. — L. T. M. Gray, D. W. G. Style: Ebenda **126** (1930), 603. — W. Jost: Z. physik. Chem., Abt. A **153** (1931), 143. — G. Brauer, E. Viktor: Z. Elektrochem. angew. physik. Chem. **41** (1935), 508. — Rollefson, Vesper: J. Amer. chem. Soc. **56** (1934), 620.

[2] W. Jost: Z. physik. Chem., Abt. B **14** (1931), 413. — G. Brauer, E. Viktor: l. c.

Die Ursache der von Kiss beobachteten Schwankungen scheint völlig unklar. Er beobachtete, daß die bromkatalysierte Reaktion stark beschleunigt wird, wenn man eine größere Anzahl von Versuchen im gleichen Reaktionsgefäß ausgeführt hat. Uns schiene dies ein starker Hinweis auf die Möglichkeit von Wandwirkung und das Vorliegen einer Kettenreaktion. v. Kiss glaubt aber eine Wandreaktion ausschließen zu können. Er nimmt an, daß trotz Vorsichtsmaßnahmen eine zunehmende Menge Wasserdampf in die Apparatur gelangt ist, und kann durch besondere Versuche zeigen, daß Wasserdampf tatsächlich die bromkatalysierte Reaktion nochmals beschleunigt (im Gegensatz zur unkatalysierten NOCl-Bildung). Auch diese Deutung scheint noch reichlich unbefriedigend, da gar nicht einzusehen ist, wie bei einer Wasserdampfkatalyse die Reaktionsgeschwindigkeit hinsichtlich ihrer Abhängigkeit von NO, Br_2 und Cl_2 ungeändert bleiben soll.

v. Kiss (l. c.) hat weiter gefunden, daß auch NO_2 die Bildung von Nitrosylchlorid katalysiert; er deutet die Katalyse durch die zusätzlichen Reaktionen:

$$1. \qquad 2\,NO_2 + Cl_2 \rightarrow 2\,NO_2Cl$$

und

$$2. \qquad NO_2Cl + NO \rightarrow NOCl + NO_2.$$

Auch hier wären die einzelnen Teilvorgänge im Versuch zu realisieren, was leicht zu prüfen wäre. Vorher dürfte nicht von einer endgültigen Klärung gesprochen werden. Insbesondere ist die trimolekulare Reaktion 1 sicherlich durch die bimolekulare $N_2O_4 + Cl_2 = 2\,NO_2Cl$ zu ersetzen, was allerdings praktisch nichts ausmachen würde. Aber auch von dieser ist es sehr zweifelhaft, ob sie mit einer Geschwindigkeit stattfindet, die gegenüber der recht erheblichen der unkatalysierten Chlorierung des Stickoxyds in Betracht kommt. Der Zweifel ergibt sich aus den Messungen der Geschwindigkeit des Zerfalls von NO_2Cl von Schumacher und Sprenger,[1] die zwischen 100 und 150° C keine Berücksichtigung eines Gleichgewichts nötig machten, also hier keine irgend nennenswerte Geschwindigkeit der Reaktion 1 ergaben, so daß diese auch bei Zimmertemperatur schwerlich groß sein wird.

So ist über diese Katalysen der Bildung von Nitrosylchlorid abschließend festzustellen, daß sie unzweifelhaft stattfinden, daß aber ihr Mechanismus noch aufzuklären ist.

2. Bildung und Zersetzung von Phosgen.

Ganz anders steht es mit den drei weiteren mehr oder weniger „reinen Übertragungskatalysen", der Bildung und Zersetzung von Phosgen — Katalysator atomares Chlor —, der Zersetzung von Ozon — Katalysator Chlor — und der gleichen Umsetzung — Katalysator Stickoxyde. Sie gehören zu den weitaus bestgeklärten Vorgängen.

Einen sehr einfachen Fall bietet die thermische Bildung und Zersetzung von Phosgen:

$$CO + Cl_2 \rightleftharpoons COCl_2.$$

Er ist von Bodenstein und Plaut[2] bei 349÷452° C untersucht worden, nachdem schon vorher Christiansen[3] für den Zerfall ähnliche Messungen ausgeführt hatte. Die Geschwindigkeit beider Vorgänge ist durch die Gleichungen gegeben:

[1] Hans-Joachim Schumacher, Gerhard Sprenger: Z. physik. Chem., Abt. B 12 (1931), 115.
[2] Max Bodenstein, H. Plaut: Z. physik. Chem. 110 (1924), 399.
[3] J. A. Christiansen: Reaktionskinetiske Studier. Kopenhagen, 1922; Z. physik. Chem. 103 (1923), 99.

$$+ \frac{d\,[COCl_2]}{d\,t} = k_b\,[Cl_2]^{\frac{3}{2}}\,[CO],$$

$$- \frac{d\,[COCl_2]}{d\,t} = k_z\,[Cl_2]^{\frac{1}{2}}\,[COCl_2].$$

Sie führen ganz korrekt zum Gleichgewicht:

$$\frac{[CO]\cdot[Cl_2]}{[COCl_2]} = K = \frac{k_z}{k_b},$$

und wenn alle Konstanten für Mol/cm³ und sec gerechnet werden, so ist innerhalb des untersuchten Temperaturgebietes:

$$\log k_b = - \frac{5741}{T} + 12{,}52,$$

$$\log k_z = - \frac{11\,451}{T} + 20{,}98,$$

$$\log K_{COCl_2} = - \frac{5710}{T} + 8{,}46.$$

Den Katalysator stellen, wie aus der maßgebenden Quadratwurzel der Chlorkonzentration ohne weiteres folgt, für Bildung und Zerfall die Chloratome dar, die im Dissoziationsgleichgewicht mit den Chlormolekeln stehen, wodurch ihre Wirkung den Charakter der Autokatalyse erhält. Das kommt für die Zersetzung sehr anschaulich zum Ausdruck, sie läuft tatsächlich nur ganz langsam an, wenn nicht vorher Chlor zugesetzt wurde.

Der Mechanismus der Vorgänge ist hier, zum Teil unter Mitwirkung der Untersuchungen der photochemischen Bildung von Phosgen, mit aller Sicherheit aufgeklärt. Er ist der folgende:

Bildung		Zerfall	
1.	$Cl_2 + M \to 2\,Cl + M,$	1.	$Cl_2 + M \to 2\,Cl + M,$
2.	$Cl + CO + M \to COCl + M,$	4′.	$COCl_2 + Cl \to COCl + Cl_2,$
3.	$COCl + M \to CO + Cl + M,$	3.	$COCl + M \to CO + Cl + M,$
4.	$COCl + Cl_2 \to COCl_2 + Cl,$	2.	$CO + Cl + M \to COCl + M,$
5.	$2\,Cl + M \to Cl_2 + M,$	5.	$2\,Cl + M \to Cl_2 + M.$

In beiden Fällen ergeben 1 und 5 das Gleichgewicht der Chlordissoziation (Konstante K_{Cl_2}), und auch die Vorgänge 2 und 3 führen zu einem ständig praktisch eingestellten Gleichgewicht (Konstante K_{COCl}). Eine Durchrechnung der Reaktionsfolgen nach der üblichen Methode liefert die beobachteten Geschwindigkeitsgleichungen, in denen k_b und k_z die Bedeutung haben:

$$k_b = \frac{k_4\,K_{Cl_2}^{\frac{1}{2}}}{K_{COCl}} \quad \text{und} \quad k_z = k_4{'}\,K_{Cl_2}^{\frac{1}{2}}.$$

Aus den gemessenen Werten von k_b und k_z, der bekannten Dissoziationskonstanten des Chlors und aus den unter stark variierten Versuchsbedingungen ausgeführten Beobachtungen der photochemischen Bildung des Phosgens ist es BODENSTEIN, BRENSCHEDE und SCHUMACHER[1] möglich geworden, die Einzelwerte auch für k_4, $k_4{'}$ und K_{COCl} mit großer Sicherheit abzuleiten.

Es ergab sich:

$$\log K_{COCl} = - \frac{5676}{4{,}571\,T} + 1{,}770,$$

---

[1] MAX BODENSTEIN, W. BRENSCHEDE, H.-J. SCHUMACHER: Z. physik. Chem., Abt. B 40 (1938), 121.

$$\log k_4 = -\frac{2612}{4{,}571\,T} + 10{,}101 + \frac{1}{2}\log T - 3{,}871,$$

$$\log k_4' = -\frac{23\,036}{4{,}571\,T} + 10{,}110 + \frac{1}{2}\log T - 0{,}171.$$

Die daraus berechneten Werte von k_b und k_z geben, den gemessenen gegenübergestellt, folgendes Bild (Tabelle 8):

Tabelle 8.

	$T = 621{,}7°$	$T = 644{,}9°$	$T = 667{,}8°$	$T = 687{,}2°$	$T = 724{,}5°$
$\log k_{b\,\text{ber}}$	$+1{,}787$	$+2{,}129$	$+2{,}423$	$+2{,}665$	$+3{,}092$
$\log k_{b\,\text{gef}}$	$+2{,}80$	$+2{,}11$	$+2{,}40$	$+2{,}69$	$+3{,}11$
$\log k_{z\,\text{ber}}$	$-1{,}920$	$-1{,}261$	$-0{,}663$	$-0{,}176$	$+0{,}703$
$\log k_{z\,\text{gef}}$[1]	$-1{,}92$	$-1{,}26$	$-0{,}66$	$-0{,}17$	$+0{,}70$

Unter diesen Werten für die Geschwindigkeit der Teilreaktionen ist der für $4\colon COCl + Cl_2 = COCl_2 + Cl$ interessant durch den sehr kleinen Wert des „sterischen Faktors", dessen $\log = -3{,}871$ ist. Das ist ein Wert, wie er für eine bimolekulare Reaktion so einfacher Molekeln ganz ungewöhnlich ist und sonst nur bei den komplizierten organischen Molekeln der Diensynthesen beobachtet wurde. Das legt die Vermutung nahe, daß er gar nicht das ist, was wir im Sinne Boltzmanns als sterischen Faktor bezeichnen oder was in der Theorie des Übergangszustandes an seine Stelle tritt, und es erscheint denkbar, daß er nichts anderes darstellt als eine geringe Übergangswahrscheinlichkeit des C vom zweiwertigen Zustand, den es im $COCl$ noch haben müßte und bei der geringen Wärmetönung der Reaktion $CO + Cl = COCl$ (5,7 kcal gegenüber $COCl + Cl = COCl_2 +$ $+ 77{,}4$ kcal) wohl haben kann, in den vierwertigen, den es im $COCl_2$ besitzt.

Wie immer diese Einzelfrage zu deuten sein mag, die Beobachtungen und ihre Deutung durch das zweifellos zutreffende Schema zeigen die Chloratome als Katalysator für Bildung und Zerfall des Phosgens. Dabei bleiben sie freilich in ihrer Konzentration durch den Vorgang nicht ungeändert. Aber die Änderung wird nicht dadurch bedingt, daß *sie* in den Reaktionen verbraucht oder gebildet würden, vielmehr werden Chlormolekeln verbraucht und gebildet, und mit ihnen stehen die Atome im Gleichgewicht. Der Fall liegt also genau so wie im typischen Fall der Autokatalyse bei der durch Wasserstoffionen katalysierten Bildung und Verseifung der Ester, wo die Konzentration der ersteren gemäß dem Dissoziationsgrad der verschwindenden oder entstehenden Säure sich ändert.

3. Katalyse des Ozonzerfalls durch Chlor (und Brom).

Die erstgenannte Reaktion ist, nachdem sie qualitativ von verschiedenen früheren Autoren beobachtet war,[2] von Bodenstein, Schumacher und Padelt[3] in ihrer Kinetik untersucht worden und dann nochmals von Hamann und Schumacher.[4] Die zweite Arbeit ist, wie das natürlich ist, unter Vermeidung einiger Unvollkommenheiten der in der ersten verwandten Apparatur ausgeführt

---

[1] Ermittelt aus $k_{b\,\text{gef}}$ und $K_{COCl_2\,\text{gef}}$, da nur für *eine* Temperatur, 724,2°, gemessen.

[2] F. Weigert: Z. Elektrochem. angew. physik. Chem. **14** (1908), 591. — D. L. Chapman, H. E. Jones: J. chem. Soc. (London) **1910**, 2463. — K. F. Bonhoeffer: Z. Physik **13** (1923), 94.

[3] Max Bodenstein, E. Padelt, H.-J. Schumacher: Z. physik. Chem., Abt. B **5** (1929), 209.

[4] A. Hamann, H.-J. Schumacher: Z. physik. Chem., Abt. B **17** (1932), 293.

worden, und dabei hat — ein ganz ungewöhnlicher Fall — die erste sehr klare Ergebnisse geliefert, die durch Hinzutreten einer neuen Katalyse bei der zweiten nur komplizierter wurden.

In Mischung mit $14 \div 180$ mm Chlor zersetzten sich in den Versuchen von PADELT $9 \div 350$ mm Ozon, das stets erhebliche Mengen Sauerstoff enthielt, bei $30 \div 60°$ in bequem meßbarem Tempo. Dieses ist stark temperaturabhängig; es entwickelt sich erst nach Ablauf einer Induktionsperiode zu einer maximalen, natürlich mit der Abnahme der Ozonkonzentration dann wieder abnehmenden Höhe. Wird das reagierende Gemenge auf $15°$ C abgekühlt, so hört die Umsetzung praktisch auf, aber wenn es jetzt wieder auf die frühere Temperatur gebracht wird, so hat die Geschwindigkeit ohne neues Induktionsstadium sogleich einen definierten Wert, der um so mehr kleiner ist als vor der Abkühlung, je größer die Dauer der $15°$-Periode war.

Nach Ablauf des Induktionsstadiums verläuft die Umsetzung streng nach dem Gesetz:

$$-\frac{d\,[O_3]}{d\,t} = k\,[Cl_2]^{\frac{1}{2}}\,[O_3]^{\frac{3}{2}}\,,$$

und zwar mit einem k von $5,68 \times 10^{-3}$ bei $35°$ und $2,61 \times 10^{-2}$ bei $50°$ (cm³ Mol^{-1} sec^{-1}).[1]

Diese Tatsachen werden verständlich gemäß der erstzitierten Arbeit, wenn man folgende Teilreaktionen annimmt — die wir gleich mit den dort abgeleiteten Geschwindigkeitskonstanten für $50°$ (cm³ Mol^{-1} sec^{-1}) und Aktivierungswärmen (kcal) versehen wollen:[1]

1. $Cl_2 + O_3 \rightarrow ClO + ClO_2$ $k_1 = 4,9 \times 10^{-4},$ $q_1 = 26,20,$

2. $ClO_2 + O_3 \rightarrow ClO_3 + O_2$ k_2 sehr groß,

3. $ClO_3 + O_3 \rightarrow ClO_2 + 2\,O_2$ $k_3 = 2,5 \times 10^6,$ $q_3 = 11,85,$

4.[2] $ClO_3 + ClO_3 \rightarrow Cl_2 + 3\,O_2$ $k_4 = 4,7 \times 10^7,$ $q_4 = 11,48,$

5. $ClO + ClO \rightarrow Cl_2 + O_2$ ohne Interesse.

Daß die Zwischenprodukte irgendwelche Chloroxyde sein müssen, ist ohne weiteres klar. Daß unter diesen das Oxyd ClO_3 sein muß, ergibt sich aus der Tatsache, daß es sich unter Umständen in Form seines schwer flüchtigen Dimeren Cl_2O_6 aus dem reagierenden Gemenge von Chlor und Ozon flüssig abschied, nachdem dies kurz vorher auch aus belichtetem Chlordioxyd gewonnen worden war.[3] Daß ClO_2 und O_3, wenn sie in hinreichend verdünntem Zustande gemischt werden, mit ganz außerordentlicher Geschwindigkeit (über Chlortrioxyd) Chlorhexoyd liefern, haben SCHUMACHER und STIEGER[4] gezeigt. Die Reaktion 1

---

[1] Die in der Abhandlung angegebenen Zahlen mußten, worauf HAMANN und SCHUMACHER aufmerksam gemacht haben, mit 7,52 multipliziert werden, um ein Versehen in der Umrechnung der Konzentration des Chlors zu berichtigen.

[2] Die obige Reaktion ist insofern bemerkenswert, als sie eine Rückreaktion IV. Ordnung liefert, deren Geschwindigkeit aus der von 4. sowie der Gleichgewichtskonstanten zu berechnen ist. Diese würde somit (da sie nach dem Prinzip der mikroskopischen Reversibilität auch ablaufen muß) die einzig bekannte Reaktion IV. Ordnung darstellen. In Anbetracht der geringen Wahrscheinlichkeit solcher Umsetzungen wäre natürlich zu überlegen, ob sich 4. nicht so formulieren ließe, daß eine Rückreaktion von niedrigerer Ordnung resultierte, etwa: $2\,ClO_3 \rightarrow Cl_2 + O_2 + O_4$, der dann $O_4 = 2\,O_2$ folgen würde. Für die Existenz von O_4 lassen sich ja gewisse Indizien anführen.

[3] MAX BODENSTEIN, PAUL HARTECK, EMANUEL PADELT: Z. anorg. allg. Chem. 147 (1925), 233. Daß das in flüssigem Zustande dimere Oxyd als verdünntes Gas der monomeren Formel ClO_3 entspricht, haben C. F. GOODEVE und F. A. TODD [Nature (London) 132 (1933), 514] gezeigt.

[4] H.-J. SCHUMACHER, G. STIEGER: Z. anorg. allg. Chem. 184 (1929), 272.

braucht dabei nicht notwendigerweise zu ClO und ClO_2 zu führen; auch die Bildung von $Cl + ClO_3$ würde an sich die gleichen Dienste tun. In diesem Falle wären die beiden ersten Schritte:

$$1'. \qquad Cl_2 + O_3 \rightarrow Cl + ClO_3 \quad k_1 = 1{,}8 \times 10^{-4}, \quad q_1 = 26{,}20,$$
$$2'. \qquad Cl + O_3 \rightarrow ClO + O_2 \quad k_2 \text{ sehr groß.}$$

Es würde auch hier ClO gebildet, von dessen eigenartiger Rolle gleich zu sprechen sein wird. Ob also über die Reaktion 1 und 2 oder über 1' und 2' ClO_3 und ClO sich bilden, ist nicht festzustellen, und es ist für das gesamte Schema auch von untergeordneter Bedeutung.

Das ClO_3 bildet sich nun, wie das mäßig große k_1 zeigt, langsam; seine Konzentration wächst während des Induktionsstadiums bis zu einem Grenzwert an, der sich zwischen seiner Bildung nach 1 und 2 und seinem Verbrauch nach 3 und 4 einstellt. Der letztere ist viel weniger temperaturabhängig als der erstere, dieser bleibt praktisch aus bei 15°, jener geht weiter während des Abkühlungsstadiums, wenn auch nicht so schnell, daß beim Wiederwärmen ein neues Induktionsstadium nötig wäre — kurz, alle geschilderten Beobachtungen und viele weitere Einzelheiten — z. B. die Länge des Induktionsstadiums — werden aus der angenommenen Reaktionsfolge quantitativ verständlich.

Das ClO (ein Radikal, das auch beim photochemischen und thermischen Zerfall von Cl_2O und in zahlreichen anderen Reaktionen eine Rolle spielt) macht sich in den Versuchen von Padelt für die Ozonzersetzung nicht bemerkbar; man nahm daher an, daß es durch die Reaktion 5 schnell verschwindet. Aber bei der erneuten Inangriffnahme des Problems durch Schumacher und Hamann stellte sich heraus, daß das ClO doch zweifellos eine Wirkung auf den Ozonzerfall ausüben kann. In der ersten Arbeit waren gefettete Hähne verwendet worden, zur Druckmessung ein Schwefelsäuremanometer, und auf die Reinheit der Gase war keine ganz besondere Sorgfalt verwendet worden. Die wurde in den Versuchen von Hamann angewandt, die Fetthähne waren durch fettfreie Glasventile[1] ersetzt worden, als Manometer diente ein solches aus Quarzglas[2], und auch sonst waren alle denkbaren Mittel zur Sauberhaltung von Apparat und Füllung angewandt worden.

Das Ergebnis war sehr unerwartet. Die Katalyse ging schneller, die einfache Gesetzmäßigkeit war weitgehend verschwunden und auch die Reproduzierbarkeit der Versuche schlechter geworden. Die Deutung war zweifellos die, daß das ClO nicht in einer geschwinden Reaktion für sich verschwindet, sondern daß es in der älteren Arbeit durch Umsetzung mit den Fettdämpfen oder sonstigen Verunreinigungen schnell verbraucht worden war, daß es dagegen, wenn diese fehlen, langlebiger ist und nun mit Ozon neue Ketten einleitet, etwa nach

$$ClO + O_3 = Cl + 2\,O_2,$$
$$Cl + O_3 = ClO + O_2;$$

die müßten durch Adsorption der Chloratome an der Gefäßwand abgebrochen werden, ein Vorgang, von dem bekannt ist, daß er äußerst unregelmäßig verläuft.

Daß dem so ist, wurde durch mehrere gleichzeitige Beobachtungen am photochemischen, durch Chlor sensibilisierten Ozonzerfall äußerst wahrscheinlich gemacht. War dieser früher eine einfache kettenlose Reaktion mit der Quanten-

---

[1] Max Bodenstein: Z. physik. Chem., Abt. B 7 (1930), 387.

[2] Max Bodenstein, Massao Katayama: Z. physik. Chem. 69 (1909), 26. Verwendung als Nullinstrument Max Bodenstein, Walter Dux: Z. physik. Chem. 85 (1913), 297.

ausbeute zwei,[1] so fanden jetzt ALLMAND und SPINKS[2] und HEIDT, KISTIAKOWSKY und FORBES[3] wesentlich höhere und unregelmäßig wechselnde Quantenausbeuten. Sowohl die thermische Reaktion wie die photochemische konnten dabei durch Einbringen von Verunreinigungen (gefettete Hähne) den alten Beobachtungen von PADELT bzw. BONHOEFFER angeglichen werden.

Es ist daher zweifellos, daß hier einmal diese mit der Unvollkommenheit einer primitiveren Versuchstechnik verbundenen Verunreinigungen sich nützlich erwiesen haben, indem sie durch Unterdrückung einer neuen Kettenreaktion die Hauptreaktion allein in gründlicher und erfolgreicher Weise zu untersuchen erlaubt haben!

Zum Schluß noch ein Wort über die Einordnung dieser Katalyse des Ozonzerfalles in das Schema der Übertragungskatalyse. Sie wird deutlich, wenn wir das ClO_2 als Katalysator ansehen. Dann werden die Reaktionen 2 und 3:

$$2. \quad ClO_2 + O_3 \rightarrow ClO_3 + O_2, \qquad 3. \quad ClO_3 + O_3 \rightarrow ClO_2 + 2\,O_2,$$

$$K + O_3 \rightarrow OK + O_2, \qquad\qquad OK + O_3 \rightarrow K + 2\,O_2.$$

Dabei ist aber der Unterschied gegenüber der normalen Übertragungskatalyse der, daß der Katalysator ClO_2 aus dem zugesetzten Cl_2 (das erst durch die Selbstzersetzung des ClO regeneriert wird und nur, wenn diese statthat oder richtiger statthätte, ein wirklicher Katalysator wäre) durch eine besondere Umsetzung im reagierenden System sich bildet, eine Tatsache, die zur Explosion führen müßte, wenn ihr nicht durch einen Kettenabbruch, durch die Selbstzersetzung des ClO_3 in Reaktion 4, entgegengewirkt würde. Hierdurch wird die Reaktionskette, welche die Übertragungskatalyse in den Reaktionen 2 und 3 darstellt, zu einer wirklichen Kettenreaktion mit Kettenbeginn und Kettenabbruch.

Auch durch Brom wird der Ozonzerfall katalysiert, und zwar wesentlich energischer als durch Chlor, so daß es besonderer Vorsichtsmaßregeln bedurfte, um diese Umsetzung ohne regelmäßige Explosionen zu untersuchen. Das ist durch B. LEWIS und SCHUMACHER[4] sowie B. LEWIS und FEITKNECHT[5] geschehen. Der Reaktionsverlauf ist sehr kompliziert, so daß ein einfaches Gesetz wie im Fall der Chlorkatalyse nicht angegeben werden kann. Er geht wie dort über Oxyde des Halogens, von denen eines unter geeigneten Umständen sich in fester Form abscheidet, haltbar allerdings nur, solange noch Ozon vorhanden ist. Dies Oxyd ist Br_3O_8 und damit eine interessante Kombination von Br_2O_5, das dem aus Jod und Ozon sich bildenden, durchaus stabilen J_2O_5 analog ist, und BrO_3, dem Analogon des schon geschilderten ClO_3. Die über Bildung und Zersetzung dieses Oxyds verlaufende Katalyse geschieht, mindestens solange von ihm soviel vorhanden ist, daß es in fester Form auf der Wand abgeschieden ist, nicht in der homogenen Gasphase. Auch der Beginn der Reaktionskette scheint sich an der Wand zu vollziehen, kurz diese Katalyse gehört höchstens für eine ganz kurze Endperiode der Umsetzung noch in den vorliegenden Abschnitt des Handbuches, und über diese Periode kann nichts Bestimmtes ausgesagt werden. So mag ihre Erwähnung im Anschluß an die Katalyse durch Chlor genügen.

---

[1] K. F. BONHOEFFER: Z. Physik **13** (1923), 94.

[2] A. I. ALLMAND, I. W. T. SPINKS: J. chem. Soc. (London) **1931**, 1652.

[3] L. J. HEIDT, G. B. KISTIAKOWSKY, G. S. FORBES: J. Amer. chem. Soc. **55** (1933), 223.

[4] B. LEWIS, H.-J. SCHUMACHER: Z. physik. Chem., Abt. A **138** (1928), 462; Abt. B **6** (1930), 423; Z. Elektrochem. angew. physik. Chem. **35** (1929), 651; Z. anorg. allg. Chem. **182** (1929), 182; Nature (London) **125** (1930), 129.

[5] B. LEWIS, W. FEITKNECHT: Z. physik. Chem., BODENSTEIN-Festband 1931, 113; J. Amer. chem. Soc. **53** (1931), 2910. — B. LEWIS: Chem. Reviews **10** (1932), 49.

4. Katalyse des Ozonzerfalls durch Stickoxyde.

Eine gut untersuchte Übertragungskatalyse im homogenen System stellt dagegen wieder die durch Stickoxyde beförderte Ozonzersetzung dar.

Ozon reagiert mit Stickoxyden (außer N_2O) außerordentlich schnell in dem Sinne, daß es sie zu Stickstoffpentoxyd oxydiert. Wenn man diese Umsetzung etwa mit NO_2 bei Temperaturen unter $10°$ C durchführt, wo N_2O_5 noch ziemlich beständig ist, und wenn man dabei dafür sorgt, daß Ozon nie in irgend erheblichem Überschuß vorhanden ist, so wird auf zwei Mol NO_2 ein Mol O_3 oder nur ganz wenig mehr verbraucht. Es liegt also eine einfache Reaktion vor:

$$2\,NO_2 + O_3 \rightarrow N_2O_5 + O_2,$$

die natürlich sicherlich in Stufen verlaufen wird, entweder

$$\text{oder} \quad \begin{aligned} NO_2 + O_3 &\rightarrow NO_3 + O_2, & NO_3 + NO_2 &\rightarrow N_2O_5 \\ 2\,NO_2 &\rightleftharpoons N_2O_4, & N_2O_4 + O_3 &\rightarrow N_2O_5 + O_2. \end{aligned}$$

Arbeitet man aber mit einem Überschuß von Ozon oder setzt man dem fertigen N_2O_5 Ozon zu, so findet ein Zerfall des letzteren statt, der sehr viel schneller ist als der Eigenzerfall, und in dem das N_2O_5 so lange erhalten bleibt, als noch Ozon vorhanden ist, also eine typische Katalyse.

Diese ist in äußerst gründlicher Weise von Schumacher und Sprenger[1] untersucht worden, deren Beobachtungen durch eine unabhängige, von anderer Seite[2] ausgeführte Arbeit vollkommen bestätigt wurden und zu einer vollständigen Aufklärung dieser Katalyse geführt haben.

Die Versuche von Schumacher und Sprenger wurden bei $20°$ und $36°$ C durchgeführt mit NO_2-Drucken von $0{,}6 \div 66$ bzw. $0{,}17 \div 20{,}8$ mm Hg und mit Ozondrucken, die von 300 bis etwa 1 mm herunter verfolgt wurden. Dabei wurden mehrfach spektroskopische Aufnahmen gemacht, einmal, um nach NO_2 zu fahnden, das ein wohlbekanntes und sehr charakteristisches Bandenspektrum besitzt und dessen Konzentration doch, solange noch Ozon vorhanden war, stets so klein blieb, daß es trotz der Empfindlichkeit der Methode nicht nachweisbar war. Außerdem aber dienten diese Aufnahmen auch zur Ermittlung eines höheren Stickoxyds, des NO_3. Daß ein derartiges höheres Stickoxyd in geringen Konzentrationen existenzfähig ist, war schon lange bekannt. Nach dem Vorgang von Hautefeuille und Chappuis[3] hatten Warburg und Leithäuser[4] es bei der Ozonisierung stickstoffhaltigen Sauerstoffs durch einige im sichtbaren Gebiet liegende Absorptionsbanden charakterisiert, die inzwischen von H. J. Jones und Wulf[5] gründlich vermessen worden sind. Schon Warburg und Leithäuser hatten diesem Oxyd die Formel NO_3 zugeschrieben. Aus der Übereinstimmung der Konzentrationen, die Sprenger (l. c.) spektroskopisch feststellte, mit denen, die sich aus dem Mechanismus der Ozonkatalyse in Abhängigkeit von der Konzentration des N_2O_5 und des O_3 ergeben, folgt mit Sicherheit, daß es tatsächlich NO_3 ist.

Dieser Mechanismus ist nicht ganz einfach, aber er ist dank der Tatsache,

[1] H.-J. Schumacher, G. Sprenger: Z. physik. Chem. **136** (1928), 77; Abt. B **2** (1929), 267; Z. angew. Chem. **42** (1929), 697. — G. Sprenger: Z. Elektrochem. angew. physik. Chem. **37** (1931), 674.

[2] Nordberg: „Thesis" Calif. Institute of Technology, 1928; Science (New York) **70** (1929), 580.

[3] Hautefeuille, Chappuis: C. R. hebd. Séances Acad. Sci. **92** (1881), 80; **94** (1882), 1112; Ann. ecole norm. Sup., Ser. 3 **1** (1884), 103.

[4] E. Warburg, G. Leithäuser: Ann. Physik **20** (1906), 734; **23** (1907), 209.

[5] E. J. Jones, O. R. Wulf: J. chem. Physics **5** (1937), 873.

daß es sich um eine durchaus homogene und daher ausgezeichnet reproduzierbare Gasreaktion handelt, und dank der ungewöhnlich gründlichen Bearbeitung des Themas völlig geklärt.

Die Geschwindigkeit ist gegeben durch die Gleichung

$$\frac{d\,p}{d\,t} = k\,[N_2O_5]^{\frac{2}{3}}\,[O_3]^{\frac{2}{3}},$$

wo $[N_2O_5]$ die Anfangskonzentration des N_2O_5 bedeutet, die in jedem. Versuch konstant bleibt, und $[O_3]$ die während desselben abnehmende des Ozons. Die Konstanten sind

$$\text{bei } 20^\circ\,C \quad k = \ 2{,}45 \times 10^{-2}\ \text{ccm}^{\frac{1}{3}}\ \text{Mol}^{-\frac{1}{3}}\ \text{sec}^{-1},$$

$$\text{bei } 36^\circ\,C \quad k = 14{,}04 \times 10^{-2}\ \text{ccm}^{\frac{1}{3}}\ \text{Mol}^{-\frac{1}{3}}\ \text{sec}^{-1}.$$

Der von SCHUMACHER und SPRENGER entwickelte Reaktionsmechanismus, der nicht nur mit dieser Reaktionsgleichung, sondern auch mit den Kontrollen durch die spektroskopische Bestimmung von NO_2 und NO_3 im Einklang ist, ist der folgende:

Die Umsetzung beginnt mit einem Zerfall des N_2O_5. Von dem ist bekannt, daß er als monomolekulare Reaktion verläuft (siehe S. 321), daß also sein erster Schritt nicht anders sein kann als

$$N_2O_5 \rightarrow N_2O_3 + O_2.$$

Dem folgt, wenn N_2O_5 allein ist, mit großer Geschwindigkeit

$$N_2O_3 + N_2O_5 \rightarrow 4\,NO_2,$$

wobei die 4 NO_2 sich mit 2 N_2O_4 ins Gleichgewicht setzen. Letzteres kommt hier beim Ozonzerfall nicht in Frage; durch die weiteren Umsetzungen wird NO_2 so schnell verbraucht, daß es spektroskopisch nicht mehr zu entdecken ist und für seine Dimerisierung zu N_2O_4 a fortiori nicht zur Verfügung steht.

Bei Gegenwart von Ozon könnte der zweite Schritt des N_2O_5-Zerfalls auch sein

$$N_2O_3 + O_3 \rightarrow 2\,NO_2 + O_2.$$

Ob diese Reaktion, die sicher sehr schnell sein wird, an Stelle des normalen zweiten Schrittes zu setzen ist, kann nicht entschieden werden. Die Ketten, aus denen die Ozonkatalyse besteht, sind lang, und deswegen ist nicht zu erkennen, ob ein O_3 neben den vielen in der Kette zerfallenden schon hier verbraucht wird. Auf alle Fälle kann der N_2O_5-Zerfall als Summe seiner Teilschritte geschrieben werden:

1. $$\qquad\qquad 2\,N_2O_5 \rightarrow 4\,NO_2 + O_2.$$

Das wäre dann der erste Akt, wobei zu beachten ist, daß seine Geschwindigkeit proportional $[N_2O_5]^1$ ist. Ihm folgen 2 bis 4:

2. $$\qquad\qquad NO_2 + O_3 \rightarrow NO_3 + O_2,$$

3. $$\qquad\qquad NO_3 + NO_3 \rightarrow 2\,NO_2 + O_2,$$

4. $$\qquad\qquad NO_3 + NO_2 \rightarrow N_2O_5.$$

$-\dfrac{d\,[O_3]}{d\,t}$ ist daher an sich $= k_2\,[NO_2][O_3]$. Aber wenn die Reaktionsketten lang sind — und daß sie das sind, soll gleich gezeigt werden —, so finden die Akte 1 und 4, Verbrauch und Regeneration von N_2O_5, nur selten statt gegenüber 2 und 3. Das bedeutet zunächst, daß die aus 1 stammende Druckzunahme vernachlässigt werden kann; es bedeutet aber weiter, daß das NO_3, das nach 4 reagiert, neben dem nach 3 zerfallenden vernachlässigt werden kann, d. h. daß praktisch jedes nach 2 entstandene NO_3 nach 3 weiter reagiert. Es müssen also für jeden Reaktionsakt 3, der 2 NO_3 verbraucht, zwei Akte 2 stattfinden, die 2 NO_3 erzeugen, und damit wird

$$-\frac{d[O_3]}{dt} = 2\frac{dp}{dt} = k_2\,[NO_2]\,[O_3] = 2\,k_3\,[NO_3]^2.$$

Für $[NO_3]$ erhält man nun bei der Durchrechnung des Schemas eine Gleichung dritten Grades, die unter der Bedingung eine sehr einfache Gestalt annimmt, daß ein die Größe $[NO_3]^1$ enthaltendes Glied neben einem solchen ohne $[NO_3]$ vernachlässigt werden kann. Das so ermittelte $[NO_3]$ führt zu der Geschwindigkeitsgleichung

$$-\frac{d[O_3]}{dt} = 2\,k_3\left(\frac{k_1\,k_2}{2\,k_3\,k_4}\,[N_2O_5]\,[O_3]\right)^{\frac{2}{3}},$$

die identisch ist mit der beobachteten, wenn man deren k setzt:

$$k = 2\,k_3\left(\frac{k_1\,k_2}{2\,k_3\,k_4}\right)^{\frac{2}{3}}.$$

Die Vernachlässigung ist daher berechtigt, und das ist identisch mit der Aussage, daß die Akte 1 und 4 selten sind gegen 2 und 3, d. h. daß die Reaktionsketten lang sind.

Wie das im einzelnen herauskommt, kann hier nicht dargelegt werden. Deswegen sei auf die Abhandlungen von Schumacher und Sprenger verwiesen oder auf den ausgezeichneten Bericht, den Schumacher über diese in seinem Lehrbuch[1] erstattet hat. Dort ist auch die Analyse des Reaktionsmechanismus insofern noch weiter geführt, als für die Kettenlänge, für die Aktivierungswärmen und damit für die Absolutwerte der einzelnen Geschwindigkeitskonstanten Zahlenwerte abgeleitet sind, die in sehr bescheidenen Grenzen als sicher gelten können. Auch wegen dieser Darlegungen muß auf die obige Stelle verwiesen werden; erwähnt sei hier nur noch, daß bei diesen Rechnungen die spektroskopische Bestimmung der Konzentration des NO_3 eine wichtige Rolle gespielt hat, die, wie schon erwähnt, die Extinktion proportional der für NO_3 aus dem Schema abgeleiteten Funktion der Konzentrationen von N_2O_5 und O_3 — das ist $[N_2O_5]^{\frac{1}{3}}\,[O_3]^{\frac{1}{3}}$ — ergab, und darüber hinaus in der Abhängigkeit dieser Extinktion und damit der Konzentration des NO_3 von der Temperatur eine sehr wichtige Hilfsgröße für die Berechnung der einzelnen Geschwindigkeitskonstanten lieferte.

Der durch Stickoxyde beschleunigte Ozonzerfall stellt darnach einen vorzüglich geklärten Fall von Katalyse im homogenen Gasraum dar. Machen wir noch den Versuch der Einordnung desselben in das Schema der Übertragungskatalysen, so wird das möglich, wenn wir NO_2 als Katalysator betrachten.

Wir können die Reaktionen 1, 3 und 4 des Schemas addieren, dann liefern sie:

$$
\begin{array}{lll}
1 & \qquad 2\,N_2O_5 \rightarrow 4\,NO_2 + O_2, \\
3 & \qquad NO_3 + NO_3 \rightarrow 2\,NO_2 + O_2, \\
2\times 4 & \qquad 2\cdot(NO_3 + NO_2 \rightarrow N_2O_5), \\
\hline
& \qquad 4\,NO_3 \rightarrow 4\,NO_2 + 2\,O_2,
\end{array}
$$

und dann haben wir eine regelrechte Übertragungskatalyse ohne irgendwelche zusätzlichen Vorgänge:

$$
\begin{array}{ll}
2. \quad NO_2 + O_3 \rightarrow NO_3 + O_2, & \quad 1\div 4.\ NO_3 \rightarrow NO_2 + \tfrac{1}{2}\,O_2, \\[2mm]
\quad K + O_3 \rightarrow OK + O_2. & \quad\quad\ OK \rightarrow K + \tfrac{1}{2}\,O_2.
\end{array}
$$

---

[1] H.-J. Schumacher: Chemische Gasreaktionen, S. 419 ff. Dresden u. Leipzig, 1938.

Aber von diesen Reaktionen bestimmt tatsächlich keine die Geschwindigkeit der Katalyse, sie sind alle außerordentlich schnell. Bestimmend ist vielmehr der — durch eigene Messungen genau bekannte — Zerfall des N_2O_5. Er schafft den Katalysator NO_2, der dann ständig in einer Kettenreaktion auf sehr kleinen Konzentrationen gehalten wird, in deren Verlauf einerseits das Ozon zersetzt wird, andrerseits aber das N_2O_5 regeneriert wird, so daß der Definition gemäß dieses den Katalysator der Ozonzersetzung darstellt. So ist diese Einordnung des Ozonzerfalles in das Schema der Übertragungskatalysen von rein formaler Bedeutung.

Die Aufklärung des Mechanismus dieser Katalyse hat noch ein interessantes Nebenergebnis geliefert. Die Reaktion 4: $NO_3 + NO_2 \rightarrow N_2O_5$ wurde als normale bimolekulare Reaktion angesetzt, und hiermit ergeben sich die mit der Beobachtung übereinstimmenden Ergebnisse der Berechnung der Geschwindigkeit. Wir haben oben S. 283 ff. zahlreiche Beispiele erörtert, in denen ähnliche Kombinationsvorgänge nur dann stattfinden, wenn die bei der Kombination freiwerdende Energie auf eine dritte Molekel übertragen wird, die damit zum Katalysator des Vorganges wird. Wenn Ähnliches hier der Fall wäre, so müßte auf diesen Vorgang 4 und damit natürlich auf den Gesamtprozeß der Druck einen Einfluß haben, was bei der allerdings bescheidenen Änderung im Verhältnis 1:4 nicht der Fall war, was sich aber, wenn der Einfluß tatsächlich vorhanden wäre, auch bei dieser Änderung den ausgezeichnet exakten Messungen gegenüber hätte bemerkbar machen müssen.

Das heißt dann aber, daß bei dieser Vereinigung zweier Molekeln zu einer dritten die Katalyse durch Fremdgase fehlt. Die Molekel N_2O_5 hat in den zahlreichen Schwingungen ihrer Atome gegeneinander Freiheitsgrade genug, um die im Moment ihrer Bildung freiwerdende Energie so zu verteilen, daß sie sich nicht an der Spaltstelle in bedenklicher Weise anhäuft, bevor unter den Versuchsbedingungen ein Zusammenstoß mit einer anderen Molekel erfolgt ist. Übrigens folgt das Gleiche aus der Tatsache, daß das N_2O_5 bis zu ganz außerordentlich kleinen Drucken nach einer Gleichung I. Ordnung, monomolekular, zerfällt. Das gleiche war schon länger von N_2O_4 bekannt, worüber S. 276 das Nötige gesagt ist.

F. Spurenkatalyse.

Zum Schluß sei noch über eine viel beschriebene und viel umstrittene Form der Katalyse berichtet, die auch ihren eigenen Namen erhalten hat, die Spurenkatalyse. Von einer großen Anzahl von Reaktionen wird berichtet, daß sie ausbleiben, wenn dem reagierenden Gemenge die letzten Spuren Wasser entzogen werden. Das gilt für feste Systeme, in denen sich „inneres Gleichgewicht" mehrerer Formen nicht einstellt, wenn Wasser völlig fehlt, es gilt für Flüssigkeiten, deren Dampfdruck herabgesetzt wird, bei denen also der Verdampfungsvorgang verzögert wird, wenn Feuchtigkeit fehlt, es gilt von Reaktionen zwischen Gasen und festen Oberflächen, die bei intensiver Trocknung ausbleiben, und es gilt schließlich von homogenen Gasreaktionen, deren Eintreten an die Anwesenheit von Wasserspuren gebunden ist. Hier soll natürlich nur von der letzten Gruppe die Rede sein.[1]

Das merkwürdigste Charakteristikum dieser Vorgänge ist das, daß die be-

---

[1] Vgl. für das Folgende MAX BODENSTEIN: Z. physik. Chem., Abt. B **20** (1933), 451; Abt. B **21** (1933), 469. Hier alle nötigen Hinweise auf die einzelnen Arbeiten. Bei dieser Gelegenheit sei ein Druckfehler berichtigt: **20**, S. 454, Fußnote 7, zweite Zeile: „undissoziiert" statt „unassoziiert".

fördernde Wirkung des Wasserdampfes nicht etwa proportional seiner Konzentration ansteigt. Der Fall liegt vielmehr so, daß die Umsetzungen entweder mit großer Geschwindigkeit verlaufen oder überhaupt nicht, und daß die Grenze zwischen beiden Gebieten bei Wasserdampfkonzentrationen liegt, wie sie etwa mäßig gründlicher Trocknung mit Phosphorpentoxyd entsprechen, also ganz außerordentlich kleinen.

Von dieser Plötzlichkeit des Überganges macht *eine* Reaktion eine Ausnahme, die Vereinigung von Kohlenoxyd mit Sauerstoff. Deren Geschwindigkeit ist bei gewissen Temperaturen Null, wenn kein Wasserdampf vorhanden ist, und steigt stetig, bis dieser erhebliche Konzentrationen erreicht hat. Hier kann aber der Wasserdampf auch durch Wasserstoff und viele Wasserstoff enthaltende Gase ersetzt werden, und es macht gar keine Schwierigkeiten, die hier auftretenden Erscheinungen durch die Vorstellung zu deuten, daß zunächst das Kohlenoxyd mit Wasserdampf zu Kohlendioxyd und Wasserstoff sich umsetzt, und daß der letztere, von dem bekannt ist, daß er viel leichter als Kohlenoxyd verbrennt, dann mit dem Sauerstoff wieder Wasser liefert, daß das Ganze also eine ganz normale Übertragungskatalyse ist. Freilich durchaus nicht so einfach, wie oben gesagt. Alle diese Verbrennungserscheinungen sind Kettenreaktionen, die über Radikale und Atome verlaufen, und es ist trotz erheblicher Ansätze bis heute nicht gelungen, den Mechanismus dieser Vorgänge klarzustellen. Daß aber so reaktive Gebilde, wie sie bei der Verbrennung des Wasserstoffs auftreten, H, OH, HO_2, O u. dgl., leicht auch mit Kohlenoxyd sich umsetzen, ist klar, und so ist es auch ohne Schwierigkeit verständlich, daß hier auch wasserstoffhaltige Gase an die Stelle des Wasserdampfes oder Wasserstoffs treten können. Einiges über diese Reaktionen ist bereits S. 281 ausgeführt worden. Eine nähere Erörterung wird im Kapitel „Ignition Catalysis" gegeben werden.

Noch eine zweite Reaktion nimmt eine Sonderstellung ein: Von der Vereinigung von Ammoniak und Chlorwasserstoff wird berichtet, daß sie durch intensive Trocknung verhindert wird. Hier wäre es durchaus denkbar, daß der Grund dieses Trocknungseffekts der ist, daß Chlorammonium als Dampf, in dem NH_3 und HCl durch homöopolare Bindungen zusammengehalten werden, nicht existenzfähig ist. Zum Gas können daher NH_3 und HCl nicht zusammentreten. Was zum festen Chlorammonium sich vereinigt, sind nicht NH_3 und HCl, sondern die Ionen $NH_4\cdot$ und Cl'. Damit aber diese sich vorher bilden können, brauchen sie das Wasser mit seiner hohen Dielektrizitätskonstante (und mit der Fähigkeit, sich an die Ionen anzulagern), und wenn das nicht wenigstens in einer Adsorptionsschicht vorhanden ist, kann die Vereinigung nicht erfolgen.

Das ist eine Vermutung, die den Trocknungseffekt hier verständlich machen würde. Geprüft ist sie nicht, und es dürfte auch nicht leicht sein, sie zu prüfen.[1]

An einer dritten Reaktion ist der Trocknungseffekt bei darauf gerichteten Versuchen häufiger nicht gefunden worden, als er beobachtet worden ist. Das ist die Vereinigung von Stickoxyd mit Sauerstoff, und so mag es statthaft sein, ihn hier als nicht auftretend anzusehen.[2]

Von den übrigen Untersuchungen läßt sich nun mit Sicherheit sagen, daß das Auftreten des Trocknungseffekts verknüpft ist mit der Eigenschaft als Kettenreaktion, wie die folgende Zusammenstellung zeigt (Tabelle 9).

---

[1] Der in der genannten Abhandlung von Bodenstein als im Gange befindlich bezeichnete Versuch, ob das „Trocknen" vielleicht nur eine Beseitigung von Kristallisationskeimen sei, ist nicht zu Ende geführt worden.

[2] Neben den in der zitierten Arbeit von Bodenstein genannten Untersuchungen ist hier noch eine neue von Briner und Sguaitamatti [Helv. chim. Acta **24** (1941). 88] zu nennen, in der er ebenfalls nicht gefunden wurde.

Tabelle 9.

Nr.	Reaktion	Bedingungen		Hemmung durch Trocknung	Kettenreaktion
1	$2\,H_2 + O_2 \rightarrow 2\,H_2O$	thermisch	$600°\,C$	ja	ja
2	$2\,H_2 + O_2 \rightarrow 2\,H_2O$	UV-Licht	$20°\,C$	nein	nein
3	$3\,O_2 \rightarrow 2\,O_3$	,,	$20°\,C$	,,	,,
4	$H_2 + Cl_2 \rightarrow 2\,HCl$	sichtbares Licht	$20°\,C$	ja	ja
5	$2\,HCl \rightarrow H_2 + Cl_2$	UV-Licht	$250°\,C$	,,	nein
6	$2\,HBr \rightarrow H_2 + Br_2$	,,	$250°\,C$	nein	,,
7	$2\,HJ \rightarrow H_2 + J_2$	,,	$250°\,C$	,,	,,
8	$CO + Cl_2 \rightarrow COCl_2$	sichtbares Licht	$20°\,C$	ja	ja
9	$SO_2 + Cl_2 \rightarrow SO_2Cl_2$	,, ,,	$20°\,C$	,,	,, *
10	$2\,CO + O_2 \rightarrow 2\,CO_2$.......	UV-Licht	$20°\,C$	nein	nein
11	$2\,CO_2 \rightarrow 2\,CO + O_2$	,,	$250°\,C$	ja	,,
12	$2\,SO_2 + O_2 \rightarrow 2\,SO_3$	,,	$20°\,C$	,,	ja **

* Bewiesen durch Temperaturabhängigkeit der Geschwindigkeit und Beeinflußbarkeit durch „Vergiftung".
** Bewiesen durch Temperaturabhängigkeit der Geschwindigkeit.

Die Verknüpfung von Trocknungseffekt und Kettenreaktion ist besonders anschaulich im Fall der Reaktion 1 und 2, $2\,H_2 + O_2 \rightarrow 2\,H_2O$, die thermisch bei $600°$ als Kette verläuft und wasserdampfempfindlich ist, bei $20°$ im UV-Licht nicht als Kette verläuft und nicht empfindlich ist. Scheinbare Ausnahmen sind die Reaktionen 5 und 11. Aber diese beiden führen nur zu bescheidenem Umsatz, sie werden begrenzt durch die Gegenreaktionen $H_2 + Cl_2 \rightarrow 2\,HCl$ und $2\,CO + O_2 \rightarrow 2\,CO_2$, und diese sind ihrerseits Kettenreaktionen und wasserdampfempfindlich.[1]

Was bedeutet nun dieser Zusammenhang? Kettenreaktionen sind, sofern die Ketten einigermaßen lang sind, höchst empfindlich gegen Umstände, die den Kettenabbruch beeinflussen. Wenn er nach 10^4 Gliedern eintritt, „geht die Reaktion", wenn nach 10 oder 100 Gliedern, geht sie im Sinne der gewöhnlichen Beobachtungsweise „nicht". Für die kettenabbrechende Wirkung von Verunreinigungen wurde oben ein Beispiel ausführlich besprochen, die von Sauerstoff bei der Chlorwasserstoffbildung (S. 295 ff.), eines wurde erwähnt, die Beteiligung von ClO bei der Ozonkatalyse durch Chlor (S. 316). Sie ließen sich beliebig vermehren. Aber noch viel weiter läßt sich die Beeinflussung treiben durch Beseitigung oder Erzeugung von Adsorptionsschichten auf den Gefäßwänden. Das, was als Hemmung der Reaktion durch weitestgehende Trocknung erscheint, kann bei Kettenreaktionen stets in Wahrheit eine Beförderung des Kettenabbruchs, insbesondere an der Gefäßwand sein.

Am klarsten ist das an der Chlorwasserstoffbildung erwiesen worden in einer Arbeit von Bernreuther und Bodenstein, die zu dem Zweck begonnen war, durch kinetische Messungen die geheimnisvolle Rolle des Wasserdampfes zu klären.[2] Chlor und Wasserstoff wurden jedes für sich durch Anwendung tiefer Temperaturen gründlichst getrocknet in eine ebenso gründlich unter Erwärmen leer gepumpte („ausgebackene") Apparatur eingelassen, die ganz vollständig, einschließlich der Ventile und des Manometers, aus Quarzglas bestand. Eine

---

[1] Für $H_2 + Cl_2 = 2\,HCl$ bedarf das keiner Erörterung. Für $2\,CO + O_2$ ist es von Luise Holzapfel (Dissertation, Berlin, 1936, erscheint demnächst in Z. physik. Chem.) nachgewiesen worden.

[2] F. Bernreuther, Max Bodenstein: S.-B. preuß. Akad. Wiss., physik.-math. Kl. **1933**, VI, **333**.

mäßige Belichtung ergab keine Umsetzung. Die Gase wurden mit mäßiger Gründlichkeit abgepumpt und neue, ebenso vorbehandelte eingelassen: es ergab sich eine mäßige Reaktion; eine dritte Wiederholung des Versuchs ergab eine weiter gesteigerte Umsetzung, und eine vierte führte zur Explosion.

Geändert hat sich dabei nichts im Grade der Trockenheit, der stets der denkbar vollkommenste war. Nur der Zustand der Gefäßwand war anders geworden. Sie war anfangs frei von jeder adsorptiven Beladung, später in zunehmendem Maße mit Chlorwasserstoff belegt (der leicht und viel stärker als Chlor adsorbiert wird); daher war sie anfangs frei für die Aufnahme von Chloratomen, die Ketten wurden häufig abgebrochen. In dem Maße, wie sie mehr Chlorwasserstoff hatte über sich ergehen lassen, nahm die Belegung hiermit zu und die Fähigkeit, die entstehenden Chloratome aufzunehmen, ab, die Ketten wurden länger, die Reaktion geschwinder.

Ohne jede Änderung des stets auf Null gehaltenen Wasserdampfgehaltes war also völlige Trägheit der Reaktion und bis zur Explosion gesteigerte Lebhaftigkeit derselben beobachtet worden.

Hier hatte die sauberste Wand die geringste Reaktion gegeben. In anderen Versuchen erwies sich, daß bei stets normaler Gelegenheit zur Beladung mit Chlorwasserstoff die Belegung der Wand mit Verunreinigungen, Fettdämpfen, Goldchlorid aus Metallventilen, den Dämpfen von unvollkommen oxydiertem Phosphorpentoxyd u. ä. die Kettenabbrüche und damit die Reaktionsträgheit hervorrief. Deren Anwesenheit aber war bei den „Trocknungsversuchen" niemals vermieden worden.

Somit kann für die Chlorwasserstoffbildung mit aller Sicherheit gesagt werden, daß die veränderte Reaktionsgeschwindigkeit nicht den vorhandenen oder nicht vorhandenen Wasserspuren zuzuschreiben ist, sondern der von ihnen gänzlich unabhängigen durch andere Momente bedingten Häufigkeit der Kettenabbrüche, und dann ist es im höchsten Maße wahrscheinlich, daß dieser letzte Umstand allgemein die Ursache ist, die bei den Kettenreaktionen den Trocknungseffekt vorgetäuscht hat — zumal die gegen solche durch Verunreinigungen bedingte Veränderung der Kettenabbrüche nicht empfindlichen Reaktionen mit kurzen Ketten, wie etwa die Bromwasserstoffbildung, sich in der Liste der „Spurenkatalyse" nicht finden.

Diese Wirkung der Wasserspuren darf darnach aus der Literatur, wenigstens für die homogenen Gasreaktionen im allgemeinen, ausgemerzt werden, und damit würde eine völlig unverständliche Erscheinung verschwinden. Denn die Wirkung des Wasserdampfes als Katalysator kann doch nur die sein, daß er entweder den ersten Akt einer Kette, den Kettenbeginn, befördert oder daß er sich an einzelnen Schritten der Zwischenreaktionen immer wieder beteiligt oder daß er den Kettenabbruch unterdrückt. Das erste wird ausgeschlossen durch unsere Kenntnisse über den Kettenbeginn, mindestens bei den photochemischen Reaktionen, wo wir aus dem Absorptionsspektrum ablesen können, welcher Art er ist — etwa $Cl_2 + E = 2\,Cl$ —, das zweite wird ausgeschlossen durch die Tatsache, daß bei den minimalen Konzentrationen des Wasserdampfes, die die Grenze der Reaktionsfähigkeit bilden sollten, die Zahl der mit seiner Molekel sekundlich möglichen Stöße viel zu klein ist, um die beobachteten Reaktionsgeschwindigkeiten zu liefern, und die dritte — sie ist mindestens höchst unwahrscheinlich; aber wenn einmal eine so minimale Konzentration des Wasserdampfes genügen sollte, um eine Gefäßwand so zu belegen, daß die ohne sie stattfindenden Kettenabbrüche ausbleiben, so wäre das eine im Rahmen unserer Kenntnisse durchaus denkbare Möglichkeit und läge durchaus im Sinne der geschilderten Überlegungen. Denkbar wäre daher dieser Fall, nachgewiesen ist er bisher nicht.

Homogene Ortho- und Parawasserstoff-katalyse.

Von

E. Cremer, Berlin-Dahlem.[1]

Inhaltsverzeichnis:

---

[1] und Innsbruck (Physik.-Chem. Institut der Universität). Die Abfassung dieses Artikels wurde in der Hauptsache im Max-Planck-Institut, Berlin-Dahlem, durchgeführt. Herrn Dozenten Dr. Karl Wirtz möchte ich für wertvolle Ratschläge auch an dieser Stelle herzlichst danken. D. Verf.

Einleitung.

Durch die Reindarstellung des *Parawasserstoffs*, die im Jahre 1929 gelang,[1] wurde der Forschung eines der wertvollsten Hilfsmittel für das Studium der Reaktionen des Wasserstoffs an die Hand gegeben. Man verfügt seitdem über zwei *chemisch praktisch identische* Wasserstoffarten, die bei gewöhnlicher Temperatur *beständig* und durch ihre verschiedenen physikalischen Eigenschaften *nebeneinander nachweisbar* sind.

Auch durch die zwei Jahre später erfolgte Entdeckung des *schweren* Wasserstoffs wurde die Bedeutung der Ortho- und Paramodifikationen für die Reaktionskinetik nicht gemindert. Wenn auch die Verwendungsmöglichkeit des Isotops für vergleichende Untersuchungen noch vielseitiger ist, so bewirkt doch der große Unterschied in den Massen schon eine erhebliche Verschiedenheit nicht nur im physikalischen, sondern auch im chemischen Verhalten. Ortho- und Paramoleküle sind also in viel weitergehendem Maße als die Moleküle der Isotopen einander gleich und ohne Änderung der Reaktionsbedingungen gegenseitig substituierbar.

Das thermodynamische Gleichgewicht der beiden Modifikationen liegt bei *tiefen Temperaturen* (schon bei der Temperatur des flüssigen Wasserstoffs) fast ganz auf der Seite des *reinen Parawasserstoffs* ($p\,\mathrm{H}_2$), während bei *hohen* Temperaturen (Zimmertemperatur und höher) ein Gemisch von 75% Orthowasserstoff ($o\,\mathrm{H}_2$) und 25% Parawasserstoff, der sogenannte „*normale*" Wasserstoff ($n\,\mathrm{H}_2$), stabil ist.

Das Gleichgewicht stellt sich bei normalem Druck und nicht zu hoher Temperatur in der Gasphase nur sehr langsam ein. Die Einstellung kann aber sowohl durch *homogene* wie durch *heterogene Katalysatoren* beschleunigt werden. Wir haben dann in der Umwandlung

$$p\,\mathrm{H}_2 \to o\,\mathrm{H}_2 \quad \text{bzw.} \quad o\,\mathrm{H}_2 \to p\,\mathrm{H}_2$$

eine katalytische Reaktion vom denkbar einfachsten Typus vor uns.

Es soll hier zunächst die *Umwandlung in homogener Phase* behandelt werden.[2] Die Reaktion läßt sich sowohl in der *Gasphase* als auch in *Lösung* und sogar — trotz der tiefen Temperatur! — in *festem* und *flüssigem Wasserstoff* verfolgen.

Der *Reaktionsmechanismus* kann in den wesentlichen Zügen als geklärt gelten. Wir haben hier den ersten Fall einer katalytischen Reaktion vor uns, bei dem es sogar möglich ist, die Umsetzungsgeschwindigkeit *theoretisch* aus Atom- und Moleküldaten *vorauszusagen*.

Es gibt *zwei* grundsätzlich voneinander verschiedene *Mechanismen*, nach denen die Umwandlung der beiden Wasserstoffarten verlaufen kann.

---

[1] K. F. Bonhoeffer, P. Harteck: S.-B. preuß. Akad. Wiss., physik.-math. Kl. **1929**, 103; Naturwiss. **17** (1929), 182, 321; Z. physik. Chem., Abt. B **4** (1929), 113; Z. elektrochem. angew. physik. Chem. **35** (1939), 621. Fast gleichzeitig wurden von A. Eucken, K. Hiller: Naturwiss. **17** (1929), 182; Z. physik. Chem., Abt. B **4** (1929), 142, Anreicherungen der p-Komponente bis zu 43% erzielt.

[2] Über die heterogene Umwandlung vgl. den betr. Aufsatz in Band VI dieses Handbuchs.

1. *Umwandlung durch Atomaustausch,*
2. *Umwandlung durch magnetische Wechselwirkung.*

Im ersten Falle haben wir es mit einer echten „*chemischen Reaktion*" zu tun: es wird die ursprüngliche Bindung gelöst und eine neue Bindung geschlossen. Den zweiten Vorgang kann man als „*physikalische Reaktion*" bezeichnen. Es findet hierbei unter der Einwirkung des Feldes eines anderen Moleküls eine Veränderung innerhalb des Wasserstoffmoleküls statt, die die chemische Bindung unberührt läßt. Für die Verfolgung von chemischen Umsetzungen mit Hilfe des Parawasserstoffs hat hauptsächlich der Austauschvorgang Bedeutung erlangt. Aber auch die Untersuchung der rein magnetischen Umwandlung hat wichtige Erkenntnisse geliefert. Für die Katalyseforschung ist diese Reaktion besonders bemerkenswert, weil der paramagnetische Reaktionspartner hierbei die Rolle eines *idealen Katalysators* spielt, d. h. eines Stoffes, der allein durch seine Gegenwart die Reaktionsgeschwindigkeit erhöht, ohne dabei selbst chemisch irgendwie in Mitleidenschaft gezogen zu werden.

I. Kapitel.

Allgemeines zur Theorie der Ortho-Para-Wasserstoff-Umwandlung.

1. Theoretische Grundvorstellungen.

Die Existenz von zwei verschiedenen Wasserstoffmolekülarten ist von der Quantenmechanik vorausgesagt worden (HEISENBERG,[1] DIRAC,[2] HUND[3]).

Für den Bau des Wasserstoffmoleküls liefert die quantenmechanische Behandlung zwei wichtige Aussagen:

1. Der Wasserstoff*kern* besitzt einen Spin, dem ein magnetisches Moment zuzuordnen ist und der sich beim Zusammentreten mit einem zweiten Kern entweder gleichsinnig (*parallel*) oder entgegengesetzt (*antiparallel*) einstellen kann.

2. Es sind in dem einen der beiden Molekülsysteme nur *ungerade*, im anderen nur *gerade* Rotationsquantenzahlen erlaubt.

Die Zuordnung der Spinorientierungen zu der Rotationsquantenzahl läßt sich durch die Anwendung des PAULI-Prinzips treffen.

Es ergibt sich folgendes Schema:

Modifikation	Orthowasserstoff	Parawasserstoff
Eigenfunktion der Kerne	symmetrisch	antisymmetrisch
Kernspin	parallel $\downarrow\downarrow$	antiparallel $\downarrow\uparrow$
Rotationsquantenzahl	ungerade	gerade
	1, 3, 5, ...	0, 2, 4, ...
Statistisches Gewicht	3	1
Gleichgewichtskonzentration beim absoluten Nullpunkt	0%	100%
Gleichgewichtskonzentration bei hoher Temperatur (Zusammensetzung des „normalen" Wasserstoffs)	75%	25%

Das Paramolekül hat bei tiefen Temperaturen kein nach außen wirksames magnetisches Moment, da sich die Komponenten des Kernspins durch die anti-

---

[1] W. HEISENBERG: Z. Physik **38** (1926), 411; **41** (1927), 239.
[2] P. DIRAC: Proc. Roy. Soc. (London), Ser. A **112** (1926), 661.
[3] F. HUND: Z. Physik **42** (1927), 93.

parallele Einstellung gegenseitig aufheben (Kernspinmoment $= 0$) und das Molekül nicht rotiert (Rotationsmoment $= 0$). Dieser Zustand ist die bei tiefen Temperaturen stabile Form des Wasserstoffmoleküls.

2. Physikalisches Verhalten von Ortho- und Parawasserstoff.

In der Tabelle 1 sind diejenigen *physikalischen Eigenschaften* des Wasserstoffes zusammengestellt, bei denen die Verschiedenheit der Eigenfunktionen zu *deutlich meßbaren Unterschieden zwischen der o- und p-Modifikation* führt.

Sowohl für die Entdeckung als auch für den praktischen Nachweis der beiden Wasserstoffmodifikationen war der Unterschied in den Rotationswärmen von besonderer Bedeutung. Abb. 1 zeigt den Verlauf der Rotationswärmen für Wasserstoff normaler Zusammensetzung (Kurve *I*) und hochprozentigen Parawasserstoff (Kurve *II*).

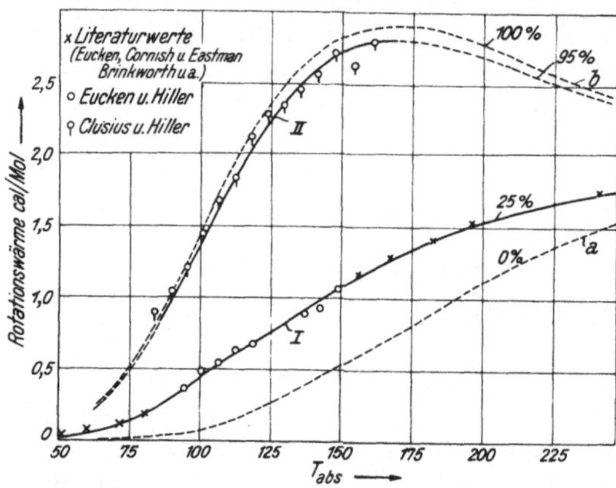

Abb. 1. Beobachtungsergebnisse und theoretische Kurven für die Rotationswärme des Wasserstoffs bei verschiedenem Gehalt an Parawasserstoff nach Eucken,[1] Clusius[2] und Hiller.[1, 2]

Die Rotationswärmen ($C_{\text{rot.}}$) für reinen Ortho- und reinen Parawasserstoff (Abb. 1, Kurve *a* und *b*) lassen sich nach der Formel:

$$C_{\text{rot.}} = R\,\sigma^2\,\frac{d^2 \ln Q}{d\,\sigma^2} \qquad (1)$$

berechnen,[3, 4] wobei σ eine Abkürzung für

$$\frac{h^2}{8\,\pi^2\,J\,k\,T} \qquad (2)$$

($h =$ Plancksches Wirkungsquantum, $J =$ Trägheitsmoment des Moleküls, $k =$ Boltzmann-Konstante) bedeutet und für Q der Ausdruck $\sum (2\,j + 1)\,e^{-\frac{E_j}{kT}}$ $\left(E_j = j\,(j+1)\,\dfrac{h^2}{8\,\pi^2\,J}\,[5] = \text{Energie der} \right.$ Rotationszustände mit der Quantenzahl j) einzusetzen ist. Die Summierung ist dabei für Parawasserstoff über gerade, für Orthowasserstoff über ungerade j auszuführen. Dies ergibt:

$$Q_{\text{para}} = 1 + 5\,e^{-6\,\sigma} + 9\,e^{-20\,\sigma} + \ldots, \qquad (3)$$

$$Q_{\text{ortho}} = 3\,e^{-2\,\sigma} + 7\,e^{-12\,\sigma} + 11\,e^{-30\,\sigma} + \ldots \qquad (4)$$

Die Kurve *I* (Abb. 1) wurde nach der Mischungsregel für das Verhältnis $o\text{H}_2 : p\text{H}_2 = 3 : 1$ aus *a* und *b* berechnet und ergab völlige Übereinstimmung mit den gemessenen Werten.[4]

In der Tabelle 2 sind die berechneten *Rotationsenergien* ($E_{\text{rot.}}$), in Tabelle 3 die *Rotationswärmen* ($C_{\text{rot.}}$) für Parawasserstoff ($p\text{H}_2$), Orthowasserstoff ($o\text{H}_2$) und für Wasserstoff normaler Zusammensetzung ($n\text{H}_2$) aufgeführt (Dennison,[4] Beutler,[6] Däumichen,[7] Giauque,[8] Davis und Johnston[9]).

[1] A. Eucken, K. Hiller: Z. physik. Chem., Abt. B 4 (1929), 142.
[2] K. Clusius, K. Hiller: Z. physik. Chem., Abt. B 4 (1929), 158.
[3] F. Hund: Z. Physik 42 (1927), 93.
[4] P. M. Dennison: Proc. Roy. Soc. (London), Ser. A 115 (1927), 483.
[5] E. Schrödinger: Ann. d. Physik 79 (1926), 489.
[6] H. Beutler: Z. Physik 50 (1928), 581.
[7] S. Däumichen: Z. Physik 62 (1930), 414.
[8] W. F. Giauque: J. Amer. chem. Soc. 52 (1930), 4816.
[9] C. O. Davis, H. L. Johnston: J. Amer. chem. Soc. 56 (1934), 1045. Vgl. auch Landolt-Börnstein: Physikalisch-chemische Tabellen, 5. Aufl., E. III c, S. 2334.

Tabelle 1.
Unterschiede in den physikalischen Eigenschaften der beiden Wasserstoffmodifikationen.

Eigenschaft	Unterschied	Gemessen bzw. berechnet von
Rotationslinien in den Molekülspektren	Unterschied der *Lage* infolge der Verschiedenheit der Rotationsquantenzahlen; Unterschied der *Intensität* infolge verschiedener statistischer Gewichte: $J_{para} : J_{ortho} = 1:3$	DIEKE,[1] MECKE,[2] HUND,[3] BONHOEFFER und HARTECK[4]
Rotationslinien in den RAMAN-Spektren	Unterschied der Größe der RAMAN-Verschiebung infolge der verschiedenen Rotationsenergien	MAC LENNAN und MAC LEOD,[5] RASETTI[6]
Magnetisches Moment (μ)	*Kernmomente:* $\mu_{p\,H_2} = 0,$ $\mu_{o\,H_2} = 5$ Kernmagnetonen (Km) nach STERN:[8] $\mu_H = 2{,}46 \pm 0{,}08\,Km$ $= 1{,}18 \cdot 10^{-23}$ C. G. S.-Einh. nach RABI:[10] $\mu_H = 2{,}78 \pm 0{,}02\,Km$ $= 1{,}34 \cdot 10^{-23}$ C. G. S.-Einh. *Rotationsmomente:* Im zweiquantigen Zustand: $\mu_{p\,H_2} = 1{,}7\,Km$ [7] Im einquantigen Zustand: $\mu_{o\,H_2} = \frac{1}{2}\,\mu_{p\,H_2} = 0{,}85\,Km$ [7] $\mu_{o\,H_2} = 0{,}4{-}0{,}9\,Km$ (ber.)[11]	STERN, FRISCH, ESTERMANN, SIMPSON,[7,8] RABI, KELLOG, ZACHARIAS, RAMSEY,[9,10] WICK,[11] LASAREW und SCHUBNIKOW[12]
Rotationswärmen ($C_{rot.}$)	Bei $T = 150°\,K$: $(C_{rot.})_{para} = 2{,}845$ cal/Mol Grad $(C_{rot.})_{ortho} = 0{,}527$ cal/Mol Grad $(C_{rot.})_{normal} = 1{,}107$ cal/Mol Grad	DENNISON,[13] EUCKEN,[14] EUCKEN und HILLER,[15] CLUSIUS und HILLER,[16] vgl. auch Abb. 1
Spezifische Wärmen ($C_v = C_{trans.} + C_{rot.}$)	Bei $T = 150°\,K$: $(C_v)_{para} : (C_v)_{normal} = 1{,}42$	
Wärmeleitfähigkeit (λ_w)	Bei $T = 150°\,K$: $(\lambda_w)_{para} : (\lambda_w)_{ortho} = 1{,}3$	BONHOEFFER und HARTECK,[4] vgl. a. L. FARKAS[17] und Kap. III, 1 b, S. 342
Chemische Konstante (i)	Bei *tiefen* Temperaturen: $i_{para} = -1{,}132$ $i_{ortho} = -0{,}178$ Bei *hohen* Temperaturen: $i_{para} = -3{,}36$ $i_{ortho} = -2{,}885$	FOWLER,[18] GIBSON und HEITLER,[19] EUCKEN,[20] LUDLOFF,[21] SIMON,[22] GIAUQUE und JOHNSTON,[23] GIAUQUE[24]

Fortsetzung der Tabelle 1.

Eigenschaft	Unterschied	Gemessen bzw. berechnet von
Dampfdruck (p)	Bei $T = 20{,}38°$: $p_{para} = 787\,\text{mm}$, $p_{ortho} = 751\,\text{mm}$ (ber.), $p_{normal} = 760\,\text{mm}$	GIAUQUE und JOHNSTON,[23] BONHOEFFER und HARTECK,[4] KEESOM, BIJL und VAN DER HORST,[25] CLUSIUS,[26] SCHÄFER,[27] COHEN und UREY[28]
Tripelpunktsdruck (P)	Bei $T = 20{,}38°$: $P_{para} = 53{,}0\,\text{mm}$, $P_{ortho} = 54{,}2\,\text{mm}$, $P_{normal} = 53{,}9\,\text{mm}$	
Molvolumen der Flüssigkeit (V)	Bei $T = 20{,}38°$: $V_{para} = 28{,}535 \pm 0{,}010\ \text{cm}^3/\text{Mol}$ $V_{normal} = 28{,}397 \pm 0{,}010\ \text{cm}^3/\text{Mol}$	SCOTT und BRICKWEDDE[29]
Verdampfungswärme (l_s)	$(l_s)_{para} = 221{,}4\ \text{cal/Mol}$ (ber.) $(l_s)_{normal} = 220\ \text{cal/Mol}$	BONHOEFFER u. HARTECK,[4] SCHÄFER[27]
Adsorptionswärme (λ)	An festem O_2 bei $T = 20°\,K$: $\lambda_{ortho} - \lambda_{para} > 90\ \text{cal/Mol}$	CREMER[30]

[1] G. H. DIEKE: Proc., Kon. Akad. Wetensch. Amsterdam **33** (1924), 390.

[2] R. MECKE: Physik. Z. **25** (1924), 597.

[3] F. HUND: Z. Physik **42** (1927), 93.

[4] K. F. BONHOEFFER, P. HARTECK: Naturwiss. 17 (1929), 182, 321; S.-B. preuß. Akad. Wiss., physik.-math. Kl. **1929**, 103; Z. physik. Chem., Abt. B 4 (1929), 113; Z. Elektrochem. angew. physik. Chem. **35** (1929), 621.

[5] I. C. MacLENNAN, I. H. MacLEOD: Nature (London) **123** (1929), 113, 152.

[6] R. RASETTI: Proc. nat. Acad. Sci. USA 15 (1929), 515; Physical. Rev. **34** (1929), 366.

[7] R. FRISCH, O. STERN: Leipziger Vorträge, 1933; Z. Physik 85 (1933), 4. — E. ESTERMANN, R. FRISCH, O. STERN: Nature (London) **132** (1933), 169. — E. ESTERMANN, O. STERN: Z. Physik **85** (1933), 17.

[8] E. ESTERMANN, O. C. SIMPSON, O. STERN: Physical. Rev. **52** (1938), 535.

[9] J. M. B. KELLOGG, I. I. RABI, J. R. ZACHARIAS: Physical. Rev. **45** (1934), 769; **46** (1934), 157, 163; **50** (1936), 472.

[10] J. M. B. KELLOGG, I. I. RABI, W. F. RAMSEY (jr.), J. R. ZACHARIAS: Physical. Rev. **55** (1939), 318, 595.

[11] G. C. WICK: Z. Physik **85** (1933), 25.

[12] B. G. LASAREW, L. W. SCHUBNIKOW: Physik. Z. Sowjetunion 10 (1936), 117.

[13] P. M. DENNISON: Proc. Roy. Soc. (London), Ser. A 115 (1927), 483.

[14] A. EUCKEN: S.-B. preuß. Akad. Wiss., physik.-math. Kl. **1912**, 141; Naturwiss. 17 (1929), 182; Physik. Z. **30** (1929), 818; **31** (1930), 361.

[15] A. EUCKEN, K. HILLER: Z. physik. Chem., Abt. B 4 (1929), 142.

[16] K. CLUSIUS, K. HILLER: Z. physik. Chem., Abt. B 4 (1929), 158.

[17] L. FARKAS: Ergebn. exakt. Naturwiss. **12** (1933), 163.

[18] R. H. FOWLER: Proc. Roy. Soc. (London), Ser. A 118 (1928), 52.

[19] G. E. GIBSON, W. HEITLER: Z. Physik 49 (1928), 465.

[20] A. EUCKEN: Physik. Z. **30** (1929), 818; **31** (1930), 361.

[21] H. LUDLOFF: Physik. Z. **31** (1930), 362.

[22] F. SIMON: Ergebn. exakt. Naturwiss. 9 (1930), 222.

[23] W. F. GIAUQUE, H. L. JOHNSTON: J. Amer. chem. Soc. **50** (1928), 3221; Physic. Rev. **36** (1930), 1592.

[24] W. F. GIAUQUE: J. Amer. chem. Soc. **52** (1930), 4808, 4816.

[25] W. H. KEESOM, A. BIJL, H. VAN DER HORST: Proc., Kon. Akad. Wetensch. Amsterdam **1931**, 34 II, 1223; Comm. Leiden No. 217a, **20** (1931), 1.

[26] K. CLUSIUS: Z. physik. Chem., Abt. B **29** (1935), 159.

[27] K. SCHÄFER: Z. physik. Chem., Abt. B **42** (1929), 380 und Abt. B **45** (1940), 451.

[28] K. COHEN, H. C. UREY: J. chem. Physics 7 (1939), 157.

[29] R. B. SCOTT, F. G. BRICKWEDDE: J. chem. Physics 5 (1937), 736; vgl. auch

Tabelle 2. *Rotationsenergie des Wasser-*
stoffes in cal/Mol.

T	$E_{rot.}$		
	$p\,H_2$	$o\,H_2$	$n\,H_2$
0	0,00	337,17	252,88
15	0,00	337,17	252,88
20	0,00	337,17	252,88
25	0,00	337,17	252,88
30	0,00	337,17	252,88
40	0,05	337,17	252,89
50	0,20	337,18	252,94
75	5,77	337,22	254,36
100	30,56	338,59	262,17
125	80,09	341,83	276,39
150	146,61	351,40	300,20
175	219,06	368,54	331,17
200	290,22	393,59	367,75
225	357,04	425,69	408,53
250	419,27	463,46	452,41
273,1	473,34	502,16	494,91
298,1	529,12	546,92	542,47

Tabelle 3. *Rotationswärme des Wasser-*
stoffes in cal pro Grad und Mol.

T	$C_{rot.}$		
	$p\,H_2$	$o\,H_2$	$n\,H_2$
0	0,0000	0,0000	0,0000
15	0,0000	0,0000	0,0000
20	0,0000	0,0000	0,0000
25	0,0000	0,0000	0,0000
30	0,0001	0,0000	0,0000
40	0,0049	0,0000	0,0012
50	0,0399	0,0000	0,0100
75	0,5177	0,0079	0,1353
100	1,5041	0,0731	0,4309
125	2,3981	0,2501	0,7871
150	2,8451	0,5271	1,1066
175	2,9046	0,8464	1,3610
200	2,7674	1,1512	1,5553
225	2,5777	1,4076	1,7001
250	2,4056	1,6049	1,8051
273,1	2,2819	1,7378	1,8738
298,1	2,1862	1,8377	1,9248

Die Gleichungen (3) und (4) zeigen den Unterschied des Energieinhaltes der beiden Modifikationen. Ihr Quotient ergibt die Abhängigkeit der Gleichgewichtskonzentration von der Temperatur. Dabei ist wegen der verschiedenen statistischen Gewichte der Wert Q_{ortho} mit dem Faktor 3 zu multiplizieren.

Es ist dann

$$\frac{p\,H_2}{o\,H_2} = \frac{Q_{\text{para}}}{3\,Q_{\text{ortho}}} = \beta. \tag{5}$$

Tabelle 4. *Gleichgewichtsverhältnis und Prozentgehalt an Parawasserstoff ($p\,H_2$) in*
Abhängigkeit von der absoluten Temperatur.

T	β	$\%\,p\,H_2$	T	β	$\%\,p\,H_2$	T	β	$\%\,p\,H_2$
20	544,8	99,82	76	1,046	51,13	95	0,6801	40,48
21	363,5	99,73	77	1,017	50,41	100	0,6262	38,51
22	251,6	99,60	78	0,9894	49,73	105	0,5829	36,82
23	179,8	99,45	79	0,9626	49,05	110	0,5456	35,30
24	132,2	99,25	80	0,9377	48,39	115	0,5152	34,00
25	99,57	99,01	81	0,9140	47,75	120	0,4897	32,87
30	32,07	96,98	82	0,8916	47,13	130	0,4498	31,03
35	14,28	93,45	83	0,8702	46,53	140	0,4208	29,62
40	7,780	88,61	84	0,8500	45,95	150	0,3994	28,54
45	4,853	82,91	85	0,8307	45,37	160	0,3835	27,72
50	3,327	76,89	86	0,8123	44,82	170	0,3715	27,09
55	2,443	70,96	87	0,7981	44,39	180	0,3555	26,23
60	1,890	65,39	88	0,7781	43,76	210	0,3463	25,72
65	1,521	60,33	89	0,7621	43,25	230	0,3409	25,42
70	1,264	55,83	90	0,7469	42,75	250	0,3377	25,24
75	1,077	51,86	91	0,7323	42,27	270	0,3357	25,13

Physic. Rev. **51** (1937), 684; sowie Bull. Amer. physic. Soc. **10**, 5. 5. 1935; **12**, 15. 4. 1937.

[30] E. CREMER: Z. physik. Chem., Abt. B **28** (1935), 383; ebenda, Abt. B **49**, BODENSTEIN-Heft (1941), 245.

In der vorstehenden Tabelle 4 sind (nach HARKNESS und DEMING[1]) für die Temperaturen zwischen 20 und 270° abs. die Werte für β sowie der prozentuale Wasserstoffgehalt des Gleichgewichtsgemisches angegeben.

3. Einstellung des Gleichgewichtes.

Die Einstellung des Gleichgewichtes erfolgt im allgemeinen *sehr langsam*. Dies zeigt schon die Tatsache, daß die für Wasserstoff bei tiefen Temperaturen gemessenen Werte der spezifischen Wärmen (EUCKEN,[2] vgl. Abb. 1) genau dem Gleichgewichtswasserstoff ($oH_2 : pH_2 = 3:1$) der hohen Temperaturen entsprechen (DENNISON[3]). BONHOEFFER und HARTECK[4] fanden, daß auch reiner Parawasserstoff bei gewöhnlichen Drucken und Zimmertemperatur sehr stabil ist. Aus ihren Versuchen ergibt sich, daß die Halbwertzeit z. B. für die homogene Umwandlung $nH_2 \rightarrow pH_2$ bei 85° abs. und 60 mm Druck größer als ein Jahr, für die Rückverwandlung $pH_2 \rightarrow nH_2$ bei Zimmertemperatur und etwa 400 mm Druck größer als zwei Jahre ist. In einem Gefäß mit besonders günstigem Verhältnis Volumen zu Oberfläche (13 l fassender Rundkolben aus Glas) wurden bei rund einer halben Atmosphäre Umwandlungen zwischen 0,02 und 0,05% pro Tag gefunden (CREMER[5]). Ein 600 Tage aufbewahrter Parawasserstoff zeigte eine Umwandlung von 18%. Für die Annahme der Umwandlung erster Ordnung, z. B. durch Strahlung oder beim Stoß mit einem beliebigen H_2-Molekül ergibt sich hieraus eine *Halbwertszeit* (τ) von 4 Jahren. Sind nur Stöße mit Orthomolekülen wirksam, so wäre die Hälfte des Parawasserstoffs schon in 2 Jahren umgewandelt. Da sehr wahrscheinlich katalytische Wirkungen der Wand (oder gasförmige Verunreinigungen) auch noch eine Rolle spielen, sind die obigen Werte nur eine *untere Grenze* für die Halbwertszeit der homogenen Reaktion (vgl. Kap. IV$_4$).

Die Stabilität der Ortho- und Parazustände ist vom Standpunkt der Quantenmechanik aus verständlich: es besteht ein strenges *Übergangsverbot* zwischen beiden Zuständen. Die Übergangswahrscheinlichkeit wäre exakt 0, wenn die Kerne kein magnetisches Moment besitzen würden. Bereits HUND[6] (vgl. auch DENNISON[7]) hat darauf hingewiesen, daß spontane Übergänge der einen in die andere Modifikation nur von der Größenordnung der Koppelung der Kernspins sein können. Nach einer Abschätzung von WIGNER[8] ergibt sich hiernach für die Umwandlungsgeschwindigkeit die Halbwertszeit von 300 Jahren. HALL und OPPENHEIMER[9] haben die Übergangswahrscheinlichkeit für die bimolekulare Reaktion $pH_2 + H_2$ (bei Atmosphärendruck) berechnet und finden dabei eine Halbwertszeit von 3 Jahren. Dieses Resultat würde sich eben noch in Übereinstimmung mit der experimentell gefundenen unteren Grenze befinden.

Jedenfalls sind aber die durch die eben besprochenen Effekte hervorgebrachten Umwandlungsgeschwindigkeiten so klein, daß man sie *für praktische*

---

[1] R. W. HARKNESS, W. E. DEMING: J. Amer. chem. Soc. 54 (1932), 2850.

[2] A. EUCKEN: S.-B. preuß. Akad. Wiss., physik.-math. Kl. 1912, 141; Naturwiss. 17 (1929), 182; Physik. Z. 30 (1929), 818; 31 (1930), 361.

[3] P. M. DENNISON: Proc. Roy. Soc. (London), Ser. A 115 (1927), 483.

[4] K. F. BONHOEFFER, P. HARTECK: Naturwiss. 17 (1929), 182; S.-B. preuß. Akad. Wiss., physik.-math. Kl. 1929, 103; Z. physik. Chem., Abt. B 4 (1929), 113; Z. Elektrochem. angew. physik. Chem. 35 (1929), 621.

[5] E. CREMER: Z. physik. Chem., Abt. B 39 (1938), 445, 463.

[6] F. HUND: Z. Physik 42 (1927), 93.

[7] P. M. DENNISON: Proc. Roy. Soc. (London), Ser. A 115 (1927), 483.

[8] Vgl. K. F. BONHOEFFER, P. HARTECK: Z. physik. Chem., Abt. B 4 (1929), 113.

[9] H. HALL, I. R. OPPENHEIMER: Physic. Rev. 35 (1930), 132.

Messungen während normaler Versuchszeiten (Größenordnung von Tagen) immer *vernachlässigen* kann.

Besitzt jedoch einer der Stoßpartner ein *magnetisches Moment*, so wird das *Übergangsverbot aufgehoben* und die Umwandlungsgeschwindigkeit um viele Zehnerpotenzen erhöht. Es ist dabei notwendig, daß das wirksame Magnetfeld in molekularen Dimensionen *inhomogen* ist, was z. B. beim Zusammenstoß eines H_2-Moleküls mit einem paramagnetischen Molekül im Gasraum sicher erfüllt ist.

WIGNER[1] hat die Umwandlungsgeschwindigkeit für diesen Fall berechnet. Er erhält für die Wahrscheinlichkeit des Überganges eines Parawasserstoffmoleküls mit der Rotationsquantenzahl j in den Orthozustand mit der Rotationsquantenzahl $j + 1$ den Ausdruck:

$$W_{j,\,j+1} = \frac{12\,a_{H_2}{}^2\,\mu_P{}^2\,\mu_A{}^2\,J^2}{\hbar^4\,a_s{}^8\,(j+1)\,(2\,j+1)}\,\sin^2\frac{\hbar\,(j+1)\,t}{2\,J},\tag{6}$$

wobei a_{H_2} den Abstand der Wasserstoffatome im H_2-Molekül, J das Trägheitsmoment des H_2-Moleküls, μ_P das magnetische Moment des Protons, μ_A das magnetische Moment des paramagnetischen Stoßpartners, a_s den Abstand der Moleküle beim Stoß, $\hbar$ die PLANCKsche Konstante dividiert durch $2\,\pi$, t die Stoßzeit bedeutet.

Es ergibt sich demnach, daß die Umwandlungsgeschwindigkeit dem *Quadrat des magnetischen Momentes* des Stoßpartners direkt und — sofern die Stoßzeit vom Stoßabstand unabhängig ist — der *8. Potenz des Stoßabstandes* umgekehrt proportional ist.

Eine analoge Gleichung gilt für den Übergang in den Orthozustand mit der Rotationsquantenzahl $(j-1)$. Geht die Umwandlung in der Richtung eines Energieverbrauches (E), so muß für die Stoßausbeute berücksichtigt werden, daß nur der durch den Faktor $e^{-\frac{E}{R\,T}}$ gegebene Anteil aller Moleküle die für die Reaktion notwendige Energie besitzt.

Für den gaskinetischen Stoß läßt sich nach WIGNER[1] für die Stoßzeit näherungsweise

$$t = \frac{a_s}{3\,v}$$

$(v = $ Relativgeschwindigkeit der Moleküle$)$ bzw. nach SACHSSE[2] mit besserer Näherung

$$t = \frac{a_s}{v}$$

setzen. Für den Übergang $0 \rightarrow 1$ erhält man dann nach Gleichung (6), indem man den Sinus durch den Winkel und $a_{H_2}^2$ durch $\frac{4\,J}{M}$ $(M = $ Masse des H_2-Moleküls$)$ ersetzt:

$$W_{0,\,1} = \frac{12\,\mu_P{}^2\,\mu_A{}^2 \cdot J}{\hbar^2\,a_s{}^6\,M\,v^2},\tag{6a}$$

sofern man nur Stöße in Betracht zieht, deren Energie zur Umwandlung ausreicht (vgl. Kap. IV_2, S. 359 und IV_3, S. 364).

Die Gleichungen (6) und (6a) sind unter gewissen Vernachlässigungen (vgl. KALCKAR und TELLER[3]) abgeleitet, doch haben sich die WIGNERschen Formeln für das theoretische Verständnis der wesentlichen Züge der paramagnetischen Umwandlung und für die praktische Anwendung sehr gut bewährt.

---

[1] E. WIGNER: Z. physik. Chem., Abt. B **23** (1933), 28.

[2] H. SACHSSE: Z. Elektrochem. angew. physik. Chem. **40** (1934), 531.

[3] F. KALCKAR, E. TELLER: Nature (London) **134** (1934), 180; Proc. Roy. Soc. London Ser. A, **150** (1935), 520.

Außer durch Aufhebung des Übergangsverbotes läßt sich eine Umwandlung $p\,H_2 \rightleftharpoons o\,H_2$ auch dadurch hervorbringen, daß man die ursprünglich vorhandene H—H-Bindung löst und für *Bildung eines neuen Moleküls* sorgt. Das kann z. B. durch Dissoziation in Atome und Wiedervereinigung zu normalen Wasserstoff ($n\,H_2$)

$$\left.\begin{array}{c} p\,H_2 \\ o\,H_2 \end{array}\right\} = H + H = n\,H_2 \tag{I}$$

oder durch die Reaktion

$$\left.\begin{array}{c} p\,H_2 \\ o\,H_2 \end{array}\right\} + H = n\,H_2 + H \tag{II}$$

geschehen (vgl. Kap. IV$_1$).

Die Umsetzung muß nach Pelzer und Wigner[1] so vor sich gehen, daß der Gesamtspin erhalten bleibt. Dies hat zur Folge, daß sich nach (II) nicht der der Reaktionstemperatur entsprechende Gleichgewichtswasserstoff ($g\,H_2$) bildet, sondern immer ein Gemisch, in dem das Verhältnis $p\,H_2 : o\,H_2 = 1 : 3$ ist.[2] Da aber diese Umsetzungen meist bei höheren Temperaturen verlaufen, ist in der Regel diese Zusammensetzung mit der Gleichgewichtskonzentration identisch.

Die Frage, ob bei sehr tiefen Temperaturen eine Umwandlung

$$\left.\begin{array}{c} p\,H_2 \\ o\,H_2 \end{array}\right\} = g\,H_2$$

auf dem Wege eines *quantenmechanischen "Tunneleffektes"* (Überwindung der Energieschwelle durch Resonanz) stattfinden kann, konnte dahin entschieden werden, daß ein solcher Mechanismus nicht auftritt.[3]

Von den theoretisch möglichen Reaktionsmechanismen ist die Umwandlung durch

$$\left.\begin{array}{l} \textit{Atomaustausch} \\[1ex] \text{und durch} \\[1ex] \textit{magnetische Wechselwirkung} \end{array}\right\} \text{beobachtet}$$

diejenige durch

$$\left.\begin{array}{l} \textit{Strahlung} \\[1ex] \text{und durch} \\[1ex] \textit{quantenmechanischen "Tunneleffekt"} \end{array}\right\} \text{bisher \textit{nicht} beobachtet}$$

worden.

4. Spinmodifikationen des schweren Wasserstoffes.

Auch das Molekül des *schweren Wasserstoffes* (D_2) besteht aus zwei gleichen Kernen. Es wird daher auch hier das Vorkommen von *zwei verschiedenen Molekülsystemen* von der Quantenmechanik gefordert.[4] Entsprechend der Regel, daß Kerne mit ungerader Teilchenzahl der Fermi-Statistik, solche mit gerader Teilchenzahl der Bose-Statistik gehorchen, ergeben sich für D_2 andere Zuordnungen als für H_2. Die Erfahrung zeigt, daß jedes Elementarteilchen (Proton wie Neutron) einen Spin 1/2 besitzt, der sich im Deuteriumkern zum Gesamt-

---

[1] H. Pelzer, E. Wigner: Z. physik. Chem., Abt. B **15** (1932), 445.

[2] Vgl. auch P. C. Capron: Ann. Soc. sci. Bruxelles, Ser. B **55** (1935), 222 und N. Sasaki, O. Mabucki: Proc. Imp. Acad. (Tokyo) **12** (1936), 39.

[3] E. Cremer, M. Polanyi: Z. physik. Chem., Abt. B **21** (1933), 459.

[4] Vgl. z. B. die Monographie "Orthohydrogen, Parahydrogen and heavy Hydrogen" von A. Farkas. Cambridge: University Press, 1935.

spin 1 addiert, während beim leichten Wasserstoff der resultierende Spin 1/2 ist. Dieser Unterschied ergibt verschiedene statistische Gewichte für die Modifikationen des leichten und schweren Wasserstoffes:

Atomart	Kernspin (t)	Resultierender Spin bei Molekül-bildung	Statistisches Gewicht		Verhältnis $o:p = (t+1):t$
			Orthozustand $(2t+1)(t+1)$	Parazustand $(2t+1) \cdot t$	
H	1/2	1 0	3	1	3 : 1
D	1	2 1 0	6	3	2 : 1

Zum Parazustand gehört beim Deuterium der resultierende Spin 1, zum Orthozustand 2 und 0. Es ist also das Orthodeuterium sowohl bei hohen wie bei tiefen Temperaturen die im Überschuß vorhandene Modifikation.

Man erhält somit folgendes Schema:

	Orthodeuterium	Paradeuterium
Modifikation	Orthodeuterium	Paradeuterium
Eigenfunktion der Kerne	symmetrisch	antisymmetrisch
Resultierender Kernspin	2, 0	1
Rotationsquantenzahlen	gerade 0, 2, 4, …	ungerade 1, 3, 5, …
Statistisches Gewicht	6	3
Gleichgewichtskonzentration beim absoluten Nullpunkt	100%	0%
Gleichgewichtskonzentration bei hoher Temperatur (Zusammensetzung des „normalen" D_2)	66,67%	33,33%

Mit Hilfe der angegebenen Quantenzahlen und statistischen Gewichte lassen sich nun die Rotationsenergien $E_{rot.}$ (Tabelle 5) und die Rotationswärmen $C_{rot.}$ (= Rotationsanteil an der spezifischen Wärme, siehe Tabelle 6 und Abb. 11, S. 348) in ähnlicher Weise wie beim leichten Wasserstoff berechnen (JOHNSTON und LONG[1]). In den Tabellen 5 und 6 sind die entsprechenden Werte aufgeführt für Orthodeuterium ($o\,D_2$), Paradeuterium ($p\,D_2$), 66,67%iges Orthodeuterium ($n\,D_2$) und für das Molekül HD, das — da es nicht symmetrisch aufgebaut ist — keine o- und p-Zustände besitzt und daher das Beispiel eines klassischen Rotators darstellt.

Tabelle 5. *Rotationsenergie von* D_2 *und* HD *in cal/Mol.*

Temperatur ° abs.	$E_{rot.}$			
	$o\,D_2$	$p\,D_2$	$n\,D_2$	HD
0	0,00	170,22	56,74	0,00
20	0,01	170,22	56,74	1,27
25	0,09	170,22	56,80	4,50
50	14,62	170,61	66,62	49,31
100	143,54	197,20	161,43	154,15
150	265,38	274,32	268,36	232,99
200	369,41	370,54	369,79	355,39
250	470,16	470,30	470,21	455,77
300	570,61	570,62	570,62	556,27
400	771,86	771,86	771,86	757,70

Die Rotationswärmen sind von CLUSIUS und BARTHOLOMÉ[2] experimentell bestimmt worden in sehr guter Übereinstimmung mit den theoretischen Werten.

Entsprechend dem Unterschied in den Rotationsquanten ist auch das Viellinienspektrum für $o\,D_2$ und $p\,D_2$ verschieden. Desgleichen ergibt sich ein Unter-

[1] H. L. JOHNSTON, H. E. LONG: J. chem. Physics 2 (1934), 389.

[2] K. CLUSIUS, E. BARTHOLOMÉ: Naturwiss. 22 (1934), 297, 420; Göttinger Nachr. III₁ (1934); Z. Elektrochem. angew. physik. Chem. 40 (1934), 524; Z. physik. Chem., Abt. B 29 (1935), 162; Z. Elektrochem. angew. physik. Chem. 40 (1934), 529.

schied in den Dampfdrucken.[1] Dieser beträgt z. B. bei 20,4° abs. 12 mm.[2] Das magnetische Moment des Deuterons ist sehr viel kleiner als das des Protons. Hiernach muß man dem hinzugekommenen Neutron ein erhebliches magnetisches Moment von entgegengesetzter Orientierung zuschreiben. Die Messungen von Rabi und Mitarbeitern[3] ergaben für das Deuteron $\mu_D = 0,853 \pm 0,007$ Bohrsche Magnetonen.[4,5] Die Lage des $o\text{-}p$-Gleichgewichtes in Deuterium für verschiedene Temperaturen ist in Tabelle 7 angegeben.

Tabelle 6.
Spezifische Rotationswärme von D_2 und HD in cal/Mol·Grad.

Temperatur ° abs.	$C_{rot.}$			
	$o\,D_2$	$p\,D_2$	$n\,D_2$	HD
0	0,000	0,000	0,000	0,000
10	0,000	0,000	0,000	0,000
15	0,000	0,000	0,000	0,083
20	0,002	0,000	0,000	0,401
25	0,034	0,000	0,022	0,902
30	0,137	0,000	0,091	1,406
40	0,656	0,011	0,440	2,026
50	1,455	0,064	0,991	2,179
60	2,206	0,189	1,533	2,154
70	2,693	0,383	1,923	2,106
80	2,894	0,622	2,137	2,066
90	2,889	0,874	2,217	2,042
100	2,775	1,116	2,222	2,028
120	2,477	1,502	2,152	2,014
140	2,249	1,745	2,081	2,009
160	2,120	1,878	2,040	2,006
190	2,037	1,964	2,013	2,004
220	2,012	1,991	2,005	2,005
260	2,006	2,002	2,005	2,006
300	2,007	2,007	2,007	2,008

Tabelle 7. *Temperaturabhängigkeit des Gleichgewichtes von Ortho- und Paradeuterium.*

Temperatur ° abs.	% $o\,D_2$	% $p\,D_2$
0	100,00	0,00
10	99,97	0,03
15	99,51	0,49
20	97,97	2,03
25	95,29	4,71
30	92,07	7,93
40	85,12	14,78
50	79,19	20,81
60	74,79	25,21
70	71,78	28,22
80	69,82	30,18
90	68,58	31,42
100	67,82	32,18
120	67,07	32,93
140	66,81	33,19
160	66,72	33,28
190	66,68	33,32
220	66,67	33,33
260	66,67	33,33
300	66,67	33,33

II. Kapitel.

Herstellung von Gemischen beliebiger Parawasserstoffkonzentration.

1. Reindarstellung des Parawasserstoffes.

Bonhoeffer und Harteck[6] haben entdeckt, daß die Einstellung des $o\text{-}p$-Gleichgewichtes bei tiefen Temperaturen durch *Aktivkohle als Katalysator* be-

---

[1] F. G. Brickwedde, R. B. Scott, H. S. Taylor: J. chem. Physics **3** (1935), 653.

[2] Vgl. auch K. Clusius: Z. physik. Chem., Abt. B **29** (1935), 159; Z. Elektrochem. angew. physik. Chem. **44** (1938), 21.

[3] J. M. B. Kellogg, I. I. Rabi, J. R. Zacharias: Physical. Rev. **45** (1934), 769; **46** (1934), 157, 163; **50** (1936), 472. — J. M. B. Kellogg, I. I. Rabi, W. F. Ramsey (jr.), J. R. Zacharias: Ebenda **55** (1939), 318, 595.

[4] Genau dieser Wert ergibt sich auch aus der Summe des magnetischen Moments des Protons (2,78) und des neuerdings direkt bestimmten Moments des Neutrons (—1,93). Siehe L. W. Alvarez, F. Bloch: Physical. Rev. **57** (1940), 111.

[5] Vgl. auch Kapitel V_4, S. 378.

[6] K. F. Bonhoeffer, P. Harteck: Naturwiss. **17** (1929), 182, 321; S.-B. preuß. Akad. Wiss., physik.-math. Kl. **1929**, 103; Z. physik. Chem., Abt. B **4** (1929), 113; Z. Elektrochem. angew. physik. Chem. **35** (1929), 621.

wirkt werden kann. Demnach läßt sich bei der Temperatur des flüssigen Wasserstoffes (20,4° abs.) praktisch reiner (99,7%iger) Parawasserstoff gewinnen.

Die Darstellung geschieht folgendermaßen (vgl. Abb. 2):[1]

Ein 50 ÷ 100 cm³ fassendes Gefäß aus Quarz oder Jenaer Glas wird mit Adsorptionskohle beschickt. Die Kohle wird im Vakuum bei Rotglut ausgeglüht ($^1/_4$ ÷ $^1/_2$ Std.), bis die anfangs starke Gasabgabe nachgelassen hat. Nach dem Erkalten läßt man reinen Wasserstoff von Atmosphärendruck ein, kühlt dann das Adsorptionsgefäß mit flüssiger Luft und läßt so viel Wasserstoff nachströmen, bis die Kohle bei Atmosphärendruck gesättigt ist. Daraufhin wechselt man das Bad mit flüssiger Luft gegen eines mit flüssigem Wasserstoff aus und läßt weiter gasförmigen Wasserstoff einströmen. Nach Verlauf von einer Viertelstunde sind etwa 8 l Wasserstoff adsorbiert. Das Gefäß überläßt man weitere 10 Min. sich selbst. Das jetzt von der Kohle bei der Temperatur des flüssigen H_2 — z. B. durch Öffnen des Adsorptionsgefäßes gegen einen evakuierten Kolben abgesaugte Gas ist praktisch reiner Parawasserstoff. Man kann sogar ohne große Gefahr für die Reinheit noch weitere Mengen aus der Adsorptionsschicht befreien, indem man vorsichtig durch Senken des Bades die Temperatur etwas steigen läßt.

Arbeitet man strömend, so erhält man bei 100 cm³ Aktivkohle, auch bei erheblichen Strömungsgeschwindigkeiten (200 cm³ und mehr Wasserstoff pro Minute), noch praktisch völlige Einstellung des Gleichgewichtes (vgl. auch A. FARKAS[2]).

Um dauernd größere Mengen von reinem Parawasserstoff vorrätig zu haben, benutzten L. FARKAS und SACHSSE[3] folgende Vorrichtung:

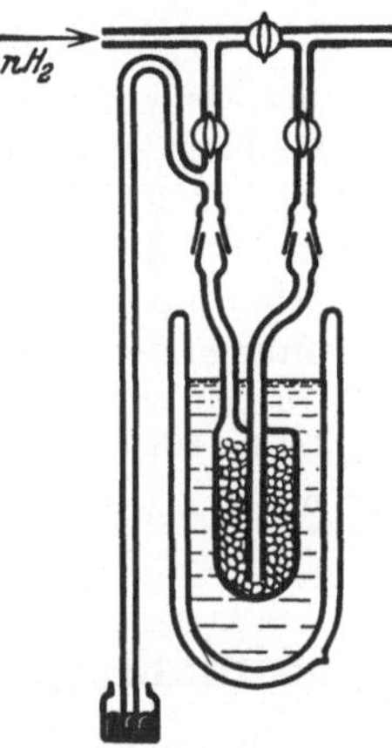

Abb. 2. Anordnung zur Darstellung von $p\mathrm{H}_2$ nach BONHOEFFER und HARTECK.[4]

Das Adsorptionsgefäß (Abb. 2) wird in eine Dewar-Flasche eingebaut, die mit flüssigem H_2 gefüllt ist und außen mit flüssigem Stickstoff gekühlt wird (Anordnung nach MEISSNER,[5] vgl. auch CREMER und POLANYI[6]). Der durch Verdampfen entweichende Wasserstoff kann nach Bedarf entweder durch ein Ventil ins Freie geleitet oder durch das Adsorptionsgefäß geschickt werden, wobei er sich in reinen Parawasserstoff umwandelt. Erfahrungsgemäß hält sich flüssiger Wasserstoff in solcher Anordnung 10 ÷ 20 Tage.[6] Der Verbrauch ist nur 1 ÷ 2 l flüssiger Wasserstoff pro Woche.

In reinen Glasgefäßen ist Parawasserstoff bei gewöhnlicher Temperatur sehr lange haltbar (vgl. Kap. I$_3$, S. 332). Er kann z. B. durch gefettete Hähne oder durch Gummischläuche geleitet und auch durch eine Quecksilberpumpe geschickt werden, ohne eine nennenswerte Umwandlung zu erleiden.

2. Darstellung parawasserstoffreicher Gemische.

Parawasserstoffreiche Gemische kann man nach der im vorigen Abschnitt beschriebenen Arbeitsweise auch durch Verwendung von *flüssiger Luft*

---

[1] K. F. BONHOEFFER, P. HARTECK: Naturwiss. **17** (1929), 182; S.-B. preuß. Akad. Wiss.. physik.-math. Kl. **1929**, 103; Z. physik. Chem., Abt. B **4** (1929), 113; Z. Elektrochem. angew. physik. Chem. **35** (1929), 621.

[2] A. FARKAS: Z. physik. Chem., Abt. B **10** (1930), 419, 421.

[3] L. FARKAS, H. SACHSSE: Z. physik. Chem., Abt. B **23** (1933), 1.

[4] Abbildung nach L. FARKAS: Ergebn. exakt. Naturwiss. **12** (1933), 176.

[5] W. MEISSNER: Z. Physik **66** (1930), 483.

[6] E. CREMER, M. POLANYI: Z. physik. Chem., Abt. B **21** (1933), 459.

(Sauerstoff, Stickstoff) statt des flüssigen Wasserstoffes als Temperaturbad erhalten. Je nach der Temperatur des Bades ist der Prozentgehalt gemäß Tabelle 4 etwas verschieden. Er schwankt zwischen 42 und 48%. Mit abgepumpter flüssiger Luft kann der Gehalt bis auf 65% Parawasserstoff gesteigert werden.

Statt Adsorptionskohle lassen sich auch andere Katalysatoren verwenden. Durch Sauerstoff, der an der Kohle bei tiefen Temperaturen vorher adsobiert wurde, ist eine Erhöhung der Wirksamkeit zu erzielen. Taylor und Sherman[1] haben auf Kieselgur aufgetragenes NiO verwendet und bei einer Strömungsgeschwindigkeit von 100 cm³ pro Minute Gleichgewichtseinstellung erreicht.

3. Anreicherung von Orthowasserstoff.

Reiner Orthowasserstoff ist bei keiner Temperatur durch Gleichgewichtseinstellung zu erhalten. Schon bei Zimmertemperatur ist praktisch die höchste im Gleichgewicht mögliche Orthokonzentration erreicht (vgl. Kap. I, Tabelle 1). Trotzdem ist eine darüber hinausgehende Anreicherung der Orthokomponente denkbar und zu geringen Prozentsätzen auch gefunden worden, so durch Abtrennung der Parakomponente durch Destillation bzw. Rektifikation (vgl. Clusius[2]) oder durch Anreicherung des Orthowasserstoffes in der Adsorptionsschicht. Durch Adsorption an Kieselgur konnte eine Erhöhung des Verhältnisses $o : p$ um 2% erzielt werden.[3]

III. Kapitel.

Bestimmungsmethoden von Ortho- und Parawasserstoff.

Von den in Tabelle 1 (S. 329) angeführten Eigenschaften lassen sich mehrere zur *quantitativen Bestimmung der beiden Modifikationen* verwenden, so z. B. die Verschiedenheit der *Dampfdrucke* und die Unterschiede in den *Rotationsspektren*. Die in der Praxis angewendeten Bestimmungsmethoden beruhen jedoch alle auf dem Unterschied in den *spezifischen Wärmen* (vgl. Kap. I, Abb. 1). Absolute Messungen der spezifischen Wärmen wurden von Eucken und Mitarbeitern[4] ausgeführt. Sie erfordern jedoch eine komplizierte Meßapparatur und größere Mengen von Wasserstoff. Schneller, mit geringeren Mengen und mit größerer Genauigkeit arbeitet die Methode von Bonhoeffer und Harteck,[5] die auf der Messung der *Wärmeleitfähigkeit* von gasförmigem Wasserstoff beruht. Sie wird heute fast ausschließlich angewendet, entweder in ihrer ursprünglichen Form (mit unwesentlichen Abänderungen) oder in der von A. Farkas[6] durchgeführten Ausgestaltung als Mikromethode.

1. Methode von Bonhoeffer und Harteck.

Die *Verschiedenheit des Wärmeleitvermögens* der beiden Wasserstoffarten beruht auf dem Unterschied der Rotationswärmen, der bei etwa 160° abs. am

---

[1] H. S. Taylor, A. Sherman: J. Amer. chem. Soc. **53** (1931), 578; Trans. Faraday Soc. **28** (1932), 247.

[2] K. Clusius, K. Hiller: Z. physik. Chem., Abt. B **4** (1929), 158; K. Clusius: Ebenda Abt. B **29** (1935), 159; Z. Elektrochem. angew. physik. Chem. **44** (1938), 21.

[3] E. Cremer: Unveröffentlichte Messung; vgl. auch Z. physik. Chem., Abt. B **28** (1935), 383.

[4] A. Eucken: S.-B. preuß. Akad. Wiss., physik.-math. Kl. **1912**, 141; Naturwiss. **17** (1929), 182; Physik. Z. **30** (1929), 818; **31** (1930), 361. — A. Eucken, K. Hiller: Z. physik. Chem., Abt. B **4** (1929), 142.

[5] K. F. Bonhoeffer, P. Harteck: Naturwiss. **17** (1929), 182, 321; S.-B. preuß. Akad. Wiss., physik.-math. Kl. **1929**, 103; Z. physik. Chem., Abt. B **4** (1929), 113; Z. Elektrochem. angew. physik. Chem. **35** (1929), 621.

[6] A. Farkas: Z. physik. Chem., Abt. B **22** (1933), 344.

stärksten ist. Der Parawasserstoff ist die besser leitende Modifikation. Ein mit einer bestimmten Energie Q geheizter Draht wird also in Parawasserstoff weniger warm als in normalem Wasserstoffgas. Durch *Temperaturmessung* eines solchen Drahtes, die sich sehr genau durch Bestimmen des elektrischen Widerstandes vornehmen läßt, erhält man ein *Maß für den prozentualen Gehalt an Parawasserstoff*. Dies ist das Grundprinzip der Meßmethode von BONHOEFFER und HARTECK.[1]

a) Praktische Ausführung.

Die Meßanordnung ist in Abb. 3 dargestellt. Abb. 4, a bis e, zeigt verschiedene Formen von Gefäßen, die sich zur Leitfähigkeitsbestimmung bewährt haben.

Als allgemeines Verfahren zur Messung der Wärmeleitfähigkeit von Gasen geht die Methode auf SCHLEIERMACHER[2] zurück.

Zur Messung werden die Gefäße in flüssige Luft (auch flüssiges O_2 oder N_2) oder in flüssigen Wasserstoff getaucht. Die Verwendung von flüssigem Wasserstoff hat den Vorteil, daß alle Verunreinigungen, die die Wärmeleitfähigkeit stark beeinflussen — selbst Stickstoff und Sauerstoff —, durch Ausfrieren beseitigt werden. Der Draht wird auf eine Temperatur von 150 bis 200° abs. aufgeheizt. Die Spannung am Draht (etwa 2 bis 20 Volt) muß entsprechend seiner Länge und Dicke so bemessen sein, daß diese

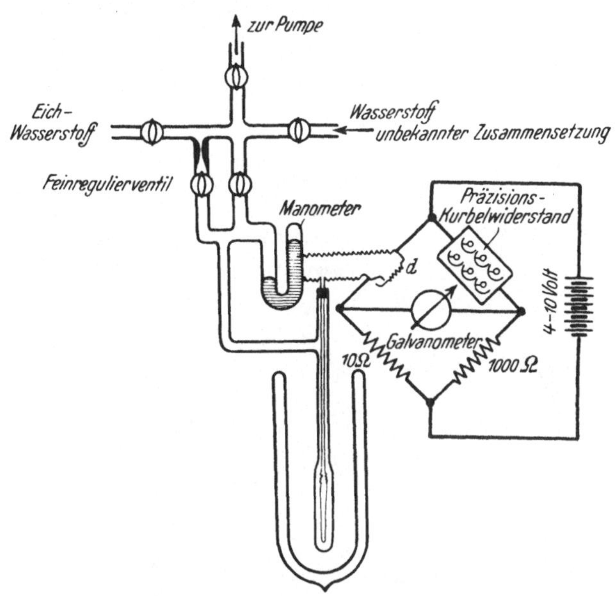

Abb. 3. Anordnung zur Messung der pH_2-Konzentration.

Temperatur erreicht wird. Als Drahtmaterial wird Platin oder Wolfram (zuweilen auch Nickel) verwendet, da diese Metalle einen großen Temperaturkoeffizienten des elektrischen Widerstandes besitzen und der Widerstand für das in Betracht kommende Intervall der absoluten Temperatur proportional ist. Die Stärke des Drahtes (z. B. abgeätzter WOLLASTON-Draht) wird meist zwischen 4 und 20 μ gewählt. Auch mit Quarz überzogene Platindrähte haben sich bewährt. Diese sind nicht so empfindlich gegen „Vergiftungserscheinungen" (Oberflächenänderungen durch Adsorption von Fremdgasen) und mechanisch stabiler. BOLLAND und MELVILLE[3] empfehlen Spiralen von 0,7 mm Radius aus 0,05 mm starkem Wolframdraht. Die Spirale befindet sich in einem nur 2 mm breiten Meßgefäß (Abb. 4 e), so daß 0,005 cm³ H_2 unter Normalbedingungen zur Messung ausreichen.

Die sonstige Anordnung der Glasapparatur sowie die Schaltung zur Messung des Widerstandes (WHEATSTONEsche Brückenschaltung) ist aus der Abb. 3 zu ersehen. Zwischen zwei Messungen läßt man zweckmäßig den Heizstrom durch

---

[1] K. F. BONHOEFFER, P. HARTECK: Naturwiss. **17** (1929), 182; S.-B. preuß. Akad. Wiss., physik.-math. Kl. **1929**, 103; Z. physik. Chem., Abt. B 4 (1929), 113; Z. Elektrochem. angew. physik. Chem. **35** (1929), 621.

[2] A. SCHLEIERMACHER: Wied. Ann. **34** (1888), 623.

[3] J. L. BOLLAND, H. W. MELVILLE: Nature (London) **146** (1937), 63; Proc. Roy. Soc. (London), Ser. A **160** (1937), 384; Trans. Faraday Soc. **33** (1937), 1316.

einen statt des Drahtes eingeschalteten gleich großen Widerstand (d) fließen, um die Batterie stets gleichmäßig zu belasten. Keinesfalls darf der Draht beim Auspumpen der Apparatur weiter geheizt werden, da sich sonst seine Oberfläche stark verändert und er unter Umständen so heiß werden kann, daß er durchschmilzt. Es empfiehlt sich daher, in das Manometer einen Platinkontakt einzubauen, der den Heizstrom des Drahtes bei Unterschreitung eines Druckes von etwa 20 mm selbsttätig ausschaltet.

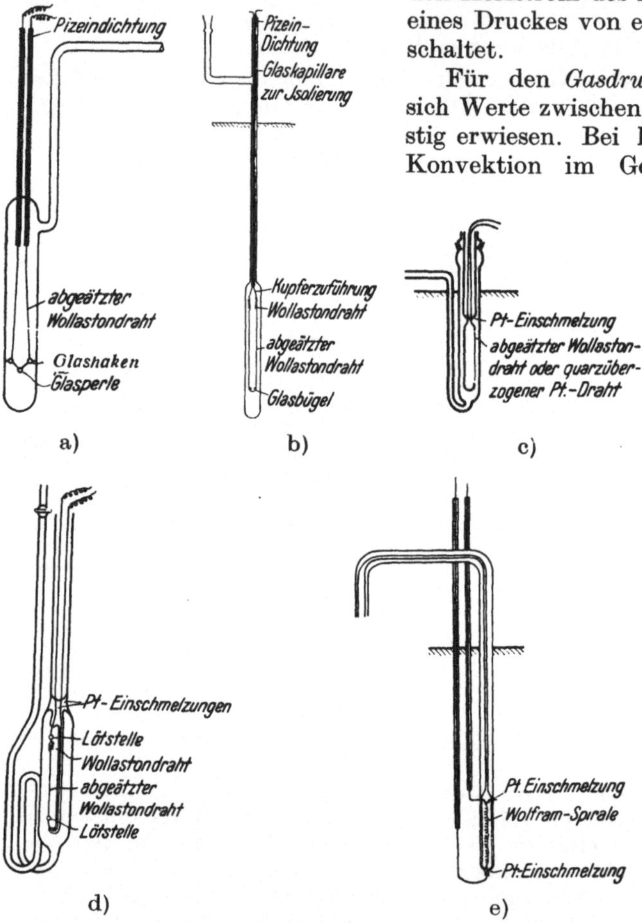

Für den *Gasdruck* in der Meßzelle haben sich Werte zwischen 40 und 60 mm Hg als günstig erwiesen. Bei höheren Drucken wird die Konvektion im Gefäß, bei niedrigeren die Druckabhängigkeit der Wärmeleitfähigkeit störend. Immerhin ist selbst bei diesen Drucken die Leitfähigkeit nicht ganz druckunabhängig (vgl. Bolland und Melville[1]). Der Druck muß daher auf etwa $^1/_{10}$ mm genau bestimmt werden. Abweichungen vom Normaldruck werden bei der Auswertung durch ein empirisches Korrektionsverfahren berücksichtigt.

Da die Widerstandsmessungen gegen eine Reihe von Einflüssen empfindlich sind, so z. B. gegen Verunreinigung durch adsorbierte Fremdstoffe (Luft, Benzol), örtliche Verrückungen des Drahtes und Temperatur des Außenbades, muß vor und nach jeder Messung eine Eichung mit vorrätig gehaltenen Wasserstoffgemischen von bekannter Konzentration vorgenommen werden, am besten sowohl mit normalem als auch mit

Abb. 4. Verschiedene Formen von Meßgefäßen zur Wärmeleitfähigkeitsbestimmung.

a) Ursprüngliche Meßzelle von Bonhoeffer und Harteck,[2] b) vereinfachte Meßzelle (Cremer[3]), c) Meßzelle mit Schliff und eingeschmolzenen Platindurchführungen (L. Farkas[4]), d) Meßzelle für die A. Farkassche Mikromethode nach Wirtz,[5] e) Mikrozelle von Bolland und Melville.[1]

angereichertem Parawasserstoff. Verunreinigungen (der Wände wie des Gases) können den Parawasserstoffumsatz im Vorratsgefäß beschleunigen. Es ist daher

---

[1] Vgl. Fußnote 3, S. 339.
[2] Vgl. Fußnote 1, S. 339.
[3] Z. B. benützt bei E. Cremer: Z. physik. Chem., Abt. B **28** (1935), 383.
[4] L. Farkas: Ergebn. exakt. Naturwiss. **12** (1933). 176.
[5] K. Wirtz: Z. physik. Chem., Abt. B **32** (1936), 334.

notwendig, von Zeit zu Zeit die Leitfähigkeit des Eichwasserstoffes mit der von frisch hergestelltem Parawasserstoff zu vergleichen.

Beispiel einer Messung.

Drahtdimensionen: Stärke 10 μ, Länge 20 cm.
Widerstand des Drahtes bei 20° abs. = 32,21 Ω.
Angelegte Spannung 12 Volt.
Fülldruck 40 mm.
Brückenschaltung 10 Ω : 1000 Ω.

Gas im Meßgefäß	Widerstandsmessung nach BONHOEFFER und HARTECK[1]
Normaler Wasserstoff	110,60 Ω
Parawasserstoff (99,7%)	105,23 Ω
Wasserstoff unbekannter Zusammensetzung	107,45 Ω
Normaler Wasserstoff	110,60 Ω

Wenn nicht sehr große Genauigkeit verlangt wird, läßt sich der *Gehalt an Parawasserstoff* (x_p) durch *lineare Interpolation aus den Widerstandswerten* ermitteln. Bezeichnet man mit W_n, W_p, W_x die bei Füllung mit normalem Wasserstoff, Parawasserstoff und Wasserstoff unbekannter Zusammensetzung gemessenen Widerstandswerte, so ist der Gehalt an Parawasserstoff:

$$x_p = 75 \left(1 - \frac{W_n - W_x}{W_n - W_p}\right), \tag{7}$$

der an Orthowasserstoff:

$$x_o = 25 + 75 \frac{W_n - W_x}{W_n - W_p}. \tag{8}$$

Für das oben angeführte Beispiel ergibt dies:

$$x_p = 40,3\%,$$

$$x_o = 59,7\%.$$

Da die letzte Stelle der Widerstandsangabe noch sicher ist, ist die angegebene Konzentration auf 0,15% genau. Serienversuche zeigen, daß der mittlere Fehler der Methode noch unter 0,1 für die Angabe der Konzentration in Prozenten liegt.

Die Ermittlung des Prozentsatzes durch lineare Interpolation aus den gemessenen Widerständen ist um so erlaubter, je kleiner der Konzentrationsunterschied . zwischen den extremen zur Eichung benutzten Wasserstoffgemischen und je geringer der Unterschied zwischen den zugehörigen Widerstandswerten ist. A. FARKAS[2] erhielt im Konzentrationsintervall zwischen 25 und 48% $o\mathrm{H_2}$ die in Abb. 5 gezeichnete Eichkurve, also mit großer Genauigkeit eine Gerade.

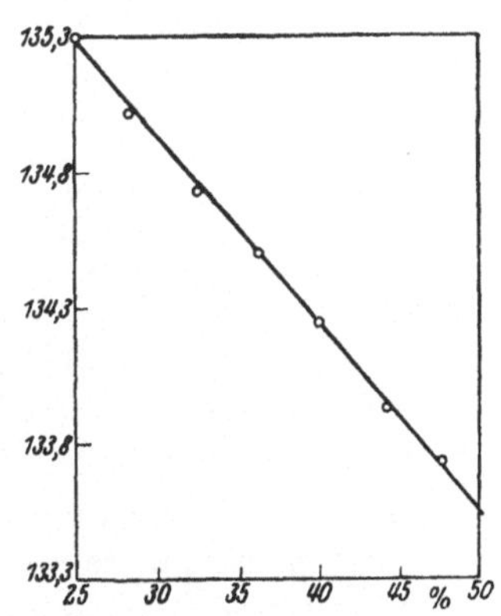

Abb. 5. Experimentelle Prüfung der Abhängigkeit des Drahtwiderstandes von der $p\mathrm{H_2}$-Konzentration nach A. FARKAS.[2]

Über größere Intervalle ist jedoch eine so strenge Linearität nicht zu erhalten und auch nicht zu erwarten. So zeigt die in Abb. 6 wiedergegebene Eichkurve, die zwischen den Fixpunkten 25 und 100% gemessen ist (CREMER[3]), einen deut-

---

[1] K. F. BONHOEFFER, P. HARTECK: Naturwiss. **17** (1929), 182; S.-B. preuß. Akad. Wiss., physik.-math. Kl. **1929**, 103; Z. physik. Chem., Abt. B **4** (1929), 113; Z. Elektrochem. angew. physik. Chem. **35** (1929), 621.

[2] A. FARKAS: Z. physik. Chem., Abt. B **10** (1930), 419, 422.

[3] E. CREMER: Z. physik. Chem., Abt. B **39** (1938), 445, 462.

lichen *Durchhang*. Bei maximalem Abstand von den beiden Endpunkten ergibt sich eine Abweichung von 3% (absolut) zwischen dem wahren und dem durch lineare Interpolation des Widerstandes erhaltenen Wert. Auf mittlere Parawasserstoffkonzentrationen bezogen, ergeben sich die in Tabelle 8 zusammengestellten Mittelwerte.

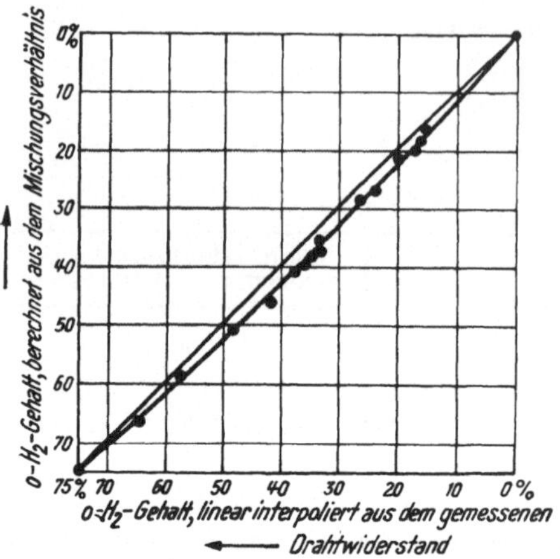

Abb. 6. Experimentell gefundene Eichwerte für die Bestimmung der Orthowasserstoffkonzentration aus dem elektrischen Widerstand des Meßdrahtes nach Cremer.[1]

Tabelle 8.

Wahre Orthowasserstoffkonzentration in Prozenten	Differenz zwischen dem wahren und dem linear interpolierten Wert
37,5	$2,9 \pm 0,1$
50 und 25	$2,3 \pm 0,2$
60 und 15	$1,9 \pm 0,1$

Man kann die Größe des „Durchhangs" der Kurve auch theoretisch abschätzen (vgl. nächsten Abschnitt), doch empfiehlt es sich stets, einige Eichpunkte zu messen, da möglicherweise bei verschiedenen Schaltungen oder Anordnungen unkontrollierbare Effekte auftreten können. So können sich z. B. namentlich bei niedrigen Drucken und kleinem Drahtdurchmesser Verschiedenheiten der Akkommodationskoeffizienten der beiden Modifikationen (vgl. Bonhoeffer,[2] Wirtz,[3] Bolland und Melville[4]) bemerkbar machen. Bei ternären Gemischen (vgl. dieses Kapitel Abs. 3) sind auch Störungen möglich, die von Entmischungseffekten durch Thermodiffusion herrühren. Ferner ist bei allen Leitfähigkeitsmessungen darauf zu achten, daß man sich in demjenigen Gebiet des Stromspannungsdiagrammes befindet, in dem die Stromstärke mit der Spannung wächst. Bei „rückfallender Charakteristik" wird die Temperaturverteilung am Draht instabil (Buschsches Stabilitätskriterium), wodurch plötzliche Sprünge im Widerstandswert auftreten können (Busch,[5] Farkas,[6] Farkas und Rowley[7]).

b) Theorie der Bonhoeffer-Harteckschen Methode.[8]

Die Abhängigkeit der Wärmeleitfähigkeit λ von der spezifischen Wärme C_v ist gegeben durch den Ausdruck

$$\lambda = k \, \eta \, C_v, \tag{9}$$

wobei k einen Zahlenfaktor bedeutet, der für die beiden Gase etwas verschieden ist, und η die innere Reibung. Während für k der Wert

$$k = \left(\frac{2,25 \cdot R}{C_v} + 1 \right) \tag{10}$$

einzusetzen ist,[9,10] gilt für η in hinreichender Näherung

$$\eta_{para} = \eta_{normal}. \tag{11}$$

[1] E. Cremer: Z. physik. Chem., Abt. B **39** (1938), 445, 462.
[2] K. F. Bonhoeffer, H. H. Rowley: Z. physik. Chem., Abt. B **21** (1933), 84.
[3] K. Wirtz: Z. physik. Chem., Abt. B **32** (1936), 334.
[4] I. L. Bolland, H. W. Melville: Nature (London) **146** (1937), 63; Proc. Roy. Soc. (London), Ser. A **160** (1937), 384; Trans. Faraday Soc. **33** (1937), 1316.
[5] H. Busch: Ann. Physik (4), **64** (1921), 401.
[6] A. Farkas: Z. physik. Chem., Abt. B **14** (1931), 371.
[7] A. Farkas, H. H. Rowley: Z. physik. Chem., Abt. B **22** (1933), 335.
[8] K. F. Bonhoeffer, P. Harteck: Z. physik. Chem., Abt. B **4** (1929), 113.
[9] A. Eucken: Physik. Z. **14** (1913), 324.
[10] Vgl. z. B. K. F. Herzfeld: Kinetische Theorie der Wärme in Müller-Pouillets Lehrbuch der Physik, 11. Aufl., Bd. III, 2. Hälfte, S. 92.

Man erhält also für die Leitfähigkeit in reinem Parawasserstoff:

$$\lambda_{\text{para}} = \frac{k_{\text{para}}\, C_{v\,\text{para}}}{k_{\text{normal}}\, C_{v\,\text{normal}}}\; \lambda_{\text{normal}}. \tag{12}$$

Die in normalem bzw. Parawasserstoff abgeleiteten Wärmemengen sind dann

$$Q_{\text{normal}} = C \int_{T_0}^{T_{\text{normal}}} \lambda_{\text{normal}}\, dT, \tag{13}$$

$$Q_{\text{para}} = C \int_{T_0}^{T_{\text{para}}} \lambda_{\text{para}}\, dT, \tag{14}$$

wobei T_0 die Temperatur des äußeren Bades bedeutet und C nur von der geometrischen Anordnung abhängt. Es ist also nach (12) und (14):

$$Q_{\text{para}} = C \int_{T_0}^{T_{\text{para}}} \lambda_{\text{normal}}\, \frac{k_{\text{para}}\, C_{v\,\text{para}}}{k_{\text{normal}}\, C_{v\,\text{normal}}}\, dT. \tag{15}$$

Da man nach EUCKEN[1]

$$\lambda_{\text{normal}} = \alpha\, T$$

setzen kann, erhält man aus (13), (14), (15)

$$Q_{\text{para}} = Q_{\text{normal}}\; \frac{2 \int_{T_0}^{T_{\text{para}}} T\, \dfrac{k_{\text{para}}\, C_{v\,\text{para}}}{k_{\text{normal}}\, C_{v\,\text{normal}}}\, dT}{T_{\text{normal}}^{2} - T_0^{2}}. \tag{16}$$

Q_{para} und Q_{normal} sind nur von den gemessenen Drahtwiderständen abhängig und diese wiederum den Temperaturen T_{para} und T_{normal} proportional [siehe Gleichung (17) und (18)]. Bei bekanntem T_{normal} läßt sich somit (durch graphische Auswertung des Integrals und schrittweise Annäherung) die Temperatur T_{para} berechnen. BONHOEFFER und HARTECK[2] fanden befriedigende Übereinstimmung mit dem von ihnen gemessenen Wert (T_{para} berechnet: 193,9° abs.; gemessen: 191,6° abs.).

Aus der Beziehung

$$T = \text{konst.}\; W \tag{17}$$

(W = gemessener Widerstand), die z. B. für Platin im betrachteten Temperaturintervall sicher gültig ist, läßt sich aus den obigen Formeln ein Ausdruck für die Abhängigkeit des gemessenen Widerstandes von der o-p-Konzentration des Gemisches ableiten. Dieser Ausdruck führt jedoch auf Integrale, die nicht ohne weiteres auszuwerten sind und deren Form nicht erkennen läßt, warum eine einfache lineare (oder fast lineare) Beziehung zwischen Konzentration und Widerstand besteht (vgl. L. FARKAS[3]). Doch läßt sich folgende *Näherungsrechnung* durchführen:

Sind T_{normal} und T_{para} nur sehr wenig voneinander verschieden, so kann man für das ganze Temperaturintervall statt der temperaturveränderlichen Leitfähigkeit einen konstanten Mittelwert $\bar{\lambda}$ einsetzen. Man erhält so nach (13) und (14):

$$Q_{\text{normal}} = C\, \bar{\lambda}_{\text{normal}}\, (T_{\text{normal}} - T_0), \tag{13a}$$

$$Q_{\text{para}} = C\, \bar{\lambda}_{\text{para}}\, (T_{\text{para}} - T_0). \tag{14a}$$

[1] A. EUCKEN: Physik. Z. 14 (1913), 324.
[2] K. F. BONHOEFFER, P. HARTECK: Z. physik. Chem., Abt. B 4 (1929), 113.
[3] L. FARKAS: Ergebn. exakt. Naturwiss. 12 (1933), 176.

Sowohl T [Gleichung (17)] wie Q lassen sich als Funktion der gemessenen Wider stände ausdrücken. Es ist

$$Q = i^2 \cdot W = \frac{E^2}{(W + V)^2} \, W, \tag{18}$$

wobei E die konstante Spannung der Brücke und V den konstanten Widerstand in dem Brückenzweig des Drahtes bedeutet (vgl. Schaltschema Abb. 3), und nach (13a), (17) und (18):

$$\text{konst. } \bar{\lambda} = L = \frac{W}{(W + V)^2 (W - W_0)} . \text{ }^1 \tag{19}$$

Da man annehmen darf, daß sich die einzelnen Komponenten entsprechend ihrem Partialdruck am Wärmetransport beteiligen, ist in einem Gemisch, in dem sich ein Bruchteil u des im normalen Wasserstoff vorhandenen $o\,H_2$ in $p\,H_2$ umgewandelt hat,

$$L_u = L_{\text{normal}} + u \, (L_{\text{para}} - L_{\text{normal}}). \tag{20}$$

Nach Umformung von (20) und Einsetzen der Werte der Gleichung (19) erhält man:

$$u = \frac{\dfrac{W_x}{(W_x + V)^2 (W_x - W_o)} - \dfrac{W_n}{(W_n + V)^2 (W_n - W_o)}}{\dfrac{W_p}{(W_p + V)^2 (W_p - W_o)} - \dfrac{W_n}{(W_n + V)^2 (W_n - W_o)}} . \tag{21}$$

Für die praktisch vorkommenden Werte von W und V kann man

$$u \approx \frac{W_n - W_x}{W_n - W_p} \tag{21a}$$

setzen. Die o- und p-Konzentrationen (x_o, x_p) in Prozenten ergeben sich aus u gemäß der Beziehung:

$$x_o = 75 \cdot (1 - u) \quad \text{und} \quad x_p = 25 + 75 \, u. \tag{22}$$

Berechnet man die Prozente nach den Formeln (21) und (22) z. B. für die in Abb. 5 gegebenen Messungen von A. FARKAS,[2] so erhält man Abweichungen vom linear interpolierten Wert, die im Maximum nur 0,13% betragen, also innerhalb der Meßfehlergrenze liegen. Anders ist es bei den Messungen von CREMER (Abb. 6).[3] Hier tritt wegen des größeren Konzentrationsintervalles und des stärkeren Unterschiedes von W_n und W_p eine stärkere Abweichung auf, und zwar errechnet sich für $u = 0,5$ ein $\varDelta x$ von 2,2% gegenüber 2,9% gefunden (vgl. Tabelle S. 342). Daß die gefundene Abweichung noch etwas größer ist als die berechnete, rührt daher, daß die obige Näherung die Verschiedenheit von T_{para} und T_{normal} nicht berücksichtigt (Unterschied zirka 10°). Man kann durch graphische Auswertung der in Abb. 1 gegebenen Kurven abschätzen, welchen Fehler man durch diese Vernachlässigung begeht und erhält in bezug auf Größe und Richtung der Abweichung völlige Übereinstimmung mit dem Experiment.[3]

Die Leitfähigkeitsmessungen können auch so vorgenommen werden, daß man den *Spannungsabfall* an einem dem Meßdraht *vorgeschalteten konstanten Widerstand* mißt.[4] Man kann auch den *Drahtwiderstand konstant* halten ($T_n = T_p$) und dafür die *Spannung am Draht verändern*. Eine allgemeine Behandlung der Abhängigkeit der Spannung von der prozentualen Zusammensetzung des Gasgemisches ist für diesen Fall von BOLLAND und MELVILLE[5] gegeben worden.

---

[1] Vgl. E. CREMER: Z. physik. Chem., Abt. B **39** (1938), 445. Infolge eines Druckfehlers steht dort in der Gleichung für L auf S. 461 (— 5) statt (+ 5).

[2] L. FARKAS: Ergebn. exakt. Natnrwiss. **12** (1933), 176.

[3] E. CREMER: Z. physik. Chem., Abt. B **39** (1938), 445.

[4] E. CREMER, J. CURRY, M. POLANYI: Z. physik. Chem., Abt. B **23** (1933), 445.

[5] J. L. BOLLAND, H. W. MELVILLE: Trans. Faraday Soc. **33** (1937), 1318.

2. Meßmethoden bei niedrigeren Drucken.

a) Methode von GEIB und HARTECK.[1]

Die Schwierigkeit beim *Übergang zu niedrigen Drucken* liegt zum Teil darin, daß die Wärmeleitfähigkeit sehr stark druckabhängig wird, sobald die freien Weglängen den Draht- und schließlich auch den Gefäßdimensionen vergleichbar werden. Dieser Druckeffekt betrifft Ortho- und Parawasserstoff in gleichem Maße und ist unabhängig von der Temperatur, bei der der Wärmeübertritt vor sich geht. Man kann durch geeignete Wahl der Drahtdimensionen zwei Leitfähigkeitsgefäße, von denen das eine in flüssige Luft, das andere in Eis taucht, so konstruieren, daß (für einen gewissen Druckbereich) die durch eine Druckänderung hervorgerufene relative Widerstandsänderung in beiden Gefäßen gleich groß ist. Schaltet man nun die Meßdrähte der beiden Leitfähigkeitsgefäße in der in Abb. 7 angegebenen Weise, so werden die Druckschwankungen automatisch kompensiert. Gegen die Änderung der o- und p-Konzentration zeigt sich die Drahttemperatur in dem mit Eis gekühlten Gefäß praktisch unempfindlich, da der Unterschied in den Leitfähigkeiten der beiden Modifikationen bei $0°\,C$ (und darüber) nur mehr sehr geringfügig ist. Die durch den variablen Widerstand R kompensierte Widerstandsänderung in der tiefgekühlten Zelle gestattet aber in gleicher Weise die Konzentration zu messen wie bei der BONHOEFFER-HARTECKschen Anordnung.

GEIB und HARTECK[1] benutzten die Methode bei einem Druck von 0,5 mm Hg.

b) Methode von A. FARKAS.

Bei noch geringeren Drucken (einigen tausendstel Millimetern) arbeitet die *Mikromethode* von A. FARKAS.[2] Die Versuchsanordnung ist in Abb. 8 dargestellt. Die genaue

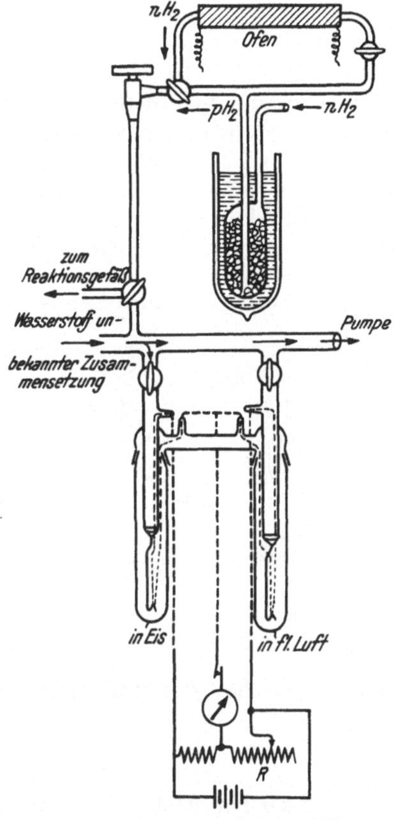

Abb. 7. Anordnung von GEIB und HARTECK[2] zur Messung der pH_2-Konzentration bei niedrigen Drucken.

Druckeinstellung wird hierbei durch folgenden Kunstgriff erreicht: Das mit flüssiger Luft gekühlte Meßgefäß (siehe Abb. 4d) wird mit Wasserstoff auf etwa 0,05 mm gefüllt und dann durch den Meßdraht ein Strom i_1 geschickt, der so groß ist (einige Milliampere), daß eine Temperatur T_1 von etwa 160 bis 180° abs. im Draht erzeugt wird. Um diese Temperatur bei jeder Messung gut reproduzieren zu können, stellt man den zur Temperatur T_1 gehörenden Widerstand in der Brückenschaltung vorher ein, füllt dann die Zelle mit einem etwas höheren Druck und pumpt nun durch das Feinregulierventil h_3 langsam ab bis zu dem Moment, in dem der Galvanometerzeiger durch den Nullpunkt geht. Auf diese Weise läßt sich der erforderliche Wasserstoffdruck sehr genau repro-

[1] K. H. GEIB, P. HARTECK: Z. physik. Chem., BODENSTEIN-Festband (1931), 849.
[2] A. FARKAS: Z. physik. Chem., Abt. B **22** (1933), 344.

duzierbar einstellen (Prinzip des PIRANI-Manometers). Für die verschiedenen Wasserstoffgemische sind dabei die Fülldrucke (p_x) verschieden. Sie verhalten sich z. B. für normalen und Parawasserstoff wie die Flächenstücke $T_{fl}T_1BA$ und $T_{fl}T_1B'A'$ in Abb. 9. Es gilt:

$$\frac{p_{\text{para}}}{p_{\text{normal}}} = \frac{\int\limits_{T_{fl}}^{T_1} C_v^{\text{normal}}}{\int\limits_{T_{fl}}^{T_1} C_v^{\text{para}}} = \frac{T_{fl}\,T_1\,B\,A}{T_{fl}\,T_1\,B'\,A'}. \tag{23}$$

Wird nun die Stromstärke durch Kurzschluß eines 100-Ohm-Widerstandes in der angegebenen Schaltung von i_1 auf i_2 erhöht, dann erlangt der Draht eine Temperatur T_2, die um so höher liegt, je mehr Parawasserstoff im Füllgas enthalten ist. Für $p\,H_2$ und $n\,H_2$ gelten dann näherungsweise folgende Propor-

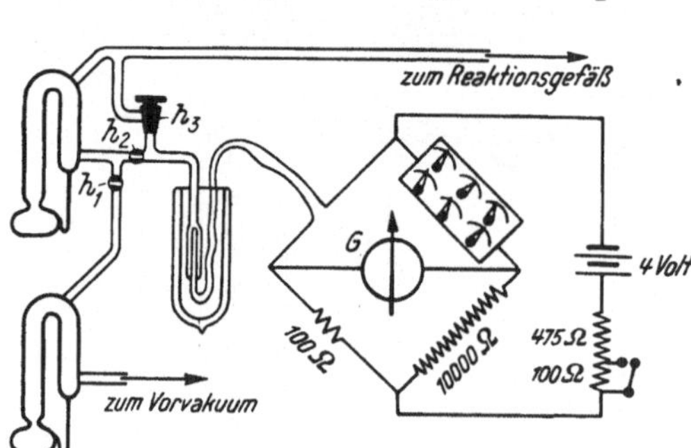

Abb. 8. Anordnung für die Mikromethode von A. FARKAS.[1]   Abb. 9. Veranschaulichung des Prinzips der Mikromethode von A. FARKAS.[1]

tionen zwischen den Flächenstücken (Abb. 9):

$$\frac{T_{fl}\,T_1\,B\,A}{T_{fl}\,T_1\,B'\,A'} = \frac{T_{fl}\,T_2^{\text{normal}}\,C\,A}{T_{fl}\,T_2^{\text{para}}\,C'\,A'}. \tag{24}$$

Die größten Unterschiede werden erreicht, wenn $T_1 \sim -200°$ C und $T_2 \sim 0°$ C ist. Empirisch ergibt sich auch hier eine lineare Abhängigkeit der bei der Stromstärke i_2 sich einstellenden Temperatur von der Parakonzentration des Füllgases.

Als Beispiel seien einige von A. FARKAS[1] gemessene Daten gegeben:

Dicke des Platindrahtes 0,01 mm;
Länge 50 mm;
Volumen der Meßzelle $3 \div 4$ cm³;
$i_1 = 5{,}2$ mA, $T_1 = 180°$ abs., Widerstand $84{,}50\ \Omega$;
$i_2 = 5{,}7$ mA, $T_2 = 250 \div 260°$ abs., Widerstand $116 \div 122\ \Omega$;
Fülldruck 0,05 mm Hg, das Volumen der gesamten Meßapparatur 35 cm³.

Die zur Messung verwendeten Mengen betrugen also nur wenige Kubikmillimeter Wasserstoff von Atmosphärendruck. Für die BONHOEFFER-HARTECKsche Methode benötigt man bei der normalen Anordnung etwa das 10^3—10^4fache.

---

[1] A. FARKAS: Z. physik. Chem., Abt. B **22** (1933), 344.

BOLLAND und MELVILLE[1] konnten allerdings durch Verwendung von Mikrogefäßen auch bei mittleren Drucken den Bedarf auf einen sehr niedrigen Wert (~ 5 mm³) herabdrücken.

Für Drucke von einigen tausendstel Millimetern und darunter ist die Methode von A. FARKAS in der oben beschriebenen Weise nicht mehr brauchbar. Doch kann man das Gas, ohne daß es eine Umwandlung erfährt, mit einer gewöhnlichen Quecksilberpumpe auf den erforderlichen Meßdruck komprimieren (vgl. Anordnung Abb. 8, h_1, h_3 geschlossen, h_2 geöffnet). Dadurch kann die Untersuchung für Wasserstoff von beliebig kleinem Druck durchgeführt werden.

Das Versagen der Methode bei sehr kleinen Drucken hat seinen Grund einerseits darin, daß schließlich der Wärmeverlust des Drahtes zum großen Teil durch Strahlung und Ableitung durch die Drahtenden erfolgt. (Bei hohen Drucken ist der letztere Effekt völlig zu vernachlässigen, vgl. BOLLAND und MELVILLE.[1]) Anderseits spielt für den Teil, der durch das Gas abgeleitet wird, der Akkommodationskoeffizient die maßgebende Rolle. Da dieser sehr stark von der Oberflächenbeschaffenheit des Drahtes abhängt, machen sich leicht unreproduzierbare Einflüsse geltend. Bis zu einem gewissen Grade ist dies auch schon bei dem für die Methode günstigsten Druck von einigen hundertstel Millimetern der Fall, weshalb man Überhitzung des Drahtes und Verunreinigung durch Adsorption von Fremdstoffen peinlichst vermeiden muß. Die Methode ist — namentlich nach ihrer Übertragung auf die Messung von H_2-D_2- und HD-Gemischen[2] — von verschiedenen Seiten einer eingehenden Kritik unterzogen worden.[3, 4, 5, 6]

3. Bestimmung von Ortho- und Parawasserstoff neben anderen Gasen.

Andere Gase als Wasserstoff (z. B. O_2, N_2) haben eine erheblich schlechtere Wärmeleitfähigkeit. Es können daher Spuren dieser Gase im Meßgefäß die Messung stark fälschen, und zwar in der Richtung, daß ein zu hoher Orthowasserstoffgehalt vorgetäuscht wird.

Da ferner auch Adsorptionsschichten am Meßdraht erhebliche Änderungen der Leitfähigkeit hervorrufen können, muß der zur Messung gelangende Wasserstoff möglichst frei von Verunreinigungen sein. Die sonst übliche Reinigung durch tiefgekühlte Adsorptionskohle ist in diesem Falle nicht anwendbar, da dabei gleichzeitig eine Ortho-Para-Umwandlung stattfinden würde (vgl. Kap. II$_2$, S. 337). Als Reinigungsmethode kommt also nur das Ausfrieren der Fremdgase durch flüssigen Wasserstoff in Frage, wodurch alle Gase, außer Helium und Deuterium, entfernt werden können. Während Helium selten als Mischungsbestandteil vorkommt, ist die genaue Analyse von Gemischen aus leichtem und schwerem Wasserstoff ein wichtiges Problem geworden (vgl. Kap. III$_4$, S. 348).

Wird keine besondere Reinigung des Wasserstoffes vorgenommen, so kommen bei äußerer Kühlung des Meßgefäßes mit flüssiger Luft als störende Gase für die Messung He, N_2, O_2, CO und CH_4 in Frage. Die Gegenwart von Sauerstoff ist aus zwei Gründen schädlich: 1. wegen einer katalytischen Wirkung auf die o-p-Umsetzung (Kap. IV$_3$, S. 362) und 2. wegen der Veränderung des Meßdrahtes durch Oberflächenreaktion. Die letztere Wirkung beeinträchtigt die Meß-

[1] J. L. BOLLAND, H. W. MELVILLE: Trans. Faraday Soc. **33** (1937), 1316.

[2] A. FARKAS, L. FARKAS: Proc. Roy. Soc. (London), Ser. A **144** (1934), 467. — P. HARTECK: Z. Elektrochem. angew. physik. Chem. **44** (1930), 3.

[3] K. WIRTZ: Z. physik. Chem., Abt. B **32** (1936), 334.

[4] D. D. ELEY, J. L. TUCK: Trans. Faraday Soc. **32** (1936), 1425.

[5] NEWELL PURCELL, GREGORY ELLINGHAM: Nature (London) **137** (1936), 69.

[6] R. BURSTEIN: Acta Physicochim. USSR **6** (1937), 815.

genauigkeit erheblich. Drähte, die öfters der Einwirkung von Sauerstoff ausgesetzt waren, werden mit der Zeit völlig unbrauchbar.[1] Bei Verwendung von quarzüberzogenen Drähten wird dieser Übelstand vermieden. Die katalytische Wirkung läßt sich, falls die Konzentrationen genau bekannt sind, in Rechnung setzen.

BOLLAND und MELVILLE[2] haben ein Meßverfahren angegeben für die *Konzentrationsbestimmung einer ternären Mischung* (oH_2, pH_2 und ein Fremdgas X), das eine Modifizierung der BONHOEFFER-HARTECKschen Methode darstellt:

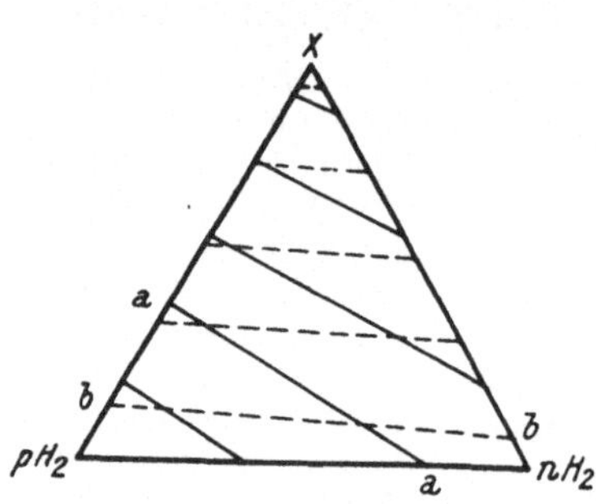

Abb. 10. Schematische Zeichnung der Linien gleicher Wärmeleitfähigkeit in einem ternären Gemisch nach BOLLAND und MELVILLE.[2]

a—a bei tiefer Temperatur, *b—b* bei hoher Temperatur.

In einem Diagramm, das die Konzentrationen der drei verschiedenen Komponenten als Koordinaten enthält (vgl. Abb. 10), lassen sich Linien gleicher Wärmeleitfähigkeit zeichnen. Wegen der starken Änderung der spezifischen Wärmen der beiden Wasserstoffmodifikationen bei tiefen Temperaturen zeigen diese Linien z. B. für 160° abs. und 300° abs. einen verschiedenen Verlauf (in der Dreiecksdarstellung verschiedene Neigung zur n-p-H_2-Achse). Durch zwei Messungen der Wärmeleitfähigkeit — einmal bei tiefer Temperatur (160°) und einmal bei hoher Temperatur (300°) — kann man jede dieser beiden Linien ermitteln und aus dem Schnittpunkt die wahren Konzentrationswerte ablesen.

4. Bestimmung von Para- und Orthodeuterium.

Auch die beiden Modifikationen des *schweren Wasserstoffes* (Para- und Orthodeuterium) zeigen bei tiefen Temperaturen einen Unterschied in den spezifischen Wärmen. Ihre Konzentration läßt sich also auch nach der Wärmeleitfähigkeitsmethode bestimmen. Die Abb. 11 zeigt den Verlauf der Rotationswärmen für die reinen Modifikationen des leichten und des schweren Wasserstoffes und für die Verbindung HD. Der maximale Unterschied zwischen den Rotationswärmen beider Modifikationen liegt für Deuterium bei einer viel tieferen Temperatur als für leichten Wasserstoff. Bei den hohen Temperaturen ($\sim$ 300° abs.),

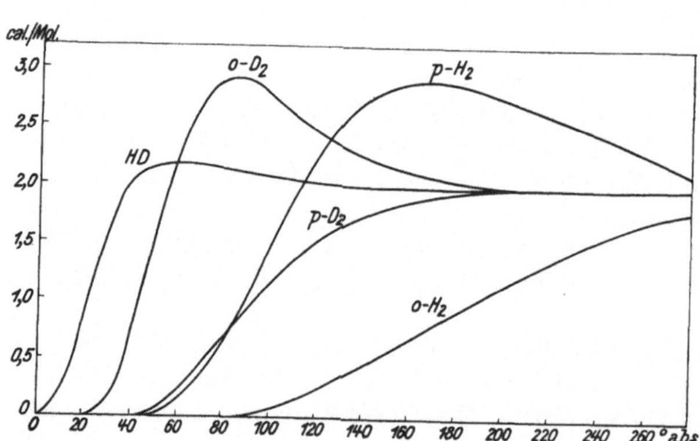

Abb. 11. Verlauf der Rotationswärmen für die Moleküle H_2, D_2 und HD.

bei denen die Unterschiede in den Rotationswärmen praktisch ausgeglichen sind, ist immer noch ein Unterschied in der Wärmeleitfähigkeit vorhanden, der von den verschiedenen Massen und der dadurch (entsprechend den Wurzeln aus den Massen)

---

[1] L. FARKAS, H. SACHSSE: Z. physik. Chem., Abt. B **23** (1933), 1.
[2] I. L. BOLLAND, H. W. MELVILLE: Nature (London) **146** (1937), 63; Proc. Roy. Soc. (London), Ser. A **160** (1937), 384; Trans. Faraday Soc. **33** (1937), 1316.

veränderten Stoßzahl herrührt. Es wurde daher von HARTECK[1,4] vorgeschlagen, die Wärmeleitfähigkeitsmethode zur Bestimmung von D-Gehalten zu verwenden. SACHSSE und BRATZLER[2] bauten die Methode von BONHOEFFER und HARTECK, A. und L. FARKAS[3] ihrerseits die A. FARKASsche Mikroleitfähigkeitsmethode in dieser Richtung aus. Es ist sogar möglich, den analytischen Nachweis der fünf in einer Mischung von leichtem und schwerem Wasserstoff vorhandenen Komponenten $o\,H_2$, $p\,H_2$, $o\,D_2$, $p\,D_2$ und HD durchzuführen.[4] Das Prinzip beruht auf folgendem:

Bei ganz tiefen Temperaturen (60° abs.) treten nur die Unterschiede hervor, die auf einer Verschiedenheit des Ortho- und Paradeuteriumgehaltes beruhen. Bei 200° abs. sind die spezifischen Wärmen von $o\,D_2$, $p\,D_2$ und HD beinahe gleich, während $p\,H_2$ und $o\,H_2$ noch merklich verschieden sind. Unterschiede der Leitfähigkeit bei diesen Temperaturen betreffen also das o-p-H_2-Verhältnis. Den Deuteriumgehalt kann man durch Vergleich der Wärmeleitfähigkeit bei Eistemperatur mit der von reinem, leichtem Wasserstoff ermitteln, und zwar ist — wegen der verschiedenen Massen der D_2- und HD-Moleküle — die Leitfähigkeit verschieden, je nachdem, ob der schwere Wasserstoff in Form von D_2 oder von HD in der Mischung vorliegt. Leitet man nun die gemessene Mischung über einen Katalysator, so stellt sich der Gleichgewichtsgehalt an HD ein. Der Vergleich der Leitfähigkeit dieser Mischung mit der Anfangsmischung erlaubt die Feststellung des ursprünglichen Verhältnisses $D_2 : HD$.

<h2 style="text-align:center">IV. Kapitel.</h2>

<h1 style="text-align:center">Umwandlung von Ortho- und Parawasserstoff.</h1>

<h3 style="text-align:center">1. Umwandlung durch Atomaustausch.</h3>

<h3 style="text-align:center">a) Experimentelle Arbeiten.</h3>

Bereits BONHOEFFER und HARTECK[5] haben festgestellt, daß in Quarzröhren und glasierten Tonröhren bei Temperaturen zwischen 750 und 1100° C eine *homogene Umwandlung* $p\,H_2 \rightarrow n\,H_2$ auftritt, und vermutet, daß der Vorgang über freie Atome verläuft. SENFTLEBEN[6] konnte zeigen, daß H-Atome, die durch „Stöße zweiter Art" mit angeregten Quecksilberatomen erzeugt werden, ein parawasserstoffreiches Gemisch in wenigen Minuten in normalen Wasserstoff verwandeln. Ebenso stellt sich in einer elektrischen Entladung sehr rasch das o-p-Gleichgewicht ein.

Der Mechanismus der Umwandlung bei hohen Temperaturen wurde von A. FARKAS[7] eingehend untersucht. Als Reaktionsgefäß diente ein Quarzkolben von etwa 1 l Inhalt, der durch einen elektrischen Ofen mit einer Konstanz von $\pm\,3°$ auf einer bestimmten Temperatur (zwischen 550 und 1000° C) gehalten werden konnte.

Es wurde zunächst der von BONHOEFFER und HARTECK gefundene homogene

---

[1] Angegeben bei E. CREMER, M. POLANYI: Z. physik. Chem., Abt. B **19** (1932), 443, 446.

[2] H. SACHSSE, K. BRATZLER: Z. physik. Chem., Abt. A **171** (1935), 331.

[3] A. FARKAS, L. FARKAS: Proc. Roy. Soc. (London), Ser. A **144** (1934), 467. — P. HARTECK: Z. Elektrochem. angew. physik. Chem. **44** (1930), 3.

[4] A. FARKAS, L. FARKAS, P. HARTECK: Proc. Roy. Soc. (London), Ser. A **144** (1934), 481; Science (New York) **79** (1934), 209; Sci. Abstr., Sect. A **37** (1934), 436.

[5] K. F. BONHOEFFER, P. HARTECK: Z. physik. Chem., Abt. B **4** (1929), 113.

[6] H. SENFTLEBEN: Z. physik. Chem., Abt. B **4** (1929), 169.

[7] A. FARKAS: Z. physik. Chem., Abt. B **10** (1930), 419.

Charakter der thermischen Umwandlung bestätigt. Der Zeitverlauf der Reaktion
ließ sich durch die exponentielle Formel

$$u_t = u_0 \cdot e^{-kt} \qquad (25)$$

darstellen, wobei u_t und u_0 die Überschußkonzentrationen ($u_t = p_t - p_x =$ Parawasserstoffkonzentration minus Gleichgewichtskonzentration) zur Zeit t
und zur Zeit $t = 0$ bedeuten. Für 650° C sind die bei verschiedenen Drucken
erhaltenen Kurven in Abb. 12 dargestellt. Verliefe die Reaktion nach erster
Ordnung, so wäre k in
Gleichung (25) eine nicht
vom Druck P abhängige
Konstante, d. h. es müß-
ten sämtliche Meßpunkte
der Abb. 12 auf *einer* Geraden liegen. Ist die Reaktion $n$ter Ordnung, so enthält k noch den Faktor
P^{n-1}:

$$k = k' \, P^{n-1}. \qquad (26)$$

*Aus der Druckabhängigkeit
der Konstanten k* $\Big($bzw. der
Halbwertszeit $\tau = \dfrac{\ln 2}{k}\Big)$
läßt sich also die Ordnung
der Reaktion ermitteln.[1]

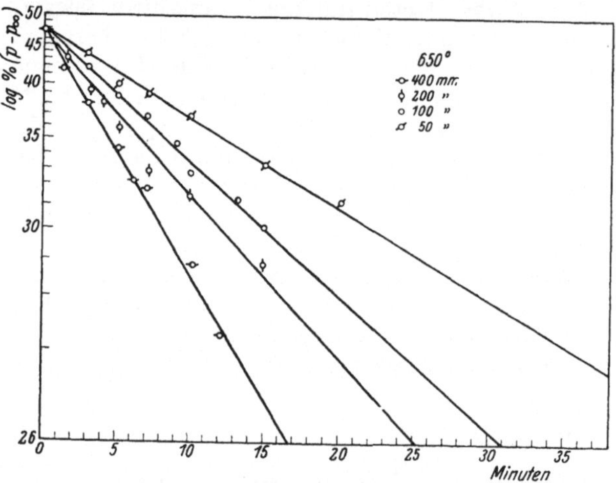

Abb. 12. Zeitlicher Verlauf der thermischen $p\mathrm{H}_2$-Umwandlung nach
A. FARKAS.[2]

Aus den Messungen von A. FARKAS[2] (vgl. Tabelle 9, berichtigt von L. FARKAS[3])
ergibt sich

$$k = k' \, P^{+\frac{1}{2}} = k^* [\mathrm{H}_2]^{\frac{1}{2}} \qquad (27)$$

und somit nach (26) die Ordnung

$$n = \frac{3}{2}. \qquad (28)$$

Tabelle 9. *Reaktionsgeschwindigkeit der thermischen* $p\,\mathrm{H}_2$-*Umwandlung.*

Druck P in mm Hg	Temperatur 923° abs.			$k^* = \dfrac{k}{\sqrt{[\mathrm{H}_2]}}$ in (Mol/Liter)$^{-\frac{3}{2}}$ sec^{-1}
	$\tau_{\frac{1}{2}}$ Halbwertszeit in Sek.	k in (mm Hg)$^{-1}$ sec^{-1}	$\dfrac{k}{\sqrt{P}}$	
50	648	0,00106	0,000150	0,0358
100	450	0,00153	0,000153	0,0366
200	318	0,00216	0,000154	0,0368
400	222	0,00310	0,000155	0,0370

Die 3/2. Ordnung entspricht dem Reaktionsmechanismus

$$\mathrm{H} + p\mathrm{H}_2 \rightleftharpoons o\mathrm{H}_2 + \mathrm{H}. \qquad (29)$$

---

[1] Vgl. den Artikel W. JOST (Kinetische Grundlagen) in diesem Bande des Handbuches, S. 112.

[2] A. FARKAS: Z. physik. Chem., Abt. B **10** (1930), 419.

[3] L. FARKAS: Ergebn. exakt. Naturwiss. **12** (1933), 163.

Dieser liefert die differentielle Geschwindigkeitsgleichung

$$-\frac{d\,[\mathrm{p\,H_2}]}{dt} = k_1\,[\mathrm{H}]\,\mathrm{p}\,[\mathrm{H_2}] - k_2\,[\mathrm{H}]\,(1-\mathrm{p})\,[\mathrm{H_2}], \qquad (30)$$

wobei p der Anteil des Gemisches an Parawasserstoff ist.

Die Integration ergibt, wenn man mit p_t den Parawasserstoffanteil zur Zeit t bezeichnet:

$$\left(\mathrm{p}_t - \frac{k_2}{k_1 + k_2}\right) = \left(\mathrm{p}_0 - \frac{k_2}{k_1 + k_2}\right) e^{-(k_1 + k_2)\,[\mathrm{H}]\,t}. \qquad (31)$$

Da $k_1 : k_2$ das Verhältnis der ortho- zur para-Konzentration im Gleichgewicht angibt, ist

$$\frac{k_2}{k_1 + k_2} = \mathrm{p}_\infty. \qquad (32)$$

Ersetzt man nun $(k_1 + k_2)\,[\mathrm{H}]$ durch k, so wird der Ausdruck (31) mit (25) identisch. Man sieht, daß *die in der e-Potenz auftretende Konstante die Summe der Geschwindigkeitskonstanten der Reaktionen* $p \to o$ *und* $o \to p$ *darstellt.* [H] läßt sich aus dem Dissoziationsgleichgewicht:

$$\mathrm{H_2} \; \rightleftarrows \; 2\,\mathrm{H} - 102{,}5 \text{ kcal},$$

bzw. aus der Dissoziationskonstanten

$$K_c = \frac{[\mathrm{H}]^2}{[\mathrm{H_2}]} \qquad (33)$$

berechnen.

Es ist nach (32) und (33) und nach (27)

$$k = (k_1 + k_2)\,\sqrt{[\mathrm{H_2}]\,K_c} = k^*\,\sqrt{[\mathrm{H_2}]}. \qquad (34)$$

Hieraus folgt:

$$k_1 + k_2 = \frac{k^*}{\sqrt{K_c}}. \qquad (35)$$

Tabelle 10. *Reaktionsgeschwindigkeitskonstanten, Stoßausbeuten und sterischer Faktor der thermischen* $p\,\mathrm{H_2} \rightleftarrows o\,\mathrm{H_2}$-*Reaktion.*

T	$k^* = \dfrac{k}{\sqrt{[\mathrm{H_2}]}}$	$\log K_c$	$k_1 + k_2 = \dfrac{k^*}{\sqrt{K_c}}$	$Z_{k_1 + k_2} = $ Stoß-ausbeute	$\alpha = $ sterischer Faktor ($q = 5500$)	Beobachter
873	0,0083	—22,43	$1{,}37 \cdot 10^9$	0,00287	0,068	
923	(0,0373)	—21,03	$(1{,}22 \cdot 10^9)$	(0,00251)	(0,050)	A. Farkas[1]
973	0,263	—19,75	$2{,}00 \cdot 10^9$	0,00400	0,070	
1023	1,188	—18,61	$2{,}39 \cdot 10^9$	0,00463	0,068	
930	—	—	$1{,}71 \cdot 10^9$	0,00300	0,069	A. Farkas u. L. Farkas[2]

In der Tabelle 10 sind die bei verschiedenen Temperaturen (T abs.) gemessenen Geschwindigkeitskonstanten [k in (Mol/Liter)$^{-\frac{3}{2}}$ sec^{-1}], der Logarithmus der statistisch berechneten Gleichgewichtskonstanten ($\log K_c$) und die aus diesen Daten berechneten Werte für $k_1 + k_2$ (zum Teil korrigiert nach L. Farkas[3]) angegeben.

Die Stoßausbeute $Z_{k_1 + k_2}$ wird erhalten durch Division von $k_1 + k_2$ durch die Zahl der Stöße pro Sekunde bei Einheitskonzentrationen:

$$z = 2\,\sqrt{2\,\pi}\,\frac{(d_1 + d_2)^2}{4}\,\sqrt{\frac{(m_1 + m_2)\,R\,T}{m_1\,m_2}}\,N. \qquad (36)$$

[1] A. Farkas: Z. physik. Chem., Abt. B **10** (1930), 419.
[2] A. Farkas, L. Farkas: Proc. Roy. Soc. (London), Ser. A **152** (1935), 127.
[3] L. Farkas: Ergebn. exakt. Naturwiss. **12** (1933), 163.

Es ist hierbei m_1 die Masse des Atoms, m_2 die Masse des Moleküls, N die Anzahl der Moleküle pro Kubikzentimeter $N\,P\,T$ und d_1 und d_2 die entsprechenden gaskinetischen Durchmesser (vgl. den Artikel W. Jost, l. c., und Kap. IV$_3$, S. 363). Die H-Atomkonzentration (n_1) läßt sich statistisch berechnen.[1]

Die starke Temperaturabhängigkeit der Geschwindigkeitskonstante k ist in der Hauptsache durch die Vermehrung der H-Atome mit wachsender Temperatur bedingt.

Die Anwendung der Arrheniusschen Gleichung

$$k = A\,e^{-\frac{q_1}{R\,T}} \tag{37}$$

auf die gemessenen k-Werte führt zu einer scheinbaren Aktivierungswärme q_1 von 58700 cal. Hiernach kann man die Aktivierungswärme der allein durch $(k_1 + k_2)$ bestimmten Umwandlungsreaktion näherungsweise abschätzen. Da $k^* = \sqrt{K_c}\,(k_1 + k_2)$ (nach Formel 35) und $\sqrt{K_c}$ etwa proportional $e^{-\frac{D_{\mathrm{H_2}}}{2\,R\,T}}$ ($D_{\mathrm{H_2}} =$ Dissoziationswärme des Wasserstoffes $= 102,5\,\mathrm{kcal}$), erhält man:

$$q = q_1 - \frac{D_{\mathrm{H_2}}}{2} = 7400\ \mathrm{cal/Mol.}$$

Die exakte Bestimmung von q ergibt sich aus der Temperaturabhängigkeit der Stoßausbeute $Z_{k_1 + k_2}$. (Hierbei ist gegenüber der ersten Abschätzung die Änderung der Stoßzahl mit der Temperatur sowie die genaue Temperaturabhängigkeit von K_c berücksichtigt.) Unter Anwendung der Gleichung

$$Z_{k_1 + k_2} = a\cdot e^{-\frac{q}{R\,T}}$$

erhält man aus den vier Meßwerten der Tabelle 10 (unter Vernachlässigung des eingeklammerten Wertes) für die Aktivierungswärme $q = 5500 \pm 500\ \mathrm{cal/Mol}$ und für den sterischen Faktor $\alpha = 0,06$.

Die im Vorangehenden behandelte Reaktion fällt eigentlich *nicht* unter den Begriff „*Katalyse*", insofern der „Katalysator" H bei der betreffenden Temperatur *zwangsläufig* „in den Reaktionsprodukten auftritt". Es handelt sich vielmehr hierbei um eine *homogene thermische Reaktion*. Doch ergibt sich aus dem gefundenen Mechanismus die Folgerung, daß auch dann eine Wasserstoffumwandlung eintreten muß, wenn die H-Atome nicht durch hohe Temperatur thermisch erzeugt, sondern bei niedrigerer Temperatur *als Katalysator zugesetzt* werden.

Die direkte *Einwirkung von nicht thermisch erzeugten H-Atomen auf Parawasserstoff* haben Geib und Harteck[2] bei den Temperaturen 10°, 57° und 100° C bei einem Druck von 0,5 mm Hg untersucht. Die Herstellung der H-Atome erfolgte hierbei durch Entladung nach der Wood-Bonhoefferschen Methode. 70 cm von der Entladung entfernt wurde in den Strom von aktivem Wasserstoff Parawasserstoff eingeleitet. Die nach dem Durchströmen des Reaktionsraumes noch vorhandenen H-Atome wurden durch eine Falle von flüssiger Luft zerstört. Die Messungen des Umsatzes an Parawasserstoff geschahen mit der in Kap. III$_2$, S. 345 angegebenen Methode. Die Reaktionsordnung wurde gemäß Gleichung (26) aus der H-Konzentration und dem Parawasserstoffgehalt ermittelt. Die Versuche wurden zunächst in der Weise ausgewertet, daß man für t die aus der Strömungsgeschwindigkeit bekannte Verweilzeit einsetzte. Die so erhaltenen Stoßausbeuten

---

[1] Vgl. K. F. Bonhoeffer, H. Reichardt: Z. physik. Chem., Abt. A **139** (1928), 94.
[2] K. H. Geib, P. Harteck: Z. physik. Chem., Bodenstein-Band (1931), 849.

und sterischen Faktoren sind in Tabelle 11 unter „Berechnungsart A" angeführt. Es ergibt sich eine Aktivierungswärme q von 5220 cal.

Tabelle 11. *Berechnung der Stoßausbeuten, Aktivierungswärmen und sterischen Faktoren der Reaktion* $H + p\,H_2 \rightleftarrows n\,H_2 + H.$

T	Berechnungsart A			Berechnungsart B			Berechnungsart C		
	Stoßausbeute	q	sterischer Faktor[1]	Stoßausbeute	q	sterischer Faktor	Stoßausbeute	q	sterischer Faktor
$10°\,C$	$2,7 \cdot 10^{-7}$		$\dfrac{1}{360}$	$3,4 \cdot 10^{-7}$		$\dfrac{1}{7,3}$	$3,0 \cdot 10^{-7}$		$\dfrac{1}{17}$
$57°\,C$	$1,1 \cdot 10^{-6}$	5220	$\dfrac{1}{330}$	$2,0 \cdot 10^{-6}$	7250	$\dfrac{1}{7,9}$	$1,7 \cdot 10^{-6}$	6850	$\dfrac{1}{17}$
$100°\,C$	$2,5 \cdot 10^{-6}$		$\dfrac{1}{330}$	$7,3 \cdot 10^{-6}$		$\dfrac{1}{7,7}$	$5,4 \cdot 10^{-6}$		$\dfrac{1}{18}$

Bei dieser Berechnungsweise wurde jedoch nicht berücksichtigt, daß sich das Gas infolge seines großen Diffusionskoeffizienten dauernd durchmischt und daß sich daher die einzelnen Teilchen nicht gleich lange im Reaktionsraum befinden. Unter Annahme unendlich schneller Durchmischung erhält man die in der Tabelle unter „Berechnungsart B" aufgeführten Werte. Die Spalte „Berechnungsart C" gibt die von GEIB[2] unter Einsetzung der bei den Versuchen wahrscheinlich vorliegenden Diffusionsverhältnisse berechneten Zahlen. Es ergeben sich demnach aus den Messungen von GEIB und HARTECK[3] für die Aktivierungswärme q und den sterischen Faktor α der Reaktion $H + H_2$ die Werte

$$q = 6850 \pm 300 \text{ cal/Mol.}, \quad \alpha = 0,06,$$

die mit den FARKASschen Werten (siehe S. 352)

$$q = 5500 \pm 500 \text{ cal/Mol. und } \alpha = 0,06$$

nicht ganz in Einklang zu bringen sind. Nimmt man die Fehlergrenze etwas größer an, so läßt sich als mittlere Aktivierungswärme $6,2 \pm 1$ kcal angeben,[4] doch entsteht dann eine entsprechende Diskrepanz in den sterischen Faktoren. Der neueste von K. H. GEIB angegebene Wert ist $6,7 \pm 0,3$ kcal, den wir auch hier als den wahrscheinlichsten Wert annehmen wollen.[5]

b) Wellenmechanische Berechnung der Reaktion $H + H_2$.

Bei der Parawasserstoffumwandlung nach der Gleichung

$$H + p\,H_2 = n\,H_2 + H$$

handelt es sich um eine Reaktion zwischen einem Atom und einem Molekül, bei der jeder Partner den einfachsten Vertreter seiner Gattung darstellt.

---

[1] Bei der Berechnung der Zahlen dieser Spalte ist bei K. H. GEIB und P. HARTECK [Z. physik. Chem., BODENSTEIN-Band (1931), 849] ein Fehler unterlaufen, der hier berichtigt ist. Die Berichtigung betrifft auch die entsprechenden Tabellen bei L. FARKAS [Ergebn. exakt. Naturwiss. 12 (1933), 163], K. H. GEIB [ebenda 15 (1936), 61] und A. FARKAS („Orthohydrogen, Parahydrogen and heavy Hydrogen", Cambridge, 1935).

[2] K. H. GEIB: Ergebn. exakt. Naturwiss. 15 (1936), 61.

[3] K. H. GEIB, P. HARTECK: Z. physik. Chem., Abt. B 15 (1931), 116.

[4] H. J. SCHUMACHER: Chemische Gasreaktionen, Dresden u. Leipzig: Th. Steinkopff, 1938, S. 350.

[5] K. H. GEIB in LANDOLT-BÖRNSTEIN: Erg., Bd. III c, S. 2880.

Es wurde daher der Versuch, den Ablauf einer bestimmten Reaktion wellenmechanisch zu erfassen, auch zuerst in bezug auf diese Umsetzung unternommen (London,[1] Eyring[2] und Polanyi[2, 3]).

Die quantenmechanische Berechnung der Wechselwirkung von zwei einwertigen Atomen, die voneinander den Abstand r haben, liefert die Wechselwirkungsenergie

$$- W_{(r)} = A_{(r)} \pm \alpha_{(r)}, \tag{38}$$

wobei $A_{(r)}$ als Coulombsche Wechselwirkung der räumlichen Ladungsverteilungen („Coulombscher Anteil") und $\alpha_{(r)}$ als quantenmechanischer Resonanzeffekt aufzufassen ist (Heitler und London[4]).

Abb. 13. Lagen der H-Atome X, Y und Z bei der Umsetzung $H_2 + H = H + H_2$.

Wenn während der Reaktion kein Quantensprung auftritt („adiabatischer Reaktionsmechanismus"[5]), so ist die Aktivierungswärme diejenige Energie, die aufgewendet werden muß, um die Konfiguration (vgl. Abb. 13a und b)

$$r_1 = r_0, \quad r_2 = \infty, \quad r_3 = \infty \quad \text{in} \quad r_1 = \infty, \quad r_2 = r_0, \quad r_3 = \infty$$

überzuführen, wobei r_0 den normalen Abstand der Atome im Wasserstoffmolekül bedeutet.

Die Wechselwirkungsenergie zwischen drei Atomen, die sich in drei beliebigen Abständen r_1, r_2, r_3 voneinander befinden, ist (wenn man mit A_n bzw. α_n die im Abstande r_n auftretenden Wechselwirkungen bezeichnet) nach London[1] gegeben durch den Ausdruck

$$- W_{(r_1 r_2 r_3)} = A_1 + A_2 + A_3 - \sqrt{\alpha_1{}^2 + \alpha_2{}^2 + \alpha_3{}^2 - \alpha_1\alpha_2 - \alpha_2\alpha_3 - \alpha_1\alpha_3}. \tag{39}$$

Derjenige Weg, auf dem der zu überwindende Energieberg am kleinsten ist, ist der, auf dem der Umsatz sich vollzieht. Der höchste Energiebetrag, der dabei überschritten werden muß, entspricht der Aktivierungswärme. Die Durchrechnung zeigt, daß diese Energieschwelle dann ein Minimum wird, wenn das freie Atom sich dem Molekül in der Richtung der Verbindungslinie der gebundenen Atome nähert, d. h. wenn

$$r_1 + r_2 = r_3 \tag{40}$$

ist (vgl. Abb. 13). Vernachlässigt man die Coulombschen Glieder (A_1, A_2, A_3) und die gegenseitige Wechselwirkung der beiden äußersten Atome (α_3), so erhält man den vereinfachten Ausdruck

$$- W_{(r_1 r_2)} = \sqrt{\alpha_1{}^2 + \alpha_2{}^2 - \alpha_1\alpha_2}. \tag{39 a}$$

[1] F. London: Sommerfeld-Festschrift, S. 104. Leipzig, 1929; Z. Elektrochem. angew. physik. Chem. 35 (1929), 552.
[2] H. Eyring: Naturwiss. 18 (1930), 914 und Fußnote 1, S. 355.
[3] Vgl. auch den Artikel Mark-Simha „Atomphysikalische Grundlagen der Katalyse" in diesem Bande des Handbuches.
[4] W. Heitler, F. London: Z. Physik 44 (1927), 455.
[5] Daß dies für die betrachtete Reaktion zutrifft, konnte später von H. Pelzer und E. Wigner [Z. physik. Chem., Abt. B 15 (1932), 445] gezeigt werden.

Bei festgehaltenem Abstand r_1 erreicht die Energie ihr Maximum, wenn $\alpha_2 = \frac{\alpha_1}{2}$, d. h.

$$- W_{(r_1 r_2)} = \sqrt{\frac{3}{4}\,\alpha_1{}^2} = 0{,}87\,\alpha_1. \tag{39b}$$

Da man von dem Energieniveau $W_{(r_1)}$ ($=$ Bindungswärme des Wasserstoffmoleküls $= \alpha_1$) ausgeht, ist die zu überwindende Energieschwelle

$$\alpha_1 - 0{,}87\,\alpha_1 = 0{,}13\,\alpha_1 = 13\ \text{kcal}.$$

Berücksichtigt man die Wechselwirkung der äußeren Atome, so zeigt sich, daß man den Abstand r_1 in der Nähe der Energieschwelle nicht mehr mit seinem normalen Wert (r_0) einsetzen darf, sondern daß eine *Dehnung* der Molekülbindung durch das Heranbringen des dritten Atoms stattfindet. Die Höhe des Energieberges wird dann erreicht, wenn $r_1 = r_2$ und entsprechend wegen (40) $r_3 = 2\,r_1$ ist.

EYRING und POLANYI[1] haben diesen Fall durchgerechnet. Sie führten dazu ein „*halbempirisches*" Verfahren ein, indem sie die Resonanzglieder (α_1, α_2, α_3) nach der von MORSE[2] gegebenen Näherungsgleichung

$$\alpha = D\,(e^{-2\,k\,(r-r_0)} - 2\,e^{-k\,(r-r_0)}) \tag{41}$$

berechneten, die es gestattet, die Form der Potentialkurve aus spektroskopisch bekannten Daten zu bestimmen. Es ist hierbei r der jeweilige Abstand der H-Atome, r_0 der Abstand der H-Atome im H_2-Molekül, D die Dissoziationswärme des H_2-Moleküls und k eine aus Moleküldaten zu bestimmende Konstante, die für Wasserstoff den Wert $2\ \text{cm}^{-1}$ besitzt. Die Gültigkeit der Gleichung ist für r-Werte, die in der Nähe von r_0 liegen, sehr gut, wird aber für größere Kernabstände ungenau (vgl. z. B. CREMER und POLANYI,[3] SCHUMACHER[4]). Die Rechnung von EYRING und POLANYI ergibt unter Vernachlässigung der COULOMBschen Glieder für die Aktivierungswärme 30 kcal. Dieser Wert ist wesentlich zu hoch. Die Einführung einer Abschätzung der COULOMBschen Glieder (nach SUGIURA[6]) setzt den Wert um etwa 10 kcal herunter.

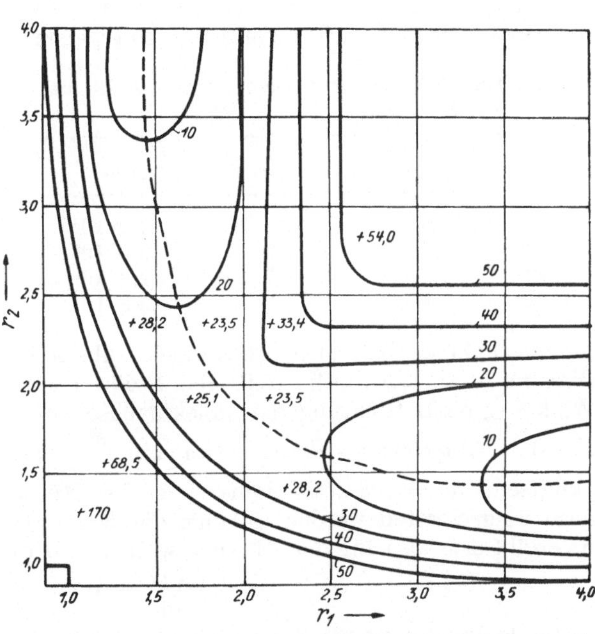

Abb. 14. „Resonanzgebirge" von drei geradlinig angeordneten H-Atomen nach EYRING.[5] Potentielle Energie als Funktion der Abstände r_1 und r_2. Energien in kcal, Abstände in BOHRschen Radien (0,528 Å).

[1] H. EYRING, M. POLANYI: Z. physik. Chem., Abt. B **12** (1931), 279.

[2] P. M. MORSE: Physical. Rev. **34** (1929), 57.

[3] E. CREMER, M. POLANYI: Z. physik. Chem., Abt. B **14** (1931), 435.

[4] H. J. SCHUMACHER: Chemische Gasreaktionen. Dresden u. Leipzig: Th. Steinkopff, 1938, S. 85.

[5] Siehe Fußnote 1, S. 356.

[6] Y. SUGIURA: Z. Physik **45** (1927), 484.

Ferner ist zu berücksichtigen, daß die Nullpunktsenergie im „Sattelzustand" bedeutend kleiner ist als im Grundzustand und daß auch dadurch für die Überschreitung des Sattels Energie gewonnen werden kann. Man kommt so wieder etwa auf den LONDONschen Wert von 13 kcal.

Die exaktere quantenmechanische Behandlung durch EYRING und Mitarbeiter[1] führt auf eine Aktivierungswärme von 24 kcal. Die Abhängigkeit der Resonanzenergie von den Atomabständen läßt sich in landkartenmäßiger Darstellung als sogenanntes „Resonanzgebirge" zeichnen (vgl. Abb. 14). Die Koordinaten der Ebene sind hierbei die Atomabstände r_1 und r_2. Die zugehörigen Energieniveaus sind in Form von Höhenlinien eingetragen. Der theoretisch berechnete Energiewert kann sich noch dadurch etwas erniedrigen, daß ein „unmechanisches" Überschreiten der Energieschwelle durch einen quantenmechanischen Tunneleffekt in der Nähe der Höhe des Sattelpunktes auftritt.[2]

PELZER und WIGNER[3] haben als Ausdruck für die Geschwindigkeitskonstante die Gleichung

$$k = C\, T^{\frac{3}{2}}\, e^{-\frac{Q}{RT}} \tag{42}$$

abgeleitet. Sie unterscheidet sich von der klassischen Gleichung für k (siehe S. 351 f.) um einen Faktor T ($T^{\frac{3}{2}}$ statt $T^{\frac{1}{2}}$). Wertet man die Messungen von A. FARKAS[4] nach Gleichung (42) aus, so ergeben sich die in Tabelle 12, Spalte 3, aufgeführten Werte für C, also im Mittel $2 \cdot 10^6$, während die Rechnung in guter Übereinstimmung damit den Wert $1 \cdot 10^6$ ergibt. Spalte 4 enthält die Werte, die WIGNER[2] unter Annahme der Durchschwebung des obersten Teiles der Energiestufe erhält.

Tabelle 12. *Theoretische Geschwindigkeitskonstante der Reaktion $H + H_2 \rightarrow H_2 + H$.*

T	k in Mol^{-1} Liter sec^{-1}	C_{gemessen}	$C_{\text{quant. ber.}}$
283^0	$8{,}6 \cdot 10^4$	$2{,}0 \cdot 10^6$	$2{,}0 \cdot 10^6$
373^0	$2{,}7 \cdot 10^6$	$2{,}5 \cdot 10^6$	$3{,}0 \cdot 10^6$
873^0	$1{,}3_7 \cdot 10^9$	$1{,}7 \cdot 10^6$	$2{,}6 \cdot 10^6$
1023^0	$2{,}4 \cdot 10^9$	$1{,}9 \cdot 10^6$	$2{,}8 \cdot 10^6$

Auch die Größe des sterischen Faktors läßt sich theoretisch abschätzen. Man nimmt hierzu an (PELZER und WIGNER[3]), daß alle Stöße erfolgreich sind, die unter einem Winkel $< \delta$ zur Richtung der Molekülachse auftreffen. Für den letzteren Fall ist die Aktivierungswärme etwa um $\dfrac{\delta^2 D}{10}$ ($D =$ Dissoziationswärme + Nullpunktsenergie $= 108$ kcal) höher als der Minimalwert. Diese Schwelle kann noch überschritten werden, solange die Erhöhung nicht größer als RT wird. Es ergibt sich also für den Maximalwert von δ die Gleichung:

$$\frac{\delta^2 D}{10} = RT \tag{43}$$

und z. B. für $T = 300°$ abs.

$$\delta^2 = 0{,}05$$

$$\delta = 0{,}22.$$

Der sterische Faktor ist gleich dem Verhältnis der durch den Winkel δ ausgeschnittenen Kugeloberfläche zur Oberfläche der Halbkugel. Dies ergibt

$$\alpha = 0{,}025 \text{ bei } 300° \text{ abs.}$$

$$\alpha = 0{,}080 \text{ bei } 1000° \text{ abs.}$$

[1] H. EYRING: J. chem. Physics 3 (1935), 107. — J. HIRSCHFELDER, H. DIAMOND, H. EYRING: Ebenda 5 (1937), 695. — H. EYRING: Trans. Farad. Soc. 34 (1938), 3.
[2] E. WIGNER: Z. physik. Chem., Abt. B 19 (1932), 203; Abt. B 23 (1933), 28.
[3] H. PELZER, E. WIGNER: Z. physik. Chem., Abt. B 15 (1932), 445.
[4] A. FARKAS: Z. physik. Chem., Abt. B 10 (1930), 419.

Die Größenordnung des sterischen Faktors stimmt gut mit dem Experiment überein. Die erwartete Temperaturabhängigkeit läßt sich vorläufig aus den Messungen nicht belegen, da die Meßgenauigkeit dazu noch nicht ausreicht.

2. Umwandlung in kondensierter Phase.

Die *homogene Tieftemperaturumwandlung* des Orthowasserstoffes stellt einen *Grenzfall der Katalyse* dar: es ist hier der umzuwandelnde Stoff gleichzeitig sein eigener Katalysator.[1]

Die Umwandlung $o\,H_2 \to p\,H_2$ vollzieht sich — allerdings ziemlich langsam, aber doch mit meßbarer Geschwindigkeit — auch im flüssigen und festen Zustand, d. h. bei Temperaturen, die unter 20° bzw. 14° abs. liegen. Bereits BONHOEFFER und HARTECK[2] stellten fest, daß in Wasserstoff, der 30 Stunden lang im flüssigen Zustand aufbe-wahrt worden war, sich das Verhältnis $p\,H_2 : o\,H_2$ von 25 : 75 auf 40 : 60 verschoben hatte. KEESOM, BIJL und VAN DER HORST[3] konnten den Befund der langsamen Umwandlung in der flüssigen Phase bestätigen, indem sie im Verlauf von 6 Stunden eine Abnahme des Dampfdruckes um 1 mm beob-achteten, was einer Umsetzung von 3,6% (vgl. Tabelle 1, S. 329) entspricht.

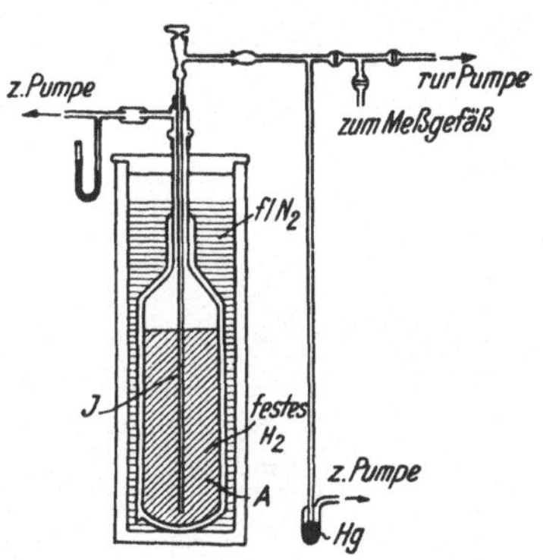

Abb. 15. Anordnung zur Untersu-chung der Umwandlung von festem Wasserstoff.

CREMER und POLANYI[4] untersuchten die Ki-netik dieser vom chemischen Standpunkt aus sehr merkwürdigen Reaktion sowohl im flüs-sigen wie im festen Wasserstoff. Die Versuchs-anordnung ist aus Abb. 15 zu ersehen. Die Wasserstoffprobe, die zur Untersuchung ge-langte, befand sich im Innenraum J, während ein größerer Vorrat von festem (bzw. flüssigem) Wasserstoff im Außenraum A nur als Temperaturbad diente. Es gelang mit dieser Anordnung eine Wasser-stoffprobe über 10 Tage lang in festem Zustand aufzubewahren. Die Messungen ergaben, daß die Reaktion nicht, wie ursprünglich angenommen, nach der ersten. sondern nach der zweiten Ordnung in bezug auf die Orthowasserstoffkonzen-tration $(o\,H_2)$ verläuft:

$$\frac{d\,[o\,H_2]}{d\,t} = k\,[o\,H_2]^2. \tag{44}$$

Die Geschwindigkeitskonstante ergibt sich hierbei für die *flüssige Phase* bei 20° abs. zu

$$k_{\text{flüssig}} = (11{,}2 \pm 0{,}1) \cdot 10^{-5} \; \frac{1}{\text{Prozentgehalt} \cdot \text{Stunden}} \cdot {}^{5}$$

Die Anwendung der Gleichung (44) auf die oben angeführten Messungen von

---

[1] Da die Reaktion im Elementarakt ohne eine Veränderung des die Umwand-lung hervorrufenden Moleküls vor sich geht, liegt hier der Mechanismus einer Katalyse vor. Da aber der Orthowasserstoff dem reagierenden System selbst angehört und seine Konzentration dauernd abnimmt, genügt er nicht der strengen Definition eines Katalysators. Vgl. Fußnote 1, S. 363.

[2] K. F. BONHOEFFER, P. HARTECK: Z. physik. Chem., Abt. B **4** (1929), 113.

[3] W. H. KEESOM, A. BIJL, VAN DER HORST: Proc., Kon. Akad. Wetensch. Amsterdam **1931**, 34, 1223; Commun. Kamerlingh Onnes Lab. Univ. Leiden Nr. 217a, **20** (1931), 1.

[4] E. CREMER, M. POLANYI: Z. physik. Chem., Abt. B **21** (1933), 459.

[5] E. CREMER: Z. physik. Chem., Abt. B **39** (1938), 445.

Bonhoeffer und Harteck[1] und Keesom, Bijl und van der Horst[2] ergeben k-Werte von $11,3 \cdot 10^5$, bzw. $11,2 \cdot 10^5$. [3]

Schon die ausgezeichnete Übereinstimmung der von verschiedenen Autoren gemessenen Geschwindigkeitswerte berechtigt zur Annahme, daß die Reaktion in homogener Phase verläuft.

Der *Beweis für den homogenen Charakter* der Reaktion konnte durch den Nachweis der Umwandlung in der *festen Phase* erbracht werden.[4,5,6] Die Reaktion geht hier ebenfalls nach Gleichung (44) vor sich mit einer noch etwas größeren Geschwindigkeitskonstante. Als Mittelwert aus einer Reihe von Versuchen ergibt sich bei $11 \div 12°$ abs.:

$$k_{\text{fest}} = (17,5 \pm 0,2) \cdot 10^{-5} \; \frac{1}{\text{Prozentgehalt} \cdot \text{Stunden}} \quad (\text{Cremer}[7]).$$

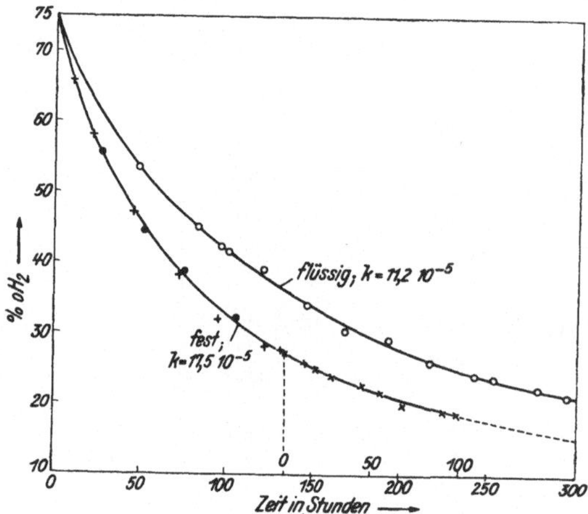

Abb. 16. Zeitlicher Abfall der Orthowasserstoffkonzentration in flüssiger und in fester Phase. (Die obere Zeitskala bezieht sich auf · Punkte.)

Im Diagramm Abb. 16 sind zwei Meßreihen für flüssigen (*a*) und festen (*b*) Wasserstoff dargestellt.

Es erschien zunächst als ein merkwürdiges Phänomen, daß bei so tiefen Temperaturen eine homogene Reaktion stattfindet. Es kann sich hierbei sicher *nicht* um eine normale *chemische* Reaktion handeln. Für eine Umwandlung, die durch einen Atomaustausch hervorgerufen wird, müßte eine viel höhere Aktivierungswärme aufgebracht werden, als sie bei 14—20° abs. thermisch zur Verfügung stehen kann. Auch die quantenmechanische Berechnung der Überwindung des Energieberges nach dem Born-Franckschen Mechanismus führt zu unmeßbar kleinen Übergangswahrscheinlichkeiten.[4] Aus diesen Überlegungen und aus der Tatsache, daß die Geschwindigkeit dem Quadrat der Orthokonzentration proportional ist, konnte geschlossen werden, daß es sich hier „*um eine innerhalb des Moleküls vor sich gehende Änderung des Kernspins handelt, deren Wahrscheinlichkeit durch nahe Nachbarschaft zweier zum Umsatz befähigter Moleküle erhöht wird*" (Cremer[8]).

Auch die Frage nach der Art der *Kräfte*, die das Umklappen des Spins hervorrufen, konnte schließlich beantwortet werden, nachdem L. Farkas und Sachsse[9] fanden, daß im Gasraum *paramagnetische* Moleküle eine starke katalytische

---

[1] K. F. Bonhoeffer, F. Harteck: Z. physik. Chem., Abt. B 4 (1929), 113.

[2] W. H. Keesom, A. Bijl, van der Horst: Proc., Kon. Akad. Wetensch. Amsterdam 1931, 34, 1223; Commun. Kamerlingh Onnes Lab. Univ. Leiden Nr. 217a, 20 (1931), 1.

[3] Auch spätere Messungen von R. B. Scott, F. G. Brickwedde, H. C. Urey und H. H. Wahl [Bull. Amer. physic. Soc. 9, Nr. 2 (1934), 29] bestätigten diesen Wert.

[4] E. Cremer, M. Polanyi: Trans. Faraday Soc. 28 (1932), 435; Z. physik. Chem., Abt. B 21 (1933), 459.

[5] E. Cremer: Vortrag Bunsenges. Mainz, 1932; Ref. Chemiker-Z. 56 (1932), 824.

[6] E. Cremer: Z. physik. Chem., Abt. B 28 (1935), 199.

[7] E. Cremer: Z. physik. Chem., Abt. B 39 (1938), 445.

[8] E. Cremer: Vortrag Bunsenges. Mainz, 1932; Ref. Chemiker-Z. 56 (1932), 824.

[9] L. Farkas, H. Sachsse: Z. physik. Chem., Abt. B 23 (1933), 1.

Wirkung auf die o-p-Wasserstoffumwandlung ausüben, und WIGNER[1] eine Theorie für die Umwandlung durch ein molekulares Magnetfeld (vgl. Kap. I$_3$, S. 332) entwickelte:

Das Orthomolekül besitzt im Gegensatz zum Paramolekül auch bei tiefsten Temperaturen ein *magnetisches Moment* ($\mu_{H_2} = 2 \cdot 1{,}3 \cdot 10^{-23}$ C. G. S-Einh., vgl. Tabelle 1, S. 329), wodurch bei Wechselwirkung mit einem zweiten Orthomolekül das Übergangsverbot aufgehoben und eine Umwandlung bewirkt werden kann. Es läßt sich zeigen, daß die Größe der gemessenen Umwandlungsgeschwindigkeit sehr gut mit dieser Vorstellung übereinstimmt:[2]

Die mittlere Lebensdauer τ^* eines Orthomoleküls im Felde eines Nachbarmoleküls läßt sich für eine Konzentration x gemäß Gleichung (44) berechnen als

$$\tau_x{}^* = \frac{1}{k\,x}. \tag{45}$$

Für eine hypothetische Konzentration von 100% Orthowasserstoff erhält man bei Einsetzung der gemessenen Konstanten

$$k_{\text{flüssig}} = 11{,}2 \cdot 10^{-5} \left(\frac{1}{\text{Prozentgehalt} \cdot \text{Stunden}} \right),$$

$$\tau_{100}^* = 90 \text{ Stunden.}$$

Bei Annahme einer dichtesten Kugelpackung ist hierbei jedes Molekül von zwölf Nachbarn umgeben. Für die Wirkung von nur *einem* benachbarten Orthomolekül wäre die Zeit zwölfmal länger anzusetzen, also:

$$\tau^* = 1080 \text{ Stn.} = 3{,}9 \cdot 10^6 \text{ sec.} \tag{46}$$

Man kann nun ebenfalls aus der bei der Reaktion im Gasraum[3] gemessenen Stoßausbeute $(6{,}8 \cdot 10^{-13})$ [4] und aus der mit $t = \dfrac{a_s}{v}$ angesetzten Stoßzeit (SACHSSE[5]) die Zeit τ' berechnen, die ein Sauerstoffmolekül bei der homogenen Gasreaktion sich im Mittel in der Nähe eines Wasserstoffmoleküls befindet, bis eine Umwandlung eintritt ($a_s =$ Stoßabstand beim gaskinetischen Stoß $O_2 - H_2 = 2{,}6$Å, $v =$ Relativgeschwindigkeit des Moleküls H_2 gegen $O_2 = 1{,}8 \cdot 10^5$ bei $T = 293°$ abs.) Man erhält

$$\tau' = \frac{\text{Stoßzeit } (t)}{\text{Stoßausbeute}} = \frac{1{,}5 \cdot 10^{-13}}{6{,}8 \cdot 10^{-13}} = 2{,}2 \cdot 10^{-1} \text{ sec.} \tag{47}$$

Es ist dann nach (46) und (47) beim Vergleich der spontanen und der O_2-katalysierten Umwandlung

$$\left(\frac{\tau^*}{\tau'} \right)_{\text{exp.}} = 1{,}8 \cdot 10^7. \tag{48}$$

Nach dem WIGNERschen Ansatz (Formel 6, S. 333) müssen sich die Zeiten τ^* und τ' umgekehrt wie die Quadrate der die Umwandlung bewirkenden magnetischen Momente verhalten, also wie

$$\frac{\mu_{O_2}{}^2}{\mu_{H_2}{}^2} = \left(\frac{2 \cdot 0{,}92 \cdot 10^{-20}}{2 \cdot 1{,}3 \cdot 10^{-23}} \right)^2 = 5{,}3 \cdot 10^5. \tag{49}$$

Hierbei ist nur der Einfluß des magnetischen Momentes und noch nicht der des Stoßabstandes, der mit der minus achten Potenz eingeht, berücksichtigt. Setzt man für den gaskinetischen Stoßabstand 2,6 Å und für den mittleren Ab-

---

[1] E. WIGNER: Z. physik. Chem., Abt. B **23** (1933), 28.

[2] E. CREMER: Neu berechnet; vgl. auch Ber. d. VII. intern. Kältekongresses, 1936. S. 933.

[3] L. FARKAS, H. SACHSSE: Z. physik. Chem., Abt. B **23** (1933), 1.

[4] Siehe S. 365.

[5] H. SACHSSE: Z. Elektrochem. angew. physik. Chem. **40** (1934), 531.

stand in der Flüssigkeit den aus der Dichte sich ergebenden Wert von 4 Å, so kann man eine völlige Übereinstimmung mit dem experimentellen Wert (48) erzielen:

$$\left(\frac{\tau^*}{\tau'}\right)_{\text{theor.}} = \left(\frac{4}{2,6}\right)^8 \cdot 5,3 \cdot 10^5 = 1,7 \cdot 10^7. \tag{50}$$

Die Wignersche Formel, die ursprünglich für den Stoßprozeß im Gasraum abgeleitet worden ist, bewährt sich also auch in ihrer Übertragung auf den kondensierten Zustand.

Der *Vergleich* der Umwandlungsgeschwindigkeit in *festem Wasserstoff* mit der Umwandlung in einer *Adsorptionsschicht an festem Sauerstoff*[1] ergibt ebenfalls ein Verhältnis der Lebensdauern, das der 8. Potenz der Abstände ($O_2 - H_2$ in der Adsorptionsschicht $= 3$ Å angenommen) direkt und dem Quadrat der magnetischen Momente umgekehrt proportional ist.[2]

Man kann schließlich auch ohne Benutzung eines reaktionskinetischen Meßwertes nur durch Einsetzen der anderweitig bekannten *Molekül- und Atomdaten* in die Wignersche Formel [Gleichung (6), S. 333] die Stoßausbeute (W) für die paramagnetische Umwandlung eines Orthomoleküls durch ein zweites Orthomolekül berechnen.[3] Für einen Zusammenstoß bei Zimmertemperatur und Annahme eines Stoßquerschnittes von 2,6 Å ergibt sich

$$W = 14 \cdot 10^{-19}$$

und für einen Abstand von 4 Å bei dauernder Berührung

$$\tau^* = 10^3,$$

d. h. genau der bei der Umwandlung der Flüssigkeit wirklich beobachtete Wert.

Die Wignersche Theorie liefert ferner die *Erklärung* dafür, daß die Reaktion *im festen Zustande schneller* geht als im flüssigen, da der zwischenmolekulare Abstand beim Schmelzen eine Verkleinerung um beinahe 4% erfährt, was bei einer Abhängigkeit von der 8. Potenz des Abstandes schon über 30% Geschwindigkeitsänderung bedeutet. Aus der Tabelle 13 ist der nach der Theorie zu erwartende Gang der Geschwindigkeitskonstanten mit der Temperatur zu ersehen.[4] Die bei 20,4° gemessene Konstante ist dabei als Ausgangswert gewählt.[5]

k_I wurde unter der Annahme einer Abhängigkeit von der 8. Potenz des Abstandes aus den bekannten spezifischen Gewichten (s) des flüssigen und festen Wasserstoffs ($k \sim s^{\frac{8}{3}}$) berechnet. Da die Angaben der verschiedenen Autoren über die Dichte des festen Wasserstoffs voneinander stark abweichen (vgl. Reihe 2, Spalte 4 der Tabelle 13), ergeben sich entsprechend streuende Werte für k_I. Es wurde daher noch eine zweite Berechnungsweise für k angewendet, bei der nicht die Absolutwerte der Dichte, sondern die zuverlässigeren Angaben über deren relative Änderung benutzt wurden (Tabelle 13, k_{II}).[5] Hierbei wurde angenommen, daß sich die Dichte in der Flüssigkeit beim Abkühlen von 20,4 auf 14,0° abs. um 8% ändert (Dewar[6]), daß ferner am Tripelpunkt die Dichte der festen Phase um 12% größer ist als die Dichte der flüssigen[7] und daß

---

[1] E. Cremer: Z. physik. Chem., Abt. B **28** (1935), 383.

[2] E. Cremer: Ber. d. VII. intern. Kältekongresses, S. 933. 1936.

[3] E. Cremer: Unveröffentlicht.

[4] Vgl. E. Cremer: Ber. d. VII. intern. Kältekongresses, S. 933, Tabelle 1. 1936. Die dort angegebenen k-Werte sind etwas höher als die Werte der Tabelle 13. Bei den früher veröffentlichten Zahlen waren noch nicht alle gemäß Tabelle 8, S. 342 erforderlichen Korrekturen an den Meßwerten angebracht. Einheiten siehe S. 357.

[5] Bei k_{II} wurde der bei 14° abs. gemessene Wert der Rechnung zugrundegelegt.

[6] J. Dewar: Proc. Roy. Soc. (London) **73** (1904), 251.

[7] F. Simon, M. Ruhemann, W. A. M. Edwards: Z. physik. Chem., Abt. B **6** (1930), 331.

Tabelle 13. *Vergleich der gemessenen und berechneten Geschwindigkeiten der Orthowasserstoffumwandlung bei verschiedenen Temperaturen.*

	flüssig		fest			
	20,4°	14,0°	13,9°		11—12°	2—4°
T abs.	20,4°	14,0°	13,9°		11—12°	2—4°
Dichte s	0,0710 [1]	0,077 [2]	0,0867 [3]	0,081 [4]		0,088 [5]
$k_{\text{I berechnet}}$	(11,2)	14	19	16		20
$k_{\text{II berechnet}}$	10,6	(13)	17,8		17,8	17,8
k_{gemessen}	11,2 ± 0,1	13 ± 1	17 ± 1		17,5 ± 0,2	17 ± 1

zwischen 13,9 und 2° abs. praktisch keine Dichteänderungen mehr auftreten.[4,5]
Die so berechneten Konstanten zeigen die beste Übereinstimmung mit den experimentellen Werten, die in der letzten Reihe der Tabelle aufgeführt sind. Die Werte bei 14,0°, 13,9°, 4° und 2° abs. stützen sich nur auf wenige Meßpunkte und können daher nur auf zwei Stellen genau angegeben werden.

Bei den Versuchen in der Nähe des Tripelpunktes muß besonders darauf geachtet werden, daß der untersuchte Wasserstoff nicht die Temperatur seines Tripelpunktes erreicht, da sonst durch teilweise oder zeitweise stattfindenden Übergang in die andere Phase die Geschwindigkeitskonstante wesentlich verfälscht wird. Man kann diese Fehlerquelle jedoch dadurch beseitigen, daß man bei der Untersuchung der Umwandlung von festem Wasserstoff nahe am Tripelpunkt den Außenraum mit einem parawasserstoffreicheren Gemisch beschickt als den Innenraum. Der Tripelpunkt des parawasserstoffreicheren Gemisches liegt niedriger als der des normalen Wasserstoffs. Bei gutem Temperaturausgleich zwischen Innen- und Außenraum kann man auf diese Weise leicht eine Temperatur von weniger als $1/_{10}°$ unter dem Tripelpunkt des normalen Wasserstoffs über viele Stunden konstant halten. Ebenso leicht läßt sich ein Fixpunkt erhalten, der $1/_{10}°$ und weniger über dem Tripelpunkt des Innenraumwasserstoffs liegt, wenn man als Badsubstanz normalen Wasserstoff nimmt und den Innenraum mit einem parawasserstoffreicheren Gemisch füllt.

Aus den Quotienten der Geschwindigkeiten im festen und flüssigen Zustand läßt sich umgekehrt unter der Annahme, daß die Geschwindigkeitsänderung nur durch die Abstandsänderung bei der Abkühlung von 20° auf 12° bedingt ist, das *Verhältnis der Dichten* ($s_{T°}$) des flüssigen und des festen Wasserstoffes berechnen:

$$\frac{s_{12°}}{s_{20°}} = \left(\frac{k_{12°}}{k_{20°}}\right)^{\frac{3}{8}} = 1,18.$$

Unter Zugrundelegung des Wertes $s_{20°} = 0,071$ erhält man

$$s_{12°} = 0,084.\,^{6}$$

Bei der Verfolgung der Reaktion im festen Zustande über sehr lange Zeiten ($>$ 100 Stn.) zeigt sich eine Abweichung von der quadratischen Geschwindigkeitsgleichung: die Geschwindigkeitskonstante fällt ab, die Reaktion geht zu langsam. Dies hat seinen Grund darin, daß einzelne Orthomoleküle durch das Abreagieren

[1] R. B. Scott und F. G. Brickwedde [J. chem. Physics 5 (1937), 736] nahezu übereinstimmend mit Heuse: Z. physik. Chem., Abt. A 147 (1931), 282.
[2] Extrapoliert nach Fußnote 6, S. 360, aus dem Wert Fußnote 1.
[3] Vgl. Fußnote 6, S. 360.
[4] Kamerlingh Onnes, Crommelin: Commun. physic. Lab. Univ. Leiden 13, Nr. 137a (1913).
[5] W. H. Keesom, J. de Smedt, H. H. Mooy: Nature (London) 126 (1930), 757; Commun. physic. Lab. Univ. Leiden 19, Nr. 209d (1930).
[6] E. Cremer: Ber. d. VII. intern. Kältekongresses, S. 933, 1936; Z. physik. Chem., Abt. B 39 (1938), 445.

ihrer Nachbarn isoliert worden sind und sich nun nicht mehr an der Reaktion beteiligen können. Dieser Effekt konnte dazu benutzt werden, die Geschwindigkeit der *Selbstdiffusion in festem Wasserstoff* zu bestimmen (vgl. Kap. V_7, S. 381).

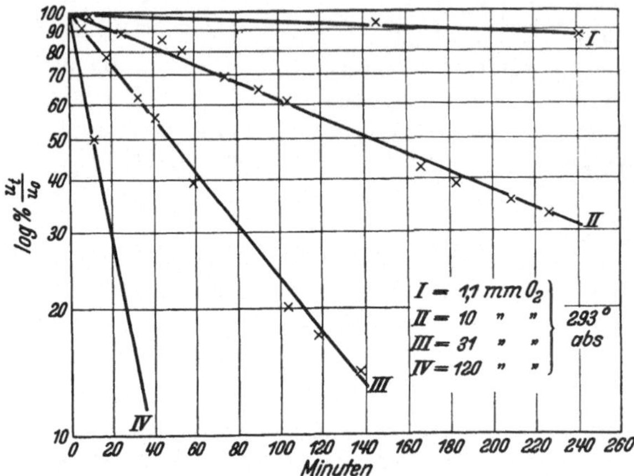

Abb. 17. Zeitlicher Verlauf der Reaktion $pH_2 + O_2 \leftrightarrows oH_2 + O_2$ (nach L. Farkas und H. Sachsse).

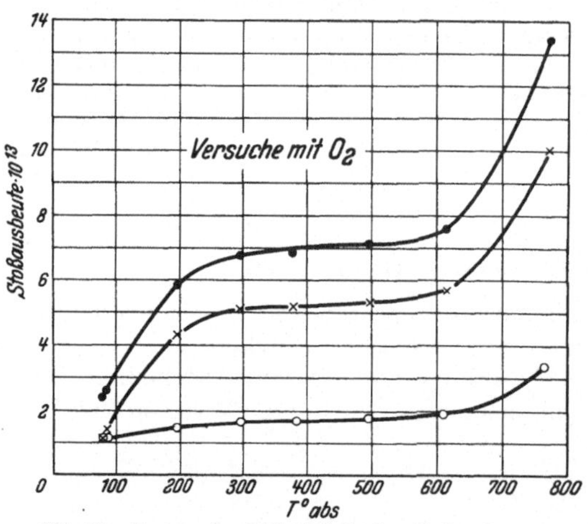

Abb. 18. Temperaturabhängigkeit der Stoßausbeute der Reaktion $pH_2 + O_2 \leftrightarrows oH_2 + O_2$ (nach L. Farkas und H. Sachsse).

3. Homogene paramagnetische Umwandlung in der Gasphase.

Bei Untersuchungen, die sich mit der Kinetik der Knallgasreaktion bei Parawasserstoffzusatz befaßten, fanden L. Farkas und Sachsse,[1] daß in einem Gemisch von Wasserstoff und Sauerstoff sich die Umwandlung $pH_2 \to oH_2$ mit erheblicher Geschwindigkeit vollzieht. Sie konnten zeigen, daß dieser *katalytische Effekt* auch bei anderen *paramagnetischen Gasen* (NO, NO_2) auftritt, während diamagnetische Zusätze wirkungslos sind. Dieser Befund veranlaßte Wigner[2] zur Aufstellung seiner bereits in Kapitel I_3, S. 333, besprochenen Theorie, wonach das Übergangsverbot $p \to o$ (und umgekehrt) durch die Wirkung eines in molekularen Dimensionen inhomogenen Magnetfeldes aufgehoben wird. Die Messungen von Farkas und Sachsse[3] ergaben, daß in einem weiten Druckbereich (1 bis 300 mm O_2 und 10 bis 760 mm H_2) die Reaktion nach dem Schema

$$pH_2 + O_2 \leftrightarrows oH_2 + O_2$$

homogen verläuft. Es ergibt sich hiernach die Geschwindigkeitsgleichung:

$$- \frac{d[pH_2]}{dt} = k_1 p \cdot [H_2][O_2] - k_2(1-p) \cdot [H_2][O_2], \qquad (51)$$

wobei p den Anteil des Gemisches an Parawasserstoff bedeutet. Diese Gleichung ist völlig analog der Gleichung (30) auf S. 351, nur daß statt des Katalysators [H] hier [O_2] steht. Da auch die Sauerstoffkonzentration im Laufe der Reaktion sich nicht verändert, ist die Reaktion für einen bestimmten O_2-Druck genau

[1] L. Farkas, H. Sachsse: S.-B. preuß. Akad. Wiss., physik.-math. Kl. **1933**, 268; Z. physik. Chem., Abt. B **23** (1933), 1.
[2] E. Wigner: Z. physik. Chem., Abt. B **23** (1933), 28.
[3] L. Farkas, H. Sachsse: S.-B. preuß. Akad. Wiss., physik.-math. Kl. **1933**, 268; Z. physik. Chem., Abt. B **23** (1933), 1.

1. Ordnung nach dem Wasserstoff.[1] Die integrierte Form lautet:

$$u_t = u_0 \cdot e^{-(k_1 + k_2)\,[\mathrm{O_2}]\,t}, \tag{52}$$

wobei $u_t = \mathrm{p}_t - \mathrm{p}_x$ und $u_0 = \mathrm{p}_0 - \mathrm{p}_\infty$ ist (vgl. S. 350). Auch hier ist wieder die auftretende Geschwindigkeitskonstante die Summe der Konstanten der Hin- und Rückreaktion. In logarithmischer Auftragung $\left(\log \dfrac{u_t}{u_0} \text{ gegen } t\right)$ erhält man für die verschiedenen Sauerstoffdrucke jeweils Geraden, vgl. Abb. 17. Die Temperaturabhängigkeit der Stoßausbeute Z_k ist in Abb. 18 dargestellt. Die unterste Kurve bezieht sich auf die Reaktion $o \to p$, die darüberliegende Kurve auf den Übergang $p \to o$ und die dritte Kurve auf die Summe der beiden Reaktionen. Z_k ist berechnet nach der Gleichung

$$Z_k = \frac{k}{z}, \tag{53}$$

wobei k die gemessene Geschwindigkeitskonstante in Liter/(Mol·Min.) und z die gaskinetische Stoßzahl [vgl. Formel (36), S. 351] bedeutet. Die Temperaturabhängigkeit der Stoßquerschnitte ($d_{\mathrm{O_2}}$ bzw. $d_{\mathrm{H_2}}$) wurde gemäß der SUTHERLANDschen Beziehung berücksichtigt:

$$d_{\mathrm{O_2}} = 2,4 \sqrt{1 + \frac{C_{\mathrm{O_2}}}{T}} \ \text{Å}, \tag{54}$$

$$d_{\mathrm{H_2}} = 2,0 \sqrt{1 + \frac{\mathrm{H_2}}{T}} \ \text{Å}. \tag{55}$$

$$(C_{\mathrm{O_2}} = 130, \quad C_{\mathrm{H_2}} = 80.)$$

Im Intervall zwischen 300 und 600° abs. ist die Stoßausbeute ziemlich konstant. Der Anstieg oberhalb 600° ist von einer bei dieser Temperatur beginnenden, homogenen oder heterogenen Reaktion zwischen $\mathrm{O_2}$ und $\mathrm{H_2}$ verursacht, die eine Umwandlung durch Atomaustausch bewirkt. Der erste Anstieg (unterhalb 300°), der besonders stark die Umwandlung $p \to o$ betrifft, rührt daher, daß der Übergang in einen höheren Rotationszustand ($j \to j + 1$) endotherm ist. Es muß also für die Umwandlung in dieser Richtung eine Aktivierungswärme aufgebracht werden, was besonders für den untersten Energieterm ($0 \to 1$) ins Gewicht fällt und daher gerade für tiefe Temperaturen einen starken Temperaturkoeffizienten ergibt. Diesen beiden Effekten überlagert sich noch ein weiterer Temperaturgang, der durch die Änderung des Stoßabstandes [gemäß Gleichung (54) und (55)] bedingt ist. Die Stoßabstände ändern sich zwar nur wenig mit der Temperatur, da aber beim Stoß im Gasraum (vgl. Kap. I$_3$, S. 333) der Abstand mit der 6. Potenz eingeht, ist die dadurch bedingte Temperaturabhängigkeit doch merklich.

Die ausführliche Rechnung gestaltet sich wie folgt:
Ist $k_{j\,(j \pm 1)}$ die zu einem Übergang aus dem Rotationszustand j in den Zustand $(j \pm 1)$ gehörige Geschwindigkeitskonstante und sind $a_0,\ a_1,\ a_2,\ \ldots,\ a_j$ die Konzentrationen der Wasserstoffmoleküle in den Rotationszuständen $0, 1, 2, \ldots, j$, so ist die Änderung der Parawasserstoffkonzentration $[p\,\mathrm{H_2}]$ mit der Zeit:

$$-\frac{d\,[p\,\mathrm{H_2}]}{d\,t} = [k_{01}\,a_0 + (k_{21} + k_{23})\,a_2 + (k_{43} + k_{45})\,a_4 + \cdots - {} \\ - (k_{10} + k_{12})\,a_1 - (k_{32} + k_{34})\,a_3 - \cdots]\,[\mathrm{O_2}]. \tag{56}$$

---

[1] Trotz des Auftretens derselben Gesetzmäßigkeit ist zwischen der Rolle des H-Atoms und der des $\mathrm{O_2}$-Moleküls ein prinzipieller Unterschied: H wird bei der Reaktion verbraucht, aber gleichzeitig neu gebildet, während der Sauerstoff ein völlig idealer Katalysator ist, der keine chemischen Veränderungen durchmacht.

Berücksichtigt man, daß die Rotationszustände der einzelnen Modifikationen untereinander im thermischen Gleichgewicht sind, so ergibt sich für die Parazustände

$$(a_j)_{j\,\text{gerade}} = \frac{(2j+1)\,e^{-\frac{E_j}{RT}}}{1 + 9\,e^{-\frac{E_1}{RT}} + 5\,e^{-\frac{E_2}{RT}} + \ldots} \cdot \frac{\mathrm{p}}{\mathrm{p}_\infty} \tag{57}$$

und für die Orthozustände

$$(a_j)_{j\,\text{ungerade}} = \frac{3\,(2j+1)\,e^{-\frac{E_j}{RT}}}{1 + 9\,e^{-\frac{E_1}{RT}} + 5\,e^{-\frac{E_2}{RT}} + \ldots} \cdot \frac{1-\mathrm{p}}{\mathrm{o}_\infty}, \tag{58}$$

wobei p_∞ und o_∞ die Gleichgewichtskonzentrationen an Para- und Orthowasserstoff sind (ausgedrückt in Bruchteilen des Gesamtwasserstoffes), also

$$\mathrm{p}_\infty = \frac{1 + 5\,e^{-\frac{E_2}{RT}} + \ldots}{1 + 9\,e^{-\frac{E_1}{RT}} + 5\,e^{-\frac{E_2}{RT}} + \ldots} \tag{59}$$

und

$$\mathrm{o}_\infty = \frac{9\,e^{-\frac{E_1}{RT}} + 21\,e^{-\frac{E_3}{RT}} + \ldots}{1 + 9\,e^{-\frac{E_1}{RT}} + 5\,e^{-\frac{E_2}{RT}} + \ldots}. \tag{60}$$

Die Gleichung (56) läßt sich hiernach folgendermaßen schreiben:

$$-\frac{d\,[p\,\mathrm{H}_2]}{dt} = \frac{k_{01} + (k_{21} + k_{23})\,5\,e^{-\frac{E_2}{RT}} + (k_{43} + k_{45})\,9\,e^{-\frac{E_4}{RT}} + \ldots}{1 + 5\,e^{-\frac{E_2}{RT}} + 9\,e^{-\frac{E_4}{RT}} + \ldots}\,\mathrm{p}\,[\mathrm{H}_2][\mathrm{O}_2] -$$

$$-\frac{(k_{10} + k_{12})\,9\,e^{-\frac{E_1}{RT}} + \ldots}{9\,e^{-\frac{E_1}{RT}} + 21\,e^{-\frac{E_2}{RT}}}\,(1 - \mathrm{p})\,[\mathrm{H}_2]\,[\mathrm{O}_2]. \tag{61}$$

Vergleicht man den Ausdruck (61) mit (51), so sieht man, daß der Faktor vor $\mathrm{p}\,[\mathrm{H}_2][\mathrm{O}_2]$ gleich k_1, der Faktor vor $(1-\mathrm{p})\,[\mathrm{H}_2]\,[\mathrm{O}_2]$ gleich k_2 ist. Da für die Reaktionsgeschwindigkeit hauptsächlich Übergänge zwischen den drei ersten Rotationszuständen ins Gewicht fallen, genügt es für die zahlenmäßige Rechnung, nur die Übergänge $0 \to 1$, $2 \to 1$, $1 \to 0$ und $1 \to 2$ zu berücksichtigen. Für die endothermen Übergänge $j \to (j + 1)$ kommen noch entsprechende Boltzmann-Faktoren hinzu (die Umwandlungsenergie für $0 \to 1$ ist 337,2 cal, für $1 \to 2$ aber 674,4 cal).
Es ist

$$k_{01} = W_{01}\,e^{-\frac{337}{RT}}, \tag{62}$$

wobei für die Übergangswahrscheinlichkeit W_{01} entsprechend der Wignerschen Formel (6a) gesetzt werden kann:

$$W_{01} = \frac{4\,J\,\mu_A{}^2\,\mu_p{}^2}{\hbar^2\,a_s{}^6\,k\,T} \tag{63}$$

und für die Übergänge $j \to j + 1$, bzw. $j \to j - 1$:

$$W_{j,\,j+1} = W_{01}\,\frac{j+1}{2j+1}; \quad W_{j,\,j-1} = W_{01}\,\frac{j}{2j+1}.$$

Es lautet demnach der Ausdruck für die Stoßausbeute

$$Z_{k_1+k_2} = \frac{\overset{0\to1}{\dot{W}_{01}\,e^{-\frac{337,2}{RT}}} + \frac{2}{5}\,\overset{2\to1}{W_{01}\,5\,e^{-\frac{(1011,6)}{RT}}}}{\underset{p\to o}{1 + 5\,e^{-\frac{(1011,6)}{RT}}}} +$$

$$+\;\frac{\frac{1}{9}\,\overset{1\to0}{W_{01}\,9\,e^{-\frac{337,2}{RT}}} + e^{-\frac{674,4}{RT}}\cdot\frac{2}{9}\,\overset{1\to2}{W_{01}\,9\,e^{-\frac{337,2}{RT}}}}{\underset{o\to p}{9\,e^{-\frac{337,2}{RT}}}}. \tag{64}$$

Die numerische Auswertung dieser Gleichung ergibt für die Parawasserstoffumwandlung durch Sauerstoff bei $T = 293°$ abs. für $a_s = 2$ Å : $2,7\cdot10^{-12}$, für $a_s = 3$ Å : $2,4\cdot10^{-13}$. Durch passende Wahl des Wirkungsquerschnittes (der nicht notwendig mit dem gaskinetisch berechneten übereinstimmen muß) läßt sich leicht völlige Übereinstimmung mit den Werten der Tabelle 14 (bzw. Abb. 18) erhalten.

Die theoretische Temperaturabhängigkeit der Stoßausbeute wird nach (63) und (64) durch den Ausdruck

$$\frac{1}{T\,a_s{}^6}\left[\frac{e^{-\frac{337,2}{RT}} + 2\,e^{-\frac{1011,6}{RT}}}{1 + 5\,e^{-\frac{1011,6}{RT}}} + \frac{1}{9} + \frac{2}{9}\,e^{-\frac{674,4}{RT}}\right] \tag{65}$$

dargestellt, wobei a_s noch entsprechend den Gleichungen (54) und (55) temperaturabhängig ist. Legt man den bei 293° abs. experimentell bestimmten Wert der Rechnung zugrunde, so erhält man für den Temperaturbereich zwischen 77 und 493° abs. die in Tabelle 15, Spalte 2, angegebenen Zahlen. Der Vergleich mit Tabelle 14 zeigt, daß die Rechnung den gefundenen Temperaturverlauf völlig befriedigend wiedergibt.

Die Umwandlung kann nach demselben Mechanismus auch durch andere paramagnetische Gase, so durch NO_2 und NO, bewirkt werden. Bei NO_2 ist zu berücksichtigen, daß nur das NO_2-Molekül ein magnetisches Moment besitzt, während das im Gleichgewicht vorhandene N_2O_4-Molekül diamagnetisch ist und

Tabelle 14. *Temperaturabhängigkeit der Reaktionsgeschwindigkeitskonstante von* $pH_2 + O_2 \rightleftarrows oH_2 + O_2$.

T	(k_1+k_2) in Mol^{-1}Liter Min.$^{-1}$	$Z_{(k_1+k_2)}$	$Z_{k_1}\,(p\to o)$	$Z_{k_2}\,(o\to p)$
77°	2,81	$2,38\cdot10^{-13}$	$1,19\cdot10^{-13}$	$1,19\cdot10^{-13}$
86°	2,94	$2,61\cdot10^{-13}$	$1,44\cdot10^{-13}$	$1,17\cdot10^{-13}$
193°	7,10	$5,86\cdot10^{-13}$	$4,34\cdot10^{-13}$	$1,52\cdot10^{-13}$
293°	9,16	$6,80\cdot10^{-13}$	$5,10\cdot10^{-13}$	$1,70\cdot10^{-13}$
373°	10,00	$6,85\cdot10^{-13}$	$5,13\cdot10^{-13}$	$1,72\cdot10^{-13}$
493°	11,10	$7,13\cdot10^{-13}$	$5,25\cdot10^{-13}$	$1,77\cdot10^{-13}$
623°	12,75	$7,61\cdot10^{-13}$	$5,71\cdot10^{-13}$	$1,90\cdot10^{-13}$
773°	23,90	$13,40\cdot10^{-13}$	$10,05\cdot10^{-13}$	$3,35\cdot10^{-13}$

Tabelle 15. *Theoretische Temperaturabhängigkeit der Stoßausbeute bei der paramagnetischen* pH_2-*Umwandlung.*

T	O_2	NO
77°	$1,9\cdot10^{-13}$	—
143°	$5,3\cdot10^{-13}$	$3,5\cdot10^{-12}$
193°	$6,1\cdot10^{-13}$	$3,3\cdot10^{-12}$
293°	$(6,8\cdot10^{-13})$	$(2,6\cdot10^{-12})$
273°	$7,4\cdot10^{-13}$	$2,5\cdot10^{-12}$
493°	$6,8\cdot10^{-13}$	$2,3\cdot10^{-12}$

daher keine Wirkung ausübt. Bei NO ist nur der $^2\Pi_{\frac{3}{2}}$-Zustand, der um 354 cal höher liegt als der niedrigste $^2\Pi_{\frac{1}{2}}$-Zustand, paramagnetisch. Der Bruchteil paramagnetischer Moleküle ergibt sich demnach als

$$\frac{[NO^*]}{[NO]} = \frac{e^{-\frac{354}{RT}}}{1 - e^{-\frac{354}{RT}}}. \tag{66}$$

Die gemessenen Werte und die mit

$$d_{NO} = 2,4\sqrt{1 + \frac{130}{T}}\ \text{Å} \tag{67}$$

berechneten Stoßausbeuten sind in Tabelle 16 aufgeführt.

Tabelle 16. *Reaktionsgeschwindigkeitskonstanten bei der Reaktion*
$$pH_2 + NO^* \underset{\longleftarrow}{\overset{\longrightarrow}{\rightleftharpoons}} oH_2 + NO^*.$$

T	% NO*	$(k_1 + k_2)$ in Mol^{-1} Liter Min.$^{-1}$	$Z_{k_1 + k_2}$	$Z_{k_1}\ (p \to o)$	$Z_{k_2}\ (o \to p)$
143	20,8	40,6	$3,40 \cdot 10^{-12}$	$2,40 \cdot 10^{-12}$	$1,00 \cdot 10^{-12}$
199	28,0	41,6	$3,34 \cdot 10^{-12}$	$2,46 \cdot 10^{-12}$	$0,90 \cdot 10^{-12}$
293	34,0	34,9	$2,59 \cdot 10^{-12}$	$1,94 \cdot 10^{-12}$	$0,65 \cdot 10^{-12}$
373	37,4	40,0	$2,76 \cdot 10^{-12}$	$2,07 \cdot 10^{-12}$	$0,69 \cdot 10^{-12}$
493	40,2	39,0	$2,54 \cdot 10^{-12}$	$1,90 \cdot 10^{-12}$	$0,64 \cdot 10^{-12}$
793	43,5	49,4	$2,75 \cdot 10^{-12}$	$2,06 \cdot 10^{-12}$	$0,69 \cdot 10^{-12}$

Man erhält hier höhere Ausbeuten als beim Sauerstoff. Die wie oben durchgeführte Berechnung der Temperaturabhängigkeit gibt dann gute Übereinstimmung mit dem Experiment (Tabelle 15, Spalte 3), wenn man annimmt, daß beim umwandelnden Stoß das NO vorzugsweise aus dem $^2\Pi_{\frac{3}{2}}$-Zustand in den $^2\Pi_{\frac{1}{2}}$-Zustand übergeht und die hierbei freiwerdende Energie für die Reaktion nutzbar gemacht werden kann. Der Ausdruck (65) lautet für diesen Fall:

$$\frac{1}{T\,a_s{}^6} \cdot \left(\frac{1 + 2\,e^{-\frac{1011,6}{RT}}}{1 + 5\,e^{-\frac{1011,6}{RT}}} + \frac{1}{9} + \frac{2}{9}\,e^{-\frac{320,4}{RT}} \right). \tag{68}$$

4. Selbstumwandlung des Orthowasserstoffs im Gasraum.

Ebenso wie im festen und flüssigen muß auch im *gasförmigen Zustand* eine Umwandlung durch *gegenseitige „Katalyse"*[1] der paramagnetischen Orthomoleküle stattfinden, nur geht diese Reaktion entsprechend dem *kleineren Verhältnis der Stoßdauer zur Zeit zwischen zwei Stößen* langsamer.[2] Bei 300—400 at ist dieses Verhältnis aber bereits nahezu 1. Für diese Drucke müßte also die Umwandlungsgeschwindigkeit im Gasraum etwa halb so groß wie die in der Flüssigkeit werden. Demnach wäre bei 400 at die Hälfte des im normalen Gemisch vorhandenen Orthowasserstoffs in 10 Tagen umgewandelt. Dieselbe Größenordnung der Geschwindigkeit ergibt sich auch aus der Extrapolation der Versuche von L. Farkas und Sachsse auf entsprechend hohe Drucke, wenn man berücksichtigt, daß das magnetische Moment des Wasserstoffs (das in die Umwandlungsgeschwindigkeit quadratisch eingeht) 1000 mal kleiner ist als das des Sauerstoffs (vgl. Kap. IV$_2$, S. 359).

---

[1] Vgl. hierzu Fußnote 1, S. 357.
[2] Vgl. E. Cremer: Z. physik. Chem., Abt. B **28** (1935), 383.

Die ersten Versuche, das o-p-Gleichgewicht bei tiefen Temperaturen zu erreichen,[1,2,3] sind sämtlich in der Weise ausgeführt worden, daß Wasserstoff unter mehreren hundert Atmosphären Druck bei der Temperatur der flüssigen Luft längere Zeit aufbewahrt wurde. Es zeigte sich dabei stets eine Vermehrung der Parawasserstoffkomponente. BONHOEFFER und A. FARKAS[4] konnten später zeigen, daß die Geschwindigkeit der Umwandlung stark durch die Beschaffenheit der Gefäßwände beeinflußt wird und nahmen daher an, daß bei allen Hochdruckversuchen die Umwandlung durch Katalyse an der Wand bewirkt wurde. Bei den in Stahlgefäßen ausgeführten Versuchen von EUCKEN und HILLER[3] ist die gefundene Umwandlungsgeschwindigkeit am kleinsten. Da sie genau die aus der theoretischen Abschätzung folgende Größenordnung besitzt, kann man vermuten, daß es hier gelungen ist, die *homogene paramagnetische Selbstumwandlung* des gasförmigen Wasserstoffes zu erfassen.

Die Autoren[3] haben bei drei verschiedenen Drucken von über 100 Atmosphären gemessen. Die Tabelle 17 zeigt die nach einer Gleichung 1. Ordnung berechnete Geschwindigkeitskonstante (k_I). Man sieht aber, daß — wie bereits von EUCKEN und HILLER[3] hervorgehoben wurde — die Annahme einer quadratischen Abhängigkeit der Geschwindigkeit vom Druck den Versuchen noch besser gerecht wird (k_II, Tabelle 17).[5] Dieses Verhalten liefert ein weiteres Argument dafür, daß hier eine homogene Umwandlung vorliegt.

Tabelle 17. *Geschwindigkeit der Reaktion* $o\,H_2 \rightarrow p\,H_2$ *im Gasraum bei hohen Drucken.*

Versuchsreihe	Wandmaterial	Konzentration in Mol/Liter	$10^3\,k_\mathrm{I}$ (1. Ordnung) in Tagen^{-1}	$10^3\,k_\mathrm{II}$ [5] (2. Ordnung) in (Mol/Liter)$^{-1}$ Tagen^{-1}
EUCKEN u. HILLER[3] 1	Stahl	5,5	24	6,6
„ „ „ 3	Stahl	12,5	92	11,2
„ „ „ 2	Stahl + Pt-Asbest	17	121	10,8

Berechnet man nun,[5] wie lange es dauern würde, bis bei *einer* Atmosphäre ein 99,7%iges Parawasserstoffgemisch infolge des Zusammenstoßes seiner Orthomoleküle auch nur 1 Zehntelprozent seines Paragehaltes verlieren würde, so ergibt sich eine Zeit von 10^5 Tagen. Berücksichtigt man noch, daß bei Zimmertemperatur schon höhere Rotationsquanten des Parawasserstoffes angeregt sind, die bewirken, daß auch das $p\,H_2$-Molekül ein geringes magnetisches Moment erhält (siehe Tabelle 1, S. 329), so verringert sich die Umwandlungszeit für das erste Promille auf 10^4 Tage. Bei einem 50%igen Gemisch[6] wäre dieselbe absolute Änderung bereits in 20 Tagen erreicht.

Die bei mittleren Drucken im Gasraum gemessenen Umsätze (vgl. Kap. I$_3$, S. 332) gehen aber stets mit größerer Geschwindigkeit vor sich, so daß man wahrscheinlich hier nur die *heterogene Umwandlung* an der Wand mißt. Daß diese bei sehr

---

[1] W. F. GIAUQUE, H. L. JOHNSTON: J. Amer. chem. Soc. **50** (1928), 3221.
[2] K. F. BONHOEFFER, P. HARTECK: Naturwiss. **17** (1929), 182; S.-B. preuß. Akad. Wiss., physik.-math. Kl. **1929**, 103; Z. physik. Chem., Abt. B **4** (1929), 113; Z. Elektrochem. angew. physik. Chem. **35** (1929), 621.
[3] A. EUCKEN, K. HILLER: Z. physik. Chem., Abt. B **4** (1929), 142.
[4] K. F. BONHOEFFER, A. FARKAS: Z. physik. Chem., BODENSTEIN-Festband (1931), 638. Siehe auch A. FARKAS: Orthohydrogen, Parahydrogen and heavy Hydrogen. Cambridge, 1935, S. 61.
[5] Neu berechnet vom Verf.
[6] Von 2% $o\,H_2$ ab beginnt die Umwandlung durch das $o\,H_2$-Molekül zu überwiegen.

hohen Drucken gegen die Gasreaktion zurücktritt, ist dadurch begründet, daß die heterogene Reaktion vermutlich nach einer Ordnung < 1 verläuft,[1] während die homogene proportional dem Quadrat des Druckes ansteigt.

5. Umwandlung in Lösung.

Daß auch paramagnetische *Ionen* die Wasserstoffumwandlung in Lösung katalysieren, wurde von L. Farkas und Sachsse[2] vermutet und experimentell bestätigt.

In der Eisengruppe wachsen die magnetischen Momente in der Reihenfolge $Cu^{\cdot\cdot}$—$Ni^{\cdot\cdot}$—$Co^{\cdot\cdot}$—$Fe^{\cdot\cdot}$—$Mn^{\cdot\cdot}$, und im selben Sinne *steigt die Umwandlungsgeschwindigkeit des Parawasserstoffes* in Lösungen, die diese Ionen enthalten (vgl. Tabelle 18).

Auch das *reine Lösungsmittel* kann — sowohl durch die *Kernmomente* der im Molekül enthaltenen H-Atome als auch durch *induzierte magnetische Momente*,[4] die durch Deformation der Elektronenhülle beim Stoß entstehen — eine katalytische Umwandlung hervorbringen. Der Einfluß des Lösungsmittels muß daher quantitativ bestimmt und für die Messung des eigentlichen Ioneneinflusses in Abzug gebracht werden.

Tabelle 18. *Umwandlungsgeschwindigkeit durch Ionen der Eisengruppe in wässeriger Lösung nach* Sachsse.[3]

Ion	μ in Bohrschen Magnetonen nach van Vleck	k in Liter/Mol Min.
Zn^{2+}	0	0
Cu^{2+}	3,53	1,15
Ni^{2+}	5,56	1,95
Co^{2+}	6,56	5,56
Fe^{2+}	6,54	6,05
Mn^{2+}	5,92	8,05

Tabelle 19 gibt eine Zusammenstellung der Halbwertszeiten in den verschiedenen Lösungsmitteln. Die Reaktionsgeschwindigkeitskonstanten $(k_1 + k_2)$ sind auf gleiche molare Konzentration des im Lösungsmittel enthaltenen H-Atoms bezogen (vgl. S. 351).

Die wässerigen Lösungen konnten in einem vollständig mit Flüssigkeit gefüllten Gefäß untersucht werden. Bei den anderen Lösungsmitteln war noch eine Gasphase vorhanden. Es wurde hierbei durch Schütteln für dauernde Einstellung des Lösungsgleichgewichtes gesorgt. Bei der Umwandlung in Wasser wurde ein Verlauf nach 1. Ordnung festgestellt. Bei den Schüttelversuchen läßt sich die Halbwertszeit τ der Reaktion aus der gemessenen Halbwertszeit τ' berechnen nach der Formel

$$\tau = \tau' \frac{\text{stationär gelöste } H_2\text{-Menge}}{\text{gesamte } H_2\text{-Menge}} = \tau' \frac{\alpha \cdot v_{\text{Lösung}}}{v_{\text{Gas}} + \alpha \cdot v_{\text{Lösung}}}, \tag{69}$$

wobei α den Verteilungskoeffizienten von Wasserstoff für das Lösungsmittel bei

---

[1] Vgl. E. Cremer: Z. physik. Chem., Abt. B **28** (1935), 383.

[2] L. Farkas, H. Sachsse: S.-B. preuß. Akad. Wiss., physik.-math. Kl. **1933**, 268; Z. physik. Chem., Abt. B **23** (1933), 1, 19.

[3] H. Sachsse: Z. physik. Chem., Abt. B **24** (1934), 429; Z. Elektrochem. angew. physik. Chem. **40** (1934), 531.

[4] G.-M. Schwab, E. Schwab-Agallidis und N. Agliardi [Ber. dtsch. chem. Ges. **73** (1940), 279] konnten durch Vergleich der Umwandlungsgeschwindigkeiten in verschiedenen Lösungsmitteln den Anteil der Kernmomente und den der induzierten magnetischen Momente trennen. Die Umwandlungsgeschwindigkeit in H-freien Lösungsmitteln ergibt die Größe des induzierten Momentes. Zieht man diese von der in H-haltigen Lösungsmitteln gefundenen Geschwindigkeit ab, so erhält man einen konstanten Anteil an der Umwandlung für jedes in der Verbindung vorhandene H-Atom, d. h. den Beitrag des Kernmomentes des Protons.

Tabelle 19. *Halbwertszeiten der pH_2-Umwandlung in verschiedenen Lösungsmitteln.*

Lösungsmittel	Beobachtete Halbwertszeit in Min.		$(k_1 + k_2) 10^5 = \dfrac{0,69}{\tau [H]}$. (Liter/Mol Min.) 10^5	
	ältere Messungen	neuere Messungen	ältere Messungen	neuere Messungen
H_2O	134^1	182^2	4,64	3,42
Benzol (C_6H_6)..............	350^1	$\begin{cases} 430^3 \\ 360^4 \end{cases}$	2,92	$\begin{cases} 2,4 \\ 2,85 \end{cases}$
Anilin ($C_6H_5NH_2$)	270^1	—	3,32	—
Methylalkohol (CH_3OH)......	230^1	296^5	3,04	2,36
Cyclohexanol ($C_6H_{11}OH$)	450^1	—	1,36	—
Schwefelkohlenstoff (CS_2)	1000^1	1860^4	—	—
Tetrachlorkohlenstoff (CCl_4) ..	—	2500^4	—	—
D_2O........................	—	420^4	—	—

der Versuchstemperatur und v das Volumen (der Lösung bzw. des Gases) bedeutet.[4,3]

Die in den folgenden Tabellen 20 und 21 angeführten Meßwerte beziehen sich auf wässerige Lösungen. Bei den Messungen ist es notwendig, das Wasser stets sehr gut zu entgasen. Für den Versuch wurden jeweils einige Kubikzentimeter Titerlösung in einen Reaktionskolben pipettiert. Der Kolben wurde dann mit parawasserstoffgesättigtem Wasser vollständig aufgefüllt und durch einen Hahn abgeschlossen. Nach bestimmten Zeiten konnten Proben des Wasserstoffes abgepumpt und analysiert werden.

Besonders geeignet für systematische Untersuchungen der paramagnetischen Umwandlung in bezug auf ihre Abhängigkeit vom magnetischen Moment und vom Stoßradius sind die *Ionen der seltenen Erden*. Hier variieren die magnetischen Momente erheblich, während die chemischen Eigenschaften dabei fast gleich bleiben. Außerdem ist hier sowohl die theoretische Berechnung wie die experimentelle Bestimmung der magnetischen Momente sehr gut durchgeführt.

Tabelle 20. *Umwandlung in verschieden molaren Lösungen von Neodymchlorid in Wasser.*

$[x]$	21,4	21,2	21,0	15,4	4,34	5,24	2,62	2,53
k	2,46	2,30	2,25	2,48	2,19	2,30	2,59	2,46

$$k_{\text{mittel}} = 2,37 \ \text{Liter} \cdot \text{Mol}^{-1} \cdot \text{Min}^{-1}.$$

$[x] =$ Konzentration in Millimol/Liter.

k berechnet nach der Gl. $u_t = u_0 e^{-k[x]t}$ in Liter·Mol^{-1}·Min^{-1}.

Tabelle 20 zeigt Versuche mit verschieden molaren Lösungen von Neodymchlorid, aus denen hervorgeht, daß die Umsetzung auch hier wie im Gasraum *der Konzentration des paramagnetischen Stoffes proportional* ist.

Die Abhängigkeit vom magnetischen Moment und vom *Stoßquerschnitt* veranschaulicht Tabelle 21.

[1] L. Farkas, H. Sachsse: S.-B. preuß. Akad. Wiss., physik.-math. Kl. **1933**, 268; Z. physik. Chem., Abt. B **23** (1933), 1, 19.

[2] L. Farkas, U. Garbatski: J. chem. Physics 6 (1938), 260; Trans. Faraday Soc. **35** (1939), 263. — L. Farkas, L. Sandler: Ebenda **35** (1939), 337.

[3] G.-M. Schwab, E. Agallidis: Z. physik. Chem., Abt. B **41** (1938), 59.

[4] H. Sachsse: Z. physik. Chem., Abt. B **24** (1934), 429; Z. Elektrochem. angew. physik. Chem. **40** (1934), 531.

[5] G.-M. Schwab, E. Schwab-Agallidis, N. Agliardi: Ber. dtsch. chem. Ges. **73** (1940), 279. — G.-M. Schwab, E. Schwab-Agallidis: Naturwiss. **28** (1940), 412.

Tabelle 21. *Reaktionsgeschwindigkeitskonstanten der pH_2-Umwandlung unter Einwirkung der Ionen der seltenen Erden.*

Ion	Halbwertszeit in Min. bei 10^{-3} Mol/Liter	$(k_1 + k_2)$ in Mol^{-1} Liter Min.$^{-1}$	Magnetisches Moment μ	$\dfrac{k_1 + k_2}{\mu^2}$	Ionenradius nach GOLDSCHMIDT
Pr^{3+}	304	2,26	3,62	0,181	1,16
Nd^{3+}	290	2,37	3,68	0,168	1,15
Sm^{3+}	1080	0,64	$\sim 1,60$	0,250	1,13
Gd^{3+}	39,4	17,50	7,94	0,276	1,11
Er^{3+}	18,0	38,20	9,70	0,416	1,04
Yb^{3+}	67,5	10,20	4,50	0,502	1,00

Die Umwandlungsgeschwindigkeit wächst mit dem magnetischen Moment, jedoch stärker als es einer quadratischen Abhängigkeit entspricht [Formel (6), S. 333]. Auch die durch μ^2 dividierten k-Werte steigen noch vom Praseodym zum Ytterbium auf das Dreifache an. Im selben Sinne fallen aber auch die Ionenradien. Der aus der Umwandlungsgeschwindigkeit berechnete „magnetische Wirkungsquerschnitt" zeigt demnach jedenfalls richtungsmäßig denselben Gang wie die anderweitig bestimmten Ionenradien. Eine quantitative Übereinstimmung im Gang der Werte der beiden letzten Spalten der Tabelle ist wegen der Beeinflussung des Stoßabstandes durch die Solvathülle nicht zu erwarten (siehe auch S. 381).

Vergleicht man die Stoßausbeute in der Lösung mit der im Gasraum, so erhält man $2 \cdot 10^{-13}$ für die Reaktion in der Lösung (unter Reduktion der Werte auf gleiches mittleres μ und Annahme eines mittleren Stoßradius von 2 Å) in sehr naher Übereinstimmung mit dem bei der Sauerstoffkatalyse im Gasraum gefundenen Wert $6,8 \cdot 10^{-13}$. Dies besagt, daß durch die Anwesenheit des Wassers die Stoßausbeute nicht beträchtlich beeinflußt wird. Ebenso erhält man bei der Untersuchung der Wirkung von *gelöstem Sauerstoff* auf gelösten Parawasserstoff für die Reaktionsgeschwindigkeitskonstante den Wert 10,5, der mit dem Wert für die Gasreaktion 9,16 nahezu gleich ist.[1]

.Durch Anwendung der für den Gasraum gültigen Formel für die Geschwindigkeitskonstante (k):

$$k = \text{Reaktionswahrscheinlichkeit } (W) \cdot \text{Stoßzahl } (St),$$

wobei W nach der WIGNERschen Formel $\left(W \text{ proportional } \dfrac{\mu^2}{a_s^6} \right.$, siehe Gleichung (6a), S. 333$\left.\right)$ und St wie eine gaskinetische Stoßzahl [Formel (36), S. 351] berechnet wird, erhält SACHSSE[2] für die Flüssigkeit bei 20° C:

$$k = 3,9 \cdot 10^{-31} \frac{\mu^2}{a_s^4}. \tag{70}$$

Eine gegenseitige magnetische Beeinflussung der Ionen findet im Bereich zwischen molarer und millimolarer Lösung nicht statt: das für die Umwandlung maßgebende magnetische Moment ist also unabhängig von der Konzentration (SACHSSE,[2] CALVIN[3]). Ebenso erweist sich die Umwandlungsgeschwindigkeit als unabhängig von der *Natur des Anions*. Die Natur des *Lösungsmittels* hat einen geringen Einfluß, wie SACHSSE[2] durch Vergleich von wässeriger und alkoholischer Lösung zeigen konnte. Dieser dürfte von einer verschiedenen räumlichen Ausdehnung der *Solvathüllen* herrühren.

---

[1] L. FARKAS, H. SACHSSE: Z. physik. Chem., Abt. B **23** (1933), 19.
[2] H. SACHSSE: Z. Elektrochem. angew. physik. Chem. **40** (1934), 531.
[3] M. CALVIN: J. Amer. chem. Soc. **60** (1938), 2003.

V. Kapitel.

Anwendungen der homogenen Parawasserstoffkatalyse.

Die Untersuchung der homogenen Parawasserstoffumwandlung hat sich für die Lösung reaktionskinetischer Probleme und für die Bestimmung physikalischer Konstanten als ein nützliches Hilfsmittel erwiesen.

Im folgenden sollen einige Beispiele diesbezüglicher Anwendungen aufgeführt werden, um sowohl die Vielseitigkeit der Anwendungsmöglichkeiten als auch die Hauptzüge der dabei verwendeten Methodik zu zeigen.

1. Nachweis von freien H-Atomen.

Verläuft eine Reaktion über H-Atome, wie z. B. die *Chlorwasserstoffbildung* nach dem BODENSTEIN-NERNSTschen Mechanismus:

$$(1) \qquad Cl_2 + h\nu = 2\,Cl$$
$$(2) \qquad Cl\ + H_2 = HCl + H$$
$$(3) \qquad H\ + Cl_2 = HCl + Cl,$$

so muß bei Gegenwart von molekularem Wasserstoff auch die Reaktion

$$(3') \qquad H + H_2 = H_2 + H$$

neben der (3) entsprechenden Reaktion auftreten. Setzt man also dem Reaktionsgemisch Wasserstoff in Form von Parawasserstoff zu, so ist zu vermuten, daß eine Umwandlung in der Richtung $pH_2 \rightarrow oH_2$ durch die freien H-Atome verursacht wird (vgl. Kap. IV_{1a}, S. 349). Bei einem Versuch von BONHOEFFER und HARTECK,[1] diesen Effekt aufzuzeigen, wurde zunächst keine Parawasserstoffumwandlung gefunden. Dieser negative Befund ist dadurch bedingt, daß die Reaktion $H + Cl_2$ wesentlich schneller ist als die Reaktion $H + H_2$. Man kennt heute die Stoßausbeuten der einzelnen Reaktionen sehr genau und weiß, daß sie sich für die Reaktionen (3) und (3') wie 20000 : 1 verhalten.[2] Demnach kann die nach (3') sich vollziehende Umwandlung unter normalen Bedingungen nicht meßbar sein. Erst bei sehr kleinen Chlorkonzentrationen kann $H + H_2$ mit $H + Cl_2$ merklich in Konkurrenz treten. Entsprechend dieser Überlegung entwickelten GEIB und HARTECK[3] eine Anordnung, bei der das Chlor durch eine dünne Kapillare in Wasserstoff von einigen 100 mm Druck eingelassen wurde. Die Apparatur wurde zur besseren Durchmischung geschüttelt, so daß die Kapillare 5mal pro Sekunde im Reaktionsraum hin und her pendelte. Während des Zuleitens wurde das Gemisch mit einem Kohlebogen oder einer Quecksilberlampe belichtet. Mit dieser Anordnung ließ sich eine erhebliche Umwandlung von Parawasserstoff nachweisen (bis zu 50%). Damit war der *direkte Nachweis für das Vorkommen von H-Atomen im Chlorknallgas erbracht*. Die Parawasserstoffumwandlung ist jedoch — wie spätere Versuche von BODENSTEIN und SOMMER[4] zeigten — sobald sich HCl in merklicher Konzentration im Gasraum befindet, nicht auf die Reaktion $H + pH_2 = nH_2 + H$ zurückzuführen, sondern hauptsächlich auf die Reaktion $H + HCl = nH_2 + Cl$, die mit einer 100mal größeren Geschwindigkeit als die erste Reaktion verläuft (vgl. auch Kap. V_2, S. 376).

---

[1] K. F. BONHOEFFER, P. HARTECK: Siehe K. H. GEIB, P. HARTECK: Z. physik. Chem., Abt. B 15 (1931), 116, 118.

[2] M. BODENSTEIN: Trans. Faraday Soc. 27 (1931), 413.

[3] K. H. GEIB, P. HARTECK: Z. physik. Chem., Abt. B 15 (1931), 116.

[4] Vgl. SOMMER: Dissertation. Berlin, 1934. — M. BODENSTEIN, S. KHODSCHAJAN: Z. physik. Chem., Abt. B 48 (1941), 257.

Die „*Parawasserstoffmethode*" hat vielfache Anwendung zur Bestimmung von H-Atomkonzentrationen gefunden. So verwendeten sie HABER und OPPENHEIMER[1] bei der Konzentrationsbestimmung des *aktiven Wasserstoffs*, L. FARKAS und HARTECK[2] zur Untersuchung der *photochemischen Ammoniakzersetzung*, für deren Kinetik folgende wichtige Schlüsse aus den Messungen gezogen werden konnten:

1. Der Primärvorgang verläuft nach der Gleichung

$$NH_3 + h\nu \rightarrow NH_2 + H. \tag{I}$$

2. Die dabei auftretenden H-Atome verschwinden nicht im Dreierstoß, sondern in bimolekularen Reaktionen, die mit geringer Aktivierungswärme verlaufen, z. B. durch die Reaktion

$$NH_2 + H \rightarrow NH + H_2. \tag{II}$$

Die Temperaturabhängigkeit der Parawasserstoffumwandlung in Gegenwart von NH_3 ergibt eine Aktivierungswärme, die mit 7 kcal praktisch identisch ist mit der für die Reaktion

$$p\,H_2 + H = n\,H_2 + H$$

von FARKAS[3] und von GEIB und HARTECK[4] bestimmten Aktivierungswärme (vgl. Kap. IV_{1a}, S. 353). Dies ist nur dann möglich, wenn die Reaktionen nach Schema (II) fast keine Aktivierungswärme benötigen, was wiederum damit in Einklang steht, daß die NH_3-Zersetzung nur eine sehr geringe Temperaturabhängigkeit besitzt.

PATAT[5,6] und SACHSSE[6,7] bedienten sich des von GEIB und HARTECK angegebenen Verfahrens zur Aufklärung der Frage, ob der *thermische Zerfall organischer Moleküle*, wie z. B. Äthan, Aceton u. a., über Radikalketten verläuft oder nicht. So müßten z. B. beim Äthanzerfall nach dem von RICE und HERZFELD[8] aufgestellten Mechanismus H-Atome als Kettenträger auftreten. Mißt man nun in einem Reaktionsgefäß, das auf etwa 550° erhitzt wird, unter sonst gleichen Bedingungen einmal die Halbwertszeit ($\tau_{\frac{1}{2}}$) der pH_2-Umwandlung in reinem Wasserstoff und einmal in einem Gemisch von Äthan und Wasserstoff, so läßt sich aus der Beziehung

$$\frac{\tau_{\frac{1}{2}} \text{ in } H_2}{\tau_{\frac{1}{2}} \text{ im Gemisch}} = \frac{[H] \text{ im Gemisch}}{[H] \text{ in reinem } H_2} \tag{71}$$

die H-Atomkonzentration im Gemisch direkt bestimmen. Sie ergab sich bei Zusatz von Äthan als etwa doppelt so groß wie in reinem Wasserstoff.[7] Damit ist sie jedoch etwa drei Zehnerpotenzen kleiner, als sie nach der Theorie von RICE und HERZFELD[8] sein müßte, wenn das gesamte Äthan kettenmäßig zersetzt

---

[1] F. HABER, F. OPPENHEIMER: Z. physik. Chem., Abt. B **16** (1932), 443.

[2] L. FARKAS, P. HARTECK: Z. physik. Chem., Abt. B **25** (1934), 257.

[3] A. FARKAS: Z. physik. Chem., Abt. B **10** (1930), 419. — A. FARKAS, L. FARKAS: Proc. Roy. Soc. (London), Ser. A **152** (1935), 127.

[4] K. H. GEIB, P. HARTECK: Z. physik. Chem., BODENSTEIN-Festband (1931), 849.

[5] F. PATAT: Naturwiss. **24** (1936) 62; Z. physik. Chem., Abt. B **32** (1936), 274, 294.

[6] F. PATAT, H. SACHSSE: Naturwiss. **23** (1935), 247; Z. Elektroch. **41** (1935), 493; Z. physik. Chem., Abt. B **31** (1935), 105.

[7] H. SACHSSE: Z. physik. Chem., Abt. B **31** (1935), 79. 87.

[8] F. O. RICE: J. Amer. chem. Soc. **53** (1931), 1959. — F. O. RICE, K. F. HERZFELD: Ebenda **56** (1934), 284.

würde.[1] Es folgt daraus, daß nur jedes 10^4 bis 10^6te Molekül primär nach dem Mechanismus

$$C_2H_6 \rightarrow 2\,CH_3$$

zerfallen kann, während die Reaktion hauptsächlich ohne Kettenbildung nach der Gleichung

$$C_2H_6 \rightarrow C_2H_4 + H_2$$

verläuft.

Indirekt läßt sich auch die *CH₃-Konzentration* durch die Parawasserstoffmethode bestimmen, da in Gegenwart von Wasserstoff durch die Reaktion

$$CH_3 + H_2 \rightarrow CH_4 + H \qquad (k^*)$$

H-Atome gebildet werden.[1] Fragt man nach dem Schicksal eines solchen H-Atoms, so ergeben sich als wahrscheinlich nur solche Reaktionen, die wieder zur Bildung eines CH₃-Radikals führen; in einem Aceton - Wasserstoff - Gemisch z. B.:

$$H + CH_3COCH_3 \rightarrow$$
$$H_2 + CH_2COCH_3 \rightarrow$$
$$H_2 + CH_2CO + CH_3 \qquad (k^{**}).$$

Man kann also annehmen, daß sich zu jeder stationären CH₃-Konzentration automatisch eine H-Atomkonzentration einstellt, ohne daß dadurch die CH₃-Konzentration geändert wird. Die H-Konzentration kann gemäß der Gleichung (71) ermittelt werden, und die CH₃-Konzentration ergibt sich aus der Bedingung für eine stationäre H-Konzentration:

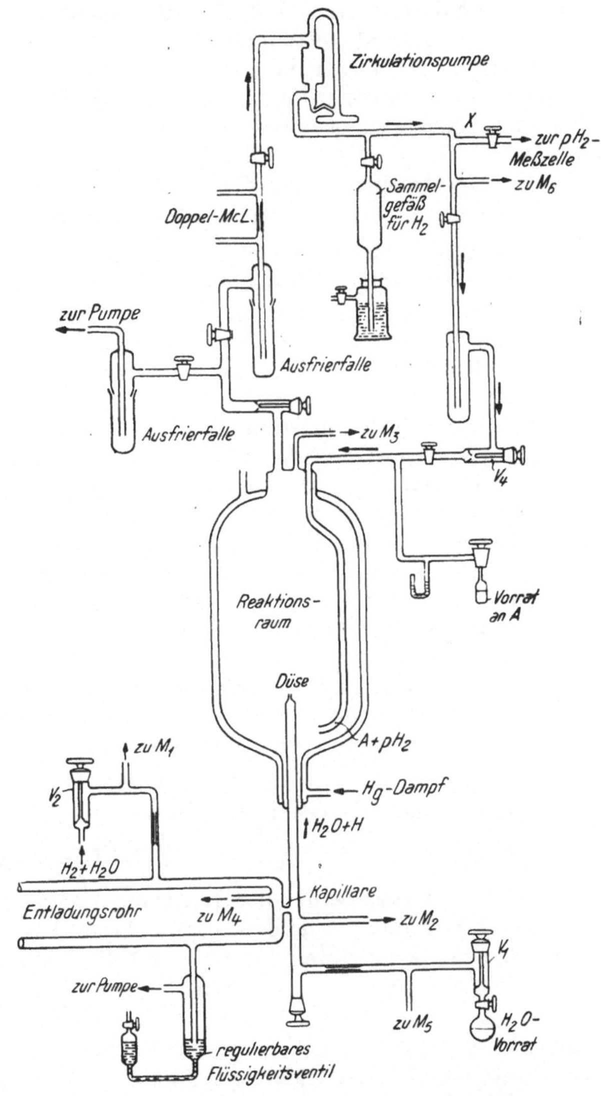

Abb. 19. Apparatur zur Bestimmung der Geschwindigkeit von Gasreaktionen des atomaren Wasserstoffs.

$$[CH_3] = [H]\,\frac{k^{**}\,[\text{Org. Substanz}]}{k^*\,[H_2]}.$$

Für die exakte Auswertung der Gleichung ist es nötig, die Konstanten k^* und k^{**} zu kennen. Diese lassen sich freilich vorläufig nur abschätzen. Man kann

---

[1] F. PATAT, H. SACHSSE: Z. physik. Chem., Abt. B **31** (1935), 105. Siehe auch Naturwiss. **23** (1935), 247; Z. Elektroch. **41** (1935), 493.

[2] Auch bei den Versuchen von W. WEST [J. Amer. chem. Soc. **57** (1935), 1931] dürfte die beobachtete Umwandlung durch ähnliche Reaktionen verursacht sein. Siehe dieses Kap. 5, S. 379.

also die CH_3-Konzentration nicht mit derselben Sicherheit ermitteln wie die H-Atomkonzentration, doch ist die Genauigkeit völlig ausreichend, um zu zeigen, daß z. B. beim thermischen Zerfall von Aceton, Acetaldehyd und Propionaldehyd zwar Radikale *auftreten*, daß aber ihr mengenmäßiger Anteil *viel zu klein* ist, um einen insgesamt kettenmäßigen Zerfall zu bewirken.

Es ergibt sich ferner die Gesetzmäßigkeit, daß um so mehr Radikale gebildet werden, je kleiner die Differenz der experimentell bestimmten Aktivierungswärme und der Aktivierungswärme für den Primärschritt des Radikalzerfalles ist.[1]

2. Bestimmung der Geschwindigkeit von Gasreaktionen des atomaren Wasserstoffes.

Eine allgemeine Methode zur Bestimmung der Geschwindigkeit von Gasreaktionen des atomaren Wasserstoffes wurde von Cremer, Curry und Polanyi[2] entwickelt. Sie beruht auf dem Vergleich der Geschwindigkeiten der Reaktion $H + H_2$ mit einer Reaktion unbekannter Geschwindigkeit $H + A$.

In Abb. 19 ist eine schematische Skizze des wesentlichen Teiles der Apparatur gegeben:

In einem Entladungsrohr werden H-Atome erzeugt, die durch eine mit Phosphorsäure ausgekleidete Kapillare in einen Wasserdampfstrom eintreten und von diesem dann durch eine Düse weiter in den Reaktionsraum befördert werden, in dem sich ein durch H-Atome angreifbares Gas (A) befindet. Das Reaktionsgefäß kann durch Quecksilberdampf auf Temperaturen bis zu 360° geheizt werden. Eine abgemessene Menge Parawasserstoff wird gleichzeitig im Kreislauf durch das Reaktionsgefäß gepumpt. Die Strömungsgeschwindigkeiten müssen durch Strömungsmesser ($M_1 \div M_5$) kontrolliert und durch Regulieren fein einstellbarer Ventile ($V_1 \div V_5$) konstant gehalten werden.

Die Konzentration [A] des mit H reagierenden Gases wird so groß gewählt, daß sie ausreicht, alle H-Atome, die in den Reaktionsraum eintreten (n Moleküle/sec), zu verzehren. In jedem Raumelement dv ist dann

$$dn = k\,[A]\,[\mathrm{H}]\,dv. \tag{72}$$

Aus dieser Gleichung erhält man durch Integration

$$n = k\,[A]\int [\mathrm{H}]\,dv = k\,[\mathrm{A}]\,N, \tag{72a}$$

wobei N die Gesamtzahl aller H-Atome bedeutet, die im stationären Zustand im Reaktionsraum vorhanden sind. Diese läßt sich durch Messung der Umwandlung des zugesetzten Parawasserstoffs bestimmen. Es ist:

$$\frac{d\,[p\,\mathrm{H_2}]}{dt} = -\,k^*\,[p\,\mathrm{H_2}]\,[\mathrm{H}], \tag{73}$$

wobei k^* die von Farkas[3] und Geib und Harteck[4] bestimmte Geschwindigkeitskonstante ist. Diese Gleichung ergibt nach Integration über den ganzen Raum, in dem die H-Atome verteilt sind:

$$\int \frac{d\,[p\,\mathrm{H_2}]}{dt}\,dv = -\,k^*\,[p\,\mathrm{H_2}]\int [\mathrm{H}]\,dv, \tag{73a}$$

$$\frac{dP}{dt} = -\,k^*\,[p\,\mathrm{H_2}]\,N, \tag{73b}$$

wobei P die im gesamten Raum befindliche Parawasserstoffmenge bedeutet.

---

[1] F. Patat: Naturwiss. 24 (1936), 62; Z. physik. Chem., Abt. B 32 (1936), 274, 294.

[2] E. Cremer, J. Curry, M. Polanyi: Z. physik. Chem., Abt. B 23 (1933), 445.

[3] A. Farkas: Z. physik. Chem., Abt. B 10 (1930), 419. — A. Farkas, L. Farkas: Proc. Roy. Soc. (London), Ser. A 152 (1935), 127. Vgl. auch Kap. IV 1a, S. 349.

[4] K. H. Geib, P. Harteck: Z. physik. Chem., Bodenstein-Band (1931), 849.

Bezeichnet man mit s die Menge des aus dem Entladungsrohr pro Zeiteinheit zuströmenden normalen Wasserstoffs und führt für die zur Zeit $t = 0$ vorhandenen Mengen bzw. Konzentrationen den Index 0 ein, so ist:

$$\frac{[p\,H_2]}{[p\,H_2]_0} = \frac{P}{P_0 + s\cdot t}. \tag{74}$$

Durch Einsetzen in (73 b) und Integrieren erhält man

$$\ln\frac{P_0}{P} = \frac{k^*\,N\,[p\,H_2]_0}{s}\,\ln\left(1 + \frac{s\cdot t}{P_0}\right). \tag{75}$$

Aus dieser Gleichung erhält man N und kann somit k nach (72 a) ermitteln.

Die *Aktivierungswärme* (q) läßt sich nun unter Annahme eines normalen Stoßquerschnittes berechnen nach der Gleichung:

$$k = 10^{14}\cdot e^{-\frac{q}{R\,T}}. \tag{76}$$

Da Druck, Temperatur und Gefäßdimensionen nicht beliebig variiert werden können, kann nur ein gewisses Intervall von Reaktionsgeschwindigkeiten erfaßt werden. Bei Drucken von 0,01 mm bis 0,15 mm, einer Temperatur von 190° C und einem Abstand zwischen Düse und Wand (siehe Abb. 14) von rund 6 cm wären Reaktionen mit einer Aktivierungswärme $q < 2800$ cal „zu schnell" und solche mit $q > 7400$ cal „zu langsam", um mit der Methode gemessen zu werden. Eine Erweiterung des Meßbereiches auf Aktivierungswärmen zwischen 0 und 10000 cal kann mit einfachen Mitteln erreicht werden. Es ist also prinzipiell möglich, mit der Methode auch Reaktionen zu erfassen, die bei jedem Stoß verlaufen.

Es wurden die *Reaktionen der Wasserstoffatome mit einer Reihe von Halogenalkylen* untersucht. Die Tabelle 22 gibt eine Übersicht über die auf diese Weise bestimmten unteren bzw. oberen Grenzen der Aktivierungswärmen.

Auch die Reaktion H + HBr wurde geprüft und im Einklang mit anderweitigen Erfahrungen[2] ihre Aktivierungswärme als < 3 kcal festgestellt.

Tabelle 22. *Aktivierungswärmen der Reaktionen zwischen H-Atomen und Halogenalkylen* (nach CREMER, CURRY und POLANYI[1]).

Reaktionspartner (R Hl)	Aktivierungswärme der Reaktion H + R Hl in kcal.
CH_3Cl	$> 7,2$
CH_2Cl_2	$< 5,8$
$CHCl_3$	$< 4,3$
CCl_4	$< 3,2$
CH_3Br	$< 3,2$
C_2H_5J	$< 4,5$

Wird der aktive Wasserstoff — wie bei der eben beschriebenen Methode — im Entladungsrohr hergestellt, so muß man bei verhältnismäßig niedrigen Drucken (< 1 mm) arbeiten. Erzeugt man die H-Atome hingegen *thermisch* oder durch eine *photosensibilisierte* Reaktion, so kann man zu beliebig hohen Drucken übergehen. So haben BODENSTEIN und Mitarbeiter[3] die Chlorknallgasreaktion mit Parawasserstoffzusatz bei Drucken zwischen $1/4$ und $1^1/_2$ Atmosphären untersucht. Das Reaktionsgemisch aus hochprozentigem Parawasserstoff, Chlor und Chlorwasserstoff wurde entweder strömend durch das Reaktionsgefäß geschickt (das entsprechend belichtet oder erwärmt werden konnte) und nach dem Austritt analysiert, oder mit Hilfe einer Zirkulationspumpe in einer

---

[1] E. CREMER, J. CURRY, M. POLANYI: Z. physik. Chem., Abt. B **23** (1933), 445.

[2] Vgl. z. B. H. J. SCHUMACHER: Chemische Gasreaktionen. Dresden u. Leipzig: Th. Steinkopff, 1938, S. 351.

[3] Vgl. M. BODENSTEIN: „Abschlußarbeiten am Chlorknallgas". I. M. BODENSTEIN, E. WINTER: S.-B. Preuß. Akad. Wiss., physik.-math. Kl. **1936** I; II. M. BODENSTEIN: Z. physik. Chem., Abt. B **48** (1941), 239; III. M. BODENSTEIN, H. F. LAUNER: Ebenda S. 268.

Rundleitung längere Zeit durch das Reaktionsgefäß gepumpt. Zur Analyse konnten an einer Stelle der Leitung von Zeit zu Zeit Chlor und Chlorwasserstoff ausgefroren werden. Das gebildete HCl ist dann aus der Druckabnahme des Wasserstoffes zu berechnen, und der $p\,H_2$-Gehalt kann durch Wärmeleitfähigkeitsmessung bestimmt werden.

Sobald durch die thermische oder photochemische Primärreaktion Cl-Atome entstanden sind, können diese in den folgenden Reaktionsstufen weiter reagieren:

$$
\begin{aligned}
2)\quad & Cl + H_2 = HCl + H \quad \text{mit der Geschwindigkeitskonstante} \quad && k_2 \\
-2)\quad & H + HCl = n\,H_2 + Cl \quad ,, \quad\quad ,, \quad\quad\quad\quad\quad ,, && k_{-2} \\
3)\quad & H + Cl_2 = HCl + H \quad ,, \quad\quad ,, \quad\quad\quad\quad\quad ,, && k_3 \\
3')\quad & H + p\,H_2 = n\,H_2 + H \quad ,, \quad\quad ,, \quad\quad\quad\quad\quad ,, && k_{3'}
\end{aligned}
$$

Ist HCl in größenordnungsmäßig vergleichbarer Konzentration mit dem Wasserstoff vorhanden, so bildet sich $n\,H_2$ nur nach der Reaktion -2. Die Reaktion $3'$ tritt dagegen völlig zurück, und man kann in diesem Falle nicht wie bei der soeben beschriebenen Methode aus dem Vergleich mit dieser bekannten Reaktion Schlüsse auf die absolute Geschwindigkeit der anderen Reaktionen ziehen. Doch geben die Versuche Aufschluß über das Verhältnis der Reaktionsgeschwindigkeiten des H-Atoms mit Cl_2 und HCl.

Unter der Annahme einer stationären H-Atomkonzentration berechnet sich aus dem obigen Schema:

$$
\frac{k_3}{k_{-2}} = \frac{[HCl] \cdot \varDelta\,[HCl]\,(0{,}75 - G_0)}{[Cl_2]\,(2\,\varDelta\,[o\,H_2] - \varDelta\,[HCl]\,G_0)}\,, \tag{77}
$$

wobei [HCl] und $[Cl_2]$ die mittlere Konzentration von Chlorwasserstoff und Chlor, $\varDelta\,[HCl]$ und $\varDelta\,[o\,H_2]$ die entsprechenden Umsätze in dem beobachteten Zeitintervall und G_0 den mittleren Gehalt an Orthowasserstoff bedeuten. Die Auswertung der Versuche ergab als Mittelwert für den Quotienten bei $30°$ C 249, bei $100°$ C 114 und bei $198°$ C 57.[1]

Aus der gemessenen Temperaturabhängigkeit von $\dfrac{k_3}{k_{-2}}$ gewinnt man den Wert für die Differenz der Aktivierungswärmen q_{-2} und q_3 zu 2,4 kcal. Die Aktivierungswärme der Reaktion 2: $Cl + H_2 = HCl + H$ ist durch Messungen anderer Autoren bekannt. Sie läßt sich aus Versuchen von Hertel[2] zu 5,7 kcal berechnen und wird in guter Übereinstimmung hiermit von Rodebush und Klingelhöfer[3] zu $6,1 \pm 1$ kcal angegeben. Die Aktivierungswärme der Gegenreaktion -2 ist $q_{-2} = q_2 -$ Wärmetönung[4] der Reaktion $2 = 5,9 - 0,9 = 5$ kcal. Man erhält somit die Aktivierungswärme für die Reaktion 3 $(H + Cl_2)$:

$$
q_3 = 5,0 - 2,4 = 2,6 \text{ kcal.}
$$

<hr>

[1] M. Bodenstein, nach Versuchen von L. v. Müffling, A. Sommer, S. Khodschajan: Z. physik. Chem., Abt. B 48 (1941), 239.

[2] E. Hertel: Z. physik. Chem., Abt. B 15 (1932), 325. — Siehe auch M. Bodenstein: Ebenda, Abt. B, erscheint demnächst.

[3] W. H. Rodebush, W. C. Klingelhöfer: J. Amer. chem. Soc. 55 (1933), 130.

[4] Die Wärmetönung berechnet sich aus der Differenz der Bindungsenergie von H_2 und HCl. Diese ist am absoluten Nullpunkt für $p\,H_2$ $102,72 - 101,6 \pm 0,22$ kcal $= 1,12 \pm 0,22$ kcal, für $n\,H_2$ $102,48 - 101,6 = 0,88 \pm 0,25$ kcal [H. Beutler: Z. physik. Chem., Abt. B 29 (1935), 315; Abt. B 27 (1934), 287]. Für höhere Temperaturen ist von der Bindungsenergie die in Form von Rotations- oder Schwingungsenergie vorhandene Energie abzuziehen. Die Schwingungsniveaus sind in unserem Falle noch nicht angeregt. Sie liegen höher als die Aktivierungswärmen der betrachteten Reaktionen. Das Integral der Rotationsenergie beträgt bei Zimmertemperatur für H_2 536 cal, für HCl 586 cal. Unter Mitberücksichtigung der geringen Differenz ergibt sich für $n\,H_2$ die Wärmetönung 930 cal.

q_3 läßt sich auch aus den Messungen von HERTEL[1] unter der Annahme, daß die Reaktion

$$4) \quad H + O_2 + M \rightarrow HO_2 + M$$

temperaturunabhängig ist, berechnen. Man erhält dann 2,1 kcal und, wenn man für q_4 den plausiblen Wert von 500 cal[2] einsetzt, ebenfalls $q_3 = 2,6$ kcal.

Man sieht, daß sich hier die mit der Parawasserstoffmethode bestimmten Aktivierungswärmen sehr gut den anderweitig bekannten Werten anfügen.

Die genaue Kenntnis der Aktivierungswärmen ermöglicht es, in den Fällen, in denen die Geschwindigkeitskonstanten direkt gemessen sind, auch die *sterischen Faktoren* (α) der Reaktionen zu bestimmen. Man erhält so z. B.

$$\alpha_2 = 0,16, \quad \alpha_{-2} = 0,04,$$

d. h. die *Reaktion des H-Atoms mit einer symmetrischen Molekel ($H + Cl_2$) ist sterisch gegenüber der mit einer unsymmetrischen Molekel ($H + HCl$) um den Faktor 4 bevorzugt.*[3]

Bei Anwendung von sehr geringen Chlor- und Chlorwasserstoffmengen (Chlordruck < 1,3 mm bei 1 at Parawasserstoff) ist es schließlich möglich, die Reaktion — 2 gegen 3′ zurückzudrängen und somit einen direkten Vergleich der Reaktionsgeschwindigkeit von 3 und 3′ zu erhalten. Der Quotient der Konstanten berechnet sich aus dem Schema zu:

$$\frac{k_3}{k_{3'}} = \frac{\varDelta\,[HCl]\left([p\,H_2] - \dfrac{1}{3}\,[o\,H_2]\right)}{[Cl_2]\,(2\,\varDelta\,[o\,H_2] + \varDelta\,[HCl]\,G_0)}. \tag{78}$$

Man hat dann auch hier die Möglichkeit [unter Mitbenutzung der Formel (77)], aus der Kenntnis der Reaktion $H + H_2$ ($k_{3'}$) die Geschwindigkeit anderer Reaktionen, in diesem Falle $H + Cl_2$ (k_3) und $H + HCl$ (k_{-2}), zu berechnen.[3]

3. Bestimmung der Geschwindigkeit von Austauschreaktionen des Wasserstoffes.

Die Austauschreaktion zwischen molekularem Wasserstoff und dem Borwasserstoff B_2H_6 wurde von SACHSSE[4,5] näher untersucht. Der Borwasserstoff wird sehr leicht (schon bei Zimmertemperatur) durch heterogen katalysierte Reaktionen zersetzt, doch ist es bei sehr sauberen Wänden (Ausschluß von Fett und Fettdämpfen!) möglich, die homogene Austauschreaktion zu erfassen, d. h. keine Borwasserstoffzersetzung, wohl aber eine Parawasserstoffumwandlung nachzuweisen. Die Druckabhängigkeit der Reaktion steht in Einklang mit der Annahme eines bimolekularen Reaktionsverlaufes nach dem Schema:

$$pH_2 + B_2H_6 \rightleftharpoons oH_2 + B_2H_6.$$

---

[1] E. HERTEL: Z. physik. Chem., Abt. B **15** (1932), 325.

[2] Daß die Reaktion 4 mit sehr hoher Stoßausbeute, also mit sehr kleiner Aktivierungswärme verläuft, ergibt sich aus den Arbeiten von BODENSTEIN und Mitarbeitern: Vgl. E. CREMER: Z. physik. Chem. **128** (1927), 285. — M. BODENSTEIN, P. W. SCHENK: Ebenda, Abt. B **20** (1933), 420. — M. BODENSTEIN: Ebenda, Abt. B erscheint demnächst. Der Befund von L. FARKAS und SACHSSE [Z. physik. Chem., Abt. B **27** (1934), 111], wonach bei Reaktion 4 nur jeder 500. Dreierstoß wirksam ist, steht hiermit im Widerspruch. Nach BODENSTEIN (siehe die nächste Fußnote) ist der Grund hierfür darin zu suchen, daß bei diesen Versuchen keine gleichmäßige Lichtverteilung im Reaktionsraum herrschte.

[3] Für die freundliche private Mitteilung dieser Ergebnisse bin ich Herrn Prof. M. BODENSTEIN zu besonderem Dank verbunden. Veröffentlichung erfolgt demnächst in Z. physik. Chem., Abt. B.

[4] L. FARKAS, H. SACHSSE: Trans. Faraday Soc. **30** (1934), 331.

[5] H. SACHSSE: Z. Elektrochem. angew. physik. Chem. **40** (1935), 531.

Aus dem Temperaturanstieg der Reaktionsgeschwindigkeit erhält man eine Aktivierungswärme von 18000 cal. Der gleiche Wert ergibt sich aus der Stoßausbeute bei Verwendung eines sterischen Faktors von 1/30.

4. Bestimmung magnetischer Momente paramagnetischer Substanzen.

Die Bestimmung des magnetischen Momentes aus der Geschwindigkeit der homogenen Parawasserstoffumwandlung kommt besonders dann in Frage, wenn von der zu untersuchenden Substanz nur sehr geringe Mengen zur Verfügung stehen. Es genügen wenige Kubikzentimeter einer gasförmigen Substanz unter Normalbedingungen. So konnte nachgewiesen werden (L. Farkas und Sachsse,[1] Sachsse[2]), daß Borwasserstoff (B_2H_6) im Grundzustand diamagnetisch ist und daß ein angeregter paramagnetischer Zustand (falls ein solcher existiert) mindestens eine Anregungsenergie von 4500 cal haben muß. Strukturchemisch kann man nach diesem Befund Anordnungen, die mit freien Valenzen oder mit einem Radikalcharakter des B_2H_6 arbeiten, ausschließen.

Aus dem Vergleich der Geschwindigkeiten der Umwandlung von leichtem und schwerem Wasserstoff durch Sauerstoff bestimmten A. Farkas, L. Farkas und P. Harteck[3] das Verhältnis der magnetischen Momente des Protons (μ_H) und des Deuterons (μ_D). Sie fanden $\mu_H : \mu_D = 4{,}25$. Neuere Messungen[4] ergeben 3,8 (Berechnung nach Wigner[5]). Die von Kalckar und Teller[6] vorgeschlagene Auswertung führt auf den Quotienten 4,0. Aus Messungen der NO-katalysierten Umwandlung[7] ergibt sich nach der Wignerschen Theorie ebenfalls 3,8, nach Kalckar und Teller 3,3.

Wegen der Übereinstimmung der aus den Messungen mit Sauerstoff und mit Stickoxyd erhaltenen Zahlen erscheint die Berechnung nach der Wignerschen Formel widerspruchsfreier. Der Vergleich mit den einzeln bestimmten Momenten von H und D ($\mu_H : \mu_D = 3{,}26$)[8] zeigt, daß die Bestimmung des Quotienten $\mu_H : \mu_D$ durch die o-p-Wasserstoff- (= bzw. Deuterium-) Umwandlung etwas höhere Werte liefert. Erklärungsmöglichkeiten hierfür werden von L. Farkas[7] diskutiert.

5. Konzentrationsmessung und Momentbestimmung freier Radikale.

Freie einwertige Atome oder Radikale haben wegen des vorhandenen *unpaaren Elektrons* mit dem Spinimpuls $s \cdot \hbar$ ($s = {}^1/_2$) das gleiche magnetische Moment wie etwa ein Cu^{2+}-Ion, nämlich

$$\mu = \sqrt{4\,s\,(s+1)} = \sqrt{3} = 1{,}73 \text{ Bohrsche Magnetonen,} \tag{79}$$

und müssen daher die Parawasserstoffumwandlung ebenso katalytisch beschleunigen. Man kann also freie Atome und Radikale mit Hilfe der Parawasserstoffumwandlung nachweisen, worauf bereits von L. Farkas und Sachsse[9] hingewiesen wurde.

---

[1] L. Farkas, H. Sachsse: Trans. Faraday Soc. **30** (1934), 331.

[2] H. Sachsse: Z. Elektrochem. angew. physik. Chem. **40** (1935), 531.

[3] A. Farkas, L. Farkas, P. Harteck: Proc. Roy. Soc. (London) **144** (1934), 481.

[4] A. Farkas, L. Farkas: Proc. Roy. Soc. (London), Sec. A, **152** (1935), 152.

[5] E. Wigner: Z. physik. Chem., Abt. B **23** (1933), 28.

[6] F. Kalckar, E. Teller: Nature (London) **134** (1934), 180; Proc. Roy. Soc. London **150** (1935), 520.

[7] L. Farkas, U. Garbatski: J. chem. Physics **6** (1938), 260.

[8] J. M. B. Kellogg, I. I. Rabi, J. R. Zacharias: Physic. Rev. **45** (1934), 769; **46** (1934), 157, 163; **50** (1936), 472.

[9] L. Farkas, H. Sachsse: S.-B. preuß. Akad. Wiss., physik.-math. Kl. **1933**, 268; Z. physik. Chem., Abt. B **23** (1933), 1.

Die praktische Anwendung der Methode für den Nachweis freier Radikale, die bei der Belichtung gasförmiger organischer Substanzen mit ultraviolettem Licht entstehen, wurde zuerst von WEST[1] versucht. Quantitative Abschätzungen von PATAT[2] zeigen aber, daß es sich bei den von WEST gemessenen Effekten nicht um eine paramagnetische Umwandlung handeln kann, sondern daß hier chemische Reaktionen der Radikale oder der intermediär entstehenden H-Atome die Umwandlung bewirken (siehe S. 373). Zusatz von Methyljodid und Aceton verursacht im Quecksilberbogenlicht eine deutliche Umwandlung von Parawasserstoff, wonach auf die photolytische Zerlegung dieser beiden Stoffe in ungesättigte Radikale geschlossen werden kann. Bei Bestrahlung von Propionaldehyd und Benzol ist kein Effekt nachweisbar.[3] Die Verschiedenheit im Verhalten von Aceton und Propionaldehyd ist in Übereinstimmung mit der Annahme (NORRISH[1,4]), daß die photolytische Spaltung der aliphatischen Ketone über freie Radikale verläuft, während Aldehyde durch Licht in Kohlenmonoxyd und gesättigte Kohlenwasserstoffe aufgespalten werden.

Für die Konzentrationsmessung *organischer Radikale* durch echte paramagnetische Umwandlung in Lösung wurde die Parawasserstoffmethode von SCHWAB und Mitarbeitern[5,6,7] benutzt. So wurde von SCHWAB und AGALLIDIS[5] die von *Triphenylmethyl*, *Phenyldibiphenylmethyl* und *Tribiphenylmethyl* in benzolischer Lösung hervorgerufene Parawasserstoffumwandlung bestimmt. Die Auswertung der Versuche wurde wie bei den Ionenversuchen von L. FARKAS und SACHSSE (vgl. Kap. IV$_5$, S. 368) vorgenommen. Die durch das Lösungsmittel verursachte Umwandlung wurde in Abzug gebracht. Es ergab sich für das Triphenylmethyl eine Umwandlungsgeschwindigkeit von

$$(2{,}6 \pm 0{,}6) \cdot 10^{-2} \text{ Stn.}^{-1} \text{ (Millimol/Liter)}^{-1},$$

die sehr gut mit dem von L. FARKAS und SACHSSE[8] für das Kupferion gefundenen Wert $(2{,}5 \cdot 10^{-2})$ übereinstimmt. Unter Zugrundelegung der für Triphenylmethyl gemessenen Umwandlungskonstante ließ sich der *Dissoziationsgrad* für Phenyldibiphenylmethyl bzw. Tribiphenylmethyl bestimmen, und zwar zu 85 bzw. 90% in befriedigender Übereinstimmung mit anderweitig ermittelten Werten.

Die Tatsache, daß die Geschwindigkeitskonstante für diese organischen Radikale genau so groß ist wie für Ionen vom gleichen magnetischen Moment, besagt, daß eine erhebliche Abschirmung durch die großen Substituenten oder durch das Lösungsmittel nicht auftritt. Man kann nach E. HÜCKEL (siehe a. a. O.[5]) annehmen, daß bei Triphenylmethyl und ähnlichen Radikalen die Ortswahrscheinlichkeit des unpaaren Elektrons und somit sein magnetisches Moment sich über die ganze Fläche des Moleküls (bei ebener Atomanordnung) gleichmäßig verteilt und daß die Stoßhäufigkeit auf diese Fläche in gleichem Maße zunimmt, wie anderseits die Wahrscheinlichkeit abnimmt, das Elektron am Ort des Stoßes zu treffen. Diese Annahme wird durch obigen Befund gestützt, doch bleibt zu bedenken, daß auch bei einer strengen Lokalisierung des Elektrons auf das zentrale C-Atom die sterische

---

[1] W. WEST: J. Amer. chem. Soc. **57** (1935), 1931.

[2] F. PATAT: Z. physik. Chem., Abt. B **32** (1936), 274, 292.

[3] Für die Annahme, daß eine Umwandlung nur durch das magnetische Moment der Radikale hervorgebracht würde, kann man hiernach eine (sehr hohe!) obere Grenze für die Radikalkonzentration abschätzen. Vgl. Fußnote 2.

[4] R. G. W. NORRISH: Trans. Faraday Soc. **30** (1934), 107.

[5] G.-M. SCHWAB, E. AGALLIDIS: Z. physik. Chem., Abt. B **41** (1938), 59.

[6] G.-M. SCHWAB, N. AGLIARDI: Ber. dtsch. chem. Ges. **73** (1940), 95.

[7] G.-M. SCHWAB, E. SCHWAB-AGALLIDIS, N. AGLIARDI: Ber. dtsch. chem. Ges. **73** (1940), 279. — G.-M. SCHWAB, E. SCHWAB-AGALLIDIS: Naturwiss. **28** (1940), 412.

[8] L. FARKAS, H. SACHSSE: Z. physik. Chem., Abt. B **23** (1933), 19.

Hinderung in der Flüssigkeit so klein sein könnte, daß sie unter Berücksichtigung der Meßfehler und vor allem der Unsicherheit in der Größe der Stoßabstände nicht zu beobachten wäre.

Bei bekannter Radikalkonzentration kann die Untersuchung der Parawasserstoffumwandlung zur *Messung der magnetischen Momente* von Radikalen dienen. An Empfindlichkeit dürfte diese Methode — bei völliger Ausnutzung der für die Parawasserstoffkonzentration möglichen Meßgenauigkeit — die bisher üblichen Bestimmungsarten des magnetischen Momentes weit übertreffen.[1]

Besonders geeignet erwies sich die Methode zur Prüfung der Frage, ob Verbindungen, die *zwei* nicht abgesättigte Kohlenstoffatome enthalten, in Lösung als *Biradikal* vorliegen oder chinoid gebaut sind. Bei Suszeptibilitätsmessungen zeigen solche Substanzen vielfach diamagnetisches Verhalten (E. Müller siehe [2,3]). Es ist jedoch möglich, daß trotzdem eine Biradikalform vorliegt, deren Spins nach außen hin magnetisch kompensiert sind. Während die Suszeptibilitätsmessung über einen größeren Bereich mittelt, erlaubt die Parawasserstoffmethode wirklich, den Paramagnetismus der einzelnen Valenzstellen abzutasten. Sie ergab im Falle des p-p'-Biphenylen-bis-diphenylmethyls im Gegensatz zur direkten magnetischen Messung das Vorliegen von 10% der Substanz in paramagnetischer Form — also als Biradikal —, während beim Tetraphenyl-p-xylylen, bei dem die freien Valenzen in geringerem Abstand angeordnet sind, kein Biradikalcharakter gefunden wurde.[2] Das Bis-diphenylmethyl-stilben, bei dem die die Radikalstellen trennende konjugierte Kette noch um eine Doppelbindung verlängert ist, enthält sogar 23% der Radikalform.[4] In allen diesen Fällen ist wohl weniger an Biradikal als Mischungsbestandteil, als vielmehr als eine Grenzanordnung eines mesomeren Gesamtzustandes zu denken. Beim Stickstoff liegen wegen der veränderten Elektronenzahl die Verhältnisse anders: Bei Untersuchungen von Dipyridiniumradikalen[3] erwies sich das NN'-Dibenzyl-γ-γ'-dipyridinium gegen Parawasserstoff nicht als Biradikal, sein Monochlorid jedoch als völlig dissoziiertes Monoradikal.

6. Bestimmung des Stoßquerschnittes paramagnetischer Ionen.

Da die Geschwindigkeit der Umwandlung durch paramagnetische Ionen außer vom magnetischen Moment in starkem Maße vom *Stoßquerschnitt* abhängt, kann man versuchen, aus der Umwandlungsgeschwindigkeit (Geschwindigkeitskonstante k in Liter/Mol. Min.) eines Ions, dessen magnetisches Moment (μ in Bohrschen Magnetonen) bekannt ist, Schlüsse auf die Größe des Stoßabstandes (a_s) zu ziehen. Eine Reihe diesbezüglicher Versuche wurde von Sachsse[5] ausgeführt und nach der Formel

$$k = 3{,}9 \cdot 10^{-31} \frac{\mu^2}{a_s{}^4} \tag{80}$$

ausgewertet (vgl. auch S. 369 f.).

Die Methode eignet sich zum Vergleich von Ionenradien *chemisch verwandter* Elemente, die unter gleichen Bedingungen untersucht werden können. Die errechneten Absolutwerte sind jedoch mit großer Unsicherheit behaftet. Erstens ist es fraglich, wie weit der Ausdruck (80) für k, der aus den für den gaskinetischen

---

[1] G.-M. Schwab, E. Agallidis: Z. physik. Chem., Abt. B **41** (1938), 59.

[2] G.-M. Schwab, N. Agliardi: Ber. dtsch. chem. Ges. **73** (1940), 95.

[3] G.-M. Schwab, E. Schwab-Agallidis, N. Agliardi: Ber. dtsch. chem. Ges. **73** (1940), 279.

[4] G.-M. Schwab, E. Schwab-Agallidis; Naturwiss. **28** (1940), 412.

[5] H. Sachsse: Z. physik. Chem., Abt. B **24** (1934), 429; Z. Elektrochem. angew. physik. Chem. **40** (1934), 531.

Stoß geltenden Formeln unter Annahme einer sehr kurzen Stoßdauer abgeleitet wird, auf die Flüssigkeit anwendbar ist, und zweitens liegt in der Wahl des Wertes für μ auch noch eine gewisse Willkür, da nicht sicher ist, ob das magnetische Moment beim Stoßvorgang unverändert bleibt. Es ist sogar zu erwarten, daß durch die Feldverzerrung des in die Hydrathülle eindringenden H_2-Moleküls das Bahnmoment ausgelöscht wird und nur mehr das Spinmoment als wirksam übrig bleibt. Unter dieser Annahme sind die in Tabelle 23 angeführten Werte für r ($=$ Stoßabstand minus H_2-Radius) berechnet. Sie sind größer als die von GOLDSCHMIDT aus kri-

Tabelle 23. *p-Wasserstoffumwandlung durch paramagnetische Ionen.*

	k	μ	r in Å
Cr^{3+}	2,16	3,87	2,95
Fe^{3+}	5,02	5,92	2,93
Cu^{++}	1,17	1,73	2,05
Ni^{++}	2,03	2,83	2,35
Co^{++}	5,80	3,87	2,05
Fe^{++}	6,20	4,90	2,35
Mn^{++}	8,40	5,92	2,43
Ce^{3+}	1,07	2,56	2,80
Pr^{3+}	2,26	3,62	2,70
Nd^{3+}	2,37	3,68	2,78
Sm^{3+}	0,64	1,55	2,39
Gd^{3+}	17,50	7,94	2,29
Er^{3+}	38,20	9,60	1,97
Yb^{3+}	10,20	4,50	1,85

stallographischen Daten gewonnenen Radien, aber kleiner als die Radien von (Ion $+$ Hydrathülle). Dieser Befund läßt sich so deuten, daß das Wasserstoffmolekül zwar von der Hydrathülle abgeschirmt wird, aber doch etwas in diese einzudringen vermag.

Zur Auswertung der Messungen von SACHSSE[1] an *zweiwertigen Ionen der Eisengruppe* (vgl. Tabelle 18, S. 368) ist für μ der von VAN VLECK[2] unter Berücksichtigung der Summe von Bahn- und Spinmoment berechnete Wert eingesetzt. Die Änderung des Quotienten $\dfrac{k}{\mu^2}$ mit der Atomnummer geht dann in umgekehrter Richtung, als es nach den GOLDSCHMIDTschen Ionenradien zu erwarten wäre. Berücksichtigt man bei der Berechnung nur die Spinmomente oder setzt für μ die aus experimentellen Daten bestimmten Werte ein, so verschwindet der Gang des Quotienten $\dfrac{k}{\mu^2}$. Die nach der Theorie zu erwartende Zunahme mit kleiner werdendem Ionenradius tritt aber auch dann nicht auf. Als Erklärung hierfür kann man anführen, daß die Abschirmung durch die Hydrathülle um so größer wird, je kleiner der wahre Ionenradius ist.

7. Messung der Selbstdiffusion in festem Wasserstoff.[3]

Die o-p-Umwandlung im festen Wasserstoff kann sich nur dann vollziehen, wenn ein Orthomolekül mit einem zweiten Orthomolekül in magnetische Wechselwirkung treten kann (vgl. Kap. IV_2, S. 357). Werden nun einzelne o-Moleküle durch das Abreagieren ihrer Nachbarn völlig *isoliert*, so daß sie nur mehr von p-Molekülen umgeben sind, so können sie nicht mehr an der Reaktion teilnehmen. Anfänglich geht die Reaktion nach der zweiten Ordnung:

$$- \frac{do}{dt} = k o^2, \tag{81}$$

wobei o die Konzentration der Orthowasserstoffmoleküle in Prozenten bedeutet, ($k = 17,5 \ 10^{-5}$ 1/Prozent. · Stn.,[3] vgl. Kap. IV_2, S. 358). Ist nach einer Zeit t ein

---

[1] H. SACHSSE: Z. physik. Chem., Abt. B **24** (1934), 429, Tabelle 6, S. 435; Z. Elektrochem. angew. physik. Chem. **40** (1934), 531.

[2] H. J. VAN VLECK: The theory of electric and magnetic susceptibilities, S. 282 ff. 1932.

[3] E. CREMER: Z. physik. Chem., Abt. B **39** (1938), 445.

gewisser Prozentsatz r von Molekülen isoliert worden, so können sich nur mehr

$$o - r = x \tag{82}$$

Prozente an der Reaktion beteiligen. Es ist also

$$-\frac{do}{dt} = k\,x^2. \tag{83}$$

Kennt man r, so kennt man auch die Abhängigkeit des o von x und kann aus (83) die Geschwindigkeit unter Annahme der Restbildung berechnen. Für eine lineare Anordnung von o- und p-Molekülen läßt sich die Restkonzentration (S), bei der die Reaktion zum Stillstand kommen muß, weil keine Orthomoleküle in Nachbarlage mehr vorhanden sind, durch einfache statistische Überlegungen berechnen:

Die Wahrscheinlichkeit dafür, daß in einer beliebig herausgegriffenen Folge von Molekülen die Kombination 1 Paramolekül, n Orthomoleküle, 1 Paramolekül auftritt, ist, wenn ein Bruchteil q Orthomoleküle und ein Bruchteil $(1-q)$ Paramoleküle vorhanden sind:

$$q^n\,(1-q)^2. \tag{84}$$

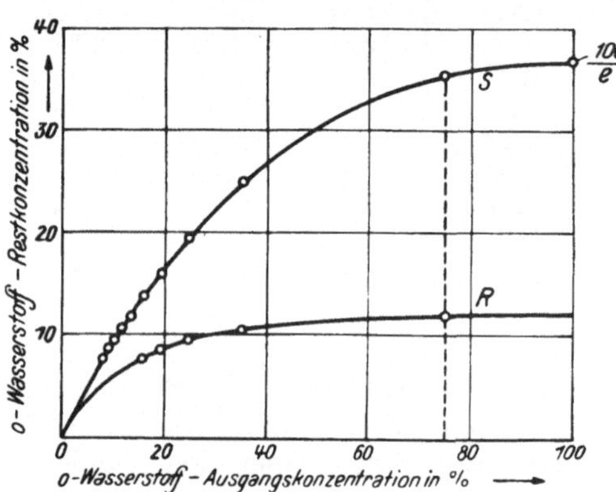

Abb. 20. Abhängigkeit der Restkonzentration von der Ausgangskonzentration.

1. Für Reaktion mit 2 Gitternachbarn (Kurve S). 2. Für Reaktion mit 12 Gitternachbarn (Kurve R).

Die Summe aller Orthomoleküle, die einer Gruppe von n Molekülen angehören, ist (in Bruchteilen des Gesamtwasserstoffes ausgedrückt)

$$s_n = n \cdot q^n\,(1-q)^2. \tag{85}$$

Es ist dann

$$S = \sum p_n\,s_n, \tag{86}$$

wobei p_n derjenige Bruchteil ist, der von einer Gruppe von n Molekülen im Mittel übrig bleibt, nachdem sich alle benachbart liegenden Orthomoleküle umgewandelt haben. Für kleine Werte von n gibt es nur eine geringe Zahl von möglichen Reihenfolgen von Reaktionen, so daß sich p_n leicht bestimmen läßt (z. B. für $n=1$, $p_n=1$; für $n=2$, $p_n=\frac{1}{2}$). Für $n>5$ gilt die asymptotische Formel

$$p_n = \left(1 + \frac{1}{n}\right) \cdot B; \quad B = \frac{1}{e} \approx 0{,}368. \tag{87}$$

Durch Aufsummieren erhält man den Wert für S, dessen Abhängigkeit von q aus der Abb. 20 zu ersehen ist. Dies wäre der Restwert, wenn die Reaktion sich nur auf einer Linie im Gitter, also nur mit zwei Nachbarn, vollziehen würde. Im Wasserstoff (hexagonal dichteste Kugelpackung) sind aber zwölf Nachbarn vorhanden. Man erhält nun den wirklichen Restwert (R) dadurch, daß man jeden Gitterpunkt als Schnittpunkt von sechs Gitterrichtungen (Linien kleinster Molekülabstände) betrachtet und annimmt, daß die Reaktion in diesen sechs Richtungen nacheinander jeweils bis zum automatischen Stillstand vor sich geht [sechsmalige Anwendung der Gleichung (86)]. Man erhält so die Kurve R der Abb. 20. Diese Kurve läßt sich näherungsweise durch den Ausdruck wiedergeben:

$$Rq = \frac{aq}{1+bq}, \tag{88}$$

wobei für $b = 0{,}1$ einzusetzen ist und a zwischen 1,35 bei 75% und 1,30 bei 20% liegt.

Damit kennt man nun sowohl den Rest R_a, der bei völligem Abreagieren eines Gemisches der Ausgangskonzentration a übrig bleibt, als auch den Rest R_x, der aus einer statistisch verteilten Mischung der Konzentration x entsteht. Man kennt demnach auch r, denn es ist:

$$r + R_x = R_a. \qquad (89)$$

Aus (82), (89) und (88) ergibt sich dann die Beziehung

$$o = x + R_a - \frac{a\,x}{1 + b\,x}. \qquad (90)$$

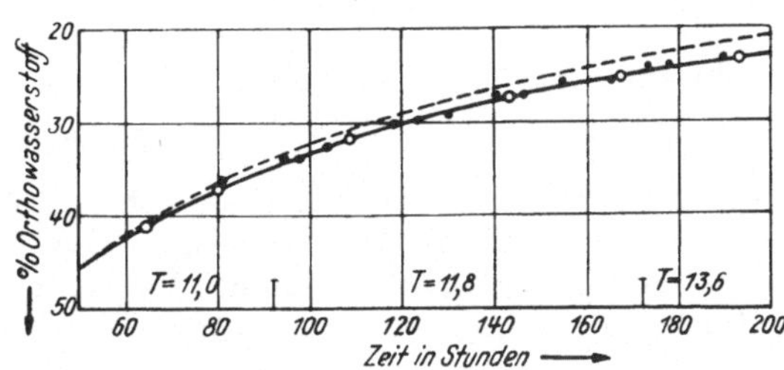

Abb. 21. Zeitlicher Verlauf der Orthowasserstoffumwandlung in festem Wasserstoff; gemessene Punkte •; berechnete Punkte ○. ○——○ Kurvenverlauf bei beliebig kleiner Diffusionsgeschwindigkeit. — — — Kurvenverlauf bei beliebig großer Diffusionsgeschwindigkeit.

Es läßt sich somit o als Funktion von x ausdrücken und damit durch Integrieren der Gleichung (83) die theoretische Konzentrations-Zeit-Kurve *für den Fall, daß kein Platzwechsel im Gitter stattfindet* (beliebig kleine Diffusionsgeschwindigkeit), berechnen.

In Abb. 21 sind die durch die oben skizzierte Rechnung gewonnenen Punkte als Kreise eingetragen. Die gemessenen Punkte (.) liegen gut auf der theoretischen Kurve. Die Temperatur wurde bei den angegebenen Versuchen bis zum Zeitpunkt $t = 92$ Stn. auf $11°$ abs., dann bis $t = 172$ Stn. auf $11{,}8°$ abs. und von da ab auf $13{,}6°$ abs. gehalten. Im letzten Intervall liegen die Punkte bereits etwas zu hoch, was auf das Vorhandensein einer *meßbaren Diffusionsgeschwindigkeit* hindeutet. Aus diesem Versuch lassen sich folgende Grenzwerte für die Diffusionskonstante bestimmen (bzw. abschätzen):

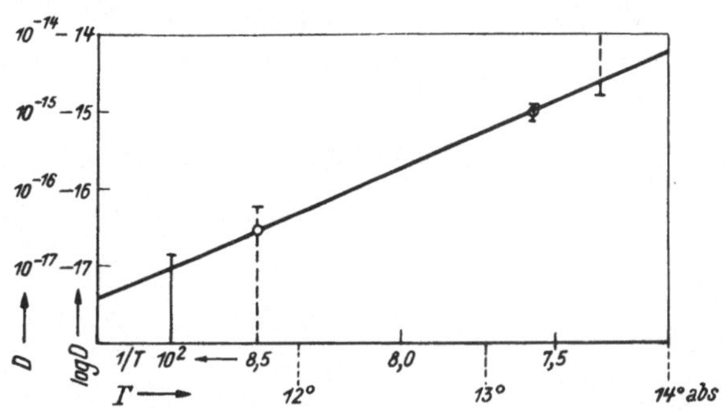

Abb. 22. Auftragung des Logarithmus der Diffusionskonstanten D gegen $\dfrac{1}{T}$.

$$D_{11{,}3°} \leqq 1{,}5 \cdot 10^{-17}\,\mathrm{cm^2/Tag}; \quad D_{11{,}8°} = (3 \pm 3) \cdot 10^{-17}\,\mathrm{cm^2/Tag};$$

$$(D_{13{,}6°} \geqq 1{,}7 \cdot 10^{-15}\,\mathrm{cm^2/Tag}).$$

Aus einem anderen Versuch, bei dem der Wasserstoff über 230 Stn. in festem Zustande meist bei $11 \div 12°$ abs. gehalten wurde, aber zum Unterschied zu dem oben angeführten Versuch mehrmals für kurze Zeitintervalle auf eine Temperatur von über $13°$ abs. erwärmt wurde, ergibt sich ein weiterer Wert für die Diffusionskonstante

$$D_{13{,}2°} = (1 \pm 0{,}2) \cdot 10^{-15}\,\mathrm{cm^2/Tag}.$$

Die Methode gestattet in der vorliegenden Form Diffusionskonstanten bis hinunter zu $10^{-18}\,\mathrm{cm^2/Tag}$ zu messen. Dieser Wert liegt 5 Zehnerpotenzen unter den kleinsten Werten, die bisher nach anderen Methoden bestimmt werden konnten (vgl. Jost[1]). Abb. 22 zeigt die Auftragung des Logarithmus der Diffusionskonstanten gegen $\frac{1}{T}$.

Die Auswertung nach der Formel

$$D = A \cdot e^{-\frac{Q}{RT}} \tag{91}$$

ergibt für die Diffusionswärme:

$$Q = 790 \ \text{cal/Mol}$$

($A = 10^{-2}$) mit einer Unsicherheit von $\pm$ 130 cal/Mol. Der niedrige Wert für Q zeigt, daß es sich hierbei nicht um einen Platzwechsel in einem vollbesetzten Wasserstoffgitter handeln kann. Es ist vielmehr anzunehmen, daß sich die Diffusion über *Leerstellen im Gitter* vollzieht.[2] Die Wahrscheinlichkeit, einen unbesetzten Gitterplatz zu finden, ist proportional $e^{-\frac{F}{RT}}$, wobei F die Fehlordnungsenergie ist. Das Q der Gleichung (91) enthält demnach F als Summanden. F errechnet sich als Summe der Sublimationswärme und der Nullpunktsenergie[2] zu 490 cal/Mol. Der für den Übergang von einem Gitterplatz auf eine Leerstelle im Wasserstoffmolekülgitter notwendige Energiebetrag ist demnach

$$E = 790 - 490 = 300 \ \text{cal/Mol}.$$

Es ergibt sich also für E ein in der Nähe der Verdampfungswärme von 220 cal/Mol liegender Wert.

Der Verfolg des Reaktionsverlaufes der Ortho-Para-Wasserstoffumwandlung im festen Zustande hat somit zur ersten *Diffusionsmessung im Molekülgitter* und zu speziellen Vorstellungen über den Platzwechselvorgang im Gitter des festen Wasserstoffs geführt.

---

[1] W. Jost: Diffusion und chemische Reaktion in festen Stoffen. „Die chemische Reaktion". Bd. 2, Verlag Th. Steinkopff, 1937, S. 95.
[2] E. Cremer: Z. physik. Chem., Abt. B **42** (1939), 281.

Ignition Catalysis.

By

R. G. W. Norrish, Cambridge, and E. J. Buckler, Cambridge.

Inhaltsverzeichnis.

I. Introduction.

The mechanism of ignition has been the subject of speculation from the time that the first contributions were made to a study of the kinetics of chemical change, but, owing to the complexity of the majority of explosive reactions, most of the important advances in this field have occurred within the last twenty years. As early as 1884 van t' Hoff[1] had expressed the idea that any reaction would become self-accelerating and eventually explosive if heat was liberated more rapidly than it could be dissipated, but this simple theory needs considerable elaboration to explain many remarkable phenomena shown by mixtures of combustible gases.

While it is evident that any exothermic reaction may be subject to self-heating and ignition, it is now generally recognised that most explosions involve reactions of the chain type which are capable of acceleration even under isothermal conditions. Chemical change in such systems is propagated by a series

---

[1] van t' Hoff: Études de dynamique chimique. 1884.

of reactions involving the repeated generation of radicals, activated molecules or free atoms, and the conditions required for ignition depend to some extent on the probability that such reaction centres will increase in number. For this reason explosive reactions are very sensitive to changes of temperature, pressure, size and shape of reaction vessel and traces of specific substances. Any means by which the ignition temperature of a system of gases is displaced from its normal value by slight variations in experimental conditions or alteration in the composition of reactants may be described as ignition catalysis. The phenomenon is of wide occurrence and its detailed study has been invaluable in demonstrating the interplay of thermal and kinetic factors in the processes leading up to ignition, and in elucidating the chain mechanisms involved in many gaseous reactions. In this chapter a general review is given of the various known types of ignition catalysis which later will be reviewed in more detail.

Ignition catalysis in gaseous systems containing hydrogen.

A most suitable introduction to the problems of ignition is provided by a study of the hydrogen-oxygen reaction, in which the varied potentialities of chain reactions are realised undistorted by any specific properties of the chain carriers involved. Above about 540° C. and 300 mm Hg total pressure these gases combine at a rate which is approximately proportional to the cube of the hydrogen pressure and to a power of the oxygen concentration between the first and second.[1] From the fact that the velocity shows a linear increase with addition of inert gases such as nitrogen, argon and helium, it is concluded that chemical change is propagated by the repeated generation of free atoms and radicals rather than activated molecules, and is controlled by the rate of diffusion of chain centres to the walls of the reaction vessel. Reduction of total pressure by the slow withdrawal of gases from the reaction vessel at first causes a decrease in the reaction velocity by facilitating destruction of chain centres at the surface. However, below a critical pressure the nature of the reaction mechanism changes and an abrupt transition occurs from stable reaction to explosion.[2] Over a range of pressures below this limit the reaction is self-accelerating, and explosion is suppressed only when the total pressure is reduced to the order of one or two

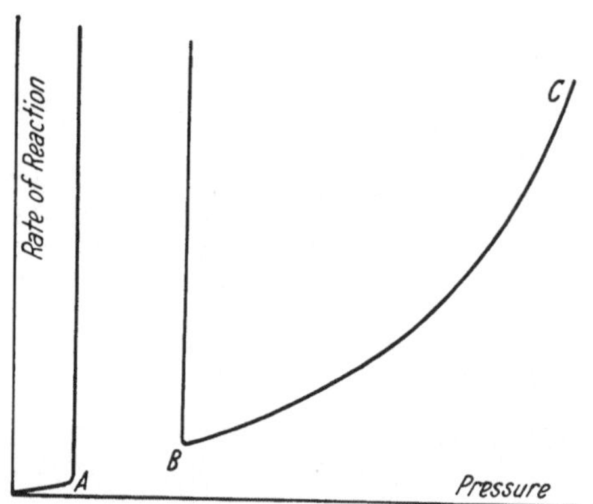

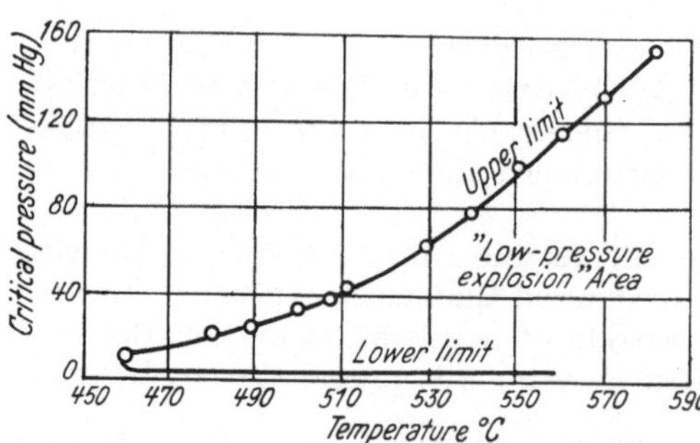

Fig. 1. Explosion limits in mixtures of hydrogen and oxygen (Hinshelwood).

[1] Hinshelwood, Thompson: Proc. Roy. Soc. (London), Ser. A **118** (1928), 170. — Hinshelwood, Gibson: Ibid., Ser. A **119** (1928), 591. — Hinshelwood, Garstang: Ibid., Ser. A **134** (1931), 1.
[2] Thompson, Hinshelwood: Proc. Roy. Soc. (London), Ser. A **122** (1929), 610.

millimeters.[1] The values of the upper and lower pressure limits of ignition vary with temperature to form a peninsular-shaped region jutting out towards lower temperatures as shown in Fig. 1, and within this region the reaction chains are characterised by highly developed branching, a process first suggested by CHRISTIANSEN and KRAMERS,[2] and later applied to combustion reactions by SEMENOFF[3] and HINSHELWOOD.[4]

Since the principal condition for explosion in mixtures of hydrogen and oxygen is that such chains as are present should multiply before they are terminated, the limits between which ignition occurs should be practically independent of the initial concentration of reaction centres in the gaseous mixtures. This is true except for the two extreme cases of complete absence of centres on the one hand and a very high initial concentration on the other.

The first case of complete absence of centres has been realised in the experiments of HABER and ALYEA[5] and HABER and OPPENHEIMER,[6] who showed that in the absence of surfaces hydrogen and oxygen do not explode at the temperature at which ignition normally occurs.

The second case of very high initial concentrations of centres was achieved first by HABER and OPPENHEIMER and later by DUBOWITSKY, NALBANDJAN and SEMENOFF.[7] The latter authors injected controlled amounts of atomic hydrogen and oxygen into oxy-hydrogen mixtures, and found that although the pressure limits of the explosion region remained sharp the region itself expanded with increasing atomic concentration. This result is not inconsistent with the statement that the condition for ignition is that the rate of multiplication of chains should exceed their termination, if it is allowed that the interaction of the centres with one another may also lead to branching and deactivation.[8]

Any substance which introduces additional reactions involving multiplication of chain centres will displace the ignition limits towards lower temperatures, and often the reduction in the ignition temperature is so great that the reactions responsible for self-acceleration in the unsensitised mixtures are not appreciable. The simplification thereby effected in the kinetic mechanisms renders such reactions most suitable for study in elucidating the processes leading up to ignition, especially as the probability of chain branching can be controlled precisely by the concentration of sensitiser added.

The use of nitrogen peroxide in this respect is particularly noteworthy. Its catalytic effect was originally observed by DIXON,[9] and later studied in detail by HINSHELWOOD, NORRISH and their co-workers. THOMPSON and HINSHELWOOD[10] found that the ignition temperature of oxy-hydrogen mixtures was depressed more than $100°$ C. by less than $0,1\%$ of this substance, although larger concentrations had an inhibiting effect. At any particular temperature the sensitised ignition is confined between narrow limits of concentration of nitrogen peroxide, outside which only slow reaction occurs. The probability of chain branching at

[1] SAGULIN: Z. Physik 48 (1928), 571. — SAGULIN, SEMENOFF, KOPP, KOWALSKY: Z. physik. Chem., Abt. B 6 (1930), 307.
[2] CHRISTIANSEN, KRAMERS: Z. physik. Chem. 104 (1923), 451.
[3] SEMENOFF: Z. Physik 46 (1927), 109.
[4] HINSHELWOOD: The Kinetics of Chemical Change in Gaseous Systems, 3d ed. Oxford, 1933.
[5] HABER, ALYEA: Z. physik. Chem., Abt. B 10 (1930), 193.
[6] HABER, OPPENHEIMER: Z. physik. Chem., Abt. B 16 (1932), 443.
[7] DUBOWITSKY, NALBANDJAN, SEMENOFF: Trans. Faraday Soc. 29 (1933), 606.
[8] SEMENOFF: Physik. Z. Sowjetunion 1 (1933), 725.
[9] DIXON: Private communication to HINSHELWOOD (see ref. 10).
[10] THOMPSON, HINSHELWOOD: Proc. Roy. Soc. (London), Ser. A 124 (1929), 219.

about 350° C. appears to be small, and even at total pressures of the order of 150 mm Hg the reaction is subject to considerable surface deactivation. Norrish and Griffiths[1] observed that the slight increase in surface obtained by fitting the reaction vessel with an axial entry tube was sufficient to replace ignition by a rapid reaction which rose to a maximum value and then decreased again as the concentration of nitrogen peroxide was increased. The low rate of multiplication of chains also results in ignition or slow reaction being preceded by measureable intervals of time during which no pressure change can be detected after introduction of mixtures to the reaction vessel. These induction periods will be encountered in many reactions of the chain type, and, as will be shown later, their study can provide considerable insight into the mechanism of the processes leading up to ignition.

Ammonia behaves similarly to nitrogen peroxide in its effect on the hydrogen-oxygen reaction, in that it exhibits both upper and lower critical explosion concentrations and that ignition is preceded by induction periods.[2,3] The ability of ammonia to terminate the chains in addition to its function as a sensitiser is confirmed by the work of Taylor and Salley[4] on the ammonia-sensitised photochemical reaction at temperatures between 290° C. and 450° C. It was found that for a given temperature and pressure of reactants, and intensity of absorbed light, the chain length of the stationary reaction passes through a maximum as the ammonia concentration is increased.

The best examples of negative catalysis of the explosion of hydrogen and oxygen are provided by the halogens, which in very small quantity reduce the value of the upper pressure limit and eventually suppress the ignition altogether.[5] Chlorine is the least effective inhibitor and iodine the most drastic, the latter producing its maximum effect at a concentration of only $0,05\%$. The anti-catalytic effect of these substances also extends to the slow reaction at higher pressures, but the fact that the degree of inhibition is less pronounced in narrow vessels suggests that their action is not to prevent the initiation of chains by poisoning the surface, but rather to introduce reactions which terminate reaction chains in the gas phase. For instance, hydrogen atoms may be removed by reaction with iodine molecules

$$H + J_2 = HJ + J,$$

and oxygenated carriers may be reduced by hydrogen iodide; the smaller efficiency of chlorine is due probably to its ability to regenerate hydrogen atoms by the reaction

$$Cl + H_2 = HCl + H,$$

a change which is endothermic for the other halogens.

A pronounced inhibition of the explosion of hydrogen and oxygen is produced by the presence of steam, about 10 mm Hg of which is sufficient to prevent ignition altogether.[6] Since it is unlikely that water molecules participate in any specific chain-ending reactions in the gas phase, the most probable explanation is that steam inhibits the surface reaction responsible for the formation of the first reaction centres.

The contrary effect of complete absence of water is contained in many conflicting statements which have appeared on the phenomena attending intensive desiccation of chemical systems. H. B. Baker found that a number of reactions

[1] Norrish, Griffiths: Proc. Roy. Soc. (London), Ser. A **139** (1933), 147.
[2] Williamson, Pickles: Trans. Faraday Soc. **30** (1934), 926.
[3] Haber, Farkas, Harteck: Z. Elektrochem. angew. physik. Chem. **36** (1930), 711.
[4] Taylor, Salley: J. Amer. chem. Soc. **55** (1933), 96.
[5] Hinshelwood, Garstang: Proc. Roy. Soc. (London), Ser. A **130** (1931), 640.
[6] See footnote 1, p. 389.

were inhibited by thorough drying with phosphorus pentoxide, including the thermal explosion of oxy-hydrogen mixtures[1] and the photochemical explosion of mixtures of hydrogen and chlorine in visible light.[2] Although the results have been confirmed by TRAMM[3], their validity has been questioned by more recent work. BODENSTEIN and BERNREUTHER[4] proved that any effect of drying on the hydrogen-chlorine reaction was completely masked by the inhibiting action of traces of mercury from the diffusion pump, gold from the auric chloride used in the preparation of chlorine, and by volatile impurities introduced by the use of phosphorus pentoxide as a drying agent, all of which substances acted by breaking reaction chains, and preventing what might have been a long sequence of events. It is concluded that water has no catalytic effect on the combination of hydrogen and chlorine, and BODENSTEIN suggests that other reactions, including that between hydrogen and oxygen may be subject to a similar inhibition by phosphorus pentoxide.[5] In any case, although explosions do not occur in detonating gas dried in this way, it has been observed that slow combination takes place, and it is difficult to see why the moisture so produced should not precipitate ignition if it were a catalyst. In conclusion, it would seem unlikely that water has any general catalytic effect in view of the consistent results obtained by different workers on many reactions in which the reagents would be submitted to varying degrees of dryness obtained by ordinary methods.

However, the mechanism of one reaction, namely the oxidation of carbon monoxide, is completely changed by the presence of appreciable quantities of water vapour. In 1880 DIXON observed that the spark from an induction coil would not ignite mixtures of carbon monoxide and oxygen when they had been dried for a considerable time over caustic potash,[6] although later work has shown that the absolutely dry gases will explode if the spark discharge is sufficiently powerful.[7] However, the addition of 1,95% water vapour is sufficient to increase the speed of flame propagation from 100 metres/sec. to over 1000 metres/sec.,[8] while the presence of hydrogen or any substance containing it, alters the spectrum of the emitted radiation from a continuous and banded type to one in which appear the "steam lines" characteristic of free OH groups.[9]

A large proportion of the energy emitted by these flames is situated in the infra-red region, and GARNER and his co-workers have found that a sudden decrease in intensity occurs when about 0,2% of hydrogen is added to the dry mixtures.[10] It is difficult to explain this drop on purely thermal grounds, and the phenomenon may be taken to confirm the view that two entirely different mechanisms exist for propagation of flame in the dry gases and in mixtures containing radicals produced from hydrogen or its compounds.

The catalytic effect of water is also shown by its influence on the stable

---

[1] BAKER: J. chem. Soc. (London) **81** (1902), 400.

[2] BAKER: J. chem. Soc. (London) **65** (1894), 611.

[3] TRAMM: Z. physik. Chem. **105** (1923), 356.

[4] BODENSTEIN, BERNREUTHER: S.-B. preuß. Akad. Wiss., physik.-math. Kl. **6** (1933), 25.

[5] BODENSTEIN: Z. physik. Chem., Abt. B **20** (1933), 451; Abt. B **21** (1933), 469.

[6] DIXON: Brit. Assoc. Reports (1880); Philos. Trans. Roy. Soc. London, Ser. A **175** (1884), 617.

[7] WESTON: Proc. Roy. Soc. (London), Ser. A **109** (1925), 176.

[8] GARNER, JOHNSON: J. chem. Soc. (London) **1928**, 280.

[9] BONHOEFFER, HABER: Z. physik. Chem., Abt. A **137** (1928), 263.

[10] GARNER, ROFFEY: J. chem. Soc. (London) **1929**, 1123. — GARNER, HALL: Ibid. **1930**, 2037. — GARNER, HALL, HARVEY: Ibid. **1931**, 641. — BAWN, GARNER: Ibid. **1932**, 129. — GARNER, POLLARD: Ibid. **1935**, 144.

homogeneous oxidation of carbon monoxide below 650° C., which proceeds at a rate directly proportional to the concentration of carbon monoxide and partial pressure of water vapour, and inversely proportional to the concentration of oxygen,[1] and which becomes negligible when the gases are absolutely dry. The reaction is of the chain type, since it is inhibited by decrease of vessel diameter, by packing and by traces of iodine,[2] all of which effects have been observed in the hydrogen-oxygen reaction, and it is concluded that water supplies radicals essential for the initiation and continued propagation of reaction chains, a possible series of links being

$$OH + CO = CO_2 + H,$$

$$H + O_2 + M = HO_2 + M,$$

$$HO_2 + CO = CO_2 + OH.$$

Above 650° C. there exist upper and lower pressure limits of ignition of carbon monoxide and oxygen, which have been determined by SEMENOFF for the moist gases,[3] and by HINSHELWOOD for the dry mixtures.[2] A comparison of the two authors' work leads to the surprising result, confirmed by COSSLETT and GARNER,[4] that the ignition temperatures are not appreciably affected by the presence of water vapour, although its addition markedly increases the percentage combustion at the upper limit. As pointed out by VON ELBE and LEWIS,[5] this would indicate that while water and many other compounds of hydrogen may supply free radicals necessary for the continued propagation of reaction chains, no additional means of multiplication of centres is available in such mixtures other than that proper to the pure gases. On the other hand, recent work by the present authors has shown that in the presence of less than 1% of hydrogen, mixtures of carbon monoxide and oxygen ignite at the temperatures characteristic of the explosion of hydrogen and oxygen, and that the hydrogen-sensitised ignition is controlled uniquely by the branching reactions responsible for ignition of the latter gases. Only molecular hydrogen therefore possesses the dual function of catalysing the propagation and branching of reaction chains in mixtures of carbon monoxide and oxygen.

Ignition catalysis in systems containing hydrocarbons.

The interpretation of phenomena observed in the field of hydrocarbon oxidation is more difficult, owing to the complexity of kinetic and analytic data which have accumulated. In all these reactions the general characteristics of chain processes may be recognised; the slow reactions are preceded by induction periods and are subject to marked inhibition by increase of surface, and acceleration by addition of inert gases, while the explosive reactions are confined between definite limits of temperature and pressure. However, the very gradual self-acceleration of the slow reactions, and the long induction periods preceding ignition even in unsensitised mixtures at high temperatures indicate that the reaction chains occurring in hydrocarbon oxidation possess a comparitively small probability of branching compared with those responsible for the combustion of hydrogen. For instance, while the low pressure explosions of oxy-hydrogen

---

[1] TOPLEY: Nature (London) 125 (1930), 560.

[2] HADMAN, THOMPSON, HINSHELWOOD: Proc. Roy. Soc. (London), Ser. A 137 (1932), 87.

[3] SAGULIN, KOWALSKY, KOPP, SEMENOFF: Z. physik. Chem., Abt. B 6 (1930), 307.

[4] COSSLETT, GARNER: Trans. Faraday Soc. 26 (1930), 190.

[5] VON ELBE, LEWIS: J. Amer. chem. Soc. 59 (1937), 2025.

mixtures take place less than 0,1 sec. after establishment of suitable conditions,[1] the time-lag prior to ignition of methane-oxygen mixtures may extend to several hours and is sufficiently definite to be described as a function of temperature and pressure.[2]

It has been shown by BONE and his co-workers for methane, ethane and ethylene,[3] and by POPE, DYKSTRA and EDGAR[4] and PIDGEON and EGERTON[5] for the higher hydrocarbons pentane, hexane and octane, that the primary product of oxidation is an aldehyde or derivative, which at first accumulates as the reaction proceeds, and later decreases in concentration by oxidation to the final products of combustion. The self-acceleration of the slow reaction appears to be associated with the establishment of an equilibrium surface concentration of aldehyde, and, as is evident from the curves obtained by BONE and his co-workers[3] shown in Fig. 2,

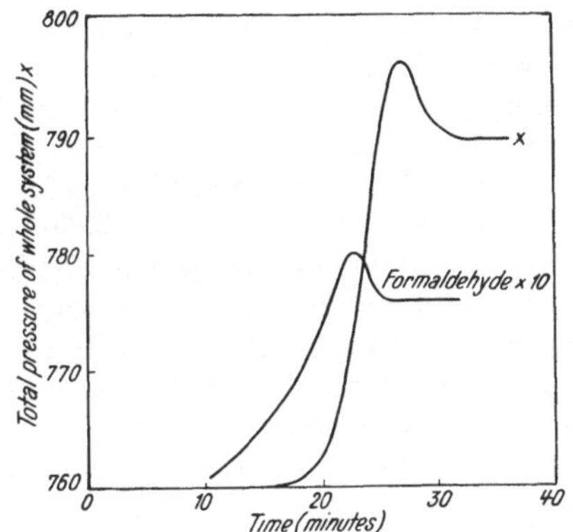

Fig. 2. Kinetics of the reaction $2C_2H_4 + O_2$. Total pressure x, and partial pressure of formaldehyde (tenfold increased scale) in mm Hg referred to $0°$ C (BONE, HAFFNER and RANCE).

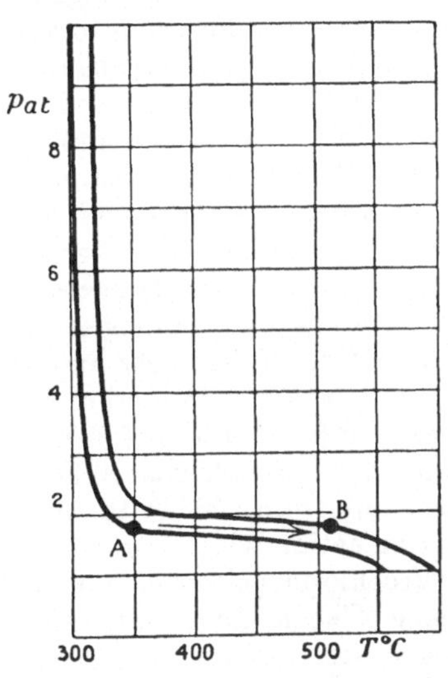

Fig. 3. Influence of pressure on the temperature of self-ignition in mixtures of 5 per cent. butane and 95 per cent. air. (1) Pure mixture, (2) with 0,05 per cent, $Pb(C_2H_5)_4$ (TOWNEND and MANDLEKAR).[6]

the reaction rate and aldehyde concentration increase to a maximum at the same time and fall away together. In this respect it is significant that addition of increasing amounts of aldehyde or alcohol (which produces aldehyde by surface oxidation) eventually removes the induction periods without affecting the velocity of the main reaction.[7,8]

TOWNEND, COHEN and MANDELKAR[9] have shown that mixtures of air with butane, isobutane, pentane or hexane possess two ranges of explosion; one is situated at high temperatures and low pressures and the other at high pressures and lower temperatures. As shown in Fig. 3 the transition from the former to

[1] KOWALSKY: Physik. Z. Sowjetunion 1 (1932), 595; 4 (1933), 723.
[2] NEUMANN, EGOROW: Physik. Z. Sowjetunion 1 (1932), 700.
[3] BONE, ALLUM: Proc. Roy. Soc. (London), Ser. A 134 (1932), 578. — BONE, HILL: Ibid., Ser. A 129 (1930), 434. — BONE, HAFFNER, RANCE: Ibid., Ser. A 143 (1933), 16.
[4] POPE, DYKSTRA, EDGAR: J. Amer. chem. Soc. 51 (1929), 1875.
[5] PIDGEON, EGERTON: J. chem. Soc. (London) 1932, 661; 676.
[6] TOWNEND, MANDLEKAR: Proc. Roy. Soc. (London), Ser. A 142 (1933), 26.
[7] STEACIE, PLEWES: Proc. Roy. Soc. (London), Ser. A 146 (1934), 583.
[8] NORRISH, FOORD: Proc. Roy. Soc. (London), Ser. A 157 (1936), 503.
[9] TOWNEND, COHEN, MANDLEKAR: Proc. Roy. Soc. (London), Ser. A 146 (1934), 113.

the latter is accompanied by a decrease of nearly 200° C in the ignition temperatures, and occurs abruptly at a critical pressure, the value of which is found to be lower the higher the molecular weight of the hydrocarbon in question. The regions of ignition of the simpler hydrocarbons, methane and ethane, are situated at much higher temperatures, and in the presence of excess oxygen may include a peninsular-shaped area below 100 mm Hg due to the presence of carbon monoxide formed in the reaction.[1] However, it was shown in the later work of Neumann and Serbinov[2] and also by Naylor and Wheeler,[3] that if excess hydrocarbon is used the two lower limits disappear.

In many respects the trace catalyse of hydrocarbon ignition is similar to that of the combustion of hydrogen. Dixon[4] found that 1% of nitrogen peroxide gave a maximum lowering of ignition temperatures of methane-air mixtures of nearly 200° C., while Lenher reports a similar effect for the combustion of acetylene.[5] The NO_2-sensitised explosions of methane were studied in detail by Norrish and Wallace,[6] and demonstrate once more the catalytic and anticatalytic effect of this substance and the importance of surface deactivation in a region where the probability of chain branching is small. Nitrogen peroxide also reduces the induction periods and accelerates the rate of slow oxidation of methane, ethane and ethylene,[7] and acetylene,[5] and evidently functions in all these reactions as a homogeneous catalyst by generating oxygen atoms.

The effect of halogens on hydrocarbon ignition is often complex; 1% of iodine removes the induction periods and accelerates the rate of oxidation of methane, ethane and ethylene[7] at 400° C., while addition of much smaller amounts to equimolecular mixtures of methane and oxygen raises the ignition temperature from 760° C. to 850° C.[8] Chlorine has a similar although less marked inhibiting action which is reversed at higher concentrations, due to the formation of hydrochloric acid which has a mild sensitising action on the explosion of methane. The latter result and also the catalytic effect of iodine on the slow reactions are probably explained by an observation due to Medvedev,[9] that small amounts of hydrochloric acid considerably raise the yield of formaldehyde in the catalytic oxidation of methane, and therefore hasten the establishment of an equilibrium surface concentration of aldehyde.

Phosphorescent Flames.

When chemical change takes place between activated molecules it sometimes happens that the energy liberated appears in the form of radiation, giving what is known as chemiluminescence. In such reactions the light-emitting units may be either the activated product or other molecules to which energy has been transferred by collision. In the latter case the chemiluminescence is said to be sensitised.

The earliest recognised example of chemiluminescence was the glow of phosphorus, which in air at reduced pressure begins at 7° C, considerably below the

[1] Neumann, Serbinov: Physik. Z. Sowjetunion 1 (1932), 536.
[2] Neumann, Serbinov: Chem. J. Ser. W, J. physik. Chem. 4 (1933), 41.
[3] Naylor, Wheeler: J. chem. Soc. (London) 1935, 1426.
[4] Dixon: Trans. Instn. Min. Engr. 80 (1930/31), 21.
[5] Lenher: J. Amer. chem. Soc. 53 (1931), 2962.
[6] Norrish, Wallace: Proc. Roy. Soc. (London), Ser. A 145 (1934), 307.
[7] Bone, Allum: Proc. Roy. Soc. (London), Ser. A 134 (1932), 578. — Bone, Hill: Ibid., Ser. A 129 (1930), 434. — Bone, Haffner, Rance: Ibid., Ser. A 143 (1933), 16.
[8] Norrish, Foord: Proc. Roy. Soc. (London), Ser. A 157 (1936), 503.
[9] Medvedev: Trans. Karpov Inst. Chem. 3 (1924), 54.

ignition temperature, 60° C. The intensity of radiation is reduced by increasing the total pressure and is intimately connected with the formation of ozone. Substances which destroy or dissolve ozone, such as ether, naphthalene, camphor, essential oils, carbon disulphide, iodobenzene and turpentine completely inhibit the glow even in very small concentrations, while the glow is brightest at about 25° C, where the production of ozone is at a maximum.

Many other examples are now known of oxidation reactions which, under suitable circumstances, become luminescent. DAVY[1] observed that ether vapour in the neighbourhood of a hot platinum wire was phosphorescent, while FRANKLAND[2] found that a glow was produced in carbon disulphide-air mixtures in contact with a heated surface at 149° C, and disappeared in the presence of a trace of ethylene. DIXON[3] found that the slow combustion of carbon disulphide was accompanied by the formation of a red-brown solid, CS, the presence of which was essential for the appearance of the glow, and he suggested that the inhibitory action of ethylene and other substances was due to their ability to destroy this intermediate product.

It should be noted that usually no elevation of temperature can be detected in the luminescent zone of such reactions;[4] in fact, so large a proportion of the energy of reaction is emitted in the visible region of the spectrum that they have been aptly described as *"cold flame"*. A spectroscopic investigation of many cool flames has been undertaken by EMELÉUS.[5] Phosphorus trioxide and phosphine were found to give phosphorescence at 30–40° C, and 160–230° C respectively, and the ultra-violet band spectra of both these substances burning in air or oxygen were found to be identical in their main features with that of the oxidation of phosphorus. Moreover, this band spectrum is obtained both in the cool flame when phosphorus burns in air at reduced pressure and in the much hotter flame at 800° C. From these results it would appear that the molecular species emitting the light is the same in all cases. The chemical reactions involved in the oxidation of sulphur and of arsenic are also independent of whether the flame is normal or phosphorescent. It is now generally considered that the chemiluminescent oxidation of phosphorus, sulphur and arsenic are energy chain reactions, the velocity of which depends on the transference of energy liberated in some primary process to neighbouring reactant molecules, which are thereby activated. On the other hand, the spectra of the cool flames of carbon disulphide and ether differ from those of their normal flames. EMELÉUS, on examining the phosphorescent oxidation of acetaldehyde, propionaldehyde and hexane, found that the same band spectrum was given by each, but that it did not correspond with any known carbon system.[6] At present it is uncertain to what the light emission from the cool flames of these organic substances is due, and the elucidation of the primary processes responsible for the oxidation of aldehydes represents one of the most important problems in modern reaction kinetics.[7]

---

[1] DAVY: GMELINS Handbuch, 7th ed., Bd. VIII, S. 179.

[2] FRANKLAND: Trans. chem. Soc. 1882, 363.

[3] DIXON: Fuel 1925, 401.

[4] LEIGHTON: J. physic. Chem. 18 (1914), 619.

[5] EMELÉUS: J. chem. Soc. (London) 1925, 1362.

[6] EMELÉUS: J. chem. Soc. (London) 1929, 1733; 1926, 2948.

[7] The important case of chemiluminescence which accompanies the rapid but non-explosive oxidation of hydrocarbons in the presence of excess oxygen at low temperatures (300–350° C) is referred to in more detail in another section of this Handbook. The most extensively investigated case is that of pentane, for which the work of NEUMANN and AIVAZOW: Nature (London) 135 (1935), 655; Acta physicochim. USSR 4 (1936), 576; 6 (1937), 279; Chem. J. Ser. W, J. physik. Chem. 8 (1936), 543; 9 (1937), 231; Z. physik. Chem., Abt. B 33 (1936), 349, should be consulted.

Practical applications of Ignition Catalysis.

In recent years the effect of inhibitors on hydrocarbon oxidation has assumed more than academic importance in the prevention of explosions in mines. Not only is the methane escaping from fissures in the coal seams a source of danger, but also inflammable mixtures may be formed from finely divided coal dust suspended in the atmosphere. Apart from the obvious measures of efficient ventilation and avoidance of naked flames and sources of spark ignition the need was felt for some method of inhibiting the explosions by cheap and non toxic substances. It has been found that spark ignition of mixtures with air of the dusts of aluminium, dextrin, anthracene, picric acid and coal can be quenched by the addition of finely divided non-combustible materials.[1] Such substances as shale, stone, fullers earth, iron oxide, hopcalite and various inorganic salts may be used for this purpose, the general order of effectiveness being

$$K_2SO_4 > (NH_4)_2SO_4 > \text{stone dust} > \text{fullers earth.}$$

The explosions of methane are also more effectively inhibited by the dusts of inorganic salts rather than by stone dust; for instance, Jorissen[2] found that 1 litre of 10% methane-air mixture was rendered non explosive by 0,14 g of potassium chloride passed through a 50 cm mesh, while more than 2,0 g of stone dust ground to the same degree of dispersion was required to produce comparable inhibition. In a detailed study of anthracene dust explosions van der Dussen[3] showed that the order of effectiveness of potassium salts was $KF > KNO_3 > KJ > KBr > KCl$, but no correlation could be discovered between the quenching power and specific heat or other chemical properties. No doubt the effect of dust is related to the general inhibition of hydrocarbon combustion brought about by increase of surface, although the reason for the high efficiency of inorganic salts is at present obscure. In this connection it is significant that the rates of oxidation of methane and ethane are considerably reduced from their normal values in reaction vessels previously washed with a solution of potassium chloride.[4]

A second technical application of ignition catalysis is provided by the control of fuel characteristics in internal combustion engines.[5] In engines using spark ignition mixtures of fuel vapour and air are drawn into the cylinder by the descending piston, compressed during its return and fired at the peak of the stroke. The efficiency of the machine may be improved by increasing the degree to which mixtures are compressed before ignition, but in this direction a limit is imposed by the properties of the combustible mixtures employed. Undue compression may give rise either to spontaneous ignition of the fuel before the piston has reached the peak of its stroke, or to detonation of the charge rather than steady combustion after sparking. In either case the piston receives an incorrectly timed hammer-blow instead of a steady thrust, and the engine develops a characteristic "knocking" sound accompanied by a marked decrease in power and destruction of material.

Hot surfaces and carbon deposits favour knocking, and some improvement may be effected by using small, well-cooled cylinders, free from pockets and irregularities.[6] However, the most important advance was made by the dis-

[1] Matla: Recueil Trav. chim. Pays-Bas **55** (1936), 173.

[2] Jorissen: Recueil. Trav. chim. Pays-Bas **52** (1933), 403.

[3] van der Dussen: Recueil Trav. chim. Pays-Bas **54** (1935), 873.

[4] Taylor, Ribbett: J. physic. Chem. **35** (1931), 2667.

[5] See also the article of Dufraisse and Chovin in vol. 2 of this Handbook and that of Jost in the present volume.

[6] Brown, Granger: J. Ind. Engng. Chem. **1927**, 368. — Maxwell: Ibid. **1927, 224.**

covery of a class of compounds termed *"anti-knocks"*, small quantities of which added to the fuel suppress knocking even when a 50% increase is made in the compression ratio.[1] Of these the most efficient and important from the technical point of view are the organo-metallic compounds tetraethyl lead, and the carbonyls of iron and nickel, although a mild anti-knock property is possessed by organic substances such as the aromatic amines, phenols, quinones, aromatic hydrocarbons and iodine.[2]

Anti-knocks function as negative catalysts during the initial stages of oxidation; they have no effect on the velocity of a detonation wave once it is established.[3] MARDLES found that tetra-ethyl lead markedly reduced the rate of oxidation of methane, and decreased the yields of aldehyde,[4] while EGERTON and PIDGEON have demonstrated a similar effect with pentane, and have added the significant observation that the maximum degree of inhibition was produced only after the anti-knock had been subjected to a preliminary air oxidation.[5] It seems probable that inhibition is brought about by the decomposition products and not by the intact molecules, since it has been found that many metals, either as vapour[6] or in colloidal suspension[7] are equally effective. It must not be concluded however that the anticatalytic effect is due simply to the increased surface area provided by the colloidal particles, since elements such as magnesium, silver and gold and their compounds which usually exist in one valency state are quite ineffective.[8] Inhibition is shown only by elements capable of existing in two states of oxidation, which suggests that anti-knocks, by alternate oxidation and reduction, remove some oxygenated carrier in the reaction chains. It is significant that organo-metallic compounds also inhibit the oxidation of phosphorus,[9] in which it has been proved that oxygen plays an important part, and it is quite probable that anti-knock action is due to the destruction of atomic oxygen during the initial stages of fuel oxidation.

From what has been said it will be seen that the essential characteristic of an ignition catalyst is its ability to alter the rate of multiplication of chain centres. A study of any individual reaction entails the solution of two problems. In the first place it must be decided what are the general conditions to be satisfied in order that the system may become explosive, and secondly the individual reactions responsible for the attainment of those conditions must be elucidated and correlated into a self-consistent scheme which will account for the available analytic and kinetic evidence. In Chapter II will be developed the general theory of ignition processes, to which any specific kinetic mechanism must conform, and which will be applied later to particular representative reactions.

II. The Theory of Ignition.

The reactions of principal interest and importance in the general theory of ignition, and those which at the same time are particularly subject to trace catalysis, belong to the class known as chain reactions, in which the energy carried by the products of a reactive collision is sufficient to activate other

[1] CALLENDAR, KING, SIMS: Engineering **1926**, 575.
[2] EGERTON: Réunion Intern. de Chim. Phys., p. 489. Paris, 1928.
[3] EGERTON, GATES: Proc. Roy. Soc. (London), Ser. A **114** (1927), 137.
[4] MARDLES: Trans. Faraday Soc. **27** (1931), 697.
[5] EGERTON, PIDGEON: J. chem. Soc. (London) **1932**, 676.
[6] SIMS, MARDLES: Trans. Faraday Soc. **30** (1926), 363.
[7] BERL, WINNACKER: Z. physik. Chem., Abt. A **148** (1930), 261.
[8] EGERTON: Nature (London) **122** (1928), 204.
[9] TAUSZ, GÖLACHER: Z. anorg. allg. Chem. **190** (1930), 95.

molecules immediately before thermal equilibrium is established. Each fruitful collision therefore will entail another, and a series of events will be established as a result of the primary reaction. In most cases the energy available is so great that the molecules involved are dissociated into free atoms and radicals, and the chain of events will consist in the repeated generation of these at each stage. The general characteristics and theory of chain reactions owes much to the pioneer work of SEMENOFF and are considered elsewhere[1] in this Handbuch, and the following treatment consists in a straightforward application of those principles to the problem of ignition.[2]

Since an ignition catalyst must necessarily exert its influence before explosion takes place we shall be concerned mainly with the processes responsible for self-acceleration during the initial stages of reaction. The rate of production of chain centres will be given by the sum of their rate of production by primary processes between molecules, and their rate of multiplication by reactions between chain carriers and molecules. The former is usually small in thermal reactions and may be denoted by ϑ, while the latter is proportional to the concentration of chain centres n, and may be written as fn, where f is a constant specified by the conditions of temperature, pressure and concentration of reactants. The rate of removal of centres will be governed by their rate of destruction in the gas phase, which may be written as gn, and by their rate of diffusion to the surface, which for the moment will be neglected. Using this nomenclature the rate of change of concentration of centres, $\dfrac{dn}{dt}$, is given by the equation

$$\frac{dn}{dt} = \vartheta + (f - g)\, n. \tag{1}$$

When $(f - g)$ is positive the concentration of chain centres will increase with time according to the expression

$$n = \frac{\vartheta}{(f - g)} \left\{ e^{(f - g)t} - 1 \right\}. \tag{2}$$

If the average time between the appearance of an active centre and its entry into reaction is $\Delta\tau$, the number of elementary reactions in unit volume per second is $\dfrac{n}{\Delta\tau}$, which may be identified as the velocity of reaction. It follows that the velocity of a chain reaction is given by the following expression which was derived originally by SEMENOFF.[2]

$$w = \frac{\vartheta}{(f - g)\,\Delta\tau} \left\{ e^{(f - g)t} - 1 \right\}. \tag{3}$$

Since the main importance of the equation lies in the exponential term it may be re-written as

$$w = A e^{\varphi t} \tag{4}$$

where

$$\varphi = (f - g).$$

φ represents what is called "the effective branching factor", and denotes the preponderance of branching over deactivation. The inclusion of surface de-activation into the theory leads to a similar formula in which the effective probability of branching becomes

$$\varphi = f - g - \frac{\pi^2 D}{d^2}\ {}^{3}$$

---

[1] See articles CHRISTIANSEN and BODENSTEIN-JOST in this volume.

[2] SEMENOFF: Z. Physik 48 (1928), 571; Z. physik. Chem., Abt. B 11 (1930), 464; Physik. Z. Sowjetunion 4 (1933), 906.

[3] BURSIAN, SOROKIN: Z. physik. Chem., Abt. B 12 (1931), 247.

where $\qquad$ D = coefficient of diffusion of the gaseous mixture,
d = diameter of reaction vessel.

If φ is zero or negative the reaction velocity never attains any appreciable values, but if φ is positive the reaction will be self-accelerating and may become explosively rapid. A detailed examination of the nature of the components of φ, which will be attempted for certain reactions in the following chapters, allows the interpretation of a wide variety of circumstances affecting ignition. For instance, the existence of upper and lower pressure limits of explosion in mixtures of hydrogen and oxygen may be ascribed to a sudden change of φ from zero to positive values and again to zero as the pressure is reduced, as a consequence of ternary collisions at high pressures and surface deactivation at low pressures being the chief factors controlling the concentration of active centres.

The very rapid development of chains in these mixtures in the region where φ is positive renders an experimental examination of reaction rate difficult. However, by a high-speed manometric method Kowalsky[1] has obtained pressure-time curves near the lower pressure limit of the form shown in Fig. 4. The initial parts of each curve can be represented accurately by a formula of the type

$$w = A e^{\varphi t},$$

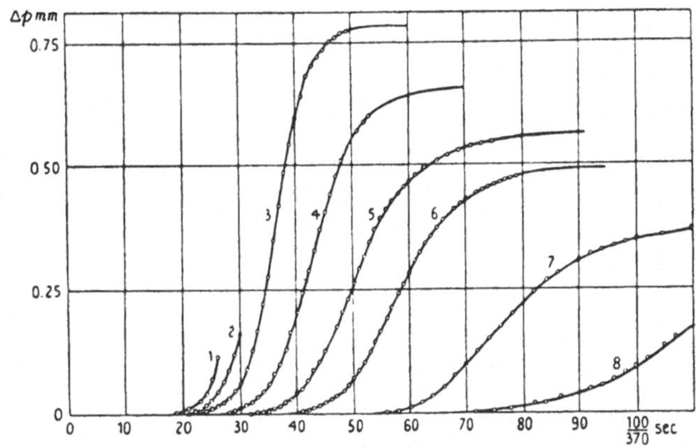

Fig. 4. Pressure time curves below the lower ignition limit of $2\,H_2 + O_2$ (Kowalsky).

Reaction in the mixture $2\,H_2 + O_2$. $T = 485°\,C$. Initial pressures: *1* 8,2 mm., *2* 7,8 mm., *3* 7,4 mm., *4* 7,1 mm., *5* 6,8 mm., *6* 6,4 mm., *7* 6,1 mm., *8* 5,8 mm. Abscissae t in $^1/_{370}$ sec.

where φ is positive, but it is seen that the reaction rate soon reaches a constant value and then falls off as the reactants are consumed. The rates of oxidation of hydrocarbons may be observed without special apparatus since the time intervals involved are much longer and have been found to be subject to a similar initial acceleration followed by a period during which the reaction velocity remains constant.

Even with an initially positive value of φ therefore, a reactive mixture may not become explosive. Two causes may prevent the attainment of an infinite velocity. During the oxidation of hydrocarbons it appears that the value of φ may decrease to zero as the composition of the mixture, including intermediate products, changes with the progress of the reaction. Alternatively, as the concentration of reaction centres increases additional chain ending mechanisms may come into prominence owing to recombination of free radicals or atoms, and for a time their concentration may be restricted to an equilibrium value.[2] The latter mechanism is a controlling factor in the reaction between hydrogen and oxygen in the presence of nitrogen peroxide.

[1] Kowalsky: Physik. Z. Sowjetunion 4 (1933), 723.
[2] Semenoff: Physik. Z. Sowjetunion 1 (1932), 725; 2 (1933), 225. — Norrish: Proc. Roy. Soc. (London), Ser. A 135 (1932), 334.

The recombination of free radicals is usually an exothermic process which occurs only in the presence of a third particle capable of removing the surplus energy, hence the rate of removal of chain carriers by self-neutralisation may be written as δn^2, where δ varies directly with the total pressure of the system. When this chain-ending mechanism is included in the processes described by equation (1), the rate of change of concentration of reaction centres, $\dfrac{dn}{dt}$, is given by

$$\frac{dn}{dt} = \vartheta + \varphi\, n - \delta n^2. \tag{5}$$

It should be emphasised that the effective branching factor φ includes only those chain-branching and chain-ending mechanisms which are of first order with respect to the concentration of chain carriers.

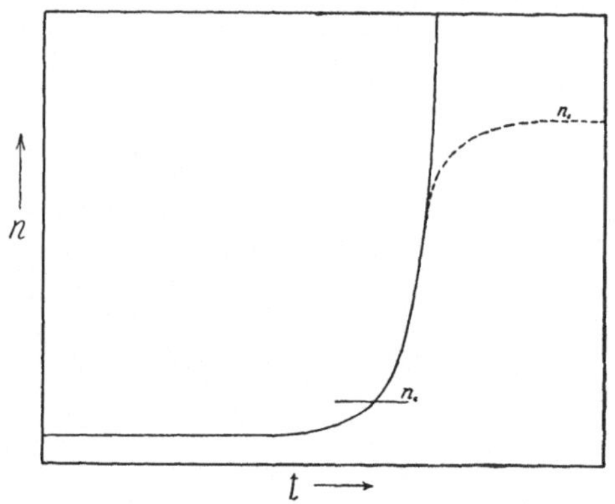

Fig. 5. Development of reaction centres n with time.

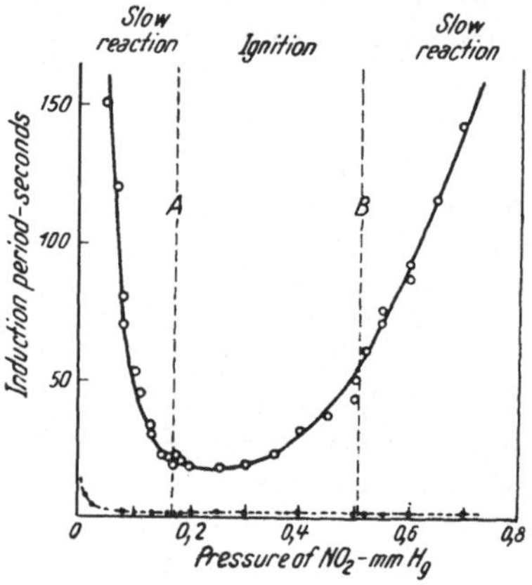

Fig. 6. Influence of nitrogen peroxide concentration on induction periods in mixtures of hydrogen and oxygen (Foord and Norrish). Induction periods at 357° C, $(2\,H_2 + O_2) = 151$ mm, $-\!\circ\!-\!\circ$ dark, $-\!-\!\bullet\!-\!-$ light.

During the early stages of reaction the concentration of reaction centres will increase exponentially according to equation (2). As the concentration increases the term δn^2 becomes increasingly important until the number of chain carriers attains an equilibrium value given by

$$n_e = \frac{\varphi + \sqrt{4\,\vartheta\,\delta + \varphi^2}}{2\,\delta} \tag{6}$$

as shown qualitatively by the dotted portion of the curve in Fig. 5. When ϑ is unimportant compared with φ, this formula simplifies to

$$n_e = \frac{\varphi}{\delta}. \tag{7}$$

It has been found possible to find conditions in which φ, although positive, is small, in which case the development of reaction chains takes a much longer time. Immediately after a mixture with these characteristics has been introduced into the reaction vessel the number of reaction centres will be negligible and their rate of increase very small. The exponential nature of growth shown by equation (2) will result in a marked increase in concentration of centres after a certain time, with the appearance of a measureable reaction velocity. Even in the curves obtained by Kowalsky shown in Fig. 4 a period of induction is clearly visible, but it may extend to minutes or hours when the rate of branching has been carefully controlled.

If it is assumed that n must exceed a minimum value n_c before reaction is detectable, the induction period τ may be obtained from equation (2).

$$\tau = \frac{1}{\varphi}\log_e\left(1 + \frac{n_c\,\varphi}{\vartheta}\right). \tag{8}$$

Although the value of the induction period is settled to a certain extent by the sensitivity of the recording apparatus the exponential increase of the reaction rate renders τ a welldefined interval which can be used as a convenient measure of φ.

A method of obtaining small and controlled rates of chain branching has been discovered in the use of nitrogen peroxide as a sensitiser in many oxidation reactions, and was employed by FOORD and NORRISH in a study of the processes leading up to ignition in mixtures of hydrogen and oxygen.[1] Under suitable conditions induction periods up to 150 seconds were observed, as shown in Fig. 6 which expresses the induction period as a function of the concentration of nitrogen peroxide. This curve shows also another property characteristic of this reaction: that between two limits A and B complete ignition occurred at the end of the induction period, while outside them on the other hand the interval was terminated by a slow reaction. It is significant that although the transition from stationary reaction to explosion is quite sharp there is no discontinuity in the induction periods, and therefore no sudden change in the value of the effective branching factor. Therefore while a positive value of φ does not necessarily entail explosion, the same chain mechanism is operating whether the mixture eventually oxidises at a steady rate or ignites completely.

In seeking the additional factor responsible for ignition it should be realised that the value of φ which is measured by the induction period, represents a mean value for the whole vessel, and the actual of φ will vary from point to point. In some favourable volume element the processes of deactivation will be at a minimum, and the intensity of reaction will be greatest. There is a possibility that at this spot heat may be generated at a rate greater than it can be conducted away, thereby causing local self-heating of the reacting gases. The subsequent acceleration of the chain generating mechanisms with rise of temperature will cause ignition to spread out from this place to all parts of the reaction vessel.

Ignition sets in therefore, when the intensity of reaction associated with the final equilibrium concentration of chain centres n_e is sufficient to establish adiabatic conditions in some favourable volume element of the reaction vessel. In other words the transition from slow reaction to explosion occurs when $n_e > n_i$, where n_i is some critical concentration of centres. In the system under discussion the stationary concentration of chain carriers is given by the simplified expression of equation (7), and the general condition for ignition becomes

$$\frac{\varphi}{\delta} > n_i,$$

which at a particular temperature and total pressure becomes

$$\varphi > \varphi_i,$$

where φ_i is a small critical value greater than 0. The small positive value of φ obtained in these experiments becomes steadily greater as the concentration of nitrogen peroxide approaches the ignition limits, and as soon as the above conditions are realised, the stable reaction appearing at the end of the induction

---

[1] FOORD, NORRISH: Proc. Roy. Soc. (London), Ser. A **152** (1935), 196.

period is replaced abruptly by general ignition. In the light of this combined thermal and chain theory of ignition it is instructive to examine the pressure gauge records at the end of the induction periods. Although the final result of reaction will be a decrease of pressure, it is seen in Fig. 7 that the induction periods are terminated by a momentary increase of pressure both in the region of slow reaction and of explosion.

This pressure rise can only be due to a heating effect and marks the tendency of the reaction to become adiabatic in some favourable volume element. Outside the limits of explosion the initial burst of reaction is insufficient to maintain adiabatic conditions and rapidly falls away to a small steady value. It is important to realise that the critical rate may be attained at some spot in the system while the overall velocity of reaction is still quite small, and that a thermal criterion of ignition is not incompatible with a discontinuous transition from slow reaction to explosion. In this connection it is interesting to note that in a reaction vessel fitted with an axial entry tube, the region of ignition is replaced by one of steady reaction which can proceed at a rate far greater than any obtained in the plain vessel.[1] By such an increase in surface area the mean value of the reaction velocity is increased without the critical value being exceeded at any particular spot.

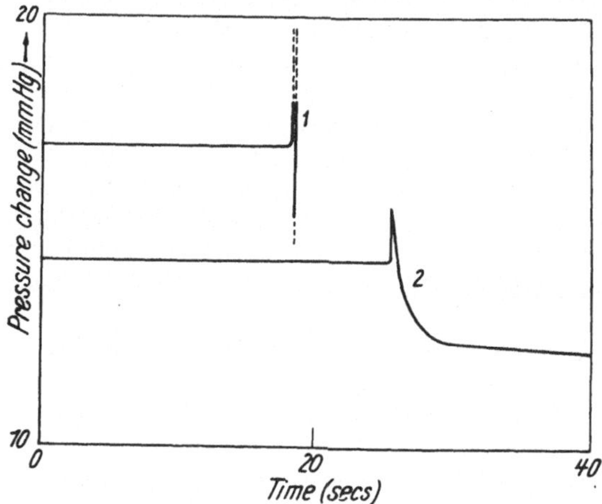

Fig. 7. Pressure changes at the end of induction periods in mixtures of $2 H_2 + O_2$ sensitised with nitrogen peroxide. *1* Explosion, *2* Stationary reaction (Foord and Norrish).

A similar abrupt transition from stable reaction to ignition without any discontinuity in induction periods has been observed in the oxidation of methane,[2] in which a steady increase in the value of the effective probability of chain branching may be effected by increasing the total pressure of reactants. The rapid reactions below the threshold value required for ignition have been termed by Semenoff "degenerate explosions", although they are by no means restricted to reactions showing degenerate branching—a term which will be explained in Chapter IV—but will appear in any system in which the effective probability of chain branching can be increased slowly from zero to small positive values.

The characteristics of many chain reactions, especially the explosions of unsensitised hydrogen and oxygen, and carbon monoxide and oxygen are, however, best described by expressions in which the value of φ passes rapidly from negative to large positive values at the ignition limits. The steady decrease in rate of oxidation of hydrogen as the pressure is reduced[3,4] gives no indication of an increasing probability of chain branching as the ignition limit is approached, and it would seem that in this reaction the branching mechanism responsible

[1] Norrish, Griffiths: Proc. Roy. Soc. (London), Ser. A **139** (1933), 147.
[2] Norrish, Foord: Proc. Roy. Soc. (London), Ser. A **157** (1936), 503.
[3] Hinshelwood, Thompson: Proc. Roy. Soc. (London), Ser. A **118** (1928), 170. — Hinshelwood, Gibson: Ibid., Ser. A **119** (1928), 591. — Hinshelwood, Garstang: Ibid., Ser. A **134** (1931), 1.
[4] Thompson, Hinshelwood: Proc. Roy. Soc. (London), Ser. A **122** (1929), 610.

for explosions comes into operation abruptly below the critical pressure limit. In such systems the range of conditions in which φ increases from zero to the small positive value required for ignition is so contracted as to be beyond experimental investigation, and the formal condition at the ignition boundary can be given without serious error as

$$\varphi > 0.$$

It should be remembered however, that even in reactions of this type, the fundamental cause of ignition is a disturbance of thermal equilibrium, and that with sufficiently sensitive apparatus, such as that employed by KOWALSKY,[1] the effects of self-heating can be made apparent.

A purely "chain explosion" in which the rate of reaction accelerates to large values under isothermal conditions is theoretically possible, and may be realised in the cold flames obtained during the oxidation of phosphorus, aldehydes and ethers mentioned on page 392 f. of the previous chapter. In such systems the energy of reaction is emitted not as heat but as visible radiation, and cannot give rise to local self-heating. The ignition boundaries may then be described accurately by the condition $\varphi > 0$. It is often not possible to draw a sharp distinction between thermal, chain-thermal and purely chain explosions, and the relative importance of thermal and kinetic factors in any particular case can only be assessed by extensive experimental study.

In the following chapters will be discussed the detailed mechanisms by which catalysis of particular reactions is brought about. The construction of a suitable kinetic mechanism is a tentative process, based on evidence derived from analogous photochemical reactions and energetic considerations and can only be justified if it accounts satisfactorily for all the characteristics of the reaction in question without involving any improbable assumptions, and at the same time conforms to the general theory which has already been established.

III. The sensitised Ignition of hydrogen and oxygen, and carbon monoxide and oxygen.

The hydrogen-oxygen reaction.

In the previous chapter it was shown that the behaviour of systems undergoing reactions of the chain type could be most conveniently discussed in terms of variation in φ, the effective probability of chain branching, and that the interpretation of the various examples of ignition catalysis described in Chapter I was to be found in the elucidation of the individual components of φ for each particular reaction. As an example of the method of approach to problems of this kind, the detailed kinetics of the hydrogen-oxygen reaction will be briefly discussed and used as a basis for examination of the catalytic effect of hydrogen on the combustion of carbon monoxide, and the influence of nitrogen peroxide, ammonia and iodine on the oxidation of hydrogen.

The salient features of the hydrogen-oxygen reaction above 450° C have already been described on pp. 386 f. Above the upper limit of explosion the gases undergo stable reaction at a rate which is approximately proportional to the cube of the hydrogen pressure and to a power of the oxygen concentration between the first and second, and which is markedly accelerated by addition of such inert gases as water vapour, nitrogen, argon and helium. The reaction is retarded by packing the reaction vessel and disappears completely in silver vessels, and

---

[1] KOWALSKY: Physik. Z. Sowjetunion 4 (1933), 723.

must be regarded as a process involving straight chains broken mainly at the vessel walls. The rate of reaction accelerates abruptly to explosion when the total pressure is reduced below a critical value, the dependence of which on temperature and concentration of the gaseous mixture may, according to the measurements of GRANT and HINSHELWOOD,[1] be expressed by a linear equation of the form

$$f_H [H_2] + f_O [O_2] + f_X [X] = k\,e^{-E/RT} \tag{1}$$

in which $[H_2]$, $[O_2]$, and X represent the partial pressure of hydrogen, oxygen and inert gas respectively, and E has a value of 26000 calories according to THOMPSON and HINSHELWOOD[2] and 24200 according to FROST and ALYEA.[3] The values of f_H, f_O and f_X are independent of temperature and the nature and size of the reaction vessel, and are determined by the speeds and sizes of the molecules of the gases to which they are related. It may be added that HINSHEL-WOOD, WILLIAMSON and WOLFENDEN[4] found that the value of the upper pressure limits of ignition in mixtures of deuterium and oxygen were uniformly higher than in oxy-hydrogen mixtures, the ratio being constant at 1,31 independent of temperature. On the other hand, these authors found that the value of E in the above equation was not appreciably altered by substitution of deuterium for hydrogen, a value of 25000 calories being obtained using mixtures of $2\,D_2 + O_2$.

When the total pressure is reduced to the order of 1 mm Hg, a lower limit of ignition is reached, below which the rate of reaction falls to negligibly small values. The principal method of chain ending at these very small pressures is undoubtedly by destruction of reactive species at the vessel wall, since the value of the lower limit may be raised by increasing the diameter of the reaction vessel, and is lowered by decreasing the diffusion coefficient of the mixtures by addition of such inert gases as nitrogen and argon.

The problems involved in discussion of the stable reaction at high pressures are very different from those arising in consideration of the factors controlling ignition below about 200 mm Hg, but while only the latter are of direct interest in the subject of ignition catalysis, it is desirable that the reaction mechanism selected should be capable of encompassing both the stable and the explosive reaction in one self-consistent scheme. This has been accomplished by the mathematical investigations of KASSEL and STORCH[5] later modified by VON ELBE and LEWIS,[6] who showed that a satisfactory kinetic mechanism could be constructed on the following series of elementary processes:

Chain branching:

$$H + O_2 = OH + O, \tag{I}$$

$$O + H_2 = OH + H. \tag{II}$$

Chain propagation:

$$OH + H_2 = H_2O + H. \tag{III}$$

$$H + O_2 + M = HO_2 + M, \tag{V}$$

Chain ending:

$$\text{Wall} + \begin{Bmatrix} HO_2 \\ H \\ OH \\ O \end{Bmatrix} = \text{stable molecules.} \tag{VII}$$

[1] GRANT, HINSHELWOOD: Proc. Roy. Soc. (London). Ser. A **141** (1933), 29.

[2] THOMPSON, HINSHELWOOD: Proc. Roy. Soc. (London), Ser. A **122** (1929), 610.

[3] FROST, ALYEA: J. Amer. chem. Soc. **55** (1933), 3227.

[4] HINSHELWOOD, WILLIAMSON, WOLFENDEN: Proc. Roy. Soc. (London), Ser. A **147** (1934), 48.

[5] KASSEL, STORCH: J. Amer. chem. Soc. **57** (1935), 672.

[6] VON ELBE, LEWIS: J. Amer. chem. Soc. **59** (1937), 656.

The first reaction is endothermic to the extent of about 13000 calories and has a high energy of activation, while the second, although not proceeding at every collision (KISTIAKOWSKY)[1] is exothermic and of sufficient efficiency to exclude any other reactions involving oxygen atoms. Reaction (III) represents the most plausible fate for OH radicals, the participation of which in this reaction has been indicated by the work of BONHOEFFER and HABER on the band spectrum of the hydrogen oxygen flame.[2] The majority of H atoms are removed by reaction (V) which, as shown by the results of COOK and BATES on the photochemical oxidation of hydrogen iodide,[3] of FARKAS and SACHSSE on the mercury sensitised photochemical oxidation of hydrogen[4] and of BODENSTEIN and SCHENCK on the inhibition by oxygen of the photochemical reaction between hydrogen and chlorine,[5] is completed only in the presence of a third particle M, capable of removing the surplus energy, and has a heat of reaction between 38000 and 44000 calories.[5] An essential feature of the theory is that HO_2 radicals should possess considerable stability in the gas phase and at the relatively low pressures of the region of ignition should be preferentially destroyed at the vessel wall without continuing the reaction chains. Reaction (V) therefore constitutes a gas-phase chain ending mechanism which becomes increasingly important as the pressure is raised, and which may prevent extensive multiplication of chains above a critical pressure by predominating over the inefficient binary chain-branching reaction (I). The final mechanism of chain ending involves diffusion of reactive species to the vessel wall, followed by their recombination or oxidation to form stable molecules, as represented by equation (VII). From the laws of gaseous diffusion it may be shown that if d is the diameter of the reaction vessel, the number of collisions made by a particle before its destruction at the surface is approximately

$$\frac{1,5\,\beta\,p^2\,d^2}{\lambda_o{}^2},$$

where λ_0 is the mean free path of the particle at unit pressure, p is the total pressure of the gaseous mixture and β is the probability that a particle on collision with the surface will be reflected back into the gas phase rather than be destroyed. It will be seen that as the pressure is reduced, a stage will be reached at which the number of collisions made by any free radical before it is destroyed at the surface becomes less than that required for completion of reactions (I), (II) or (III). It is to be expected therefore, that explosion will be suppressed below a critical pressure, the value of which will be controlled by the nature and size of the reaction vessel and the coefficient of diffusion of the reaction centres through the gaseous mixture.

Above the upper limit of ignition chain branching is prevented by formation of stable HO_2 radicals, but it must be noted that as the total pressure is further increased, the number of collisions which these radicals must undergo before reaching the vessel wall may become very large. It was suggested by VON ELBE and LEWIS[6] that the stable reaction observed at high pressures could be explained in terms of the foregoing kinetic mechanism by the occasional reaction of HO_2 radicals with hydrogen molecules by one of the following processes:

$$HO_2 + H_2 = H_2O_2 + H \qquad\qquad\text{(VIII)}$$

or

$$HO_2 + H_2 = H_2O + OH. \qquad\qquad\text{(IX)}$$

[1] KISTIAKOWSKY: J. Amer. chem. Soc. **52** (1930), 1868.
[2] BONHOEFFER, HABER: Z. physik. Chem., Abt. A **137** (1928), 263.
[3] COOK, BATES: J. Amer. chem. Soc. **57** (1935), 1775.
[4] FARKAS, SACHSSE: Z. physik. Chem., Abt. B **27** (1934), 111.
[5] BODENSTEIN, SCHENCK: Z. physik. Chem., Abt. B **20** (1933), 420.
[6] VON ELBE, LEWIS: J. Amer. chem. Soc. **59** (1937), 656.

Hence although extensive chain branching is prevented by ternary collisions above the upper limit of ignition, each primary chain becomes capable of continued propagation at high pressures until it is eventually broken by the slow diffusion of chain centres to the vessel wall.

For a detailed application of the theory to the different aspects of this complex reaction reference must be made to the original papers of Kassel and Storch[1] and von Elbe and Lewis.[2] The section of immediate importance to the subject of ignition catalysis is a consideration of the upper limit of ignition of hydrogen and oxygen, which is controlled principally by reactions (I)–(V), and which may be adequately represented by the following simplified treatment.

To establish the differential equations for the rate of a chain reaction the law of mass action is employed, but since the simple application of this introduces unknown quantities representing the concentrations of intermediate reactive species, a further relation is required by means of which the unknown quantities can be eliminated. This is provided by the assumption that at any particular instant the concentration of one reactive species uniquely determines the concentration of all other intermediaries concerned in the propagation of the chains. In other words, if [X], [Y], [Z], ... represent the concentrations of intermediaries in a chain reaction, it will be assumed that during an infinitesimal time interval in which [X] may be regarded as constant, the values of [Y], [Z], etc., in terms of [X] may be obtained by equating the expressions for $\dfrac{d\,[Y]}{dt}$, $\dfrac{d\,[Z]}{dt}$, etc. to zero.

If I_H is the rate of primary processes generating H atoms from which reaction chains originate, and k_1, k_2, k_3, k_5, k_7 and k_9 are the velocity constants of reactions (I), (II), (III), (V), (VII) and (IX) respectively, the following equations may be deduced.

$$\frac{d\,\text{H}}{dt} = I_\text{H} + k_2\,[\text{O}]\,[\text{H}_2] + k_3\,[\text{OH}][\text{H}_2] - k_1\,[\text{H}][\text{O}_2] - k_5\,[\text{H}][\text{O}_2]\,M$$

$$\frac{d\,\text{OH}}{dt} = k_1\,[\text{H}][\text{O}_2] + k_2\,[\text{O}][\text{H}_2] + k_9\,[\text{HO}_2][\text{H}_2] - k_3\,[\text{OH}][\text{H}_2],$$

$$\frac{d\,\text{HO}_2}{dt} = k_1\,[\text{H}][\text{O}_2]\,M - k_9\,[\text{HO}_2][\text{H}_2] - k_7\,[\text{HO}_2],$$

$$\frac{d\,\text{O}}{dt} = k_1\,[\text{H}][\text{O}_2] - k_2\,[\text{O}][\text{H}_2].$$

The values of [HO_2], [OH] and [O] in terms of H, obtained by equating the last three expressions to zero, may be inserted in the first equation to give the following expression for the rate of increase of H atom concentration.

$$\frac{d\,[\text{H}]}{dt} = I_\text{H} + \left\{ 2\,k_1 - \frac{k_5\,M}{1 + \dfrac{k_9\,[\text{H}_2]}{k_7}} \right\}[\text{H}]\,[\text{O}_2]. \tag{2}$$

This is of the same form as the general equation deduced on page 396 for the rate of increase of centres in a branching chain reaction, namely

$$\frac{d\,n}{dt} = \delta + \varphi \cdot n$$

where

$$\varphi = \left\{ 2\,k_1 - \frac{k_5\,M}{1 + \dfrac{k_9\,[\text{H}_2]}{k_7}} \right\}[\text{O}_2]. \tag{3}$$

[1] Kassel, Storch: J. Amer. chem. Soc. 57 (1935), 672.
[2] von Elbe, Lewis: J. Amer. chem. Soc. 59 (1937), 656.

As explained in the previous chapter, the unsensitised hydrogen-oxygen reaction belongs to the class in which ignition arises when $\varphi > 0$. Accordingly, the preceding theory leads to the following expression for the upper limit of ignition in oxy-hydrogen mixtures:

$$2 k_1 = \frac{k_5 M}{1 + \dfrac{k_9 [H_2]}{k_7}}. \tag{4}$$

The assumption that HO_2 radicals are destroyed preferentially at the vessel wall without continuing the reaction chains will be expressed by the condition $k_7 \gg k_9 [H_2]$ in which case the above equation reduces to the linear relation

$$2 k_1 = k_5 M, \tag{5}$$

which is of the same form as equation (1) given on page 402 for the observed dependence of ignition limits on temperature and composition of the gaseous mixtures.

The quantity $k_5 M$ represents the sum of separate terms for the various molecular species involved in ternary collisions. In mixtures of hydrogen, oxygen and inert gas X for instance

$$k_5 [H][O_2] M = [H][O_2] \{Z_{H_2} [H_2] + Z_{O_2} [O_2] + Z_X [X]\}, \tag{6}$$

where Z_X etc. represent the number of ternary collisions per second involving H_2, O_2 and X at unit concentrations of each. Substituting this relation in equation (5), and replacing $2 k_1$ by $k_{10} e^{- E/RT}$, we obtain the final complete condition to be satisfied at the upper limit of ignition,

$$k_{10} e^{- E/RT} = Z_{H_2} [H_2] + Z_{O_2} [O_2] + Z_X [X]. \tag{7}$$

The effect of composition of gases on the upper pressure limit of ignition.

In general it is found that dilution of oxyhydrogen mixtures with excess oxygen or inert gases raises the value of the total pressure required to suppress explosion, and may be said to catalyse the reaction by extending the region of ignition towards higher pressures. For instance, in Table 1 are shown the values of the upper pressure limit of ignition at 554° C obtained by GRANT and HINSHELWOOD[1] for mixtures of different $H_2 : O_2$ ratios. It was found that the partial pressures P_{H_2} and P_{O_2} of hydrogen and oxygen respectively in mixtures at the limit of ignition obeyed a linear relation. The calculated values ot the total pressure $P_{H_2} + P_{O_2}$ shown in Table 1 are derived from the equation

Table 1.

Ratio $H_2 : O_2$	P_observed mm Hg	$P_\text{calculated}$ mm Hg
1:4	165	165
1:2	143	138
2:3	128	127
1:1	116	115
3:2	104	104
2:1	97	98
3:1	91	91

$$P_{H_2} = 76 - 0{,}325\, P_{O_2}.$$

It will be seen that equation (7) deduced from the foregoing theory predicts such a result and that $Z_{O_2}/Z_{H_2} = 0{,}325$. According to GRANT and HINSHELWOOD[1] the values of Z, the ternary collision numbers for unit concentrations, are given by equations of the form

$$Z_M = 2 \sigma^2_{XYM} \sqrt{2 \pi RT \left(\frac{1}{m_{XY}} + \frac{1}{m_M}\right)},$$

[1] GRANT, HINSHELWOOD: Proc. Roy. Soc. (London), Ser. A, **141** (1933), 29.

where σ_{XYM} is the sum of the molecular diameters of the complex XY and the colliding molecule M, while m_{XY} and m_M are the respective molecular weights. The value of Z_{O_2}/Z_{H_2} calculated from this equation is 0,39, which compares very well with the experimental figure of 0,325.

The following linear equations have also been obtained for the partial pressures at the limit of ignition of oxyhydrogen mixtures diluted with argon, nitrogen and helium respectively.

$$P_{2H_2 + O_2} + 0,50\, P_{He} = \text{const. (Grant and Hinshelwood),[1]}$$
$$P_{2H_2 + O_2} + 0,31\, P_A = \text{const. (Grant and Hinshelwood),[1]}$$
$$3\, P_{H_2} + P_{O_2} + P_{N_2} = \text{const. (Frost and Alyea).[2]}$$

It may be deduced from equation (7) that the partial pressures P_{He} and P_A of helium and argon respectively required to suppress the ignition of a given amount of oxy-hydrogen gas are related by the equation

$$Z_A\, P_A = Z_{He}\, P_{He}.$$

The calculated value of Z_{He}/Z_A is 1,77, while the above experimental results show that the ratio of the corresponding partial pressures of argon and helium is about 1,6.

The close agreement shown throughout between theory and experiment confirms the view that the upper limit of ignition of hydrogen and oxygen is controlled by gas-phase deactivation exerted through ternary collisions.

The effect of temperature on the upper pressure limit of ignition.

The value of the upper pressure limit of ignition rises rapidly with increase of temperature from about 9 mm Hg at 440° C to 150 mm Hg at 570° C[3] in a manner given by a relation of the form

$$P = A\, e^{-E/RT},$$

where P is the total pressure and T is the temperature in °abs. at the limit of ignition of mixtures of $2\,H_2 + O_2$. The value of E is 26000 calories according to Grant and Hinshelwood,[1] and 24 200 calories according to Frost and Alyea,[2] and may be defined as the apparent energy of activation of the upper pressure limit of ignition. Although minor variations in the absolute value of P may be observed in different vessels at any given temperature, linear relations between $\log_e P$ and $1/T$ have been obtained in vessels of pyrex, silica, porcelain and alumina, and give identical values of E in each case.

It will be seen that for stoichiometric oxy-hydrogen mixtures equation (7) reduces to the form required to describe these experimental results. Since $H_2 = \frac{2}{3}\,P$ and $O_2 = \frac{1}{3}\,P$ we have

$$P\left\{\frac{2}{3}\,Z_{H_2} + \frac{1}{3}\,Z_{O_2}\right\} = k_{10}\,e^{-E/RT}.$$

As the values of Z defining the number of ternary collisions concerned in deactivation will vary only slowly with temperature, this equation indicates that the

---

[1] Grant, Hinshelwood: Proc. Roy. Soc. (London), Ser. A, **141** (1933), 29.
[2] Frost, Alyea: J. Amer. chem. Soc. **55** (1933), 3227.
[3] Thompson, Hinshelwood: Proc. Roy. Soc. (London), Ser. A **122** (1929), 610.

apparent energy of activation of the upper pressure limit of ignition is to be identified with the overall energy of activation of the branching chain reaction

$$H + O_2 = OH + O$$

although it must be remembered that the temperature coefficient of such a reaction will be made up in a complex manner, and will depend to some extent on the average energy carried by H atoms arising from previous elementary reactions.

The effect of deuterium.

As mentioned previously, the apparent energy of activation of the upper pressure limit of ignition of mixtures of deuterium and oxygen is 25000 calories,[1] which is practically the same as that observed for mixtures of hydrogen and oxygen. However, the values of the upper limits of ignition in mixtures of $2\,D_2 + O_2$ are uniformly higher than in mixtures of $2\,H_2 + O_2$ the ratio being constant at 1,31 independent of temperature. The two sets of experimental results may be best compared by the following empirical equations:

$$f_H\,[H_2] + f_O\,[O_2] = ke^{-26000/RT},$$
$$f_D\,[D_2) + f'_O[O_2] = ke^{-25000/RT},$$

in which
$$f_D = 0{,}725\,f_H \quad \text{and} \quad f'_O = f_O.$$

A detailed analysis of these results by KASSEL and STORCH[2] indicates that the increase in value of the upper pressure limit on substitution of deuterium for hydrogen may be due either to a higher probability of chain branching in mixtures of deuterium and oxygen, or to a smaller efficiency of D_2 molecules in ternary deactivating collisions. The similar values of E given in the above equations indicate that the energy of activation of the branching chain reactions with the most marked temperature coefficient is the same in mixtures of deuterium and oxygen and in oxy-hydrogen mixtures. This supports the choice made in the foregoing theory of

$$H + O_2 = OH + O \tag{I}$$

as the only reaction with a marked temperature coefficient since, owing to the fact that H and D atoms possess no zeropoint energy, it is to be expected that the corresponding reaction involving D atoms would possess a similar energy of activation.

It is seen that the kinetic theory adopted in the foregoing discussion is capable of accounting very well for experimental results obtained in the unsensitised ignition of hydrogen and oxygen. A complete description of this reaction is presented by the assumptions that O and H atoms react alternately with H_2 and O_2 respectively, and that at certain of the collisions between H and O_2, when an extra activation energy of 26000 calories is available, there occurs a branching of the chain, while, if during this reaction a collision occurs with a third molecule, the branching is prevented by the formation of relatively stable HO_2 radicals. The unbranched primary chains can be continued by the occasional reaction of HO_2 radicals with hydrogen, although at pressures immediately above the upper limit of ignition the chain length is very small owing to preferential destruction of HO_2 radicals at the vessel wall. These primary chains increase in length as the pressure is raised, and account for the steady reaction observed at high pressures; in this region the majority of chains end at the surface, the

[1] HINSHELWOOD, WILLIAMSON, WOLFENDEN: Proc. Roy. Soc. (London), Ser. A 147 (1934), 48.

[2] KASSEL, STORCH: J. Amer. chem. Soc. 57 (1935), 672.

only function of gas phase deactivation being to prevent the branching of chains which leads to explosion at lower pressures. On the basis of these ideas we may proceed to a discussion of various examples of ignition catalysis directly related to the hydrogen-oxygen reaction.

The hydrogen-sensitised ignition of carbon monoxide and oxygen.

From a practical point of view a thorough knowledge of the combustion of hydrogen and carbon monoxide is most desirable, for these substances more than any others occur as intermediaries in the burning of gaseous fuels, and it becomes of special interest to study the simultaneous oxidation of these two gases when it is remembered that carbon monoxide as used industrially nearly always contains traces of hydrogen.

The general characteristics of the carbon monoxide-oxygen reaction are very similar to those already discussed in connection with the oxidation of hydrogen. Above 650° C. there exists a region of ignition in mixtures of carbon monoxide and oxygen bounded by upper and lower critical pressure limits, outside which the rate of reaction falls abruptly to negligibly small values in the dry gases.[1] The value of the lower limit is almost independent of temperature and is very susceptible to changes of surface and vessel diameter, while the position of the upper limit is largely independent of the nature and size of the containing vessel and is displaced rapidly towards higher pressures as the temperature is raised in a manner indicating that the overall energy of activation of the branching chain processes responsible for ignition is about 35000 calories.[2] In contrast with the hydrogen-oxygen reaction, no signs of homogenous oxidation can be observed in perfectly dry mixtures of carbon monoxide and oxygen outside the region of ignition. Above 700° C reaction has been detected by Hadman, Thompson and Hinshelwood,[1] but has none of the characteristics of a chain mechanism and apparently occurs at the surface of the containing vessel.

In the presence of water vapour however, reaction becomes detectable above 520° C, and according to Hadman, Thompson and Hinshelwood[1] is governed by the expression

$$R = \frac{[H_2O]\,[CO]}{[O_2]}$$

in unpacked vessels for all temperatures between 540° C and 620° C. Like the steady oxidation of hydrogen, the oxidation of moist carbon monoxide appears to be propagated by long straight chains broken mainly at the vessel wall. Further evidence that the mechanism of oxidation of carbon monoxide changes completely when hydrogen or its compounds are introduced into the system, is provided by the extensive researches of Garner and his co-workers[3, 4] on the influence of hydrogen and water vapour on the infra-red emission and the velocity of propagation of the carbon monoxide flame, which have already been mentioned in Chapter I. However, it would seem that the influence of hydrogen has never been clearly separated from that of water, which has been the subject of many important observations in the past.[5] The view has been expressed by Hinshelwood[1]

[1] Hadman, Thompson, Hinshelwood: Proc. Roy. Soc. (London), Ser. A **137** (1932), 87.

[2] Sagulin, Kowalsky, Kopp, Semenoff: Z. physik. Chem., Abt. B **6** (1930), 307.

[3] Garner, Johnson: J. chem. Soc. (London) **1928**, 280.

[4] Garner, Roffey: J. chem. Soc. (London) **1929**, 1123. — Garner, Hall: Ibid. **1930**, 2037. — Garner, Hall, Harvey: Ibid. **1931**, 641. — Bawn, Garner: Ibid. **1932**, 129. — Garner, Pollard: Ibid. **1935**, 144.

[5] Bone: J. chem. Soc. (London) **1931**, 338.

that the virtue of water in catalysing the combustion of carbon monoxide lay in its property of yielding hydrogen by the "water-gas" reaction

$$CO + H_2O = CO_2 + H_2.$$

That this view is in part erroneous however, becomes apparent when the effect of hydrogen and water are contrasted, for with the latter a comparison of the work of Sagulin, Kowalsky, Kopp and Semenoff,[1] Hadman, Thompson and Hinshelwood[2] and Cosslett and Garner[3] shows that the catalytic effect of water is confined to the propagation of the flame and has no influence on the ignition temperatures, while the results obtained by Buckler and Norrish[4] on the other hand, demonstrate that traces of hydrogen not only facilitate chain propagation but also exert a marked effect on the ignition temperatures of carbon monoxide-oxygen mixtures.

It has been found that the region of ignition of pure carbon monoxide and oxygen is extended over 150° C towards lower temperatures in the presence of less than 2% hydrogen. The sensitised mixtures ignite between definite upper and lower pressure limits which vary with hydrogen concentration in the manner shown in Fig. 8. For the determination of the upper critical limits of ignition, mixtures of $2\,CO + O_2$ containing hydrogen were added to samples of the pure gases already established in the reaction vessel at a pressure greater than the limit value. After about 30 seconds for the attainment of uniform composition the sensitised mixtures were slowly withdrawn until the pressure gauge registered the sudden kick followed by decrease of pressure characteristic of explosion. The values of the lower limits were determined by admitting mixtures containing a known amount of hydrogen directly to the reaction vessel, the total pressure being adjusted by trial and error until no faint blue flash could be seen in admission. The explosions in the neighbourhood of the lower limit were very feeble but when the concentration of hydrogen exceeded about 0,2%, ignition was definite and combustion almost complete.

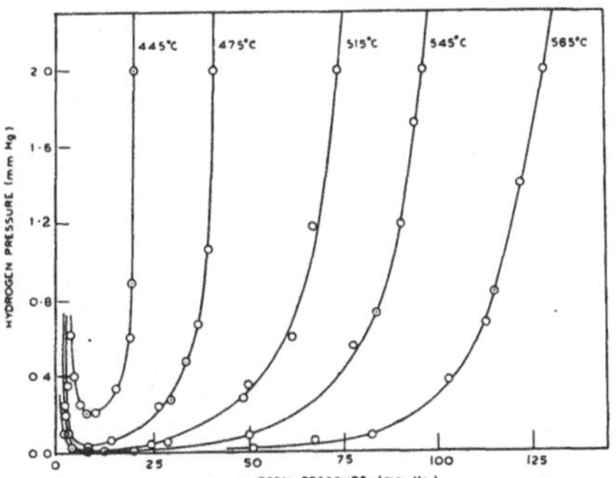

Fig. 8. The variation of ignition limits of $2\,CO + O_2$ with hydrogen pressure. Pyrex reaction vessel diameter 27 mm (Buckler and Norrish).

These results show a marked similarity to those already described for oxy-hydrogen mixtures. In both systems ignition is possible over the same range of temperatures, and in each case is confined between upper and lower limits of pressure beyond which the rate of reaction falls abruptly to small values. It is reasonable to suppose therefore, that the catalytic effect of hydrogen is primarily to impose a branching mechanism on the carbon monoxide reaction similar to that which operates in the combustion of hydrogen itself, and that since in each case the region of ignition is situated in the same range of temperatures each reaction will be controlled by the same elementary temperature-dependent process. However, before a kinetic mechanism can be developed for the reaction

[1] Sagulin, Kowalsky, Kopp, Semenoff: Z. physik. Chem., Abt. B 6 (1930), 307.
[2] Hadman, Thompson, Hinshelwood: Proc. Roy. Soc. (London), Ser. A 137 (1932), 87.
[3] Cosslett, Garner: Trans. Faraday Soc. 26 (1930), 190.
[4] Buckler, Norrish: Proc. Roy. Soc. (London), Ser. A 167 (1938), 292.

410   R. G. W. NORRISH and E. J. BUCKLER:

it is necessary to know the extent to which participation of carbon monoxide in the reaction chains alters the characteristics of the branching mechanism as revealed by a study of the upper pressure limit of ignition.

The effect of temperature on the upper limit may be expressed by the curves shown in Fig. 9, which were obtained by plotting the logarithm of the pressure limit against the reciprocal of the absolute temperature for series of determinations made between 480°C and 560°C using mixtures of $2CO + O_2$ containing concentrations of hydrogen fixed at 10%, 2%, 1%, 0,5% and 0,25% respectively. The form of the curves obtained using mixtures containing more than 2% hydrogen gives evidence of a complex kinetic mechanism, but the fact that a linear relation is obtained between $\log P$ and $1/T$ (P being the pressure limit at T °abs.) indicates that a simplification is to be expected in the kinetic formulae when the concentration of hydrogen becomes small. The apparent energy of activation of the branching processes becomes practically independent of temperature and composition in mixtures containing less than 2% hydrogen, and possesses a value of 13 100 calories deduced from the linear portions of these curves. A comparison of these results with those obtained by THOMPSON and HINSHELWOOD[1] reveals that the apparent energy of activation of the branching chain processes responsible for ignition in the system $CO—H_2—O_2$ decreases from about 26 000 calories to very nearly one half that value as the $\frac{H_2}{CO}$ ratio is reduced.

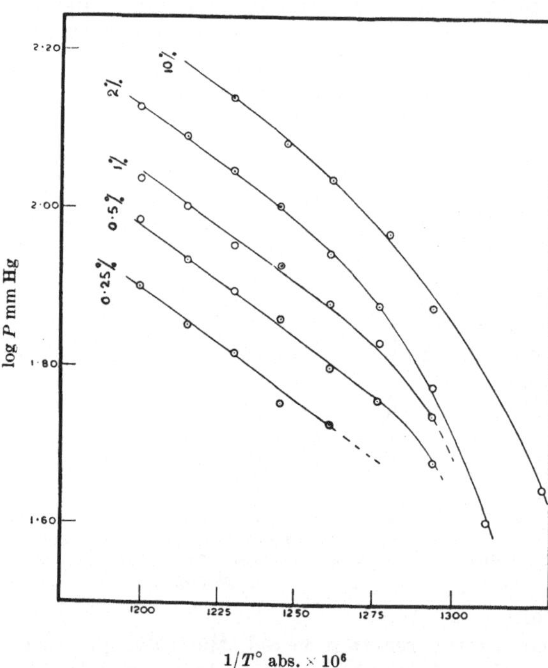

Fig. 9. The temperature coefficient of upper pressure limit of ignition of $2CO + O_2$ containing constant percentages of hydrogen. Pyrex reaction vessel 27 mm diameter (BUCKLER and NORRISH).

It was found that the values of the upper pressure limits of ignition of mixtures of carbon monoxide and oxygen sensitised by deuterium were definitely lower than those obtained in mixtures containing the same percentage of hydrogen. The ratio of the latter values to the former for concentrations of sensitiser less than about 2% is approximately constant at 1,42 and shows no systematic variation with temperature. In Fig. 10 are shown the logarithms of the upper pressure limits and the reciprocals of the absolute temperature for mixtures of $2CO + O_2$ containing 0,5% hydrogen and deuterium respectively. It is seen that the points lie on two parallel straight lines, the similar gradients of which indicate that the apparent energies of activation of the branching mechanisms involving hydrogen and deuterium are identical, and possess the value 13 500 calories, which is in satisfactory agreement with the value 13 100 calories indicated by the results of Fig. 9.

---

[1] THOMPSON, HINSHELWOOD: Proc. Roy. Soc. (London), Ser. A **122** (1929), 610.

The kinetic study of this reaction was completed by a study of the partial pressures of different inert gases required to suppress ignition in mixtures containing constant partial pressures of reactant gases. Since the withdrawal method could not be used for the measurement of ignition limits under these conditions the following procedure was adopted; purified inert gas was added to 50 mm Hg of pure $2\,CO + O_2$ in the reaction vessel until the total pressure approximated to the value of the ignition limit, and after the mixture has attained uniform composition a small extra quantity of inert gas was added containing 2,0 mm Hg hydrogen. Addition of the last component was followed after about 5 sec. either by slow reaction or complete ignition, and by repeated experiments the minimum partial pressure of inert gas required to suppress ignition was determined within 0,5 mm Hg. The results obtained using argon, helium, nitrogen and carbon dioxide in turn are recorded in Table 2, where it is seen that the order of effectiveness in suppressing ignition is

$$CO_2 > N_2 > He > A.$$

An analysis of the table reveals that the ratio of the partial pressure of one inert gas to another in the limit mixtures is approximately constant over the temperature range studied, as shown in Table 3.

In compiling the list of elementary reactions responsible for the hydrogen sensitised ignition of carbon monoxide it will be assumed that the chain branching mechanism responsible for ignition of pure carbon monoxide and oxygen above 650° C does not occur at the temperatures used in the present experiments. It has been shown that the behaviour of oxy-hydrogen mixtures near the upper pressure limit of ignition can be adequately explained by the theory developed

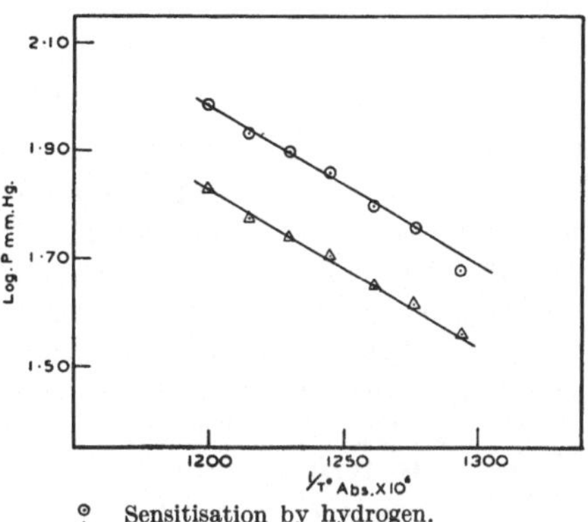

○ Sensitisation by hydrogen.
△ Sensitisation by deuterium.

Fig. 10. Temperature coefficient of upper pressure limit of ignition in mixtures of $2\,CO + O_2$ containing 0,5 % hydrogen and deuterium respectively. Pyrex reaction vessel 27 mm diameter (BUCKLER and NORRISH).

Table 2. *Effect of inert gases on the ignition limits.*
Pyrex reaction vessel 27,0 mm diameter.
Concentration of $2\,CO + O_2 = 50,0$ mm Hg.
Concentration of hydrogen $= 2,0$ mm Hg.

Temperature °C	Partial pressures of inert gases at limit (mm Hg)			
	Argon	Helium	Nitrogen	Carbon dioxide
585	145,0	106,2	103,2	60,1
575	132,8	99,5	94,8	53,9
565	117,5	90,7	86,5	48,3
555	105,1	80,6	76,7	42,9
545	92,6	69,8	66,4	38,2
535	77,4	58,8	54,9	30,9
525	58,3	48,8	42,2	24,0

Table 3. *Limit pressure ratios of inert gases.*

Temperature °C	P_A/P_{He}	P_A/P_{N_2}	P_A/P_{CO_2}
585	1,36	1,39	2,42
575	1,33	1,40	2,46
565	1,30	1,36	2,43
555	1,30	1,37	2,45
545	1,32	1,39	2,42
535	1,31	1,41	2,50
525	1,20	1,37	2,43
Means	1,30	1,385	2,44

from reactions (I), (II), (III) and (V) given on page 402. Since the only chain carriers involved at these temperatures are O, H and OH, the presence of carbon monoxide can introduce no more than the following two reactions:

$$CO + OH = CO_2 + H, \tag{IV}$$

$$O + CO + M = CO_2 + M. \tag{VI}$$

Reaction (IV), which was proposed by HABER, FARKAS and HARTECK[1] as one of the essential reactions in the oxidation of moist carbon monoxide, is supported by the work of BONHOEFFER and HABER[2] on the spectrum of the flame of moist carbon monoxide, and constitutes a chain link very similar to reaction (III). A study of the photochemical oxidation of carbon monoxide by HARTECK and KOPSCH,[3] HARTECK and GEIB,[4] JACKSON[5] and GROTH[6] reveals that reaction (VI), which is exothermic to the extent of about 127000 calories, possesses only a small energy of activation approximating to 1,8 calories. Although the ratio of binary to ternary collisions in a gas at atmospheric pressure is of the orde of 10^3, a reaction as efficient as (VI) will constitute a probable alternative to the reaction

$$O + H_2 = OH + H \tag{II}$$

especially when the concentration of hydrogen is small.

Chain branching in the present system therefore is controlled by ternary collisions at two separate links in the reaction chain as follows:

$$H + O_2 = OH + O, \tag{I}$$

and
$$H + O_2 + M = HO_2 + M, \tag{V}$$

$$O + H_2 = OH + H, \tag{II}$$

$$O + CO + M = CO_2 + M, \tag{VI}$$

where as in the hydrogen-oxygen reaction branching is conditioned only by the rates of reactions (I) and (V). The kinetic scheme is completed by inclusion of the two chain propagating reactions

$$OH + H_2 = H_2O + H, \tag{III}$$

$$OH + CO = CO_2 + H. \tag{IV}$$

Applying the assumption already made in the theory of the upper pressure limit of ignition of oxy-hydrogen mixtures, that in the neighbourhood of the region of explosion HO_2 radicals are destroyed preferentially at the vessel surface without continuing the reaction chains, it is easy to show that the effective probability of chain branching in the present system is given by the expression

$$\varphi = \frac{2\,k_1}{1 + \dfrac{k_6[CO]\,M}{k_2[H_2]}} - k_5\,M. \tag{8}$$

Assuming that the transition from slow reaction to explosion on reduction of pressure occurs when $\varphi = 0$, the conditions at the ignition boundary will be given by

$$2\,k_1 = k_5\,M \left\{ 1 + \frac{k_6[CO]\,M}{k_2[H_2]} \right\}, \tag{9}$$

[1] HABER, FARKAS, HARTECK: Naturwiss. 18 (1930), 266.
[2] BONHOEFFER, HABER: Z. physik. Chem., Abt. A 137 (1928), 263.
[3] HARTECK, KOPSCH: Z. physik. Chem., Abt. B 12 (1931), 327.
[4] HARTECK, GEIB: Ber. dtsch. chem. Ges. 66 (1933), 1815.
[5] JACKSON: J. Amer. chem. Soc. 56 (1934), 2631.
[6] GROTH: Z. physik. Chem., Abt. B 37 (1937), 307.

where k_1 is the only quantity subject to considerable variation with temperature.

As the ratio $CO : H_2$ is varied from 0 to ∞ this equation simplifies to three special cases, each of which has been realised in practice:

1. The upper pressure limit of pure oxy-hydrogen mixtures may be described by the equation already derived on page 405

$$2\,k_1 = k_5\,M \tag{5}$$

which as shown by VON ELBE and LEWIS[1] is in full agreement with the existing experimental data.

2. When the percentage of hydrogen is small, the first term on the right-hand side of equation (9) is negligible compared with the second, and the boundary of ignition may be described by the equation

$$2\,k_1 = \frac{k_5\,k_6\,M^2\,[CO]}{k_2\,[H_2]}. \tag{10}$$

3. When the mixtures contain no hydrogen, the value of the effective branching factor given by equation (8) is negative for all values of the total pressure, and ignition becomes impossible. However in moist mixtures of carbon monoxide and oxygen there will be a small equilibrium concentration of H atoms and OH radicals, and at high pressures steady reaction will become possible by the following unbranched chains

$$H + O_2 + M = HO_2 + M,$$

$$HO_2 + CO = CO_2 + OH,$$

$$OH + CO = CO_2 + H.$$

The effect of concentration of hydrogen.

In mixtures of $2\,CO + O_2$ containing only small quantities of hydrogen each of the quantities $k_5\,M$ and $k_6\,M$ in equation (9) will be given by expressions of the form

$$k_5\,M = P\left\{\frac{1}{3}\,Z_{O_2} + \frac{2}{3}\,Z_{CO}\right\},$$

$$k_6\,M = P\left\{\frac{1}{3}\,Z'_{O_2} + \frac{2}{3}\,Z'_{CO}\right\},$$

where P is the total pressure and Z_X and Z'_X represent the number of ternary collisions between H, O_2 and X and O, CO and X respectively at unit concentrations. Substitution of these expressions in equation (9) leads to the following relation between the concentration of hydrogen and the total pressure at the boundary of ignition obtained by the withdrawal method in mixtures of $2\,CO + O_2$ containing small percentages of hydrogen

$$H_2 = \frac{k_7\,P^3}{k_1 - k_8\,P},$$

where k_7 and k_8 are independent of temperature, while k_1 as mentioned previously, has a large temperature coefficient. This equation accounts satisfactorily for the form of those portions of the curves shown in Fig. 8 which represent the boundary of the upper pressure limit of ignition.

---

[1] VON ELBE, LEWIS: J. Amer. chem. Soc. **59** (1937), 656.

414   R. G. W. Norrish and E. J. Buckler:

The effect of temperature.

The preceding equations lead to the following dependence on temperature of the upper pressure limit of ignition in mixtures of $2\,CO + O_2$ sensitised by hydrogen:

$$k_{10}\,e^{-E/RT} = k_8\,P + k_7\,\frac{[CO]}{[H_2]}\,P^2, \tag{10a}$$

where

$$k_{10}\,e^{-E/RT} = k_1.$$

This equation gives linear relations between $\log P$ and $1/T$ for the limiting cases in which either term of the right-hand side is negligible compared with the other. In mixtures of hydrogen and oxygen containing no carbon monoxide the slope of the line is given by

$$\frac{d\log_e P}{d\,(1/T)} = \frac{E}{R}.$$

In mixtures of oxygen and carbon monoxide containing constant small percentages of hydrogen the second term of equation (10a) becomes the more important, especially at high pressures, and the variation of $\log P$ with $1/T$ may be written

$$\frac{d\log_e P}{d\,(1/T)} = \frac{E}{2R}.$$

The apparent energy of activation of the upper pressure limit of ignition may therefore be expected to decrease from E to $\frac{1}{2}\,E$ as the composition changes from pure oxygen and hydrogen to that of mixtures of carbon monoxide and oxygen containing only very small percentages of hydrogen.

These deductions are born out by the graphs between $\log P$ and $1/T$ shown in Fig. 9, in which it is seen that the slope is continuously variable in mixtures containing 10% hydrogen, but becomes linear over an increasing range of temperatures as the concentration is reduced from 2 to 0,25%. Furthermore the average value of the apparent energy of activation deduced from the linear portions of these curves and that of Fig. 10 is 13300 calories, which is approximately one-half the figures 26000 calories given by Thompson and Hinshelwood[1] and 24200 calories obtained by Frost and Alyea[2] for the energy of activation of the upper pressure limit of ignition of mixtures of oxygen and hydrogen. So close an agreement of theory and experiment confirms the view that carbon monoxide itself does not introduce any chain-branching reactions at these temperatures, but is restricted to chain-propagating and chain-ending processes with small temperature coefficients.

Sensitisation by deuterium.

The velocity constant k of any elementary reaction is given by

$$k = \pi S\,\sqrt{2}\,\sigma^2\,(\bar{u}_1^{\,2} + \bar{u}_2^{\,2})\,e^{-E/RT},$$

where $\sigma =$ the collision diameter of the colliding particles, $\bar{u}_1$ and $\bar{u}_2 =$ root mean square velocities of reactants, $S =$ the steric factor of the reaction and $E =$ the energy of activation. A comparison of the effects of deuterium and hydrogen in the present reaction involves examination of changes in individual velocity constants brought about by alterations in $\bar{u}_1$ and E; S, σ and $\bar{u}_2$ remaining unchanged. It may be seen from equation (10) that the upper limit of

---

[1] Thompson, Hinshelwood: Proc. Roy. Soc. (London), Ser. A **122** (1929), 610.
[2] Frost, Alyea: J. Amer. chem. Soc. **55** (1933), 3227.

ignition in mixtures of carbon monoxide and oxygen containing small concentrations of hydrogen is given by the expression

$$M^2 = 2\,\frac{k_1}{k_5}\,\frac{k_2}{k_6}\,\frac{[H_2]}{[CO]}.$$

It has been assumed that the only elementary reaction with a marked temperature coefficient is

$$H + O_2 = OH + O \quad (k_1) \tag{I}$$

and it is to be expected on theoretical grounds that the corresponding reaction with deuterium atoms should possess a similar energy of activation, since no rupture of H—H or D—D bonds is involved. This is supported both by the results in the present reaction and by those in the hydrogen-oxygen reaction in which it has been shown that the apparent energies of activation of the pressure limits are not affected by substitution of deuterium for hydrogen. From a study of the photochemical oxidation of hydrogen and deuterium iodides it has been shown by COOK and BATES[1] that the efficiences of ternary collisions in the formation of HO_2 and DO_2 are identical providing the third body is the same in each case. In mixtures of $2\,CO + O_2$ containing only about 1% of sensitizer therefore, the quantity $\dfrac{k_1}{k_5}$ is not affected by substitution of deuterium for hydrogen, and the value of k_6 also remains unchanged, since the proportion of ternary collisions involving hydrogen or deuterium molecules is negligible.

The ratio of the upper pressure limits of ignition of mixtures sensitized with the same percentage of hydrogen and deuterium respectively is given by

$$\frac{P}{P'} = \sqrt{\frac{k_2}{k_2'}} = \left(\frac{\dfrac{1}{16} + \dfrac{1}{2}}{\dfrac{1}{16} + \dfrac{1}{4}}\right)^{\frac{1}{4}} e^{-\Delta E/2RT} = 1\cdot16\,e^{-\Delta E/2\,RT},$$

where k_2' and k_2 are the velocity constants and ΔE is the difference in energies of activation of the two reactions

$$O + D_2 = OD + D, \tag{II a}$$
$$O + H_2 = OH + H. \tag{II}$$

From the observed value of 1,42 for P/P' it may be calculated that the difference in energy of activation of reactions (IIa) and (II) is about 800 calories, which lies within the range of values to be expected on theoretical grounds (UREY and TEAL,[2] WYNNE-JONES[3]). It may be concluded therefore that the relative effects of hydrogen and deuterium in this reaction may be explained by the slower rate of the elementary process (IIa) compared with (II), due to a smaller collision number and a higher energy of activation.

The effect of inert gases.

In mixtures of carbon monoxide, oxygen and inert gas containing small concentrations of hydrogen the quantities $k_5\,M$ and $k_6\,M$ in equation 10 are given by

$$k_5\,M = Z_{O_2}\,[O_2] + Z_{CO}\,[CO] + Z_X\,[X],$$
$$k_6\,M = Z'_{O_2}\,[O_2] + Z'_{CO}\,[CO] + Z'_X\,[X].$$

The collision constants are given by equations of the form

$$Z_X = 2\sigma^2\sqrt{2\pi RT\left(\frac{1}{m} + \frac{1}{m_X}\right)}; \qquad Z'_X = 2\sigma'^2\sqrt{2\pi RT\left(\frac{1}{m'} + \frac{1}{m_X}\right)}, \tag{11}$$

[1] COOK, BATES: J. Amer. chem. Soc. **57** (1935), 1775.
[2] UREY, TEAL: Rev. mod. Physics **7** (1935), 34.
[3] WYNNE-JONES: Trans. Faraday Soc. **32** (1936), 1397.

where m and m' are the masses of HO_2 and CO_2 respectively, m_X is the mass of the third molecule X, while σ^2 and σ'^2 are defined as the effective cross-sectional areas of reactions (V) and (VI). For a given inert gas the values of σ and σ', and therefore Z_X and Z'_X, will be of the same order of magnitude, and as a first approximation it may be assumed that their ratio is the same for each of the inert gases used. Applying this approximation to equation (10), it will be found that in mixtures containing constant partial pressures of carbon monoxide, hydrogen and oxygen, the partial pressures of different inert gases required to suppress ignition at a given temperature will be given by

$$Z_{He}\,[He] = Z_{N_2}\,[N_2] = Z_{CO_2}\,[CO_2] = Z_A\,[A].$$

It follows that in such mixtures the ratios $[A]/[He]$, $[A]/[N_2]$ and $[A]/[CO_2]$ should be independent of temperature, a prediction which is verified by the results of Table 3, page 411, from which may be deduced the mean values of Z_{He}/Z_A, Z_{N_2}/Z_A and Z_{CO_2}/Z_A.

By means of the formula given in equation (11) it is then possible to calculate the experimental values of $\sigma^2_{He,\,HO_2}/\sigma^2_{A,\,HO_2}$, $\sigma^2_{N_2,\,HO_2}/\sigma^2_{A,\,HO_2}$ and $\sigma^2_{CO_2,\,HO_2}/\sigma^2_{A,\,HO_2}$ which are recorded in Table 4 together with the corresponding theoretical values deduced from the values of molecular diameters calculated from measurements of the coefficients of viscosity, diffusion and thermal conductivity of gases.[1] The ratio of the experimental to the theoretical value of $\sigma^2_{He,\,HO_2}/\sigma^2_{A,\,HO_2}$, etc., will be a measure of the relative efficiency of helium, etc., compared with argon in a triple collision.

Table 4. *Cross sectional area ratios of inert gases.*

	$\sigma^2\,He,\,HO_2/\sigma^2\,A,\,HO_2$	$\sigma^2\,N_2,\,HO_2/\sigma^2\,A,\,HO_2$	$\sigma^2\,CO_2,\,HO_2/\sigma^2\,A,\,HO_2$
Experimental	0,58	1,27	2,49
Gas-kinetic	0,64	1,04	1,26

On this basis it may be calculated that the relative efficiencies of helium, nitrogen and carbon dioxide are respectively 0,90, 1,22 and 1,98, taking the efficiency of argon as unity, although such values must be regarded as approximate, and probably represent a mean for the two reactions

$$H + O_2 + M = HO_2 + M, \tag{V}$$
$$O + CO + M = CO_2 + M. \tag{VI}$$

It is seen that helium and argon are approximately equally efficient at a given triple collision, a result which agrees with that obtained from a study of oxy-hydrogen mixtures diluted with these inert gases (see page 406). On the other hand, the larger the number of degrees of freedom of the third molecule the more efficient it becomes in completing a reaction of the type (V) or (VI). A similar result is provided by the specific quenching coefficients of added CO_2, N_2, O_2 and H_2 in the fluorescence of NO_2, which were found by Baxter[2] to be 0,87, 0,29, 0,24 and 0,15 times that of NO_2 itself. However, the quenching of fluorescence often involves specific transfers of electronic energy, which forbid a close comparison with ternary collision processes such as (V) and (VI). A more analogous reaction is

$$O + O_2 + M = O_3 + M,$$

in which Beretta and Schumacher[3] found that the efficiencies of helium and

---

[1] Jeans: The Dynamical theory of Gases, p. 327. 1925.

[2] Baxter: J. Amer. chem. Soc. **52** (1930), 3920.

Beretta, Schumacher: Z. physik. Chem., Abt. B **17** (1932), 417.

argon were about one tenth, and that of nitrogen one half the efficiency of carbon dioxide as third bodies.

It may be concluded that the catalytic effect of hydrogen on the combustion of carbon monoxide and the differences in kinetic characteristics between this reaction and that between pure hydrogen and oxygen can be completely described by introduction of the two additional elementary reactions

$$O + CO + M = CO_2 + M$$

and

$$OH + CO = CO_2 + H$$

into the mechanism for the ignition of mixtures of hydrogen and oxygen proposed by KASSEL and STORCH[1] and modified by VON ELBE and LEWIS.[2] These results provide a link between two closely related reactions—the combustion of hydrogen and that of moist carbon monoxide—and provide further evidence on the nature of the branching chain mechanism involved in the explosion of oxy-hydrogen mixtures. It appears that in the latter system reaction chains branch at two distinct links, one of which has a high energy of activation and does not involve the breaking of an H—H bond, while the other is an efficient reaction between a chain carrier and a hydrogen molecule. In mixtures of hydrogen and oxygen the first reaction alone is prevented by ternary collisions, while in mixtures containing a high percentage of carbon monoxide, a second three-body process is introduced in competition with the second link. Extensive multiplication of chain centres can occur only when both elementary branching chain reactions are completed, and the absence of the second link involving molecular hydrogen in mixtures of moist carbon monoxide and oxygen provides an explanation of the fact that while water may supply those radicals necessary for chain propagation, its presence has no effect on the ignition limits.

Ignition by compression.

The purpose of the present chapter has been to elucidate the elementary reactions responsible for ignition in systems containing hydrogen. At this point, however, a digression will be made to discuss a phenomenon of general interest which has been observed in many gaseous systems and which has recently received detailed study using hydrogen-sensitised mixtures of carbon monoxide and oxygen.[3]

It will be recalled that mixtures of carbon monoxide and oxygen containing hydrogen can be introduced into a heated reaction vessel without inflammation occurring, provided that a sufficiently high pressure of pure carbon monoxide and oxygen is first etablished there. Such mixtures are stable above about 200 mm Hg, but on withdrawal undergo sudden spontaneous ignition at some critical pressure below 100 mm Hg, due to the operation of branching chain reactions which have already been discussed in the preceding section. The variation in value of the upper pressure limits of ignition with concentration of hydrogen at 520° C is shown in Fig. 11 by curve A which was determined by what may be termed the "withdrawal" method. In contrast with these results are those determined by what will be described as the "admission" method, in which a study was made of the behaviour of sensitised mixtures entering suddenly from a separate mixing vessel through a wide-bore tap into an evacuated reaction vessel. The boundary of ignition obtained in this way may be defined as the

[1] KASSEL, STORCH: J. Amer. chem. Soc. **57** (1935), 672.
[2] VON ELBE, LEWIS: J. Amer. chem. Soc. **59** (1937), 656.
[3] BUCKLER, NORRISH: Proc. Roy. Soc. (London), Ser. A **167** (1938), 292.

final limiting conditions of composition and pressure in mixtures which could be introduced into the reaction vessel without inflammation occurring, and at 500° C is of the form shown in Fig. 11 by curve *B*.

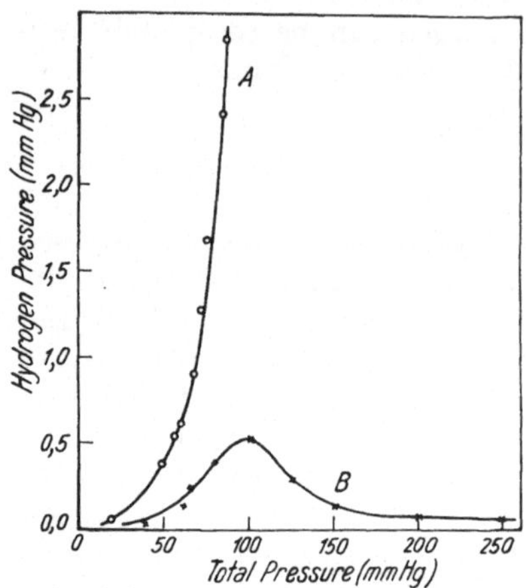

Fig. 11. The boundaries of ignition of $2CO + O_2$ sensitised by hydrogen in a 27 mm diameter pyrex reaction vessel at 520° C (Buckler and Norrish, 1938).

_o_ Withdrawal method, _._ Admission method.

When mixtures are made directly in the reaction vessel by establishing the components in the correct order, no explosion occurs until the composition of the gases is reduced by withdrawal to some point on the left-hand side of curve *A*, although it should be remembered that above the upper pressure limit of ignition such mixtures undergo stable reaction propagation by unbranched chains. On the other hand, if complete sensitised mixtures are admitted suddenly to the evacuated reaction vessel inflammation will occur whenever the final composition of the gases is represented by some point above curve *B*. It will be seen that mixtures containing a given suitable percentage of hydrogen, when studied by the admission method may be characterised by regions of low pressure inflammation, intermediate stability and high pressure inflammation.

The factor responsible for the difference between the boundaries of ignition determined by these two methods was revealed when it was found that a stable sensitised mixture with a composition represented by some point on the right-hand side of curve *B* in Fig. 11 could be ignited by the sudden admission of

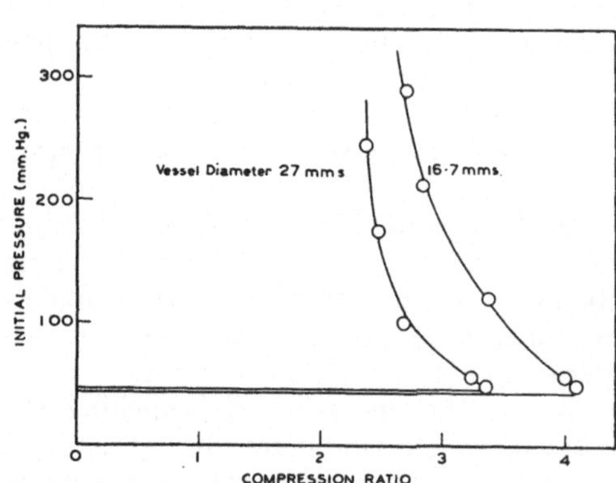

Fig, 12. Variation of compression ratio with initial total pressure of gaseous mixture. Partial pressure of $2CO + O_2$ constant at 48,0 mm Hg. Hydrogen pressure constant at 1,0 mm Hg, Temperatur 480° C. Nitrogen used to augment the initial total pressure (Buckler and Norrish, 1938).

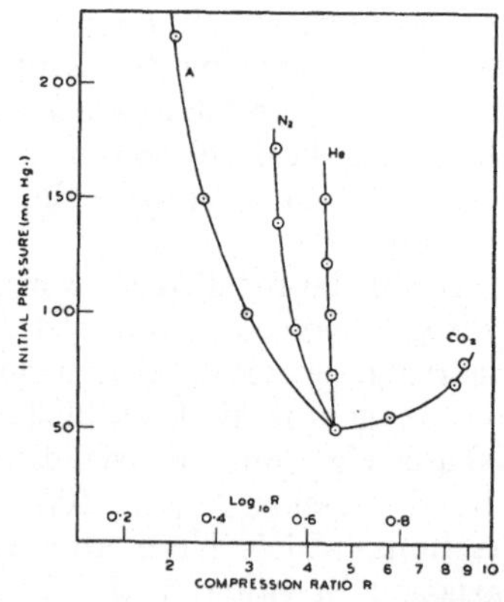

Fig. 13. Variation of compression ratio with initial total pressure of mixtures containing different inert gases. Initial partial pressure of $2CO + O_2$ constant at 50,0 mm Hg. Hydrogen pressure constant at 0,5 mm Hg. Pyrex reaction vessel 27,0 mm diameter. Temperature 480° C (Buckler aud Norrish).

a large excess pressure of inert gas from a separate mixing vessel. When it is realised that the first portions of a high pressure mixture to enter an evacuated reaction vessel will be compressed by the rapid influx of the remainder of the gas, it will be seen that whatever be the fundamental cause of ignition by compression, this last experimental result offers a reason for the region of high-pressure inflammation obtained by the admission method.

By trial and error it was possible to determine within about 3% the minimum total pressure to which a given sensitised mixture had to be compressed to produce ignition. We may then define the ratio of the final to the initial total pressure as the "compression ratio" required for ignition. In Fig. 12 is shown the variation of compression ratio with initial total pressure of mixtures containing constant partial pressures of carbon monoxide, oxygen and hydrogen to which purified nitrogen was added as inert gas to augment the initial total pressure. The variation of compression ratio with initial total pressure was also studied in mixtures containing constant partial pressures of reactants to which the inert gases argon, nitrogen, helium and carbon dioxide were added in turn, with the results shown in Fig. 13.

A detailed examination of these curves, for which reference must be made to the original paper,[1] revealed that the primary cause of ignition on these experiments was the momentary rise of temperature accompanying sudden compression, which increased the intensity of reaction sufficiently to render the system self-heating in some favourable volume element. If a gas is compressed adiabatically from a pressure p_0 to a pressure p, the temperature rises from $T_0°$ abs. to $T°$ abs. given by

$$\log \frac{T}{T_0} = \frac{\gamma - 1}{\gamma} \log \frac{p}{p_0} = \frac{\gamma - 1}{\gamma} \log r,$$

where $\gamma =$ ratio of specific heat at constant pressure to the specific heat at constant volume, and r is the compression ratio required for ignition. The theoretical rise of temperature will not be realised in a reaction vessel owing to thermal losses during the finite time required for compression, but it may be expected that the degree of compression required to produce a given rise of temperature will be greater the smaller the value of γ in gases of similar thermal conductivity, and the greater the larger the conductivity of mixtures with similar values of γ. The thermal conductivities of all gases except helium employed in these experiments are of the same order of magnitude and the following order of compression ratios is to be expected for mixtures diluted to the same extent with carbon dioxide, nitrogen and argon $r_{CO_2} > r_{N_2} > r_A$

since the values of γ increase in that order. When a mixture containing argon is replaced by one diluted to the same extent with helium, the value of γ remains unchanged but the thermal conductivity may be increased as much as nine-fold. In order to compensate for the increased dissipation of heat during the time required for compression, a greater degree of compression will be required to ignite mixtures containing helium than that necessary for similar mixtures diluted with argon. These deductions are well confirmed by the results of Fig. 13.

It will be seen in Fig. 12 that progressive dilution of a sensitised mixture with nitrogen is accompanied by a slight decrease in the degree of compression required for ignition, in spite of the fact that the values of γ and thermal conductivity are scarcely affected. This may be explained as follows. As lower initial pressures of gas are used in the reaction vessel, the excess pressure $p - p_0$ between the compressor bulb and the reaction vessel required to produce a given degree of compression r, is also decreased, since

$$p - p_0 = p_0 (r - 1).$$

---

[1] Buckler, Norrish: Proc. Roy. Soc. (London), Ser. A **167** (1938), 292.

As a result compression will take place more slowly when the initial pressure is small and must be carried to a greater degree to compensate for the increased

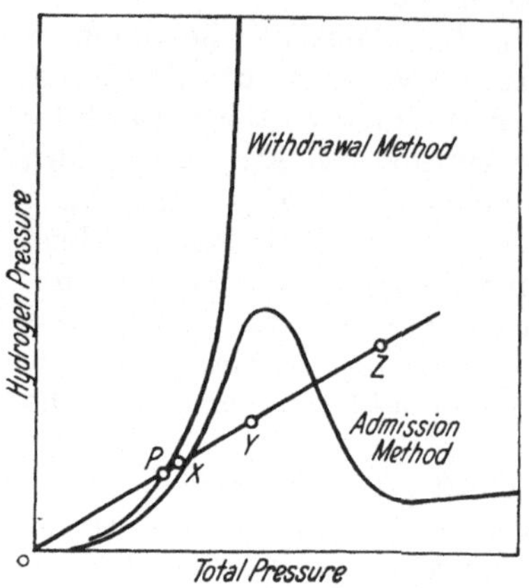

Fig. 14. Ignition boundaries obtained by admission and withdrawal methods.

loss of heat during the operation. In a similar way the increased dissipation of heat in smaller vessels may account for a greater degree of compression being required for ignition in a 16,7 mm vessel than in one of 27,0 mm diameter, as shown in Fig. 12.

On the basis of this discussion the regions of ignition and stability observed by the admission method may be interpreted as follows. In Fig. 14 are shown in general form the boundaries of ignition obtained by the admission and withdrawal methods. During admission of mixtures containing some fixed percentage of hydrogen, the composition of the contents of the reaction vessel will move along a line OZ, first passing through the region OP in which chain branching occurs by the mechanism responsible for the region of ignition obtained by the withdrawal method. If at the end of the sharing process the final pressure of the mixture is at

X, inflammation occurs,
Y, no ignition takes place,
Z, visible ignition reappears.

While the contents of the furnace lie in the range of pressures from O to P an exponential increase of centres occurs by the chain branching mechanism and

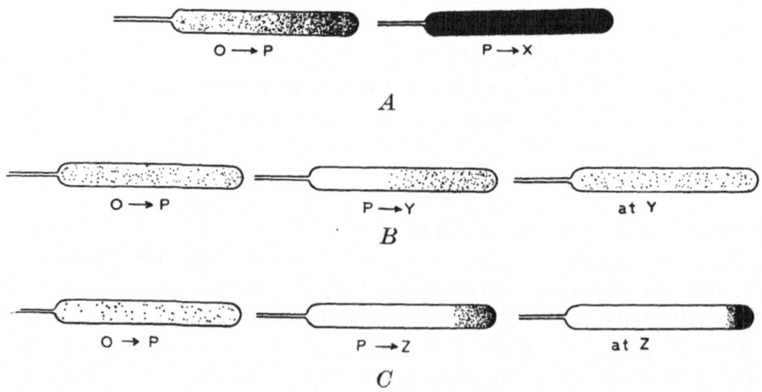

Fig. 15. The behaviour of mixtures of carbon monoxide and oxygen containing hydrogen admitted suddenly to a heated reaction vessel: A Low-pressure ignition, B intermediate stability, C high-pressure inflammation. Dots represent reaction centres, full inking represents ignition. The letters indicate points of fig. 14.

after a time τ the reaction velocity will exceed the minimum value required for the establishment of adiabatic conditions. However, as the final pressure to which the mixture tends is increased, the contents of the reaction vessel will pass through the region OP in a time less than τ, after which chain branching will be suppressed and the concentration of reaction centres will settle down to a steady value below the requirements for ignition. By a further increase in the value of the final total pressure, the initial portions of the mixture containing centres produced during passage from O to P will be compressed at the remote end of the reaction vessel. If the local rise of temperature is sufficient, the intensity of chemical change involving those centres already present will be increased to such an extent that adiabatic conditions will be imposed once more, and ignition will spread out from that spot. The three cycles of low-pressure ignition, intermediate stability and high pressure inflammation are depicted in Fig. 15 by the diagrams A, B and C, in which centres of reaction are represented by dots, and the full inking is intended to represent ignition.

Anomalous results in determinations of ignition limits by the admission method had previously been noted by WHITE and PRICE,[1] who found that the ignition temperatures of ether-air and carbon disulphide-air mixtures could be reduced from above 200° C to room temperatures by admitting the mixed gases as suddenly as possible through a wide-bore tap. The ignition temperatures of acetone-air mixtures and oxy-hydrogen mixtures also were found to be below their normal values when determined by this method. BRADSHAW had demonstrated[2] that mixtures of carbon disulphide and air or hydrogen and oxygen could be ignited by compression waves, and accordingly WHITE and PRICE suggested that ignition in their experiments was due to "shock" waves set up by abrupt alterations in the rate of flow of gas entering the reaction vessel. The more detailed results of the present authors provide definite evidence that fluctuation of temperature rather than mechanical shock is the fundamental cause of ignition in experiments of this type.

The hydrogen-oxygen reaction catalysed by nitrogen peroxide.

The present chapter has so far been confined to a discussion of phenomena observed in systems containing hydrogen above 450° C in which it has been suggested that chain branching occurs by the reactions

$$H + O_2 = OH + O \quad (k_1). \tag{I}$$

$$O + H_2 = OH + H \quad (k_2). \tag{II}$$

Attention will now be directed to ignition in oxy-hydrogen mixtures sensitised by nitrogen peroxide, a substance which can reduce the ignition temperatures by more than 100° C.[3] At these lower temperatures no extensive chain branching can occur by the above mechanism since the value of the velocity constant k_1 of the temperature-dependent reaction (I) will be negligible, and the value of φ given by equation (3), page 404, will be negative at all values of the total pressure. The influence of nitrogen peroxide as an ignition catalyst in the hydrogen-oxygen reaction, therefore, must be primarily to introduce additional chain branching reactions which can proceed below 450° C, although it will be realised from the general account given in Chapter I that this sensitiser also participates in the initiation and ending of reaction chains. In the following pages the detailed experimental evidence of the nitrogen peroxide sensitised hydrogen-oxygen reaction will be considered and coordinated into a precise kinetic mechanism.

THOMPSON and HINSHELWOOD[4] showed that in the presence of nitrogen peroxide the explosions of hydrogen and oxygen occurred below 370° C. provided that the concentration of sensitiser lay within a narrow range between two

---

[1] WHITE, PRICE: Journ. chem. Soc. (London) **1919**, 1462.
[2] BRADSHAW: Proc. Roy. Soc. (London), Ser. A **79** (1907), 236.
[3] DIXON: Private communication to HINSHELWOOD (see ref. [4]).
[4] THOMPSON, HINSHELWOOD: Proc. Roy. Soc. (London), Ser. A **124** (1929), 219.

critical values. In confirming these results Norrish and Griffiths[1] found that in a vessel fitted with an axial entry tube, ignition was replaced by rapid reaction which rose to a maximum value and then decreased again as the concentration of nitrogen peroxide was increased, while inflammation was not obtained until a temperature of 495° C. had been reached. Under conditions where measureable reaction velocities were obtained the reaction was found to be photochemically sensitive, for on exposure of the vessel to the rays of a

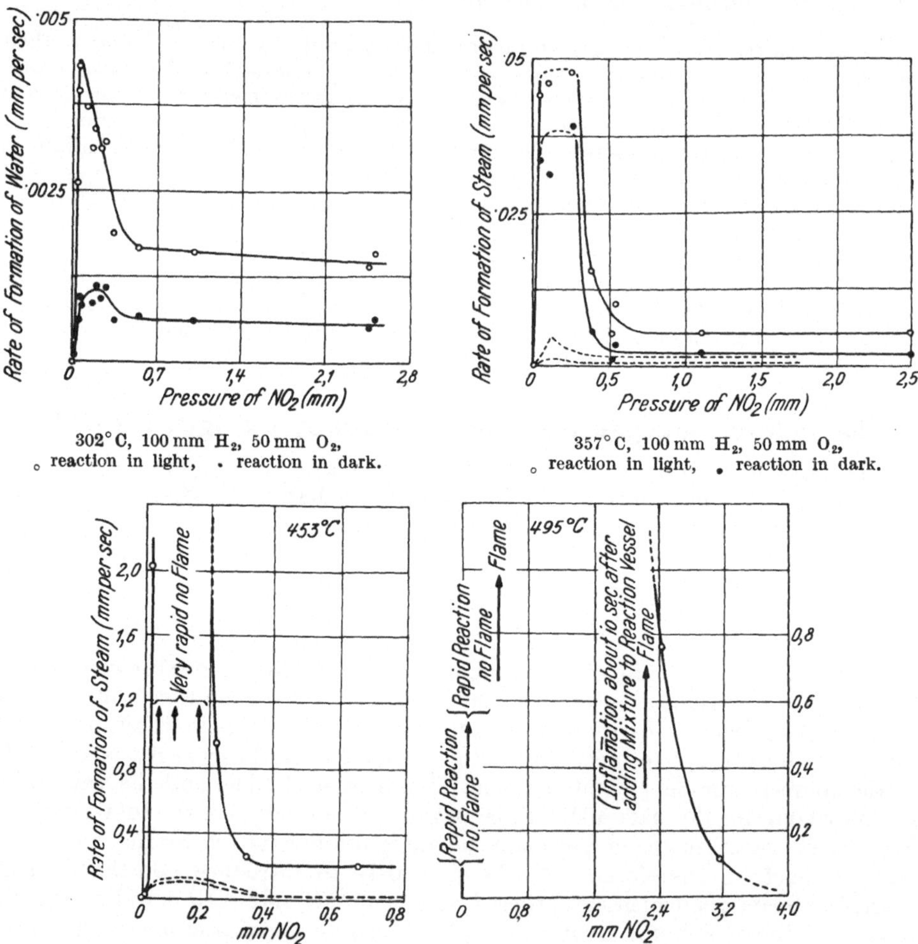

302° C, 100 mm H₂, 50 mm O₂,
o reaction in light, . reaction in dark.

357° C, 100 mm H₂, 50 mm O₂,
o reaction in light, . reaction in dark.

Fig. 16   Variation of rate of oxidation of hydrogen with concentration of nitrogen peroxide. Quartz reaction vessel with axial entry tube (Norrish and Griffiths).

mercury vapour lamp the thermal effect was magnified about four-fold at 300°C and twofold at 360° C; at higher temperatures the thermal velocity increased so much that at 450° C the photochemical effect was not detectable in comparison. These results are shown by the four diagrams of Fig. 16, where it may also be seen that while irradiation markedly increases the reaction velocity, it has no effect on the position of the maximum or the form of the curve expressing the dependence of rate on concentration of nitrogen peroxide.

[1] Norrish, Griffiths: Proc. Roy. Soc. (London), Ser. A 139 (1933), 147.

The photochemical catalysis was found to be subject to the same wavelength threshold as the simple photochemical decomposition of nitrogen peroxide

$$NO_2 + h\nu = NO + O$$

which sets in at wavelengths below about 4360 Å. U. It may be concluded that while irradiation does not increase the probability of chain branching, the marked similarity between the thermal and photochemical reactions suggests that oxygen atoms form the starting point of reaction chains in each case. These conclusions were confirmed by the later work of FOORD and NORRISH[1] who found that not only did exposure of the reacting mixtures to light markedly increase the velocity of reaction but also that on removal of the source of light the residual reaction rate was larger than that obtained before illumination and only reverted to its original value after the lapse of a few minutes, as shown in Fig. 17. An examination of the numerical values of the periods of illumination and of recovery of the original velocity showed that the rate of the slow dark reaction was intimately connected with the degree of dissociation of NO_2 into NO and O atoms.

It had been noticed by NORRISH and GRIFFITHS[2] that explosions in this system were often preceded by measureable induction periods, and a more detailed study of this aspect of the reaction by FOORD and NORRISH[1] provided considerable evidence that the mechanism of ignition is ultimately a thermal process, as has already been discussed in Chapter II. It will be seen in Fig. 6, page 398, that the values of the induction periods pass from very large values through a minimum and rapidly increase again as the amount of nitrogen peroxide is increased. Between two limits of concentration A and B the induction periods

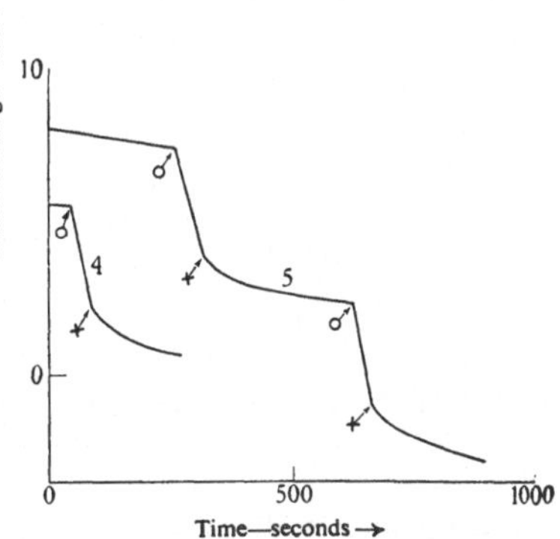

Fig. 17. Pressure time curves at 357° C. Pressure of $NO_2 = 0{,}2$ mm Hg. Pressure of $2\,H_2 + O_2 = 151$ mm (FOORD and NORRISH).

↑ light on, ↕ light off.

were terminated by complete ignition, but on either side of these limits no visible explosion occurred but pressure-time curves of the type shown in Fig. 17 were obtained. A parallel series of measurements with the reaction vessel irradiated showed that the induction periods were considerably reduced, as may be seen by the black circles at the foot of Fig. 6, page 398, while the limiting concentrations of nitrogen peroxide between which ignition occurred were found to be exactly the same as in the dark reaction.

Other measurements were made showing the effect of addition of nitrogen, argon and methane in the induction period the results of which are summarised in Table 5. The first two gases have only a small effect and tend to increase the induction periods slightly, and ultimately to convert ignition into a slow reaction. Methane, on the other hand, is a powerful inhibitor and a pressure of less than $0{,}2$ mm Hg is sufficient to convert ignition into slow reaction.

The general implications of these results have already been discussed in Chapter II, and may be summarised as follows. The fact that the induction periods follow a uniform curve over the whole region of catalysis by nitrogen peroxide indicates that the development of both slow and ignition reactions occur by identical mechanisms. In both types of reaction the effective probability

[1] FOORD, NORRISH: Proc. Roy. Soc. (London), Ser. A **152** (1935), 196.
[2] NORRISH, GRIFFITHS: Proc. Roy. Soc. (London), Ser. A **139** (1933), 147.

of chain branching during the induction period must be positive, but when the concentration of reaction centres becomes very large, a new process of chain ending will intervene owing to their self-neutralisation. The gradually decreasing induction periods and increasing velocities of reaction observed as the concentrations of nitrogen peroxide approach the limiting values A and B in Fig. 6, indicate that the effective probability of chain branching is subject to a continuous increase up to the ignition region. Ignition sets in when the equilibrium intensity of reaction at the end of the induction period is sufficient to render the system self-heating in some favourable volume element, a condition which is attained when

$$\varphi > \varphi_i,$$

where φ_i, as shown in Chapter II is a small positive critical value, dependent to some extent on the dimensions and thermal capacity of the reaction vessel.

In formulating the detailed kinetic mechanism, the following assumptions will be made. The nomenclature bears no relation to that already used in this chapter, but follows as closely as possible that employed by Foord and Norrish.[1]

Table 5. *Effect of foreign gases on induction periods* 357° C. Pressure of 2 H_2 + O_2 = 151 mm. Pressure of NO_2=0,2 mm.

Argon		Nitrogen		Methane	
Argon pressure mm	Induction periods sec.	Nitrogen pressure mm	Induction periods sec.	Methane pressure mm	Induction periods sec.
0	25*	0	27*	0,00	20*
10	24,5*	50	27*	0,11	26*
20	25*	100	32	0,19	31,5
30	24,5*	150	44	0,41	39
50	24,5*			0,76	60
120	24,5*			1,14	98
200	30			1,34	> 500

* Represent ignition; unmarked figures represent slow reaction.

a) Chains are started by oxygen atoms, e. g. by reaction with hydrogen to give H and OH.

b) Chains are terminated by a suitable collision between a nitrogen peroxide molecule and the chain, or by a surface reaction.

c) A different type of collision between a nitrogen peroxide molecule and a chain can result in the production of an oxygen atom, without necessarily stopping the original chain, resulting in a net branching if the oxygen atom starts another chain or chains.

d) Oxygen atoms are produced by primary processes dependent upon the concentration of nitrogen peroxide, which for simplicity may be represented by

$$NO_2 = NO + O \quad (k_1). \tag{I}$$

They are also produced by the branching mechanism described under *c*. They may be removed in the gas phase by reaction with nitrogen peroxide or hydrogen,

$$NO_2 + O = NO + O_2 \quad (k_2), \tag{II}$$

$$O + H_2 = OH + H \quad (k_3) \tag{III}$$

and at the surface by adsorption, e. g.

$$O + \text{surface} = \tfrac{1}{2} O_2 \quad (k_4). \tag{IV}$$

---

[1] Foord, Norrish: Proc. Roy. Soc. (London), Ser. A **152** (1935), 196.

The differential equations for the concentrations of the various chain carriers can be established after the manner already illustrated for the hydrogen-oxygen reaction, and it will be found that the instantaneous concentration of oxygen atoms is given by

$$[O] = \frac{k_1 c + \alpha n c}{k_2 c + k_3 h + k_4},\qquad(1)$$

where c = concentration of nitrogen peroxide;

n = concentration of all types of reaction centres;

$\alpha n c$ = rate of production of O atoms by the chain branching mechanism. α is the probability of disruption of nitrogen peroxide during collision with an excited chain carrier,

and h = concentration of hydrogen.

If the rate of termination of chains by nitrogen peroxide be represented by $\beta n c$, and γn represents the rate of termination by the surface, excluding the removal of oxygen atoms which is already taken into account by k_1, then the rate of production of chains is given by

$$\frac{dn}{dt} = k_3 h [O] - \beta n c - \gamma n.$$

Substituting from equation (1) we obtain

$$\frac{dn}{dt} = \frac{k_1 k_3 h c}{k_2 c + k_3 h + k_4} + \left\{ \frac{\alpha k_3 h c}{k_2 c + k_3 h + k_4} - \beta c - \gamma \right\} n,\qquad(2)$$

which is evidently of the form

$$\frac{dn}{dt} = \vartheta + \varphi n.$$

This is identical with equation (5), page 398 of Chapter II, if we neglect the term δn^2, which only becomes important at the end of the induction period. Equation (2) gives the values of ϑ, the rate of production of chains by primary processes, and γ, the probability of chain branching, in terms of the nitrogen peroxide concentration c. These may be substituted in equation (8), page 399 of Chapter II, to obtain the variation of induction period τ with c. If for the moment we consider the rate of surface termination of chains to be small compared with their termination by nitrogen peroxide, we obtain

$$\varphi = \beta \frac{c}{c + k_5} (k_6 - c),\qquad(3)$$

where

$$k_5 = \frac{k_3 h + k_4}{k_2}$$

and

$$k_6 = \frac{\alpha k_3 h + k_3 h + k_4}{\beta k_2}$$

and

$$\vartheta = \frac{k_1 k_3 h c}{k_2 (c + k_5)},\qquad(4)$$

while τ is given by

$$\tau = \frac{c + k_5}{\beta c (k_6 - c)} \log \left\{ 1 + \frac{\beta n_c (k_6 - c) k_2}{k_1 k_3 h} \right\}.\qquad(5)$$

This expression gives with introduction of suitable values for constants a curve of the form shown by the full line in Fig. 18, which is closely similar to the experimental curve shown in Fig. 6, page 398. It is seen that the curve is asymptotic to the ordinate $c = 0$, but it will be found that inclusion of the term γ, representing the termination of chains at the surface, has the effect of contracting the whole curve without appreciably altering its form, as shown by the dotted curve in Fig. 18 for a particular value of γ.

We may therefore conclude. in view of the fact that the experimental curve of Fig. 6 in Chapter II is also nearly asymptotic to the ordinate, that γ is in effect very small.

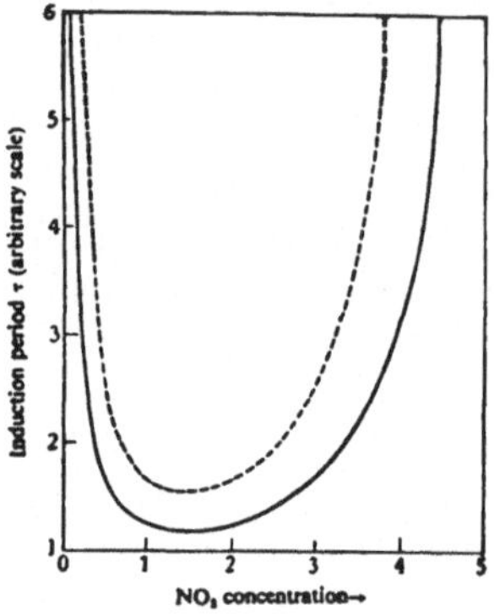

Fig. 18. Variation of induction period (τ) with NO_2 concentration (Norrish and Foord).

The effect of irradiation.

From the fact that the ignition limits are not measurably affected by irradiation, it is clear that light can have no immediate effect on the value of φ, the effective probability of chain branching. Its effect in shortening the induction period is to be ascribed to a marked increase in the value of ϑ, the rate of production of chain centres by primary processes, brought about by increase in the value of k_1. If we assume that for the dark reaction $\varphi/\vartheta = 10^{-5}$, and that ϑ is increased by a factor of 10^6 by irradiation, then taking n_0 (the initial concentration of centres) as 10^4 and $n_c = 10^{10}$ per ccm, we may calculate from equation (5) that the induction period τ is reduced about 100-fold by irradiation. If now we take $\delta/\varphi = 10^{-10}$ as a probable value, it may be shown from equation (6), page 398, that the equilibrium concentration of centres n_e is about 10^{11} per ccm and is only increased about 1% by irradiation. Thus in spite of the great reduction of the induction periods, the ignition temperatures will not be appreciably affected unless much greater intensities of light are used.

However, in the case of the slow reaction it will be seen from Figs. 16 and 17 that the velocity may be increased nearly ten-fold by irradiation, which would indicate contrary to the reasoning of the preceding paragraph a corresponding increase in n_e and therefore φ. It will be seen that immediately after the end of the induction period there is a rapid reduction of the velocity of the slow reaction to a steady value some 100-fold to 10-fold smaller than its initial rate (see curve 2, Fig. 7, page 400, which is typical of many others obtained). It appears probable therefore, that the products formed in the first burst of reaction can reduce the effective branching factor φ by a factor of 10 to 100, thereby stabilizing the mixture against ignition. On this basis the figures assumed in the previous paragraph lead to a value of n_e of 10^9/ccm in the dark and 10^{10}/ccm in the light after the reaction has settled down to a steady velocity. The anomaly may therefore be adequately explained by the assumptions that the value of ϑ is increased by a factor of 10^6 by irradiation while φ remains unaffected. but that in the case of the slow reaction, φ is reduced to 1/100th of its initial value after reaction has set in.

The effect of added substances.

From Table 5 it is seen that addition of argon and nitrogen has a small effect in increasing the induction periods, and eventually converts ignition into slow reaction. The self-neutralisation of reaction centres, which becomes appreciable at the end of the induction periods, is subject to stabilization by ternary collisions, and therefore the factor δ will be proportional to the pressure, and will be increased by addition of inert gas. It will be seen from equation (7) in Chapter II that increase in δ will depress the equilibrium value n_e to which the concentration of reaction centres tends, and that if this depression is sufficiently great a quenching of thermal ignition will result. It may be concluded therefore that the action of inert gases is in the nature of a "three body effect". Their effect in increasing the induction periods indicates also that they may have a small influence in reducing the value of the effective branching factor φ.

The effect of methane is of an entirely different order, and its ability to quench ignition and greatly increase the induction periods even when present in very small quantities indicates that it has a direct effect on the value of φ. Such an action will arise if methane reacts preferentially with some component of the hydrogen-oxygen chain, giving a product which takes no further part in chain propagation. This is quite possible since the temperature of 357° C is well below that at which the combustion of methane itself is propagated by a chain mechanism.

IV. The Ignition of Hydrocarbons.
The General Characteristics of Hydrocarbon Ignition.

In the previous chapter it was seen that the mechanisms responsible for self-acceleration in both slow and explosive chain reactions were identical and that much valuable information on ignition processes could be obtained from a study of the slow reactions proceeding outside the limits of explosion. This will be found to be true for hydrocarbon systems also, and as the subject of ignition catalysis in particular demands a knowledge of the actual elementary processes occurring during the initial stages of reaction, a certain amount of attention must be directed to the slow oxidation of hydrocarbons.

The general form of the pressure-time curves obtained during combustion of a hydrocarbon such as methane is shown in Fig. 19. It commences with an induction period of the order of several minutes during which no appreciable change of pressure occurs, followed by a change of pressure which gradually increases to a maximum rate after a further period of a few minutes. The rate of reaction, after remaining constant for a short time, gradually falls away as the reactants are consumed. The reader will find it instructive to compare these results with those shown in Fig. 4, page 397, obtained during the oxidation of hydrogen. The values of the induction periods obtained in mixtures of hydrocarbons and oxygen may extend to several hours duration and, although very sensitive to the nature and pretreatment of the surface of the reaction vessel, are sufficiently definite to be described as functions of temperature and pressure, as shown by the results of Fig. 20 obtained by NEUMANN and EGOROW.[1]

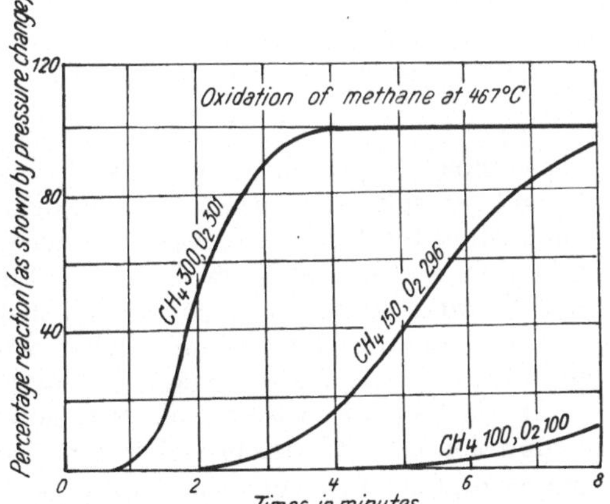

Fig. 19. The oxidation of methane at 467° C (FORT and HINSHELWOOD).

At pressures around atmospheric the first products to be detected by chemical means are formaldehyde with methane, and ethylene and acetaldehyde with

---

[1] NEUMANN, EGOROW: Physik. Z. Sowjetunion 1 (1932), 700.

ethane. Their concentrations wax and wane as the reaction proceeds in a manner shown in Fig. 2, page 391, and they give place to carbon monoxide, carbon dioxide and water, while quantities of formic and acetic acid are also detectable. According to the hydroxylation theory of BONE,[1] methane for example might be expected to oxidise through the stages

$$CH_4 \rightarrow CH_3OH \rightarrow CH_2 \Big\langle {}^{OH}_{OH} \rightarrow CH_2O \Big\langle {}^{CH_2O_2 \rightarrow CO + H_2O}_{CO + H_2} \, .$$

However, this theory, while adequate to account for the analytical data, ignores the essential chain character of hydrocarbon oxidation as exemplified by the induction periods, sharp limits of ignition and action of catalysts described on pp. 392 and 394–5. In particular, it cannot explain the remarkable inhibition of reaction obtained by decreasing the diameter of the reaction vessel. For instance, FORT and HINSHELWOOD[2] found that the slow oxidation of methane

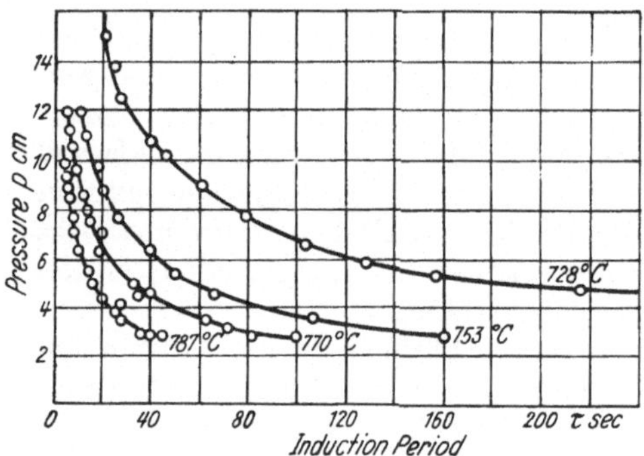

Fig. 20. Variation of induction periods with pressure and temperature in methane-oxygen mixtures (NEUMANN and EGOROW).

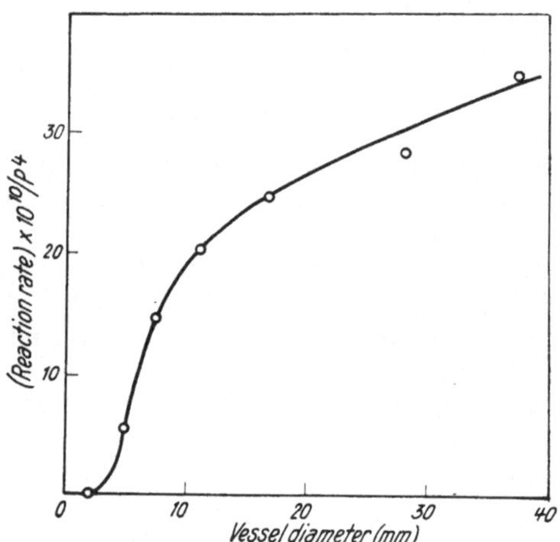

Fig. 21. Variation of rate of slow combustion of methane with vessel diameter (NORRISH and FOORD).

was completely prevented by packing the reaction vessel with silica tubing, while a similar result is reported by SPENCE for acetylene.[3] This inhibition of slow combustion by decrease of vessel dimensions is a peculiar feature of hydrocarbon oxidation, and is shown graphically in Fig. 21 by the results obtained by FOORD and NORRISH using methane oxygen mixtures in which there appears to be a critical diameter (2 to 5 mm) below which the reaction is strongly inhibited and above which a less marked but quite definite inhibition by surface occurs.

It will be realised that a chain theory of hydrocarbon oxidation involves the assumption of the existence of free hydrocarbon radicals. RICE[4] has found that simple organic molecules, including paraffins, on passage through a hot tube break down to give free radicals which can readily be detected by the method of PANETH,[5] and of special importance in this connection is the work of BELCHETZ,[6]

[1] BONE, ALLUM: Proc. Roy. Soc. (London), Ser. A **134** (1932), 578. — BONE, HILL: Ibid., Ser. A **129** (1930), 434. — BONE, HAFFNER, RANCE: Ibid., Ser. A **143** (1933), 16.
[2] FORT, HINSHELWOOD: Proc. Roy. Soc. (London), Ser. A **129** (1930), 284.
[3] SPENCE: Journ. chem Soc. (London) **1932**, 686.
[4] RICE: Chem. Reviews **10** (1932), 135.
[5] PANETH, HOFEDITZ: Ber. dtsch. chem. Ges. **62** (1929), 1335.
[6] BELCHETZ: Trans. Faraday Soc. **30** (1934), 170.

who has demonstrated the decomposition of methane at 1000° C. into CH_2 radicals and hydrogen. The results of Bone and Coward[1] on the decomposition of methane between 800° C. and 1000° C. can be summarised by the reactions

$$CH_4 \rightarrow CH_2 + H_2,$$
$$2\,CH_2 \rightarrow C_2H_4 \rightarrow C + CH_4,$$

which is also in agreement with the conclusions of Kassel[2] and Norrish.[3] Haber[4] on the basis of his study of the decomposition of hexane has concluded that for higher hydrocarbons the primary change may be represented as

$$CH_3(CH_2)_nCH_3 = CH_3(CH_2)_{n-2}CH:CH_2 + CH_4 \quad -25\ kcal.$$

On the other hand, the work of Pease and Durgan[5] on the pyrolysis of butane has shown that such changes are unimolecular and possess an energy of activation of 65 kcal, a value high compared with that predicted by Haber's mechanism, and it is apparent, especially in view of the work of Rice, that the formation of free radicals is not excluded. Thus, by analogy with methane, we may also admit the possibility of primary changes such as the following:

$$CH_3CH_3 = CH_3CH + H_2 \quad\quad -65\ kcal,$$
$$CH_3CH_2CH_2CH_3 = CH_3CH_2CH + CH_4 \quad -53\ kcal,$$

the thermal values being calculated on the basis of the production of the alkylidene radical in the singlet state.

Free radicals produced in this manner will not play any part in the initiation of reaction chains in hydrocarbon oxidation, since the temperatures at which slow combustion occurs are far below the range in which pyrolysis takes place. However, such results leave no doubt as to the reality and stability of free hydrocarbon radicals, and there is no difficulty in conceiving them as participating in chain propagation.

Chain Branching in Hydrocarbon oxidation.

When the general equations obtained in the chain theory are applied to hydrocarbon oxidation it is found that the self-acceleration of slow reactions can be well represented by the relation

$$w = Ae^{\varphi t}$$

already deduced on page 396 of Chapter II,

where w = velocity of reaction,
      A is a constant,
      t = time from commencement of reaction,
and φ is defined as the effective probability of chain branching.

By application of this equation to results such as those shown in Fig. 19 values may be obtained for φ; similarly the dependence of φ on temperature and pressure can be deduced from the work of Neumann and Egorow shown in Fig. 20 by use of the relation

$$\varphi\,\tau = a\ constant,$$

[1] Bone, Coward: Journ. chem. Soc. (London) 93 (1908), 1197.
[2] Kassel: Journ. Amer. chem. Soc. 54 (1932), 3949.
[3] Norrish: Trans. Faraday Soc. 30 (1934), 103.
[4] Haber: Ber. dtsch. chem. Ges. 29 (1896), 2691.
[5] Pease, Durgan: Journ. Amer. chem Soc. 52 (1930), 1262.

where τ is the induction period. It will be found, in consequence o the very long induction periods and slow rates of increase of reaction velocity, that the values of φ in hydrocarbon systems are about 1000 times smaller than the corresponding values of φ obtained in hydrogen-oxygen mixtures.

In order to realise the implications of this result it is necessary to enquire more closely into the nature of φ. It will be seen from the derivation of equation (1) in Chapter II that if n is the concentration of reaction centres,

$\varphi \cdot n$ = effective rate of increase in concentration of reaction centres by reactions of first order with respect to chain carrier concentration,

then if $\varDelta \tau$ = the time which elapses between the appearance of a reactive centre and its entry into reaction it will readily be seen that the total number of elementary reactions in unit volume per second is $n/\varDelta \tau$.

Let α = fraction of such reactions which result in the multiplication of chain centres;

and β = fraction of such reactions which lead to the termination of reaction chains.

Then the net rate of production of new centres by the operation of both types of reaction $= (\alpha - \beta)\ n/\varDelta \tau = \varphi n$.

Therefore

$$\varphi = \frac{\alpha - \beta}{\varDelta \tau}.$$

If no assumptions are made concerning the nature of the intermediate products of hydrocarbon oxidation, it is conceivable that the small values of φ might be due to small values of $\alpha - \beta$. However, it is unlikely that such an exact balance between α and β could be maintained over a wide range of temperatures and pressures. A more probable interpretation is that the mean value of $\varDelta \tau$ is far greater in mixtures of hydrocarbons and oxygen than in oxy-hydrogen mixtures. In other words, it is probable that reaction chains in hydrocarbon systems involve the production of some stable intermediary which possesses a comparatively long lifetime.

This conclusion is supported by much direct experimental evidence and there are definite indications that the intermediary in question is an aldehyde derivative of the original hydrocarbon. Mention has already been made of the extensive analytical work of Bone[1] on the combustion of methane, in which it was found that the first and most important intermediate product was formaldehyde, and that the velocity of reaction was intimately connected with the concentration of formaldehyde in the system. In addition Steacie and Plewes[2] have demonstrated that acetaldehyde is formed during the oxidation of ethane, and that by addition of it to ethane-oxygen mixtures the induction period may be completely removed. Evidence on the behaviour of higher hydrocarbons is provided by the work of Pope, Dykstra and Edgar[3] on the vapour phase oxidation of octane in which considerable yields of heptaldehyde were obtained. No heptyl alcohol, which is known to be a very stable compound, or peroxides could be detected, and they conclude that the primary product of oxidation could only be aldehyde.

---

[1] Bone, Allum: Proc. Roy. Soc. (London), Ser. A 134 (1932), 578. — Bone, Hill: Ibid., Ser. A 129 (1930), 434. — Bone, Haffner, Rance: Ibid., Ser. A 143 (1933), 16.

[2] Steacie, Plewes: Proc. Roy. Soc. (London), Ser. A 146 (1934), 583.

[3] Pope, Dykstra, Edgar: Journ. Amer. chem. Soc. 51 (1929), 1875.

It was pointed out by FORT and HINSHELWOOD that the form of the pressure-time curves obtained during the oxidation of methane is such as to suggest that the main reaction develops from some intermediate whose concentration is tending towards an equilibrium value at which the rate of production and removal are equal, and SEMENOFF[1] further showed how the development of the maximum velocity from zero in the space of minutes could be interpreted in terms of a branching mechanism of the type termed degenerate. According to these ideas, hydrocarbons are oxidised by straight chains with the production of comparatively stable aldehyde intermediaries which, during their subsequent oxidation at an independent rate to the final products, occasionally produce a fresh reaction centre capable of originating another primary chain. There is thus established a process of delayed branching which, if the effective branching factor φ is positive, will cause a growth of reaction rate. The reaction will first start from certain adventitious centres, but after a period of induction, during which the intermediate is growing in concentration, the reaction will proceed more and more rapidly until in the absence of other factors the rate would tend to infinity by an exponential law. The rate will, however, reach a maximum value if an equilibrium concentration of intermediate is reached at which its rate of oxidation is equal to its rate of production, and this can only occur if the value of φ is reduced to zero during the initial stages of reaction. The general theory may be represented formally as follows:

The rate of increase in aldehyde concentration F will be given by the relation

$$\frac{dF}{dt} = \vartheta + \varphi F, \tag{1}$$

where ϑ = rate of production of aldehyde by primary processes and φF = rate of production by the branching mechanism. Since it is found that the reaction velocity during the induction period is immeasurably small we may conclude that the rate of primary processes ϑ may be neglected in comparison with the process generating centres from aldehyde in the later stages of the reaction. The concentration of intermediary will therefore grow according to the relation

$$F = A\,e^{\varphi t} \tag{2}$$

and would tend to infinite values unless the value of φ is reduced to zero in the course of the reaction.

It may be supposed that the aldehyde is oxidised to the final products X in two ways, only one of which involves the production of a fresh reaction centre P, capable of initiating a primary chain. The rate of these reactions will be very small compared with the rate of propagation of the primary unbranched chains, and the appearance of a primary centre P will entail the almost immediate production of ν molecules of aldehyde, where ν is the average length of the primary chains. The scheme may be represented as follows:

$$F \rightarrow X + P \rightarrow \nu F \quad (R_1),$$
$$F \rightarrow X \qquad\qquad (R_2)$$

where R_1 and R_2 represent the respective rates of the two types of reaction. The overall rate of increase in aldehyde concentration φF, is therefore given by the equation

$$\varphi F = \nu R_1 - R_1 - R_2 = (\nu - 1)\,R_1 - R_2. \tag{3}$$

---

[1] SEMENOFF: Z. physik. Chem., Abt. B **11** (1930), 464; Chemical Kinetics and Chain reactions. Oxford Univ. Press, 1935.

It will be seen from this equation that the value of φ may be reduced to zero either by reduction of ν or by increase in R_2, and it should be emphasised that for this reason a fundamental distinction exists between the mechanism of chain branching in mixtures of hydrocarbons and oxygen, and the processes responsible for the explosive oxidation of oxy-hydrogen mixtures, in which the probability of chain branching is independent of the concentration of intermediate products or the length of the reaction chains. This concept of delayed or degenerate branching developed in general by Semenoff and applied in detail to particular reactions by Norrish[1] has proved of great value in interpreting the special features of hydrocarbon oxidation and in harmonising the analytic and kinetic data collected. In the following pages it will be applied to the oxidation of methane and other simple hydrocarbons and those cases of ignition catalysis in which adequate experimental evidence is available.

The oxidation of methane.

The slow reaction.

The following is a summary of the experimental results which are of importance in establishing the kinetics of oxidation of methane. The general form of the pressure-time curves for the slow reaction has already been discussed, and it will be seen in Fig. 19 that the rate of reaction remains constant at a maximum value for a considerable portion of the curve. By the use of a sensitive type of pressure gauge Foord and Norrish[2] were able to measure this rate accurately even for small changes of pressure, and they found that the velocity of reaction increased linearly with addition of inert gases such as nitrogen. In studying the effect of varying the concentration of methane or oxygen allowance must therefore be made for a simultaneous change of total pressure. With this consideration in mind it was found that the rate of reaction varied as the first power of the oxygen concentration and the square of the concentration of methane, giving an expression of the form

$$\frac{d}{dt}[CH_4] = k[CH_4]^2[O_2]P, \qquad (4)$$

where k is a constant and P is the total pressure. This is in agreement with results obtained by Frear[3] and also includes the result obtained by Bone and Allum[4] that at a given total pressure the most reactive mixture is $2\,CH_4 + O_2$.

The value obtained for the velocity in any set of circumstances was dependent to a considerable extent upon the previous treatment of the surface, but by standardising the procedure, both in cleaning the vessels and in making the measurements comparable it was possible to reproduce the reaction rate to within about 10%. Measurements were made at different total pressures using equimolecular methane-oxygen mixtures in a series of pyrex vessels of equal length but varying in diameter from 5 mm to 37,5 mm and a mean value of k obtained for each vessel by the use of equation 4, giving the general effect of surface shown in Fig. 21. This remarkable effect of surface will be referred to later, and is an effect to be expected for the theory of degenerate chain branching.

The transition from slow reaction to ignition.

Several examples in the last chapter were given of reactions in which a steady change of one of the variables effected a transition from a region of slow reaction

[1] Norrish: Proc. Roy. Soc. (London), Ser. A **150** (1935), 36.
[2] Norrish, Foord: Proc. Roy. Soc. (London), Ser. A **157** (1936), 503.
[3] Frear: Journ. Amer. chem. Soc. **56** (1934), 305.
[4] Bone, Allum: Proc. Roy. Soc. (London), Ser. A **134** (1932), 578.

to one of ignition, while the induction periods varied continuously in passing from one region to the other. A similar result can be obtained in equimolecular mixtures of methane and oxygen by increase of total pressure. At 720° C. a pressure limit of ignition exists at a total pressure of 270–280 mm. Below this pressure, the increasing reading on the pressure gauge indicated a rapidly accelerating reaction which reached a well defined maximum rate in the course of a few seconds and fell soon afterwards to zero, after which a slow steady fall of pressure occurred, presumably due to the combustion of carbon monoxide formed in the main reaction. Above the critical pressure, the same type of growth of reaction was observable, but terminated in a sharp momentary large increase in pressure as a visible general ignition occurred in the reaction vessel. The point of particular interest arising from these experiments is that a plot of the induction periods against total pressure is a continuous curve (Fig. 22), provided that the induction period of the slow reaction is measured to the time of *maximum rate*, and not to the onset of the observable

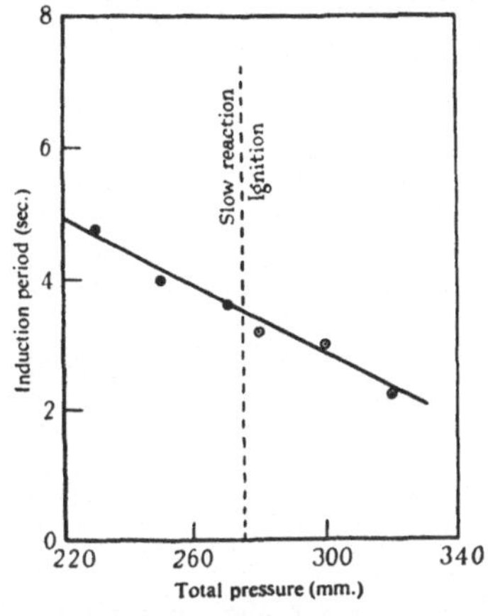

● Time of maximum rate of slow reaction.
● Time of ignition.

Fig. 22. Continuity of induction period for ignition and slow reaction of CH_4 and O_2 at 720° C. $CH_4 = O_2 = P/2$ (Norrish and Foord).

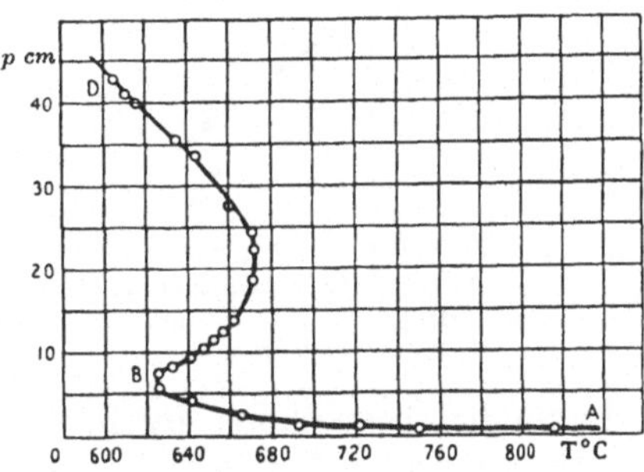

Fig. 23. The region of ignition of methane-oxygen mixtures (Neumann and Serbinoff).

pressure change. This leads to the conclusion that whatever be the mechanism of the growth of the reaction during the induction period, ignition is a thermal process following the attainment of a critical reaction velocity.

The explosive reaction.

It has been found by Neumann and Serbinoff[1] that the ignition temperatures of methane, which lie in the region 700–800° C, are dependent on the composition and total pressure of the mixtures. In the presence of excess oxygen the region of ignition takes the form shown in Fig. 23, and over a limited temperature range possesses three pressure limits. However, later work[2] showed that the two lower limits were due to the presence of carbon monoxide formed during the main reaction, and that they disappeared when equimolecular mixtures of methane and oxygen were used. It was also found by Sagulin[3] that for a mixture of methane and oxygen of given composition, the ignition pressure was related to the absolute temperature by an expression of the form

$$\log P = \frac{A}{T} + B, \tag{5}$$

[1] Neumann, Serbinoff: Chem. J. Ser. W, J. physik. Chem. **3** (1932), 75.
[2] Neumann, Serbinoff: Chem. J. Ser. W, J. physik. Chem. **4** (1933), 41.
[3] Sagulin: Z. physik. Chem., Abt. B 1 (1928), 275.

434   R. G. W. NORRISH and E. J. BUCKLER:

where A and B are constants. It should be noted that all determinations of ignition limits in this reaction are affected by the previous history of the reaction vessel, and differences of the order of 10–20° C are encountered after a period of several days between experiments.

Effect of Sensitisers and Inhibitors.

The effect of addition of hydrochloric acid gas on the ignition temperature of an equimolecular mixture of methane and oxygen is shown in Fig. 24. It is seen to have a mild sensitizing action. The importance of this fact in studying the mechanism of reaction will appear in view of the observation by MEDVEDEV[1] that small amounts of hydrochloric acid considerably raise the yield of formaldehyde in the catalytic oxidation of methane.

Chlorine in much smaller quantities has at first an anticatalytic effect (Fig. 25) but addition of more than 10 mm reverses the effect, possibly due to hydrochloric acid formed by the interaction of methane and chlorine.

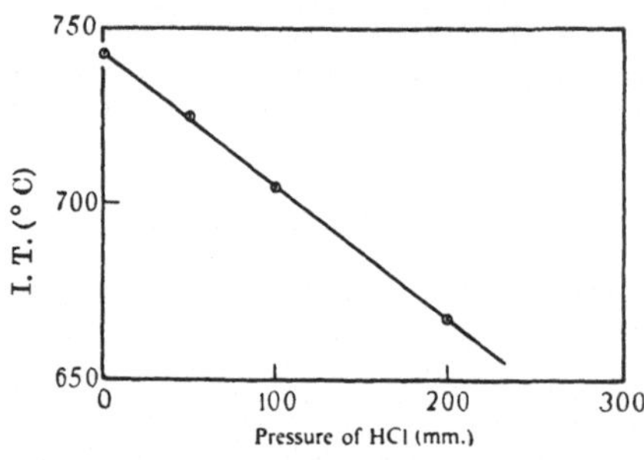

Fig. 24. The effect of HCl on ignition temperature. Concentration $[CH_4] = [O_2] = 100$ mm at 500° C (NORRISH and FOORD).

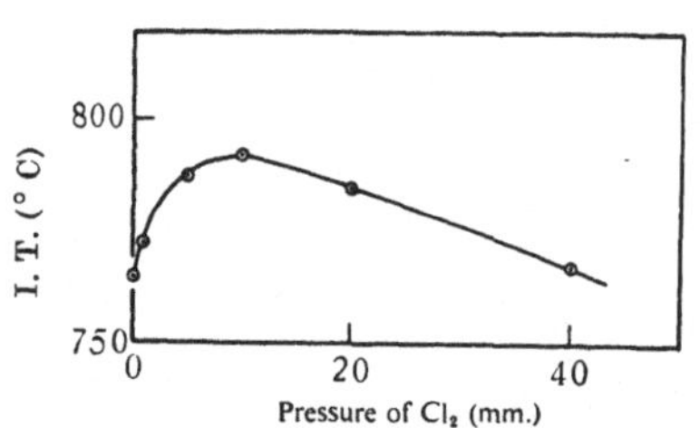

Fig. 25. Effect of Cl_2 on ignition temperature. Concentration $[CH_4] = [O_2] = 100$ mm at 500° C (NORRISH and FOORD).

Iodine has been shown by BONE and ALLUM[2] to increase the velocity of the slow reaction at 447° C and to remove the induction period. At temperatures above 700° C, however, NORRISH and FOORD[3] found that it acted as a powerful

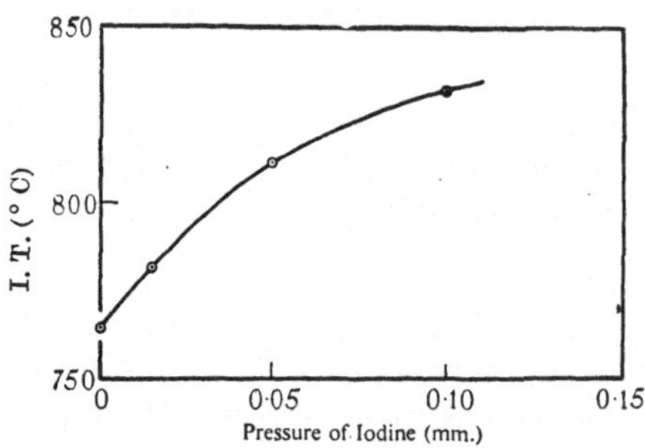

Fig. 26. Effect of iodine on ignition temperature. Concentration $[CH_4] = [O_2] = 100$ mm at 500° C (NORRISH and FOORD).

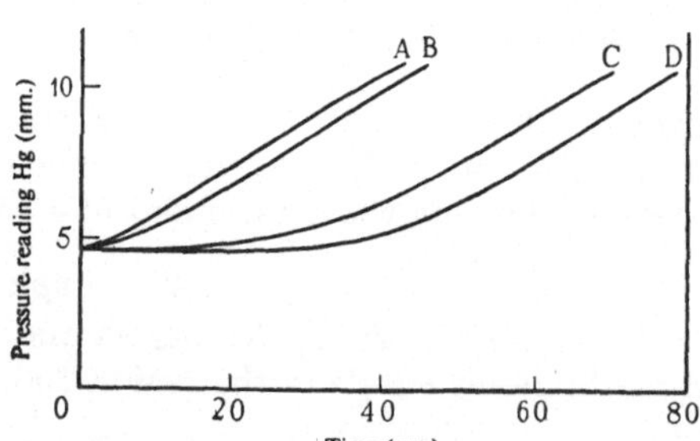

Fig. 27. Effect of HCHO on slow reaction. $[CH_4] = [O_2] = 100$ mm (NORRISH and FOORD).
Curve .... A B C D
[HCHO] pressure in mm Hg... 5 2 0,5 0

anticatalyst, as shown in Fig. 26, 0,1 mm of iodine raising the ignition temperatures over 100° C.

The latter authors also found that the final steady reaction velocity was not affected by addition of formaldehyde, but the induction period was progressively

---

[1] MEDVEDEV: Trans. Karpov. Inst. Chem. **3** (1924), 54.
[2] BONE, ALLUM: Proc. Roy. Soc. (London), Ser. A **134** (1932), 578.
[3] NORRISH, FOORD: Proc. Roy. Soc. (London), Ser. A **157** (1936), 503.

reduced and practically disappeared with the addition of 2 mm of aldehyde (Fig. 27).

Nitrogen peroxide was found by NORRISH and WALLACE[1] to have a strong sensitising action, 1–2% reducing the ignition temperatures more than 100° C. As the pressure of nitrogen peroxide is increased the catalytic effect becomes constant as shown by the following figures obtained by these autors:

Total pressure of $CH_4 + O_2 = 229,7$ mm.

NO_2 pressure mm	0,00	0,07	0,25	0,98	1,98	7,72	11,43
Ignition temp. ° C	743	657,5	587,5	542,5	512,5	513,5	517,5

The effect of vessel diameter was also encountered in this sensitised reaction. At high total pressures of 229,7 mm there is a small progressive increase of ignition temperature with decreasing diameter, but at lower pressures of 88,6 mm the ignition temperature after at first slowly increasing with decrease of diameter becomes very sensitive to further change and increases rapidly with additional decrease of vessel diameter. These results are shown respectively by curves *I* and *II* of Fig. 28.

Kinetics of oxidation of methane.

The slow reaction.

The oxidation of methane may be visualized in terms of a simple radical chain involving O atoms and CH_2 radicals. The initiation of chains may be assumed to take place by the formation of oxygen atoms at the surface, by reactions such as

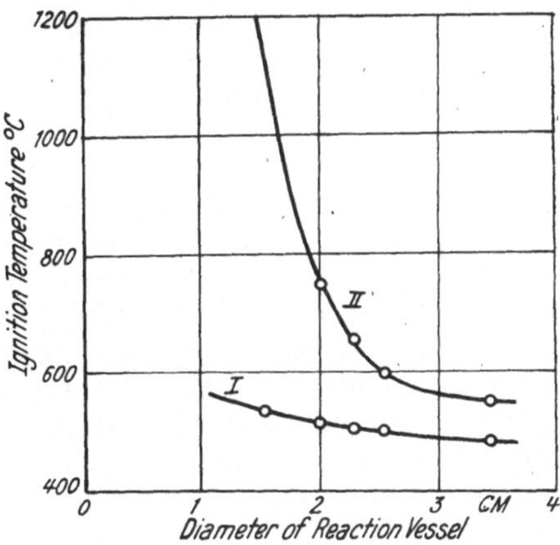

Fig. 28. Effect of vessel diameter on ignition temperature of methane-oxygen mixtures sensitised by NO_2 (NORRISH and WALLACE).

I $[CH_4] + [O_2] = 229,7$ mm, $[NO_2] = 4,10$ mm,
II $[CH_4] + [O_2] = 88,6$ mm, $[NO_2] = 8,80$ mm.

$$CH_4 + O_2 = HCHO + H_2O \quad (k_2), \qquad (II)$$

$$HCHO + O_2 = HCOOH + O \quad (k_3).$$
$$\downarrow$$
$$H_2O + CO \qquad (III)$$

Reaction is then propagated through the mixture by straight chains of the type

$$O + CH_4 = CH_2 + H_2O + 48 \text{ kcal} \quad (k_4), \qquad (IV)$$

$$CH_2 + O_2 = HCHO + O + 15 \text{ kcal} \quad (k_5). \qquad (V)$$

Such chains would lead to an indefinite accumulation of formaldehyde unless terminated by the following processes:

$$O + CH_4 + X = CH_3OH + X' + 88 \text{ kcal} \quad (k_6), \qquad (VI)$$

$$O + \text{surface} = {}^1/_2 O_2 \qquad (k_7). \qquad (VII)$$

Reaction (VII) will be the most important method of chain ending at low pressures, and will account for the inhibition of slow reaction by increase of vessel surface.

---

[1] NORRISH, WALLACE: Proc. Roy. Soc. (London), Ser. A **145** (1934), 307.

The formation of methyl alcohol as a stable product of the oxidation of methane will occur only at high pressures or in the presence of a high concentration of inert gas, as is actually found to occur in the work of NEWITT and HAFFNER.[1] In this connection it is significant that BONE and DAVIES[2] concluded that the primary decomposition products of methyl alcohol at low temperatures are $CH_2 + H_2O$, and it will be seen that the present scheme of reaction becomes consistent with the hydroxylation theory if we suppose that a collision between an oxygen atom and a methane molecule produces a complex (CH_4O) which can either split to CH_2 and H_2O, giving rise to reaction chains as above, or become stabilized by a ternary collision to methyl alcohol.

According to the theory of degenerate branching, the formaldehyde produced during propagation of the primary chains is removed by two types of reaction. It is known that at low temperatures aldehydes are readily oxidised to peracids,[3] and it is reasonable to suppose that at the present higher temperatures such products decompose giving the normal acids and oxygen atoms:

$$HCHO + O_2 \rightarrow (HCHO_3) \rightarrow HCOOH + O.$$

This process, which has already been proposed as reaction (III), represents the delayed branching mechanism. In addition, it is recognised that oxidation of aldehydes at high temperatures occurs by a chain mechanism,[4] and in view of the fact that the chief products of reaction are carbon monoxide and water, and not carbon dioxide, we shall assume that the primary step in the oxidation of formaldehyde at these temperatures is a reaction between a formaldehyde molecule and an O atom, the latter being regenerated in a subsequent link of the formaldehyde oxidation chain together with carbon monoxide. The initial reaction may be represented by

$$HCHO + O \rightarrow X \quad (k_8) \qquad\qquad \text{(VIII)}$$

and is part of the complete process represented by the second type of reaction given on page 431, which proceeds at a rate R_2 without regenerating the primary chains. It will be seen that this reaction mechanism follows closely the general theory of hydrocarbon oxidation given on pp. 429–431. The concentration of formaldehyde produced by reactions (I) and (V) will increase according to equation (1), and as the reaction proceeds the value of φ given by equation (3) will fall to zero as R_2 increases by growth of concentration of O atoms in the system.

At the point of maximum velocity the value of φ is zero, and the rates of production and removal of formaldehyde are equal. For this stage of the reaction therefore, we may write

$$\frac{dF}{dt} = 0 = k_4 [CH_4] [O] - k_8 F [O] \qquad\qquad (6)$$

neglecting the comparatively small effect of reaction (III). Whence

$$F = \frac{k_4}{k_8} [CH_4].$$

The rate of generation of O atoms is given by equation (III), while their rate of removal is conditioned by processes (VI) and (VII). From this we obtain

$$\frac{d[O]}{dt} = 0 = k_3 F [O_2] - k_6 [CH_4] [O] P - \frac{k_7}{Pd} [O] S,$$

[1] NEWITT, HAFFNER: Proc. Roy. Soc. (London), Ser. A **134** (1932), 591.
[2] BONE, DAVIES: Journ. chem. Soc. (London) **105** (1914), 1691.
[3] BOWEN, TIETZ: Journ. chem. Soc. (London) **1930**, 234.
[4] EMELÉUS: J. chem. Soc. (London) **1929**, 1733; **1926**, 2948.

S being the surface activity per unit area, P the total pressure, k_7/P proportional to the diffusion coefficient of oxygen atoms through the gas and d the diameter of the vessel. Thus

$$[O] = \frac{k_3\,[O_2]\,P}{k_6\,[CH_4]\,P^2 + \dfrac{k_7\,S}{d}}\,F.$$

The rate of oxidation of methane, according to reaction (IV) is given by

$$-\frac{d\,[CH_4]}{d\,t} = k_4\,[CH_4]\,[O] = \frac{k_3\,k_4\,[CH_4]\,[O_2]\,P}{k_6\,[CH_4]\,P^2 + \dfrac{k_7}{d}\,S}\,F. \tag{7}$$

Thus the maximum velocity is attained when the concentration of aldehyde reaches its maximum value, as is readily seen for the experimental curves of BONE and his co-workers.[1] Eliminating F from equations (6) and (7) we obtain

$$-\frac{d\,[CH_4]}{d\,t} = \frac{k_3\,k_4{}^2}{k_8}\,\frac{[CH_4]^2\,[O_2]\,P}{k_6\,[CH_4]\,P^2 + \dfrac{k_7}{d}\,S}. \tag{8}$$

This equation for the slow oxidation of methane is is agreement with the existing data, as may be seen from the following considerations.

At low pressures the velocity of oxidation is retarded by increase of surface and decrease of vessel diameter, most of the chains being terminated by reaction (VII) rather than by (VI), and in the above expression

$$k_6\,[CH_4]\,P^2 \ll \frac{k_7}{d}\,S.$$

Under these circumstances we have

$$-\frac{d\,CH_4}{d\,t} = \frac{k_3\,k_4{}^2}{k_8}\,\frac{[CH_4]^2\,[O_2]\,P\,d}{k_7\,S}. \tag{9}$$

This expression is in full accord with the experimental results of FORT and HINSHELWOOD[2], NORRISH and FOORD[3] and BONE and ALLUM[1] described on pages 390 and 432 and also shows how the maximum velocity can vary with the catalytic activity of the surface (S). It is seen that the velocity should also be a linear function of the vessel diameter, a result which is confirmed by the curve shown in Fig. 21 for diameters greater than about 10 mm. One of the most remarkable ·effects observed in this and in similar reactions, however, is the completeness of the inhibition produced by packing or by use of vessels of diameters less than about 5 mm. This inhibition is so great that it cannot be produced by operation of the d factor in equation (9). It may be shown that for a straight chain, v is proportional to d^2 (see p. 403) and it follows from equation (3) of this chapter that for vessels of diameter less than a limiting value φ becomes negative and the reaction can never develop. It must be remembered that equation (9) above applies to the maximum velocity, while the effect of packing is seen to prolong the induction period to infinity, and it is evident that practically complete inhibition will result if the effective diameter becomes very small.

At high pressures (several atmospheres) the reaction chains will be terminated almost exclusively in the gas phase by reaction (VI), and $k_6\,[CH_4]\,P^2 \gg \dfrac{k_7\,S}{d}$. The equation for the reaction velocity becomes

$$-\frac{d\,[CH_4]}{d\,t} = \frac{k_3\,k_4{}^2}{k_6\,k_8}\,\frac{[CH_4]\,[O_2]}{P}. \tag{10}$$

[1] BONE, ALLUM: Proc. Roy. Soc. (London), Ser. A **134** (1932), 578. — BONE, HILL: Ibid., Ser. A **129** (1930), 434. — BONE, HAFFNER, RANCE: Ibid., Ser. A **143** (1933), 16.

[2] FORT, HINSHELWOOD: Proc. Roy. Soc. (London), Ser. A **129** (1930), 284.

[3] NORRISH, FOORD: Proc. Roy. Soc. (London), Ser. A **157** (1936), 503.

Thus, increase of P by addition of inert gas at high pressure will greatly reduce the reaction velocity, as has been found by NEWITT and HAFFNER.[1] Further, since at high pressures the reaction chains will be terminated at the first link, the maximum yield of methyl alcohol will be determined by reactions (II) and (VI) acting successively, and it follows that in the limit 50% methane should be converted to methyl alcohol. It has in fact been found by NEWITT and SZEGÖ[2] that at 50 atmospheres total pressure 51% methane is converted to methyl alcohol.

The explosive reaction.

We have seen that as the total pressure of reactants is increased, the velocity of the slow reaction increases progressively to large values, until finally ignition occurs. It may be concluded therefore that explosion occurs when the system becomes self-heating in some favourable volume element, and that ignition is conditioned by the same elementary processes as those responsible for the slow reaction.

As a general condition for ignition we may write

$$-\frac{d[CH_4]}{dt} = K', \tag{11}$$

where K' represents the limiting velocity beyond which the reaction ceases to be isothermal.

In equation (8) is k_3 the only coefficient which will show a marked temperature dependence. All the others refer to processes involving atoms or free radicals and will probably be only slightly affected by change of temperature. The condition for ignition may therefore be written

$$K' = \frac{[CH_4]^2\,[O_2]\,P\,e^{-E/RT}}{[CH_4]\,P^2 + k'\,S/d}. \tag{12}$$

This expression leads to the two following equations for the boundary of ignition

1. At low pressures

$$\frac{A}{T} + B = \log\frac{[CH_4]^2[O_2]\,Pd}{S}, \tag{13}$$

2. At high pressures

$$\frac{A'}{T} + B = \log\frac{[CH_4]\,[O_2]}{P}. \tag{14}$$

The theory therefore predicts that at atmospheric pressure the ignition temperature should be dependent on the catalytic activity of the surface and the diameter of the reaction vessel, as has been found experimentally, and it will be seen that equation (13) is of the same form as that determined by SAGULIN[3] using mixtures of given composition. At high pressures the prediction that the ignition temperature should fall with rise of pressure has also been realized in practice.[4]

Moreover the results of TOWNEND, COHEN and MANDLEKAR[5] already described on page 391 for the ignition of mixtures of air with butane, isobutane, pentane or hexane are in general agreement with expressions (13) and (14). They characterise two ranges of ignition: a lower ignition temperature at high pressures which is largely independent of hydrocarbon pressure and surface conditions, and an

[1] NEWITT, HAFFNER: Proc. Roy. Soc. (London), Ser. A **134** (1932), 591.
[2] NEWITT, SZEGÖ: Proc. Roy. Soc. (London), Ser. A **147** (1934), 555.
[3] SAGULIN: Z. physik. Chem., Abt. B 1 (1928), 275.
[4] BONE, GARDNER: Proc. Roy. Soc. (London), Ser. A **154** (1936), 297.
[5] TOWNEND, COHEN, MANDLEKAR: Proc. Roy. Soc. (London), Ser. A **146** (1934), 113.

upper ignition temperature characteristic of low pressures, which is markedly lowered by increase in hydrocarbon concentration or total pressure. As the concentration of hydrocarbon is progressively reduced an abrupt transition occurs from the low to the high-temperature ignition, and it was found that the critical concentration of hydrocarbon at which the transition takes place is the lower the higher the total pressure of the gas mixture. Since this transition must occur when the control of the branching mechanism is passing from the bulk phase to the surface, it may be assumed that at this point the total deactivations by the two mechanisms become equal. Hence from equation (12) we have

$$[CH_4]\,P^2 = kS.$$

Thus it follows that the larger P, the smaller will be the critical concentration of hydrocarbon. The theory therefore gives ready interpretation of this unique experimental fact.

Effect of formaldehyde.

It has been shown in Fig. 27 that while successive additions of formaldehyde reduce the induction period of the slow reaction there is no effect on the ultimate velocity. This is to be expected on the view that the induction period is concerned with the development of the aldehyde concentration to the equilibrium value which governs the reaction velocity. Thus addition of formaldehyde eliminates the early stages of the induction period, but has no effect on the subsequent equilibrium aldehyde concentration, which is dependent only on the temperature and concentration of methane [see equation (6)]. It is significant that while addition of sufficient formaldehyde eventually eliminates the induction period, addition of considerably larger concentrations of methyl alcohol, while reducing it does not remove it,[1] in confirmation of the view that the essential preliminary step to the development of the reaction is the initial formation of aldehyde. If methyl alcohol is added, the formation of aldehyde is obviously facilitated and the induction period reduced, but since time is required for the oxidation of the alcohol, the induction period can never be completely eliminated.

Effect of nitrogen peroxide.

It has been shown in Chapter III that explosion in oxy-hydrogen mixtures can be sensitised by oxygen atoms formed from nitrogen peroxide, and there is little doubt that in the present reaction also the catalytic effect of nitrogen peroxide is due to its ability to initiate chains by one of the reactions

$$NO_2 = NO + O \;-72{,}5 \text{ kcal},$$
$$NO + O_2 = NO_2 + O \;-47 \text{ kcal}.$$

At temperatures around $550°$ C which are characteristic of the sensitised explosion it is probable that the branching chain reactions of the unsensitised ignition will not occur, and the kinetic mechanism may be written:

Chain initiation $\quad NO_2 = NO + O \qquad (k_9).$		(IX)
Chain propagation $\quad CH_4 + O = CH_2 + H_2O \quad (k_4),$		(IV)
$CH_2 + O_2 = CH_2O + O \quad (k_5).$		(V)
Chain ending $\quad CH_4 + O + X = CH_3OH + X' \quad (k_6),$		(VI)
$O + \text{surface} = \tfrac{1}{2}\,O_2, \qquad (k_7),$		(VII)
$NO_2 + O = NO + O_2 \qquad (k_{10}).$		(X)

[1] BONE, GARDNER: Proc. Roy. Soc. (London), Ser. A **154** (1936), 297.

This scheme leads to the following expression for the reaction velocity:

$$-\frac{d\,[CH_4]}{dt} = \frac{k_4\,k_9\,e^{-E/RT}\,[NO_2]\,[CH_4]}{k_6\,[CH_4]\,P + k_{10}\,[NO_2] + \dfrac{k_7\,S}{P\,d}}. \tag{15}$$

As before, the limiting condition to be satisfied for explosion is

$$-\frac{d\,[CH_4]}{dt} = K,$$

from which it follows that the boundary of ignition is given by

$$\frac{A}{T} + B = \log \frac{k_4\,k_7\,[NO_2]\,[CH_4]}{k_6\,[CH_4]\,P + k_{10}\,[NO_2] - \dfrac{k_7\,S}{P\,d}}. \tag{16}$$

For a given reaction vessel and mixtures containing fixed concentrations of CH_4 and O_2, the ignition temperature at low concentrations of nitrogen peroxide, when $k_{10}[NO_2]$ is negligible in comparison with $k_6[CH_4]P$ and $\dfrac{k_7\,S}{P\,d}$, is given by

$$T \sim 1/(\log\,[NO_2] + B). \tag{17}$$

This relationship has been tested for the first six limits of Table p. 435 as shown in Fig. 29, where it is seen to be sensibly true, a good straight line being obtained when $1/T$ is plotted against $\log\,[NO_2]$.

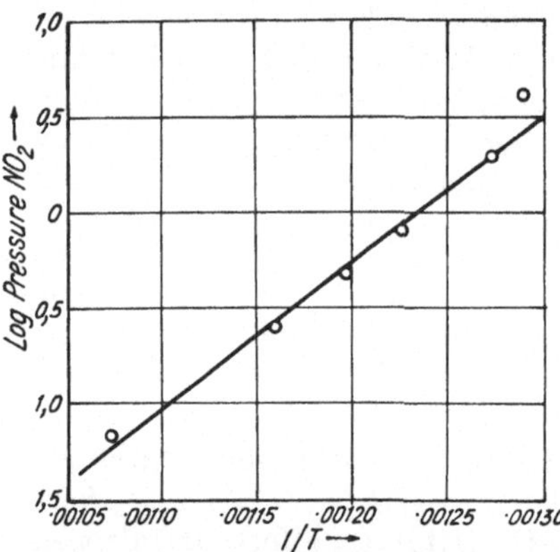

Fig. 29. Variation of the ignition temperature with concentration of NO_2 for total pressure $[CH_4] = [O_2] = 229{,}7$ mm at $500°$ C (Norrish and Wallace).

The importance of surface deactivation is well illustrated by curves *I* and *II* of Fig. 28. It will be seen that with high total pressures of gas, the ignition limit is nearly independent of the diameter and therefore of any influence of the vessel surface (curve *I*). With low total pressures on the other hand (curve *II*) the ignition temperature is very sensitive to change of vessel diameter. If surface deactivation were the sole controlling factor, we should have, for constant $[NO_2]$ and $[CH_4]$:

$$1/T \sim \log \frac{k_7\,S}{P\,d} + B.$$

At constant concentrations the diffusion coefficient k_7 is proportional to $\sqrt{T}$, and the above expression becomes

$$T \cdot \left(\log \frac{d}{\sqrt{T}} + B\right) = \text{a constant.} \tag{18}$$

That this is approximately true is seen from Table 6 which is derived from the experimental data of curve *II*, Fig. 28.

Effects of inhibitors and catalysts.

It has been shown that any factor which changes v or R_2 and thus affects the value of φ [equation (3)] will have a considerable influence on the development of the reaction. It is possible that an effect of this character is responsible for the

Table 6. *Influence of vessel diameter.*

Diameter of vessel	Ignition temperature ° abs.	$0{,}1\,T\left(\log\dfrac{d}{\sqrt{T}}+2\right)$
3,45	825,5	89
2,52	870,5	81
2,28	930,5	81,5
2,00	1025,5	81,5
1,52	> 1213	—
1,52	Extrap. 1398	(85)

mild catalytic effect of hydrochloric acid (Fig. 24), while the dual effects of chlorine and iodine may be similarly interpreted (Figs. 25 and 26). At high temperatures in the region of ignition iodine acts as an anticatalyst, possibly due to the reaction

$$CH_2 + J_2 = CH_2J_2,$$

while at lower temperatures, in the region of the slow reaction, it catalyses the reaction during the induction period while having no appreciable effect on the final maximum velocity. The exact mechanism of these opposing effects is somewhat uncertain, but may readily be explained in therms of equation (3) if it be assumed that iodine exerts a catalytic or an inhibitory influence on each of the processes represented by the two terms of this equation.

The concept of propagation of reactivity by atoms and radicals provides also a rational interpretation of the action of antiknocks as inhibitors, which react preferentially with the atoms or radicals of the chains. This wide subject will not be discussed further here since it forms the subject of a separate contribution,[1] but whatever particular elementary reactions are proposed for the action of a substance such as lead tetraethyl in supressing detonation, it may be expected that its general effect is to interfere with the degenerate branching mechanism and to reduce the probability of chain branching.

Chain processes in the oxidation of higher hydrocarbons.

At present there is a scarcity of data on the catalysis of ignition of the more complex hydrocarbons, but the following brief account serves to show that such evidence as has been collected can be adequately explained by series of elementary reactions analogous to those already discussed in connection with the combustion of methane.

The combustion of ethane.

This oxidation may be pictured by analogy with methane as the alternate formation of ethylidene radicals and oxygen atoms with the steady formation of acetaldehyde. The combustion does not cease with the formation of acetaldehyde but takes different courses according to the temperature of the medium. At the low temperatures characteristic of the slow reaction, acetaldehyde decomposes to carbon monoxide and methane, while a part may oxidise to acetic acid which decomposes to carbon dioxide and methane. The methane is then further oxidised as previously described. Thus the end products of the slow reaction should be carbon monoxide and water, with a little carbon dioxide, which is in accord with the experimental results of BONE and his co-workers.[2] The complete scheme may be written as follows:

a) Primary reactions

Chain initiation:
$$\begin{cases} C_2H_6 + O_2 = CH_3CHO + H_2O, \\ CH_3CHO + O_2 = CH_3COOH + O. \end{cases}$$

Chain propagation:
$$\begin{cases} O + C_2H_6 = CH_3CH + H_2O, \\ CH_3CH + O_2 = CH_3CHO + O. \end{cases}$$

Chain branching:
$$CH_3CHO + O_2 = CH_3COOH + O.$$

Chain ending:
$$\begin{cases} C_2H_6 + O + X = C_2H_5OH + X', \\ O + surface = \tfrac{1}{2} O_2. \end{cases}$$

[1] W. JOST in this volume of the Handbuch.

[2] BONE, ALLUM: Proc. Roy. Soc. (London), Ser. A **134** (1932), 578. — BONE, HILL: Ibid., Ser. A **129** (1930), 434. — BONE, HAFFNER, RANCE: Ibid., Ser. A **143** (1933), 16.

b) Secondary reactions

$$CH_3CHO = CH_4 + CO,$$

$$CH_3CHO \rightarrow CH_3COOH = CH_4 + CO_2,$$

$$CH_4 \rightarrow CO + H_2O \quad \text{(see methane chain)}.$$

Final result mainly

$$C_2H_6 + 2\tfrac{1}{2}\,O_2 = 3H_2O + 2\,CO.$$

The important role played by acetaldehyde in the reaction is confirmed by the work of STEACIE and PLEWES,[1] who also found that ethylene slowly accumulates during the reaction. It may be mentioned in this connection that PEASE and MUNRO[2] have shown that the slow combustion of propane gives rise to considerable quantities of propylene. Since the reaction chains in each case are assumed to be propagated by alkylidene radicals, the origin of the olefines may readily be explained by the isomerisation reactions:

$$CH_3CH = CH_2CH_2 \quad \text{and} \quad C_2H_5CH = C_3H_6.$$

The methane chain is the only one from which no accumulation of olefine can be expected, and it is significant that none has ever been detected in the extensive analytical work of BONE.

At the higher temperatures of the ignition of ethane, any formaldehyde arising during the secondary reactions is decomposed into carbon monoxide and hydrogen, which are in fact found to be the main products. For explosion therefore, we have all primary and secondary reactions as before, except that:

$$CH_4 \rightarrow CO + H_2 + H_2O,$$

and the final result is mainly

$$C_2H_6 + 2\,O_2 = 2\,CO + H_2 + 2\,H_2O.$$

This may be regarded as the ideal equation for the combustion of a 1 : 2 ethane-oxygen mixture. In practise it has been found by ANDREW[3] that the products contain some carbon dioxide and are somewhat richer in hydrogen and poorer in water vapour, owing to the establishment of the "water-gas" equilibrium at the temperature of the explosion. With mixtures deficient in oxygen part of the ethane or resulting methane remains unoxidised and at the temperatures of the explosion is decomposed to carbon and hydrogen. For a 1 : 1 ethane-oxygen mixture the main course of explosion becomes

$$C_2H_6 + O_2 = CO + H_2O + 2\,H_2 + C.$$

The combustion of olefines.

The course of both the slow and the explosive oxidation of ethylene can be represented in terms of a chain mechanism involving O atoms, CH_2 radicals and aldehyde.

Chain initiation:
$$\begin{cases} C_2H_4 + O_2 = 2\,HCHO + 60\,\text{kcal}, \\ HCHO + O_2 = HCOOH + O. \end{cases}$$

Chain propagation:
$$\begin{cases} C_2H_4 + O = HCHO + CH_2 + 45\,\text{kcal}, \\ CH_2 + O_2 = HCHO + O + 15\,\text{kcal}. \end{cases}$$

Chain ending:
$$\begin{cases} O + \text{surface} = \tfrac{1}{2}\,O_2, \\ O + C_2H_4 + X = C_2H_4O + X'. \end{cases}$$

[1] STEACIE, PLEWES: Proc. Roy. Soc. (London), Ser. A **146** (1934), 583.
[2] PEASE, MUNRO: Journ. Amer. chem. Soc. **56** (1934), 2034.
[3] ANDREW: Journ. chem. Soc. (London) **97** (1914), 444.

The last reaction is to be regarded as the origin of the ethylene oxide, acetaldehyde and vinyl alcohol which at low temperatures or high pressures when the chains are short may be formed in considerable quantity.[1] In further agreement with the above mechanism, it may be mentioned that while methane (as a decomposition product of acetaldehyde) is always found among the products of ignition of ethane, it has never been isolated with the analogous ethylene, unless the oxygen is insufficient for complete combustion. This difference is explained if it be admitted that while in ethane acetaldehyde functions as a link in the chain of reactions, with ethylene it only arises as an end product and in too small a quantity to give a measurable concentration of methane. With a deficiency of oxygen, however, pyrolysis of ethylene occurs giving rise to methane and free carbon. At the temperature of explosion formaldehyde will be decomposed into CO and H_2 and the above scheme leads to the final equation

$$C_2H_4 + O_2 = 2\,CO + 2\,H_2$$

in accordance with the experimental results.

It was found by BONE and DRUGMAN[2] that the simple equation established for the ignition of ethylene could be extended to apply to propylene, trimethylene and butylene, its general form being

$$C_nH_{2n}' + \frac{n}{2}\,O_2 = n\,CO + n\,H_2.$$

This simple and striking result, as suggested by BONE, may be explained on the assumption that the carbon monoxide and hydrogen arise from the decomposition of formaldehyde in the heat of the flame. For the higher olefines we may visualise this to occur as a breakdown through successive olefine and CH_2 residues. Thus for butylene we may write

$$CH_3CH : CH_2 + O = C_2H_4 + CH_2 + HCHO,$$
$$C_2H_4 + O_2 = 2\,HCHO \text{ (ethylene chain)},$$
$$CH_2 + O_2 = HCHO + O \text{ (methane chain)}.$$

The formaldehyde formed in all these processes will yield carbon monoxide and hydrogen and the summation of the constituent processes will always lead to the general equation for the explosion of olefines referred to above. Thus with the olefines, as with saturated hydrocarbons, all the involved facts of slow and explosive combustion can be readily represented in terms of chains involving oxygen atoms.

---

[1] LENHER: Journ. Amer. chem. Soc. 53 (1931), 2420, 3737, 3752.
[2] BONE, DRUGMAN: Journ. chem. Soc. (London) 89 (1906), 660, 1614.

Negative Katalyse und Antiklopfmittel.

Von

W. Jost, Leipzig.

Inhaltsverzeichnis.

1. Allgemeines und Geschichtliches.

Ein Beispiel von negativer Katalyse, welches sehr große wirtschaftliche Bedeutung gewonnen hat, stellen die Antiklopfmittel dar. Wie wohl zuerst von Hopkinson im Jahre 1906[1] gelegentlich bemerkt und eingehend zuerst (um 1918) von Ricardo[2] studiert worden ist (beide in England), wird die Steigerung des Wirkungsgrades eines Otto-Motors bei Heraufsetzen des Verdichtungsverhältnisses begrenzt durch das Einsetzen des „Klopfens". Dabei gibt sich das Klopfen[3] äußerlich durch ein metallisch klopfendes oder klingelndes Geräusch kund, dessen Ursache ein gegen Ende außerordentlich stark be-

---

[1] Nach O. Thornycroft: J. Instn. Petrol. Technologists **23** (1937), 150. — Nach D. Clerk: Trans. Faraday Soc. **22** (1926), 338 soll bereits 1882 Klopfen bekannt gewesen sein.

[2] Vgl. H. R. Ricardo: Schnellaufende Verbrennungsmotoren, übersetzt von A. Werner und P. Friedmann. Berlin, 1932. — Auch von C. F. Kettering in den Vereinigten Staaten [J. Soc. automot. Engr. 4 (1919), 263; 5 (1919), 197], durch den auch die weiteren Arbeiten von Midgley angeregt sind.

[3] Über den Klopfvorgang vgl. an neueren Darstellungen: „The Science of Petroleum", Oxford, 1938, Bd. IV, Artikel: A. C. Egerton, General statement as to existing knowledge on Knocking and its Prevention; H. A. Beatty, G. Edgar, Theory of Knock in combustion Engines; W. G. Lovell, J. M. Campbell, Knocking characteristics and molecular structure of Hydrocarbons; G. Calingaert, Antiknock Compounds; F. H. Garner, Lead susceptibility of Gasoline; R. Dumanois, Researches on Detonation in France; J. M. Campbell, T. A. Boyd, Measurement of the Knocking Characteristics of automotive Fuels; C. V. B. Beale, The Engineering aspects of Detonation; sowie die verschiedenen Artikel über Oxydation, Verbrennung, Explosion und Detonation von Kohlenwasserstoffen, ebenda. — B. Lewis, G. von Elbe: Combustion, Flames and Explosions of Gases. Cambridge, 1938; J. appl. Physics 10 (1939), 344—359. — G. M. Rassweiler, Ll. Withrow: Studying Engine Combustion by Physical means. Ebenda 9 (1939), 362. — Chem. Reviews **21/22** (1937/38): Symposium on Gaseous Combustion. — Schriften d. Dtsch. Akad. d. Luftfahrtforsch. 9 (1939): Vorträge über „Physikalische und chemische Vorgänge im Motor". — W. Jost: Explosions- und Verbrennungsvorgänge in Gasen. Berlin, 1939.

schleunigter Verbrennungsablauf ist; als Folge davon können scharfe Druckspitzen, gefolgt von Stoßwellen im verbrannten Gemisch, auftreten. Man hat dies sowohl durch Indikatordiagramme wie durch unmittelbare Flammenaufnahmen durch ein Fenster im Verbrennungsraum des Motors festgestellt. Das Klopfen verursacht einen Leistungsabfall und kann zu Schäden am Motor führen. Ricardo hat auch bereits festgestellt, daß verschiedene Brennstoffe sehr verschieden „klopffest" sein können, und hat diese Klopffestigkeit des Brennstoffs durch sein „kritisches Kompressionsverhältnis" charakterisiert.[1] Es ist dann Midgley[2] gewesen, der entdeckte, daß sich das Klopfen durch manche Zusätze in geringer Menge günstig beeinflussen läßt. Die Entdeckungsgeschichte ist recht interessant und in der zweiten der zitierten Abhandlungen Midgleys nachzulesen. Die ersten Versuche (mit Jod) waren durch eine keineswegs haltbare Arbeitshypothese veranlaßt worden, führten aber als Folge einer ausgedehnten systematischen Arbeit, in deren Verlauf eine große Zahl (viele Tausende) von Stoffen untersucht wurden, zur Entdeckung des Bleitetraäthyls als des wirksamsten Antiklopfmittels durch Midgley und Boyd. Es ist in seiner Wirksamkeit von keinem der anderen später entdeckten Antiklopfmittel übertroffen worden und wird heute in der ganzen Welt in größtem Umfange als Zusatz zu Auto- und besonders zu Fliegerbenzinen verwandt. Nach Midgley (l. c. 1937) ist in den letzten 10 Jahren kein einziger Rekord aufgestellt worden, bei welchem nicht Bleitetraäthyl verwandt worden wäre. Schwierigkeiten für den Motorbetrieb, die durch Blei verursacht waren, ließen sich überwinden, desgleichen die von der Giftigkeit des Bleitetraäthyls herrührenden Gefahren; man wendet heute Bleitetraäthyl ausschließlich in Form von „Äthylfluid" an, einem Gemisch mit Äthylendibromid; das Brom bildet im Motor flüchtiges Bleibromid, wodurch schädliche Blei- bzw. Bleioxyd- und -sulfatniederschläge im Motor verhindert oder zumindest zurückgedrängt werden. (Vgl. Banks[3] für Fragen im Zusammenhang mit dem Motorbetrieb.) In Deutschland wurde von Müller-Cunradi bei der I. G. Farbenindustrie A. G. das Eisencarbonyl als Antiklopfmittel gefunden, welches in seiner Wirksamkeit, auf Gewicht bezogen, dem Bleitetraäthyl nicht wesentlich nachsteht und zudem nicht entfernt so giftig ist; trotzdem ist es, soweit bekannt, nicht gelungen, es in größerem Umfang in den praktischen Betrieb einzuführen.

Die Deutung der Antiklopfmittelwirkung setzt ein Verständnis des Klopfphänomens voraus. Ricardo hatte bereits frühzeitig das Klopfen als (praktisch) gleichzeitige Selbstzündung des letzten unverbrannten Gemischrestes im Motor gedeutet. Diese Auffassung glaubte man dann aber lange Zeit hindurch aufgeben zu müssen, da keine eindeutigen Parallelen zwischen Klopfverhalten und dem unter gewöhnlichen Verhältnissen beobachteten Selbstzündungsverhalten der Kraftstoffe bestehen. Diese Bedenken entfallen aber, wenn man die Selbstzündung unter wirklich vergleichbaren Verhältnissen ins Auge faßt, nämlich bei nicht zu kleinen Gasdichten und bei Induktionszeiten, welche mit denen vergleichbar sind, die beim Klopfen im Motor zur Verfügung stehen (z. B. $^1/_{100}$ sec und darunter). Es darf heute als allgemein anerkannt gelten, daß das Klopfen eine (nahezu gleichzeitige) Selbstzündung des letzten Teiles unverbrannter Ladung im Verbrennungsraum ist und nicht etwa eine wirkliche „Detonation",

---

[1] H. R. Ricardo: l. c. sowie z. B. Proc. Instn. Automobile Engr. 18 (1923), Pt. 1 (zit. „Science of Petrol.", Bd. IV, S. 2926).

[2] T. Midgley: J. Soc. automot. Engr. 7 (1920), 489; vgl. ferner Ind. Engng. Chem. 29 (1937), 241.

[3] F. R. Banks: Some Problems of Modern High-Duty Aero Engines and their Fuel. J. Instn. Petrol. Technologists 23 (1937), 63.

für welche man es lange Zeit hielt. Damit ist aber das Klopfen ein reaktionskinetisches Problem, und für die Wirkung der Antiklopfmittel bietet sich von selbst die Deutung als negative Katalyse an, welche auf Egerton[1] zurückgeht. Bodenstein[2] hat, ausgehend von der Erfahrung, daß die Gefäßwände, und insbesondere geeignet vorbehandelte Gefäßwände, einen stark hemmenden Einfluß auf Kettenreaktionen haben können, die Deutung der Antiklopfmittelwirkung als Wandeffekt von feinst verteiltem Blei bzw. von Verbindungen desselben vorgeschlagen; da die Antiklopfmittel erst wirksam werden, wenn sie, besonders in sauerstoffhaltiger Atmosphäre, zerfallen sind, so ist, wenigstens bei den Schwermetall-Klopffeinden, eine solche Deutung nicht von vornherein ausgeschlossen (vgl. jedoch Egerton, siehe unten S. 460, vgl. ferner S. 476 ff.).

Auch heute ist es nicht möglich, im einzelnen zu sagen, wie der Antiklopfmitteleinfluß zustande kommt. Unter Vorwegnahme der Resultate dieses Aufsatzes sei bemerkt, daß ein anderer Deutungsversuch als der durch kettenabbrechende Wirkung der Klopffeinde nicht in Frage kommen kann; nur läßt sich nicht sagen, welcher Art nun die kettenabbrechenden Reaktionen sind. Dazu ist die Kinetik der Kohlenwasserstoffoxydation überhaupt noch nicht genau genug geklärt. Es lassen sich aber aus dem beobachteten Verhalten eine Reihe qualitativer und auch mehr oder weniger quantitativer Gesetzmäßigkeiten ableiten, die einerseits allgemein-reaktionskinetisches Interesse beanspruchen dürfen, anderseits doch auch gewisse Ausblicke auf die Entwicklungsmöglichkeiten auf dem Gebiet der Treibstoffe und Klopffeinde eröffnen, so daß sie auch nicht ganz ohne praktischen Wert sein dürften.

2. Phänomenologisches über die Wirkung der Klopffeinde.

Zum Verständnis der Wirkung der Klopffeinde müssen wir einige Worte über die Verhältnisse beim Otto-Motor vorausschicken. Der Wirkungsgrad η des zum Vergleich herangezogenen Idealprozesses ist gegeben durch

$$\eta = 1 - \frac{1}{\varepsilon^{\varkappa} - 1}, \tag{1}$$

worin ε das Verdichtungsverhältnis ist und $\varkappa$ das Verhältnis der spezifischen Wärmen des Arbeitsgases c_p und c_v bei konstantem Druck bzw. Volumen; und zwar wird $\varkappa$ für diesen Idealprozeß als unabhängig von der Temperatur angenommen. Gleichung (1) zeigt, daß der Wirkungsgrad mit zunehmendem Verdichtungsverhältnis ansteigt (und sich asymptotisch der 1 nähert); bei heute gebräuchlichen Kompressionsverhältnissen bis ~ 7 liegt der Nutzeffekt des Idealprozesses in der Gegend von 50%. Ebenso wie zunehmende Verdichtung wirkt auch zunehmende Überladung klopffördernd.

Ein naturgemäßes Maß für die Festlegung des Klopfverhaltens eines Treibstoffes (und entsprechend für die Wirkung eines Antiklopfmittels) wäre dasjenige Verdichtungsverhältnis, für welches ein Motor mit diesem Treibstoff zu klopfen anfängt; damit wäre zugleich eine Angabe über Temperatur und Druck festgelegt, bei welchen das Klopfen einsetzt; in ähnlicher Weise hat man auch die Klopffestigkeit von Kraftstoffen durch ihr kritisches Kompressionsverhältnis bzw. ihr höchstes nutzbares Kompressionsverhältnis charakterisiert

[1] A. Egerton: Nature (London) **120** (1927), 694; **122** (1928), 20.

[2] M. Bodenstein: S.-B. preuß. Akad. Wiss., physik.-math. Kl. **1928**, 490; **1931**, 73; Z. Elektrochem. angew. physik. Chem. **38** (1932), 911; Z. physik. Chem., Abt. B **12** (1931), 151.

(Ricardo, siehe oben S. 444). Der Nachteil dieses Maßes besteht aber darin, daß es in hohem Grade von dem verwandten Motor und dessen Betriebsbedingungen (wie Drehzahl, Kühlmitteltemperatur, Gemisch-Ansaug-Temperatur und -Druck usw.) abhängt. Die Praxis ist daher dazu übergegangen, geeignete Klopfprüfmotoren mit variierbarem Verdichtungsverhältnis zu benutzen und weiterhin den untersuchten Stoff nicht einfach durch sein darin erreichbares kritisches Verdichtungsverhältnis zu charakterisieren, sondern ihn zu vergleichen mit solchen Gemischen aus Vergleichskraftstoffen, nämlich *n*-Heptan und *iso*-Octan (*2,2,4*-Trimethylpentan

$$CH_3-\overset{\displaystyle CH_3}{\underset{\displaystyle CH_3}{\overset{|}{\underset{|}{C}}}}-CH_2-\overset{\displaystyle }{\underset{\displaystyle CH_3}{\underset{|}{CH}}}-CH_3),$$

welche gleiches Klopfverhalten mit ihm zeigen; *n*-Heptan ist ein sehr klopffreudiger Kraftstoff, *iso*-Octan ein wenigstens für bisherige Begriffe sehr klopffester Kraftstoff; als Octanzahl eines Treibstoffes bezeichnet man den Prozentgehalt eines *iso*-Octan-*n*-Heptan-Gemisches an *iso*-Octan, welches gleiches Klopfverhalten (wie der zu prüfende Stoff) zeigt, und zwar unter genau festgelegten Betriebsbedingungen des Prüfmotors.[1] Man kann auch den Treibstoff in Mischung mit *n*-Heptan (oder einem anderen wenig klopffesten Treibstoff) untersuchen und aus der Octanzahl des Gemisches nach der Mischungsregel für den untersuchten reinen Stoff eine *Mischoctanzahl* berechnen, welche mit der Octanzahl des reinen Stoffes im allgemeinen nicht übereinstimmen wird. Manchmal vergleicht man auch die Wirkung des zugemischten Treibstoffes mit der eines milden Antiklopfmittels, des Anilins, und kommt so zu *Anilinäquivalenten*[2] eines Stoffes. Diese verschiedenen Kenngrößen sind alle angewandt worden, und da gerade vom reaktionskinetischen Standpunkt das verschiedenartige Verhalten eines Stoffes, einmal in reiner Form, dann in Mischung mit wenig klopffesten Stoffen und schließlich mit Zusatz von Antiklopfmitteln wichtig ist, so mußten sie hier erwähnt werden.

Ehe auf die Wirkung der Antiklopfmittel eingegangen wird, muß das Verhalten der reinen Stoffe als Treibmittel besprochen werden. In den Tabellen 1 bis 5 sind kritische Kompressionsverhältnisse reiner Stoffe (Paraffine, Olefine, Acetylenderivate, Naphthene und Aromaten) zusammengestellt sowie die Änderungen des kritischen Kompressionsverhältnisses bei Zusatz von 1 cm³ Pb(Äth.)₄ auf die amerikanische Gallone ($\sim$ 3,8 l). Zu den angeführten Methoden vergleiche die in Fußnote 1 zitierten Arbeiten. Die angegebenen kritischen Kompressionsverhältnisse liegen in einem Intervall von $\sim$ 2,6 bis über 15; d. h. die wenigst klopffesten könnten in keinem einzigen Motor ohne Störung benutzt werden, während die klopffestesten weit mehr als die für heutige Verhältnisse zu stellenden Anforderungen erfüllen. Ferner fallen ausgeprägte Unterschiede im Verhalten der einzelnen Brennstoffgruppen ins Auge: Aromaten sind im allgemeinen sehr klopffest, etwas weniger sind es die Naphthene, während normale Paraffine weniger klopffest sind als Naphthene gleicher C-Atomzahl. Olefine mit Ausnahme der ersten Glieder der Reihe sind meist klopffester als die entsprechenden Paraffine. Innerhalb der einzelnen Reihen nimmt bei sonst analoger

---

[1] Vgl. hierzu etwa die Angaben in „The Science of Petroleum", Bd. IV, oder bei A. W. Nash, D. A. Howes: Motor Fuels. London, 1934/35.

[2] Vgl. z. B. „The Science of Petroleum", l. c. sowie W. G. Lovell, J. M. Campbell, J. A. Boyd: J. Soc. automot. Engr. **26** (1930), 163; Ind. Engng. Chem. **23** (1931), 26, 555; **25** (1933), 1107; **26** (1934), 475, 1105; **27** (1935), 593.

Tabelle 1. *Kritische Kompressionsverhältnisse (K. K. V.) von Paraffinen, Olefinen und Diolefinen, sowie Erhöhung des K. K. V. durch Bleitetraäthylzusatz (absolut und relativ).* (Nach Boyd und Mitarbeitern.) Methode ist ungefähr der CFR-Research-Methode äquivalent.

Olefine und Diolefine	K. K. V.	Δ K. K. V. bei Zusatz von 1 cm³ Pb(Äth)₄ pro Gallone (3,8 l)	Δ %	Paraffine	K. K. V.	K. K. V. bei Zusatz von 1 cm³ Pb(Äth)₄ pro Gallone (3,8 l)	Δ %
				Methan	15,0	—	—
Äthylen	8,5	—	—	Äthan	14,0	—	—
Propylen	8,4	—	—	Propan	12,0	—	—
1-Penten	5,8	0,30	5,2	*n*-Pentan	3,8	0,50	} 13,1
2-Penten	7,0	0,50	7,1	*n*-Pentan	3,8	0,50	
2-Methyl-*2*-Buten	7,0	0,70	10,0	*i*-Pentan	5,7	0,95	16,7
2,3-Dimethylbutadien	8,6	0,10	1,2	—	—	—	—
2,4-Hexadien	6,6	0,10	1,5	*n*-Hexan	3,3	0,20	} 6,1
1,5-Hexadien	4,8	0,25	5,2	*n*-Hexan	3,3	0,20	
1-Hexen	4,6	—	—	*n*-Hexan	3,3	0,20	
2-Hexen	5,4	—	—	—	—	—	—
1-Hepten	3,7	0,25	6,8	*n*-Heptan	2,8	0,20	} 7,1
3-Hepten	4,9	0,80	16,3	*n*-Heptan	2,8	0,20	
2,2-Dimethyl-*4*-Penten	10,0	—	8,0	*n*-Heptan	2,8	0,20	
3-Äthyl-*2*-Penten	6,6	0,50	7,6	*3*-Äthylpentan	3,9	0,20	5,1
2,4-Dimethyl-*2*-Penten	8,8	—	—	*2,4*-Dimethylpentan	5,0	0,80	16,0
2-Methyl-*5*-Hexen	4,7	0,25	5,3	—	—	—	} 7,1[1]
3-Methyl-*5*-Hexen	5,0	0,20	4,0	—	—	—	
2,2,3-Trimethyl-*3*-Buten	12,6	—	—	*2,2,3*-Trimethylbutan	13,0	—	—
1-Octen	3,4	0,15	4,4	*n*-Octan	2,6	0,2	∼ 8[2]
2,2,4-Trimethyl-*3*-Penten	10,0	0,35	3,5	*2,2,4*-Trimethylpentan	7,7	2,10	} 27,3
2,2,4-Trimethyl-*4*-Penten	11,3	0,25	2,2	*2,2,4*-Trimethylpentan	7,7	2,10	
—	—	—	—	*2,7*-Dimethyloctan	3,3	0,20	6,1
—	—	—	—	*3,4*-Diäthylhexan	3,9	0,30	7,7
Relative Erhöhung des kritischen Kompressionsverhältnisses durch Zusatz von 1 cm³ Bleitetraäthyl pro Gallone im Mittel			5,9				10,9

Tabelle 2. *Kritische Kompressionsverhältnisse für Acetylenkohlenwasserstoffe.* (Nach Boyd und Mitarbeitern; vgl. Tabelle 1.)

Kohlenwasserstoff	K. K. V.	Δ K. K. V. bei Zusatz von 1 cm³ Pb(Äth)₄ pro Gallone	Δ %
Acetylen	4,6	—	—
1-Heptin	4,9	0,33	6,7
3-Heptin	3,4	0,10	2,9
2-Octin	4,0	0,10	2,5
		Mittel …	4

Struktur die Klopffestigkeit mit zunehmender Kettenlänge ab (Methan hat kritisches Kompressionsverhältnis ∼ 15, *n*-Octan nur 2,6). Das überraschendste Resultat ist, daß die Klopffestigkeit von Isomeren einer Reihe sehr große Unter-

---

[1] Die Werte von *n*-Heptan zum Vergleich.

[2] Geschätzt (nach *n*-Hexan und *n*-Heptan).

Tabelle 3. *Kritisches Kompressionsverhältnis* (*K. K. V.*) *von Naphthenen* (*gesättigt*), *sowie absolute und relative Erhöhung durch Bleizusatz.* (Nach BOYD und Mitarbeitern; wie in Tabelle 1.)

Stoff	K. K. V.	Δ K. K. V. bei Bleizusatz	Δ %
Cyclopentan	10,8	2,7	25
Äthylcyclopentan	3,9	—	—
1,3-Dimethylcyclopentan	4,2	—	—
1,3-Methyl-Äthylcyclopentan	3,6	—	—
n-Amylcyclopentan	2,8	—	—
Cyclohexan	4,5	0,65	14,4
Methylcyclohexan	4,6	0,30	6,5
1,2-Dimethylcyclohexan	5,1	0,35	6,9
1,3-Dimethylcyclohexan	4,4	0,21	4,8
1,4-Dimethylcyclohexan	4,3	—	—
Äthylcyclohexan	3,8	—	—
1,2-Methyläthylcyclohexan	4,3	0,16	3,7
1,3-Methyläthylcyclohexan	3,8	0,12	3,2
1,4-Methyläthylcyclohexan	3,7	0,13	3,5
n-Butylcyclohexan	3,3	—	—
s-Butylcyclohexan	3,6	—	—
1,2-Methyl-*n*-Propylcyclohexan	3,6	0,12	3,3
1,3-Methyl-*n*-Propylcyclohexan	3,4	0,12	3,5
1,4-Methyl-*n*-Propylcyclohexan	3,3	0,12	3,6
1,4-Methyl-*iso*-Propylcyclohexan	4,0	0,26	6,5
1,3-Diäthylcyclohexan	3,2	—	—
1,4-Diäthylcyclohexan	3,3	—	—
n-Amylcyclohexan	3,1	—	—
i-Amylcyclohexan	3,3	—	—
tert.-Amylcyclohexan	4,2	—	—
1,2-Methyl-*n*-Butylcyclohexan	3,4	0,10	2,9
1,3-Methyl-*n*-Butylcyclohexan	3,3	0,10	3,0
1,4-Methyl-*n*-Butylcyclohexan	3,2	0,10	3,1
1,2-Methyl-*n*-Amylcyclohexan	3,2	0,10	3,1
Decahydronaphthalin	3,6	0,13	3,6
Relative Erhöhung des K. K. V. bei Zusatz von 1 cm³ Bleitetraäthyl pro Gallone im Mittel			5,9

schiede aufweist in dem Sinne, daß die Klopffestigkeit bei zunehmender Verzweigung der C-Atomkette in der Molekel stark zunimmt (Beispiel: *n*-Octan hat kritisches Kompressionsverhältnis 2,6; *iso*-Octan = *2,2,4*-Trimethylpentan kritisches Kompressionsverhältnis 7,7). Eine Reihe weiterer Gesetzmäßigkeiten entnimmt man den Tabellen.

In Tabelle 6 sind Octanzahlen von Paraffinen

Tabelle 4. *Kritische Kompressionsverhältnisse für Naphthene* (*ungesättigt*). (Nach BOYD und Mitarbeitern; wie Tabelle 1.)

	K. K. V.	Δ K. K. V.	Δ %
Cyclopentadien	10,9	— 0,90	— 8,3
Dimethylfulven	9,2	— 0,13	— 1,4
Inden	11,2	— 0,10	— 0,9
Dicyclopentadien	11,0	— 0,30	— 2,7
Cyclopenten	7,9	0,20	+ 2,5
1,3-Cyclohexadien	5,9	— 0,02	— 0,3
Cyclohexen	4,8	0,20	+ 4,2
1-Methylcyclohexen	4,8	—	—
Dipenten	5,9	0,25	+ 4,2
Relative Erhöhung des kritischen Kompressionsverhältnisses bei Zusatz von 1 cm³ Pb(Äth)₄ pro Gallone im Mittel			— 0,3

Tabelle 5. *Kritische Kompressionsverhältnisse für Aromaten.*
(Nach BOYD und Mitarbeitern; vgl. Tabelle 1.)

Stoff	K. K. V.	Δ K. K. V.	Stoff	K. K. V.	Δ K. K. V.
Benzol	15	—	Cymol (*1,4*-Methyl-		
Toluol	13,6	—	*i*-Propylbenzol	11,1	1,0
Äthylbenzol	10,5	2,0	*1,3*-Diäthylbenzol	10,8	—
o-Xylol	9,6	—	*1,4*-Diäthylbenzol	9,3	—
m-Xylol	13,6	—	*tert.*-Amylbenzol	12,1	2,0
p-Xylol	14,2	—	Phenylacetylen	12,4	— 0,80
n-Propylbenzol	10,1	—	Phenyläthylen	14,0	—
i-Propylbenzol	11,9	—	Benzylacetylen	7,4	0,12
Mesitylen	14,8	—	Methyl-Phenyl-		
n-Butylbenzol	7,7	—	acetylen	11,8	— 0,30
sek.-Butylbenzol	10,1	—	Phenylbutadien	9,5	0,00
tert.-Butylbenzol	12,5	—	Trimethylphenyl-		
			allen	8,3	— 0,20

Tabelle 6. *Octanzahlen von Paraffinen.* (Nach EGLOFF,[1] CFR-Motor-Methode.)

Stoff	Octanzahl	Stoff	Octanzahl
Methan	125 +	*2,3*-Dimethylbutan	95
Äthan	125 +	*n*-Hexan	30
Propan	125 +	Heptane	
Butane		*2,2*-Dimethylpentan	93
i-Butan	99	*2,3*-Dimethylpentan	85
n-Butan	91	*2,4*-Dimethylpentan	90
Pentane		2-Methylhexan	64
2,2-Dimethylpropan	83	*n*-Heptan	0
i-Pentan	90	Octane	
n-Pentan	64	*n*-Octan	—28
Hexane		*2,2,3*-Trimethylpentan	101
2,2-Dimethylbutan	95	*2,2,4*-Trimethylpentan	100

zusammengestellt, welche den Anschluß an die übliche technische Klopffestigkeitsskala vermitteln; die Tabellen 7 und 8 zeigen die Werte für Äther und Alkohole. Zur Illustration sei vermerkt, daß die Octanzahl der üblichen Fliegerbenzine in den letzten Jahren bei etwa 87 lag.

Soweit vorhanden, sind in den Tabellen die Erhöhungen des kritischen Kompressionsverhältnisses durch Pb(Äth.)$_4$ vermerkt; es zeigt sich, daß die Bleiwirkung ganz spezifisch vom Kraftstoff abhängt, was unten eingehend diskutiert werden soll.

Zunächst werde noch in Abb. 1 das Verhalten von Brennstoffgemischen betrachtet. Sie zeigt kritische Kompressionsverhältnisse der Mischung von *n*-Heptan mit Cyclohexan, *iso*-Octan und Benzol sowie von *iso*-Octan mit Benzol und mit Dicyclopentadien. In allen angeführten Fällen wird das kritische Kompressionsverhältnis des weniger klopffesten Stoffes durch Zusatz des klopffesteren erhöht. In gewissem Sinne kann man also jeden klopffesteren Zusatz auch als Antiklopfmittel bezeichnen. Es sind aber ganz charakteristische Unterschiede, nicht bloß quantitativer Art, vorhanden. In keinem Falle ist das kritische Kompressions-

---

[1] G. EGLOFF: J. Instn. Petrol. Technologists **23** (1937), 645.

Tabelle 7. *Octanzahlen von Äthern und Mischoctanzahlen.*
(Nach EGLOFF,[1] CFR-Motor-Methode.)

Stoff	Octanzahl	Mischoctanwert in 25% Mischung mit 74-Octan-Fliegerbenzin + 1 cm³ Pb(Äth)₄ pro Gallone
*Dii*sopropyläther	101	105
Methyl*iso*propyläther	73	90
Methyl-*tert.*-Butyläther	111	106
Methyl-*tert.*-Amyläther	108	108
Äthyl-*iso*propyläther	75	87
Äthyl-*sek.*-Butyläther	63	73
Äthyl-*tert.*-Butyläther	115	114
Äthyl-*tert.*-Amyläther	112	106
iso-Propyl-*tert.*-Butyläther	112	118
n-Propyl-*tert.*-Butyläther	103	106
Di-*sek.*-Butyläther	95	—
sek.-Butyl-*tert.*-Butyl-äther	106	105
tert.-Butyl-*n*-Butyläther	81	92
tert.-Butyl-*n*-Amyläther	63	80

Ketone sind ebenfalls sehr klopffest und zeigen hohe Bleiempfindlichkeit.

Tabelle 8. *Octanzahlen von Alkoholen.* (Nach EGLOFF,[1,2] CFR-Motor-Methode.)

Methanol	Äthanol	*n*-Butanol	*i*-Butanol	sek.-Butanol	*tert.*-Butanol	Amyl	tert.-Amyl
98	99,5	87,5	87,5	—	100 + (*i*-Octan + 3 Bleitetraäthyl pro Gallone)	77,5	100 + (*i*-Octan + 0,2 Bleitetraäthyl pro Gallone)

In Mischung mit 70-Octan-Gasolin zeigen die Alkohole auch gute Bleiempfindlichkeit

verhältnis der Gemische nach der Mischungsregel zu berechnen; das ist aber auch von vornherein nicht zu erwarten, da es in keiner einfachen Beziehung zu dem Klopfverhalten zu stehen braucht. Auffällig ist aber das Verhalten von Dicyclopentadien-*iso*-Octan-Mischungen im Vergleich zu *iso*-Octan-Benzol, aber auch zu den übrigen Gemischen. Obwohl Dicyclopentadien wesentlich weniger klopffest ist als Benzol, setzt es in kleinen Konzentrationen das kritische Kompressionsverhältnis des *iso*-Octans wesentlich stärker herauf als Benzol, mit anderen Worten: bei Zumischung in nicht zu großen Mengen hat Dicyclopentadien eine wesentlich höhere Mischoctanzahl als das in reiner Form viel klopffestere Benzol. Dicyclopentadien zeigt also in viel höherem Maße die Eigenschaften eines Antiklopfmittels als Benzol. Wir werden sehen, daß ein solches Verhalten typisch für ungesättigte bzw. mehrfach ungesättigte Verbindungen, nicht aber für Aromaten ist.

Die obigen Tabellen haben bereits erkennen lassen, daß die Bleiempfindlichkeit der einzelnen Stoffe sehr verschieden sein kann, und zwar derart, daß innerhalb von Reihen homologer Stoffe vielfach die Erhöhung des kritischen Kompressionsverhältnisses durch gegebenen Bleizusatz um so größer ist, je größer

---

[1] G. EGLOFF: J. Instn. Petrol. Technologists **23** (1937), 645.
[2] Vgl. ferner F. R. BANKS: Some problems of modern High-Duty Aero Engines and their Fuels. J. Instn. Petrol. Technologists **23** (1937), 63.

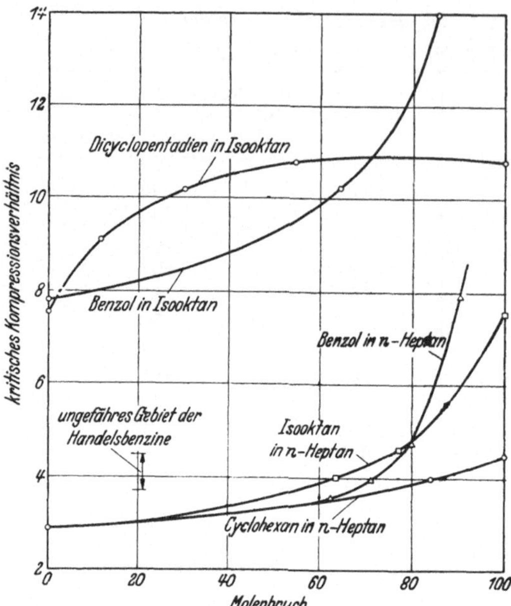

Abb. 1. Kritische Kompressionsverhältnisse verschiedener Gemische (RESEARCH-Methode[1]); als Abszisse ist der Molenbruch der klopffesteren Komponente in der Mischung aufgetragen. Auffallend ist die besonders starke Wirkung kleiner Beimischungen von Dicyclopentadien. (Nach LOVELL, CAMPBELL und BOYD.[2])

die Klopffestigkeit des betreffenden Stoffes von sich aus war. Z. B. setzt 1 cm³ Pb(Äth.)$_4$ das kritische Kompressionsverhältnis von n-Octan (2,6) um 0,2 herauf, das von iso-Octan (7,7) aber um 2,10. Anderseits ist die Bleiempfindlichkeit der ungesättigten Kohlenwasserstoffe meist kleiner als die der gesättigten; hier kann Bleizusatz unter Umständen sogar das kritische Kompressionsverhältnis erniedrigen (Tabelle 4 und 5). Innerhalb der Reihe der Aromaten ergeben sich keine einfachen Beziehungen, weil die verschiedenartigen Substituenten zu sehr den Charakter der Stoffe bestimmen. Diese Verhältnisse werden durch Abb. 2 nochmals illustriert. Es wird die Vermutung nahegelegt, daß zwischen der im Mittel geringeren Bleiempfindlichkeit der Ungesättigten einerseits, ihrer relativ hohen Mischoctanzahl, wie sie beim Dicyclopentadien besonders auffällig hervortrat, andrerseits ein Zusammenhang besteht.

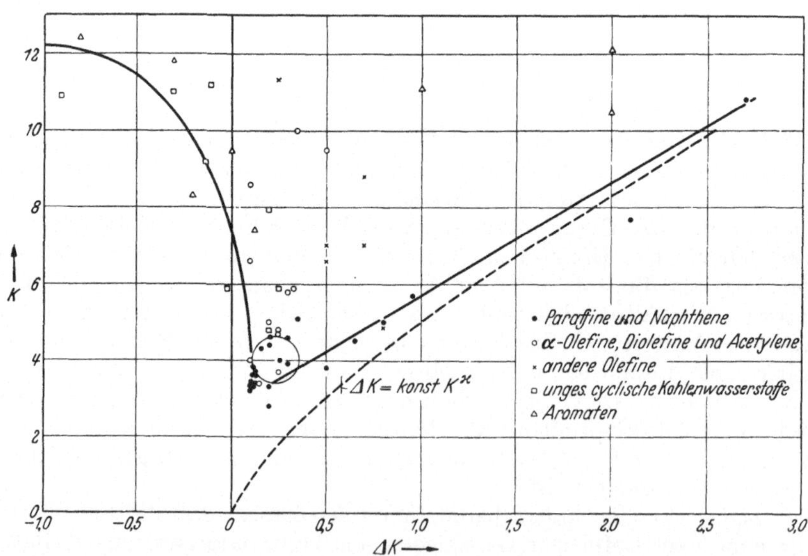

Abb. 2. Kritisches Kompressionsverhältnis K sowie Erhöhung des kritischen Kompressionsverhältnisses bei Zusatz von 1 cm³ Bleitetraäthyl je Gallone ΔK für verschiedene Kohlenwasserstoffgruppen. (Nach LOVELL, CAMPBELL und BOYD, zit. S. 447.)

---

[1] Zu den Methoden vgl. die S. 447, Fußnote 1 zit. Arbeiten.
[2] W. G. LOVELL, J. M. CAMPBELL, J. A. BOYD: Ind. Engng. Chem. 26 (1934), 1105.

Abb. 3 zeigt Mischoctanzahlen[1] gegen kritische Kompressionsverhältnisse aufgetragen, und zwar für Paraffine, Olefine, *1,3*-Diolefine und andere Diolefine. Es ist unverkennbar, daß bei gleicher Klopffestigkeit (gleichem kritischen Kompressionsverhältnis) die Mischoctanzahlen der Olefine im Mittel wesentlich über denen der Paraffine und die der *1,3*-Diolefine nochmals weit über denen aller anderen liegen.

Nimmt man hierzu die Erfahrung (die man auch theoretisch begründen kann[2]), daß die Erhöhung des kritischen Kompressionsverhältnisses eines Treibstoffes durch Bleizusatz weniger als proportional mit diesem ansteigt, daß also Zusatz einer gegebenen Menge Antiklopfmittel um so weniger wirksam ist, je mehr Antiklopfmittel bereits zugefügt ist, so lassen sich die vorangehenden Erfahrungen folgendermaßen zusammenfassen: Die Ungesättigten benehmen sich etwa so wie Gesättigte geringerer Klopffestigkeit, denen bereits Antiklopfmittel zugefügt worden ist. Dann sind sie nämlich einerseits unempfindlicher gegen weiteren

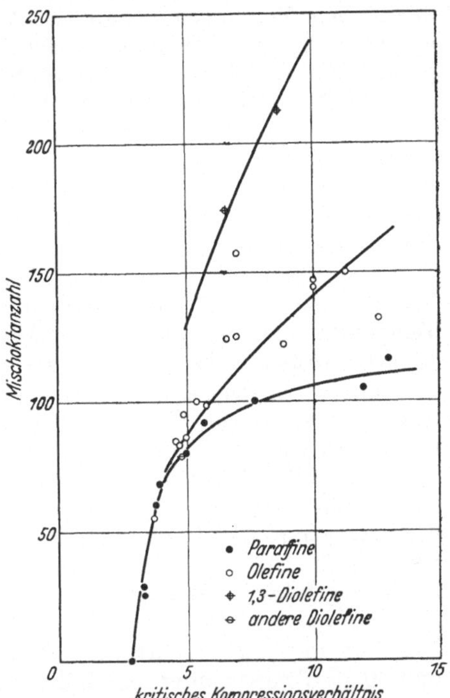

Abb. 3. Mischoctanzahlen (aus Anilinäquivalenten umgerechnet[3]) gegen kritisches Kompressionsverhältnis aufgetragen für verschiedene Kohlenwasserstoffgruppen. (Nach Versuchen von Boyd und Mitarbeitern.)

Tabelle 9. *Relative klopffeindliche Wirkung.* (Anilin = 1.) (Nach CALINGAERT.)

Benzol.................	0,085
iso-Octan (*2,2,4*-Trimethylpentan).	0,085
Äthanol................	0,104
Xylol..................	0,142
Anilin	1,00
Äthyljodid	1,09
Titantetrachlorid	3,2
Zinntetraäthyl...........	4,0
Diäthylselenid	6,9
Diäthyltellurid	26,6
Nickelcarbonyl	35
Eisencarbonyl	50
Bleitetraäthyl	118

Zusatz von Klopffeinden, während sich anderseits in Mischung die Wirkung des Antiklopfmittels auch gegenüber dem zweiten Stoff bemerkbar macht. Die weiter unten gegebene reaktionskinetische Deutung, daß Doppelbindungen ebenso wie Antiklopfmittel kettenabbrechend wirken, erlaubt alle Erfahrungen in ein einfaches Schema einzuordnen.

Die relative Wirksamkeit verschiedener Antiklopfmittel (auf Anilin = 1 bezogen) zeigt die obenstehende Tabelle 9; natürlich sind die darin enthaltenen Angaben nicht von absolutem quantitativen Wert, da die Wirksamkeit auch von dem Kraftstoff abhängt, dem man die Klopffeinde zufügt. Zum Vergleich sind darin auch klopffeste Treibstoffe aufgenommen.

---

[1] W. G. LOVELL ,J. M. CAMPBELL u. T. A. BOYD: S. A. E. Journal **26** (1930) 163.
[2] Vgl. unten, S. 471 ff.
[3] Vgl. S. 447.

Für das Verständnis der Antiklopfmittelwirkung von Wichtigkeit ist es, daß es Stoffe gibt, die in ihrer Wirksamkeit diesen genau entgegengesetzt sind (dahin gehören organische Peroxyde, Nitrite, Ozon u. a., vgl. auch S. 457). Das legt es außerordentlich nahe, die einen als negative, die anderen als positive Katalysatoren einer Kettenreaktion aufzufassen, eine Vermutung, die wohl zur Gewißheit wird, sobald man in Betracht zieht, daß die langsame Oxydation von Kohlenwasserstoffen sicher eine Kettenreaktion ist und von den beiden Stoffgruppen auch in entsprechender Weise beeinflußt wird.[1]

Will man den Klopfvorgang im Motor vergleichen mit dem aus reaktionskinetischen Messungen bekannten Verhalten bei der Oxydation von Kohlenwasserstoffen, so muß man zunächst die physikalischen Bedingungen kennen, unter welchen sich das unverbrannte Gemisch im Motor befindet. Auch wenn man im Motor ein kaltes Gemisch ansaugt,[2] so wird noch vor der Verdichtung durch Wärmeaustausch mit den heißen Zylinderwandungen und durch Mischung mit den heißen Restgasen vom vorangehenden Arbeitstakt her seine Temperatur steigen, größenordnungsmäßig vielleicht auf 100° C. Bei Verdichtung um das Siebenfache wird diese Temperatur weiter auf etwa 450° C ansteigen; wird nun durch einen Funken gezündet (im praktischen Betrieb bekanntlich schon kurz bevor maximale Verdichtung erreicht ist), so wird durch die fortschreitende Flamme der unverbrannte Rest weiterhin komprimiert, wobei die absolute Temperatur des zu allerletzt verbrennenden Restes nochmals auf etwa das 1,5fache ansteigen kann,[3] d. h. sie könnte bis zu $\sim 800°$ C erreichen. Die so berechneten Zahlen sind natürlich zu hoch, weil die Wärmeableitung vernachlässigt ist, sie zeigen aber auf alle Fälle, welche extremen Temperaturen auch im unverbrannten Gemischanteil erreicht werden können.

Andrerseits dauert bei einem schnellaufenden Motor von ~ 3000 U/min eine Umdrehung nur $\sim {}^1/_{50}$ sec; die Zeiten, während welcher ein gewisser Rest des unverbrannten Gemisches auf Temperaturen oberhalb z. B. 500° C sich befindet, sind daher recht kurz, z. B. $< 10^{-2}$ sec, um so kürzer, je höher die ins Auge gefaßte Temperaturgrenze liegt. Besteht das Klopfen in einer spontanen Zündung des unverbrannten Gemisches, so muß dafür jedenfalls eine explosive Reaktion unter ganz extremen Bedingungen, z. B. bei Drucken zwischen 10 und 40 at, Temperaturen oberhalb $400 \div 500°$ C oder darüber sowie Induktionszeiten von unter ${}^1/_{100}$ sec, z. B. 10^{-3} sec, in Frage kommen. Normale reaktionskinetische Untersuchungen sind aber allgemein unter viel milderen Bedingungen ausgeführt; es wird daher schwer, wenn nicht unmöglich sein, aus ihnen auf das Verhalten unter Motorbedingungen zu extrapolieren.

Mit Motorbedingungen gut vergleichbare Versuche über Selbstzündung von Kohlenwasserstoffen wurden von Tizard und Pye[4] sowie von Jost und Teichmann[5] ausgeführt. In beiden Fällen wurde das untersuchte Brennstoff-Luft-Gemisch in einer motorähnlichen Anordnung durch adiabatische Verdichtung auf die Versuchstemperatur gebracht; dies scheint der einzige Weg, auf dem man erreichen kann, daß die Zeit für das Erwärmen der Mischung auf die

---

[1] Hierfür und für das folgende vgl. insbesonders den Artikel „Ignition Catalysis" von R. G. W. Norrish und E. J. Buckler in diesem Band des Handbuchs der Katalyse.

[2] Bei Überladung kann schon von der Verdichtung her die Luft warm sein.

[3] Für die Rechnungen vgl. z. B. G. Damköhler: Jb. dtsch. Luftfahrtforsch. II, **1938**, 62.

[4] H. T. Tizard: Proc. N. E. Coast Engng. **31** (1921), 381. — H. T. Tizard, D. R. Pye: Philos. Mag. J. Sci. **44** (1922), 79; Trans. Faraday Soc. **22** (1926), 352; Philos. Mag. J. Sci. (7), **1** (1926), 1094.

[5] W. Jost, H. Teichmann: Naturwiss. **27** (1939), 318. — W. Jost: Schr. dtsch. Akad. Luftfahrtforsch. H. 8 (1939).

Versuchstemperatur nicht viel länger wird als die interessierende Induktionszeit bei der Zündung. Außerdem spielt unter solchen Bedingungen die Gefäßwand nur eine untergeordnete Rolle, da die Zeiten, die ein Teilchen braucht, um aus dem Gefäßinnern zur Wand oder umgekehrt zu diffundieren, viel länger werden als die beobachtete Induktionszeit. Die Ergebnisse sind aus den Abb. 4 und 5 zu erkennen. Daraus geht folgendes hervor:

Unter diesen Bedingungen zünden die verschiedenen Stoffe, auch klopffeste

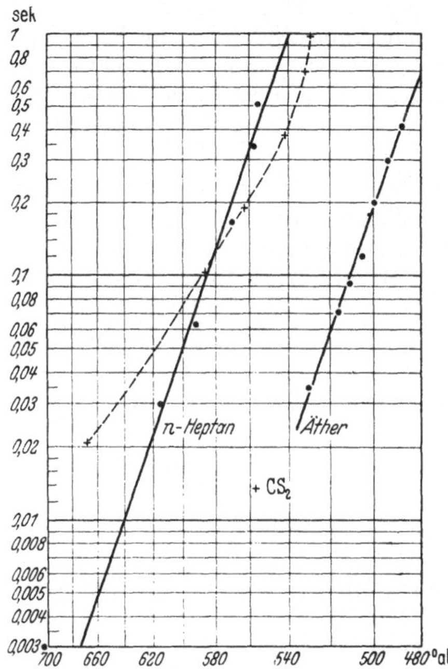

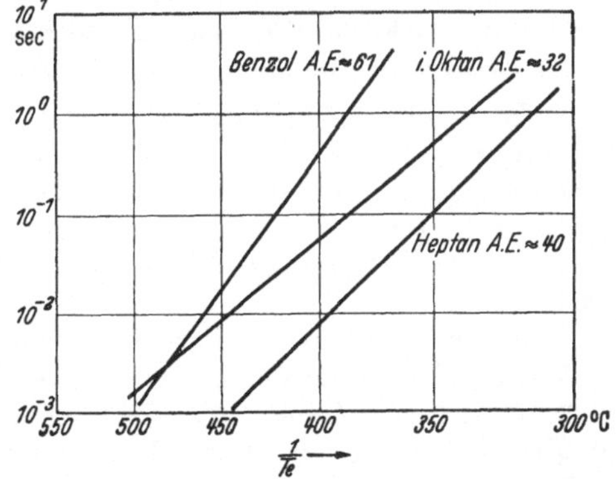

Abb. 4. Induktionszeiten bei der Zündung verschiedener Gemische mit Luft durch adiabatische Verdichtung. (Nach TIZARD und PYE, zit. S. 454.) Aufgetragen sind Logarithmen der Zündverzüge gegen reziproke absolute Temperatur.

Abb. 5. Zündverzüge (logarithmisch aufgetragen) für stöchiometrische Gemische von Benzol, *i*-Octan und *n*-Heptan mit Luft, sowie scheinbare Aktivierungsenergie in kcal (Temperaturen noch nicht für Abkühlung korrigiert). (Nach JOST und TEICHMANN, zit. S. 454.)

Kohlenwasserstoffe, wie Benzol und *iso*-Octan, schon bei recht niederen Temperaturen. Die von TIZARD und PYE bestimmten niedersten Zündtemperaturen sind in Tabelle 10 nochmals zusammengestellt. Ferner zeigen Abb. 4 und 5, daß die Induktionszeiten sich etwa exponentiell mit $1/T$ ändern, mit scheinbaren Aktivierungsenergien von etwa $30 \div 60$ kcal. Induktionszeiten von $\sim 10^{-3}$ sec werden auch von den klopffesteren Stoffen, wie *iso*-Octan und Benzol, bereits in der Gegend von 500° C erreicht. Nach den obigen Angaben über Motorbedingungen ist es daher nicht verwunderlich, wenn im Motor Klopfen auftritt. In

Tabelle 10. *Niederste Zündtemperaturen bei adiabatischer Kompression von Kohlenwasserstoff - Luft - Gemischen.* (Nach TIZARD und PYE.)

Stoff	Gemisch, Gewichtsteile Brennstoff auf 15 Gew.-Tl. Luft	Temperatur vor der Kompression °C	Zündtemperatur °C
n-Pentan	1,0	60	336
n-Hexan	1,0	60	306
Cyclohexan	1,0	60	324
n-Heptan	0,8	59	291
	1,6	59	292
	0,4	13	292
	1,0	40	284
n-Octan	1,0	60	275
Benzol	1,0	40	373

einem Versuch, bei welchem in der gleichen motorartigen Anordnung sowohl Klopfen als auch Selbstzündung durch adiabatische Verdichtung untersucht wurde, konnten Jost und Teichmann (l. c.) zeigen, daß man wirklich das eine aus dem anderen ableiten kann. Nach alledem besteht also kein Zweifel mehr daran, daß Klopfen identisch mit der Selbstzündungsreaktion des Kohlenwasserstoffs ist; man wird daher auch einen gewissen Aufschluß über die Wirkungsweise der Antiklopfmittel erwarten dürfen, wenn man deren Wirkung bei der langsamen Oxydation beobachtet. Leider liegen bisher keine Versuche über die Wirkung von Pro- und Antiklopfmitteln auf die Zündung durch adiabatische Verdichtung vor.

Die Untersuchung der Klopfreaktion am Motor selbst ist auf verschiedene Weise versucht worden. Einmal mittels Probeentnahme durch geeignet angebrachte und gesteuerte Ventile,[1] dann durch Aufnahme von Emissions- und Absorptionsspektren.[2] Es sollen hier nur die Arbeiten von Egerton und Mitarbeitern eingehender besprochen werden. Diese entnahmen Analysenproben durch ein sehr kurzzeitig sich öffnendes Ventil zu genau definierten Zeitpunkten. Dabei ergaben sich folgende Resultate:

1. Eine gewisse Verbrennung findet in der Klopfzone statt, ehe die Flamme das Probeventil erreicht.

2. Bei dieser Vorverbrennung bilden sich Aldehyde bis zu Konzentrationen von ~ 1 in 150.

3. Peroxydartige Substanzen werden in Konzentrationen bis zu 1 in 10000 gebildet.

4. Die Konzentration dieser Peroxyde nimmt mit zunehmendem Klopfen zu.

5. Benzol gibt anscheinend keine solchen Peroxyde.

6. *Bleitetraäthyl* setzt die Bildung von Aldehyden und Peroxyden herab, ein Zeichen, daß es die *Vorreaktion* hemmt.

7. Zusatz von Aldehyden (bis 10% Acetaldehyd) setzt die Peroxydkonzentration nicht herauf, ebensowenig die Klopftendenz; Wasserstoff verhält sich ebenso.

Da viele Untersuchungen dafür sprechen, daß Peroxyde das entscheidende Zwischenprodukt beim Klopfen und bei der Selbstzündung sind, wurde die Natur der auftretenden Peroxyde näher untersucht. Dabei ergab es sich, daß sie überwiegend aus NO_2 bestehen. Jedoch scheint die Gegenwart von NO_2 nur von sekundärer Bedeutung für das Klopfen zu sein; organische Nitrite induzieren zwar Klopfen, nicht aber NO_2, wenigstens in den in Frage kommenden Konzentrationen. Wahrscheinlich ist die Nähe der heißen Auslaßventile für die NO_2-Bildung verantwortlich, anscheinend handelt es sich dabei um eine katalytische Reaktion, denn Vergolden der Auslaßventile setzte die NO_2-Konzentration herab.[3]

Setzte man dem Benzin 10% Acetaldehyd oder auch andere Aldehyde zu, so verursachte dies kein Klopfen. Andrerseits genügte ein Zusatz von nur 0,05% Acetylperoxyd zum Hervorrufen des Klopfens. Daraus kann geschlossen werden, daß im Motor mit 10% Acetaldehyd weniger als 0,05% Acetylperoxyd gebildet werden. Die im Motor gebildeten Aldehyde können also nicht die Ursache für das Auftreten von Peroxyden sowie des Klopfens sein.

---

[1] Z. B. Ll. Withrow, W. G. Lovell, T. A. Boyd: Ind. Engng. Chem. **22** (1930), 945. — A. Egerton, F. Smith, A. R. Ubbelohde: Philos. Trans. Roy. Soc. London, Ser. A **234** (1935),433 —521, dort weitere Literatur. — W. G. Lovell, J. D. Coleman, J. A. Boyd: Ind. Engng. Chem. **19** (1927), 373.

[2] Ll. Withrow, G. M. Rassweiler: Ind. Engng. Chem. **25** (1933), 923, 1359; **26** (1934), 1256; **27** (1935), 872; J. appl. Physics **9** (1938), 362; Ind. Engng. Chem. **23** (1931), 769; **24** (1932), 528.

[3] A. R. J. P. Ubbelohde, J. W. Dinkwater, A. Egerton: Proc. Roy. Soc. (London), Ser. A **153** (1936), 103.

Zur weiteren Klärung des Problems untersuchten UBBELOHDE und EGERTON[1] die Wirkung absichtlich zugefügter organischer Peroxyde auf das Klopfen. Als Vertreter der verschiedenen Gruppen in Frage kommender Peroxyde[2] wurden die folgenden Stoffe dargestellt und untersucht: Diäthylperoxyd, Monoäthylwasserstoffsuperoxyd, Hydroxy-Methyl-Acetylperoxyd, Acetylperoxyd, Amylenperoxyd.

Da nur sehr geringe Mengen dieser Zusätze in Frage kommen, wurden sie, in Benzin gelöst, in der Ansaugluft des Prüfmotors zerstäubt; der Motor wurde mit Shellbenzin betrieben. Die Resultate sind in der folgenden Tabelle 11 enthalten. Daraus geht hervor, daß Diäthylperoxyd ein noch wirksamerer Klopfförderer ist als Amylnitrit, und daß ungefähr 2% davon den gleichen Effekt hervorrufen wie 30% Äther.

Wurden die gleichen Versuche gemacht, während der Motor, statt mit gewöhnlichem Shellbenzin, mit „Äthylbenzin" (d. h. mit Bleitetraäthyl versetztem Benzin) lief, so gaben 1,5% $(C_2H_5)_2O_2$ keinen hörbaren Effekt, obwohl die Drehzahl um 10 abfiel; offenbar kompensieren sich der klopffördernde Einfluß des Peroxyds und der klopffeindliche des Bleitetraäthyls einigermaßen.

Tabelle 11. *Einfluß von in der Ansaugluft zerstäubten Benzin-Peroxyd-Mischungen auf das Klopfverhalten eines Prüfmotors.* (Nach UBBELOHDE und EGERTON.)

Zerstäubte Mischung	Einfluß auf Drehzahl	Einfluß auf das Klopfen
Benzin allein...............	—10	Mildert das Klopfen
30% $(C_2H_5)_2O_2$ in Benzin	—	Intensives Klopfen; brachte den Motor · zum Stehen
6% $(C_2H_5)_2O_2$ in Benzin	—25	Heftiges Klopfen
3% $(C_2H_5)_2O_2$ in Benzin	—25	Starkes Klopfen
1,5% $(C_2H_5)_2O_2$ in Benzin....	—15	Merkliche Zunahme des Klopfens
30% Äthyläther in Benzin ...	—20	Gleiche Wirkung wie etwa 2% $(C_2H_5)_2O_2$
3,4% Amylnitrit in Benzin ..	—20	Gleiche Wirkung wie 30% Äthyläther
0,5% Amylnitrit in Benzin ..	—	Keine Wirkung
30% CH_3CHO in Benzin	—10	Mildert das Klopfen

Starkes Perhydrol (30% H_2O_2) hatte, wenn in der Ansaugluft versprüht, ebenfalls die Tendenz, Klopfen zu verstärken. Abschätzung ergab, daß der maximale Molenbruch dieses Stoffes in den Motorgasen etwa $6\cdot10^{-4}$ betrug. Damit verglichen, gibt Diäthylperoxyd, in 1%iger Lösung versprüht, bereits ausgesprochenes Klopfen, wenn die Molkonzentration nur etwa $1,6\cdot10^{-5}$ ist; diese Schätzung stimmt mit dem Resultat überein, daß der Motor, wenn mit einem Benzin mit 0,1% Diäthylperoxyd betrieben, bereits eine ausgesprochene Verstärkung des Klopfens ergibt. Das Alkylperoxyd ist also etwa 40mal wirksamer als H_2O_2.

Die folgende Tabelle 12 zeigt die Resultate einer Reihe von Versuchen über die Wirkung klopffördernder Zusätze auf den reinen Kohlenwasserstoff Cyclohexan und auf ein gebleites Benzin. Es wird daraus sehr deutlich, daß das Bleitetraäthyl den Peroxyden entgegenwirkt.

Die Beeinflußbarkeit des Klopfens durch „Klopfförderer" ist sehr verschieden, je nach der Natur des Kraftstoffes. Zusatz von 14% Amylnitrit (entsprechend

[1] A. R. UBBELOHDE, A. C. EGERTON: Philos. Trans. Roy. Soc. London, Ser. A **234** (1935), 433; vgl. auch A. R. UBBELOHDE: Z. Elektrochem. angew. physik. Chem. **42** (1936), 468.
[2] Vgl. hierzu A. RIECHE: Alkylperoxyde und Ozonide. Dresden und Leipzig, 1931.

einem Molenbruch von $2 \cdot 10^{-4}$ in den Zylindergasen) rief bei Benzin, Hexan und Amylen lautes Klopfen hervor, bei Cyclohexan (bei veränderter Drosselstellung) scharfes Klopfen, bei Benzol, Äthanol und Aceton war nur ein geringer oder gar kein Einfluß vorhanden.

Tabelle 12. *Einfluß von in der Ansaugluft zerstäubten Lösungen verschiedener Stoffe auf das Klopfverhalten zweier verschiedener Kraftstoffe.* (Nach Ubbelohde und Egerton.)

Brennstoff	Zerstäubte Lösung	Drosselstellung	Wirkung auf Drehzahl	Wirkung auf Klopfen
Cyclohexan	—	—	—	Kein Klopfen
,,	3% Diäthylperoxyd	—	—20	Lautes Klopfen
,,	3% Amylnitrit	—	—15÷20	Lautes Klopfen (etwas weniger)
Äthyl-Benzin	—	9	—	Kein Klopfen
,,	3% Diäthylperoxyd	9	—15÷20	Gelegentliches sehr leichtes Klopfen
,,	3% Amylnitrit	9	—15÷20	Gelegentliches leichtes Klopfen
,,	—	$10^1/_4$	—10	Kein oder sehr leichtes Klopfen
,,	3% Diäthylperoxyd	$10^1/_4$	—10	Dauerndes mäßiges Klopfen
,,	3% Amylnitrit	$10^1/_4$	—10	Dauerndes mäßiges Klopfen (etwas stärker)

Mit verbesserten Methoden wurde· versucht, im Motor organische Peroxyde neben NO_2 nachzuweisen; dabei ergab sich, daß im unverbrannten Gemisch, gerade vor dem Klopfen, tatsächlich geringe Mengen von organischen Peroxyden vorhanden sind, und zwar auch in einer Konzentration, wie sie der zugesetzter Peroxyde bei künstlichem Einleiten des Klopfens entspricht.

Nach A. R. Ubbelohde[1] wirken klopfinduzierend alle solchen Peroxyde und ähnlichen Substanzen (wie Nitrite), die an einer O—O- oder O—N-Bindung in zwei Bruchstücke zerfallen können, während Stoffe, bei denen dies nicht möglich ist, meist auch kein Klopfen einleiten (wie z. B. Nitroverbindungen). Dies kann als unmittelbare Bestätigung der Vorstellung aufgefaßt werden, daß das Klopfen eine im unverbrannten Gemisch ablaufende Kettenreaktion ist. Stoffe vom Typus des Äthylenoxyds sind daher unwirksam. Die Beobachtungen sind in nebenstehender Zusammenstellung enthalten.

Rassweilers und Withrows[2] Aufnahmen von Absorptionsspektren des unverbrannten Gemi-

Wirksamkeit als ,,Klopfförderer" (in Konzentration von $\sim 10^{-5}$) *und chemische Struktur.* (Nach A. R. Ubbelohde.)

Wirksam	Nicht wirksam
R—O—O—R	RCH—CH₂ (O—O)
R—O OH	
HO—OH	
RC(=O)(O—OH)	RCH—CO (O—O)
RCH(OH)·O—OH	
RO—NO	
RO—NO₂	CH₃—NO₂ C₆H₅·NO₂

[1] Ztschr. Elektrochem., zit. S. 457, Fußnote 1.
[2] l. c.

sches im Motor (durch besondere Quarzfenster im Verbrennungsraum) lieferten nicht so viel schlüssige Resultate, sind aber im allgemeinen in Übereinstimmung mit denen von EGERTON und Mitarbeitern. Es ist möglich, Formaldehyd durch sein Absorptionsspektrum zu identifizieren, und zwar findet man ihn im allgemeinen nur bei klopfendem Betrieb.

Tabelle 13. *Wirksamkeit verschiedener Zusätze als Antiklopfmittel.*
(Nach EGERTON, vgl. Text.)

Substanz	Methode	Relative Wirksamkeit auf Gewichtsbasis	Anzahl von Molen brennbarer Mischung auf 1 Mol Klopffeind bei gleicher Antiklopfwirkung wie $1\,cm^3\ \dfrac{Pb(\text{Äth})_4}{\text{Gallone}}$	Bemerkungen
Blei oder Bleitetraäthyl	Eingeführt als Pb(Äth)$_4$ mit Benzin	—	365 000	—
Thallium (680° C)	Metallgefäß	11mal so wirksam wie Blei	3 950 000	Mit Luft eingeführt
Kalium (200—400° C)	Metallgefäß	4mal so wirksam wie Blei	275 000	Mit Stickstoff eingeführt
Selen	Metallgefäß	0,067mal so wirksam wie Blei	74 300	Wenig größerer Effekt in Gegenwart von O_2 als ohne
Tellur (580° C)	Metallgefäß	0,014mal so wirksam wie Blei	6 300	Weißer Niederschlag (TeO_2)
Bleitetraäthyl	U-Rohr (an Stelle von Metallgefäß)	$^1/_8$ so wirksam wie wenn mit dem Benzin eingeführt	45 600	Bildet PbO bei 375° C
Anilin	U-Rohr (an Stelle von Metallgefäß)	0,019mal so wirksam wie Blei / 0,031mal so wirksam wie Pb(Äth)$_4$	3 170	—
Äthyljodid	U-Rohr (an Stelle von Metallgefäß)	0,012mal so wirksam wie Blei / 0,017mal so wirksam wie Pb(Äth)$_4$	3 150	—

Unwirksam: Na, Cd, Zn, J_2 und Sn.

Ruft man das Klopfen durch Zusatz von *iso*-Propylnitrit hervor, so tritt Formaldehyd besonders deutlich auf; unterdrückt man das Klopfen durch Anilinzusatz, so geht die Formaldehydkonzentration zurück; wird aber das Klopfen durch Zusatz von Bleitetraäthyl unterdrückt, so bleiben immer noch merkbare Spuren von Formaldehyd nachweisbar. Dagegen wird beim Unterdrücken des Klopfens durch Bleitetraäthyl die Lichtabsorption unterhalb 3000 Å herabgesetzt, also offenbar die Konzentration einer dort absorbierenden Substanz verringert, die eventuell mit einem Peroxyd identisch sein könnte.[1]

Egerton und Mitarbeiter haben die Wirkung einer größeren Zahl von Klopffeinden auf den Motorbetrieb untersucht; dabei konnten sie auch bei höherer Temperatur verdampfte Metalle im Stickstoff- oder Luftstrom dem Motor zuführen. Einen Überblick über die Resultate vermittelt Tabelle 13. Im einzelnen ist folgendes zu bemerken: Kalium- und Thalliumdämpfe zeigten sich außerordentlich wirksam in der Unterdrückung des Klopfens; das Kalium wurde dabei dem Motor im Stickstoffstrom zugeführt. Das Thallium wurde auch erst im Stickstoffstrom transportiert, dabei aber nur ein geringer Antiklopfeffekt gefunden, der enorm anstieg, als dem Stickstoff 15% Luft zugemischt wurden. Da im Motor immer Sauerstoff zur Oxydation des Metalls vorhanden ist, so könnte die Wirkung des Sauerstoffs beim Ansaugen des Metalldampfes eventuell auch darin bestehen, daß er die Bildung größerer Metalltröpfchen verhindert. In diesem Falle wurde das Thallium sogar 11mal wirksamer als die gleiche Gewichtsmenge Bleitetraäthyl gefunden. Kalium war etwa vierfach wirksamer als Bleitetraäthyl. Da der Dampf in Berührung mit der heißen Luft im Zylinder sicher sehr rasch oxydiert wird, so ist dies jedenfalls verträglich mit der früher gezogenen Folgerung von Egerton und Gates,[2] wonach ein Klopffeind, um wirksam zu sein, sich in einem Zustand beginnender Oxydation befinden muß. Mit metallischem Blei konnte seines kleinen Dampfdruckes wegen nicht in der gleichen Weise verfahren werden. Unwirksam waren Natrium, Cadmium, Zink, Jod und Schwefel. Daß Natrium im Gegensatz zum Kalium unwirksam ist, war besonders auffallend. Eisencarbonyl wirkte nur, wenn es als solches in den Motor gelangte; ließ man es sich vorher zersetzen, so war es unwirksam, was wiederum mit dem Zerteilungsgrad der Zerfallsprodukte zusammenhängen könnte.

Die Schlußfolgerungen sind: wenn das Antiklopfmittel wirken soll, so muß es oxydiert sein, ferner muß es möglichst molekulardispers vorliegen und schließlich sollte es fähig sein, in mehreren Oxydationsstufen zu existieren. Dem entspricht es, daß man von Blei, Thallium, auch von Kalium (K_2O_4 und K_2O_3) mehrere noch bei höheren Temperaturen stabile Oxyde kennt, nicht aber von Natrium.

Über die spezifische Reaktion, durch welche die Antiklopfmittel als solche wirken, geht aus allen diesen Untersuchungen trotzdem verhältnismäßig wenig hervor. Von Interesse sind in diesem Zusammenhang noch die Kennzeichen organischer Stickstoffverbindungen, welche als Klopffeinde wirken. Von aromatischen Aminen sind solche von mit Anilin ($= 1$) vergleichbarer Wirksamkeit, die mindestens noch ein H-Atom am Stickstoff haben. Etwas stärker als Anilin wirken z. B. Toluidin (1,22), m-Xylidin (1,4), Diphenylamin; weniger wirksam sind dagegen z. B. Dimethylanilin (0,21), Triphenylamin (0,09) sowie aliphatische Amine, wie Diäthylamin (0,495); Ammoniak wirkt sogar schwach klopffördernd. Neuerdings ist Aminocymol[3] als geeigneter klopffeindlicher Zusatz von gleicher Wirksamkeit wie Anilin beschrieben worden. Daß in den wirksamen Aminoverbindungen noch ein H-Atom am Stickstoff sitzen muß, dürfte darauf hindeuten, daß die Antiklopfwirkung mit einem Angriff am Stickstoff (oxydierend

---

[1] Lichtabsorption organischer Verbindungen, insbesondere von Zwischen- und Endprodukten der Verbrennung vgl. A. C. Egerton, L. M. Pidgeon: Proc. Roy. Soc. (London), Ser. A **142** (1933), 26. — A. R. Ubbelohde: Ebenda **152** (1935), 378. — Eine Zusammenstellung auch bei W. Jost: l. c.

[2] A. Egerton, S. F. Gates: Rep. aeronaut. Res. Comm., London Nr. 1079 (1926); J. Instn. Petrol. Technologists **13** (1927), 244.

[3] Ershov, Fedotova: Chem. J. Ser. B, J. appl. Chem. **10** (1937), 869.

oder reduzierend) verbunden ist. Man könnte daran denken, daß die größere Wirksamkeit metallorganischer Verbindungen, verglichen mit Aminoverbindungen, daher rührt, daß diese bei dem Akt des Kettenabbruches vernichtet werden, während die Metalle durch vielfache Oxydation und Reduktion (eventuell nicht bis zum Metall; EGERTON weist ja darauf hin, daß die wirksamen Metalle sämtlich in zwei Oxydationsstufen vorliegen können) immer wieder in den Reaktionsablauf eingreifen können.

3. Langsame Oxydation, kalte Flammen und Selbstzündung von Kohlenwasserstoffen und deren Beeinflussung durch Antiklopfmittel.

Hinsichtlich der Kinetik der Verbrennungsreaktionen im allgemeinen sei auf den Aufsatz von NORRISH und BUCKLER in diesem Bande verwiesen. Hier sollen nur eine Reihe von Tatsachen hervorgehoben werden, deren Kenntnis für das Verständnis der Antiklopfmittelwirkung unerläßlich scheint.

Zu Beginn ist darauf hinzuweisen (vgl. auch S. 454), daß die Versuchszeiten bei der langsamen Oxydation meist mindestens einige Sekunden, häufig aber Minuten und Stunden betragen, und daß in den meisten Fällen mit Drucken bei oder unter 1 at gearbeitet worden ist. Die Zeit, während welcher Teilchen aus dem Gasinnern an die Wand diffundieren, wird unter diesen Bedingungen (bei Gefäßradien von einem oder einigen Zentimetern) von der Größenordnung 1 sec (bei den niedersten angewandten Drucken eventuell wesentlich kürzer). Es besteht daher bei allen Versuchen der langsamen Oxydation die Möglichkeit einer katalytischen Beeinflussung durch die Wand, sowohl einer positiven Katalyse, indem Zwischenprodukte an der Wand gebildet oder Reaktionsketten an ihr eingeleitet werden, als auch einer negativen Katalyse durch Kettenabbruch an der Wand. Fast alle Versuche, bei welchen auf solche Effekte geachtet worden ist, sprechen dafür, daß Einflüsse in beiderlei Sinn auch wirklich vorhanden sind. Beobachtet man dann den Einfluß zugesetzter Antiklopfmittel auf solche Reaktionen, so ist besonders bei Schwermetallverbindungen anzunehmen, daß durch den Zusatz auch der Zustand der Wand verändert wird, ein Teil des beobachteten katalytischen Effektes also auch wieder heterogener Natur sein dürfte. Es wird also sehr schwer sein, diejenigen Effekte herauszuschälen, die auch unter Motorbedingungen eine Rolle spielen werden, wo während der sehr kurzen Versuchszeiten bei hohen Drucken die Wand[1] praktisch nicht erreicht wird.

Der Einfluß der Oberfläche sowie einer Veränderung des Verhältnisses Oberfläche : Volumen sowie des Oberflächenzustandes bei der Kohlenwasserstoffoxydation wurde zuerst durch Versuche von PEASE[2] besonders klargemacht. In einer ersten Untersuchung fand er bei Propan folgendes: In einem leeren Gefäß aus Pyrexglas erhielt man bei 375° C mit einem Gemisch von $C_3H_8 + O_2$ innerhalb etwa 13 sec vollständige Reaktion, dagegen hatte man in einem mit Glasstäben gepackten Gefäß selbst bei 500° C kaum merkbaren Umsatz; dies ist nur als negative Katalyse durch Kettenabbruch an der Wand zu verstehen, wie sie in sehr vielen Fällen beobachtet wird. Bei etwa 550° C war die Reaktion

---

[1] Natürlich gibt es Bedingungen, unter denen die Wand im Motor eine Rolle spielt, wenn z. B. glühende Kohlepartikeln oder überhitzte Auslaßventile vorhanden sind; solche grundsätzlich vermeidbaren Störeffekte sollen hier ausdrücklich außer Betracht bleiben.

[2] R. N. PEASE: J. Amer. chem. Soc. 51 (1929), 1839. — R. N. PEASE, W. P. MUNRO: Ebenda 56 (1934), 2034; 57 (1935), 2296; Chem. Reviews 21 (1937), 279. — Ferner E. J. HARRIS, A. EGERTON: Ebenda 21 (1937), 287.

dann wieder vollständig. Wurden im gepackten Gefäß die Wände mit KCl belegt (indem man das Gefäß mit einer KCl-Lösung ausspülte und wieder trocknen ließ; der KCl-Belag ist nicht sichtbar), so wurde die Temperatur des Beginns merkbarer Reaktion von 500 auf 575° C erhöht und selbst bei 625° C war die Reaktion dann noch unvollständig. Auch die Natur der auftretenden Reaktions-end- und -zwischenprodukte wird durch das Packen des Reaktionsgefäßes und die Belegung der Wand mit KCl geändert (vgl. PEASE, l. c. sowie W. JOST[1]). Wichtig ist das Auftreten von Peroxyden. Diese treten in dem nichtgepackten Gefäß ohne KCl-Belegung auf, verschwinden aber, sobald die Wand mit KCl belegt ist, ohne daß der gesamte Reaktionsablauf wesentlich geändert wäre (PEASE, l. c.). HARRIS und EGERTON (l. c.) fanden in statischen Versuchen keine Peroxyde, wohl aber bei Strömungsversuchen in einem mit Flußsäure gereinigten Quarzgefäß. In Natronglasröhren wird kein Peroxyd gebildet, ebenso werden die gebildeten Peroxyde zerstört, wenn man die heißen Gase durch Natronglasrohre leitet. Wasserstoffsuperoxyd befindet sich sicher unter den Reaktionsprodukten und das häufig nachgewiesene Dioxydimethylperoxyd kann sich eventuell erst in den auskondensierten Reaktionsprodukten durch Reaktion von H_2O_2 mit Formaldehyd gebildet haben.

Diese wenigen Angaben, die typisch sind für das Verhalten von Kohlenwasserstoffen bei der Oxydation, mögen genügen, um zu zeigen, wie kompliziert die Verhältnisse liegen und wie vorsichtig man bei Übertragung der Resultate auf ganz andersartige Verhältnisse sein muß.

Der Verlauf der Oxydation von Kohlenwasserstoffen mit der Temperatur zeigt bei Paraffinen vom Propan ab, aber auch bei anderen Stoffen, z. B. Olefinen, Cycloparaffinen u. a., ein eigentümliches Verhalten. PEASE (l. c.) fand z. B. bei Durchsatz einer Mischung von 300 cm³ Sauerstoff und 100 cm³ Propan folgenden Sauerstoffverbrauch:

Temperatur °C	325	350	375	400	425	450
Sauerstoffverbrauch cm³	0	119	115	97	67	Explosion

d. h. innerhalb eines engen Temperaturbereiches Übergang von kaum merkbarer zu sehr lebhafter Reaktion, mit weiter ansteigender Temperatur *Rückgang* des Umsatzes, d. h. negativen Temperaturkoeffizienten der Reaktionsgeschwindigkeit; bei noch etwas gesteigerter Temperatur kehrt sich das schließlich wieder um, und es folgt Übergang in die Explosion. PEASE betont den „Alles-oder-Nichts"-Charakter der Propanoxydation. Es handelt sich offenbar überhaupt nicht um eine stationäre Reaktion, sondern auch bei dem ersten Geschwindigkeitsanstieg schon um eine Art Explosion; diese ist eventuell als „entartete" Explosion im Sinne von SEMENOFF[2] (nämlich eine nichtstationäre Reaktion, die aber bei einem Stadium, das der Bildung von Aldehyden sowie deren Zerfallsprodukten [CO, H_2O usw.] entspricht, abgestoppt wird), zu verstehen. Unter den Reaktionsprodukten findet man die gleichen, die auch in der Vorreaktion im Motor auftreten, nämlich Formaldehyd und höhere Aldehyde, auch Alkohole, daneben auch ungesättigte Kohlenwasserstoffe und Wasserstoff, meist größere Mengen CO, während CO_2 erst bei hohen Temperaturen überwiegt (und unter Umständen bei der bei sehr niederen Temperaturen an der Wand verlaufenden Reaktion). Wie schon erwähnt, treten sehr häufig Peroxyde in geringen Mengen auf.

Der erste steile Anstieg der Reaktionsgeschwindigkeit ist mit dem Auftreten „kalter Flammen" verbunden. Diese Erscheinung ist schon sehr lange bekannt

---

[1] Explosions- und Verbrennungsvorgänge in Gasen. Berlin, 1939.
[2] Vgl. etwa N. SEMENOFF: Chemical Kinetics and Chem. Reaction. Oxford, 1935.

und wurde zuerst von PERKIN[1] beobachtet. Sie besteht in einem mehr oder weniger intensiven bläulichen Leuchten, wobei sich eine Flamme mit einer Geschwindigkeit der Größenordnung $10\ cm \cdot sec^{-1}$ bewegen kann. Bei Äther ist dies bereits bei $180°\ C$ mit großer Intensität zu beobachten, bei anderen Stoffen bei etwas höheren Temperaturen, manche, wie das klopffeste Benzol, zeigen die Erscheinung auch überhaupt nicht. Systematisch untersucht im Hinblick auf das Oxydations- und Klopfverhalten der Kohlenwasserstoffe wurden diese Erscheinungen u. a. von PRETTRE.[2] Für das hier zu besprechende Verhalten der Antiklopfmittel ist es wichtig zu wissen, daß die gleichen kalten Flammen auch im Motor selbst beobachtet werden können, wenn man diesen unter passenden Bedingungen nach Abschalten der Zündung laufen läßt.[3] Das Leuchten in den kalten Flammen besteht in der Emission der Formaldehyd-Fluoreszenzbanden,[4] die sich vom Blauen bis ins Ultraviolette erstrecken (nicht zu verwechseln mit den im Ultravioletten gelegenen, von VAIDYA[5] entdeckten Banden in Äthylen- und anderen Flammen, welche vielleicht dem Radikal HCO als Bandenträger zuzuordnen sind).

Nach PRETTRE (l. c.) treten Lumineszenzerscheinungen bei der Oxydation fast aller Brennstoffe (außer H_2) auf; allerdings zeigen Methan, Kohlenoxyd und Benzolkohlenwasserstoffe die Erscheinung nur in einem engen Temperaturintervall ($\sim 10°\ C$) unter der eigentlichen Entzündungstemperatur sowie während der der Zündung vorangehenden Induktionsperiode.

Leitet man z. B. ein Pentan-Luft-Gemisch mit Luftüberschuß durch ein Reaktionsgefäß (das bei PRETTRE aus Quarz oder Pyrexglas bestand und etwa 5,4 cm inneren Durchmesser und 10 cm Länge hatte), so wird bei langsamem Anheizen bei $\sim 240°\ C$ eine schwache fahlblaue Lumineszenz sichtbar, deren Intensität bis $300 \div 330°\ C$ rasch ansteigt und dann konstant wird; von etwa $525{-}550°\ C$ an ist die Lumineszenz dann neben dem Glühen der Wandungen nicht mehr zu erkennen. Zündung setzt erst bei $660 \div 670°\ C$ ein, mit einer blauen Flamme ähnlich der des Kohlenoxyds. Wahrscheinlich handelt es sich auch im wesentlichen um die Verbrennung von CO (und eventuell H_2), da die Vorreaktion zu diesen Produkten geführt hat.

Mit Brennstoffüberschuß beobachtet man eine bei $\sim 220°\ C$ einsetzende Lumineszenz, deren Intensität bei $\sim 240°\ C$ erheblich zunimmt, bis bei $260°\ C$ eine ziemlich helle „kalte Flamme" auftritt, die ihren Ausgang an dem Ende des Reaktionsgefäßes nimmt, aus dem die verbrannten Gase austreten. Diese Flammen folgen in bestimmten Zeitabständen aufeinander, werden aber mit steigender Temperatur immer langsamer und diffuser, bis sie bei etwa $290°\ C$

[1] W. H. PERKIN: J. chem. Soc. (London) 41 (1882), 383. — Vgl. auch G. S. TURPIN: Brit. Assoc. Advancement Sci., Rep. annu. Meet. 75 (1890), 776. — H. B DIXON: J. chem. Soc. (London) 75 (1899), 600; Recueil Trav. chim. Pays-Bas 46 (1925), 305. — A. SMITHELLS: Brit. Assoc. Advancement Sci., Rep. annu. Meet. 1907, 469. — F. GILL, E. W. J. MARDLES, H. C. TETT: Trans. Faraday Soc. 24 (1928), 574.

[2] M. PRETTRE: Ann. Office nat. Combustibles liquides 6 (1931), 7, 269, 533; 7 (1932), 699; 11 (1936), 669; Bull. Soc. chim. France (4), 51 (1932), 1132; The Science of Petroleum, Bd. IV, S. 2950ff. Oxford, 1938.

[3] L. A. PELETIER, S. G. VAN HOOGSTRATEN, J. SMITTENBERG, R. L. KOOGMAN: Chaleur et Ind. Jan. 1939. — Vgl. A. BROEZE, H. VAN DRIEL, L. A. PELETIER: Schr. dtsch. Akad. Luftfahrtforsch. H. 9 (1939).

[4] H. J. EMELÉUS: J. chem. Soc. (London) 1926, 2948; 1929, 1733. — V. KONDRATJEW: Z. Physik 63 (1930), 322. — S. A. SCHOU: C. R. hebd. Séances Acad. Sci. 186 (1928), 690. — V. HENRI, S. A. SCHOU: Z. Physik 49 (1928), 774. — A. R. UBBELOHDE: Proc. Roy. Soc. (London), Ser. A 152 (1935), 354, 378. — S. GRADSTEIN: Z. physik. Chem., Abt. B 22 (1933), 384.

[5] W. M. VAIDYA: Proc. Roy. Soc. (London), Ser. A 147 (1934), 513; Proc. Indian Acad. Sci. 2 (1935), 352 und spätere Arbeiten.

völlig verschwinden. Dagegen bleibt auch weiter eine Lumineszenz bestehen; bei etwa $670 \div 710°$ C setzt Zündung an der Gaseintrittsstelle ein.

Vergleicht man diese Erscheinungen bei verschiedenen Stoffen, so ergibt sich folgendes (Tabellen 14 und 15):

Tabelle 14. *Temperaturen des Auftretens von Lumineszenz.* (Nach PRETTRE.[1])

Propan	n-Pentan	n-Hexan	n-Heptan	n-Octan	Penten	Cyclohexan	Cyclohexen	Benzol	Toluol
				in °C					
225 bis 270	225 bis 242	220 bis 230	210 bis 230	200 bis 215	260 bis 270	235 bis 260	255 bis 260	670	600

Tabelle 15. *Lumineszenz und kalte Flammen in Pentan-Luft-Gemischen.* (Nach PRETTRE.)

Stoff	% in Luft	Θ_1	Θ_2	t_1	t_2	T °C
CH_4	5,3	740				770
	18,5	690				730
C_2H_6	4,2	380	410			660
	8,9	350	370			675
C_3H_8	3,5	270	310			665
	6,3	265	305			672
	14,3	255	290	304	310	keine Entzündung
C_5H_{12}	2,1	242	260			670
	4,05	221	240	262	292	681
	16,55	225	244	259	270	keine Entzündung
C_6H_{14}	2,05	230	255			684
	5,20	220	244	255	270	672
C_7H_{16}	1,55	230	245			686
	5,25	210	232	259	269	695
C_8H_{18}[2]	0,95	215	230			670
	2,10	200	220	252	270	684

Θ_1 = Temperatur des Beginns der Lumineszenz.
Θ_2 = Temperatur, bei der starke Intensitätszunahme einsetzt.
t_1 = Beginn der kalten Flammen.
t_2 = Ende der kalten Flammen.
T = Temperatur der Entzündung.

(Alles in Celsius-Graden.)

In der Reihe der n-Paraffine fällt die Temperatur beginnender Lumineszenz stetig mit zunehmender C-Atomzahl; sie steigt dagegen beim Übergang zum entsprechenden Olefin (Pentan-Penten), ebenso beim Übergang vom Paraffin zum Naphthen (Hexan-Cyclohexan), ferner verringert auch bei cyclischen Verbindungen der Übergang zur ungesättigten Form die Reaktionsfähigkeit weiter (Cyclohexan - Cyclohexen), und schließlich werden die Aromaten viel schwerer angegriffen als alle anderen Verbindungen.

Die Erscheinung, daß die Ungesättigten (mit Ausnahme der ersten Glieder einer Reihe) schwerer reagieren als die entsprechenden Gesättigten, findet man bei der Oxydation immer wieder; sie muß ihren Grund in der Kettennatur der Oxydationsreaktionen und speziell der kettenabbrechenden Wirkung der Doppelbindung haben.

In Tabelle 15 sind noch mehr Einzelheiten bei den Paraffinen aufgeführt. Die Reihenfolge, in der hier Lumineszenz und kalte Flammen mit abnehmender Temperatur auftreten, ist genau die gleiche wie die der abnehmenden Klopffestigkeit im Motor (vgl. die Tabelle 6, S. 450, sowie Tabelle 1, S. 448).

---

[1] Nach der Zusammenstellung: The Science of Petroleum, Bd. IV, 2953.

Tabelle 16. *Einfluß von Bleitetraäthyl auf das Oxydationsverhalten von Kohlenwasserstoffen. (Nach* PRETTRE.)

Kohlenwasserstoff	Äthylfluid % in Kohlenwasserstoff	% Kohlenwasserstoff in Luft	Θ_1	Θ_2	t_1	t_2	T °C
C_5H_{12}	0,4	2,35	310	345	keine	Flamme	670
	0,4	3,85	340	364	,,	,,	710
	0,4	6,75	310	350	,,	,,	keine Zündung
	0,4	11,55	287	330	,,	,,	,, ,,
C_6H_{14}	0,4	4,05	280	290	,,	,,	748
	0,4	8,65	291	310	,,	,,	keine Zündung
	0,6	4,15	335	370	,,	,,	751
C_7H_{16}	0,4	3,70	265	270	,,	,,	741
	0,6	4,10	300	320	,,	,,	keine Zündung
	0,8	3,95	360	405	,,	,,	,, ,,

Bei Äthyläther, dessen Lumineszenz am längsten bekannt ist, setzt die Lumineszenz bereits bei 170 ÷ 180°C ein, bei 210°C ist sie selbst im unverdunkelten Raum sichtbar, bei 220 ÷ 230° C (je nach der Konzentration) setzen kalte Flammen ein, welche bei weiterer Temperatursteigerung auf 240 bis 250° C kontinuierlich in die gewöhnliche Verbrennung übergehen. Ist der Äthyläther aber peroxydhaltig, so tritt bei der Temperatur, bei der sonst die Lumineszenz begonnen hätte, ~ 190° C, eine sehr heftige, mit Zerstörung der Apparatur verbundene Explosion ein.

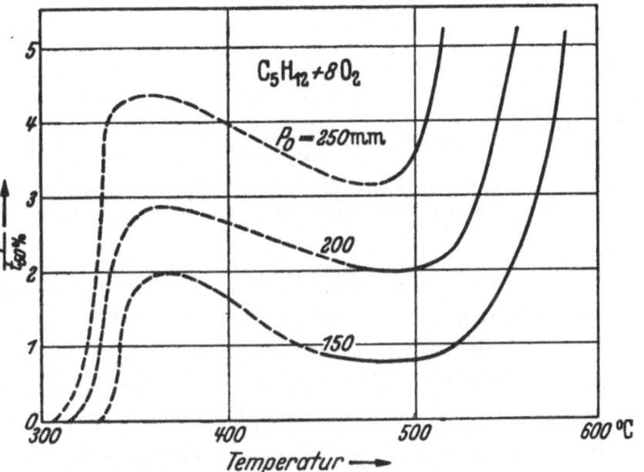

Abb. 6. Reaktion von Pentan mit Sauerstoff in Abhängigkeit von der Temperatur, reziproke Halbwertszeit als Maß. (Nach M. B. NEUMANN und B. V. AIVAZOV, zit. S. 466.)

Das ist wieder ein Hinweis auf den Zusammenhang dieser Erscheinungen mit dem Klopfen im Motor und die Rolle, welche peroxydische Substanzen in beiden Fällen spielen.

Die Untersuchung des Einflusses von Antiklopfmitteln auf die besprochenen Erscheinungen ergab folgendes. Bleitetraäthyl drängt die Lumineszenz und kalten Flammen bei Paraffinen weitgehend zurück; die Lumineszenz erscheint erst bei höheren Temperaturen als in den reinen Stoffen, und die kalten Flammen treten überhaupt nicht mehr auf (Tabelle 16). Auch Benzolzusatz zu Pentan wirkt ähnlich wie Bleitetraäthyl, aber erst in sehr viel höheren Konzentrationen, wie ja auch Benzol als Antiklopfmittel sehr viel weniger wirksam ist als Bleitetraäthyl (vgl. S. 452). Zum Verständnis der Wirksamkeit in diesem Falle sei erwähnt, daß MARDLES[1] eine Hemmung der Oxydation von Hexan, Pentan und Penten durch Benzol gefunden hatte, wobei das Benzol in Phenol überging.

---

[1] F. GILL, E. W. J. MARDLES, H. C. TEFF: Trans. Faraday Soc. 24 (1928), 574. — E. W. J. MARDLES: Ebenda 27 (1931), 681. — M. BRUNNER: Helv. chim. Acta 13 (1930), 197.

Aus den zahlreichen Arbeiten über kalte Flammen und damit zusammen-hängende kinetische Fragen[1] bringen wir hier nur zwei Diagramme, die den Übergang dieser Erscheinungen zu den im folgenden zu besprechenden Selbstzündungsvorgängen bei höheren Drucken erkennen lassen. In Abb. 6 ist die Temperaturabhängigkeit der Reaktion von Pentan mit Sauerstoff bei verschiedenen Drucken nach Neumann und Aivazov dargestellt, wobei die reziproke Halbwertszeit eingetragen ist. Der steile Geschwindigkeitsanstieg oberhalb 300° C entspricht dem Einsetzen kalter Flammen; der negative Temperaturkoeffizient oberhalb 350° C ist sehr ausgeprägt. Besonders hervorzuheben ist die starke Beschleunigung der Reaktion bei Druckerhöhung. Erhöht man den Druck noch etwas weiter, so geht die Reaktion nach Durchlaufen des Stadiums der kalten Flamme in normale Entzündung über. Abb. 7 zeigt den Temperaturverlauf der Oxydation isomerer Octane; man vergleiche damit die früher (S. 448) angegebenen Klopfwerte dieser Stoffe.

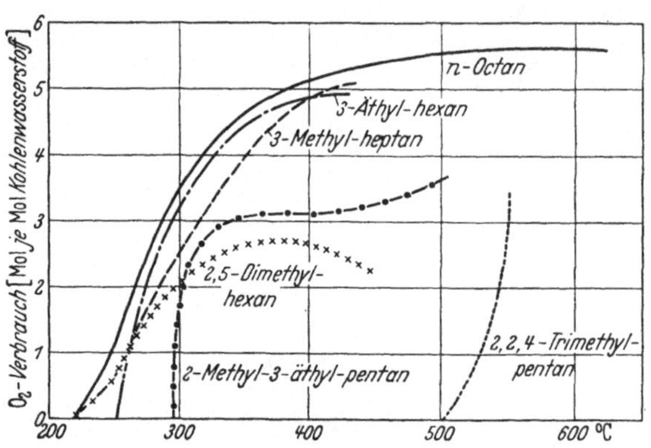

Abb. 7. Oxydation isomerer Octane mit Luft in stöchiometrischer Mischung. (Nach Edgar und Mitarbeitern.[1])

In engem Zusammenhang mit dem Auftreten kalter Flammen steht die Tatsache, daß bei Selbstzündung von Kohlenwasserstoff-Luft-Gemischen unter Druck zwei verschiedene Zündgebiete gefunden werden können, das eine in der Gegend von 500° C, das andere bei etwa 300° C oder auch darunter. Versuche hierüber stammen in erster Linie von Townend[2] und Mitarbeitern. Als Beispiel sind in Abb. 8 die Ergebnisse bei n-Butan dargestellt, für verschiedene Anfangsdrucke die niedersten Zündtemperaturen als Funktion der Gemischzusammensetzung; Erhöhung des Druckes und Erhöhung der Brennstoffkonzentration wirken sich in einer Erniedrigung der Zündtemperatur aus, d. h. unter Umständen in einem Übergang aus dem oberen in das untere Zündgebiet.

Hier ist nun die Wirkung von Bleitetraäthyl von besonderem Interesse.

---

[1] Vgl. den Aufsatz Norrish-Buckler im vorliegenden Bande des Handbuches sowie: The Science of Petroleum, Bd. IV, 1. c. — W. Jost: Explosions- und Verbrennungsvorgänge in Gasen. Berlin, 1939. — M. B. Neumann, B. V. Aivazov: Acta physicochim. URSS 4 (1936), 575; 6 (1937), 279; Nature (London) 135 (1935), 655; Z. physik. Chem., Abt. B 33 (1936), 349. — E. A. Andrejew: Acta physicochim. URSS 6 (1937), 57. — B. V. Aivazov, M. B. Neumann, I. Chanova: Ebenda 9 (1938), 767. — C. J. Pope, F. J. Dykstra, G. Edgar: J. Amer. chem. Soc. 51 (1929), 1875, 2203, 2213. — H. A. Beatty, G. Edgar: Ebenda 56 (1934), 102, 107, 112. — W. Jost, L. v. Müffling, W. Rohrmann: Z. Elektrochem. angew. physik. Chem. 42 (1936), 488. — S. Estradère: Ann. Office nat. Combustibles liquides 8 (1933), 484; C. R. hebd. Séances Acad. Sci. 202 (1936), 217; 204 (1937), 46; Publ. sci. techn. Ministère de l'Air Nr. 49 (1934).

[2] D. T. A. Townend, M. R. Mandlekar: Proc. Roy. Soc. (London), Ser. A 141 (1933), 484; 143 (1934), 168. — D. T. A. Townend, L. L. Cohen, M. R. Mandlekar: Ebenda 146 (1934), 113. — D. T. A. Townend, E. A. C. Chamberlain: Ebenda 154 (1936), 95; 158 (1937), 415. — G. P. Kane, D. T. A. Townend: Ebenda 160 (1937), 174. — G. P. Kane, E. A. C. Chamberlain, D. T. A. Townend: J. chem. Soc. (London) 1938, 238. — D. T. A. Townend: Chem. Reviews 21 (1937), 259; ferner The Science of Petroleum, Bd. IV.

0,05% Pb(Äth.)$_4$ in der Mischung setzen überall die Mindestzündtemperatur herauf; die Wirkung ist aber je nach der angewandten Brennstoff-Luft-Mischung und dem Druck sehr verschieden groß. Bei 1,75 at Anfangsdruck ist die Beeinflußbarkeit am größten, indem der Zündpunkt um bis zu 160° C steigen kann. Der Beeinflußbarkeit durch negative Katalysatoren entspricht es, daß umgekehrt auch wieder durch positive Katalysatoren der Zündpunkt sehr stark erniedrigt werden kann, z. B. unter bestimmten Bedingungen durch Acetaldehyd. Bei

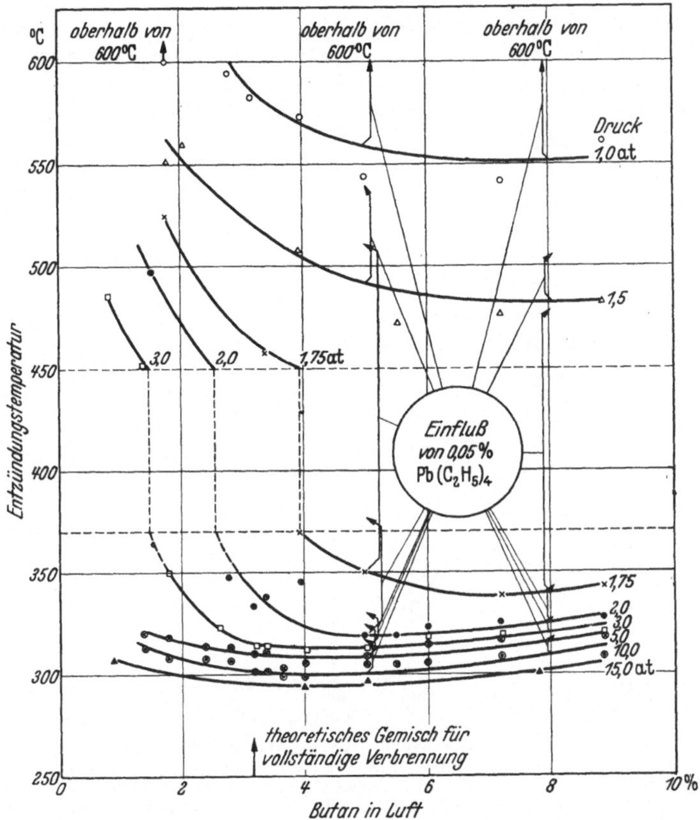

Abb. 8. Selbstzündung von Butan-Luft-Mischungen sowie deren Beeinflussung durch Zusatz von Bleitetraäthyl (Pfeile geben Verschiebungen der Explosionsgrenze an). (Nach TOWNEND und Mitarbeiter, zit. S. 466.)

Äthan kann so z. B. die Zündung aus dem oberen Gebiet in das untere verschoben werden.

Der Zündung im unteren Gebiet entspricht natürlich ein vorangehendes Stadium kalter Flammen, die durch Bleitetraäthyl unterdrückt, durch Acetaldehyd induziert werden können.

Bei anderen Kohlenwasserstoffen liegen die Verhältnisse analog wie beim Butan. Es ist zu betonen, daß bei TOWNENDS Versuchen nachgewiesenermaßen ein Wandeinfluß besteht und bei den langen Induktionszeiten von etwa 1 sec bis zu Stunden auch nicht zu vermeiden ist.

Der Einfluß von Antiklopfmitteln auf übliche „Entzündungstemperaturen" ist wiederholt bestimmt worden. EGERTON und GATES[1] fanden z. B.:

---

[1] A. EGERTON, S. F. GATES: J. Instn. Petrol. Technologists **13** (1927), 265; Rep. Mem. aeronaut. Res. Comm., London Nr. 1079 (1926).

	Entzündungs-temperatur °C	Erhöhung durch 0,025% Pb (Äth)₄ °C
Pentan	515	75
i-Hexan	525	46
Heptan	430	83
Benzol	(690)	18
Shell-Benzin	460	82

Zündgrenzen und Flammengeschwindigkeiten werden durch geringe Zusätze von Antiklopfmitteln im allgemeinen nur wenig beeinflußt (vgl. Jost, l. c.). Ein Einfluß auf die Detonation ist vielfach gesucht ·(wegen des vermuteten Zusammenhanges zwischen Klopfen und Detonation), im allgemeinen aber nicht gefunden worden.[1]

Der Übergang einer normalen Flamme in eine Detonation ist unter Umständen durch Zusätze beeinflußbar.[2]

Abb. 9 zeigt nach Sokolik und Shtsholkin die Abhängigkeit des „Prädetonationsweges" vom Druck und von Zusätzen von Bleitetraäthyl für verschiedene Pentan - Sauerstoff - Stickstoff - Gemische. Dabei ist unter Prädetonationsweg diejenige Strecke verstanden, welche

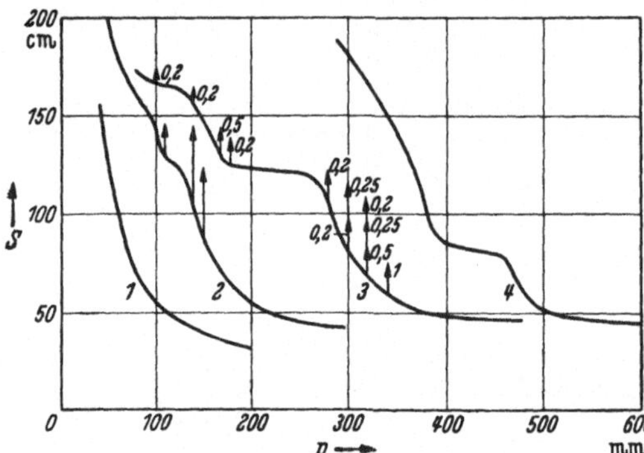

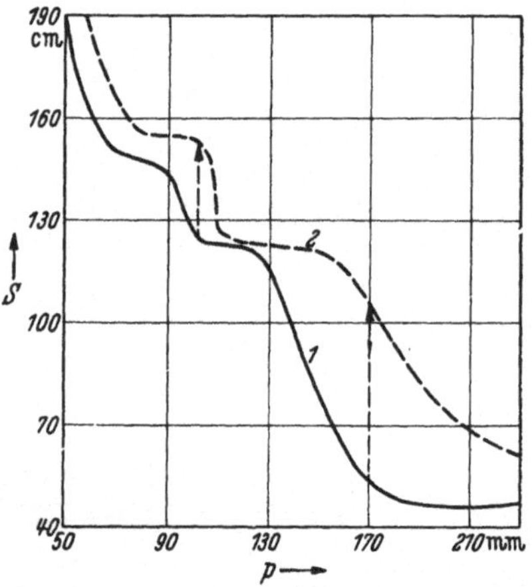

Abb. 9. Abhängigkeit des „Prädetonationsweges" vom Druck für $C_5H_{12} + 8\,O_2$ (1), $C_5H_{12} + 8\,O_2 + 2\,N_2$ (2), $C_5H_{12} + 8\,O_2 + 3\,N_2$ (3), $2\,H_2 + O_2$ (4) (Pfeile geben Änderung des Prädetonationsweges durch Zusatz der angeschriebenen Prozente Pb(Äth.)₄ an. (Nach Shtsholkin und Sokolik.)

Abb. 10. Abhängigkeit des Prädetonationsweges vom Druck für $C_5H_{12} + 8\,O_2 + 2\,N_2$ (1), sowie für das gleiche Gemisch + 1,2% Pb(Äth.)₄. (Nach Shtsholkin und Sokolik.)

eine gewöhnliche Flamme in einem Rohr durchlaufen muß, bis sie in eine Detonation übergeht. Bei Pentan-Sauerstoff (Kurve 1) erhält man eine glatte Kurve, wie sie auch sonstigen Beobachtungen entspricht. So wie aber etwas Stickstoff hinzugefügt wird (2), nimmt die Kurve einen mehr stufenförmigen Verlauf an, der bei größeren Stickstoffgehalten (3) noch ausgeprägter wird; eine ähnliche Kurve wird auch bei Knallgas (ohne Stickstoff) (4) beobachtet. Der Verlauf der Kurven läßt gewisse Beziehungen zu den Ergebnissen von Townend vermuten.

Abb. 10 zeigt nochmals das gleiche für ein Gemisch $C_5H_{12} + 8\,O_2 + 2\,N_2$

[1] H. B. Dixon: Trans. Faraday Soc. 22 (1926), 372. — P. Laffite, P. Dumanois: C. R. hebd. Séances Acad. Sci. 186 (1928), 146. — A. Egerton, S. F. Gates: Proc. Roy. Soc. (London), Ser. A 114 (1928), 149.

[2] A. Sokolik, K. Shtsholkin: Sowjet. Phys. 4 (1933), 195; Acta physicochim. USSR 7 (1937), 581, 589.

und die Beeinflussung der Prädetonationswege durch Zusatz von 1,2% Bleitetraäthyl. Die Beeinflußbarkeit ist bei verschiedenen Drucken sehr verschieden groß.

SHTSHOLKIN und SOKOLIK haben außerdem Versuche ausgeführt, in denen Pentan-Sauerstoff-Mischungen bei Drucken von ~ 300 mm auf Temperaturen zwischen 300 und 400° C erhitzt wurden, d. h. in einem Temperaturgebiet, in dem kalte Flammen auftreten mit Induktionsperioden von der Größenordnung einer bis einiger Sekunden vom Einlassen des Gases an. Die Versuche wurden so ausgeführt, daß zu verschiedenen Zeitpunkten vom Einlassen des Gases an das gleiche Detonationsgemisch mittels Funken gezündet wurde. Es zeigt sich, daß der Prädetonationsweg (Abb. 11) erheblich verkürzt wird, wenn die Zündung beim Erscheinen der kalten Flamme oder darnach erfolgt. Wird aber erst längere Zeit nach dem Erscheinen der kalten Flamme gezündet, so steigt die Länge des Prädetonationsweges wieder an; eventuell tritt überhaupt keine Zündung auf. In der Abbildung sind die Ergebnisse einer Reihe von Versuchen, die sämtlich bei 335° C und 320 mm Druck ausgeführt wurden, zusammengestellt; aufgetragen ist der Prädetonationsweg als Funktion des Zündzeitpunktes (vom Einlassen des Gemisches an). Der schraffierte Streifen in der Abbildung entspricht dem Zeitintervall ($\sim 0,4$ sec), in dem die kalten Flammen erscheinen.

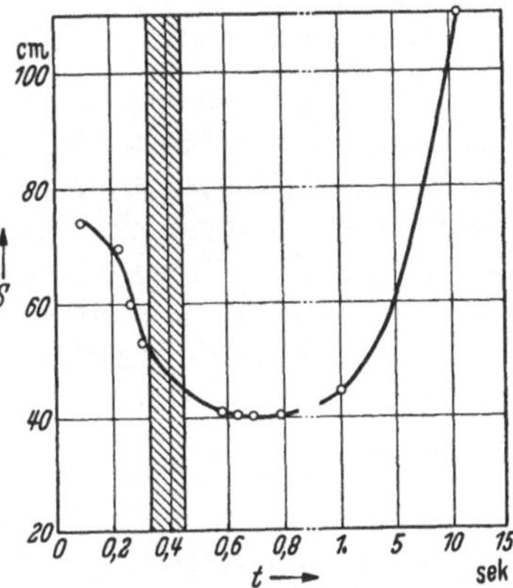

Abb. 11. Abhängigkeit des Prädetonationsweges vom Zündzeitpunkt für Pentan-Luft, 10% überfettet. (Nach SHTSHOLKIN und SOKOLIK.)

Die Parallelen zum Klopfvorgang im Motor sind naheliegend. Auch wenn es außerhalb der hier anzustellenden Betrachtungen liegt, sei darauf hingewiesen, daß es sich nach allen bisherigen Erfahrungen beim Motor jedoch nicht um eine Detonation handelt.

4. Theorie der Wirkung der Klopffeinde.

Nimmt man die im vorangehenden geschilderten Erfahrungen über Antiklopfmittel und die allgemeinen Erkenntnisse über die Kohlenwasserstoffverbrennung (vgl. Aufsatz NORRISH-BUCKLER in diesem Bande) zusammen, so kommt man ziemlich zwingend zu der Schlußfolgerung: die Wirkung der Antiklopfmittel besteht im Kettenabbruch bei einer der Selbstzündung vorangehenden Oxydationsreaktion der Kohlenwasserstoffe.

Auf die Frage, welcher Art der kettenabbrechende Vorgang ist, lassen sich nur Vermutungen vorbringen, während man hinsichtlich der quantitativen Gesetze, die für den Abbruch maßgebend sind, immerhin über erste, nicht aussichtslose Ansätze verfügt.[1]

Da nach den Erfahrungen von EGERTON unzersetztes $Pb(\ddot{A}th.)_4$ unwirksam ist, so dürften für die Wirkung Pb, PbO oder PbO_2 in Frage kommen. Falls stabile Peroxyde bei der Kohlenwasserstoffoxydation eine Rolle spielen, wäre deren Zerstörung in Schritten denkbar, wie

$$\begin{matrix} R \\ \\ R' \end{matrix} \!\!>\!\! C\!-\!O\!-\!O\!-\!R'' + \begin{cases} Pb \\ PbO \end{cases} \rightarrow \begin{matrix} R \\ \\ R' \end{matrix} \!\!>\!\! COR'' + \begin{cases} PbO \\ PbO_2 \end{cases};$$

---

[1] Vgl. z. B. W. JOST, L. v. MÜFFLING, W. ROHRMANN: l. c. S. 466. — W. JOST, L. v. MÜFFLING: Z. Elektrochem. angew. physik. Chem. **45** (1939), 93.

analog wäre dies auch mit Peroxydradikalen denkbar. Es wären aber auch ganz andersartige Abbruchsreaktionen denkbar, indem PbO oder PbO_2 auf Radikale oxydierend wirken (wofür sprechen könnte, daß nach Egerton das Pb(Äth.)$_4$ oxydiert sein muß, um wirksam zu sein).

Es werde untersucht, zu welchen Konsequenzen für das Klopfverhalten die Zugrundelegung eines sehr vereinfachten Modells einer Kettenreaktion führt. Wir führen folgende Annahmen ein, ohne zunächst zu diskutieren, wie weit sie in der Natur erfüllt sind oder erfüllt sein können.

1. Klopfen besteht in (praktisch) momentaner Selbstzündung des unverbrannten Gemischrestes im Motor.

2. Diese Selbstzündung setzt in einem vorgegebenen Motor unter vorgegebenen Betriebsbedingungen ein, wenn bei der Temperatur T des unverbrannten Gemischrestes die Reaktionsgeschwindigkeit v im Unverbrannten einen kritischen Wert v_{kr} erreicht oder überschreitet.[1]

3. Die Reaktionsgeschwindigkeit sei in dem interessierenden Temperaturgebiet darstellbar durch

$$v = A \exp\left(- E/RT\right), \tag{1}$$

wobei E die scheinbare Aktivierungswärme und A ein Frequenzfaktor ist.[2]

4. Als maßgebende Temperatur werde die von der Ausgangstemperatur T_0 aus durch adiabatische Verdichtung auf das ε-fache (ε = Kompressionsverhältnis) erreichte Endtemperatur[3] T zugrunde gelegt ($\varkappa = c_p/c_v$ des Arbeitsgases):

$$T = T_0\,\varepsilon^{\varkappa - 1}. \tag{2}$$

5. Für die Wirkung eines Antiklopfmittels wird der Semenoffsche Ansatz für die Geschwindigkeit einer Kettenreaktion (mit oder ohne Verzweigung) in seiner einfachsten Form[4] benutzt:

$$v = \frac{k\,n_0}{b - a}, \tag{3}$$

---

[1] Wir machen also keine spezielle Voraussetzung darüber, ob wir eine Explosion mit Kettenverzweigung oder eine reine Wärmeexplosion haben; da aber unter Motorbedingungen die Verhältnisse für die Wärmeabfuhr sehr ungünstig sind, so ist die Annahme, daß bei Überschreiten einer kritischen Geschwindigkeit Explosion einsetzt, mit beiden Annahmen verträglich. Hinsichtlich der Theorie der Wärmeexplosion verweisen wir auf eine neuere Arbeit von D. A. Frank-Kommetzky: Acta Physicochim. USSR. 10 (1939), 365. E. J. Harris [Proc. Roy. Soc. London A 175 (1940), 254] hat von dieser Arbeit ausgehend ziemlich schlüssig zeigen können, daß Diäthylperoxyd eine reine Wärmeexplosion erfährt. In Anbetracht der Rolle, welche Peroxyde beim Klopfen im Motor spielen können, muß man also sehr wohl mit der Möglichkeit rechnen, daß auch die Klopfreaktion eine reine Wärmeexplosion ist. Wohlgemerkt schließen *Wärme*explosion und *Ketten*reaktion einander keineswegs aus.

[2] Für ein beschränktes Temperaturgebiet ist die Gleichung (1) zulässig, wenn auch bei Reaktion mit Kettenverzweigung über weitere Temperaturgebiete kompliziertere Ansätze notwendig sind. A muß natürlich von Druck und Gemischzusammensetzung abhängen; letztere können wir für obige Betrachtung als konstant voraussetzen. Die Abhängigkeit von A vom Druck wird hier zunächst neben der viel stärkeren Temperaturabhängigkeit vernachlässigt.

[3] Zu betonen ist: 1. T_0 liegt höher als die Ansaugtemperatur des Gemisches, wegen der Erwärmung des angesaugten Gemisches von den Wänden aus und wegen der Zumischung heißer, verbrannter Restgase im Zylinder. 2. Der letzte Rest des Gemisches wird stärker erhitzt als auf T_0 wegen der zusätzlichen Kompression durch die fortschreitende Flamme. Da aber einerseits die dem entgegenwirkende Wärmeableitung vernachlässigt wird und da es ferner an dieser Stelle wesentlich auf die relativen Werte ankommt, wird vereinfachend mit Gleichung (2) gerechnet.

[4] Damit Gleichung (3) mit Gleichung (1) verträglich sei, müßten entweder b und a temperaturunabhängig sein oder die gleiche Temperaturabhängigkeit aufweisen, oder es muß a neben b vernachlässigbar sein. Ob eine dieser Annahmen erfüllt ist, bleibe dahingestellt. Das bedeutet, daß nur für ein verhältnismäßig enges Varia-

worin k und n_0 Temperatur- und Konzentrationsfunktionen sind, b der Wahrscheinlichkeit des Kettenabbruchs, a der der Verzweigung proportional ist.

6. Damit die vorangehenden Annahmen vernünftig sind, ist vorauszusetzen, daß nur Selbstzündung bei gleicher Induktionszeit τ bei den jeweiligen Endtemperaturen T verglichen wird. Man muß dazu z. B. die Drehzahl des Motors konstant halten, wie es bei allen Klopfprüfverfahren auch geschieht. Damit man von Stoff zu Stoff mit einer Temperaturangabe Vergleiche ziehen kann, wäre aber weiter vorauszusetzen, daß während der Induktionsperiode die Temperatur merklich konstant ist. Auch das ist als allererste Näherung vernünftig, da ja im oberen Totpunkt (Stelle maximaler Verdichtung) die Temperatur ein Maximum durchläuft, $\dfrac{dT}{dt}$ ($t =$ Zeit) ist also in unmittelbarer Nähe des Maximums ≈ 0.

7. Bei der Ableitung von Gleichung (3) nach SEMENOFF muß vorausgesetzt werden, daß b und a von der gleichen Ordnung in bezug auf die Konzentration der aktiven Teilchen sind; als solche kommt dann praktisch nur die erste in Frage. Dann wird man b ansetzen dürfen in der Form:

$$b = b_0 + b_1 c_a, \tag{4}$$

worin c_a die Konzentration des kettenabbrechenden Antiklopfmittels, b_1 eine Konstante ist und b_0 dem ohne Zusatz stattfindenden Kettenabbruch proportional ist.

Mit diesen Annahmen ergibt sich für die Reaktionsgeschwindigkeit bei Anwesenheit von Antiklopfmittel

$$v \approx \frac{k'}{b_0 + b_1 c_a - a} = \frac{k'}{\beta + b_1 c_a}, \tag{5}$$

worin $k' = k n_0$, $\beta = b_0 - a$ Konstanten sind, die sich auf die Oxydation des Brennstoffs ohne Zusatz von Antiklopfmittel beziehen. Daraus ergibt sich: die Wirksamkeit einer gewissen Menge Antiklopfmittel wird um so geringer, je mehr davon bereits zugesetzt worden ist.

Um einen mit den Experimenten vergleichbaren Ausdruck zu erhalten, müssen wir die relative Erniedrigung der Reaktionsgeschwindigkeit umrechnen auf die zu ihrer Kompensation zulässige Erhöhung des kritischen Kompressionsverhältnisses. Unter Kombination der Interpolationsformeln (1) und (3) bzw. (5) schreiben wir für die Reaktionsgeschwindigkeit

$$v = \frac{k''}{\beta + b_1 c_a} \exp\left(-E/RT\right). \tag{6}$$

Für T setzen wir Gleichung (2) ein und nehmen an, daß ohne Zusatz ($c_a = 0$) die kritische Reaktionsgeschwindigkeit v_{kr} gerade beim Kompressionsverhältnis ε erreicht gewesen sei, also:

$$v_{kr} = \frac{k''}{\beta} \exp\left(-E/R T_0 \varepsilon^{\varkappa - 1}\right). \tag{7}$$

tionsgebiet Gleichung (1) und (3) gleichzeitig als erlaubte Interpolationsformeln gelten können. Tatsächlich werden alle Beziehungen auch nur über ein sehr enges Temperaturgebiet benutzt, was daraus hervorgeht, daß unter gleichen Bedingungen die Zündpunkte für Octanzahl 0 und Octanzahl 100 um weniger als 100° auseinanderliegen; die hier betrachteten Temperaturintervalle können also nur einen kleinen Bruchteil dieses Bereiches ausmachen.

Beim Zusetzen von Antiklopfmittel in der Konzentration c_a werde das kritische Kompressionsverhältnis ε heraufgesetzt auf $\varepsilon + \Delta \varepsilon$, also muß dann sein:[1]

$$v_{kr} = \frac{k''}{\beta + b_1 c_a} \exp \left[- E/R\, T_0\, (\varepsilon + \Delta\, \varepsilon)^{\varkappa - 1}\right]. \tag{8}$$

Aus Gleichung (7) und (8) folgt:

$$\frac{\beta + b_1 c_a}{\beta} = \exp\left[E\left\{\varepsilon^{1-\varkappa} - (\varepsilon + \Delta\, \varepsilon)^{1-\varkappa}\right\}/R\, T_0\right]. \tag{9}$$

Wir setzen weiter voraus, daß $\Delta\varepsilon \ll \varepsilon$ ist; dann folgt:

$$\frac{\beta + b_1 c_a}{\beta} \approx \exp\left[E\, \varepsilon^{1-\varkappa}\, (\varkappa - 1)\, \frac{\Delta\,\varepsilon}{\varepsilon}\middle/ R\, T_0\right], \tag{10}$$

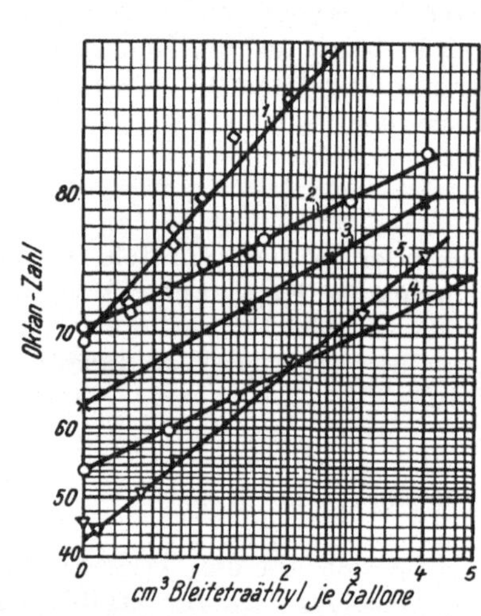

Abb. 12. Beeinflussung der Octanzahl verschiedener Benzine durch Bleitetraäthyl nach L. E. Hebl, T. B. Rendel und F. L. Garton (Ind. Engng. Chem. 25 [1933], 190); entnommen aus: Science of Petroleum. Bd. IV.

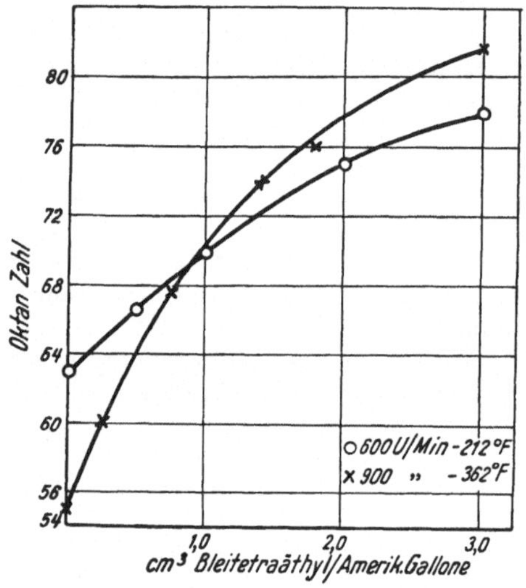

Abb. 13. Bleiempfindlichkeit eines Handelsbenzins bei verschiedenen Motorbedingungen (aus: „Science of Petroleum", Bd. IV, Artikel Calingaert).

und für einen bestimmten Brennstoff (E, ε konstant):

$$\Delta\, \varepsilon \approx \text{const.}\; T_0 \ln \frac{\beta + b_1 c_a}{\beta}. \tag{11}$$

Dies ist natürlich nur eine grobe Näherung, sie gibt aber die Erhöhung des kritischen Kompressionsverhältnisses $\Delta\varepsilon$ eines gegebenen Brennstoffs durch verschieden große Zusätze von Bleitetraäthyl überraschend gut wieder (Abb. 12 bis 14, nach Versuchen von Hebl und Rendel[2] geben gemessene Bleiwirkungen wieder); für den Vergleich mit gemessenen Octanzahlen (OZ) sind in Abb. 15 kritische Kompressionsverhältnisse ε von Heptan-*iso*-Octanmischungen dargestellt; diese hängen zwar von der Prüfmethode ab, unabhängig davon gilt aber der qualitative Verlauf, daß nämlich bei niederen Octanzahlen $\dfrac{d\varepsilon}{d\,(OZ)}$ viel kleiner ist als bei hohen.

---

[1] Konsequenter wäre statt c_a zu setzen $\varepsilon\, c_a$ (vgl. S. 476 ff.). Da jedoch der Konzentrationseinfluß bei veränderter Verdichtung auch in den anderen Gliedern nicht berücksichtigt ist, bleiben wir bei dem einfacheren Ausdruck. Einfügen von ε würde die hier berechneten Effekte noch verstärken.

[2] L. E. Hebl, T. B. Rendel: J. Instn. Petrol. Technologists 18 (1932), 187.

Nach Gleichung (11) müßte $\Delta\varepsilon$ unter sonst festgehaltenen Bedingungen um so höher sein, je höher T_0 ist, was durch die in Abb. 13 dargestellten Resultate belegt wird. In quantitativer Beziehung sollte man diesem Ergebnis keine zu große Bedeutung beimessen, da erstens T_0 nicht identisch ist mit der angegebenen Kühlmitteltemperatur, und da man zweitens im Motor diese nicht variieren kann, ohne damit andere Variable mit zu beeinflussen.

Eine Beziehung zwischen kritischem Kompressionsverhältnis ε eines Treibstoffes und dessen Erhöhung $\Delta\varepsilon$ durch eine bestimmte Menge Antiklopfmittel findet man folgendermaßen: Aus Gleichung (1) und (2) ergibt sich[1]

$$\ln v = \ln A - E\,\varepsilon^{1-\varkappa}/R\,T_0 \qquad (12)$$

und daraus durch Differentiation:

$$\frac{d\ln v}{d\varepsilon} = -\frac{(1-\varkappa)\,\varepsilon^{-\varkappa}}{R\,T_0}, \qquad (13)$$

und für $\Delta\varepsilon \ll \varepsilon$

$$\Delta\varepsilon \approx -\frac{\Delta\ln v\,R\,T_0\,\varepsilon^{\varkappa}}{E\,(1-\varkappa)}. \qquad (14)$$

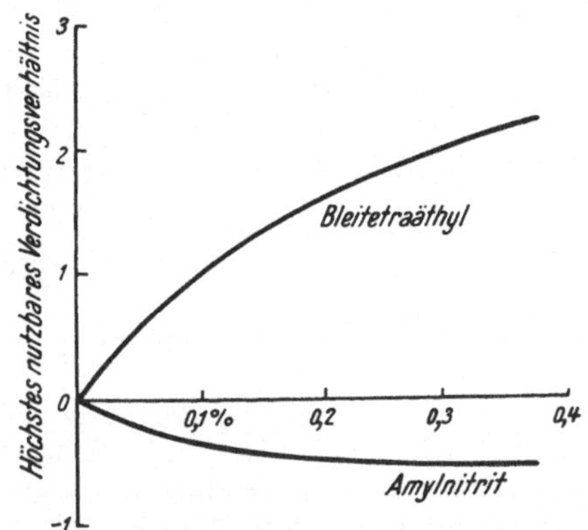

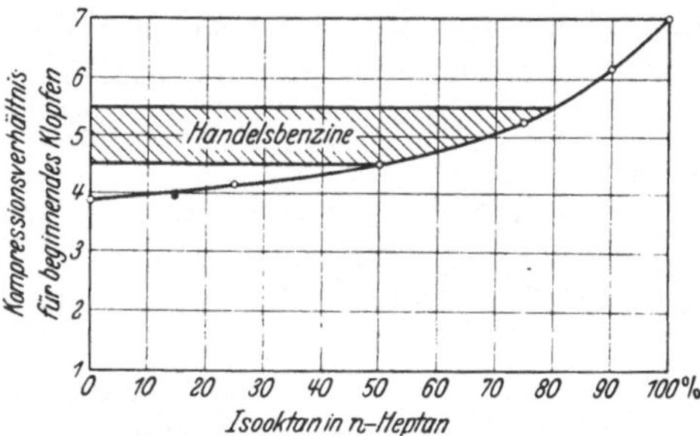

$\Delta\ln v$ ist hier die Änderung des Logarithmus der Reaktionsgeschwindigkeit durch Zusetzen einer bestimmten

Abb. 14. Beeinflussung des kritischen Kompressionsverhältnisses eines Benzins durch ein Antiklopfmittel (Bleitetraäthyl) und ein Proklopfmittel (Amylnitrit), nach H. L. CALLENDAR (aus: „Science of Petroleum", Bd. IV, Artikel E. W. J. MARDLES).

Abb. 15. Kritische Kompressionsverhältnisse von Iso-Oktan-n-Heptan-Mischungen (die Abszissenwerte definitionsgemäß gleich den Oktanzahlen OZ).

Menge Antiklopfmittel. $\Delta\varepsilon$ ist die diesem entsprechende Änderung des kritischen Kompressionsverhältnisses. Setzt man für $\Delta\ln v$ gemäß Gleichung (5) den Logarithmus des Quotienten der Reaktionsgeschwindigkeiten ohne und mit Antiklopfmittelzusatz, so erhält man:

$$\Delta\ln v = \ln\frac{\beta}{\beta + b_1\,c_a} \qquad (15)$$

und damit aus Gleichung (14):

$$\Delta\varepsilon \approx \frac{R\,T_0\,\varepsilon^{\varkappa}}{E\,(\varkappa-1)}\ln\frac{\beta}{\beta + b_1\,c_a}. \qquad (16)$$

Diese Formel sagt aus: Ein Zusatz von Antiklopfmittel der Konzentration c_a wirkt sich auf die Reaktionsgeschwindigkeit so aus wie Änderung des Kompressionsverhältnisses um $\Delta\varepsilon$ [$\Delta\varepsilon$ in Gleichung (16) wird negativ bei positivem b_1 und c_a, weil Zusatz von Antiklopfmittel so wirkt, wie Erniedrigung der Temperatur, d. h. Herabsetzung von ε].

---

[1] Oder auch unmittelbar aus Gleichung (10).

War ε das kritische Kompressionsverhältnis, d. h. dasjenige Kompressionsverhältnis, bei dem der Kraftstoff ohne Zusatz gerade klopfte, und will man nach Zusatz des Antiklopfmittels gerade wieder Klopfen haben, so muß man das Verdichtungsverhältnis heraufsetzen um den absoluten Betrag von Gleichung (16), d. h. um:

$$\Delta \varepsilon = \frac{R\,T_0\,\varepsilon^{\varkappa}}{E\,(\varkappa-1)} \ln \frac{\beta + b_1\,c_a}{\beta} . \tag{16'}$$

Betrachtet man nun eine Gruppe von Kraftstoffen mit praktisch identischen Werten von β, b_1 und E, die aber trotzdem verschiedenes ε haben können (denn es kann sich ein Unterschied in A auswirken, das ja in obigen Gleichungen nicht auftritt; auch durch Gleichung (15) ist in unsere Endgleichung nur der von c_a abhängige Teil des Geschwindigkeitsausdruckes hereingekommen), so ergibt sich für diese einfach:

$$\Delta \varepsilon \approx \text{const.}\ \varepsilon^{\varkappa}, \tag{17}$$

d. h. für solche Stoffe muß durch Zusatz einer festen Menge Antiklopfmittel die Erhöhung von ε um so größer sein, je höher ε von Anfang an war, eine oft beobachtete Erscheinung, auf die oben (S. 451 ff.) bereits hingewiesen wurde.

In der Abb. 2, S. 452 ist die Gleichung (17) entsprechende Kurve eingezeichnet mit folgenden Annahmen über die Konstanten: es wurde angenommen, daß durch den in Frage kommenden Zusatz [1 cm³ Pb(Äth.)₄ je amerikanische Gallone ($\sim 3{,}8$ l)] die Reaktionsgeschwindigkeit um eine Zehnerpotenz herabgesetzt sei, für $\varkappa$ wurde 1,35 angenommen und für $E \approx 40$ kcal; das sind alles vernünftige Zahlenwerte. Wie die Abb. 2 erkennen läßt, kann die so gewonnene Kurve

$$\Delta \varepsilon \approx 0 \cdot 113\,\varepsilon^{\varkappa} \tag{18}$$

in überraschend guter Näherung als Grenzgesetz für das Verhalten der Paraffine und Naphthene angesehen werden.

Dem Sinne unserer bisherigen Ableitung nach muß *const.* in Gleichung (17) > 0 sein. Nehmen wir jetzt aber auch „negative" Antiklopfmittel, d. h. Klopfen induzierende Substanzen, in den Rahmen unserer Betrachtungen auf, dann kann b_1 in Gleichung (16') auch negativ, der Bruch also auch < 1 und damit *const.* in Gleichung (17) auch negativ werden. Qualitativ ergeben sich für verschiedene Werte von *const.* $\gtrless 0$ in Gleichung (17) also Kurven wie die in Abb. 16. Es ist lehrreich, diese Abbildung mit der Abb. 2 zu vergleichen. Dabei ist unverkennbar, daß bei den einzelnen Stoffklassen die Tendenz besteht, sich im Mittel einer bestimmten Kurve $c = const.$ anzuschließen;[1] den Paraffinen und Naphthenen entsprechen die größten c-Werte, den Olefinen und einfach ungesättigten Cycloparaffinen mittlere, den mehrfach ungesättigten cyclischen Kohlenwasserstoffen die kleinsten, nämlich negative c-Werte. Diesen gegenüber benimmt sich Bleitetraäthyl also wie eine Klopfen induzierende Substanz. Die klopfinduzierende Wirkung des Bleitetraäthyls zu verstehen, bietet an sich auch keine Schwierigkeiten. Es ist bekannt, daß Bleitetraäthyl unter Abspaltung von Radikalen zerfällt, welche voraussichtlich die Oxydation induzieren kön-

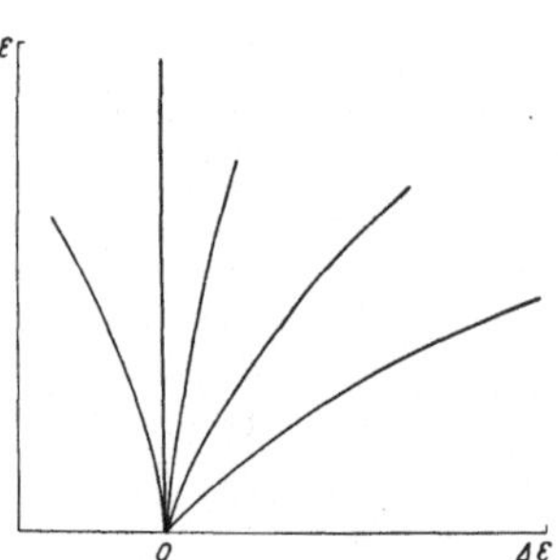

Abb. 16. Beeinflussung des kritischen Kompressionsverhältnisses ε durch Zusatz verschiedener Anti- und Proklopfmittel gemäß Gl. (17) $\left\{\text{const.} \gtrless 0\right\}$.

---

[1] Die Aromaten darf man nicht als einheitliche Stoffklasse behandeln, da die Natur der Substituenten sehr stark variiert.

nen.[1] Gehen wir von Gleichung (5) für die Reaktionsgeschwindigkeit aus, in welcher ja k' u. a. der Geschwindigkeit der Ketteneinleitung proportional ist, so müßten wir bei Berücksichtigung zusätzlicher Ketteneinleitung durch das Antiklopfmittel schreiben:

$$v = \frac{k' + k_a c_a}{\beta + b_1 c_a}. \tag{19}$$

Man sieht aus dieser Beziehung, zu der die Vorstellungen von einer Kettenreaktion völlig ungezwungen führen, daß man durch den gleichen Zusatz sowohl Beschleunigung als auch Hemmung der Reaktion erhalten kann; Beschleunigung, falls:

$$\left(1 + \frac{k_a}{k'} c_a\right) > \left(1 + \frac{b_1}{\beta} c_a\right) \tag{20}$$

und Hemmung, falls:

$$\left(1 + \frac{k_a}{k'} c_a\right) < \left(1 + \frac{b_1}{\beta} c_a\right). \tag{21}$$

Bei normalen Kraftstoffen dürfte gelten:

$$k' \gg k_a c_a, \tag{22}$$

womit dann automatisch im allgemeinen Ungleichung (21) erfüllt sein dürfte. Bei den Stoffen, bei welchen Beschleunigung eintritt, dürfte umgekehrt:

$$\beta \gg b_1 c_a \tag{23}$$

sein und damit Ungleichung (20) gelten. Ungleichung (23) sagt aus: der Kettenabbruch durch den reinen Stoff überwiegt den durch das Antiklopfmittel bei weitem. Dies trifft besonders bei mehrfach ungesättigten Stoffen zu, für die ja bekannt ist, daß sie gegenüber Radikalreaktionen kettenabbrechend wirken können. Dann ist aber zu erwarten, daß ein solcher Stoff, einem anderen zugefügt, wie ein Antiklopfmittel wirkt. Und diese Vermutung wird aufs schlagendste bestätigt durch die bereits früher (S. 450 ff.) angeführte Erfahrung, daß ungesättigte und besonders mehrfach ungesättigte Substanzen mit konjugierten Doppelbindungen eine abnorm hohe Mischoctanzahl aufweisen!

In die entwickelten Vorstellungen des Klopfens als Kettenreaktion und des Einflusses der Antiklopfmittel als Kettenabbruch fügen sich daher alle Erfahrungen aufs beste ein, sofern man das Augenmerk auf das mittlere Verhalten lenkt, nämlich:

1. Das Verhalten gegen Antiklopfmittel innerhalb von Reihen analoger Stoffe,
2. das Verhalten der gleichen Stoffe in Mischungen.

Daß unsere Ansätze starke Vereinfachungen waren, wurde von Anfang an betont, und es ist ersichtlich, daß man die gleichen Überlegungen, die zu den gleichen qualitativen Schlüssen führen würden, auch mit sehr viel allgemeineren Ansätzen durchführen könnte. Wir sehen absichtlich davon ab, weil dann für den Vergleich mit der Erfahrung die Einführung einer größeren Anzahl individueller Konstanten notwendig würde, die bisher nicht unabhängig bestimmt werden können. Wir glauben daher, daß das durchschnittliche Erfülltsein der obigen stark vereinfachten Beziehungen eine stärkere Stütze für die Richtigkeit der zugrunde gelegten Auffassungen liefert, als es im Augenblick eine mehr ins einzelne gehende Theorie sein könnte.

---

[1] Daß photochemisch erzeugte freie Radikale die Oxydation von Kohlenwasserstoffen induzieren und eventuell einen Übergang von ruhiger Reaktion zu Explosion verursachen können, ist von Verf. in Gemeinschaft mit R. MAESS gezeigt worden, vgl. R. MAESS: Öl und Kohle **15** (1939), 299, 321.

Eine eingehende theoretische Untersuchung der Bleiwirkung ist in letzter Zeit von Oosterhoff[1] erschienen.

Oosterhoff nimmt nach den vorliegenden Erfahrungen an, daß Peroxyde für die Klopfreaktion, ihre Zerstörung für die Wirkung der Antiklopfmittel verantwortlich sind. Die Resultate der daran geknüpften formalen Rechnungen hängen von dieser Spezialisierung nur insofern ab, als lediglich eine einzige Art aktiver Partikeln betrachtet wird, während die Natur dieser Teilchenart natürlich unwesentlich ist.

In der Arbeit von Oosterhoff wird 1. für diesen Fall der Geschwindigkeitsausdruck bei Gegenwart von Antiklopfmittel nach Semenoff abgeleitet, 2. eine Beziehung zwischen diesem Ausdruck und der Beeinflussung des kritischen Kompressionsverhältnisses hergestellt, nach einem dem von Jost und v. Müffling (vgl. S 469 ff.) analogen Verfahren; abweichend von diesen wird als kritische Bedingung die für Explosion durch Kettenverzweigung eingeführt, 3. wird die desaktivierende Wirkung metallischer Antiklopfmittel abgeschätzt, wobei sich (sofern jene als disperse feste oder flüssige Phasen angenommen werden) bestimmte Grenzwerte für die Maximalgröße der Partikeln ableiten lassen.

1. Ist n die Konzentration aktiver Teilchen, hier speziell die des Peroxyds, v die Geschwindigkeit, mit welcher diese sich aus stabilen Produkten bilden, und sind k_1 und k_2 die Geschwindigkeitskoeffizienten für die (nach den aktiven Teilchen als I. Ordnung angenommenen) Verzweigungs- und Abbruchsreaktionen, so erhält man mit Semenoff:

$$\frac{dn}{dt} = v + (k_1 - k_2)\,n;\tag{24}$$

k_1 und k_2 sind natürlich noch von den Konzentrationen der übrigen Reaktionspartner sowie denen von Zusätzen abhängig. Aus (24) folgt (falls $n = 0$ für $t = 0$):

$$n = \frac{v}{\alpha}\,(e^{\alpha t} - 1),\ \text{mit}\ \alpha = k_1 - k_2.\tag{25}$$

Die Reaktionsgeschwindigkeit w wird linear mit n angenommen zu

$$w \approx A\,e^{\alpha t}.\tag{26}$$

Falls ein Antiklopfmittel seiner Konzentration proportional Ketten abbricht, so wird in dessen Gegenwart k_2 durch $k_2 + \beta$, damit α durch $\alpha - \beta$ ersetzt werden können, und man erhält:

$$w \approx A\,e^{(\alpha - \beta)t} = A\,e^{\Phi t};\tag{26'}$$

es gilt weiterhin mit den obigen Annahmen, daß β proportional ist der Konzentration des Antiklopfmittels im Benzin M und dem Kompressionsverhältnis ε, also:

$$\beta = \mu\,\varepsilon\,M.\tag{27}$$

2. Entsprechend der Bemerkung auf S. 474 ff. wird nun, analog zu Jost und v. Müffling, eine Beziehung zwischen Konzentration des Antiklopfmittels und der dadurch bewirkten Erhöhung $\Delta\varepsilon$ des kritischen Kompressionsverhältnisses ε aufgestellt, wobei nun jedoch nicht ein kritischer Wert für w, sondern ein solcher Φ_k für Φ angenommen wird. Man erhält so

$$\frac{\mu}{\Phi_k}\,M = \frac{\exp\left(E/R\,T\left\{1 - \left[\dfrac{\varepsilon}{\varepsilon + \Delta\varepsilon}\right]^{\varkappa - 1}\right\}\right) - 1}{\varepsilon + \Delta\varepsilon},\tag{28}$$

[1] L. J. Oosterhoff: Recueil Trav. chim. Pays-Bas **59** (1940), 811. Wir referieren diese Arbeit ziemlich ausführlich, da sie gleichzeitig als Beispiel für die S. 126 ff. diskutierten Beziehungen dienen kann.

wobei angenommen ist, daß gesetzt werden kann

$$\alpha \sim \exp\left(- E/RT\right)$$

und wo $\varkappa = \dfrac{c_p}{c_v}$ ist.

Beziehung (28) vermag ebenso wie die entsprechende Beziehung von JOST und von v. MÜFFLING die Änderung des kritischen Kompressionsverhältnisses mit der Größe des Bleizusatzes gut darzustellen, Abb. 17; hier ist gerechnet mit

$$\varkappa \approx 1{,}3, \quad E/RT = 26 \quad \text{und} \quad \frac{\mu}{\Phi_k} = 0{,}163.$$

OOSTERHOFF diskutiert dann weiter den Fall zweier verschiedener Arten aktiver Teilchen, wofür auf das Original verwiesen sei.

3. Zur Berechnung der Desaktivierungsgeschwindigkeit durch Metall-„Wolken" werden folgende Vereinfachungen eingeführt. Es wird angenommen, daß die Partikeln kugelförmig sind, sämtlich vom gleichen Radius r_0, jedes im Mittelpunkt einer Wirkungssphäre von Radius R. Der Wert von R wird so angenommen, daß die Summe der Wirkungssphären gleich dem Gesamtvolumen wird, also wenn N Partikeln auf 1 cm³ kommen:

$$\frac{4\pi}{3} N R^3 = 1.$$

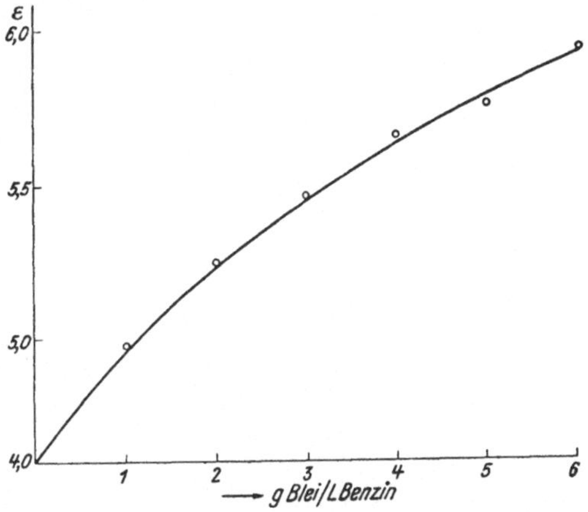

Für die Konzentrationsänderung aktiver Teilchen durch Diffusion ergibt sich

Abb. 17. Beziehung zwischen Zunahme des höchsten nutzbaren Verdichtungsverhältnisse ε mit dem Bleigehalt eines Benzins.

—— Theoretische Kurve nach Gleichung (28), ○ Meßpunkte.

in diesem mit hinreichender Annäherung als kugelsymmetrisch zu behandelnden Fall

$$- \frac{D}{r} \frac{\partial^2}{\partial r^2} (r\,n)$$

(r Abstand vom Teilchenzentrum; D Diffusionskoeffizient) und damit statt (24)

$$\frac{dn}{dt} = v + \alpha\,n - \frac{D}{r} \frac{\partial^2}{\partial r^2} (r\,n). \tag{29}$$

Soll diese Gleichung (nach einer gewissen Anlaufperiode) äquivalent sein mit (24), welche ja lautet ($k_1 - k_2 = \alpha$; $\beta\,n$ [vgl. oben] ist Kettenabbruch durch Zusatz):

$$\frac{dn}{dt} = v + \alpha\,n - \beta\,n, \tag{24}$$

so zeigt Vergleich von (29) mit (24), daß dann sein muß:

$$\beta\,n = \frac{D}{r} \frac{\partial^2}{\partial r^2} (r\,n). \tag{30}$$

Diese Gleichung ist zu lösen mit den Randbedingungen:

I. Bei $r = R$ muß sich ein Bereich stetig an den nächsten anschließen; das geht nur mit

$$\left(\frac{\partial n}{\partial r}\right)_R = 0; \tag{31}$$

II. Auf der Oberfläche der Metallpartikeln wird ein bestimmter Bruchteil δ der auftreffenden aktiven Teilchen vernichtet; dieser Bruchteil muß daher gleich der Zahl der durch Diffusion nachgelieferten Teilchen sein, also:

$$\delta \frac{\bar{v}}{4} n (r_0) = D \left(\frac{\partial n}{\partial r}\right)_{r_0}. \tag{32}$$

Eine Lösung von (30), mit der sich die Randbedingungen befriedigen lassen, ist

$$n = f(t) \cdot \frac{\sin \dfrac{r - r_1}{l}}{r} \tag{33}$$

mit

$$l = \sqrt{\frac{D}{\beta}}. \tag{34}$$

Die Randbedingung (32) wird, falls $\dfrac{r_0 - r_1}{l}$ als hinreichend klein angesehen werden darf:

$$\left.\begin{array}{l} \operatorname{tg} \dfrac{r_0 - r_1}{l} \approx \dfrac{r_0 - r_1}{l} = \dfrac{D \dfrac{r_0}{l}}{D + \dfrac{\delta \bar{v}}{4} r_0}; \\[2em] r_1 = r_0 \dfrac{\delta r_0 \dfrac{\bar{v}}{4}}{D + \dfrac{\delta \bar{v} r_0}{4}} = r_0 \dfrac{\psi}{1 + \psi}; \quad \psi = \dfrac{\delta \bar{v} r_0}{4 D}. \end{array}\right\} \tag{35}$$

Aus (31) wird

$$\operatorname{tg} \frac{R - r_1}{l} = \frac{R}{l} = \frac{R - r_1}{l} + \frac{r_1}{l}. \tag{36}$$

Durch Entwickeln des Tangens bis zum zweiten Glied und Vernachlässigen von r_1 neben R erhält man:

$$l^2 = \frac{R^3}{3 r_1}. \tag{37}$$

Mit dem Wert (35) für r_1 wird daraus:

$$l^2 = \frac{R^3}{3 r_0} \frac{1 + \psi}{\psi} = \frac{r_0^2}{3 \chi} \frac{1 + \psi}{\psi}, \tag{38}$$

wobei $\chi = \dfrac{r_0^3}{R^3}$ den Anteil der Metallpartikeln am Gesamtvolumen angibt. Nach (34) wird hiermit das uns interessierende β:

$$\beta = \frac{D}{l^2} = 3 \chi \frac{D}{r_0^2} \frac{1 + \psi}{\psi}. \tag{39}$$

Setzt man für D:

$$D \approx \frac{\lambda \bar{v}}{3} = \frac{\lambda^2}{3 \tau}, \tag{40}$$

wo λ freie Weglänge, τ mittlere Zeit zwischen zwei Zusammenstößen, so kann man für β schreiben:

$$\beta = \frac{9}{16} \frac{\chi}{\tau} \frac{\delta^2}{\psi (1 + \psi)}. \tag{41}$$

Oosterhoff diskutiert nun die beiden Fälle $\psi \ll 1$ und $\psi \gg 1$.

Der erste Fall ist durch sehr kleines r_0 oder δ oder beides bedingt; es folgt dann aus (35), daß $r_1 \ll r_0$; n hat dann in dem interessierenden Bereich einen

Verlauf wie in Abb. 18, d. h. ist nahezu konstant. Für die Zahl der je Sekunde und Kubikzentimeter zerstörten aktiven Teilchen $\beta\, n$ erhält man aus (41) mit erlaubten Vernachlässigungen $[1 + \psi \approx 1;\; n\,(r) \approx \mathrm{const.}]$:

$$\beta\, n = 4\,\pi\, N\, r_0^2\, \frac{n\,\bar{v}\,\delta}{4}. \tag{42}$$

Diesen Ausdruck hätte man unmittelbar hinschreiben können, von den Ansätzen von Lewis und v. Elbe ausgehend (vgl. S. 128); es bedeutet nämlich $4\,\pi\, N\, r_0^2$ die gesamte wirksame Oberfläche der Bleiteilchen, $\dfrac{n\,\bar{v}\,\delta}{4}$ die Zahl der wirksamen Stöße auf einen Quadratzentimeter dieser Oberfläche; die Desaktivierungsgeschwindigkeit ist durch diese Stoßzahl gegeben.

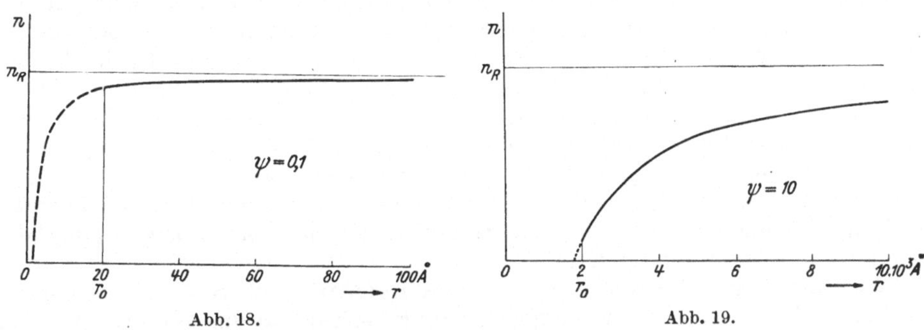

Abb. 18.   Abb. 19.

Abb. 18 und 19. Konzentration aktiver Teilchen (n) als Funktion des Abstandes r vom Zentrum der Kettenabbrechenden Partikel mit dem Radius r_0: n_R = Wert für $r = R$.

In dem anderen Grenzfall, $\psi \gg 1$, erhält man bei nicht zu kleinem δ:

$$\beta = \frac{3\,\chi}{r_0}\, D, \tag{43}$$

also β unabhängig von δ und proportional D; die Diffusionsgeschwindigkeit ist bestimmend, vgl. Abb. 19.

Die Größenordnung von β schätzt Oosterhoff in folgendem Beispiel ab: Benzin mittleren Molgewichts, nämlich $\sim 110 \div 120$, M Gramm Blei auf 1 l Benzin, 1 Mol Benzin auf $\sim 50 \div 60$ Mole Luft, Dichte des Metalls (Blei) ~ 10. Damit wird

$$\chi \approx 0{,}6 \cdot 10^{-8}\, \varepsilon\, M.$$

Bei $\varepsilon = 5$ und $\sim 500^\circ$ C wird $\tau \approx 0{,}5 \cdot 10^{-10}$ sec und

$$\beta \approx \frac{9}{16}\, \frac{0{,}6 \cdot 10^{-8}}{0{,}5 \cdot 10^{-10}}\, \frac{\delta^2\, \varepsilon\, M}{\psi\,(1 + \psi)} \approx 70\, \frac{\delta^2}{\psi\,(1 + \psi)}\, \varepsilon\, M.$$

Der Faktor neben εM ist nach früherem (S. 476) gleich μ; für dieses erhält man mit $\delta = 1$, $\lambda \approx 1{,}5 \cdot 10^{-6}$ folgende Werte:

$r_0\,(\text{Å})$	μ
10	1430
30	510
50	250
100	100
200	40

und mit $\delta = 0{,}1$:

r_0 (Å)	μ
10	150
15	100
50	35
100	15

Die Experimente verlangen $\mu > 80$. Daraus folgt, daß, falls $\delta \approx 1$, r_0 nicht größer als 100 Å sein darf, für kleineres δ aber sehr viel kleiner.

Nach dieser Untersuchung scheint es also nicht ausgeschlossen, daß Blei (bzw. dessen Oxyde) bei der Antiklopfwirkung auch in der festen Phase vorliegen, wie dies BODENSTEIN (vgl. S. 446) annahm. Bekanntlich folgt aus den unmittelbaren Versuchen nur, daß das Metall nicht grobdispers sein darf. Da bei den Versuchstemperaturen aber der Bleidampfdruck sehr klein ist (noch viel mehr gilt das für das Eisen), so sollte im Gleichgewicht das Blei überwiegend in kondensierter Phase vorliegen. OOSTERHOFF schätzt auch weiterhin ab, daß Partikeln der angegebenen Größe eine hinreichend lange Lebensdauer haben, da deren Stoßzahl untereinander klein genug ist. Da aber das Blei zunächst moleculardispers entstehen dürfte, ist bei der Beurteilung des Aggregatzustandes, in welchem es vorliegt, auch die Keimbildungsgeschwindigkeit zu berücksichtigen (vgl. S. 109 ff., sowie VOLMER[1]). Wegen deren beschränkter Größe ist es durchaus denkbar, daß über die in Frage kommenden sehr kurzen Zeiten eine erhebliche Übersättigung des Dampfes aufrechterhalten bleibt.

Nach den Ergebnissen von HARRIS und EGERTON (vgl. S. 461), wonach der Peroxydzerfall zu einer Wärmeexplosion führt, scheint es uns keineswegs sicher (wenn auch durchaus möglich), daß die Klopfreaktion eine Kettenexplosion ist; falls es sich um eine Wärmeexplosion handelt, wären die Überlegungen von OOSTERHOFF denen von JOST und v. MÜFFLING entsprechend zu modifizieren. Wir möchten vermuten, daß ein wesentlicher Teil der Resultate sich auch für diesen Fall ableiten lassen dürfte.

---

[1] M. VOLMER: Kinetik der Phasenbildung. Dresden, 1939.

Namenverzeichnis.

Sachverzeichnis.

Jedes Stichwort wurde in der Sprache in das Verzeichnis aufgenommen, in der es im Text auftritt. Außerdem wurde die deutsche Übersetzung aller englischen und die englische Übersetzung aller deutschen Stichwörter ein-
gereiht, außer in den Fällen, wo die Übersetzung fast an dieselbe Stelle des Alphabets zu stehen käme.

Abpumpen, s. Withdrawal method.
Acceleration, s. Beschleunigung.
Accomodation coefficient, s. Akkomodationskoeffizient.
Action constant, s. Aktionskonstante.
Activation, s. Aktivierung.
— energy of upper explosion limit 410, 414f.
Active substances, s. Wirkstoffe.
Additionsreaktionen 251.
Adiabatic reaction before ignition 400.
— — in carbon monoxide ignition 419.
Adiabatische Verdichtung im Motor 470.
— — — — und Selbstzündung 455.
— Übergänge zwischen Potentialkurven 191.
— Vorgänge in Atomsystemen 189.
Admission method of measuring explosion limits 417.
Adsorption, aktivierte 74, 108, 231.
— von Atomen 231.
— — Gemischen 107.
—, Theorie 106.
—, Verdrängung 107.
—, Vorbemerkungen 73.
Adsorptionsisotherme, FREUNDLICHsche 108.
— und heterogene Katalyse 141.
—, LANGMUIRsche 74.
—, thermodynamische Ableitung 107.
Adsorptionswärme, Abfall 108.
Affinität, Entwicklung der Auffassung vom Mechanismus zum Dynamismus 45.
Akkomodationskoeffizient, Definition durch den Temperatursprung 81.
Aktionskonstante, Begriff und Definition 69.
—, theoretische Berechnung 224.
—, s. a. Häufigkeitszahl.
Aktivierung von CO_2 in der CO-Flamme 283.
— und Dreierstöße 307f.

Aktivierung von Gasmolekeln 270.
—, lokalisierte von organischen Molekeln durch Halogene 277f.
— bei monomolekularen Reaktionen 101.
— — — — durch Fremdgase 103.
—, thermische 248.
—, s. a. Activation.
Aktivierungsenergie, Beziehung zur Reaktionswärme 69.
— im Dreiatomsystem 214.
—, empirischer Begriff 68.
—, genaue Diskussion 92ff.
— für H + MeHal 374.
— für H + H_2 352f.
— — —, theoretisch 220, 355f.
— monomolekularer Reaktionen 103.
— der Parawasserstoffumwandlung, theoretische Berechnung 220, 355f.
— der Teilreaktionen bei homogener Katalyse 138f.
— im Vieratomsystem 218.
—, s. a. Aktivierungswärme.
Aktivierungswärme, Formulierungen 144f.
—, quantenmechanische Abschätzung 192.
—, — Berechnung 184.
—, — Theorie 214.
—, scheinbare, Begriff 94.
—, s. a. Aktivierungsenergie.
Alcohol, s. Alkohol.
Aldehyde, concentration in hydrocarbon chains 431.
— in hydrocarbon combustion 391.
— bei der Klopfreaktion 459.
Alkohole, Octanzahlen 451.
Ammonia catalysis in hydrogen-oxygen ignition 388.
Ammoniakzerfall, Auftreten von H-Atomen 372.
Ammoniumchlorid, Bildung unter Wasserkatalyse 322.
Amylnitrit als Klopfförderer 458.

Kurze Geschichte der Katalyse in Praxis und Theorie. Von

Alwin Mittasch, Dr. phil., Dr. d. techn. Wiss. e. h., Dr. d. Landwirtschaft e. h., Heidelberg. VIII, 139 Seiten. 1939. RM 6.60

Über katalytische Verursachung im biologischen Geschehen.

Von Alwin Mittasch, Dr. phil., Dr. d. techn. Wiss. e. h., Dr. d. Landwirtschaft e. h., Heidelberg. X, 126 Seiten. 1935. RM 5.70

Katalyse und Determinismus. Ein Beitrag zur Philosophie der

Chemie. Von Alwin Mittasch, Dr. phil., Dr. d. techn. Wiss. e. h., Dr. d. Landwirtschaft e. h., Heidelberg. Mit 10 Abbildungen. IX, 203 Seiten. 1938. RM 9.60

Julius Robert Mayers Kausalbegriff. Seine geschichtliche Stellung,

Auswirkung und Bedeutung. Von Alwin Mittasch, Dr. phil., Dr. d. techn. Wiss. e. h., Dr. d. Landw. e. h., Heidelberg. VII, 297 Seiten. 1940. RM 14.70; gebunden RM 16.80

Urzeugung und Lebenskraft. Zur Geschichte dieser Probleme von den

ältesten Zeiten an bis zu den Anfängen des 20. Jahrhunderts. Von Professor Dr. Edmund O. v. Lippmann, Dr.-Ing. e. h., Dr. rer. pol. h. c., Dr. med. h. c. Hon.-Prof. für Geschichte der Chemie an der Universität Halle-Wittenberg, Direktor i. P der „Zuckerraffinerie Halle" zu Halle a. S. VIII. 136 Seiten. 1933. RM 8.64

Organische Chemie in Einzeldarstellungen. Herausgegeben von

Hellmut Bredereck, Leipzig, und Eugen Müller, Jena.

Erster Band: **Neuere Anschauungen der organischen Chemie.** Von Dr. Eugen Müller, Dozent am Chemischen Laboratorium der Friedrich Schiller-Universität Jena. Mit 40 Abbildungen. X, 391 Seiten. 1940. RM 27.—; gebunden RM 28.80

Zweiter Band: **Aromatische Kohlenwasserstoffe.** Polyzyklische Systeme. Von Dr.-Ing. E. Clar, Privatlabor, Herrnskretschen a. d. Elbe. Mit 58 Abbildungen. XVI, 324 Seiten. 1941. RM 36.—

Explosions- und Verbrennungsvorgänge in Gasen. Von Dr. sc.

nat. Wilhelm Jost, Professor am Physikalisch-Chemischen Institut der Universität Leipzig. Mit 277 Abbildungen im Text. VIII, 608 Seiten. 1939. RM 46.50; gebunden RM 49.50

Katalyse vom Standpunkt der chemischen Kinetik. Von G.-M.

Schwab. Mit 39 Figuren. VIII, 249 Seiten. 1931. RM 16,74

Die organischen Katalysatoren und ihre Beziehungen zu den

Fermenten. Von Dr. Wolfgang Langenbeck, Professor an der Universität Greifswald. Mit 6 Abbildungen. V, 112 Seiten. 1935. RM 7.50